EUROPA LEHRMITTEL

EUROPA-FACHBUCHREIHE
für Kraftfahrzeugtechnik



# Fachkunde Fahrradtechnik

**8. Auflage**

Bearbeitet von Gewerbelehrern, Ingenieuren, Sachverständigen und Zweiradmechanikermeistern

**Lektorat: Jens Leiner, Bremen**

Verlag Europa-Lehrmittel · Nourney, Vollmer GmbH & Co. KG
Düsselberger Straße 23 · 42781 Haan-Gruiten

**Europa-Nr.: 22917**

## Autoren der Fachkunde Fahrradtechnik


| | |
|---|---|
| Brust, Ernst | Schweinfurt |
| Gressmann, Michael | Borken (He) |
| Herkendell, Franz | Bonn |
| Leiner, Jens | Bremen |
| Lessing, Hans-Erhard | Koblenz |
| Muschweck, Oliver | Feucht |


## Leitung des Arbeitskreises und Lektorat

Jens Leiner

## Bildbearbeitung

Zeichenbüro des Verlags Europa-Lehrmittel, 73760 Ostfildern
Grafische Produktionen Jürgen Neumann, 97222 Rimpar

Der Verlag und die Autoren bedanken sich bei Herrn Dipl.-Ing. Robert Bastian, Herrn Martin Hillmeier, Herrn Dipl.-Ing. Thomas Mertin und Herrn Dipl.-Ing. Dirk Zedler für hilfreiche Anregungen und Korrekturen. Für die 8. Auflage geht der Dank zusätzlich an die Herren Gregor Arndt, Arif Dylgjeri, Jens Herrmann, Jakob Mühldorfer, Francesco Musso, Andreas Oehler, Markus Schmid und Frank Warnecke.

Folgende Institutionen halfen mit Informationen bei der Erstellung des Buches:
- AVK Industrievereinigung verstärkte Kunststoffe e. V., Frankfurt a. M.
- Freudenberg Simrit GmbH & Co. KG, Weinheim
- Gesellschaft Tribologie e. V., Aachen
- Klüber Lubrication KG, München
- schaeffler technologies GmbH & Co KG, Herzogenaurach
- Toho Tenax Europe GmbH, Neustadt/Weinstraße

8. Auflage 2023

Druck 5 4 3 2 1

Alle Drucke derselben Auflage sind parallel einsetzbar, da sie bis auf die Korrektur von Druckfehlern identisch sind.

ISBN 978-3-7585-2226-0



Satz: Grafische Produktionen Jürgen Neumann, 97222 Rimpar
Umschlag: braunwerbeagentur, 42477 Radevormwald
Umschlagfotos: SON Nabendynamo, Wilfried Schmidt Maschinenbau, Tübingen,
SUPERNOVA DESIGN GmbH, Gundelfingen und Specialized Germany GmbH, Holzkirchen-Föching
Druck: Himmer GmbH, 86167 Augsburg

## Vorwort zur 8. Auflage

Die „Fachkunde Fahrradtechnik“, vermittelt die wesentlichen Fachkenntnisse, die für die betriebliche Ausbildung der Zweiradberufe notwendig sind. Daneben dient das „Tabellenbuch Fahrradtechnik“ aus dem gleichen Verlag als Nachschlagewerk von Daten und Fakten rund um alle Fahrrad-Sachgebiete. Zur Vertiefung von Kenntnissen von motorisierten Zweirädern wird auf die Bücher „Fachwissen E-Bike“ und „Fachkunde Motorradtechnik“ verwiesen.

Das vorliegende Fachbuch begleitet die Auszubildenden während ihrer Ausbildung. Es ist aber auch für den zukünftigen Meister und Servicetechniker ein wichtiger Begleiter in Theorie und Praxis und sollte als Nachschlagewerk in keiner Werkstattbibliothek des Zweiradhandwerks fehlen. Ebenso wird der interessierte Laie in dem Buch eine Menge von Hilfen und Anregungen für sein Hobby finden.

Für die **neue Auflage** erfuhren drei Kapitel eine Überarbeitung. Diese Überarbeitung war notwendig, um dem aktuellen Stand des Wissens gerecht zu werden und um überholte Lehrmeinungen innerhalb der Fahrradbranche zu korrigieren:

Das **Kapitel 1 „Technische Grundlagen“** ist vollständig neu gestaltet. Es ist in seiner Struktur an der Systematik des Maschinenbaus orientiert. Dazu wurden die Darstellung der Fertigungs-, Werkstoff- und Maschinentechnik in vielen Bereichen ergänzt und neu geordnet. Auch wurden Themen der Fertigungstechnik (Umformverfahren wie Walzen und Ziehen, Fügeverfahren wie Schweißen, Löten und Kleben) und Werkstofftechnik (Carbonfaserverstärkte Kunststoffe) aus dem Kapitel „Fahrwerk“ aufgenommen.

Das **Kapitel 4 „Fahrwerk“** ist von den oben genannten Inhalten entlastet. Dafür ist die Fahrwerksgeometrie detaillierter dargestellt. Die Abschnitte Lenksystem und Sitzsystem sind ebenfalls vollständig neu erstellt und erweitert.

Der Umfang des **Kapitels 8 „Beleuchtungsanlage“** vergrößerte sich durch die vollständige Überarbeitung von 17 auf 29 Seiten. Es beginnt ab dieser Auflage mit einer ausführlichen Erläuterung der Vermessung der Lichts, der Fotometrie, um das Verständnis für dessen Maßeinheiten zu verbessern.

Wenn im vorliegenden Fachbuch die Rede von Radfahrer, Benutzer, Techniker und Auszubildender ist, ist auch immer die weibliche Form gemeint.

Wenn Sie mithelfen möchten, dieses Buch für die kommenden Auflagen zu verbessern, schreiben Sie uns unter lektorat@europa-lehrmittel.de. Ihre Hinweise und Verbesserungsvorschläge nehmen wir gern auf.

Sommer 2023 Autoren und Verlag

## Quick-Finder

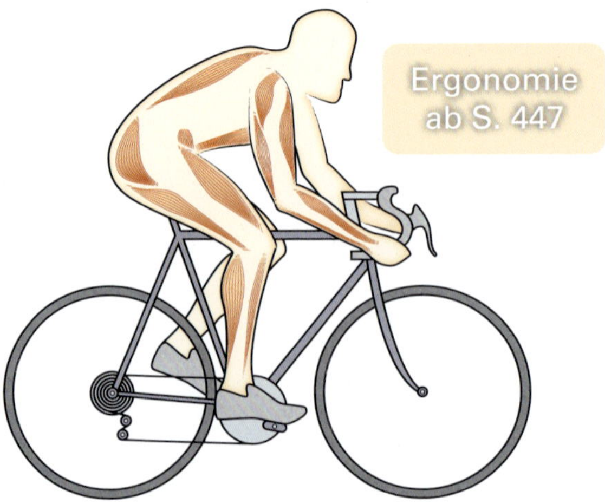

# 1 Technische Grundlagen



Die Fahrradtechnik als Zweig der Verkehrs- und Fahrzeugtechnik basiert zu einem großen Teil auf den Vorgaben und Verfahren der Metalltechnik. Im Folgenden werden die davon für den Zweiradtechniker wichtigsten dargestellt.

## 1.1 Größen und Einheiten

Größen beschreiben Merkmale von Gegenständen, z.B. Länge, Zeit, Temperatur oder Stromstärke. Im internationalen Einheitensystem (frz. Système international d'unités, Abk. SI) sind die **Basisgrößen** und **Basiseinheiten** der Physik festgelegt **(Tabelle 1)**.

**Tabelle 1: Internationales Einheitensystem (SI)**

| Größe | Einheit | Kurzzeichen | Formelzeichen |
|---|---|---|---|
| Länge | Meter | m | l |
| Masse | Kilogramm | kg | m |
| Zeit | Sekunde | s | t |
| Temperatur | Kelvin | K | T |
| Stoffmenge | Mol | mol | n |
| el. Stromstärke | Ampere | A | I |
| Lichtstärke | Candela | cd | Iv |

Zur Vermeidung von sehr langen Ziffernfolgen werden den Einheiten oft **Vorsätze** (Präfixe) vorangestellt, die dezimale Vielfache oder Teiler darstellen, wie z.B. das ‚Milli' in Millimeter das ein Tausendstel der Längeneinheit Meter bezeichnet **(Tabelle 2)**.

### Länge

Die Basiseinheit der **Länge** ist der Meter. Ein Meter ist die Länge der Strecke, die das Licht im Vakuum während der Dauer von 1/299 792 458 Sekunde zurücklegt. Der Meter wurde 1799 definiert und als Prototyp aus einem Platinstab hergestellt. Dessen Länge entsprach nach den damals durchgeführten Messungen dem zehnmillionsten Teil der Entfernung vom Nordpol zum Äquator. Die aktuelle Definition gilt seit 1983.

Neben dem metrischen System wird in einigen Ländern noch nach dem British Imperial System in Inch [in] gemessen. Die deutsche Bezeichnug ist Zoll ["].

1 in = 1" = 25,4 mm

**Tabelle 2: Vorsätze zu Maßeinheiten (SI-Präfixe)**

| Vorsatz | Kurzzeichen | Faktor | Bezeichnung |
|---|---|---|---|
| Tera | T | $10^{12}$ = 1 000 000 000 000 | billionenfach |
| Giga | G | $10^{9}$ = 1 000 000 000 | milliardenfach |
| Mega | M | $10^{6}$ = 1 000 000 | millionenfach |
| Kilo | k | $10^{3}$ = 1000 | tausendfach |
| Hekto | h | $10^{2}$ = 100 | hundertfach |
| Deka | da | $10^{1}$ = 10 | zehnfach |
| Dezi | d | $10^{-1}$ = 0,1 | Zehntel |
| Zenti | c | $10^{-2}$ = 0,01 | Hundertstel |
| Milli | m | $10^{-3}$ = 0,001 | Tausendstel |
| Mikro | µ | $10^{-6}$ = 0,000 001 | Millionstel |
| Nano | n | $10^{-9}$ = 0,000 000 001 | Milliardstel |
| Piko | p | $10^{-12}$ = 0,000 000 000 001 | Billionstel |

### Winkel

Ein **Winkel** ist in der Geometrie ein Teil der Ebene, der von zwei in dieser Ebene liegenden Strahlen (Halbgeraden) mit gemeinsamem Anfangspunkt begrenzt wird. Das Winkelmaß dient zur Angabe der Winkelweite. Je nach Einsatzgebiet werden verschiedene Maße und deren Einheiten verwendet. Der **Vollwinkel** bezeichnet die volle Umdrehung eines Strahls um seinen Ursprung und bildet somit einen Kreis.

Im **Gradmaß** wird der Vollwinkel in 360 gleich große Teile unterteilt. Ein solcher Teil wird als ein Grad [°] bezeichnet. Die Unterteilung von 1° kann in 60 Bogenminuten ['] und in 3600 Bogensekunden ["] oder dezimal erfolgen **(Seite 10, Bild 1a)**.

Im **Bogenmaß** (Radiant) wird dem Vollwinkel die Maßzahl $2\pi$ zugewiesen. Der Radiant ist ein Winkelmaß, bei dem der Winkel durch die Länge des entsprechenden Kreisbogens im Einheitskreis angegeben wird. Die Bogenlänge eines gegebe-

1

nen Winkels ist proportional dem Radius *r*. Auf einem Kreis mit 1 m Radius markiert ein Winkel von 1 rad einen 1 m langen Bogen **(Bild 1b)**. Das Einheitenzeichen ist [rad].

$$1 \text{ Vollwinkel} = 360° = 2\pi \text{ rad}$$

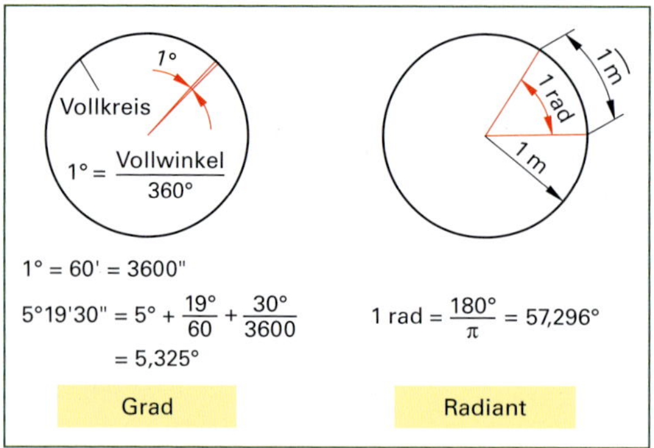


**Bild 1: Winkeleinheiten**

Der **Steigungswinkel** wird als das Verhältnis von Höhenunterschied zu Länge angegeben. Dies entspricht der Berechnung des Tangens des Winkels. Für rechte Winkel geht die Steigung gegen unendlich. Die Länge kann nur positiv sein (es wird nur „nach vorne" gemessen) und daher ist der Steigungswinkel nur im Bereich von $-90° < \alpha < +90°$ definiert. Die Steigungen im Verkehrswesen werden in Prozent oder Promille angegeben **(Tabelle 1)**.

**Tabelle 1: Umrechnungsbeispiele Winkelgrad zu Steigungsprozent**

| Winkelgrad | | Steigungsprozent |
|---|---|---|
| 0,57° | ≙ | 1,00 % |
| 5,71° | ≙ | 10,00 % |
| 15° | ≙ | 26,79 % |
| 45° | ≙ | 100,00 % |

### Masse

Die **Masse *m*** ist eine Eigenschaft der Materie. Die Masse eines Körpers ist abhängig von seiner Stoffmenge, aber unabhängig von dem Ort, an dem sich dieser Körper befindet. Ihre SI-Einheit ist das Kilogramm [kg].

Die direkte Messung der Masse erfolgt am ruhenden Körper durch Vergleich mit einer Referenzmasse. Zwei Massen sind gleich, wenn sie im selben Schwerefeld die gleiche Gewichtskraft haben. Dies kann man mit einer Balkenwaage überprüfen. Dabei ist die Stärke des Schwerefeldes unerheblich, es muss nur von Null verschieden und an den Orten der beiden Körper gleich sein.

Zur Festlegung der Masseneinheit wurde das Urkilogramm definiert. Es handelt sich um einen Zylinder von 39 mm Höhe und 39 mm Durchmesser, der aus einer Legierung von 90 % Platin und 10 % Iridium besteht.

Seit dem 20. Mai 2019 basiert die neue Definition auf der Festlegung eines Wertes der Planckschen Konstante. Dies kann über physikalische Versuchsaufbauten, wie der Avogadro-Methode oder der Watt-Waage geschehen.

Die Masse kann auch über Kräfte und Beschleunigungen bestimmt werden. Ein Körper mit der Masse von 1 kg wirkt auf der Erde (Normort Zürich) mit einer Kraft $F_G$ (Gewichtskraft) von 9,81 N auf seine Aufhägung oder Auflage **(Bild 2)**. Masse ist somit die Proportionalitätskonstante zwischen Kraft und Beschleunigung.

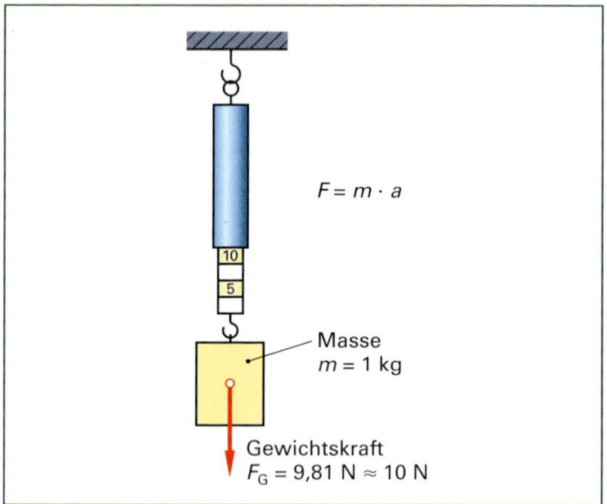


**Bild 2: Masse und Kraft**

Die Masse wird außerhalb der Physik, besonders in der Umgangssprache, auch als ‚Gewicht' bezeichnet. Dabei sollte beachtet werden, dass dieses Wort auch für die verwandte, aber nicht identische Bedeutung Gewichtskraft stehen kann.

### Druck

Der **Druck *p*** bezeichnet die senkrechte Kraft (Normalkraft) im Verhältnis zur belasteten Fläche (**Bild 3**). Seine Einheit ist Pascal [Pa]. SI-konform ist auch die Einheit Bar [bar].

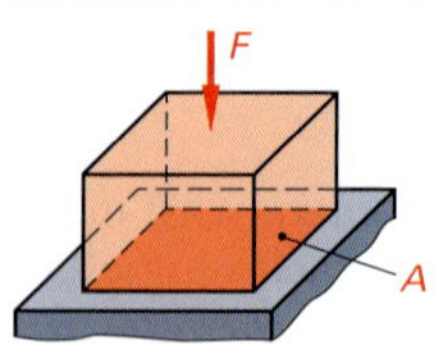


$1 \text{ Pa} = 1 \text{ N/mm}^2$
$1 \text{ Pa} = 0{,}00001 \text{ bar}$
$1 \text{ bar} = 10 \text{ N/cm}^2$
$1 \text{ bar} = 10^5 \text{ Pa}$
$1 \text{ bar} = 14{,}5 \text{ psi}$

$$\text{Druck } p = \frac{F}{A}$$

**Bild 3: Druck**

**Temperatur**

Die **Temperatur *T*** beschreibt den Wärmezustand von Körpern, Flüssigkeiten oder Gasen. Sie kennzeichnet das thermodynamische Gleichgewicht: Wenn zwei Körper dieselbe Temperatur haben, findet zwischen ihnen kein Wärmeaustausch statt, auch wenn sie miteinander in direktem Kontakt stehen. Ihre Einheit ist das Kelvin [K]. Analog zur Angabe in Grad Celsius [°C] bezeichnet es den 100sten Teil der Temperaturdifferenz zwischen dem Gefrierpunkt (0 °C) und dem Siedepunkt von Wasser (100 °C). Der absolute Nullpunkt entspricht 0 K bzw. −273,16 °C **(Bild 1)**.

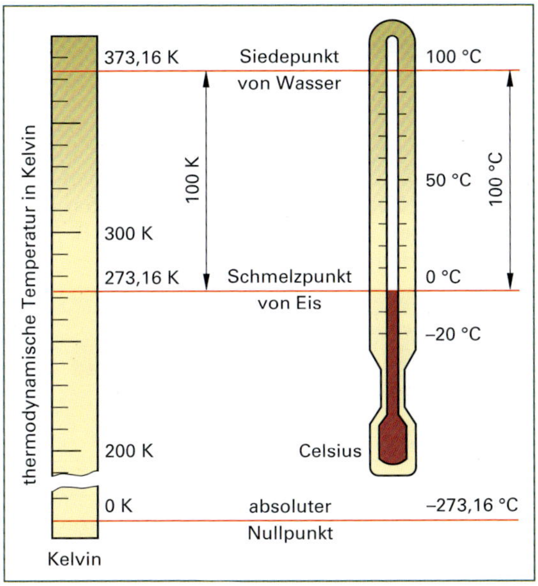


**Bild 1: Temperaturskalen**

Die Temperatur ist eng mit der ungeordneten Teilchenbewegung eines Stoffes verknüpft. In idealen Gasen wäre die Temperatur ein direktes Maß für die mittlere kinetische Energie der Teilchen. Am absoluten Nullpunkt herrscht keine Teilchenbewegung.

Die Temperatur ist eine intensive Größe. Das bedeutet, dass sie ihren Wert beibehält, wenn man den betrachteten Körper teilt, während die Innere Energie als extensive Größe Eigenschaften einer Menge hat, die aufgeteilt werden kann.

**Zeit, Frequenz und Drehzahl**

Die **Zeit *t*** beschreibt die Abfolge von Ereignissen, hat also im Gegensatz zu anderen physikalischen Größen eine eindeutige, unumkehrbare Richtung. Ihre Maßeinheit ist die Sekunde [s].

Die **Frequenz *f*** ist ein Maß dafür, wie schnell bei einem periodischen Vorgang die Wiederholungen aufeinanderfolgen, z. B. bei einer fortdauernden Schwingung **(Bild 2)**. Die Einheit der Frequenz ist die abgeleitete SI-Einheit mit dem Namen Hertz [Hz].

$$1\ \text{Hz} = 1\ \text{s}^{-1}$$

Bei der Frequenzangabe aus Zahlenwert und Einheit sagt demnach der Zahlenwert aus, wie viele Perioden innerhalb der gewählten Zeiteinheit stattfinden. Für die **Drehzahl *n*** der Kurbelwellen von Fahrrädern oder Kraftmaschinen wird die Frequenz auch in $\text{min}^{-1}$ angegeben. Die **Periodendauer *T*** gibt an, in welcher Zeit sich ein Vorgang regelmäßig wiederholt. Sie ist der Kehrwert der Frequenz.

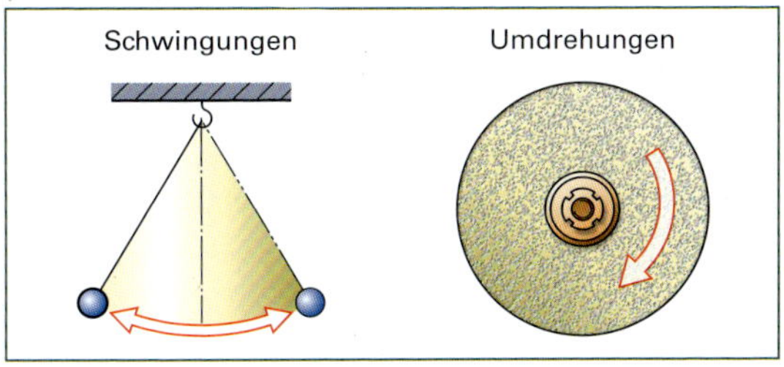


**Bild 2: Periodische Vorgänge**

## 1.2 Messtechnik

Die Messtechnik befasst sich mit Geräten und Methoden zur Bestimmung (Messung) physikalischer Größen wie Länge, Masse, Kraft, Druck, elektrische Stromstärke, Temperatur oder Zeit. Dazu gehört auch die Justierung und Kalibrierung von Messgeräten. Die Messtechnik ist in Verbindung mit Steuerungs- und Regelungstechnik eine Voraussetzung der Automatisierungstechnik.

### 1.2.1 Grundbegriffe, Definitionen

**Prüfen** bedeutet das Feststellen, inwieweit ein Prüfobjekt eine Forderung erfüllt. Wird nur mit den menschlichen Sinnen geprüft, spricht man vom subjektiven Prüfen. Die Prüfergebnisse sind dabei nur schlecht miteinander vergleichbar. Werden Hilfsmittel (Prüfmittel) verwendet, so spricht man vom objektiven Prüfen **(Seite 12, Bild 1)**. Objektive Prüfverfahren werden in die Arten Lehren und Messen unterteilt. Beim **Lehren** wird festgestellt, ob das zu prüfende Objekt innerhalb vorgegebener Grenzen liegt oder nicht. Das Prüfergebnis ist kein Zahlenwert, sondern eine Gut-/Schlecht-Aussage. Oft lässt sich beim Lehren erkennen, in welche Richtung die Grenze überschritten wurde. Beim **Messen** wird eine physikalische Größe mit einem Messgerät erfasst und ein Messwert ermittelt.

Der Messwert setzt sich aus Zahlenwert mit Einheit (physikalische Größe) zusammen.

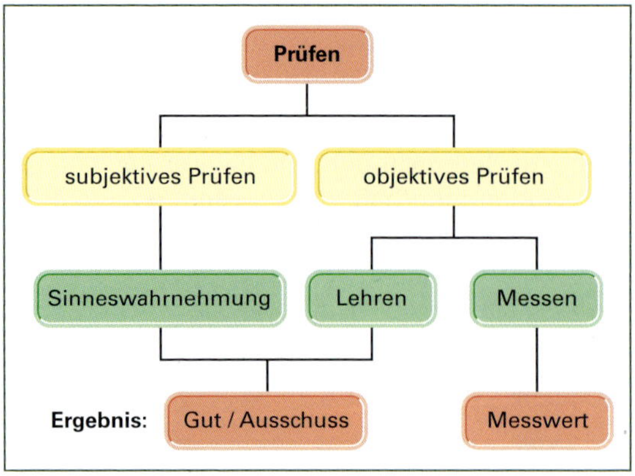


**Bild 1: Prüfarten und Prüfergebnis**

**Prüfmittel** werden in drei Gruppen unterteilt: Messgeräte, Lehren und Hilfsmittel **(Bild 2)**.

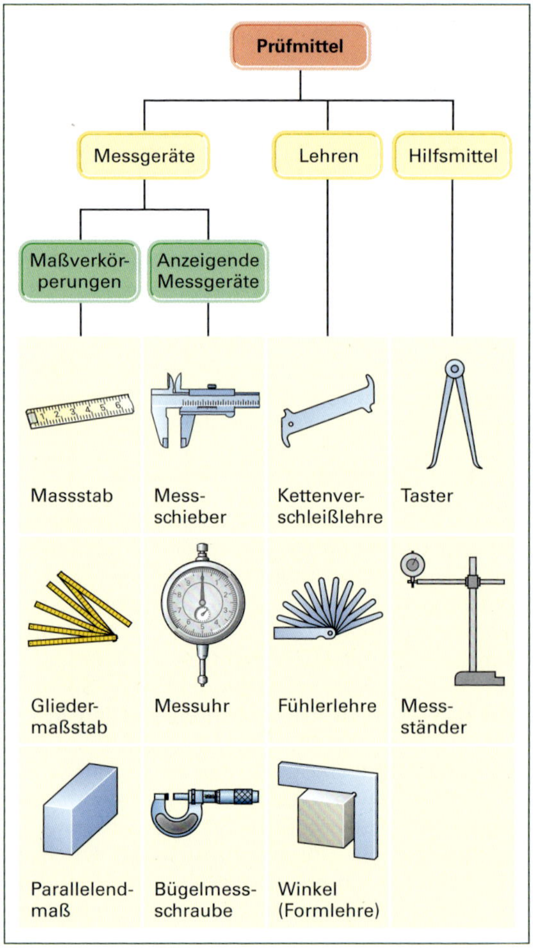


**Bild 2: Prüfmittel**

Alle Messgeräte und Lehren bauen auf Maßverkörperungen auf. Sie verkörpern das Maß durch den festen Abstand von Flächen (Lehren), den Abstand von Strichen (Strichmaß) oder durch die Winkellage von Flächen (Winkelendmaß).

**Lehren** verkörpern entweder nur das Maß **(Bild 3)** oder das Maß und die Form des Prüfgegenstandes **(Seite 16, Bild 4)**.

**Bild 3: Kettenverschleißlehre**

**Messgeräte** besitzen Marken (Striche), bewegliche Marken (Zeiger), bewegliche Skalen oder Zählwerke. Der Messwert kann unmittelbar abgelesen werden **(Bild 4)**. **Hilfsmittel** sind z. B. Messständer und Prismen.

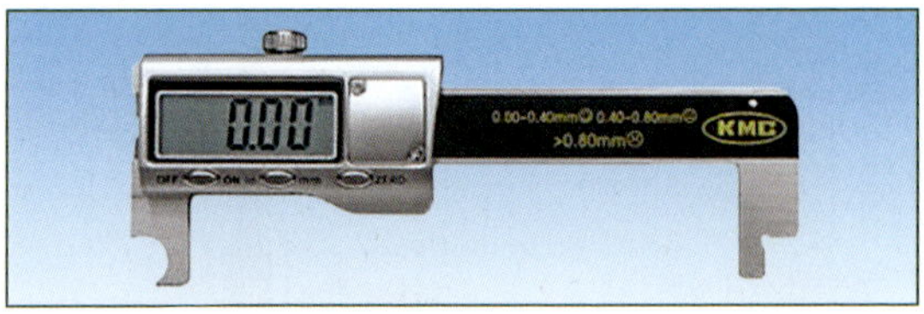


**Bild 4: Kettenlängenmessgerät**

Um Missverständnisse bei der Beschreibung von Messvorgängen zu vermeiden, sind die messtechnischen Begriffe genormt **(Seite 13, Tabelle 1)**.

## 1.2.2 Prüfmittel

In der Fahrradtechnik werden in erster Linie Längenmaße überprüft. Dazu bedient man sich im Allgemeinen Strichmaßstäben wie dem Gliedermaßstab, dem Bandmaßstab oder Stahlmaßstab. Die Präzision der Strichteilung drückt sich in den Fehlergrenzen der Maßstäbe aus **(Tabelle 1)**.

**Tabelle 1: Fehlergrenzen von Maßstäben der Länge 500 mm**

| Arten | | Genauigkeit |
|---|---|---|
| Biegsamer Stahlmaßst. | 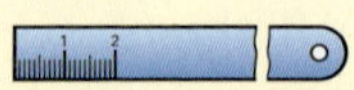 | ± 75 µm |
| Bandmaßstab | 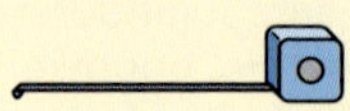 | ± 100 µm |
| Gliedermaßstab | 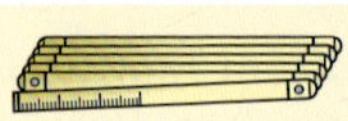 | ± 1 mm |

**Tabelle 1: Messtechnische Begriffe**

| Begriff | Kurz-zeichen | Definition, Erklärung | Beispiel |
|---|---|---|---|
| Mess-größe | M | Die zu messende Größe, z.B. ein Bohrungsabstand | 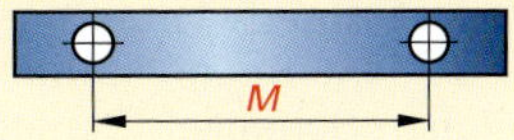 |
| Anzeige | – | Der angezeigte Zahlenwert des Messwertes ohne Einheit. Bei Maßverkörperungen entspricht die jeweilige Aufschrift der Anzeige. |  |
| Skalenein-teilungs-wert | Skw oder >\|< | Differenz zwischen den Messwerten, die zwei aufeinanderfolgenden Teilstrichen entsprechen. Der Skw wird in der auf der Skale stehenden Einheit angegeben. | |
| Ziffern-schrittwert | Zw | Entspricht dem Skw einer Strichskala. | |
| Anzeige-bereich | Az | Der Bereich zwischen der kleinsten und der größten Anzeige. | 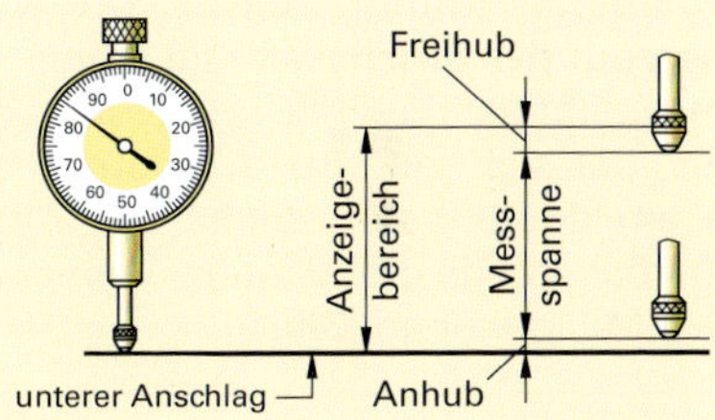 |
| Mess-bereich | Meb | Der Bereich von Messwerten, in dem die Fehlergrenzen des Messgerätes nicht überschritten werden. | |
| Mess-spanne | Mes | Die Differenz zwischen Anfangs- und Endwert des Messbereichs. | |
| Wiederhol-präzision | $f_w$ | Die Fähigkeit eines Messgerätes, bei meist fünf einzelnen Messungen derselben Messgröße in gleicher Messrichtung unter denselben Messbedingungen nahe beieinanderliegende Anzeigen zu erreichen. | |
| Messwert-umkehr-spanne | $f_u$ | Der Unterschied der Anzeige für dieselbe Messgröße, wenn einmal bei steigender Anzeige und einmal bei fallender Anzeige gemessen wird. | 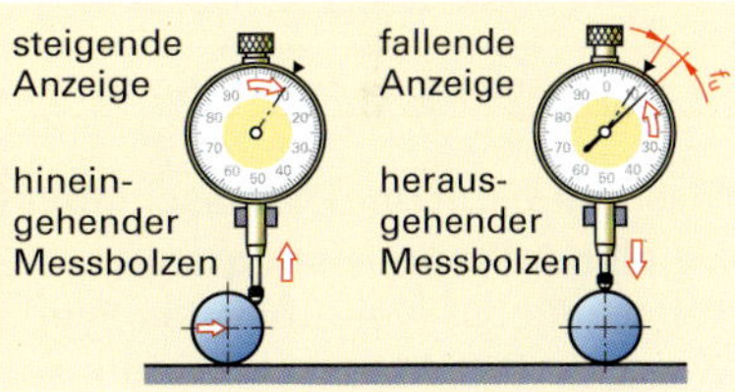 |

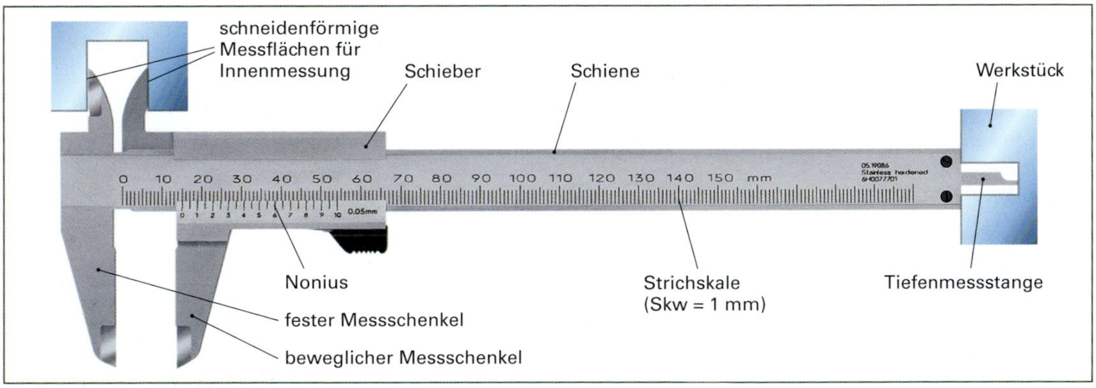


**Bild 1: Taschenmessschieber**

Ein wichtiges Messgerät ist der **Messschieber**, der wegen seiner einfachen Handhabung beim Messen von Außen-, Innen- und Tiefenmaßen das am meisten verbreitete Messgerät im Metallgewerbe ist. Der Taschenmessschieber besteht aus der Schiene mit Millimeterteilung und einem beweglichen Schenkel (Schieber) mit dem Nonius **(Seite 13, Bild 1)**.

Die Ablesemöglichkeit des Nonius ergibt sich aus dem Unterschied zwischen der Hauptteilung auf der Schiene und der Noniusteilung. Beim Zehner-Nonius sind 9 mm in 10 Teile unterteilt, sodass der Strichabstand auf dem Nonius 0,9 mm beträgt. Die Ablesegenauigkeit beträgt hier 1/10 mm (0,1 mm). Die Teilungsdifferenz kann auch 1/20 (20 Teilstriche mit einem Abstand von 0,95 mm) oder 1/50 betragen.

Beim Ablesen betrachtet man den Nullstrich des Nonius als Komma. Links vom Nullstrich liest man auf der Strichskala die vollen Millimeter ab und sucht dann rechts vom Nonius den Teilstrich aus, der sich mit einem Teilstrich der Strichskala am deutlichsten deckt. Die Anzahl der Teilstrichabstände gibt dann je Nonius die 1/10- oder 1/20-Millimeter an **(Bild 1)**.

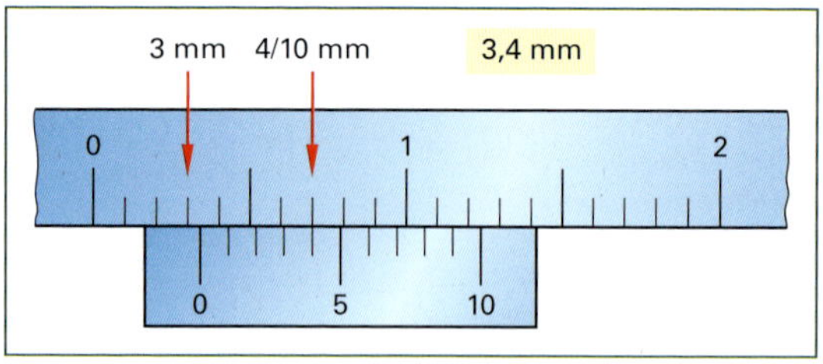


**Bild 1: Ablesebeispiel Zehner-Nonius**

Messungen mit dem Messschieber **(Bild 2)**:

- Bei der **Außenmessung** sollen die Messschenkel möglichst weit über das Werkstück geführt werden. Die Messschneiden sollen nur zum Messen von schmalen Nuten und Einstichen benutzt werden.
- Bei **Innenmessungen** wird zuerst der feste Messschenkel in der Bohrung angelegt und danach der bewegliche.
- **Tiefenmessungen** erfolgen mit der Tiefenmessstange.
- Eine **Abstandsmessung** kann mit den Stirnseiten des Messschenkels oder mit der Tiefenmessstange durchgeführt werden. Die abgesetzte Seite der Tiefenmessstange soll am Werkstück anliegen, um Abweichungen durch Übergangsradien oder Schmutz zu vermeiden.

Zum **Anreißen** von Werkstücken kann die Stirnseite des festen Schenkels benutzt werden.

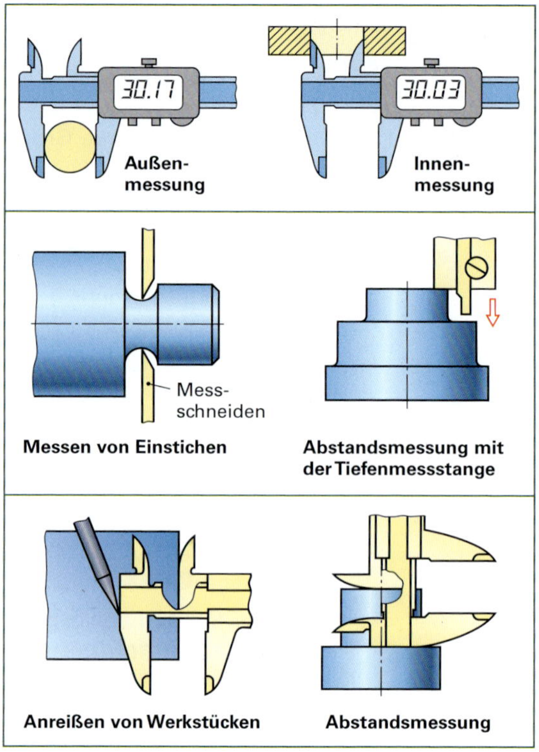


**Bild 2: Handhabung von Messschiebern**

Elektronische Messschieber sind durch die große Dezimaldarstellung schnell und irrtumsfrei ablesbar **(Bild 3)**.

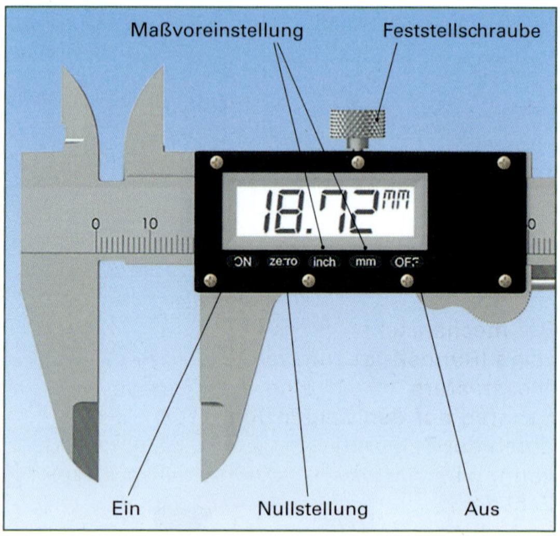


**Bild 3: Elektronischer Messschieber**

Eine speziell auf die Bedürfnisse der Zweiradtechnik abgestimmte Art des elektronischen Messschiebers ist der **Kettenlängenmessschieber (Seite 12, Bild 4)**, mit dem der Bolzenabstand über eine bestimmte Anzahl Kettenglieder gemessen wird. Aus dem Vergleich des Messergebnisses und dem Normmaß von ½" = 12,7 mm je Kettenglied kann dann der Verschleißzustand berechnet werden.

Die **Bügelmessschraube** erreicht eine Ablesegenauigkeit von 1/100 mm = 0,01 mm **(Bild 1)**. Die bewegliche Messspindel hat ein Feingewinde mit einer Steigung von 0,5 mm. Wird die Skalentrommel um einen der 50 Teilstriche gedreht, dann verschiebt sich die Messspindel um 0,5 mm : 50 = 0,01 mm in Längsrichtung (Skw = 0,01 mm).

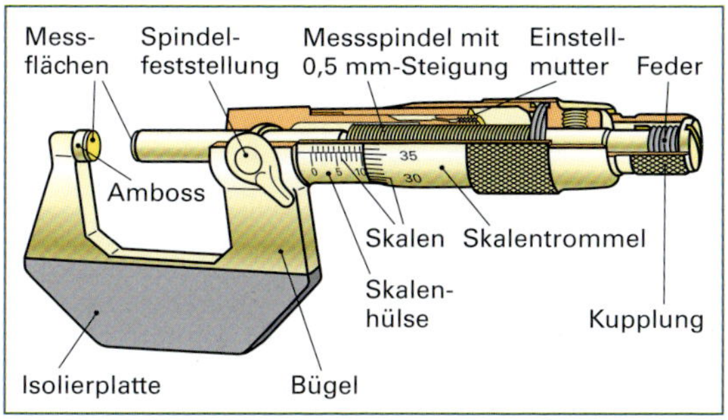


**Bild 1: Bügelmessschraube**

Die vollen Millimeter werden auf der Skalenhülse oben, die halben Millimeter unten und die zusätzlichen hundertstel Millimeter auf der Skalentrommel abgelesen **(Bild 2)**.

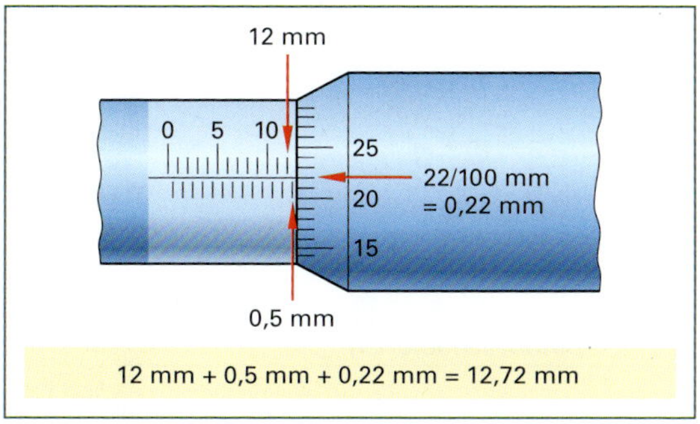


**Bild 2: Ablesen der Bügelmessschraube**

Bei mechanischen **Messuhren** mit analoger Anzeige (Rundskala) wird die Längsbewegung des Messtasters durch eine Zahnstange und ein Zahnrad auf den Zeiger übertragen. Da sich dadurch der Zeiger der Messuhr mehrmals drehen kann, wird ein zweiter Zeiger benötigt, der die Zahl der Zeigerumdrehungen anzeigt. Die beliebige Nullstellung der Skala kann durch Drehen der Skalenanzeige an der gewünschten Stelle positioniert werden **(Bild 3)**. Die Genauigkeit von mechanischen Messuhren beträgt 1/100 mm.

Elektronische Messuhren mit einer Genauigkeit von 1/1000 mm haben eine Digitalanzeige, die das Ablesen des Zahlenwertes erleichtert. Dagegen erleichtert die Analoganzeige der mechanischen Messuhr das intuitive Erfassen von Maßdifferenzen.

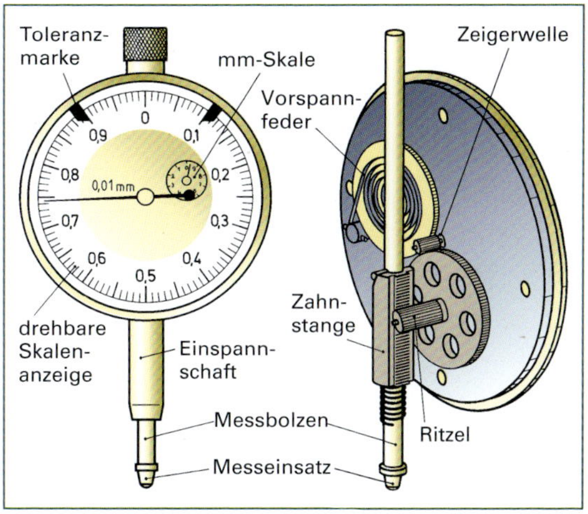


**Bild 3: Mechanische Messuhr**

Mechanische Messuhren dienen zum Prüfen von Bauteilen auf Rundlauf **(Bild 4)**, Parallelität oder von Flächen auf Ebenheit. Man misst nicht das Istmaß, sondern die Abweichung von einem eingestellten Istwert (Unterschiedsmessung).

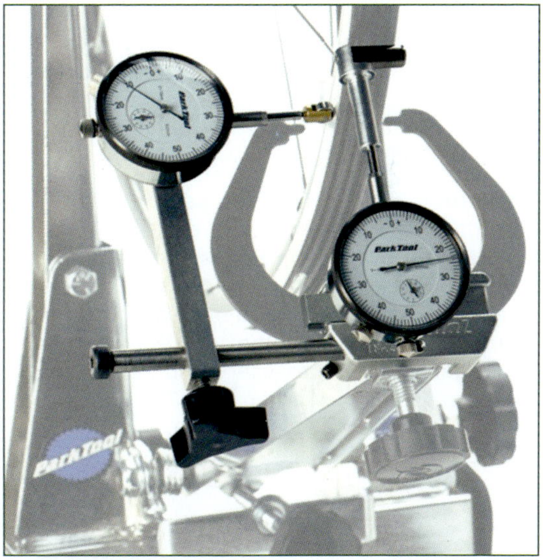

**Bild 4: Prüfen des Rundlaufs einer Felge**

Der **Winkelmesser** (Goniometer) erlaubt eine Messung von Winkeln nach Graden. Er besteht aus zwei Messschenkeln, die drehbar gelagert sind. Die analoge Bauart ist meist aus transparentem Kunststoff und wird zur Ermittlung von Gelenkwinkeln in der Orthopädie eingesetzt **(Seite 16, Bild 1a)**.

Ein Anwendungsbereich der digitalen Bauart ist im Fahrradbau die Ermittlung der Rahmenwinkel **(Bild 1b)**.

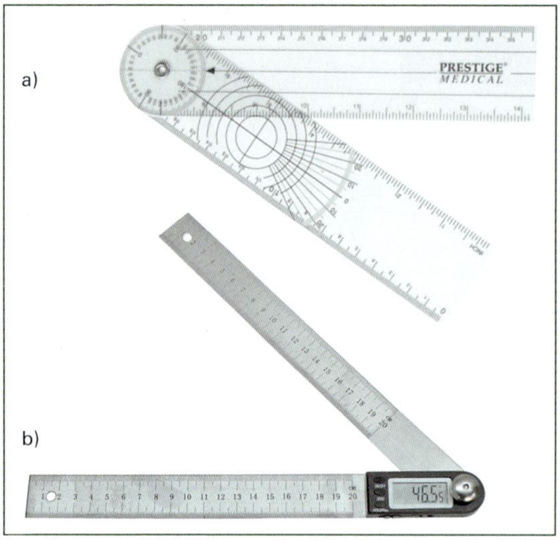


**Bild 1: Winkelmesser (Goniometer)**

**Lehren** verkörpern Maße oder Formen, die in der Regel auf Grenzmaße bezogen sind. Sie vereinfachen häufig wiederkehrende Messungen, indem sie auf die zur Bewertung des Messergebnisses notwendigen Werte eingestellt sind.

**Grenzlehren** verkörpern die zulässigen Höchst- und/oder Mindestmaße. Die **Kettenverschleißlehre** zeigt z. B. an, ob die Kettenlängung das erlaubte Maß erreicht bzw. überschritten hat **(Seite 12, Bild 3)**.

**Maßlehren** sind Teile eines Lehrensatzes, bei dem das Maß von Lehre zu Lehre zunimmt. In der Fahrradtechnik sind dies die **Lenkungslagerlehre** (Steuersatzlehre, **Bild 2**) und die oft im **Speichenstrichmaß** (Speichenlineal) integrierten Elemente zur Bestimmung von Speichen- und Wälzlagerkugeldurchmessern und der Schlüsselweite von Nippelvierkanten **(Bild 3)**.

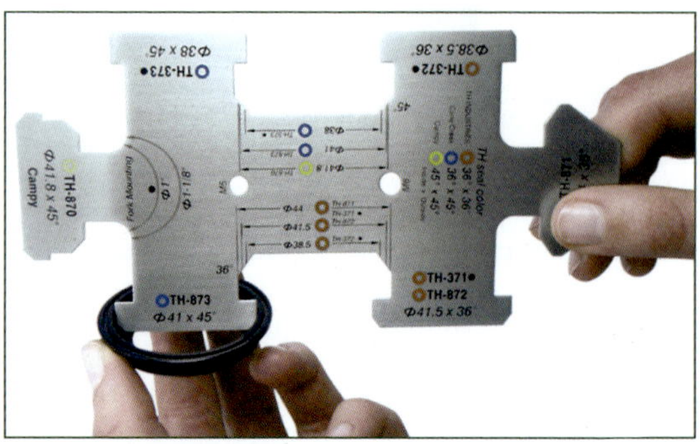


**Bild 2: Lenkungslagerlehre**

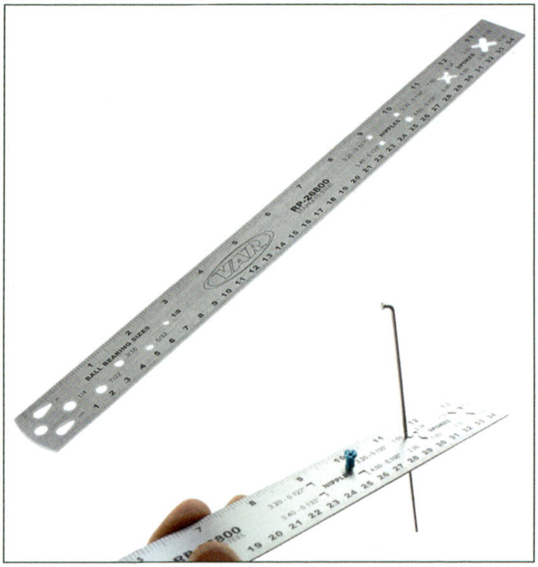

**Bild 3: Speichenstrichmaß (Speichenlineal), Beispiel mit Maßlehren für Nippelvierkant und Speichendurchmesser**

Zur Gewindeprüfung werden Gewindeschablonen eingesetzt **(Bild 4)**. Bei metrischem Gewinde mit dem Flankenwinkel 60° können Steigungen von 0,25 mm bis 6 mm geprüft werden.

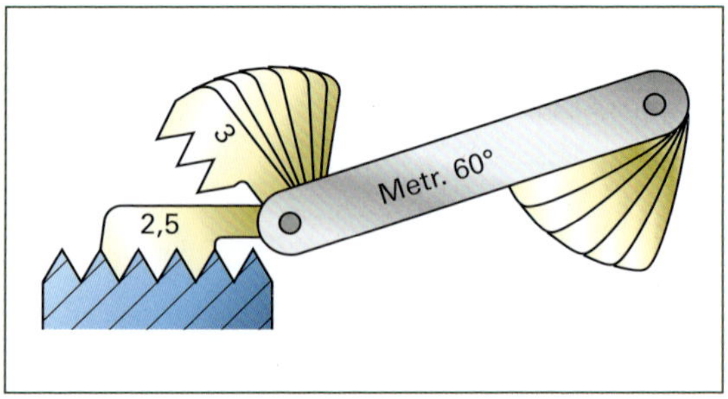


**Bild 4: Gewindeschablonen**

**Lineale** werden zum Prüfen der Geradheit und Ebenheit eingesetzt **(Bild 5)**. Haarlineale besitzen geläppte Prüfschneiden, die es ermöglichen mit bloßem Auge durch die Lichtspalte zum Werkstück Abweichungen ab 2 µm zu erkennen.

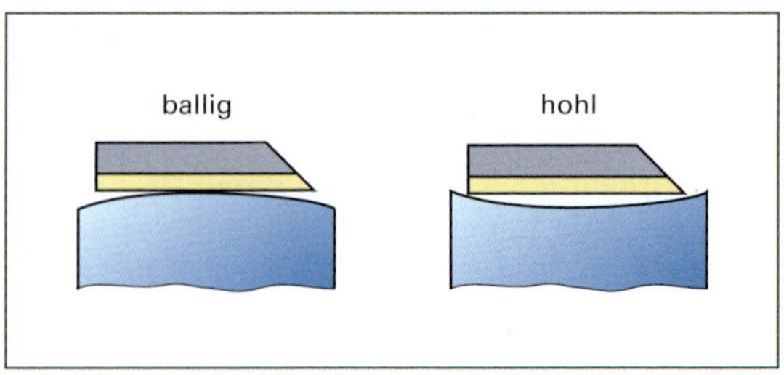


**Bild 5: Geradheitsprüfung mit Haarlineal**

Ein **Drehmomentschlüssel** ist ein Messwerkzeug, das zur Montage von Schraubverbindungen eingesetzt wird **(Bild 1)**. Er stellt sicher, dass die Schraubverbindung die vorgeschriebene Vorspannkraft erreicht und nicht überschreitet. Drehmomentschlüssel gibt es in verschiedenen Größen und Ausführungen, die jeweils einen bestimmten Drehmomentbereich abdecken.

Der Drehmomentschlüssel muss sorgfältig gehandhabt und darf in der Regel nur im entlasteten Zustand der inneren Mechanik gelagert werden. In regelmäßigen Abständen ist er zu kalibrieren. Die missbräuchliche Verwendung als Schraubenschlüssel überdehnt die innere Mechanik und verfälscht damit das Messergebnis.

Sicherheitsrelevante Schrauben sollten in zwei Schritten angezogen werden. Im ersten Schritt werden ca. 80 %, im zweiten Schritt 100 % des Nenndrehmoments eingestellt. Dabei ist der Drehmomentschlüssel langsam und stetig zu bewegen und mit beiden Händen zu halten.

**Bild 1: Drehmomentschlüssel**

Zum Überprüfen der Vorspannung von Zahnriemen bzw. Speichen werden **Tensiometer** eingesetzt. Diese belasten das Bauteil mit einer definierten Kraft und messen dessen Deformation. Zahnriementensiometer werden von den Herstellern für ihre Produkte speziell konzipiert **(Bild 2)**.

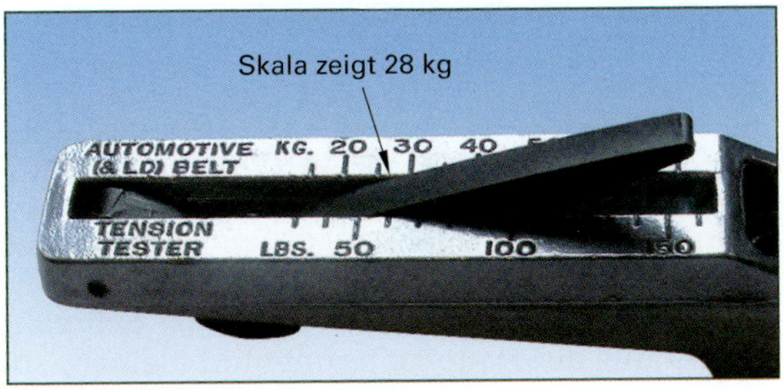


**Bild 2: Tensiometer für Zahnriemen**

Bei Speichentensiometern muss der Messwert über eine Tabelle oder ein Diagramm in den korrelierenden Spannungswert umgerechnet werden. Je nach Ausführung der Messapparatur fließt die Dicke der vermessenen Speiche in das Messergebnis ein **(Bild 3a)** oder nicht **(Bild 3b)**. Im ersteren Fall gibt es für jede Speichenbauart jeweils eine eigene Umrechnungstabelle.

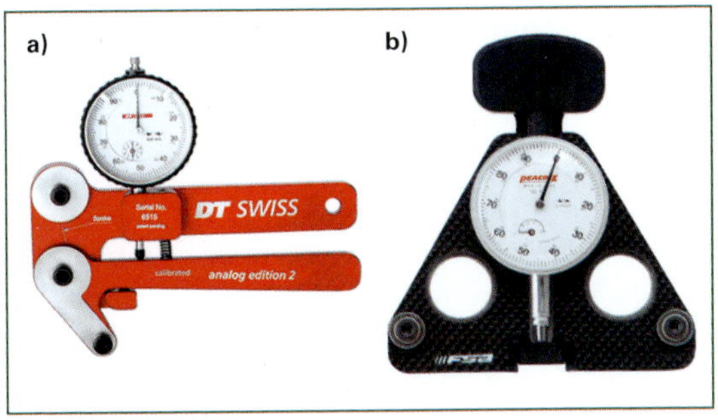


**Bild 3: Tensiometer für Speichen**

## 1.2.3 Messabweichungen

Messergebnisse sind nur dann miteinander vergleichbar, wenn sie wiederholbar sind. Darum gilt die Bezugstemperatur von 20 °C beim Messgerät und dem Werkstück. Abweichungen vom Messwert können verursacht sein durch:

- das Messgerät,
- das Werkstück,
- den Menschen und
- Umwelteinflüsse.

Man unterscheidet zufällige und systematische Messabweichungen. Zufällige Abweichungen sind nicht wiederholbar. Ursachen können Temperaturschwankungen, Schmutz oder Ablesefehler sein, z.B. die Messabweichung durch Parallaxe. Sie ensteht, wenn unter schrägem Blickwinkel abgelesen wird **(Bild 4)**.

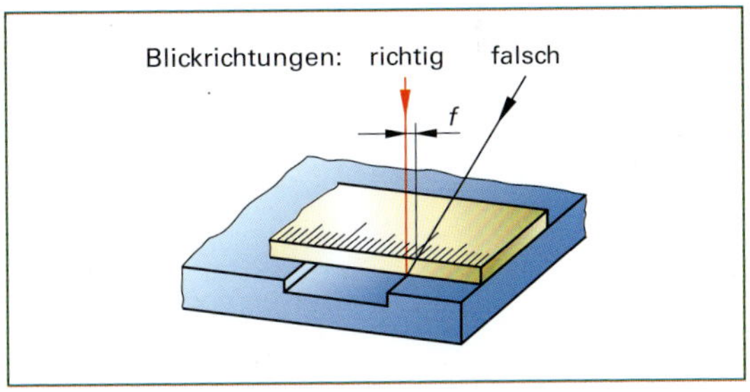


**Bild 4: Messabweichungen durch Parallaxe**

Systematische Messfehler sind konstante Abweichungen, die man bei der Messung berücksichtigen muss. Sie basieren meist auf Fehlern des Messgerätes. Diese Messfehler sind regelmäßig und bei jeder Messung wiederkehrend. Ursachen können sein:

- Betriebsstörung des Messgerätes,
- Abnutzung wichtiger Teile am Messgerät,
- Spiel, Verzug oder Schmutz am Messgerät und
- falsche Auswahl des Messgerätes.

## 1.3 Fertigungstechnik

Die handwerklichen und industriellen Fertigungsverfahren werden danach eingeteilt, ob die Form des Werkstücks geschaffen, geändert oder beibehalten wird. Wird zudem berücksichtigt, ob der Zusammenhalt des Werkstoffes bei der Fertigung erst enststeht oder ob er beibehalten, verkleinert oder vergrößert wird, ergeben sich für die Fertigungsverfahren sechs Hauptgruppen **(Tabelle 1)**.

**Tabelle 1: Einteilung der Fertigungsverfahren**

| Form des Werkstücks | Zusammenhalt des Werkstoffs | Fertigungsverfahren |
|---|---|---|
| wird durch das Verfahren | | |
| geschaffen | geschaffen | Urformen |
| geändert | beibehalten | Umformen |
| | verkleinert | Trennen |
| | vergrößert | Fügen |
| beibehalten | | Beschichten |
| | beibehalten oder verkleinert oder vergrößert | Änderung der Stoffeigenschaften |

### 1.3.1 Urformen

Das Werkstück wird aus formlosem Stoff geschaffen. Der Zusammenhalt entsteht erst im Ablauf des Fertigungsverfahrens. Das Verfahren ist abhängig von dem Ausgangszustand des Werkstoffs **(Tabelle 2)**.

**Tabelle 2: Verfahren des Urformens**

| Ausgangszustand | Verfahren (Beispiele) |
|---|---|
| flüssig | Gießen von Metallen |
| breiig | Gießen von Beton |
| plastisch | Extrudieren |
| körnig, pulvrig | Sintern |
| gas- oder dampfförmig | Abscheiden |

Werkstücke werden durch **Gießen** hergestellt, wenn andere Verfahren unwirtschaftlich oder nicht möglich sind (z. B. Massenherstellung bzw. komplexe Formgebung) oder wenn besondere Eigenschaften ausgenutzt werden sollen (z. B. Gleiteigenschaft von Grauguss).

Beim **Feingießen** (ital. microfusione) wird das Modell aus einem niedrigschmelzenden Werkstoff wie z. B. Wachs oder Kunststoff hergestellt. Dieses wird dann mit einer keramischen Oberfläche überzogen und letztere anschließend gebrannt. Das Originalmodell geht dabei verloren. In den entstandenen Hohlraum wird der Werkstoff gegossen. Auf diese Weise können maßgenaue Werkstücke mit komplizierten Formen, dünnen Wandstärken und hoher Oberflächengüte hergestellt werden **(Bild 1)**.

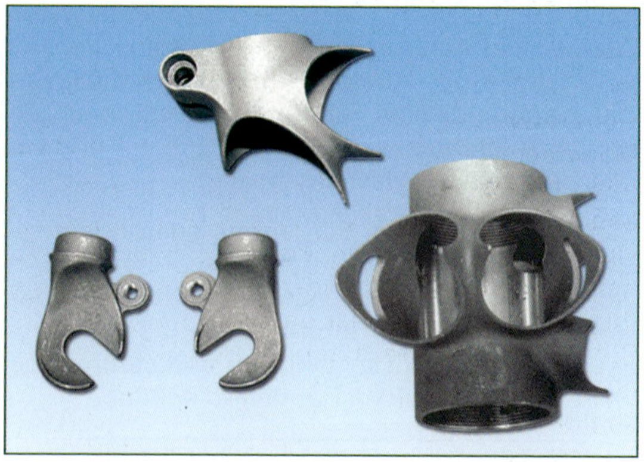

**Bild 1: Sattelrohrmuffe, Gabelausfallenden und Kurbellagergehäuse aus Feinguss (Microfusione)**

**Extrudieren** ist die kontinuierliche Herstellung eines endlosen Kunststoffstrangs mit einer Schneckenstrangpresse (Extruder, **Bild 2**). Dabei wird Granulat aus thermoplastischem Material durch Hitze und Druck aufgeschmolzen, vermischt und als plastische Masse in einem stetigen Strang zu Folien, Rohren, Schläuchen etc. verarbeitet.

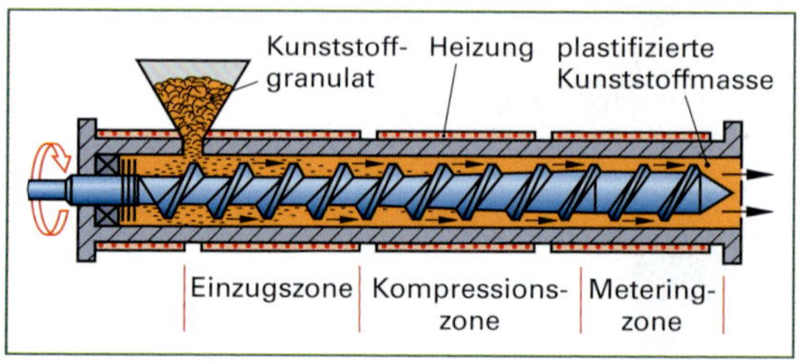


**Bild 2: Dreizonenschnecke eines Extruders**

Beim **Sintern** werden feinkörnige keramische oder metallische Stoffe unter Druck erhitzt, wobei die Temperaturen jedoch unterhalb der Schmelztemperatur der Hauptkomponenten bleiben, sodass die Form des Werkstückes erhalten bleibt. Weil sich dabei die Partikel des Ausgangsmaterials verdichten und Porenräume aufgefüllt werden, schrumpft das Werkstück. Sinterprozesse besitzen große Bedeutung bei der Keramikherstellung und in der Metallurgie. Durch die Temperaturbehandlung des Sinterns wird aus einem fein- oder grobkörnigen Rohling ein festes Werkstück. Das Sintererzeugnis erhält erst durch die Temperaturbehandlung seine endgültigen Eigenschaften, wie Härte, Festigkeit oder Temperaturleitfähigkeit.

Der größte Vorteil des Sinterns ist das Zusammenbringen von Ausgangsstoffen, welche sich auf andere Weise nur sehr schwer oder gar nicht zu einem neuen Werkstoff verbinden lassen. Wichtige Sintererzeugnisse sind Schneid- und Lagerkeramiken, Dauermagnete, Reib- und Bremsbeläge.

**Generative Fertigungsverfahren** (engl. Additive Manufacturing, AM) ist eine umfassende Bezeichnung für alle Verfahren, die direkt auf der Basis von Computerdaten aus formlosem Stoff (Flüssigkeiten, Gelen/Pasten, Pulver u. Ä.) oder formneutralem Material (band-, drahtförmig, blattförmig) mittels chemischer und/oder physikalischer Prozesse Produkte erzeugen. Obwohl es sich oft um formende Verfahren handelt, sind für ein konkretes Erzeugnis keine speziellen Werkzeuge erforderlich, die die jeweilige Geometrie des Werkstückes gespeichert haben (zum Beispiel Gussformen). Die unterschiedlichen Verfahren sind z. B. Pulverbettverfahren, Freiraumverfahren, Flüssigmaterialverfahren oder der 3D-Druck. Dies erlaubt eine freie Formgebung der Werkstücke und Verwendung neuer Materialien wie z. B. AlMgSc-Legierungen **(Bild 1)** oder Titan für Rahmenmuffen und andere Kleinteile.

**Bild 1: Muffen, Ausfallenden und Kurbellagergehäuse, 3D-Druck aus Scalmalloy®**

### 1.3.2 Umformen

Die Form eines festen Werkstücks oder eines Vorproduktes wird durch plastisches Verformen geändert. Der Zusammenhalt des Werkstoffs bleibt dabei erhalten **(Tabelle 1)**.

Die Vorteile des Umformens sind:

- nicht unterbrochener Faserverlauf,
- verbesserte Festigkeit des Materials,
- gute Maß- und Formgenauigkeit,
- kein/kaum Werkstoffverlust und
- kostengünstig bei hohen Stückzahlen.

**Tabelle 1: Verfahren des Umformens**

| Vorgang | Verfahren (Beispiele) |
|---|---|
| Druckumformen | Walzen, Schmieden, Strangpressen |
| Zugdruckumformen | Durchziehen, Tiefziehen, Innenhochdruckumformen |
| Zugumformen | Längen, Weiten |
| Biegeumformen | Abkanten, Gesenkbiegen |
| Schubumformen | Winden |

Nur Werkstoffe mit ausreichender Zähigkeit sind umformbar. Aufschluss über die Eignung gibt das Spannungs-Dehnungs-Diagramm **(Bild 2)**. Das Umformen erfolgt im plastischen Bereich zwischen der Streckgrenze $R_e$ bzw. der Dehngrenze $R_{p0,2}$ und der Zugfestigkeit $R_m$. Werkstoffe wie unlegierte Stähle und Aluminium-Legierungen eignen sich wegen ihrer großen plastischen Dehnung besonders gut zum Umformen und federn nach einer Belastung nur wenig zurück.

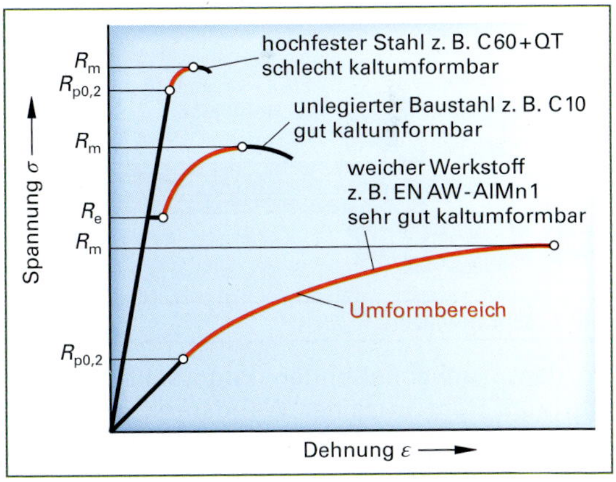


**Bild 2: Umformbereiche im Spannungs-Dehnungs-Diagramm**

**Kaltumformen** erfolgt bei Raumtemperatur. Dabei verfestigt sich der Werkstoff und kann verspröden, wenn die Kaltverfestigung nicht durch Zwischenglühen beseitigt wird **(vgl. Seite 54ff)**. **Warmumformen** erfolgt über der Rekristallisationstemperatur. Die Neigung zur Rissbildung ist kleiner und es werden geringere Umformkräfte benötigt.

Beim **Walzen** wird meist ein metallischer Werkstoff zwischen zwei oder mehr rotierenden Werkzeugen umgeformt und dabei dessen Querschnitt verringert. Findet die Umformung oberhalb der Rekristallisationstemperatur des Werkstoffs statt, wird sie Warmwalzen genannt, bleibt sie darunter heißt es Kaltwalzen.

Die Herstellung von nahtlos gewalzten Rohren schuf die Voraussetzung dafür, dass das Fahrrad gegen Ende des 19. Jahrhunderts zum Massenkonsumgut werden konnte. Bei dem Schrägwalzverfahren wird ein glühender Stahlblock zwischen zwei schräg angeordneten und sich in gleicher Richtung drehenden Walzen gewalkt. In diesen Bereich wird ein Lochdorn gedrückt, der aus dem Block ein dickwandiges Rohr (die Rohrluppe) formt **(Bild 1)**.

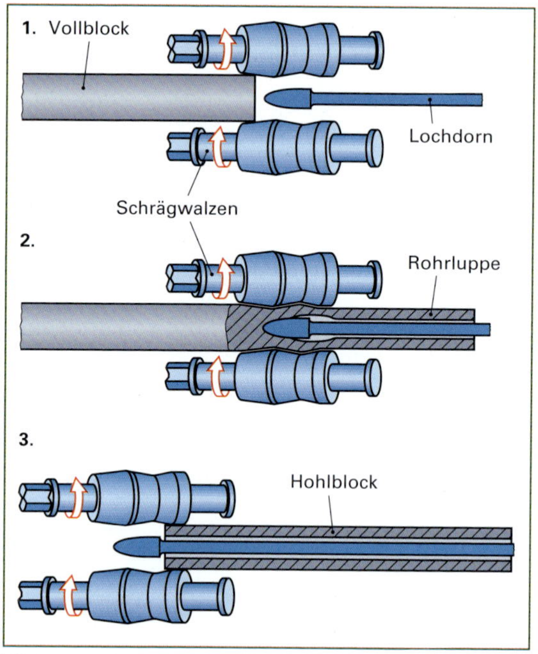


**Bild 1: Schrägwalzen**

Im daran anschließenden Pilgerschrittwalzen wird das Rohr in seiner Wandstärke reduziert. Dabei erfassen die nierenförmigen Pilgerwalzen ein Stück des Rohres, drücken es auf einen Innendorn und walzen es dünn aus. Am Ende dieses Schritts geben die Verjüngungen der Walzen das Rohr frei. Während das Rohr um 60° gedreht wird, laufen die Walzen zu ihrer Startposition zurück. Dann erfassen sie das nächste Stück Rohr und walzen es ebenfalls aus **(Bild 2)**.

Beide Verfahrensschritte wurden 1886 bzw. 1890 von den Brüdern Mannesmann entwickelt, weshalb dieser Prozess auch als Mannesmann-Verfahren bekannt ist. Für eine weitere Verringerung und genauere Kalibrierung der Wandstärke werden die Rohre gezogen **(Seite 22, Bild 3)**.

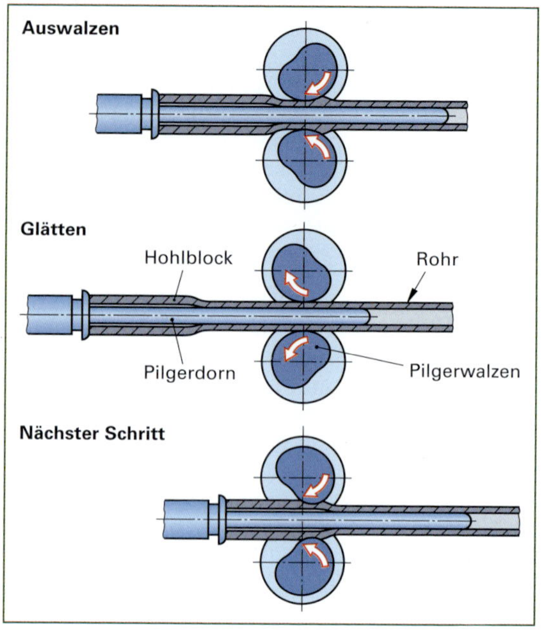


**Bild 2: Pilgerwalzen**

Am Fahrradrahmen wirken die größten Biegemomente im Bereich von Kurbelgehäuse, Sattelrohrmuffe und Gabelkopf. An den Ausfallenden genügt ein kleinerer Rohrdurchmesser. Um Gewicht zu sparen und einen optimalen Kraftfluss zu erreichen, werden Rohre deshalb mit einer Verjüngung an ihrem Ende versehen (konifiziert).

Als Verfahren hat sich für preiswerte Rohre das „Rundhämmern" über einen Kern durchgesetzt, bei dem die Wandstärke zum dünnen Ende hin zunimmt. Beim Kaltpilger-Verfahren **(Bild 3)** bleibt die Wandstärke auch zum dünneren Rohrende hin konstant.

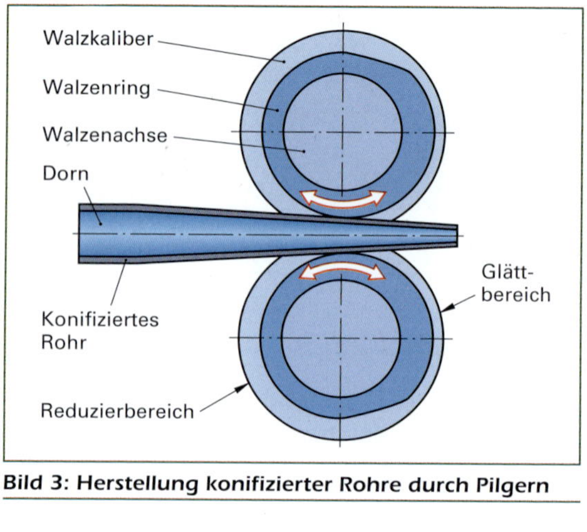


**Bild 3: Herstellung konifizierter Rohre durch Pilgern**

Auch Bandstahl kann zu Rohren gewalzt werden. Dabei wird der entstandene Stoß erhitzt und durch den Stauchdruck der Schweißwalzen verschweißt **(Bild 1)**. Die Naht wird anschließend außen und ggf. auch innen abgehobelt.

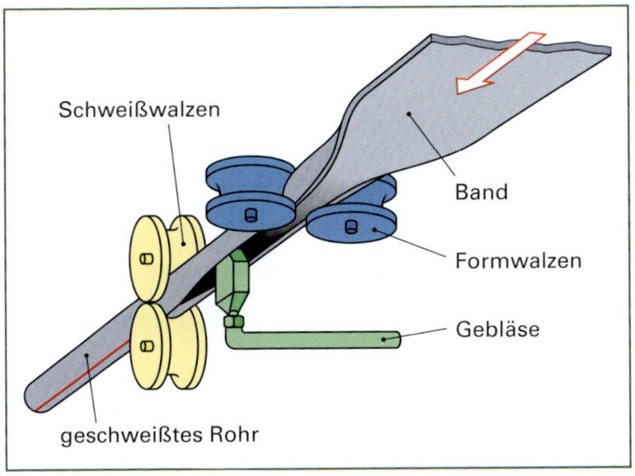


**Bild 1: Geschweißtes Rohr**

Beim **Gewindewalzen** (Gewinderollen) wird durch Kaltumformung das Profil des Werkzeugs in die Oberfläche des Rohteils gewalzt. Dieses Verfahren ist wesentlich schneller und bei großen Stückzahlen kostengünstiger als andere Methoden zur Herstellung von Gewinden. Möglich sind auch Rändelungen und Kerbverzahnungen an Schrauben und Bolzen.

Das Gewindewalzen wird auch bei der Einzelanfertigung von Fahrradspeichengewinden angewandt **(Bild 2)**.

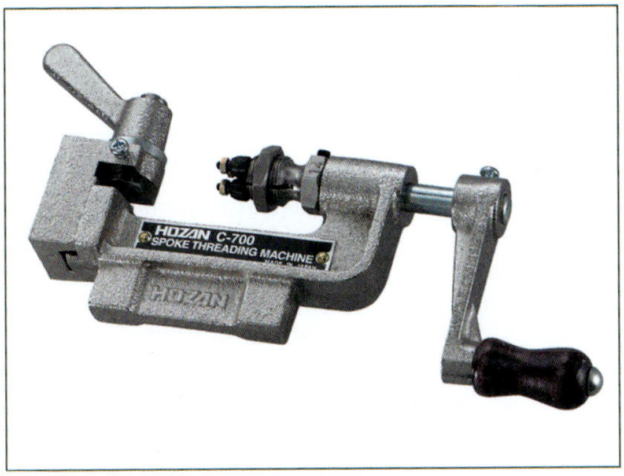


**Bild 2: Speichengewinde-Walzmaschine**

**Gewindeformen** (Gewindefurchen) ist ein spanloses Verfahren zur Herstellung von hochbelasteten Innengewinden für Werkstoffe mit geringer Zugfestigkeit wie z.B. das Messing von Speichennippeln. Der Faserverlauf wird dabei nicht unterbrochen. Das Werkzeug hat einen polygonförmigen Querschnitt und weist keine Spannuten auf **(Bild 3)**.

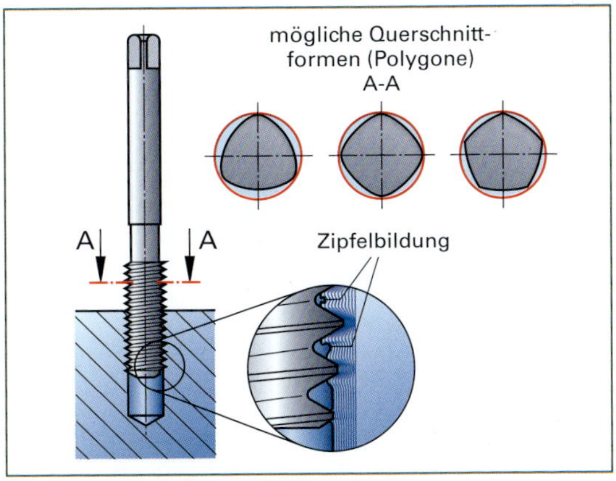


**Bild 3: Gewindeformer**

Beim **Schmieden** werden Werkstücke durch Schlag oder Pressen im glühendem Zustand umgeformt. Durch die Erwärmung auf Schmiedetemperatur nimmt die Formbarkeit zu und der für die Umformung notwendige Energieaufwand ab. Die wichtigsten schmiedbaren Metalle sind die Stähle sowie die Aluminium- und Kupfer-Knetlegierungen. Beim **freien Schmieden** ensteht die Form durch gezielte Schläge aus dem Rohteil. Beim **Gesenkformen** (Gesenkschmieden) wird das Schmiedestück in einem zweiteiligen Gesenk aus einem Rohteil geschlagen **(Bild 4)**. Auf diese Weise werden z.B. Nabenkörper oder Bremsarme für Fahrräder hergestellt.

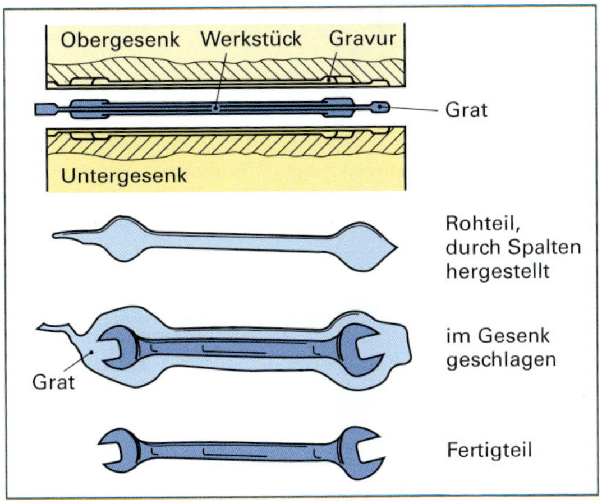


**Bild 4: Schmiedegesenk mit Werkstück**

Das **Strangpressen** ist das wichtigste Verfahren zur Herstellung von Aluminiumprofilen für Radfelgen. Dabei drückt ein Stempel den erwärmten Werkstoff durch die profilierte Matrize zu einem langen Strang mit vollem oder hohlem Querschnitt **(Bild 1)**. Es können dabei fast beliebige Profile erzeugt werden.

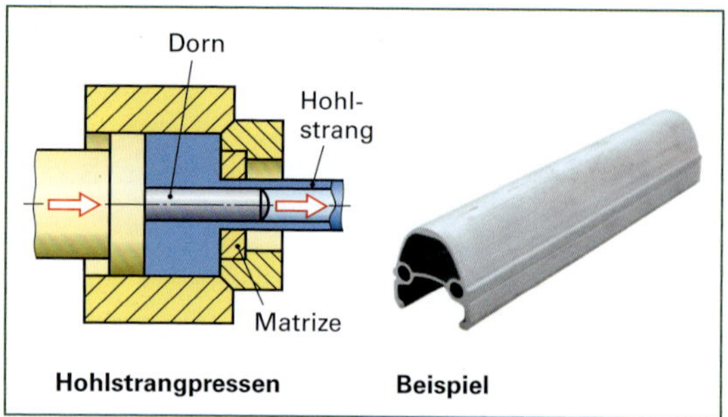


**Bild 1: Strangpressen mit Profilbeispiel**

Häufigste Anwendung des **Durchziehens** ist das Drahtziehen. Dabei wird der durch ein Stranggießverfahren und anschließendes Walzen hergestellte Ausgangsdraht mit üblicherweise etwa 8 mm Durchmesser durch eine Ziehdüse (auch Ziehhol, Ziehstein oder Matrize genannt) in mehreren Schritten auf den reduzierten Drahtenddurchmesser gebracht. Fahrradspeichen werden auf diese Weise hergestellt.

Bei Stahlrohren und Profilen aus Stahl und Kupfer dient das Ziehen dagegen vornehmlich der Endbehandlung zur Erzielung einer hohen Maßhaltigkeit oder einer glatten Oberfläche **(Bild 2)**.

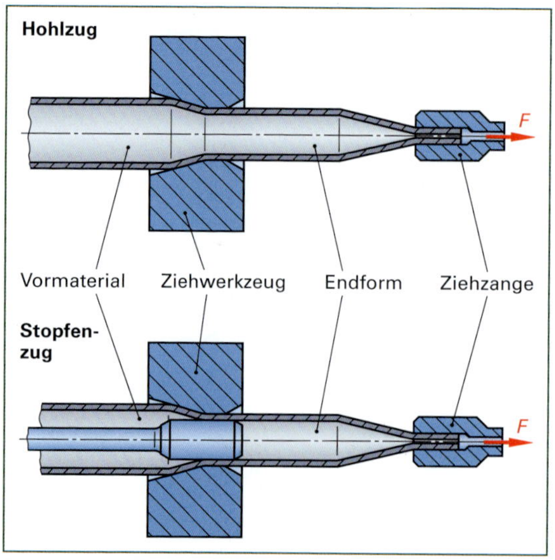


**Bild 2: Kaltziehen**

Kupferprofile werden dabei auch häufig über die Streckgrenze hinaus gedehnt. Dieser als Recken bezeichnete Vorgang dient einem Geraderichten des Werkstückes. Dabei tritt auch eine erwünschte Verfestigung des Materials ein.

Durch den Wärmeeintrag beim Löten und Schweißen verlieren die Enden der Stahlrohre einen Teil ihrer Festigkeit. Daher werden diese Bereiche bei besonders leichten Rahmenrohren dicker und das weniger belastete Rohrmittelteil dünner ausgeführt **(Bild 3)**. Diese Veredelung zu endverstärkten Rohren erfolgt als Kaltzug über einen Innendorn.

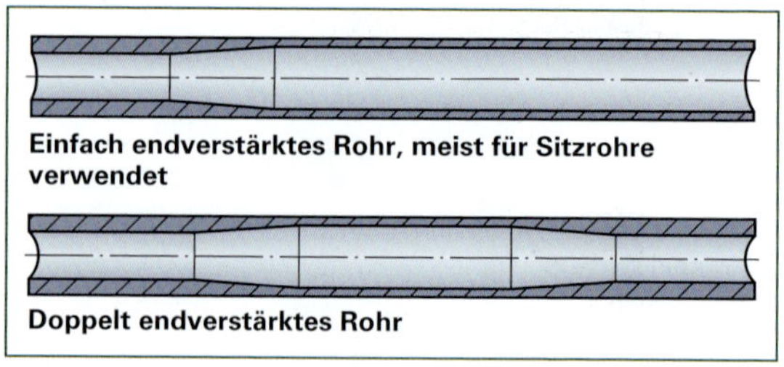


**Bild 3: Endverstärkte Rohre**

Beim **Tiefziehen** werden Bleche in einem oder mehreren Schritten zu einem Hohlkörper umgeformt. Die Blechdicke ändert sich dabei kaum **(Bild 4)**. Das Tiefziehen zählt zu den bedeutendsten Blechumformverfahren und wird sowohl in der Massenfertigung als auch in Kleinserien eingesetzt.

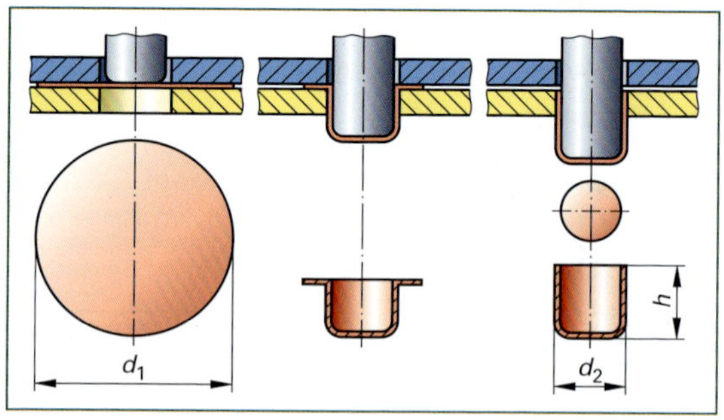


**Bild 4: Ablauf beim Tiefziehen**

**Innenhochdruckumformung** (engl. Hydroforming) ist mittlerweile das gebräuchliche Verfahren, um profilierte Rohre für Fahrradrahmen aus Aluminium herzustellen. Dabei wird ein metallisches Rohr oder Hohlkörper im geschlossenen Formwerkzeug durch den Druck einer Hydraulikflüssigkeit in die Form gepresst **(Seite 23, Bild 1)**. So werden ursprünglich runde Rohre in eine fast beliebige Querschnittsform gebracht, um Kraftverlauf, Steifigkeit und Gewicht zu optimieren sowie eine herstellereigene Formensprache zu ermöglichen. Weitere Vorteile sind die Minimierung von Montage- und/oder Schweißverbindungen, eine höhere mechanische Festigkeit durch Kaltverfestigung des Materials und eine hohe Maß- und Formgenauigkeit aufgrund einer reduzierten Rückfederung.

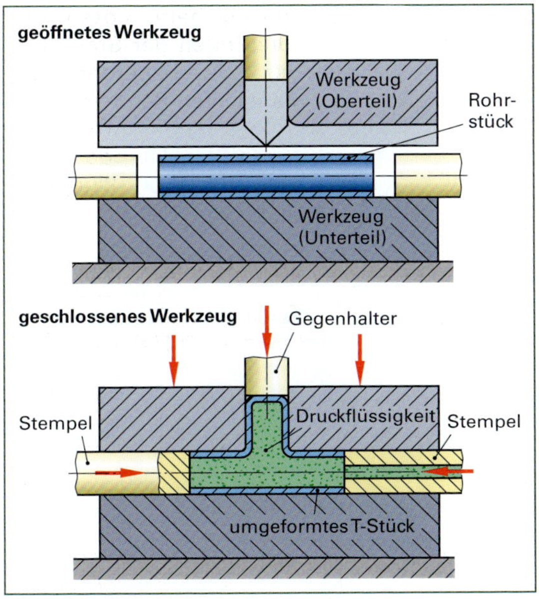


**Bild 1: Innenhochdruckumformen**

Beim **Biegen** wird ein Bereich des Werkstücks auf Zug, der andere auf Druck beansprucht. Dazwischen liegt eine unveränderte Zone, die auch „Neutrale Faser" genannt wird **(Bild 2)**.

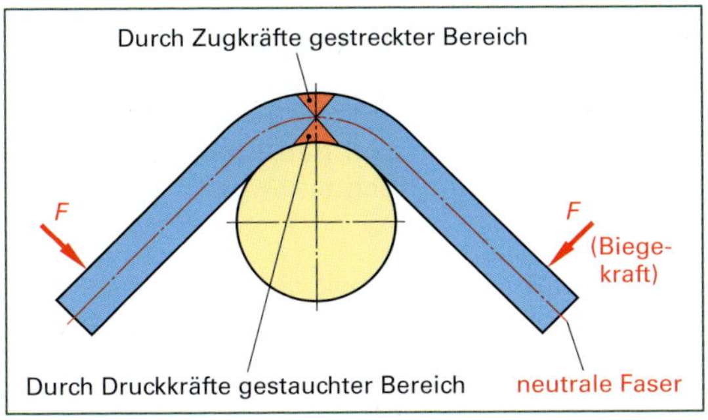


**Bild 2: Neutrale Faser beim Biegen**

Als vorgeformtes Halbfertigprodukt erhält Blech durch den Walzvorgang besondere Eigenschaften. Beim Kaltwalzen erlangt das Blech ein nach der **Walzrichtung** ausgerichtetes Werkstoffgefüge. Daher sollte beim Biegen von Blech möglichst senkrecht zur Walzrichtung gebogen werden. Werden Bleche zu kantig gebogen, besteht die Gefahr, dass sie an der Biegekante durch zu starkes Strecken reißen. Aus dem Grund ist beim Biegen von Blechen ein Mindestbiegeradius einzuhalten. Seine Größe ist von der Werkstofffestigkeit und Dehnbarkeit sowie von der Walzrichtung und der Blechdicke abhängig **(Bild 3)**. Muss ein Werkstück in mehreren Richtungen gebogen werden, legt man die Biegekante schräg zur Walzrichtung.

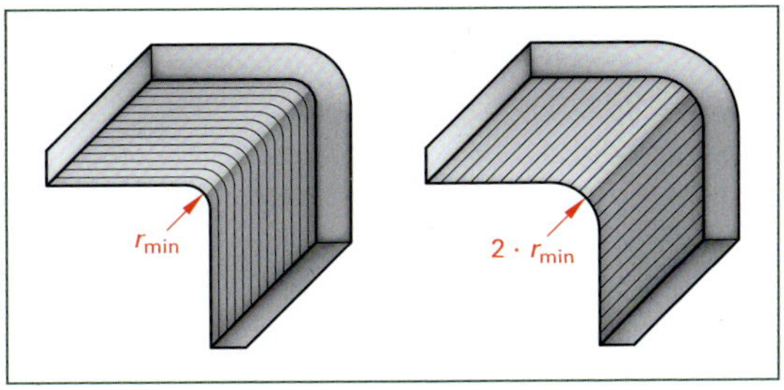


**Bild 3: Mindestbiegeradius und Walzrichtung**

Werden beim Biegen von Blech genaue Biegewinkel verlangt, muss die **Rückfederung** durch ein Überbiegen ausgeglichen werden. Der Rückfederungswinkel beträgt 1 % bis 3 % des Biegewinkels. Seine Größe hängt von der Blechdicke, dem Biegewinkel, dem Biegeradius und der Elastizität des Werkstoffs ab **(Bild 4)**.

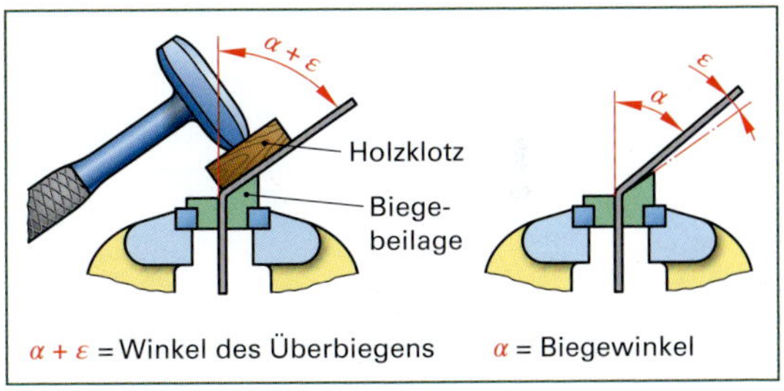


**Bild 4: Elastische Rückfederung beim Biegen**

Biegen von Hand ist bei Einzelfertigungen und Reparaturarbeiten eine regelmäßige Arbeit. Dünne Bleche und empfindliche Werkstoffe (z. B. Bleche aus Aluminium) werden von Hand oder mit Holz- oder Kunststoffhämmern bearbeitet und durch Holz oder Kunststoffbeilagen vor Schlagmarken geschützt.

Weil Rohre innen hohl sind, können sich die Zug- und Druckspannungen außerhalb der neutralen Faser nicht im Material verteilen. Im Bogen zieht sich das Rohr zusammen und wird oval **(Bild 5)** oder kollabiert, wenn der Biegewinkel zu groß wird.

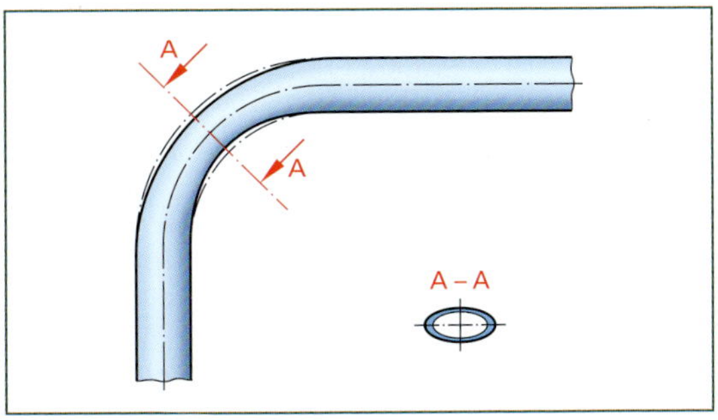


**Bild 5: Verformung eines Rohres beim Biegen**

1

Als Möglichkeiten, die Querschnittsveränderungen an der Biegestelle beim freien Biegen zu vermeiden, bieten sich an:

- Das Rohr mit feinem, trockenem Sand füllen und mit Holzkorken zu verschließen.
- Eine eng gewickelte Zugfeder einzulegen.
- Das Rohr mit schmelzbarem Stoff (Paraffin oder Kunstharz) füllen und zu verschließen.

Bessere Arbeitsergebnisse erzielt man mit mechanischen, hydraulischen oder elektrisch angetriebenen Rohrbiegemaschinen **(Bild 1)**. Diese haben auswechselbare Biegesegmente und Rollen, die dem Durchmesser des zu biegenden Rohres angepasst werden.

**Bild 1: Rohrbiegemaschine**

Beim Biegen geschweißter Rohre muss die Schweißnaht in der Ebene der neutralen Faser liegen.

### 1.3.3 Trennen

Durch Trennen werden Werkstücke aus Rohteilen hergestellt. Die Form wird dabei geändert und der Zusammenhang im Bereich der Bearbeitung aufgehoben **(Tabelle 1)**.

**Tabelle 1: Verfahren des Trennens**

| Vorgang | Verfahren (Beispiele) |
|---|---|
| Zerteilen | Scher-, Strahlschneiden |
| Spanen | Sägen, Fräsen, Schleifen |
| Abtragen | Funkenerosion |

**Grundlagen des Spanens**

Der Keil ist die Grundform jeder Werkzeugschneide. Beim Spanen werden Werkstoffteilchen mit einer keilförmigen Schneide von der Werkstückoberfläche abgetragen **(Bild 2)**. Der **Keilwinkel** $\beta$ bestimmt das Eindringverhalten in die Werkstoffoberfläche und die Stabilität der Schneide. Ein Werkzeug mit einem kleinen Keilwinkel dringt gut in das Werkstück ein und eignet sich für das Zerspanen weicher Werkstoffe, hat aber eine geringe Standzeit (die Zeit, bis die Schneide durch Verschleiß stumpf geworden ist). Ein Werkzeug mit großem Keilwinkel dringt schlecht in das Werkstück ein, besitzt jedoch eine größere Standzeit und ist vornehmlich für harte Werkstoffe geeignet.

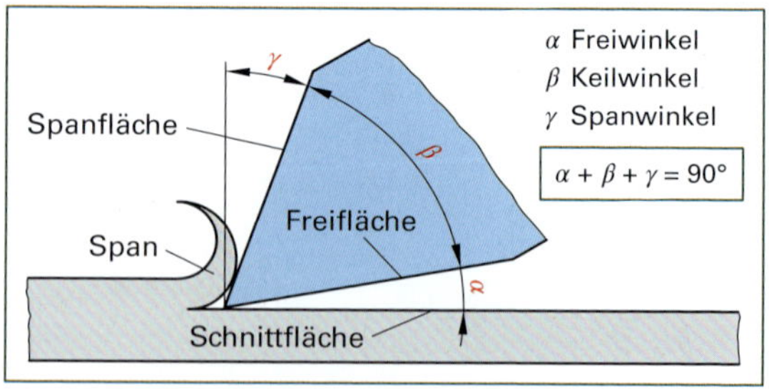


**Bild 2: Winkel am Schneidkeil**

Der Winkel zwischen der Freifläche und der entstandenen Schnittfläche ist der **Freiwinkel** $\alpha$. Er bestimmt die Reibung zwischen Werkzeug und Werkstück. Die Fläche am Schneidkeil, an der der Span abgleitet, ist die Spanfläche. Der Winkel zwischen der Spanfläche und einer gedachten Senkrechte zur Werkstückoberfläche ist der **Spanwinkel** $\gamma$. Er bestimmt die Art der Spanbildung. Durch die Größe des Spanwinkels wird die Wirkung des Schneidkeils festgelegt. Addiert man den Freiwinkel und den Keilwinkel und ergänzt ihn zu einem rechten Winkel, erhält man den Spanwinkel.

Ist die Summe aus Freiwinkel und Keilwinkel kleiner als 90°, so ergibt sich ein positiver Spanwinkel. Die Schneide dringt leicht in die Werkstückoberfläche ein, der Span schert nach oben ab. Das Werkzeug hat eine **schneidende Wirkung (Bild 3a)**. Ist die Summe aus Freiwinkel und Keilwinkel größer als 90°, ergibt sich ein negativer Spanwinkel. In diesem Fall hat das Werkzeug eine **schabende Wirkung (Bild 3b)** und eignet sich besonders für die Feinbearbeitung.

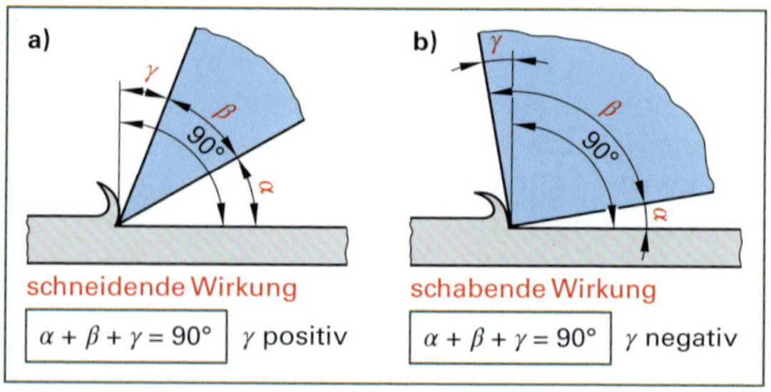


**Bild 3: Winkel und Wirkungen am Schneidkeil**

Der **Bewegungsablauf beim Zerspanen** wird in drei verschiedene Richtungen eingeteilt. Diese sind:

- Die Schnittbewegung,
- der Vorschub und
- die Zustellbewegung.

Alle Bewegungen können sowohl vom Werkzeug, als auch vom Werkstück ausgeführt werden **(Bild 1)**.

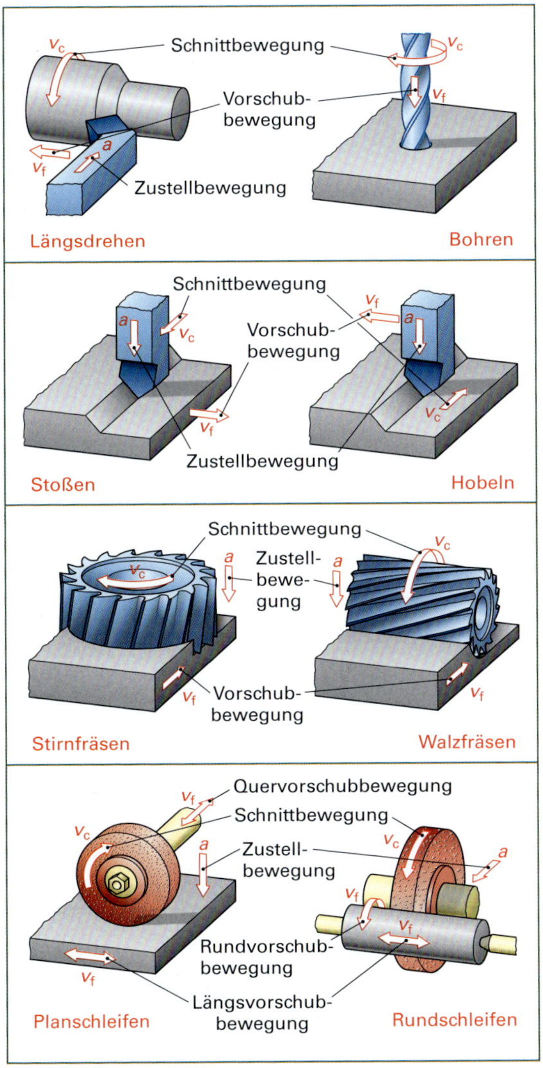


**Bild 1: Bewegungen beim Zerspanen**

Die Spanabnahme erfolgt durch eine geradlinige oder kreisförmige **Schnittbewegung**. Die Größe der Schnittbewegung wird durch die **Schnittgeschwindigkeit** $v_c$ in [m/min] angegeben; beim Schleifen in [m/s], da hier sehr große Schnittgeschwindigkeiten erreicht werden. Der Wert der Schnittgeschwindigkeit ist abhängig vom Werkzeug, dem zu spanenden Werkstoff, dem Kühlmittel, der Maschinenleistung und dem Aufbau der Werkzeugmaschine.

Der **Vorschub** bestimmt die Spanbreite. Er kann kontinuierlich erfolgen wie beim Drehen, Fräsen, Sägen, Bohren oder schrittweise wie beim Hobeln und Stoßen. Der Vorschub wird senkrecht zur Schnittbewegung durch das Werkzeug (z. B. beim Drehen) oder durch das Werkstück (z. B. beim Fräsen) ausgeführt.

Die Größe des Vorschubs ist von der geforderten Oberflächenqualität, der Zerspanungsmenge und der Leistung der Maschine abhängig. Er wird in [mm/Umdrehung] oder als Vorschubgeschwindigkeit in [mm/min] angegeben. Mit steigender Maschinenleistung wächst auch die Zerspanungskraft an der Werkzeugschneide, mit welcher der Span abgenommen wird. Dann kann unter sonst gleichen Bedingungen auch der Vorschub vergrößert werden, was wiederum zu einer größeren Zerspanungsmenge und verkürzten Bearbeitungszeiten führt.

Als **Zustellbewegung** bezeichnet man das Heranfahren von Werkzeug und/oder Werkstück zueinander vor dem Zerspanvorgang. Die Zustellung bestimmt die Schnitttiefe *a*, das heißt, wie tief das Werkzeug in das Werkstück eindringt.

**Kühlschmierstoffe** sind Hilfsmittel, auf die vor allem bei der maschinellen spanenden Fertigung nicht verzichtet werden kann. Ihre Hauptaufgaben bestehen in der Kühlung und Schmierung der Trennstelle. Darüber hinaus spülen sie die Späne von der Wirkstelle weg, binden Staub und wirken kurzzeitig als Korrosionsschutz. Es werden Schneidöle und wassergemischte Kühlschmierstoffe (Emulsionen) unterschieden. Ihre Auswahl ist in **Tabelle 1** dargestellt.

**Tabelle 1: Auswahl an Kühlschmierstoffen**

| Art | Anwendung bei |
|---|---|
| Emulsion (vorwiegend Kühlwirkung) | – hohen Arbeitstemperaturen<br>– Drehen, Fräsen, Bohren<br>– leicht bearbeitbaren Werkstoffen |
| Schneidöl (vorwiegend Schmierwirkung) | – niedriger Schnittgeschwindigkeit<br>– hoher Oberflächengüte<br>– schwer zerspanbaren Werkstoffen |

Im Werkstattalltag des Zweiradmechanikers müssen regelmäßig unterschiedliche Metalle in kleinen Mengen spanend nachbearbeitet werden. Folgende Kombinationen werden empfohlen:

- Zum Nachschneiden von kleineren Gewinden sind Kriech- oder Schmieröle geeignet.
- Für rostfreie, hochfeste Stähle sowie Titanlegierungen sind Hochleistungsschneidöle mit Extreme Pressure Additiven (EP) einzusetzen. Sie verhindern das Verschweißen der Metalle.
- Für Grauguss sollten Kühlschmierstoffemulsionen verwendet werden.
- Für Hartgummi und viele Kunststoffe eignet sich Seifenlauge.
- Für Magnesiumlegierungen sollte Druckluft eingesetzt werden.

Den industriell genutzten Emulsionen sind Biozide zur Vermeidung des Befalls mit Bakterien und Pilzen beigemischt. Diese können bei Kontakt mit der Haut oder dem Einatmen Krankheiten und Allergien auslösen. Bei ihrer Nutzung und Entsorgung sind besondere Vorschriften zu beachten.

**Scherschneiden** nennt man das spanlose Zerteilen zwischen zwei Schneiden, die sich aneinander vorbei bewegen. Vor allem Blech wird durch Scherschneiden bearbeitet. Die beiden Schneiden dringen zuerst in das Blech ein, bevor sie schneiden. Danach wird der restliche Querschnitt abgeschert **(Bild 1)**.

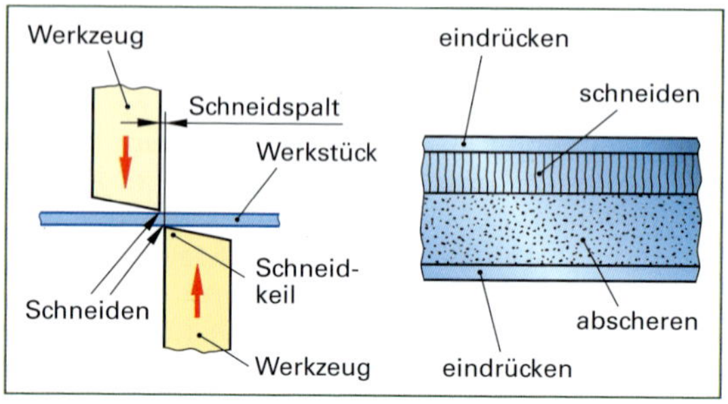


**Bild 1: Vorgang beim Scherschneiden**

Die **Säge** ist ein Werkzeug mit vielen hintereinander angeordneten Schneidkeilen. Mit diesen Sägezähnen wird der Werkstoff in einer schmalen Schnittfuge in mehreren Schichten als kleine Späne abgetragen. Der Spanraum nimmt die anfallenden Späne während des Sägens auf, bis sie aus der Schnittfuge fallen **(Bild 2)**.

Der Abstand der Zahnspitzen wird als Zahnteilung bezeichnet. Diese wird auf den Sägeblättern mit der Anzahl der Zähne je Zoll (= 25,4 mm) angegeben. Bei einem feinen Sägeblatt befinden sich immer mehr Zähne im Eingriff, als bei einem groben. Das verhindert das Einhaken des Blattes bei dünnwandigen Bauteilen. Außerdem tragen mehr Zähne Material ab, was die Bearbeitung harter Werkstoffe erleichtert. Allerdings bedingt dies einen kleinen Spanraum, der die relativ großen Späne weicher Materialien nicht aufnehmen kann.

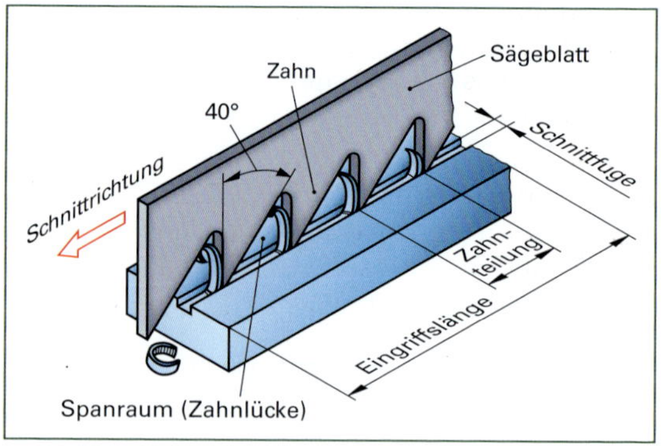


**Bild 2: Wirkungsweise des Sägeblatts**

Die Auswahl eines geeigneten Sägeblattes erfolgt nach der Einteilung grob, mittel und fein **(Tabelle 1)**.

**Tabelle 1: Einteilung der Sägen**

| Einteilung | Zähnezahl | Anwendung |
|---|---|---|
| grob | 16 | Aluminium, Kupfer, Zink, Kunststoffe; große Eingrifflänge |
| mittel | 22/24 | Stahl, Aluminium, Duroplaste |
| fein | 32 | Hartguss, CFK, dünnwandige Stahlbauteile, Hohlprofile |

Beim Sägen erwärmen sich das Sägeblatt und das Werkstück durch Reibung. Damit das Sägeblatt nicht durch die Wärmeausdehnung und durch die angefallenen Späne in der Schnittfuge klemmt, muss es seitlich freischneiden. Daher wird das Sägeblatt geschränkt oder gewellt **(Bild 3)**.

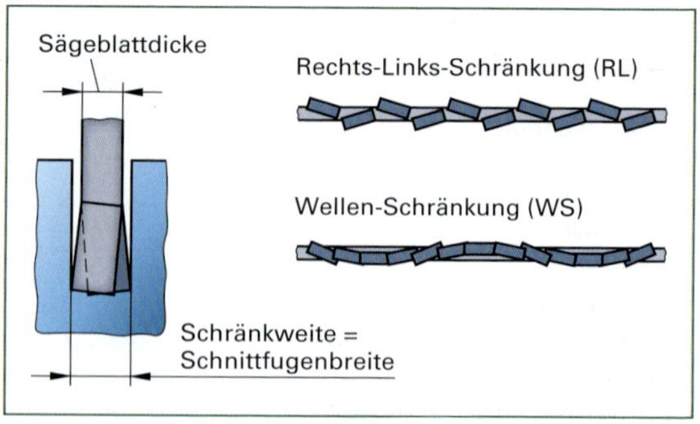


**Bild 3: Freischneiden des Sägeblatts**

Kreissägeblätter werden häufig hinterschliffen oder es werden Zähne aus Hartmetall eingesetzt, die breiter sind als das Sägeblatt.

Für Faserverbundkunststoffe wie CFK gibt es neben den konventionellen Handsägen auch Spezialblätter mit einer aufgelöteten Zahnschicht aus Wolframcarbidkörnern. Da die Körner eine geometrisch unbestimmte Schneidenform haben, arbeiten diese Werkzeuge in beide Richtungen schleifend und nicht sägend.

Zum Sägen von Hand werden meist Handbügelsägen verwendet **(Bild 1)**. Die Bügelsäge schneidet in Stoßrichtung, die Zähne zeigen nach vorn. Das Sägeblatt hat eine Breite von 0,6 mm bis 1,0 mm und meist eine Wellenschränkung.

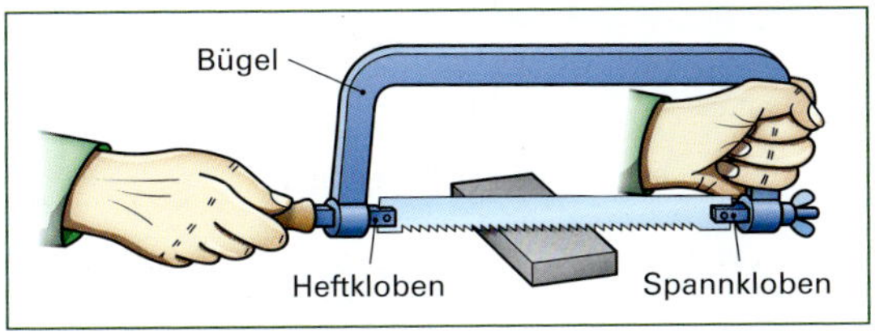


**Bild 1: Handbügelsäge**

Hinweise zum Sägen:

- Das Sägeblatt straff einspannen.
- Das Werkstück nahe der Trennstelle einspannen.
- Das Ansägen durch Anfeilen des Werkstücks mit einer Dreikantfeile erleichtern.
- Die Säge ohne viel Kraft vom Körper wegbewegen.
- Das Zurückziehen der Säge erfolgt ohne Druck.
- Die ganze Länge des Sägeblatts nutzen.
- CFK darf nicht mit einer Säge bearbeitet werden, mit der vorher Metall gesägt wurde.

**Feilen** sind mehrschneidige Werkzeuge zum Abtragen geringer Mengen Werkstoff **(Bild 2)**.

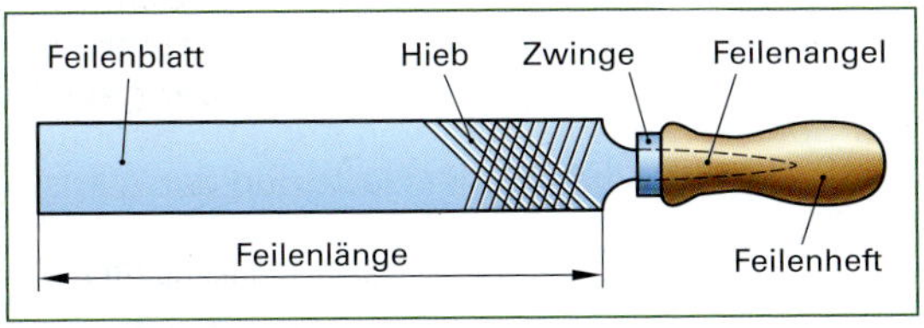


**Bild 2: Flachfeile**

Bei der Herstellung werden die Zähne im Feilenblatt durch Fräsen oder Hauen erzeugt. Gehauene Feilen haben einen negativen Spanwinkel und einen großen Keilwinkel. Sie arbeiten schabend und eignen sich zum Spanen harter Werkstoffe **(Bild 3a)**. Gefräste Feilen haben einen positiven Spanwinkel und arbeiten schneidend **(Bild 3b)**. Sie sind immer einhiebig.

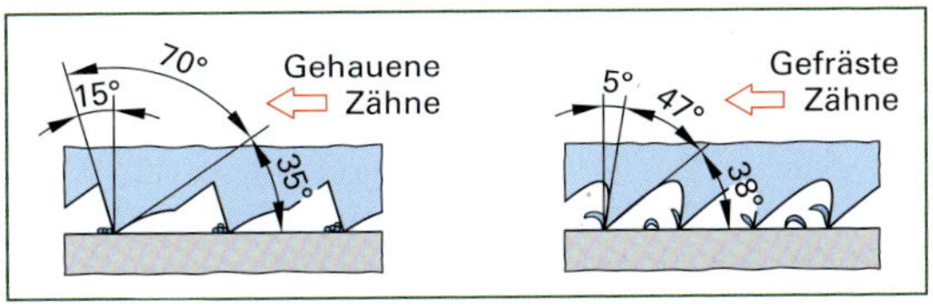


**Bild 3: Gehauene und gefräste Feilen**

Bei einhiebigen Feilen **(Bild 4a)** stehen die Zahnreihen (Hiebe) schräg zur Feilenlängsachse. Sie werden bei weichen Werkstoffen eingesetzt. Eine solche Feile neigt dazu, seitlich zu verlaufen. Beim Kreuzhieb **(Bild 4b)** unterscheiden sich Ober- und Unterhieb hinsichtlich der Teilung und ihrem Winkel zur Längsachse. Er vermeidet die Riefenbildung und eignet sich u.a. für Stahl, Gusseisen und Messing. Der Raspelhieb hat punktförmig gehauene Zähne, die weit auseinanderliegen **(Bild 4c)**. Die auch als Raspel bezeichnete Feile eignet sich für Holz, Leder, Kunststoff und Stein.

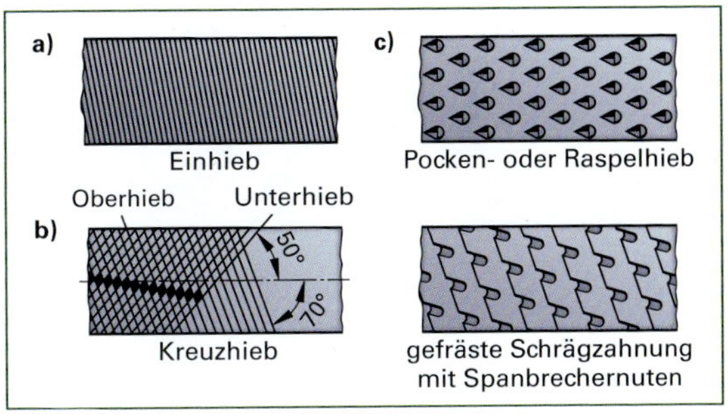


**Bild 4: Hiebarten**

Die Hiebnummer vereinheitlicht die Einteilung der Feilen bei unterschiedlichen Feilenblattlängen. Unter der Hiebzahl versteht man die Anzahl der Hiebe des Oberhiebs auf 10 mm Feilenblattlänge **(Tabelle 1)**.

**Tabelle 1: Hiebeinteilung gehauener Feilen**

| Bezeichnung | Hieb-nummer | Hieb-zahl | Anwendung |
|---|---|---|---|
| Schrupp-/Bastard-feile | 1 | 7 bis 17 | Hoher Materialabtrag, Vorfeilen |
| Halb-schlicht-feile | 2 | 10 bis 22 | Materialabtrag gering, Entgraten von größeren Werkstücken |
| Schlicht-feile | 3 | 13 bis 28 | Feine Arbeiten an glatten Oberflächen, Entgraten kleiner Werkstücke |
| Gefräste Feilen werden in Zahnung 1 (grob), 2 (mittel) und 3 (fein) eingeteilt. | | | |

1

Durch **Bohren** werden zylindrische Löcher (Bohrungen) hergestellt oder erweitert. Bohren ist ein spanendes Umformen mit kreisförmiger Schnittbewegung. Die Vorschubbewegung verläuft geradlinig in Richtung der Bohrungslängsachse. Senken und Reiben zählen ebenfalls zu den Bohrverfahren. Auch hier verläuft die Vorschubbewegung geradlinig in Richtung der Bohrungslängsachse.

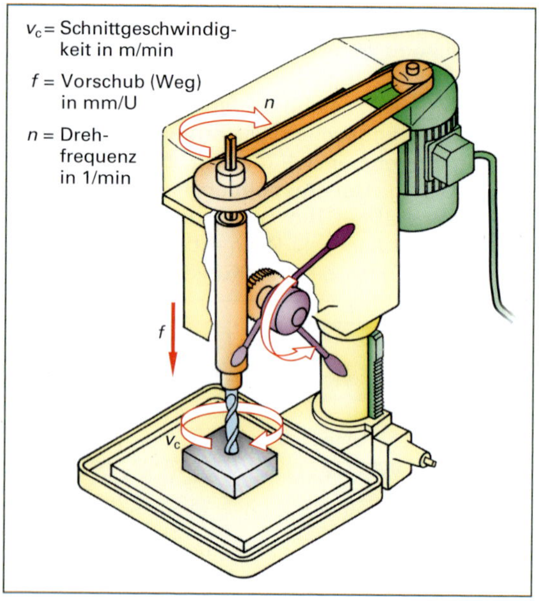


**Bild 1: Bohrvorgang**

Zwei Bewegungen bewirken beim Bohren die Spanabnahme **(Bild 1)**:

- Das Bohrwerkzeug wird über den Motor, das Getriebe und die Bohrspindel in Drehung versetzt und führt eine kreisförmige Schnittbewegung aus.
- Um die Schneiden des Bohrwerkzeugs in die Werkstückoberfläche eindringen zu lassen, wird die Bohrspindel über Handhebel, Zahnrad und Zahnstange in Richtung der Bohrerachse gedrückt. Dies ist die geradlinige Vorschubbewegung.

Der Spiralbohrer ist für Durchmesser bis 20 mm und Bohrtiefen bis 5 × Bohrerdurchmesser das am häufigsten verwendete Bohrwerkzeug. Zu seiner Herstellung werden in einen zylindrischen Rohling aus Schnellarbeitsstahl zwei wendelförmige Nuten gefräst. Die Steigung der Nut legt den Drallsteigungswinkel und damit den wirksamen Spanwinkel fest. Durch Hinterfräsen längs der Spannuten entstehen zwei relativ schmale Führungsfasen mit den sogenannten Nebenschneiden. Die Führungsfasen führen den Bohrer in der Bohrung; die Nebenschneiden glätten die Innenseite der Bohrung. Die Hauptschneiden am Bohrer entstehen durch kegelförmiges Anschleifen der Spitze. Der dadurch gebildete Spitzenwinkel $\sigma$ bestimmt die Länge der Schneiden. Die Hauptschneiden werden hinterschliffen, damit sie in den Werkstoff eindringen können. Es entstehen so die Freiflächen **(Bild 2)**.

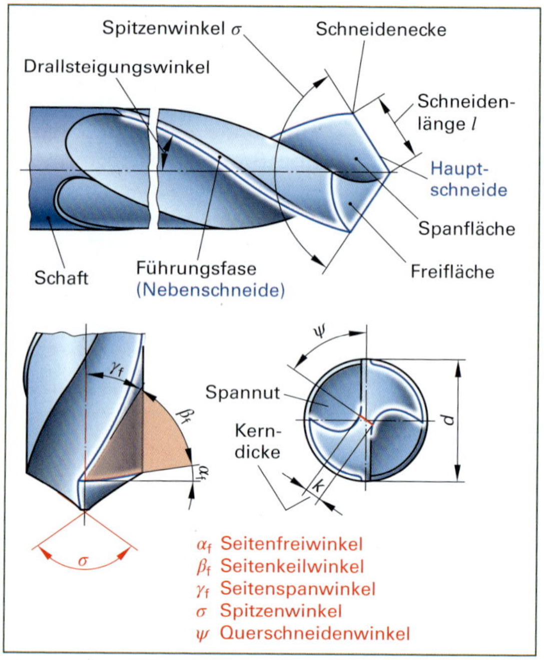


**Bild 2: Aufbau und Winkel eines Spiralbohrers**

Bei einem großen Spitzenwinkel sind die Schneiden stabiler, da die Hauptschneiden kürzer werden. Die Bruchgefahr verringert sich. Bei einem kleinen Spitzenwinkel sind die Hauptschneiden länger. Sie leiten die Wärme besser ab, der Bohrer wird jedoch höher belastet.

Der Spitzenwinkel und der Drallnutenwinkel des Bohrers sind aufeinander abgestimmt. Die Größe des Spitzenwinkels hängt von den Zerspanungseigenschaften, wie z. B. der Härte und der Wärmeleitfähigkeit des zu bearbeitenden Werkstoffs ab.

Durch Veränderung des Drallnutenwinkels und damit des Spanwinkels ändert sich auch der Keilwinkel der Hauptschneiden. Zum Bohren weicher Werkstoffe wird ein kleiner Keilwinkel (Typ W), für harte Werkstoffe ein großer Keilwinkel mit kleinem Spanwinkel gewählt (Typ H). Für Bohrarbeiten in der Zweiradwerkstatt ist ein Bohrer des Typs N (normalharte Werkstoffe) in der Regel ausreichend **(Seite 29, Tabelle 1)**. Für rostfreie Stähle sind mit Cobalt legierte HSS-E-Bohrer erforderlich.

1

**Tabelle 1: Spiralbohrertypen**

| | |
|---|---|
| 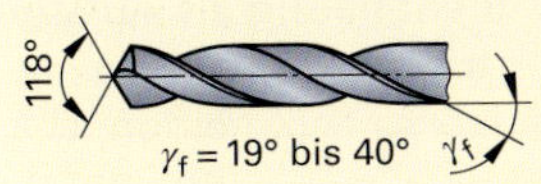 | **Typ N**<br>normale Ausführung für weichen Stahl, Grauguss, nicht rostenden Stahl |
| 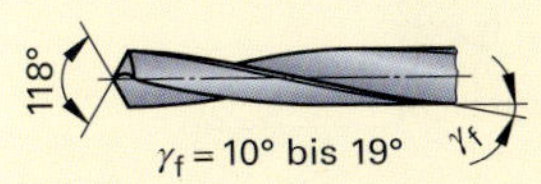 | **Typ H**<br>für harte und spröde Werkstoffe, z. B. hochfester Stahl, Schichtpressstoffe |
| 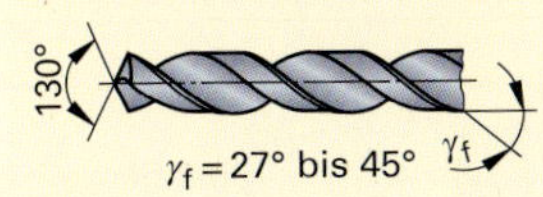 | **Typ W**<br>für weiche und zähe Werkstoffe, z. B. Aluminium-, Kupfer- und Zink-Legierungen |

Die Freiflächen bilden mit den Hauptschneiden eine Querschneide, deren Länge von der Kerndicke und der Länge der beiden Hauptschneiden abhängig ist. Je größer der Bohrerdurchmesser, desto größer ist die Länge der Querschneide. Der negative Querschneiden-Spanwinkel hat lediglich schabende Wirkung mit einem geringen Werkstoffabtrag.

Die niedrige Umfangsgeschwindigkeit der Querschneide im Drehzentrum des Bohrers und die schabende Wirkung sind die Ursache für die hohen Vorschubkräfte beim Bohren. Zur Verringerung der Vorschubkraft beim Vollbohren in Metall sollte über 4 mm Durchmesser immer vorgebohrt werden. Die Querschneide des Folgebohrers ist dadurch nicht mehr im Eingriff. Zum Vorbohren wählt man einen Spiralbohrer, dessen Durchmesser mindestens der Querschneidenlänge *k* des Folgebohrers entspricht.

Die bei der Zerspanung entstehende Reibungswärme wird mit den Spänen und dem Kühlschmiermittel, aber auch über das Werkstück und die Hauptschneiden abgeführt.

Ab einem Bohrungsdurchmesser von 7 mm sind Werkstücke gegen Herumreißen zu sichern. Dies geschieht bei kleineren Werkstücken mit einem Maschinenschraubstock. Er wird, wenn nötig, auf dem Bohrmaschinentisch festgeschraubt. Große Werkstücke sind mit Spanneisen, Spannschrauben und Spannunterlagen direkt auf dem Bohrmaschinentisch zu spannen. Runde Werkstücke werden in ein Bohrprisma gelegt und mit einem Bügelspanneisen fixiert **(Bild 1)**.

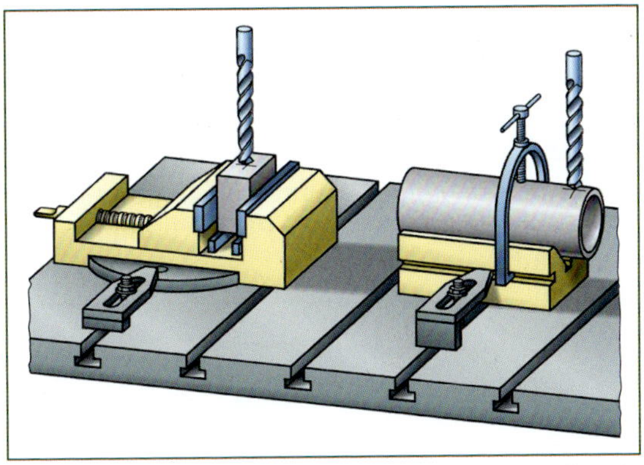

**Bild 1: Spannen der Werkstücke im Maschinenschraubstock und im Bohrprisma**

Nach dem Ankörnen kann ein biegesteifer Zentrierbohrer das Vorbohren von runden Werkstücken oder auf schrägen Flächen erleichtern **(Bild 2)**.

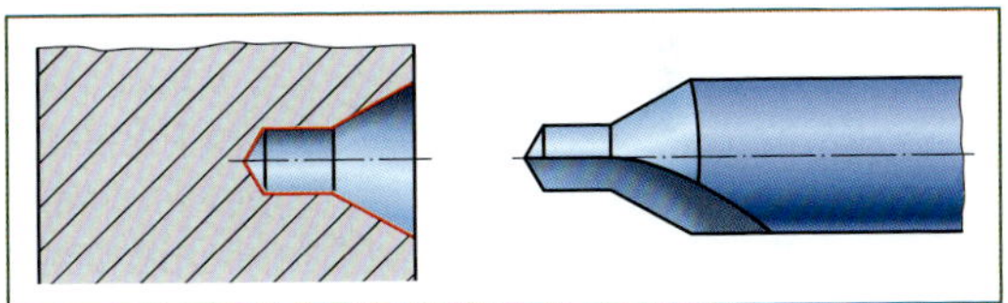

**Bild 2: Zentrierbohrer nach DIN 333**

**Arbeitsregeln beim Bohren:**

- Sorgfältiges Anreißen und Körnen.
- Bohrerauslauf unter/hinter dem Werkstück beachten.
- Das richtige Schneidöl oder Kühlschmiermittel verwenden.
- Vorbohren ab einem Bohrungsdurchmesser von ca. 4 mm.
- Beim Durchbohren von Metallen mit der Handbohrmaschine sollte die Drehfrequenz beim Wiederaustritt erhöht und der Vorschub verringert werden, um einen Bohrerbruch zu vermeiden.
- Richtige Auswahl des Bohrers (N, H oder W).
- Sicheres Einspannen und genaues Ausrichten des Werkzeugs und Werkstücks.
- Einstellen der notwendigen Drehzahl und des Vorschubs.
- Bohrungen mit einem Kegelsenker entgraten.

**Unfallverhütung beim Bohren:**

- Kleidung mit engen Ärmeln tragen; bei langen Haaren Kopfbedeckung aufsetzen.
- Keiltreiber aus der Bohrspindel und Schlüssel auf dem Bohrfutter nach Gebrauch sofort herausnehmen.

- Flache und kurze Werkstücke gegen Herumreißen sichern. Ab 7 mm Bohrerdurchmesser Werkstücke immer spannen **(Bild 1)**.
- Schutzvorrichtungen müssen während des Arbeitens angebracht sein.
- Beim Bohren immer Schutzbrille tragen.
- Bohrspäne nur mit dem Pinsel (niemals mit Druckluft!) entfernen.

Bild 1: Werkstücke immer fest spannen

Die Werkzeuge zum **Senken** haben im Vergleich zu den Bohrern einen kleineren Freiwinkel und eine größere Freifläche. Dadurch stützt sich der Senker auf der Schnittfläche ab, was die Entstehung von Rattermarken verhindert. Die Schnittgeschwindigkeit ist gleich oder kleiner als beim Bohren, der Vorschub kann bis 50 % kleiner sein.

Die verschiedenen Arten des Senkens werden an einem Werkstück **(Bild 2)** erläutert.

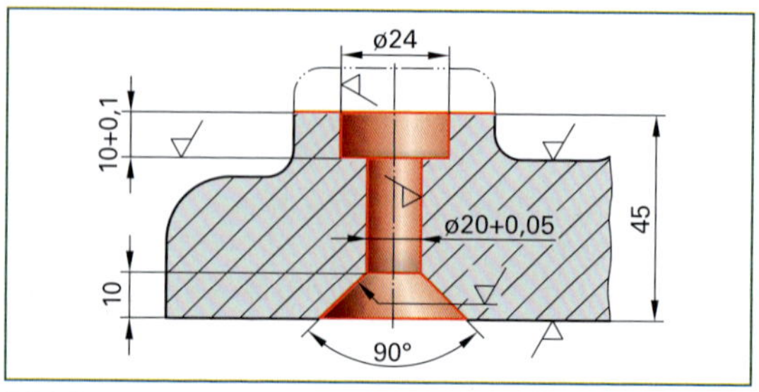


Bild 2: Durch Bohren und Senken bearbeitetes Werkstück

Ein **Aufbohrer** (Spiralsenker) hat drei und mehr Schneiden und dient zum Aufbohren einer vorhandenen Bohrung. Dabei wird die Maß- und Formgenauigkeit sowie die Oberflächengüte der Bohrung erhöht **(Bild 3)**.

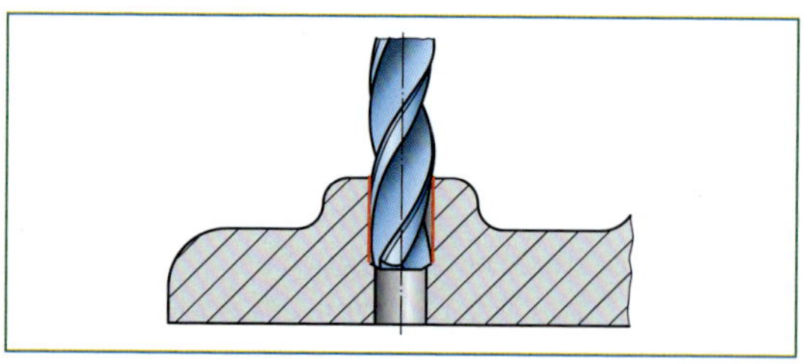

Bild 3: Aufbohrer (Spiralsenker)

Mit einem **Plansenker** (Flachsenker) wird am Werkstück eine Planfläche an- oder eingesenkt **(Bild 4 und 5)**. Die Fläche dient häufig als Auflage für Schrauben und Muttern oder Lager.

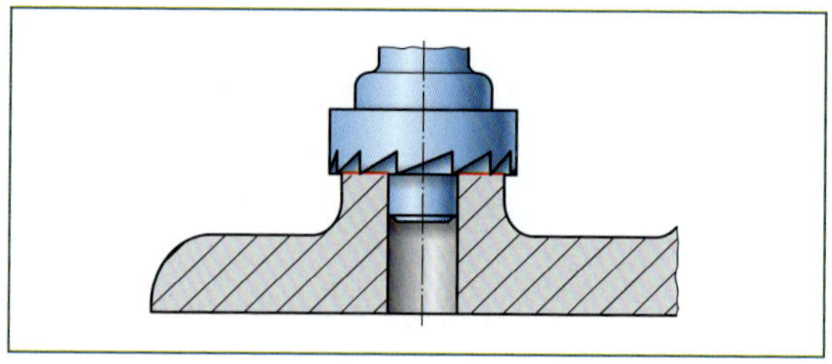

Bild 4: Planansenken; Plansenker mit Führungszapfen

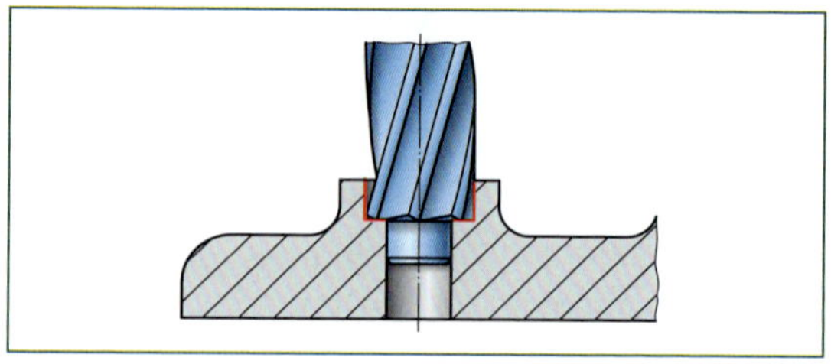

Bild 5: Planeinsenken

Mit dem **Kegelsenker** fertigt man kegelige Profilsenkungen **(Bild 6)**. Zum Entgraten von Bohrungen verwendet man einen Kegelsenker zwischen 60° und 90° Kegelwinkel. Je nach Ausführung hat der Kegelsenker eine, drei oder viele Schneiden.

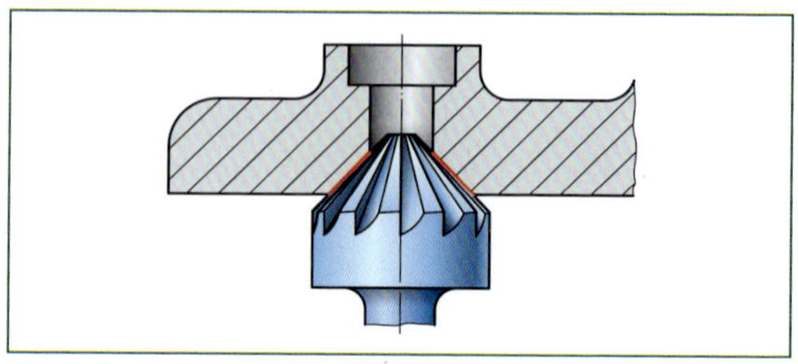

Bild 6: Profilsenken; Kegelsenker

*Hinweis*:
Im Zweiradgewerbe wird häufig vom „Planfräsen“ oder „Lagersitzfräsen“ gesprochen. Diese Arbeiten zählen zum Fertigungsverfahren Senken, weil die Vorschubbewegung des sich drehenden Bohrwerkzeugs ausschließlich in Werkzeuglängsrichtung erfolgt.

Planangesenkt werden die Stirnflächen von Kurbellagergehäusen, konventionellen Lenkkopfrohren und Bremssattelaufnahmen. Profilgesenkt werden die konischen Lagersitze von vollintegrierten Lenkungslagern im Rahmen. Meist kommen Mehrfach-Profilsenker zum Einsatz, die das Lenkkopfrohr in einem Arbeitsgang aufbohren und planansenken oder kegeleinsenken **(Bild 1)**.

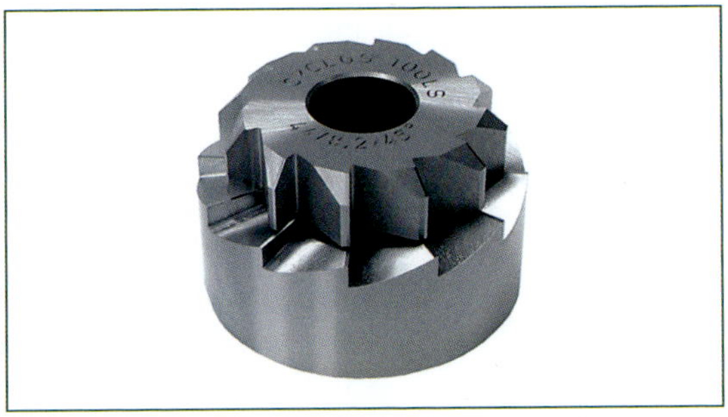

**Bild 1: Profilsenker für integrierte Lenkungslager**

Arbeitsregeln für das Senken:

- Senker mit zylindrischem Schaft bis auf den Grund des Spannfutters einspannen.
- Kleine Drehzahlen einstellen.
- Um beim Planansenken von Lagerstirnflächen das Entstehen von Rattermarken zu vermeiden, die Vorschubbewegung von Hand so klein wie möglich halten.
- Schneidöle wie beim Bohren verwenden.

Werden von Bohrungen hohe Maß- und Formgenauigkeit und eine hohe Oberflächengüte gefordert, so ist dies durch Bohren allein nicht möglich. Die Bohrung muss durch **Reiben** feinbearbeitet werden **(Bild 2)**.

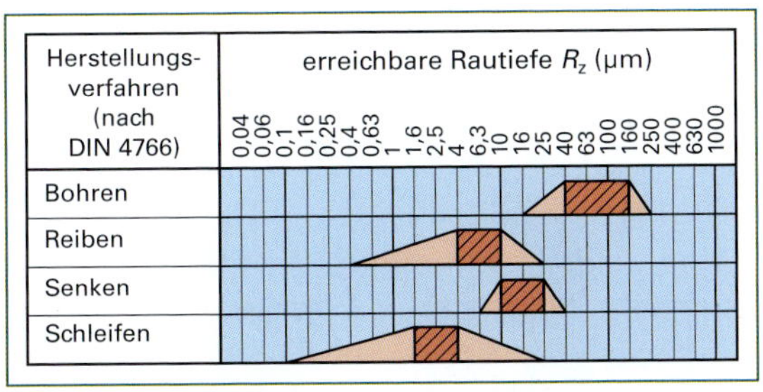


**Bild 2: Vergleich von erreichbaren Rautiefen**

Die Spanabnahme beim Reiben geschieht durch die Rotation der **Reibahle** und die gleichzeitige Vorschubbewegung in Richtung der Werkzeuglängsachse. Die Bohrung ist 0,05 mm bis 0,2 mm kleiner als der Enddurchmesser. Um eine hohe Oberflächengüte zu erzielen, müssen der Vorschub und die Drehzahl niedrig gewählt werden. Der spanende Teil der Reibahle ist der Schneidenteil. Er besteht aus dem Anschnitt und dem Führungsteil. Die Spanabnahme erfolgt nur am Anschnitt, während der Führungsteil glättet und führt **(Bild 3)**.

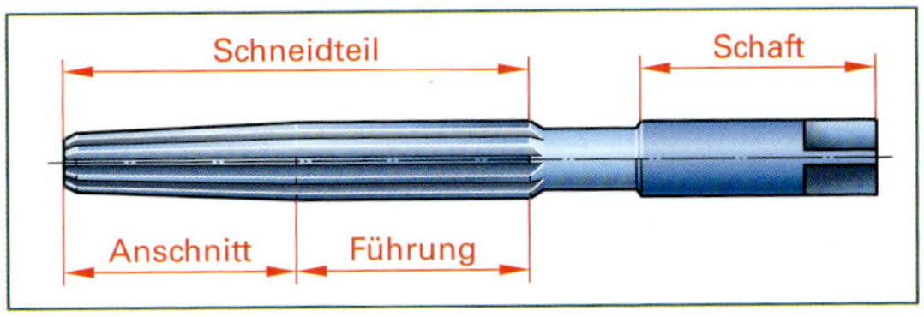


**Bild 3: Aufbau einer Handreibahle**

Die hohe Oberflächengüte beim Reiben erfolgt durch die schabende Wirkung der Schneiden. Der Spanwinkel beträgt 0° oder ist negativ **(Bild 4)**. Bezogen auf den Umfang ist die Anordnung der Schneiden (Zahnteilung) ungleich, wodurch Rattermarken vermieden werden. Je mehr Schneiden an einer Reibahle vorhanden sind, desto besser wird die Formgenauigkeit.

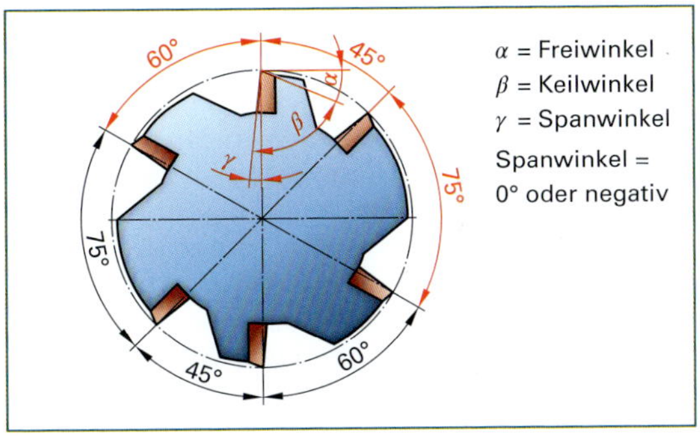


**Bild 4: Winkel und Teilung der Schneiden einer Reibahle**

Die Schneiden können gerade oder mit Linksdrall angeordnet sein. Der Linksdrall verhindert, dass die Reibahle in die Bohrung gezogen wird und die Schneiden an einer vorhandenen Längsnut einhaken. Späne werden gleichzeitig aus der Bohrung abgeführt.

Geschlitzte Reibahlen können durch einen Konus gespreizt und dadurch in engen Grenzen verstellt werden **(Bild 5a)**. Reibahlen mit eingesetzten Schneiden haben einen größeren Verstellbereich **(Bild 5b)**. Beim Verstellen werden die Schneiden durch zwei Gewinderinge auf einer schrägen Fläche verschoben. Reibahlen dieser Bauart werden in Fahrradwerkstätten am häufigsten verwendet. Mit ihnen werden Sitzrohrinnenseiten feinbearbeitet und geglättet.

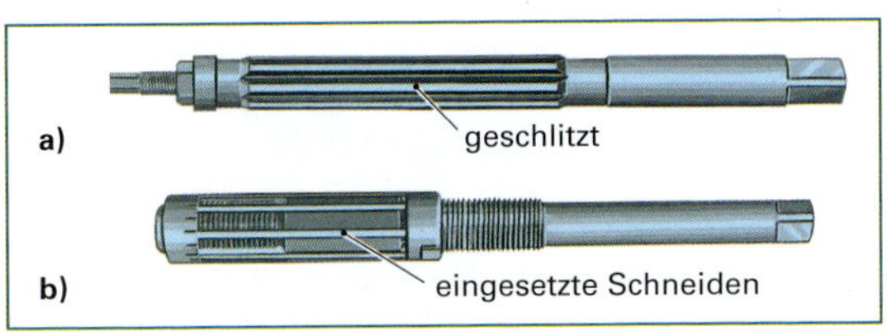


**Bild 5: Verstellbare Handreibahlen**

Arbeitsregeln für das Reiben:

- Reibahle rechtwinklig zum Werkstück einführen und anschneiden.
- Genügend Schneidöl verwenden.
- Reibahle mit gleichmäßigem Druck im Uhrzeigersinn eindrehen.
- Reibahle nie entgegen dem Uhrzeigersinn drehen.

Gewinde werden im Bereich der Reparatur und Einzelfertigung zu einem großen Teil durch **Gewindeschneiden** von Hand hergestellt. Für das Schneiden von Innengewinden werden **Gewindebohrer**, für das Schneiden von Außengewinden **Schneideisen** verwendet. Das Werkzeug führt die Schnitt- und die Vorschubbewegung aus. Dabei wird der Vorschub durch die Gewindesteigung bestimmt.

Der kegelige Anschnitt des Werkzeugs und die Steigung der Gewindegänge bewirken eine allmähliche Vertiefung bis zur endgültigen Profilform. Dabei wird der Werkstoff durch den Gewindebohrer überwiegend spanend bearbeitet. Ein Teil des Werkstoffs wird nach innen verdrängt und aufgestaucht (Aufschneiden, **Bild 1**). Deshalb muss der Durchmesser des Kernlochbohrers immer etwas größer sein (0,2 mm bis 0,4 mm) als der Kerndurchmesser des Gewindes. Je weicher der Werkstoff (z. B. Al, Cu), desto größer muss das Kernloch gebohrt werden.

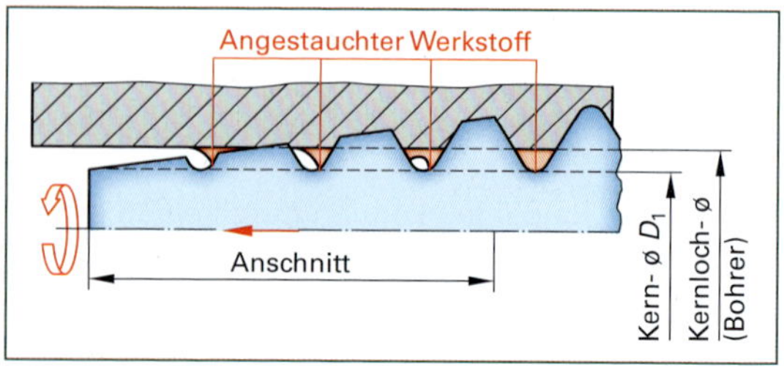


**Bild 1: Gewindebohren**

Zwei- oder dreiteilige **Satzgewindebohrer** sind im Handwerk die gebräuchlichsten Bohrwerkzeuge für die Herstellung von Gewinden. Sie bestehen aus unbeschichtetem oder beschichtetem HSS-Stahl oder Hartmetall. Beim Satzgewindebohrer erfolgt die Schnittbewegung von Hand in zwei bzw. drei Arbeitsgängen **(Bild 2)**.

Der **Maschinengewindebohrer** schneidet auf Werkzeugmaschinen das Gewinde in einem Arbeitsgang. Der Anschnitt des Gewindebohrers ist kürzer, die Torsionskräfte durch die größere Eingriffsfläche der Schneiden beim Spanen höher. Es gibt Maschinengewindebohrer mit rechts- oder linksgedrallten Spannuten. Rechtsgedrallte Bohrer ziehen die Späne aus der Bohrung heraus und sind besonders für Innengewinde in Grundlöchern geeignet **(Bild 3a)**. Linksgedrallte Bohrer führen die Späne nach unten ab und sind für Innengewinde in Durchgangsbohrungen geeignet **(Bild 3b)**.

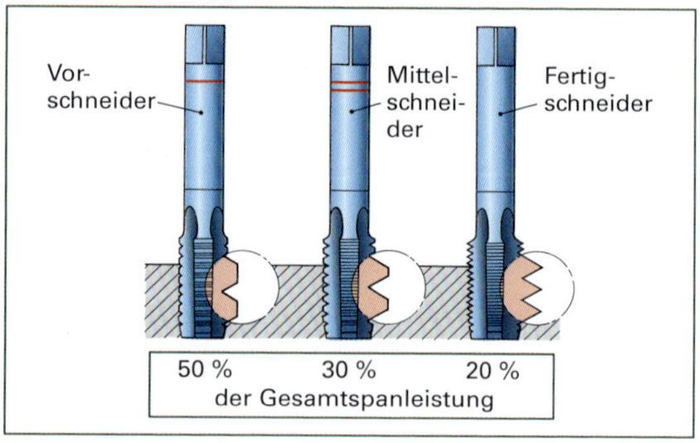


**Bild 2: Satzgewindebohrer**

Rechtsgedrallte Maschinengewindebohrer in den Größen M5 und M6 sind hilfreiche Werkzeuge in Fahrradwerkstätten, denn nur selten müssen Gewinde neu geschnitten werden. Beim regelmäßig notwendigen Nachschneiden von Rahmen- und Gabelgewinden werden meist nur Farbreste und Späne aus der Bohrung gezogen.

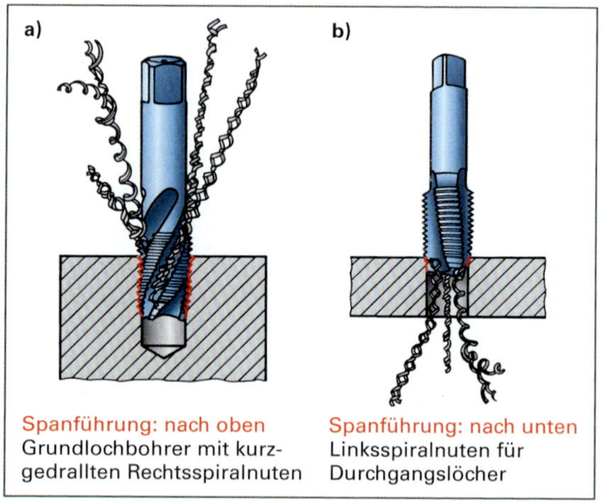


**Bild 3: Maschinengewindebohrer mit Rechtsdrall/ Linksdrall**

Zum Schneiden der Außengewinde von Hand verwendet man **Schneideisen** mit Schneideisenhalter **(Seite 33, Bild 1)**. Wie beim Innengewindeschneiden tritt auch beim Spanen mit dem Schneideisen ein Stauchen des Werkstoffs auf.

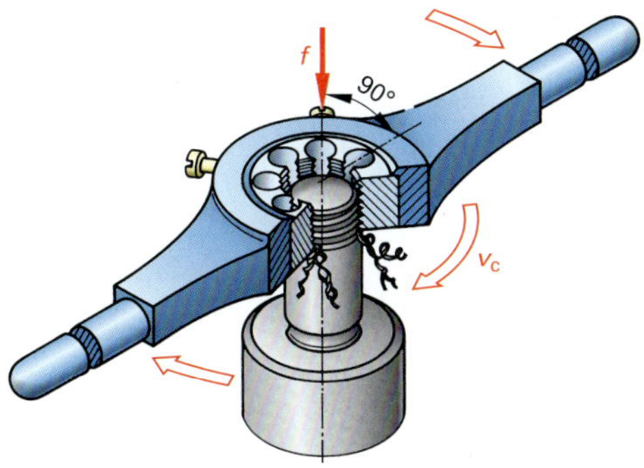


$f$ = Vorschub
$v_c$ = Schnittgeschwindigkeit

**Bild 1: Außengewindeschneiden von Hand**

Man unterscheidet:

- Geschlossene Schneideisen **(Bild 2a)**.
- Geschlitzte oder offene Schneideisen, die durch eine Spreizschraube geringfügige Durchmesseränderungen zulassen **(Bild 2b)**.
- Sechskant-Schneideisen, mit denen auch an schwer zugänglichen Stellen gearbeitet werden kann **(Bild 2c)**

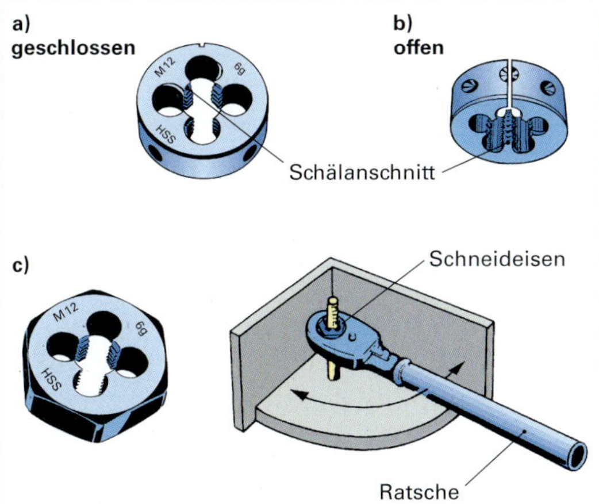


**Bild 2: Schneideisen**

Zum Schneiden von Gewinden müssen die Kernlöcher und die Bolzenaußendurchmesser maßhaltig sein. Für metrische ISO-Gewinde (Regel- und Feingewinde) entspricht der **Kernlochdurchmesser $d_k$** dem **Gewindedurchmesser $d$** minus der **Gewindesteigung $P$**. Der Bolzenaußendurchmesser muss einen kleineren Durchmesser haben als der zu schneidende Gewindedurchmesser **(Tabelle 1)**.

**Tabelle 1: Abmessungen für metrische ISO-Gewinde in mm**

| ISO-Gewinde | M4 | M5 | M6 | M8 |
|---|---|---|---|---|
| Steigung $P$ | 0,7 | 0,8 | 1,0 | 1,25 |
| Kernloch $d_k$ | 3,3 | 4,2 | 5,0 | 6,8 |
| Bolzenaußen-Ø | 3,9 | 4,9 | 5,9 | 7,9 |

Um eine hohe Oberflächengüte zu erreichen, müssen geeignete Schneidöle oder Kühlschmiermittel verwendet werden. Sie schützen vor Festfressen und vor einer zu starken Erhitzung durch hohe Reibung. Durch die Wärmeausdehnung der Werkstoffe wird die Reibung weiter erhöht, sodass Werkzeuge festklemmen und brechen können.

Arbeitsregeln für das Gewindeschneiden von Hand:

- Bohrloch mit vorgegebenem Kernlochdurchmesser herstellen bzw. Bolzen mit passendem Außendurchmesser wählen.
- Eine Kernlochbohrung muss tiefer sein als die nutzbare Gewindetiefe.
- Bohrloch mit Kegelsenker 90° ansenken bzw. Bolzen anfasen.
- Werkzeug ansetzen und die Rechtwinkligkeit zum Werkstück prüfen; dies während des Gewindeschneidens einhalten.
- Schneidöl/Kühlschmierstoff verwenden.
- Reihenfolge der Satzgewindebohrer beachten.
- Gewindebohrer bzw. Gewindeschneider unter gleichmäßigem Druck beider Hände mit dem Windeisen drehen.
- Nach etwa einer halben Umdrehung durch kurzes Zurückdrehen des Gewindebohrers bzw. -schneiders die Späne brechen.
- Späne bei Bedarf entfernen, bei Grundlöchern Spänestau vermeiden und vorsichtig bis zum Bohrungsgrund drehen.

## Werkzeugmaschinen

Bestimmte Fertigungsverfahren erfordern hohe Bearbeitungskräfte und damit den Einsatz von Werzeugmaschinen. In der Zerspanungstechnik gehören dazu neben dem Bohren **(Seite 28, Bild 1)** das Drehen, das Fräsen, das Räumen und das Schleifen.

In der DIN 69 651 werden Werkzeugmaschinen definiert als *mechanisierte und mehr oder weniger automatisierte Fertigungseinrichtung, die durch relative Bewegung zwischen Werkstück und Werkzeug eine vorgegebene Form am Werkstück oder eine Veränderung einer vorgegebenen Form an einem Werkstück erzeugt.*

Das Fertigungsverfahren **Drehen** wird für die Herstellung von rotationssymmetrischen Teilen wie Achsen, Wellen, Schrauben und Spindeln eingesetzt. Eine Übersicht über die gebräuchlichsten Drehverfahren bietet **Bild 1**.

| | |
|---|---|
| **Runddrehen** 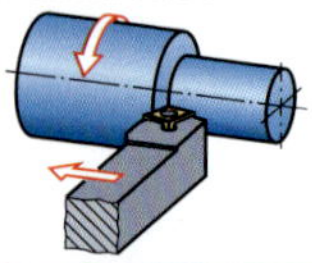 | Beim Runddrehen wird eine zylindrische Fläche erzeugt: Längs-Runddrehen (Bild), Breitschlichtdrehen und Quer-Runddrehen |
| **Plandrehen** 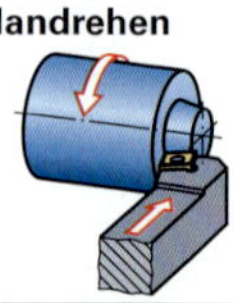 | Beim Plandrehen wird eine ebene Fläche senkrecht zur Drehachse des Werkstücks erzeugt: Quer-Plandrehen (Bild) und Quer-Abstechdrehen |
| **Gewindedrehen** 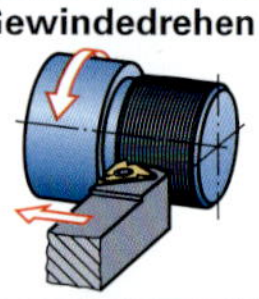 | Mit einem Profilwerkzeug werden schraubenförmige Flächen erzeugt: Gewindedrehen (Bild) und Gewindestrehlen (mehrschneidiges Werkzeug) |
| **Stechdrehen** 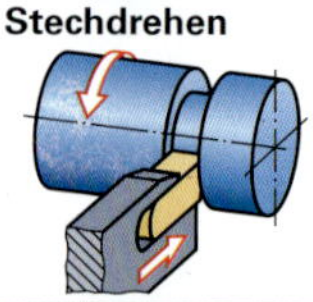 | Das Stechdrehwerkzeug führt zur Erzeugung von Einstichen eine Vorschubbewegung quer (Bild) oder längs zur Drehachse aus |
| **Formdrehen** 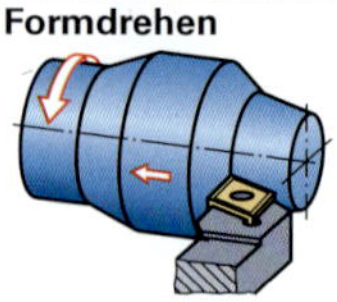 | Durch die Steuerung der Vorschubbewegung wird die Werkstückform erzeugt: NC-Formdrehen oder Kopierdrehen (Bild) |

**Bild 1: Drehverfahren**

**Fräsen** ist Spanen mit kreisförmiger, dem Werkzeug zugeordneter Schnittbewegung und beliebiger Vorschubbewegung. Die Drehachse der Schnittbewegung behält ihre Lage zum Werkzeug unabhängig von der Vorschubbewegung bei. Das Fräsen dient insbesondere zur Herstellung von ebenen Oberflächen wie Nuten oder Führungen. Auf modernen Fräsmaschinen lassen sich jedoch auch komplizierte dreidimensionale Formen erzeugen wie Tretkurbeln, Naben oder Gesenke. Ein großer Teil aller Zahnräder wird durch das Wälzfräsen gefertigt. Eine Übersicht über einige Fräsverfahren zeigt **Bild 2**.

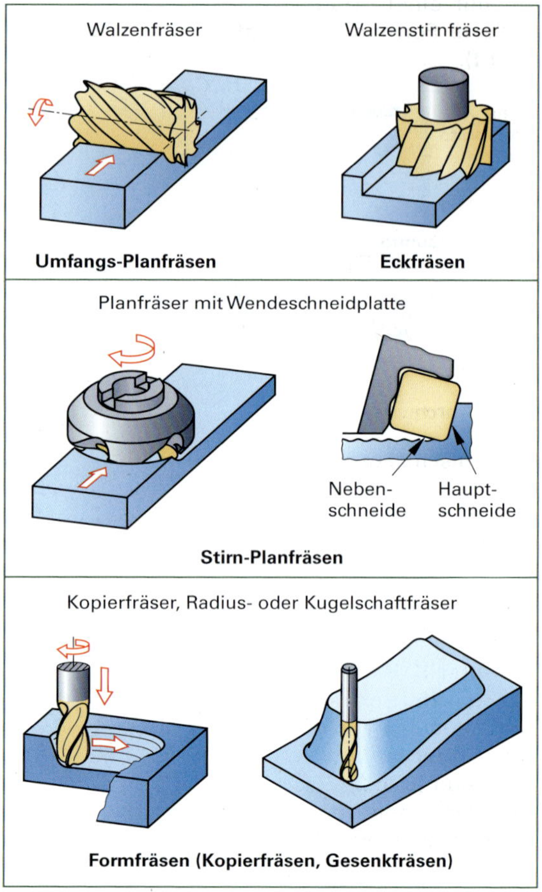


**Bild 2: Fräsverfahren**

Das Werkzeug zum **Räumen** wird an einem Werkstück entlanggezogen (Außenräumen) oder durch eine bereits vorhandene Bohrung hindurchgezogen (Innenräumen). Es verfügt über mehrere Schneiden, die hintereinander angeordnet und jeweils um die Spanungsdicke gestaffelt sind. Die Zustellung ist somit im Werkzeug integriert **(Bild 3)**.

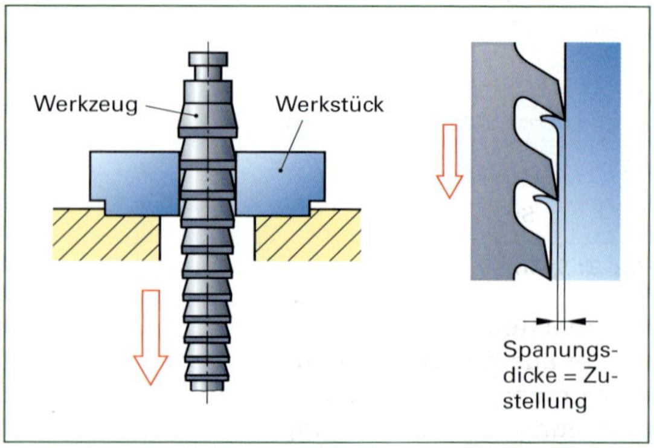


**Bild 3: Räumnadel**

Mit nur einem Hub lassen sich so auch komplizierte Formen in Fertigteilqualität erzeugen **(Bild 1)**.

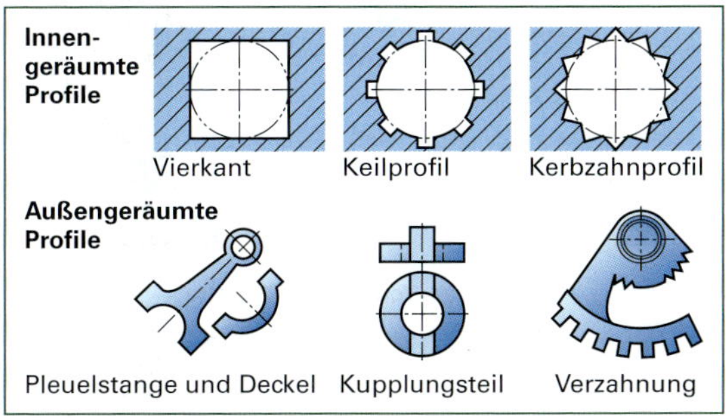


**Bild 1: Durch Räumen gefertigte Profile**

Die konische Form des Kurbelvierkants (2° Wandneigung) wird nach dem Räumen durch das Prägen mit einem Pyramidenstumpf-Stempel erzeugt.

**Schleifen** ist ein spanendes Fertigungsverfahren zur Fein- und Fertigbearbeitung von Werkstücken durch Schleifwerkzeuge mit geometrisch unbestimmter Schneide. Es lässt sich manuell oder auf Schleifmaschinen anwenden. Als Schneiden dienen dabei die Kanten der mikroskopisch kleinen, harten, mineralischen Kristalle im Schleifwerkzeug **(Bild 2)**. Das Schleifen ist genauer als die spanenden Verfahren mit geometrisch bestimmter Schneide.

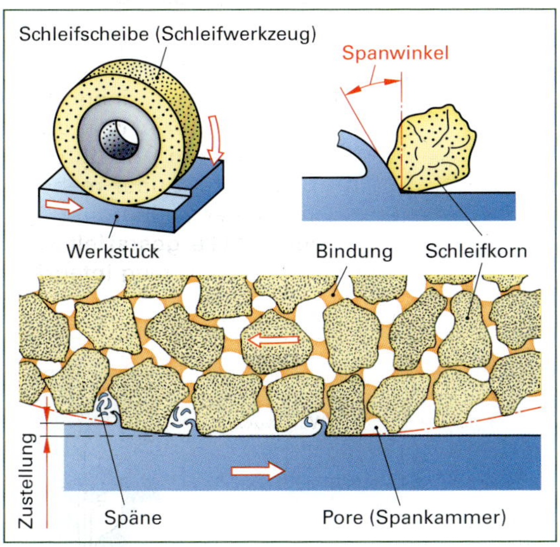


**Bild 2: Spanbildung bei Schleifwerkzeugen**

Die meisten Schleifscheiben enthalten Schleifkörner aus Korund (Farben: weiß und rosa) oder Siliciumcarbid (Farben: grün und schwarz). Ihre Einteilung und Anwendung ist in **Tabelle 1** dargestellt.

**Tabelle 1: Schleifmittelarten**

| Zeichen | Schleifmittel | Verwendung |
|---|---|---|
| A | Normalkorund ($Al_2O_3$) | unlegierter, ungehärteter Stahl, Stahlguss, Temperguss |
| | Edelkorund ($Al_2O_3$) | hoch-, niedriglegierter und gehärteter Stahl, Einsatz- und Werkzeugstahl, Titan |
| C | Siliciumkarbid (SiC) | Hartmetall, Gusseisen, HSS, Keramik, Glas, Kupfer, Aluminium, Kunststoffe |
| CBN | Bornitrid (BN) | Schnellarbeitsstähle, Kalt- und Warmarbeitsstähle |
| D | Diamant (C) | Hartmetall, Gusseisen, Glas, Keramik, Stein, Abrichten von Schleifscheiben |

Daneben bestimmt die Körnung (Größe des Schleifkorns) den Einsatzbereich. Die Körnungsnummer entspricht der Maschenzahl des Siebes auf 1" Länge, durch welches das bezeichnete Korn gerade noch hindurchfällt **(Tabelle 2)**.

**Tabelle 2: Einsatz der Körnungen**

| Werkstoff | | | | |
|---|---|---|---|---|
| Werkzeugstahl, gehärtet<br>Werkzeugstahl, ungehärtet<br>Gusswerkstoffe<br>Baustahl | 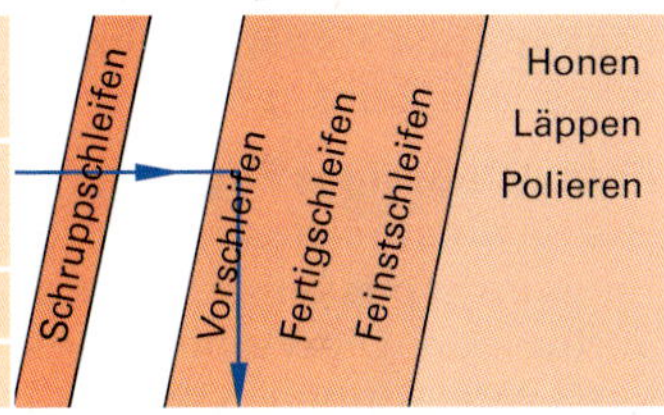 | | | |
| Rautiefe *Rz* in µm | 10 … 5 | 5 … 2,5 | 25 … 1,0 | 1,0 … 0,4 |
| Körnung | 4 … 24 | 30 … 60 | 70 … 220 | 230 … 1200 |
| Korngröße in mm | 8 … 1 | 1 … 0,3 | 0,3 … 0,08 | 0,08 … 0,003 |
| Bezeichnung | grob | mittel | fein | sehr fein |
| | Makrokörnung | | | Mikrokörnung |

Eine Scheiben- oder Tellerschleifmaschine **(Seite 36, Bild 1)** ist besser geeignet als die klassische Doppelschleifmaschine, um Kunststoffe, Verbundwerkstoffe, Aluminium und Gummi zu bearbeiten. Die Schleifscheiben gibt es jeweils für die Bearbeitung von Metall oder Kunststoff. Sie sind mit Klettverbindung befestigt und können im Bedarfsfall problemlos ausgetauscht werden.

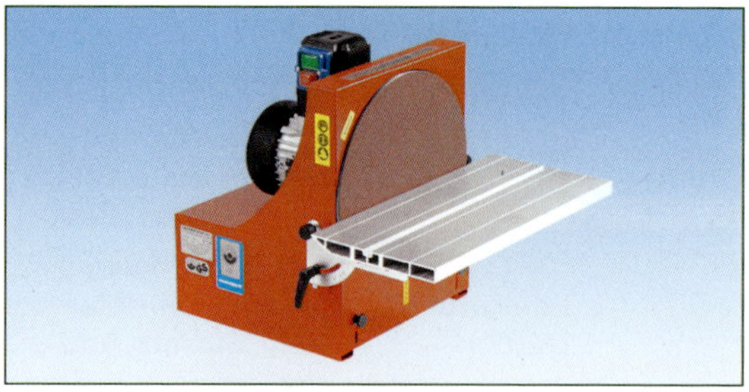

**Bild 1: Scheibenschleifmaschine**

*Hinweis*:
Zum Schleifen von Aluminium sind Korundscheiben ungeeignet, da sich die Poren der Scheiben mit den feinen Aluminiumspänen zusetzen und verkleben. Bei dem dann notwendigen Nachschärfen (Abrichten) der Schleifscheibe entstehen gesundheitsschädliche Aluschleifstäube, die nicht eingeamtet werden sollten.

## 1.3.4 Fügen

Durch Fügen werden zwei oder mehr Teile lösbar oder unlösbar zu Funktionseinheiten miteinander verbunden. Gefügte Teile können Kräfte bzw. Drehmomente übertragen. Nach der Wirkungsweise unterscheidet man formschlüssiges, kraftschlüssiges, vorgespannt formschlüssiges und stoffschlüssiges Fügen **(Tabelle 1)**.

### 1.3.4.1 Kraftschlüssiges Fügen

**Pressverbindungen** entstehen, wenn beim Fügen von Bauteilen Übermaß zwischen den Fügeflächen vorhanden ist. Die dadurch auftretenden Presskräfte erzeugen eine kraftschlüssige Verbindung. Die Montage/Demontage von Pressverbindungen kann durch das Erwärmen oder Abkühlen eines der Fügeteile ermöglicht oder vereinfacht werden (Schrumpfen, Dehnen).

**Tabelle 1: Übersicht über wichtige Fügeverfahren**

**Kraftschlüssiges Fügen**
Die Kräfte und Drehmomente werden durch Reibungskräfte übertragen, die durch das Aufeinanderpressen von Bauteilen entstehen. Z.B. Schraub-, Klemm- und Kegelverbindungen sowie Reibkupplungen.

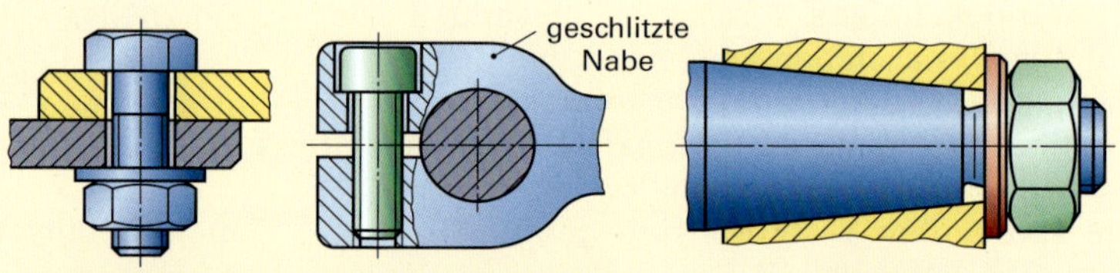


**Schraubenverbindung** **Klemmverbindung** **Kegelverbindung**

**Formschlüssiges Fügen**
Die Werkstücke sind durch ineinanderpassende Formen verbunden. Die Verbindungselemente können dabei Stifte, Bolzen, Niete, Passfedern, Passschrauben oder Keilprofile sein.

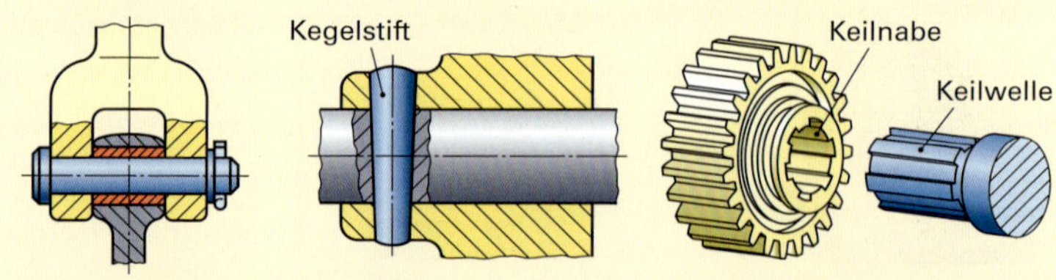


**Bolzenverbindung** **Stiftverbindungen** **Keilwellenverbindung**

**Vorgespannt formschlüssiges Fügen**
Die Drehmomentübertragung erfolgt zunächst kraftschlüssig. Beim Überschreiten der Reibungskraft besteht eine hauptsächlich formschlüssige Übertragung.

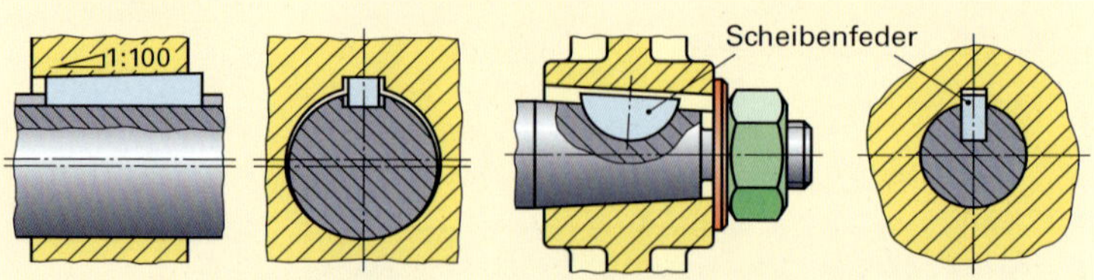


**Keilverbindung** **Kegelverbindung mit Scheibenfeder**

**Stoffschlüssiges Fügen**
Hierbei werden die Werkstücke durch Kohäsions- und Adhäsionskräfte zusammengehalten wie bei Kleb-, Löt- und Schweißverbindungen.

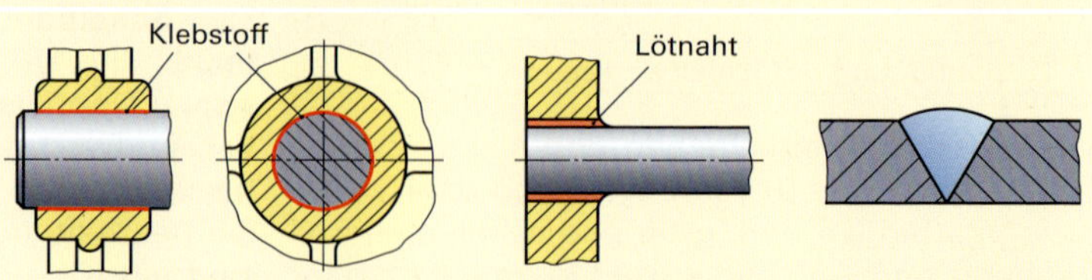


**Klebeverbindung** **Lötverbindung** **Schweißverbindung**

Am Fahrrad bestehen Pressverbindungen z. B. bei der Vierkantkurbelbefestigung, eingepressten Kurbellagerschalen und Lenkungslagern. Sie werden meist mit Einpresswerkzeugen montiert und mit Abziehwerkzeugen (Abziehern) demontiert.

**Schraubverbindungen** können mit Durchsteckschrauben, Einziehschrauben und Stiftschrauben (Stehbolzen) ausgeführt werden **(Bild 1)**. Die Bauteile werden dabei zusammengepresst und übertragen die Kräfte durch den Kraftschluss, den die Schraube erzeugt.

Schrauben dürfen, mit Ausnahme der Passschrauben, weder auf Abscherung noch auf Biegung beansprucht werden.

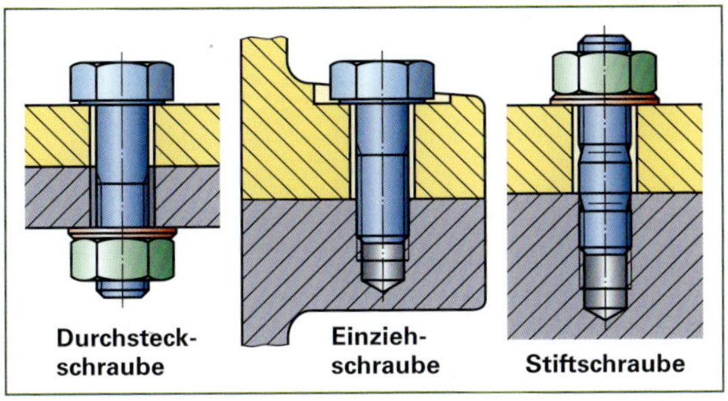


**Bild 1: Schraubverbindungen**

Beim Anziehen einer Schraube oder Mutter wirkt ein Drehmoment, das **Anziehmoment $M_A$ (Bild 2)**.

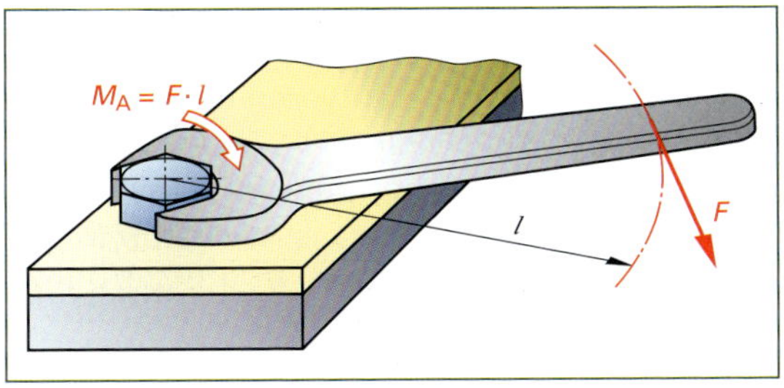


**Bild 2: Anziehmoment**

Durch die Gewindesteigung entsteht in der Schraube eine Zugkraft: Die **Vorspannkraft $F_V$**. Die Schraube wird dadurch um eine Strecke $\Delta l$ gedehnt. Die Reaktionskraft zur Vorspannkraft ist die Stauchkraft $F_S$, welche die Bauteile aufeinanderdrückt **(Bild 3)**. Die erlaubten maximalen oder vorgeschriebenen minimalen Anziehmomente einer Schraubverbindung werden entweder vom Hersteller angegeben oder sie gelten als Normwerte für bestimmte Gewindegrößen und Festigkeitsklassen.

Beim Anziehen einer Schraube entsteht durch das Aufeinandergleiten der Oberflächen von Gewindeflanken und Schraubenkopf Reibung. Je nach Werkstoff, Oberflächenbeschaffenheit und Anziehmoment kann diese Reibung sehr groß sein. Sie wirkt dem Anziehen der Schraube entgegen, sodass vom Montagedrehmoment nur noch 10 % bis 20 % in Vorspannkraft umgesetzt werden **(Bild 4)**. Dieser Zusammenhang wird vom Konstrukteur eines Bauteils bei der Berechnung des notwendigen Anziehmoments berücksichtigt.

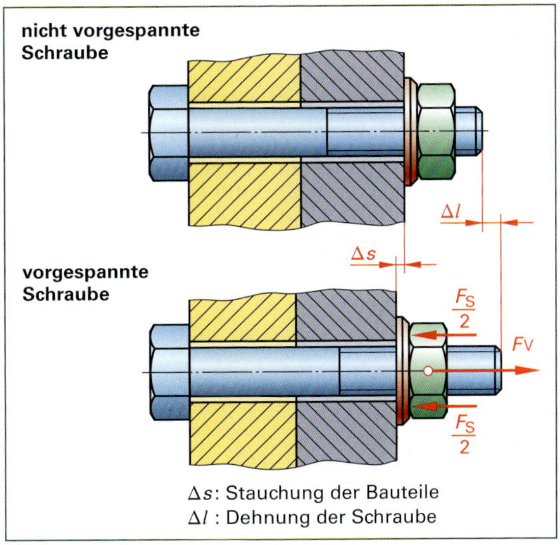


**Bild 3: Kräfte an der Schraubverbindung**

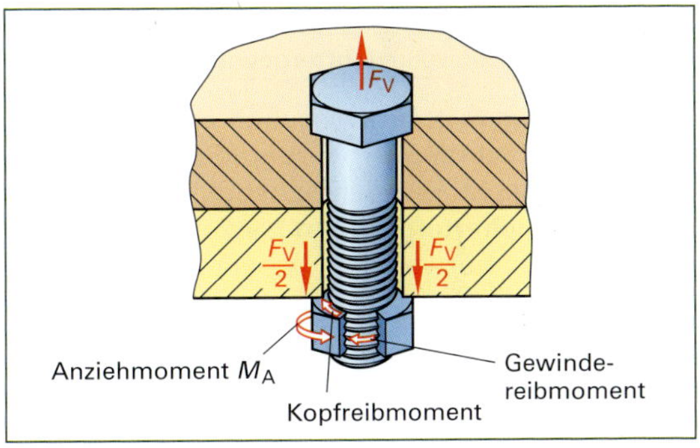


**Bild 4: Reibmomente einer Schraubverbindung**

Den Drehmomentangaben für Normschrauben werden darüber hinaus Reibungszahlen beigefügt, die sich in der Regel auf ein geöltes Gewinde beziehen. Für sichere Schraubverbindungen soll nach der VDI-Richtlinie 2230 eine **Reibungszahl $\mu$** von 0,08 bis 0,16 angestrebt werden.

Um diese Reibungszahl bei unterschiedlichen Oberflächen und Werkstoffen zu erreichen, gibt es metallfreie Montagepasten. Die dünn aufgetragene Paste ähnelt Schmierfett. Sie sorgt für einheitliche Reibungszahlen, schützt das Gewinde und die Auflagefläche von Schraubenkopf und Mutter vor Korrosion und verhindert Adhäsionsverschleiß (Fressen).

**info**

Knackende oder knarzende Schrauben und Muttern beim Festziehen sind immer ein sicheres Zeichen für große Reibung und Adhäsionsverschleiß. Eine sichere Vorspannkraft wird dann trotz richtig eingestelltem Drehmomentschlüssel nicht erreicht.
Schrauben aus rostfreiem Stahl und Titan sowie verchromte Schrauben neigen ungeschmiert besonders stark zum Fressen.

Die in der Schraube wirkende Zugkraft wird durch Schraubenkopf und Mutter auf die Bauteile übertragen. Beim Anziehen der Verbindung wird die Schraube gedehnt und die Mutter gestaucht. Die dadurch entstehenden Unterschiede in der Steigung beider Gewinde bewirken eine von der Kontaktfläche aus abnehmende Belastung der Windungen **(Bild 1).**

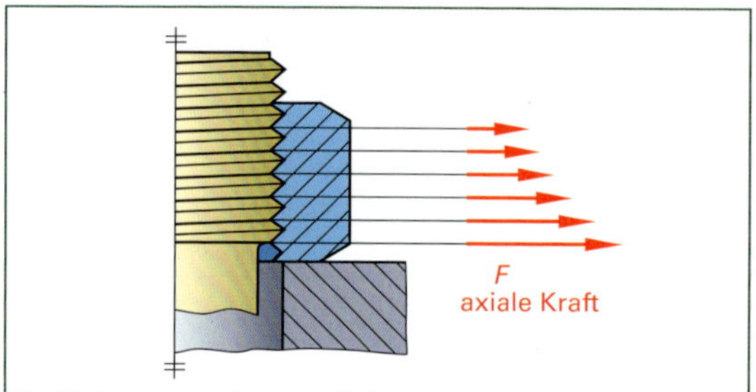


**Bild 1: Kraftverteilung im Muttergewinde**

Die Vorspannkraft der Schraube sichert normalerweise die Schraubverbindung. Sollte dies aber konstruktiv nicht ausreichen, ist eine zusätzliche **Schraubensicherung** gegen Setzen, Losdrehen oder Verlieren notwendig.

Eine **Setzsicherung** gleicht plastische Verformungen von Schraube und Werkstück aus, z. B. das Einebnen von Oberflächenrauheiten im Gewinde oder am Schraubenkopf. Nach dem heutigen Erfahrungsstand werden Schrauben mit angepresster, federnder Kopfscheibe (z. B. Flanschschrauben, Federkopfschrauben), Muttern mit angepresster, konkaver Auflagescheibe sowie Spannscheiben und Tellerfedern (DIN 6796, DIN 6908 oder DIN 2093) als wirkungsvoll eingestuft.

Die meisten der früher dazu verwendeten Elemente gelten mittlerweile als nicht ausreichend wirksam und die zugehörigen Normen wurden zurückgezogen. Dies gilt für Federringe (DIN 127, 128 und 6905), Federscheiben (DIN 137 und 6904), Zahnscheiben (DIN 6797), Fächerscheiben (DIN 6798 und 6908), Sicherungsbleche (DIN 93, 432 und 463), Sicherungsnäpfe (DIN 526), Sicherungsmuttern (DIN 7967) und Kronenmuttern mit Splint (DIN 937).

Die **Losdrehsicherung** ist erforderlich bei Schraubverbindungen, die in Achsrichtung so stark dynamisch beansprucht werden, dass das Gewinde ins Gleiten kommen kann. Neben (anaerobem) Klebstoff kommen Sperrzahnschrauben, Elastic-Stopmuttern und Keilsicherungsscheiben zum Einsatz.

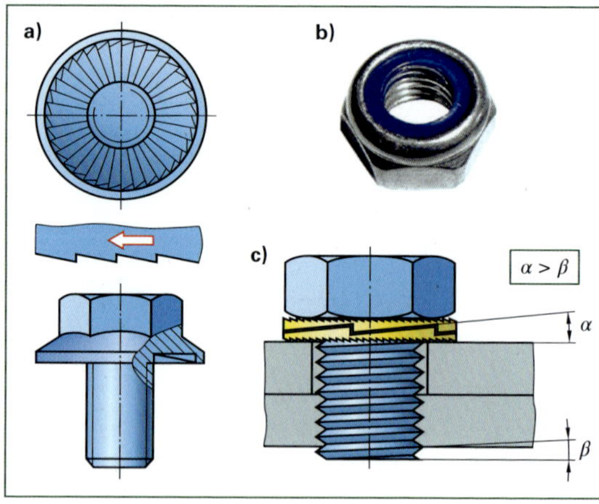


**Bild 2: Losdrehsicherungen**

Bei **Sperrzahnschrauben (Bild 2a)** ist der Schraubenkopf an der Unterseite mit einer Verzahnung gegen die Losdrehrichtung versehen, die sich bei der Montage in das Material des Werkstückes einprägt. Es wird ein Formschluss erzeugt, der ein Lösen erschwert. Diese Sicherungsart ist nicht für gehärtete Werkstücke geeignet, sie wird dagegen oft bei der Vierkantverbindung von Kurbeln aus Aluminium eingesetzt.

In die **Elastic-Stopmutter (Bild 2b)** ist an der äußeren Stirnfläche ein Ring aus Kunststoff (meist Polyamid) eingesetzt. Dieser wird beim Durchgang der Schraube plastisch und elastisch verformt. Der elastische Anteil bewirkt eine kraftschlüssige Sicherung gegen das selbsttätige Lösen der Mutter. Die plastische Verformung bewirkt den Verschleiß am Kunststoffring. Bei einer Wiederverwendung ist volle Sicherungswirkung nicht gegeben. Zur Wirkung kommt der Ring nur, wenn mindestens zwei Gewindegänge überstehen.

**Keilsicherungsscheiben (Bild 2c)** haben auf der Außenseite Radialrippen und auf der Innenseite Keilflächen, deren Steigung stets größer als die Gewindesteigung ist. Die paarweise verklebten Scheiben werden unter den Schraubenkopf oder die Mutter gelegt. Aufgrund der Radialrippen kommt es beim Festziehen zu einem Formschluss zum Schraubenkopf bzw. Werkstück. Bewegungen sind nur noch zwischen den Keilflächen möglich. Bei Drehung in Löserichtung erfolgt aufgrund der Keilwirkung eine Erhöhung der Klemmkraft.

Um ein Auseinanderfallen der verschraubten Bauteile zu verhindern werden **Verliersicherungen** besonders dort eingesetzt, wo keine hohen Vorspannkräfte aufgebracht werden dürfen **(Bild 1)**.

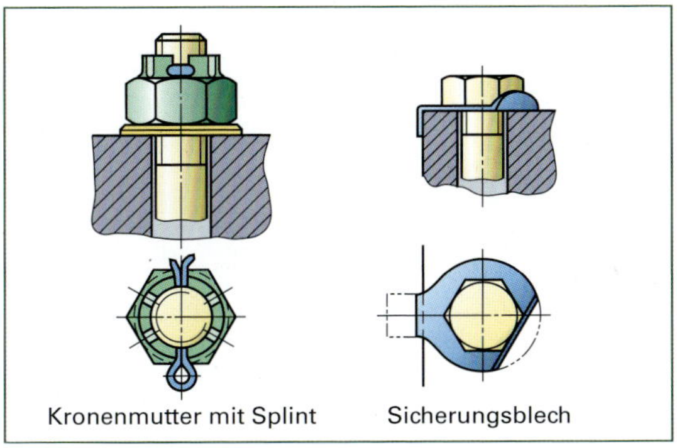


**Bild 1: Verliersicherungen**

Schraubensicherung durch **Kontern** mit einer weiteren Mutter ist nur dann sinnvoll, wenn die Kraft zwischen den Muttern deutlich größer ist als die Spannkraft der Fügeteile untereinander.

Durch **Nieten** entstehen unlösbare Verbindungen, die ähnlich wie Schraubverbindungen wirken. In der Konstruktionstechnik sind sie fast vollständig vom Schweißen ersetzt worden. In bestimmten Bereichen haben sie aber noch Vorteile in der Anwendung:

- Anders als beim Schweißen entstehen keine Gefügeänderungen und damit keine Festigkeitsminderung oder Versprödung in den Bauteilen.
- Es können unterschiedliche Werkstoffe oder beschichtete Bauteile gefügt werden.
- Die Verbindung kann auch bei einseitiger Zugänglichkeit hergestellt werden.
- Geringerer Energieverbrauch als beim Löten oder Schweißen.
- Gegenüber der Schraubverbindung entfällt der Fertigungsaufwand für die Gewinde.

Genietete Großkonstruktionen waren in der Vergangenheit üblich bei Stahlbrücken, Schiffsrümpfen und Dampflokomotiven. Aktuell ist Nieten im Flugzeugbau ein wichtiges Fügeverfahren.

Halbrundniete **(Bild 2)** sind formbare Nieten, bei denen der Schließkopf durch das Stauchen des Nietschaftes gebildet wird. Der gestauchte Nietschaft füllt die Nietbohrung aus und sorgt für eine formschlüssige Verbindung. Beim Warmnieten erzeugen die Nietköpfe durch die Schrumpfung beim Erkalten zusätzlich eine kraftschlüssige Verbindung.

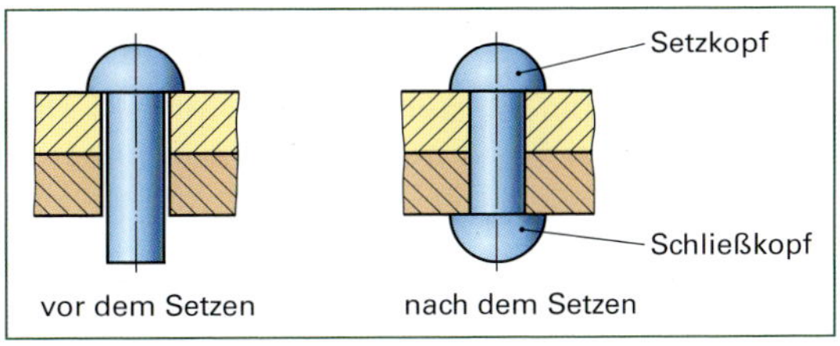


**Bild 2: Halbrundvollniet**

#### 1.3.4.2 Formschlüssiges Fügen

Maschinenelemente wie Kurbeln, Kupplungen und Zahnräder müssen mit Wellen so verbunden werden, dass ein Drehmoment übertragen werden kann. Um die Reparierbarkeit am Fahrrad sicherzustellen, müssen diese Verbindungen lösbar sein. Im Sprachgebrauch der Maschinentechnik werden sie auch **Welle-Nabe-Verbindung** genannt, wobei mit Nabe nicht die Radnabe eines Fahrrades gemeint ist.

**Passfeder-Verbindungen** sind reine Mitnehmer-Verbindungen. Die parallelen Seitenflächen der Passfeder liegen in der Wellen- und Nabennut an, während in radialer Richtung ein Spiel besteht. Diese Verbindung ist nicht für stoßartige Beanspruchungen geeignet **(Bild 3)**.

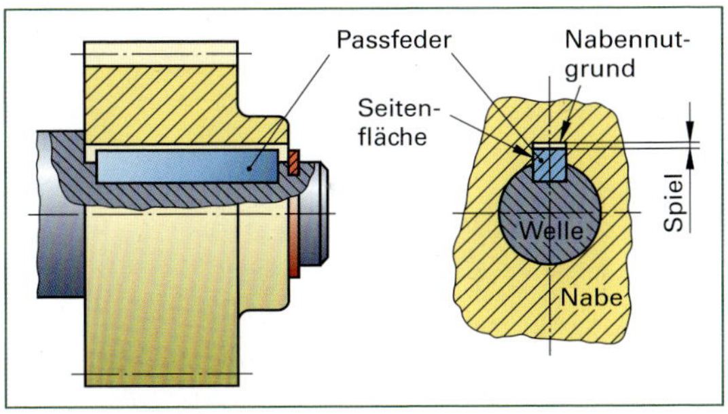


**Bild 3: Passfeder-Verbindung**

**Keilverbindungen** werden durch Keile mit einer Neigung von 1:100 hergestellt. Durch das Eintreiben werden Welle und Nabe miteinander verspannt. Dabei verschieben sich die Mittelachsen von Nabe und Welle **(Bild 4)**.

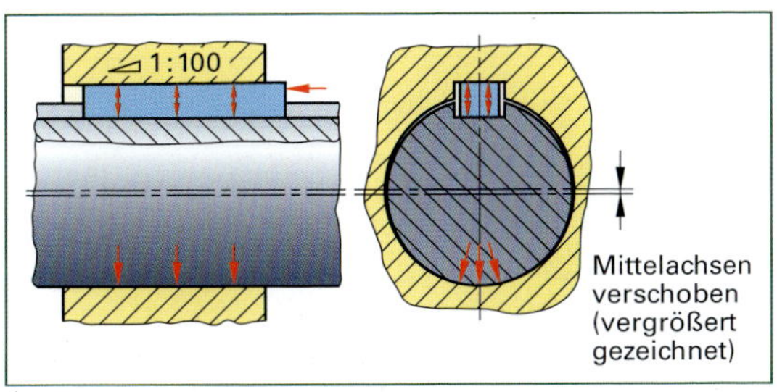


**Bild 4: Keilverbindung**

1

Bei **Zahnwellen-Verbindungen** kann durch die feinere Zahnung ein hohes, stoßartiges Drehmoment übertragen werden. Außerdem lässt sich die Position der Nabe auf der Welle in feineren Schritten einstellen. Die Zahnflanken können konvex als Evolvente, parallel als Keil oder spitz zulaufend als Kerbzahn ausgeführt sein **(Bild 1)**.

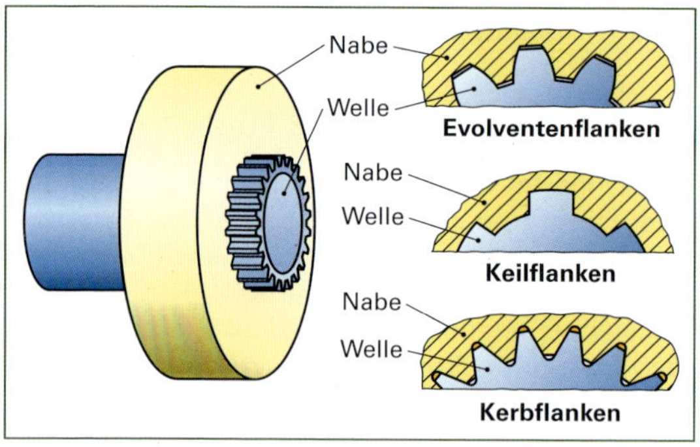


**Bild 1: Zahnwellen-Verbindungen**

Keilwellen-Verbindungen nutzen eine Vielzahl von Anlageflächen, die wie Keile gerade und parallele Flanken haben. Sie sind einfach herzustellen und können auch bei niedriger Profilhöhe große Drehmomente übertragen. Ritzelsätze werden auch auf diese Weise auf den Ritzelträgern befestigt **(Bild 2)**.

**Bild 2: Keilwellen-Verbindung eines Steckritzel-Satzes**

**Polygon-Verbindungen** haben eine große Zentriergenauigkeit. Da von ihnen praktisch keine Kerbwirkung ausgeht, können sie große Drehmomente übertragen **(Bild 3)**.

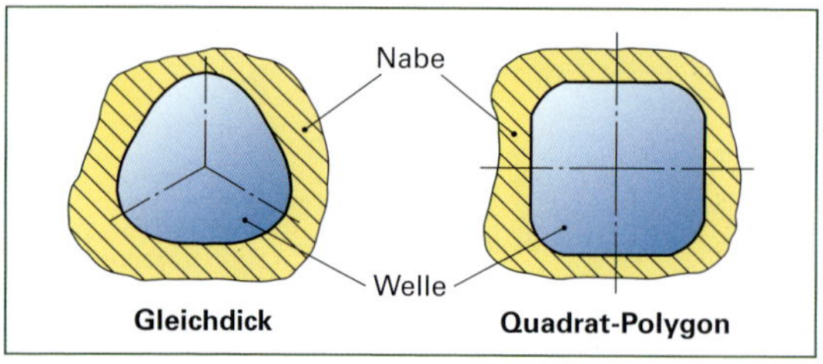


**Bild 3: Polygon-Verbindung**

**Stirnzahn-Verbindungen** (Hirth-Verzahnung) sind durch die konischen Zahnflanken selbstzentrierend. Sie sind platzsparend in der axialen Richtung der Welle untergebracht und ermöglichen z. B. bei Kurbelwellen die dauerhaft feste Verbindung der Kurbeln mit ihren jeweiligen Wellenabschnitten durch Presspassung und Aufschrumpfen bei gleichzeitiger Teilbarkeit der Welle **(Bild 4)**.

**Bild 4: Stirnzahn-Verbindung einer Kurbelwelle**

Formschlüssige Welle-Nabe-Verbindungen und Bauteile wie Wälzlager und Zahnräder, die sich auf Wellen oder in Bohrungen verschieben können, müssen axial gesichert werden. Dies geschieht häufig mittels formschlüssiger **Wellensicherungen** wie Sicherungsringen oder Sprengringen **(Bild 5)**. Bei der Montage ist darauf zu achten, dass eine bei der Herstellung der Ringe entstandene scharfe Kante in Sicherungsrichtung eingebaut wird, damit der Ring über eine möglichst große Fläche die axiale Kraft übertragen kann.

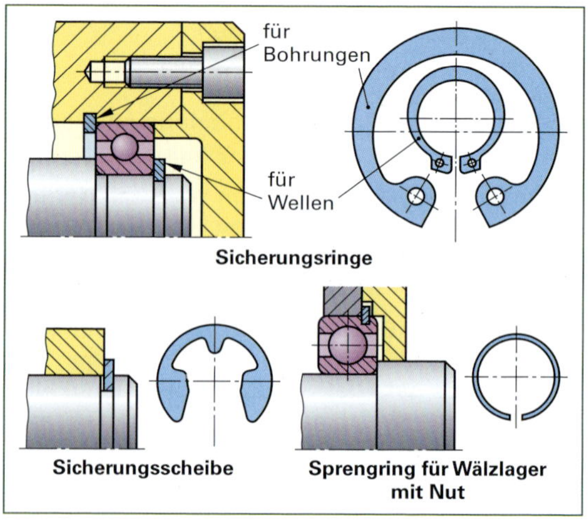


**Bild 5: Wellensicherungen**

### 1.3.4.3 Stoffschlüssiges Fügen

Zu den stoffschlüssigen Fügeverfahren gehören das Kleben, Löten und Schweißen.

**Kleben**

Die kraftübertragende Wirkung beim Kleben beruht auf dem Zusammenspiel von **Adhäsion** (der Haftkraft des Klebstoffes zur Werkstückoberfläche) und **Kohäsion** (der inneren Festigkeit des Klebstoffs, **Bild 1**).

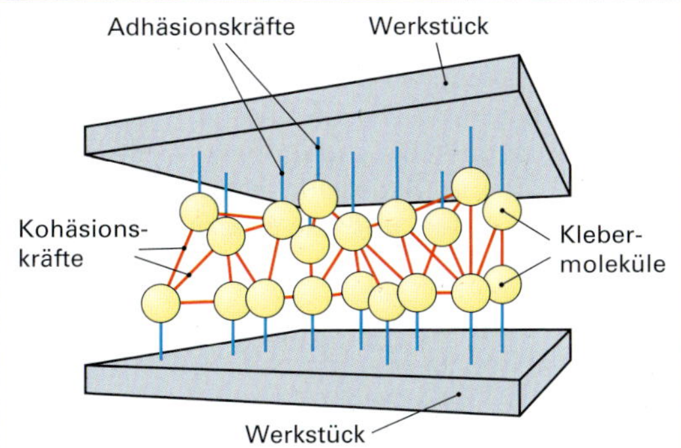


**Bild 1: Kräfte bei Klebeverbindungen**

Die Reichweite der Adhäsionskräfte zwischen Klebstoff und Fügeteiloberfläche ist < 1 nm. Deshalb ist immer auf eine gute Benetzung der Fügeteile durch den Klebstoff zu achten. Zur Ausbildung der Wechselwirkung zwischen Klebstoff und Fügeteiloberfläche ist außerdem die richtige Materialpaarung entscheidend.

Die Adhäsionskräfte resultieren aus verschiedenen Wechselwirkungen:

- Zum größten Teil beruhen sie auf physikalischen Beziehungen des Klebstoffs mit dem Werkstück (Wasserstoffbrückenbindungen, Van-der-Waals-Kräfte).
- Beim Kleben von Kunststoffen, insbesondere mit lösemittelhaltigen Klebstoffen, können zudem Diffusionsprozesse auftreten. Hierbei wird der Kunststoff an der Fügeteiloberfläche angelöst.
- Chemische Bindungen sind bei bestimmten Fügeteil-Klebstoff-Kombinationen ebenfalls möglich (z. B. beim Kleben von Glas mit Silikonklebstoffen, von Holz mit Polyurethanklebstoffen oder von Aluminium mit Epoxidklebstoffen). Im Vergleich zu physikalischen Wechselwirkungen führen chemische Wechselwirkungen zu deutlich höheren Adhäsionskräften.
- Zusätzlich kann es durch ein Eindringen des flüssigen Klebstoffs in Hinterschneidungen des Werkstücks nach seiner Härtung zu einem Formschluss kommen.

Mit dem Aushärten des Klebstoffs steigt dessen innere Festigkeit, die Kohäsion an. Die Kohäsion beruht auf den physikalischen Wechselwirkungen zwischen einzelnen Klebstoffpolymeren. Bei Klebstoffen, die durch eine chemische Reaktion härten, haben dabei außerdem die entstehenden chemischen Bindungen eine wichtige Rolle.

Die wichtigsten Vor- und Nachteile von Klebeverbindungen sind in **Tabelle 1** dargestellt.

**Tabelle 1: Vor- und Nachteile von Klebeverbindungen**

| | |
|---|---|
| **Vorteile** | • Es können nahezu alle Werkstoffe mittels Kleben miteinander verbunden werden.<br>• Eine gleichmäßige Kraftübertragung über die gesamte Verbindungsfläche.<br>• Durch eine große Klebefläche können relativ hohe Kräfte auch zwischen dünnen Fügeteilen übertragen werden, was besonders für Leichtbauanwendungen vorteilhaft ist.<br>• Bohrlöcher für Niete oder Schrauben schwächen nicht das Werkstück.<br>• Kein oder nur geringer Wärmeeintrag vermeidet Wärmeverzug, Wärmespannungen oder Gefügeänderungen.<br>• Fügeteiltoleranzen können mittels Klebstoffen ausgeglichen werden.<br>• Elastischer Klebstoff kann Bewegungen der Fügeteile relativ zueinander kompensieren. |
| **Nachteile** | • Eine eingeschränkte thermische und chemische Belastbarkeit/Beständigkeit.<br>• Die mechanischen Eigenschaften der Klebung sind temperaturabhängig.<br>• Klebstoffe neigen teilweise zum Kriechen.<br>• Alterungsvorgänge beeinträchtigen die Langzeitbeständigkeit einer Klebung.<br>• Die für viele Klebstoffe benötigte Hilfsstoffe sind Gefahrstoffe. |

Die Belastbarkeit einer Klebeverbindung hängt nicht nur von der Größe der Fügefläche, sondern auch wesentlich von der Art der Beanspruchung ab. Sie sollte vorwiegend auf Scherung belastet werden. Zugspannungen sind nach Möglichkeit zu vermeiden. Schälbeanspruchungen sind nicht zulässig, da sie leicht zum Aufreißen der Verbindung führen **(Seite 42, Bild 1)**.

Aufgrund der vielfältigen Einsatzgebiete für Klebstoffe und der damit verbundenen Anforderungen wird eine schier unübersehbare Zahl an Klebstoffen angeboten. Die folgende Aufzählung kann daher nur einen groben Überblick über die verschiedenen **Klebstoffarten** geben.

1

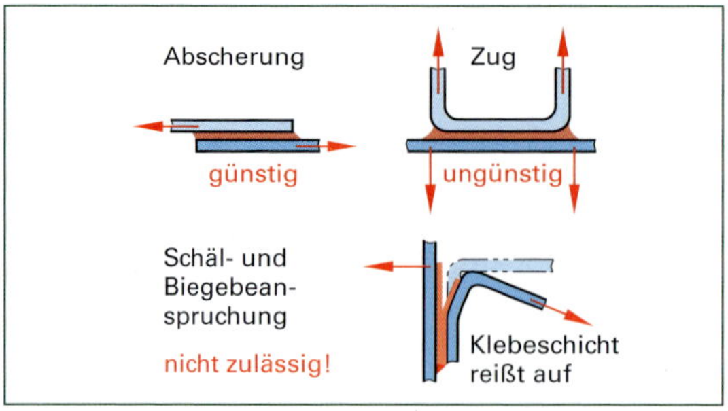


**Bild 1: Beanspruchung von Klebeverbindungen**

Bei **lösemittelhaltigen Kontaktklebstoffen** ist die klebende Substanz (Bindemittel) in einem Lösemittelgemisch gelöst. Durch das Verdunsten der Lösemittel entsteht der eigentliche Klebefilm. Die Lösemittel ermöglichen die Verarbeitbarkeit und verbessern auch die Adhäsion durch Anlösen der Werkstoffoberfläche. Für eine hohe Anfangsfestigkeit ist es notwendig, die Lösemittel nach dem Klebstoffauftrag so lange ablüften zu lassen, bis die Klebstoffoberfläche fingertrocken ist. Die Klebstoff-Filme sind nur kontaktfähig, wenn sie unter kräftigem Druck gegeneinander gepresst werden (z. B. mit einer Rolle), die Anpressdauer ist von untergeordneter Bedeutung. Durch das Zusammenpressen fließen die beiden Klebstoffschichten ineinander, um sich anschließend zu verfestigen. Die Klebung ist nach dem Fügen sofort belastbar. Die Kontaktfähigkeit besteht innerhalb einer begrenzten Zeit, nachdem die Lösemittel verdunstet sind. Da das Lösemittel bereits vor dem Fügen nahezu vollständig aus dem Klebfilm entwichen ist, eignen sich Kontaktklebstoffe auch für das Kleben zweier lösemittelundurchlässiger Fügeteile. Die drei wichtigsten Klebstoffe dieser Kategorie sind:

- **CR-Kontaktklebstoffe** (Polychloroprene, engl. Chloroprene Rubber, CR) z. B. für die Fügungen von Leder, Metall und Gummi (Schlauchflicken).
- **PU-Kontaktklebstoffe** für verschiedene Werkstoffe (außer blankem Metall). Aufgrund ihrer Beständigkeit gegen Weichmacher eignen sie sich zur Verklebung von Weich-PVC.
- **SBR/SBS-Kontaktklebstoffe** besitzen Lösemittel, die für die Verklebung von z. B. Styropor geeignet sind.

Viele **Kunststoffklebstoffe** sind nicht kontaktfähig, jedoch lösemittelhaltig. Die Verklebung erfolgt über das Fügen im nassen Zustand. So werden die Lösemittel in die Klebefläche eingebracht und lösen beide Klebeflächen an (Kaltverschweissen). Ihre Anwendung finden sie bei passgenauen und kleinen Verklebungen.

**Dispersionsklebstoffe** werden einseitig aufgebracht und nass gefügt, fixiert bzw. verpresst. Das zu verklebende Material muss saugfähig sein. Nach Abgabe des Wassers in die Luft bzw. in das Werkstück bilden die nun auf der Klebefläche bestehenden Polymerteilchen den Klebefilm. Als Nassklebstoff eignen sie sich besonders gut für großflächige Klebungen von wasserdurchlässigen Werkstoffen (Holz, Papier und Pappe).

Die Dispersion (ein Gemisch, in dem sich ein Feststoff fein verteilt in einer Flüssigkeit, meist Wasser, befindet und nicht darin gelöst ist) kann durch Frosteinwirkung zerstört werden. Sie ist auch anfällig für Schimmelbefall, weshalb oft Konservierungsstoffe zugegeben werden. Allgemein sind die mit Dispersionsklebstoffen erreichbaren Festigkeiten und die Wärmeformbeständigkeit begrenzt.

**Schmelzklebstoffe** (Hotmelts) sind bei Raumtemperatur fest und werden durch Aufschmelzen verarbeitbar. Die heiße Klebstoffschmelze wird auf das zu verklebende Teil aufgebracht und sofort mit dem zweiten Teil gefügt. Unmittelbar nach dem Abkühlen und Erstarren des Klebstoffs ist die Verbindung fest und funktionsfähig. Bei technischen Anwendungen werden sie auch in Form von Folien, Granulaten oder Blöcken mithilfe von Schmelzgeräten und nachgeschalteten Auftragköpfen verarbeitet. Für den Kleinanwender bietet der Handel Klebesticks an, die mit Schmelzklebepistolen verarbeitet werden können **(Bild 2)**.

**Bild 2: Schmelzklebepistole mit Klebesticks aus verschiedenen Basispolymeren**

Die verwendeten Basispolymere unterscheiden sich in ihren Anwendungstemperaturen: Polyethylen von 140 °C bis 200 °C, Polyalphaolefine ~ 170 °C, Polyamid meist > 200 °C.

Der Einsatz von Schmelzklebstoffen ist wegen der hohen Verarbeitungstemperaturen auf temperaturresistente Werkstoffe beschränkt. Auch wird der Klebstoff bei Temperaturerhöhung wieder weich und besitzt daher nur eine eingeschränkte Wärmebeständigkeit. Sie haben gegenüber Klebstoffen mit Lösemitteln oder in Dispersionen keinen Schwund und sind gut fugenfüllend. Bei Metallverklebungen sollte immer vorgewärmt werden.

**Reaktionsklebstoffe** sind lösemittelfrei und im Verarbeitungszustand flüssig bis pastös. Ihren Endzustand erreichen die Klebstoffsysteme durch eine chemische Reaktion. Von einem 2-Komponenten-Klebstoff spricht man, wenn in der Anwendung unmittelbar vor der Verwendung zwei Substanzen vermischt werden müssen. Dagegen kann der Reaktionspartner von 1-Komponenten-Klebstoffen bereits im Klebstoff enthalten sein und durch Wärme, Feuchtigkeit, Strahlung oder Luftabschluss aktiviert werden.

Reaktionsklebstoffe gibt es als:

- **2-Komponenten-Epoxid-Klebstoffe** (2K-EP-Klebstoffe, auch Epoxy oder Epoxydharz genannt) bestehen aus Harz und Härter. Sie haben sehr gute Haftungseigenschaften zu Metallen, Keramik, Glas, duroplastischen Kunststoffen und natürlichen Fasern und zeichnen sich durch hohe Festigkeiten, gute Alterungsbeständigkeit und meist auch durch gute Wärmefestigkeiten und Beständigkeit gegen Chemikalien aus **(Bild 1)**.

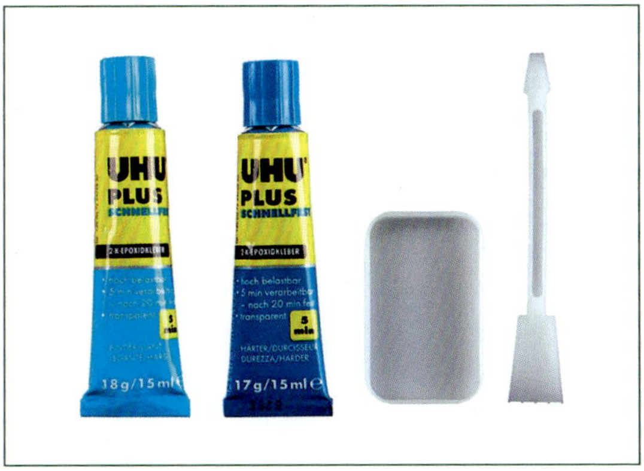


**Bild 1: 2K-EP-Klebstoff mit Mischtiegel und Spatel**

- **2-Komponenten-Polyurethan-Klebstoffe** (2K-PUR-Klebstoffe) erreichen etwas geringere Festigkeiten als 2K-EP-Klebstoffe, eignen sich aber für thermoplastische Kunststoffe, lackierte und beschichtete Flächen sowie verschiedene Holzwerkstoffe. Das Klebstoffsystem setzt sich aus den Komponenten Polyol-Klebstoff und Isocyanat-Härter zusammen.

- **Methylmethacrylat-Klebstoffe** (MMA-Klebstoffe) sind flüssig bis pastös und werden meist in Doppelkammerkartuschen inkl. statischem Mischrohr angeboten. Sie reagieren im Minutenbereich und decken den gesamten Anwendungsbereich von 2-K-EP- und 2-K-PUR-Klebstoffen bei etwas niedrigerer Festigkeit ab.

- **Anaerobe Klebstoffe** sind 1-K-Klebstoffe, die unter Sauerstoffabschluss bei Raumtemperatur aushärten. Die im flüssigen Klebstoff enthaltene Härterkomponente bleibt inaktiv, solange sie mit Luftsauerstoff in Berührung steht. Sobald der Klebstoff vom Luftsauerstoff abgeschlossen wird und gleichzeitig Kontakt zu einem aktivierenden Metall besteht (Eisen und Kupfer sowie ihre Legierungen), erfolgt sehr schnell die Aushärtung. Diese wird durch den Kontakt des Klebstoffs mit den Metalloberflächen initiiert, die als Katalysator wirken. Passive Materialien (Kunststoffe, Nickel, Zink und Oxidschichten auf Metallen wie Aluminium und rostfreiem Stahl) besitzen nur eine geringe oder überhaupt keine katalytische Wirkung, sodass für eine schnelle und vollständige Aushärtung Aktivatoren eingesetzt werden müssen. Durch die Kapillarwirkung des flüssigen Klebstoffs werden auch kleinste Zwischenräume im Fügebereich ausgefüllt. Anwendungsgebiete sind die Schraubensicherung **(Schraubenkleber)**, das Fügen von Welle-Nabe-Verbindungen und die Abdichtung z. B. in der Motoren- und Getriebemontage.

- **Cyanacrylat-Klebstoffe (Sekundenkleber)** sind ebenfalls 1-K-Klebstoffe und härten innerhalb von Sekunden aus. Die Polymerisation wird aktiviert durch den Kontakt mit schwach basischen Oberflächen. Die Geschwindigkeit der Reaktion ist deshalb abhängig von der Art der Oberflächen und der anhaftenden Feuchtigkeit (meist Luftfeuchtigkeit). Der Einsatz ist beschränkt auf kleinflächige Verklebungen mit sehr engem Fügespalt, erlaubt aber das Verbinden von sehr vielen unterschiedlichen und sonst schwer verklebbaren Werkstoffen, wie z. B. Polyethylen (PE), Polypropylen (PP) oder Ethylen-Propylen-Dien-Kautschuk (EPDM). Kühle Lagerung (bei ca. +5 °C im Kühlschrank) verlängert die Haltbarkeit.

1

*Hinweis*:
Aufgrund der extrem schnellen Reaktion ist jeglicher Kontakt des menschlichen Körpers mit diesen Klebstoffen zu vermeiden, da auch Haut oder Augenlider sofort zusammenkleben können. Mit Cyanacrylat werden zu medizinischen Zwecken menschliches Gewebe und Wunden geklebt. Seit 1998 ist 2-Octylcyanacrylat als medizinischer Klebstoff zugelassen, um z.B. bei Unfällen massive Blutungen zu stoppen.

Versehentlich verklebte Hautpartien dürfen nicht auseinandergerissen werden. Stattdessen trägt man auf die betroffene Stelle großzügig Pflanzenöl auf und lässt es langsam einwirken. Vom Rand beginnend wird dann vorsichtig der Klebstoff von der Haut abgelöst. Als Alternative zum Öl kann auch warmes Seifenwasser dienen. Nach dem Trennen der Hautpartien sind die Stellen mit einer Creme vor Trockenheit zu schützen.

Bei Verklebungen am Auge ist schnellstmöglich ein Augenarzt oder eine Augenambulanz aufzusuchen. Sollte kein Arzt erreichbar sein, lässt sich das Auge ohne weitere Maßnahmen voraussichtlich innerhalb von vier Tagen wieder öffnen, denn auch ohne Behandlungsmaßnahmen lösen sich Cyanacrylat-Klebstoffe mit der Zeit selbst infolge der Einwirkung der Hautfeuchtigkeit/-schweiß, Tränenflüssigkeit oder Speichel ab.

*Niemals* Lösemittel wie Aceton einsetzen!

*Niemals* den Klebstoff von der Haut abziehen oder ein verklebtes Auge mit Gewalt öffnen!

### Löten

Beim Löten werden metallische Werkstücke mit einem geschmolzenen Zusatzwerkstoff, dem Lot, stoffschlüssig verbunden. Die Schmelztemperatur des Lots liegt unter jener der zu verbindenden Werkstoffe.

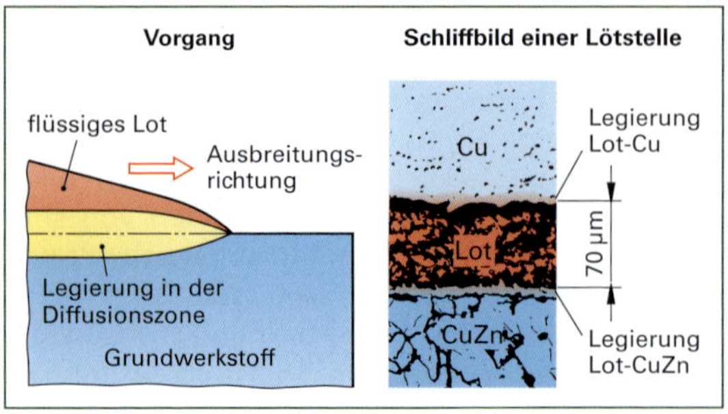


**Bild 1: Legierungsbildung durch Diffusion**

Das Lot dringt in die Oberfläche der Werkstücke ein (Diffusionszone) und bildet dort mit ihnen eine Legierung **(Bild 1)**. Es lassen sich damit auch verschiedenartige Werkstoffe verbinden.

Der Abstand der Fügeflächen bestimmt in erheblichem Maß das Arbeitsergebnis. Liegt er zwischen 0,05 mm und 0,25 mm, dann wird das Lot durch die Kapillarwirkung (auch gegen die Schwerkraft) in den Lötspalt hineingezogen. Ab ca. 0,3 mm findet diese Bewegung nicht mehr statt **(Bild 2)**. Ein zu enger Lötspalt wird hingegen nur ungenügend gefüllt, weil er nicht ausreichend Flussmittel aufnimmt.

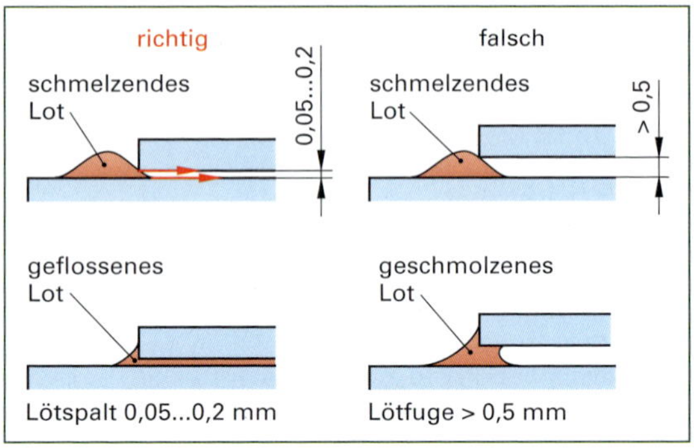


**Bild 2: Kapillarwirkung beim Löten**

Ein Flussmittel verhindert den Luftzugang zum Lötbereich und damit eine Oxidbildung der erwärmten Metalle. Gleichzeitig löst es eine bestehende Oxidschicht auf **(Bild 3)**.

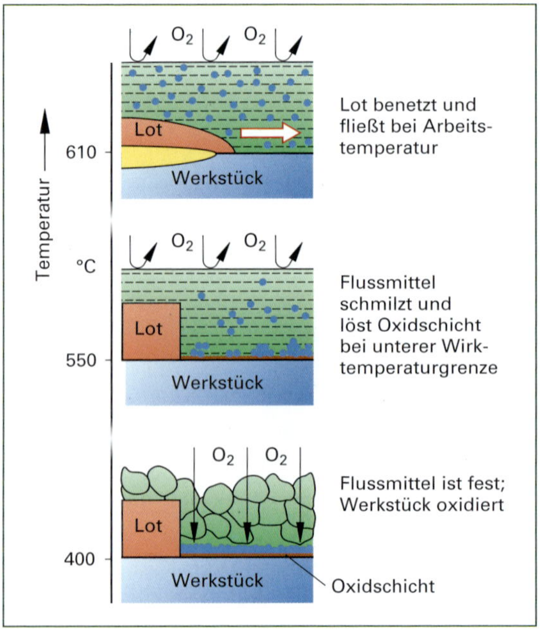


**Bild 3: Wirkungsweise des Flussmittels FH10**

Aufgrund seiner aggressiven Wirkung auf die Werkstücke muss das Flussmittel nach dem Löten vollständig entfernt werden.

Die Arbeitstemperatur eines Lotes ist die niedrigste Oberflächentemperatur des Werkstücks, bei der das Lot benetzt, fließt und legiert. Wird sie überschritten, verzundert das Werkstück und das Lot versprödet **(Bild 1)**. Wird die Arbeitstemperatur nicht erreicht oder beim niedrig schmelzenden Silberlot nicht lang genug gehalten, legiert sich das Lot nicht in die Metalloberflächen ein. Statt einer hochfesten intermetallischen Verbindung wird der Zusammenschluss dann lediglich durch Oberflächenkräfte hergestellt. Man spricht dann von einer *geklebten* Lötung.

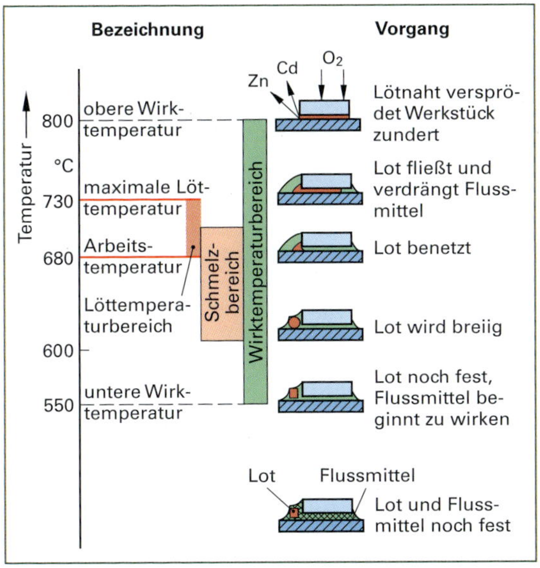


**Bild 1: Löttemperaturen für das Lot L-Ag30Cd und das Flussmittel FH10**

Die Lötverfahren werden eingeteilt in **Weichlöten** (Arbeitstemperatur < 450 °C) für flüssigkeits- oder gasdichte bzw. elektrisch leitfähige Verbindungen ohne hohe Ansprüche an die Festigkeit und **Hartlöten** (Arbeitstemperatur > 450 °C), das auch mechanisch haltbare Verbindungen bei Stumpfstößen erzeugt, wie sie auch bei der Herstellung von Fahrradrahmen vorkommen.

**Hartlote** sind Legierungen auf Kupferbasis (Messing), die zwecks Absenkung der Arbeitstemperatur Silber enthalten. Zusätze von Nickel erhöhen die Lotfestigkeit, aber auch die Arbeitstemperatur. Zusätze des giftigen Cadmiums sind nur in begründeten Ausnahmefällen erlaubt. Als Flussmittel für Messinglote dient eine Mischung aus Borax oder Borsäure, für Silberlote sind es Fluorid-Verbindungen.

Das Verlöten der Rohre zu einem Rahmen geschieht in einem Lötgestell. Die Rahmenrohre werden darin zusammen mit den Ausfallenden und ggf. den Muffen in die vordefinierte Position gebracht und fixiert **(Bild 2)**. Um schädliche Materialspannungen zu vermeiden werden die meisten Befestigungspunkte des Rahmens gelöst, bevor das letzte Rahmenrohr montiert wird.

**Bild 2: Fahrradrahmen im Lötgestell**

Die Erwärmung der Lötstelle erfolgt meist durch eine Gasflamme **(Gaslöten, Flammlöten)** und erfordert eine exakte Prozessführung. Die erforderliche Temperatur wird bei dünnen Werkstücken (Rahmenrohre) oft schnell erreicht und da die Flammtemperatur über 2000 °C beträgt, muss die Wärme stets vom dickwandigen Bauteil aus aufgebracht werden **(Bild 3)**. Die Dauer bis zum vollständigen Benetzen und Fließen des Lotes kann bis zu 2 Minuten betragen.

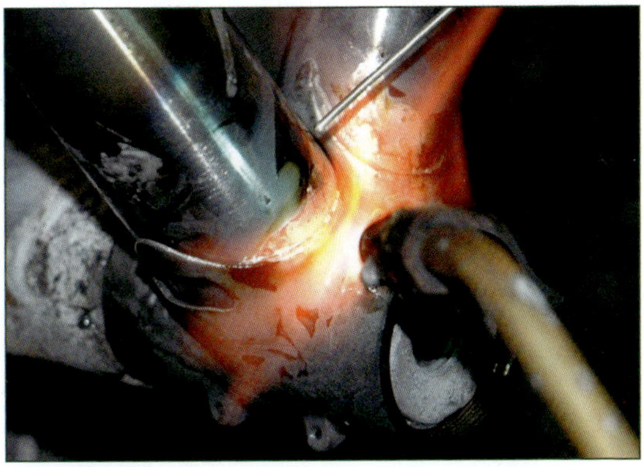

**Bild 3: Flammlöten von Hand**

Wird der Lotstab nicht rechtzeitig zurückgezogen, bleibt überschüssiges Lot auf dem Rohr oder in der Muffe zurück und muss nachträglich mit Feile und Schmirgel entfernt werden. Ein unbedachter Schwenk der Flamme auf ein dünnes Rahmenrohr könnte sofort zum Ausglühen des Rohrbereiches führen.

1

Beim Löten mit Messinglot (Temperaturen um 900 °C) kommt es zu einer deutlichen Minderung der Materialfestigkeit. Lötungen mit Silberlot sind unbedenklich, da die Temperatur im Bereich von 610 °C bis 650 °C die Vergütungstemperatur nicht übersteigt und der Festigkeitsrückgang geringer ausfällt. In der Großserienfertigung werden die Lötbereiche mit mehreren Brennern großflächig erwärmt **(Bild 1)**.

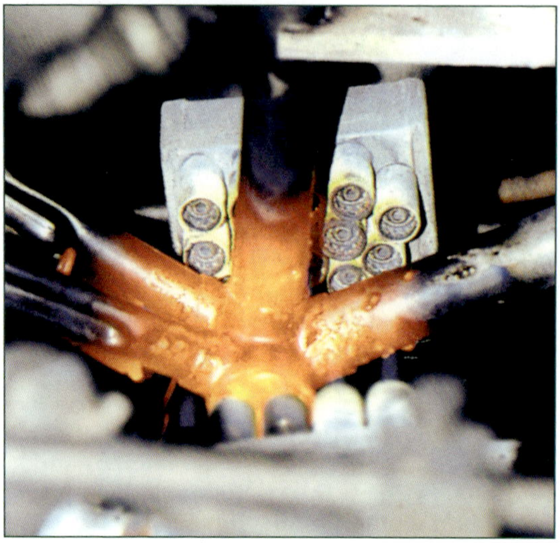

**Bild 1: Rahmenlöten im Durchlauf-Ofen**

Die Zugabe des Lotes erfolgt beim Ofenlöten in genau definierten Portionen. Dazu werden kleine Lotstücke oder -ringe innerhalb der Rohr/Muffenverbindung platziert. Die Lotstücke liegen in dafür vorgesehenen Aussparungen im Rohr **(Bild 2)**.

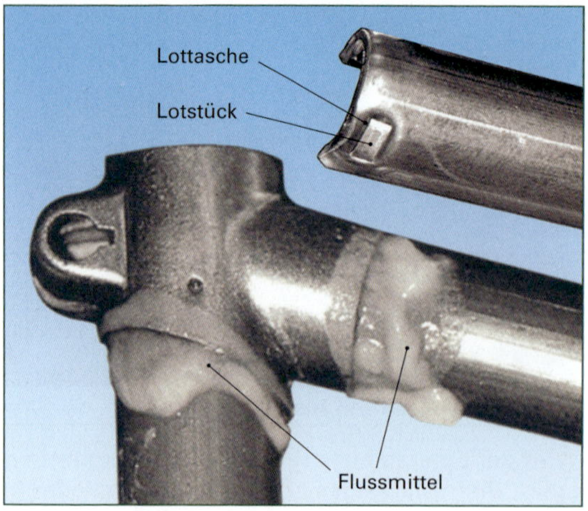


**Bild 2: Vorbereitung zum Ofenlöten**

Die **Fillet-Brazed**-Bauweise (engl. für verrundete Kanten) muss auch bei der relativ kleinen Kontaktfläche der Rohrstöße eine ausreichend feste Verbindung erzielen **(Bild 3)**. Dafür benötigt man hochfeste Lote wie das Neusilberlot L-Ni1. Dieses Lot erreicht die Festigkeit des Rohrmaterials, benötigt allerdings eine hohe Arbeitstemperatur von 980 °C bis 1040 °C. Die resultierende Festigkeitsminderung ist begrenzt, da sich nur die Bereiche, in denen das Lot einschmilzt, für wenige Sekunden so stark erwärmen.

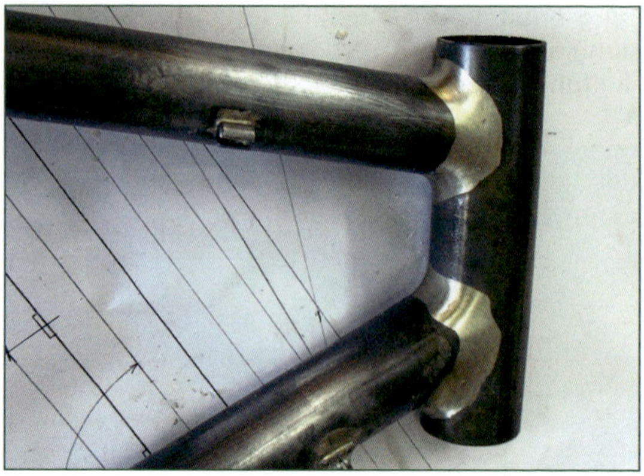

**Bild 3: Fillet-Brazed-Bauweise**

Das **Innenlöten** (engl. direct brazing) ist ein Verfahren, das der Hersteller Peugeot in den 1980er Jahren bei den meisten seiner Fahrradrahmen anwandte. Dabei werden die Rohre sehr exakt auf die Kontur der Verbindungsstelle gefräst und ohne Muffe stumpf verlötet. Das Lot wird vor dem Fügen von innen zugegeben und fließt beim Erwärmen in den Spalt hinein. Als Ergebnis bekommt man eine elegante Lötung, die auf der Außenseite kaum aufträgt und deren Ausführung von außen kontrolliert werden kann **(Bild 4)**. Die eingebrachte Wärme ist geringer und die Haltbarkeit übertrifft die der anderen genannten Lötverfahren.

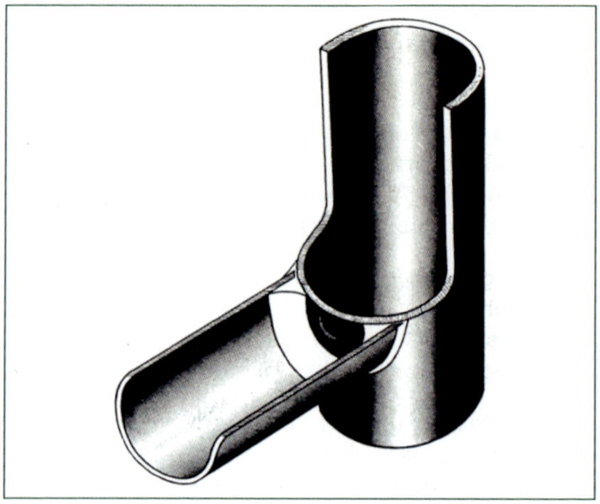

**Bild 4: Innenlötung**

Das muffenlose Fügen hat den Vorteil, dass die durch die Muffen vorgegebener Winkelstellung der Rohre zueinander entfällt und das Fügeverfahren weniger fehleranfällig ist (siehe unten).

Probleme treten bei muffenlos gelöteten Rahmen insbesondere durch unsauberes Nacharbeiten auf. Kerben durch Nachfeilen der Lötnaht lassen Schwachstellen im Bereich hoher Rahmenbelastung entstehen. Sinnvoll ist daher die Verwendung endverstärkter Rohre oder eine Knotenversteifung durch aufgelötete Bleche **(Bild 1)**.

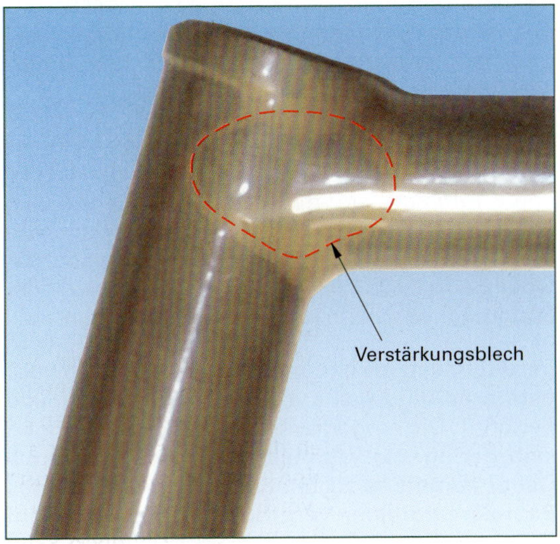


**Bild 1: Knotenversteifung durch aufgelötetes Formblech**

Beim Flammlöten können folgende Fehler auftreten:

- Durch eine zu hohe Flammentemperatur kann das Material im Lötbereich überhitzt werden. Das führt zu Festigkeitseinbußen, kann Härterisse erzeugen und niedrigschmelzende Legierungsanteile des Lotes können verdampfen.
- Eine zu lange Erwärmzeit führt zu Versprödung durch Grobkornbildung und Aufkohlung. Festigkeitseinbußen und Rissbildungen an hochbelasteten Rahmenbereichen sind die Folge **(Bild 2)**.
- Bei zu geringer Löttemperatur legiert sich das Lot nicht in das Grundmaterial ein. Außerdem kann es zur lückenhaften Lotbenetzung der Verbindungsbereiche kommen.
- Mangelhaft aufgetragene oder ungeeignete Flussmittel, unsaubere Bauteiloberflächen und zu große Lötspalte führen ebenfalls zu einer schlechten Lotbenetzung.
- Bei zu hoher Löttemperatur kann das Flussmittel vollständig verdampfen. Die Lötstelle oxidiert und verhindert die Lotbenetzung.
- Werden Bauteile unter Spannung verlötet, diffundieren bei hohen Löttemperaturen die Kupfer- und Zinkanteile des Lotes in die Korngrenzen des Grundwerkstoffes der Fügeteile. Das Rahmenrohr hat an solchen Stellen dann nur noch die geringe Festigkeit des reinen Lotes.
- Eingeschränkter Kraftfluss durch zu große Lötspalte (inbesondere bei der Muffenbauweise).

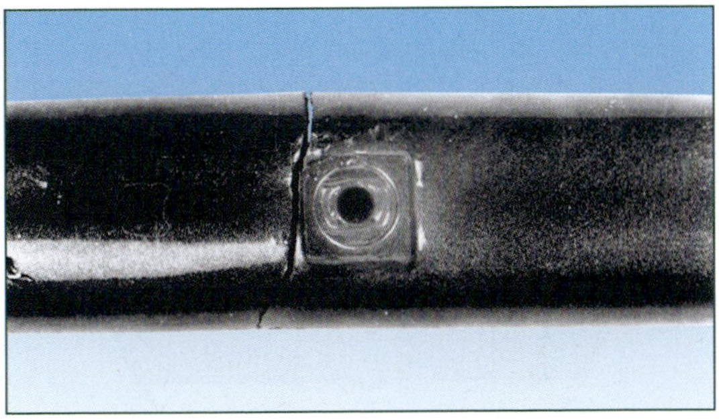

**Bild 2: Lötfehler durch zu hohe Löttemperatur und lange Erwärmzeit**

Das **Lichtbogenlöten** wird üblicherweise an Feinblechen oder dünnen Rohren aus Stahl eingesetzt. Meist ist kein Flussmittel erforderlich. Es werden die Verfahren Metallschutzgas-Löten (MSG-Löten), Wolfram-Inertgas-Löten (WIG-Löten, **Bild 3**) und Plasma-Löten unterschieden. Anders als bei den Schweißverfahren der gleichen Technologien ist der Zusatzwerkstoff nicht artgleich dem Bauteilwerkstoff und nur er wird während des Vorgangs aufgeschmolzen.

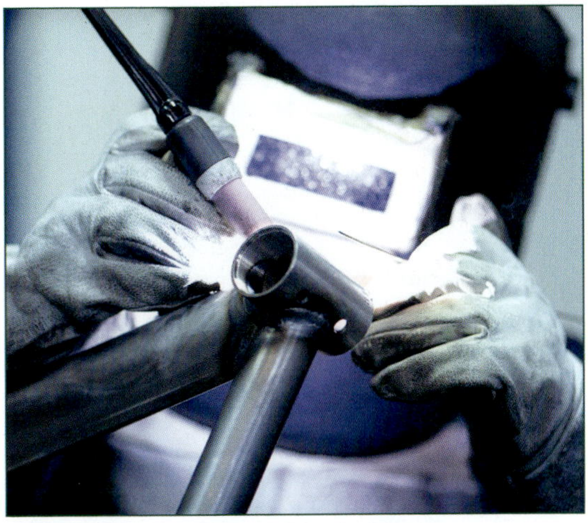

**Bild 3: WIG-Löten eines Fahrradrahmens**

1

### Schweißen

Als Schweißen wird das metallische Verbinden von Bauteilen durch Aufschmelzen der Schweißzone bezeichnet. Fügeteile und Schweißgut bestehen dabei aus artgleichem Werkstoff. Durch die Schweißwärme geht Festigkeit der Werkstücke verloren und es wandelt sich das vom Walzen und Ziehen erzeugte kaltverfestigte Gefüge in ein Gussgefüge um **(Bild 1)**. Die sich dadurch ergebenden Festigkeitsverluste lassen sich jedoch durch Zusätze im Schweißgut ausgleichen.

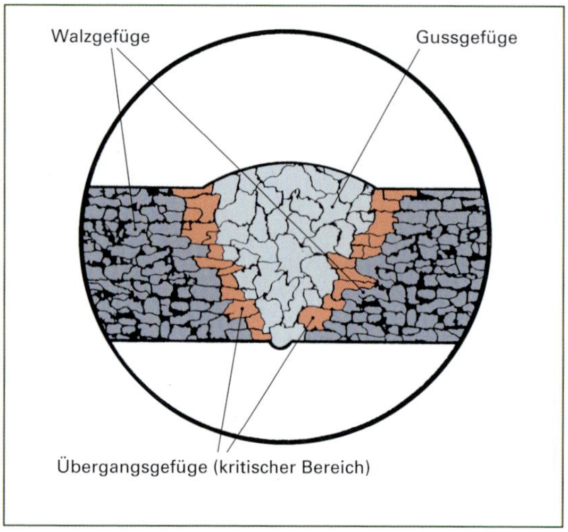


**Bild 1: Gussgefüge und kaltverfestigtes Walzgefüge im Bereich der Schweißnaht**

Das muffenlose Fügen beim Schweißen bringt dieselben Vorteile wie beim Löten. Hinzu kommt der geringe Zeitbedarf für die Vorbereitung und die Nachbearbeitung.

In der Fertigungstechnik wurde eine Vielzahl von Schweißverfahren für z. T. sehr spezielle Anwendungsfälle entwickelt.

Beim **Gasschmelzschweißen** (Autogenschweißen) dient als Wärmequelle die Flamme eines Autogenschweißgerätes. Diese schützt auch die Schmelze gegen Oxidation. Es ist eines der einfachsten und ältesten Schweißverfahren. Mit dem Brenner werden die zu verbindenden Werkstücke an der Fügestelle angeschmolzen und der Zusatzwerkstoff flüssig in diese eingebracht. Grundsätzlich können alle Brenngase genutzt werden, darunter Methan, Propan, Wasserstoff oder Erdgas. Wegen der hohen Flammleistung und -temperatur von bis zu 3200 °C wird hauptsächlich Acetylen ($C_2H_2$) genutzt **(Bild 2)**.

Die geringe Leistung erlaubt das schonende Verbinden von dünnen Blechen. Ab einer Blechdicke von 8 mm sind andere Verfahren dagegen wirtschaftlicher. Da der Zusatzwerkstoff getrennt von der Flammleistung zugeführt wird, ist es sehr flexibel. Bauteile in Zwangslage (z. B. Überkopf oder Steignaht) können sehr gut geschweißt werden.

Im Gegensatz zu den meisten anderen Schweißverfahren wird keine elektrische Energiequelle benötigt. Die eingebrachten Wärmespannungen sind gering, die Wärmeeinflusszone aber groß. Daher kommt es zu relativ starkem Verzug des Bauteils und einer Vergröberung des Korns im Werkstoff, die zu geringeren Festigkeiten führen. Die Anschaffungskosten für die benötigte Ausrüstung sind gering. Angewendet wird das Autogenschweißen insbesondere im Handwerk und auf Baustellen.

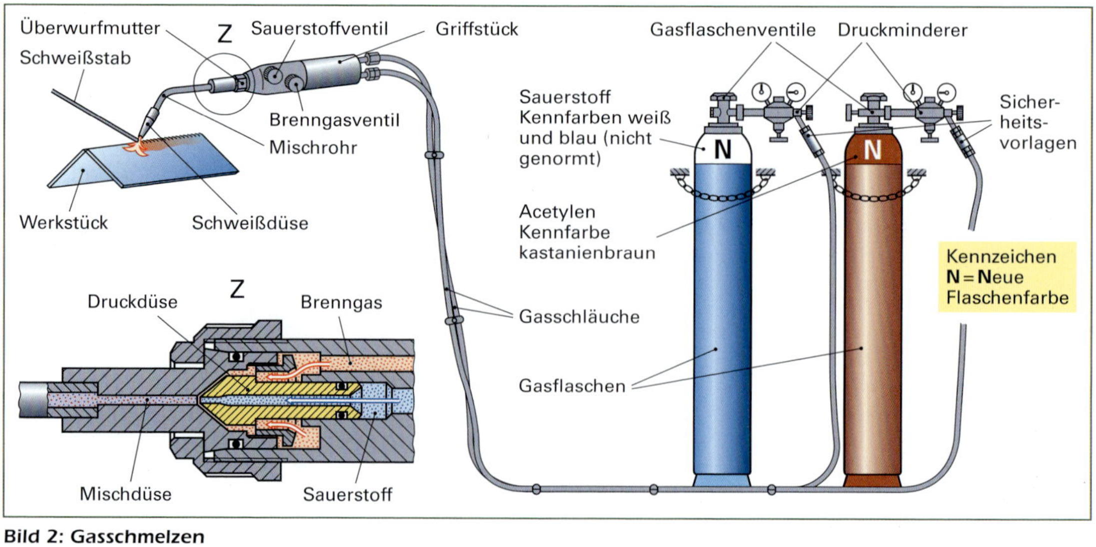


**Bild 2: Gasschmelzen**

Das **Lichtbogenschweißen** umfasst verschiedene Verfahren mit einem breitem Anwendungsbereich. Dabei ist die Wärmequelle ein elektrisch erzeugter Lichtbogen zwischen Stabelektrode und Werkstück.

Zum Verschweißen dünnwandiger Rohre aus Stahl, Titan und Aluminium hat sich das **WIG-Schweißen** bewährt. Als preiswertes Verfahren für Stahlbauteile wird auch das **MIG/MAG-Schweißen** eingesetzt.

Beim **WIG-Schweißen** (Wolfram-Inertgas-Schweißen, engl. **TIG-Welding**) wird zwischen einer nicht abschmelzenden Wolframelektrode und dem Werkstück ein Lichtbogen gezündet. Damit der Luftsauerstoff die Schweißnaht nicht versprödet, wird die Schweißzone vom Edelgas Argon umspült. Das Schweißmaterial wird per Hand zugegeben **(Bild 1)**. Ein Kennzeichen von WIG-Schweißnähten sind die sauberen und gleichmäßigen Nahtoberflächen, die kaum Nacharbeit erfordern.

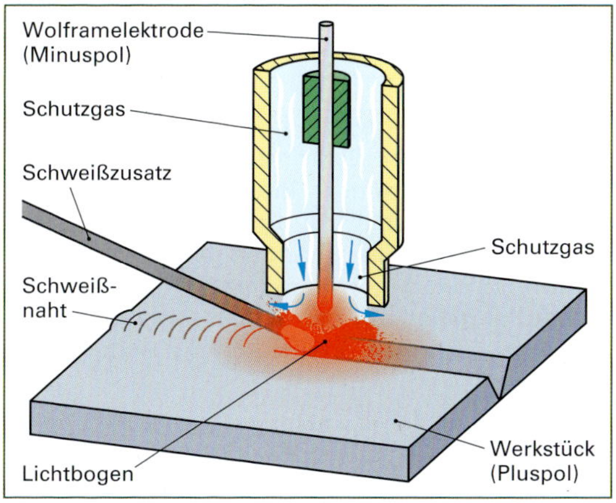


**Bild 1: WIG-Schweißen (Gleichstromschweißen mit negativ gepolter Elektrode)**

Beim **Metall-Schutzgasschweißen (MIG, MAG)** wird zwischen einer kontinuierlich zugeführten Drahtelektrode (Schweißdraht) und dem Werkstück ein Lichtbogen gezündet **(Bild 2)**. Der Schweißdraht tropft ab und das flüssige Schweißgut verbindet sich mit dem erwärmten (teigigen) Werkstück. Da die Wärme vorwiegend vom Schweißdraht ausgeht, eignet sich dieses Verfahren für dünne Wandstärken.

Beim **MIG-Schweißen** (Metall-Inert-Gas-Schweißen) schützt eine Mischung aus den Edelgasen Argon und Helium die Schweißzone vor dem Zutritt von Luftsauerstoff. Beim **MAG-Schweißen** (Metall-Aktiv-Gas-Schweißen) wird die Schweißzone mit einer Mischung aus Kohlendioxid, Sauerstoff und ggf. Argon abgedeckt. Die Gase reagieren dabei mit dem Schmelzbad und verhindern Porenbildungen. Zugaben von Silizium und Mangan im Schweißdraht verringern schädliche Oxidationsprozesse.

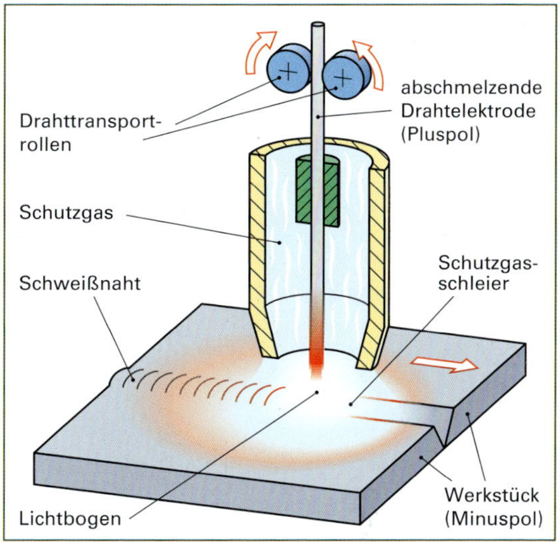


**Bild 2: MIG/MAG-Schweißen**

Während die Werkstoffe Stahl und Titan mit Gleichstrom geschweißt werden, erfolgt das **Aluminiumschweißen** mit Wechselstrom. Wechselstrom ist erforderlich, um die auf der Oberfläche sich permanent bildende dünne Oxidschicht immer wieder zu durchbrechen. Weil Aluminium eine gute Wärmeleitfähigkeit aufweist, wird mit höherer Stromstärke und geringerer Geschwindigkeit geschweißt. Die Fügeteile werden häufig mit einer Gasflamme vorerwärmt. Alle Bauteile müssen metallisch blank sein und dürfen keine Verunreinigungen durch Fremdmetalle aufweisen.

Aluminium besitzt im Vergleich zu Stahl eine deutlich geringere Dauerschwingfestigkeit. Durch konstruktive Maßnahmen wie ausreichende Dimensionierung der Rohre und Lage der Verbindungszonen soll verhindert werden, dass die Bereiche der Schweißnähte elastischen Verformungen durch Biegung und Torsion unterliegen **(Bild 3)**.

**Bild 3: Typische Aluminium-Knotenverbindung**

1

**Smooth Welding** bezeichnet ein Schweißverfahren, dessen Nähte im Gegensatz zur Raupenstruktur konventioneller Schweißnähte glatt (engl. smooth) sind. Diese Oberfläche entsteht durch Aufbringung einer zweiten Naht nach der eigentlichen Verbindung der Rohre und deren anschließendem Überschleifen **(Bild 1)**. Dadurch verringert sich die Kerbwirkung der Ränder der Schweißnaht um den Faktor 2 bis 4 gegenüber der ursprünglichen Schweißraupe.

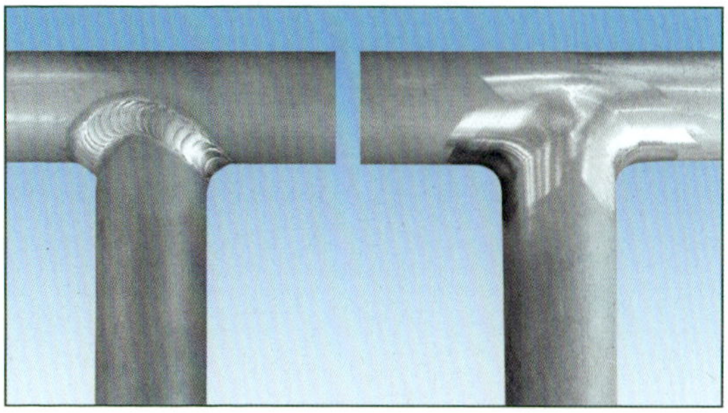

**Bild 1: Vergleich von WIG- und Smooth Weld-Schweißnaht**

Es gibt eine Vielzahl von Arten von **Schweißfehlern**. Sie sind nach ISO 6520 klassifiziert.

Neben anderen Fehlern sind vor allem Risse verantwortlich für das Versagen von geschweißten Bauteilen **(Bild 2)**.

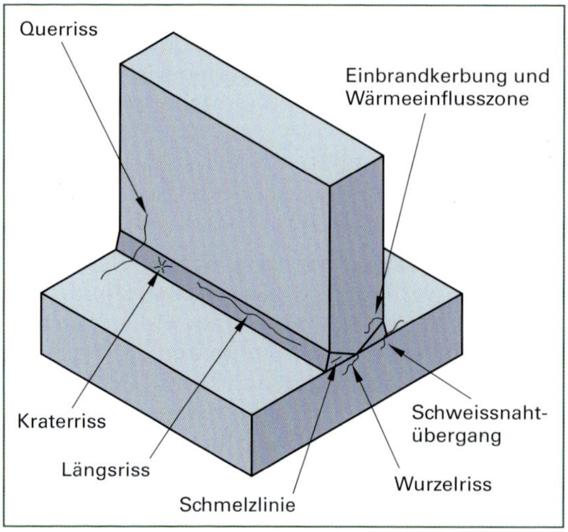


**Bild 2: Schweißrisse**

**Risse an Zündstellen** entstehen, wenn der Schweißbogen gezündet wird, aber der Punkt nicht verschweißt. Der Grund hierfür ist, dass das Material über seine obere Temperaturgrenze erhitzt und dann abgeschreckt wird. Dabei entsteht das spröde Martensit, in dem sich Mikrorisse bilden.

**Querrisse** verlaufen senkrecht zur Schweißrichtung. Sie entstehen allgemein durch längsverlaufende Schrumpfspannung, welche in spröden Schweißmetallen auftreten.

**Kraterrisse** treten auf, wenn der Schweißbogen zu früh beendet wird. Sie sind meistens oberflächlich und entstehen als einzelne oder sternförmige Risse. Diese beginnen normalerweise in einem Kratertrichter und dehnen sich radial aus. Sie können in Längsrisse übergehen.

**Endkraterrisse** treten auf, wenn ein Krater nicht gefüllt wird, bevor der Schweißbogen bricht. Das führt dazu, dass die äußeren Ränder des Kraters schneller abkühlen und schädliche Materialspannungen erzeugen. Längsbrüche, Querrisse oder Radialrisse können entstehen.

**Längsrisse** verlaufen entlang der Schweißraupe. Dabei sind **Checkrisse** auf der Oberfläche sichtbar und gehen teilweise in die Schweißung hinein. Sie werden normalerweise durch große Schwindungsspannungen verursacht. **Wurzelrisse** starten an der Wurzel und dehnen sich teilweise in die Schweißung aus. Sie sind die häufigste Art von Längsrissen.

Eine **Einbrandkerbe** ist ein Riss, der sich in kleinem Abstand zur Schmelzlinie formt. Die genauen Ursachen dieses Risses sind noch nicht voll erforscht, aber zur Entstehung muss gelöster Wasserstoff vorhanden sein. Ein anderer Faktor ist die Materialspannung resultierend aus der ungleichen Kontraktion von Basismetall und Schweißmetall oder durch die Bildung von Martensit.

Ein **Wurzelriss** ist ein Riss, der durch eine kurze Sicke an der Wurzel (an der Fugenvorbereitung) am Anfang des Schweißens entsteht, erzeugt durch niedrigen Schweißstrom am Anfang des Schweißens und durch unzureichendes Füllmaterial für das Schweißen. Der Hauptgrund für diese Risse ist Wasserstoffversprödung.

Brüche von Rahmen sind oft aber auch das Resultat einer unspezifischen Rahmenkonstruktion. **Bild 3** zeigt einen Bruch aufgrund mangelhafter Auslegung der Knotenzone.

**Bild 3: Bruch eines Tiefeinstiegrahmens aus Alu**

Das **Abbrennstumpfschweißen** ist eine Variation des Pressstumpfschweißens und wird u.a. zur Herstellung von Felgen eingesetzt **(Bild 1)**.

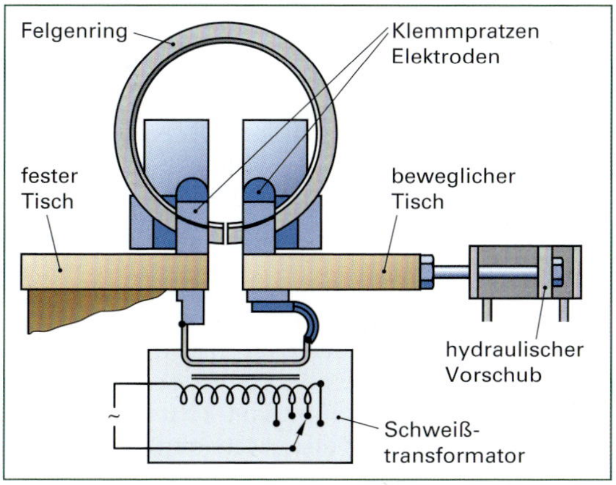


**Bild 1: Aufbau einer Felgenschweißmaschine**

Die zu verbindenden Teile werden durch elektrisch leitende Klemmen gehalten **(Bild 2a)**. Der Schweißstrom wird durch die Elektroden zugeführt. Während einer Aufheizphase besteht nur punktuell Kontakt zwischen den Fügestellen. Durch die daraus resultierende hohe Stromdichte wird an diesen Kontaktstellen das Material verflüssigt, verdampft bzw. spritzerartig weggeschleudert **(Bild 2b)**. Die Bauteile brennen an der Schweißstelle teilweise ab. Zur Kontakterhaltung muss während der Aufheizphase eine Vorschubbewegung einer Elektrode inklusive Bauteil erfolgen **(Bild 2c)**. Nach Erreichen der erforderlichen Temperatur wird der Stromfluss unterbrochen und schlagartig eine Axialkraft eingebracht, durch welche die Bauteile aufeinandergestaucht werden **(Bild 2d)**.

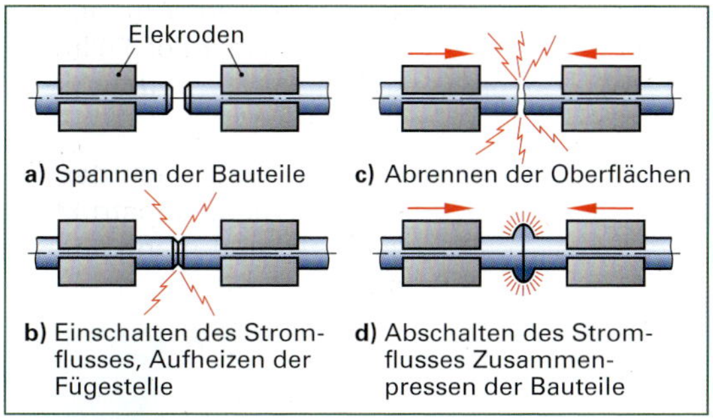


**Bild 2: Ablauf beim Abbrennstumpfschweißen**

Infolge des Abbrennens werden automatisch Verunreinigungen an der Schweißstelle beseitigt und durch das verdampfende Metall eine Schutzgasatmosphäre um die Schweißstelle erzeugt. An der Stauchstelle bildet sich ein Grat aus, der anschließend entfernt werden muss.

### 1.3.5 Beschichten

Beim Beschichten wird formloser Stoff als festhaftende Schicht auf einem Werkstück aufgebracht (**Tabelle 1**). Diese Behandlung der Oberfläche soll vor Korrosion schützen und dem Bauteil ein dekoratives Aussehen verschaffen.

**Tabelle 1: Verfahren des Beschichtens**

| Stoffzustand | Verfahren (Beispiele) |
|---|---|
| flüssig, pastös | Lackieren |
| ionisiert | Galvanisieren |
| fest, körnig | Thermisches Spritzen |
| gas-, dampfförmig | Aufdampfen |

Eine wirksame und langlebige **Beschichtung mit Lacken und Kunststoffen** verlangt eine Vorbehandlung der Flächen. Sie besteht aus den folgenden Schritten:

- Reinigen der Bauteile,
- Erzeugen eines Haftgrundes durch Phosphatieren oder Chromatieren und
- Beschichten mit einer oder mehreren Lack- oder Kunststoffschichten.

Zur Reinigung emphiehlt sich das **Kugelstrahlen** mit Stahl- oder Glaskugeln. Als positiver Nebeneffekt wird durch die hohe Aufprallenergie der Kugeln die Oberfläche des Werkstücks verdichtet und dessen Festigkeit gesteigert.

Beim **Phosphatieren** wird ein Stahlbauteil mit einer Zinkphosphatlösung besprüht oder in ein Zinkphosphatbad getaucht. Die dabei entstehende, ca. 20 µm dünne Eisenphosphatschicht ist fest mit dem Grundwerkstoff verbunden. Sie dient als Haftgrund für eine Lackbeschichtung und verhindert eine Unterrostung. Als Ersatz für das umweltbelastende Phosphatieren kann als Grundierung eine ca. 80 µm starke Pulverschicht mit einem Haftprimer aufgebracht werden. Analog dazu werden Bauteile aus Aluminium durch Chromatieren behandelt.

Die anschließend zur Beschichtung verwendeten **Lacke** sind aus Bindemittel, Lösemittel, Pigmenten, Füllstoffen und Additiven aufgebaut. Das Bindemittel, meist ein Kunstharz, ist der Hauptbestandteil. Bei den sog. **Nasslacken** sind die Lackbestandteile im Lösemittel aufgelöst. Mit dem Lösemittel stellt man den Lack auf die zur Verarbeitung notwendige Viskosität ein. Es verdunstet bei der Trocknung und auf der Oberfläche bleibt der Lackfilm zurück.

**Pigmente** sind unlösliche Farbteilchen, die der Beschichtung die gewünschte Farbe geben. Füllstoffe und Additive verbessern die Verarbeitbarkeit und die Schutzwirkung des Lackes.

Die verschiedenen Lackarten sind:

- **Nitrolacke** weisen eine gute mechanische Belastbarkeit auf, sind aber vergleichsweise witterungsempfindlich, wenig lichtecht und wenig beständig gegen Chemikalien, Wasser und Wärme. Sie eignen sich für Innenraum-Anwendungen.
- Die Bindemittel von **Kunstharzlacken** sind aus Mineralöl synthetisierte Duroplaste (z. B. Alkydharze, Melaminharze), die unter Lufteinwirkung aushärten. Thermoplastische Kunstharzlacke (z. B. Acrylharze) härten durch Trocknung der Lösemittel aus. Bei den Acrylharzen unterscheidet man Ein- und Zweikomponentenlacke. Sie sind preisgünstig, ungefährlich in der Verarbeitung, haben eine hohe Deckkraft, Elastizität und Abriebfestigkeit und sie haften auf einer Vielzahl von (insbesondere glatten) Untergründen.
- **Acryllacke** sind Farbmittel, die auf Kunststoffdispersionen basieren. Sie sind häufig mit Wasser verdünnbar **(Wasserlacke)** und härten zu einer wasserfesten Beschichtung aus. Daneben gibt es auch Acryllacke, die auf organischen Lösungsmitteln basieren. Bei Klarlacken beträgt der Anteil organischer Lösemittel ca. 10 %.
- **Pulverlacke** sind organische, meist duroplastische Beschichtungspulver mit einem Festkörperanteil von 100 % und erfordern keine Lösemittel. Mit Epoxid-, Polyester- oder Acrylatharzen in Korngrößen von 30 µm bis 50 µm werden Bauteile aus elektrisch leitfähigen Werkstoffen beschichtet.

**Tabelle 1: Beschichtungsverfahren beim Lackieren**

| Verfahren, Beschreibung | | Vorteile, Nachteile | Anwendung |
|---|---|---|---|
| **Pinselauftrag**<br>Auftragen des Lacks mit dem Pinsel in abwechselnden Waagrecht- und Senkrechtstrichen. | 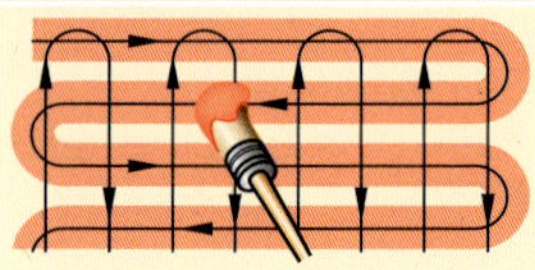 | Einfaches Verfahren, geringer Werkzeugaufwand.<br>Gutes Eindringen des Lacks in Unebenheiten und Risse. | Kleine Reparaturen. Grundanstrich für Stahlbauteile und Maschinengestelle bei Einzelfertigung. |
| **Spritzlackieren** (Druckluftspritzen)<br>Druckluft von 2 bis 6 bar zerstäubt den Beschichtungsstoff (Lack) und sprüht ihn auf das Bauteil. | 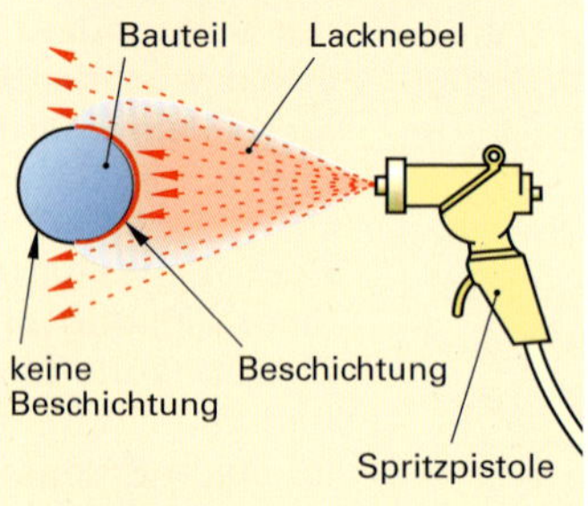 | Nur für flächige, nicht gegliederte Bauteile geeignet. Großer Lackverlust (Overspray). Einseitige Beschichtung. | Standardbeschichtung für flächige Bauteile in der Einzel- und Kleinserienfertigung. |
| **Hochdruckspritzen**<br>(Airless-Spritzen)<br>Der Lack wird in der Spritzpistole unter einen Druck von ca. 250 bar gesetzt und zerstäubt feinneblig beim Austritt aus der Spritzdüse. | | Feinneblige Zerstäubung auch zähflüssiger Lacke. Ungeeignet für gegliederte Bauteile.<br>Keine allseitige Beschichtung. | Große, flächige Bauteile: Schiffsrümpfe, Tanks, Stahlbauten, Maschinenverkleidungen. |
| **Elektrostatisches Lackieren**<br>(Elektrospritzlackieren)<br>Aus einem Sprühkopf wird der Lack feinneblig versprüht und dabei werden die Tröpfchen von einer anliegenden Hochspannung elektrostatisch aufgeladen. Sie bewegen sich entlang der elektrischen Feldlinien zum geerdeten Bauteil und haften dort an. | 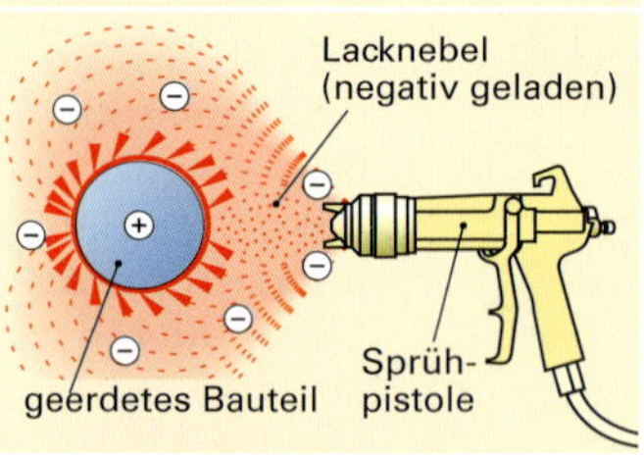 | Allseitige und gleichmäßige Beschichtung auch feingliedriger Bauteile. Geringer Lackverlust (Overspray). Mit lösungsmittelfreien Lacken umweltfreundlich. | Beschichtung gegliederter Bauteile in der Spritzkabine: Maschinengehäuse in der Klein- und Mittelserienfertigung. Fahrradrahmen. |
| **Elektrostat. Pulverbeschichten**<br>In Kabinen werden aus Sprühköpfen die Kunststoffteilchen zu einem feinen Nebel versprüht. Sie laden sich durch eine angelegte Hochspannung elektrostatisch auf und bewegen sich entlang elektrischer Feldlinien zum geerdeten Bauteil. In einem Einbrennofen (200 °C) schmilzt die Pulverschicht zusammen und härtet aus. | 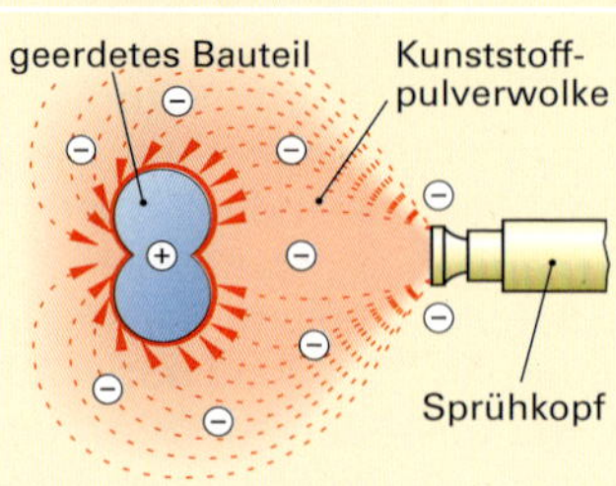 | Lösungsmittelfreies Beschichten mit duroplastischen Harzen. Rückgewinnung des Overspray-Lackpulvers. Umweltfreundlich.<br>Allseitige Beschichtung und gute Haftung auf dem Bauteil. | Beschichtung flächiger und gegliederter Bauteile in der Klein- und Großserienfertigung. Fahrradrahmen. |

Nasslackierungen kommen sowohl bei preiswerter Fahrrad-Massenware als auch bei CFK-Bauteilen zum Einsatz. Bei letzteren kann nur Nasslackierung als Auftragsverfahren angewandt werden, weil alle anderen eine thermische Behandlung erfordern, welche die Harze des Verbundwerkstoffes angreifen würde.

Bei pulverbeschichteten Rahmen sind zwar viele Farbtöne möglich, aber nur wenige wirtschaftlich. Auch bei der Acryl-Pulverbeschichtung sind nur wenige Farbtöne lieferbar. Um Fahrräder trotzdem in den gewünschten Farbtönen zu produzieren, ist der typische Aufbau eine Kombination aus Nass- und Pulverlackierung, bei der nur die äußerste Klarlackschicht durch ein Pulverbeschichtungsverfahren aufgebracht wird. Bei der umgekehrten Kombination wird das zähe, schlagfeste Pulver als Farbe, die kratzfeste und UV-beständige Nasslackierung als Klarlack aufgebracht.

**Beschichtungen mit besonderen Eigenschaften** erzeugen zusätzlich zum Korrosionsschutz spezifische Eigenschaften, wie extreme Härte, Temperaturbeständigkeit und besondere Anmutung **(Tabelle 1)**. Dabei ist die elektrolytische Oxidation (Eloxieren) von Aluminium in der Herstellung von Fahrradkomponenten ein häufig eingesetztes Verfahren.

**Beschichtungen mit Metallen** haben als Hauptzweck den Korrosionsschutz und die Erhöhung der Verschleißfestigkeit der Bauteiloberfläche. Im Fahrradbau ist daneben auch die dekorative Wirkung von Nickel- und Chromoberflächen gewünscht. Einen Überblick über einige Beschichtungsverfahren mit Metallen gibt **Tabelle 1, Seite 54**.

**Tabelle 1: Beschichtungsverfahren mit besonderen Eigenschaften**

| Verfahren, Beschreibung | | Vorteile, Nachteile | Anwendung |
|---|---|---|---|
| **Anodisieren von Aluminium (Eloxieren)** Das Aluminium-Bauteil wird in einem Schwefelsäure-Elektrolyse-Bad als Anode geschaltet. Am Bauteil scheidet sich atomarer Sauerstoff ab, der auf der Oberfläche mit dem Al eine dichte Oxidschicht bildet. Gleichzeitig wird Waserstoff frei: $2\,Al + 3\,H_2O \rightarrow Al_2O_3 + 3\,H_2$ | 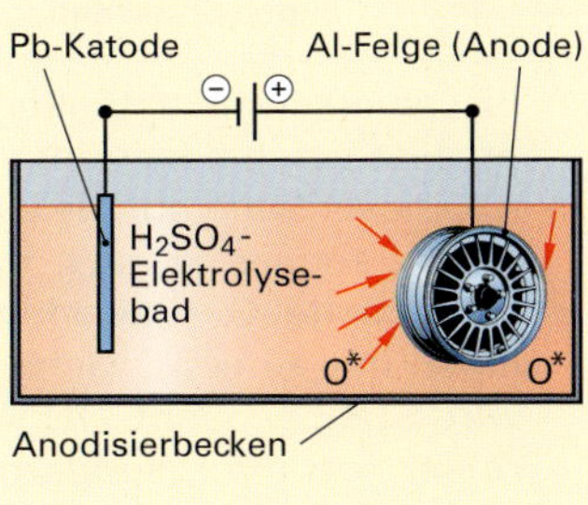 | Durchscheinende, fest mit dem Bauteil verbundene, harte Oxidschicht mit guter Korrosionsbeständigkeit. Schichtdicke bis 25 µm. Verbesserung der Korrosionsbeständigkeit und Einfärben durch weitere Behandlung. Keine Gewichtszunahme durch Beschichtung. | Korrosions- und Verschleißschutz, dekorative Farbgebung bei Bauteilen wie Felgen, Kurbeln, Nabe. Zum Einfärben ist die Sorte Al 6061 wenig geeignet und Al 7075 ist hierfür ungeeignet. |
| **Thermisches Spritzen/Plasmaspritzen** Metall- oder Keramikpulver wird bei Temperaturen bis 20.000 °C geschmolzen, mit großer Geschwindigkeit auf das vorgeheizte Bauteil geschossen und bildet dort eine Schicht bis ca. 130 µm Dicke. | 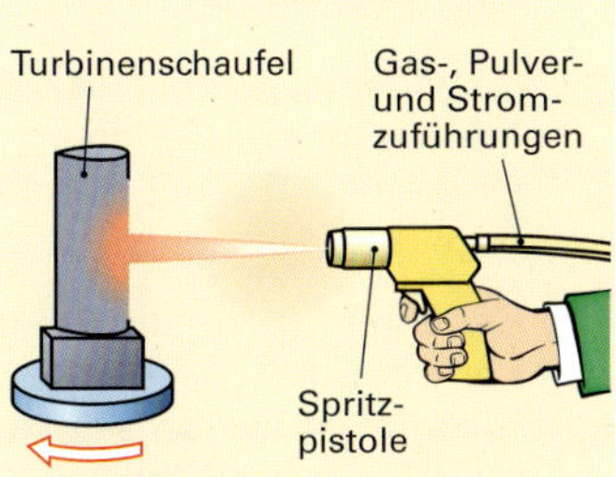 | Hohe chemische Temperatur- und Verschleißbeständigkeit. Hohe Oberflächengüte nach Schleifen oder Polieren. Verbesserung der Antihafteigenschaften durch zusätzliches Beschichten mit PTFE. | Beschichten z. B. von Turbinenschaufeln, Verschleißplatten, Drahtziehtrommeln, in der Lebensmittelindustrie, Bratpfannen, Bremsflanken von Fahrradfelgen |
| **Emaillieren** Eine lose Schicht aus Emailpulver wird durch Tauchen in einer Aufschlämmung auf das Stahlbauteil aufgebracht. Nach dem Trocknen wird sie bei ca. 1.000 °C gebrannt. | 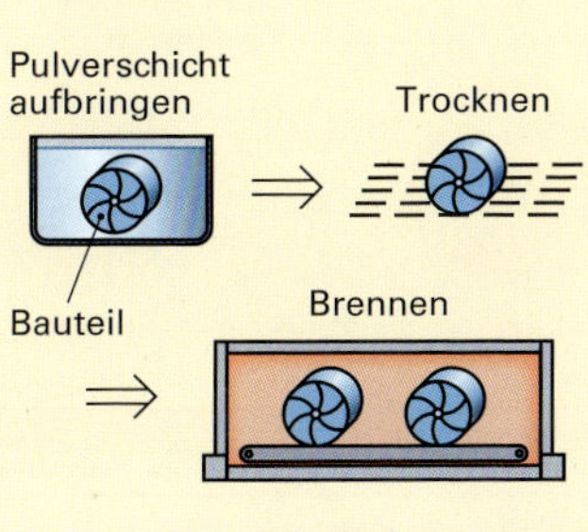 | Chemisch sehr widerstandsfähige, leicht zu reinigende und hitzebeständige Beschichtung. Anfällig gegen Schlagbelastung. | Innenbeschichtungen für Behälter, Rohrleitungen und Apparate der chemischen Industrie. Wasserboiler, Pumpenlaufräder und Kochgeschirr. |

**Tabelle 1: Beschichtungsverfahren mit Metallen**

| Verfahren, Beschreibung | | Vorteile, Nachteile | Anwendung |
|---|---|---|---|
| **Galvanisieren**<br>Das zu beschichtende Bauteil wird in ein Elektrolysebad (Metallsalzlösung) gehängt und in einem Galvanikbecken als Katode geschaltet. Auf dem Bauteil schlägt sich durch elektrochemische Vorgänge eine Metallschicht ab. | 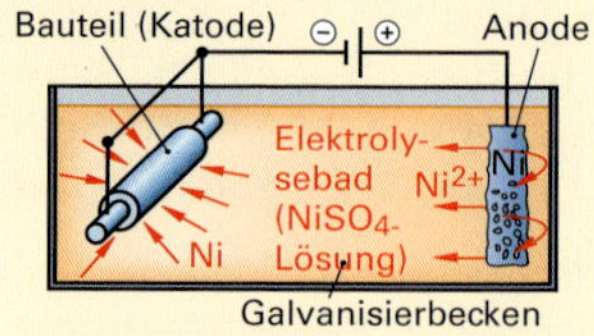 | Auftrag glatter, geschlossener Metallschichten mit dekorativem Aussehen.<br>Hoher Aufwand zur Vermeidung der Umweltbelastung durch Chemikalien der Galvanik. | Vernickeln und Verchromen, z. B. von Kleinteilen und Fahrradrahmen<br>Verschleißschutz mit Hartnickel und Hartchrom auf Glättwalzen. |
| **Metallisieren von Kunststoffbauteilen**<br>Das Kunststoffbauteil wird in einem Tauchbad chemisch leicht angeätzt und dann in einem Palladium-Kupfer-Bad durch Anhaften einer sehr dünnen Kupferschicht elektrisch leitend gemacht. Anschließend wird z. B. eine Chrom- oder Nickelschicht galvanisch abgeschieden | 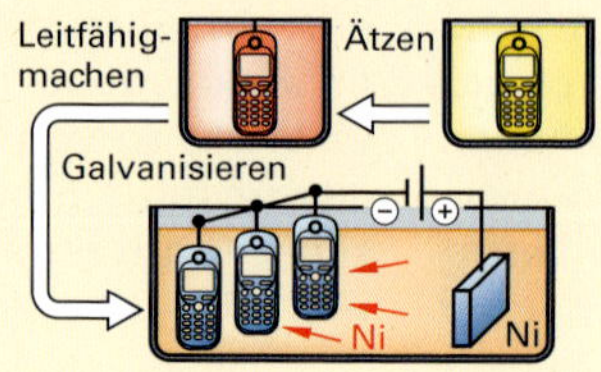 | Ersatz schwerer Metallteile durch leichte Kunststoffbauteile mit Metallaussehen.<br>Abschirmung elektromagnetischer Strahlung durch metallüberzogene Kunststoffgehäuse. | Kunststoffbauteile mit Metallaussehen für Abdeckungen und Luftpumpen.<br>Metallbeschichtete Kunststoffgehäuse elektronischer Bauteile und Geräte. |
| **Schmelztauchen von Metallen**<br>(z. B. Feuerverzinken)<br>Das Stahlbauteil wird in eine Zinkschmelze (Temperatur ca. 450 °C) getaucht und reagiert mit dem Metall. Nach dem Herausheben aus der Schmelze bleibt eine Zinkschicht auf dem Bauteil haften. | 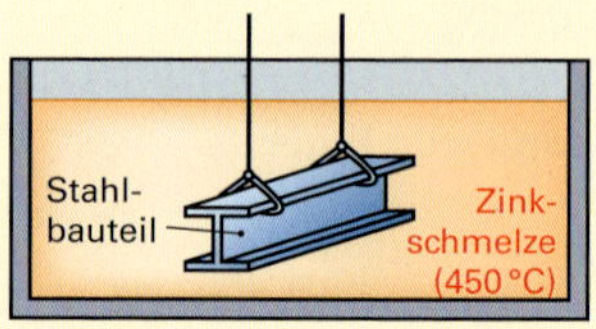 | Guter Korrosionsschutz gegen Atmosphäreneinflüsse.<br>Fest mit dem Bauteil verbundene Metallschicht.<br>Verzug der Bauteile durch Erwärmung | Pkw-Karosserien, Lkw-Chassis, Schrauben, Kleinteile, Träger und Stahlbauprofile. |

## 1.3.6 Ändern der Stoffeigenschaft

**Stoffeigenschaften ändern** umfasst alle Verfahren, bei denen durch Umlagern, Aussondern oder Einbringen von Atomen in die mikroskopische Gefügestruktur die Eigenschaften eines Werkstoffes geändert werden. Ziel kann eine leichtere Bearbeitbarkeit oder eine höhere Festigkeit sein **(Tabelle 1)**.

**Tabelle 1: Verfahren des Beschichtens**

| Stoffzustand | Verfahren (Beispiele) |
|---|---|
| Umlagern | Glühen, Härten, Anlassen |
| Aussondern | Entkohlen |
| Einbringen | Aufkohlen, Nitrieren |

Technisch reines Eisen (Fe) bildet ein Gefüge aus abgerundeten Körnern. Dieses **Ferrit** ist weich, leicht umformbar und magnetisierbar **(Bild 1a)**.

Eisenwerkstoffe enthalten aus dem Herstellungsprozess einen bestimmten Gehalt an Kohlenstoff (C). Dieser wirkt auf die Gefügestruktur des Werkstoffs, sodass je nach Kohlenstoffgehalt unterschiedliche Gefügearten unterscheidbar sind. Eisen mit einem C-Gehalt von 0,1 % bis 2,06 % wird **Stahl** genannt. Der Kohlenstoff liegt nicht in reiner Form vor, sondern als chemische Verbindung Eisencarbid ($Fe_3C$), der sog. **Zementit**. Er ist hart und spröde.

Bei einem C-Gehalt bis 0,8 % liegt der Zementit in Form dünner Streifen vor **(Streifenzementit)**, die einige Ferritkörner durchziehen: **Ferrit-Perlit-Gefüge (Bild 1b)**.

Bei einem C-Gehalt von 0,8 % sind alle Ferritkörner mit Streifenzementit durchzogen. Dieses Gefüge heisst wegen seines perlmuttartigen Aussehens **Perlit (Bild 1c)**.

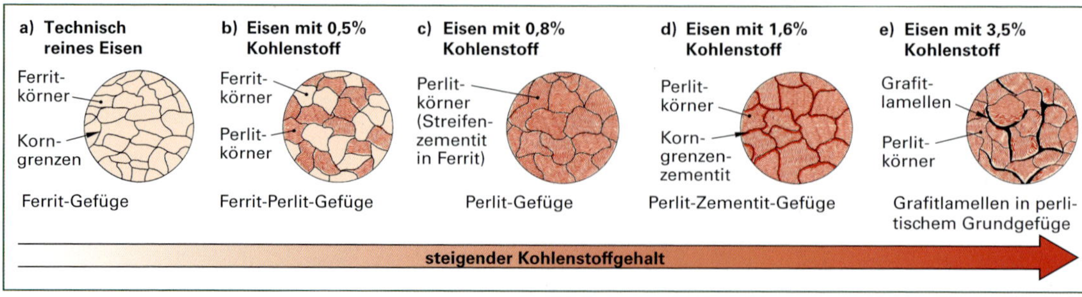


**Bild 1: Gefügearten von Eisenwerkstoffen mit unterschiedlichen Kohlenstoffgehalten**

Stähle mit mehr als 0,8 % C enthalten so viel Kohlenstoff, dass sich zusätzlich noch Zementit an den Korngrenzen ablagert. Damit steigt die Härte und Sprödigkeit des Materials **(Seite 54, Bild 1d)**.

Eisen mit 2,5 % bis 3,7 % C ist **Gusseisen**. Dieses enthält zusätzlich Silizium, der bewirkt, dass sich der Kohlenstoff, der über den 0,8 % Anteil hinausgeht, in reiner Form als **Lamellengraphit** an den Korngrenzen ausscheidet (**Seite 54, Bild 1e**).

Die oben genannten Gefügearten bestehen bis zu einer Temperatur von 723 °C. Darüber hinaus bilden sich noch weitere Strukturen, die im Eisen-Kohlenstoff-Zustandsdiagramm dargestellt werden **(Bild 1)**. Dabei wechselwirken der C-Gehalt und die Temperatur, sodass die Grenzübergänge zwischen den verschiedenen Gefügearten charakteristische Verläufe annehmen. Das sich bei diesen Temperaturen bildende **Austenit** zeichnet sich durch eckige Gefügekörner, Zähigkeit und leichte Umformbarkeit aus und ist nicht magnetisierbar.

**Glühen** ist eine Wärmebehandlung, bestehend aus langsamem Erwärmen, Halten der Temperatur und langsamem Abkühlen. Die Glühverfahren unterscheiden sich durch die Höhe der Temperatur und die Länge der Glühzeit **(Bild 2)**.

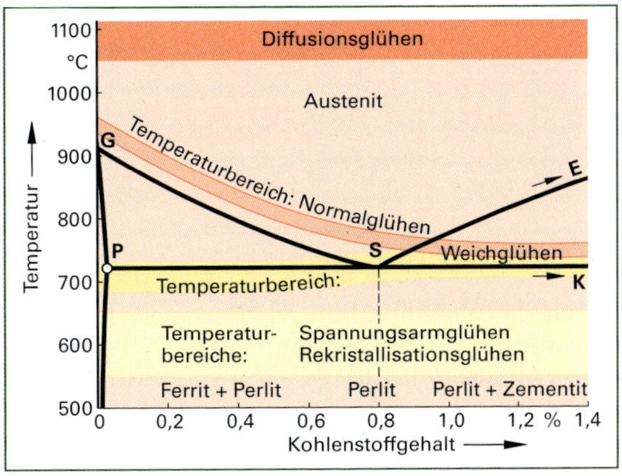


**Bild 2: Glühtemperaturen unlegierter Stähle, eingezeichnet im Fe-C-Zustandsdiagramm**

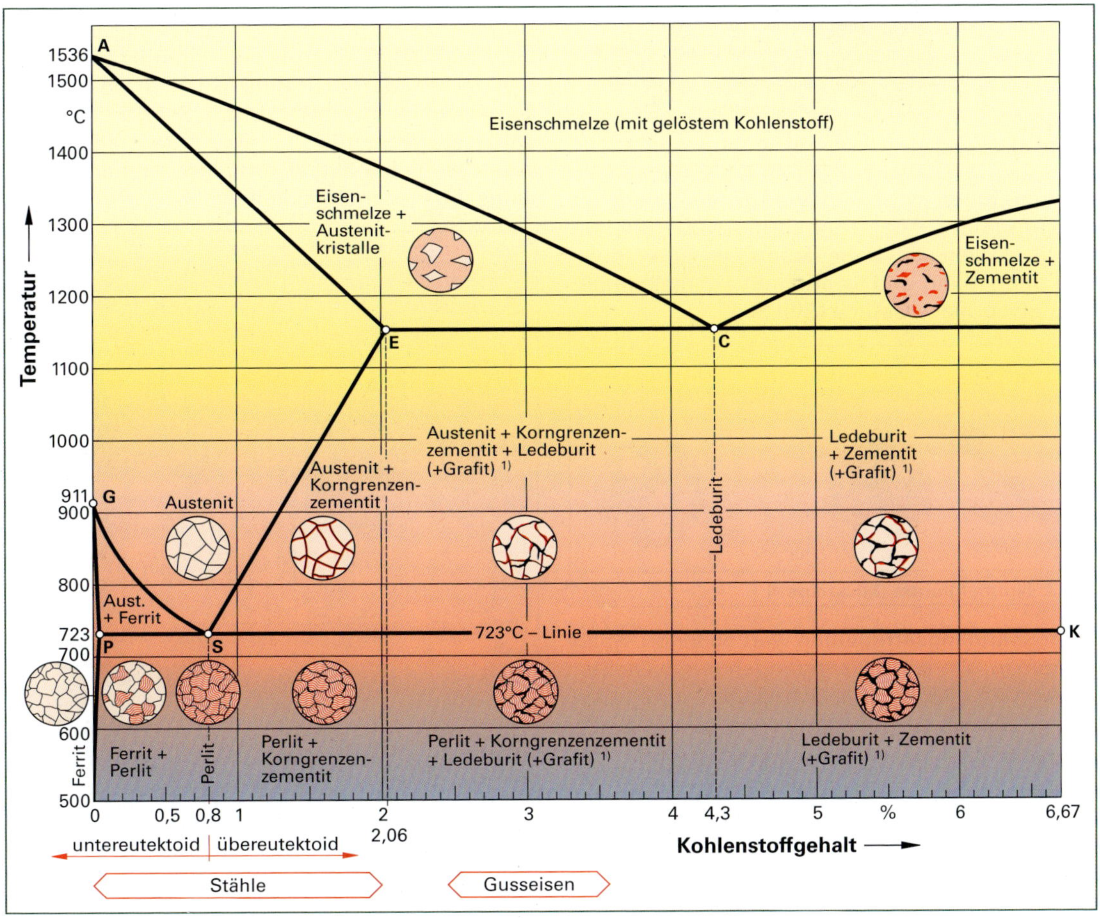


**Bild 1: Eisen-Kohlenstoff-Zustandsdiagramm**

Das **Rekristallisationsglühen** wird angewandt, wenn ein durch Kaltverformung verzerrtes Gefüge wieder in einen unverzerrten Zustand zurückgeführt werden soll **(Bild 1)**.

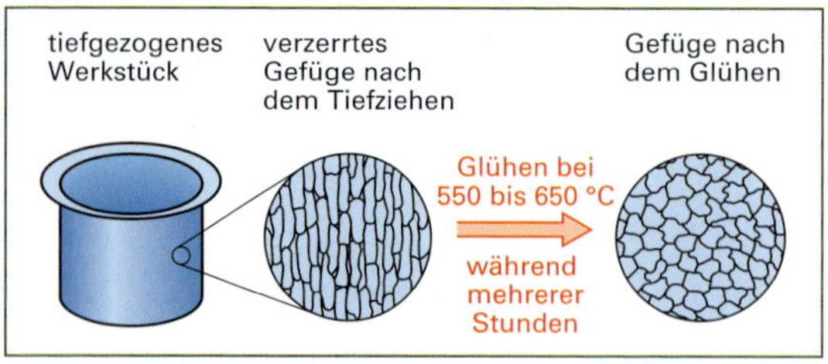


**Bild 1: Rekristallisationsglühen**

Durch das **Weichglühen** wandelt sich der Streifenzementit in körnigen Zementit um. Dies macht den Werkstoff leichter umform- und spanbar **(Bild 2)**.

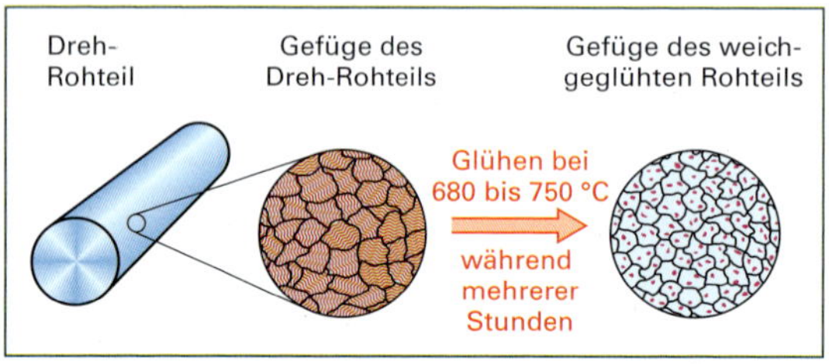


**Bild 2: Weichglühen**

**Normalglühen** wird angewandt, wenn ein ungleichmäßiges oder grobkörniges Gefüge beseitigt werden soll. Dabei kommt es zur völligen Kornneubildung und es entsteht ein gleichmäßiges, feinkörniges Gefüge **(Bild 3)**.

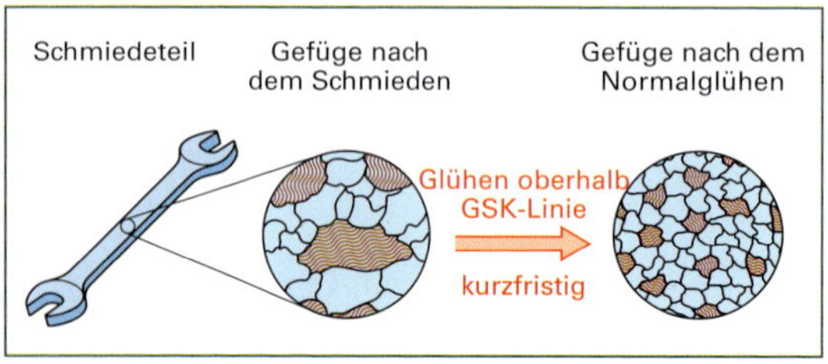


**Bild 3: Normalglühen (Rückfeinen)**

Beim **Spannungsarmglühen** werden innere Spannungen im Werkstück (entstanden durch Gießen, Schweißen, Walzen oder Schmieden) durch plastisches Fließen des Werkstoffs verringert.

**Härten** ist eine Wärmebehandlung, die Stähle mit einem C-Gehalt von mehr als 0,2 % hart und verschleißfest macht. Der Prozess besteht aus den Arbeitsgängen langsames Erwärmen, Temperatur halten, schnelles Abkühlen (Abschrecken mit Wasser, Öl oder Luft) und Anlassen **(Bild 4)**. Die obere Temperatur beim Härten ist etwa 40 °C oberhalb der Linie GSK im Fe-C-Zustandsdiagramm. Dabei wandelt sich das Ferrit-Perlit-Gefüge in Austenit um.

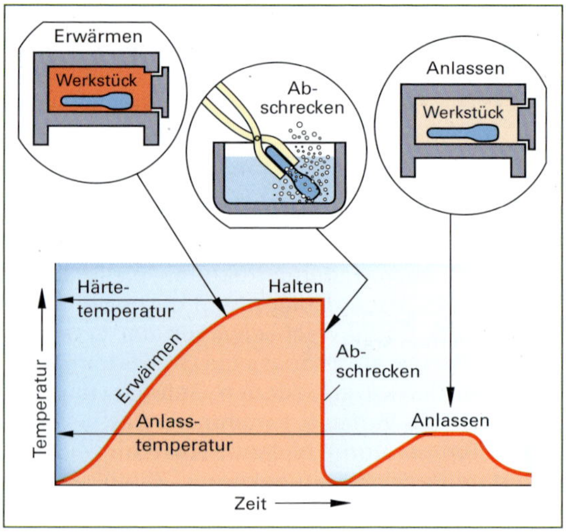


**Bild 4: Temperaturverlauf beim Härten**

Durch das Abschrecken wird eine Rückumwandlung verhindert. Stattdessen entsteht das harte und spröde **Martensit (Bild 5)**. Um diese Sprödigkeit abzubauen wird im dritten Schritt das frisch gehärtete Werkstück auf eine Anlasstemperatur von 200 °C bis 350 °C erwärmt, gehalten und langsam wieder abgekühlt.

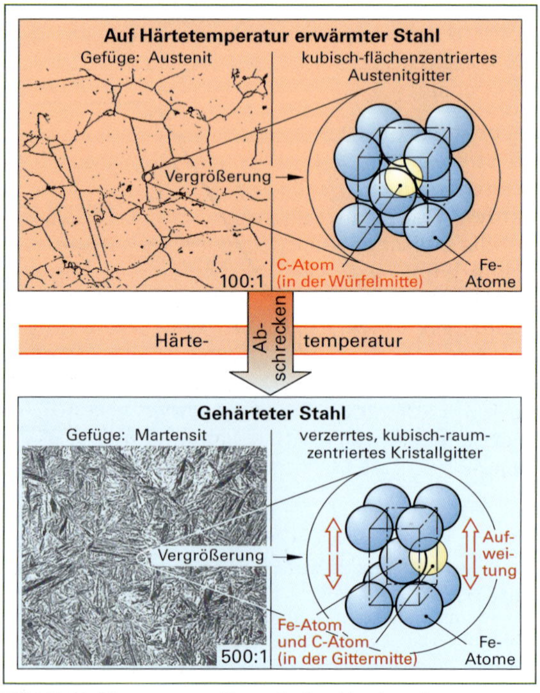


**Bild 5: Gefügeumwandlung beim Abschrecken**

Beim Abschrecken wird die Wärme in der Randschicht des Werkstücks schneller abgeleitet als im Inneren. Bei unlegierten Stählen kann diese Zone bis fünf Millimeter dick sein. Der Rest des Werkstücks behält seine Zähigkeit **(Bild 1)**.

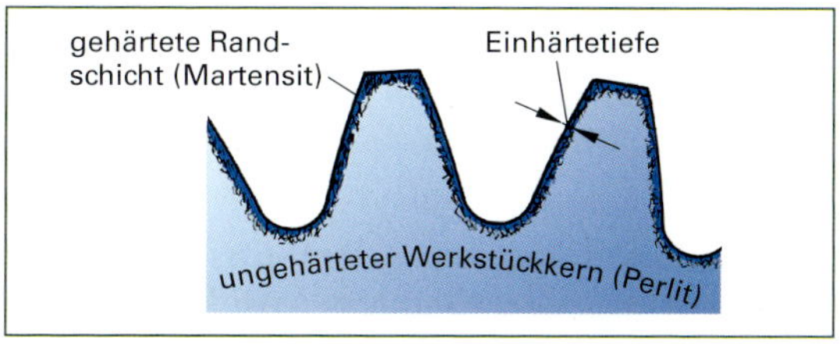


**Bild 1: Schnitt durch ein Zahnrad aus gehärtetem, unlegiertem Stahl**

Eine hohe Festigkeit bei gleichzeitig großer Zähigkeit kann man durch das **Vergüten** von dafür geeigneten Vergütungsstählen (meist Legierungen mit Chrom, Molybdän, Nickel oder Mangan) erreichen. Dabei ist die Anlasstemperatur zwischen 500 °C und 700 °C.

Beim **Einsatzhärten** wird die Randschicht eines kohlenstoffarmen Stahls mit Kohlenstoff angereichert (aufgekohlt) und anschließend gehärtet. Man erhält damit eine gehärtete Oberfläche bei gleichzeitig zähem Werkstückkern.

Beim **Nitrierhärten** wird eine dünne Randschicht eines Werkstücks aus Nitrierstahl mit Stickstoff angereichert. Dies erfolgt durch Glühen in Stickstoffatmosphäre bei Temperaturen von 500 °C bis 580 °C. Die entstehenden Metallnitride erreichen die höchste, bei Stählen erzielbare Härte.

Bei bestimmten Aluminium-Legierungen können die Streckgrenze und die Härte durch **Ausscheidungshärtung (Aushärten)** deutlich gesteigert werden. Dabei werden Atome des Legierungsmetalls zwischen den Kristallen des Grundmaterials eingebaut. Diese bilden ein Hindernis für Versetzungen der Kristallschichten, die bei mechanischer Belastung auftreten würden. Die Wanderung der Legierungsatome geschieht bei Raumtemperatur **(Kaltaushärtung)** oder bei 120 bis 180 °C **(Warmaushärtung)**. Dafür wird in den Kristallen durch eine Vorbehandlung ein Zwangszustand erzeugt.

Das Aushärten gliedert sich in die drei Behandlungsschritte Lösungsglühen, Abschrecken und Auslagern (Ausscheiden) **(Bild 2, vgl. Tabelle 2, Seite 69)**.

Beim **Lösungsglühen** wird die Legierung so lange bei 450 °C bis 550 °C gehalten, bis sich alle zur Ausscheidung nötigen Elemente in Lösung befinden und gleichmäßig im Grundmetall verteilt haben (Dauer 10 min bis 5 h). Die Fremdatome nehmen dabei entweder den Platz eines Aluminiumatoms (Austausch-Mischkristall) oder einen Zwischengitterplatz (Einlagerungs-Mischkristall) ein **(Bild 3)**.

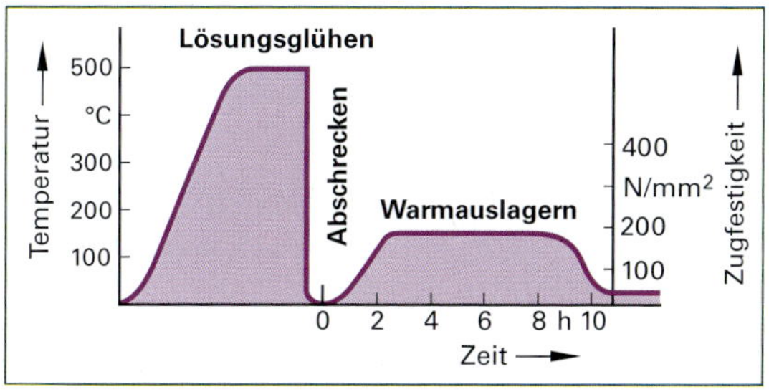


**Bild 2: Aushärten von Aluminium**

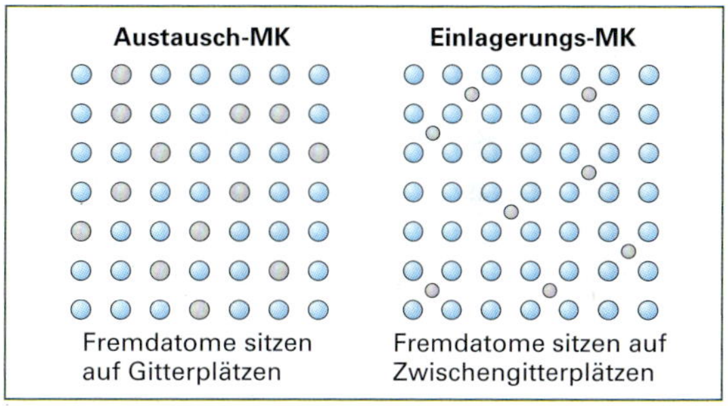


**Bild 3: Mischkristalle im Aluminium**

Durch schnelles Abkühlen in Wasser **(Abschrecken)** wird die Mischkristallphase konserviert. Die Festigkeit hat sich kaum erhöht und das Material kann noch 1 bis 2 Stunden lang kalt verformt werden.

Die übersättigten Mischkristalle versuchen anschließend den normalen Zustand wieder zu erlangen, indem die überschüssigen Legierungsatome ausgeschieden und an die Korngrenzen gedrängt werden **(Auslagern)**.

Dieser Vorgang dauert beim Kaltauslagern etwa 4 bis 14 Tage. Beim Warmauslagern ist er nach einigen Stunden bis 2 Tagen abgeschlossen. Durch Warmauslagern lassen sich höhere Endfestigkeitswerte erzielen.

Ausgehärtete Aluminium-Bauteile dürfen nicht stark erwärmt werden, da sie sonst ihre Aushärte-Festigkeit verlieren. Deshalb können die meisten aushärtbaren Aluminiumlegierungen nicht ohne Festigkeitsverlust gelötet oder geschweißt werden.

Aushärtbare Aluminiumlegierungen sind korrosionsanfälliger als Reinaluminium, da die Ausscheidungen die Bildung einer geschlossenen Oxidschicht behindern.

## 1.4 Werkstofftechnik

Die Werkstofftechnik beschreibt die Stoffe hinsichtlich ihrer Eigenschaften und ihres inneren Aufbaus.

Im Fahrradbau kommen die unterschiedlichsten Werkstoffe zum Einsatz. Das **Bild 1** zeigt einen Kurbelsatz, bei dem die Kurbeln aus Kohlefaser-Verbundwerkstoff, die Kurbelwelle und die Lager aus Vergütungsstahl und die Kettenräder aus einer Aluminiumlegierung bestehen.

**Bild 1: Kurbelsatz aus verschiedenen Werkstoffen**

### 1.4.1 Werkstoffeigenschaften

Die physikalischen Eigenschaften beschreiben den Werkstoff unabhängig von seiner Form. Dazu gehören:

- Dichte; die Masse pro Volumeneinheit in [kg/dm$^3$] oder [g/cm$^3$],
- Schmelztemperatur,
- Thermische Längenausdehnung und
- Elektrische Leitfähigkeit.

Die **mechanisch-technologischen Eigenschaften** kennzeichnen das Werkstoffverhalten unter der Wirkung von Kräften. Dabei unterliegen die Werkstücke einer Formänderung, die entweder nach Wegnahme der Kraft zurückgeht **(elastische Verformung)** oder erhalten bleibt **(plastische Verformung)**. Wenn Teilbereiche eines Werkstücks plastisch und andere elastisch verformt wurden, dann nimmt es nur teilweise seine ursprüngliche Form wieder ein. Zwischen den Teilbereichen bleiben dabei Werkstoffspannungen bestehen **(Seite 23, Bild 4)**:

Als **zäh** bezeichnet man einen Werkstoff, der sich bei starker Belastung in geringem Maß elastisch-plastisch verformen lässt, der Verformung aber einen großen Widerstand entgegensetzt.

**Spröde** nennt man Werkstoffe, die bei schlagartiger Beanspruchung in Bruchstücke zerspringen.

Unter **Härte** versteht man den Widerstand, den ein Werkstoff dem Eindrücken eines Körpers entgegensetzt.

Je nachdem, in welcher Richtung Kräfte auf ein Bauteil wirken, herrschen im Werkstoff unterschiedliche Beanspruchungen. Die verschiedenen Beanspruchungsarten zeigt **Bild 2**.

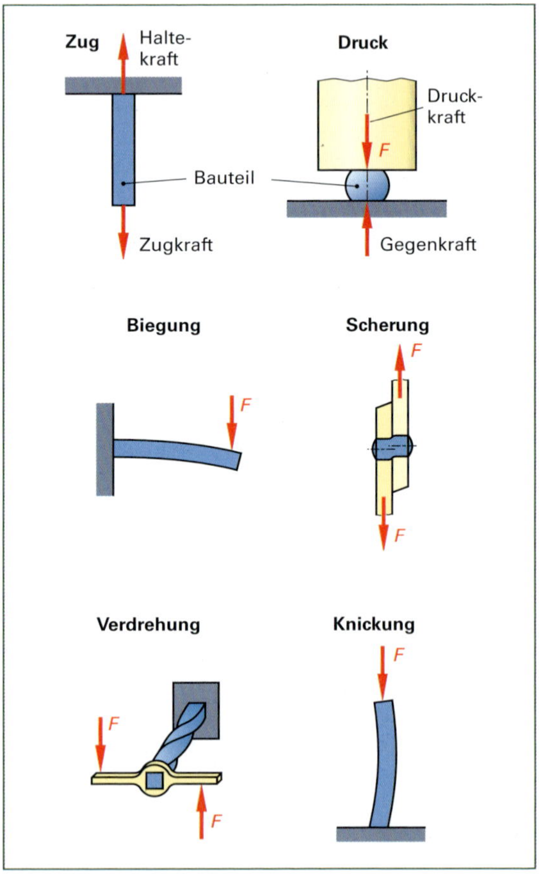


**Bild 2: Beanspruchungsarten**

Wird ein Bauteil belastet, entstehen im Werkstoff innere Kräfte, die man mit dem Begriff **Materialspannung** oder kurz **Spannung** bezeichnet. Solche Spannungen sind in der Lage, den Werkstoff elastisch oder plastisch zu verformen.

Bei einer Belastung auf Zug entsteht als Reaktion darauf eine **Zugspannung** $\sigma$ (lat. sigma). Sie ist der Quotient aus der Zugkraft $F$ und der Querschnittsfäche $A$:

$$\sigma = \frac{F}{A}$$

Die Maßeinheit der Spannung ist:

$$[\text{N/mm}^2] = [\text{MPa}]$$

Wird ein genormter Probekörper eines Werkstoffs unter eine Zugspannung gesetzt, dann zeigt er bis zum Bruch ein charakteristisches, materialabhängiges Verhalten. Im Spannungs-Dehnungs-Diagramm des Zugversuchs wird dies dargestellt als Verlauf der notwendigen Kraft, um eine bestimmte Längung (Dehnung) des Probekörpes zu erreichen **(Bild 1)**.

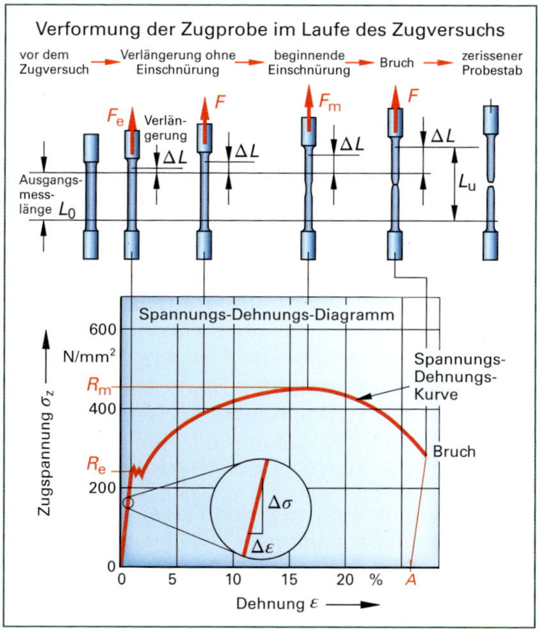


**Bild 1: Verformung der Zugprobe und Spannungs-Dehnungs-Diagramm der Stahlsorte S235JR**

Dabei lassen sich aus dem Diagramm verschiedene Informationen entnehmen:

- Zunächst steigt die Kurve linear an bis zu einem Punkt, an dem sich die Zugprobe bei gleichbleibender Zugkraft verlängert. Der zugehörige Wert $R_e$ heißt **Streckgrenze**. Bis hier verhält sich das Material elastisch.
- Die lineare Steigung der Kurve $\Delta\sigma/\Delta\varepsilon$ im Anfangsbereich definiert den **Elastizitätsmodul** (E-Modul). Er ist ein Kennwert dafür, wie stark ein Material bei Krafteinwirkung nachgibt. Bei großem E-Modul (steile Kurve) hat das Material einen hohen Widerstand gegen Verformung. Die typischen Werte sind für Aluminium 70 000 N/mm², Stahl 210 000 N/mm² und Kohlenstofffasern 230 000 N/mm².
- Danach steigt die Spannung weiter an, bis sie im Punkt $R_m$ ihren maximalen Wert erreicht. Dies ist die **Zugfestigkeit**. An diesem Punkt beginnt die Probe sich an einer Stelle einzuschnüren.
- Die Einschnürung wird immer stärker, sodass eine weitere Dehnung stets weniger Kraft benötigt. Am Ende bricht die Zugprobe. Die bleibende Dehnung nach dem Bruch ist die **Bruchdehnung** $A$.

Der Verlauf der Kurve gibt Aufschluss darüber, wie das allgemeine Werkstoffverhalten ist (Festigkeit, Elastizität, Sprödigkeit oder Duktilität, **Bild 2**).

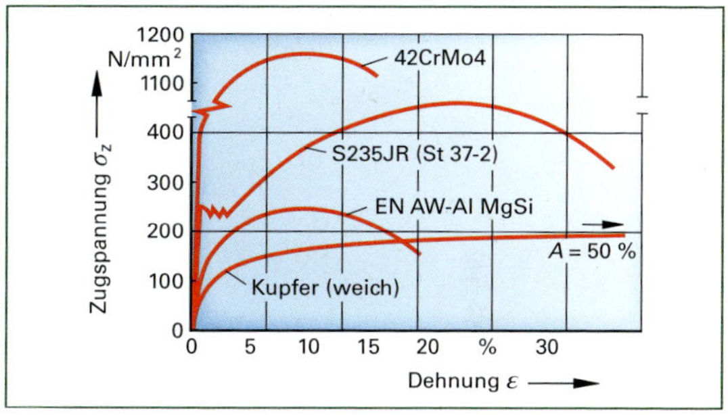


**Bild 2: Spannungs-Dehnungs-Diagramm verschiedener Werkstoffe im Vergleich**

Einige Werkstoffe (Cu, Al) besitzen keinen definierten elastischen Bereich zu Beginn der Belastung. Das Material wird von Beginn an gedehnt. Hier wird die Streckgrenze $R_e$ durch die 0,2-%-Dehngrenze oder **Elastizitätsgrenze** $R_{p0,2\,\%}$ angegeben. Bei dieser mechanischen Spannung ist die bleibende Dehnung nach Entlastung genau 0,2 %.

**Tabelle 1: Formelzeichen für Materialspannungen**

| Belastung | Spannung | Grenze der Verformung: elastisch | Grenze der Verformung: plastisch |
|---|---|---|---|
| **Zug** | $\sigma_z$ | $R_e$ Streckgrenze | $\varepsilon$ Dehnung |
| **Druck** | $\sigma_d$ | $\sigma_{dF}$ Quetschgrenze | $\varepsilon_d$ Stauchung |
| **Biegung** | $\sigma_b$ | $\sigma_{bF}$ Biegegrenze | $f$ Biegung |
| **Verdrehung** | $\tau_t$ | $\tau_{tF}$ Verdrehgrenze | $\varphi$ Verdrehwinkel |
| **Knickung** | $\sigma_k$ | (entfällt) | |
| **Scherung** | $\tau_a$ | (entfällt) | |

**Tabelle 1, Seite 59** listet die Bezeichnungen und Formelzeichen für die anderen in **Bild 2, Seite 58**, gezeigten Belastungsfälle auf. Diese werden hier nicht weiter erläutert.

Die **Dauerfestigkeit** ist der Kennwert für den Widerstand von Bauteilen gegen wechselnde Belastungen. Dabei kann es zu einem Bruch kommen, auch wenn der Betrag der Belastung weit unterhalb der Zugfestigkeit des Werkstoffes liegt. Man bezeichnet die Bruchart als Dauer- oder Ermüdungsbruch **(Bild 1)**.

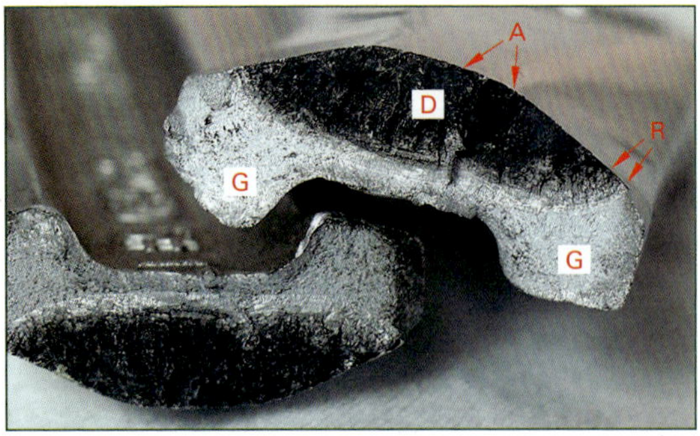


**Bild 1: Dauerbruchfläche**

Ursache hierfür sind Veränderungen der Feinstruktur im Werkstoff bei jedem einzelnen Zyklus, die sich akkumulieren, zur Einleitung von Rissen und schließlich zum Versagen führen. Die Bruchfläche zeigt den Anriss A, die Dauerbruchfläche D mit den charakteristischen Rastlinien R und der dunklen Färbung durch eingedrungenen Schmutz sowie die Restbruchfläche G (Gewaltbruch).

Mit dem **Dauerschwingversuch nach Wöhler** wird die Dauerfestigkeit geprüft. Dazu werden in schnellem Wechsel Zug- und Druckbelastungen auf die Probe gegeben. Diese Beanspruchung kann um den Nullpunkt schwanken ($\sigma_m = 0$, Wechselbelastung), nur im Druckbereich ($\sigma_m < 0$, Druckschwellbelastung) oder nur im Zugbereich ($\sigma_m > 0$, Zugschwellbelastung) liegen. Der einzelne Versuch läuft, bis die Probe bricht oder die Probe $10^7$ Lastwechsel ertragen hat **(Bild 2)**.

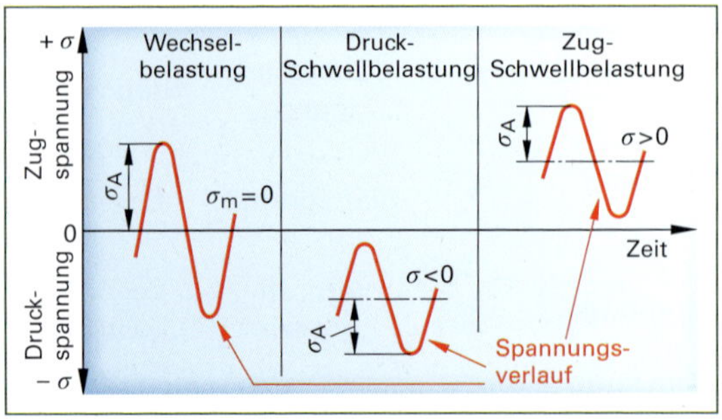


**Bild 2: Bereiche der Schwingbelastung**

Eine Versuchsreihe besteht aus ca. 10 Einzelversuchen. Die Amplitude $\sigma_A$ wird ausgehend von der Streckgrenze $R_e$ gesenkt und die Ergebnisse in einer Auswertung (Wöhlerkurve) zusammengetragen. Ab etwa $10^6$ Schwingspielen verläuft die Kurve horizontal. Das bedeutet, dass das Material bei der dafür gültigen Spannung dauerschwingfest ist **(Bild 3)**.

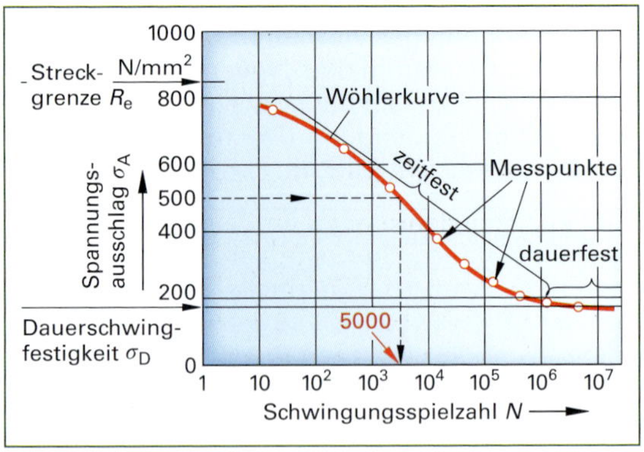


**Bild 3: Wöhlerkurve eines legierten Stahls**

Die im Dauerschwingversuch ermittelten Werkstoffkennwerte gelten für glatte Probestäbe. Fahrradbauteile besitzen aber eine ihrer Funktion angepasste Form. Um eine Aussage über die Belastbarkeit eines konkreten Bauteils zu erhalten, muss man das fertige Bauteil im Dauerschwingversuch prüfen. Die dabei ermittelte Dauerfestigkeit bezeichnet man als **Gestaltfestigkeit**.

Fahrradbauteile sind im Betrieb einer Vielzahl von gleichzeitigen Belastungen ausgesetzt. Ein Lenker z. B. ist gleichzeitig auf Zug, Druck, Verdrehung und Biegung belastet. Die sich überlagernden Belastungen und ihre Wirkung können nicht an einem Probestab des Werkstoffes, sondern nur am fertigen Bauteil geprüft werden. Dazu wird das zu prüfende Bauteil auf einem Prüfstand simulierten Betriebsbelastungen ausgesetzt **(Bild 4)**.

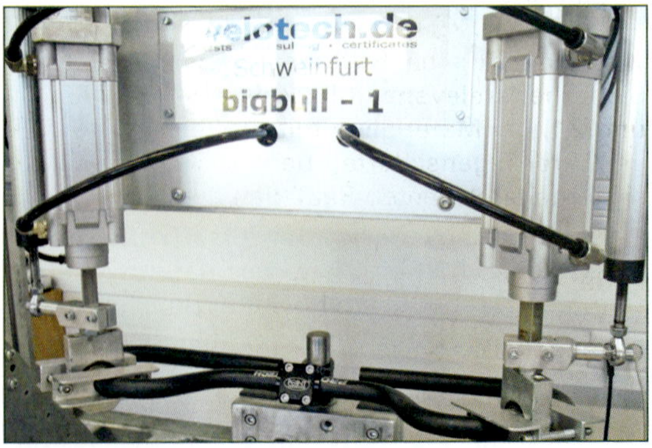


**Bild 4: Betriebslastenprüfung am Fahrradlenker**

Weitere Eigenschaften von Werkstoffen sind unter anderem:

- Fertigungstechnische Eigenschaften: Zerspanbarkeit, Schweißbarkeit, Umformbarkeit, Härtbarkeit und Verschleißfestigkeit.
- Chemisch-technologische Eigenschaften: Korrosionsbeständigkeit und Giftigkeit.
- Ökologische Werkstoffeigenschaften: Rohstoffverbrauch/Emissionen/Energieverbrauch bei Herstellung, Transport, Verarbeitung und Gebrauch, Recyclingfähigkeit.

## 1.4.2 Festigkeitsberechnung

Die Festigkeitslehre hat zum Ziel, exakt und verlässlich zu untersuchen, wie sich Belastungen auf bestimmte Werkstoffe, Bauteile bzw. ganze Konstruktionen auswirken. Mithilfe der Festigkeitslehre wird geprüft, ob die geplanten Maschinenteile dem Einsatzzweck entsprechend belastet werden können **(Bild 1)**.

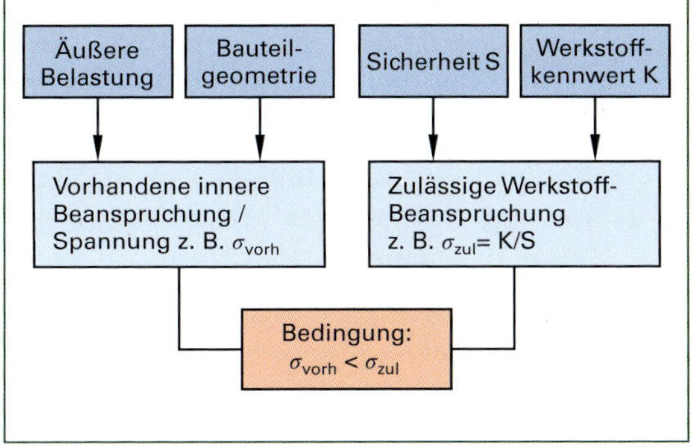


**Bild 1: Vorgehensweise der Festigkeitsberechnung**

Bei der Auslegung von Bauteilen und Maschinen müssen Werkstoff- und Produkttoleranzen berücksichtigt werden. Auch können Lastannahmen falsch sein. Dies wird bei der Berechnung berücksichtig, indem das Berechnungsergebnis durch einen **Sicherheitsfaktor** $\nu$ (griech. nü) angepasst wird. Er liegt je nach verwendetem Material und Sicherheitsrelevanz üblicherweise zwischen 1,1 und 2,1, bei Materialien mit großen Schwankungen ihrer Eigenschaften bei 3,0 und bei extrem sicherheitsrelevanten Bauteilen über 10 (z. B. Aufzugseile).

In der Festigkeitslehre wird bei allen Berechnungen von einem Idealverhalten des Materials ausgegangen. Das heißt:

- Der Werkstoff ist homogen und isotrop **(vgl. Seite 80)**, wie das beispielsweise bei allen klassischen Metallen der Fall ist.
- Der Werkstoff verhält sich bei Verformung idealelastisch. Demnach verhalten sich Belastung und Verformung zueinander proportional.

Die Festigkeit von Bauteilen wird heutzutage am Computer durch die **Finite-Elemente-Methode** (FEM) ermittelt. Dabei wird das Bauteil in eine endliche (lat. finite) Anzahl von Elementen unterteilt. Durch Algorithmen lässt sich das Gesamtverhalten der Struktur aus dem Verhalten der einzelnen Subbereiche berechnen **(Bild 2)**.

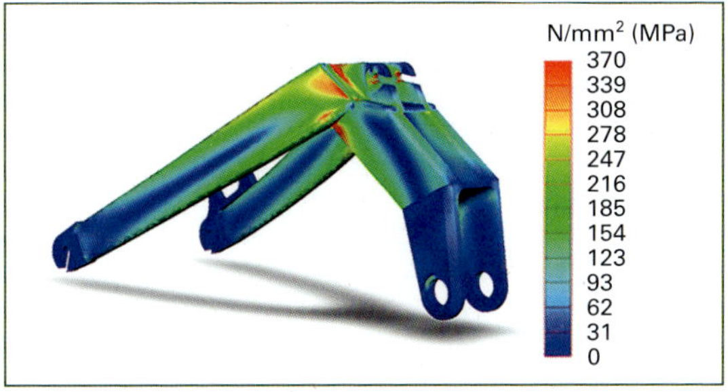


**Bild 2: Ergebnis einer FEM-Simulation an einer Hinterbauschwinge**

### Zugspannung

Die Zugspannung ist senkrecht zur Schnittebene eines Werkstückes gerichtet **(vgl. Seite 58)**.

> *Beispiel*:
> Ein Stahlstab aus S235JR ($R_m$ = 370 N/mm²) und einem Durchmesser von $d$ = 8 mm soll mit einer Sicherheit von $\nu$ = 2 eingebaut werden ($\nu$ = griechisch nü).
>
> Die zulässige Spannung beträgt:
> $$\sigma_{zul} = \frac{R_m}{\nu} = \frac{370}{2}\frac{N}{mm^2} = 185\,\frac{N}{mm^2}$$
>
> Die maximal zulässige Zugkraft beträgt:
> $$F = \sigma_{zul} \cdot A = 185\,\frac{N}{mm^2} \cdot 50{,}27\ mm^2 = 9299{,}1\ N$$

Beispiele für eine reine Zugbelastung am Fahrrad sind die Speichen, die Achse eines Schnellspanners oder die Schalt- und Bremsseile.

### Druckspannung

Analog zur Zugspannung lässt sich die Druckspannung berechnen. Dabei ist zu beachten, dass die Belastung nicht zum Knicken **(vgl. Seite 65)** des Bauteils führt.

Ein Beispiel für die reine Druckbelastung am Fahrrad sind die Federelemente einer Gummifederung. Auch auf das Oberrohr und die Hinterbau-Oberrohre des Fahrradrahmens wirkt hauptsächlich eine Druckspannung.

1

**Biegung**

Eine Änderung der Krümmung eines Bauteils wird Biegung genannt. Es werden zwei Arten der Biegung unterschieden **(Bild 1)**:

- Die reine Biegung (Querkraftfreie Biegung)
  Die Biegung entsteht durch das Aufbringen zweier Biegemomente an den Enden eines Körpers.
- Die Querkraft-Biegung
  Hier entsteht die Biegebelastung durch Kräfte, die als Querkraft auf den Balken drücken. Es liegt neben dem entstehenden Biegemoment zusätzlich eine Querkraft vor, mit der der Biegeträger zusätzlich belastet wird. Durch sie entstehen Schubspannungen im Balken.

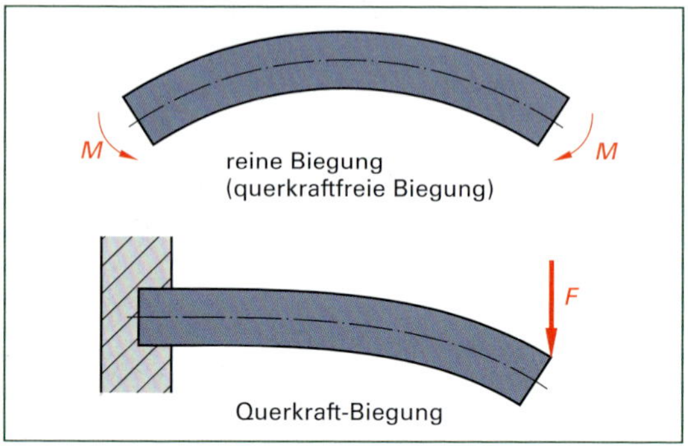


**Bild 1: Biegearten**

Bei der Biegebelastung entstehen sowohl Zug- als auch Druckspannungen im gebogenen Bauteil. **Bild 2** zeigt, dass die Längenänderung infolge der Kraft *F* auf der Oberseite des Balkens zu einer Zugspannung führt, während die Stauchung der Unterseite eine Druckspannung bewirkt.

Der Übergang von der Zug- zu Druckspannungen im Balken erfolgt fließend. Während in den äußeren Bereichen die höchsten Beträge vorliegen, befindet sich beim Übergang von Zug- auf Druckspannung eine spannungslose Ebene, die „Neutrale Faser" **(Bild 2)**.

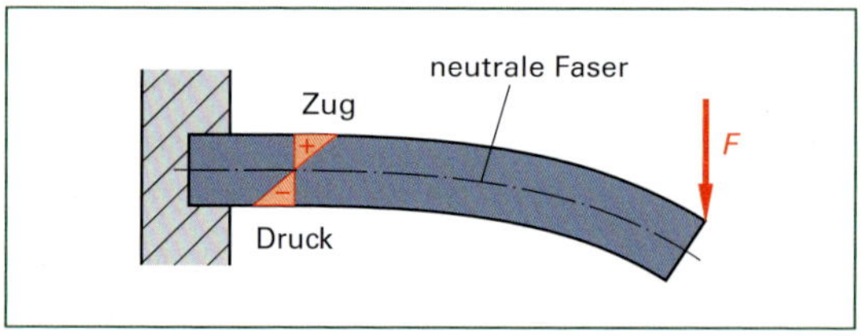


**Bild 2: Verteilung von Zug- und Druckspannung**

Die feste Einspannung der Querkraft-Biegung muss sowohl eine (Quer-)Kraft, als auch ein Biegemoment aufnehmen.

*Beispiel*:

Es sollen die Kraft- und Momentenverläufe an einem Lenker einschließlich des Lenkervorbaus untersucht werden. Der Lenker hat eine Breite von 640 mm, wobei 40 mm durch die Lenkerklemmung in Anspruch genommen werden. Am äußeren Ende greift eine Kraft von 200 N an **(Bild 3)**.

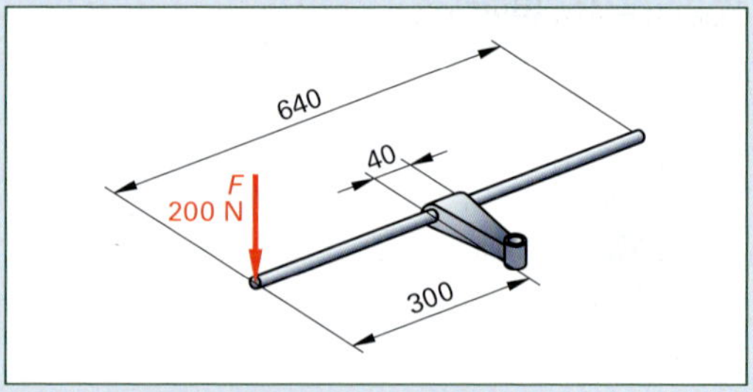


**Bild 3: Kraft an Lenker mit Vorbau**

Die Belastung am Lenkerende erzeugt eine Querkraft, die über die gesamte Länge bis zur Einspannung wirkt **(Bild 4a)**. Diese Kraft würde ohne Einspannung das Lenkrohr parallel nach unten verschieben.

Gleichzeitig erzeugt die Belastung ein Biegemoment, das vom Angriffspunkt linear bis zur Einspannung ansteigt **(Bild 4b)**. Das größte Biegemoment beträgt dabei:

$$M_{Bmax1} = 200\ \text{N} \cdot 0{,}3\ \text{m} = 60\ \text{Nm}$$

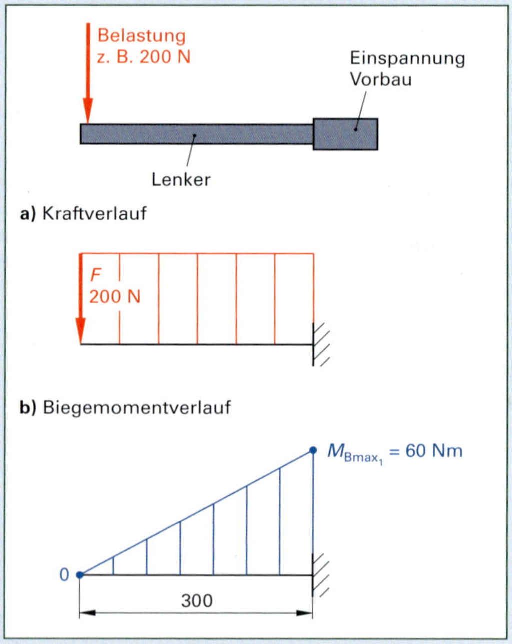


**Bild 4: Querkraft und Biegemoment im Lenker**

Im Vorbau werden die Belastungen umgelenkt. Dabei bleibt die Querkraft bestehen **(Bild 1a)** und es wird wieder ein Biegemoment erzeugt **(Bild 1b)**:

$$M_{Bmax2} = 200\ \text{N} \cdot 0{,}11\ \text{m} = 22\ \text{Nm}$$

Aus dem Biegemoment an der Lenkereinspannung entsteht zusätzlich ein Torsionsmoment $M_{Bmax1} = M_T$, **(Bild 1c)**.

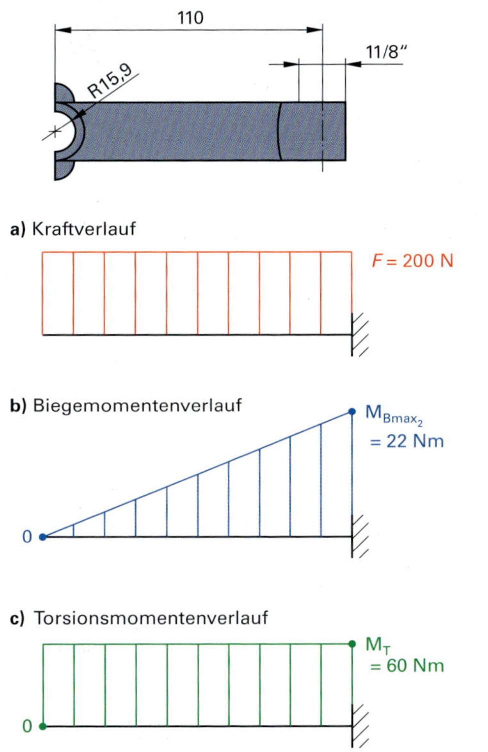


**Bild 1: Belastungen im Vorbau**

Alle Belastungen überlagern sich zu einem komplexen Lastfall **(Bild 2)**.

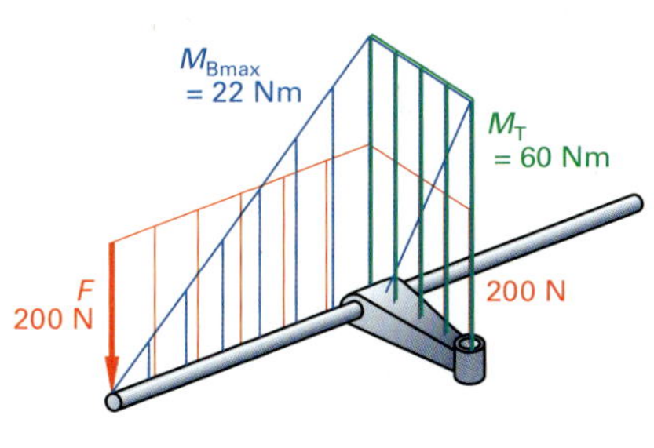


**Bild 2: Komplexer Lastfall**

**Flächenträgheitsmoment**

Das **Bild 2, Seite 62**, zeigt, dass bei einer Biegung die Verformung und damit auch die Materialspannung in den Randbereichen eines Bauteils am größten sind. Der Randbereich hat im Gegenzug auch den größten Einfluss auf den Widerstand eines Bauteils gegen die Verformung. Rohrprofile zeigen daher bei deutlich geringerer Masse nur einen geringfügig kleineren Widerstand gegen Verformung als Vollprofile mit gleichem Durchmesser.

Die Form und Größe einer Querschnittsfläche bestimmt die Fähigkeit eines Bauteils, sich einer Biegung zu widersetzen. Diese wird als **Flächenträgheitsmoment** bezeichnet. Dabei gehen sowohl die Fläche eines Profils wie auch der quadrierte Abstand des Randbereiches zum Mittelpunkt der Fläche in die Berechnung ein **(Bild 3)**. Dies führt in den Formeln zur Berechnung des Flächenträgheitsmoments zu der vierten Potenz und der ungewöhnlichen Maßeinheit [$mm^4$].

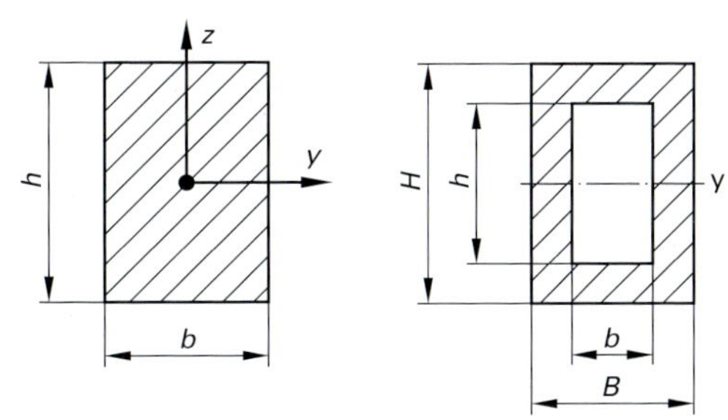


$$I_y = \frac{b \cdot h^3}{12} = A \cdot \frac{h^2}{12} \qquad I_y = \frac{1}{12} \cdot (B \cdot H^3 - b \cdot h^3)$$

$$I_z = \frac{h \cdot b^3}{12} = A \cdot \frac{b^2}{12} \qquad I_z = \frac{1}{12} \cdot (B^3 \cdot H - b^3 \cdot h)$$

**Bild 3: Profile und ihr Flächenträgheitsmoment, jeweils in y- und z-Richtung**

Neben dem oben genannten axialen Flächenträgheitsmoment gibt es auch das polare und das biaxiale Flächenträgheitsmoment. Sie werden für Berechnungen zur Torsionsbelastung oder Deformationen an asymmetrischen Profilen und zur Ermittlung nichtsymmetrischer Belastungen verwendet.

**Steifigkeit**

Die Steifigkeit beschreibt, welchen Widerstand ein Körper gegen eine elastische Verformung durch äußere Einwirkung (Drehmoment oder

1

Kraft) leisten kann. Sie ist abhängig von der Geometrie des Körpers und von dessen Werkstoff. Man unterscheidet dabei generell zwischen unterschiedlichen Steifigkeiten wie beispielsweise Dehn-, Biege- und Torsionssteifigkeit:

- **Dehnsteifigkeit**
  Als Produkt des Elastizitätsmoduls $E$ (Werkstoff in Belastungsrichtung) und der Querschnittsfläche $A$ (senkrecht zur Belastungsrichtung) entsteht die Dehnsteifigkeit.
  $$\textit{Dehnsteifigkeit} = E \cdot A \text{ [N]}$$
- **Biegesteifigkeit**
  Das Produkt aus dem Elastizitätsmodul $E$ und dem Flächenträgheitsmoment $I$ ist die Biegesteifigkeit. Zu beachten ist dabei, dass das Flächenträgheitsmoment wesentlich von der Querschnittsform abhängig ist.
  $$\textit{Biegesteifigkeit} = E \cdot I \text{ [Nmm}^2\text{]}$$
- **Torsionssteifigkeit**
  Die Torsionssteifigkeit wird gelegentlich auch als Verwindungssteifigkeit beschrieben. Sie ist das Ergebnis aus dem Produkt des Werkstoffschubmoduls $G$ (hier nicht weiter erläutert) und dem zugehörigen Torsionsträgheitsmoment $I_T$. Dabei ist $I_T$ auf die Achse zu beziehen, um die das Bauteil tordiert wird.
  $$\textit{Torsionssteifigkeit} = G \cdot I_T \text{ [Nmm}^2\text{]}$$
  Es gilt, dass $I_T$ nicht generell dem polaren Querschnittsflächenträgheitsmoment $I_p$ entspricht. Dies ist nur bei Kreisquerschnitten sowie bei Kreisringquerschnitten der Fall.

### Steifigkeit und Festigkeit

Steifigkeit darf nicht mit Festigkeit verwechselt werden. Die Festigkeit ist ein Maß dafür, wie groß die ertragbare Belastung eines Werkstoffs ist. Es handelt sich folglich um einen Grenzwert, den man in Datenblättern recherchieren kann. Ein Beispiel für die Festigkeit ist die Zugfestigkeit **(vgl. Seite 59)**.

Die Steifigkeit ist hingegen von der Elastizität des Werkstoffs sowie der Form und Größe der Querschnittsfläche abhängig. Die Steifigkeit steht in keinerlei Abhängigkeit zur Festigkeit.

### Bedeutung der Steifigkeit im Fahrradbau

Der (Biege-)Steifigkeit kommt im Fahrradbau eine besondere Bedeutung zu, weil es oft das Ziel ist, mit möglichst wenig Materialeinsatz ein Maximum an Energie auf die Fahrbahn zu übertragen. Verwindungen im Fahrzeug bedeuten dabei häufig einen unerwünschten Energieverlust.

Die belastungsgerechte Auswahl von Werkstoffen und ihre Dimensionierung der Bauteile soll im Folgenden an einem einfachen Beispiel erläutert werden.

*Beispiel*:
Soll ein Aluminiumrohr ein Stahlrohr mit 28,6 mm Außendurchmesser und 0,6 mm Wandstärke ersetzen, so müsste es bei gleichem Außendurchmesser und gleicher Steifigkeit eine Wandstärke von 2,1 mm aufweisen. Das Aluminiumrohr ist dann etwa 13 % schwerer als das Stahlrohr. Beträgt der Außendurchmesser des Aluminiumrohres 40 mm, so genügt eine Wandstärke von 0,65 mm und es ist um 48 % leichter **(Bild 1)**.

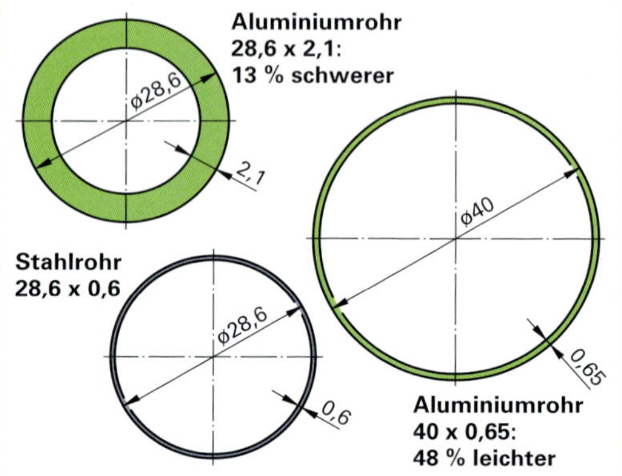


**Bild 1: Vergleich von Aluminium- und Stahlrohren gleicher Steifigkeit**

Dieses Verhältnis ergibt sich aus der Berechnung von Steifigkeit und Masse für die verschiedenen Konfigurationen, wie sie im Folgenden beschrieben wird:

Die Steifigkeit $B$ ist definiert als das Produkt aus dem Elastizitätsmodul $E$ und dem Flächenträgheitsmoment $I$:

$$B = E \cdot I \quad \text{mit} \quad I = \frac{\pi\,(D^4 - d^4)}{64}$$

Die Steifigkeit $B_{St\,28,6}$ des Stahlrohres beträgt:

$$B_{St28,6} = \frac{210000 \text{ N} \cdot \pi \cdot (28{,}6^4 - 27{,}4^4) \text{ mm}^4}{64 \text{ mm}^2}$$

$$= 10870 \text{ kN/cm}^2$$

Die Steifigkeit $B_{Alu\,28,6}$ des Aluminiumrohres mit ø 28,6 mm beträgt:

$$B_{Alu\,28,6} = \frac{70000 \text{ N} \cdot \pi\,(28{,}6^4 - 24{,}4^4) \text{ mm}^4}{64 \text{ mm}^2}$$

$$= 10810 \text{ kN/cm}^2$$

Die Steifigkeit $B_{Alu\,40,0}$ des Aluminiumrohres mit ø 40,0 mm beträgt:

$$B_{Alu\,40,0} = \frac{70000\ \text{N} \cdot \pi\ (40{,}0^4 - 38{,}7^4)\ \text{mm}^4}{64\ \text{mm}^2}$$
$$= 10890\ \text{kN/cm}^2$$

Die Masse $m$ eines Rohres ist das Produkt aus dem Volumen $V$ und der Dichte $\rho$:
$m = V \cdot \rho$

Die Masse für einen Meter des verwendeten Stahlrohrs beträgt:

$$m_{Stahl;28,6} =$$
$$= 28{,}6\ \text{mm} \cdot \pi \cdot 6\ \text{mm} \cdot 1000\ \text{mm} \cdot 7{,}85\ \frac{\text{g}}{\text{cm}^3}$$
$$= 423\ \text{g}$$

Die Masse für einen Meter Aluminiumrohr mit ø 28,6 mm beträgt:

$$m_{Alu\,28,6} =$$
$$= 28{,}6\ \text{mm} \cdot \pi \cdot 21\ \text{mm} \cdot 1000\ \text{mm} \cdot 2{,}7\ \frac{\text{g}}{\text{cm}^3}$$
$$= 510\ \text{g}$$

Die Masse für einen Meter Aluminiumrohr mit ø 40,0 mm beträgt:

$$m_{Alu\,40,0} =$$
$$= 4{,}0\ \text{mm} \cdot \pi \cdot 6{,}5\ \text{mm} \cdot 1000\ \text{mm} \cdot 2{,}7\ \frac{\text{g}}{\text{cm}^3}$$
$$= 220\ \text{g}$$

Der Rohrdurchmesser hat einen größeren Einfluss auf die Rahmensteifigkeit als die Rohrwandstärke. Das verwendete Material spielt keine entscheidende Rolle, denn es gibt keine großen Steifigkeitsunterschiede bei Stahl und Aluminium bei gleichem Gewicht der Bauteile. Ähnliches gilt auch für Titan und Magnesium.

### Oversized-Rohre

Häufig werden größere Rohrdurchmesser (z. B. für Rahmen oder Lenker) bei ihrer Markteinführung als *oversized* bezeichnet. Dies gilt immer bezüglich der bis zu dem jeweiligen Zeitpunkt üblicherweise verwendeten Rohrmaße.

In der Regel sind die größeren Durchmesser die bessere Wahl, weil sie eine belastungsgerechtere Konstruktion erlauben. Die kleineren Durchmesser sind meist eine Folge der limitierten Produktions- und Liefermöglichkeiten der Zulieferindustrie. So wurden die meisten Rohre für die Fahrradherstellung lange Zeit auf den Maschinen für den konventionellen Rohrleitungsbau hergestellt. Eine Änderung der Teileversorgung kam mit dem Erfolg und den höheren Anforderungen des MTB-Sports seit den 1980er Jahren.

### Knickspannung

Unter Knicken versteht man in der Technischen Mechanik den (plötzlichen) Stabilitätsverlust von Stäben durch seitliches Ausweichen unter axialer Druckbeanspruchung.

Wann eine Druckkraft zur Knicklast wird und die Stabilität eines Stabes gefährdet, hängt von fünf Faktoren ab:

- Stablänge
- Beanspruchungsart (Druckkraftverlauf und/oder Biegemoment entlang der Stablänge)
- Querschnittsform des Stabes und das hieraus abgeleitete Flächenträgheitsmoment
- Materialeigenschaften (Fließgrenze und Elastizitätsmodul)
- Lagerung der Stabenden (Einspannung/Auflagerung/Stützung)

Der im 18. Jahrhundert wirkende Schweizer Mathematiker Leonhard Euler hat als erster Wissenschaftler das Knicken gerader Stäbe untersucht. Daher sind die besprochenen Fälle von vier geknickten Stabformen nach ihm als **Eulersche Knickfälle** benannt. Vorausgesetzt werden elastische Stäbe, die unter mittig einwirkender Knicklast und spezifischen Bedingungen hinsichtlich ihrer Endenlagerung einknicken.

Die vier verschiedenen Knickfälle sind in **Bild 1** zu sehen:

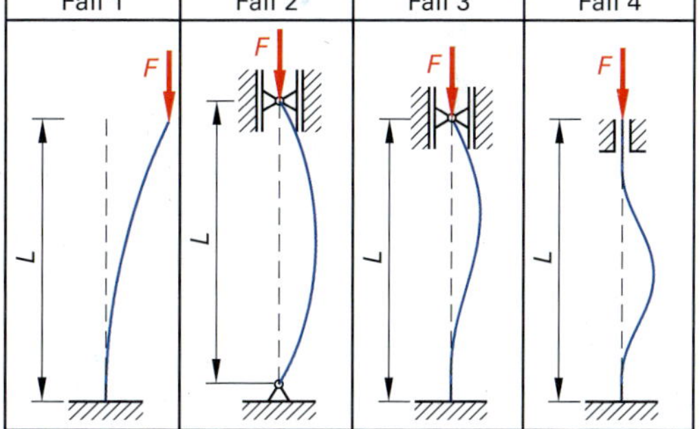


| Fall 1 | Fall 2 | Fall 3 | Fall 4 |
|---|---|---|---|
| $\beta = 2$ | $\beta = 1$ | $\beta = \frac{1}{2}\sqrt{2} \approx 0{,}7$ | $\beta = 0{,}5$ |
| $s = 2 \cdot L$ | $s = L$ | $s \approx 0{,}7 \cdot L$ | $s = 0{,}5 \cdot L$ |
| $F_{krit} = \frac{\pi^2}{4L^2} EI$ | $F_{krit} = \frac{\pi^2}{L^2} EI$ | $F_{krit} = \frac{2\pi^2}{L^2} EI$ | $F_{krit} = \frac{4\pi^2}{L^2} EI$ |

**Bild 1: Eulersche Knickfälle**

1. Knickfall:
   Ein Stab, der an einem Ende frei steht, aber am anderen Ende fest eingespannt ist. Hierbei beträgt der Knicklängenbeiwert $\beta$ das Doppelte der Stützlänge.

1

2. Knickfall:
   Der in der Praxis am häufigsten vorkommende der Eulerschen Knickfälle bezieht sich auf einen Stab, der an beiden Enden gelenkig gelagert ist. Der Knicklängenbeiwert $\beta$ ist gleich der Stützlänge.

3. Knickfall:
   Der Stab ist einseitig fest eingespannt und gegenüber gelenkig gelagert ($\beta = 0{,}699$).

4. Knickfall:
   Der Stab ist beidseitig fest eingespannt ($\beta = 0{,}5$)

*Beispiel*:
Für ein Rundprofil aus S235JR ($R_m$ = 370 N/mm², $E$ = 210000 N/mm²) mit den Maßen $L$ = 500 mm, $D$ = 5 mm soll die kritische Knickkraft $F_k$ berechnet werden. Die Einspannung entspricht dem 1. Eulerschen Knickfall.

Die Berechnung der kritischen Knickkraft $F_k$ erfolgt durch die Formel:

$$F_k = \frac{\pi^2\, EI}{s^2}$$

1. Die Knicklänge $s$ wird ermittelt aus:

$$s = \beta \cdot L$$

$$s = \beta \cdot L = 2 \cdot 500 \text{ mm} = 1000 \text{ mm}$$

2. Berechnung des Flächenträgheitsmoments $I$:

$$I = \frac{\pi}{4 \cdot R^4}$$

$$I = \frac{\pi}{4 \cdot (D/2)^4} = \frac{\pi}{4 \cdot (5 \text{ mm}/2)^4} = 30{,}68 \text{ mm}^4$$

3. Daher folgt für die kritische Knickkraft $F_k$:

$$F_k = \frac{\pi^2\, EI}{s^2}$$

$$= \frac{\pi^2 \cdot 2{,}1 \cdot 10^5 \dfrac{\text{N}}{\text{mm}^2} \cdot 30{,}68 \text{ mm}^4}{1000^2 \text{ mm}^2}$$

$$= 63{,}59 \text{ N}$$

Wenn sich eine Fahrradfelge durch Überlastung zur „Acht" verformt, ist dies auch eine Knickung. Daher bestimmt das Felgenprofil mit seinem Flächenträgheitsmoment sehr stark ihre Belastbarkeit.

**Kerben und Kerbspannung**

Nuten und Einstiche an Bauteilen sind oft aus konstruktiven Gründen notwendig. So müssen z. B. Sicherungs- oder Dichtringe an Wellen oder Achsen montiert werden oder es werden Gewindefurchen zur Montage benötigt. Aber auch Bohrungen können als Kerben betrachtet werden.

Die dabei entstehenden Kerben verringern nicht nur den Materialquerschnitt im Bauteil, sondern sie behindern auch den gleichmäßigen Kraftfluss, begünstigen die Entstehung von Rissen und erzeugen zusätzliche Querkräfte, die als Kerbspannung die Nennspannung überlagern **(Bild 1)**.

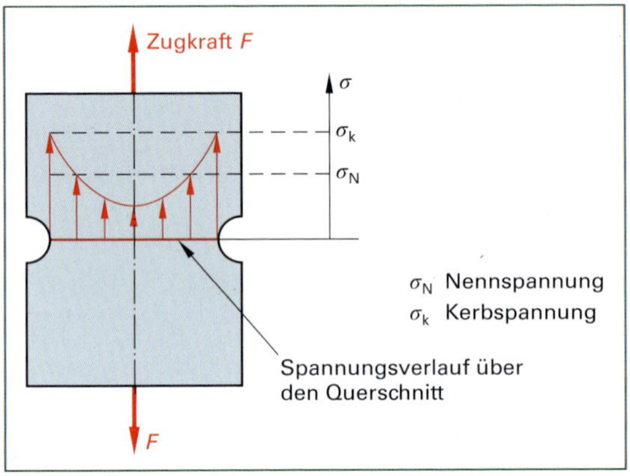


**Bild 1: Wirkung einer Kerbe bei Zugspannung**

Um zu verhindern, dass gekerbte Bauteile vorzeitig versagen, müssen sie daher größer dimensioniert werden.

Die Wirkung einer Kerbe beeinflussen:

- Die Form
  Eine spitze oder tiefe Kerbe besitzt eine stärkere Wirkung als eine gerundete oder flache Kerbe. Kerben sollten immer verrundet werden.
- Der Werkstoff
  Vor allem spröde Werkstoffe reagieren besonders empfindlich auf Kerben. Zähe Werkstoffe mildern Spannungsspitzen mittels plastischer Deformation (Fließen) ab.
- Die Belastungsart
  Kerben sind besonders von Bedeutung, wenn Zug-, Torsions- und Scherspannungen übertragen werden. Auch schwellende und wechselnde Zug- und Druckbelastung verstärken die Kerbwirkung.

Durch Verschleiß und Abnutzung entstandene Kerben sind meist nur wenige zehntel Millimeter tief und breit. Stark ausgeprägte Vertiefungen dieser Form werden „Rillen" oder „Riefen" genannt.

### 1.4.3 Einteilung der Werkstoffe

Um einen Überblick über die Vielfalt der Werkstoffe zu erhalten, ordnet man sie nach Zusammensetzung oder gemeinsamen Eigenschaften **(Bild 1)**.

**Eisenwerkstoffe**

Als **Stähle** bezeichnet man Werkstoffe, deren Hauptbestandteil Eisen ist, deren Kohlenstoffgehalt unter 2,06 % liegt und die zusätzlich noch andere chemische Elemente enthalten. **Eisen-Gusswerkstoffe** enthalten dagegen mehr als 2,06 % Kohlenstoff und werden durch Gießen verarbeitet. Eisenwerkstoffe können durch Legieren und Wärmebehandlung vielfältig in ihren Eigenschaften verändert werden. Da sie außerdem relativ preisgünstig hergestellt werden können, sind sie die wichtigsten Konstruktionswerkstoffe.

**Nichteisenmetalle**

Als Nichteisenmetalle (NE-Metalle) bezeichnet man alle reinen Metalle und ihre Legierungen, bei denen Eisen nicht den größten Anteil besitzt. Sie werden nach ihrer Dichte in Leichtmetalle ($\rho < 5$ kg/dm$^3$) und Schwermetalle ($\rho > 5$ kg/dm$^3$) eingeteilt.

Weil die Fahrradherstellung eine Domäne des Leichtbaus ist, haben hier Leichtmetalle eine besondere Bedeutung, vor allem als Werkstoff für die Herstellung von Rahmen, Lenkern, Kurbeln, Felgen und Naben. Die Verwendung von Stahl ist ständig rückläufig und eigentlich nur noch bei Bauteilen üblich, die eine besondere Festigkeit aufweisen müssen (z.B. Achsen, Wellen, Wälzlager, Getriebezahnräder, Schraubbolzen, Antriebsketten).

Die meisten reinen NE-Metalle sind weich. Ihre Festigkeit und/oder Härte steigt aber durch Legieren mit anderen Metallen. Die Materialeigenschaften werden meist auf gute Gießeignung **(Gusslegierungen)** oder gute Druck- oder Zug-/Druckumformbarkeit **(Knetlegierungen)** optimiert.

### 1.4.4 Stahl

Stähle werden nach ihrer Verwendung eingeteilt:

- Unlegierte **Baustähle** haben eine mittlere Zugfestigkeit und Streckgrenze. Sie werden nicht zusätzlich wärmebehandelt.
- Schweißgeeignete **Feinkornbaustähle** sind durch einen geringen C-Gehalt sowie Anteile von Cr, Ni, Cu und V gut schweißbar, aber alterungs- und sprödbruchunempfindlich.
- **Automatenstähle** sind durch die Legierung mit S und Pb gut spanbar und besonders für die Drehbearbeitung geeignet.
- **Einsatzstähle** haben einen geringen C-Gehalt und sind durch Einsetzen von Kohlenstoff in ihre Randschicht härtbar.
- **Nitrierstähle** bekommen eine dünne, aber sehr harte und verschleißfeste Oberfläche durch Einbringen von Stickstoff in die Werkstückoberfläche.
- Der C-Gehalt von **Vergütungsstählen** liegt zwischen 0,2 % und 0,65 %. Sie erhalten durch Vergüten ihre hohe Festigkeit.
- **Werkzeugstähle** sind meist hochlegierte Varianten (mind. 5 % eines Legierungselements) und oft für den Einsatz in hohen Temperaturbereichen geeignet.

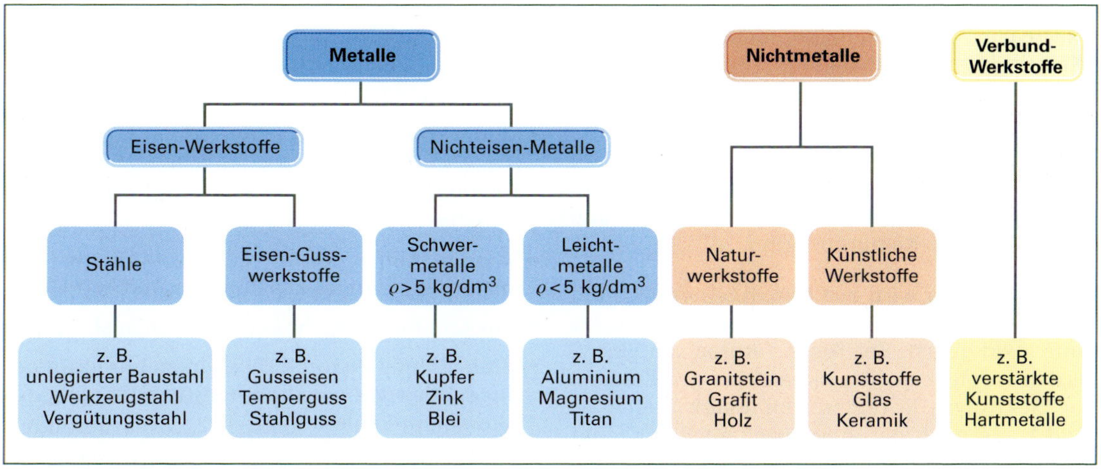


**Bild 1: Einteilung der Werkstoffe in Werkstoffgruppen**

**Nichtrostender Stahl** zeichnet sich durch einen Anteil von mehr als 10,5 % Chrom aus. Dadurch bildet sich eine schützende und dichte Passivschicht aus Chromoxid an der Werkstoffoberfläche aus. Weitere Legierungsbestandteile wie Nickel, Molybdän, Mangan und Niob führen zu einer noch besseren Korrosionsbeständigkeit oder günstigeren mechanischen Eigenschaften. Da Chrom als Legierungselement preisgünstiger ist als Nickel, wird ein höherer Chromanteil bei kleinerem Nickelanteil bevorzugt.

**Edelstahl** ist eine Bezeichnung für legierte oder unlegierte Stähle mit besonderem Reinheitsgrad, z.B. Stähle, deren Schwefel- und Phosphorgehalt 0,025 % nicht überschreitet. Die umgangssprachliche Definition, ein Edelstahl sei ein chemisch besonders reiner, nichtrostender Stahl, ist ungenau. Ein Edelstahl muss nicht zwangsläufig den Anforderungen eines nichtrostenden Stahls entsprechen. Trotzdem werden im Alltag häufig nur rostfreie Stähle als Edelstähle bezeichnet. Ebenso muss ein rostfreier Stahl nicht unbedingt auch ein Edelstahl sein. Die Legierungsanteile der verschiedenen Sorten Edelstahl (niedrig- oder hochlegiert) ist jedoch genau definiert.

### 1.4.5 Aluminium

Aluminium ist zurzeit einer der wichtigsten Werkstoffe im Fahrradbau. Die wesentlichen Eigenschaften von Aluminium sind:

- Weitgehende Beständigkeit gegen atmosphärische und chemische Einflüsse.
- Gut umformbar und spanbar.
- Gut gießbar mit Silizium, Magnesium oder Kupfer als Legierungselement.
- Nach allen Verfahren fügbar (Schweißen, Löten, Kleben, Nieten, Druckfügen).
- Hohe Leitfähigkeit für Wärme und Elektrizität.

Die physikalischen Eigenschaften von Aluminium richten sich nach den jeweiligen Anteilen der Legierungspartner, der Wärmebehandlung und einer möglichen Kaltumformung.

Zur Herstellung wird aus Bauxit, einem Erz mit ca. 60 % Aluminiumoxid, mittels Natronlauge das Metalloxid gelöst. Bei Temperaturen um 900 °C wird das Metalloxid im schmelzflüssigen Zustand per Elektrolyse in reines Aluminium überführt **(Bild 1)**. Je nach den gewünschten Eigenschaften erfolgt noch die Zugabe der entsprechenden Legierungspartner.

Zur Herstellung einer Tonne Aluminium ist ein Energiebedarf von ca. 18000 kWh erforderlich (Stahl ca. 1800 kWh/t). Da das Einschmelzen des Leichtmetalls nur rund 6 % der Ersterzeugungsenergie ausmacht, kommt der Wiederverwertung von Aluminiumschrott ökonomisch und ökologisch ein hoher Stellenwert zu.

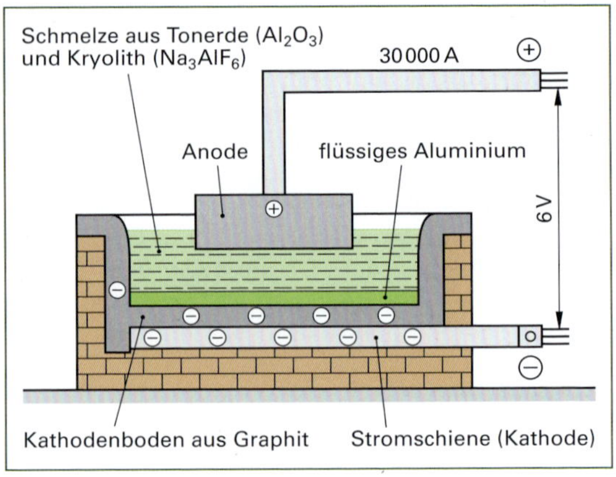


**Bild 1: Herstellung von Aluminium**

Die Weiterverarbeitung zu Profilrohren für Rahmen und Felgen findet durch Strangpressen statt. Bei hochwertigen Rohren schließen sich noch Walz- und Ziehprozesse an. Aluminium eignet sich auch sehr gut zum Schmieden. Nach der Bearbeitung kann die Festigkeit des Aluminium-Werkstücks durch eine Wärmebehandlung gesteigert werden.

Einfluss von Legierungsstoffen:

- Silizium (Si) macht die Aluminiumschmelze dünnflüssiger, senkt die Schmelztemperatur und ermöglicht die Aushärtbarkeit von AlMg-Legierungen.
- Kupfer (Cu) ermöglicht die Aushärtbarkeit von Aluminiumlegierungen, macht es aber auch korrosionsanfälliger.
- Magnesium (Mg) beschleunigt die Aushärtprozesse, unterdrückt den schädlichen Einfluss von Eisenverunreinigungen und erhöht die Korrosionsbeständigkeit.
- Mangan (Mn) erhöht bei nicht aushärtbaren Aluminiumlegierungen die Zugfestigkeit.
- Zink (Zn) macht AlMg-Legierungen aushärtbar.
- Titan (Ti) und Zirkon (Zr) bewirken bereits in geringen Mengen eine höhere Bruchdehnung der Aluminium-Legierungen.
- Scandium (Sc) verbessert die Korrosionbeständigkeit, Festigkeit und Schweißbarkeit.

Die mechanischtechnologischen Eigenschaften sind stark abhängig von den Herstellungs- und Bearbeitungsverfahren. So nimmt die Zugfestigkeit von Al 7075 mit steigender Werkstückdicke ab (540 N/mm$^2$ bei 6 mm; 360 N/mm$^2$ bei 120 mm).

Im Allgemeinen werden Al-Legierungen mit einer vierstelligen EN-Kurzbezeichnung angegeben. Die Nennung der Zusammensetzung nach DIN ist dagegen eher selten anzutreffen. Beispiele hierfür sind:

- 6061 für DIN AlMg1SiCu
- 7005 für DIN AlZn4,5Mg1,5Mn
- 7075 für DIN AlZn5,5MgCu

Verschiedene Hersteller lassen sich Al-Legierungen durch einen Markennamen schützen. Beispiele hierfür sind Duraluminium/Dural (AlCuMg), Ergal (Al 7005), Zicral (Al 7075) sowie Titanal (Al ZnMgCu). Für einige Legierungen existieren daher mehrere Bezeichnungen.

Die Legierungsbestandteile haben einen erheblichen Einfluss auf die Materialeigenschaften **(Tabelle 1)**.

**Tabelle 1: Vergleich der Eigenschaften von Aluminium und einigen seiner Legierungen**

| Merkmal | Aluminium | | | |
|---|---|---|---|---|
| | rein | 6061-O | 7075-O | 7075-T6 |
| Dichte [kg/dm$^3$] | 2,70 | 2,70 | 2,81 | 2,81 |
| Schmelzpunkt [°C] | 660 | 652 | 635 | 635 |
| Zugfestigkeit [N/mm$^2$] | 75 – 110 | 124 | 228 | 572 |
| Streckgrenze [N/mm$^2$] | 20 – 60 | 55 | 103 | 503 |
| E-Modul [kN/mm$^2$] | 60 – 78 | 69 | 72 | 72 |
| Bruchdehnung [%] | 45 | 25 - 30 | 16 | 11 |

Der Zusatz nach der EN-Bezeichnung gibt den Behandlungszustand des Materials an. Dabei bezeichnet ein O weichgeglüht. Der Buchstabe T weist auf eine Wärmebehandlung hin, mit dem Ziel einen stabilen Zustand zu erreichen. Diese Behandlung kann auf unterschiedliche Weise erfolgen, was durch die folgende Zahl indiziert wird **(Tabelle 2)**.

**Tabelle 2: Wärmebehandlungsschritte von Aluminium**

| | Wärmebehandlung | | | | | |
|---|---|---|---|---|---|---|
| | abgeschreckt aus Warmumformung | lösungsgeglüht | abgeschreckt | kaltumgeformt | kaltausgelagert | warmausgelagert |
| T1 | 1 | | | | 2 | |
| T2 | 1 | | | 2 | 3 | |
| T3 | | 1 | 2 | 3 | 4 | |
| T4 | | 1 | 2 | | 3 | |
| T5 | 1 | | | | | 2 |
| T6 | | 1 | 2 | | | 3 |
| T7 | | 1 | 2 | | | 3*) |
| T8 | | 1 | 2 | 3 | | 4 |
| T9 | | 1 | 2 | 4 | | 3 |
| T10 | 1 | | | 2 | | 3 |

*) überhärtet

Weil einige Aluminiumlegierungen die gleiche Festigkeit wie einfache Stahlsorten haben, kann die um 66 % geringere Steifigkeit (E-Modul) durch richtige Dimensionierung der Bauteile meist ausgeglichen werden **(vgl. Seite 62ff)**.

### 1.4.6 Titan

Titan liegt in der Natur nicht in reiner, metallischer Form, sondern hauptsächlich als Titandioxid ($TiO_2$) z.B. in den Mineralien Rutil und Ilmenit vor. Dieses Oxid ist hochweiß und wird als Farbstoffpigment in Farben aller Art, auch in Lebensmitteln, eingesetzt. In der kontinentalen Erdkruste ist es relativ weit verbreitet und steht mit einem Anteil von 0,565 % an der 9. Stelle der Elementhäufigkeit.

Die Gewinnung metallischen Titans erfordert einen aufwendigen, mehrstufigen elektrochemischen Prozess, der als erste Stufe den sog. Titanschwamm erzeugt. Bedingt durch die sehr hohe Reaktivität sowie Löslichkeit für Elemente wie Sauerstoff, Stickstoff und Wasserstoff wird dieser unter Schutzgasatmosphäre im Lichtbogenofen geschmolzen und zu Blöcken gegossen. Ebenfalls vor Lufteinfluss geschützt schließen sich die Walz- und Rohrziehprozesse an. Aufgrund der relativ schlechten Umformbarkeit macht das Walzen der rohen Blöcke zu Blechen ca. 50 % der gesamten Kosten des Produktes aus. Die üblicherweise verwendeten Legierungselemente wie Vanadium, Molybdän oder Zirkon verteuern die Produktion zusätzlich. Titan kostet 35-mal mehr als verbreitete Stahllegierungen bzw. das 200-Fache des Rohstahls (Stand 2013).

Titan überzieht sich wie Aluminium an der Luft mit einer dünnen, aber sehr dichten Oxidschicht, die das Metall vor weiterer korrosiver Einwirkung schützt. Es hat eine silbrige Oberfläche mit einem kleinen Farbstich ins Braungelbliche **(Bild 1)**.

**Bild 1: Typische Oberfläche von Titan**

**Titan-Legierungen** werden häufig nach dem US-amerikanischen Standard ASTM mit **Grade 1 bis 35** charakterisiert. Grade 1 bis 4 bezeichnet Rein-Titan in verschiedenen Reinheitsgraden (z. B. Grade 1: Ti 99,5 %).

Grade 5 (auch **Ti6Al4V** oder Ti-6-4) mit 6 % Aluminium und 4 % Vanadium ist die wirtschaftlich bedeutendste Legierung mit mehr als 50 % des weltweit verarbeiteten metallischen Titans. Sie hat die für die meisten Anwendungsfälle beste Kombination aus Festigkeit, Zähigkeit und Duktilität. Die Legierung ist aushärtbar, gut schmiedbar und wird z. B. für Achsen und Wellen eingesetzt.

Grade 9 (auch **Ti3Al2,5V** oder Half 6-4) hat aufgrund der geringeren Legierungsmengen eine bessere Verformbarkeit als Grade 5 und wird z. B. für nahtlose Rohre verwendet. Durch Zulegieren von geringen Gehalten an Pd (0,05 %) oder Ru (0,1 %) kann die ohnehin schon ausgezeichnete Beständigkeit gegen Lochfraß, Spalt- und Erosionskorrosion noch erhöht werden.

**Tabelle 1** gibt einen Überblick über die Eigenschaften der wichtigsten Titanlegierungen.

**Tabelle 1: Vergleich der Eigenschaften von einigen Titanlegierungen**

| **Merkmal** | **Titan** | | |
|---|---|---|---|
| | **Grade 1 99,5 %** | **Grade 5 Ti6Al4V** | **Grade 9 Ti3Al2,5V** |
| **Dichte [kg/dm³]** | 4,51 | 4,43 | 4,48 |
| **Schmelzpunkt [°C]** | 1670 | 1660 | 1700 |
| **Zugfestigkeit [N/mm²]** | 330 | 950 | 620 |
| **Streckgrenze [N/mm²]** | 240 | 880 | 500 |
| **E-Modul [kN/mm²]** | 105 | 114 | 100 |
| **Bruchdehnung [%]** | 24 | 14 | 15 |

**Spanen**

Titanwerkstoffe gelten aus einer Reihe von Gründen als schwer zerspanbar:

- Titan reagiert mit den meisten Schneidwerkstoffen chemisch. Dadurch kommt es zum ‚Kleben' der Späne und in der Folge zu vorzeitigem Verschleiß.
- Die geringe thermische Leitfähigkeit des Titans erzeugt einen Wärmestau an der Kontaktfläche zwischen Werkzeug und Bauteil. Die dadurch erhöhten Temperaturen im Bereich der Werkzeugschneiden sind eine weitere Ursache für hohen Verschleiß.
- Die hohe Festigkeit bzw. Härte des Werkstoffs bei hohen Temperaturen trägt zu starken Belastungen der Werkzeugschneide bei.
- Der niedrige E-Modul des Titans führt zum ‚Ausweichen' des Materials durch die Schnittkräfte, insbesondere bei der Bearbeitung dünnwandiger Partien. Die anschließende Rückfederung führt zu Abweichungen von den Sollmaßen.

**Schweißen**

Titan wird im WIG-Verfahren geschweißt. Dabei muss beachtet werden, dass alle Materialstellen, die dabei über 300 °C erhitzt sind, permanent vom Schutzgas (Argon) umspült werden. Ab dieser Temperatur würden sonst Sauerstoff, Stickstoff und Wasserstoff in das Metallgefüge eingebaut und der Werkstoff versprödet. Die Reaktivität von Titan ist so hoch, dass schon einzelne Fremdatome, die durch Turbulenzen im Schutzgasstrom an die Schweißstelle gelangen, das Arbeitsresultat unbrauchbar machen können. Es ist außerdem zu beachten:

- Die Schweißkanten, der Zusatzwerkstoff und alle Werkstückzonen, die während des Schweißens einer Temperatur von 300 °C ausgesetzt sind, müssen frei von Fett und allen sonstigen Verschmutzungen sein.
- Die Unterseite des Werkstücks (bei Rohren die Innenseite) muss mit Argon gespült und gegenüber der Luft abgedeckt werden.
- Die im Anlieferungszustand vorhandene Oxidschicht muss vor dem Schweißen entfernt werden.

Unmittelbar vor dem Schweißen müssen der Schweißbereich und die Zusatzdrähte mit einem chlorionenfreien Lösungsmittel gereinigt werden. Damit wird sichergestellt, dass weder Fingerabdrücke noch Staub auf der Schweißstelle verbleiben.

Eine Kontamination durch Eisen ist sowohl beim Vorbereiten als auch beim Schweißen von Titan zu vermeiden.

Günstig ist beim Schweißen von Titan die relativ geringe Wärmeausdehnung (reduzierte Werkstückschrumpfungen und -spannungen).

Eine gut ausgeführte Schweißnaht erkennt man an ihrem Silberglanz **(Bild 1a)**. Auch eine hellblaue oder strohgelbe Farbe **(Bild 1b)** kann akzeptabel sein. Erscheint die Schweißnaht dagegen tiefblau **(Bild 1c)**, violett oder gelb-blau ist ihr Einsatz fraglich und sollte für Fahrradrahmen nicht verwendet werden. Erscheint sie grau oder stumpfweiß **(Bild 1d)** oder ist sie sandgestrahlt/gebürstet, so muss die Schweißung erneuert werden, weil ihr Zustand nicht sicher erkennbar ist.

### Ermüdungsverhalten

Im Vergleich zu CrMo-Stahllegierungen und Aluminium-Legierungen breiten sich in Titanlegierungen Makrorisse rascher aus. Die Risseinleitungsphase bestimmt daher die Lebensdauer eines Bauteils.

Durch unglückliche Wahl der Parameter für das Kugelstrahlen kann die Ermüdungslebensdauer sogar sinken, da die Oberflächenschädigung die Verfestigungseffekte aufheben und damit die kritische Risseinleitungsphase beschleunigen kann.

Da der Elastizitätsmodul von Titan nur etwa die Hälfte von Stahl erreicht, müssen Titanrohre für den Rahmenbau größer dimensioniert werden. Damit sind sie in ihrer Bruchbelastung den Stahlrohren überlegen.

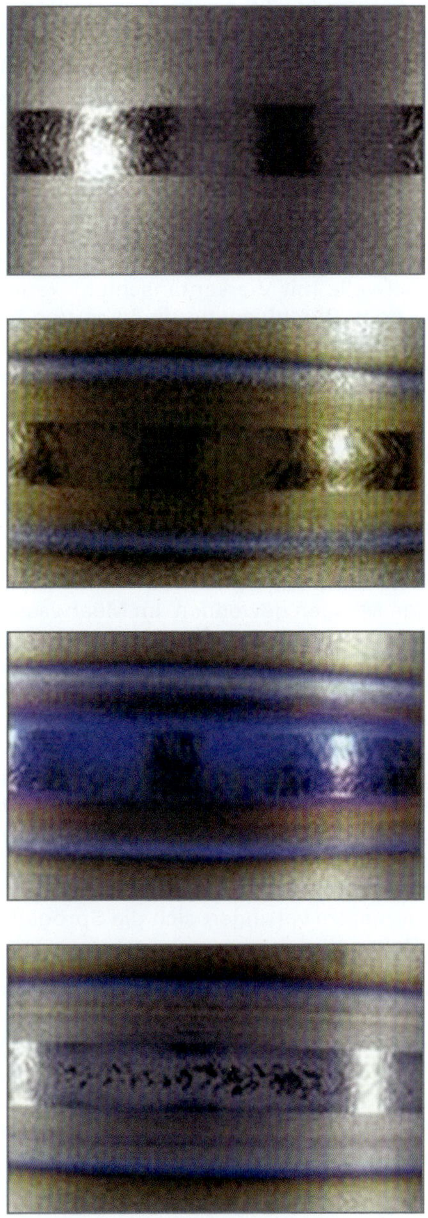

a) b) c) d)

**Bild 1: Schweißnähte an Titan mit unterschiedlicher Qualität**

1

**Verwendung im Fahrradbau**

Eine gute Verarbeitung vorausgesetzt kann die Legierung TiAl3V2.5 ein hervorragender Werkstoff für Rahmen und Sattelgestelle sein. Für Ausfallenden, Bremssockel, Kurbelgehäuse, Lenkungsrohr, Bolzen und Achsen ist das festere TiAl6V4 die bessere Wahl. Bei Schrauben ist vor allem auf eine saubere Fertigung zu achten (gerolltes Gewinde). Titanschraubenfedern für Federgabeln und Hinterbaufederelemente haben sich bereits im Rennsport bewährt und helfen Gewicht zu sparen. Ritzel und Kettenräder benötigen aufgrund erhöhter Reibung eine spezielle Beschichtung. Um die Stabilität von Vorbau und Lenker, Sattelstütze und -gestell zu gewährleisten, muss die Wandstärke oftmals so weit erhöht werden, dass der Gewichtsvorteil entfällt. Trotzdem kann durch die gute Vibrationsabsorption auch der Fahrkomfort verbessert werden. Bei Bauteilen mit standardisierten Maßen wie einer Kurbelwelle mit Vierkantanschluss kann die relativ hohe Durchbiegung die Lagerung belasten und im Bereich der Gewindegänge innerhalb des Vierkants steigt die Bruchgefahr im Vergleich zu Kurbelwellen aus Stahl.

## 1.4.7 Magnesium

Magnesium kommt wegen seiner Reaktionsfreudigkeit nicht in elementarer Form vor. Obwohl knapp 2 % der Erdkruste aus Magnesium bestehen, wird das Leichtmetall nur in relativ geringen Mengen gewonnen. Im Meerwasser ist es zu mehr als 1 kg/m$^3$ enthalten. Da die Reduktion des Magnesiumoxids eine Temperatur erfordert, bei der sich das Magnesium bereits in dampfförmigem Zustand befindet, lässt sich das Metall nicht durch einfaches Schmelzen gewinnen. Ein großer Teil des Magnesiums wird durch Schmelzflusselektrolyse, ein kleiner Teil duch thermische Reduktionsverfahren gewonnen. Es bildet beim Erstarren große Kristalle und ist dadurch relativ spröde. Durch schnelle Abkühlung und Legierungszusätze verringert sich die Sprödigkeit und die Dehnbarkeit verbessert sich.

Magnesium ist ein silberweißes, sehr leichtes Metall mit geringer Korrosionsbeständigkeit. Es ist in feinen Spänen brennbar und erzeugt dabei ein starkes, helles Licht. Magnesiumbrände dürfen nicht mit Wasser gelöscht werden, da Magnesium in der Hitze mit Wasser explosionsartig reagiert.

Die Dichte von Magnesium ist von allen Konstruktionsmetallen die geringste und liegt nur wenig über der von Kunststoffen. Gegenüber letzteren hat es die Vorteile:

- Eine hohe Steifigkeit bei einem guten Verhältnis von Festigkeit zur Masse.
- Eine gute elektrische Leitfähigkeit und dadurch die exzellente EMI- und RFI-Abschirmung.
- Eine gute Wärmeleitfähigkeit und Temperaturbeständigkeit.
- Es ist vollständig wiederverwertbar.

Mehr als 90 % der eingesetzten **Magnesiumlegierungen** werden heute im Druckguss verarbeitet. Hier sind für den Einsatz der Teile bei Raumtemperatur gute und auch günstige Legierungen vorhanden, vor allem **AZ91** (MgAl9Zn1) und **AM60** (MgAl6).

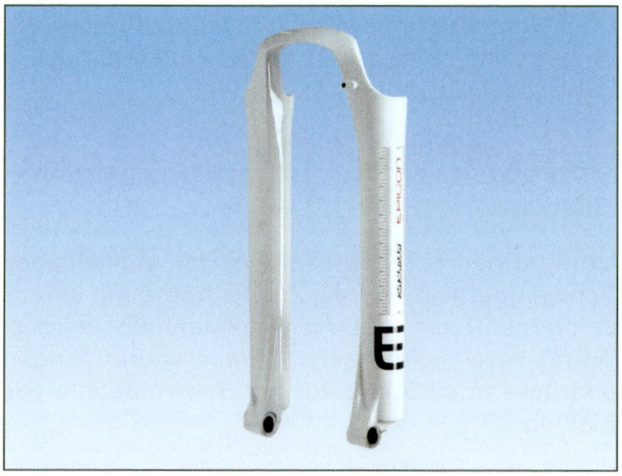

**Bild 1: Federgabel-Tauchrohr aus Magnesium**

Mit einer hervorragenden Gießbarkeit und guter Festigkeit ist die Legierung AZ91 die am häufigsten genutzte Magnesiumdruckgusslegierung (Gehäuse für Computer- und Mobiltelefone, Sportgeräte, Handwerkzeuge, Haushaltsgeräte usw.).

AM-Legierungen zeichnen sich durch hohe Duktilität und Dämpfung in Verbindung mit einer guten Festigkeit und Gießbarkeit aus **(Bild 2)**. Typische Anwendungen sind hier im Automobilbau: Sitzrahmen und Lenkräder.

**Bild 2: Fahrradrahmen aus Magnesiumguss**

Die **Tabelle 1** gibt einen Überblick über die Eigenschaften der wichtigsten Magnesiumlegierungen.

**Tabelle 1: Vergleich der Eigenschaften Magnesium und einigen seiner Legierungen**

| Merkmal | Magnesium | | |
|---|---|---|---|
| | rein | AZ91 | AM60 |
| Dichte [kg/dm³] | 1,74 | 1.81 | 1,79 |
| Schmelzpunkt [°C] | 650 | 595 | 619 |
| Zugfestigkeit [N/mm²] | 80 – 180 | 200 – 260 | 190 – 250 |
| Streckgrenze [N/mm²] | | 140 – 170 | 120 – 150 |
| E-Modul [kN/mm²] | 40 | 45 | 45 |
| Bruchdehnung [%] | 1 – 12 | 1 – 6 | 4 – 14 |

Ausreichender Korrosionsschutz wird nur durch aufwendige Beschichtung erreicht.

Magnesium-Legierungen sind aufgrund ihres elektrischen Potenzials empfindlich gegen Kontaktkorrosion und deshalb bei direktem Kontakt mit anderen Metallen durch Isolierzwischenlagen zu schützen.

### 1.4.8 Kupfer, Messing, Bronze

Unlegiertes **Kupfer** ist im warmgewalzten Zustand weich und gut dehnbar. Eine Kaltverfestigung geschieht beim Hämmern, Pressen und Recken. Es besitzt eine hohe Leitfähigkeit für Wärme und elektrischen Strom, die nur von Silber übertroffen wird. Es wird für elektrische Leitungen und Wärmetauscher verwendet.

Legierungen von Kupfer und Zink werden **Messing** genannt. Sie sind korrosionsbeständig und lassen sich gut gießen, umformen und spanend bearbeiten. Man verwendet sie häufig für korrosionsbeständige Kleinteile, Schrauben und Muttern (Speichennippel) sowie, wegen der dekorativen, goldfarbenen Oberfläche, für Zierteile.

Legierungen mit mindestens 60 % Kupfer bezeichnet man als **Bronze** (außer Messing). Dabei wird der Begriff heute nur zusammen mit dem vorangestellten Hauptlegierungszusatz verwendet. Man spricht dann korrekt von Aluminiumbronze, Bleibronze, Manganbronze oder Phosphorbronze. Wird „Bronze" alleinstehend genannt, dann versteht man darunter meist eine Zinnbronze. Zinnbronze ist korrosionsbeständig, verschleißfest und hat gute Gleiteigenschaften. Sie wird technisch z. B. für Lagerschalen, Gleit- und Führungsbahnen **(Bild 2)**, Spindelmuttern und Schneckenrädern **(Bild 3)** eingesetzt.

Bild 2: Gleitlager

Bild 3: Schneckenrad

### 1.4.9 Kunststoffe

Die Kunststoffe (**Polymere**; auch Plaste oder Plastik genannt) sind synthetisch erzeugte, organische Werkstoffe.

Als organische Stoffe werden sie bezeichnet, weil sie auf Kohlenstoffverbindungen basieren. (Die Organische Chemie umfasst alle Verbindungen des Kohlenstoffs mit anderen Elementen.)

Die typischen Eigenschaften von Kunststoffen sind:

- geringe Dichte,
- elektrisch isolierend,
- witterungs- und chemikalienbeständig,
- dekorative und vielfältig gestaltbare Oberflächen und
- kostengünstige Massenherstellung.

Einige ihrer Eigenschaften begrenzen ihre Einsatzbereiche:

- geringe Wärmebeständigkeit,
- geringe Festigkeit und
- begrenzte Recyclingfähigkeit.

Die Herstellung der meisten Kunststoffe basiert auf den Rohstoffen Erdgas oder Erdöl und gliedert sich in zwei Schritte **(Bild 1)**:

- **Die Synthese** von reaktionsfähigen Vorprodukten. Dies sind einzelne Moleküle **(Monomere)**.
- Die **Verknüpfung** tausender Monomere zu Großmolekülen (Makromoleküle). Die dabei entstehende Substanz wird **Polymer** genannt (gr. poly = viel).

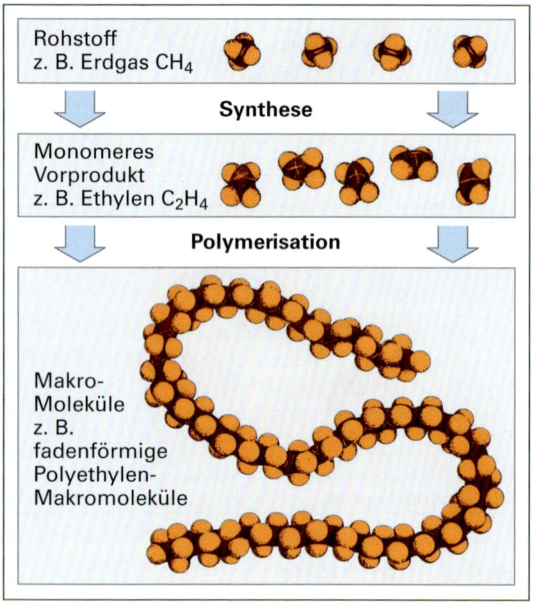


**Bild 1: Molekulare Vorgänge bei der Herstellung von Kunststoffen**

Die Verknüpfung der Monomere kann nach verschiedenen Reaktionsarten erfolgen:

- **Polymerisation**
  Die Makromoleküle entstehen durch die Aneinanderreihung einer einzigen Monomerart unter Aufhebung der Doppelbindungen wie bei der Bildung von Polyethylen aus Ethylen **(Bild 2)**.
- **Polykondensation**
  Bei der Polykondensation verbinden sich gleiche oder verschiedene Monomere zu Makromolekülen unter Abspaltung eines Stoffes, wie Wasser oder Ammoniak (z. B. die Bildung von Polyesterharz).
- **Polyaddition**
  Bei der Polyaddition verbinden sich gleiche oder verschiedene Monomere ohne Abspaltung eines Nebenproduktes zu Makromolekülen (z. B. die Bildung von Polyurethan).

Man unterteilt die Kunststoffe nach ihrem inneren Aufbau in die drei Gruppen Thermoplaste, Duroplaste und Elastomere.

### 1.4.9.1 Thermoplaste

Termoplaste lassen sich in einem bestimmten Temperaturbereich verformen (sog. Thermoplastizität). Dieser Vorgang ist reversibel, das heißt, er kann durch Abkühlung und Wiedererwärmung bis in den schmelzflüssigen Zustand beliebig oft wiederholt werden, solange nicht durch Überhitzung die thermische Zersetzung des Materials einsetzt. Thermoplaste sind aus wenig oder nicht verzweigten, also linearen Kohlenstoffketten aufgebaut, die nur durch schwache physikalische Bindungen miteinander verbunden sind. Diese Bindungskräfte sind wirksamer, wenn die Ketten parallel ausgerichtet sind. Solche Bereiche nennt man kristallin, im Gegensatz zu amorphen (ungeordneten) Bereichen, in denen die Makromoleküle verknäult vorliegen **(Bild 3)**.

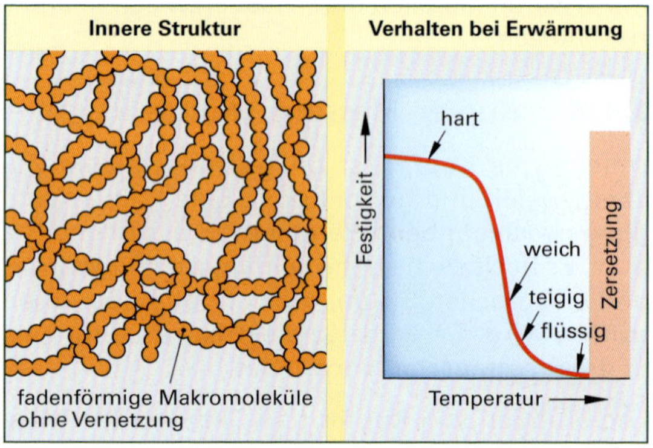


**Bild 3: Thermoplaste, innere Struktur und das Verhalten bei Erwärmung**

Die häufigsten Herstellungsverfahren von Thermoplasten sind das Spritzgießen, das Extrudieren und das Blasformen. Sie lassen sich mechanisch

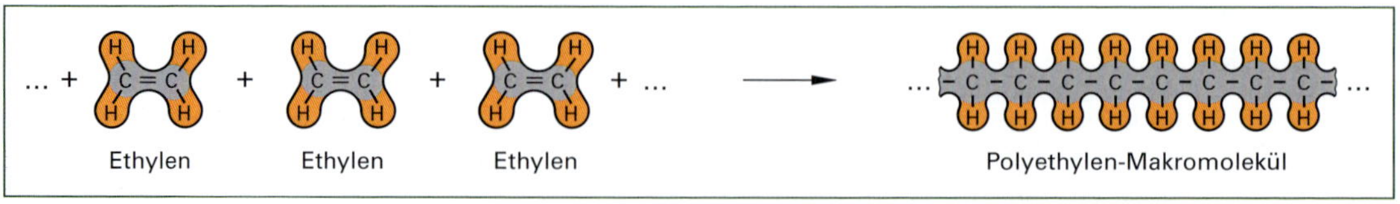


**Bild 2: Polymerisation**

(z. B. Sägen, Fräsen, Schleifen, Drehen) bearbeiten, thermisch umformen (Tiefziehen) und durch Kleben und Schweißen fügen. Einen Überblick über ihre Sortenvielfalt gibt die **Tabelle 1**.

**Tabelle 1: Übersicht über Thermoplaste**

| Name | Eigenschaften (Beispiele) | Verwendung (Beispiele) |
|---|---|---|
| **Polyamid (PA)** | milchigweiß; gleitfähige und abriebfeste Oberfläche; hart und zäh, hohe Dämpfung; chemikalien- und lösungsmittelbeständig; Handelsnamen u. a.: Nylon, Perlon | Zahnräder, Lagerschalen, Kugellagerkäfige, Gleitschienen, Kabelbinder, Dübel, Gewebe |
| **Polycarbonat (PC)** | glasklar, lichtecht und verzerrungsfreie Durchsicht; schlagzäh; beständig gegen verdünnte Säuren und Laugen; Handelsnamen u. a.: Makrolon, Lexan | „unzerbrechliche" Verglasung, Linsen, Zeichengeräte, Datenträger (CD, DVD), Gehäuseteile |
| **Polyethylen (PE)** | farblos; wachsartige, gleitfähige Oberfläche; beständig gegen schwache Säuren und Laugen; physiologisch unbedenklich; ohne geeignete Vorbehandlung nur schlecht zu bedrucken oder zu kleben; relativ preisgünstig; PE-LD: **L**ow **D**ensity; PE-HD: **H**igh **D**ensity | PE-LD: Frischhaltefolien, Tragetaschen, Müllsäcke, Schrumpffolien, Tuben, Kabelummantelungen<br>PE-HD: Behälter, Mülltonnen, Wasserleitungen, Eimer, Rohre |
| **Polymethylmethacrylat (PMMA)** | farblos, glasklar, lichtecht, gut einfärbbar; hart, zäh, schwer zerbrechlich, splittert nicht; löslich in einigen Lösungsmitteln; physiologisch unbedenklich; alterungs- und witterungsbeständig; Alltagsname: Acrylglas | Schutzbrillen, Linsen, Lichtwellenleiter, Leuchtenverglasung, Bedienknöpfe, Haushaltswaren, Schreibgeräte, Knochenzement |
| **Polypropylen (PP)** | ähnelt PE, ist etwas härter und wärmebeständiger aber mit geringerer chemischer Beständigkeit; ist der Standardkunststoff mit der geringsten Dichte | Trafogehäuse, Antennenteile, Fittings, Rohrleitungen, Koffer, Sporttextilien, Becher |
| **Poly(*p*-phenylenterephthalamid) (PPTA)** | sehr hohe Festigkeit, hohe Schlagzähigkeit und Bruchdehnung, gute Schwingungsdämpfung; hitze- und feuerbeständig bis 370 °C; geringe UV-Beständigkeit; Gruppenname: Aramide; Handelsname u. a.: Kevlar | beschusshemmende Westen, Schnittschutzhandschuhe, Pannenschutzeinlage und Wulstverstärkung von Fahrradreifen |
| **Polystyrol (PS)** | glasklar; hart, schlagempfindlich; beständig gegen wässrige Laugen und Mineralsäuren, aber nicht gegenüber Benzin; UV-empfindlich; physiologisch unbedenklich | Tonbandkassetten, CD-Hüllen, Lebensmittelverpackungen, Schaugläser, Spulenkörper |
| **Expandiertes Polystyrol (EPS)** | kugelförmig geschäumtes PS-Granulat; weiß, undurchsichtig; geringere mechanische Festigkeit, höhere Elastizität als solides PS; Handelsnamen u. a.: Styropor, airpop | Wärme- und Schalldämmung, Verpackungsmaterial, Füllmaterial für Feststoffrettungswesten |
| **Acrylnitril-Butadien-Styrol (ABS)** | farblos bis grau; große Härte, kratzfest, schlagzäh; beständig gegen Öle/Fette; alterungs- und witterungsbeständig; beschichtbar mit Metallen (Galvanisieren) | Schutzhelme, Spielzeug (z. B. Lego-Bausteine), Gehäuse von Elektrogeräten, verchromte Kunststoffteile |
| **Polytetrafluorethylen (PTFE)** | wachsartige Oberfläche; sehr reaktionsträge, beständig gegen Säuren, Basen, Alkohole, Benzine, Öle; es existieren nahezu keine Materialien, die an PTFE haften bleiben; Einsatztemperatur von −270 °C bis 260 °C; Reibkoeffizient 0,05 bis 0,1; der Übergang vom Stillstand zur Bewegung geschieht ohne Ruck; Handelsname: Teflon | Trockenschmierstoff, Beschichtung für Lager und Dichtungen, Antihaft-Beschichtung, Auskleidung von Seilhüllen, Beschichtung von Behältern für aggressive Chemikalien, Isolatoren, Gefäßprothesen |
| | Bei Temperaturen ab 202 °C werden hochgiftige Produkte frei, wie z. B. Fluorphosgen, Flusssäure, Tetrafluorethen. Das Einatmen ist wesentlich gefährlicher als das Verschlucken. | |
| **Expandiertes Polytetrafluorethylen (ePTFE)** | zu dünnen Schichten gereckte Folien besitzen feine Poren, die Wasserdampf durchlassen, aber zu klein sind für flüssiges Wasser; Handelsname: Gore-Tex | „atmungsaktive" wasser- und winddichte Kleidung, Medizintechnik (z. B. für Stents, Bypässe) |
| **Polyvinylchlorid (PVC)** | farblos; hart, zäh, schwer zerbrechlich; beständig gegen einige Säuren und Laugen, bedingt beständig gegen Ethanol, Öl, Benzin; UV-beständig; Umformtemperatur 120 °C bis 150 °C; Kleben und Schweißen möglich; durch Additive an die verschiedensten Einsatzgebiete anpassbar; Weichmacher erzeugen plastische Eigenschaften | Hart-PVC: Fensterprofile, Dachrinnen, Rohre, Schallplatten<br>Weich-PVC: Kabelummantelung, Bodenbeläge, Silofolien, Schläuche, Schuhsohlen, Tischdecken |
| | Vinylchlorid wirkt erbgutverändernd und kann beim Menschen Krebs erzeugen. Bei Verbrennung von PVC kann das Giftgas Phosgen entstehen. Die Weichmacher (Phthalate) sind zum Teil leber- und nierenschädigend und stehen im Verdacht, krebserzeugend zu wirken. | |

### 1.4.9.2 Duroplaste

Duroplaste sind Kunststoffe, die nach ihrer Aushärtung nicht mehr verformt werden können. Sie enthalten harte, amorphe, unlösliche Polymere. Die Makromoleküle sind engmaschig vernetzt, was ihre fehlende Erweichung beim Erhitzen begründet **(Bild 1)**. Die Vorprodukte sind in der Regel Kunstharze, die noch schmelzbar bzw. löslich sind und gegossen oder warmgepresst werden können. Die Begriffe Kunstharz und Duroplast werden nicht immer klar voneinander unterschieden (ein Duroplast ist gehärtetes Kunstharz). Kunstharze bilden aber auch die Basis für Leime, Klebstoffe und Lacke.

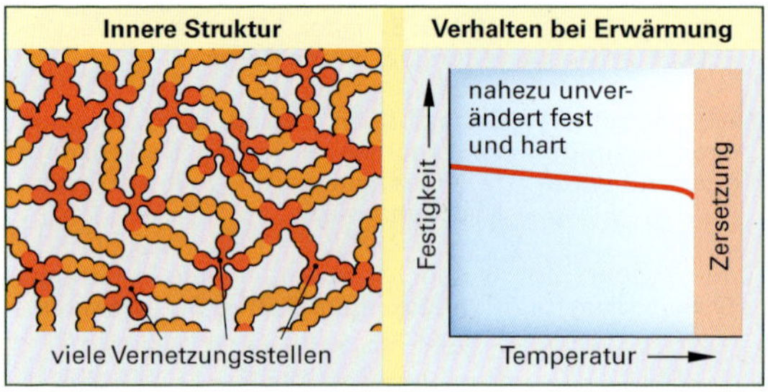


**Bild 1: Duroplaste, innere Struktur und das Verhalten bei Erwärmung**

Kunstharze werden mit Härter und eventuell Beschleuniger und Zusatzstoffen (Farbstoffen, Trennmitteln, Füll- und Verstärkungsstoffen) gemischt. Die erhaltenen Massen werden über Formpressen, Spritzgießen oder Schichtpressen in die gewünschte Form gebracht. Dabei setzt die Härtung (Vernetzung) der Harze ein, oft gefördert durch Wärme, aber auch durch UV- oder IR-Strahlung. Danach lassen sie sich nur noch mechanisch (z.B. Sägen, Fräsen, Schleifen, Drehen) bearbeiten und nicht mehr umformen oder durch Schweißen fügen. Einige Duroplaste werden in der **Tabelle 1** beschrieben

Unter dem Handelsnamen Bakelit wurde ab 1910 der erste vollsynthetische, industriell produzierte Kunststoff vermarktet. Hergestellt wurden u.a. Formteile wie Schalter, Stecker, Gehäuse oder Lenkergriffe **(Bild 2)**.

**Bild 2: Lenkergriffe aus Bakelit**

**Tabelle 1: Übersicht über einige Duroplaste**

| Name | Eigenschaften | Verwendung |
|---|---|---|
| **Ungesättigte Polyesterharze (UP)** | typischerweise klar, kann aber auch trübe bis undurchsichtig erscheinen; Härte ist in weitem Bereich variabel; weitgehend resistent gegenüber schwachen Säuren und Laugen sowie Benzin und Öl | Griffe für Töpfe und Bügeleisen, Reparaturspachtel, Bootsrümpfe, Küchenarbeitsplatten, Skier, Basismaterial für glasfaserverstärkten Kunststoff |
| **Epoxidharze (EP)** | farblos bis honiggelb; hartelastisch bis schlagzäh; bindet an Metalle, gut vergießbar; beständig gegen schwache Säuren und Laugen, Salzlösungen und Lösungsmittel; temperaturbeständig bis 180 °C; die Schwindung beim Aushärten ist deutlich geringer als bei UP | Industriefußböden, Betonreparatur, Rohrinnensanierung, Rotorblätter, Leiterplattenmaterial, Isolatoren, Basismaterial für glas-, kohlenstoff- oder aramidfaserverstärkte Kunststoffe |
| | Der direkte Hautkontakt ist schädlicher als eine Aufnahme über die Atemwege. Zum Hautschutz eignen sich Nitril- oder Butyl-, Butyl/Viton- und PE-Laminat-Handschuhe. Ungeeignet sind dünne Einweg-Handschuhe unabhängig vom Material (z.B. Latex, Vinyl, Nitril). Die allergenen Stoffe durchdringen diese Handschuhe innerhalb weniger Minuten, während der Eigenschutz der Haut durch Schwitzen geschwächt ist. Hautschutzsalben bieten ebenfalls keinen akzeptablen Schutz. | |
| **Polyurethanharze (PU)** | honiggelb, transparent; hartelastisch bis gummi-elastisch; beständig gegen schwache Säuren und Laugen, Salzlösungen, Lösungsmittel; schäumbar; | PUR-Weichschaum, offenzellig: Polstermaterial, Matratzen, Reinigungsschwämme, Filtermaterial<br>PUR-Hartschaum, geschlossenzellig: Wärmedämmung, Bauschaum<br>PUR-Beschichtungen: Grundierungen, Textilbeschichtungen<br>Hart-PUR: Lagerschalen, Zahnräder, Rollen, Skier<br>Halbhartes PUR: Zahnriemen, Stoßfänger, Schuhsohlen<br>Weich-PUR: Dichtungen, Kabelummantelungen |

### 1.4.9.3 Elastomere

**Elastomere** sind formfeste, aber elastisch verformbare Kunststoffe. Sie verformen sich bei Zug- und Druckbelastung und kehren bei Entlastung in ihre ursprüngliche Gestalt zurück. Die Makromoleküle sind dabei ineinander verknäult und zusätzlich an wenigen Stellen vernetzt **(Bild 1)**. Bei Zugbelastung reagieren sie mit einer reversiblen Streckung bzw. Entflechtung, die je nach Vernetzungsgrad bis zu mehreren Hundert Prozent betragen kann.

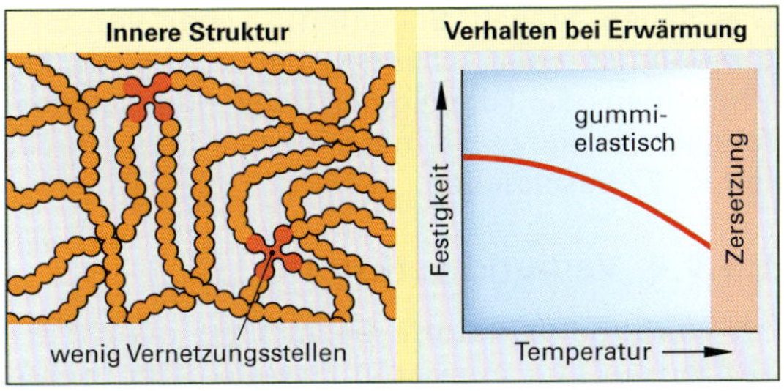


**Bild 1: Elastomere - Innere Struktur und das Verhalten bei Erwärmung**

**Tabelle 1: Übersicht über einige Elastomere**

| Name | Eigenschaften | Verwendung |
|---|---|---|
| **Chloropren-kautschuk (CR)** | sehr gute Wetter- und Ozonbeständigkeit; gute Quellbeständigkeit gegenüber Fetten und Ölen; unbeständig gegen Kraftstoffe; Gattungsname: Neopren | Dichtungen, Profile, Keilriemen, Schläuche, Kabelummantelungen, Taucheranzüge |
| **Butadienkautschuk (BR)** | hohe Abriebfestigkeit; gute Kälteflexibilität; häufig als Zuschlag zu ZR und SBR | Winterreifen; Schuhsohlen, Keilriemen |
| **Acrylnitril-Butadien-kautschuk (NBR)** | geringe Elastizität; guter Abriebwiderstand; temperaturbeständig bis 120 °C; sehr gute Quellbeständigkeit gegen Kraftstoffe, Alkohole, Fette und Öle | Dichtungen, O-Ringe, Ventile, Membranen, Schläuche für hydraulische Anlagen |
| **Styrol-Butadien-Kautschuk (SBR)** | gute Abriebfestigkeit, gute Elastizität; Beständigkeit gegen Säuren, Basen, Alkoholen und Wasser; stark quellend in Mineralöl, Schmierfett und Benzin; thermischer Bereich: ca. –40 °C bis +70 °C. | Fahrzeugreifen (besonders Winterreifen), Fördergurte, Keilriemen, Schuhsohlen |
| **Isobutylen-Isopren-Kautschuk (IIR)** | hohe Zugfestigkeit; niedrige Wärmebeständigkeit; gute elektrische Isoliereigenschaften; geringe Gasdurchlässigkeit; Alltagsname: Butylkautschuk | Reifenschläuche, Innenbeschichtung von schlauchlosen Luftreifen, Kabelummantelungen |
| **Naturkautschuk (NR)** | sehr hohe Festigkeit, hohe Bruchdehnung, ausgezeichnete Weiterreißfestigkeit; geringe Wärmebeständigkeit, hervorragende Kälteflexibilität; UV- und ozonempfindlich; unbeständig gegen Öle und Benzin | Luftreifen für Fahrräder und Kfz, Luftballons, Schwämme, Kondome, Handschuhe, |
| **Polyurethan-Elastomere (PUR)** | sehr hohe Verschleiß- und Abriebfestigkeit; hohe mechanische Dämpfung; gute Witterungsbeständigkeit; gutes Haftvermögen | Trag- und Führungsrollen, Anschlagpuffer, Elastomerfedern von Federgabeln, Platten, Rundstäbe |
| **Thermo-plastische Polyurethan-Elastomere (TPU)** | hohe Elastizität im gesamten Härtebereich; Flexibilität über einen weiten Temperaturbereich; Verschleißfest; Witterungsbeständig; kann auch geschäumt werden (ETPU; Handelsname u.a.: Elastollan (TPU), Infinergy (ETPU) | Schläuche für Luftreifen, flexible Vakuumschläuche, Bespannungen; ETPU: Schuhsohlen, Schlauchersatz für Fahrradreifen, Dämpfung von Fahrradsätteln |
| **Silikon-Gummi (Q)** | hervorragende Zugfestigkeit und Weiterreißfestigkeit; dauerwärmebeständig bis +250 °C; kälteflexibel bis –70 °C; sehr gute Witterungs- und Alterungsbeständigkeit; beständig gegen Alkohole und schwache Säuren, Mineralöle führen zum Quellen; antiadhäsiv und hydrophob; sehr hohe Gasdurchlässigkeit; physiologisch unbedenklich | leitfähige Einsätze in Kontaktmatten für Tastaturen, Freiluftisolatoren, Zylinderkopf- und Ölwannendichtungen, O-Ringe, Fenster- und Türprofildichtungen, Beatmungsbälge, Herzklappen, Fugendichtmasse, Klebmasse |

Das Sägen, Fräsen, Schleifen, Drehen von Elastomeren ist meist schwierig bis unmöglich. Ein Umformen oder Fügen durch Schweißen ist nicht möglich. Einige Elastomere werden in der **Tabelle 1, S. 77** beschrieben.

### 1.4.9.4 Verbundwerkstoffe

Als **Verbundwerkstoffe** bezeichnet man Werkstoffe, die aus mehreren Einzelstoffen bestehen und zu einem neuen Werkstoff verbunden werden. Dazu gehören z.B. glasfaserverstärkte Kunststoffe (GFK) oder Hartmetalle, die aus einem zähen Metall und Hartstoffteilchen bestehen. Im Unterschied zu den Legierungen bleiben hier die Einzelstoffe unverändert. Die Eigenschaften der Einzelstoffe ergänzen sich derart, dass sich die guten kombinieren, während die jeweils schlechten überdeckt werden. z.B. sind Glasfasern hochfest, aber sehr spröde, und Kunststoffe sehr zäh bei geringer Festigkeit. Zusammen ergibt sich ein hochfester und zäher Werkstoff,

Nach der Form der im Verbund vorliegenden Stoffe unterscheidet man verschiedene Verbundwerkstoffarten **(Bild 1)**:

- Faserverstärkte Verbundstoffe (GFK oder CFK),
- Teilchenverstärkte Verbundstoffe (Hartmetalle),
- Durchdringungs-Verbundstoffe (schmierstoffgetränkte Sinterlager),
- Schichtverbundstoffe (plattierte Bleche, Bimetalle) und
- Strukturverbundstoffe (z. B. Pkw-Stoßfänger).

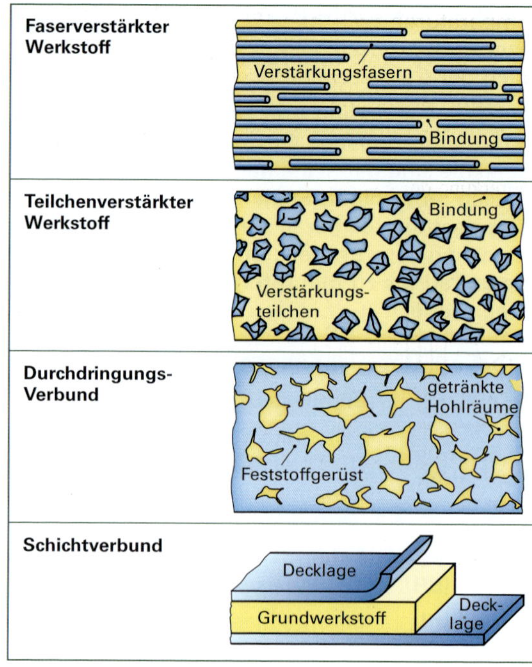


**Bild 1: Verbundwerkstoffarten**

Als Kunststoff-Matrix für **Faserverstärkte Kunststoffe** werden die hartzähen, duroplastischen Polyester- und Epoxidharze, aber auch Thermoplaste wie Polyethylen verwendet. Die eingearbeiteten Fasern besitzen eine hohe Zugfestigkeit (bis zu 4200 N/mm$^2$) und eine geringe Dichte (1,7 bis 2,0 kg/dm$^3$). Die Fasern übertragen ihre hohe Zugfestigkeit in der Richtung auf den Verbund, in der sie im Werkstoff liegen. Für niedrig belastete Bauteile werden Glasfasern (Glasfaserverstärkter Kunststoff, GFK), für hoch belastete werden Kohlenstofffasern (Kohlenstofffaserverstärkter Kunststoff, CFK) eingearbeitet. Es können aber auch Naturfasern wie Flachs, Hanf, Jute, Baumwolle o.Ä. eingesetzt werden.

Einen Vergleich der mechanischen Eigenschaften von GFK- und CFK-Werkstoffen (in Faserrichtung gemessen) mit den metallischen Werkstoffen Vergütungsstahl und Aluminium zeigt die Leistungsfähigkeit dieser Werkstoffe **(Tabelle 1)**.

**Tabelle 1: Vergleich der mechanischen Eigenschaften von GFK, CFK, 42CrMo4 und Al 7075-T6**

| | GFK | CFK | 42CrMo4 | Al7075-T6 |
|---|---|---|---|---|
| **Zugfestigkeit [N/mm$^2$]** | bis 1000 | bis 1500 | bis 1300 | bis 580 |
| **E-Modul [N/mm$^2$]** | bis 30000 | bis 160000 | bis 210000 | bis 70000 |
| **Dichte [kg/dm$^2$]** | ~ 2,0 | ~ 1,5 | ~ 7,8 | ~ 2,7 |

Kohlenstofffasern werden zum Großteil aus vorgestreckten Polyacrylnitril-Kunststofffasern (PAN) oder aus Mesophasen-Pech hergestellt. Nach der Faserstreckung erfolgen die Faseroxidation und Verfestigung. Hier wird das Faservorprodukt (Präkursor) von einem thermisch schmelzbaren in einen unschmelzbaren Zustand überführt. In der folgenden Carbonisierung werden die Nicht-Kohlenstoffatome des Präkursors in einer Schutzgasatmosphäre thermisch abgebaut. Es bleibt eine geschrumpfte Faser mit geordneten Kohlenstoffmolekülen zurück **(Seite 79, Bild 1)**.

Je nachdem, welche Festigkeitseigenschaften der spätere Kohlenstofffasertyp erhalten soll, erfolgt die Zersetzung des Faservorproduktes bei

Temperaturen zwischen 1200 °C und 1500 °C und einer Aufheizgeschwindigkeit von ca. 600 °C/min. Nach der Carbonisierung kann sich eine Graphitisierung anschließen, um die Kohlenstoffmoleküle weiter zu modifizieren.

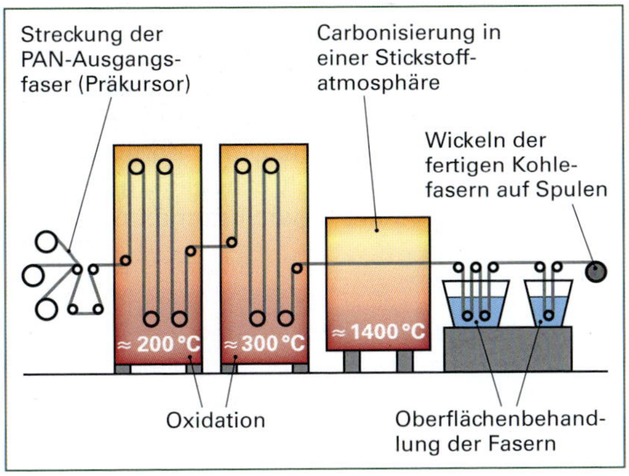


**Bild 1: Herstellung von Kohlenstofffasern (Toho Tenax)**

Die entstehenden Kohlenstofffasertypen werden nach ihren technologischen Eigenschaften in Klassen eingeteilt **(Bild 2)**. Die meisten CFK-Fahrradteile werden aus High Tenacity 1 (HT)-Fasern mit hoher Zugfestigkeit und High Modulus (HM)-Fasern mit hohem E-Modul hergestellt.

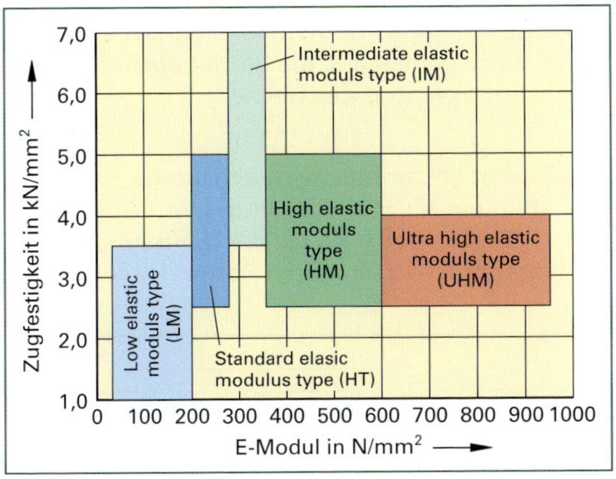


**Bild 2: Technologische Eigenschaften der Kohlenstofffasertypen**

Eine gute Haftung der Matrixharze ist von entscheidender Bedeutung für die spätere Bauteilfestigkeit. Nach den thermischen Prozessen wird die Faseroberfläche durch elektrochemische Oxidation aktiviert und gewaschen. Anschließend wird eine wasserbasierte Schlichte aufgetragen und getrocknet. Die Aktivierung der Faseroberfläche durch Oxidation ermöglicht erst die sogenannte Beschlichtung. Die Schlichte hat die Aufgabe, die Haftung der Matrixharze auf den Fasern zu verbessern, und ermöglicht erst das mechanische Rollen und Weben. Auf Spulen gerollt werden die Vorprodukte zur Weiterverarbeitung gelagert **(Bild 3)**.

**Bild 3: Kohlefaserspule**

Kohlefasern haben einen Durchmesser von 5 bis 10 µm. Mehrere Einzelfasern (auch als Faserfilamente bezeichnet) bilden ein Filamentgarn oder einen Faden.

In einem Faserverbundbauteil müssen die Fasern die anliegenden Kräfte aufnehmen. Starke chemische Atombindungen zwischen den Kohlenstoffatomen verleihen den Carbonfasern in Faserlängsrichtung eine hohe Zugfestigkeit bei gleichzeitig niedriger Dichte. Untersuchungen haben gezeigt, dass Werkstoffe in Faserform eine höhere Festigkeit aufweisen als der gleiche Werkstoff in kompakter Form. Diese Beobachtung wird als Größeneffekt beschrieben. Als Erklärungsmodell für spröde Werkstoffe dient die Festigkeit einer Kette. Nach der Weakest-Link-Theorie ist eine Kette nur so stark wie ihr schwächstes Glied. Statistisch betrachtet, befinden sich in einem großen Werkstoffvolumen wesentlich mehr Werkstofffehler, die die Festigkeit reduzieren, als in einem kleinen Werkstoffvolumen.

Die **Filamentanzahl** gibt die Anzahl der Filamente je Faden an. So steht 6k für 6000 Filamente je Faden. Handelsüblich sind 1k, 3k, 6k, 12k, 24k.

Das **Faden-/Längengewicht** beschreibt das Gewicht eines Fadens von 1 Kilometer Länge. Die Maßeinheit ist [tex]. So hat ein Faden von 800 tex eine Masse von 800 g/km. Als **Roving** bezeichnet man einen Faden aus glatten, ungeflochtenen Fasern, der ein Fadengewicht größer als 68 tex besitzt. Der Faden kann zu unterschiedlichen textilen Gebilden verarbeitet werden

Ein **Gelege** wird nicht durch Weben o. Ä. hergestellt. Alle Fasern sind planparallel (UD = unidirektional) angeordnet. UD-Gelege bestehen aus einer Faserschicht, Multiaxialgelege aus mehr als zwei Faserschichten. Sie sind mit Einzelfäden aneinander fixiert. Die Faserrichtung der einzelnen Schichten zueinander kann bei den Multiaxialgelegen unterschiedlich sein (z. B. + 45 °C, –45 °C).

1

**Gewebe** werden mit den Webarten Leinen, Köper und Atlas hergestellt. Die sogenannten Kette- und Schussfäden sind immer im Winkel von 0°/90° zueinander angeordnet **(Bild 1)**.

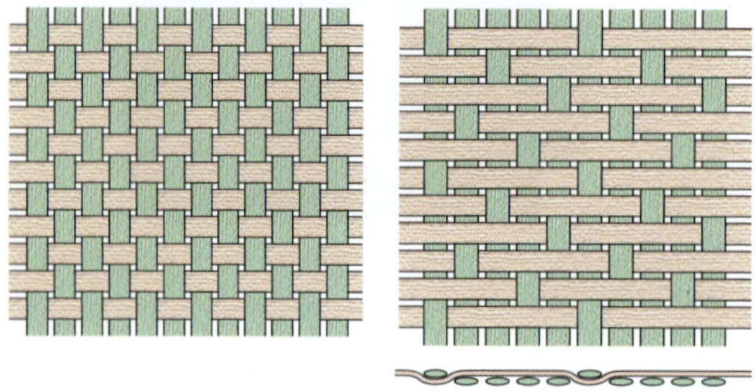


**Bild 1: Gewebe**

Gewebe unterscheiden sich durch ihre **Drapierbarkeit** (der Fähigkeit, sich faltenfrei an eine dreidimensionale Oberfläche anlegen zu können), ihrem Gewicht und dem Mengenverhältnis zwischen Kette- und Schussfaden. Gewebe benötigen zur Imprägnierung mehr Harz, sodass das Gewicht gegenüber den Gelegen steigt. Aus Geweben werden viele kleinere Fahrradbauteile und Verstärkungen oder die dekorativen Deckschichten von Rahmen, Gabeln und Felgen hergestellt.

Den gewellten Faserverlauf der gewebten Fäden bezeichnet man als **Ondulation**. Ondulation und Faserbeschädigungen durch das Weben reduzieren die theoretische Laminatfestigkeit. Die Abnahme der Bauteilfestigkeit ist jedoch so gering, dass die anderen Inhomogenitäten, die herstellungsbedingt in ein Laminat eingebracht werden, deutlich darüberliegen.

**Gestricke** oder **Geflechte** sind meist dreidimensionale Textilgebilde, deren Kette- und Schussfäden nur selten im Winkel 0°/90° zueinander verlaufen. Sie eignen sich für die Herstellung von Rohrformen und gestatten automatisierte robotergestützte Fertigungsprozesse.

**Matten** und **Vliese** sind Textilien, deren Fasern keiner vorgegebenen Richtung folgen. In der Fahrradindustrie werden sie vereinzelt als dekorative Deckschichten verwendet.

**Mehrschichten-Verbunde** (MSV): CFK-Bauteile bestehen aus mehreren Gewebe- oder UD-Gelege-Einzelschichten. Umgangssprachlich wird ein solcher Mehrschichten-Verbund *Laminat* genannt (lat. Lamina = Schicht). Sie werden bezeichnet als Single Layer, Ply oder Unidirectional Layer.

Als **Kernverbunde** (Sandwich-Bauweise) bezeichnet man Werkstoffe, deren Kern von zwei Schichten bedeckt wird wie z. B. bei Scheibenrädern, bei denen zwei CFK-Schichten einen Hartschaum- oder Wabenkern abdecken. Durch Kernverbunde kann die Bauteilsteifigkeit erheblich gesteigert werden, während die Gewichtszunahme gering bleibt.

Die mechanischen Eigenschaften wie Zugfestigkeit oder Elastizitätsmodul von Metallen oder Matrixharzen sind stets unabhängig von der Richtung der wirkenden oder eingeleiteten Kräfte. Diese Eigenschaft bezeichnet man als **Isotropie**. Bei den Faserverbundwerkstoffen dagegen sind die mechanischen Eigenschaften abhängig von der Faserrichtung. Diese als **Anisotropie** bezeichnete Eigenschaft ist der Schlüssel zum Verständnis der Faserverbundwerkstoffe.

Der Konstrukteur muss bei Faserverbundbauteilen den notwendigen **Faserverlauf** ermitteln, damit die gewünschten Bauteileigenschaften eintreten. Dazu zählen u. a. die Betriebsfestigkeit, die Biegesteifigkeit und das Gewicht.

**Bild 2** zeigt schematisch verschiedene Faserrichtungen in einer CFK-Platte und deren Auswirkungen. In **Bild 2, Seite 81**, ist der Aufbau eines belastungsgerecht gestalteten Rohres zu sehen.

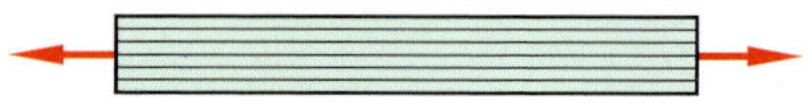

**Zug, Biegung:**
Fasern müssen in Längsrichtung des Bauteils verlaufen.

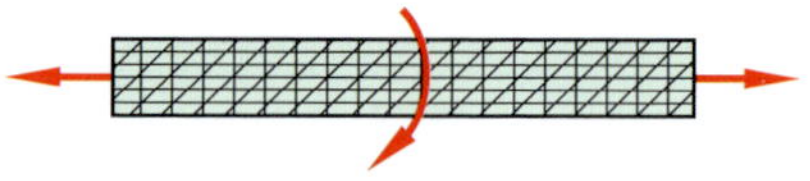

**Mehrdimensionale Belastung (Zug, Biegung, Torsion):**
Ein Teil der Fasern in Längsrichtung und weitere Teile unter 90° und 45°.

**Torsion:**
Fasern müssen in beiden Richtungen unter 45° verlaufen.

**Bild 2: Faserausrichtung in Laminaten**

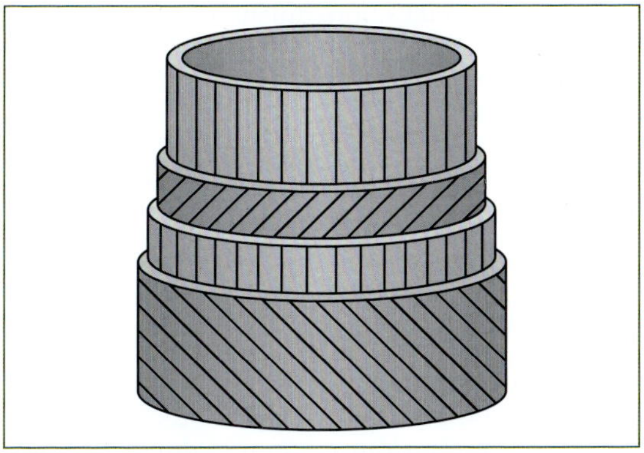

**Bild 1: Auf Biegung und Torsion ausgelegtes CFK-Rohr**

Die Fasern müssen zur Verarbeitung mit dem Harz getränkt sein. Einfache **Imprägnierverfahren** für Verstärkungsfasern sind das Tauchen und das Handlaminieren. Beim Handlaminieren werden die Einzelschichten nacheinander in ein Negativ- oder Positiv-Formwerkzeug gelegt und mit einem Pinsel, Rolle und Entlüftungsroller mit Harz getränkt **(Bild 2)**. Ebenso kann das Fasermaterial auf einer ebenen Fläche und einer Folie getränkt und anschließend in die Form gelegt werden.

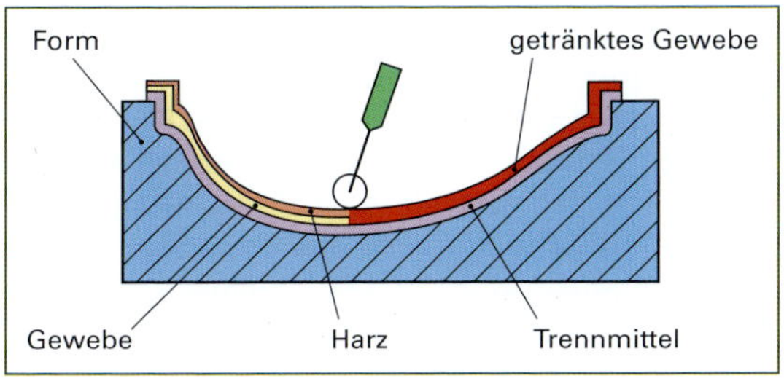


**Bild 2: Handlaminieren**

Technisch bedeutsamer in der Fahrradindustrie ist das Faserimprägnieren nach dem **RTM-Verfahren** (engl. Resin Transfer Molding). Hier werden trockene Fasern in ein Formwerkzeug eingelegt. Nach dem Schließen der Form wird mit leichtem Überdruck ein RTM-Epoxidharz in die Form gespritzt, bis dieses an den Entlüftungsbohrungen austritt. Nach einer durchschnittlichen Injektionsdauer von etwa 10 Minuten erfolgt die Aushärtung.

Am häufigsten werden **Prepregs** verarbeitet. Dabei handelt es sich um Fasermaterial, das mit Epoxidharzen vorimprägniert ist (engl. preimpregnated fibers). Zur Herstellung werden die Fasern über Walzen durch ein Harzbad geführt. Danach folgen das Vorvernetzen und Verdampfen von Lösungsmittel mithilfe von IR-Wärmequellen. Das Aufbringen von speziellem Trennpapier oder einer Trennfolie und das Aufwickeln auf eine Rolle beenden den Herstellprozess **(Bild 3)**.

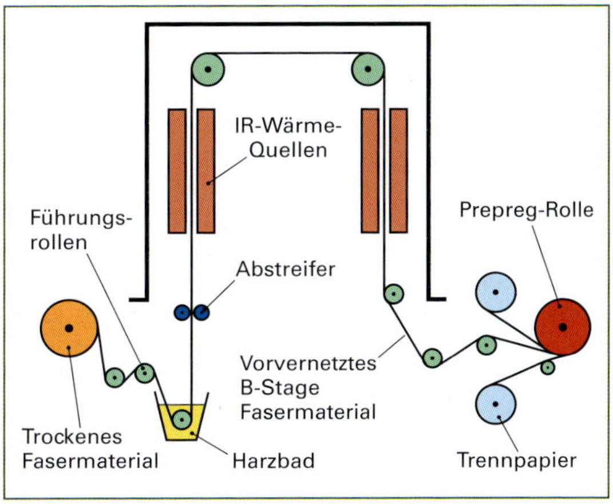


**Bild 3: Prepreg Imprägnierschema**

Die Prepregs mit dem vorvernetzten B-Stage-Harz werden bei –18 °C tiefgekühlt und können bis zu 16 Monate gelagert werden. Vor der Verarbeitung bei Raumtemperatur müssen sie einen Tag auftauen. Das Epoxidharz wird anschließend im Formwerkzeug und einem Ofen bei Temperaturen über 80 °C ausgehärtet.

Um hochwertige Bauteile ohne Lufteinschlüsse herzustellen, kann die Aushärtung in einem **Autoklav** erfolgen **(Bild 4)**. Dies ist ein gasdicht verschließbarer Druckbehälter, der für die thermische Behandlung von Stoffen im Überdruckbereich eingesetzt wird. Gleichzeitig wird durch ein angelegtes Vakuum Luft aus dem Bauteillaminat gesaugt. Der im Autoklav herrschende Druck zwischen 2,5 bar bis 10 bar und die präzise einstellbare Temperatur sorgen für eine optimale Pressung und Härtung. Neuere Entwicklungen nutzen Mikrowellen, um die mehrstündigen, teuren Aushärtungszeiten zu verkürzen.

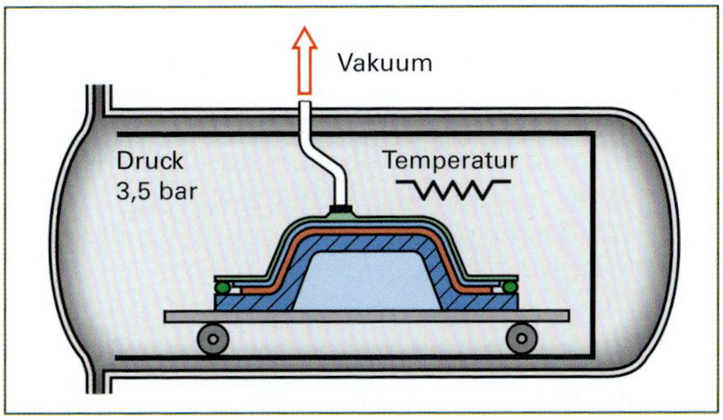


**Bild 4: Autoklav**

**Kurzfaserverstärkte Thermoplaste** sind technische Kunststoffe (meist PA oder PES), die sich für das Spitzgießverfahren eignen und sich durch das Zumischen von Fasern verstärken lassen. Zur Verstärkung dienen Glas- und Kohlenstofffasern mit einer Faserlänge bis maximal 10 mm. Der Fasergehalt beträgt ca. 10 % und 50 %. Die Zugfestigkeit kann so um den Faktor 3, der E-Modul um den Faktor 4 erhöht werden.

Nachteilig wirkt sich aus, dass die Faserrichtung innerhalb des Bauteils beim Spritzgießen kaum vorhersehbar ist, sodass zur Festigkeitsoptimierung inzwischen Simulationsprogramme entwickelt wurden. Mit den gewonnenen Daten kann der Spritzgießprozess verbessert werden. Aus kurzfaserverstärktem Kunststoff werden viele kleinere Fahrrad- und Zubehörteile hergestellt **(Bild 1)**:

- Brems- und Schalthebel,
- Befestigungsadapter (z. B. Lenkertaschen),
- Sohlen von Radschuhen,
- Lenkerhörnchen oder
- Flaschenhalter.

Als Werkstoffangabe verwenden die Hersteller häufig den Begriff „Composite", die englische Bezeichnung für Verbundwerkstoff.

**Bild 1: Kurzfaserverstärktes Schaltgriff-Gehäuse**

Bei Faserverbundwerkstoffen erfolgt die Kraftübertragung über Schubkräfte von der Matrix auf die Faser. Daher ist eine gute Haftung an der Grenzfläche von Faser und Matrix von entscheidender Bedeutung. Die Haftungs- oder Anbindungsqualität wird unter anderem von der Faserbeschichtung und Oberflächengestalt sowie vom optimalen Volumenverhältnis zwischen Fasern und Matrixharz beeinflusst. Ideal ist ein Anteil von 55 % bis 60 % Fasern.

Einzelne Hersteller versuchen, die Leistungsfähigkeit von CFK-Bauteilen durch das Beimischen geringer Mengen mikroskopisch kleiner Kohlenstoffteilchen in die Matrix (Epoxidharz) zu steigern. Die Bezeichnung dieser röhrenförmigen Partikel ist Carbon Nano Tubes (CNT). Sie sollen die Übertragung der Kräfte von der Matrix auf die Fasern verbessern.

### 1.4.9.5 Herstellen von CFK-Bauteilen

Man unterscheidet drei verschiedene Methoden zur Rahmenherstellung aus kohlenstofffaserverstärkten Kunststoffen: Muffenbauweise, Tube-to-Tube und Monocoque.

**Muffenbauweise**

Mitte der 1980er Jahre beginnt die Fertigung von CFK-Rahmen mit in Aluminiummuffen eingeklebten CFK-Rohren, die durch das **Schlauchblasverfahren** hergestellt werden. Dazu werden zweiteilige Formwerkzeuge verwendet. Ein innen eingelegter Folienschlauch wird aufgeblasen und presst während der Aushärtung die epoxidharzgetränkten Fasern gegen die Negativform. Der Schlauch dient als expandierender Formkern, der nach der Aushärtung weitgehend entfernt wird. Zur Vereinfachung des Faserlegens und zur Verbesserung der Laminatqualität dienen sogenannte Prepregs, harzgetränkte, vorvernetzte Fasergewebe oder Unidirektionalgelege.

Mitte der 1990er Jahre werden zunehmend CFK-Außenmuffen verbaut. Hier werden zunächst alle Muffen, Rohre und Streben nach dem Schlauchblasverfahren angefertigt und die Rohre auf Gehrung gefräst. Anschließend werden alle Einzelteile in einer verstellbaren Vorrichtung durch sogenanntes *Strukturelles Kleben* gefügt. In das Kurbelgehäuse und das Lenkungsrohr aus CFK werden Aluminiumbuchsen für die Aufnahme der Lager eingesetzt **(Bild 2)**.

**Bild 2: CFK-Rahmenrohre und Muffe mit Gewindehülse aus Aluminium**

Die CFK-Muffenbauweise erfolgt heute zum Fügen der Hinterbaurohre, die in Monocoque- oder Tube-to-Tube-Bauweise hergestellt werden. Das

Verfahren erlaubt die wirtschaftliche Fertigung vieler Rahmenhöhen und -geometrien und Rahmenbau nach Maß.

Anders als Rahmen aus Metall ist die Herstellung von CFK-Rahmen und -Gabeln geprägt von viel Handarbeit und erfordert großes manuelles Geschick. Alternative Fertigungsverfahren (Beispiel: Time-Rahmen) sind computergesteuerte Automation und besonders sichere Imprägniertechniken. Eine Textilmaschine **(Bild 1)** flechtet einen nahtlosen Carbonfaserschlauch **(Bild 2)** um einen Schlauchblas-Formkern.

**Bild 1: Rohrflechten mit computergesteuerter Textilmaschine**

**Bild 2: Nahtlose Kohlefaser-Preform**

Ein Roboter legt die geflochtene Preform in ein Formwerkzeug und imprägniert die Fasern vollautomatisch durch eine RTM-Epoxidharzinjektion. Nach dem Aushärten, Gehrungsfräsen der Rohre und Einlegen in eine Klebevorrichtung benetzt ein zweiter Roboter die beiden Hälften der Spritzguss-Carbonmuffen (Shells) mit Klebstoff. Anschließend werden die Rohre und Muffenhälften in der Vorrichtung gefügt und im Ofen ausgehärtet. Die weiteren Arbeitsschritte erfolgen von Hand. Das abschließende Finish beendet die Herstellung.

### Tube-to-Tube-Bauweise

Hier werden belastungsoptimiert konstruierte CFK-Rohre mit Diamantwerkzeugen auf Gehrung gefräst und in einer verstellbaren Klebevorrichtung montiert. Mit leichten Füllmassen, Fasergeweben und -gelegen werden die einzelnen Rohrverbindungsstellen verstärkt und in zwei Negativformhälften je Verbindungsstelle ausgehärtet **(Bild 3)**. Dieses Verfahren bevorzugen zahlreiche Radhersteller. Auch eine Kombination der Tube-to-Tube und der nachfolgend beschriebenen Monocoque-Bauweise ist möglich.

**Bild 3: Tube-to-Tube-Rohrverbindung**

Wie bei der Muffentechnik können mit dem Tube-to-Tube-Verfahren viele Rahmengeometrien leicht hergestellt werden. Die Anfertigung hochwertiger, langlebiger Rahmen mit extrem niedrigem Gewicht ist möglich. Durch die Einzelfertigung der Rohre ist die Laminatgüte bei der CFK-Muffen- und Tube-to-Tube-Bauweise häufig qualitativ besser als beim Monocoque-Verfahren. Tube-to-Tube-Rahmen sind u. a. an den deckend lackierten Rohrverbindungen zu erkennen. Außerdem ist vom Lenkungsrohr in der Regel kein Zugang zum Ober- und Unterrohr möglich.

### Monocoque-Bauweise

Bei der Monocoque-Bauweise wird der Rahmen aus zwei oder mehr Bausegmenten hergestellt. Jedes Segment wird in einer eigenen Metallform gefertigt und die Segmente anschließend sichtbar oder unsichtbar miteinander verklebt. Monocoque bietet eine große Vielfalt an Rahmenformen, sodass die Wünsche von Konstrukteuren und Produktdesignern umgesetzt werden können **(Seite 84, Bild 1)**.

**Bild 1: Monocoque-Rohrverbindung**

Der Großteil aller CFK-Rahmen kommt aus Taiwan und China. Hier hat man sich besonders auf die Herstellung in mehrteiligen geschlossenen Formwerkzeugen (Negativform) spezialisiert **(Bild 2)**.

**Bild 2: Negativ-Formwerkzeug für das Schlauchblasverfahren**

Jede Rahmenhöhe benötigt eine eigene Negativform. Auch zusätzliche Formen für die Herstellung von Formkernen können notwendig sein.

Als *Open-Mold* bezeichnet man eine Form, die der CFK-Produzent dem Auftraggeber zur Verfügung stellt. Solche Rahmen unterscheiden sich durch die Lackierung und unterschiedliche Gewichte und Steifigkeitswerte. Eine *Closed-Mold* dagegen befindet sich im Besitz des Auftraggebers. Das hergestellte Rahmendesign ist einmalig, manchmal auch patentrechtlich geschützt.

Monocoque-Rahmen, Gabeln und einige Lenker werden aus tiefgefrorenen Kohlefaser-Prepregs hergestellt. Nach dem Grobzuschnitt der aufgetauten Endlos-Prepregs werden bis zu 550 Faserzuschnitte je Rahmen angefertigt **(Bild 3)**.

**Bild 3: Prepregs-Einzelzuschnitte**

Der Zuschnitt dieser sogenannten B-Stage Prepregs erfolgt von Hand oder mit computergesteuerten Cuttern und Nesting-Software **(Bild 4)**.

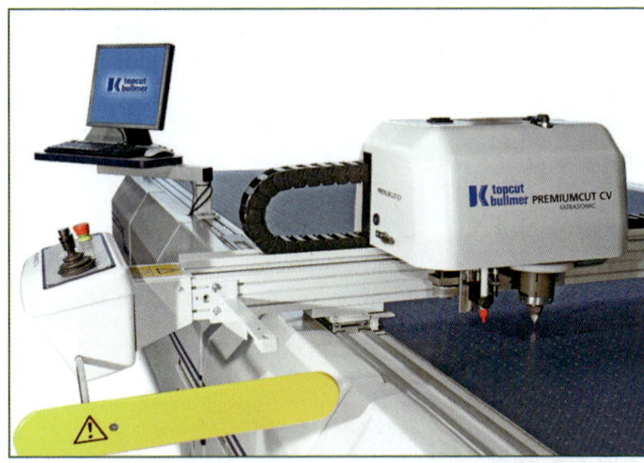


**Bild 4: CNC-Ultraschall-Cutter für Prepregs (Topcut-Bullmer)**

Die Bereitstellung der großen Zuschnittmengen je Rahmen und Rahmenhöhe und das Einhalten der vorgegebenen Fasermaterialien und Faserorientierung stellt eine große logistische Herausforderung dar.

Nach dem Zuschneiden werden Preformen von Bausegmenten eines Rahmens hergestellt. Dabei werden die Zuschnitte über Positivformwerkzeuge aus Holz, Silikon oder Hartschaum drapiert und geschichtet. Für Rohranbindungen benutzt man Winkelschablonen. Das Aufschichten der Einzellagen des Laminats (engl. Ply layup) erfolgt nach dem Faserlegeplan, dem Ply-Book. In ihm ist die Ausrichtung und Reihenfolge des durchnummerierten Fasermaterials genau vorgegeben.

Mit Wärme können die leicht klebrigen Prepreg-Zuschnitte beim Faserlegen fixiert werden **(Seite 85, Bild 1)**. Dabei müssen die Faserorientierung und Materialart genau eingehalten werden, denn schon wenige Grad Abweichung können die Rahmensteifigkeit deutlich senken. Auch Faserknickungen durch Fehler beim Drapieren und jede Form der Verschmutzung des Laminats müssen vermieden werden.

**Bild 1: Preform des Lenkungsrohres**

Zuerst werden der Rohrknoten des Kurbellagergehäuses, Sitzrohr, Unter- und Oberrohr und das Lenkungsrohr angefertigt. Im nächsten Schritt werden die Formstücke entfernt, die zum Drapieren und Aufschichten der Faserzuschnitte dienen. Zuletzt werden die Segmente miteinander verbunden **(Bild 2)**.

**Bild 2: Preformsegmente zusammengefügt**

In die Preformrohre werden Folienschläuche eingeschoben und außen eine dekorative Faserdeckschicht angebracht **(Bild 3)**.

**Bild 3: Einsetzen der Folienschläuche**

Manche Hersteller legen diese Deckschicht alternativ in die Negativ-Rahmenform, bevor sie die Preform einlegen. Bei besonders leichten Rahmen verzichtet man auf diese Dekorationsschicht. Eine besonders gleichmäßige Dekorschicht macht keine Aussage über die Fertigungsqualität.

Im nächsten Arbeitsgang wird die Preform in eine mit Trennmittel behandelte Negativform gelegt und verschlossen. Die Folienschläuche werden aufgeblasen und die Aushärtung durch Wärme beschleunigt. In **Bild 4** sind die vielen Faserschichten und Reste von Folienschläuchen in einem ausgehärteten CFK-Gabelkopf gut zu erkennen. Die Schlauchblas-Folienschläuche drücken beim Aushärten das Fasermaterial gegen die Negativform. Nach der Aushärtung werden sie so weit wie möglich entfernt.

**Bild 4: Schnitt durch einen CFK-Gabelkopf mit Schlauchresten**

In **Bild 5** ist der ausgehärtete Rahmen zu sehen. Überschüssiges Epoxidharz wurde zwischen die Berührungsflächen der Formhälften gedrückt.

**Bild 5: Entformter Monocoque-Rahmen**

Bei der Qualitätskontrolle werden die Maße und das Gewicht kontrolliert sowie die Verwindungssteifigkeit des Rahmens (oder der Gabel) gemessen. Gegebenfalls werden Aluminiumhülsen in das Kurbellagergehäuse eingeklebt. Es folgen die Bohrungen für die Flaschenhalter-Nietmuttern. Eine mehrstufige, sehr zeitintensive Nachbehandlung mit Füller und Schleifpapier schließt sich an. Die Lackierung beendet die Herstellung.

Die Monocoque-Bauweise eignet sich gut, um die Vorteile von Faserverbundwerkstoffen auszuschöpfen. Optimierter Faserverlauf, gewünschte Rahmensteifigkeit, freies Rahmendesign und niedriges Gewicht können konstruktiv gut realisiert werden.

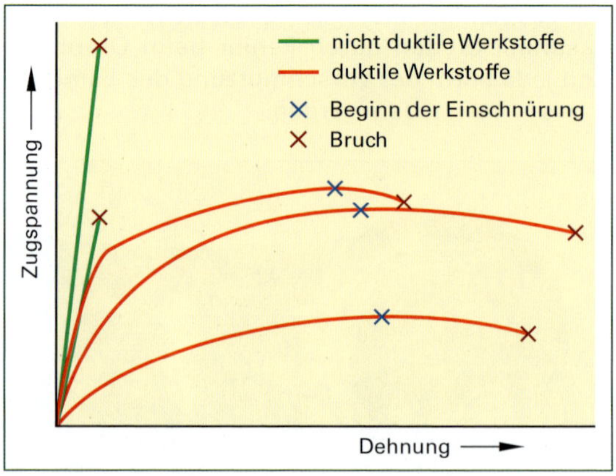


**Bild 1: Duktile und nichtduktile Werkstoffe**

### 1.4.9.6 CFK-Schäden und -prüfverfahren

Rahmen und die meisten Bauteile aus CFK bestehen aus sogenannten endlosfaserverstärkten Kunststoffen. Dagegen werden Spritzgussteile wie Pedalkörper aus kurzfaserverstärkten Kunststoffen hergestellt. Die folgenden Beschreibungen beziehen sich ausschließlich auf Faser-Matrix-Verbunde auf Epoxidharzbasis, die mit Endlosfasergeweben und -gelegen sogenannte Laminate bilden.

**Bruchverhalten von CFK**

Während schwache Van-der-Waalsche Kräfte die Kohlenstoffatome quer zur Faserrichtung binden, verleihen starke Atombindungen den Kohlenstofffasern in Längsrichtung eine hohe Zugfestigkeit und einen hohen Elastizitätsmodul.

Werkstoffe mit der Eigenschaft, durch plastische Verformung (Einschnürung) einen Bruch vorzeitig anzuzeigen, bezeichnet man als duktil. Spröde Werkstoffe wie Kohlenstofffasern oder Keramik dehnen und verformen sich kaum, bevor sie brechen. Ihr Bruchverhalten ist nichtduktil. Ein bevorstehender Sprödbruch kann daher äußerlich nicht erkannt werden. **Bild 1** vergleicht duktile und nicht-duktile Werkstoffe.

Die Bruchkriterien nach Puck beschreiben zwei Hauptversagensarten, die je nach Richtung der wirkenden Kräfte innerhalb einer unidirektionalen Einzelschicht eines mehrlagigen Laminats auftreten können. Diese Betrachtungsweise hat den Vorteil, dass sowohl ihr Auftreten als auch ihr Schädigungspotenzial bereits während der Konstruktion rechnerisch ermittelt werden können. Weil ihre Auswirkungen grundverschieden sind, ist ihre Kenntnis und Abgrenzung wichtig.

Als **Zwischenfaserbruch** (Zfb) bezeichnet man einen Bruch oder Riss, der durch das Matrixharz verläuft und die Einzelschicht teilweise oder vollständig durchtrennt. Er verläuft in Faserlängsrichtung entlang der Grenzfläche Faser-Matrix **(Bild 2)**.

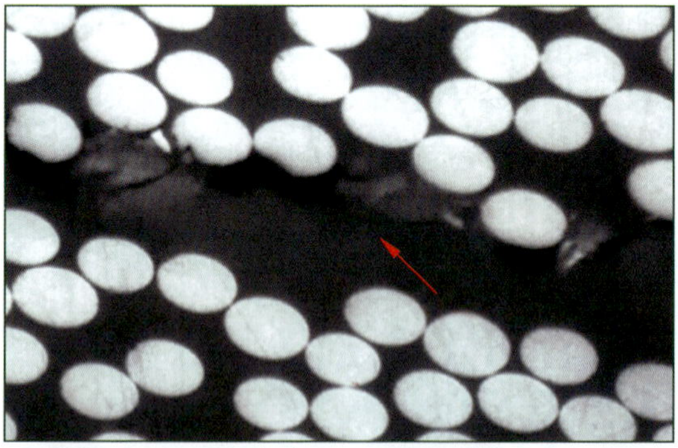

**Bild 2: Zwischenfaserbruch (Mikroschliff)**

Ein Zfb führt zu einer Last- oder Kräfteumverteilung in einer Einzelschicht und übt im weiteren Verlauf eine Kerbwirkung auf die Fasern aus. Zwischen Zfb und Faserschäden durch Kerbwirkung liegen erfahrungsgemäß eine längere Betriebszeit und viele Lastwechsel.

Ein Zwischenfaserbruch kann durch folgende Belastungen einer UD-Einzelschicht **(Seite 87, Bild 1)** ausgelöst werden:

- Zfb Modus A – Zugbelastung quer zur Faserrichtung
- Zfb Modus B – Schubbelastung in Faserlängsrichtung
- Zfb Modus C – Druckbelastung quer zur Faserrichtung

Zfb A und B sind unkritische Bruchkriterien, die selten zu einem Bauteilversagen führen. In einigen Konstruktionen wird ihr Auftreten in begrenztem Umfang toleriert.

Zfb Modus C dagegen ist gefährlich und kann eine Einzelschicht durch Keilwirkung sprengen. Ein Bauteil würde augenblicklich versagen. Durch intelligentes fasergerechtes Konstruieren und Dimensionieren kann ein Zfb C verhindert werden.

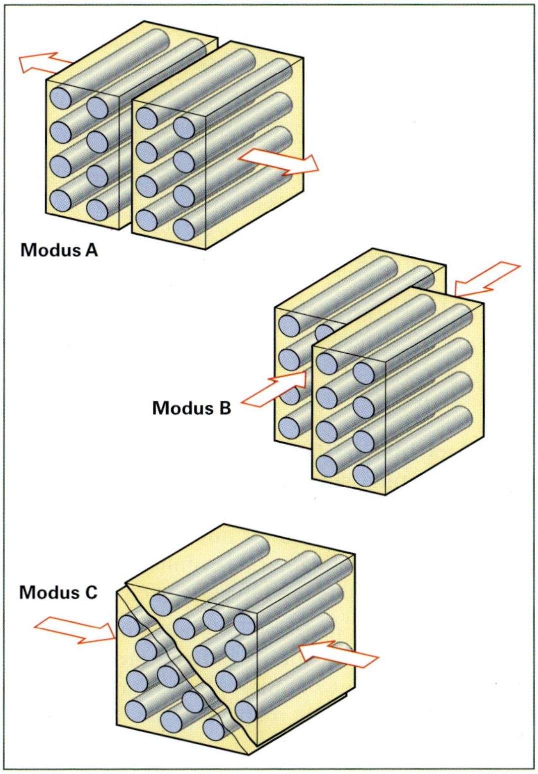


**Bild 1: Zwischenfaserbruch Modus A, B und C**

**Bild 1** zeigt die wirkenden Kräfte in einer UD-Schicht (die Modi beziehen sich auf eine isoliert betrachtete UD-Faserschicht). Laminate sind jedoch multidirektional und mehrlagig aufgebaut und werden durch einen Belastungsmix beansprucht.

Trifft ein Zwischenfaserbruch auf eine Laminatschicht mit einer anderen Faserorientierung, wird die Ausbreitung vorläufig gestoppt (siehe auch Interlaminatschäden).

Ein Zwischenfaserbruch führt stets zu einer messbaren schrittweisen Abnahme (Degradation) der Bauteilsteifigkeit.

Unter einem **Faserbruch** (Fb) versteht man das zeitgleiche Brechen größerer Mengen von Einzelfasern, den Tragelementen innerhalb einer UD-Schicht (**Bild 2**). Faserbrüche können in benachbarten Laminatschichten Zwischenfaserbrüche und Delamination auslösen.

Führt ein Faserbruch nicht zu einem sofortigen Versagen, nimmt trotzdem die Bauteilsteifigkeit so stark ab, dass das Bauteil unbrauchbar wird. Man unterscheidet zwei Arten von Faserbruch:

- Fb-Zug → Fasern reißen durch zu hohe Zugbelastung in Faserlängsrichtung
- Fb-Druck → Fasern brechen (Mikroknickung) durch zu hohe Druckbelastung in Faserlängsrichtung

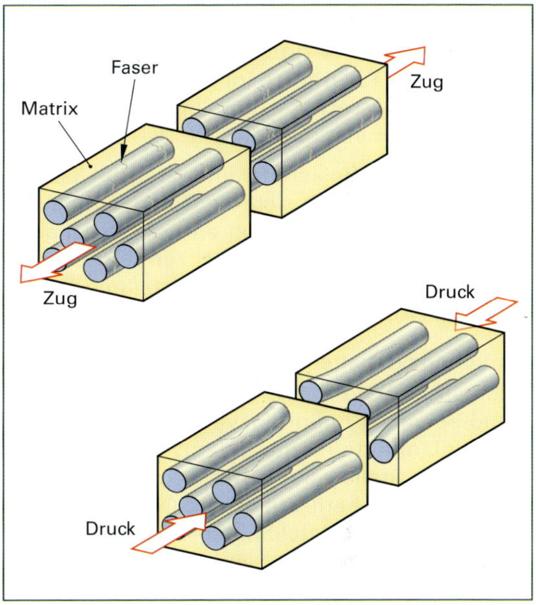


**Bild 2: Faserbruch durch Zug und Druck**

Delamination bezeichnet das Ablösen von Schichten in Werkstoffverbunden, z. B. in Faserverbundwerkstoffen oder das Ablösen einer Korrosionsschutzschicht auf einem Stahlbauteil. Delamination bei CFK-Bauteilen zählt zu den Interlaminatschäden.

Lösen sich Einzelschichten vollständig voneinander, führt dies zum Bauteilversagen. Ursache sind meist Zwischenfaserbrüche, deren Rissspitzen auf eine benachbarte Einzelschicht mit anderer Faserorientierung treffen, und Klebefehler **(Bild 1, oben Mitte, Seite 88)**.

**Intralaminatschäden** sind Schäden, die über eine Einzelschicht in einem Laminat nicht hinausgehen. Hierzu zählen der Zwischenfaserbruch (Zfb) und der Faserbruch (Fb).

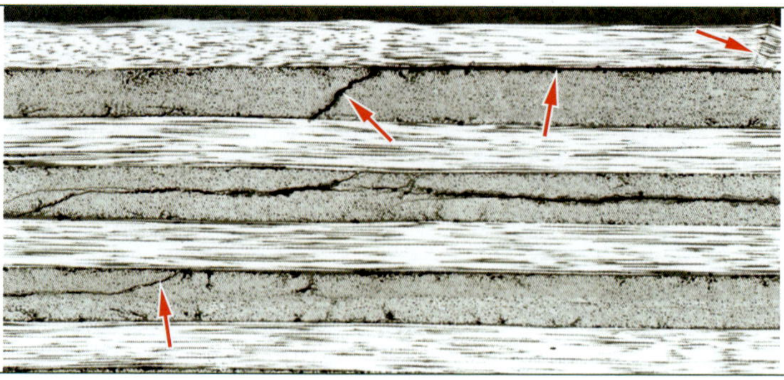

Bild 1: Zwischenfaserbruch, Faserbruch und Delamination (Mikroschliff). Kohlenstofffasern sind weiß dargestellt.

**Interlaminatschäden** breiten sich zwischen Einzelschichten oder über mehrere Einzelschichten aus. **Bild 1** zeigt eine große Anzahl von Zwischenfaserbrüchen, Faserbruch (oben rechts) und Delamination (oben rechts, unten links) in einem zerstörten Prüflaminat.

Bei steigender Belastung und/oder zyklischen Lastwechseln breitet sich die Delamination wegen der Kräfteumverteilung an der Grenzfläche zur Nachbarschicht allmählich aus. Schlechte Schichtenverklebung durch Herstellungsfehler fördert die Ausbreitung.

**Ermüdungsverhalten von CFK-Bauteilen**

Mehr als dreißig Jahre Forschung haben das grundlegende Ermüdungsverhalten von Faserverbundlaminaten offengelegt. Wird CFK an geeigneter Stelle eingesetzt und fasergerecht konstruiert und hergestellt, sind CFK-Teile dauerschwingfester als Metallbauteile. Die Anisotropie von CFK entfaltet im Bauteil rissstoppende Eigenschaften und trägt zu einem nur schwachen Ermüdungsverhalten bei.

Fehler in Konstruktion, Herstellung, Montage und Schäden während der Nutzung durch Missbrauchslasten können die Lebensdauer reduzieren. Weil solche Fehler und Schäden in einem anisotropen und dreidimensional geformten Werkstoff sehr unterschiedlich wirken, lassen sie sich mit Computerprogrammen nicht simulieren. Die Abnahme der Steifigkeit durch Werkstoffermüdung von endlosfaserverstärkten Kunststoffen erfolgt in drei Stufen (siehe **Tabelle 1**).

Degradation bezeichnet die allmähliche Verringerung eines Wertes oder einer Eigenschaft, z. B. den Stoffabbau bzw. die Zerlegung von Verbindungen.

**Impactschäden** (FODs = Foreign object damages) sind Interlaminatschäden, die durch Kollision mit Fremdkörpern entstanden sind. Stein- und Kettenschläge, fallendes oder abrutschendes Werkzeug (*tool drop*), Stürze und Umfallen mit Kollisionen können Impactschäden verursachen.

Während sich bei isotropen Metallblechen Dellen und Beulen bilden, sind es bei anisotropen Glasfaserlaminaten gut sichtbare, helle Verfärbungen des Matrixharzes, die man auch als *Weißbruch* bezeichnet.

Bei den lichtundurchlässigen CFK-Laminaten werden *keine* tieferliegenden Matrixverfärbungen optisch sichtbar. Hinzu kommt, dass bei ausreichender Schlagkraft und/oder bei schlechter Schichtenverklebung Impacts in CFK-Bauteilen Delaminationen auslösen können. Diese breiten sich auf der dem Impact abgewandten Seite kegelförmig aus **(Seite 89, Bild 1)**.

**Tabelle 1: Steifigkeits-Degradation (Verringerung der Steifigkeit)**

| Degradationsstadium | Beschreibung |
|---|---|
| 1 | Bei den ersten Lastwechseln bilden sich an vorhandenen mikroskopisch kleinen Inhomogenitäten im Laminat kleinste Zwischenfaserbrüche (Primärbrüche), deren Entstehung mit der Schallemissions-Analyse gemessen werden kann. |
| 2 | Über einen langen Betriebszeitraum wachsen die intralaminaren zu interlaminaren Zwischenfaserbrüchen heran: Die Bauteilsteifigkeit nimmt ab. Im weiteren Verlauf erfolgt das Heranwachsen von großflächigen Delaminationen mit weiterer Steifigkeits-Degradation. |
| 3 | Endstadium. Auftreten von Faserbrüchen und schlagartige Abnahme der Steifigkeit mit Bauteilversagen. |

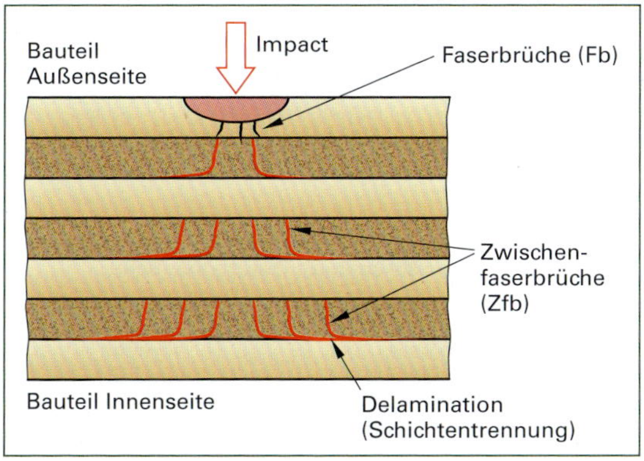


**Bild 1: Kegelförmige Ausbreitung**

**Bild 2** zeigt einen 25 mm breiten Impactschaden auf der Außenseite einer Hinterbaustrebe.

**Bild 2: Impactschaden Rahmen-Hinterbaustrebe**

**Bild 3** zeigt die 40 mm breite Delamination auf der Rückseite der Strebe aus Bild 2.

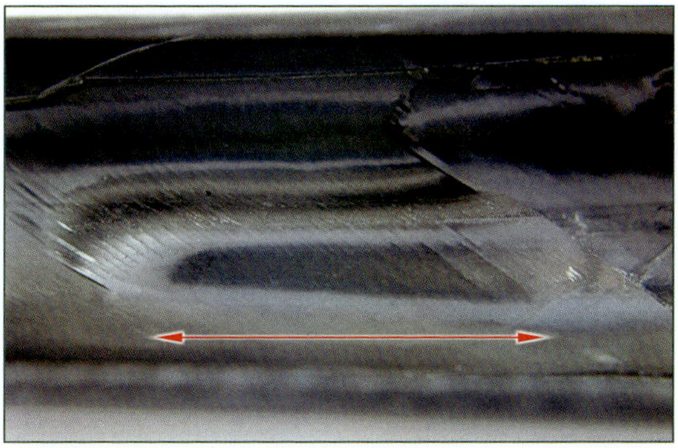

**Bild 3: 40 mm weite Delamination durch Impact**

Es ist deutlich zu erkennen, dass Form, Lage und Größe der Delamination auf der Bauteilrückseite stark von der Form und Größe des Impacts auf der Außenseite abweichen. Der Laminataufbau und die Bauteilgestalt bestimmen die Art der kegelförmigen Ausbreitung. **Bild 4** zeigt unterschiedliche Formen der Ausbreitung.

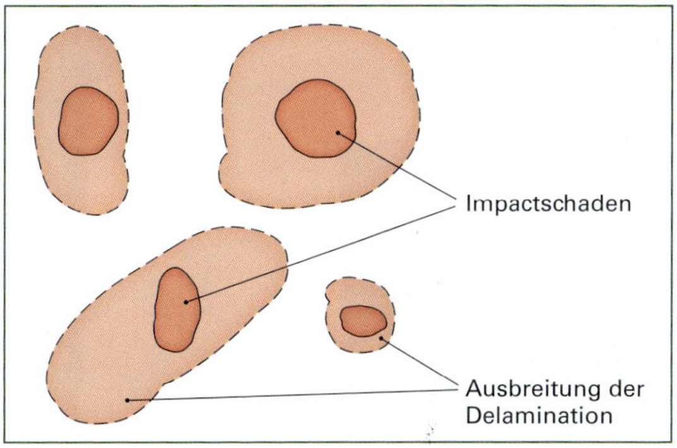


**Bild 4: Delaminationen durch Impact**

Bei Bauteilen aus CFK darf das Schädigungspotenzial von Impactschäden keinesfalls unterschätzt werden.

Die Größe und Richtung der Ausbreitung von Delamination und Zwischenfaserbrüchen durch Impacts ist nicht vorhersehbar und wird durch zyklische Lastwechsel gefördert.

Besonders kritisch wirken sich solche Schäden auf Carbongabeln aus.

Mittels Werkstoffprüfverfahren kann die Ausbreitung von Delamination untersucht werden. Die Untersuchung sagt aus, ob ein Impactschaden von einem Faserverbund-Fachbetrieb repariert werden kann.

### Herstellungsfehler

Je nach Fertigungsverfahren und fachlichem Können des Herstellers weisen CFK-Bauteile in unterschiedlichem Maße Fehler und Inhomogenitäten auf. Die wichtigsten sind:

- Faserorientierung fehlerhaft
- Einzelschichten vergessen
- Luftblasen
- Verschmutzung des Laminats beim Faserablegen
- Klebefehler
- Harzaushärtung fehlerhaft
- Laminat durch nachträgliche Arbeitsschritte beschädigt. Beispiele: Bohren, Schleifen, Sägen

In der Luftfahrtindustrie sorgen strenge CFK-Prüfvorschriften von Behörden für Sicherheit in Produktion, Montage und Instandhaltung, die es in der Zweiradbranche nicht gibt.

**Bild 2, Seite 90** zeigt Fehler von Klebeverbindungen zwischen CFK-Rahmenmuffe und -Rahmenrohr. Diese Fehler führen nicht zwangsläufig zu einem Bauteilversagen, werden jedoch die Lebensdauer des Rahmens begrenzen.

Bild 1: links: Fehlerhafte Sitzrohrverklebung
rechts: Ober/Unterrohrverklebung

**Bild 2** zeigt einen Fremdkörpereinschluss in einem Laminat.

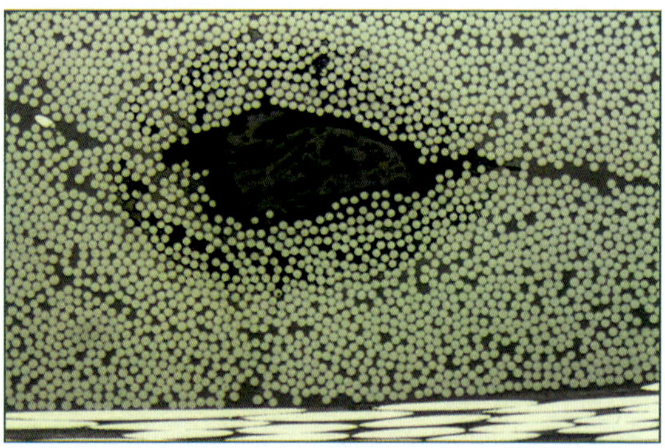

Bild 2: Fremdkörpereinschluss (Mikroschliff)

### CFK-Werkstoffprüfverfahren

Die Werkstoffprüfung von Fahrradteilen aus CFK wird unterteilt in zerstörungsfreie (ZfP) und zerstörende Prüfung (ZP). Zerstörungsfreie Verfahren werden zur systematischen oder stichprobenhaften Qualitätskontrolle von Neuteilen angewandt oder um Schäden in bereits beanspruchten Bauteilen zu suchen.

Zerstörende Prüfverfahren geben auf makroskopischer, mikroskopischer und chemischer Ebene Auskunft darüber, wie ein Bauteil hergestellt wurde und in welcher Weise der Hersteller die aufwändigen CFK-Fertigungsprozesse im Detail beherrscht. Solche Verfahren können Herstellern und Einkäufern Informationen über die Bauteilgüte liefern. Sachverständige können diese Verfahren zur Untersuchung von Schadensfällen heranziehen, wenn zerstörungsfreie Prüfverfahren allein nicht ausreichen sollten. Eine Kombination aus zerstörungsfreien und zerstörenden Verfahren ist notwendig, da jedes Verfahren eigene begrenzte Prüfbereiche umfasst.

**Bild 3** gibt einen Überblick über gebräuchliche Prüfverfahren für CFK-Fahrradbauteile.

**CFK-Werkstoffprüfung (Fahrradbauteile)**

**Zerstörungsfreie Prüfung (ZfP)**

**Prüfverfahren:**
- Sichtprüfung (Lupe, Mikroskop, Endoskop)
- Klangprüfung (Klopftest, „Rissufer-Knistern")
- Vergleichende Steifigkeitsmessung
- Vergleichende Gewichtsmessung
- Aktive Thermographie (IT und LT)
- 2D und 3D Computertomographie (CT)

**Weitere Prüfverfahren:**
- Ultraschallprüfung (UT)
- Röntgendurchstrahlung (RT)
- Schallemissions-Analyse
- Röntgen-Refraktionstopographie

**Zerstörende Prüfung (ZP)**

**Prüfverfahren:**
- Betriebsfestigkeitsprüfung
- Mikroschliff und Lichtmikroskopie
- Chemische Analyse
- Faservolumenbestimmung
- Elektronenmikroskopie

Bild 3: CFK Werkstoffprüfverfahren

### Zerstörungsfreie Prüfung (ZFP)

Die ältesten zerstörungsfreien Werkstoffprüfverfahren in der Geschichte der Menschheit sind die Sicht- und die Klangprüfung.

Die **Sichtprüfung** ist eines der wichtigsten Prüfverfahren für CFK-Fahrradbauteile. Dabei werden Bauteiloberflächen mit bloßem Auge oder mit optischen Geräten wie Lupe, Mikroskop und Endoskop untersucht (mit einem Endoskop kann man innere Hohlräume betrachten). Je nach Bauweise eines Rahmens werden die Rohrinnenseiten nach einem Sturz auf Delaminationen abgesucht, wobei Reste von Folienschläuchen die Sichtprüfung erschweren können.

Eine **Klangprüfung** kann akustische Veränderungen eines Bauteils erfassen. Weit verbreitet ist bei Faserverbundbauteilen der **Klopftest** (engl. *tap test*). Kommt es durch Delamination zu einer Verkleinerung der Wandstärke gegenüber den intakten Laminatbereichen, vergrößert sich die Nachgiebigkeit der Oberfläche. Das akustische Verhalten verändert sich.

Beim Klopftest wird das Laminat in einem lärmgeschützten Raum mit einem geeigneten Impulsgeber vorsichtig abgeklopft **(Bild 1)**. Unbeschädigte Bereiche erkennt man an ihrem klaren Klang, Defekte verursachen ein dumpfes Geräusch. Nach einiger Übung kann mittels Klopftest die Ausdehnung eines Schadens ermittelt werden. Für Rohrprofile mit kleinem Durchmesser, wie Fahrradrahmenrohre und Gabelscheiden, ist der Klopftest nur eingeschränkt nutzbar.

**Bild 1: Klopftest eines Impactschadens**

Bei einem Riss liegt eine Materialtrennung vor. Die Grenzflächen von Rissen, die man auch als *Rissufer* bezeichnet, sind bei CFK-Teilen durch Zwischenfaser- und/oder Faserbrüche sehr rau. Wird das Bauteil biegebelastet, kommt es zu kleinsten Relativbewegungen der Rissufer. Diese gleiten aufeinander und verursachen durch Schallwellen Knister- und Knackgeräusche.

Das Provozieren von *Rissufer-Knistern* durch gezielte Biegebelastung von Bauteilen in einem lärmgeschützen Raum ist ein wichtiger Bestandteil der zerstörungsfreien Prüfung von tragenden Fahrradteilen aus CFK. Ergänzend dazu können Sensoren bei einer **Schallemissions-Analyse** (AET) bereits kleinste Schallwellen im Bauteil aufzeichnen, die für das menschliche Ohr nicht hörbar sind.

**Vergleichende Messung der Verwindungssteifigkeit** ist ein weiteres in der Fahrradindustrie bewährtes CFK-Prüfverfahren. Im Rahmen der Qualitätssicherung durch den Hersteller oder durch Prüfinstitute werden heute Referenzmuster vermessen und die Werte in einer Datenbank nach Modellserie, Größe, Hersteller und Baujahr gespeichert.

Abweichungen von ± 5 % vom Sollwert sind übliche Grenzwerte. Ein großer Vorteil besteht darin, dass die für die Messungen notwendige Biegebelastung an gebrauchten Bauteilen Rissufer-Knistern auslöst und verborgene Schäden akustisch anzeigt.

**Vergleichende Gewichtsmessungen** innerhalb einer Bauserie geben Auskunft über die Qualität der Herstellung. Übliche Maßtoleranzen bei Rahmengewichten von 1000 g: ± 50 g, bei Rahmen um 1500 g: ± 100 g.

Die **aktive Thermographie mit optischer Anregung (Bild 2)** ist ein mobiles Prüfverfahren, das in der Luftfahrt, der Automobilindustrie, für Windkraft-Rotorblätter und auch für Fahrradbauteile zur Anwendung kommt.

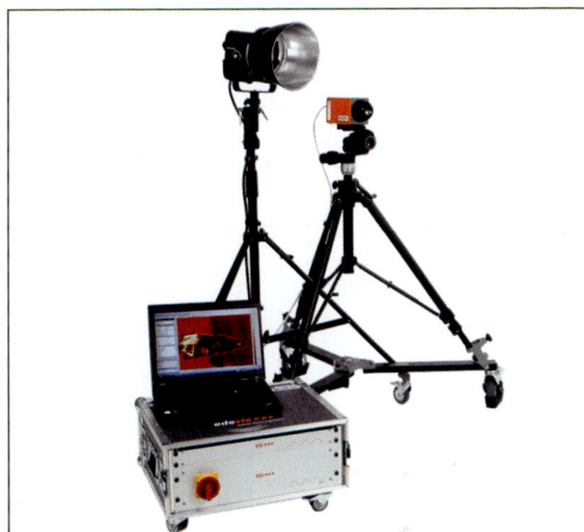

**Bild 2: Thermographiesystem Edevis OTvis**

Prüfverfahren sind die Lock-in-Thermographie (LT) und die Impuls-Thermographie (IT).

Bei der **Lock-in-Thermographie** wird die zu prüfende Struktur durch computergesteuerte Lichtimpulse mit der „Lock-in-Frequenz“ der Halogenleuchten schonend erwärmt. Treffen die Lichtwellen auf die Bauteiloberfläche, werden sie dort absorbiert (optische Anregung) und breiten sich als Wärmewelle im Bauteilinneren aus. Thermische Grenzflächen wie Risse, Luftblasen, Delaminationen, Klebefehler oder Bauteilinnenseiten reflektieren diese Wärmewellen.

Eine gekoppelte Hochgeschwindigkeitsinfrarotkamera zeichnet den Fluss der Wärmewellen auf. Die Systemsoftware wertet die Temperaturverteilung (Amplitude) und zeitliche Verschiebung (Phasenwinkel) zwischen der Wärmeeinbringung und der thermischen Antwort (Reflektionen) aus.

1

Der Computer berechnet ein störungsarmes sogenanntes Phasenbild, das die thermische Struktur des Bauteils zeigt. Je nach Anzahl der Anregungsperioden und Phasenwinkel können Inhomogenitäten bis zu einer Bauteiltiefe von etwa 8 mm erfasst werden.

Die **Impulsthermographie** ähnelt der Lock-in-Thermographie; die optische Anregung erfolgt durch Blitzlampen. Zur Untersuchung eines einzelnen Bauteils sind stets mehrere Einzelaufnahmen mit unterschiedlichen Aufnahmewinkeln notwendig.

Wurde ein Bauteil längere Zeit genutzt und liegt kein Impact vor, kann eine Thermographie nur begrenzt Auskunft darüber geben, ob ein Fertigungsfehler Delamination verursacht hat oder ein Nutzungsschaden vorliegt.

Die **Röntgen-Computertomographie** (CT) ist ein stationäres Werkstoffprüfverfahren, bei dem das Prüfteil zwischen einer Röntgenstrahlenquelle und einem Detektor platziert wird **(Bild 1)**.

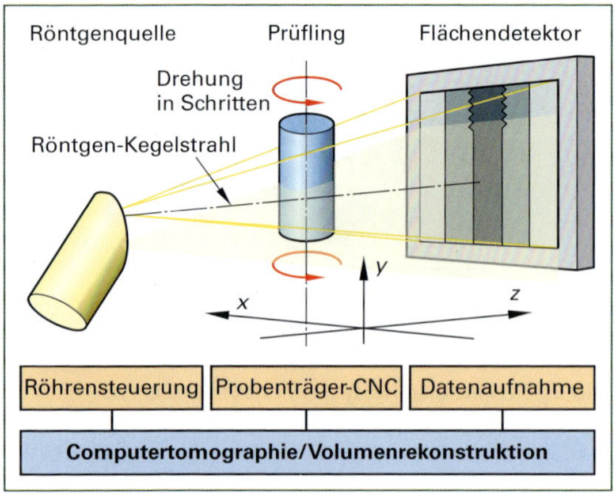


**Bild 1: 3D-CT-Funktionsschema**[1]

Die 2D-Computertomographie arbeitet mit einem fächerförmigen Röntgenstrahl und einem Zeilendetektor, die 3D-Computertomographie dagegen mit einem kegelförmigen Strahl und einem Flächendetektor. Während der Durchstrahlung wird das Prüfteil in bis zu 2800 Einzelschritten computergesteuert in Achsrichtung oder um 360° gedreht.

Die von den Detektoren erfassten Projektionen werden von leistungsfähigen Grafikcomputern in ein 2D- oder 3D-Bild umgewandelt[2].

Mit dem Computertomographie-Verfahren können Details mit einer Größe von weniger als 1/100 Millimeter hochauflösend untersucht werden. Strukturen können sowohl im Schnitt als auch dreidimensional aus jedem Betrachtungs- und Schnittwinkel und in jeder Materialtiefe sichtbar gemacht werden **(Bild 2)**.

**Bild 2: CT einer Gabel aus CFK**

Für die zerstörungsfreie Prüfung von CFK-Bauteilen gibt es weitere Verfahren, von denen sich jedoch nicht alle für die Untersuchung von Rohrprofilen, wie sie im Fahrradbau üblich sind, eignen. *Beispiel:* Ultraschall-Mikroskopie.

### Zerstörende Werkstoffprüfung

Bei einer **Mikroschliff- und Lichtmikroskopie** werden aus dem zu untersuchenden Bauteil Werkstoffproben entnommen. **Bild 3** zeigt zwei Proben eines CFK-Gabelschafts in Einbettmasse gegossen, geschliffen und poliert.

**Bild 3: Mikroschliff-Werkstoffprobe**

[1] Quelle: GE Sensing & Inspection Technologies GmbH, Wunstorf

[2] Die kleinste 2D-Bildeinheit ist das Pixel, die kleinste 3D-Bildeinheit das Voxel (Volumenpixel)

Mikroschliffe eignen sich zur Qualitätskontrolle und liefern detaillierte Informationen über den Herstellungsprozess und die Entwicklungsgeschichte eines Defekts.

**Faservolumenbestimmung**

Nach Verglühen des Matrixharzes kann durch Umrechnung (Gewicht/Dichte) das Verhältnis Harz/Fasermenge ermittelt werden. Zu wenig Harz zeigt an, dass die Fasern nicht ausreichend in Harz eingebettet waren.

**Chemische Analysen** geben Auskunft über die Zusammensetzung von Matrixharz, Härter und Prozessadditiven, über Abweichungen im Mischungsverhältnis und ob ein Bauteil aus verschiedenen Matrixsystemen und in mehreren Aushärtungsschritten gefertigt wurde.

Durch **Betriebsfestigkeitsprüfungen** können die Bauteilfestigkeit bei unterschiedlichen statischen und dynamischen Belastungsarten ermittelt und Schadensmechanismen aufgedeckt werden.

**CFK-Prüfmethoden im Werkstattalltag**

Vor Beginn einer Wartung oder Reparatur sollte der Radbesitzer über besondere Ereignisse in der Fahrzeuggeschichte Auskunft geben:

- Zurückliegende Extrembelastungen während der Nutzung
- Gewaltsame Entfernung festsitzender, festkorrodierter Teile. Beispiel: Kurbellagerschalen
- Wahrgenommene Knack- und Knistergeräusche während der Nutzung

Diese Kundeninformationen sollten notiert und sorgfältig aufbewahrt werden. Anschließend ist es wichtig, alle vorhandenen CFK-Bauteile zu säubern und auf Unregelmäßigkeiten zu untersuchen. Tragende Teile wie Rahmen, Gabelschäfte, Sattelstützen, Lenker, Vorbauten und Felgen sind mit großer Gewissenhaftigkeit zu prüfen.

**Tabelle: Sinnvolle Prüfintervalle**

| MTB, Cross- und Trekkingrad | Rennrad |
|---|---|
| Alle 1500 bis 2500 km | Alle 2500 bis 3500 km |
| Herstelleranweisungen mit kürzeren Intervallen, hohe Fahrergewichte, Einsatzzweck und Fahrstil müssen beachtet werden! | |

Regelmäßige Prüfintervalle schützen vor unbemerkter Schadensausbreitung.

Für die Sichtprüfung von CFK-Teilen, Metall- und Lackoberflächen eignen sich verzerrungsarme 10- bis 15fach vergrößernde Lupen mit einem großen Sichtfelddurchmesser.

Die Sichtprüfung muss zeilenweise erfolgen. Bereits untersuchte Bereiche werden mit einem Farbstift markiert. Mit einer hellen LED-Leuchte ist die Bauteiloberfläche aus verschiedenen Richtungen und Winkeln anzustrahlen **(Bild 1)**. Schäden können so besser erkannt werden, denn Rissufer werfen bei einer seitlichen Beleuchtung Schatten. Eine zusätzliche Biegebelastung lässt Rissfugen klaffen – dies kann zur Unterscheidung von Kratzer und Riss helfen.

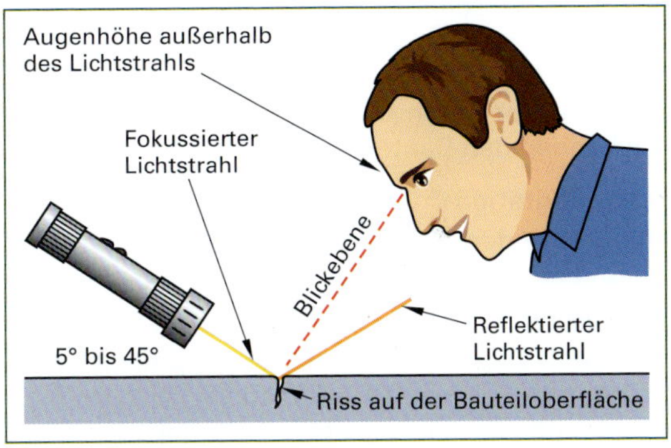


**Bild 1: Gabeluntersuchung mit Lupe und Leuchte**

**Bild 2** zeigt den Vorbauklemmbereich auf einem CFK-Gabelschaft. Mit einer Lupe konnte festgestellt werden, dass lediglich eine Abschürfung der oberen Deckschicht vorliegt. Fasern und Laminat sind noch nicht geschädigt. Solche Stellen sollten mit Epoxidkleber abgedeckt, dokumentiert und nachgeprüft werden.

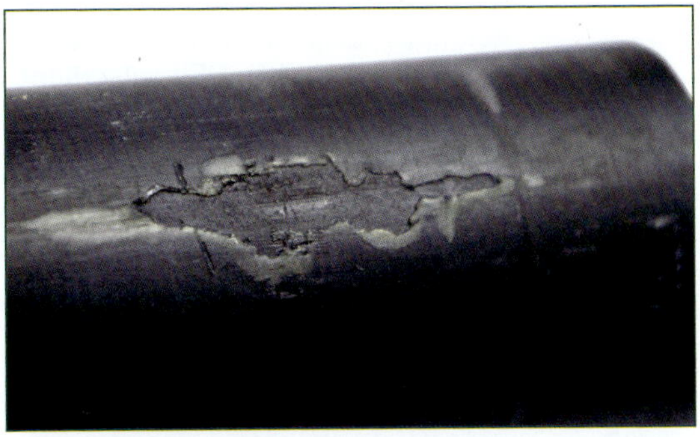

**Bild 2: Klemmbereich Gabelschaft**

Lose, beschädigte und gerissene Lackschichten oder unlackierte, lose Harzdeckschichten sind vor der Sichtprüfung mit dem Fingernagel oder einem stumpfen Werkzeug vorsichtig zu entfernen.

1

Besonders an Klebeverbindungen finden sich regelmäßig Risse im Decklack, der meist weniger elastisch ist als der Verbindungsklebstoff. Mancher Lackriss wird dadurch fälschlicherweise als „Rahmenbruch" identifiziert. Hier muss die Untersuchung durch eine gezielte Zug-, Druck- und Torsionsbelastung der Klebestelle ergänzt werden.

Kleine Oberflächenschäden können mit Reparaturlack, Sekundenkleber oder 5-Min-Epoxidkleber ausgebessert werden.

Sichtprüfungen sollten immer durch Klangprüfungen ergänzt werden. In einem lärmgeschützten Raum belastet man das tragende Bauteil auf Biegung und Torsion in mehrere Richtungen und achtet auf Knister- und Knackgeräusche. Bei größeren Impactschäden und bei Verdacht auf Delamination kann der Klopftest eingesetzt werden. Für die Klangprüfung sind aufliegende Kabel, lose Lackschichten und Aufkleber zu entfernen. Sie können den Bauteilklang verfälschen.

**Dokumentation**

Neben Kundeninformationen sollte die Art, Größe und Lage von festgestellten Schäden stets dokumentiert werden.

Um die Dokumentation und Kommunikation zu erleichtern, können CFK-Schäden nach ihren Erscheinungsformen klassifiziert werden.

**Tabelle: Schadensklassen für CFK-Fahrrad-bauteile**

| CFK-Schadensklasse | Definition |
|---|---|
| 1 | Kratzer, Riefen, Abplatzer, Risse der Lackdeckschicht ohne Beschädigung der äußeren Faserschicht |
| 2 | Kratzer, Riefen, Abplatzer, Risse der Lackdeckschicht mit Beschädigung der äußeren Einzelschicht ohne Durchdringung der äußeren Laminatschicht |
| 3 | Kratzer, Riefen, Abplatzer, Risse der Lackdeckschicht mit Durchdringung der äußeren Laminatschicht |
| 4 | Kratzer, Riefen, Abplatzer, Risse der Lackdeckschicht mit Laminatdurchbruch |
| 5 | Delamination zwischen Einzelschichten |
| 6 | Vollständiges Laminatversagen |
| 7 | Defekt einer Klebeverbindung |
| 8 | Schaden durch chemische, thermische oder fotooxidative Einflüsse |

Jede Möglichkeit zur Übung und Vertiefung der Sicht- und Klangprüfung von CFK-Bauteilen sollte genutzt werden. Schrottteile können durch Zersägen weiter untersucht und/oder Schäden simuliert werden.

**Leitlinien für Werkstattaufträge**

Tragende Teile wie Rahmen, Gabeln, Lenker, Sattelstützen und andere sicherheitsrelevante Bauteile aus Carbon mit äußeren Laminatschäden der Schadensklassen 3 und 4, Impacts mit positivem Klopftest, Rissufer-Knistern und/oder Verdacht auf nicht sichtbare Bauteilüberlastung müssen immer ausgetauscht werden.

Bauteile müssen immer ausgetauscht werden, wenn

- das Versagen durch einen nicht erkannten Schaden erhebliche oder gar tödliche Verletzungen verursachen könnte.
- die Kosten für die Prüfung eines Bauteils mehr als 50 % des Neupreises betragen würde.

**Reparatur von CFK-Rahmen**

- CFK-Gabeln dürfen nicht repariert werden.
- Impactschäden mit geringer Ausdehnung und Klebeverbindungen können von CFK-Fachwerkstätten repariert werden.
- Ein Kostenvoranschlag klärt, ob eine Reparatur wirtschaftlich sinnvoll ist.

**Konsequenzen für Fahrradmechaniker und Einzelhändler**

Die rissstoppenden Eigenschaften durch den Schichtaufbau der Laminate und eine fasergerechte Konstruktion mit sorgfältiger Fertigung führen zu sicheren CFK-Bauteilen.

Baugleiche Fahrradteile aus CFK können unterschiedlich dimensioniert und von unterschiedlicher Güte sein. Von außen ist dies selbst für Fachpersonal kaum zu erkennen. Auch eine qualitative Bewertung über den Anbieternamen ist kaum möglich, denn mancher Anbieter wechselt mehrfach seinen Zulieferer. Qualitätsüberwachung, Qualitätsparameter und Faserlegeplan des Auftraggebers unterliegen der betrieblichen Geheimhaltung oder sind diesem nicht bekannt.

Fehlen aussagekräftige Bedienungsanleitungen oder lassen die Angaben in der Montageanleitung Zweifel an der fachlichen Glaubwürdigkeit des Anbieters aufkommen, sollte auf den Verkauf und die Montage solcher Produkte verzichtet werden.

## Montage

Um Unfälle mit erheblichem Verletzungsrisiko zu vermeiden, müssen die vom Hersteller oder Anbieter beschriebenen Nutzungsbeschränkungen, Montage- und Wartungsanleitungen sowie die angegebenen Anziehmomente sorgfältig eingehalten werden.

Vorsicht ist geboten bei allen Arten kraftschlüssig-klemmender Verbindungen von CFK-Laminaten. Hierzu zählen:

- Lenker/Schaltbremshebel
- Lenker/Vorbau
- Vorbau/Gabelschaft
- Expander/Gabelschaft
- Sattelstütze/Sitzrohr/Klemmschelle
- Umwerferschelle/Sitzrohr

Diese Klemmverbindungen sollten als „nicht ideal" und nur „bedingt fasergerecht" betrachtet werden. Ein ungünstiger Laminataufbau, Inhomogenitäten und zu hohe Anziehmomente können Zwischenfaserbruch, Faserbruch und Delamination auslösen und zu einem Versagen eines Bauteils führen.

Zur Vermeidung von zusätzlich schädigenden Kerben müssen die auf CFK-Bauteilen zu montierenden Metallbauteile sorgfältig auf scharfe Kanten und Grate untersucht werden. Diese sollte der Mechaniker mit Feile, Dreikantschaber und/oder Schleifleinen entgraten und abrunden.

Für kraftschlüssige Verbindungen gibt es spezielle Carbon-Montagepasten und Sprays, in deren Gelphase feinste Sandkörner gebunden sind **(Bild 1)**. Diese erhöhen die Reibung zwischen den zu klemmenden Teilen, sodass eine sichere Befestigung bereits bei niedrigeren Anziehmomenten der Verschraubung hergestellt wird. Die ungünstige Belastung des CFK-Laminats nimmt dadurch ab.

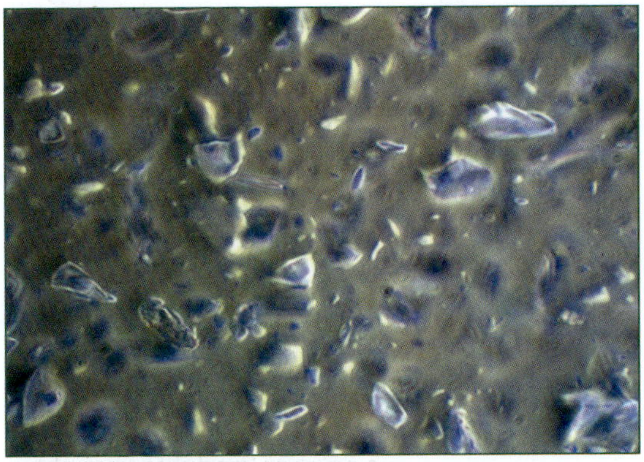

**Bild 1: Carbon-Montagepaste (Bild vergrößert)**

Jedes angegebene Anziehmoment bezieht sich auf die Festigkeit der Klemmschelle und deren Schrauben. Nur in seltenen Fällen wird die höchstzulässige Flächenpressung für ein Laminat ermittelt und daraus ein geeignetes Anziehmoment abgeleitet. Auch Umrechnungs- und Druckfehler tauchen immer wieder auf, sodass die Werte besonders bei CFK-Bauteilen kritisch hinterfragt werden sollten.

## Sägen von CFK

Um eine Beschädigung des Laminats beim Kürzen von CFK-Bauteilen zu vermeiden, umwickelt man den Schnittbereich mit Klebeband und sägt in der Führung durch das Band **(Bild 2)**.

**Bild 2: Gabelschaft kürzen**

In der Werkstatt sollte eine farbig gekennzeichnete Bügelsäge vorhanden sein, die ausschließlich für das Sägen von Bauteilen aus CFK verwendet wird. Sie kann mit einem hartmetallbeschichteten Spezialsägeblatt für CFK oder auch mit einem HSS-Metallsägeblatt (Zähnezahl $\geq$ 22) bestückt sein. Die HSS-Sägeblätter verschleißen schnell und müssen regelmäßig erneuert werden, um Beschädigungen des Laminats mit Faser-Pullouts zu vermeiden. CFK wird immer mit minimalem Krafteinsatz von Hand gesägt. In Großserien kommen Diamanttrennscheiben und üppige Wasserkühlung zum Einsatz.

Nach dem Sägen werden die Schnittfläche und alle Kanten mit feinem Schleifpapier der Körnung 280 bis 400 geglättet. Die Faserenden sollten abschließend mit einigen Tropfen Lack oder Kleber geschützt werden.

Sägestäube, Schleifstäube und Faserreste aus CFK sind elektrisch leitend und schädlich für Haut und Atemwege. Mit einem feuchten Putzlappen oder Pinsel sind diese vorsichtig zu entfernen. Haushalt-Staubsauger dürfen nicht verwendet werden.

1

### 1.4.10 Natürliche Werkstoffe

Obwohl sie am Anfang der Zweiradtechnik standen, spielen natürliche Werkstoffe in der Fahrradtechnik zur Zeit nur eine sehr kleine Rolle. Sowohl Karl Drais' Laufmaschine als auch ihre Nachbauten bestanden hauptsächlich aus **Holz**. Erst mit der Großserienproduktion von Tretkurbelvelozipen und später der Hochräder etablierten sich die Eisenwerkstoffe. Lange Zeit blieb Holz nur ein exotischer Werkstoff für Rennradfelgen. Seit 2005 hat sich **Bambus** als Rahmenwerkstoff bewährt. Zwar datieren erste Konstruktionen und Patente mit diesem Material auf die 1890er Jahre, doch wurde die Technologie in der Zwischenzeit nicht weiterentwickelt.

Die wesentlichen Vorteile natürlicher Werkstoffe sind:

- Der Rohstoff ist nachwachsend, einfach verfügbar und kann umweltneutral angebaut und geerntet werden.
- Sie binden während des Wachstums Kohlendioxid.
- Ihre Verarbeitung erfordert nur einfache Werkzeuge und Fertigungstechnologien.
- Ihre Erzeugung und Verarbeitung verursachen nur einen geringen Energieverbrauch.

Für die Massenherstellung nachteilig ist der hohe manuelle Aufwand bei der Fertigung. Dieser ist aber ein Vorteil, wenn die Produktion weniger kapitalintensiv organisiert werden soll.

Der **Bambus** ist stabil, aber dank seiner Hohlräume extrem leicht und elastisch. Er wird durch die Trennwände in seinen Knoten versteift und hat physikalische Eigenschaften, die denen anderer Materialien wie Holz, Beton oder Stahl teilweise weit überlegen sind. Bambus gehört zur Familie der Süßgräser. Jeder Stengel des baumartigen Grases wächst aus einem netzartigen Wurzelsystem heraus und erreicht oft in einem Jahr seine volle Höhe. In den folgenden ca. 7 Jahren verholzt er bis zum Verstopfen der Leitgefäße. Einige Arten erreichen Wuchshöhen von über 40 m und einen Rohrdurchmesser bis zu 35 cm. Im Gegensatz zu Bäumen gibt es bei Bambus kein Dickenwachstum und die Ernte der reifen Stengel führt nicht zum Tod der Pflanze.

Im Rohrwandquerschnitt **(Bild 1)** zeigen helle Flächen die Fasern des Grundgewebes und dunkle die Fasern der Gefäßbündel (Leitbündel). Die Dichte der reißfesteren Leitbündel nimmt von innen nach außen zu, wo in der Randzone die mechanische Beanspruchung am größten ist. In der äußersten Randschicht laufen axialparallel Fasern (Länge von 0,6 bis 3,96 mm; Breite von 0,007 bis 0,036 mm) mit einer Zugfestigkeit bis zu 400 N/mm$^2$.

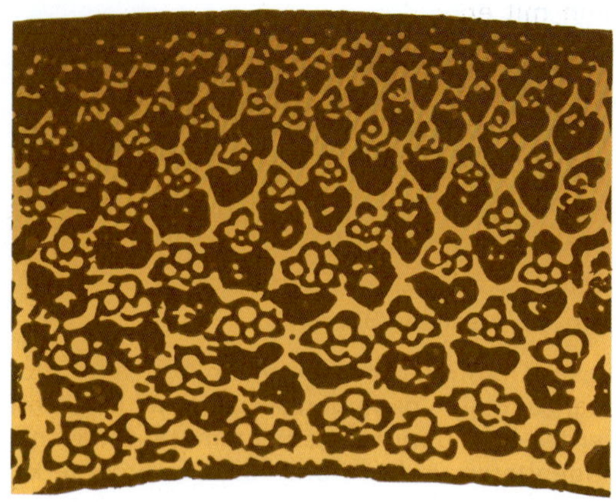

**Bild 1: Rohrwandquerschnitt eines Bambusstengels**

Die mechanischen Eigenschaften werden durch Klima- und Bodenverhältnisse, Standort, Alter, Schlagzeit, Feuchtigkeitsgrad etc. beeinflusst. Ferner treten Unterschiede über die Stammlänge oder den Querschnitt verteilt auf. Die sehr unterschiedliche Materialdichte innerhalb der Rohrwand führt zu einer weiten Streuung der Festigkeitswerte. Allgemeine Angaben über die mechanischen Eigenschaften des Bambus sind daher sehr schwierig zu machen und die Erfahrung des Verarbeiters bei der Auswahl und Bearbeitung des Werkstoffs ist von sehr großer Bedeutung. **Tabelle 1** zeigt die Spanne der mechanischen Kennwerte.

**Tabelle 1: Bambus, mechanische Eigenschaften**

| | |
|---|---|
| **E-Modul** | 17000 bis 24000 N/mm$^2$ |
| **Zugfestigkeit** | 148 bis 384 N/mm$^2$ |
| **Druckfestigkeit** | 62 bis 93 N/mm$^2$ |
| **Biegefestigkeit** | 76 bis 276 N/mm$^2$ |
| **Scherfestigkeit** | 15 bis 22 N/mm$^2$ |

Die Bambusaußenhaut ist wesentlich zugfester als die Innenhaut. Da bei großen Wandstärken der flächenmäßige Anteil der Außenhautfasern am Gesamtquerschnitt geringer ist, sind kleine Wandstärken in Relation zur Querschnittsfläche überlegen.

Aufgrund seiner Eigenschaften eignet sich Bambus besonders als Ersatz der Rahmenrohre **(Bild 1)**. Zur Verbindung der Knotenpunkte und zum Anschluss von Lagerungen und Sattelstütze werden innenliegende Muffen verwendet, die im einfachsten Fall aus alten Fahrradrahmen herausgesägt wurden. Von außen werden die Knoten dann mit epoixdharzgetränktem Fasermaterial umwickelt, das nach dem Aushärten auf die notwendige Materialstärke und für eine gefälligere Form heruntergeschliffen wird. Durch Lackieren werden die Rohre vor Schimmelbildung geschützt. Die Herstellung eines Rahmens erfordert etwa 80 Stunden Handarbeit.

**Bild 1: Fahrradrahmen aus Bambusrohren**

In seinen Fahreigenschaften entsprechen Rahmen aus Bambusrohren weitestgehend denen aus Stahl, Aluminium oder CFK. Allerdings führt die hohe Flexibilität des Materials gepaart mit einer sehr guten Dämpfung zu einem wesentlich komfortableren Fahrgefühl.

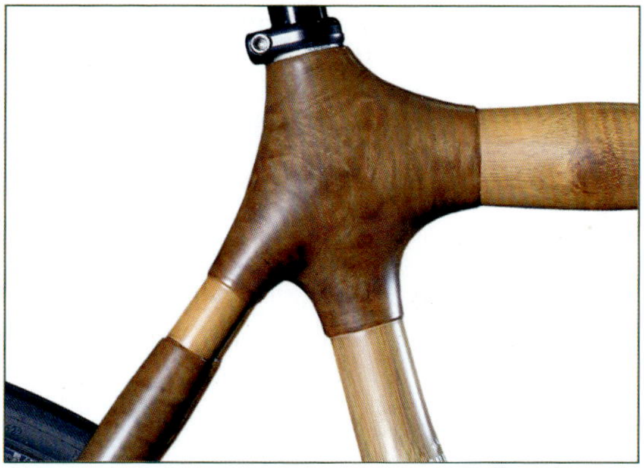

**Bild 2: Rahmenknoten aus Hanffaser**

Der **Hanf** ist eine meistens einjährige, krautige Pflanze mit einer Wuchshöhe bis maximal vier Meter. Die Hanffaser wird verwendet zur Herstellung von Seilen, Textilien, Spezialpapier, Dämmstoffen oder in Naturfaser-Verbundwerkstoffen. Im Fahrradbau wird es als Fasermaterial zur Herstellung der Knoten an Fahrradrahmen aus Bambus benutzt **(Bild 2)**.

**Bark Cloth** wird aus der Rinde des Ficus-Baums gewonnen und hat in tropischen Kulturen eine lange kulturelle Tradition als Grundstoff zur Herstellung von Bekleidung. Für den Rahmenbau (Knoten an Fahrradrahmen aus Bambus) bietet das Material hervorragende Eigenschaften, da es sehr beständig ist, eine stabile Fasermatrix und ein gute Saugfähigkeit für Epoxidharz aufweist.

Im Gegensatz zum Bambus wächst **Holz** als Stamm. Dieser wird massiv verarbeitet und nicht als Rohrmaterial, worauf der klassische Leichtbau eigentlich beruht. Stattdessen kann Holz durch Biegen, Verleimen, Sägen und Schleifen in vielfältige Formen gebracht werden, die seine Faserstruktur ausnutzen und sich an den Kraftfluss im Rahmen anpassen. Durch die Kombination der mechnischen und optischen Eigenschaften verschiedener Hölzer werden in aufwendiger Handarbeit haltbare und elegante Rahmenkonstruktionen geschaffen **(Bild 3)**.

**Bild 3: Fahrradrahmen aus Holz**

Mittlerweile gelingt auch die Herstellung von Holzrohren aus Furnier. Dabei werden dünne und eigentlich sehr brüchige Lagen aus gehobeltem Holz gebogen und zu einem Schichtverbund gefügt. Die Lagen werden kreuzweise verleimt, weshalb sie im Aufbau einem feinen Sperrholz ähneln. Entsprechend der Anzahl und Dicke der Einzellagen wird eine definierte Wandstärke erzeugt. Zusätzlich kann die Faserausrichtung, wie bei anderen Verbundwerkstoffen, im Winkel eingestellt werden. Die Abmaße und Lagenanzahl sind entsprechend den Anforderungen anpassbar. Gefügt werden die Rohre dann in Muffenbauweise.

1

## 1.5 Maschinentechnik

Eine **Maschine** ist ein technisches System mit durch einen Antrieb bewegten Teilen. Maschinen werden als technische Arbeitsmittel vor allem für mechanische Einwirkung verwendet.

Ein **System** (Systema – griech.: das Gebilde, Verbundene) besteht aus **Elementen**, die sinnvoll miteinander verbunden sind. Die Art und Weise der Verbindung wird **Struktur** genannt. Die Beziehungen zwischen den Elementen sind **Austauschprozesse**, wie z.B. Stoff-, Energie-, Kraft- oder Informationsflüsse. Ein System selbst kann Teil eines übergeordneten Systems sein. Systeme verhalten sich anders als die Elemente, aus denen sie bestehen:

*Das Ganze ist etwas anderes als die Summe seiner Teile.*

Die Gründe für die Entwicklung von Maschinen liegen in der Verstärkung der Arbeitskraft, einem Zeitgewinn beim Transportieren oder Bearbeiten, einer Verbesserung der Genauigkeit von Arbeitsschritten, der feineren Bearbeitungsmöglichkeit und der rationellen Fertigung gleicher Produkte.

Für die Bezeichnung technischer Systeme haben sich eine Reihe unterschiedlicher Begriffe gebildet. Sie sind nicht fest definiert und ihre Verwendung überschneidet sich zum Teil. Die **Tabelle 1** gibt einen Überblick über die übliche Terminologie.

**Tabelle 1: Unterscheidung technischer Systeme**

| Begriff | Bedeutung |
|---|---|
| Maschine | Ein vorrangig energie- und/oder kraftumsetzendes System. |
| Gerät | Ein vorrangig signalumsetzendes bzw. informationsverarbeitendes System. |
| Apparat | Ein vorrangig stoff- bzw. materieumsetzendes System. |
| Automat | Eine Maschine, die automatisch ablaufen kann. |
| Werkzeug | Eine Vorrichtung, die nicht eigenständig funktioniert, sondern manuell eingesetzt wird oder Bestandteil einer Maschine ist. |
| Instrument | Eine Anzeigevorrichtung. |
| Anlage | Ein komplexes System aus Maschinen, Apparaten, Geräten, Werkzeugen bzw. Instrumenten. |

Jede Maschine besteht aus **Maschinenelementen**, die sowohl individuell angefertigte Einzelteile (z.B. das Gestell oder Gehäuse), als auch standardisierte Massenartikel sein können (z.B. Schrauben, Wälzlager oder Dichtungen). Der Begriffsteil *Element* bezieht sich auf die kleinste sinnvolle Organisationseinheit, die für die Funktion und den arbeitsteiligen Bau verschiedener Hersteller an technischen Systemen vorteilhaft ist. So ist eine Fahrradantriebskette aus den Teil-Elementen Bolzen, Hülsen, Rollen und Laschen zusammengesetzt. Sie wird im Ganzen als Maschinenelement eines Fahrrades behandelt. Auch einfache Maschinen können zu Maschinenelementen werden.

Eine **einfache Maschine** ist ein Werkzeug, das zur Umwandlung einer Kraft dient, um diese möglichst zweckmäßig zur Verrichtung von Arbeit einzusetzen. Beispiele für elementare einfache Maschinen sind in der **Tabelle 2** dargestellt.

**Tabelle 2: Elementare einfache Maschinen**

| Elementare einfache Maschinen | Wirkung |
|---|---|
| Seil, Stange | verlagern den Punkt, an dem eine Kraft ansetzt |
| Hebel | verändert Ansatzpunkt und Größe einer Kraft |
| Rolle | verlagert Angriffspunkt und Richtung der Kraft |
| schiefe Ebene, Keil | verändern Größe und Richtung einer Kraft |
| Welle | überträgt Drehmomente |

Die in **Tabelle 3** aufgeführten einfachen Maschinen kombinieren die Wirkungsweise von elementaren einfachen Maschinen.

**Tabelle 3: Kombinierte einfache Maschinen**

| Kombinierte einfache Maschinen | Kombination aus |
|---|---|
| Flaschenzug | Seil und Rolle |
| Kurbel | Welle und Hebel |
| Schraube | Stange und schiefe Ebene |

Bei einigen Anwendungen wirkt die Schwerkraft unterstützend mit (Waage), andere dienen der Ergonomie (Zange).

Standard-Maschinenelemente wie Verbindungselemente und Dichtungen sind in fast allen Eigenschaften genormt. Komplexere Maschinenelemente sind zum Beispiel Wellen, Räder, Lager, Kupplungen und Getriebe. Die Normung beschränkt sich bei ihnen meistens auf Form und Größe der Anschlussflächen zu anderen Teilen. Für die Einteilung von Maschinenelementen hat sich bisher keine einheitliche Gliederung herausgebildet. Die **Tabelle 1** zeigt eine mögliche Systematik der Maschinenelemente.

**Tabelle 1: Systematik der Maschinenelemente**

| Art der Maschinenelemente | Beispiele |
|---|---|
| Verbindungselemente | Schrauben, Niete, Bolzen, Stifte, Muffen, Fittings |
| Führungselemente | Achsen und Wellen, Gleitlager und Wälzlager |
| Energieübertragung | Seile, Ketten, Riemen |
| Umformerelemente | Zahnräder, Getriebe |
| Ruheelemente | Kupplungen, Gesperre, Bremsen |
| Schaltelemente | Schaltwerke |
| Steuer- und Reglerelemente | Fliehkraftregler, Uhrenhemmung |
| Speicherelemente | Federn, Schwungräder |
| Sonstige Elemente | Rohrleitungen, Behälter |

Einige der Maschinenelemente werden im Folgenden beschrieben. Bei solchen mit sehr charakteristischen Funktionen für die Fahrradtechnik sind die wesentlichen Inhalte in besonderen Kapiteln dieses Buches dargestellt **(Federung/Dämpfung: Kap. 4, Ketten und Getriebe: Kap. 5, Bremsen: Kap. 7)**.

### 1.5.1 Gewinde, Schrauben

Ein Gewinde ist eine profilierte Einkerbung, die fortlaufend wendelartig um eine zylinderförmige Wandung verläuft. Auf eine ebene Fläche übertragen ist diese Einkerbung eine ansteigende Linie, die mechanisch einer schiefen Ebene bzw. einem Keil entspricht **(Bild 1)**. Der Abstand der Linie von einer Windung zur nächsten ist die **Gewindesteigung** ***P***.

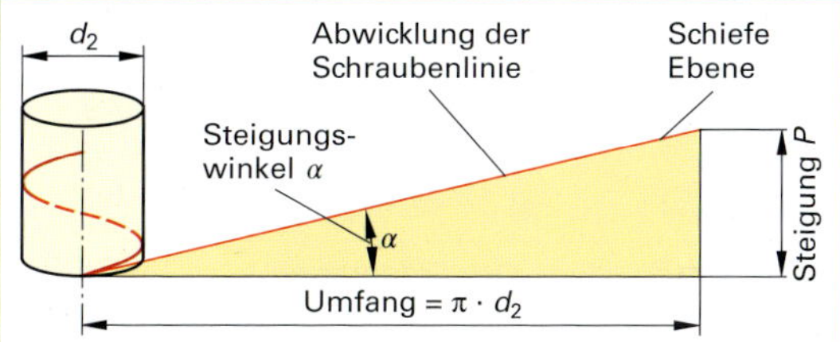


**Bild 1: Schraubenlinie**

Der vom Umfang und der abgewickelten Schraubenlinie eingeschlossene Winkel ist der **Steigungswinkel** $\alpha$ des Gewindes.

Bildhaft werden durch das Drehen der Schraube in einer Mutter zwei Keile übereinander verschoben. Dabei wird die Drehkraft in eine Zugkraft in Längsrichtung umgewandelt. Die Umsetzung des Prinzips der schiefen Ebene erlaubt das Erzeugen großer Längskräfte bei kleinen Umfangskräften.

Wichtige Größen am Gewinde sind **(Bild 2)**:

- Nenndurchmesser,
- Steigung,
- Flankenwinkel,
- Gewindeprofil,
- Kerndurchmesser und
- Flankendurchmesser.

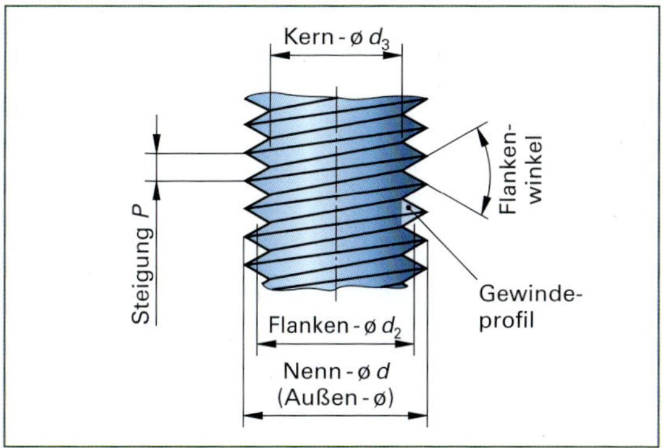


**Bild 2: Bezeichnungen am Gewinde**

Die in der Technik verwendeten Gewinde können nach Verwendungszweck, Gewindeprofil, Drehsinn und Gangzahl eingeteilt werden.

Die Unterscheidung nach dem **Verwendungszweck**:

- Mit **Befestigungsgewinde** versehene Schrauben und Muttern sollen Bauteile fest miteinander verspannen. Dazu verwendet man eingängige Spitzgewinde mit kleinem Steigungs- und großem Flankenwinkel.
- Am Gewinde gelten die Kraftverhältnise wie an einer schiefen Ebene. Um eine **Selbsthemmung** zu erreichen, muss die Hangabtriebskraft $F_H$ kleiner sein als die Reibungskraft $F_R$. Diesen Zustand erreicht man besonders durch einen kleinen Steigungswinkel $\alpha$ **(Seite 100, Bild 1)**. Beispiele für solche **Feingewinde** am Fahrrad sind die geschraubten Kurbel- und Lenkungslagerschalen sowie die Befestigungsschraube des hinteren Schaltwerks.

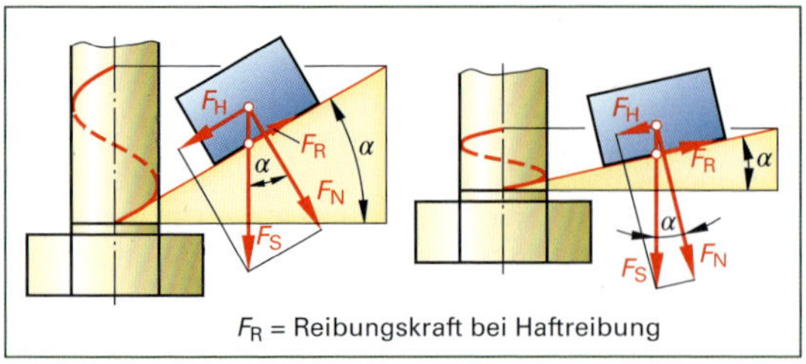


**Bild 1: Nicht-selbsthemmende und selbsthemmende Gewinde**

- Mit **Bewegungsgewinden** werden drehende Bewegungen in geradlinige umgewandelt. Ein Beispiel für eine fehlende Selbsthemmung ist das Steilgewinde am Planetenradträger, der bei Rücktrittbremsen den Bremskonus in den Bremsmantel drückt. Dies wird ermöglicht durch eine große Steigung, einen kleinen Flankenwinkel und geringe Reibung aufgrund guter Schmierung **(Bild 2)**. Trapezgewinde von Schraubstöcken sind dagegen selbsthemmend ausgeführt.

**Bild 2: Steilgewinde am Planetenradträger**

- Mit **Einstellgewinden** werden die Bewegungsbereiche von mechanischen Geräten justiert **(Bild 3)**. Häufig werden dabei die Schrauben durch Kunststoffeinlagen oder Klebstoffe an der selbsttätigen Verstellung gehindert.

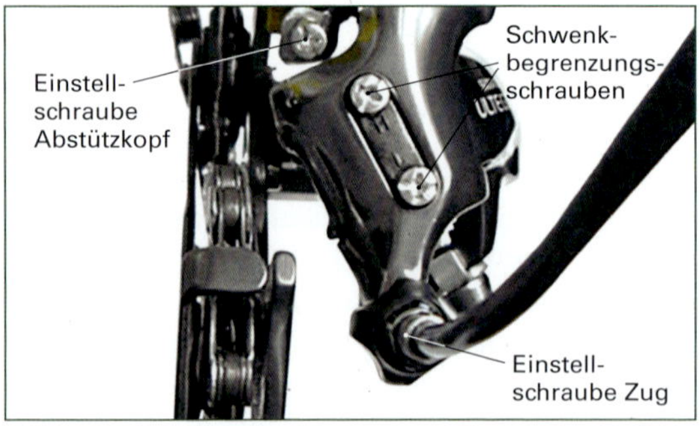


**Bild 3: Einstellschrauben am Schaltwerk**

Nach dem **Gewindeprofil** werden unterschieden **(Bild 4)**:

- Das **metrische ISO-Gewinde** ist ein Spitzgewinde mit einem Flankenwinkel von 60°. **Regelgewinde** haben eine dem jeweiligen Nenndurchmesser fest zugeordnete Steigung **(Tabelle 1)**. Die Gewindebezeichnung wird nur mit dem Nenndurchmesser angegeben, z. B. M10.

**Tabelle 1: Steigungen von metrischen Gewinden**

| Nenndurchmesser | Steigung | |
|---|---|---|
| | Regelgewinde | Feingewinde |
| M3 | 0,5 | 0,35 |
| M4 | 0,7 | 0,35/0,50 |
| M5 | 0,8 | 0,50 |
| M6 | 1,0 | 0,50/0,75 |
| M8 | 1,25 | 0,50/0,75/1,00 |
| M10 | 1,5 | 0,75/1,00/1,25 |
| M12 | 1,75 | 1,00/1,25/1,50 |

- **Feingewinde** haben bei gleichem Nenndurchmesser eine kleinere Steigung als Regelgewinde. In deren Bezeichnung werden der Nenndurchmesser und die Steigung angegeben (z. B. M10x1). Es ist höher belastbar, hat eine größere Selbsthemmung und braucht durch seine geringe Gewindetiefe weniger Platz.
- **Whitworth-Gewinde** haben einen Flankenwinkel von 55°. Die Gewindemaße werden in Zoll angegeben.
- **Beim Trapezgewinde** beträgt der Flankenwinkel 30°. Sie sind axial sehr belastbar (z. B. als Bewegungsgewinde für Spindelpressen, Schraubstockspindeln). Der Gewindefuß ist breit. Die Bezeichnung enthält den Nenndurchmesser und die Steigung, z. B. Tr 24 x 6.

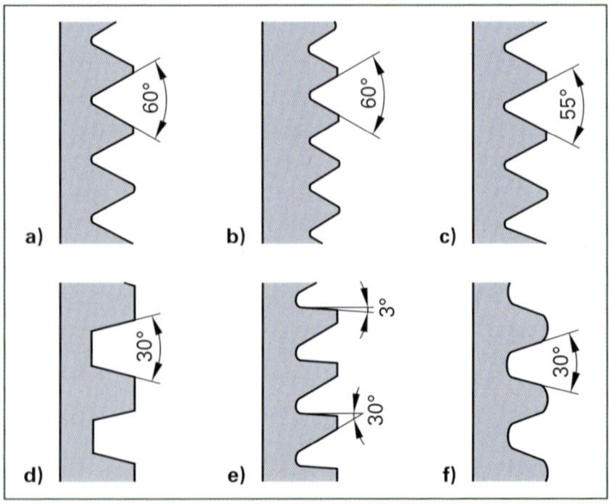


**Bild 4: Verschiedene Gewindeprofile:**
a) Metrisches Regelgewinde; b) Metrisches Feingewinde; c) Whitworth-Gewinde; d) Trapezgewinde; e) Sägegewinde; f) Rundgewinde

- **Das Sägengewinde** besitzt einen Flankenwinkel von 33°. Aufgrund des unsymmetrischen Profils sind diese Gewinde einseitig hoch belastbar. Die tragende Flanke steht fast senkrecht zur Gewindeachse. Zur Bezeichnung werden Nenndurchmesser und Steigung angegeben, z.B. S 24 x 5.

- Die **Rundgewinde** sind unempfindlich gegen Verschmutzung und Beschädigung. Sie werden verwendet bei Kupplungsspindeln von Eisenbahnwagen sowie bei Spindeln für große Ventile und Schieber. Die Gewindebezeichnung lautet z.B. Rd 40 x 5.

Weitere Gewindearten gibt es als:

- **Fahrradgewinde** (FG) sind Spitzgewinde (Flankenwinkel 60°) mit besonderen Abmessungen für Fahrräder und motorisierte Zweiräder nach DIN 79012 (siehe auch ISO 6696 und ISO 8488).

- **British Standard Cycle-Gewinde** (BSC) sind Spitzgewinde (Flankenwinkel 60°) mit Abmessungen nach British Imperial Standard. Der Nenndurchmesser wird in Zoll (als Dezimalzahl oder als Bruch) und die Steigung wird als Anzahl der Windungen je Zoll Gewindelänge (threads per inch, tpi) angegeben (z.B. Kurbellagergewinde BSC 1,37" x 24 tpi).

- Die Abmessungen der **französischen Gewinde** (Flankenwinkel 60°) sind metrisch definiert, entsprechen aber nicht den ISO-Normen. Sie werden nicht mehr verwendet, können aber bei älteren Fahrrädern aus französischer Produktion vorkommen (z.B. Lenkungslager 25 x 1, Kurbellager 35 x 1 und Pedale 14 x 1,25).

- Beim **italienischen Gewinde** (Flankenwinkel 55°) ist der Nenndurchmesser in Millimeter angegeben und die Gewindesteigung in Windungen pro Zoll (z.B. Kurbellagergewinde 36 x 24).

Nach dem **Drehsinn** werden Rechts- und Linksgewinde unterschieden:

- Das **Rechtsgewinde**. Hier steigen bei Aufsicht auf das Gewinde die Gewindeflanken nach rechts an **(Bild 1b)**.

- Das **Linksgewinde**. Hier steigen bei Aufsicht auf das Gewinde die Gewindeflanken nach links an **(Bild 1a)**. Linksgewinde werden mit den Buchstaben LH (für Left Hand) gekennzeichnet (z.B. M16-LH).

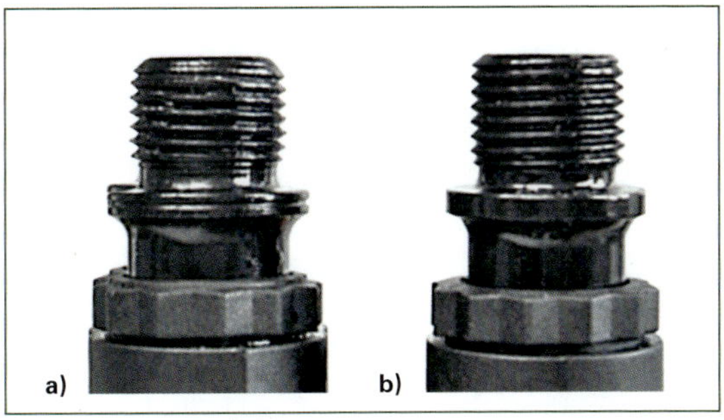

**Bild 1: Gewinde der Pedalachsen**

*Hinweis*:
Die Bevorzugung des Rechtsgewindes ist ein Ergebnis der Ergonomie: Die menschliche Hand kann bei einer Außenrotation ein höheres Drehmoment aufbringen als bei einer Innenrotation. Da die Mehrheit der Menschen Rechtshänder sind und die meisten Verschraubungen nur einmal bewegt werden (zum Festziehen), ist die Rechtsgängigkeit ökonomisch vorteilhaft. Außerdem ist durch die Reibungsverhältnisse an der schiefen Ebene zum Lösen einer (nicht korrodierten) Verschraubung weniger Kraft erforderlich.

Linksgewinde kommen als Abweichung vom „normalen" Rechtsgewinde zum Einsatz, wenn:

- sich die Verschraubung durch die üblicherweise vorherrschende Belastung ungewollt lösen würde (z.B. linkes Pedal und rechte Kurbellagerschale).
- durch eine gegenläufige Konterung ein Lösen der Verschraubung verhindert wird (z.B. Konterring für Bahnritzel).
- durch den unterschiedlichen Drehsinn Irrtümer vermieden werden können (z.B. die Anschlussverschraubungen an Gasflaschen mit brennbaren Gasen).
- durch Drehung eines Spannschlosses/Seilspanners ein Anspannen bzw. Lösen erreicht werden soll.

Nach der **Gangzahl** werden unterschieden **(Seite 102, Bild 1)**:

- **Eingängige Gewinde**, die die überwiegende Mehrzahl an Gewinden darstellen.

- **Mehrgängige Gewinde**, bei denen mehrere Gewinde versetzt um einen Zylinder geschlungen sind. Man verwendet sie, wenn bei einer Umdrehung große axiale Bewegung (z.B. Spindelpressen) oder wenn wenig Spannkraft bei schnellem Einschrauben (z.B. zur Befestigung von Gipskarton) verlangt werden oder wenn die Gewindelänge relativ zum Durchmesser sehr kurz ist (z.B. Behälterdeckel).

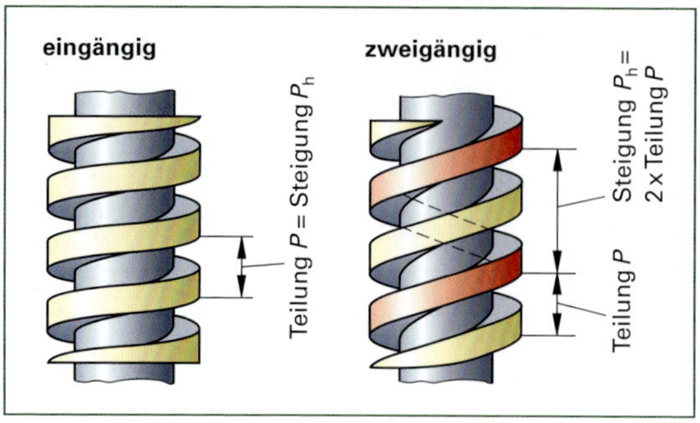


**Bild 1: Ein- und mehrgängiges Gewinde**

**Schrauben** sind die häufigsten Beispiele der Anwendung von Gewinden. Eine Schraube ist ein Zylinder, auf dem ein Außengewinde aufgebracht ist. Zusammen mit einem Gegenstück mit Innengewinde (meist eine Mutter) bildet sie ein Verbindungselement. Sie werden für eine Vielzahl von Anwendungen in einer sehr großen Anzahl von Varianten hergestellt.

Die typischen **Schraubenmaße und -bezeichnungen** werden im **Bild 2** am Beispiel einer Sechskantschraube dargestellt.

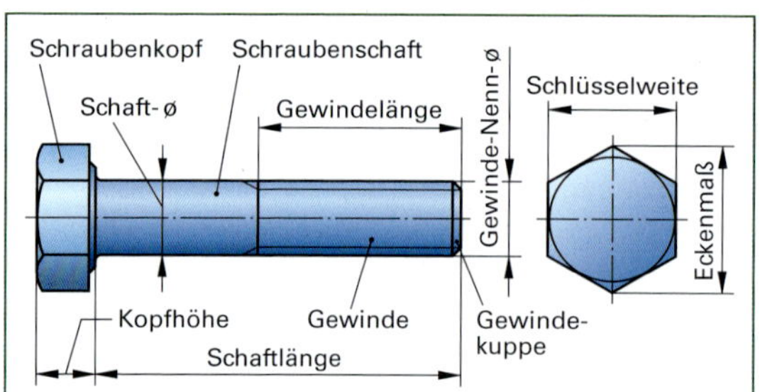


**Bild 2: Bezeichnungen und Bemaßungen einer Sechskantschraube**

Schrauben unterscheiden sich hauptsächlich in der Kopfform **(Bild 3)**, der Schaftform **(Tabelle 1)** und dem Antrieb **(Seite 103, Tabelle 1)**.

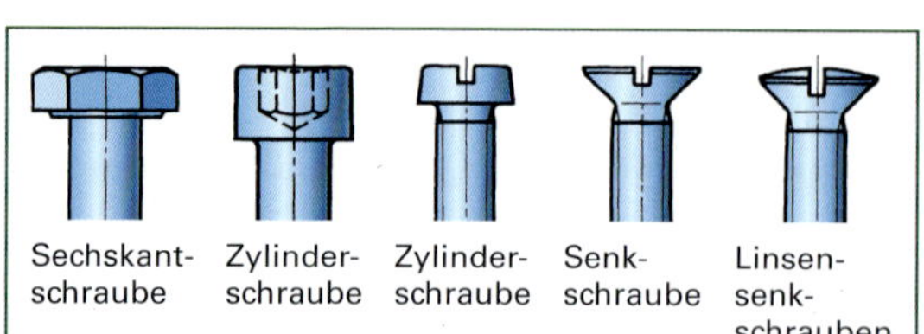


**Bild 3: Kopfformen von Schrauben**

Die Schaftform bestimmt in hohem Maße die Verwendung der Schrauben.

**Tabelle 1: Schaftformen von Schrauben**

| Schaftform | Verwendung |
|---|---|
| **Stiftschraube** 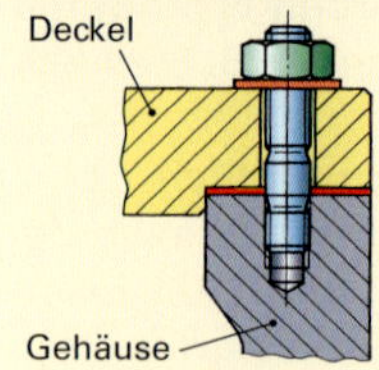  | Zur Schonung der Innengewinde von Bauteilen, wenn die Verbindung häufig gelöst werden muss. |
| **Dehnschraube** 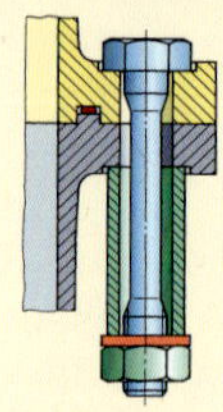 | Der verjüngte Schaft dehnt sich beim Aufbringen der Vorspannkraft. Die Elastizität der Schraube ersetzt eine separate Schraubensicherung. 1-2-1 D Speichen wirken auf diese Weise **(s. a. S. 288f)**. |
| **Passschraube** 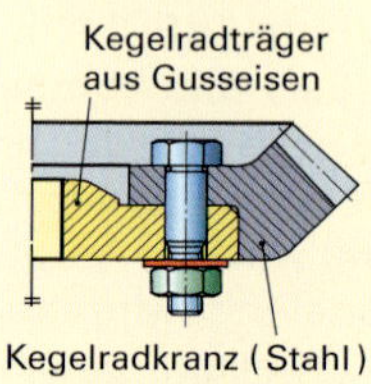  | Wenn die Verbindung Querkräfte aufnehmen muss; durch geringe Maßtoleranzen füllt die Schraube die Bohrung fast vollständig aus. Stellt hohe Ansprüche an die Güte von Schraube und Bohrung. |
| **Gewindestifte** 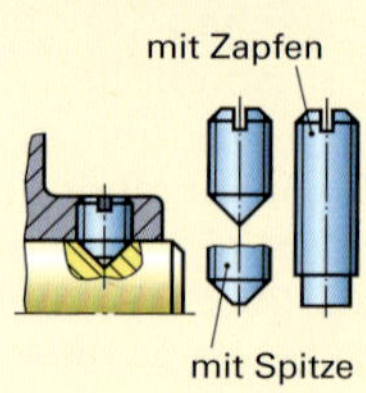  | Zur Sicherung der Lage von Werkstücken auf Wellen und Achsen oder als Einstellschrauben bei kleinem Bauraum. |
| **Blechschraube** 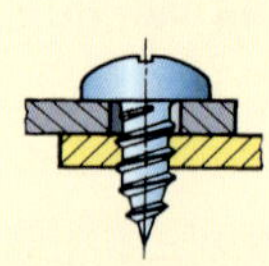 | Zum Verbinden von Blechen. Das Gewinde mit großer Steigung ist gehärtet und formt das Muttergewinde beim Einschrauben. |
| **Bohrschraube** 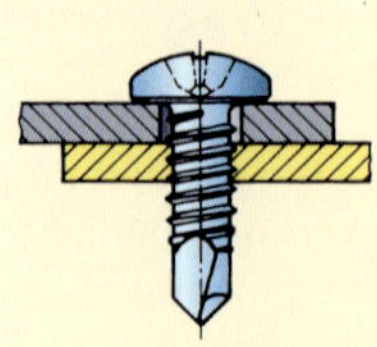 | Gleichen den Blechschrauben, besitzen zusätzlich eine Bohrspitze zum Bohren des Grundlochs. |

**Tabelle 1: Schrauben-/Mutternantriebe**

| Schrauben-antrieb | Vorteil/Nachteil/Bemerkung | Schrauben-antrieb | Vorteil/Nachteil/Bemerkung |
|---|---|---|---|
| **Schlitz**<br>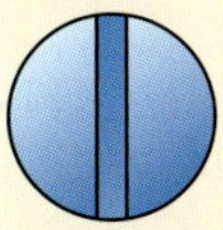<br>nur Schrauben | + einfaches Werkzeug<br>+ günstige Beschaffung<br>– seitliches Herausrutschen des Werkzeugs wegen fehlender Führung<br>– schlechte Zentrierung des Werkzeugs<br>– geringe Kraftübertragung möglich<br>– nicht für maschinelles Schrauben geeignet | **Torx**<br>(Innen-, Außensechsrund)<br><br>nur Schrauben | + sehr hohe Drehmomentübertragung<br>+ sehr guter Seitenhalt des Einsatzes<br>+ Zugang von oben, kleines Werkzeug<br>+ fast gleiche Kosten wie z. B. PZ/PH<br>+ es passt immer nur ein bestimmter Bit; zu kleine oder zu große Einsätze können die Schraube nicht beschädigen<br>– Kleine Größen (TX 10, 15, 20) sind ggf. schlecht einzuführen<br>– leichteres „Ausdrehen" der Zähne im Kopf |
| **Phillips (PH)**<br>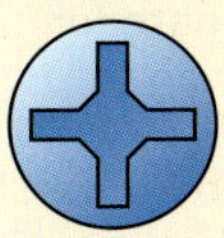<br>nur Schrauben | + gute Zentrierung des Werkzeugs<br>+ höheres Drehmoment als Längsschlitz<br>+ Zugang von oben<br>+ kleines Werkzeug<br>– Leichtes Herausdrehen der Klinge | | |
| **Pozidriv (PZ)**<br><br>nur Schrauben | + (wie Phillips)<br>+ erhöhter seitlicher Halt als PH-Kreuschlitz<br>+ kein Herausdrehen der Klinge | **Torx Plus**<br><br>nur Schrauben | Gegenüber den Standard TORX-Profilen besteht mit den abgeflachten Nockenspitzen eine bestmögliche Verbindung zwischen Bit und Schraube und somit für sehr hohe Drehmomente geeignet. |
| **Außen-sechskant**<br>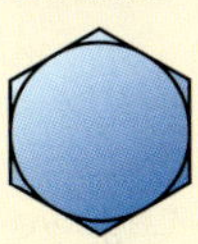<br>Schrauben und Muttern | + preisgünstig in Beschaffung<br>+ hohe übertragbare Drehmomente<br>+ kein Werkzeugwechsel für Schraube und Mutter gleicher Größe<br>– Größe des Werkzeugs<br>– Seitlicher Platzbedarf um den Kopf herum notwendig (Schlüssel oder Stecknuss) | **Nut**<br>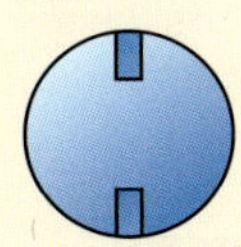<br>Schrauben und Muttern | + einfache Herstellung<br>+ einfaches Werkzeug<br>– geringes Drehmoment<br>Bei Kontermuttern am Lenkungslager und Kurbellager werden extreme Feingewinde verschraubt, daher genügt das relativ kleine übertragbare Drehmoment. |
| **Innen-sechskant**<br><br>Schrauben und Muttern | + Zugang von oben reicht aus<br>+ kleine Werkzeuge<br>– Geringere übertragbare Drehmomente als bei Außensechskant<br>Alltagsname: Inbus | **Stiftloch**<br>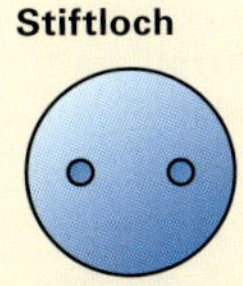<br>Schrauben und Muttern | + einfache Herstellung<br>+ einfaches Werkzeug<br>– geringes Drehmoment<br>Wird zur Einstellung des Lagerspiels von Kurbelwellenlagern verwendet. |
| **Flügel**<br>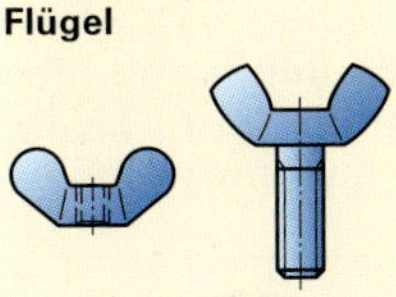<br>Schrauben und Muttern | **Rändel**<br>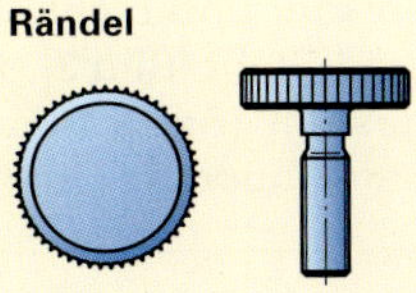 | Flügelschrauben und -muttern haben zwei Greifflächen.<br>Rändelschrauben und -muttern haben einen gerändelten Kopf.<br>Beide Antriebe können ohne Werkzeug angezogen werden. Sie eignen sich für häufig zu lösende Verschraubungen mit niedrigen Drehmomenten. | |

Oft werden Phillips- und Pozidriv-Schrauben gemeinsam als **Kreuzschlitzschrauben** bezeichnet, ohne dass der wichtige Unterschied in der Geometrie wahrgenommen wird. Am deutlichsten erkennt man ihn an den Flanken der Schraubendreherklingen. Diese verjüngen sich beim Phillipsantrieb zur Spitze hin, während sie bei Pozidriv parallel verlaufen **(Seite 104, Bild 1)**. Dasselbe gilt für die Nuten im Schraubenkopf. Bei einer Verwechslung der Werkzeuge wird die Kraft nur punktuell übertragen, was sowohl der Schraube, als auch dem Schraubendreher schadet.

Die optimale Vorspannung kann so ebenfalls nicht erreicht werden. Pozidriv-Schrauben und Schraubendreher erkennt man an dem zusätzlichen Stern auf dem Schraubenkopf bzw. in der Klinge.

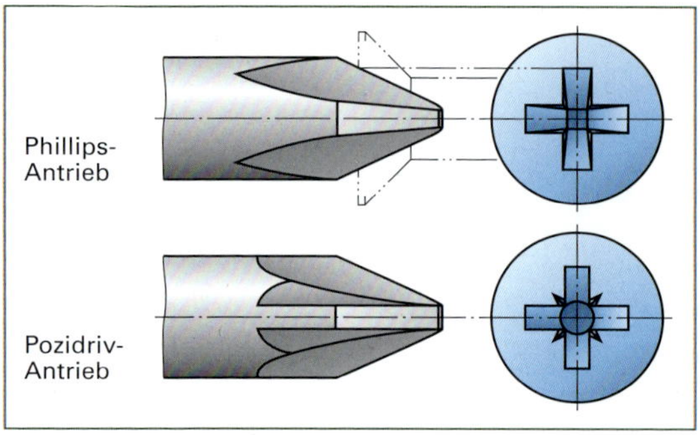


**Bild 1: Profil von Phillips- und Pozidriv-Schraubenantrieben**

Bei Schrauben aus unlegierten oder legierten Stählen wird die **Festigkeitsklasse** durch zwei Zahlen auf dem Schraubenkopf angegeben. Die Zugfestigkeit $R_m$ wird durch die Multiplikation der 1. Zahl mit 100 berechnet, die Streckgrenze $R_e$ ergibt sich aus dem Produkt beider Zahlen und der Zahl 10 **(Tabelle 1)**. Schrauben aus nichtrostenden Stählen werden mit der Festigkeitsklasse A2 bezeichnet. Sind sie zusätzlich säurebeständig, dann gilt Klasse A4.

**Tabelle 1: Zuordnung der Festigkeitsklassen zum Werkstoff der Fügeteile**

| Schraube | | | Verbindung |
|---|---|---|---|
| **Festigkeitsklasse** | **Zugfestigkeit $R_m$** | **Streckgrenze $R_e$ bzw. Dehngrenze $R_{p0,2}$** | **Werkstoff der Fügeteile** |
| | **in N/mm²** | | |
| 6.8 | 600 | 480 | unlegierte und legierte Stähle $R_e < 350$ N/mm² |
| 8.8 | 800 | 640 | |
| 10.9 | 1000 | 900 | legierte Stähle $R_e > 350$ N/mm² |
| 12.9 | 1200 | 1080 | hochfeste Vergütungsstähle |
| A2-50 | 500 | 210 | nichtrostende Stähle |
| A2-70 | 700 | 450 | |
| A4-50 | 500 | 210 | nichtrostende und säurebeständige Stähle |

**Gewindereparatur, Abbohren von Schrauben**

Defekte Innengewinde (z. B. Pedalbefestigung) können mithilfe von **Gewindeeinsätzen** wieder hergestellt werden. Dafür muss das zerstörte Gewinde mit einem speziellen Bohrer ausgebohrt werden. Dann wird ein größeres Gewinde für den Gewindeeinsatz geschnitten. Im nächsten Schritt wird mit einem Einsetzwerkzeug der Gewindeeinsatz in das neue Gewinde eingedreht **(Bild 2)**.

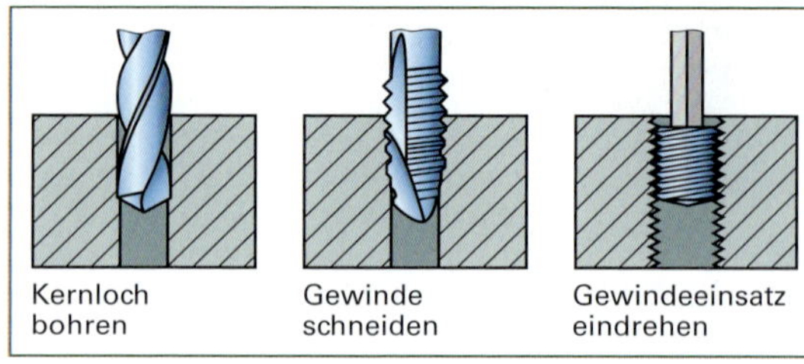


**Bild 2: Gewindereparatur mit Gewindeeinsätzen**

Immer wieder kommt es in der Werkstattpraxis vor, dass Schrauben wegen beschädigter Schraubenköpfe, Werkzeugaufnahmen oder defekten Gewinden nicht mehr zu lösen sind. Eine bewährte und schnelle Lösung ist das Abbohren eines unter Spannung stehenden Schraubenkopfes. Zunächst wird mit einem 2 mm -bis 3 mm-Bohrer mittig vorgebohrt. Die Tiefe der Vorbohrung sollte 5 mm mehr betragen als die Schraubenkopfhöhe. Im zweiten Schritt bohrt man den Schraubenkopf ab. Dabei ist ein Bohrer zu wählen, der 0,5 mm größer ist als der Gewindeaußendurchmesser.

In anderen Fällen bietet sich der Einsatz eines Linksausdrehers an. Er ähnelt einem Gewindebohrer und schneidet sich linksgängig in die Bohrung. Aufgrund seiner konischen Form verklemmt er in der Schraube und ermöglicht so, sie herauszuschrauben.

### 1.5.2 Niete, Bolzen, Stifte

Der **Niet** ist ein plastisch verformbares zylindrisches Verbindungselement, das durch Anstauchen einer Verdickung die Werkstücke kraftschlüssig und unlösbar miteinander verbindet. Dazu ist meistens ein beidseitiger Zugang zur Verbindungsstelle erforderlich. Im Fahrradbau werden mit **Flachniete** häufig Verbindungen zwischen sehr unterschiedlichen Materialien wie Leder und Stahl **(Bild 3)** oder Aluminium und Stahl hergestellt **(Seite 105, Bild 1)**. Ihr Profil ermöglicht eine bündige Oberfläche der Fügestelle.

**Bild 3: Sattel, Nietverbindungen von Stahl und Leder**

**Bild 1: Bremsscheibe, Nietverbindungen von Stahl und Aluminium**

**Blindniete** benötigen zum Fügen nur den Zugang einer Seite der zu verbindenden Bauteile. Sie werden mit einer Blindnietzange geschlossen. Blindnieten bestehen aus der Niethülse und dem Nietdorn mit Sollbruchstelle. Mit der Blindnietzange wird der Nietdornkopf in das überstehende Schaftende gezogen. Der Schaft wird dabei plastisch verformt und bildet den Schließkopf. Wird der maximale Anpressdruck erreicht, reißt der Nietdorn an der Sollbruchstelle **(Bild 2)**.

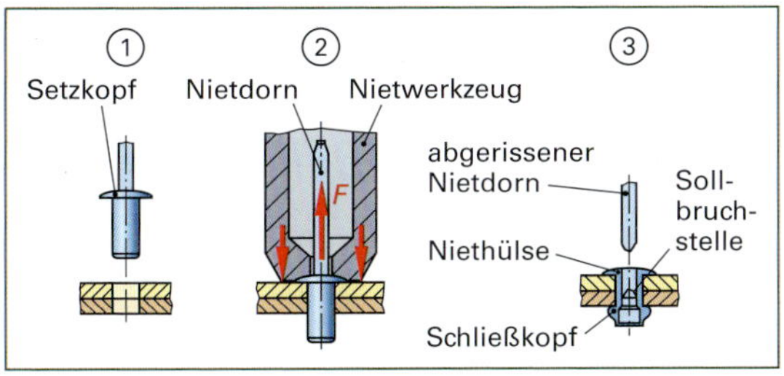


**Bild 2: Setzen eines Blindniets**

Blindniete dienen zum Befestigen von Brems- und Schaltzuggegenhaltern oder Umwerfersockeln. **Gewindeblindniete** werden zur Anbringung von Zubehör an Aluminium und CFK-Rahmen eingesetzt **(Bild 3)**. Der dafür benötigte Bohrlochdurchmesser entspricht dem Schaftdurchmesser + 0,1 mm.

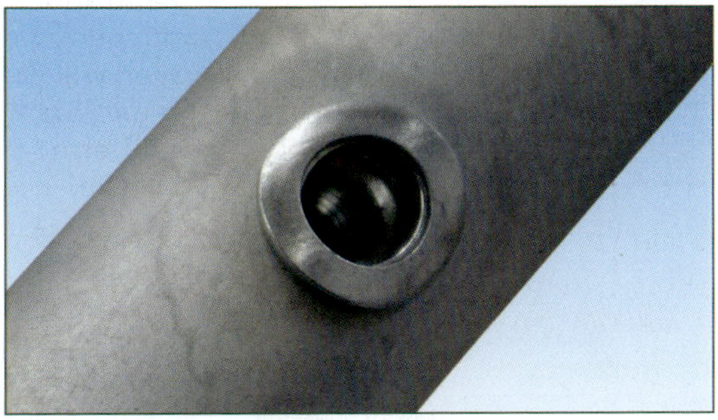

**Bild 3: Blindnietmutter**

Ein **Bolzen** ist ein kurzes zylindrisches Verbindungselement. Bolzenverbindungen sind lösbare, formschlüssige Verbindungen, die meist bei Querbeanspruchungen (Abscherung) Anwendung finden. Bei losen Verbindungen oder bei der Aufnahme von Axialkräften müssen die Bolzen gegen Verschieben gesichert werden.

Bolzen kommen hauptsächlich bei Gelenkverbindungen von Gestängen, Laschen, Kettengliedern und Hebeln zum Einsatz. Bei einer Bolzenverbindung ist mindestens ein Teil beweglich.

Bei Gliederketten sind die Außenlaschen durch **Bolzen** miteinander verbunden. Solange diese keine seitliche Bewegung ausführen müssen, genügt im Betrieb ein ausreichend dimensionierte Überstand des Bolzens. Im Falle von Ketten für Kettenschaltungen müssen die Bolzen gegen Verlieren gesichert werden. Dies geschieht durch die Aufweitung der Enden ggf. auch durch Vernieten. Dabei muss beachtet werden, dass der Niet die Bauteile nicht kraftschlüssig verbindet, um die Beweglichkeit der Kette zu erhalten **(Bild 4)**.

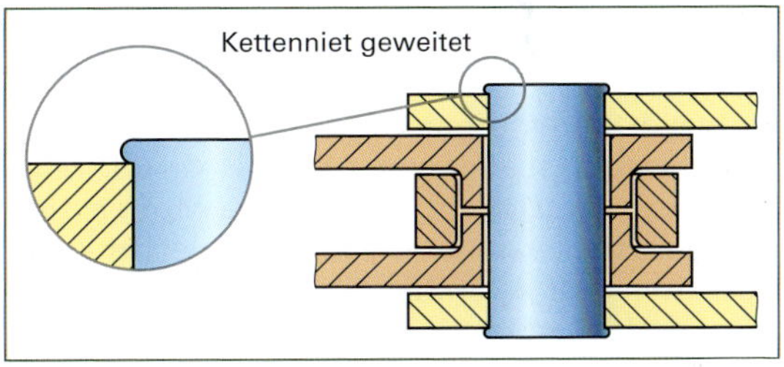


**Bild 4: Vernieteter Kettenbolzen**

**Stifte** verbinden die Fügeteile lösbar miteinander oder dienen als einfache Anschläge. Der Zusammenhalt erfolgt wie beim Bolzen durch Formschluss. Sie können z.B. als Verliersicherung in Ausfallenden eingesetzt werden **(Bild 5)**.

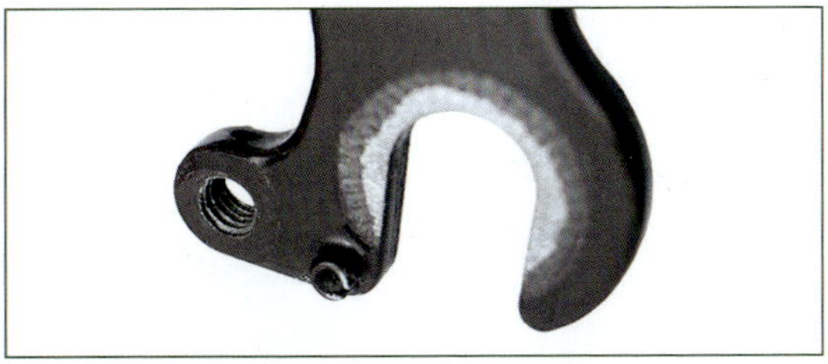

**Bild 5: Gabelausfallende mit Spannstift**

### 1.5.3 Muffen

Mit einer **Muffe** (engl. Lug) werden im Leitungsbau Rohre unterbrechungsfrei gefügt. Bei der Herstellung von Fahrradrahmen dienen sie als Verbindungsknoten und bestimmen die Rahmengeometrie. Die klassische Art des Fügens mittels Muffen ist das Verlöten von Stahlrohren. Es werden aber auch Aluminium-, CFK-, Titan- und

1

Bambus-Rohre in Muffen geklebt bzw. teilweise zusätzlich verschraubt. Die Muffen geklebter Rahmen sind in der Regel aus Aluminium oder CFK **(Bild 1)**.

**Bild 1: Einkleben von Titanrohren in ein Kurbelgehäuse aus CFK**

Einfache Stahlmuffen werden aus Blechen gepresst und anschließend am Stoß verschweißt. Im Feingussverfahren hergestellte Muffen sind dagegen genauer gearbeitet und eleganter im Aussehen **(Seite 18, Bild 1)**. Durch die Verfeinerung in Handarbeit kann einem gelöteten Stahlrahmen dann ein individuelles Erscheinungsbild geben werden **(Bild 2)**. Weitere Möglichkeiten hinsichtlich der Formgebung und Materialauswahl ergeben sich durch generative Fertigungsverfahren, wie dem 3D-Druck **(Seite 19, Bild 1)**.

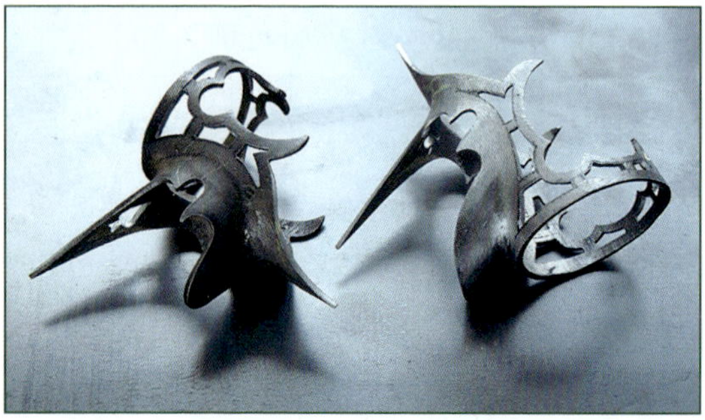

**Bild 2: Von Hand nachgearbeitete Muffen aus Stahl**

## 1.5.4 Achsen, Wellen, Gelenkbolzen

Achsen und Wellen werden überall dort eingesetzt, wo Bauteile Rotationsbewegungen ausführen müssen. Dabei unterscheiden sie sich dadurch, dass Wellen Drehmomente übertragen und Achsen nicht.

**Achsen** tragen und lagern Räder, Seilrollen u. Ä. Sie werden hauptsächlich durch Querkräfte auf Biegung beansprucht. Auf **feststehenden Achsen** drehen sich die Teile lose oder auf Lagern (z. B. Radnabe). Die Belastung tritt nur ruhend oder schwellend auf. Auf **umlaufenden Achsen** sind die Bauteile fest montiert (z. B. Radsätze von Eisenbahnfahrzeugen). Sie werden wechselnd auf Biegung beansprucht, daher ist ihre Tragfähigkeit geringer als bei feststehenden Achsen.

**Wellen** drehen sich um ihre Symmetrieachse und übertragen das Drehmoment von/auf Zahnräder, Kettenräder, Riemenscheiben usw. Sie werden auf Torsion und durch Querkräfte zusätzlich auf Biegung beansprucht. Als Sonderausführungen gibt es Gelenkwellen und flexible Wellen.

**Gelenkwellen** werden eingesetzt, um die Drehbewegung zwischen nicht fluchtenden oder in ihrer Lage veränderlichen Wellenteilen zu übertragen. Sie werden im Werkzeugmaschinenbau und im Fahrzeugbau eingesetzt. Sie besitzen an ihren Anschlüssen die beiden Gelenke **(Bild 3)** und zusätzlich einen Längenausgleich.

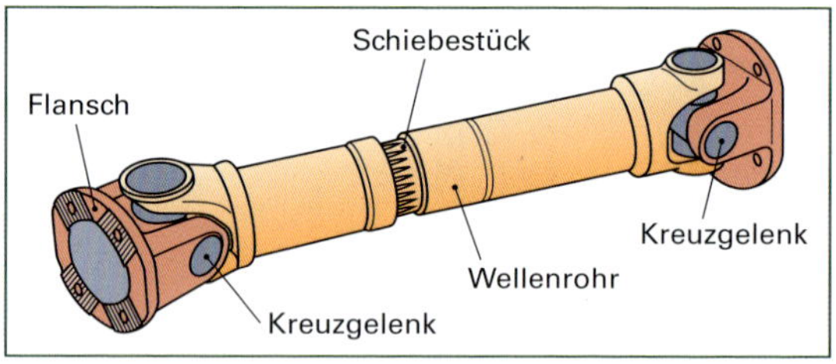


**Bild 3: Gelenkwelle**

**Flexible Wellen** dienen häufig zum Antrieb von Maschinen mit kleiner Leistung. Dies sind z. B. Handschleifmaschinen und Handfräsen. Sie können auch bei einem starken Winkelversatz zum Antrieb eingesetzt werden (z. B. Tachowellen). Flexible Wellen bestehen aus schraubenförmig in mehreren Lagen und mehrgängig gewickelten Stahldrähten, die von einem beweglichen Metallschutzschlauch umgeben sind. Der Metallschlauch kann durch ein Stahlband verstärkt worden sein **(Bild 4)**.

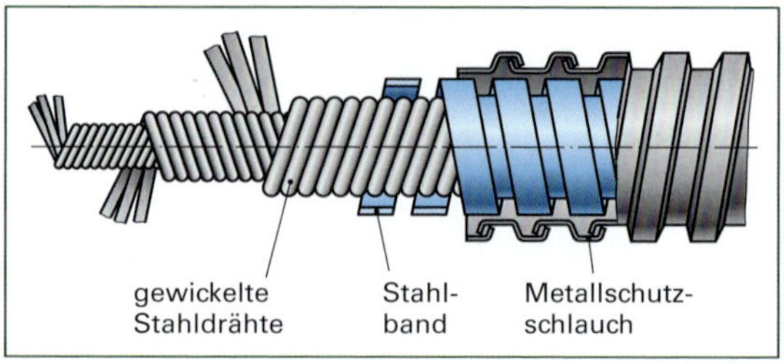


**Bild 4: Flexible Welle**

**Gelenkbolzen** verbinden ein feststehendes Bauteil (Lagerbock) mit einem beweglichen Bauteil (Hebel, Gelenkstück **Bild 1**). Wenn die Gefahr besteht, dass Bolzen und Bauteil bei der Bewegung fressen, wird eine Lagerbuchse eingebaut.

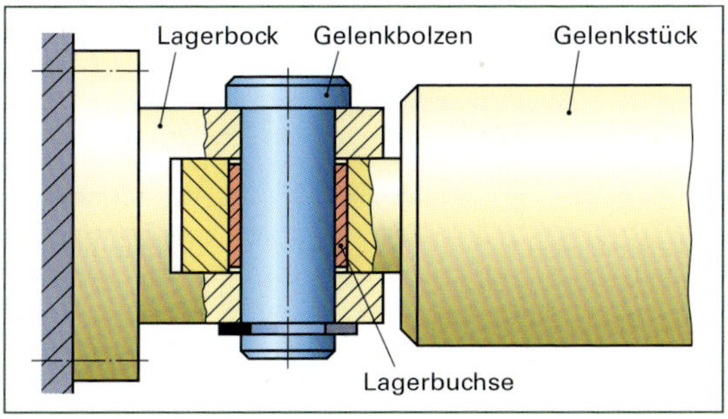


**Bild 1: Gelenk mit Gelenkbolzen**

## 1.5.5 Lager

Lager ermöglichen Bewegungen in erwünschten Freiheitsgraden (Bewegungsrichtungen) und verhindern Bewegungen in den unerwünschten Freiheitsgraden. Sie dienen meist zum Führen und Stützen von Wellen und Achsen, die durch radiale und axiale Kräfte belastet sind. Sie übertragen Bewegungen und leiten Kräfte weiter. Dabei sollen Lager die Reibung und damit den Verschleiß so gering wie möglich halten.

Nach der Art der zwischen den Bauteilen auftretenden Reibung unterscheidet man nach **Gleitlager** (Gleitreibung) und **Wälzlager** (Roll- bzw. Wälzreibung, **Bild 2**).

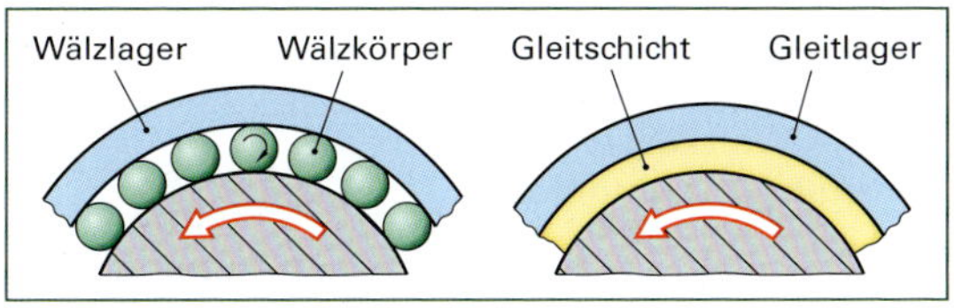


**Bild 2: Gleitlager und Wälzlager**

Nach der Richtung der vom Lager aufgenommenen Kräfte gibt es **Radiallager** und **Axiallager (Bild 3)**.

Bei **Gleitlagern** bewegen sich die Bauelemente auf einer Gleitfläche gegeneinander. Die Gleitfläche kann eine feste Schicht aus Kunststoff, Bronze oder ein Sinterwerkstoff sein, die auf das Lager aufgebracht wird. Meist sind die zueinander bewegten Oberflächen (zusätzlich) durch einen festen oder flüssigen Schmierfilm getrennt. Ist der Schmierfilm nicht mehr vorhanden, berühren sich die Bauteile, an den Kontaktflächen entsteht Verschleiß und die Lebensdauer sinkt.

Trockenlauf-Gleitlager (d.h. ohne flüssigen Schmierfilm) erreichen trotz der Festkörperreibung eine ausreichende Lebensdauer. Dafür wird eine reibungsarme Werkstoffpaarung ausgewählt, bei welcher der mit Zinn oder Blei legierte Lagerwerkstoff für Selbstschmierung sorgt. Daneben gibt es mit selbstschmierenden Kunststoffen wie PTFE (Teflon®), Polyamid, Zedex® oder Iglidur® Materialien, die einen besonders kleinen Reibungskoeffizienten gegenüber Stahl und anderen Metallen aufweisen und sich besonders für kleine Lagerkräfte und niedrige Drehzahlen eignen.

Gleitgelagert sind am Fahrrad Kettengelenke, Schwingungsdämpfer, Federgabel-Führungslager, Bremsarme, manche Pedalkörper und die meisten Kettenrädchen der Schaltwerke.

Bei **Wälzlagern** erfolgt die Kraftübertragung durch das Abrollen von Wälzkörpern zwischen den zwei Laufbahnen der Laufringe **(Bild 3)**.

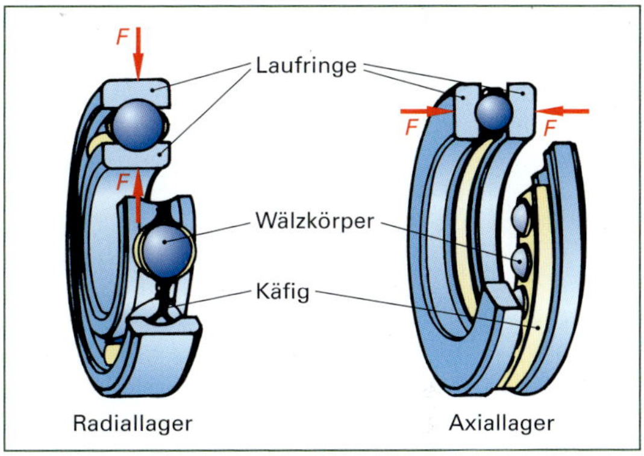


**Bild 3: Bauteile des Wälzlagers**

Die bei dieser Relativbewegung auftretende Wälzreibung ist kleiner als die Gleitreibung in einem Gleitlager. Reibung und Verschleiß verringern sich weiter, wenn die Wälzkörper durch einen Käfig in einem gleichmäßigen Abstand zueinander gehalten werden und ein Schmierstoff den direkten Kontakt von Wälzkörper und Lagerfläche verhindert.

Als Wälzkörper dienen die Grundformen Kugel und Rolle, dementsprechend auch Kugellager und Rollenlager **(Seite 108, Bild 1)**:

- **Rillenkugellager** in ein- und zweireihiger Ausführung eignen sich für mittlere radiale und kleine axiale Belastungen und für hohe Drehzahlen.
- **Schrägkugellager** können radiale Kräfte und axiale Kräfte (einer Richtung) aufnehmen. Sie werden meist paarweise eingebaut und vorgespannt.

1

- **Axialrillenkugel- und Axialzylinderrollenlager** nehmen nur axiale Lagerkräfte auf. Sie werden meist in Kombination mit Radiallagern verwendet.
- **Zylinderrollenlager** verwendet man bei hohen radialen Belastungen.
- **Kegelrollenlager** können große radiale sowie axiale Kräfte in einer Richtung aufnehmen. Sie werden meist paarweise verbaut.
- **Pendelkugel-, Pendelrollen-, Tonnen- und Axial-Pendelrollenlager** können Fluchtungsfehler ausgleichen, die z. B. durch Bearbeitungsfehler und Wellendurchbiegungen entstehen.
- **Nadellager** benötigen wenig Einbauraum. Sie können auch ohne Laufringe direkt zwischen Welle und Lagergehäuse verbaut sein.

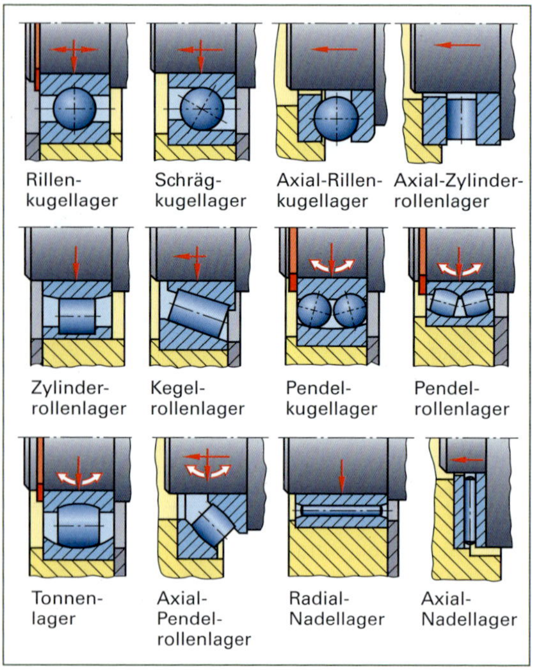


**Bild 1: Wälzlagerarten**

Im Fahrradbau hat sich das **Konuslager** als meistverwendeter Lagertyp für Radnaben und Lenkungslager bis heute erhalten. Es ist eine Sonderform des Schrägkugellagers mit einstellbarem Lagerspiel und kann zur Wartung vollständig zerlegt werden **(Bild 2)**.

Es ist in der Herstellung preiswert, wenig empfindlich für Fluchtungsfehler und benötigt wenig Platz, sodass größere Kugeln verbaut werden können. Die Konen und Kugeln kann man ggf. austauschen. Meist ist die Abdichtung nach außen mangelhaft, weshalb bei regelmäßiger Radnutzung eine jährliche Erneuerung des Schmierfetts empfohlen wird.

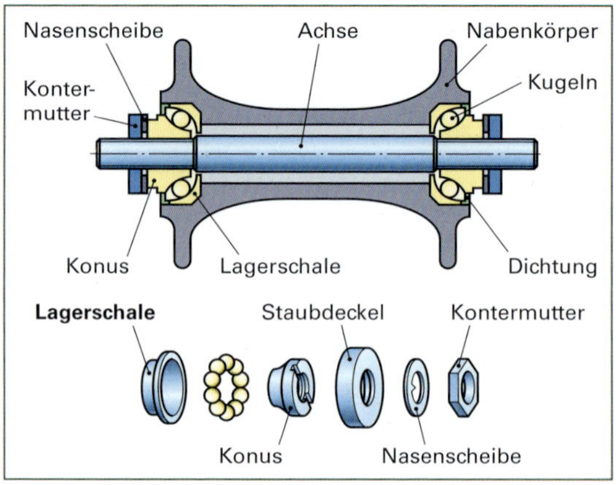


**Bild 2: Naben-Konuslagerung**

Überträgt ein Lager Drehbewegungen, so spricht man von einem **Rotationslager** (z. B. Naben- und Kurbellager, Schwingelager, Kettengelenke), bei Längsbewegungen von einem **Linearlager** (Führungslager von Schwingungsdämpfern, gefederte Sattelstützen, **Bild 3**).

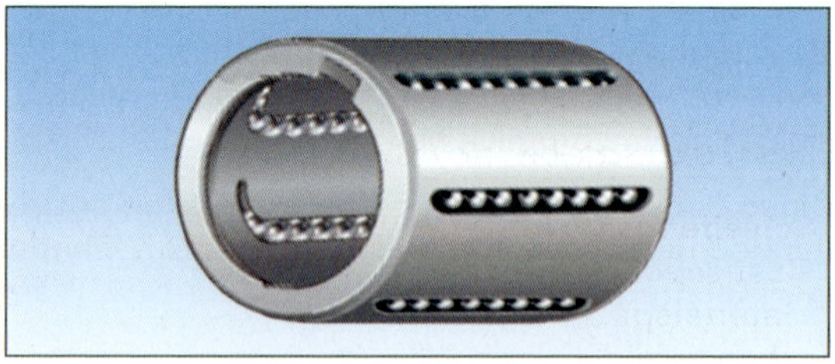

**Bild 3: Linearlager einer Federsattelstütze**

In **Hybridlagern** und **Keramiklagern** ist das Material der Wälzkörper bzw. auch der Laufringe eine Keramik (Siliziumnitrid, $Si_3N_4$). Die geringe Dichte und geringe Wärmedehnung der Keramik macht sie besonders geeignet für sehr hohe Drehzahlen bei hohen Lasten (z. B. Werkzeugmaschinen, bis 100 000 $^1/_{min}$). Dank der sehr guten Temperatur und Korrosionsbeständigkeit und des gutmütigen Verhaltens bei Mangelschmierungen sind sie für weitere extreme industrielle Anwendungen sinnvoll. Für den Betrieb von Fahrrädern sind diese Eigenschaften jedoch nicht erforderlich.

## 1.5.6 Dichtungen

Dichtungen sollen Bauteile vor dem Eindringen oder Austreten von festen, flüssigen oder gasförmigen Stoffen schützen. Man unterscheidet statische Dichtungen, die zwischen ruhenden Bauteilen abdichten, und dynamische Dichtungen, die zwischen sich gegeneinander bewegenden Bauteilen dichten. Typische Anwendungsfälle von Dichtungen zeigt **Tabelle 1**.

**Tabelle 1: Dichtungen am Fahrrad**

| Dichtungsart | Beispiele |
|---|---|
| Statische Dichtungen | Fahrradventil, Öleinfüllschraube, Luftdämpfergehäuse, O-Ringe |
| Dynamische Dichtungen | Wälzlager, Bremskolben, Schwingungsdämpfer-Kolben, Schwingungsdämpfer-Abstreifer, Seilhüllen, Wellen und Achsen |

**Berührungsfreie Dichtungen** schützen die Mechanik durch einen Spalt vor festen Verschmutzungen. Sie werden meist bei fettgeschmierten Lagern eingesetzt, wobei eine Fettfüllung des Spalts die Dichtwirkung verbessert (Bauart Z nicht schleifende Deckscheibe, BRS Labyrinthdichtung aus Elastomer, **Bild 1**).

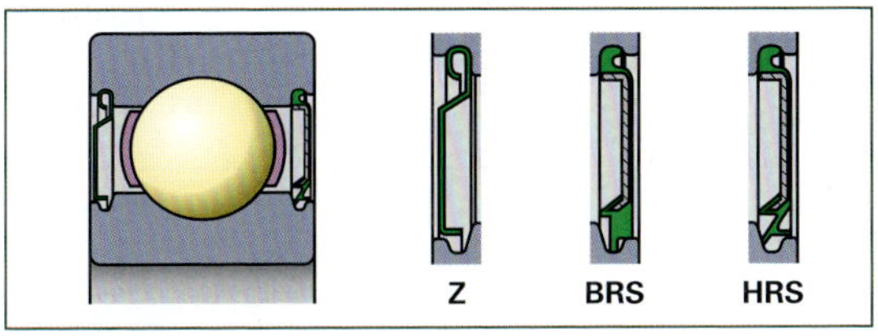


**Bild 1: Dichtscheiben für Rillenkugellager**

**Schleifende Dichtungen** werden aus Filz und aus elastischen Kunststoffen hergestellt. Mit ihrer Materialspannung schließen sie die Fuge zwischen zwei bewegten Bauteilen **(Bauart HRS** in **Bild 1)**. Damit die Reibung klein bleibt, sind glatte und harte Oberflächen erforderlich. Wichtig ist die Schmierung der Dichtfläche und der Schutz vor Verunreinigungen. Mit Filz- und Schaumdichtungen können Bauteile gegen das Eindringen von festen Verschmutzungen geschützt werden. Elastische Kunststoffdichtungen dichten gegen das Eindringen oder Austreten von festen, flüssigen oder gasförmigen Stoffen ab. **Bild 2** zeigt eine O-Ring-Luftkolbendichtung, wie sie in Luftfeder-Dämpferelementen und Gabeln zu finden sind.

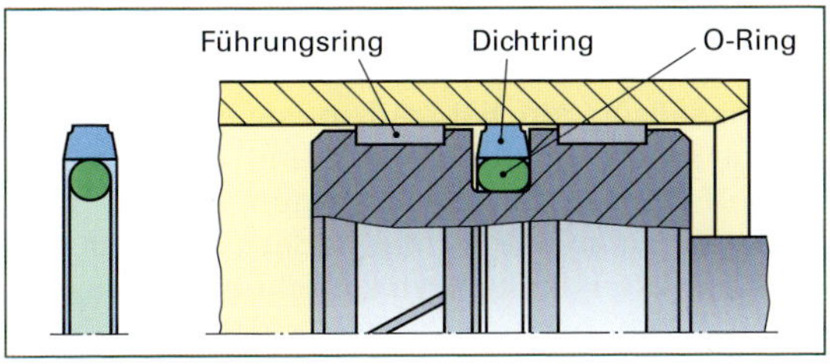


**Bild 2: Luftkolbendichtung**

Ein Schmutzabstreifer und eine doppellippige Kolbenstangendichtung befinden sich zwischen dem Luftzylinder und der großen Kolbenstange von Luftdämpfern. Der Abstreifer hat die Aufgabe, die Kolbenstangendichtung vor festem Schmutz von außen zu schützen. Die Kolbenstangendichtung dichtet gegen Luft- und Ölverluste bei Axialbewegungen ab und arbeitet mit höherem Anpressdruck **(Bild 3)**.

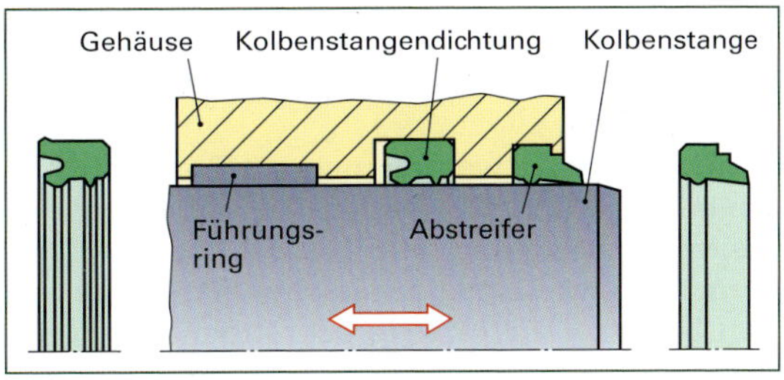


**Bild 3: Stangendichtung und Abstreifer**

Für das Abdichten von Wälzlagern werden oft **Radial-Wellendichtringe** verwendet. Der Anpressdruck der Dichtlippe kann durch eine Feder verstärkt sein **(Bild 4)**.

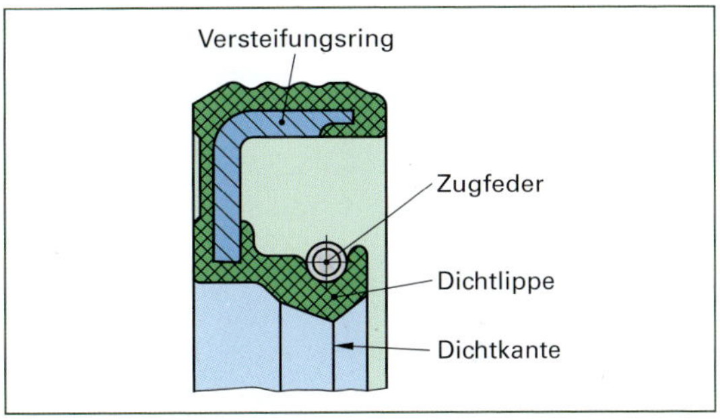


**Bild 4: Radial-Wellendichtring**

Schleifende Dichtungen aus elastischen Kunststoffen müssen bei der Montage und Wartung geschmiert und dürfen nicht durch scharfkantige Werkzeuge beschädigt werden. Schmierstoffe auf Silikonölbasis sind besonders kunststoffverträglich.

**Tabelle 2: Schmierung an Luftfeder-Elementen**

| Dichtung | Schmierstoff |
|---|---|
| O-Ring, Radial-Wellendichtring | Öl oder Fett |
| Kolbenstangendichtung, Führungsring | Fett (gelegentlich Öl) |
| Schaumring | Öltränkung |
| Abstreifer | Schmierung wird nicht empfohlen |

1

### 1.5.7 Seile, Seilzüge

Ein Seil ist ein längliches, biegeschlaffes, elastisches Element, das aus zusammengedrehten bzw. geflochtenen Natur- oder Kunstfasern oder Metalldrähten besteht. Seile werden vielfältig verwendet. So werden sie als laufende Seile über Trommeln oder Scheiben geführt (z. B. Kranseile, Hubseile), sind als stehende Seile fest installiert (z. B. Abspannseile, Halteseile), übernehmen die Funktion von Führungen (Tragseile), befestigen Lasten (Anschlagseile) oder haben andere Einsatzzwecke.

Für ein **Spiralseil** werden mehrere Drähte schraubenlinienförmig um einen Kerndraht gewunden (einfache Verseilung, **Bild 1a**). Bei höherer Beanspruchung wird ein **Litzenseil** benötigt. Dazu werden Spiralseile ihrerseits schraubenförmig um eine Einlage geschlagen (mehrfache Verseilung **Bild 1b**).

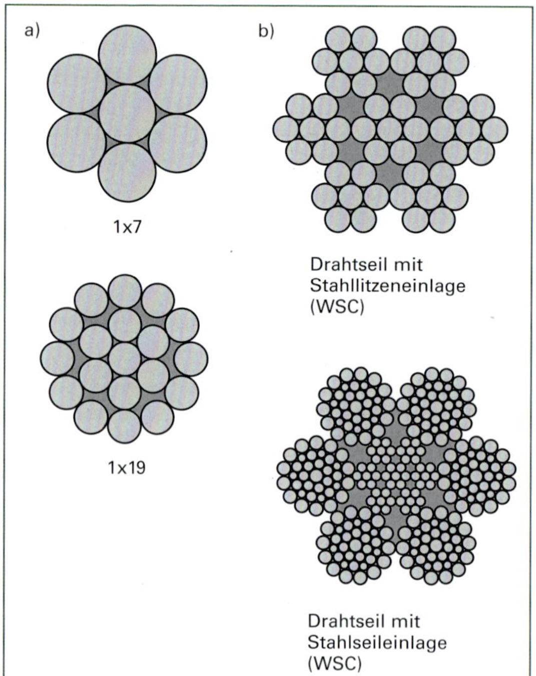


**Bild 1: a) Spiralseile und b) Litzenseile**

Im Fahrradbau werden hauptsächlich Spiralseile nach der Norm EN 12385-10 zum Betätigen der Bremsen und der Schaltung eingesetzt. Diese sind aus 1 x 7 oder 1 x 19 Drähten aufgebaut.

Ein **Seilzug** ist eine einfache Maschine, die dem Heben von Lasten oder der Übertragung von Kräften dient. Er besteht aus einem Zugseil, aus festen und eventuell losen Rollen, manchmal auch aus Wellrädern und Seilwinden (Flaschenzug).

Am Fahrrad gehören zu einem Seilzug die Anschläge und die Umlenkungen (meist gleitend, selten über Rollen). Ist das Seil in einer Hülle geführt spricht man von einem **Bowdenzug**.

Zur Montage als **Bremszug** besteht die Hülle aus einer eng gewickelten Drahtspirale, die außen mit einem dünnen Kunststoffmantel überzogen ist. Dadurch ist sie relativ flexibel und bei der Verlegung einfach der Kontur des Fahrradrahmens anzupassen.

Für die exakte Ansteuerung der Schaltwerke bei **Schaltzügen** muss die Hülle druckstabil ausgeführt sein. Hier liegen die Drähte der Hülle fast parallel zum Seil und werden durch einen starken Kunststoffmantel gehalten.

**Seilreibung** entsteht, wenn ein biegeweiches Seil um einen runden Gegenstand geschlungen wird und an den Seilenden Kräfte angreifen. Grund für die Entstehung von Seilreibung sind tangentiale Haftreibungskräfte an den Stellen, an denen das Seil den runden Körper berührt. Die Berechnung der Seilreibung (Euler-Eytelwein-Formel) zeigt **Bild 2**.

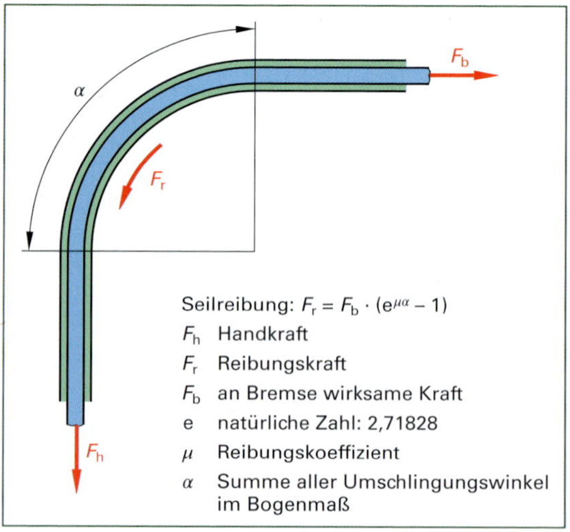


Seilreibung: $F_r = F_b \cdot (e^{\mu\alpha} - 1)$

$F_h$ Handkraft
$F_r$ Reibungskraft
$F_b$ an Bremse wirksame Kraft
e natürliche Zahl: 2,71828
$\mu$ Reibungskoeffizient
$\alpha$ Summe aller Umschlingungswinkel im Bogenmaß

**Bild 2: Seilreibung im 90°-Bogen eines Bremszugs**

In einem Zustand ohne Bewegung rechnet man mit dem Haftreibungskoeffizienten $\mu_H$. Wenn das Seil auf dem runden Körper gleitet, ist der Gleitreibungskoeffizient $\mu_G$ einzusetzen. Bei einem Bremsseilzug am Fahrrad müssen alle Bogenwinkel zwischen Handhebel und Bremsarmen addiert werden. Der Umschlingungswinkel steht im Exponenten der Formel, sodass die Reibungskräfte mit steigendem Winkel schnell ansteigen.

Zur Reibungsminderung wird das Seil in Bowdenzügen in einem Schlauch aus PTFE geführt.

## 1.5.8 Ketten, Riemen, Zahnräder

Beim Hochrad der 1870er Jahre wirkten die Tretkurbeln direkt auf die Nabe des Vorderrades. Es handelte sich also um einen Direktantrieb. Sollen aber die Orte der Energieeinleitung (Antrieb) und der Energieausleitung (Abtrieb) räumlich von einander getrennt sein, dann muss die Antriebsenergie zwischen diesen Orten übertragen werden.

**Kettentriebe** bieten eine formschlüssige, schlupffreie Kraftübertragung und werden meist in Form von **Bolzenketten** (zum Heben von Lasten; auch als Schaltkette der Sachs-Dreigangnaben), **Buchsenketten** (in Förderanlagen) oder **Rollenketten** verwendet. Der Kettentrieb besteht neben der Kette aus dem **Kettenrad** und dem kleineren **Ritzel**. Der gespannte Teil der Kette wird als **Lasttrum**, der ungespannte als **Leertrum** bezeichnet **(Bild 1)**.

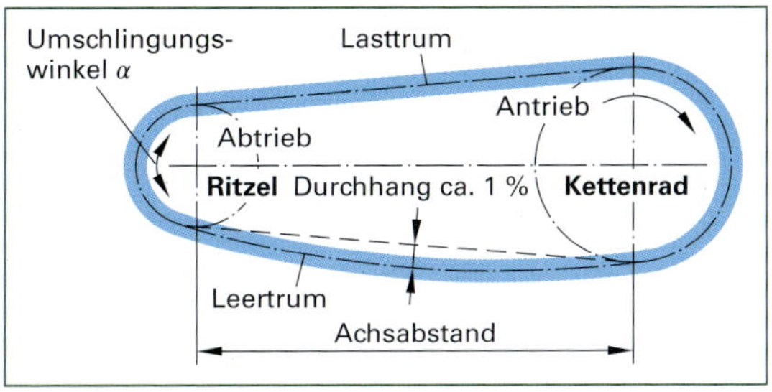


**Bild 1: Bezeichnungen am Kettentrieb**

Die wesentlichen Eigenschaften der Kettentriebe sind:

- Übliche Übersetzung bis 4:1 (max. 7:1)
- Wellenabstände im Bereich des 30- bis 60-Fachen der Kettenteilung
- Kettengeschwindigkeiten bis ca. 20 m/s
- Wirkungsgrad bis 98 %
- Schlupffreiheit
- Vorspannungsfrei
- Drehrichtung bleibt erhalten
- Schmierung erforderlich
- Ungekapselt sind sie empfindlich gegen Schmutz und mangelnde Wartung
- Hohe Laufgeräusche
- Neigung zum Schwingen

**Rollenketten** haben von allen Kettenarten die weiteste Verbreitung **(Bild 2)**. Sie werden von 6 mm bis 3" Teilung angeboten und decken deshalb ein sehr breites Anwendungs- und Leistungsspektrum ab. Kettentriebe mit kleiner Teilung laufen ruhiger und sind für höhere Kettengeschwindigkeiten geeignet.

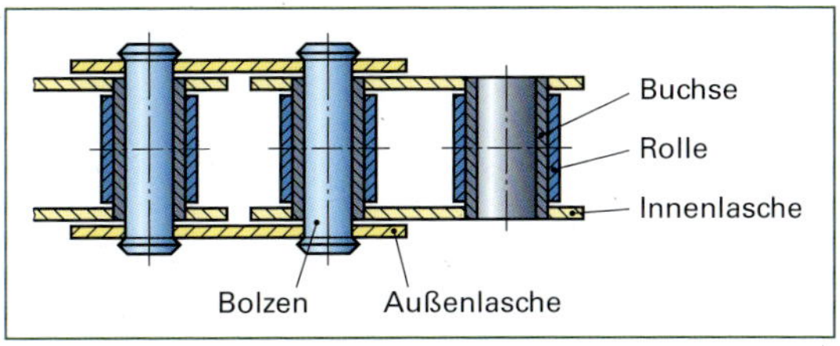


**Bild 2: Aufbau einer Rollenkette**

Die Kette umschlingt die Räder in der Form eines Vielecks. Daraus ergibt sich, dass der wirksame Raddurchmesser zwischen $d_{max}$ und $d_{min}$ sowie die Kettengeschwindigkeit $v_{k\ max}$ und $v_{k\ min}$ schwankt **(Bild 3)**. Dieser *Polygoneffekt* verursacht einen unruhigen Lauf der Kette und führt im Resonanzbereich zu Schwingungen. Die prozentuale Ungleichförmigkeit beträgt bei 20 Zähnen 1,2 %, sie nimmt darunter aber exponentiell zu (bei 16 Zähnen 2 %). Der Polygoneffekt kann bei einer kleinen Teilung und einer Zähnezahl von 19 Zähnen und aufwärts vernachlässigt werden.

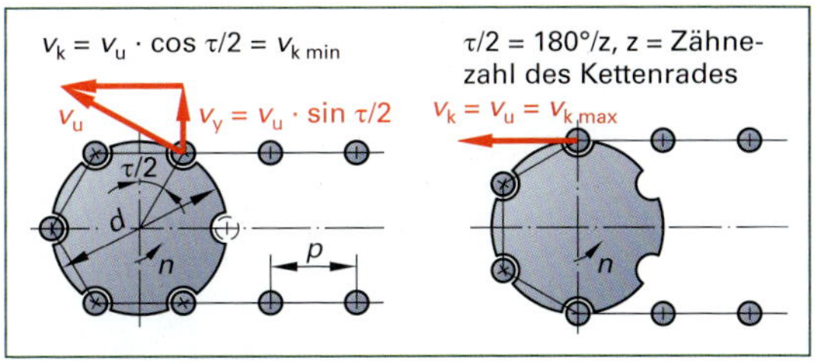


**Bild 3: Polygoneffekt**

Die horizontale Lage des Kettentriebes ist zu bevorzugen. Der Kettendurchhang des Leertrums sollte etwa 1 % des Achsabstands betragen **(Bild 1)**. Zu lose aufliegende Ketten springen leichter über die Verzahnung. Der Durchhang sollte bei neuen Ketten nach einigen Wochen geprüft werden, denn die Anfangslängung ist durch das *Setzen* (Einebnen von Rauigkeiten) in den Gelenken größer als im weiteren Betrieb.

Bis zu einer Neigung des Kettentriebes von 60° aus der horizontalen Ebene liegt der Leetrum unten und es sind keine Spann- oder Führungselemente erforderlich (vorausgesetzt: Durchhang ≈ 1 %). Bei vertikaler Anordnung des Kettentriebes ist ein Spannrad oder eine andere geeignete Spanneinrichtung erforderlich. Leitschienen unterstützen bei großen Achsabständen die losen und freien Kettenstränge.

Für weitere Informationen zu Ketten im Fahrradbau siehe auch **Kap. 6.4 Antriebskette**.

1

Am **Riementrieb** wird die Umfangskraft als Zugkraft entweder rein reibschlüssig (Flach-, Keil- oder Keilrippenriemen) oder formschlüssig (Zahn-/Synchronriemen) übertragen **(Bild 1)**. Als Fahrradantrieb werden Zahnriemen verwendet, im Bereich der Trainingsgeräte dienen Rundriemen der Kraftübertragung bei Rollentrainern („freie Rolle").

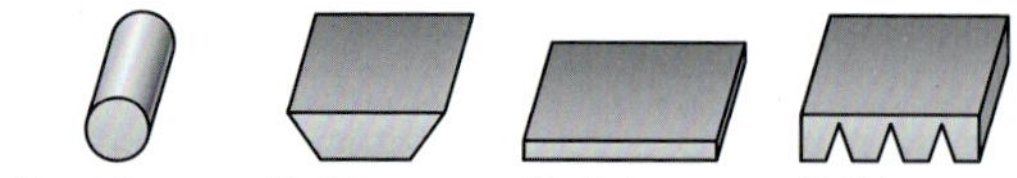


**Bild 1: Riemenbauarten**

Im Riemen nehmen Zugstränge aus Polyester, Polyamid, Stahl-, Glas- oder Kohlenstofffaser die Zugkräfte auf **(Bild 2)**. Dort, wo die Kraft per Reibung übertragen werden soll, dienen Elastomere als geeigneter Werkstoff. Der Antrieb und der Abtrieb erfolgen jeweils über **Riemen*scheiben*** (auch wenn diese für Zahnriemen einem Ketten*rad* ähnlich sehen).

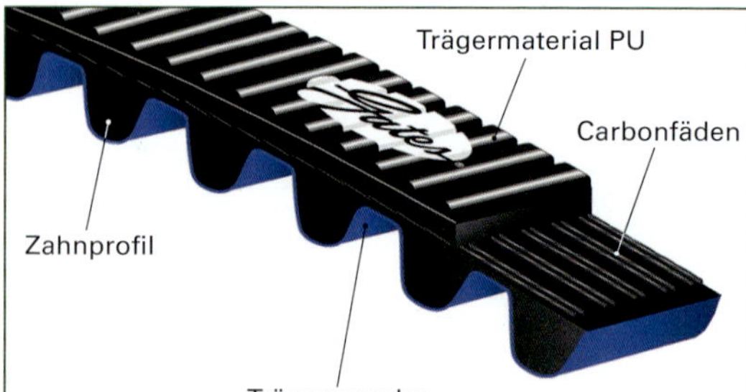


**Bild 2: Aufbau eines Zahnriemens**

Die wesentlichen Eigenschaften der Riementriebe sind:

- Übersetzung: Zahnriemen bis 10:1, Flachriemen bis 12:1 und Keilrippenriemen bis 35:1
- Überbrückung großer Wellenabstände
- Hohe Umfangsgeschwindigkeiten
- Wirkungsgrad bis 98 %
- Schlupffreie Kraftübertragung nur bei Zahnriemen
- Riemen-Spanneinrichtungen erzeugen zusätzliche Lagerbelastungen
- Elastische Kraftübertragung, Dämpfung von Stößen und Schwingungen
- Keine Schmierung erforderlich
- Kein bzw. geringer Wartungsaufwand
- Geräuscharm

Bei Zahnriemen bestimmt die Zahnform in großem Maß die Belastung des Riemens. Bei trapezförmigen Profilen sind die Spannungen am Fußpunkt des Zahns größer als bei einem abgerundetem **(Bild 3)**.

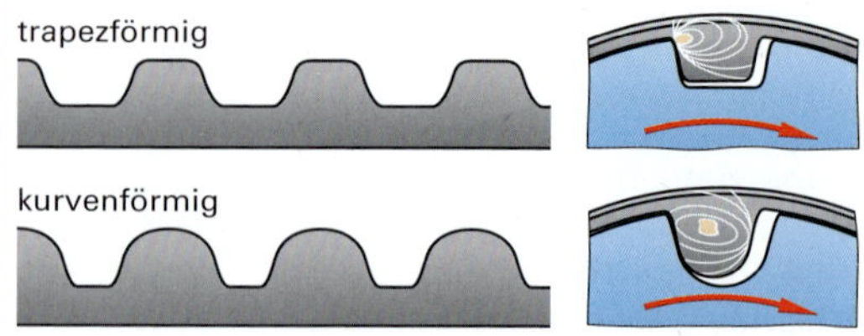


**Bild 3: Materialspannungen bei unterschiedlichen Zahnformen**

Bei der Auswahl von Ersatzriemen ist zu beachten, dass der Markt eine große Vielfalt an Zahnprofilen (auch nicht genormte, herstellereigene) anbietet, die auf Kraftübertragung, Betriebsgeschwindigkeit, Totgang (Spiel zwischen Riemen und Riemenscheibe) oder Geräuschentwicklung optimiert sind.

Für weitere Informationen zu Riemen im Fahrradbau siehe auch **Kap. 6.5 Antriebsriemen.**

Im **Zahnradtrieb** werden durch Formschluss der im Eingriff befindlichen Zähne Drehmoment und Drehzahl von einer Welle auf eine zweite übertragen. Dabei wird gleichzeitig die Drehrichtung geändert.

Die wesentlichen Eigenschaften der Zahnradtriebe sind:

- Große Übersetzungsverhältnisse möglich
- Nur geringe Wellenabstände realisierbar
- Eignet sich für verschiedene Achslagen
- Schlupffreie Kraftübertragung
- Wechsel der Drehrichtung
- Hohe Kräfte übertragbar
- Kapselung erforderlich, um vor Schmutz zu schützen und den Austritt von Schmierstoff zu verhindern
- Betriebssicher und wartungsarm
- Hohes Gewicht

Die Abmessungen am Zahnrad sind in **Seite 113, Bild 1**, dargestellt.

Um Verschleiß, Erwärmung und Geräuschentwicklung beim Kämmen von Zahnrädern zu vermindern, sollte ein Gleiten der Oberflächen der Zähne gegeneinander vermieden werden. Ebenso sollte trotz geringer Abweichungen des Achsabstandes eine gleichmäßige Bewegungsübertragung gewährleistet bleiben und keine Schädigung der Zahnräder auftreten.

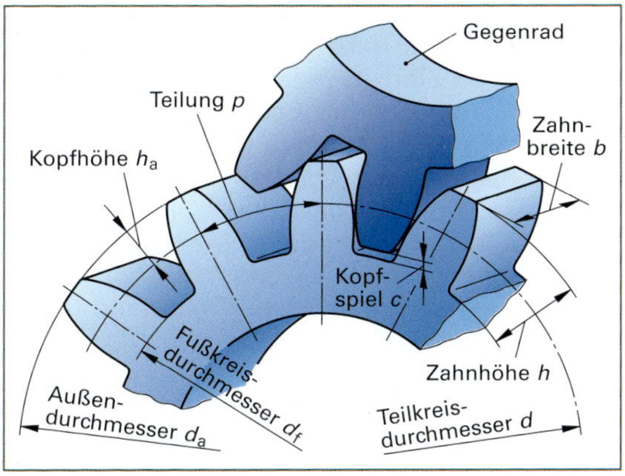


**Bild 1: Zahnradabmessungen**

Diese Bedingungen erfüllt die **Evolventenverzahnung** bestmöglich, weil durch diese Zahnform die Oberflächen aufeinander abwälzen. Alle Evolventen-Zahnräder haben einen Eingriffswinkel von 20°. Die Figur der Evolvente entsteht beim Abwickeln eines Fadens von einem Zylinder entlang der Kurve, die das Fadenende beschreibt **(Bild 2)**.

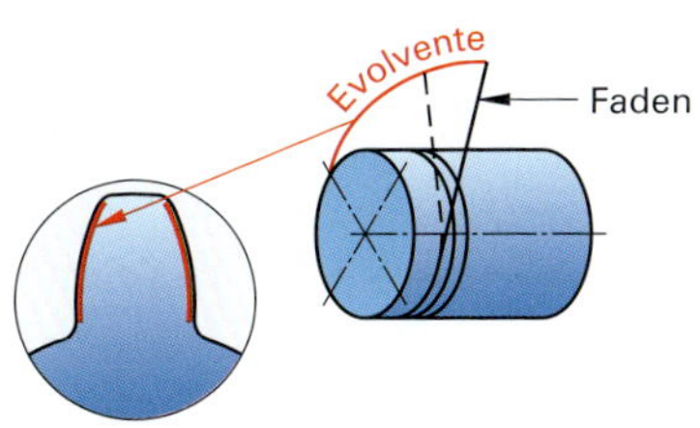


**Bild 2: Entstehung einer Evolvente**

Die Energieübertragung bei parallelen Wellen erfolgt durch Stirnräder mit Außen- oder Innenverzahnung. Dabei sind verschiedene Verzahnungsarten möglich **(Bild 3)**.

| | |
|---|---|
| geradverzahnt  | • geringe Reibverluste<br>• hohe Geräuschentwicklung<br>• empfindlich gegen Zahnformfehler |
| schrägverzahnt  | • höhere Laufruhe<br>• bessere Eignung für hohe Drehzahlen<br>• geringerer Wirkungsgrad<br>• geringe Empfindlichkeit gegen Zahnformfehler<br>• Axialkräfte werden durch die Pfeilverzahnung ausgeglichen |
| pfeilverzahnt  | |

**Bild 3 : Verzahnungsarten bei Stirnrädern**

## 1.5.9 Getriebe

Ein Getriebe ist ein Maschinenelement, mit dem Bewegungsgrößen geändert werden. Die zu ändernde Bewegung ist oft eine Drehbewegung, bei welcher Drehzahl und Drehmoment an die Umgebungsbedingungen angepasst werden oder die Lage der Drehachse verändert wird. In anderen Fällen werden eine Längsbewegung in eine Drehbewegung oder eine Drehbewegung in eine Kurvenbewegung umgewandelt.

Die häufigste Aufgabe eines gleichmäßig übersetzenden Getriebes ist neben der Drehmomentwandlung die Anpassung einer gegebenen Eingangsdrehzahl an eine geforderte Ausgangsdrehzahl (z. B. 70 $^1/_{min}$ an der Tretkurbel eines Fahrrades zu 170 $^1/_{min}$ am Antriebsrad). Dafür besitzen **Kettengetriebe** und **Riemengetriebe** unterschiedliche Durchmesser an Kettenrad und Ritzel bzw. den Riemenscheiben. Eine Veränderung der Drehzahl ins Schnelle wird *übersetzen*, eine Veränderung ins Langsame *untersetzen* genannt. Das Verhältnis von Antriebs- und Abtriebsdrehzahl wird *Übersetzungsverhältnis* genannt, auch wenn es sich um eine Veränderung ins Langsame handelt.

**Zahnradgetriebe** sind die in Maschinen am häufigsten verwendete Getriebeart. Sie haben einen geringen Platzbedarf und können neben der Drehzahl-Drehmomentwandlung auch andere Aufgaben übernehmen, wie Drehbewegungen in Längsbewegungen umwandeln (Zahnstange), selbsthemmend sein (Schneckengetriebe) oder die Drehachse um 90° verlegen (Schraubengetriebe, Kegelradgetriebe). Siehe dazu auch **Bild 4**.

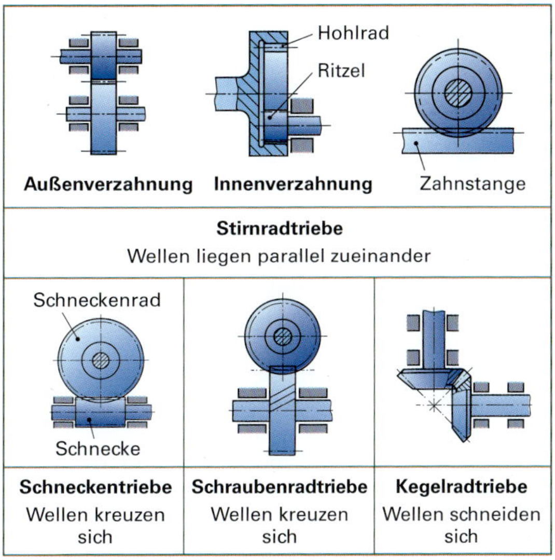


**Bild 4: Grundformen der Zahnradgetriebe**

Das **Planetengetriebe** ist ein Umlaufgetriebe, bei dem sich die Planetenräder außer um die eigene Achse (Umlaufachse) auch noch um eine andere Achse (Zentralachse) drehen können. Es besteht aus dem zentralen Sonnenrad, einem äußeren Hohlrad und den die beiden verbindenden Planetenrädern (meist drei oder vier). Bei einem Planetengetriebe sind immer alle Zahnräder im Eingriff. Sonnenrad, Hohlrad und der Planetenradträger werden auf Wellen gelagert oder sind in die Getriebekonstruktion integriert (z. B. das Hohlrad als Nabengehäuse oder das Sonnenrad auf der Nabenachse). An- und Abtrieb sowie das Übersetzungsverhältnis werden durch das Festlegen einzelner Wellen bestimmt. **Bild 1** zeigt die schematische Anordnung eines in einer Dreigangnabe befindlichen Planetengetriebes, bei der der Planetenträger angetrieben wird. Der Abtrieb erfolgt über das Hohlrad.

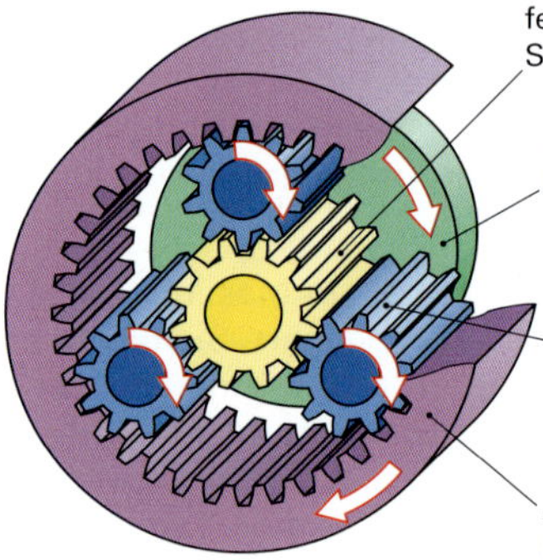


**Bild 1: Bezeichnungen und Bewegungen am Planetengetriebe (hier im Schnellgang)**

Die Vorteile eines Planetengetriebes sind:

- einfaches Schalten,
- geringe Zahnflankenbelastung,
- große Laufruhe und
- geringer Platzbedarf.

Das **Wälzkörpergetriebe** ist eine Bauform des kraftschlüssigen Getriebes. Dabei rollen rotationssymmetrische Wälzkörper gegeneinander und übertragen die Kräfte ohne eine Verzahnung. Die einfachste Bauart ist das **Reibradgetriebe** wie es bei Seitenläufer- und Walzendynamos realisiert ist. Für den Fahrradantrieb steht das stufenlose Enviolo-Getriebe zur Verfügung **(siehe Seite 360)**.

In **Schaltgetrieben** kann das Übersetzungsverhältnis während des Betriebes angepasst werden. Bei Kettengetrieben wird dafür die Kette auf ein anderes Ritzel oder Kettenrad geführt. In Zahnradgetrieben sind dagegen die verschiedenen Zahnradpaarungen immer gleichzeitig im Eingriff und werden beim Schaltvorgang drehstarr mit den jeweiligen Wellen verbunden. Im Planetengetriebe müssen analog dazu die Wellen oder Planetenradträger gesperrt oder freigegeben werden. Bei Wälzkörpergetrieben werden dafür die Abrollradien der Walzen oder Kugeln verändert **(siehe auch Schaltwerk, Kap. 1.5.12)**.

Für weitere Informationen zu Getrieben im Fahrradbau siehe auch **Seite 344 f**.

### 1.5.10 Kupplungen

Eine **Kupplung** ist ein Maschinenelement zur starren, elastischen, beweglichen oder lösbaren Verbindung zweier Bauteile. Eine nicht starre Kupplung kann neben einer formschlüssigen auch eine kraftschlüssige Verbindung sein. Durch die Verbindung wird es möglich, zwischen beiden Bauteilen Rotation und damit Drehmoment und letztlich mechanische Arbeit zu übertragen.

Die **Überholkupplung** (**Freilaufkupplung**, Richtungskupplung) stellt eine drehrichtungsabhängige Verbindung zwischen Ritzel und Nabe her. Wird der Antrieb langsamer, unterbrochen oder umgekehrt (reversiert) kann das Rad ohne Einschränkung seiner Bewegung in Fahrtrichtung weiterrollen.

**info**

Erst die Erfindung des Freilaufs machte das Fahrrad im 19. Jahrhundert massentauglich. Die bis dahin sich ständig mitdrehenden Pedalen erschwerten die Handhabung, weil bei schneller Bergabfahrt die Füße oft den Halt auf ihnen verloren und deswegen zuweilen Stürze und schwere Verletzungen entstanden. Ein weiterer Sicherheitsgewinn ergibt sich bei Kurvenfahrt in großer Schräglage, da das kurveninnere Pedal hochgehalten werden kann. Darüber hinaus ermöglicht der Freilauf das Rollenlassen des Fahrrades zur Erholung der Muskeln und beim Schalten von Getrieben entlastet er den Antriebsstrang vom Drehmoment.

Je nach Prinzip der Kraftübertragung unterscheidet man bei der Überholkupplung zwischen:

- Formschluss durch Sperrklinken oder Zahnscheiben und
- Kraftschluss durch Klemmrollen oder Klemmkörper.

**Sperrklinkenüberholkupplung**

Auf dem Freilaufkörper sind zwei bis sechs federbelastete Sperrklinken schwenkbar gelagert. Sie greifen bei Vorwärtsdrehung des Ritzelträgers in dessen sägezahnförmige Aussparungen und übertragen das Drehmoment auf die Nabe. Bei Stillstand oder Reversieren überholen die Sperrklinken den Ritzelträger und gleiten über die Sägezahnflanken. Das Klicken des Freilaufs entsteht, wenn die federbelasteten Sperrklinken vom innersten Punkt der Sägezahnflanke radial aufspringen **(Bild 1)**.

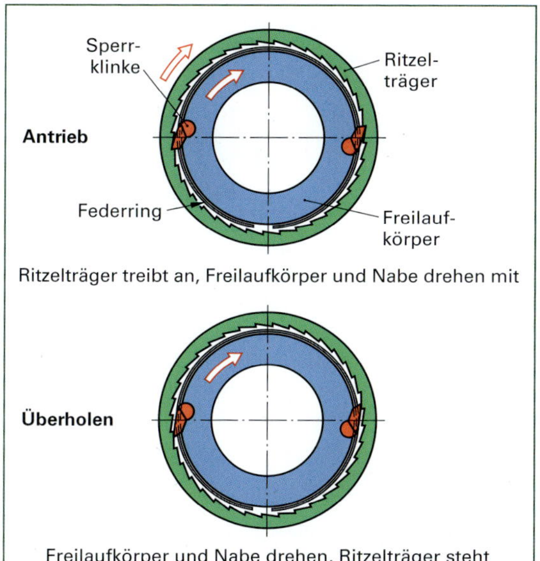


**Bild 1: Prinzip der Sperrklinkenüberholkupplung**

Je nach Anzahl der Zähne im Ritzelträger und Anzahl und Position der Sperrklinken bzw. -zähne ergibt sich ein Winkelversatz von 20° bis 1,76° bis beim Antritt der Kraftschluss hergestellt ist. Je höher die Zähnezahl der Freilaufscheiben, desto schneller erfolgt der Eingriff. Der resultierende Leerweg der Kurbel ist reziprok zum Übersetzungsverhältnis des Kettengetriebes.

**Zahnscheibenüberholkupplung**

Im Nabenkörper und im Ritzelträger befindet sich jeweils eine Freilaufscheibe mit radial angeordneter Sägeverzahnung. Die Scheiben sind axial verschiebbar und mit einer Kegelfeder belastet. Sie sind über ein Keilwellenprofil drehfest mit der Nabe bzw. dem Ritzelträger verbunden **(Bild 2)**.

Bei der Übertragung des Antriebsmomentes greifen die federbelasteten Freilaufscheiben ineinander. Bei Tretstillstand oder Reversieren überholt die Freilaufscheibe im Nabenkörper diejenige des Ritzelträgers. Dabei drückt die Sägeverzahnung die Freilaufscheiben gegen die Federspannung axial auseinander. Das Zurückspringen der Scheiben ist durch ihre relativ große Masse deutlich hörbar.

**Bild 2: Zahnscheibenüberholkupplung**

**Klemmrollenüberholkupplung**

Auf dem Ritzelträger (auch *Antreiber* genannt, **s. a. Seite 345, Bild 1**) sind fünf spiralförmig ansteigende Aussparungen für die Klemmrollen eingearbeitet. Bei der Vorwärtsdrehung des Ritzelträgers laufen die Rollen auf den Steigkurven hoch, klemmen zwischen Ritzelträger und Nabenkörper und übertragen kraftschlüssig das Drehmoment **(Bild 3a)**.

Bei Tretstillstand oder Reversieren schiebt der weiterdrehende Nabenkörper die Walzen aus dem Kraftschluss und löst damit die Verbindung zur Nabe **(Bild 3b)**. Statt fünf relativ große Rollen kann auch eine größere Anzahl kleinerer Nadeln das Drehmoment übertragen, wodurch die Baugröße sinkt.

Die Klemmrollen müssen erhebliche Kräfte aushalten, um das Drehmoment sicher zu übertragen. Das erzeugt bei kleinen Radien der Rollen hohe Flächenpressungen, die zu einem schnellen Verschleiß an den Berührflächen führen. Sicher und haltbar sind diese Kupplungen, wenn sie mit relativ großen Rollen in dickwandigen Stahlnaben versehen sind. Die Klemmrollenüberholkupplung arbeitet geräuschlos.

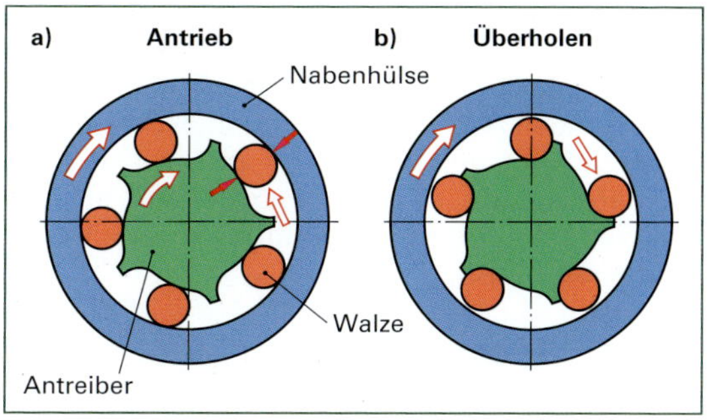


**Bild 3: Prinzip der Klemmrollenüberholkupplung**

1

**Klemmkörperüberholkupplung**

Der Ritzelträger mit dem Klemmkörperring dreht sich über einen fest mit dem Nabenköper verbundenen Klemmring. Bei einer Drehmomentübertragung vom Ritzelträger zum Nabenkörper kippen die Klemmkörper und stellen einen Kraftschluss her **(Bild 1a)**. Bei Tretstillstand oder Reversieren überholt der Klemmring auf dem Nabenkörper den Ritzelträger und löst die Kraftschlussverbindung der Klemmkörper **(Bild 1b)**.

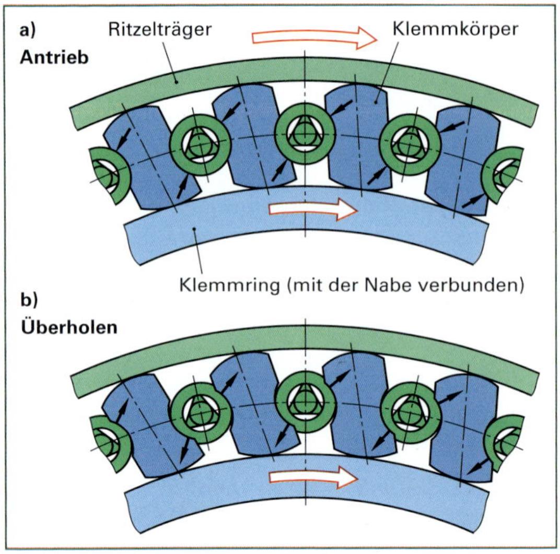


**Bild 1: Prinzip der Klemmkörperüberholkupplung**

Durch ihre schmale Bauform und das Fehlen der Rampen können bei gleichem Kreisumfang mehr Klemmkörper untergebracht werden als Rollen bei der Klemmrollenüberholkupplung. Auch haben die Kontaktflächen der Klemmkörper einen größeren Radius als jene der Klemmrollen. Beides sorgt dafür, dass die Klemmkörper ein höheres Drehmoment bei geringerer Verformung und geringerem Verschleiß übertragen können.

Eine **Rutschkupplung** ist eine selbsttätig drehmomentschaltende Reibkupplung, die im Falle einer ungewollten Blockade vor Überlastung von Maschinenelementen oder Verletzungen von Personen schützen soll. Prinzipiell sind alle Reibkupplungen auch Rutschkupplungen. Für den notwendigen Aspekt der Sicherheitskupplung ist dabei eine definierte Kupplungskraft wichtig. Am Fahrrad wird dieses Maschinenelement bei den Rollenbremsen der Firma Shimano eingesetzt (**Seite 392, Bild 3**).

## 1.5.11 Gesperre

Ist zwischen einem drehbaren und einem festgehaltenen Teil eine Richtungskupplung eingebaut, so wirkt sie in der Drehrichtung als Sperre. Sie kann als Rücklaufsperre eine Rückwärtsbewegung verhindern oder im Ratschenschlüssel die Bewegung der Schraube in nur eine Richtung sicherstellen. Auch Freilaufkupplungen sind Gesperre.

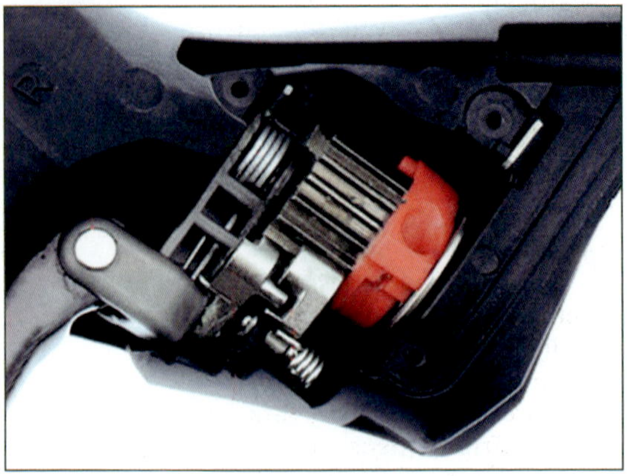

**Bild 2: Zahnsperre eines Brems-/Schalthebels**

Am Fahrrad sind sie außerdem notwendig, um eine definierte Seilbewegung bei der Betätigung der Schaltwerke zu garantieren. Hier werden vor allem Zahnsperren **(Bild 2)** und Raststperren **(Bild 3)** eingesetzt.

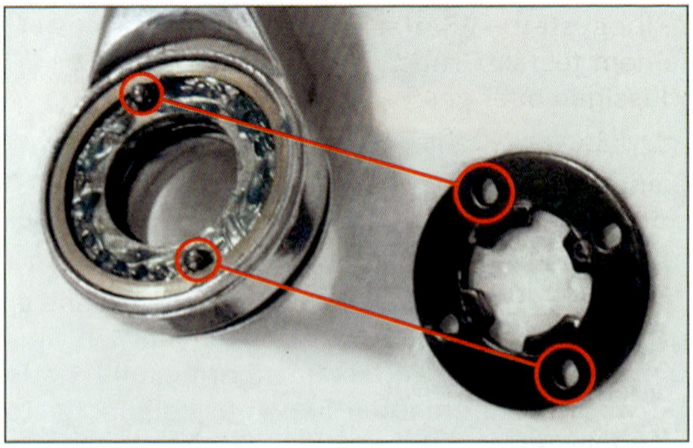

**Bild 3: Rastsperre eines Daumenschalthebels**

## 1.5.12 Schaltwerk, Verstelleinrichtung

Mithilfe eines **Schaltwerks** werden mechanische, logische und/oder elektrische Schaltvorgänge durchgeführt. Dabei wird ein Getriebe, eine Maschine o. Ä. von einem Betriebszustand in einen anderen versetzt. Die verschiedenen Zustände sind inkrementell (stufenweise, schrittweise) und durch die zu schaltende Konstruktion vorgegeben. Bei einem Kettengetriebe werden dazu das vordere und das hintere Schaltwerk verwendet **(siehe Kap. 6.6.2)**. Das Schaltwerk eines Nabengetriebes ist in die Nabenachse integriert **(siehe Kap. 6.6.1)**.

## 1.6 Tribologie und Verschleiß

Die Tribologie ist ein wichtiges Fachgebiet für die Instandhaltung mechanischer Systeme. Das Wort Tribologie leitet sich vom griechischen *tribos* = reiben ab.

**info**

Tribologie ist die Wissenschaft und Technik von aufeinander einwirkenden Oberflächen in Relativbewegung und umfasst das Gesamtgebiet von Reibung und Verschleiß, einschließlich der Schmierung. Dazu gehören Wechselwirkungen sowohl zwischen den Grenzflächen von Festkörpern als auch zwischen Festkörpern und Flüssigkeiten oder Gasen[1].

Nach neueren Untersuchungen werden allein in den Industrieländern 10 % der technisch erzeugten Energie durch Reibung und 5 % des Bruttosozialproduktes durch Werkstoffverschleiß vernichtet. Tribologische Erkenntnisse sind daher von volkswirtschaftlichem Interesse.

### 1.6.1 Tribologisches System

Die Aufgabe eines **Tribologischen Systems** (kurz Tribosystem) ist die Umsetzung der Eingangsgröße [x] in eine technisch nutzbare Ausgangsgröße [y] unter Berücksichtigung der Systemstruktur.

Tribosysteme **(Seite 125, Bild 1)** bestehen aus einem festen Grundkörper (1) und einem festen, flüssigen oder gasförmigen Gegenkörper (2).

Der Aggregatzustand des Zwischenstoffes (3) kann ebenfalls fest, flüssig (Schmierstoffe), gasförmig sein oder kann fehlen. Das Umgebungsmedium (4) ist ausschließlich flüssig, gasförmig oder fehlt im Vakuum. Zur Systemstruktur gehören bis zu vier Elemente.

Es gibt offene und geschlossene Tribosysteme.

In der Fahrradtechnik zählt der Kontakt zwischen Reifen und Straße zu den offenen Tribosystemen, da der Grundkörper Reifen von fortlaufend neuen Stoffbereichen des Gegenkörpers Straßenbelag berührt wird.

Beispiele für geschlossene Tribosysteme:

- Bremsbelag/Bremsfläche
- Kugellagerschale/Wälzkörper
- Dichtring/Welle
- Schraube/Mutter

Hier sind Grund- und Gegenkörper in wiederholtem oder dauerhaftem Kontakt.

Um die tribologische Beanspruchung innerhalb des Systems besser verstehen zu können, ist es wichtig, alle beteiligten Größen und Vorgänge zu kennen. Wegen ihrer Vielzahl fasst man sie als sogenanntes Beanspruchungskollektiv zusammen. In ihm vereint sich:

- die wirkende Normalkraft $F_N$
- die Geschwindigkeit $v$
- Art und Ablauf der Relativbewegung
- die Beanspruchungsdauer und die Temperatur.

Diese Größen und Vorgänge sind nur selten konstant.

Die Beispiele aus der Fahrradtechnik zeigen, dass offene und geschlossene Tribosysteme unterschiedliche Funktionen erfüllen können. Sie werden unterteilt in **(Tabelle 1)**

- Energiedeterminierte Systeme
- Stoffdeterminierte Systeme
- Informationsdeterminierte Systeme.

[1] Definition nach der zurückgezogenen DIN 50 323
[2] lat. determinare: begrenzen, abgrenzen, bestimmen

**Tabelle 1: Tribosysteme**

| Tribosysteme | Funktionen | Beispiele |
|---|---|---|
| Energiedeterminiert | Kraftübertragung<br>Bewegungsübertragung<br>Bewegungshemmung<br>Energieübertragung | Kupplungen,<br>Lager, Führungen,<br>Stoßdämpfer, Bremsen,<br>Getriebe |
| Stoffdeterminiert | Umformen<br>Urformen<br>Trennen<br>Fügen<br>Abdichten<br>Beschichten<br>Stofftransport | Walzen, Schmieden, Biegen, Extrudieren,<br>Drehen, Fräsen, Bohren, Reibschweißen,<br>Sägen, Wasserstrahlschneiden,<br>Passungen,<br>Dichtungen, Ventile,<br>Spritzbeschichten, Spritzdüsen,<br>Förderbänder, Rohrleitungen |
| Informationsdeterminiert[2] | Signalübertragung<br>Signalausgabe<br>Signalspeicherung | Elektrische Schalter, Stößel, Nocken,<br>Datenleseköpfe,<br>Plattenspeichermedien |

1

### 1.6.2 Reibung

Wenn sich die Oberflächenbereiche von Grund- und Gegenkörper berühren und relativ zueinander bewegen oder Flüssigkeiten bewegt werden, entsteht Reibung. Die Reibung wirkt der Relativbewegung entgegen und verrichtet Arbeit (Reibungsarbeit $W$ = Reibungskraft $F_R \cdot$ Weg $s$). Die Reibungsarbeit wird in die Energieform Wärme umgewandelt.

Die Reibungszahl $\mu$ beschreibt das Verhältnis zwischen der Reibungskraft $F_R$, die parallel zur Berührungsfläche von Grund- und Gegenkörper wirkt, und der Normalkraft $F_N$, die senkrecht zur Berührungsfläche wirkt **(Bild 1)**.

$$m = \frac{F_R}{F_N}$$

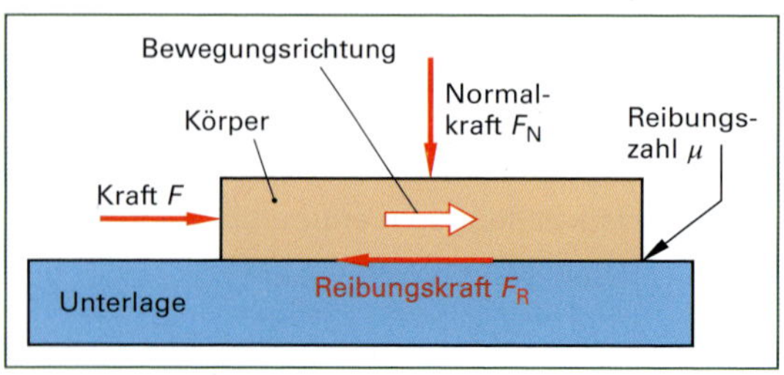


**Bild 1: Wirksame Kräfte bei der Reibung**

Man unterscheidet:

- Äußere Reibung: Die Stoffbereiche von verschiedenen Körpern berühren sich.
- Innere Reibung: Reibung in ein und demselben Stoff, z. B. in Schmieröl oder in Dämpferöl.

**Tabelle 1: Gleitreibungszahlen**

| Werkstoffpaarung* | Reibungszahl $\mu$ |
|---|---|
| Stahl auf Stahl | 0,4 bis 0,7 |
| Stahl auf Stahl (geschmiert) | 0,1 |
| Bremsbelag auf Stahl | 0,5 bis 0,6 |
| Stahl auf Eis | 0,015 |
| Gummi auf Metall | 0,50 |
| Holz auf Holz | 0,2 bis 0,4 |

* ungeschmiert

Die Reibungsphasen bei festen Grund- und Gegenkörpern sind:

- Energieeinleitung: Berührung der Oberflächenhügel
- Energieumsetzung: elastische oder plastische Verformung der sich berührenden Oberflächen-Rauheitshügel (Entstehung der Reibungskraft an der realen Kontaktfläche)
- Energieumwandlung (Dissipation): Wärmeerzeugung und Abstrahlung, Schallwellenabstrahlung durch Geräusche

Mit der Rasterkraftmikroskopie (AFM) können Wissenschaftler Elementarprozesse der Reibung untersuchen und atomare Kräfte messen.

In vielen Konstruktionen ist Reibung erwünscht.

*Beispiel*:
- Bremsbelag/Bremsscheibe
- Dynamoreibrad/Reifen
- Lenker/Vorbauklemmung
- Stoßdämpferventil/Ölviskosität

In anderen Fällen versucht man durch Schmierung oder andere konstruktive Maßnahmen die Reibung so gering wie möglich zu halten.

**Reibungszustände.** Je nach Aggregatzustand der beteiligten Stoffbereiche und der Geschwindigkeit der Relativbewegung werden fünf Reibungszustände unterschieden. Die Stribeck-Kurve stellt diese grafisch dar **(Bild 2)**.

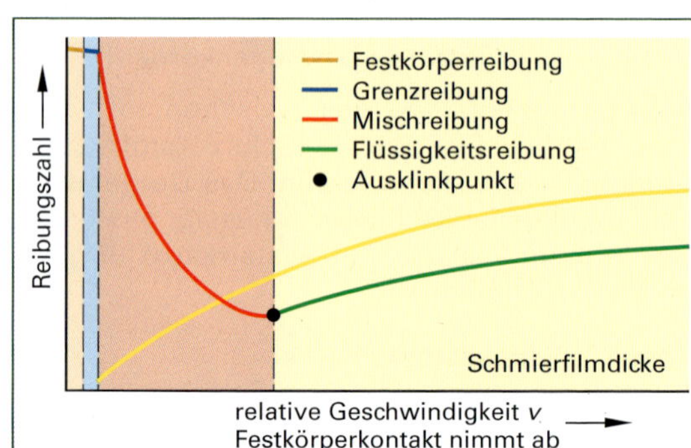


**Bild 2: Stribeck-Kurve**

Unter **Festkörperreibung** versteht man den unmittelbaren Kontakt von unbehandelten, unveränderten, nicht oxidierten Reiboberflächen, bei dem es zu atomar-molekularen Wechselwirkungen kommt.

Die **Grenzreibung** stellt eine Sonderform der Festkörperreibung dar. Hier ist der chemische Aufbau der sich berührenden Oberflächen durch eine Oxidschicht oder einen dünnen molekularen Film, z. B. von Schmierstoffzusätzen, gegenüber dem Grundwerkstoff verändert **(Seite 119, Bild 1)**.

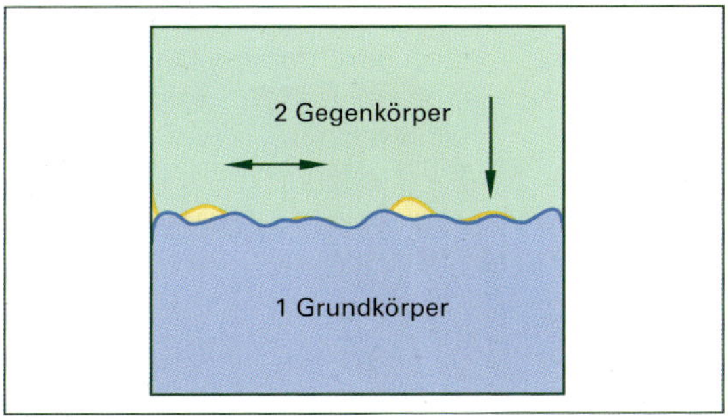


**Bild 1: Festkörperreibung**

Bei einer ausreichend hohen Geschwindigkeit der Relativbewegung findet die Reibung innerhalb eines den Grund- und Gegenkörper vollständig trennenden Zwischenstoffes statt. Dieser kann flüssig oder gasförmig sein. Ebenso kann es sich um einen flüssigen oder gasförmigen Gegenkörper handeln.

Dieser Zustand wird als **Flüssigkeitsreibung** bzw. **Gasreibung** bezeichnet.

Bei hydrodynamischer oder elastohydrodynamischer Schmierung **(Bild 2)** führt die niedrige Flüssigkeitsreibung zu geringem Verschleiß.

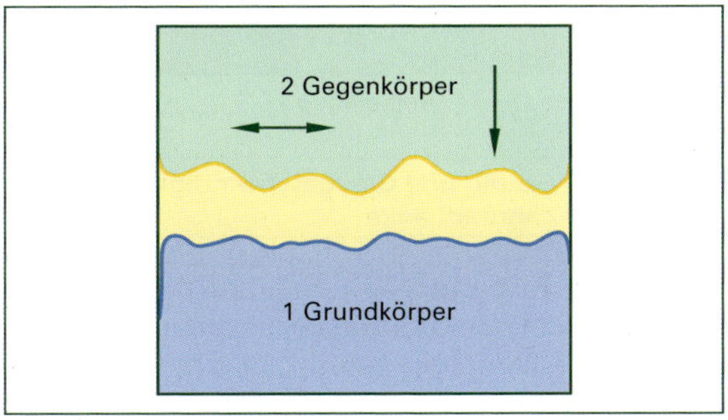


**Bild 2: Flüssigkeitsreibung**

Wegen der niedrigen Geschwindigkeit der Relativbewegungen ist die **Mischreibung** der am häufigsten vorkommende Reibungszustand in der Fahrradtechnik.

Mischreibung wird definiert als eine Mischung aus Festkörper- und Flüssigkeitsreibung. An einigen Stellen berühren sich die Oberflächen direkt, andere Flächenanteile werden durch einen Zwischenstoff getrennt **(Bild 3)**.

*Beispiel für Mischreibung*:
- Antriebskette
- Ritzel
- Kettenrad
- Dichtungslaufflächen
- Schaltungs- und Bremsenmechanik
- Langsamlaufende und/oder stoßbelastete Wälzlager
- Gleitlager von Federelementen
- Mehrgangnaben und Seile aller Art

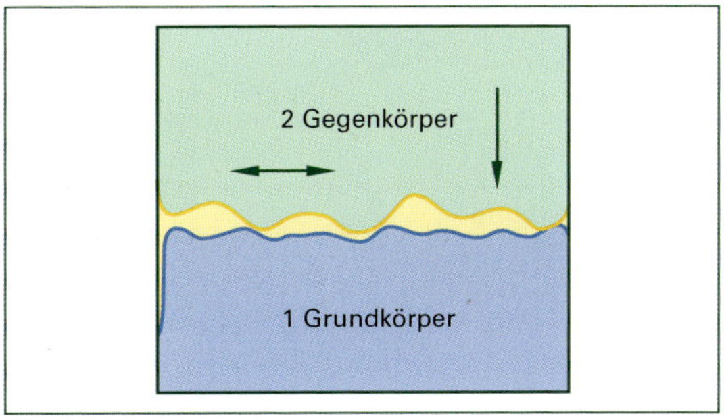


**Bild 3: Mischreibung**

### Reibungsarten

Voraussetzung für das Auftreten von **Haftreibung** ist, dass sich Körper und Gegenkörper berühren und dass die Berührungsfläche unter einem gewissen Druck steht **(Bild 4)**.

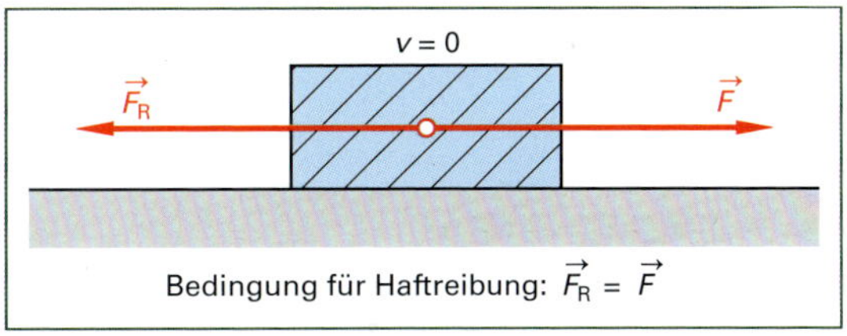


**Bild 4: Haftreibung**

Wenn eine äußere Kraft *F* einen der beiden Körper entlang der Berührungsfläche gegenüber dem anderen zu verschieben sucht, dann baut sich eine entgegengesetzte, betragsgleiche Kraft $F_R$ auf, die eine Relativbewegung der beiden Körper verhindert.

Der genaue Sprachgebrauch ist uneinheitlich:

- Haftreibung bezeichnet entweder die in einer konkreten Situation tatsächlich wirkende Haftkraft (auch als *Ruhereibung* bezeichnet),
- oder den maximalen Betrag, den diese Haftkraft für ein bestimmtes Körperpaar annehmen kann (auch als *Losbrechkraft* bezeichnet).

Haftreibung unterscheidet sich von jeder anderen Form von Reibung dadurch, dass keine Energie umgewandelt und keine Wärme erzeugt wird.

**Gleitreibung** ist die Reibung zwischen Grund- und Gegenkörper, deren Geschwindigkeiten in der Berührungsfläche nach Betrag und Richtung verschieden sind **(Seite 120, Bild 1)**.

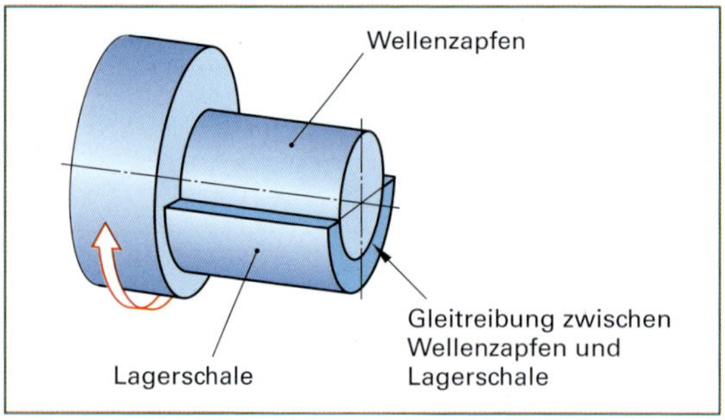


**Bild 1: Gleitreibung**

**Rollreibung** nennt man die Reibung zwischen sich punkt- oder linienförmig berührenden Körpern, deren Geschwindigkeiten in der Berührungsfläche nach Betrag und Richtung gleich sind und bei der mindestens ein Körper eine Drehbewegung um eine momentane, in der Berührungsfläche liegende Drehachse ausführt **(Bild 2)**.

**info**
Rollen: Bei rollenden Körpern (z. B. ein Rad) ist die Umfangsgeschwindigkeit eines Punktes auf dem Radumfang gleich der Fortbewegungsgeschwindigkeit. Dabei entsteht kein Schlupf – das Rad gleitet **nicht**.

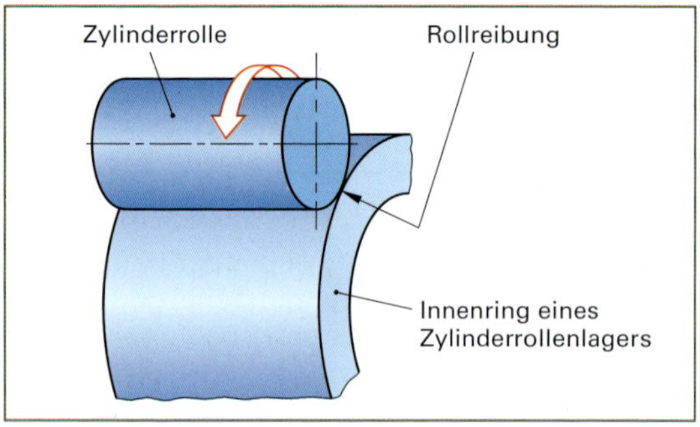


**Bild 2: Rollreibung**

Wälzreibung ist eine Überlagerung von Roll- und Gleitreibung (Schlupf), die in Wälzlagern und an Zahnradflanken beobachtet werden kann **(Bild 3 und 4)**.

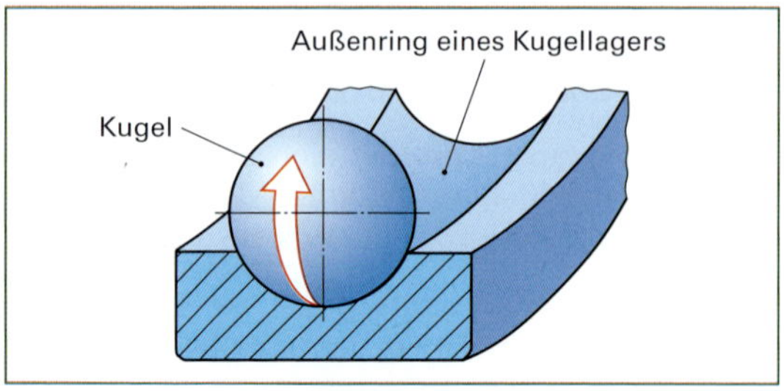


**Bild 3: Wälzreibung Kugellager**

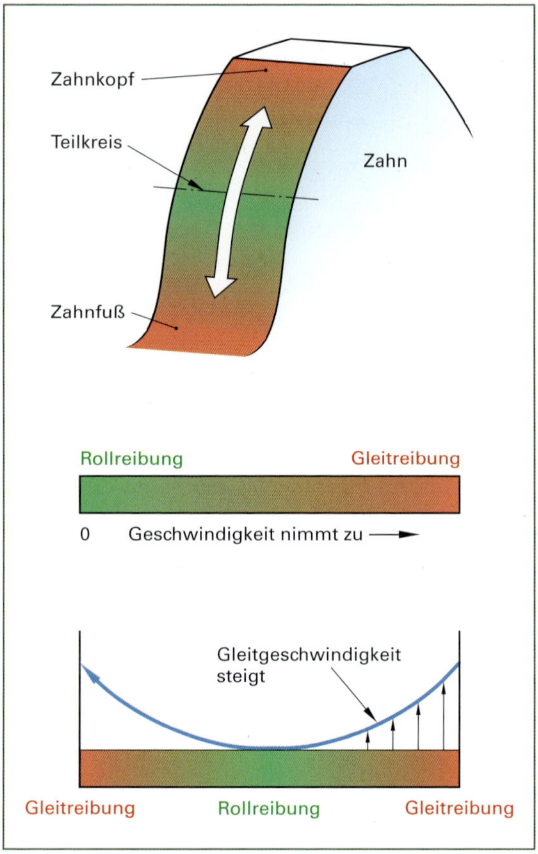


**Bild 4: Wälzreibung und Gleitgeschwindigkeiten an einer Zahnradflanke**

Unter **Bohrreibung** versteht man die Reibung zwischen sich punktförmig berührenden Körpern, deren Geschwindigkeiten in der Berührungsfläche verschieden sind und bei der mindestens ein Körper eine Drehbewegung um eine senkrecht im Zentrum der Berührungsfläche stehende Achse ausführt.

**Stick-Slip** oder Haftgleiteffekt ist eine Überlagerung von Grenz- und Mischreibung eines schwingungsfähigen Tribosystems. Diese Reibungsart ist in der Technik selten erwünscht. Sie ist die Ursache für Knack- und Quietschgeräusche von mechanischen Bauteilen.

Durch steifere Konstruktionen und/oder verbesserte Schmierung kann Stick-Slip behoben werden. Stick-Slip nutzt dagegen das Musikinstrument Geige zur Klangerzeugung **(Seite 121, Bild 1)**.

**info**
Der Stick-Slip-Effekt beschreibt das Rückgleiten von gegeneinander bewegten Festkörpern.

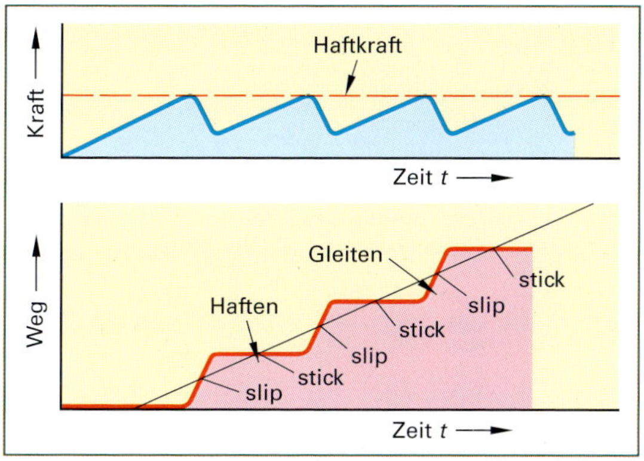


**Bild 1: Stick-Slip-Effekt**

### 1.6.3 Oberflächen metallischer Bauteile

Festigkeit oder Härte sind Werkstoffkennwerte, die sich auf den Werkstoff als Ganzes beziehen. Die technischen Oberflächen grenzen ein Bauteil und seinen Werkstoff nach außen hin ab.

Vereinfacht lassen sich metallische Oberflächen als Abbruch eines mehr oder weniger regelmäßigen Kristallgitters beschreiben. Während sich die Atome im Bauteilinnern in einem gesättigten und ausgeglichenen Zustand befinden, bewirken die freien Elektronen der Oberflächenatome Wechselwirkungen mit den Molekülen aus dem Zwischenstoff und dem Umgebungsmedium.

Bei metallischen Grundwerkstoffen bildet sich durch atmosphärischen Sauerstoff eine **Oxidschicht**, die meist härter ist als der Grundwerkstoff selbst.

Es lagern sich Bestandteile aus dem Zwischenstoff und dem Umgebungsmedium an der Oxidschicht an und bilden eine Adsorptionsschicht[1]. Diese Bestandteile können aus Schmierstoffen oder aus Grundierungen von Lacksystemen stammen. Oxidschicht und **Adsorptionsschicht** bilden gemeinsam mit Verunreinigungen die äußere Grenzschicht einer Metalloberfläche.

Im Gegensatz zur äußeren Grenzfläche liegt die **innere Grenzschicht** unterhalb der Bauteiloberfläche. Je nach tribologischer Beanspruchung durch das verwendete Fertigungsverfahren und die spätere Bauteilnutzung besteht sie aus einer Verformungs- und Verfestigungszone des Metallgefüges und geht fließend in den unveränderten Grundwerkstoff über.

Schmierstoffe und Schmierstoffadditive wirken in der äußeren, selten in der inneren Grenzschicht **(Seite 122, Bild 1)**.

Neben der chemischen Zusammensetzung der Oberfläche ist die Oberflächengeometrie von großer Bedeutung. Mikroskopisch betrachtet gleicht die Oberfläche einem Gebirge aus Hügeln und Tälern. Über die Höhendifferenz zwischen den Erhebungen und Vertiefungen auf einer definierten Bezugslänge lässt sich die Rauheit bestimmen.

### 1.6.4 Verschleiß

Gemäß der (zurückgezogenen) DIN 50323 ist Verschleiß definiert als ein fortschreitender Materialverlust aus der Oberfläche eines festen Körpers, hervorgerufen durch mechanische Ursachen. Neuere Definitionen schließen auch den Verschleiß der Schmierstoffe mit ein.

Im Allgemeinen ist Verschleiß in der Technik unerwünscht. Lediglich bei Einlaufvorgängen (z. B. von Getrieben oder Antriebsketten) macht man sich die Nachteile von Verschleiß zunutze, da die beschriebenen Verformungen der Rauheitshügel die Oberflächen glätten. Diese Glättung vergrößert den tatsächlichen Traganteil in kraftübertragenden Tribosystemen und verbessert die Schmierverhältnisse.

Der Begriff Verschleiß umfasst sowohl den Vorgang des Verschleißens als auch das Ergebnis. Es ist daher sinnvoll, zwischen dem Verschleißvorgang, der Verschleißerscheinungsform und der Verschleiß-Messgröße zu unterscheiden.

Die Verschleiß-Messgröße beschreibt sowohl die Änderung der Bauteilform als auch die Änderung der Bauteilmasse. Untersuchungen haben gezeigt, dass Verschleiß auf vier Mechanismen beruht:

- **Adhäsion**
- **Abrasion**
- **Oberflächenzerrüttung**
- **Tribochemische Reaktion**

In der Werkstattpraxis lassen sich täglich viele Erscheinungsformen von Verschleiß beobachten, die eine Zuordnung zu den einzelnen Verschleißmechanismen gestatten. Riefen, Schürfungen, Ausbrüche, Metallpartikel und Korrosion zählen zu den häufigsten optischen Erscheinungen. Akustisch verraten oft Knirsch- und Knackgeräusche oder dumpfe Wälzlagergeräusche das Vorhandensein eines bestimmten Verschleißmechanismus.

[1] Adsorption: Anreicherung von Stoffen oder Gasen an der Grenzschicht von zwei Phasen, Absorption: Aufnahme eines Stoffes in einen anderen

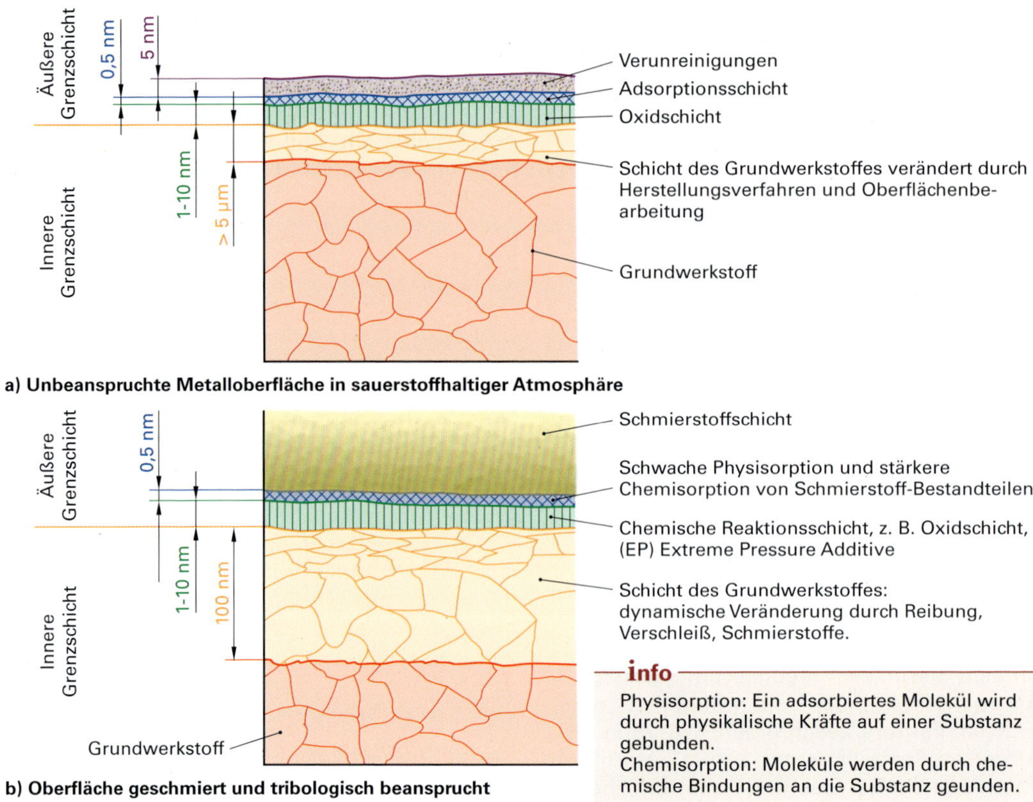


**info**

Physisorption: Ein adsorbiertes Molekül wird durch physikalische Kräfte auf einer Substanz gebunden.
Chemisorption: Moleküle werden durch chemische Bindungen an die Substanz geunden.

**Bild 1: Schichtaufbau einer tribologisch beanspruchten Metalloberfläche**

Verschleiß durch **Adhäsion** wird ausgelöst, wenn hohe lokale Pressungen die Oxidschichten der Kontaktflächen durchbrechen und es zu Grenzflächen-Haftverbindungen (Kaltverschweißungen) kommt. Der Verschleiß selbst tritt erst durch das Ausreißen dieser Haftverbindungen aus der Oberfläche des weicheren Kontaktpartners bei einer Relativbewegung auf (sogenannter Materialübertrag).

Die Anrauung der Oberfläche, das Abtrennen kleiner Verschleißpartikel und die guten Bindungsmöglichkeiten an den Stellen, wo die Oxidschicht ausgerissen ist, lassen Reibung und Verschleiß rasch ansteigen. Materialübertrag wird häufig als „Fressen“ oder „Fresser“ bezeichnet und führt zur Zerstörung der Reibflächen **(Bild 2)**.

In der Fahrradwerkstatt findet man Adhäsionsverschleiß häufig an Schraubverbindungen aus verchromtem, ungeschmiertem und/oder rostfreiem Stahl oder aus Titanlegierungen. Auch eine oft betätigte ungeschmierte Schnellspann-Hebelmechanik von Faltfahrrädern zeigt Adhäsionsverschleiß.

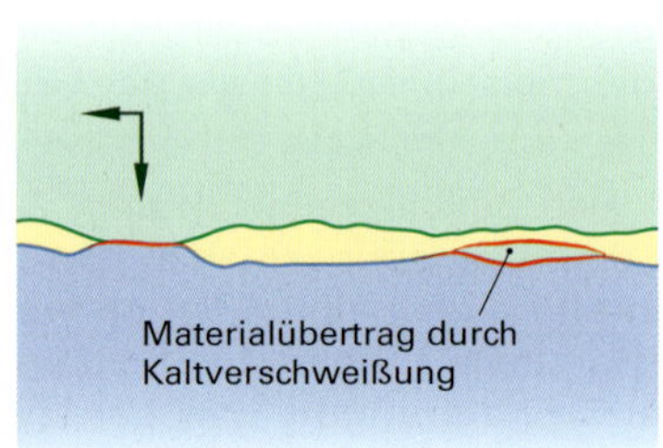


**Bild 2: Adhäsion**

Verschleiß durch Adhäsion kann konstruktiv vermieden werden.

*Beispiel*:
- Wenige Kontakte „Metall zu Metall“
- Nichtmetallische Beschichtungen
- Verringerung der Flächenpressung
- Schmierstoffe mit EP-Additiven (EP: Extreme Pressure)

**Abrasion** entsteht, wenn in einem Tribosystem beträchtlich härtere Rauheitshügel des einen Reibkörpers und/oder harte Partikel wie Schmutz oder Verschleißpartikel die Oberfläche des anderen Reibkörpers bei einer Relativbewegung durchdringen und neue Oberflächen bilden. Je nach Härte des weicheren Reibkörpers unterscheidet man:

- Mikrospanen
- Mikrofurchen
- Mikrobrechen

Beim **Mikrospanen** schneidet der härtere Körper oder abrasive Partikel einen Span aus der weicheren Oberfläche **(Bild 1a)**.

Das **Mikrofurchen** (oder Mikropflügen) ähnelt dem Mikrospanen. Hier bildet sich anstelle eines Spans eine Furche mit Materialaufwurf **(Bild 1b)**.

**Mikrobrechen** ist an sprödharten Reibkörpern zu beobachten, an denen ein noch härterer Reibkörper oder Partikel für Rissbildung und Materialausbrüche längs zur Furchung sorgt. Abrasion durch Partikel wird auch als Dreikörper-Abrasion bezeichnet **(Bild 1c)**.

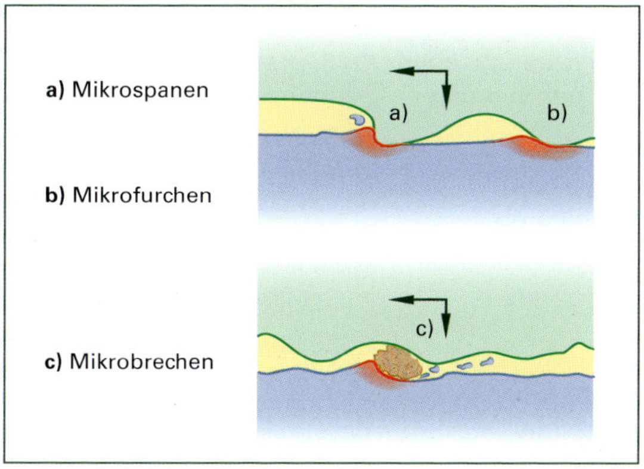


**Bild 1: Abrasion**

Abrasion findet sich besonders an Fahrradbauteilen mit Mischreibung, wie Kette, Ritzel, Kettenräder, Gabeltauchrohre, Reifen und Bremsflächen.

Konstruktiv kann Abrasion durch geeignete Werkstoffauswahl, durch schützende Dichtungen und Abstreifer und durch Hartbeschichtungen reduziert werden. Hartschichten finden sich z. B. auf den Standrohren und Kolbenstangen von Federelementen, oxidkeramische Schichten auf den Campagnolo Super Record-Kettenrädern.

Unter Verschleiß durch **Oberflächenzerrüttung** (Oberflächenermüdung) versteht man die Rissbildung und das Ausbrechen von Werkstoffpartikeln aus der inneren Grenzschicht von Grund- oder Gegenkörper, hervorgerufen durch zyklische und mehrachsige Zug-Druckspannungen. Sie sind Teil der tribologischen Beanspruchung.

Von einer **Oberflächenzerrüttung** sind besonders kraftübertragende Bauteiloberflächen wie Zahnräder oder Wälzlager betroffen. Dabei ist zu beachten, dass Überrollungen von harten Partikeln oder stark wechselnde Temperaturen die Oberflächenzerrüttung fördern. Zeigt sie sich äußerlich mit ihrer typischen Grübchenbildung (engl. Pitting), ist die letzte von insgesamt **vier Entstehungsphasen** erreicht.

In der **ersten Phase** oder der Inkubationszeit kommt es zu einer Anhäufung von Kristallgitterfehlern und Verzerrungen in den tribologisch beanspruchten Bereichen.

In der **zweiten Phase** entstehen erste Mikrorisse unterhalb der Oberfläche, die sich in **Phase drei** weiter ausbreiten und vereinigen.

**Phase vier** ist gekennzeichnet durch das Ausbrechen und Abtrennen von Verschleißpartikeln aus der Bauteiloberfläche **(Bild 2)**.

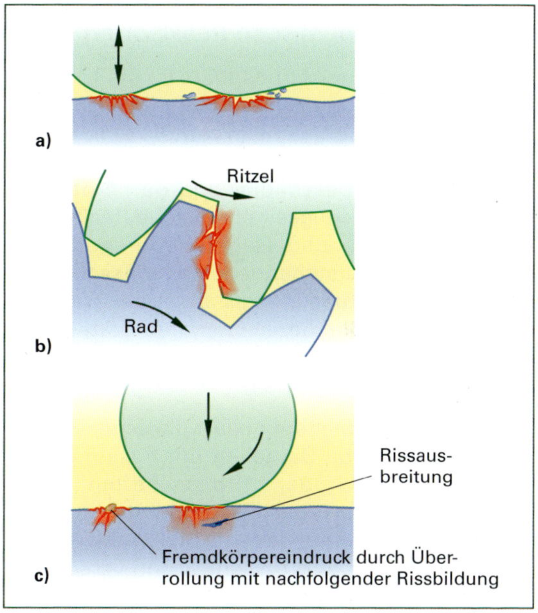


**Bild 2: Oberflächenzerrüttung**

Von Oberflächenzerrüttung betroffene Fahrradbauteile sind die Konen von Naben- und Antreiberkugellagern und Zahnflanken in Getriebenaben. Für die Werkstattpraxis bedeutet die Lokalisierung von Oberflächenermüdung mit Verschleißpartikeln, dass Endphase vier erreicht ist und das betroffene Bauteil ausgetauscht werden muss. Dabei ist darauf zu achten, dass Schmierfettreste mit gebundenen Verschleißpartikeln sorgfältig entfernt werden.

Die Oberfläche von preiswerten konusgelagerten Fahrradnaben versagt häufig vorzeitig, weil die verwendeten Kugellagerstähle oft ein unregelmäßiges fehlerreiches Kristallgitter aufweisen. Hier zeigt sich, dass die Regelmäßigkeit des Gefüges und die Sauberkeit des Schmierstoffs über eine hohe Lagerlebensdauer entscheiden.

Das Lagerspiel eines Konuslagers darf keinesfalls zu niedrig eingestellt werden, was einige handwerkliche Übung erfordert.

Hochwertige Komponenten sind aus besonders homogenen und zerrüttungsfesten Werkstoffen hergestellt. So kombiniert Campagnolo in den CULT® Hybridlagern Keramikkugeln mit dem rostfreien Highend-Wälzlagerstahl Schaeffler Cronitect®.

Hochwertige Schmierstoffe dagegen verzögern nur in geringem Umfang die Oberflächenzerrüttung von Wälzlagern oder Zahnradflanken. Zahnbruch durch Werkstoffermüdung ist durch Schmierung nicht zu beeinflussen.

### 1.6.5 Tribochemische Reaktionen

In sauerstoffhaltiger Atmosphäre ist die Tribochemische Reaktion die zahlenmäßig häufigste Verschleißform. Sie entsteht, wenn die Oxidschichten der äußeren Grenzschicht durch tribologische Beanspruchung beschädigt und durch den Einfluss von Luftfeuchtigkeit chemische Reaktionen zwischen Grund- und Gegenkörper gefördert werden. Die so entstehenden Reaktionsschichten und -partikel werden als Passungsrost, Reibrost oder Tribokorrosion bezeichnet. Ihre Stärke kann eine gewöhnliche Oxidschicht um mehr als das 300-fache übersteigen.

Diese Volumenzunahme erklärt die schlechte Demontierbarkeit von Bauteilen mit Passungsrost, wie Sattelstützen oder Vorbauschäften. Eisen- oder Aluminiumoxidpartikel sind sehr hart. Sie wirken abrasiv und steigern die Bildung von weiteren Oxidpartikeln. Aus diesem Grund verschleißt eine rostige, ungeschmierte Antriebskette sehr schnell **(Bild 1)**.

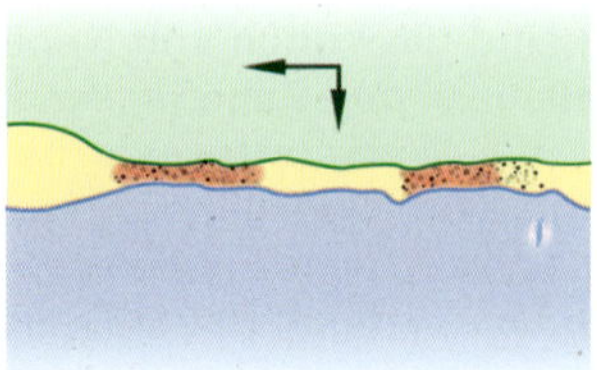

**Bild 1: Tribochemische Reaktion**

Konstruktiv kann die Tribochemische Reaktion durch geeignete Beschichtungen und Werkstoffpaarungen vermieden werden. In der Werkstattpraxis haben sich hochwertige Schmierstoffe bewährt.

Bei der Montage einer (elektrochemisch betrachtet) „edlen" Carbonsattelstütze in einen „unedlen" Alurahmen sollte eine schützende Carbonmontagepaste Anwendung finden.

Alle Verschleißmechanismen sind im Verbund zu beobachten. Eine Ausnahme bildet das sogenannte Fressen durch Adhäsion, da Adhäsion in der Regel schlagartig beim Durchbrechen von Oxidschichten auftritt. Mit etwas Übung lassen sich die Verschleißmechanismen gut voneinander unterscheiden.

Zur Untersuchung und auch zur Auffindung von Rissen haben sich handliche, 10- bis 15-fach vergrößernde Lupen und eine helle LED-Leuchte bewährt. Sie sollten in keiner Werkstatt fehlen.

**Tabelle 1: Einteilung der Verschleißarten**

| Einteilung | Bezeichnung |
|---|---|
| Nach der Bewegungsform oder der tribologischen Beanspruchung | Gleitverschleiß<br>Wälzverschleiß<br>Prallverschleiß<br>Schwingungsverschleiß |
| Nach den beteiligten Stoffen | Festkörperverschleiß<br>Verschleiß durch Partikelbeschuss<br>Strahlverschleiß<br>Mahlverschleiß<br>Flüssigkeitserosion |
| Nach dem Verschleißmechanismus | Adhäsionsverschleiß („Fressen")<br>Ermüdungsverschleiß<br>Abrasivverschleiß<br>Furchungsverschleiß<br>Tribokorrosionsverschleiß |

Die **Verschleißrate** beschreibt die Änderung der Verschleißmessgröße während des Bauteilbetriebs. Neben der Verschleißmessgröße und der Verschleißrate kann der Grad des Verschleißes auch im Verhältnis zur vorgesehenen Lebensdauer des Bauteils dargestellt werden. Allgemein werden drei **Verschleißgrade** definiert:

- **Leicht.** Die Funktion des Bauteils wird in der vorgesehenen Lebensdauer nicht beeinträchtigt.
- **Mittel.** Aufgrund der Verschleißrate ist für das Bauteil mehr als die Hälfte der vorgesehenen Lebensdauer zu erwarten.
- **Destruktiv.** Verschleißrate lässt erkennen, dass mit einem kurzfristigen Ausfall des Bauteils zu rechnen ist.

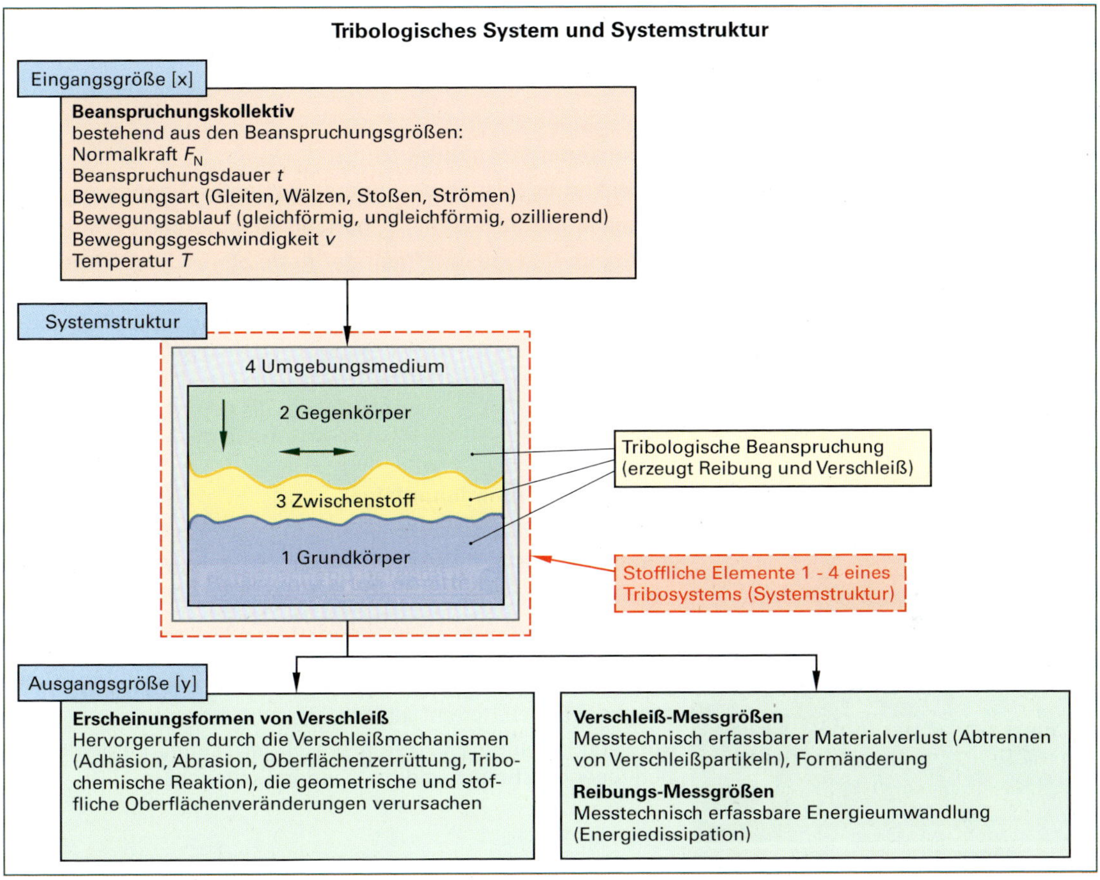


**Bild 1: Tribologisches System**

**Tabelle 1: Verschleiß durch Adhäsion**

| | |
|---|---|
| 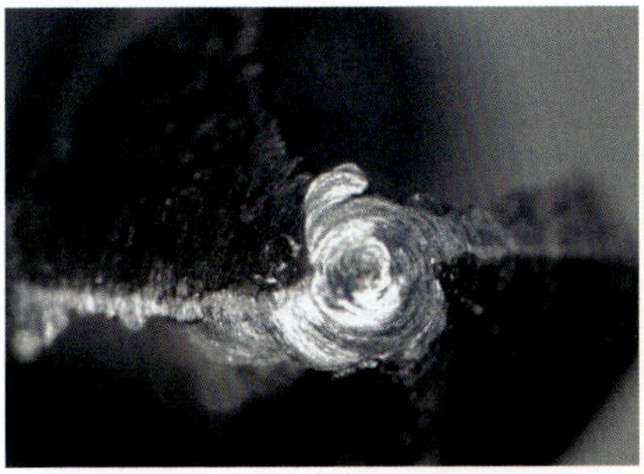 | Grundkörper: **HSS Spiralbohrer**<br>Gegenkörper: **Aluminiumlegierung**<br>Bildung von Aufbauschneiden an Zerspanungswerkzeugen; Materialübertrag an Hauptschneide, Querschneide und Spanfläche<br>Abhilfe: Schnittwerte verändern, Kühlschmierung verbessern, beschichtete Werkzeugschneiden. |
|  | Grundkörper: **Mutter A2, rostfrei**<br>Gegenkörper: **Unterlegscheibe A2, rostfrei**<br>Fressneigung von Schrauben und Muttern aus rostfreiem Stahl oder Titanlegierungen, Materialübertrag, korrekte Vorspannkraft trotz Drehmomentwerkzeug nicht erreichbar.<br>Abhilfe: Montagepaste, Öl, Fett, Gleitlack |

**Tabelle 1: Verschleiß durch Adhäsion**

| | |
|---|---|
|  | Grundkörper: **Kettenniet**<br>Gegenkörper: **Kragen des inneren Kettenlaschenpaares**<br>Normaler Kettenverschleiß, partielle Mikrofurchung<br>Rechts im Bild: beim Öffnen der Kette abgescherter Verstärkungsbund, daher darf keinesfalls Kettenniet wiederverwendet werden. |
|  | Grundkörper: **Aluminiumfelge**<br>Gegenkörper: **Bremsklotz**<br>Bremsfläche durchgebremst, Rissbildung des Felgenhorns; bei montiertem Reifen hebt sich der Riss farblich deutlich sichtbar von der silbernen Bremsfläche ab.<br>Vorsorge: Die Felgenflanke regelmäßig mit Seifenlauge reinigen. Dies entfernt oxidierten und abrasiven Aluminiumabrieb besonders nach Regenfahrten.<br>Hinweis: Unfallgefahr durch ein abgerissenes Felgenhorn, sich lösenden Reifen und platzenden Schlauch. |
|  | Grundkörper: **Dichtungsfläche der Dämpferkolbenstange**<br>Gegenkörper: **Führungsring, Dichtung, Abstreife**r<br>Mikrofurchung, Negativluftkammer undicht<br>Hinterbauschwinge fluchtet nicht mit Rahmen, dadurch ungünstige Belastung der Dämpfermechanik mit Beschädigung der großen Kolbenstange.<br>Abhilfe: Rahmen-Hinterbauflucht prüfen und korrigieren, Dämpfer instandsetzen oder austauschen. |
|  | Mikroskopische Aufnahme der Dichtungsfläche<br>Mikrofurchung-Mikrospanung durch harte Schmutzpartikel (horizontale Linien).<br>Abhilfe: Sorgfältige Reinigung außen und innen. |

**Tabelle 1: Verschleiß durch Oberflächenzerrüttung**

Grundkörper: **geschliffener Nabenlagerkonus**

Gegenkörper: **Wälzkörper (Kugel)**

Beginnende Grübchenbildung mit Ausbrechen von Verschleißpartikeln aus der Oberfläche des Grundkörpers.

Abhilfe: Austausch aller betroffenen Bauteile.

Bei Wiederverwendung des Nabenkörpers gründlichste Reinigung notwendig.

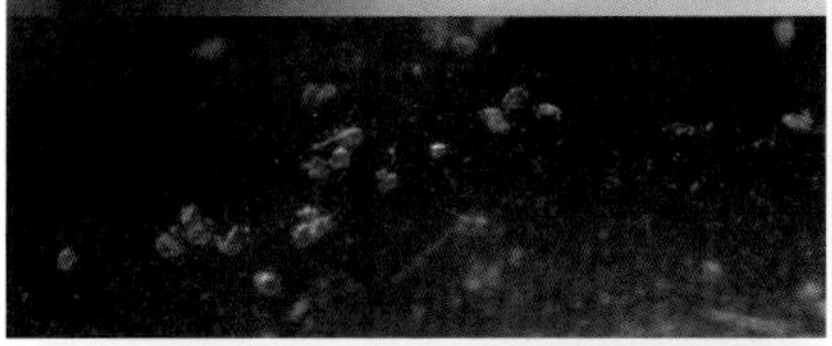

Detailvergrößerung der Gegenkörper-Oberfläche:

Lagerkugel zerstört durch Überrollung der im Schmierfett gebundenen harten Verschleißpartikel.

Grundkörper: **geschliffener Nabenlagerkonus**

Gegenkörper: **Wälzkörper (Kugel)**

Grundkörper durch Grübchenbildung zerstört. Phase 4 der Oberflächenzerrüttung mit Ausbrechen und Abtrennen von Verschleißpartikeln aus der Oberfläche.

Grundkörper: **Kurbellagerschale (Konuslager)**

Gegenkörper: **Wälzkörper (Kugel)**

Außenringbruch durch Oberflächenzerrüttung (seltenes Schadensbild; sehr hohe Fahrleistung)

Grundkörper: **Planetenrad**

Gegenkörper: **Sonnenrad**

Beginnende Grübchenbildung und erste Abtrennung von Partikeln aus der Oberfläche der Zahnflanken (hohe Fahrleistung, normaler Verschleiß). Kann durch Überrollung von Verschleißpartikeln gefördert worden sein.

Abhilfe: Sorgfältige Reinigung mit Entfettung, Austausch von Grund- und Gegenkörper, Neuschmierung

Grundkörper: **Lenkungslagerschale**

Gegenkörper: **Wälzkörper (Nadel)**

Oberflächenermüdung, Prallverschleiß (false brinelling)

Tiefe Wälzkörpereindrücke als Folge von oszillierender Stoßbeanspruchung, statische Überlastung und zu großes Lagerspiel über einen längeren Zeitraum.

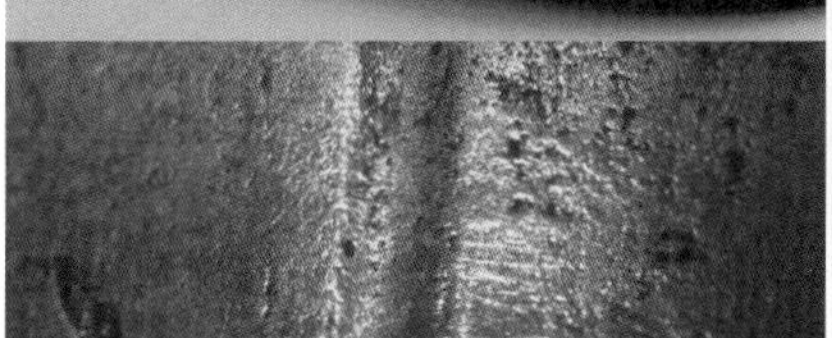

Detailvergrößerung des Grundkörpers:

Korrosionsschäden mit Rostnarben durch eingedrungenes Wasser (dunkle Flecken im Bild).

**Tabelle 1: Verschleiß durch Tribokorrosion bzw. kombinierte Verschleißursachen**

| | |
|---|---|
|  | Grundkörper: **Aluminium Sattelstütz-Adapterhülse**<br>Gegenkörper: **Sitzrohr, Stahl**<br>Tribokorrosion durch oszillierende Mikrobewegungen der ungeschützten Werkstoffoberflächen und Feuchtigkeit.<br>Abhilfe: Nach gründlicher Säuberung, feststoffhaltige, metallfreie Montagepasten auf Grund- und Gegenkörper auftragen. Je nach Einsatz und Fahrleistung alle 6 bis 12 Monate Paste erneuern. |
|  | Grundkörper: **Innenring eines Kurbellagers**<br>Gegenkörper: **Wälzkörper (Kugel)**<br>Korrosionsschäden durch eingedrungene Feuchtigkeit, Kondenswasser und unzureichenden Rostschutz durch verschlissenes Schmierfett. Wasser sammelt sich durch Kapillarwirkung bevorzugt an den Kugeln. Rostnarben begünstigen Oberflächenzerrüttung im weiteren Betrieb. |
|  | Grundkörper: **Innenring eines Hinterbau-Schwingenlagers**<br>Gegenkörper: **Wälzkörper (Kugel)**<br>Zerstörtes Rillenkugellager durch Tribokorrosion, Oberflächenzerrüttung als Folge der oszillierenden Stoßbeanspruchung und dem geringen Schwenkbereich des Lagers und der Hinterbauschwinge. Eindringende Feuchtigkeit führt zu Korrosion und zu hoher Abrasion. |
|  | Grundkörper: **Außenring eines Hinterbau-Schwingenlagers**<br>Gegenkörper: **Wälzkörper (Kugel)**<br>Diese Verschleißerscheinung bezeichnet man auch als Schwingungsverschleiß (engl. fretting). Die geringe Bewegung des Lagers führt zu schlechter Schmierfilmbildung, sodass Rost und Abrasion schnell voranschreiten. |

## 1.7 Korrosion

**Korrosion** ist die Reaktion eines meist metallischen Werkstoffes mit Stoffen aus seiner Umgebung, bei der eine messbare Veränderung am Werkstoff eintritt. Diese kann sein:

- Eine Änderung der Oberfläche, die von einer Minderung der dekorativen Wirkung bis zur Beeinträchtigung der Dauerfestigkeit durch Kerbwirkung reichen kann.
- Eine Schwächung des Querschnitts, wodurch unter Last die Materialspannungen steigen und es zu vorzeitigem Bruch oder Leckagen kommen kann.
- Eine Volumenzunahme, die zur Blockade von beweglichen Teilen oder lösbaren Verbindungen führt.

Die Bauteile der Fahrräder sind bei ihrem Einsatz den Umwelteinflüssen ungeschützt ausgesetzt und daher besonders korrosiongefährdet.

**info**

Metalle kommen in der Natur in Erzen chemisch gebunden vor (mit Ausnahme von Gold). Zur Gewinnung reiner Metalle müssen die Bindungen unter der Zuführung von Energie (Schmelzwärme) aufgelöst werden. Die entstehenden Metalle und Legierungen nehmen somit einen energiereicheren Zustand ein, der aber thermodynamisch instabil ist. Die Tendenz der Metalle, zu einem energieärmeren Zustand zurückzukehren ist die Ursache der meisten Formen von Korrosion. Der chemische Reaktionspartner ist dabei meistens Sauerstoff.

Die Korrosion beruht auf elektrochemischen, seltener auf rein chemischen Vorgängen. Beispiele für die chemische Korrosion sind das Anlaufen und Verzundern von Stählen bei hohen Temperaturen.

Ist das angreifende Medium elektrisch leitend (ein Elektrolyt), so ist der Vorgang eine überwiegend **elektrochemische Korrosion**. Als Elektrolyt genügt ein hauchdünner Feuchtigkeitsfilm, ein Wasserrest in einem Spalt oder Handschweiß auf blanken Werkstücken. Dabei laufen mindestens zwei Teilreaktionen ab:

- Die anodische Teilreaktion liefert Elektronen.
- Die katodische Teilreaktion verbraucht Elektronen.

Bei der **Kontaktkorrosion** sind zwei verschiedene Metalle leitend verbunden und von einem Elektrolyten umgeben (galvanisches Element **Bild 1**). Dabei wird das unedlere Metall durch die Abgabe von Elektronen ionisiert und löst sich im Elektrolyten auf. Die Elektronen wandern zum edleren Metall, das entweder Ionen der eigenen Art aufnimmt oder den Elektrolyten zersetzt und Wasserstoff freisetzt.

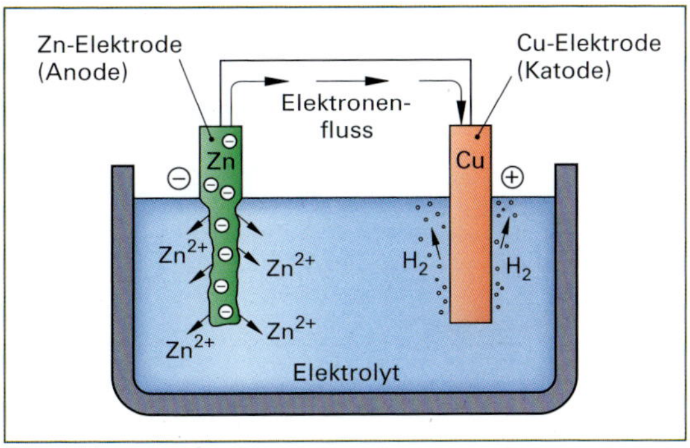


**Bild 1: Galvanisches Element**

Ein solches **Kontaktelement** entsteht z. B. durch eine ungünstige Werkstoffpaarung in Verbindung mit Wasserzutritt **(Bild 2)**.

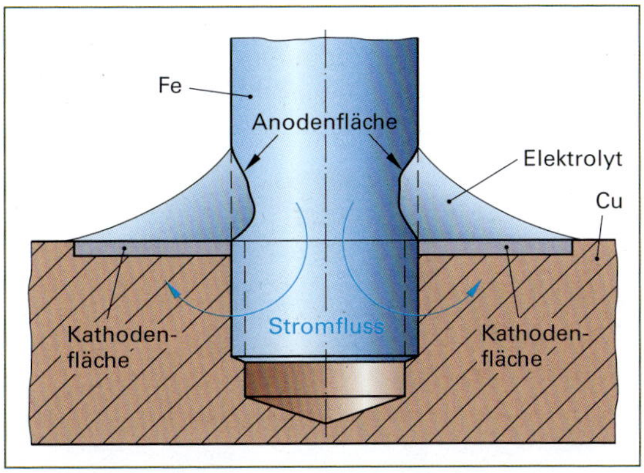


**Bild 2: Kontaktelement: Stahlschraube (mit Muldenfraß) in Kupfer**

Die Stärke der Zersetzung ist von der elektrischen Potenzialdifferenz der Werkstoffe abhängig. Die einzelnen Potenziale werden in Form einer elektrochemischen Spannungsreihe dargestellt, wobei die edlen Materialien ein positives und die unedlen ein negatives Potenzial aufweisen (**Seite 130, Bild 1**). Je weiter die Potenziale einer Werkstoffpaarung auseinanderliegen, desto höher ist die Korrosionsrate.

Das Potenzial ist dabei kein fester Wert, sondern umfasst einen mehr oder weniger großen Bereich. Es ist außerdem vom elektrisch leitenden Medium abhängig.

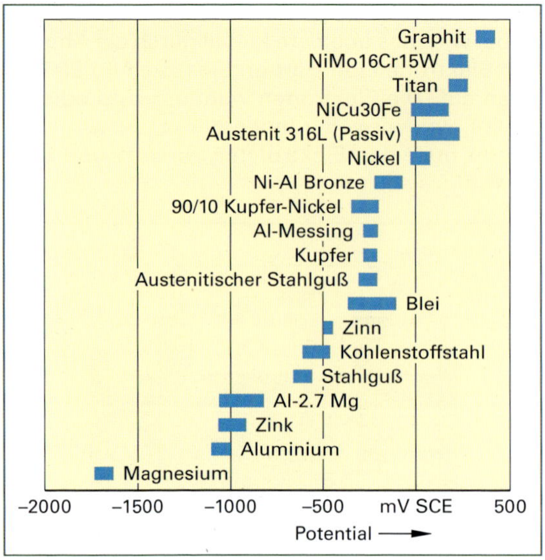


**Bild 1: Elektrochemische Spannungsreihe; Potenzialbereiche von technischen Werkstoffen in Meerwasser**

Die Korrosionsrate steigt auch mit dem Flächenverhältnis von Katode zu Anode. Am Fahrrad sind Bauteile aus Magnesium und Aluminium in Kombination mit CFK besonders gefährdet (z.B. Speichennippel aus Alu in einer CFK-Felge oder Blindniete in CFK-Rahmen, **Bild 2**).

**Bild 2: Korrodierte Blindnietmutter im CFK-Bauteil**

Unterschiedliche Potenziale können auch innerhalb eines Werkstücks auftreten, wenn sich in mikroskopischen Bereichen verschiedene Metalle befinden. Bei Aluminiumlegierungen mit Kupfer- und Zinkanteilen kommt es durch elektrochemische Reaktionen zu tief reichenden Korrosionserscheinungen, die sogar zum Bruch von Bauteilen führen können. In **Bild 3** gehen positiv geladene Aluminiumionen in Lösung. Zurück bleiben negative Ladungen. Zwischen Kupfer und Aluminium herrscht eine geringe Spannung und es fließt ein Strom. Bei einem solchen **Lokalelement** löst sich das unedlere Metall (in diesem Fall Aluminium) allmählich auf.

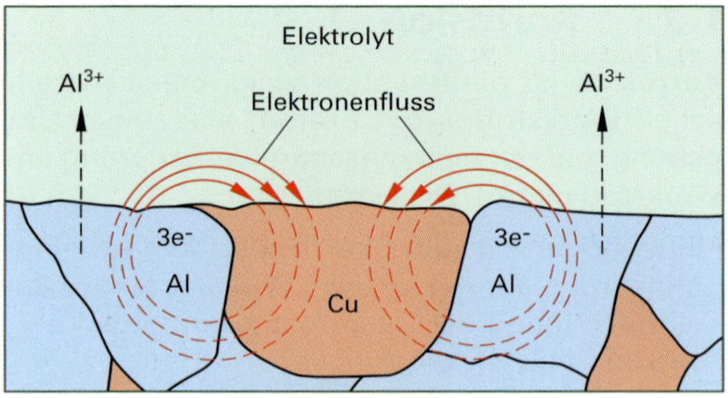


**Bild 3: Lokalelement einer Al-Cu-Legierung**

**Korrosion durch unterschiedliche Belüftung** beruht ebenfalls auf einem Lokalelement. Dieses bildet sich, wenn z.B. ein Wassertropfen eine Stahloberfläche benetzt **(Bild 4)**. In der Mitte des Tropfens geht Eisen als $Fe^{2+}$-Ionen in Lösung. Dieser Bereich wirkt wie eine örtliche Anode. Im Randbereich des Tropfens reagieren $OH^-$-Ionen, die sich aus gelöstem Luftsauerstoff im Wasser gebildet haben, mit den gelösten Eisen-Ionen und erzeugen zuerst Eisenhydroxid $Fe(OH)_3$ und schließlich FeO(OH) (Rost), der sich ringförmig am Tropfenrand abscheidet.

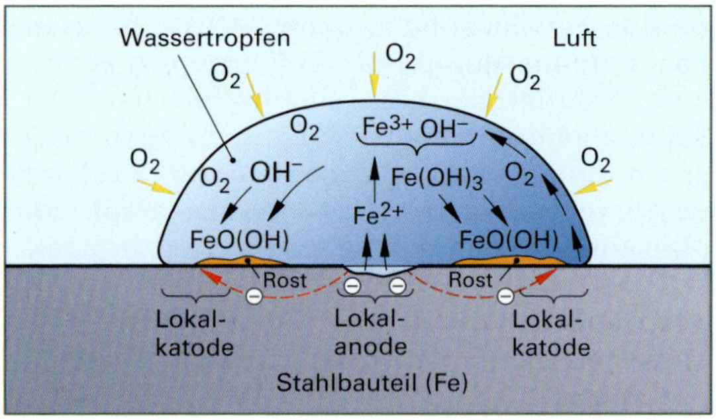


**Bild 4: Unterschiedliche Belüftung am Tropfen**

Auf demselben Vorgang beruht die **Spaltkorrosion**, die in engen, nicht abgeschlossenen Spalten wie z.B. dem zwischen Speiche und Speichennippel auftritt. Wenn dabei zusätzlich Salze im Wasser gelöst sind, dann wird die Passivschicht von eigentlich rostfreien CrNi-Stählen destabilisiert. Erreicht der pH-Wert in diesem Bereich ein kritisches Stadium, können Chlorid-Ionen in das Metall einwandern. Aufgrund der fehlenden Sauerstoffzufuhr kann dann die Schutzschicht aus Chromoxid nicht mehr aufrechterhalten werden und der eigentlich rostfreie Stahl korrodiert.

**Die Spannungsrisskorrosion** ist die Rissbildung entlang der Korngrenzen oder durch das Gefügekorn in Werkstoffen. Sie entsteht unter dem gleichzeitigen Einfluss einer Zugspannung und eines korrosiven Mediums. Anfällig dafür ist besonders der hochlegierte CrNi-Stahl der Speichen.

Dabei wirkt sich der höhere Nickelanteil von 10 % bei 18/10-Stahl vorteilhaft gegenüber nur 8 % der Sorte 18/8 aus. Bereits geringe Mengen Salzwassers, die an der Unterkreuzung zweier Speichen haften, führen mit der Zeit zu Rissen. Die Speichen brechen dann an der Kreuzung, obwohl dies eigentlich kein rissgefährdeter Bereich ist **(Bild 1)**.

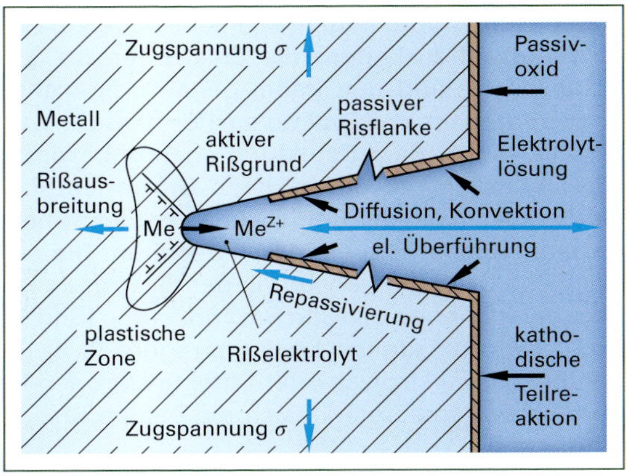


**Bild 1: Spannungsrisskorrosion**

Die **Filiformkorrosion** tritt auf, wenn chloridhaltige Bestandteile (Salze wie NaCl oder KCl) auf beschichtete Aluminium- oder Stahloberflächen einwirken. Sie zeigt einen typischen fadenartigen Verlauf in der Metalloberfläche unterhalb der Beschichtung **(Bild 2)**. Bei der fadenförmigen Entwicklung des Materialangriffs ist der Fadenkopf die aktive Anode, während im zurückliegenden Bereich katodische Reaktionen ablaufen. Damit entsteht zwischen Fadenkopf und Faden eine Potenzialdifferenz, welche für das Weiterwachsen der Fäden verantwortlich ist.

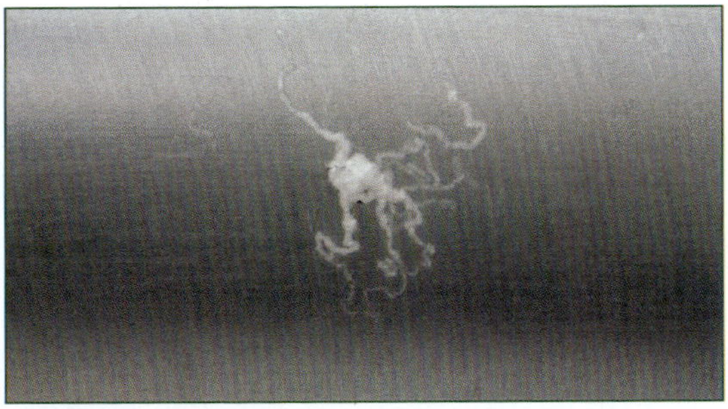

**Bild 2: Filiformkorrosion**

Wesentlich für diese Korrosionsform ist das Zusammentreffen von drei Faktoren:

- Eine hohe Luftfeuchte, typischerweise deutlich oberhalb von 65 % rH.
- Eine Chloridbelastung, z.B. duch Tausalze, Körperschweiß, oder Sportgetränke.
- Das Vorhandensein von Störstellen in der Beschichtung: z.B. Kratzer, Mikrorisse, nicht entgratete Kanten oder eine fehlende Lackschicht an Schnittkanten oder Bohrungen.

Zu einer **Tribochemischen Reaktion/Korrosion** kommt es, wenn Mikrobewegungen zwischen zwei Bauteilen permanent eine schützende Oxidschicht zerstören. In Gegenwart eines Elektrolyten ereignen sich an einem Ort ständig neue Korrosionsvorfälle. Dies führt zu dem sog. **Passungsrost** und ggf. zu einer Volumenzunahme. Beispielsweise die Kontaktstelle von Sattelstützen und Sattelrohren ist davon betroffen, weil die harten Eisenoxidpartikel als Schleifkörper wirken.

Zum **Korrosionsschutz** bieten sich verschiedene Maßnahmen an:

- Die **Auswahl geeigneter Werkstoffe**, die in der Betriebsumgebung korrosionsfest sind. Dies wäre ein edles Metall wie Titan oder faserverstärkter Kunststoff.
- Die **Passivierung** von Werkstoffen. Auf der Oberfläche von reinem Aluminium bildet sich an der Luft eine Oxidschicht von 0,05 µm Dicke, die das Metall vor weiteren Korrosionseinflüssen schützt. Diese kann durch das Eloxieren auf 5 µm bis 25 µm verstärkt werden. Ebenso bildet Chrom eine sehr dünne, unsichtbare Oxidschicht aus (Stärke ca. 5 bis 50 Atomlagen). Sie trennt das Metall von der Atmosphäre, sodass eine weitere Oxidation des Werkstoffs gestoppt wird. Beim Legieren von Stahl führt der Zusatz von 12 % Chrom dazu, dass die Passivierbarkeit von Chrom auf den Stahl übertragen wird.
- **Korrosionsschutzgerechte Konstruktion**. Die Bildung von Kontaktelementen vermeiden, indem Werkstoffe mit ähnlichen elektrischen Potenzialen verwendet werden oder anderenfalls die Isolierung von Werkstücken gegeneinander. Ebenso die Vermeidung von Spalten und Hohlräumen.
- **Korrosionsschutzgerechte Montage**. Vermeiden von Beschädigungen der Passivschicht z.B. bei Sattelstützen aus Aluminium durch Ausreiben des Sattelrohrs vor der Montage und der Verwendung von Schmierfett bei der Montage.
- **Beschichtung gefährdeter Bereiche**. Z.B. das Lackieren von Stahlrahmen oder das Einsprühen von Speichenköpfen, -bögen und -nippel mit Sprühwachs.
- **Beseitigen von Elektrolyten**. Frühzeitiges Abwaschen von Streusalzresten und Körperschweiß.

1

## 1.8 Elektrotechnik

Die Elektrotechnik befasst sich mit den physikalischen Grundlagen und der technischen Anwendung der Elektrizitätslehre. Elektrische Energie hat gegenüber anderen Energieträgern ein Reihe von Vorteilen:

- Sie kann auf vielfältige Weise erzeugt und gespeichert werden.
- Sie ist einfach übertragbar.
- Sie kann problemlos und effizient in andere Energieformen umgewandelt werden.

Die elektrische Anlage am Fahrrad beschränkt sich heutzutage nicht mehr nur auf die Beleuchtung. Der Generator dient neben der Beleuchtung auch zum Laden von Mobiltelefonen oder Navigationsgeräten, Schaltwerke werden elektrisch gesteuert und Elektromotoren unterstützen den Fahrradantrieb.

### 1.8.1 Elektrische Spannung

Träger des elektrischen Stroms sind Elektronen und Ionen. Technisch nutzbar werden sie, wenn durch die Trennung einzelner Elektronen von ihren Atomen (Ladungstrennung) ein Potenzialunterschied zwischen zwei elektrischen Polen entsteht (Spannung). Am Minuspol herrscht ein Überschuss, am Pluspol ein Mangel an Elektronen. Elektronenmangel ist gleichbedeutend mit positiver Ladung.

Die **elektrische Spannung** ist das Ausgleichsbestreben der Ladung zwischen zwei unterschiedlich geladenen elektrischen Polen. Die Einheit der Spannung ist das Volt [V]. Das Formelzeichen ist *U* (von engl. urgency).

Um Ladungen zu trennen, ist Arbeit erforderlich. Die verschiedenen Möglichkeiten der Spannungserzeugung sind in **Tabelle 1, Seite 133** dargestellt.

### 1.8.2 Elektrischer Strom

Wird über einen Leiter ein Kontakt zwischen zwei ungleich geladenen Polen hergestellt, so wird ein Stromkreis geschlossen. Es tritt ein Ladungsausgleich durch einen Elektronenfluss ein.

Der **elektrische Strom** ist die gerichtete Bewegung von Ladungen in einem elektrischen Leiter. Die Einheit des Stroms ist das Ampere [A]. Das Formelzeichen ist $I$ (von engl. intensity). Ein Ampere entspricht einem Fluss von 1 Coulomb ($6{,}24151 \cdot 10^{18}$ Elektronen) pro Sekunde.

Dem Stromfluss wird eine Richtung zugeordnet. Dabei ist der Begriff der *technischen Stromrichtung* in erster Linie historisch bedingt. Er geht von einem Strom von Ladungen aus, die sich vom positiven zum negativen Pol bewegen. Dass in metallischen Leitern die Elektronen die Ladungsträger sind und dabei genau umgekehrt vom negativen zum positiven Pol fließen, war zur Zeit dieser Begriffsbildung noch unbekannt. Die Definition der elektrischen Stromrichtung wurde auch nach der Entdeckung der Elektronen als einheitliche Konvention beibehalten. Die tatsächliche Bewegungsrichtung der Elektronen ist dagegen die *physikalische Stromrichtung* **(Bild 1)**. Bei positiv geladenen Ladungsträgern (z.B. Ionen bei der Elektrolyse oder Defektelektronen in Halbleitern) entsprechen sich die beiden Stromrichtungen.

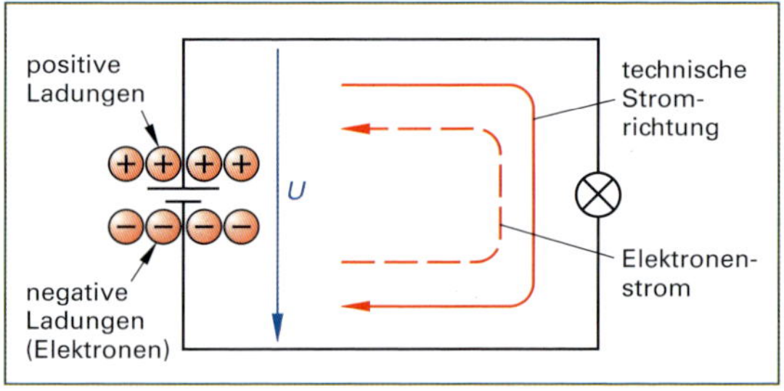


**Bild 1: Physikalische und technische Stromrichtung**

#### Stromarten

Je nach der Art der Erzeugung hat der entstandene Stromfluss eine bestimmte Charakteristik.

Elektrische Ströme werden nach dem zeitlichen Verlauf, der Richtung und der Stärke eingeteilt **(Bild 2)**.

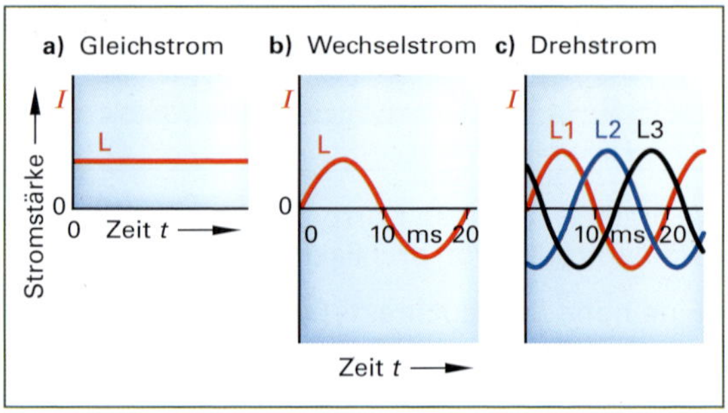


**Bild 2: Verschiedene Stromarten**

**Tabelle 1: Arten der Erzeugung elektrischer Spannung**

<table>
<tr><th>Art der Spannungserzeugung</th><th>Bechreibung</th></tr>
<tr><td>Triboelektrischer Effekt<br>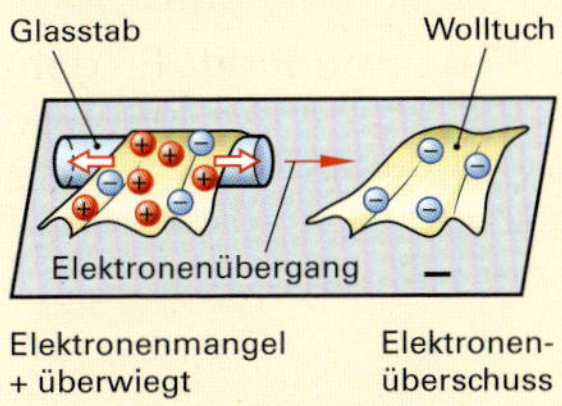</td><td>Kommen zwei Materialien mit unterschiedlicher Austrittsarbeit[1)] in Kontakt zueinander, so fließen kurzzeitig Elektronen in Richtung desjenigen mit der höheren Austrittsarbeit. Werden die Materialien getrennt, so verbleibt ein Ladungsunterschied zwischen ihnen. Z. B. durch Reiben eines Wolltuchs auf einem Glasstab wird für größere Bereiche der Oberfläche vorübergehend eine hinreichend große Annäherung der Stoffe erreicht.<br>[1)] Die Austrittsarbeit ist die Arbeit (Energie), die mindestens aufgewandt werden muss, um ein Elektron aus einem ungeladenen Festkörper zu lösen.</td></tr>
<tr><td>Chemische Zersetzung (Redoxreaktion)<br>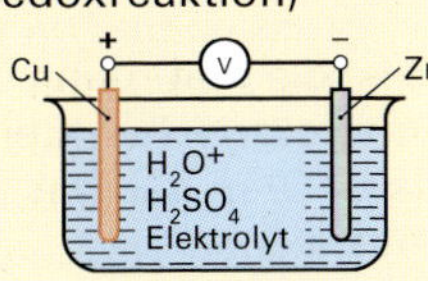</td><td>In einer galvanischen Zelle laufen eine Reduktion und eine Oxidation räumlich getrennt an zwei Elektroden ab. Durch Verbinden mit einem Elektronenleiter (Metalldraht) und einem Ionenleiter (Elektrolyt) wird der Stromkreis geschlossen. Die Spannung hängt von der Art des Metalls (elektrochemische Spannungsreihe), der Konzentration in der Lösung sowie der Temperatur ab. Dabei zersetzt sich der Minuspol (die Anode) mit dem unedleren Metall.</td></tr>
<tr><td>Thermoelektrischer Effekt (Seebeck-Effekt)<br>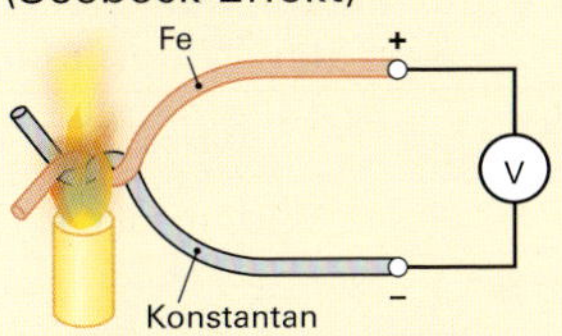</td><td>Am heißen Ende eines Leiters gibt es mehr Elektronen mit hoher Energie und weniger Elektronen mit geringer Energie. Durch Diffusion bewegen sich im Leiter die heißen Elektronen zum kalten Ende und die „kalten" Elektronen in die entgegengesetzte Richtung. Da im offenen Stromkreis kein Strom fließen kann, erzeugen die Thermodiffusionsströme eine Spannung zwischen dem heißen und dem kalten Ende. Der Effekt wird gesteigert, indem zwei verschiedene Metalle zusammengeschlossen werden.</td></tr>
<tr><td>Elektromagnetische Induktion<br>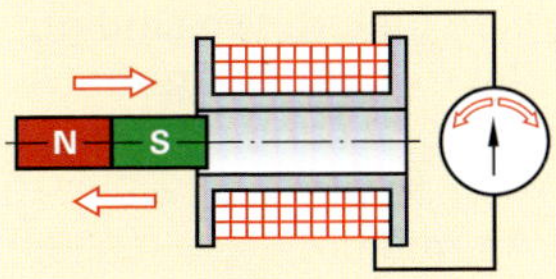</td><td>Unter elektromagnetischer Induktion versteht man das Entstehen eines elektrischen Feldes bei einer Änderung der magnetischen Flussdichte. Dies geschieht z. B. durch die Bewegung eines Magneten in einer Spule.<br>Die magnetische Feldstärke in den einzelnen Windungen der Spule ändert sich dabei permanent und es wird in ihnen eine elektrische Spannung induziert. Kommt die Bewegung zum Stillstand, verschwindet auch die Spannung.</td></tr>
<tr><td>Fotoelektrischer Effekt<br>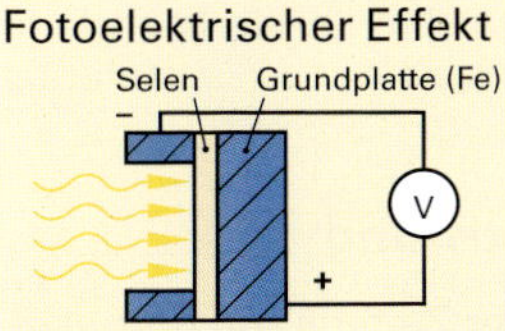</td><td>Bei der Fotoelektrizität wird ein Elektron aus einer Bindung (z. B. mit einem Atom) gelöst, indem es ein Photon (Lichtstrahlung) absorbiert. Durch Ionisation wird dabei ein freies Elektron und ein Loch im Atomgitter erzeugt. Solche Ladungsträgerpaare entstehen am p-n-Übergang einer Fotodiode. Dabei gehen die Elektronen in die n-Schicht und die Löcher in die p-Schicht über und es entsteht eine Spannung.</td></tr>
<tr><td>Piezoelektrischer Effekt<br>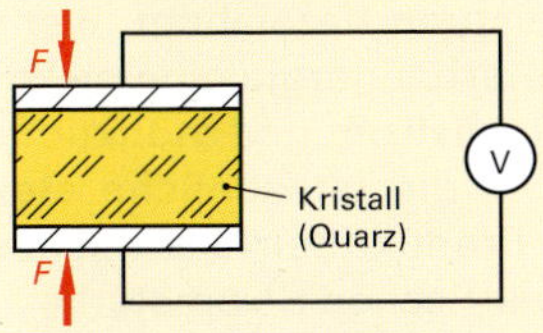</td><td>Durch die gerichtete Verformung eines piezoelektrischen Materials bilden sich mikroskopische Dipole innerhalb der Elementarzellen. Die Aufsummierung über das damit verbundene elektrische Feld in allen Elementarzellen des Kristalls führt zu einer messbaren elektrischen Spannung.<br>Umgekehrt verformen sich diese Materialien bei Anlegen einer elektrischen Spannung (inverser Piezoeffekt).</td></tr>
<tr><td>Elektrokinetischer Effekt<br>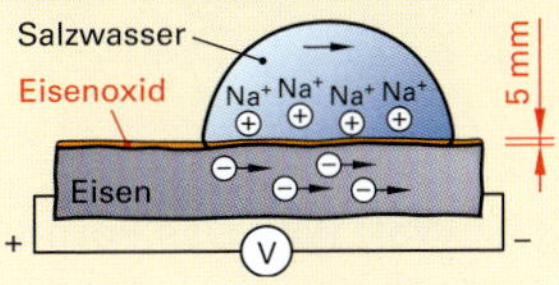</td><td>Wenn eine el. Leitende Flüssigkeit (z. B. Salzwasser) über einen metallischen Festkörper fließt, dessen Außenseite mit seiner Oxidschicht überzogen ist (z. B. Rost auf Eisen), dann ziehen die positiv geladenen Ionen der Flüssigkeit die Elektronen in der unterliegenden Metallschicht mit, was zur Ladungstrennung genutzt werden kann. Die Dicke der Oxidschicht muss dafür unter 5 nm sein.</td></tr>
</table>

1

Bei **Gleichstrom (Seite 132, Bild 2a)** fließt der Elektronenstrom mit gleichbleibender Stärke nur in eine Richtung. Er wird erzeugt durch chemische Zersetzung, Thermoelektrizität, Fotoelektrizität und durch die Gleichrichtung und Glättung von Wechselstrom. Viele Anwendungen der Elektronik, des Galvanisierens und des Lichtbogenschweißens sind auf ihn angewiesen.

Bei **Wechselstrom (Seite 132, Bild 2b)** ändern sich die Stärke und die Richtung permanent und periodisch im Verlauf einer Sinuskurve. Die Wechselfrequenz wird in Hertz [Hz] angegeben. Er wird durch elektromagnetische Induktion in Generatoren erzeugt und ist die Basis der Energieversorgungsnetze. Elektromotoren, Glühlampen und Schweißtransformatoren können mit ihm direkt betrieben werden.

Der **Dreiphasen-Wechselstrom** (Drehstrom, **Seite 132, Bild 2c**) wird in Generatoren mit drei um 120° zueinander versetzten Wicklungen erzeugt. Die drei Wechselströme überlagern sich und werden in ein Netz mit fünf Leitungen eingespeist **(Bild 1)**. Dabei sind die stromführenden Leitungen mit L1, L2 und L3 benannt. Die gemeinsame Rückleitung ist der Neutralleiter N. Der Schutzleiter PE (engl. protection earth) dient zur Ableitung eines Fehlerstroms. Das Dreiphasen-Netz kann wesentlich höhere Leistungen übertragen als ein Einphasen-Netz.

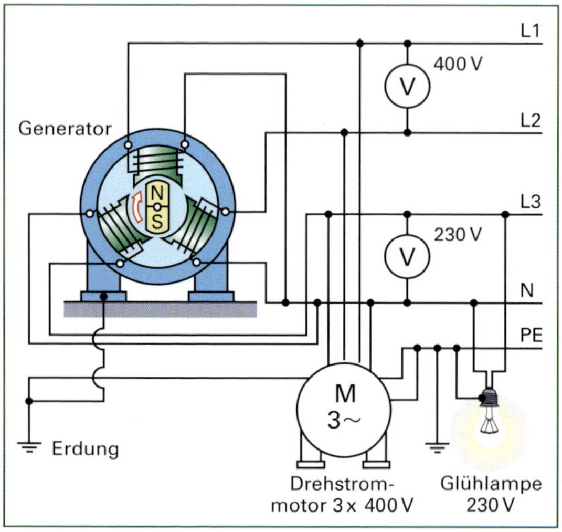


**Bild 1: Generator für Dreiphasen-Wechselstrom mit Fünfleiternetz**

Reibungselektrizität und Piezoelektrizität liefern **Spannungsimpulse** mit kurzen aber z. T. sehr starken Strömen.

## 1.8.3 Elektrischer Widerstand

Die Größe des in einem geschlossenem Stromkreis fließenden elektrischen Stroms wird durch den elektrischen Widerstand der Verbraucher und der Leitungen begrenzt. Den Zusammenhang zwischen Spannung, Strom und Widerstand beschreibt das Ohmsche Gesetz. Demnach ist die Stromstärke $I$ gleich dem Quotienten der anliegenden Spannung $U$ und dem Widerstand $R$ des Verbrauchers bzw. der Leitung:

$$I = \frac{U}{R} \quad \text{Ohmsches Gesetz}$$

Der **elektrische Widerstand** ist die Hemmung des Elektronenflusses in einem elektrischen Leiter. Die Einheit des Widerstands ist Ohm [Ω]. Das Formelzeichen ist $R$ (von engl. resistance).

Der **spezifische elektrische Widerstand** $\rho$ eines Werkstoffs gibt an, wie gut dieser den elektrischen Strom leitet. Dazu wird der Widerstand eines Drahtes der Länge $l = 1$ m mit einem Querschnitt $A = 1$ mm$^2$ gemessen.

$$\rho = \frac{R \cdot A}{l}$$

Werkstoffe mit vielen freien Elektronen sind gute Leiter. Sie setzen der Elektronenbewegung nur wenig Widerstand entgegen. Besonders gute Leiter sind Silber ($\rho_{Ag} = 0{,}0149$), Kupfer ($\rho_{Cu} = 0{,}0179$), Gold ($\rho_{Au} = 0{,}0220$) und Aluminium ($\rho_{Al} = 0{,}0265$).

Nach ihrer Leitfähigkeit wird in Leiter, Nichtleiter und Halbleiter unterschieden.

## 1.8.4 Elektrische Leistung

Die Leistung ist die in einer Zeitspanne umgesetzte Energie bezogen auf diese Zeitspanne. Sie wird dann als elektrische Leistung bezeichnet, wenn die bezogene oder gelieferte Energie eine elektrische Energie ist. Bei Gleichstrom und induktionsfreiem Wechselstrom ist die tatsächliche **elektrische Leistung *P*** das Produkt der elektrischen Spannung $U$ und der elektrischen Stromstärke $I$

$$P = U \cdot I$$

Die Einheit der Leistung ist Watt [W]. Das Formelzeichen ist $P$ (von engl. power).

Bei induktionsfreiem Drei-Phasen-Wechselstrom wird die Leistung (Scheinleistung) mit dem Faktor $\sqrt{3}$ korrigiert:

$$P = \sqrt{3} \cdot U \cdot I$$

Bei Verbrauchern, die neben ohmschen Widerständen auch Spulen und Kondensatoren enthalten, kommt es zu einer zeitlichen Verschiebung zwischen Strom und Spannung (Phasenverschiebung). Dies mindert die wirkende Leistung (Wirkleistung) um den geräteabhängigen Faktor cos $\varphi$:

$$P = U \cdot I \cdot \cos \varphi$$

### 1.8.5 Elektrische Arbeit

Wird elektrische Energie in eine andere Energieform umgewandelt, verrichtet sie **elektrische Arbeit**. Die elektrische Arbeit durch die Verschiebung einer Ladung $Q$ bei einer Spannung $U$ kann bei konstanter Stromstärke und Spannung aus dem Produkt beider mit der Zeit berechnet werden:

$$W = Q \cdot U = U \cdot I \cdot t = P \cdot t$$

Die elektrische Arbeit ist das Produkt aus Spannung $U$, Stromstärke $I$ und Zeit $t$. Die Einheit ist Wattsekunde [Ws] bzw. Joule [J]. Bei größeren Arbeitsbeträgen wird die Kilowattstunde [kWh] verwendet. Das Formelzeichen ist $W$ (von engl. work).

### 1.8.6 Messen elektrischer Größen

Zur Arbeit an elektrischen Anlagen ist es oft notwendig, die genauen Werte für die Spannung, den Strom und den Widerstand zu ermitteln. Dazu wird normalerweise ein Multimeter (Vielfachmessgerät) eingesetzt. Es ist in der Lage mehrere Größen in verschiedenen Messbereichen zu messen. Zur Grundausstattung eines Multimeters gehört seine Verwendbarkeit als Spannungs-, Strom- und Widerstandsmessgerät. In der Regel ist es auch zwischen Gleich- und Wechselspannung umschaltbar. Je nach Ausstattung sind andere Zusatzfunktionen verfügbar (z.B. Durchgangsprüfung, Kapazitätsmessung, Frequenzmessung).

Bei der **Spannungsmessung** wird die Spannungsdifferenz (Spannungsabfall) zwischen zwei Messpunkten ermittelt. Dies können der Plus- und Minuspol einer Spannungsquelle oder die Anschlüsse eines Verbrauchers sein. Das Multimeter wird zuerst auf Spannungsmessung eingestellt und dann parallel zum Verbraucher (z.B. eine Glühlampe, **Bild 1)** geschaltet.

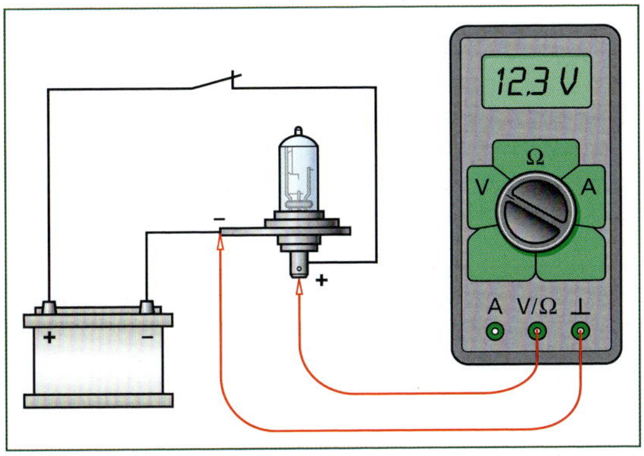


**Bild 1: Spannungsmessung**

Das Spannungsmessgerät darf die Spannungsquelle nicht durch eine zusätzliche Stromabnahme belasten, weil sonst das Messergebnis verfälscht würde. Daher ist der Innenwiderstand des Messgerätes sehr groß. Durch den kleinen Messstrom ist diese Messung geschützt vor unbeabsichtigten Kurzschlüssen.

Bei der **Strommessung** wird der aktuelle Elektronenfluss bestimmt. Dazu wird der Stromkreis unterbrochen (aufgetrennt) und das Messgerät in Reihe zum Verbraucher geschaltet **(Bild 2)**. Vor dem Anschließen sind ein geeigneter Messbereich und die zu messende Stromart (AC für Wechselstrom, DC für Gleichstrom) einzustellen.

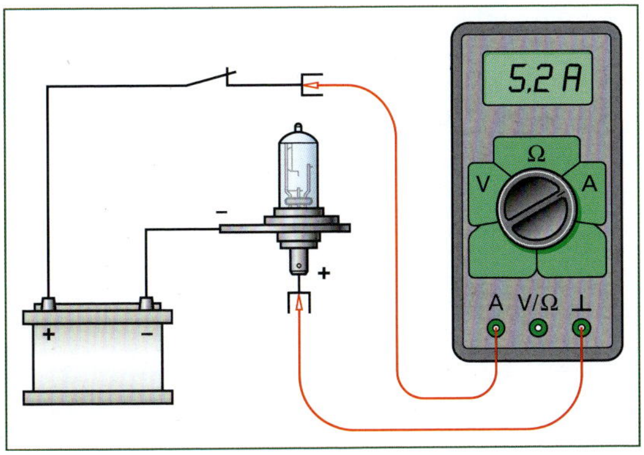


**Bild 2: Messung der Stromstärke**

Das Strommessgerät darf den Stromfluss nicht behindern, weil sonst das Messergebnis verfälscht würde. Daher ist der **Innenwiderstand** des Messgerätes **sehr klein**. – Es besteht immer eine **Kurzschlussgefahr!** Übersteigt der Messstrom den vorgesehenen Messbereich, dann soll eine eingebaute Sicherung (meist eine Schmelzsicherung) das Gerät und die Schaltung vor Schäden bewahren. Die se Gerätesicherung garantiert aber keine sichere Schadensverhütung!

Zum Messen großer Ströme ist das Multimeter nicht vorgesehen. Man führt dann eine indirekte Messung mit einer Strommesszange durch **(Bild 1)**. Das Magnetfeld des fließenden Stromes erzeugt eine Messspannung, die in einen Strommesswert umgewandelt wird. Dafür muss der Stromkreis nicht aufgetrennt werden.

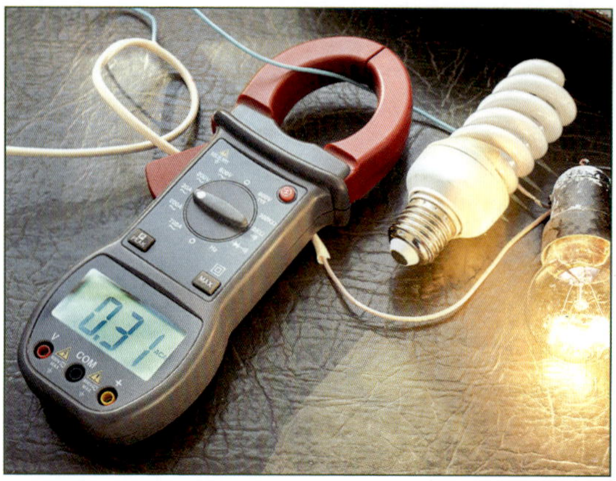

**Bild 1: Strommesszange**

Zur **Widerstandsmessung** wird das Messobjekt vom Messgerät mit einer definierten Spannung beaufschlagt und der dabei fließende Strom ermittelt. Dieser ist proportional zum Widerstand des Objektes und wird so vom Gerät angezeigt. Für diese Messung muss das Objekt spannungsfrei sein und aus dem Stromkreis gelöst werden, damit keine Streuströme das Messergebnis verfälschen. Optimal ist es, den Widerstand am ausgebauten Objekt zu messen **(Bild 2)**.

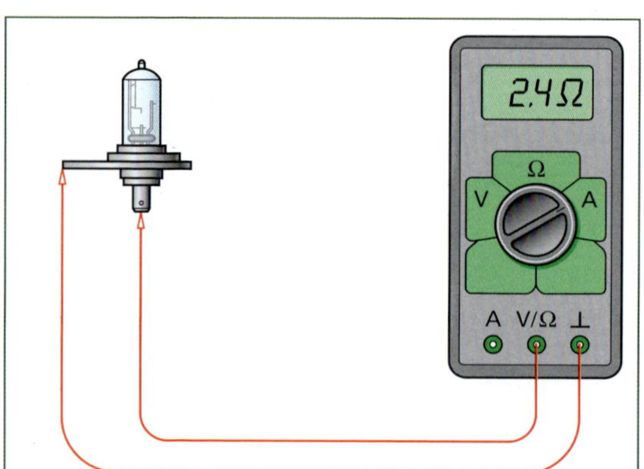


**Bild 2: Messung des elektrischen Widerstandes**

## 1.8.7 Elektrische Schaltungen

Die Verbindung mehrerer elektronischer Bauteile wird als **elektrische Schaltung** bezeichnet. Die einfachsten Schaltungen bestehen aus ohmschen Widerständen (elektrischen Verbrauchern), die im Stromfluss in Reihe oder parallel zueinander angeordnet sein können. Kommen Reihen- und Parallelschaltung gleichzeitig vor, spricht man von einer gemischten Schaltung. In der Schaltung entstehen Teilspannungen und -ströme **(Bild 3 und Seite 137, Bild 1)**.

**Reihenschaltung**

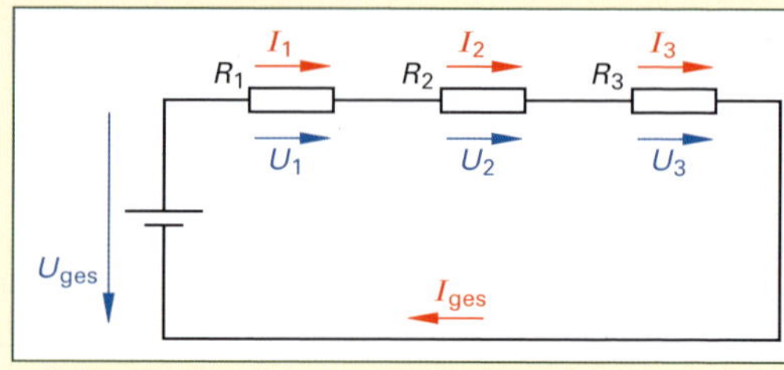


**Bild 3: Elektrische Größen in Reihenschaltungen**

**Teilspannungen:**

An jedem Widerstand fällt ein Teil der Gesamtspannung ab. Der jeweilige Spannungsabfall ist abhängig vom einzelnen Widerstand und berechnet sich aus dem ohmschen Gesetz.

$$U_1 = R_1 \cdot I_1,$$
$$U_2 = R_2 \cdot I_2,$$
$$U_3 = R_3 \cdot I_3$$

**Gesamtspannung:**

Die Gesamtspannung $U_{ges}$ entspricht der Summe aller Teilspannungen.

$$U_{ges} = U_1 + U_2 + U_3 + \ldots + U_n$$

Gleichzeitig gilt das ohmsche Gesetz:

$$U_{ges} = R_{ges} \cdot I_{ges}$$

**Teilströme und Gesamtstrom:**

Durch jeden Widerstand fließt der gleiche/gesamte Strom.

$$I_{ges} = I_1 = I_2 = I_3$$

$$I_{ges} = \frac{U_{ges}}{R_{ges}} = I_1 = \frac{U_1}{R_1} = I_2 = \frac{U_2}{R_2} = I_3 = \frac{U_3}{R_3}$$

**Gesamtwiderstand:**

Der Gesamtwiderstand $R_{ges}$ entspricht der Summe aller Teilwiderstände.

$$R_{ges} = R_1 + R_2 + R_3 + \ldots + R_n$$

**Parallelschaltung**

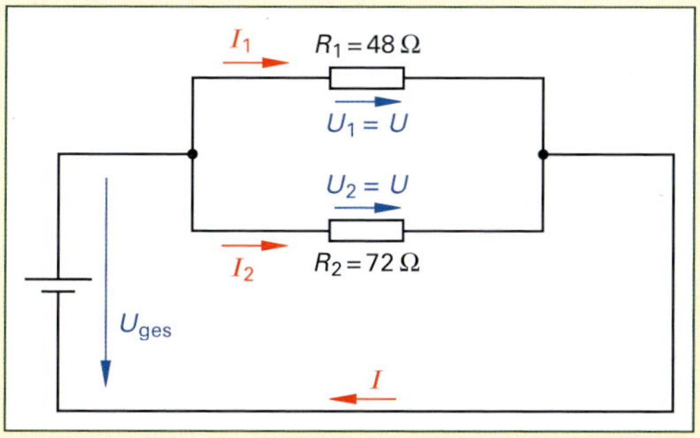


**Bild 1: Elektrische Größen in Parallelschaltungen**

**Teilspannungen und Gesamtspannung:**

An jedem Widerstand fällt die gleiche/gesamte Spannung ab.

$$U_{ges} = U_1 = U_2$$

$$U_{ges} = R_{ges} \cdot I_{ges} = U_1 = R_1 \cdot I_1 = U_2 = R_2 \cdot I_2$$

**Teilströme:**

Durch jeden Widerstand fließt ein Teilstrom. Der jeweilige Strom ist abhängig vom einzelnen Widerstand und berechnet sich aus dem ohmschen Gesetz.

$$I_1 = \frac{U_1}{R_1}, \quad I_2 = \frac{U_2}{R_2}$$

**Gesamtstrom:**

Der Gesamtstrom $I_{ges}$ entspricht der Summe der Teilströme.

$$I_{ges} = I_1 + I_2 + \ldots I_n$$

Gleichzeitig gilt das ohmsche Gesetz:

$$I_{ges} = \frac{U_{ges}}{R_{ges}}$$

**Gesamtwiderstand:**

Der Kehrwert des Gesamtwiderstands $R_{ges}$ enstspricht der Summe der Kehrwerte der Einzelwiderstände.

$$\frac{1}{R_{ges}} = \frac{1}{R_1} + \frac{1}{R_2} + \frac{1}{R_3} + \ldots + \frac{1}{R_n}$$

Für zwei Widerstände gilt vereinfacht:

$$R_{ges} = \frac{R_1 \cdot R_2}{R_1 + R_2}$$

## 1.8.8 Elektrische Bauelemente

Als **elektrisches Bauelement** wird in der Elektrotechnik ein wesentlicher Bestandteil einer elektrischen Schaltung bezeichnet, der physisch nicht weiter unterteilt werden kann, ohne seine Funktion zu verlieren. Wichtige elektrische Bauelemente sind Spannungsquelle, Widerstand, Kondensator, Spule, Diode, Transistor und integrierte Schaltung. Grundlegende Arten von Bauelementen werden in Schaltplänen durch genormte Schaltzeichen symbolisiert.

**Mechanische Bauelemente** sind Schalter, Leitungen oder Steckverbindungen.

**Relais** sind elektromagnetisch betätigte Schalter. Der Strom des Steuerstromkreises fließt durch die Spule und erzeugt ein Magnetfeld. Dadurch wird der Schaltanker angezogen, der die Schaltkontakte für den Laststromkreis (Arbeitsstromkreis) schließt **(Bild 2)**.

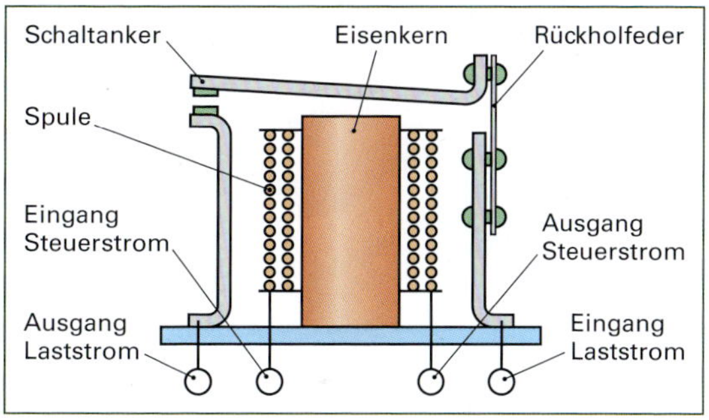


**Bild 2: Elektrisches Relais**

Relais dienen dazu, um:

- den Steuerschalter nicht durch hohe Arbeitsströme zu überlasten.
- bei großen Arbeitsströmen den Lastschalter (Relais) näher an die Last zu positionieren, um für hohe Ströme kürzere Leitungen zu verwenden
- mehrere Stromkreise gleichzeitig zu schalten.
- zwei Stromkreise galvanisch zu trennen.

Bei einem **Reed-Kontakt** erfolgt die Betätigung durch ein von außen wirkendes Magnetfeld. Durch das Magnetfeld ziehen sich die beiden Kontaktzungen (**Seite 138, Bild 1)** an und schließen den Arbeitskreis. So schließt der Speichenmagnet eines elektronischen Fahrradtachos bei jedem Umlauf in einem Reed-Kontakt kurzzeitig einen Stromkreis. Die Zeitdauer zwischen den entstehenden Impulsen wird durch den Computer ausgewertet.

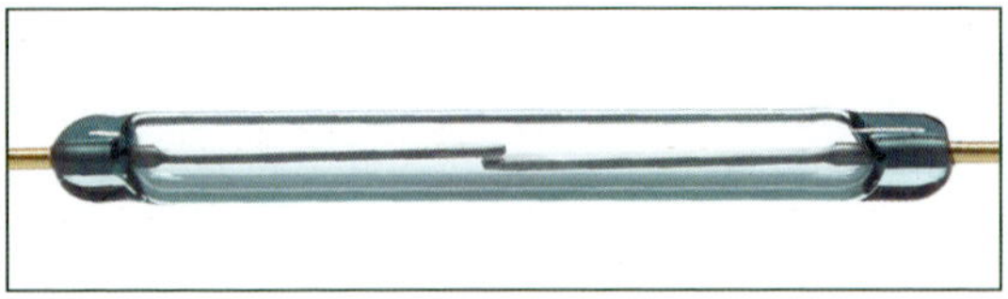

Bild 1: Reed-Kontakt

**Passive Bauelemente** zeigen keine Verstärkerwirkung und keine Steuerungsfunktion.

**Ohmsche Widerstände** begrenzen in einer elektronischen Schaltung den Stromfluss (die Stromstärke) oder bewirken einen Spannungsabfall. Sie sind so konstruiert, dass ihr elektrischer Widerstand nur gering von der Spannung, der Stromstärke und der Temperatur verändert wird. Meist wird auf den kleinen Bauelementen der Widerstandswert durch einen Farbcode angegeben **(Bild 2)**.

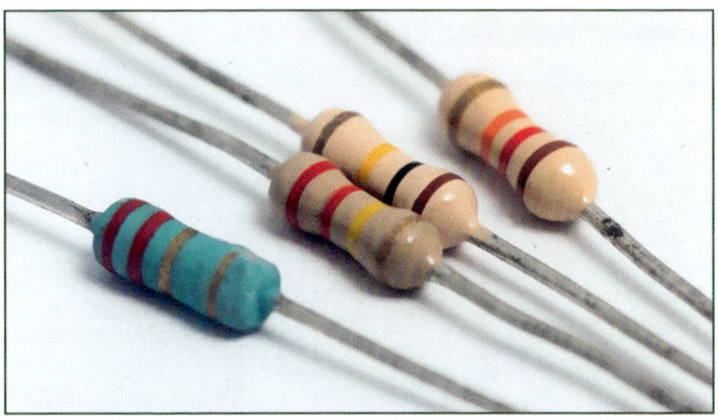

Bild 2: Widerstand

Ein **Kondensator** besteht im Prinzip aus zwei Metallplatten, die durch einen Isolierstoff (Dielektrikum) getrennt sind **(Bild 3a)**. Zwischen diesen Platten wird Energie in Form eines elektrischen Feldes gespeichert. In der Praxis werden statt Metallplatten sehr dünne Folie aufgerollt, so dass eine große Oberfläche bei geringer Baugröße entsteht. Durch Variationen der Elektroden und des Dielektrikums kann die Kapazität des Kondensators erheblich gesteigert werden.

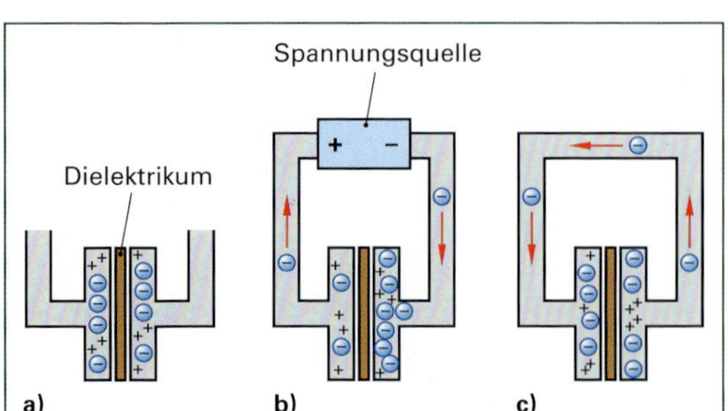


Bild 3: Kondensator: a) ungeladen b) Aufladevorgang c) Entladevorgang

Legt man eine Gleichspannung an die Pole der beiden Platten, so fließt ein Ladestrom, bis die Spannung am Kondensator jener der Spannungsquelle entspricht: Der Kondensator ist geladen **(Bild 3b)**. Damit wird ein weiterer Stromzufluss in den Leitungen gestoppt. Trennt man den aufgeladenen Kondensator von der Spannungsquelle, bleibt die elektrische Ladung auf den Kondensatorplatten erhalten. Verbindet man die beiden Kondensatoranschlüsse elektrisch leitend miteinander, wird der Kondensator entladen **(Bild 3c)**.

Das Speichervermögen eines Kondensators wird als **Kapazität *C*** bezeichnet und ist das Verhältnis der Ladung *Q* zur Spannung *U*. Die Einheit ist das Farad [F].

Ein Kondensator braucht zum Laden und Entladen Zeit **(Bild 4)**. Nach einer bestimmten Ladezeit hat ein Kondensator 63 % der Endspannung erreicht. Diese Zeit wird als Zeitkonstante $\tau$ (griech.: tau) bezeichnet. Nach einer Zeitdauer von $5 \cdot \tau$ ist er vollständig geladen.

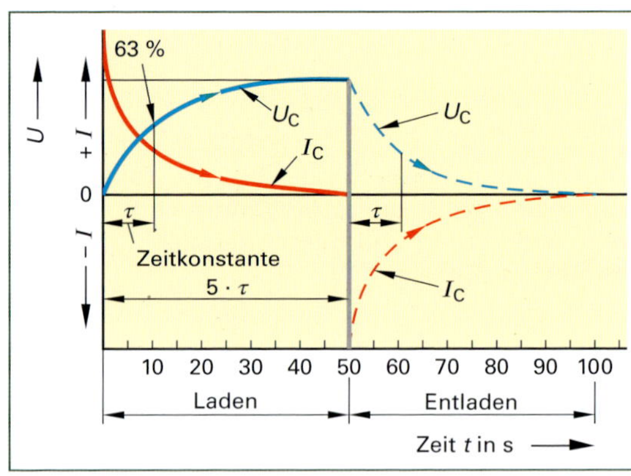


Bild 4: Lade- und Entladekurve eines Kondensators

Anwendungen für Kondensatoren sind z. B.:

- Als Spannungsquelle für das Fahrradstandlicht.
- Zum Glätten einer pulsierenden Gleichspannung.
- Als Zeitglieder in elektronischen Schaltungen.

**Aktive Bauelemente** können zur Verstärkung von Signalen oder zur logischen Steuerung eingesetzt werden. Dazu beziehen sie Hilfsenergie aus einer zusätzlichen Speisung oder erzeugen elektrische Energie selber. Aktive Bauelemente sind aus **Halbleiter**-Werkstoffen aufgebaut. Häufig verwendetes Halbleitermaterial ist Silizium. Silizium hat keine freien Ladungsträger, denn es benötigt seine vier Außenelektronen zur eigenen Bindung des Kristallgitters **(Seite 139, Bild 1a)**. Um das Material leitfähig zu machen, wird Silizium dotiert, d.h. mit chemischen Elementen verunreinigt, die mehr oder weniger Elektronen als Silizium besitzen. Bei der Dotierung mit Indium (drei Außenelektronen) entstehen Fehlstellen, die auch als „Löcher" oder „Defektelektronen" bezeichnet werden. Diese Löcher sind beweglich; sie verhalten sich wie freie (positive) Ladungsträger **(Bild 1b)**. Das Siliziumkristall wird zum P-Leiter. Arsen mit seinen fünf Außenelektronen gibt bei der Dotierung ein Elektron als Ladungsträger ab **(Bild 1c)** – das Siliziumkristall wird negativ leitend, es wird zu einem N-Leiter.

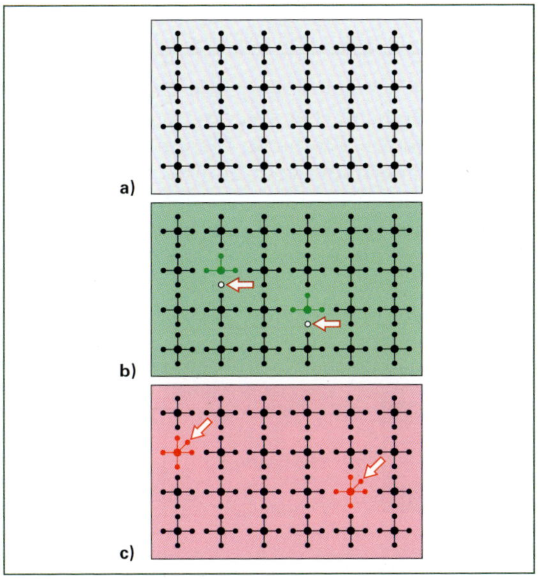


**Bild 1: Halbleiter a) Reines Silizium b) P-Dotierung mit Indium c) N-Dotierung mit Arsen**

Bei einer **Diode** sind N- und P-dotierte Kristallschichten zusammengeführt. Es bildet sich eine neutrale Sperrschicht mit einem Gleichgewicht von Löchern und Elektronen **(Bild 2)**.

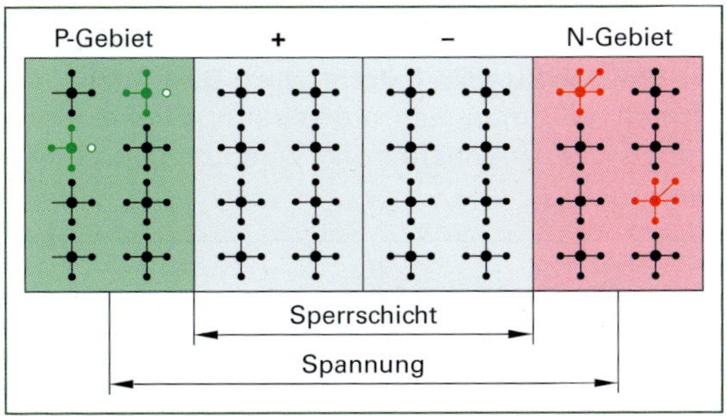


**Bild 2: Spannung zwischen dem N- und dem P-Teil einer Diode**

Verbindet man den Pluspol einer Gleichspannungsquelle mit dem N-Pol der Diode und den Minuspol mit dem P-Pol, wird die Sperrschicht breiter. Damit wächst der Widerstand in der Sperrschicht und es fließt kein Strom. Die Diode ist in Sperrrichtung geschaltet **(Bild 3a)**.

Bei umgekehrter Polung werden die freien Elektronen der N-Schicht vom Minuspol der Spannungsquelle in die Sperrschicht hineingedrückt. Gleichzeitig wandern die Löcher der P-Schicht in die Sperrschicht und verringern den Widerstand. Bei einer Schwellspannung von ca. 0,7 V wird die Siliziumdiode stromleitend **(Bild 3b)**. Die Pfeilrichtung im Schaltbild einer Diode gibt die Durchlassrichtung des Stromes an.

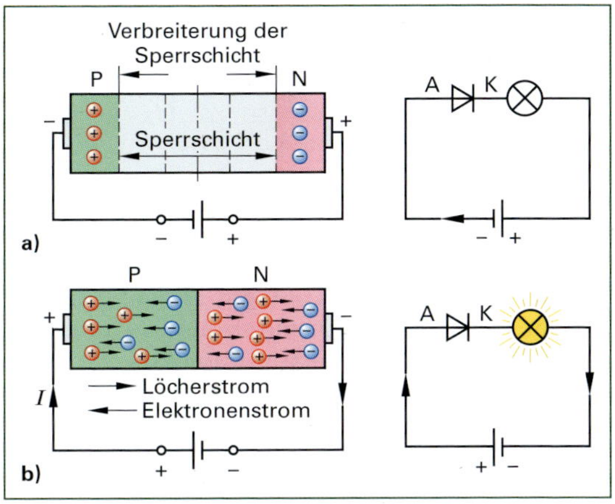


**Bild 3: Diode a) in Sperrrichtung b) in Durchlassrichtung. A = Anode K = Katode**

Ist die angelegte Spannung in Sperrrichtung zu groß, wird die Sperrschicht durchschlagen und der Stromfluss zerstört die Diode. In Durchlassrichtung hingegen haben Dioden einen sehr geringen Widerstand. Deshalb sind für ihren Betrieb Begrenzungswiderstände notwendig, weil sonst ein zu hoher Stromfluss ebenfalls das Bauteil zerstört.

Dioden werden unter anderem zur Gleichrichtung (Umwandlung von Wechselspannung zu Gleichspannung) eingesetzt.

Eine **Z-Diode** (Zener-Diode) ist eine Diode, die darauf ausgelegt ist, dauerhaft in Sperrrichtung im Bereich der Durchbruchspannung betrieben zu werden. In Durchlassrichtung verhält sie sich wie eine normale Silizium-Diode. In Sperrrichtung sperrt sie den Strom bis zu einer bestimmten Spannung, der Durchbruch- oder Zenerspannung $U_Z$ **(Seite 136, Bild 1)**. Bei dieser Spannung wird die Z-Diode schlagartig leitend. Unterschreitet die Spannung die Zenerspannung, sperrt die Diode wieder. Der fließende Durchbruchstrom $I_Z$ muss durch einen Vorwiderstand begrenzt werden. Z-Dioden sind zur Spannungsstabilisierung und zur Spannungsbegrenzung geeignet. Zwei gegenpolig geschaltete Z-Dioden schützen in Halogen-Frontleuchten die Halogen-Glühlampe vor einer zu hohen Wechselspannung des Generators.

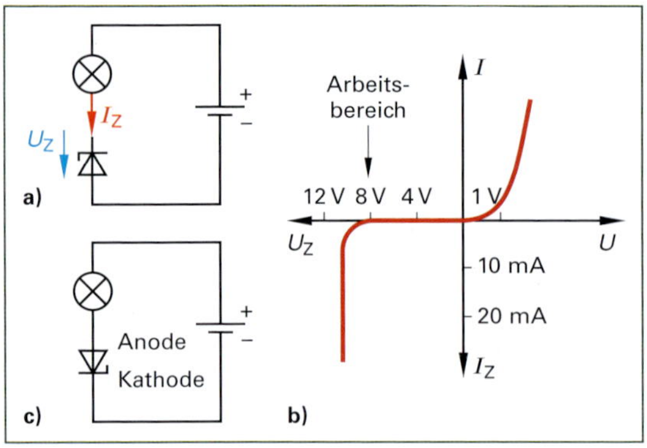


**Bild 1: a) Z-Diode in Sperrrichtung b) Kennlinie c) Z-Diode in Durchlassrichtung**

Eine **Leuchtdiode** (LED = Light Emitting Diode) sendet Licht aus, wenn durch sie in Durchlassrichtung ein Strom bestimmter Stärke fließt **(Bild 2)**. In der Grenzschicht des Halbleiters vereinigen sich (rekombinieren) freie Elektronen und „Löcher". Die dabei freiwerdende Energie wird als Licht abgestrahlt.

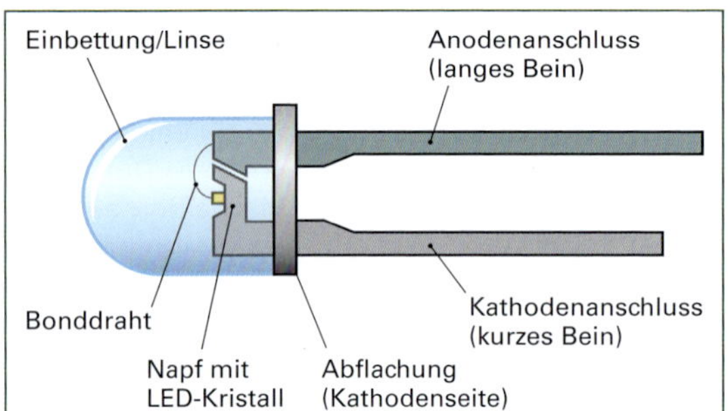


**Bild 2: Leuchtdiode**

Mit **Transistoren** (transient = steuerbar, Resistor = Widerstand) kann ein großer Strom mit einem kleinen Steuerstrom beeinflusst werden. Deshalb dienen Transistoren als Leistungsverstärker oder Schalter. Die drei Anschlüsse sind:

- Basis (B) - Grundmaterial bei der Herstellung
- Emitter (E) - sendet Ladungsträger aus
- Kollektor (C) - sammelt Ladungsträger ein

Je nach Schichtenfolge der P- und N-Schichten unterscheidet man NPN- und PNP-Transistoren **(Bild 3)**. Die NPN-Transistoren werden am häufigsten verwendet.

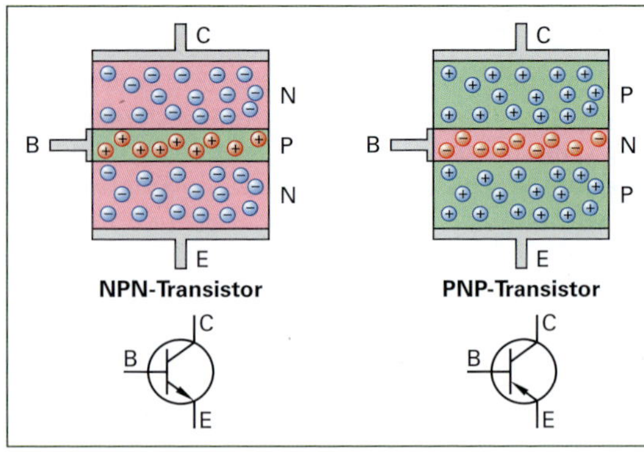


**Bild 3: NPN-Transistor und PNP-Transistor**

Beim NPN-Transistor liegt die Basis an P, der positiven Schicht. Hier steuern positive Ladungsträger etwa die 100-fache Menge an negativen Ladungsträgern, die vom Emitter zum Kollektor fließen. Beim PNP-Transistor liegt die Basis an N, der negativen Schicht. Bei beiden Transistortypen haben die Strecken BC und BE die Eigenschaften einer Diode, die in einer Richtung leitet und in der anderen Richtung sperrt **(Bild 4)**.

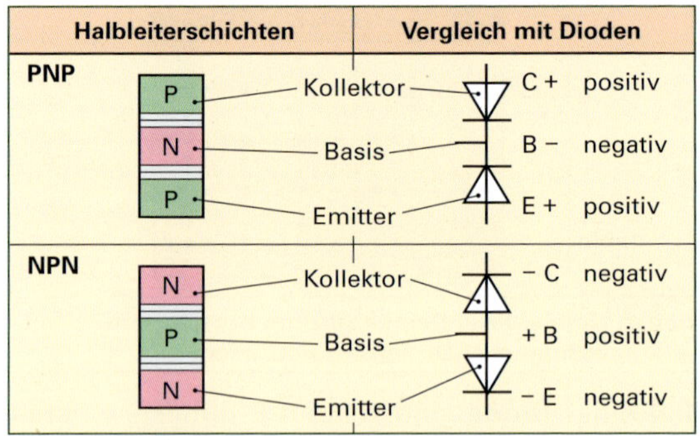


**Bild 4: Vergleich von Transistor und Diode**

Wie bei der Siliziumdiode ist beim Transistor eine Basis-Emitter-Spannung von +0,7 V nötig, damit der Transistor durchschaltet, d. h. die Kollektor-Emitter-Strecke leitend wird. **Bild 5** zeigt als Modell, wie man sich die Wirkungsweise eines Transistors als Schalter und Verstärker vorstellen kann.

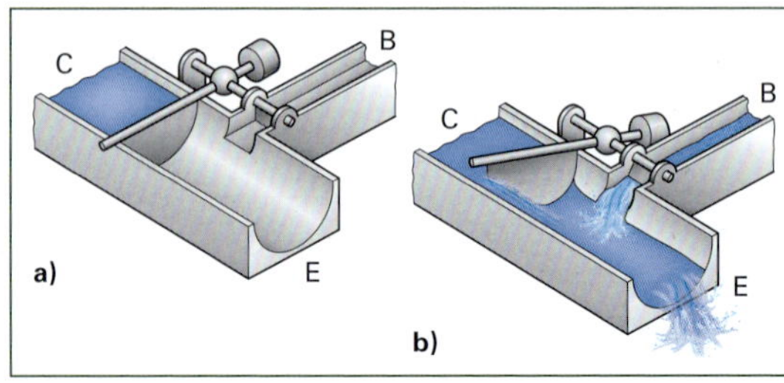


**Bild 5: Modell eines Transistors als Schalter**

## 1.9 Steuerungs- und Regelungstechnik

Die Steuerungs- und Regelungstechnik soll den Menschen bei allgemeinen Arbeitsabläufen unterstützen, entlasten oder sogar die Ausführung vollständig übernehmen.

### 1.9.1 Steuerung

Das **Steuern** oder die **Steuerung** ist ein Vorgang in einem System, bei dem eine oder auch mehrere Eingangsgrößen die Ausgangsgrößen aufgrund der Gesetzmäßigkeit des Systems beeinflussen.

Die Steuerungsart richtet sich nach der **Signalart (Bild 1)** und kann analog, binär oder digital realisiert sein.

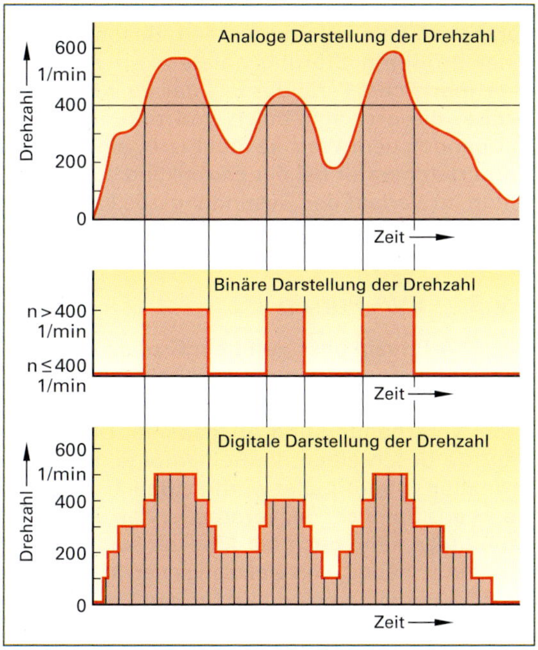


**Bild 1: Signalarten**

In **analogen Steuerungen** sind die Ein- und Ausgangsgrößen der Steuereinrichtung Analogsignale. Diese Steuerungen besitzen keine Rückkopplungen. Beispiel einer analogen Steuerung ist die stetige Veränderung einer Hebelstellung einer Presse beim Drehen einer Kurvenscheibe, an der der Hebel anliegt.

In **Binär-Steuerungen** können die Ein- und die Ausgangsgrößen zwischen zwei Zuständen wechseln, wie die Schalterstellung (Ein/Aus), die Ventilstellung (Offen/Geschlossen) oder der Bewegungszustand des Motors (Drehend/Stehend). Gesteuert werden dann z.B. eine Beleuchtung, ein Wasserfluss oder die Bewegung eines Fahrzeugantriebs. Es können auch verschiedene Sensor- und Steuerimpulse logisch miteinander verknüpft werden, damit bestimmte Schritte erst ausgeführt werden, wenn andere bearbeitet wurden, oder es wird ein Wegprogramm oder ein Zeitprogramm (z.B. Programmsteuerung einer Waschmaschine) abgearbeitet.

Eine **digitale Steuerung** liegt vor, wenn in ihr Mehrbitsignale verarbeitet werden. Die auf diese Weise codierten Informationen können abgestufte Werte darstellen. Zur Verarbeitung digitaler Signale sind Steuerungsbefehle mit Byte- bzw. Wortoperanden (Wortanweisungen) erforderlich, wie sie in Computer-Algorithmen realisiert sind.

Kennzeichen der **Steuerung** sind ein offener Wirkungsablauf und meist binäre Steuergrößen **(Bild 2)**.

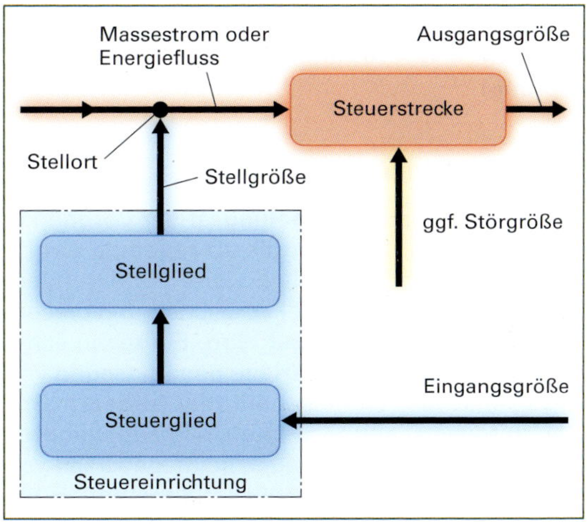


**Bild 2: Grundstruktur der Steuerkette**

> *Beispiel*:
> Ein Waschmaschinenprogramm, bei welchem der Wasserzufluss, die Waschmittelzugabe, die Heizung und der Elektromotor für die Bewegung der Trommel durch das Ein- und Ausschalten der jeweiligen Stromkreise realisiert ist, ist eine reine **Zeitsteuerung**. Die Geschwindigkeit, mit der die Schaltwelle von einem Elektromotor gedreht wird, bestimmt dabei unabhängig von den tatsächlichen Bedingungen den Ablauf des Programms **(Seite 142, Bild 1)**. Ein Defekt z.B. in der Heizung wird nicht erkannt und eine Änderung des Programms findet nicht statt.

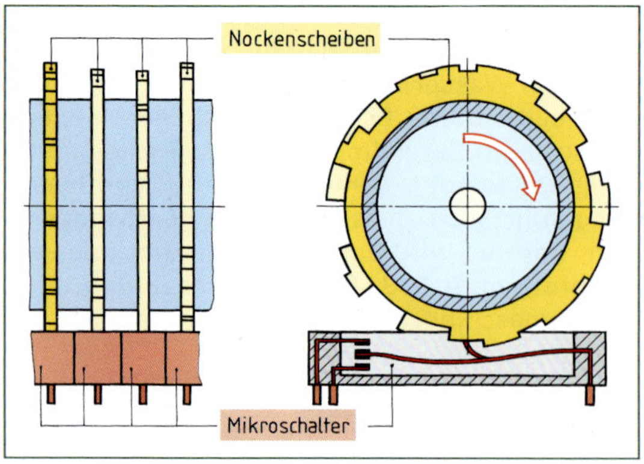


**Bild 1: Elektromechanische Eingabeeinheit für einen Waschautomaten**

Bei einer **Ablaufsteuerung** dienen eintreffende Ereignissignale als Start für einen folgenden Steuerschritt. Wird die Waschmaschinensteuerung des obigen Beispiels modifiziert, dann wird ein folgender Arbeitsschritt nicht ausgeführt, wenn nicht alle Bedingungen dafür erfüllt sind (z. B. das Wasser erreicht nicht die gewählte Temperatur, das Programm stoppt oder geht auf Störung).

## 1.9.2 Regelung

Das **Regeln** oder die **Regelung** ist der Vorgang in einem System, bei dem die zu regelnde Größe (Regelgröße) fortlaufend gemessen und mit dem Sollwert (Führungsgröße) verglichen und diesem gegebenenfalls angepasst wird. Ein technischer Regelvorgang ist eine gezielte Beeinflussung von physikalischen, chemischen oder anderen Größen in technischen Systemen. Die sogenannten Regelgrößen sind dabei auch beim Einwirken von Störungen entweder möglichst konstant zu halten (Festwertregelung, z. B. Temperaturregelung im Kühlschrank) oder so zu beeinflussen, dass sie einer vorgegebenen zeitlichen Änderung folgen (Folgeregelung, z. B. Autopiloten in der Luftfahrt). Der Vergleich und die Anpassung finden in einem Regelkreis statt **(Bild 2)**.

Die **Regelgröße** (Istwert) wird mit der **Führungsgröße** (Sollwert) verglichen. Aus der Differenz zwischen Soll- und Istwert (Regelabweichung) wird in der **Regeleinrichtung** die entsprechende **Stellgröße** gebildet. Diese wird über das **Stellglied** der Regelstrecke zugeführt. Eine **Störgröße** kann auf die gesamte **Regelstrecke** oder einzelne Teile von ihr wirken. Typische Größen eines Regelungssystems sind z. B.: Temperatur, Durchfluss, Füllstand, Lage/Position, Geschwindigkeit, Drehzahl und Drehmoment.

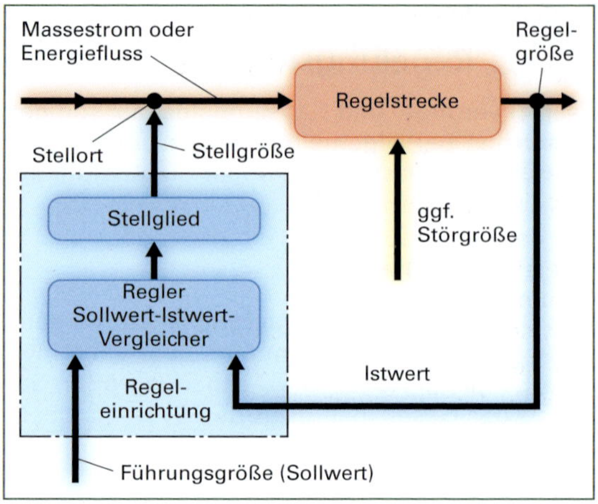


**Bild 2: Grundstruktur des Regelkreises**

Regelung einer Größe bedeutet nicht, dass Einflüsse von Störungen grundsätzlich völlig und in kürzester Zeit eliminiert werden. Besonders bei einer größeren Störung entsteht oft zunächst eine merkliche Veränderung der zu regelnden Größe, die erst allmählich und mitunter auch mit pendelndem Wert abklingt (z. B. ein erhöhte Körpertemperatur bei der Erkrankung eines Menschen im Verlauf der Gesundung). Es kann auch sein, dass ein kleiner Störeinfluss bestehen bleibt.

## 1.9.3 EVA-Prinzip

Das **EVA-Prinzip** beschreibt ein Grundprinzip der Informationsverarbeitung. Die Abkürzung leitet sich aus den ersten Buchstaben der Begriffe Eingabe, Verarbeitung und Ausgabe ab. Diese drei Begriffe beschreiben die Reihenfolge, in der Informationen verarbeitet werden **(Bild 3)**. Das Prinzip ist aus der Sicht der verarbeitenden Einheit zu sehen (das kann auch ein Mensch sein) und ist somit unabhängig von elektronischen Maschinen. Es ist daher allgemeingültig für den Vorgang der Verarbeitung von Informationen.

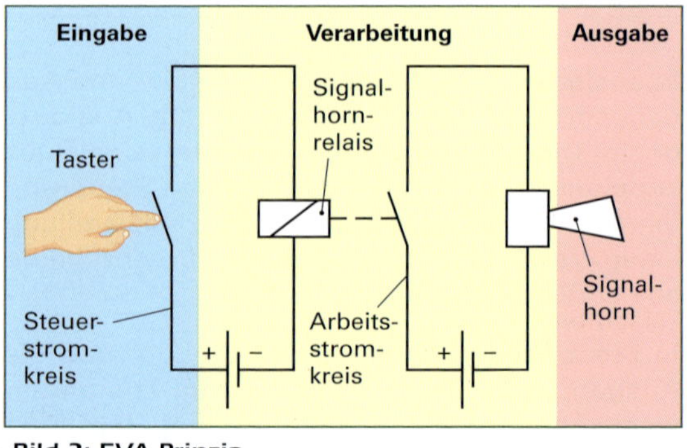


**Bild 3: EVA-Prinzip**

Die Informationen folgen fest vorgegebenen Pfaden durch das verarbeitende System, dem **Signalweg:**

- Signale werden in der Eingabeeinheit über **Sensoren** eingegeben. Sensoren sind Messfühler, die eine physikalische Größe erfassen und diese (meist) in eine elektrische Spannung umsetzen.
- In der Verarbeitungseinheit (z.B. Steuergeräte, Relais, Getriebe) erfolgt die logische oder mechanische Verknüpfung und meist auch eine Zwischenspeicherung der Signale.
- In der Ausgabeeinheit befinden sich Bauelemente, die die Signale umsetzen. Man bezeichnet diese Bauelemente als **Aktoren** (z.B. Lampen, Motoren, hydraulische Arbeitszylinder, Schaltwerke).

### 1.9.4 Vergleich von Steuerung und Regelung

Steuerungen und Regelungen werden gemäß den jeweiligen Anforderungen in vielen technischen Bereichen angewendet, um Prozesse ablaufen zu lassen oder Größen konstant zu halten.

Die Merkmale von Steuerungen und Regelungen werden in **Tabelle 1** verglichen.

Beim Fahrradfahren finden normalerweise Regelvorgänge statt, weil der Mensch stets die Auswirkungen seiner Handlungen beobachtet, mit seinen Absichten vergleicht und bei Abweichungen korrigierend eingreift (z.B. um das Fahrrad in der Spur zu halten, die Fahrgeschwindigkeit zu halten oder einen Bremsvorgang am beabsichtigten Punkt enden zu lassen). Nur in seltenen Fällen kann man einen Steuerungsvorgang beobachten, wenn z.B. die Zeit zum Korrigieren des Vorgangs nicht ausreicht, wie bei dem Durchführen eines komplizierten Tricks beim BMXen. Dann laufen alle Handlungen *automatisiert* ab und lassen keinen Eingriff in ihren Ablauf zu.

**info**

Das Bestimmen der Fahrtrichtung eines Landfahrzeuges wird *Lenken* genannt. Das Lenken kann auf einem Steuerungsvorgang beruhen, ist aber normalerweise ein Regelungsprozess. Daher sind auch Begriffe wie *Steuer*satz oder *Steuer*winkel fachlich falsch.

**Tabelle 1: Abgrenzung zwischen binären Steuerungen und Regelungen**

| Merkmal | (Binär-)Steuerung | Regelung |
|---|---|---|
| Aufgaben | Steuerungen bewirken bestimmte Abläufe in den Objekten und Prozessen. | Regelungen sorgen für eine Prozessstabilisierung bei Vorliegen von Störgrößen. |
| Informationsverarbeitung | In Steuerungen werden überwiegend logische Verknüpfungen von binären Signalen durchgeführt (UND, ODER, NICHT, Zählen, Speichern, Zeitfunktionen). | In Regelungen werden hauptsächlich arithmetische Funktionen zwischen analogen Größen ausgeführt. |
| Anzahl der Eingänge/ Ausgänge | Industrielle Steuerungen verfügen über eine Vielzahl von Eingängen und Ausgängen (typisch 10 bis über 100). | In der Regelungstechnik dominieren Einrichtungen mit einer einzigen Regelgröße als Eingang und einer einzigen Stellgröße als Ausgang. |
| Vorteile | Die Wirkungsabläufe sind überschaubar.<br>Bei Auftreten einer Störung kann manuell auf den Prozess eingewirkt werden.<br>Es können kein instabiles Verhalten und keine schädigenden überhöhten Amplituden der Steuergröße durch falsch angepassten Regler auftreten. | Auftretende bekannte und unbekannte nicht messbare Störungen werden reduziert oder eliminiert.<br>Eine größere Verstärkung kann die Regelstrecke schneller machen, solange keine Stellgrößenbegrenzungen und keine Instabilitäten auftreten.<br>Monoton instabile Regelstrecken können durch Einbindung in einen Regelkreis stabilisiert werden. |
| Nachteile | Nur bekannte messbare Störungen können durch geeignete Maßnahmen kompensiert werden.<br>Es erfolgt keine Rückmeldung, ob die Führungsgröße durch die Ausgangsgröße erreicht wurde.<br>Es besteht keine Möglichkeit, eine instabile Strecke zu stabilisieren. | Der Regelkreis kann durch ungewollte Änderung der Parameter instabil werden (z.B. Alterung und Verschleiß der Mess- oder Stellglieder).<br>Die genaue und schnelle Messung der Regelgröße kann kostenintensiv sein. |

# 2 Geschichte des Fahrrades



Schon früh gab es zwei Nischen für Muskelkraft-Fahrzeuge: dreirädrige für Invaliden und vierrädrige sog. Gartenphaetons für Schlossbesitzer, die sich von ihrem Diener durch einen (von Pferdeexkrementen freien) Schlossgarten chauffieren ließen.

*Karl Drais*, damals noch Freiherr, realisierte 1813 bei seiner vierrädrigen **Fahrmaschine** den Antrieb mittels Tretrad bzw. Kurbelwelle zwischen den Hinterrädern. Doch erst sein Zweirad von 1817, nach den vorangegangenen Missernten, der Hungersnot und einem Mangel an Nutzpferden, eroberte das Abendland als kostengünstiger Reitpferdersatz **(Bild 1)**.

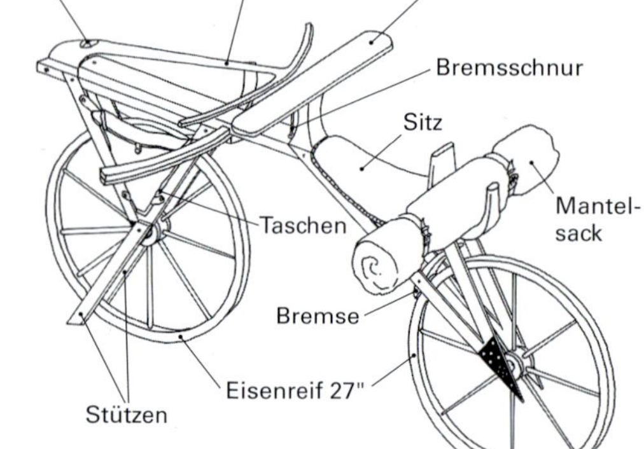


Masse: 20 kg
max. Geschwindigkeit: 22 km/h
längste Reisedistanz: 800 km (London-Falkirk, 1819)

**Bild 1: Drais'sche Laufmaschine, 1817**

Obwohl das Schlittschuhlaufen schon lange bekannt war, konnte Drais das Balancieren nur wagen, wenn die Füße ständig den sicheren Boden erreichten. Er trieb daher seine **Laufmaschine** (auch **Draisine** genannt) durch Abstoßen der Füße vom Boden an. Ein preußisches Patent (Marcuson, 1818) sieht bereits einen Fußkurbelantrieb direkt am Vorderrad eines standsicheren Dreirads vor.

Die Laufmaschine von Drais besaß viele Merkmale des heutigen Fahrrads, wie zwei gleichgroße 27"-Räder oder den Nachlauf des gelenkten Vorderrads. Sogar ein Tandem war bereits entworfen.

Drais selbst hatte keine eigene Werkstatt und durfte als Beamter keine Geschäfte machen. Er hat für adlige Interessenten etwa ein Dutzend lizenzierte Laufmaschinen beim örtlichen Wagner fertigen lassen. Es wurden aber weltweit 5000 – 10 000 optisch und technisch z. T. stark abweichende Kopien hergestellt.

Die Draisinenreiter benutzten statt der zerfurchten oder mit groben Steinen gepflasterten Fahrbahnen die ebeneren Bürgersteige der Städte und verärgerten häufig die Fußgänger. In der Folge gab es Fahrverbote. Erst in Mannheim, später auch in vielen weiteren Orten wie z. B. Mailand, London, New York und sogar Kalkutta. Aus diesem Grund und nicht wegen technischer Unzulänglichkeit konnten sich die Laufmaschinen nicht durchsetzen. In Deutschland kam ein politisch motivierter Boykott der Draisinen durch Studenten und Zeitungsredakteure hinzu, nachdem Drais' Vater als Richter einen politischen Attentäter zum Tode verurteilt hatte.

Mitte des 19. Jhdt. machten die Rollschuhe von *James Plimpton* und seine Rollschuhbahnen das sportliche Balancieren weltweit zur Mode. So traute man sich 50 Jahre nach seiner Erfindung auch beim Zweirad, die Füße auf Dauer vom sicheren Boden zu nehmen und das Vorderrad mit Pedalkurbeln anzutreiben (Patent *Pierre Lallement*, 1866, **Bild 2**).

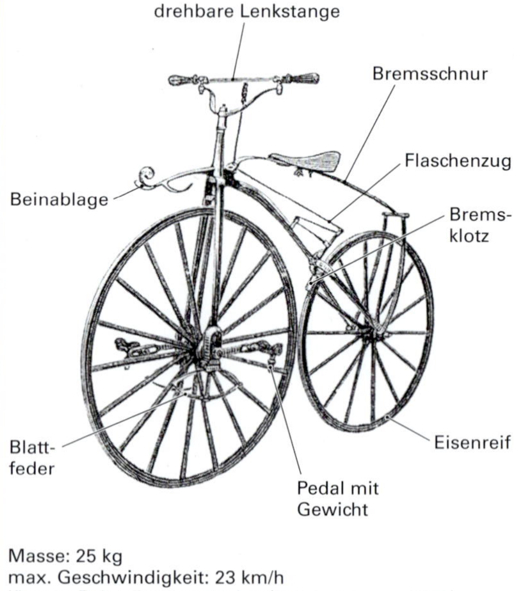


Masse: 25 kg
max. Geschwindigkeit: 23 km/h
längste Reisedistanz: 750 km (Paris-Avignon, 1865)

**Bild 2: Kurbel-Veloziped**

Paris bot mit seinen Boulevards und ihrem glatten Makadam-Belag geeignete Fahrbahnen, und die Söhne des Chemiefabrikanten Olivier aus Avignon starteten in Paris über einen Strohmann, den Mechaniker *Pierre Michaux*, die Firma Compagnie Parisienne zur Serienfertigung des Kurbel-Velozipeds (lat. für „Schnellfuß"). Anfangs waren die Rahmen aus Temperguss, später aus Schmiedeeisen.

Zugspeichen aus Stahldraht (Patent *Eugène Meyer*, 1868) ermöglichten höhere Vorderräder und somit höhere Geschwindigkeit bei den Wettfahrten. *Eugène Meyer* baute bereits Hochräder. Die Compagnie Parisienne der Oliviers baute ca. 4800 Velozipede, die übrigen 30 französischen Manufakturen sowie andere in Europa, England und den USA, wohl mehr als zehntausend.

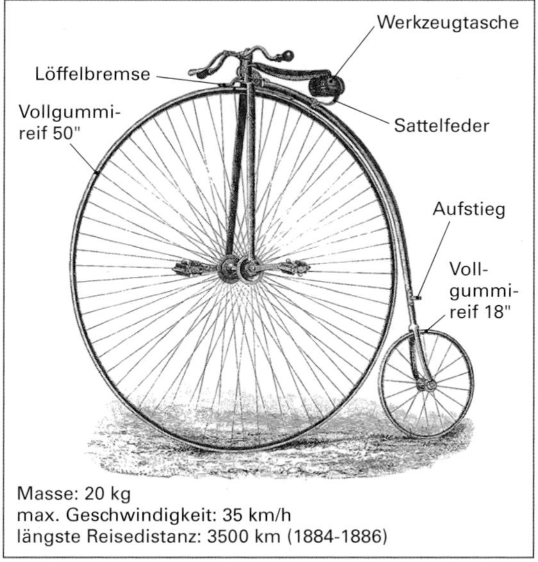


**Bild 1: Hochrad, auch „Ordinary" genannt**

Von dem wirtschaftlichen Abschwung durch den Deutsch-Französischen Krieg von 1870/71 erholten sich die französischen Fahrradbauer nicht wieder. Zu dieser Zeit verlagerte sich das Zentrum des Fahrradbaus nach England. *James Starley* in Coventry hatte sein **Hochrad** „Ariel" mit Radialspeichen 1870 patentiert und 1874 dann Tangentialspeichen für sein „Lady's Ariel". Davon ist das Tangentialspeichenrad als das definitive Laufrad der Fahrräder bis heute geblieben.

Die jungen britischen Bicyclisten scheuten das Risiko eines Kopfsturzes aus der Sitzhöhe nicht und es gab zeitweise ca. hundert Hochradbauer. Nachstellbare Kugellager in Radnaben, Pedalen und dem Lenkkopf wurden Standard, ebenso Vollgummireifen. Für Damen und ältere Herren gab es standsichere hohe Dreiräder, ab 1880 auch mit Kettenantrieb. Als zweisitziges Gefährt nannte man sie **Sociable (Bild 2)**. Diese waren die Vorbilder für das „Motorenveloziped" von *Karl Benz*, von ihm dann als „Patentmotorwagen" bezeichnet.

Die Dreiräder verwendeten den Kettenantrieb, um die Pedaldrehzahl in die passende Drehzahl der Hinterräder zu übersetzen, was über die Zähnezahlen der beiden Kettenräder leicht zu erzielen war.

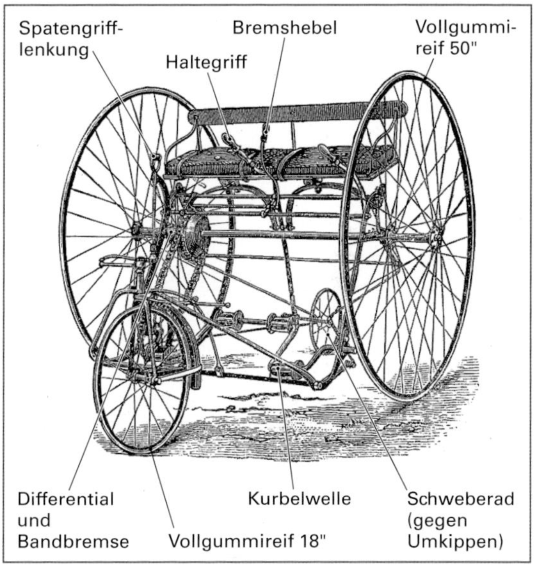


**Bild 2: Sociable**

Als Lösung, das Radfahren sicherer zu machen, verkleinerte *William Hillman* das Vorderrad und trieb es beidseitig durch je eine Kette zwischen Pedalkurbel und Vorderradnabe an („Cangaroo" 1884). Damit war gedanklich der Weg frei, Niederräder mit einseitigem Kettenantrieb aufs Hinterrad zu bauen, wie schon in französischen Patenten ab 1868 angedacht war. Ernsthaft setzte mit der britischen Fahrradmesse von 1885 der Trend zum **Niederrad** mit John Kemp Starleys „Rover" ein. Im Folgejahr hatten alle großen Hersteller ein handliches Niederrad, kurz **„Safety"** genannt, im Angebot **(Seite 146, Bild 1)**. Allerdings war wegen der kleinen Räder das Fahrgefühl viel holpriger als bei den seinerzeit **„Ordinary"** (engl. gewöhnlich) genannten Hochrädern. Trotzdem setzten Starleys Rovermodelle „den Trend für die Welt" – so die Werbung.

Zunächst wurde der **Kreuzrahmen** (Patent Hillman 1886, **Seite 146, Bild 1**) favorisiert, dessen Rohrkreuz meist noch ein oder zwei zusätzliche Streben für mehr Steifheit besaß.

Doch dann entschied man sich schließlich allgemein für den rautenförmigen **Diamantrahmen** (engl. diamond für dt. Raute) des Ingenieurs *Thomas Humber* (Patent 1884, **Bild 2**) als beste Form der Herrenräder.

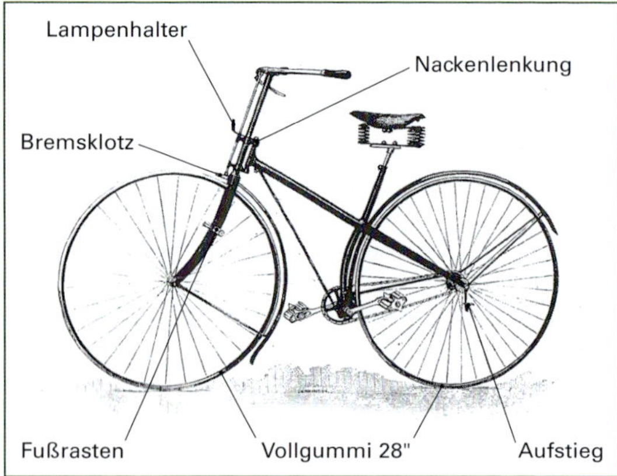


**Bild 1: Niederrad, auch „Safety" genannt**

Mit der Wiedererfindung des Luftreifens durch den Tierarzt *John Boyd Dunlop* (1888) konnten der mangelnde Fahrkomfort und die Schnelligkeit der Niederräder entscheidend verbessert werden.

Serienherstellung auf Blechpressen in den USA machte die Niederräder auch für Arbeiter erschwinglich. Die anschwellende Produktion erzeugte einen förmlichen „Hunger nach Rohren", der durch das Walzverfahren der Brüder **Mannesmann** rechtzeitig befriedigt werden konnte.

Eine **Freilaufkupplung** in der Hinterradnabe entkoppelte die Pedale vom Hinterrad. Jetzt konnte man auf dem tiefstehenden Pedal aufsteigen, brauchte aber fürs Bremsen eine zusätzliche Bremse. Der Amerikaner *James Copeland* erfand 1898 eine Rücktrittbremsnabe, gebaut von der Firma New Departure. Fichtel & Sachs zahlten für ihre Torpedo-Nabe von 1903 noch lange Lizenzgebühren an dieses Unternehmen. Auf einem Patent der Firma Wanderer beruht die Fichtel & Sachs Zweigangnabe von 1907. Ihr britischer Vorgänger war „The Hub" von *William Reilly* (1898), dem Konstrukteur auch der Sturmey & Archer-Schaltnaben.

1897 hatte der Fahrradboom in den USA den Zenit überschritten. Fahrradmagnat Colonel Albert Pope hatte noch versucht, durch Monopolisierung des kettenlosen Fahrrads die Preise hochzuhalten. Aber anders als Kardan-Motorräder hatten diese kein Kardangelenk an der Antriebswelle zum Hinterrad. Harte Stöße auf das Hinterrad beschädigten die Kegelzahnräder.

Durch Dumping-Exporte versuchte die amerikanische Fahrradindustrie, ihre Überproduktion in Europa abzusetzen. Viele handwerklich arbeitende Fahrradhersteller mussten aufgeben und die großen Firmen mussten rationalisieren. Nur noch 28 Reichsmark kostete ein entfeinertes sog. „Spezialrad", welches sich auch Fabrikarbeiter leisten konnten. Straßen- und Sechstage-Rennen entstanden und begeisterten in den 1920er und 1930er Jahren ein Massenpublikum.

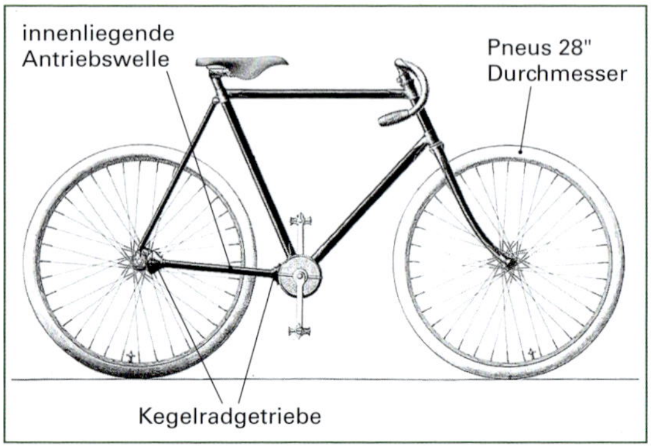


**Bild 2: Diamantrahmen**

Eine Sensation war das Liegerad des französischen Velocar-Herstellers Mochet, denn es brach 1933 bisherige Rekorde. In einer folgenschweren Entscheidung verbannte der internationale Radsportverband UCI dieses Fahrrad in eine Sonderkategorie und reglementierte das zugelassene Rennrad bis auf einzelne Abmessungen. Den Vereinen sollte die Umrüstung auf neue Maschinen erspart und die Industrie vor einer Umstellung der Produktion bewahrt werden. Seither wurde das UCI-Reglement nur wenig geändert, etwa durch Zulassung der lange Zeit als „unfairer Vorteil" verbotenen Kettenschaltung. Anders als die Autorennen mit ständig erneuerter Rennformel können so Radrennen kaum mehr zu besserer Fahrradtechnik beitragen. Die Innovationen der vergangenen Jahrzehnte stammten daher hauptsächlich aus den ehemaligen Randsportarten BMX, Mountainbiking und Triathlon.

> „Wer immer das Fahrrad erfunden hat verdient den Dank der ganzen Menschheit."
>
> *(Lord Charles Beresford)*

# 3 Fahrradbauarten

Für ein Fahrzeug wie das Fahrrad, das eine hohe Transportkapazität bei geringem Energieverbrauch bietet, gibt es eine große Anzahl von Einsatzmöglichkeiten. Dank seines einfach anpassbaren Grundkonzepts wird das Fahrrad mittlerweile in den unterschiedlichsten Varianten hergestellt.

Das Fahrrad ist seit der Erfindung seines Urahns, der Laufmaschine von Karl Drais, in einer unüberschaubaren Vielfalt produziert worden. Und mit der Weiterentwicklung von Werkstoffen und Herstellprozessen wird diese Vielfalt auch weiter anwachsen. Antrieb für die Innovationen ist immer wieder der Versuch, bestimmte Eigenschaften zu verbessern.

**Tabelle 1: Ziele der Innovationen am Fahrrad**

| Steigerung von: | Senkung von: |
|---|---|
| Fahrgeschwindigkeit<br>Transportkapazität<br>Haltbarkeit<br>Einsatzbereich<br>Fahrkomfort | Gewicht<br>Baugröße |

Einschränkende Randbedingungen sind dabei:
- Das zur Verfügung stehende Material,
- die anwendbaren Technologien,
- die körperlichen Voraussetzungen des Fahrers und
- der Verwendungszweck.

Die Bauarten werden uneinheitlich je nach Verwendungszweck, Erscheinungsbild, Erfinder oder anderen Eigenschaften benannt.

## 3.1 Alltagsfahrräder

Der Zweck der Alltagsfahrräder bezieht sich hauptsächlich auf den Transport des Fahrers und seines persönlichen Gepäcks.

Das klassische Alltagsrad ist das **Tourenfahrrad** (engl. **Roadster**), das in seiner Konstruktion auf das Humber-Bicycle der 1890er Jahre mit Diamant-Rahmen, zwei identisch großen Rädern und Kettenantrieb auf das Hinterrad beruht. Bis in die 1980er Jahre hinein war dies als Herrenmodell die gewöhnliche Fahrradbauart, mit der man sich im Alltag oder auf Radtouren fortbewegte. Für Damen wurde ein Rahmen mit Tiefdurchstieg angeboten.

Dem Humber-Bicycle am nächsten verwandt ist das **Hollandfahrrad (Bild 1)**. Es ist nicht in den Niederlanden entwickelt worden. Aber es ist dort immer noch sehr beliebt, weil es einen hohen Alltagsnutzen hat. Der Ketten- und Mantelschutz schont die Kleidung, weswegen das Rad auch von „Anzugträgern" genutzt werden kann. Das Hollandrad fährt sich gut in der Ebene und besticht mit Bequemlichkeit, solider und einfacher Technik. Es ist für seine Langlebigkeit bekannt. Hohe Geschwindigkeiten oder weite Strecken werden damit i. A. nicht gefahren. Auf eine Gangschaltung wurde früher meist verzichtet.

Merkmale:
- Flacher Sitzrohr- und Lenkrohrwinkel von ca. 65°; sehr guter Geradeauslauf
- Lenker ist nah am Körper; aufrechte Sitzhaltung; Arme und Hände entlastet
- Breiter Sattel mit Federung
- In den Niederlanden traditionell mit Trommelbremse ausgestattet; heutzutage überwiegend mit Rollenbremse
- Reifen-Nenndurchmesser von 635 mm; oft cremefarben
- Rock-/Mantelschoner am Hinterrad
- Geschlossener Kettenkasten
- Ausfallenden des Hinterbaus sind nach hinten offen
- Zweipunkt-Fahrradständer am Gepäckträger
- Dezentes Design (i.d.R. schwarz lackiert)
- Radschützer hinten hat einen weiß lackierten Abschluss

**Bild 1: Hollandfahrrad**

Neben dem „echten" Hollandrad hat sich auch das Fahrrad im **Holland-Look** etabliert. Es besitzt einen Rahmen mit tiefem Durchstieg und ist in bunten Farben gehalten. Für die Reifen wird die weit verbreitete Größe mit 622 mm Nenndurchmesser verwendet.

3

Ebenfalls ein Tourenfahrrad ist das **Pedersenfahrrad (Bild 1)**. Es wurde um 1890 von dem Dänen Mikael Pedersen entwickelt und im Jahre 1893 in England zum Patent angemeldet. Die wesentlichen Merkmale sind die sehr schlanken Rohre, die zu Dreiecken kombiniert den Rahmen bilden und der seitlich freischwingende Sattel. Bei minimalem Gewicht besitzt es eine hohe Stabilität und besten Fahrkomfort. Da die Räder von 1893 bis ca. 1920 in Dursley, England, hergestellt wurden, werden sie auch Dursley-Pedersens genannt.

Bild 1: Pedersenfahrrad

Das **Citybike (Bild 2)** ist ebenfalls für den Alltagseinsatz gedacht. Im Unterschied zum Hollandfahrrad gibt es aber keine Konventionen, nach denen sich seine Gestaltung zu richten hat. Auch hier wird eine aufrechte Sitzhaltung angestrebt. Sie ist aber leicht nach vorne gebeugt, weil der Lenker einen etwas größeren Abstand zum Sattel hat. Der Fahrer muss seine Arme mehr nach vorne gestreckt halten, was nicht so komfortabel wie die Haltung auf dem Hollandrad ist.

Bild 2: Citybike

Merkmale im Vergleich zum Hollandfahrrad:

- Steilerer Sitz- und Lenkrohrwinkel
- Meist gefederte Gabel, ggf. eine gefederte Sattelstütze, selten Vollfederung
- StVZO-gemäße Ausstattung
- Meist mit einer Nabenschaltung versehen

Das **Trekkingbike (Bild 3)** ist eine Mischung aus Tourenfahrrad, Rennfahrrad und Mountainbike. Es bietet sich für die Fahrt zur Arbeit, zum Einkaufen wie auch für Radtouren und Ausflüge an. Man kann damit leichte Lasten transportieren. Das Trekkingbike ist sowohl auf asphaltierter Straße als auch in einfachem Gelände gut zu fahren.

Bei der Namensfindung ist das Marketing anfangs in einige Sackgassen gelaufen, bevor sich der Begriff in Deutschland durchsetzte. Alternativ wurde es früher auch Crossbike oder Hybridbike genannt.

Merkmale des Trekkingbikes:

- Moderate, nur leicht gestreckte Sitzposition
- ggf. Federgabel und/oder gefederte Sattelstütze
- Kettenschaltung, oft mit drei Kettenrädern
- V-Brakes, zunehmend auch Scheibenbremsen
- 28" Räder; Reifenbreiten 30 mm bis 45 mm
- StVZO-gemäße Ausstattung

Bild 3: Trekkingbike

Unter dem Marketingbegriff **Urbanbike (Bild 1, Seite 149)** finden sich verschiedene Fahrradkonzepte, die sich an ein modern ausgerichtetes Großstadtpublikum wenden. Die Ästhetik und/ oder der Gebrauchswert sind hervorgehoben. Oft sollen Dynamik und Agilität vermittelt werden. Es besteht ein Trend zu einer eher unorthodoxen Form- und Farbgebung. Sie kann sich an Rennrädern orientieren. Manchmal werden Design-Besonderheiten integriert, wie z. B. Frontleuchten im Rahmen oder im Lenkervorbau. Auch Retro-Elemente wie Frontgepäckträger oder verchromte Rahmenmuffen finden Verwendung. Häufig sind sie mit einer Nabenschaltung bestückt.

**Bild 1: Urbanbike**

Der **Randonneur (Bild 2)** (franz. Wanderer) entwickelte sich parallel zum Straßenrennrad in den 1940er Jahren. Eine randonnée à vélo (franz. Radwanderung) ist eine organisierte Langstreckenfahrt, bei der Distanzen von 200 bis 1200 km an einem Stück zurückgelegt werden. Im Unterschied zu einem Radrennen darf der Fahrer hier keine Hilfe von außen oder zumindest kein Betreuungsteam in Anspruch nehmen. Das Fahrrad muss also mit Stauraum für die notwendigen Utensilien der Fahrt ausgestattet sein.

**Bild 2: Randonneur**

Merkmale im Vergleich zum Straßenrennrad:

- Längerer Radstand; besserer Geradeauslauf
- Flachere Sattel- und Lenkrohrwinkel
- Aufrechtere Sitzposition
- Tieferes Kurbellager
- Der Lenker hat die Form eines Rennlenkers; das obere Rohrstück kann nach oben/hinten gebogen sein und der Drop ist kleiner
- Die Raddurchläufe lassen Platz für Reifenbreiten bis ca. 35 mm und Radschützer
- Befestigungsmöglichkeiten für Taschen und Gepäckträger
- StVZO-konforme Beleuchtungsanlage

- In den 1970er Jahren kam das **Renn-Sportrad (Bild 3)** auf den deutschen Markt. Dabei handelte es sich um eine einfache Variante des Randonneurs und war vor allem bei jungen Leuten beliebt. Es war sportlich, bot aber gleichzeitig ausreichenden Alltagsnutzen.

Merkmale:

- Die Reifengröße ist meist 28 x 11/4
- Mit einer Zehngang-Kettenschaltung ausgestattet
- Felgenbremsen vorne und hinten
- Rennlenker und ungefederter Sattel
- Radschützer, Gepäckträger, Beleuchtung

**Bild 3: Renn-Sportrad**

Der Begriff **Halbrenner** wird z. T. auch auf das Renn-Sportrad angewendet, bezieht sich aber eigentlich auf moderate Straßenrennräder der 1920er und 30er Jahre.

Das **Reisefahrrad (Bild 1, Seite 150)** ist speziell für die Bedürfnisse von Radreisenden konzipiert. Dabei ist die Reise meist individuell organisiert und kann von wenigen Wochen bis zu mehreren Jahren dauern. Das bedeutet, dass das Gepäck meist auch Zelt, Schlafsack, Kochgeschirr und Lebensmittel sowie Bekleidung für alle auf der Reise vorkommenden Witterungsverhältnisse beinhaltet. Das Reiserad muss also noch mit über 50 bis 75 kg Gepäck sicher gefahren und gebremst werden können. Die zulässige Systemmasse beträgt 150 kg bis 170 kg, die übliche Eigenmasse 16 bis 19 kg.

Merkmale im Vergleich zum Randonneur:

- Ein längerer Hinterbau, sodass ausreichend Platz für Gepäcktaschen vorhanden ist und der Fahrer beim Pedalieren nicht mit den Fersen an die Taschen stößt
- Die Raddurchläufe lassen Platz für breitere Reifen bis ca. 60 mm und Radschützer
- Ggf. Verwendung kleinerer Räder mit 26" oder 27,5" Durchmesser und höherer Stabilität
- Ggf. asymmetrische Felgen, die bei Kettenschaltungen ein stabileres Hinterrad ermöglichen
- Ein Übersetzungsbereich von 500 % bis 600 %. Ggf. Nabenschaltung Rohloff Speedhub oder Kurbellagerschaltung Pinion 1.18
- Mechanische oder hydraulische Scheibenbremsen sind mittlerweile üblich. Mindestens werden V-Brakes oder hydraulische Felgenbremsen verwendet.
- Ggf. Vorderradgabel- oder Vollfederung
- Mehr Befestigungsmöglichkeiten für Taschen und Gepäckträger
- Drei Trinkflaschenhalter (ggf. wird einer für den Transport des Kocherbrennstoffs benutzt)
- Beleuchtungsanlage mit Nabendynamo, ggf. in Kombination mit einem geeigneten Ladegerät zur Stromversorgung externer Geräte (Kamera, Mobiltelefon, Beleuchtung etc.)

**Bild 1: Reiserad**

Nicht selten werden Reiseräder und ihre Rahmen individuell für den Kunden angefertigt. Hierbei wird die Körperbeschaffenheit des Kunden ebenso berücksichtigt wie persönliche Vorlieben hinsichtlich Fahreigenschaften, speziellen Gangschaltungen oder Bremsen.

Der Rahmen eines **Faltfahrrads (Bild 2)** verfügt über technische Einrichtungen, die es erlauben, das Rad auf ein so geringes Packmaß zusammenzufalten, dass es als Gepäckstück gemäß den Beförderungsbedingungen der Verkehrsbetriebe mitgenommen werden kann. Mit dem Faltrad kann der Benutzer die Mobilitätslücke auf dem Weg von und zu öffentlichen Verkehrsmitteln überbrücken.

Der Gebrauch des Begriffs „Faltrad", der sich seit den 1980er Jahren zunehmend durchgesetzt hat, dokumentiert vor allem den Versuch der Hersteller, sich von den „Klapprädern" der 1960er und 1970er Jahre zu distanzieren. Diese waren oft schlecht zu fahren, schwer und unhandlich. Unter modernen Falträdern gibt es dagegen Modelle, die in ihren Fahreigenschaften Touren- und Sporträdern ebenbürtig sind.

Die Räder von Falträdern haben meistens einen Durchmesser von 20". Um die Nachteile des Rollverhaltens kleiner Räder auszugleichen, verfügen einige Modelle über eine Federung des Hinterbaus oder eine Vollfederung.

**Bild 2: Faltrad**

Merkmale von Faltfahrrädern:

- Die Steigerung der Mobilität durch die Nutzung verschiedener Verkehrsträger
- Das kleine Packmaß erlaubt es, das Rad auch in kleinen Wohnungen oder am Arbeitsplatz sicher zu verstauen
- Eine erhöhte Wendigkeit und gute Beschleunigungswerte
- Ersatzteile wie Felgen, Speichen und VR-Nabe könnten schwierig zu beschaffen sein
- Sie benötigen für einen akzeptablen Fahrkomfort großvolumige Reifen oder eine Federung (Sattel, Gabel oder Hinterbau), besser noch eine Vollfederung
- Sinnvoll für Fahrten bei Nässe sind Radschützer, weil die kleinen Räder das Wasser überall am Fahrrad und Fahrer verteilen
- Sie haben oft ein unruhiges Fahrverhalten, was ein Freihändigfahren schwierig macht

Die einzelnen Konstruktionen haben immer sehr spezielle Ausrichtungen (kleines Packmaß, geringes Gewicht, hohe Stabilität, bester Fahrkomfort). Ein Falt-/Zerlegefahrrad, das alle positiven Eigenschaften dieser Fahrradgattung auf sich vereint, gibt es (noch) nicht.

## 3.2 Sportfahrräder

Sportfahrräder sind von ihrer Konstruktion auf die optimale Leistungsumsetzung oder Handhabbarkeit in verschiedensten Wettbewerben ausgelegt. Abhängig von den jeweiligen Regeln der Disziplinen werden bestimmte Anforderungen an das Material gestellt.

Die meisten Radsportarten sind Wettrennen, bei denen nach einem gemeinsamen Start derjenige gewinnt, der als erster das Ziel passiert, oder Zeitfahren, bei denen die Sportler nacheinander fahren und die geringste benötigte Zeitdauer den Sieger bestimmt. Es gibt aber auch Disziplinen, bei denen Wertungsrichter die Qualität der Leistung beurteilen (z. B. BMX-Flatland, Dirtbiking, Kunstradfahren) oder Ballspiele (Radball, Bikepolo).

Das **Straßenrennrad** (engl. Road Bike) **(Bild 1)** ist das klassische Wettbewerbsfahrrad, weshalb es auch oft verkürzt als „Rennrad" bezeichnet wird. Das ist insofern falsch, als dass mit vielen hier vorgestellten Fahrradbauarten ebenso Wettrennen ausgetragen werden.

Die Erscheinungsform von Straßenrennrädern wird hauptsächlich durch die Regularien der Union Cycliste Internationale (UCI) bestimmt. Als Weltverband definiert sie, welche Konstruktionen zu den Radrennen zugelassen werden. Diese bestimmen unter anderem:

- Die Raddurchmesser sind gleich groß
- Das Vorderrad ist lenkbar
- Der Antrieb erfolgt aus kreisenden Bewegungen der Pedale über eine Kette auf das Hinterrad
- Das Fahrrad ist als Handelsware im Fachhandel oder durch Direktverkauf erhältlich
- Das Gewicht (ohne Zubehör, das während des Rennens entnommen werden kann) beträgt mindestens 6,8 kg
- Als Lenker für Massenstart-, Querfeldein- sowie Bahnrennen (mit Ausnahme Einzel- und Mannschaftsverfolgung bzw. Zeitfahrwettbewerbe) ist nur der klassische Rennlenker erlaubt; jegliche Lenkeraufsätze sind verboten
- Der Abstand des Lots durch die Kurbelwelle zum entferntesten Punkt des Lenkers beträgt maximal 75 cm
- Der Abstand der Sattelspitze zum Lot durch die Kurbelwelle beträgt mindestens 5 cm
- Aerodynamische Verkleidungen o. Ä., welche dazu dienen sollen, den Luftwiderstand zu reduzieren, sind verboten

**Bild 1: Straßenrennrad**

Im Straßenrennsport stiegen in den vergangenen Jahrzehnten die gefahrenen Geschwindigkeiten. Dies war auch die Folge der Entwicklung einer immer mehr gestreckten Sitzposition auf dem Fahrrad. Für den Fahrer bedeutet dies besondere Belastungen seiner Haltemuskulatur. Was im Profibereich durch das hohe Trainingspensum und eine medizinische Betreuung ausgeglichen werden kann, bedeutet für viele Hobbyfahrer, dass sie ihren Körper in eine unkomfortable Haltung zwängen. Damit wird die Aufteilung der Muskelarbeit für statische (Körperhaltung) und dynamische (Vortrieb) Zwecke ineffizienter.

Aus diesem Grund haben sich **Marathonrennräder (Bild 2)** oder **Endurancebikes** entwickelt, die eine Zielgruppe bedienen, deren Fahrräder nicht unbedingt UCI-konform gestaltet sein müssen.

**Bild 2: Marathonrennrad**

In dieser Kategorie werden Scheibenbremsen verbaut und die Reifenbreite beginnt ab 28 mm. Der Rahmen ist komfortabler durch einen längeren Radstand und einen flexibleren Rahmen. Einzelne Hersteller bieten Detaillösungen an, wie Federungen der Gabel, des Lenkers oder der Sattelstütze. Ebenfalls möglich sind Befestigungsgewinde für Radschützer oder Oberrohrtaschen.

Das **Fitnessbike (Bild 1)** entspricht weitestgehend einem Straßenrennrad und ist für kürzere Strecken und bessere Übersicht über den Straßenverkehr konzipiert. Die sportliche Sitzposition und die schmalen Reifen unterstreichen die Ambitionen des Fitnessbikes. Neben Felgenbremsen sind sie neuerdings auch mit Scheibenbremsen versehen. Sie haben weder Lichtanlage noch Gepäckträger. Anstelle des Rennlenkers wird ein gerader Lenker wie am Trekkingbike verbaut.

Bild 1: Fitnessbike

Eine Variante des Straßenrennrades ist das **Kriteriumsrennrad**. Ein Kriterium ist ein Radrennen auf einem kurzen Innenstadtparcours bis 2 km Länge. Die Renndistanz beträgt bis 120 km. Eine kurvenreiche Streckenführung erfordert ein besonders wendiges Fahrrad. Dafür ist im Vergleich zum Straßenrennrad der Radstand kürzer, der Lenkrohrwinkel steiler und das Kurbellagergehäuse höher. Auch werden kürzerere Kurbeln und schmaler bauende Pedale verwendet, um bei größerer Schräglage in den Kurven das Pedalieren noch zu ermöglichen.

Für **Zeitfahrräder** (engl. Time Trial, Abk. TT) **(Bild 2)** gilt, dass vor allem die Aerodynamik optimiert wird. Der Rahmenbau profitiert dabei von den Gestaltungsmöglichkeiten, die kohlefaserverstärkte Kunststoffe bieten. So wird z. B. die Luftströmung verbessert, indem man Luftabrisskanten modelliert und in die Rahmenstruktur integriert. Im Vergleich zu einem Straßenrennrad sind Radstand und Nachlauf etwas größer, um einen ruhigeren Geradeauslauf zu erhalten. Das Kurbellagergehäuse sitzt tiefer und das Sattelrohr steht steiler. Zusammen mit einem Zeitfahrlenker und einer starken Sattelüberhöhung erhält der Fahrer eine sehr flache Sitzposition. Die Räder haben entweder Felgen mit sehr hohem Profil oder sind als Scheibenräder ausgebildet. Für **Triathlonräder** gelten die sehr restriktiven Vorschriften der UCI nicht. Daher werden an ihnen häufiger neue Technologien im Wettbewerb getestet.

Bild 2: Triathlonfahrrad

Ein **Querfeldein-**, **Cross-** oder **Cyclocrossfahrrad** (Abk. CX) **(Bild 3)** ist ein Rennrad für Geländerennen. Diese werden auf Rundkursen bei schwierigsten Untergründen wie Holperpisten, Matsch und Sand verbunden mit Steilanstiegen, zu überspringenden Hindernissen und Laufpassagen ausgetragen. In Belgien ist diese Disziplin ein Nationalsport.

Bild 3: Querfeldeinrennrad

Die Modifikationen zum Straßenrennrad sind:

- Längerer Radstand
- Größerer Raddurchlauf in Gabel und Hinterbau zur Aufnahme von breiteren Reifen und Vermeidung von Blockaden durch mitgerissenen Matsch
- Kürzeres Oberrohr (– 10 mm bis 15 mm)
- Höheres Kurbellager (+ 15 mm bis 20 mm)
- Flacherer Lenkwinkel
- Abgeflachtes Oberrohr, um das Schultern des Fahrrades in den Laufpassagen zu erleichtern
- Verwendung von Scheibenbremsen, die seit 2014 die bis dahin üblichen Cantileverbremsen ersetzen
- Reifenbreite bis 35 mm (für UCI-Wettkämpfe seit 2010 max. 33 mm); Schlauch-, Tubelessreifen
- Je nach Untergrund besitzen die Reifen ein mehr oder weniger ausgeprägtes Stollenprofil

Das **Gravelbike (Bild 1)** ist als Konzept zwischen Querfeldein- und Marathonrennrad angesiedelt. Es soll die Geländegängigkeit des einen mit der Langstreckentauglichkeit des anderen verbinden. Entwickelt wurde es im Mittleren Westen der USA, wo Nebenstraßen selten asphaltiert sind. Es erweitert den Radius des Radsportlers, der nicht nur auf die Seitenstreifen der vielbefahrenen Highways angewiesen sein will, um Nebenstrecken mit Schotterbelag (engl. Gravel). In den USA werden Wettkämpfe über 200 km bis 300 km Distanzen ausgetragen.

**Bild 1: Gravelbike**

Merkmale im Vergleich zum Querfeldeinrennrad:

- Längerer Radstand
- Flachere Sitz- und Lenkrohrwinkel
- Größerer Nachlauf
- Abfallendes Oberrohr
- Längeres Lenkrohr (+ 40 mm)
- Niedrigeres Kurbellagergehäuse
- Reifenbreiten bis 50 mm
- Scheibenbremsen
- Gewindeösen zur Ausrüstung mit Radschützern und Gepäckträgern

Das klassische **Bahnrennrad** (engl. Track Bike) **(Bild 2)** ist auf Agilität getrimmt, damit die Fahrer schnell auf engem Raum reagieren können. Der Rahmen ist eher steifer, da er höhere Kräfte beim Beschleunigen und bei Kurvenfahrten ertragen muss.

Deutlichste Unterscheidung zum Straßenrennrad ist aber das Fehlen von Gangschaltung und Bremsen. Gefahren wird mit einer starren Übersetzung und die Geschwindigkeitsminderung geschieht durch Ausweichen auf die Außenbahn sowie durch Gegenhalten mit Muskelkraft gegen das sich drehende Pedal (Kontern). Anstelle einer Geschwindigkeitsanpassung mittels Schaltung müssen Bahnradfahrer in der Lage sein, eine höhere Leistung alleine über eine gesteigerte Drehzahl zu erreichen. Trittfrequenzen von 110 bis 170 1/min sind üblich (Straßenrennsport 90 bis 120 1/min).

Es werden Schlauchreifen verwendet, die die hohen Aufstandskräfte bei der Kurvenfahrt durch höhere Innendrücke (bis 15 bar) aufnehmen können.

Weitere Merkmale im Vergleich zum Straßenrennrad:

- Kürzerer Radstand (unter 950 mm)
- Steilerer Lenkrohrwinkel (> 74°)
- Höheres Kurbellager (+ 30 mm bis 40 mm)

**Bild 2: Bahnrennrad**

Zum Fahren im Windschatten von Motorrädern auf der Radrennbahn wird das **Steherrennrad (Bild 3)** eingesetzt. Seine eigenwillige Geometrie entsteht durch das 24“ Vorderrad und der nach hinten gebogenen Gabel. Somit kommt der Steher näher an seinen Schrittmacher heran. Als Sicherung gegen ein Auffahren befindet sich an der Rückseite des Motorrads eine Vorrichtung mit drehbarer Rolle. Die Geometrie bewirkt, dass sich bei Rollenkontakt das Rad nicht aufstellt.

Durch den größeren Nachlauf verbessern sich Laufruhe und Fahrstabilität, was bei Geschwindigkeiten bis 100 km/h wichtig ist. Ebenfalls auffällig ist das große Kettenrad mit 64 bis 70 Zähnen. Eine weitere Besonderheit ist der nach vorne versetzte Sattel mit Abstützung auf dem Oberrohr. Auch diese Maßnahme bringt den Fahrer näher an den Schrittmacher heran und erleichtert ihm die hohen Trittfrequenzen.

**Bild 3: Steherrennrad**

1973 ist das Geburtsjahr des **Mountainbike** (Abk. **MTB**). Damals fuhr im Marin County, Kalifornien, eine Gruppe von Radsportlern mit Fahrrädern des Typs Schwinn Cruiser erstmals die Schotterpisten am Mount Tamalpais herunter. Durch die vielfältigen Einsatzmöglichkeiten hat sich die Gestalt der Mountainbikes mittlerweile erheblich ausdifferenziert. Auch die Größe der Räder hat sich von den lange Zeit üblichen 26" auf die heute gebräuchlichen 27,5" und 29" geändert.

Das **Cross-Country**-Mountainbike (Abk. CC oder XC) **(Bild 1)** ist für den (Renn-)Einsatz auf unbefestigten Wegen und Straßen ausgelegt, weniger für den Einsatz in schwerem Gelände. Oft werden aus Gewichts-, Kosten-, Steifigkeits- und Haltbarkeitsgründen Hardtails eingesetzt.

- Federweg der Gabel: 80 mm bis 100 mm
- Gewicht < 10 kg

**Bild 1: Cross Country MTB**

Ein **All Mountain** (Abk. AM auch Trail-MTB) **(Bild 2)** ist ein oft vollgefedertes Mountainbike, welches Einsatzmöglichkeiten von Touren im Flachland bis hin zur Alpenüberquerung bietet. Im Gegensatz zum CC-MTB steht das Gewicht weniger im Fokus. Wichtig sind Zuverlässigkeit, Komfort, Federwegreserven und Lock-Out-Funktion der Federung. Die Sitzposition ist weniger gestreckt als beim CC-MTB. Die Reifen sind breiter und stärker profiliert

**Bild 2: All Mountain MTB**

- Federwege (vorne, hinten) 120 mm bis 160 mm
- Gewicht 10 kg bis 14 kg

**Enduro**-Mountainbikes **(Bild 3)** sind vollgefedert. Sie verfügen im Vergleich zum Cross-Country-Mountainbike über einen größeren Federweg, ein einstellbares Fahrwerk sowie breitere und stärker profilierte Reifen. Der Lenker ist oft gekröpft und die Sitzposition dadurch aufrechter. Enduros sind, ähnlich wie All-Mountain-Bikes, noch wesentlich tourentauglicher als die eher rein auf Abfahrt ausgelegten Freerider. Die großen Federwege bieten Reserven im Downhill oder bei Drops und Sprüngen.

- Federwege (vorne, hinten) 150 mm bis 180 mm
- Gewicht 12 kg bis 16 kg

**Bild 3: Enduro MTB**

**Freeride**-Mountainbikes (Abk. FR) sind wie die Downhill-Mountainbikes für den Einsatz in schwerem, abschüssigem Gelände konzipiert, vollgefedert und haben ein ähnliches Gewicht. Im Gegensatz zum Downhill-Mountainbike sind nicht alle Freeride-Mountainbikes ausschließlich auf Abfahrten ausgelegt.

Touren-Freerider oder Superenduro-MTBs sind auch für das Bergauffahren geeignet. Beim Freeriden springt man zum Teil mehr als 10 Meter tiefe und 20 Meter weite Sprünge. Demgemäß sind Freeride-MTBs robust und verwenden auch Bauteile von Downhill-MTBs. Sie haben aber ein verspielteres Handling und eignen sich daher nur bedingt für Downhillrennen.

- Federwege (vorn, hinten) 165 mm bis 200 mm
- Gewicht bis 18 kg

**Downhill**-Mountainbikes (Abk. DH) **(Bild 1)** sind für schnellstmögliche Abfahrt auf schwierigstem Gelände konzipiert. Da sie nur bergab bewegt werden und der Aufstieg sehr selten aus eigener Kraft bewältigt wird, gilt bei diesen Rädern eine hohe Masse als akzeptabel. Die hohe Masse ist der stabilen Bauart geschuldet, die wegen der bei den Abfahrten auftretenden hohen Belastungen erforderlich ist.

Die Rahmen verfügen über einen möglichst tiefen Schwerpunkt und eine laufruhige Geometrie (Lenkrohrwinkel ca. 64°). Diese wird durch längere Oberrohre, kombiniert mit kürzeren Vorbauten, verbessert (Forward-Geometrie). Die Federgabel ist fast immer als Doppelbrückengabel ausgeführt, um die nötige Torsionssteifigkeit aufbringen zu können. Die Bremse eines DH-MTB ist größer dimensioniert als bei anderen Mountainbike-Klassen. Es kommen meist 4-Kolben-Systeme mit Bremsscheibendurchmessern um 200 mm zum Einsatz. Die Reifen sind mit einer verstärkten Karkasse versehen. Sie haben üblicherweise eine Breite zwischen 58 mm und 68 mm (2,3 Zoll bis 2,7 Zoll).

- Federwege (vorn, hinten) 180 mm bis 250 mm.
- Gewicht bis 18 kg.

Bild 1: Downhill MTB

Das **Dirtbike (Bild 2)** ist mit einem kleinen, wendigen Rahmen ausgestattet. Da die Federgabel primär zum Abdämpfen der Landung benötigt wird, liegen die Federwege nur bei 100 mm. Auch Starrgabeln werden beim Dirt Jump weiterhin genutzt. Neben den klassischen 26" Rädern werden auch kleinere mit 24" Durchmesser eingesetzt.

Überwiegend wird auf eine Gangschaltung verzichtet. Das Gewicht eines Dirtbikes wird meist gering gehalten, um weniger Kraft für Sprünge aufbringen zu müssen und in der Luft besser manövrierbar zu sein. Als Reifen werden Slicks oder Semi-Slicks verwendet. Oft werden sie ohne Vorderradbremse gefahren.

Bild 2: Dirtbike

**Four-Cross**-Bikes (Abk. 4X) haben ihren Namen von dem Modus, in dem die Rennen ausgetragen werden. Dabei starten immer vier Fahrer gleichzeitig aus einem Startgatter. Die Strecke ist meistens abschüssig und mit Bodenwellen versehen. Sie ähneln den Dirtbikes und sind meistens Hardtails oder abhängig von der Strecke, auch Fullys mit wenig Federweg (max. 140 mm). Der Rahmen ist länger, um bei hohen Geschwindigkeiten laufruhig zu bleiben.

Trials sind Geschicklichkeitsprüfungen in schwerem Gelände oder auf künstlich angelegten Hindernisstrecken. Zu den wesentlichen Merkmalen der **Trialbikes (Bild 3)** gehören die sehr geringe Rahmenhöhe, die fehlende oder nur angedeutete Sitzgelegenheit, eine Starrgabel und wenige Gänge, da nur kleine Übersetzungen benötigt werden. Es gibt zwei Arten von Trial-Bikes: Jene mit 26"-Bereifung (auch „stock" genannt) und alternativ mit 20"-Bereifung (auch „mod" genannt, da sie aus modifizierten BMX-Fahrrädern entstanden).

Normalerweise werden kleine Übersetzungen gewählt, die ein hohes Drehmoment erzeugen. Es werden breite Reifen mit einem maximalen Grip eingesetzt. Die breiten Felgen sind durch große Ausstanzungen im Felgenboden gewichtsreduziert. Die Fahrzeugmasse liegt bei 6,8 kg bis 11 kg.

Bild 3: Trial Stock-Bike

3

Das **Fatbike (Bild 1)** entstammt dem Bedürfnis nach einem Fahrrad, das auf sehr weichen Untergründen wie Sand und Schnee fahrbar sein muss. Sie haben sich auch auf steinigen Waldwegen und schlüpfrigen Wiesen bewährt.

Die Reifen mit einer Breite von 100 mm bis 120 mm und einem niedrigen Reifendruck kompensieren die meisten Unebenheiten des Weges. Eine große Auflagefläche in Verbindung mit einem groben Stollenprofil sorgt für höchste Bodenhaftung im Gelände.

**Bild 1: Fatbike**

Die Größe der Reifen erfordert Felgen mit 65 bis 100 mm Breite, längere Kurbelwellen und Naben mit den Klemmmaßen (VR/HR) 170/190 mm für Schnellspannachsen und 177/197 mm für Steckachsen.

Neben der üblichen Kettenschaltung ist es auch möglich eine verbreiterte Version der Rohloff Speedhub als Nabenschaltung einzubauen.

**BMX (Bild 2)** ist die Abkürzung für Bicycle Motocross. Der Ende der 1960er Jahre entstandene BMX-Sport unterteilt sich in die Kategorien Race und Freestyle. Race ist das klassische Wettrennen über die präparierte Sandpiste. Freestyle ist das Vorführen von Tricks in verschiedenen Topographien. Man unterteilt es in fünf Disziplinen:

- **Flatland** – Die Fahrer müssen Tricks auf einer ebenen Fläche vollführen. Das heißt, es werden keine großen Sprünge gemacht, sondern das Balancieren steht im Vordergrund z.B. Drehungen auf dem Hinter- oder Vorderrad.
- **Halfpipe** – Die Fahrer führen ihre Tricks in einer Halbröhre aus.
- **Street** – Es darf für die Vorführung jedes sich auf der Straße befindliche Objekt benutzt werden. Der Fahrer „grindet“ z.B. an Geländern oder Mauern, springt Treppen herunter oder macht Tricks auf Parkbänken.
- **Park** – Die Regeln entsprechen der Street-Variante, jedoch ist das Gebiet begrenzt.
- **Dirt** – Dirt ist eine Weiterentwicklung von Race. Man fährt jedoch kein Rennen, sondern springt über Erdhügel und macht Tricks in der Luft.

**Bild 2: BMX Freestyle**

Das Lenkrohr eines BMX-Rades ist steil, der Lenker aufrecht und mit einer Querstrebe verstärkt. Der Sattel ist niedriger und weiter in Richtung des Hinterrades positioniert als bei einem herkömmlichen Fahrrad. Die allgemeine und kompakte Bauweise des Rahmens schafft einen niedrigeren Schwerpunkt und ermöglicht dem Fahrer Sprünge bis 18 m. Darüber hinaus besitzen BMX-Fahrräder nur einen Gang.

Die einzelnen Disziplinen haben ihre Besonderheiten, auf die bei der Konstruktion der Fahrräder Rücksicht genommen werden muss:

- *Rahmen*
  Race-Rahmen sind leichter. Um Laufruhe zu gewinnen haben sie einen flacheren Lenkrohrwinkel, längere Hinterbau-Unterrohre und längere Oberrohre. Freestyle-Rahmen sind stabiler und schwerer und haben ein niedrigeres Oberrohr, um bestimmte Tricks durchführen zu können.

  Rahmenlänge (von kurz nach lang): Flatland ⇒ Park/Street ⇒ Allround ⇒ Dirt ⇒ Race.
- *Räder*
  Der übliche Raddurchmesser beträgt 20". BMX-Fahrräder mit 24 Zoll-Reifen werden als **Cruiser** **(Bild 1, Seite 157)** bezeichnet.
- *Bremse*
  Für die Vorderradbremse wird das Bremsseil durch Vorbau und Gabelschaft geleitet und von unten an die Bremse angeschlossen. Die

Bremsseile der Hinterradbremse teilen sich kurz nach dem Bremshebel und werden in ein unterhalb des Vorbaus angebrachtes Lager (Rotor) geleitet, das bei Betätigung der Bremse auf dem Gabelschaft auf- und abwandert. Dies erlaubt die Drehung des Lenkers, ohne dass das Bremsseil aufgewickelt wird.

Die Ausführung der Bremsanlage hängt vom Einsatzbereich und den Vorlieben des Fahrers ab. Streetfahrer haben meistens gar keine oder nur eine Hinterbremse, die über ein langes Bremsseil mit dem Bremshebel verbunden ist. Dies ermöglicht das Drehen des Lenkers um 360° bei Verzicht auf einen Rotor und ist eine sehr wartungsarme Lösung.

Rampenfahrer sind oft mit einer Hinterradbremse und einem Rotor anzutreffen und Flatlander fahren meistens keine oder nur eine Vorderradbremse. Race-Bikes werden nur hinten mit einer U-Brake gebremst. Diese haben zwar keine hohe Bremsleistung, lassen sich aber gut dosieren und ihre Bremsschenkel ragen nicht über den Rahmen hinaus.

**Bild 1: BMX Cruiser 24"**

- *Pedale*
  Bei den Pedalen geht der Trend immer mehr zu Kunststoff als bevorzugtem Werkstoff, da die Verletzungsgefahr geringer ist als bei der Verwendung von Pedalen aus Metall.
- *Naben*
  Die Naben für Freestyle haben eine längere und dickere Achse, um auf dem überstehenden Gewindeende Pegs zu montieren. Diese Pegs dienen als Trittfläche oder werden zum Grinden benutzt. Die Nabenachsen der Race-BMX sind hingegen aus Sicherheitsgründen hohlgebohrt und mit einem Innengewinde versehen, das die Klemmschrauben hält und somit an dieser Stelle keine überstehende Kante aufweist.

Radball ist eine Sportart, bei der mit einem **Radballfahrrad (Bild 2)** ein ca. 600 Gramm schwerer Ball gespielt wird. Die meistverbreitete Art wird von zwei Mannschaften zu je zwei Spielern in der Halle durchgeführt. Weitere Disziplinen sind 5er-Hallenradball und 6er-Rasenradball.

**Bild 2: Radballfahrrad**

Das für diesen Sport konstruierte Fahrrad mit 22", 24" oder 26" Raddurchmesser ist durch seine 1:1-Übersetzung auf die starre Nabe, dem hohen Lenker und eine lange waagerechte Sattelstütze gekennzeichnet. Die starre Übersetzung ermöglicht das Rückwärtsfahren und das Stehen z.B. im Tor. Der schmale Sattel liegt etwa 10 cm über dem Hinterrad und mit seiner Spitze dabei über der Hinterradachse.

Ein Radballer sitzt hinten am Sattel nur kurz zum Ausruhen, sonst andeutungsweise auf der flächig ausgeführten Sattelstütze. Der Lenker bildet ein 30 cm bis 35 cm schmales senkrecht stehendes U, dessen obere Schenkelhälften mit einem Knick um 45° schräg nach vorne laufen. Sitzend wird das U unter dem Knick gehalten, stehend darüber.

Als Fahrradbereifung werden Schlauchreifen benutzt, deren Lauffläche ohne den Zusatz von Ruß gefertigt wird. Damit wird die Bildung von schwarzen Abriebstreifen auf dem Hallenboden verhindert.

Das **Kunstfahrrad**, auch **Saalsportfahrrad (Bild 1, Seite 158)** genannt, hat wie das Radballfahrrad eine starre 1:1-Übersetzung, die schnelles Anfahren sowie Rückwärtsfahren ermöglicht. Lenker und Sattel sind so beschaffen, dass man mit Gymnastikschuhen auf ihnen stehen kann.

3

Die Lenkerholme müssen abgerundet oder durch Griffe geschlossen sein. Der Sattel darf eine Länge von maximal 300 mm, eine Breite von maximal 220 mm aufweisen und ist an der hinteren Kante hochgezogen.

**Bild 1: Saalsportfahrrad**

Beim **Einrad** besteht die Herausforderung darin, die Balance nicht nur seitlich, sondern auch in Längsrichtung zu halten.

Die Kurbeln des Einrads sind starr mit der Radnabe verbunden. Dabei ist die Kurbelwelle gleichzeitig der Nabenkörper und drehbar in der Gabel gelagert. Es gibt keinen Freilauf – gebremst wird durch Gegentreten wie beim Bahnrennrad. Die Sitzfläche ist breit und gut gepolstert. Ihre Form ist deutlich sattelartig. Die Raddurchmesser reichen von 12" bis 50". Bei der Nutzung eines Kettenantriebs kann die Sattelhöhe von Hocheinrädern bis 2,5 m betragen.

Das Einrad war lange Zeit ein Arbeitsgerät von Artisten. Seit ein paar Jahren hat sich aber eine Kultur abseits von Zirkus und Varieté gebildet, die das Fahrzeug hauptsächlich sportlich verwendet mit je nach Disziplin verschiedenen Konstruktionen:

- Ein **Freestyle**-Einrad **(Bild 2)** hat eine relativ hohe Sattelstütze, einen schmalen Sattel und einen eckigen Gabelkopf für Tricks, z. B. indem man auf ihm einen Fuß abstellt. Der Raddurchmesser ist meist 20".
- **Race**-Einräder verwenden 24" Räder mit schmalen Reifen. Die Kurbellänge beträgt 125 mm. Es werden schmalere Naben mit 84 mm Lagerabstand (üblich sind sonst 100 mm) verwendet. Dadurch ist die Trittbreite kleiner, was einen ruhigeren Lauf ermöglicht. Das Gewicht wird möglichst gering gehalten.
- **Trial**-Einräder sind besonders stabil konstruiert, um die Kräfte, die etwa beim Springen bzw. Aufsetzen entstehen, auszuhalten. Die Kurbelbefestigung erfolgt über eine Vielzahnwelle. Der Reifendurchmesser beträgt 20" bei einer Breite um 50 mm.

**Bild 2: 20" Freestyle-Einrad, 36" Touren-Einrad**

- Das **Touren**-Einrad ist für lange Strecken konstruiert. Ein Touren-Einrad hat einen Raddurchmesser von 26", 28", 29" oder 36". Einräder werden auf langen Strecken oft mit schmalem Lenker (T-bar) gefahren, was den Sitzbereich entlastet. Um die Entfaltung pro Pedalumdrehung zu erhöhen, kann eine zweistufige Getriebenabe verwendet werden.
- **Offroad**-Einräder (auch Mountain Unicycle, Abk. **MUni**). Das MUni ist meist mit breiten Stollenreifen der Größen 24“ oder 26“ versehen. Nabe und Pedale müssen stabil sein und sehr guten Halt bieten. Der Sattel ist meist dicker gepolstert. Er ist steiler angestellt, um die Sitzlast mehr nach hinten zu verlagern. An vielen MUnis sind auch Bremsen montiert, die bei steilen Abfahrten zum Einsatz kommen und die Muskeln des Fahrers entlasten. Neben hydraulischen Felgenbremsen werden vermehrt auch Scheibenbremsen eingesetzt. Der Bremshebel sitzt entweder unter dem Sattel oder an einem Griff vor dem Sattel.

## 3.3 Sessel- und Liegefahrräder

Beim klassischen Fahrrad ist die Pedalkraft nach unten gerichtet und die Reaktionskraft besteht aus der Gewichtskraft des Fahrers und ggf. seiner Abstützung am Lenker. Der Körper des Fahrers ist dabei in einem Sattel gelagert. Die Tretbewegung kann auch nach vorne gerichtet sein. Ein Sessel bietet sich bei der Tretbewegung nach vorne/unten an, während die Liege besser für eine Kraftentfaltung nach vorne, vorne/oben oder hinten geeignet ist.

Das **Sesselfahrrad (Bild 1)** bildet den Übergang vom Sattel- zum Liegefahrrad. Das Kurbellager befindet sich deutlich vor dem Sitz, sodass die Tretbewegung nach vorne/unten verläuft. Der Sitz ist stuhlartig mit einer Rückenlehne versehen, um das Widerlager für die Tretkräfte zu bilden. Dadurch sitzt der Fahrer aufrecht. Die Sitzhöhe ist etwas niedriger als beim Sattelfahrrad, sodass man beim Anhalten beide Füße auf dem Boden abstellen kann.

**Bild 1: City-Sesselrad**

Weil der Oberkörper nicht von den Armen gestützt und abgefedert werden muss, sind Handgelenke und Schultern unbelastet. Das Einschlafen der Finger wird vermieden. Allerdings lastet das vollständige Gewicht des Fahrers auf dem Sitz, was bei langer Fahrtdauer ein Taubheitsgefühl im Gesäß auslösen kann.

Die Sicht nach vorne ist wegen der aufrechten Oberkörperhaltung besser als beim Sattelfahrrad. Die Sicht nach hinten ist schlechter, da man sich wegen der Rücklehne nicht so gut umdrehen kann. Die meisten Sesselräder sind daher mit Spiegeln ausgestattet. Der Hinterbau vieler Sesselräder **(Bild 2)** ist gefedert.

**Bild 2: Touren-Sesselrad**

Das Hauptmerkmal eines Sesselrads ist der hohe Komfort und die Fahrsicherheit. Durch seine baulichen Eigenschaften (sicherer Stand beim Absetzen der Füße, Rückenlehne) werden Sesselräder auch von Senioren und Menschen mit leichten Bewegungseinschränkungen gut angenommen.

Auf einem **Liegefahrrad (Bild 3)** nimmt der Fahrer eine stark nach hinten geneigte Liegeposition ein. Das Fahrzeug verfügt daher über eine Liegeschale anstatt eines Sattels oder Sessels. Die Kurbellagerposition ist oberhalb der Sitzfläche (Kurbellagerüberhöhung). Die Reaktionskraft zur Pedalkraft wird über die Liegeschale in den Rahmen geleitet, wobei eine aufwärts gerichtete Tretbewegung den Fahrer in die Liege presst.

Die wichtigsten konstruktiven Unterschiede der verschiedenen Liegeradbauarten sind:

- Anzahl der Räder: Liegezweirad (engl. Recumbent Bike) oder Liegedreirad (engl. Recumbent Trike)
- Anordnung bei drei Rädern: Tadpole (zwei Räder vorne **Bild 1, Seite 161**) oder Delta (zwei Räder hinten **Bild 2, Seite 160**)
- Radstand: Kurzlieger mit den Tretkurbeln vor der Vorderradachse oder Langlieger mit den Tretkurbeln zwischen den Radachsen
- Lenkung: Tiller (T-förmiger, meist klappbarer Lenker, bei dem sich die Griffe relativ nahe an der Brust befinden), Um-die-Knie- oder Aerolenker (die Griffstange ist bogenförmig um die Knie angeordnet; die Griffe befinden sich dabei auf Höhe der Knie), Untenlenker (unter dem Sitz befestigter Lenker, die Griffe sind seitlich der Sitzfläche angeordnet)

**Bild 3: Touren-Kurzlieger**

*Ermüdungsfreie Fahrerposition*

Beim Liegefahrrad ergibt sich eine entspannte Körperhaltung, da weder die Handgelenke noch die Arme, der Schultergürtel und Rücken mit statischer Arbeit belastet werden. Die Hände liegen entspannt auf dem Lenker, ein Abstützen des Oberkörpers wie beim gewöhnlichen Fahrrad ist nicht notwendig. Auch die Nackenmuskulatur ist entspannt, da ein ständiges Nach-oben-Schauen entfällt. Auch die üblichen Sitzprobleme durch den Sattel werden vermieden.

*Kraftübertragung*

Durch eine Abstützung des Beckens und des Oberkörpers an der Liegeschale können erhebliche Kräfte auf die Tretkurbel gebracht werden, ohne dass durch Arme und Oberkörper eine entsprechende Gegenkraft aktiv aufgebaut werden muss. Dieses und die ermüdungsfreie Liegeposition vermeiden Muskelarbeit, die nicht dem Vortrieb dient.

Auf einem Sattelfahrrad kann durch den stehenden Wiegetritt für kurze Zeit ein weit höheres Drehmoment aufgebaut und wesentlich dynamischer gefahren werden. Beim Liegefahrrad **(Bild 1)** wird eine Dynamiksteigerung durch einen breiteren Übersetzungsbereich der Gangschaltung und häufigeren Gangwechsel erreicht.

**Bild 1: Renn-Kurzlieger**

*Gesundheit*

Mediziner haben einen positiven Effekt auf die Bandscheiben nachgewiesen. Außerdem entstehen im Gesäß- und Schrittbereich weder Druck- noch Scheuerstellen. Auch werden keine Nerven in diesem Bereich eingeklemmt. Männer mit Prostatabeschwerden können auf dem Liegerad problemfrei fahren. Ausgeschlossen ist auch die bei längeren Fahrten auf einem Sattelfahrrad möglicherweise auftretende Reizung der Handnerven, die Kribbeln und Taubheitsgefühle hervorrufen können.

Gelegentlich hat ein Fahrer Knieprobleme, wenn er vom Sattel- zum Liegefahrrad wechselt. Der Grund dafür ist wahrscheinlich die ungewohnte Verteilung der Arbeitsleistung unter den Muskeln. Wird der Gesäßmuskel in der Sitzschale des Liegerads in seiner Kontraktion behindert, so übernimmt der Oberschenkelmuskel die Arbeit. Durch die Kraftumlenkung belastet dies die Kniegelenke stärker. Im Laufe der Zeit wird eine effiziente Arbeitsteilung der Muskeln neu erlernt. Dies dauert etwa 6 Wochen. In dieser Zeit sollte die Belastung nur allmählich von einem niedrigen Niveau aus gesteigert werden.

*Sicherheit und Unfallfolgen*

Das gefährliche Überschlagen eines Sattel-Fahrrades durch ein blockiertes Vorderrad und die große Fallhöhe sind oft die Gründe für schwere Verletzungen bei Fahrradunfällen. Dagegen haben Liegefahrräder einen tieferen Schwerpunkt sowie einen längeren Radstand, was eine solche Unfallmechanik vermeidet. Durch die gestreckt liegende Haltung mit den Füßen voran prallt ein Liegeradfahrer nicht mit dem Kopf, sondern mit den Füßen auf ein Hindernis auf.

Da bei Liegefahrrädern **(Bild 2)** die Beine nach vorne zeigen, besteht die Gefahr, dass sie bei einem Abrutschen von den Pedalen während der Fahrt auf den Boden aufkommen und abrupt gestaucht werden. Aus diesem Grund sollten die Schuhe mit Klickpedalen fixiert werden. Dabei genügt die geringste Verschlussspannung am Pedal, weil ein Ziehen an den Pedalen weder notwendig noch sinnvoll ist.

**Bild 2: Touren-Langlieger, Delta-Bauart**

*Luftwiderstand*

Gegenüber Straßenrennrädern ist der Unterschied gering. Kurzlieger haben in etwa den gleichen Luftwiderstand. Bei Renn-Kurzliegern mit Heckverkleidung kann er aber bis zu 20 % niedriger ausfallen.

*Widriges Wetter*

Fahrer unverkleideter Liegeräder sind dem Regen stärker ausgesetzt als Fahrer eines Sattel-Fahrrades. Niederschläge treffen den Körper in voller Länge und der hohe Fahrtwind drückt das Wasser je nach Sitzwinkel von unten die Kleidung hinauf.

*Gewicht des Fahrzeugs*

Viele Liegeräder weisen aufgrund der hohen auftretenden Kräfte oftmals groß dimensionierte Rahmenrohre und damit ein relativ hohes Gewicht auf.

*Balance*

Je höher der Schwerpunkt eines einspurigen Fahrrades ist, desto besser kann der Effekt des umgekehrten Pendels zu Erleichterung beim Balancieren genutzt werden. Die niedrigen Liegefahrräder sind hier naturgemäß im Nachteil. Sie lassen sich überdies durch die Lage des Oberkörpers in der Liegeschale schlechter mittels Körperverlagerung ausbalancieren. Die Sturzgefahr beim einspurigen Liegerad ist höher als beim Normalrad, weil beim Wegrutschen eines Rades die Balance über eine Verlagerung des Oberkörpers schlechter wiedergewonnen werden kann. Allerdings ist die Fallhöhe geringer, was die Verletzungsfolgen mindert.

Für Liegedreiräder **(Bild 1)** gelten die o.g. Einschränkungen nicht, was auch eine Erklärung für ihre Beliebtheit ist.

**Bild 1: Touren-Kurzlieger, Tadpole-Bauart**

*Handhabung und Straßenverkehr*

Der Blick nach hinten, etwa bei einem Spurwechsel, ist durch die halbliegende Sitzposition schwierig. Zur Abhilfe ist ein Rückspiegel sinnvoll. Der längere Radstand und der eingeschränkte Lenkeinschlag machen Liegeräder bei langsamer Fahrt und beim Rangieren weniger wendig. Bordsteinkanten hochzufahren ist je nach Konstruktionsweise des Liegerads nur bei sehr langsamer Fahrt oder gar nicht möglich, da das Vorderrad nicht während der Fahrt durch die Arme hochgezogen werden kann.

*Fahren bei niedrigem Sonnenstand und bei Dunkelheit*

Bedingt durch die zurückgelehnte Sitzhaltung wird man, ähnlich wie in einem Auto, durch eine tiefstehende Sonne und die Beleuchtung des Gegenverkehrs geblendet.

Ein **Velomobil (Bild 2)** ist ein muskelkraftbetriebenes Fahrzeug, das mit einer geschlossenen Verkleidung ausgestattet ist, die den Fahrer vor Wind und Regen schützt und den Luftwiderstand reduziert. Die Bezeichnung ist ein Gegenbegriff zum Automobil, von dem das Konstruktionsmerkmal der Karosserie übernommen ist.

Manche Velomobile sind vollverschalte Liegedreiräder, doch ist bei neueren Konstruktionen die selbsttragende Karosserie mittlerweile Standard. Ihre drei Räder sind in der Tadpole-Bauform mit zwei Vorderrädern und einem Hinterrad angeordnet. Sie wiegen zwischen 20 und 40 kg.

**Bild 2: Touren-Velomobil**

Merkmale:

- Die Verringerung des Luftwiderstandes lässt Reisegeschwindigkeiten von 40 km/h über längere Strecken ohne Probleme zu.
- Beim Beschleunigen und an Steigungen macht sich das höhere Gewicht von Velomobilen negativ bemerkbar.
- Für das Dauerbremsen bei Gefälle kann u. U. ein kleiner Bremsfallschirm hilfreich sein.
- Sie können bei Regen oder Kälte ohne eine besondere Schutz- oder Wärmekleidung gefahren werden. Die vom Körper produzierte Wärme genügt für die Innentemperierung.
- Reicht die Auslegung der Belüftung nicht aus, so beschlagen die Scheiben oder es kann im Innenraum zur Kondenswasserbildung kommen. Bei sommerlichen Temperaturen ab 30 °C ist eine gut funktionierende Fahrtwindkühlung wichtig.
- Die meisten Velomobile bieten Stauraum für kleines bis mittleres Reisegepäck, sodass die Fahrzeuge in verschiedenen Alltagssituationen eingesetzt werden können.
- Bei Fahrten im Schnee kann die Traktion des Antriebsrades stark nachlassen. Ab einer bestimmten Schneehöhe kann außerdem die Karosserie aufsetzen.
- Die Mehrzahl der Velomobile ist ausreichend sicher gegen ein Umkippen. In engen oder schnell gefahrenen Kurven kann dies jedoch trotzdem geschehen.

3

- Die Karosserie von Velomobilen bietet bei einer Kollision einen leichten Schutz vor dem Kontakt mit anderen Fahrzeugen, der Straße oder Hindernissen. Auch ist die Fallhöhe niedrig. Gurte sind nicht vorhanden und ein besonderer Kopfschutz oder Überrollbügel fehlen bei den meisten Bauarten.
- Die meist niedrige Sitzhöhe verringert die Übersicht des Fahrers im Straßenverkehr.

Einspurige Modelle **(Bild 1)** haben deutliche Vorteile hinsichtlich Luft- und Rollwiderstand. Aber durch die Nachteile in der Handhabung werden sie fast ausschließlich bei Rennen eingesetzt. Sie stellen hohe Anforderungen an die Geschicklichkeit des Fahrers. Für Rekordfahrten ist das Anfahren und Anhalten nur mithilfe von außen möglich. Bei neueren Modellen entfallen aus aerodynamischen Gründen die Sichtscheiben. Die Straßensicht wird per Kamera auf Monitore im Inneren übertragen. Am 17. September 2016 fuhr Todd Reichert mit dem Aerovelo Eta eine Geschwindigkeit von 144,17 km/h bei fliegendem Start.

Bild 1: Renn-Velomobil, einspurig

## 3.4 Lastenfahrräder

Nachdem sich Ende des 19. Jahrhunderts das Fahrrad in seiner klassischen Form des Humber Bicycles entwickelt hatte, begann man damit, es für mehr als nur den Transport des Fahrers auszubauen.

Es entstanden einspurige Lastenfahrräder, die heute noch als **Bäckerrad (Bild 2)** (Ladefläche über dem Vorderrad), das **Zustellrad** (Ladefläche über Hinter- und Vorderrad) und **Long John (Bild 3)** (Ladefläche zwischen Lenkrohr und Vorderrad) bekannt sind.

Die Ladefläche eines Long John kann je nach Hersteller mit 100 kg bis 150 kg Zuladung belastet werden. Weitere Vorteile sind sein tiefer Schwerpunkt und die große Auswahl von Modellen. Das Fahrverhalten ist gewöhnungsbedürftig, außerdem ist es schwierig Bordsteinkanten zu überwinden.

Bild 2: Lastenfahrrad, Bauart: Bäckerrad

Bild 3: Lastenfahrrad, Bauart: Long John

Eine neue Bauform ist das **Longtailbike (Bild 4)**, bei dem die Ladefläche über dem Hinterrad platziert ist. Mit seitlich am Hinterbau montierten Trittflächen dient es auch zum Personentransport. Das Fahrverhalten entspricht dem eines konventionellen Fahrrades und es ist flexibel zu beladen. Als nachteilig erweist sich, dass der Fahrer die Ladung nicht im Blick hat.

Bild 4: Lastenfahrrad, Bauart: Longtail

Lastenfahrräder werden zur Steigerung der Transportkapazität und besseren Standsicherheit beim Be- und Entladen auch als Dreiräder konstruiert.

Das **Bakfiets (Bild 1, Seite 163)** ist kein Bäckerfahrrad, wie man dem Klang des Namens nach vermuten würde. Das niederländische Wort „Bak" bedeutet soviel wie Trog oder Wanne und kennzeichnet den fest eingebauten Behälter.

**Bild 1: Lastenfahrrad, Bauart Bakfiets, dreirädrig**

Zum Personentransport wird schon seit Jahrzehnten in Ostasien die ebenfalls dreirädrige **Rikscha (Bild 2)** verwendet.

**Bild 2: Rikscha**

Ihre moderne Version ist das elektrisch unterstützte **Velotaxi (Bild 3)**, das seit Ende der 1990er Jahre einen alternativen Personentransport in europäischen Ländern anbietet.

**Bild 3: Velotaxi**

## 3.5 Kinderfahrräder

Ein früher Beginn mit dem Erlernen des Radfahrens ist immer sinnvoll und schafft die Grundlage für ein sicheres Beherrschen des Fahrrades. Es muss aber darauf geachtet werden, dass dem Wunsch des Kindes entsprochen wird, wann und was es lernt.

Meist schon früh bekommen die Kinder ihr erstes **Kinderdreirad**. Hiermit werden die Koordination von Tretkurbelantrieb und Lenkung geübt, aber noch nicht die Fähigkeit zum Balancieren. Dies geht nur mit einspurigen Fahrzeugen wie dem **Roller** oder dem **Laufrad**. Das Laufrad ist dabei für Kinder wesentlich attraktiver als der Roller: Die sitzende Position spart Kraft, die größeren Räder rollen komfortabler und das Lenken ist einfacher. Vor allem ist es optisch dem Fahrrad der Erwachsenen ähnlicher. Neben dem Balancieren ist es auch wichtig, dass die Kinder ein Gefühl für Beschleunigung und besonders das Abbremsen bekommen. Ein Laufrad sollte mit einer guten Bremse ausgestattet sein, auch wenn sie als nutzlos erscheint, da das Kind problemlos mit den Füßen anhalten kann.

Der nächste Schritt ist das Erlernen des richtigen Radfahrens. Dies kann im Alter ab ca. vier Jahren geschehen. Sollte das Kind vorher schon mit einem Laufrad geübt haben, dann hat es normalerweise keine Probleme damit, ein **Kinderfahrrad (Bild 4)** zu bedienen. Unbedingt zu vermeiden ist die Montage von Stützrädern. Sie stören beim Balancieren und Kurvenfahren, bremsen das Fahrrad und verleiten dazu, dass das Kind das Gefährt als Sitzmöbel verwendet. Das Fahren mit Stützrädern suggeriert dem Kind ein Können, das es nicht hat. Werden diese dann abmontiert, muss es das Radfahren noch einmal lernen. Bis die Kinder Vertrauen in die eigene Balancefähigkeit gefasst haben, darf der Sattel so tief sein, dass sie mit den Füßen problemlos den Boden erreichen können. Danach sollte darauf geachtet werden, dass die Knie niemals zu stark gebeugt sind.

**Bild 4: Kinderfahrrad**

Ein weiterer Lerneffekt mag für Kinder wie auch Eltern unangenehm sein, doch gehört er zwangsläufig zum Radfahren wie auch zu einer normalen Kindheit: das richtige Fallen (vom Fahrrad). Die niedrige Fallhöhe und geringe Geschwindigkeit halten das Verletzungsrisiko gering. Der Nutzen eines Fahrradhelms wird dabei meist überbewertet. Zum einen ist die Fallhöhe eines Kindes von einem Kinderrad geringer als seine eigene Stehhöhe. Zum anderen schützen die eigenen Reflexe den Kopf des Kindes (auf Kosten der Knie oder Handgelenke).

**Spielfahrräder** gemäß § 24 (1) StVO sind Kinderfahrräder, wenn sie zum spielerischen Umherfahren und nicht zur zielgerichteten Fortbewegung genutzt werden (vgl. AG Hanau / AZ: 34 C 3201/95-14). Sie müssen nicht den Vorgaben der StVZO entsprechen und für sie ist die Benutzung öffentlicher Straßen ausgeschlossen. Gefahren werden darf nur auf Gehwegen, Spielplätzen und Privatgrundstücken. Bei Kindern unter sechs Jahren geht man i. A. davon aus, dass sie das Fahrrad als Spielzeug gebrauchen. Kinder bis zum Alter von acht Jahren müssen gemäß §2 (5) StVO den Gehweg benutzen. Das bedeutet aber nicht automatisch, dass sie in dieser Situation ein Spielfahrrad führen. Auf dem Weg zur Schule ist das Fahrrad ein Transportmittel und muss also der StVZO entsprechen.

Die Größen von Kinderfahrrädern werden durch die Raddurchmesser bestimmt und in Zoll angegeben (12" bis 20"). Das Kind muss den Lenker mit beiden Händen greifen und den Boden mit den Füßen bequem erreichen können. Aber es ist nicht erforderlich, dass die Füße dabei flach auf dem Boden stehen. Kinder müssen bei der Auswahl des Fahrrades mitbestimmen können.

Eine Gabel- oder Rahmenfederung ist in den ersten Jahren unnötig, denn für eine funktionierende Federung haben Kinder meist ein zu geringes Eigengewicht.

In dem von Kindern meist gefahrenen Geschwindigkeitsbereich bis 12 km/h sind Gangschaltungen nicht erforderlich. Bei höheren Geschwindigkeiten genügen 2- oder 3-Gang-Nabenschaltungen oder 6-Gang-Kettenschaltungen.

Folgende Merkmale sollte das Kinderfahrrad aufweisen:

- Verletzungsträchtige Ecken und Kanten sind generell zu vermeiden
- Die Lenkergriffe sollen einen kugelförmigen Prallschutz an den Lenkerenden aufweisen
- Die Bremsgriffe sollen für kleine Kinderhände passen und möglichst in der Griffweite einstellbar sein
- Ein möglichst großflächiger Kettenschutz sollte vorhanden sein
- Lenker und Vorbau dürfen gepolstert sein
- Das Gewicht sollte möglichst niedrig sein

## 3.6 Mehrpersonenfahrräder

Als **Tandem** (lat. „zuletzt" oder „am Schluss") **(Bild 1)** bezeichnet man ein Fahrrad, das von mindestens zwei hintereinander befindlichen Personen gleichzeitig angetrieben wird. Das Tandem kam in den 1890er Jahren auf, während es vorher bereits das **Sociable**, ein Dreirad mit nebeneinander platzierten Passagieren, gab.

**Bild 1: Tandem**

Die Vorteile des Tandems gegenüber einem Solofahrrad sind unter Anderem:

- Es gleicht Leistungsunterschiede aus
- Die Passagiere können sich während der Fahrt gut verständigen
- Sehbehinderten/blinden Menschen wird das Radfahren ermöglicht
- Der Luftwiderstand ist geringer als bei zwei einzelnen Fahrrädern

Die Bezeichnungen für die Benutzer eines Tandems sind technischen Berufen entlehnt und lauten z. B. Kapitän, Pilot oder Steuermann (engl. captain, pilot, steersman) für den vorderen und Heizer oder Navigator (engl. stoker, navigator) für den hinteren Fahrer.

Tandems können Platz für mehr als zwei Fahrer bieten. Konstruktionen für drei, vier oder fünf Personen werden dann **Triplet, Quadruplet** oder **Quintuplet** genannt.

*Rahmen*
Tandems haben einen Radstand von 160 - 175 cm gegenüber 98 - 110 cm beim Solofahrrad und benötigen daher eine besonders verwindungssteife Rahmenkonstruktion. Bei doppelter Rohrlänge verringert sich die seitliche Biegesteifigkeit auf ein Achtel. Als konstruktive Maßnahmen zur Rahmenversteifung werden Streben eingebaut und/ oder man verwendet Rohre mit möglichst großem Durchmesser.

*Räder*
Durch das höhere Gesamtgewicht und das höhere Drehmoment zweier Fahrer genügen kon-

ventionelle Räder nicht den Anforderungen eines Tandems. Aus diesen Gründen werden Tandems mindestens mit 36 Speichen, im Hinterrad auch mit 40 oder 48, ausgestattet und sollten auch über entsprechend steife, voluminöse Hohlkammerfelgen verfügen. Außerdem ist eine Verbreiterung der Hinterradachse auf 140 mm oder 150 mm sinnvoll. Auch die Reifen müssen ein größeres Volumen bieten.

*Antrieb*
Damit die Synchronkette zwischen den beiden Kurbellagern nachstellbar ist, wird das vordere Lager meist in eine Exzenterhülse eingebaut. Die Alternative dazu wäre ein Kettenspanner, der allerdings dem Antriebsstrang eine mögliche Fehler- und Verschleißquelle hinzufügt.

Die Synchronkette ist bei einem Tandem-Kurbelsatz auf der linken Seite montiert, während die Antriebskette rechts ist. Dafür müssen beide Kurbeln der linken Seite eine Kettenradaufnahme besitzen, wie es sie normalerweise nur die rechten Kurbeln haben. Rechtsseitige Kurbeln auf der linken Seite zu montieren führt dazu, dass sich die Pedalen im Betrieb lockern.

Bei der Verwendung zweier konventioneller Kurbelsätze nutzt die Synchronkette rechts eines der Kettenräder der hinteren Kurbel.

Normalerweise laufen die Kurbeln phasensynchron. Das kann bei sehr unterschiedlichem Leistungsvermögen der Fahrer dazu führen, dass der Schwächere kaum Kraft auf seine Pedale ausüben kann, weil der Stärkere es ihm „unter dem Fuß wegzieht“. Alternativ können die Kurbeln um 90° versetzt angeordnet werden. Dann ist jeder Fahrer während seiner Kraftentfaltungsphase der einzige Antrieb des Tandems. Die jeweiligen Totpunkte werden so ausgeglichen, der Vortrieb erfolgt gleichmäßiger und die maximale Belastung des Antriebsstranges wird verringert. Das bedeutet aber auch, dass jeder Fahrer jeweils alleine den Fahrwiderstand überwinden muss. Es ist dann sinnvoll, kleinere Übersetzungen zu fahren. Auch das Anfahren verändert sich und ein synchroner Wiegetritt ist nicht mehr möglich.

Eine weitere Möglichkeit ist es, beide Kurbeln voneinander zu entkoppeln. Dann fährt jeder Fahrer seine eigene Trittfrequenz und Pedalkraft. Realisiert ist dies beim Stufentandem Pino und beim „Independent Drive“ des Herstellers Davinci.

Da die beiden Kettenräder der Synchronkette aus Gewichts- und optischen Gründen meist sehr klein gewählt werden, zeigen sie recht früh Verschleißerscheinungen. Ebenso die Antriebskette, die höhere Zugkräfte übertragen muss.

*Bremsen*
Bei den Bremsen sind hydraulisch betätigte Scheibenbremsen mit großen Scheiben zu empfehlen. Mindestens sollte ein Tandem mit guten V-Brakes oder hydraulischen Felgenbremsen ausgestattet sein. Ältere Modelle waren noch zusätzlich mit einer Trommelbremse hinten ausgestattet, die als Ergänzung bei Bergabfahrten diente.

Die ebenfalls früher übliche Betätigung der hinteren Felgen- und Trommelbremse gleichzeitig über einen Hebel ist nicht empfehlenswert, da moderne Bremsen alleine schon eine hohe Bremsleistung erbringen. Außerdem ist in einem solchen Fall die Synchronisierung nicht gegeben, weil die beiden Bremsarten unterschiedliche Seileinholwege haben.

Die Sitzposition muss nicht unbedingt nur aufrecht und in die selbe Richtung weisend sein. Es gibt z. B. Liegeradtandems, bei denen der hintere Fahrer mit dem Rücken zur Fahrtrichtung sitzt.

**Stufentandems (Bild 1)** verbinden eine Liegeposition vorne mit einer Sattelposition hinten. Die ersten Modelle dieser Bauart existierten schon in den frühen 1940er Jahren. Aber erst ein halbes Jahrhundert später erlangte sie mit dem „Dynrad Duo“ eine kommerzielle Bedeutung.

**Bild 1: Stufentandem**

Auf einem **Side-by-Side** oder **Nebeneinandem** sitzen die Personen nebeneinander. Beliebt ist das Nebeneinandem bei Radlern, die sich gerne während der Fahrt unterhalten.

Es gibt verschiedene technische Umsetzungen dieses Prinzips. Bei dem einspurigen **Buddy Bike** ragen die Sättel dabei nach rechts und links über die Fahrradmittelebene hinaus. Die Pedalkraft wirkt dabei auf nur ein Kurbellager, das auf beiden Seiten über jeweils einen Z-förmigen Kurbelanschluss verfügt, der die Pedale ähnlich einem zweisitzigen Tretboot trägt. Gelenkt wird es von nur einer Person. Der zweite Lenker dient allein zum Abstützen des Beifahrers. Das Buddy-Bike erfordert eine gute Koordination der beiden Fahrer.

**Conference-Bike (Bild 1)** ist der Name eines Fahrrads für sieben Personen. Die Mitfahrer sitzen dabei in einem Kreis angeordnet und stützen sich an einem Haltering ab. Der Fahrzeugführer hat ein Lenkrad sowie zwei Bremsen zur Verfügung.

Bild 1: Conference-Bike

Die Kraftübertragung erfolgt mittels Primärketten und Freilauf auf eine ringförmige Sammelwelle, die aus Segmenten mit Kardangelenken besteht. Die Gesamtkraft wird mit einer Sekundärkette auf die Hinterachse übertragen. Anders als bei anderen Mehrpersonenfahrrädern sitzen alle Passagiere einander gegenüber. Als rein muskelkraftbetriebenes Fahrzeug ist es rechtlich ein Fahrrad und darf auf der Straße fahren. Radwege sind nur zu benutzen, wenn es ihre Breite zulässt.

Ein **Surrey** ist ein vierrädriges Fahrzeug mit zwei bis sechs Sitzen und einem leichtem Stoffdach **(Bild 2)**. Der Name leitet sich ab aus einer Kutschenbauart, die im 19. Jhdt. in der südenglischen Grafschaft Surrey entwickelt wurde. Das Surrey wird oft als Mietfahrrad z. B. für Touristen in Küstenbadeorten verwendet.

Bild 2: Surrey

Noch mehr Passagiere kann ein **Thekenfahrrad** (auch Bierbike, Bigbike und Partybike genannt) aufnehmen. Es besteht aus einem vierrädrigen Rahmen, auf dem die Fahrer in zwei Sitzreihen in Längsrichtung gegenüber angeordnet sind. Ein separater Fahrer ist für die Fahrzeugführung verantwortlich. Die Ausstattung mit einer Theke, einer Bierzapfanlage und einer Musikanlage ermöglicht die Kombination aus Fortbewegung und Feiern. Sie werden für Partys, gesellige Ausflüge und Stadtrundfahrten vermietet.

Am 28. August 2012 entschied das Bundesverwaltungsgericht, dass Thekenfahrräder in Deutschland nur mit einer behördlichen Genehmigung auf öffentlichen Straßen fahren dürfen. Sie dienen nicht dem straßenrechtlichen Gemeingebrauch, sondern stellen eine erlaubnispflichtige Sondernutzung dar, indem „die überwiegende Zweckbestimmung [...] das Durchführen von [...] Veranstaltungen auf der Straße" sei und nicht die Teilnahme am Straßenverkehr.

## 3.7 Show-Bikes

Der **Cruiser** wird als Überbegriff über eine Gruppe von Custom-Bikes genutzt, worunter Beachcruiser, Softcruiser, Stretchcruiser, Chopper und Lowrider fallen. Als „Cruisen" bezeichnet man das gemütliche Umherfahren, weshalb die Fahrräder mit langem Radstand und langem Hinterbau sowie breiten Reifen und flachen Rohrwinkeln ein sehr gutmütiges Fahrverhalten zeigen. Da keine hohen Geschwindigkeiten und großen Fahrleistungen angestrebt werden, fehlt häufig eine Schaltung. Ggf. wird eine Nabenschaltung verwendet. Der Raddurchmesser ist meist 26", gelegentlich auch 24".

Der Ursprung der Cruiser fällt in die 1930er/40er Jahre, in denen das Fahrrad gerne zum Flanieren auf Strandpromenaden benutzt wurde und man daher viel Wert auf das optische Erscheinungsbild legte.

Der klassische **Beachcruiser (Bild 3)** besitzt einen geschwungenen Rahmen, der in den Abmessungen in etwa einem Tourenfahrrad entspricht. Außerdem werden breite Reifen vorne und hinten, ein weich gefederter Sattel und ein breiter Moonlenker verwendet. Die Sitzposition ist entspannt und aufrecht. Aus dem Cruiser entwickelte sich in den 1970er Jahren das Mountainbike.

Bild 3: Beachcruiser

Als **Stretchcruiser** bezeichnet man extrem lange (ca. 2,20 m) und meist tiefe Räder mit gestreckter Sitzposition. Der Tritt geht mehr nach vorn anstatt nach unten. Die Sitzposition ist mit einem Apehanger-Lenker genauso aufrecht und entspannt wie bei einem normalen Cruiser.

**Softcruiser** sollen den Komfort der Cruiser mit mehr Ergonomie kombinieren. Diese Fahrräder sind deshalb sehr bequem und gut fahrbar.

Das klassische **Chopperbike (Bild 1)** lehnt sich optisch stark an das Vorbild des Motorrad-Choppers an. Charakteristisch für dieses Fahrrad ist eine sehr lange Doppelbrückengabel und in der Regel ein breites Hinter- und ein schmales und im Durchmesser größeres Vorderrad. Im Oberrohr befindet sich eine Imitation eines Kraftstofftanks und die Anbauteile werden häufig verchromt. Die Sitzposition ist im Gegensatz zum Beach- oder Stretchcruiser nah am Hinterrad.

**Bild 1: Chopperbike**

Das **Schwinn Stingray (Bild 2)** entstand in den 1960er Jahren als Kinder- und Jugendcruiser. Aus ihm entwickelte sich später das BMX-Bike. In Deutschland wurden seine Nachbauten als Polo- oder **Bonanzarad** vermarktet.

**Bild 2: Schwinn Stingray**

**Lowrider** sind in der Regel reine Showbikes. Die Rahmen sind sehr niedrig und lang. Die Räder sind selten größer als 20" und die Pedale haben einen geringen Bodenabstand. Sie sind mit Liebe zum Detail gestaltet, aber ihr Gebrauchswert ist eher gering. Sie dienen mehr als Ausweis für die Kunstfertigkeit des Erbauers.

## 3.8 Weitere Bauarten

Neben den vorgenannten Bauarten gibt es eine weitere Vielzahl von Möglichkeiten, muskelkraftbetriebene Landfahrzeuge zu bauen. Die folgenden Beispiele können leider nicht das volle Spektrum der bisher realisierten Fahrräder zeigen.

### 3.8.1 Minivelo

Seit der 2000er Jahren hat sich in Ostasien das **Minivelo (Bild 3)** entwickelt. Dies ist eine Bauart, bei der die Merkmale der „großen" Fahrräder auf Konstruktionen mit kleinen 20"-Rädern übertragen werden. So gibt es hollandradähnliche Urbanbikes mit Gepäckkorb, Straßenrennräder klassischer italienischer Marken, MTB-Fullys und weitere Varianten.

**Bild 3: Minivelo, MTB**

Auch wenn sie auf den ersten Blick wie Falträder aussehen, fehlt ihnen doch der Faltmechanismus. Erst ohne diese technische Restriktion erhalten die Rahmenbauer die Gestaltungsfreiheit, die zu dieser Modellvielfalt führen kann. In Deutschland werden Fahrräder dieser Bauart als **Compactrad** vermarktet.

### 3.8.2 Tallbike

Das **Tallbike (Bild 1, Seite 168)** besitzt einen so hoch gebauten Rahmen, dass sich der Fahrer weit höher als eigentlich technisch notwendig über dem Boden befindet. Diese Bauform wurde Ende der 1890er Jahre entwickelt. Ihr Nutzen bestand darin, auf unkomplizierte Weise Straßenlaternen mit Gasbetrieb zu entzünden. Seit den 2000er Jahren werden Tallbikes vermehrt im Eigenbau erstellt.

Dazu werden zwei Fahrradrahmen übereinander gesetzt und verschweißt sowie das Gabelschaftrohr verlängert und in den Lenkrohren der beiden Rahmen gelagert. Bei der konkreten Umsetzung sind der Fantasie fast keine Grenzen gesetzt.

Bild 1: Tallbike um 1898

Der Auf- und Abstieg von moderat hohen Tallbikes erfolgt von der Seite aus in zwei Schritten. Dabei wird der rechte Fuß auf das linke Hinterbau-Unterrohr gesetzt und mit dem linken Fuß das Fahrrad beschleunigt. Danach wird der linke Fuß auf das linke Pedal gesetzt und der Fahrer setzt sich wie auf ein normales Fahrrad. Bei größeren Tallbikes ist ein Aufsteigen ohne besondere Vorrichtungen oder Hilfen nicht möglich.

Während der Fahrt ist das Tallbike stabiler als ein herkömmliches Fahrrad. Selbst bei extrem langsamer Geschwindigkeit sind nur geringe Kipptendenzen spürbar. Ursache dafür ist der Effekt des „umgekehrten Pendels". Der Abstieg sollte kurz vor oder direkt beim Stillstand erfolgen.

### 3.8.3 Dreirad, Handtrike

Um Personen mit Schwierigkeiten beim Balancieren das Radfahren zu ermöglichen, werden Sattelfahrräder als **Dreirad (Bild 2)** mehrspurig ausgeführt. In der Regel befinden sich dann zwei Räder an der Hinterachse. Der Antrieb kann dabei auf ein Hinterrad oder über ein Differentialgetriebe auf beide Hinterräder erfolgen.

Bild 2: Dreirad

Personen, die zum Antrieb nicht ihre Beinkraft einsetzen können, steht das **Handtrike** (engl. Handcycle) **(Bild 3)** zur Verfügung. Dabei wird das Rad (vorne oder hinten) über Handkurbeln angetrieben, die gleichzeitig auch der Lenkung dienen.

Der im Deutschen benutzte Begriff „Handbike" ist fachlich falsch, weil es sich stets um ein dreirädriges Gefährt handelt. „Handbike" ist als Scheinanglizismus auf die unangemessene Übersetzung von Fahrrad in Bicycle/Bike zurückzuführen.

Bild 3: Touren-Handtrike

Es gibt zwei Grundtypen: Das Adaptivtrike, das an fast jeden handelsüblichen Rollstuhl montiert werden kann und kein vollständiges Fahrzeug ist. Es eignet sich für den Alltagsgebrauch und für kürzere Touren. Alternativ gibt es Touren- oder Renn-Handtrikes **(Bild 4)**, die als vollständiges Fahrzeug konstruiert sind.

Bild 4: Renn-Handtrike

### 3.8.4 Knicklenker

Der **Knicklenker** (engl. lean steering) **(Bild 1)** ist eine Bauweise von Fahrrädern, bei denen der Rahmen in der Mitte geteilt und durch ein Scharnier verbunden ist. Der Lenkwinkel ist mit 40 bis 50° sehr flach und dementsprechend ist der Nachlauf mit 13 cm bis 30 cm extrem groß. Beim Lenken werden die beiden Rahmenteile gegeneinander verdreht. Gelenkt wird durch Gewichtsverlagerung. Der Lenkerbügel dient nur als Dämpfer der Lenkbewegung und als Träger für die Schalt- und Bremseinrichtungen.

**Bild 1: Knicklenker-Liegefahrrad, Flevobike**

Liegeräder mit Knicklenkung werden eigentlich freihändig gelenkt, auch wenn die Hände auf den Griffen ruhen. Das Fahren dieser Räder unterscheidet sich fundamental von dem anderer Bauarten und muss neu erlernt werden.

Das Handtrike von Stefan Farfler gilt als erste Darstellung dieser Lenkform. Der erste einspurige Knicklenker war ein Liegerad mit Frontantrieb, das ChaCha-Bike von Win van Wijnen (ca. 1982). Johan Vrielink entwickelte dieses zum **Flevobike** und Flevotrike weiter.

Das **Snaix** ist die Realisation des Knicklenker-Prinzips bei einem Sattelfahrrad **(Bild 2)**. Dabei werden beim Fahren sehr komplexe Bewegungsmuster verlangt, die eine hohe geistige Konzentration verlangen.

**Bild 2: Knicklenker-Sattelfahrrad, Snaix**

Es existieren auch Handtrikes, die als Knicklenker ausgeführt sind.

### 3.8.5 Roller

Ein Roller ist ein zweirädriges Kleinfahrzeug mit einem bodennahem Trittbrett, auf dem sich eine Person stehend fortbewegen kann. Er wird durch Abstoßen mit einem Bein angetrieben.

Es wird vornehmlich zu therapeutischen Zwecken, vor allem bei Rückenproblemen, eingesetzt. Geschwindigkeiten bis 15 km/h sind ohne großen Kraftaufwand möglich. Sehr geübte Fahrer erreichen auch Werte über 30 km/h. Oberhalb dieser Geschwindigkeit entsteht beim Bodenkontakt des Fußes ein Bremsmoment, das die weitere Beschleunigung behindert. Bei Gefälle können Geschwindigkeiten von über 80 km/h erreicht werden. Je nach Bauart eignen sie sich als Transportmittel für Strecken bis 80 km (Großradroller).

Oft ist das Hinterrad bei Rollern 4" bis 8" kleiner als das Vorderrad. Dadurch wird ein kürzerer Radstand möglich, der die Steifigkeit des Rahmens erhöht. Verbessert wird hierdurch auch das Handling sowie der Transport. Das schmale Trittbrett vermeidet ein breitbeiniges Führen des Fußes beim Anstoßen. Dies spart beim Vortrieb Kraft, vermeidet ein Anstoßen am Fahrzeug und ermöglicht eine normale Körperhaltung wie beim Laufen. Je näher das Trittbrett am Boden ist, desto weniger wird das Standbein belastet. Hier wird die meiste Kraft benötigt, da das Knie immer leicht gebeugt ist und das Körpergewicht heben und senken muss. Auch der zur Verfügung stehende Hub des Abstoßbeines wird durch ein höheres Trittbrett negativ beeinflusst.

**Cityroller** sind eine gute Unterstützung für kleine Besorgungsfahrten. **Cruiser** dienen der gemütliche Aus- bzw. Rundfahrt. Für Wettbewerbe werden **Rennroller (Bild 3)** konstruiert, die mit einem Gesamtgewicht z. T. unter 7 kg, 35 mm Bodenfreiheit und 28"-Rädern aufwarten.

**Bild 3: Rennroller**

**Cross Countryroller (Bild 1)** sind für Fahrten im Gelände. Sie kombinieren meist 26"-/20"-Rädern und haben eine Bodenfreiheit von ca. 50 mm. Die Komponenten (Lenker, Räder, Federgabel, Bremsen) sind nahezu identisch mit denen eines MTB. Sie werden auch zum **Mushing** verwendet, einem Sport, bei dem ein Hundegespann einen Schlitten oder Roller zieht.

**Bild 1: CrossCountry-Roller**

**Downhillroller** sind für das Bergabfahren konzipiert. Für längere Fahrten in der Ebene sind sie aufgrund des hohen Trittbrettes nur wenig geeignet (Bodenfreiheit bis 120 mm). Der große Radstand stabilisiert die Roller und vermittelt ein sicheres Fahrgefühl auch bei hohen Geschwindigkeiten.

**Industrie-/Gewerberoller** für Kontrollfahrten und kleinere Transporte auf Werks- und Hafengelände, Container- oder Tankschiffen und für Zeitschriftenausträger.

Roller sind als Verkehrsmittel eine Zwischenstufe vom Gehen zum Fahrradfahren. Ihre Vorteile gegenüber einem Fahrrad sind:

- Einfaches Auf- und Absteigen und anspruchslose Bedienung
- Durch den Einsatz der Fußmuskulatur wird diese gut durchblutet und kalte Füße beim Fahren im Winter werden vermieden
- Dynamische Beanspruchung von wesentlich mehr Muskelgruppen
- Keine Sitzprobleme (dafür aber stärkeres Training der Stütz- und Haltemuskulatur)
- Nahezu wartungsfreie Technik
- Sie dürfen auch in Fußgängerzonen (und müssen auf Gehwegen, sofern vorhanden) gefahren werden
- Sie können einfach in öffentlichen Verkehrsmitteln transportiert werden

Ihre Vorteile gegenüber dem Joggen/Laufen sind:

- Geringere dynamische Belastung der Knie
- Ein vergrößerter Aktionsradius

### 3.8.6 Tretroller, Wipproller

**Tretroller** ermöglichen die Fortbewegung ohne sich mit dem Fuß auf dem Boden abstoßen zu müssen. In den Nachkriegsjahren waren diese als Kinderroller verbreitet und danach über viele Jahre fast vergessen. Tretroller eignen sich vorwiegend zum Fahren auf ebenem oder abfallendem Gelände. Mit den meisten Tretrollern sind in der Ebene auch Geschwindigkeiten über 30 km/h erzielbar. Die Kinematik des Tretrollers bestimmt den Bewegungsablauf. Ist die Druckplatte vorne gelagert, so bewegt sich der Fahrer wie auf einem Steptrainer (Streetstepper) **(Bild 2)**.

**Bild 2: Streetstepper**

Die Lagerung kann aber auch mittig angebracht sein, dann entsteht eine echte Wippbewegung. Die Möglichkeit der hinteren Befestigung war am Wittkop **Wipproller** der 1930er Jahre verwirklicht. Alternativ dazu gibt es beim Elliptigo **(Bild 3)** ein komplexes Zusammenspiel von Druckplatten, Hebeln und Kurbeln, sodass die Bewegung einer Ellipse folgt.

**Bild 3: Elliptigo**

### 3.8.7 Laufmaschinen

Die **Laufmaschine (Bild 1)** von Karl Drais wird heute hauptsächlich als **Laufrad** für Kinder im Alter von drei bis fünf Jahren hergestellt. Es gibt aber auch Modelle, die für Erwachsene bestimmt sind. Ihre Verwendung finden sie bei Personen, die nicht in der Lage sind oder es sich nicht zutrauen ein gewöhnliches Fahrrad zu fahren.

Sie erhöhen den Aktionsradius und die Transportkapazität, aber auch gleichzeitig die Sicherheit im Verkehr, weil die Fahrer sich jederzeit mit den Füßen abstützen können. Durch das Sitzen werden die Gelenke bei der Fortbewegung entlastet, sodass das Herz-Kreislauf-Training intensiviert und die Beweglichkeit gefördert wird.

**Bild 1: Laufmaschine**

*Hinweis*:
Roller und Laufmaschinen, bei denen der Vortrieb durch Abstoßen des Fußes von der Fahrbahn entsteht, sowie Einräder sind nach § 63a StVZO keine Fahrräder. Mit ihnen dürfen Gehwege aber keine Radwege benutzt werden.



### 3.8.8 Schienenfahrräder

Ein **Eisenbahnfahrrad** oder **Draisine** ist ein drei- oder vierrädriges Bahndienstfahrzeug. 1837 war in Wien eine Draissche Laufmaschine für Bahnarbeiter erfunden worden, die auf einer Schiene lief und mit den Füßen abgestoßen wurde. Deshalb wurde der Name Draisine für schienengebundener Hilfsfahrzeuge mit dem Antrieb aus eigener Körperkraft übernommen. Karl Drais selbst entwickelte 1842 tatsächlich auch ein zweispuriges Schienenfahrzeug mit Fußantrieb. Mittlerweile werden stillgelegte Bahnstrecken mit pedalgetriebenen Draisinen als Freizeitgerät bestückt und für touristische Zwecke genutzt. In Deutschland gibt es rund 30 Strecken mit ca. 450 Schienenkilometern, die so befahren werden können.

Ein **Grubenfahrrad** ist eine Draisine für den Transport von Menschen und kleineren Geräten auf Grubenbahnen im Bergbau.

Im Jahr 2010 wurde mit **Shweeb (Bild 2)** ein an Schienen hängendes Fahrradsystem vorgestellt, das dem Personentransport in Städten dienen soll. Bislang existiert eine Installation im Velocity Valley Freizeitpark in Rotorua, Neuseeland.

**Bild 2: Shweeb**

# 4 Fahrwerk

Das Fahrwerk überträgt die Gewichtskräfte von Fahrzeug, Fahrer und Gepäck auf die Fahrbahn. Durch Lenken ermöglicht es das Bestimmen der Fahrtrichtung und nimmt die dabei entstehenden Seitenkräfte auf. Eine Kombination aus Federung und Dämpfung kompensiert dabei zu einem begrenzten Teil Fahrbahnunebenheiten.

Durch seine geometrische Auslegung bestimmt das Fahrwerk das Fahrverhalten des Fahrrades. Weiterhin dient der Rahmen zur Befestigung der Komponenten.

Das Fahrwerk besteht aus:

- dem Rahmen,
- dem Lenksystem,
- dem Sitzsystem,
- der Federung/Dämpfung und
- den Rädern **(Kapitel 5)**.

Die Auslegung des Fahrwerks von mehrspurigen Fahrzeugen wie Trikes und Quads folgt teilweise anderen technischen Rahmenbedingungen als die des einspurigen Fahrrades.

## 4.1 Kräfte und Momente am Fahrradrahmen

Man unterscheidet zwischen den im Ruhezustand gleichbleibend wirkenden **statischen Kräften** und den im Bewegungszustand sich ständig verändernden **dynamischen Kräften**. Zu letzteren zählen auch Kräfte aus Unwuchten in den Rädern, die zwar nur geringe Beträge haben, durch ihre Regelmäßigkeit aber Schwingungen im Rahmen auslösen können.

### 4.1.1 Kräfte in der Rahmenebene

Auf den Fahrradrahmen wirken vor allem Kräfte in Richtung der Längsmittelebene (Rahmenebene):

- Das Systemgewicht aus Fahrer, Maschine und Gepäck,
- Antriebs- und Bremskräfte,
- eine Radlastverlagerung aus Antriebs- oder Bremskräften und
- die vertikalen Komponenten von Fahrbahnstößen.

**Systemgewicht**

Die statische Belastung entsteht durch die Gewichtskraft von Fahrer, Maschine und Gepäck. Dieser Gewichtskraft $F_G$, die im Massenschwerpunkt $S$ angreift, wirken die Kräfte $F_h$ und $F_v$ an den Radaufstandspunkten entgegen **(Bild 1)**.

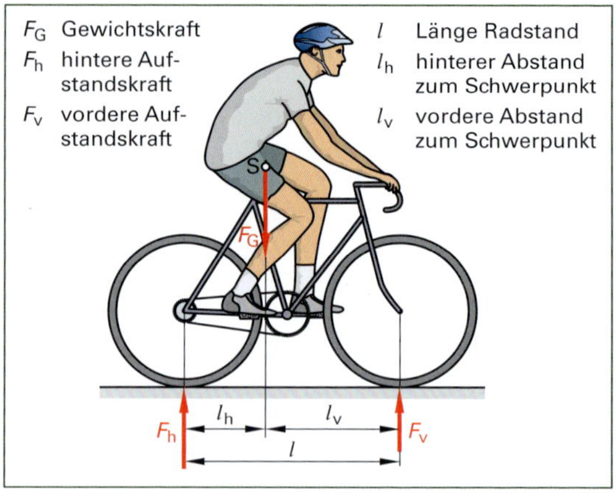


**Bild 1: Verteilung der Gewichtskraft auf Vorder- und Hinterrad**

In den meisten Fällen muss das Hinterrad eine höhere Belastung aufnehmen als das Vorderrad – je nach Sitzposition des Fahrers und der Gepäckverteilung.

Die jeweilige Kraft $F_v$ für die vordere Radlast und $F_h$ für die hintere Radlast verteilen sich proportional gemäß den Abständen des Schwerpunkts zum Aufstandspunkt ($l_v$ und $l_h$) und der Gesamtaufstandslänge $l$:

$$F_v = F_G \cdot \frac{l_h}{l} \quad \text{und} \quad F_h = F_G \cdot \frac{l_v}{l}$$

Die Gewichtskraft $F_G$ des Fahrers stützt sich bei aufrechter Sitzposition auf die beiden Gegenkräfte $F_h$ an der Hinterradachse und $F_v$ am unteren Lenkungslager (**Bild 2**, ohne Belastung am Lenker).

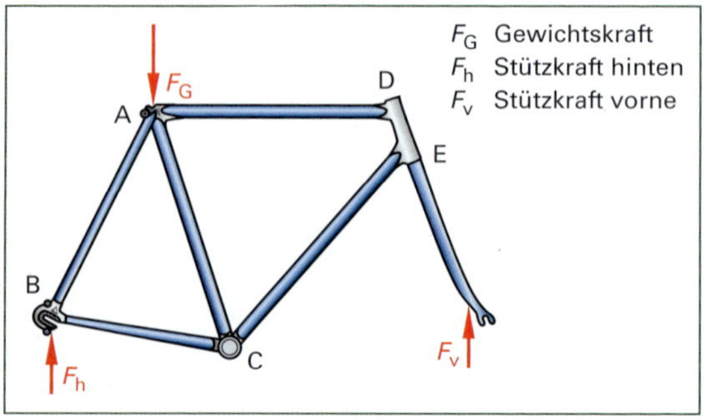


**Bild 2: Statische Belastung des Diamantrahmens**

Im Diamantrahmen wirken die Kräfte in der Rahmenebene als Druck- und Zugkräfte auf die Rahmenrohre **(Bild 1)**.

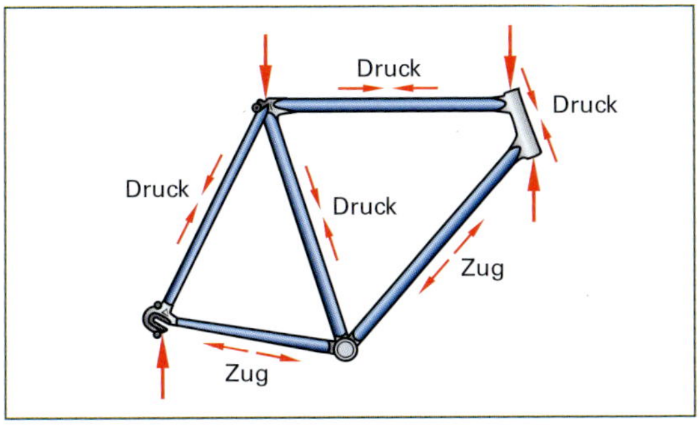


**Bild 1: Kräfte im Diamantrahmen**

Dabei können beim Straßenrennrad Kräfte bis 7500 N und beim ungefederten MTB bis 9000 N über das Hinterrad in den Rahmenhinterbau eingeleitet werden. Auf die Gabel wirken jeweils bis 3000 N bzw. bis 3500 N.

Die angeführten Werte sind Höchstwerte. Sie resultieren aus Messwerten, die man aus statisch nachgestellten Versuchen mit Radsportlern ermittelt hat und die zu Achsverbiegungen oder Rahmenschäden geführt haben.

Solche hohen Belastungen treten beim Radfahren auf, wenn man in ein tiefes Schlagloch fährt oder ein höheres Hindernis überrollt. Die Häufigkeit hoher Stoßbelastungen ist gering und erreicht in der Nutzungsdauer eines MTB selten mehr als 1.000 Wiederholungen.

### Antriebskraft

Die dynamische Belastung im Fahrbetrieb entsteht durch Antriebs-, Brems- und Stoßkräfte.

Die Pedalkräfte erzeugen eine permanent an- und abschwellende Belastung, die aber nur bei einigen Radsportarten (z. B. Bahnsprint) für den Rahmen bedeutende Werte erreicht.

Das ständig schwankende Drehmoment wird als Zugkraft über die Antriebskette auf das Hinterrad übertragen **(Bild 2)**.

> *Beispiel*:
> Im Wiegetritt wirkt eine Pedalkraft $F_p = 2000$ N. Durch die Hebelübersetzung $r_1 : r_2$ von einer 170 mm Kurbel und einem 42er Kettenrad verdoppelt sich die Kettenkraft $F_k = 4000$ N.

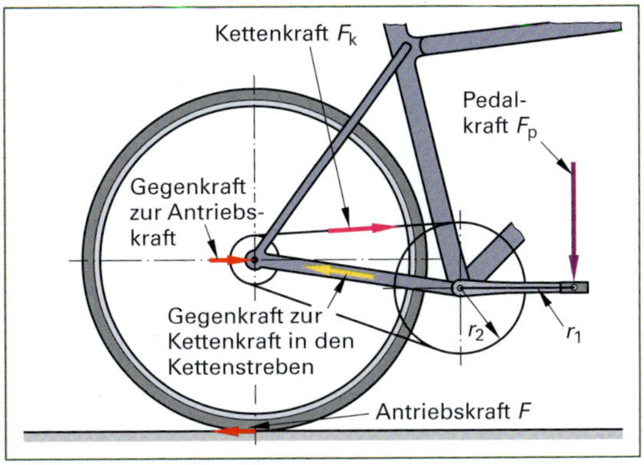


**Bild 2: Von der Pedalkraft zur Antriebskraft**

Über die Haftung des Reifens auf der Fahrbahn entsteht die Antriebskraft, die gegen die Fahrtrichtung gerichtet ist. Deren Gegenkraft in den Rahmen eingeleitet und sorgt für die Vorwärtsfahrt **(Bild 2)**.

Während die Antriebskraft die Kettenstreben zu gleichen Teilen auf Druck belastet, wirkt die Kettenkraft als Zugkraft insbesondere auf die rechte Kettenstrebe **(Bild 3)**. Je kleiner der Abstand $l_2$ des Ritzels vom rechten Ausfallende ist, desto größer ist der Zugkraftanteil in der rechten Kettenstrebe.

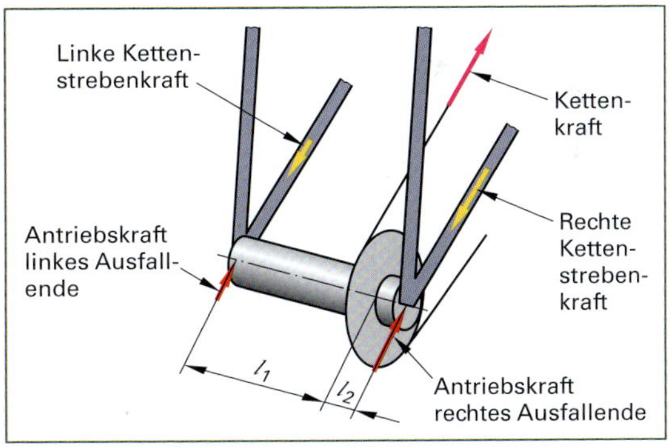


**Bild 3: Gegenkräfte zur Kettenkraft: Kettenstrebenkräfte rechts und links**

Wenn die Kette einen Schräglaufwinkel zwischen Kettenrad und Ritzel aufweist, kommt noch eine geringe Seitenkraft auf die Ausfallenden hinzu. Und weil die Kettenstreben seitlich ausgestellt sind, entsteht zusätzlich eine geringfügige Biegebelastung.

### Bremskraft

Die Bremskraft einer seitlich angeordneten Scheibenbremse bringt ein Drehmoment bis ca. 300 Nm in die linke Seite des Hinterbaus ein.

Bei noch größeren Bremsmomenten verliert das Hinterrad die Bodenhaftung und beginnt zu rutschen. Am Vorderrad wirkt das Bremsmoment einer Scheibenbremse nur auf ein Gabelbein und führt durch die elastische Verformung zu einem leichten Lenkeinschlag, den der Fahrer aber unbewusst korrigiert.

**Stoßkraft**

Die größte dynamische Belastung resultiert aus plötzlichen Stößen. Sie werden durch Fahrbahnunebenheiten oder Hindernisse ausgelöst und dann über die Räder und die Ausfallenden in den Rahmen eingeleitet **(Bild 1)**.

Horizontalkräfte von 2000 N auf das Hinterrad und 1100 N auf die Gabel sind möglich. Dabei werden beim Hinterbau die Hintergabelrohre vorwiegend auf Zug beansprucht.

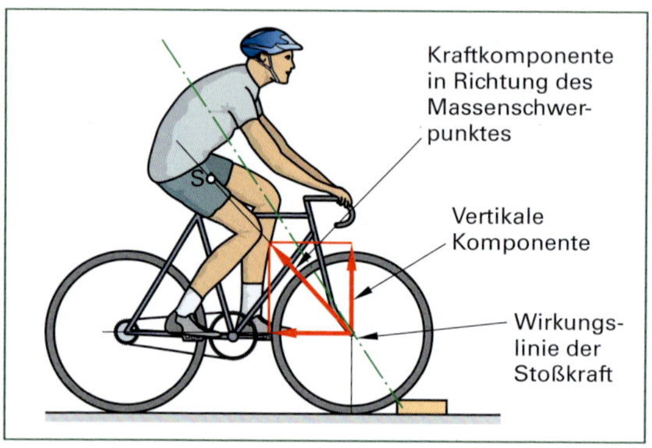


**Bild 1: Stoßkraft am Vorderrad**

Die Gabel wird bei horizontaler Belastung wie ein einseitig eingespannter Träger auf Biegung beansprucht. Die hierbei auftretenden Biegemomente reichen am unteren Lenkungslager bis 750 Nm **(Bild 2)**.

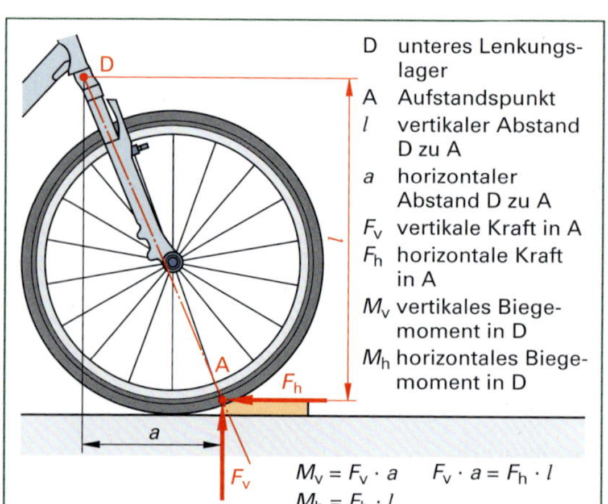


**Bild 2: Biegemoment am unteren Lenkungslager**

## 4.1.2 Laterale Kräfte

Laterale (seitliche) Kräfte wirken senkrecht zur Rahmenebene und sind am einspurigen Fahrrad meist vergleichsweise gering. Sie können einen Fahrradrahmen sowohl verbiegen als auch verwinden (tordieren).

Seitenkräfte enstehen in den meisten Fällen im Wiegetritt **(Bild 3)**. Dabei überträgt der Fahrer stehend seine Antriebskraft auf das Pedal. Sportliche Fahrer erreichen auf diese Weise Pedalkräfte bis 1500 N, Weltklassesprinter bis 2500 N. Das Fahrrad wird dabei bis zu 20 Grad schräg geneigt, sodass über das Kurbelwellenlager Seitenkräfte bis 450 N in den Rahmen eingeleitet werden.

**Bild 3: Pedal- und Seitenkräfte beim Wiegetritt**

Ein Fahrrad muss eine gewisse Seitensteifigkeit aufweisen, um:

- die Spurstabilität zu gewährleisten,
- das Rahmenflattern bergab bei höheren Geschwindigkeiten zu vermeiden und
- ein schlingerfreies stabiles Fahrverhalten mit Gepäck zu ermöglichen.

Die Spursteifigkeit (eigentlich: Torsionssteifigkeit) ist ein Maß für die Spurstabilität des Fahrrads. Ermittelt wird sie, indem bei fest eingespannter Hinterradachse und mittiger Auflage des Lenkrohres eine definierte Querkraft aufgebracht wird. Dann wird die seitliche Auslenkung der Lenkachse im Bereich des vorderen Radaufstandspunktes gemessen. Der Quotient aus Querkraft und Verschiebung wird als Spursteifigkeit bezeichnet.

## 4.1.3 Biegemomente

Auf die Gabel wirkt beim Überrollen von Hindernissen zum einen die Horizontalkraft $F_h$

und das entstehende Biegemoment $M_h$ **(Bild 2, Seite 174)**. Dazu verlangsamt noch ein Bremsmoment die Fahrgeschwindigkeit.

Geht man von Bremskräften am Vorderrad aus, bei denen das Hinterrad kurz vor dem Abheben ist, so wirken Bremsmomente am Lenkrohr bis zu einem Betrag von 550 Nm. Diese Momente können sich verdoppeln, wenn ein Mountainbiker beim Aufsetzen nach einem Sprung die Bremse betätigt oder wenn Resonanzen beim Bremsen auf welligem Untergrund auftreten.

Der Rahmen reagiert auf die Biegemomente mit einer Ausweichbewegung. Die schräg nach hinten verlaufende Sattelstütze erfährt am Sattelknoten Biegemomente in einer Größenordnung von maximal 1000 Nm. Ober- und Sitzrohr sowie die beiden Sattelstreben nehmen dieses Moment gemeinsam auf und verbiegen sich elastisch **(Bild 1)**.

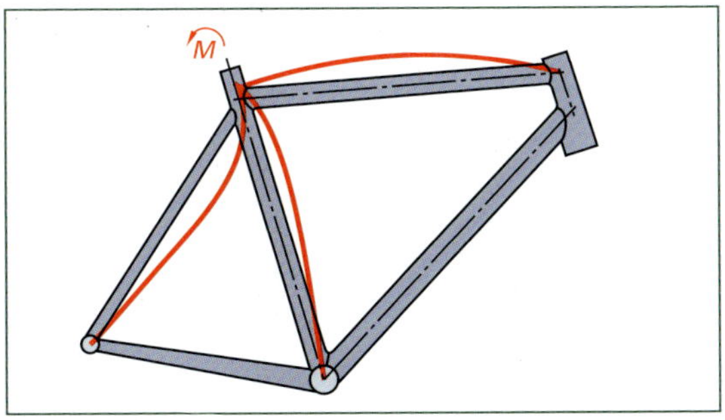


**Bild 1: Biegelinien durch ein Biegemoment auf den Sattelknoten**

Der Rahmenvorderbau bildet ein ungleichmäßiges Viereck. Treten Kräfte in der Rahmenebene auf, bewirken sie eine leichte Verschiebung von Lenkrohr und Sitzrohr zueinander. Ober- und Unterrohr reagieren darauf mit elastischen Biegungen in der Nähe der Rohrknoten **(Bild 2)**. Diese Verformungen wirken sich umso mehr aus, je weiter Ober- und Unterrohr am Lenkrohr auseinanderstehen und umso geringer deren Biegesteifigkeit ist.

Auch bei normaler Belastung gibt ein Bauteil ein wenig nach, federt jedoch danach sofort wieder zurück. Ein Bauteil, das unter einer definierten Belastung vergleichsweise wenig nachgibt, hat einen hohen Steifigkeitswert. Steifigkeitsmessungen zeigen auf, wie sehr sich ein Bauteil unter Belastung elastisch verformt. Je nach Bauteil und Belastung können hohe oder niedrige Steifigkeitswerte erwünscht sein.

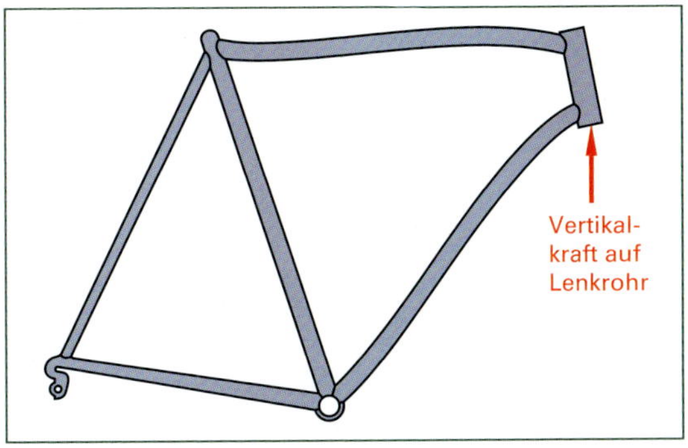


**Bild 2: Biegungen beim Vorderbau-Viereck**

Bei allen vom Diamantrahmen abweichenden offenen Rahmen **(Bild 4, Seite 177)** wirken sich die Biegemomente stärker aus. Die Rahmenrohre unterliegen in diesen Fällen in Knotennähe ihrer höchsten Belastung. Um offene Rahmen betriebssicher zu gestalten, werden freistehende Rohre mit versteifenden Knotenanbindungen versehen.

**Stiffness to Weight** (STW) ist das Verhältnis von Rahmensteifigkeit zu Rahmengewicht. Je höher der Wert, desto steifer der Rahmen in Bezug auf sein Gewicht.

## 4.2 Rahmenbauarten

Durch die Spezialisierung der Fahrräder auf bestimmte Nutzungsbereiche wurden im Laufe der Jahre viele Fahrradtypen mit unterschiedlichen Rahmenformen entwickelt.

### Diamantrahmen

Seit den 1890er Jahren hat sich der klassische Diamantrahmen als bestmögliche Rahmenform erwiesen. Mit geringstem Materialaufwand lassen sich Rahmen mit optimaler Stabilität und guten Federeigenschaften fertigen **(Bild 3)**.

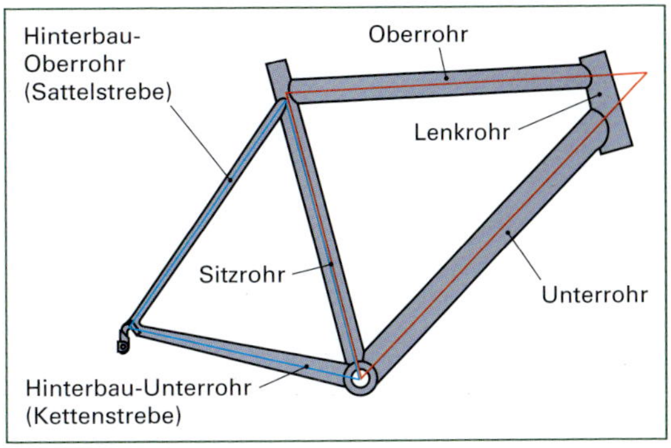


**Bild 3: Diamantrahmen**

Seine Stabilität erhält der Rahmen, weil er annähernd aus zwei Dreiecken zusammengesetzt ist:

- dem Vorderbau aus Ober-, Unter-, Sattel- und Lenkrohr und
- dem Hinterbau aus seinen Oberrohren (Sattelstreben), Unterrohren (Kettenstreben) und wieder dem Sattelrohr.

4

Dreiecke sind biege- und verwindungssteif.

Mit wachsender Rahmenhöhe wird jedoch das Lenkrohr länger und der Vorderbau entfernt sich immer weiter von der idealen Dreiecksform. Dadurch wird er in senkrechter Richtung elastischer und es verbessert sich der Fahrkomfort.

Doch gleichzeitig werden auch die Rahmenrohre länger. Da die Rohrlänge in die Berechnung der Steifigkeit mit der dritten Potenz eingeht, verringert sich die Seitensteifigkeit überproportional. Dies muss bei großen Rahmen berücksichtigt werden und kann durch zusätzliche diagonale Verstärkungsrohre oder durch Rahmenrohre mit größerem Durchmesser kompensiert werden.

**Trapez-Rahmen**

Der Trapezrahmen **(Bild 1)** ist ein abgewandelter Diamantrahmen, bei dem das Oberrohr abgesenkt ist. Es erleichtert den Durchstieg und das Fahren in Rock oder Kleid. Üblich ist ein gerades Oberrohr, das vom Lenkrohr zur etwa halben Höhe des Sitzrohres geführt ist.

**Bild 1: Trapez-Rahmen**

**Mixte-Rahmen**

Beim Mixte-Rahmen **(Bild 2)** ist das Oberrohr etwas tiefer abgesenkt als beim Trapez-Rahmen. Zusätzlich sind in dessen Verlängerung zwei Streben eingebaut, die vom Sattelrohr zum hinteren Ausfallende führen.

Abweichend davon gibt es auch Rahmen, bei denen zwei dünne Oberrohre vom Lenkrohr seitlich am Sitzrohr vorbei zum Ausfallende geführt werden.

**Bild 2: Mixte-Rahmen**

**Meral-Rahmen**

Beim Meral-Rahmen **(Bild 3)** verläuft das Unterrohr gerade. Das Oberrohr liegt parallel zum Unterrohr, ist aber oberhalb des Kurbellagergehäuses waagerecht abgewinkelt.

**Bild 3: Meral-Rahmen**

**Schwanenhals-Rahmen**

Früher wurde bei Rahmen mit tiefem Durchstieg das gerade Oberrohr parallel zum geraden Unterrohr geführt. Sind das Ober- und Unterrohr S-förmig geschwungen, spricht man auch von Schwanenhals-Rahmen **(Bild 4)**.

**Bild 4: Schwanenhals-Rahmen**

Tiefdurchsteiger (auch als Tiefeinsteiger bezeichnet, **Bild 1)** sind Fahrräder mit einem besonders tief geschwungenen Zentralrohr.

Bild 1: Tiefdurchsteiger

## Wave-Rahmen

Aktuelle Rahmen mit tiefem Durchstieg besitzen ein groß dimensioniertes Zentralrohr. Die hoch belasteten Knotenpunkte am Kurbellagergehäuse und am Lenkrohr sind meist durch ein kurzes Stützrohr an der Ober- oder Unterseite des Zentralrohres verstärkt. Diese Rahmenform wird als **Wave** (engl. Welle) bezeichnet und ist wesentlich steifer als die herkömmlichen Rahmen mit Schwanenhals- oder Meral-Bauform **(Bild 2)**.

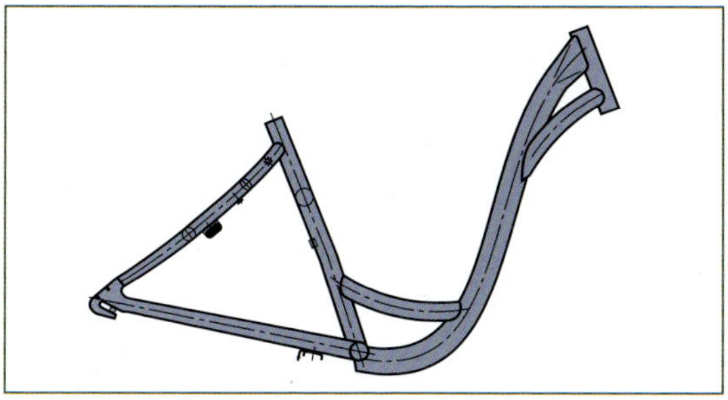

Bild 2: Wave-Rahmen

## Kreuzrahmen

Wenn sich die Rohre derart kreuzen, dass sich zusätzliche Rahmendreiecke bilden, handelt es sich um **Kreuzrahmen (Bild 3)**.

Bild 3: Beispiele von Kreuzrahmen

Als Vorteil ergibt sich eine hohe Stabilität auch bei langen/hohen Rahmen. Ihr ruhiger Geradeauslauf macht sie besonders für Reise- und Trekkingräder und für große und schwere Fahrer geeignet.

Der Begriff Kreuzrahmen ist im Fahrradbau doppelt belegt. Er kennzeichnet auch Rahmen, die bei seitlicher Betrachtung wie ein Kreuz erscheinen **(Bild 4a)**.

4

## Offene Rahmen

Bilden die Rahmenrohre keine geschlossenen Drei- oder Vierecke, so handelt es sich um **offene Rahmen**. Da sich die Rohre nicht untereinander stützen, werden sie wesentlich stärker auf Biegung belastet. Die Biegemomente müssen sie zusätzlich zu den eingeleiteten Kräften ertragen.

Wenn die zu erwartenden Rahmenbelastungen gering sind (z. B. Kinderfahrräder), dann ist dies kein großes Problem. In anderen Fällen müssen dagegen besondere konstruktive Maßnahmen ergriffen werden. Daher sind die wenigen Knoten dieser Rahmen besonders stabil ausgeführt oder es werden große Rohrquerschnitte mit fließenden Formen durch CFK-Bauweise realisiert.

Als Beispiele für offene Rahmen zählen der X- oder Kreuzrahmen, der Y-Rahmen und der Z-Rahmen **(Bild 4)**.

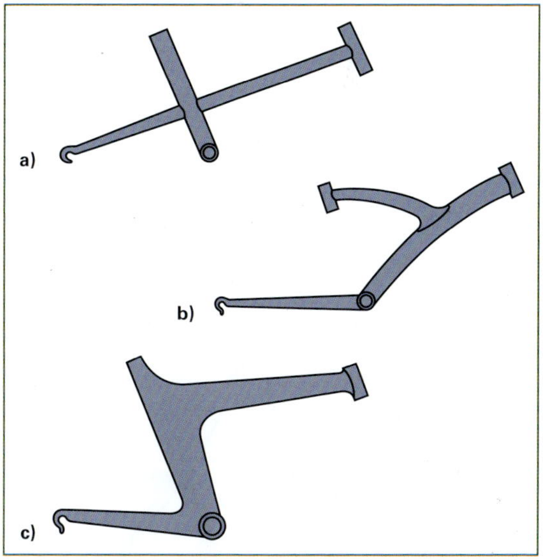


Bild 4: Offene Rahmen a) X-Rahmen b) Y-Rahmen c) Z-Rahmen

Im Rennradsport sind offene Rahmen vom Weltradsportverband UCI zurzeit nicht zugelassen.

4

#### Gitterrohrrahmen

Gitterrohrrahmen profitieren von der hohen Anzahl an Dreiecken (auch quer zur Rahmenebene), aus denen sie aufgebaut sind. Der Preis für die hohe Steifigkeit ist ein erheblicher Fertigungsaufwand. Da sich vergleichbare Steifigkeitswerte auch mit Oversized-Rohren erzielen lassen, findet sich diese Bauweise nur bei Fahrradmodellen mit besonderen Anforderungen.

Im Jahr 1983 präsentierte Alex **Moulton** ein zerlegbares Fahrrad mit Vollfederung (vorne: Stahlfeder, hinten Elastomer) und kleinen Rädern (Modell AM: 17", Modelle APB, TSR, NS: 20"). Der Rahmen ist für den Transport teilbar **(Bild 1)**. Dabei ist die Trennstelle 100 mm breit ausgeführt, sodass sich eine hervorragende Seitenstabilität ergibt.

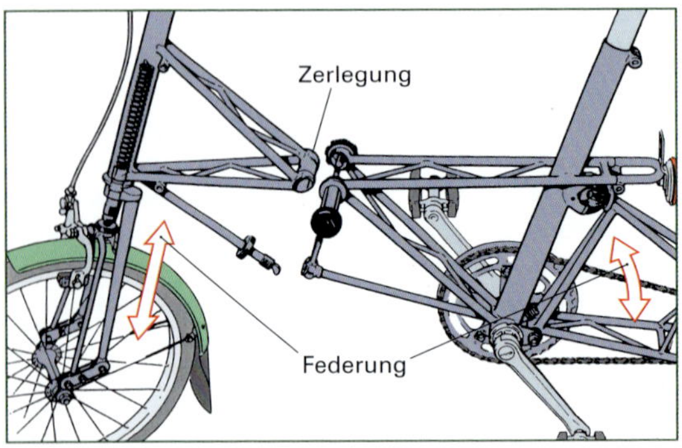


**Bild 1: Moulton mit Zerlegemöglichkeit**

Der Fachwerk-Rahmen des **Pedersen**-Fahrrades besteht aus 18 Rohren, die zusammen mit Sattel und Radachsen 20 Dreiecke bilden **(Bild 2)**. Es wurde 1893 von dem Dänen Mikael Pedersen zum Patent angemeldet und ist mit seinem frei schwingenden Sattel optimal für aufrechtes Fahren z.B. auf Kopfsteinpflaster geeignet und dabei wesentlich leichter als andere Fahrräder seiner Zeit.

**Bild 2: Pedersen-Fahrrad**

## 4.3 Rahmengeometrie

Die Geometrie des Fahrradrahmens bestimmt den Verwendungszweck des Fahrrades und die Sitzposition des Fahrers. Sie sollte zu den Körpermaßen und Sitzgewohnheiten des Fahrers passen und den Ansprüchen an das Fahrverhalten und den Fahrkomfort genügen.

Die Vielzahl der Rahmenmaße lassen sich grob nach ihrer Fuktion unterteilen in:

- Konstruktionsmaße,
- ergonomische Maße und
- fahrdynamische Maße.

Dabei beeinflussen sich immer alle Maße gleichzeitig, sodass die isolierte Betrachtung einer Größe nur bei ansonsten baugleichen Modellen sinnvoll ist.

**Konstruktionsmaße** sind notwendig zur Herstellung eines Fahrradrahmens. Dazu gehören **(Bild 3)**:

- Oberrohrlänge,
- Sitzrohrlänge
- Lenkrohrlänge,
- Hinterbau-Unterrohrlänge (Kettenstrebe)
- Gabellänge,
- Gabelversatz,
- Lenkrohrwinkel und
- Sitzrohrwinkel.

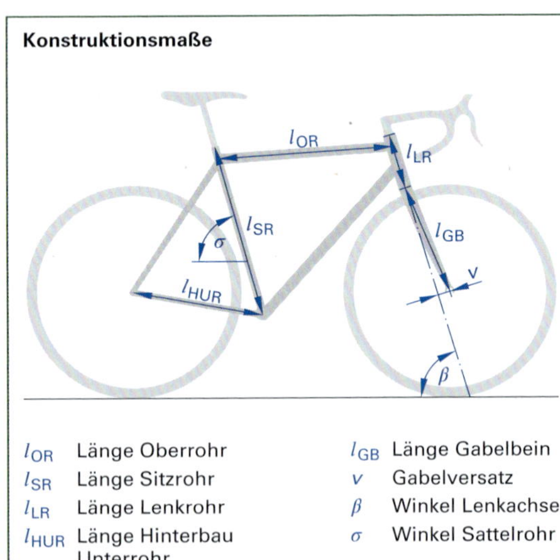


**Bild 3: Konstruktionsmaße am Diamantrahmen**

Daneben gibt es noch die konstruktiven Randbedingungen mit u.a. den Größen: Raddurchmesser, Reifendurchlauf und Fußfreiheit.

**Ergonomische Maße** dienen der Anpassung der Maschine an den Menschen. Sie können in begrenztem Umfang durch die Auswahl und den Austausch einzelner Bauteile wie Sattel, Sattelstütze, Lenker, Lenkervorbau und Kurbeln angepasst werden **(siehe auch Kapitel 10)**. Zu den ergonomischen Maßen gehören **(Bild 1)**:

- Rahmenhöhe (stack),
- Rahmenstreckung (reach),
- Sitzhöhe,
- Sitzlänge,
- Sattelhöhe,
- Überstandshöhe und
- vertikaler Abstand von Sattel zu Lenker (Sattelüberhöhung).

**Ergonomie**

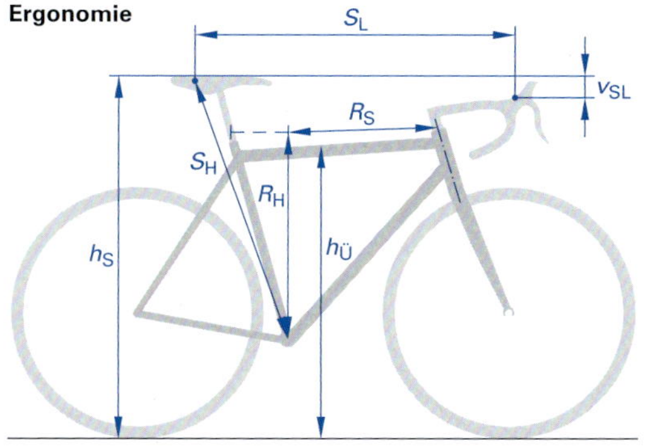


| | | | |
|---|---|---|---|
| $R_H$ | Rahmenhöhe (stack) | $h_S$ | Sattelhöhe |
| $R_S$ | Rahmenstreckung (reach) | $h_Ü$ | Überstandshöhe |
| $S_H$ | Sitzhöhe | $v_{SL}$ | vertikaler Abstand Sattel – Lenker |
| $S_L$ | Sitzlänge | | |

**Bild 1: Ergonomische Maße**

Das Fahrverhalten wird durch die **fahrdynamischen Maße** bestimmt. Die Beurteilung des Fahrverhaltens ist ein subjektiver Prozess. Zur Beschreibung werden eher vage und ungenau definierte Begriffe verwendet wie z.B. komfortabel, spurtreu, agil, wendig usw.

Unabhängig von dieser subjektiven Beurteilung werden diese Eigenschaften durch die Geometrie festgelegt. Die fahrdynamischen Maße sind u.a. **(Bild 2)**:

- Radstand,
- Hinterbaulänge,
- Vorderbaulänge,
- Kurbellagerhöhe,
- Gabelversatz,
- Nachlauf und
- Lenkachswinkel.

**Fahrdynamik**

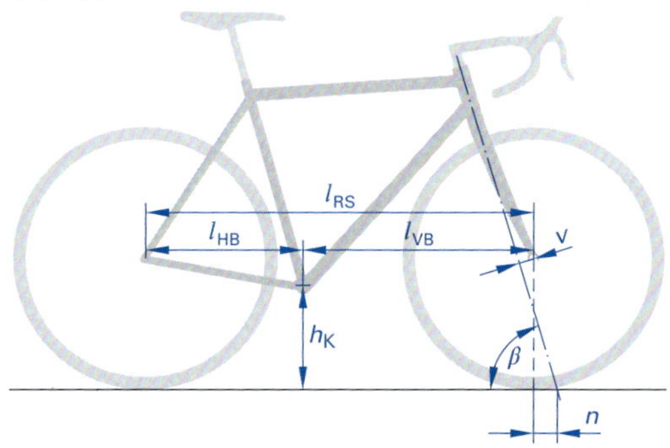


| | | | |
|---|---|---|---|
| $l_{RS}$ | Länge Radstand | $v$ | Gabelversatz |
| $l_{HB}$ | Länge Hinterbau | $n$ | Nachlauf |
| $l_{VB}$ | Länge Vorderbau | $\beta$ | Lenkachswinkel |
| $h_K$ | Höhe Kurbellager | | |

**Bild 2: Fahrdynamische Maße**

Daneben müssen u.a. noch die Federwege und die Reifenbreite berücksichtigt werden.

## 4.3.1 Rahmenhöhe und -länge

Die **Rahmenhöhe** gilt als das wichtigste Maß bei der Auswahl eines Fahrradrahmens. Ihre Bedeutung wird häufig überschätzt. Zumindest kann eine zu kleine Rahmenhöhe oft durch eine entsprechende Sattelstütze bzw. einen hohen Gabelschaft oder Lenkervorbau angepasst werden.

Die **Rahmenlänge** ist dagegen ein wesentlich kritischerer Wert. Sie bestimmt die Sitzhaltung auf dem Fahrrad und lässt sich nur begrenzt durch die Verschiebung des Sattels oder die Änderung der Vorbaulänge korrigieren.

Die Rahmenlänge bestimmt wesentlich die Wahrnehmung der Sitzposition als sportlich, moderat oder aufrecht. Auch die Auswahl der montierbaren Lenker ist von ihr abhängig.

Für die Bestimmung der Rahmenlänge werden zwei Maße verwendet **(Seite 180, Bild 1)**:

- Die **Rahmenstreckung $R_S$** (reach) ist der horizontale Abstand von der **Kurbellagermitte** bis zur **Lenkrohrmitte** (gemessen an der Lenkrohroberkante).

  Sie vermittelt einen Eindruck vom Raumgefühl des Fahrrads. Zusammen mit der Vorbaulänge und dem Sattelrohrwinkel bestimmt sie die Sitzlänge.

- Die **horizontale Oberrohrlänge $l_{ORh}$** ist der horizontale Abstand von der Sattelrohrmitte bis zur **Lenkrohrmitte** (gemessen an der Lenkrohroberkante).

Bei waagerechtem Oberrohr entspricht sie der tatsächlichen Oberrohrlänge $l_{OR}$.

Wie die Rahmenstreckung zeigt sie an, ob der Rahmen eher kompakt oder gestreckt erscheint.

Für die Messung der Rahmenhöhe bestehen ebenfalls verschiedene Verfahren **(Bild 1)**:

- Die **Rahmenhöhe $R_H$** (stack) ist der vertikale Abstand von der **Kurbellagermitte** bis zur Horizontalen durch die **Lenkrohroberkante**.

  Dieses Maß bestimmt die niedrigste Höhe, in welcher der Lenker befestigt werden kann, und ist nicht direkt ermittelbar.

- Die **virtuelle Sitzrohrlänge $l_{SRv}$** ist der Abstand von der **Kurbellagermitte** bis zum Schnittpunkt der Horizontalen durch die **Oberkante des Lenkrohrs**.

- Die **tatsächliche Sitzrohrlänge $l_{SRc\text{-}t}$** ist der Abstand von der **Kurbellagermitte** bis zur **Oberkante des Sattelrohrs**.

  Diese Sitzrohrlänge wird auch als center to top (c-t) bezeichnet.

  Alltagsfahrräder und alte Rennradrahmen werden häufig mit diesem Maß klassizifiert.

- Die **Sitzrohrlänge $l_{SRc\text{-}c}$** ist der Abstand von der Kurbellagermitte bis zum Schnittpunkt der Oberrohrmitte.

  Diese Sitzrohrlänge wird auch als center to center (c-c) bezeichnet und wird oft zur Bemaßung von klassischen italienischen Stahlrahmen verwendet.

**Rahmenhöhe und -länge**

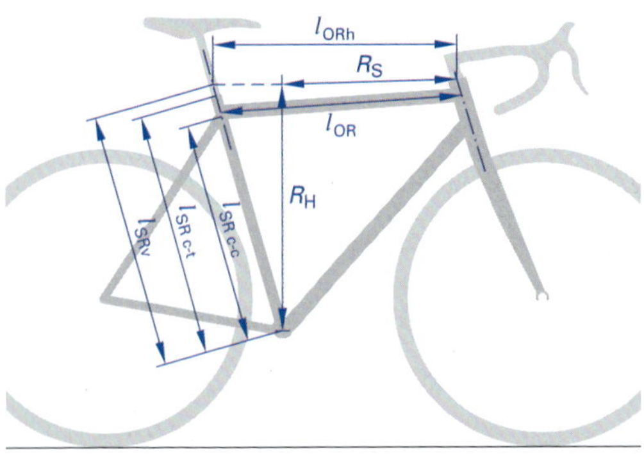


| | | | |
|---|---|---|---|
| $l_{SRv}$ | Länge Sitzrohr virtuell | $R_H$ | Rahmenhöhe |
| $l_{SR\,c\text{-}t}$ | Länge Sitzrohr center | $R_S$ | Rahmenstreckung |
| $l_{SR\,c\text{-}c}$ | Länge Sitzrohr center-center | $l_{OR}$ | Länge Oberrohr |
| | | $l_{ORh}$ | Länge Oberrohr, horizontal |

**Bild 1: Maße von Rahmenhöhe und -länge**

**Stack-to-Reach**

Im Rennradbereich wird das Verhältnis von Rahmenhöhe (stack) zur Streckung (reach) als **Stack-to-Reach** (STR) bezeichnet. Es verdeutlicht die Proportionen des Fahrrades.

Der STR-Wert gibt unabhängig von Oberrohr- und Sattelrohrlänge sowie Sattelrohrwinkel an, wie die Sitzhaltung eines Rennradfahrers ausfällt:

- kurz und aufrecht (STR > 1,55),
- sportlich geneigt (STR 1,45 bis 1,55),
- rennmäßig flach (STR < 1,45).

Die **tatsächliche Sitzrohrlänge $l_{SRc\text{-}t}$** ist das Maß, das bei Alltagsfahrrädern und alten Rennfahrrädern am häufigsten zur Bestimmung eines Fahrrades für einen Kunden herangezogen wird. Dazu wird dessen Schrittlänge ermittelt und die Rahmenhöhe aus einer Tabelle oder Formel abgeleitet.

Diese einfache Methode ist bei modernen Fahrrädern unzureichend, denn auch weitere Faktoren wie die bevorzugte Sitzposition oder das Vorhandensein einer Federung haben Einfluss auf die richtige Rahmenhöhe.

Die folgenden drei Kriterien gelten als Mindestanforderungen für eine passende Rahmenhöhe und müssen in jedem Fall eingehalten werden (**Seite 179, Bild 1**):

- Die **Überstandshöhe** muss gewährleistet sein.

  Das bedeutet, über dem Fahrrad stehend muss noch mindestens ein Abstand von ca. 30 mm zum Oberrohr verbleiben, sonst besteht Verletzungsgefahr beim plötzlichen Anhalten und Absitzen vom Fahrrad.

- Die **Sattelhöhe** muss den Anforderungen entsprechen.

  Die Sitzrohrlänge muss es ermöglichen, dass man die richtige Sitzhöhe mit der vorgesehenen Sattelstütze einstellen kann. Je nach Anforderung müssen die Füße den Boden sicher berühren oder die Pedale einen ausreichenden Abstand zur Fahrbahn einhalten.

- Der gewünschte **vertikale Abstand** von **Sattel zu Lenker** (beim Rennrad: Sattelüberhöhung) muss mit dem vorgesehenen Vorbau einstellbar sein.

## 4.3.2 Sitzhöhe, Sattelhöhe, Sattellängsposition und Sattelrohrwinkel

Während die **Sattelhöhe** (Abstand Sattel-Boden) und die **Sitzhöhe** (Abstand Sattel-Kurbellager) hauptsächlich ergonomische Maße sind, wird die **Sattellängsposition** zu einem großen Anteil auch zur Beeinflussung der Fahrdynamik genutzt.

Die **Sattelhöhe** beschreibt, wie gut der Fahrer sitzend mit den Füßen den Boden erreichen kann und ist damit für viele Alltagsfahrer eine wichtige Größe für die Sicherheit im Straßenverkehr.

Die **Sitzhöhe** bestimmt den Beugewinkel des Knies und muss sorgfältig gewählt werden, um eine Überlastung des Gelenks zu vermeiden.

Die **Sattellängsposition** $S_{Lp}$ ist der Abstand der Sitzhöckerauflage auf dem Sattel zur Vertikalen durch die Kurbelwelle **(Bild 1a)**.

Dieses Maß ist schwer zu ermitteln, da die Auflage kein Punkt ist, sondern eine größere Fläche einnimmt und durch die Bewegungen des Beckens während der Fahrt häufig in der Längsrichtung wandert.

Die **Sattelstützposition** $S_{Sp}$ ist der Abstand der Mitte der Sattelstützoberkante zur Vertikalen durch die Kurbelwelle **(Bild 1b)**.

Dieses Maß ist einfacher zu bestimmen als die Sattellängsposition. Sie gibt aber nur bei ungekröpften Sattelstützen die wirkliche Position der Sattelaufnahme an.

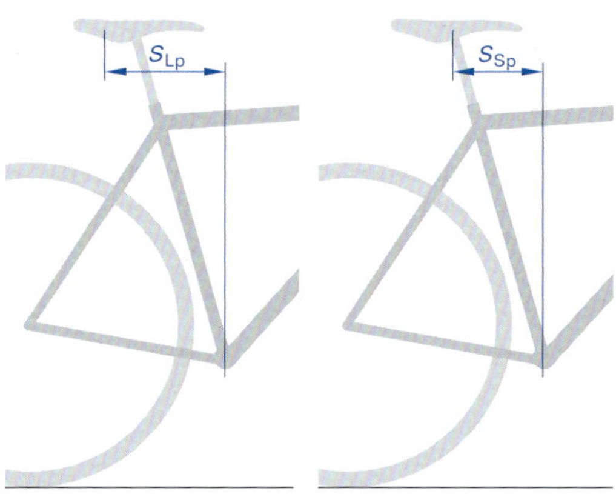


**a)** Sattellängsposition **b)** Sattelstützposition

**Bild 1: Sattellängs- und Sattelstützposition**

### Sattellängsposition

Die **Sattellängsposition** ist ergonomisch wichtig, weil sie die Lage der Hüfte zum Kurbellager definiert.

Die maximal enzeugbare Kraft auf das Pedal ist höher, je stärker der große Gesäßmuskel (Gluteus Maximus) eingesetzt werden kann. Dafür muss die Tretbewegung steiler nach unten verlaufen und der Sattel näher am Kurbellager positioniert sein. Gleichzeitig muss sich der Oberkörper stärker nach vorne beugen. So ensteht die typische Triathlon- oder Zeitfahrposition des Fahrers, die auch aerodynamisch vorteilhaft ist.

Dagegen wird eine entspannte, aufrechte Sitzposition durch einen relativ weit hinten montierten Sattel erleichtert.

Die Sattellängsposition bestimmt auch die **Schwerpunktlage** des Gesamtsystems. Damit ist sie eine entscheidende fahrdynamische Größe.

Bei klassischen Sattel-/Sattelstütze-Kombinationen kann die Sattellängsposition nur in einem kleinen Bereich durch das Verschieben des Sattels eingestellt werden. Dieser Bereich ist abhängig von der Befestigungslänge der Sattelschienen (meist 60 mm, selten bis 80 mm) und der Klemmlänge der Sattelstütze (30 mm bis 40 mm). So bleibt zur Anpassung oft nur ein Bereich von ± 10 mm.

Der Anpassbereich lässt sich durch die Auswahl der Sattelstütze verändern oder auch vergrößern. In der Regel ist die Aufnahme der Sattelklemmung um 20 ± 5 mm gekröpft **(Bild 2a)** bzw. die Kröpfung entfällt **(Bild 2b)**.

Da beim Zeitfahren der Körper permanent in der Aero-Position verharrt und sich nicht durch Aufrichten entlasten kann, ist für die exakte Einstellung ein größerer Verstellbereich von ca. 40 mm erforderlich **(Bild 2c)**.

**a)** **b)** **c)**

**Bild 2: Versatz der Sattelklemmung**

4

### Sitzrohrwinkel

Der **Sitzrohrwinkel** $\sigma$ ist ist der Winkel des Sattelrohrs gemessen zur Horizontalen **(Bild 1a)**. Bei Fahrrädern mit einem abgewinkelten Sitzrohr **(Bild 1b)** oder ganz ohne Sitzrohr wird ein virtueller Sitzrohrwinkel zur Mitte der Sattelstützoberkante gemessen.

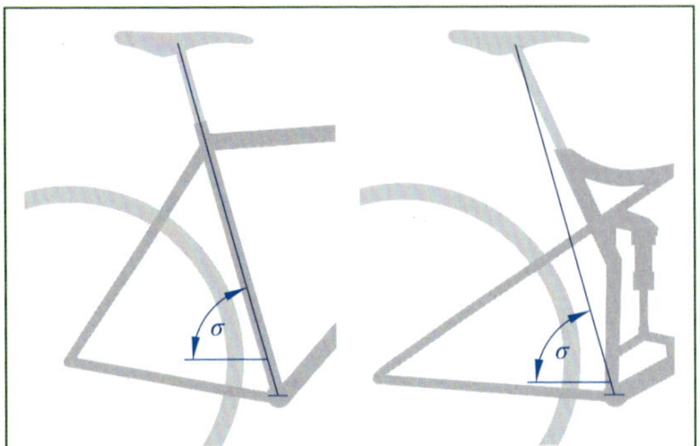


**a)** gerades Sitzrohr **b)** abgewinkeltes Sitzrohr

**Bild 1: Sitzrohrwinkel $\sigma$ bei geradem und abgewinkeltem Sitzrohr**

Er ist ein Hilfsmaß zur Bestimmung der Sattellängsposition.

Der Sitzlrohrwinkel entstammt der Zeit des klassischen Stahlrahmenbaus. Dabei verläuft das Sitzrohr immer gerade und mittig zur Kurbelwelle, während das angeschlossene Oberrohr immer horizontal anliegt. Die zur Verbindung erforderliche Rahmenmuffe wurde entsprechend des Winkels dieser beiden Rohre zueinander gefertigt.

Aus dem Sitzrohrwinkel kann die Sattelstützposition $S_{Lp}$ berechnet werden, wenn die Sattelhöhe $S_H$ bekannt ist.

$$S_{LP} = S_H \cdot \cos(\sigma)$$

*Beispiel*:

Die Sattelhöhe beträgt 740 mm und der Sitzrohrwinkel 73°. Die Sattelstützposition ist:

$S_{LP} = 740 \text{ mm} \cdot \cos(73°) = 216{,}4 \text{ mm}$

Ein Sitzrohrwinkel von 72° führt zu einer Sattestützposition von:

$S_{LP} = 740 \text{ mm} \cdot \cos(72°) = 228{,}7 \text{ mm}$

Bei dieser Sitzhöhe entspricht die Änderung des Winkels um 1° einer Verschiebung des Sattels um ca. 12 mm.

Der Verstellbereich der Sattelstütze auf **Seite 181, Bild 2c** wird vom Hersteller mit 4° angegeben. Die Sattelklemme ist also um ca. 48 mm längs verstellbar.

**Bild 2** zeigt den Variationsbereich von Sitzrohrwinkeln über unterschiedlichen Fahrradkategorien.

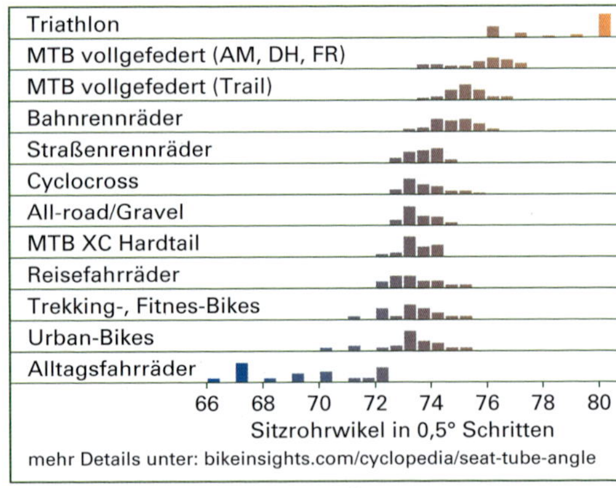


**Bild 2: Verteilung der Sitzrohrwinkel in unterschiedlichen Fahrradkategorien**

## 4.3.3 Radstand, Systemschwerpunkt und Fußfreiheit

Der **Radstand** ist der horizontale Abstand zwischen Hinter- und Vorderradachse. Er setzt sich zusammen aus der Hinterbau- und der Vorderbaulänge **(Bild 3)**.

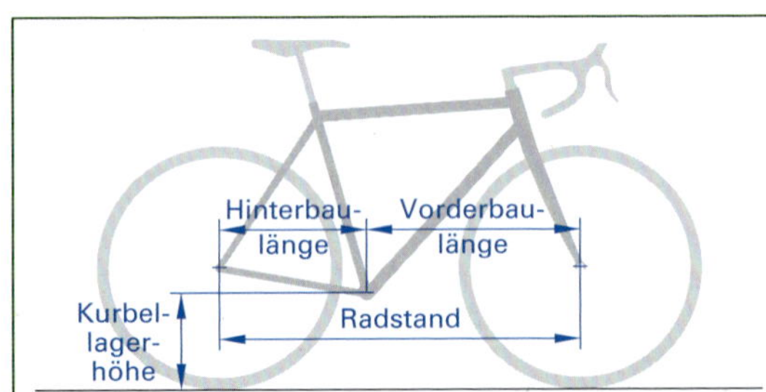


**Bild 3: Radstand, Hinter- und Vorderbaulänge**

Die **Hinterbaulänge** ist der horizontale Abstand von der Mitte des Kurbellagers zur Hinterradachse. Die **Vorderbaulänge** ist der horizontale Abstand von der Mitte des Kurbellagers zur Vorderradachse. Das Verhältnis der beiden Längen bestimmt die **Schwerpunktlage** der Systemmasse und somit die Gewichtsverteilung.

Als übliche Werte für den Radstand gilt bei Rennrädern ca. 1000 mm, bei Gravelbikes ca. 1050 mm, bei Trekkingbikes ca. 1100 mm und bei alten Tourenfahrrädern bis zu 1200 mm.

Da sich der Radstand aus Hinterbau- und Vorderbaulänge zusammensetzt, können unterschiedliche Kombinationen der beiden Größen den gleichen Radstand, aber unterschiedliche Fahreigenschaften erzeugen.

Generell gilt für eina längerer Radstand:

- die Schwerpunktverlagerung durch Bremsen, Steigungen oder unebenes Gelände ist geringer; in diesem Sinne erhöht ein längerer Radstand die Stabilität,
- die Lenkkräfte werden höher,
- der Lenkwinkel zum Durchfahren einer Kurve wird größer und
- der Unterschied zwischen den Kurvenbögen von Vorder- und Hinterrad wird größer.

Eine langer Hinterbau:

- sorgt für eine ausgewogenere Gewichtsverteilung und ist weniger ermüdend zu fahren,
- erschwert das Anheben des Vorderrades und damit die Handhabbarkeit im Gelände,
- erhöht den Kraftaufwand, der erforderlich ist, um das Vorderrad über den Lenker zu belasten.
- ist notwendig beim Gebrauch von Gepäckträgern, denn das Gepäck verlagert den Systemschwerpunkt nach hinten. Die Radlastveränderung muss ausgeglichen werden. Um ein Schlingern zu vermeiden, sollte der Schwerpunkt der Packtaschen vor der Hinterradachse liegen.

Außerdem benötigen die Füße beim Pedalieren mehr Platz, um nicht an die Packtaschen zu stoßen **(Bild 1)**.

**Bild 1: Hinterbau mit 827 mm Länge für den Lastentransport (Radstand: 1460 mm)**

Ein kurzer Hinterbau:

- verbessert die Traktion beim Bergauffahren,
- lässt die Lenkung eher „Flattern" und Übersteuern. Diese Neigung wird noch verstärkt, wenn das Fahrrad hinten mit Gepäck beladen ist,
- lässt das gering belastete Vorderrad in engen Kurven früher ausbrechen.

Ein langer Vorderbau:

- reduziert die Neigung des Fahrrads, bei großen Unebenheiten oder starkem Bremsen nach vorne zu kippen (Nicken).

Ein kurzer Vorderbau:

- verbessert das Lenkverhalten.

### Systemschwerpunkt

Die Systemmasse aus Fahrer, Fahrrad und Gepäck bilden den Systemschwerpunkt. Die Gewichtskraft der Masse verteilt sich entsprechend der Hinter- und Vorderbaulängen auf die Räder **(Seite 174, Bild 1)**.

Dabei folgt die Radlastverteilung aus der Rahmengeometrie und der Sitzhaltung. Die typische Radlastverteilung bei verschiedenen Sitzpositionen zeigt **Tabelle 1**.

**Tabelle 1: Radlastverteilung**

| | **aufrecht** (Tourenfahrrad) | **geneigt** (Trekkingfahrrad) | **flach** (Rennfahrrad) |
|---|---|---|---|
| **Vorderrad** | 20 % | 30 % | 40 % |
| **Hinterrad** | 80 % | 70 % | 60 % |

In Extremsituationen auf losem Untergrund kann es notwendig sein, das Vorderrad mit mehr als 50 % des Gewichts zu belasten.

Beim sportlichen Fahren befindet sich der Systemschwerpunkt im Bereich der Hüfte und fast genau über dem Kurbellagergehäuse **(Bild 2)**.

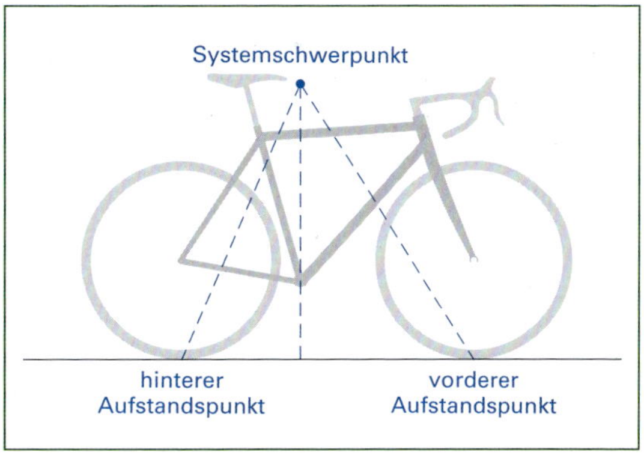


**Bild 2: Schwerpunktlage**

Sowohl beim Bremsen als auch beim Beschleunigen verlagert sich der Schwerpunkt nach vorne. Beim Bremsen durch die dynamische Radlastverteilung und beim Beschleunigen durch eine Vorverlagerung des Körpers, um höhere Pedalkräfte zu erzeugen.

Wenn durch eine Schwerpunktverlagerung die Verbindungslinie des Schwerpunktes zum vorderen Auflagepunkt die Radachse erreicht, beginnt das Hinterrad abzuheben.

Der **Endo-Winkel** bestimmt, wie weit der Schwerpunkt nach vorne wandern darf, bevor der Kipppunkt erreicht wird **(Bild 1)**.

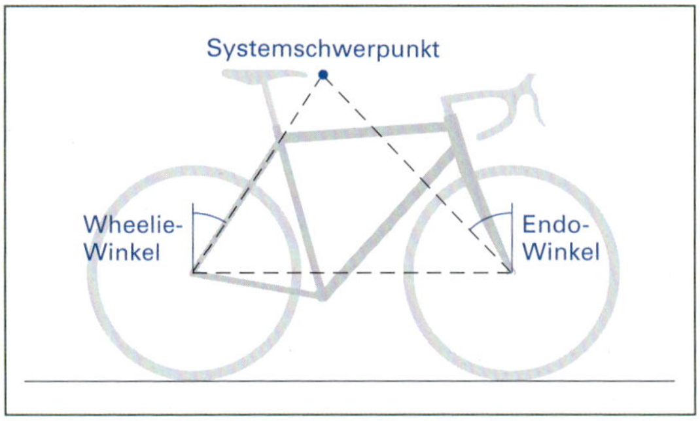


**Bild 1: Endo- und Wheelie-Winkel**

Je länger der Vorderbau, desto größer ist der Endo-Winkel. Damit steigt die Fahrsicherheit bei steilen Abfahrten.

Am Hinterbau bestimmt der **Wheelie-Winkel**, wie weit der Fahrer sich nach hinten neigen darf, bevor der Kipppunkt erreicht wird und das Vorderrad abhebt **(Bild 1)**.

Konstruktiv gibt es zwei Möglichkeiten, den Wheelie-Winkel zu vergrößern: Den Hinterbau zu verlängern oder den Sattel weiter nach vorne zu verlegen.

**Fußfreiheit**

Die Vorderbaulänge muss so gewählt werden, dass das Fahrrad die **Fußfreiheit** einhält. Nach EN ISO 4210-2 darf der Abstand zwischen der Pedalmitte bis zum Vorderradreifen bzw. Schutzblech 100 mm (bei Renn- und Kinderfahrrädern 89 mm) nicht unterschreiten **(Bild 2)**.

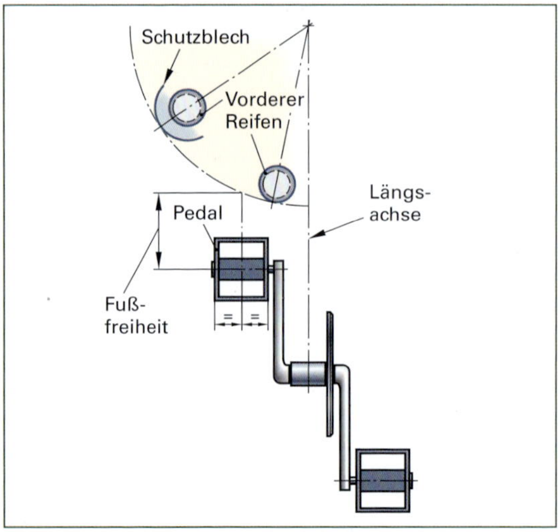


**Bild 2: Bestimmung der Fußfreiheit**

Daraus ergibt sich für ein 28"-Fahrrad mit Schutzblech eine Vorderbaulänge von 63 bis 66 cm, bei Rennrädern zwischen 58,5 und 60 cm.

Umbauten am Fahrrad können die Fußfreiheit verringern, z. B. längere Tretkurbeln, großvolumige Bereifung oder mangelhafte Schutzblechmontage.

### 4.3.4 Kurbellagerhöhe und Bodenfreiheit

Die **Kurbellagerhöhe (Seite 182, Bild 2)** ist der vertikale Abstand vom Boden bis zur Mitte des Kubellagers. Sie ergibt sich aus der Kurbellänge und der gewünschten Bodenfreiheit von Pedalen und Kettenrad.

Nach EN ISO 4210-2 gilt für die Mindesthöhe der Bodenfreiheit, dass ein unbelastetes Fahrrad um 25° geneigt werden kann, ohne dass ein Pedal oder ein anderes Teil den Boden berühren **(Bild 3)**.

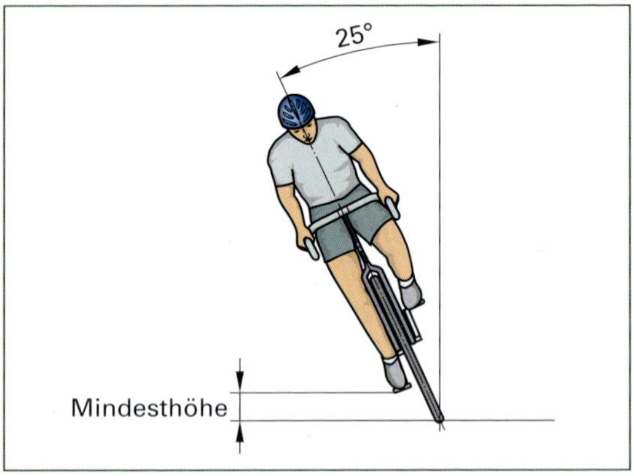


**Bild 3: Mindesthöhe der Bodenfreiheit**

Bei gefederten Fahrwerken wird die Kurbellagerhöhe durch die dynamische Einfederung beeinflusst. Daher benötigen Fahrräder mit längerem Federweg höhere statische Tretlagerhöhen, um den erhöhten Federweg auszugleichen.

Die Rahmenkonstruktion berücksichtigt diese Vorgabe mit der Festlegung der **Kurbellagerabsenkung**, d. h. um wieviel mm sich das Kurbellager unterhalb der Verbindungslinie der Radachsen befindet.

In fahrdynamischer Hinsicht ist die Lage des Masseschwerpunkts des Gesamtsystems von der Kurbellagerhöhe abhängig. Daraus folgt, je niedriger das Kurbellager:

- umso weniger neigt das Fahrrad bei Bodenwellen, Bremsen oder an starken Steigungen zum Nicken.

- umso wendiger verhält sich das Fahrrad beim Kurvenfahren.

Wenn sich ein Fahrrad in eine Kurve neigt, kippt es um die Wankachse (die Linie, die die Aufstandsflächen der Räder entlang des Bodens verbindet). Liegt der Massenschwerpunkt näher an der Wankachse, so verringert sich das Wankmoment und das System reagiert weniger träge bei der Änderung des Neigungswinkels.

Da der Masseschwerpunkt des Systems normalerweise mehr als einen Meter über dem Boden liegt, hat die Absenkung des Kurbellagers um wenige mm aber nur selten einen entscheidenden Einfluss auf das Fahrverhalten.

### 4.3.5 Lenkachswinkel, Gabelversatz, Nachlauf

Einen entscheidenden Einfluss auf die Fahreigenschaften hat der Nachlauf. Sein Wert wird durch die konstruktiven Größen Lenkachswinkel, Gabelversatz und Raddurchmesser festgelegt. Zusätzlich kann er sich während der Fahrt durch die Fahrbahnneigung, Fahrbahnoberfläche und die Einfederung ändern.

**Lenkachswinkel**

Der **Lenkachswinkel** $\beta$ wird in der Rahmenebene gemessen. Er ist der Winkel, den die Dreh- bzw. Lenkachse des Gabelschaftes mit der Waagerechten bildet **(Bild 1)**. Er darf nicht verwechselt werden mit dem **Lenkwinkel** $\alpha$, der den Wert des Lenkeinschlags angibt (**Seite 187, Bild 1**).

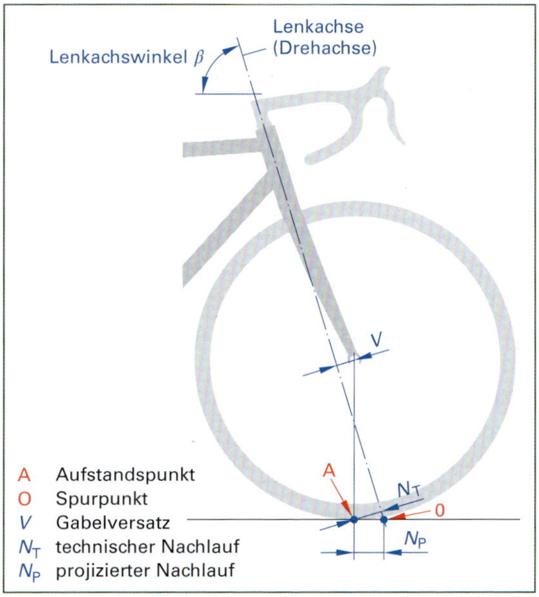


**Bild 1: Lenkachswinkel, Gabelversatz, Nachlauf**

Sein Einfluss auf das Fahrverhalten des Fahrrads ist vielfältig:

- Er beeinflusst den Nachlauf.
- Er beeinflusst die Vorderbaulänge.
- Er beeinflusst den Abstand des Systemschwerpunktes zur Vorderradachse.
- Er beeinflusst den Lenkwinkel.
  Je flacher der Lenkachswinkel, desto weniger lenkt das Fahrrad bei einem bestimmten Drehwinkel am Lenker ein.

*Beispiel*:
Beim Drehen des Lenkers um 10° beträgt der Lenkwinkel:
- 9,4° bei einem Lenkachswinkel von 70°,
- 8,9° bei einem Lenkachswinkel von 63°.

  Je steiler der Lenkachswinkel, desto schneller erfolgt daher die Lenkreaktion.
- Er beeinflusst das Verhalten der Federgabel. Teleskopfedergabeln arbeiten parallel zum Lenkachswinkel. Je flacher der Lenkachswinkel, desto größer ist die Bewegung der Radachse nach hinten und desto kleiner die Bewegung nach oben **(Bild 2)**.

**Bild 2: Einfederung nach oben und hinten**

*Beispiel*:
Bei einem Lenkachswinkel von 64° teilt sich ein Gesamtfederweg von 170 mm auf in einen vertikalen Anteil von 153 mm und einen horizontalen Anteil von 67 mm.

### Gabelversatz

Der **Gabelversatz *v*** ist der kleinste Abstand zwischen Lenkachse und Vorderachse **(Seite 185, Bild 1)**.

Bei der klassischen Fahrradgabel wird er durch die Vorbiegung der Gabelscheiden gebildet **(Bild 1a)**. Bei den meisten BMX-Gabeln sind die Ausfallenden vorne an die Gabelbeine geschweißt **(Bild 1b)**, während Federgabeln zusätzlich einen Versatz in der Gabelkrone aufweisen **(Bild 1c)**.

Der Gabelversatz hat Auswirkungen auf:

- den Nachlauf,
- die Vorderbaulänge und
- den Abstand des Systemschwerpunktes zur Vorderachse.

a) b) c)

**Bild 1: Verschiedene Gestaltungen des Gabelversatzes**

### Nachlauf

Als **Nachlauf *n*** bezeichnet man den Abstand vom **Aufstandspunkt *A*** des Vorderrades zur **Lenkachse**. Er wird über den **Radradius *r***, den **Lenkachswinkel *β*** und den **Gabelversatz *v*** berechnet. Es gibt zwei Definitionen des Nachlaufs **(Seite 185, Bild 1)**:

- Der **technisch wirksame Nachlauf $n_t$** ist der kleinste Abstand des Aufstandspunktes *A* zur Lenkachse.

  $$n_t = r \cdot \sin(90 - \beta) - v$$

- Der **projizierte Nachlauf $n_p$** ist der Abstand des Aufstandspunktes *A* zum Spurpunkt O an dem die Lenkachse auf den Boden trifft.

  $$n_p = \frac{r}{\tan(\beta)} - \frac{v}{\sin(\beta)}$$

Bei steilen Lenkachswinkeln liegen die Werte von $n_t$ und $n_p$ relativ nah beieinander. Dies gilt aber nicht für flache Winkel.

*Beispiel*:
Ein 29"-Rad hat einen Raddurchmesser von 744 mm und einem Gabelversatz von 44 mm.

Für einen Lenkachswinkel von 75° gilt:

$$n_t = 372\ \text{mm} \cdot \sin(90 - 75) - 44\ \text{mm} = 52\ \text{mm}$$

$$n_p = \frac{372\ \text{mm}}{\tan(75)} - \frac{44\ \text{mm}}{\sin(75)} = 54\ \text{mm}$$

Für einen Lenkachswinkel von 65° gilt:

$$n_t = 372\ \text{mm} \cdot \sin(90 - 65) - 44\ \text{mm} = 113\ \text{mm}$$

$$n_p = \frac{372\ \text{mm}}{\tan(65)} - \frac{44\ \text{mm}}{\sin(65)} = 125\ \text{mm}$$

Der technische wirksame Nachlauf ist also zwischen 4 % und 10 % kleiner als der projizierte.

Da er in der Praxis einfacher zu bestimmen ist, wird der projizierte Nachlauf häufig in technischen Dokumentationen verwendet, obwohl er nicht dem tatsächlich wirkenden Nachlauf entspricht.

Die Veränderung von Raddurchmesser, Lenkachswinkel und Gabelversatz wirkt auf den Nachlauf. Die Tendenz der Veränderung zeigt **Tabelle 1**.

**Tabelle 1: Beeinflussung des Nachlaufs**

| | | Nachlauf |
|---|---|---|
| Raddurchmesser | ↗ | ↗ |
| Lenkachswinkel | ↗ | ↘ |
| Gabelversatz | ↗ | ↘ |

### Rückstellmoment

Die fahrstabilisierende Wirkung des Nachlaufs ist eine Folge des **Rückstellmoments**. Es entsteht durch das „Hinterherschleppen" des Vorderrades hinter seiner Lenkachse.

Dieser Effekt kann an den Rädern von Einkaufswagen beobachtet werden. Hier steht die Drehachse senkrecht zur Fahrbahn (Lenkachswinkel: 90°) und die Räder sind einige mm von ihr entfernt. Beim Voranschieben des Wagens richten sich die Räder immer in Fahrtrichtung aus.

Das Rückstellmoment entsteht durch die Geometrie beim Lenkeinschlag **(Seite 187, Bild 1)**.

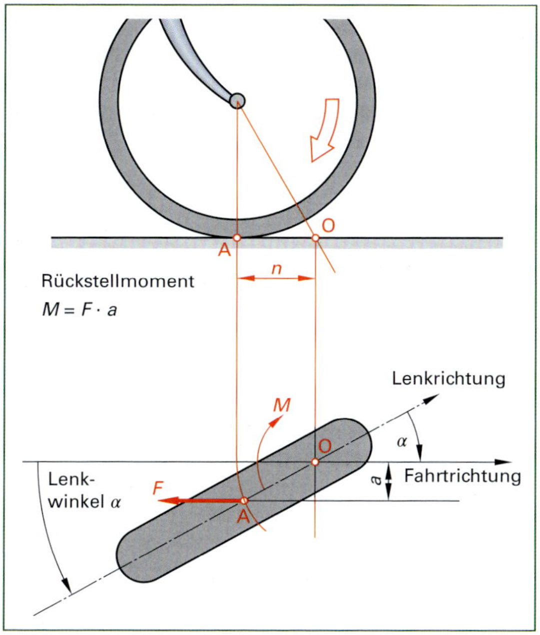


**Bild 1: Richtwirkung des Nachlaufes**

Der Zusammenhang:

- Die Lenkerdrehung um den **Lenkwinkel** $\alpha$ erfolgt um den **Spurpunkt O** und nicht, wie man intuitiv meinen könnte, um den Aufstandspunkt *A*.
- Beim Abrollen des Reifens entsteht die **Reibungskraft** ***F***. Dies geschieht im **Aufstandspunkt** ***A***.
- Da zwischen O und *A* ein Abstand von der Länge des Nachlaufs *n* besteht, ergibt sich quer zur Bewegungsrichtung zwischen diesen Punkten ein **Abstand** ***a***.
- Dieser Abstand vermittelt der Reibungskraft einen Hebel zum Spurpunkt O mit dem ein **Drehmoment** ***M*** um O entsteht.

  Dieses Moment tendiert dazu, das Rad wieder in die Fahrtrichtung zurückzulenken **(Rückstellmoment)**. Der Nachlauf arbeitet also gegen den Lenkerausschlag.

Mit größerem Nachlauf hat die Reibungskraft schon bei geringem Lenkausschlag einen relativ großen Hebel.

Daher gilt für die Fahrdynamik:

- Ein großer Nachlauf führt zu einem richtungsstabileren Fahrverhalten. Gleichzeitig steigen die Lenkkräfte bei Richtungskorrekturen und das Fahrrad lässt sich bei langsamen Geschwindigkeiten schwerer lenken.
- Ein kleiner Nachlauf führt zu einem agileren Fahrverhalten. Lenkbewegungen werden schnell umgesetzt. Bei hohen Geschwindigkeiten fehlt die Richtungsstabilität und die Flatterneigung nimmt zu.

Auch in der Kurve zieht das Rückstellmoment das Vorderrad in die Geradeausstellung. Der Fahrer muss mit dem Lenker dagegenhalten. Weiterhin dämpft der Nachlauf die in Kurvenrichtung einschlagende Wirkung der Kreiselkraft.

### Auslegung des Nachlaufs

Abhängig von den Einsatzbedingungen entscheiden die Hersteller, mit welchem Nachlauf sie ihr Fahrradmodell ausstatten.

Dabei bietet die Kombination bzw. die Variation von Radgröße und Gabelversatz einen breiten Auswahlbereich. **Bild 2** zeigt den Streubereich von Nachlaufwerten bei mehreren Modellen von unterschiedlichen Fahrradkategorien. Die blauen Kurven geben die ungefähre Häufigkeitsverteilung der Nachlaufwerte in diesen Kategorien an. Die Zahlen links und rechts der grauen Bereiche geben die üblichen Grenzen der für die Kategorie typischen Werte an.

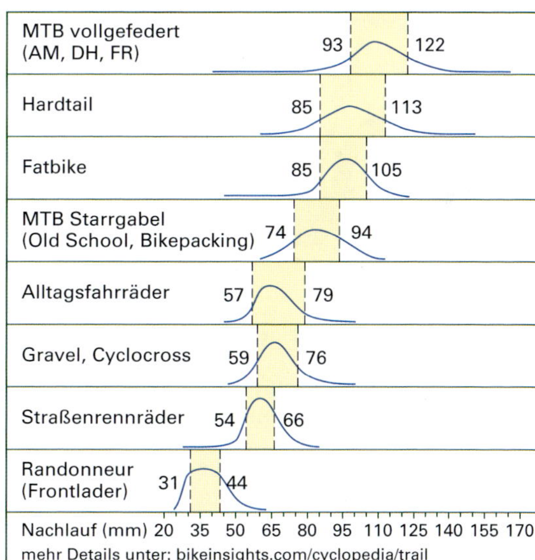


**Bild 2: Streubereich der Nachlaufwerte**

Dass die Hersteller gelegentlich von diesen Werten abweichen zeigt **Bild 1 auf Seite 188** mit einer für Gravel-Bikes ungewöhnlichen Geometrie: 66,6° Lenkachswinkel und 90 mm Nachlauf.

Dieses Fahrrad ist ähnlich einem Singletrail-MTB konzipiert, bietet aber gleichzeitig alle Eigenschaften für Bikepacking. Die Vorteile zum

Gravelbike sind ein stabileres Fahrverhalten und eine größere Fußfreiheit. Als Nachteil kann die geringere Last auf dem Vorderrad gelten. Das wird aber ausgeglichen durch die beim Bikepacking übliche Beladung am Vorderrad. Alternativ verlangt die Geometrie mehr köperliche Aktivität vom Fahrer, um die Lenkungsbewegungen einzuleiten und zu halten.

**Bild 1: Gravel-Bike mit großem Nachlauf**

Im Gegensatz dazu zeigt **Bild 2** ein Fahrrad mit einem ähnlichen Einsatzgebiet, aber einer anderen Geometrie: 73° Lenkachswinkel, 34 mm Nachlauf.

**Bild 2: Randonneur mit kleinem Nachlauf**

Zu beachten ist hier der für Randonneure übliche Gepäckträger über dem Vorderrad.

Diese Geometrie ist geeignet für erfahrene Fahrer mit einer Vorliebe für ein agiles Lenkverhalten. Die zusätzliche Gepäcklast am Vorderrad sichert die Traktion des Reifens und damit das relativ kleine Rückstellmoment. Obwohl das Fahrrad geländegängig ausgelegt ist, sind es eher Straßen und (schlechte) Wege, die damit befahren werden.

**Gabelversatz und Lenkachswinkel**

Der Nachlauf wird durch den Gabelversatz und den Lenkachswinkel bestimmt. Daher lässt sich der gleiche Nachlauf durch eine unterschiedliche Kombination der beiden Größen erzielen **(Bild 3)**.

*Beispiel*:

Ein Nachlauf von 60 mm resultiert aus einem Lenkachswinkel von 74° und einem Gabelversatz von 40 mm.

Den gleichen Nachlauf erhält man auch aus einem Lenkachswinkel von 70° und einem Gabelversatz von 65 mm.

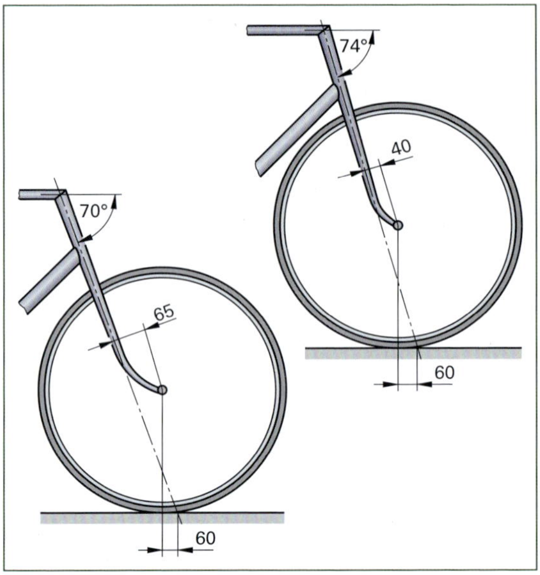


**Bild 3: Gleicher Nachlauf bei unterschiedlicher Geometrie**

**Dynamische Einflüsse auf den Nachlauf**

Es gibt Situationen, in denen der Nachlauf verringert oder sogar umgekehrt wird, was zu einer instabilen Lenkung führt:

- Wenn das Vorderrad auf eine Kante/Unebenheit trifft, verschiebt sich der Aufstandspunkt nach vorne.

  Ist die Kante ausreichend hoch, kann der Aufstandspunkt vor die Lenkachse wandern. Dies führt zu einem negativen Nachlauf **(Bild 4)**.

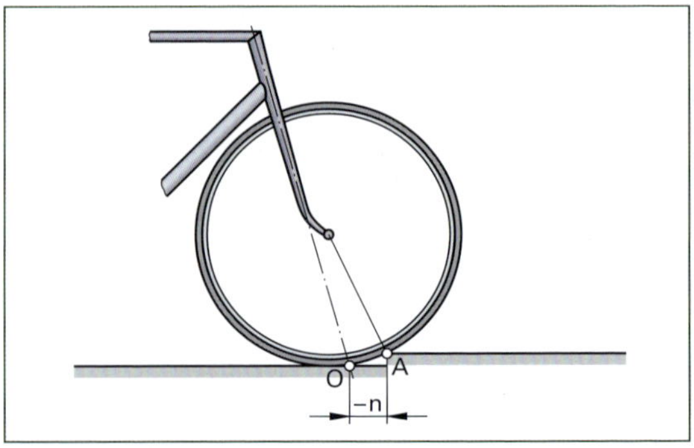


**Bild 4: Negativer Nachlauf (Anfahren einer Kante)**

- Ein Wechsel des Gefälles reduziert den Nachlauf.

  Wenn das Fahrrad von einer steileren Gefällestrecke auf eine flachere kommt, wird zuerst das Vorderrad diesen Wechsel erfahren. In dem Moment wird der Lenkachswinkel relativ zum Boden steiler. Das Gefälle muss zum Lenkachswinkel hinzuaddiert werden und reduziert den Nachlauf **(Bild 1)**. Z. B. entspricht ein Gefälle von 18 % einem Winkel von 10°.

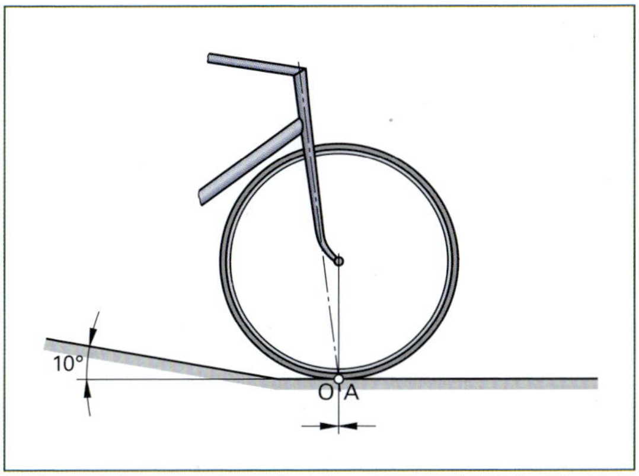


**Bild 1: Nachlauf = 0 durch Gefälleübergang**

- Das Einfedern der Vorderradgabel vergrößert den Lenkachswinkel.

  Als Anhaltswert gilt: Je 20 mm Einfederung vergrößert sich der Lenkachswinkel um 1°.

- Das Einschlagen der Lenkung verringert den Nachlauf.

  Mit dem Lenken verschiebt sich der Aufstandspunkt des Vorderrades. Bei sehr großen Lenkwinkeln wandert der Aufstandpunkt bis zur Lenkachse. Jenseits dieses Punktes wird der Nachlauf negativ und das Rad „versucht" von selbst, noch straffer einzulenken.

  Bei engen, steilen Kurven und in unebenen Gelände überlagern sich die oben genanntem Effekte. Dadurch wird das Vorderrad weiter als beabsichtigt in die Kurve gezogen.

Dies ist der Hauptgrund für die Konstruktion von MTBs mit längerem Nachlauf. So verringert sich die Wahrscheinlichkeit, dass er bei einer Bodenwelle, einer Steigung oder einer engen Kurve negativ wird. Zusätzlich hilft ein breiter Lenker in solchen Situationen, die Richtung des Vorderrades zu halten.

## 4.3.6 Bauelemente an Rahmen und Gabel

Der Fahrradrahmen besteht neben den Rohren und ggf. den sie verbindenden Muffen aus einer Anzahl weiterer Bauelemente **(Bild 2)**. Diese dienen zur Montage der Fahrradfunktionsteile und werden durch Löten, Schweißen, Kleben oder Nieten fixiert.

### Ausfallenden

Die Nabenachsen werden in **Ausfallenden** durch eine Klemmung befestigt. Die einfachste Weise, solche Aufallenden herzustellen, ist bei Stahlrahmen das Flachdrücken der Rohrenden und

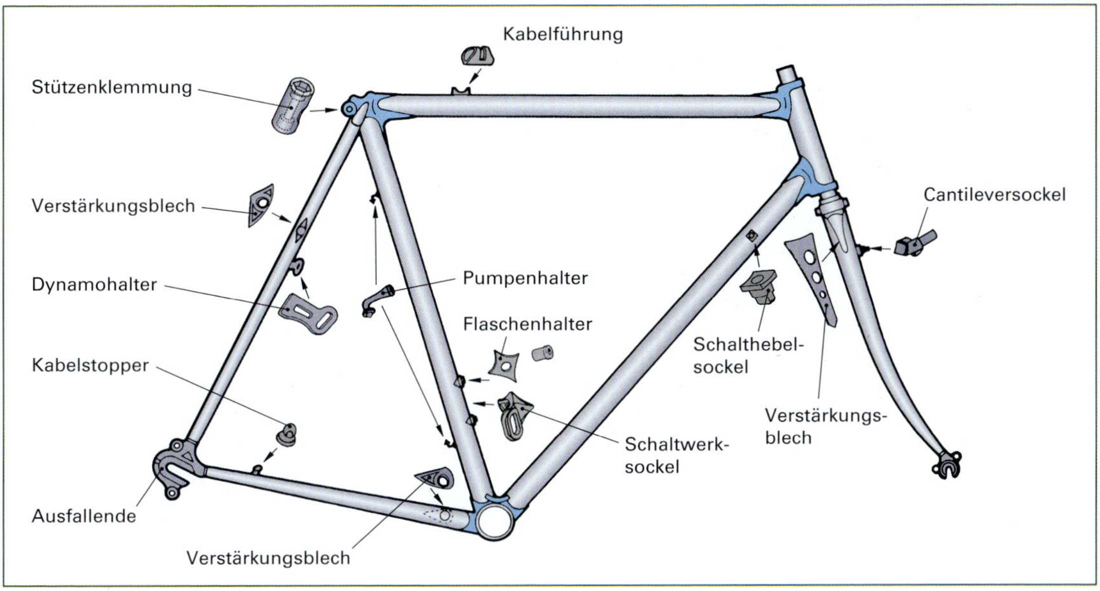


**Bild 1: Übersicht Bauelemente**

4

anschließende Ausstanzen der Öffnung. Zur Erhöhung der Festigkeit wird dabei das Rohr mit einem eingelegten Blech gefüttert.

Für geometrisch komplexere Formen, die über Befestigungsbohrungen für Gepäckträger- und Schutzblechstreben verfügen, werden gestanzte Stahlbleche eingesetzt. Bei hochwertigen Straßen- und Bahnrennrädern sind geschmiedete Ausfallenden üblich **(Bild 1)**.

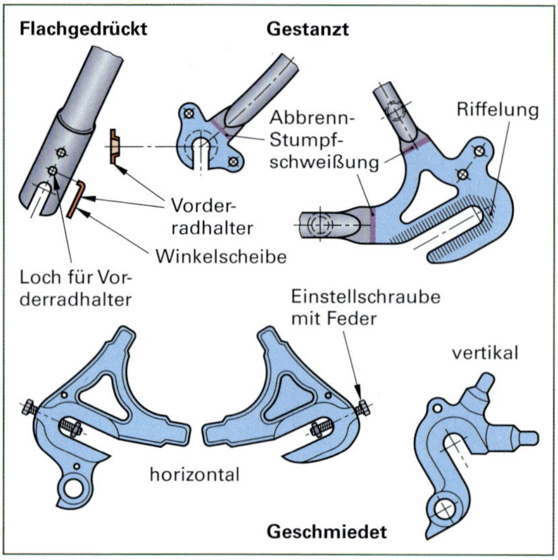


**Bild 1: Ausfallenden**

Zur Befestigung eines hinteren Schaltwerks besitzen Ausfallenden aus geschmiedetem Stahl eine Aufnahme mit M10 x 1,0 Gewinde und einer Anschlagkante (Schaltauge). Bei horizontaler Aufnahme der Nabenachse besitzen diese Ausfallenden ggf. auch eine Einstellschraube, um die Radposition zu justieren.

**Bild 2: Auswechselbares Schaltauge**

Bei Rahmen aus Aluminium und CFK werden auswechselbare Schaltaugen eingesetzt, die aus weicherem Material hergestellt sind und nach einer Verformung (z. B. durch einen Sturz) problemlos ausgetauscht werden können **(Bild 2)**.

Bei den hoch untersetzten Berggängen der Rohloff Speedhub® müssen die Ausfallenden teilweise ein sehr hohes Antriebsdrehmoment aufnehmen. Sie benötigen daher eine entsprechend feste Ausführung. Gleichzeitig müssen sie in der Längsposition verstellbar sein, um den Kettendurchhang oder die Riemenspannung einstellen zu können **(Bild 3)**.

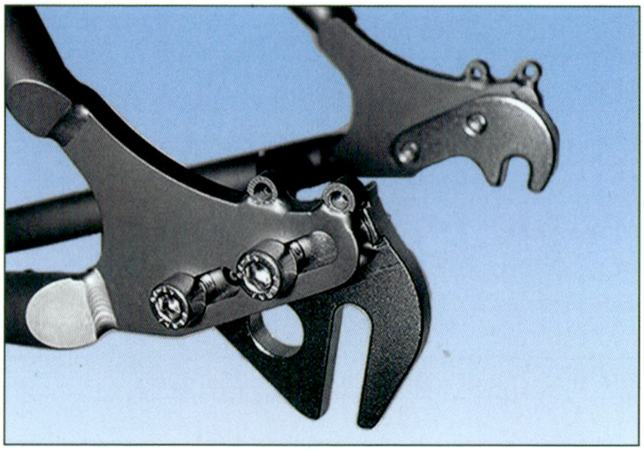

**Bild 3: Rohloff-Ausfallende OEM**

Die Ausfallenden an Fahrrädern mit Scheibenbremse tragen meist auch die Befestigungsaugen für den Bremssattel **(Bild 4)**. So ist die Maßhaltigkeit zwischen diesen Befestigungsaugen und der Aufnahme für die Nabenachse, die für eine korrekte Funktion der Scheibenbremse unerlässlich ist, einfacher zu erzielen.

Ausfallenden für Steckachsen sind geschlossen **(Bild 4)**. Bei der Montage wird die Steckachse erst durch das linke Ausfallende und die Nabe geschoben. Dann wird sie im Gewinde des rechten Ausfallendes verschraubt.

**Bild 4: Ausfallende für Steckachse mit Bremssattelaufnahme**

Die Norm EN ISO 4210 schreibt eine Ausfallsicherung für das Vorderrad vor. Dafür gibt es mehrere Möglichkeiten:

- Eine Winkelscheibe wird in einer Bohrung oberhalb der Achsaufnahme eingehängt **(Bild 1, Seite 190)**.
- Eine Riegelscheibe mit größerem Durchmesser hält die Achse in der kreisförmig vergrößerten Achsaufnahme.
- Vorstehende Nasen am unteren Ende des Ausfallendes **(Bild 1)**.

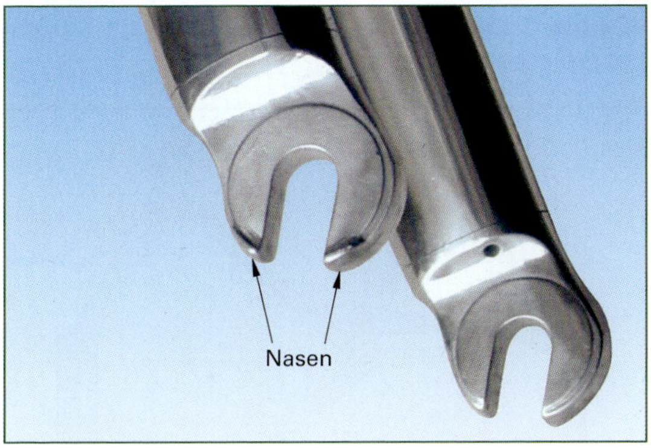


**Bild 1: Vorstehende Nasen als Ausfallsicherung**

**Flip Chips** sind Einlagen in den Ausfallenden, die in zwei Positionen (um 180° gedreht) eingebaut werden können **(Bild 2)**. Sie erlauben eine angepasste Position der Radachse im Fahrwerk.

Bei MTB oder Gravelbikes kann dies notwendig sein, um bei geänderter Radgröße (z. B. ein Wechsel zwischen 700C und 650B) die Fahrwerksgeometrie beizubehalten. Andererseits kann bei gleicher Radgröße das Fahrverhalten zwischen sportlich oder komfortabel wechseln.

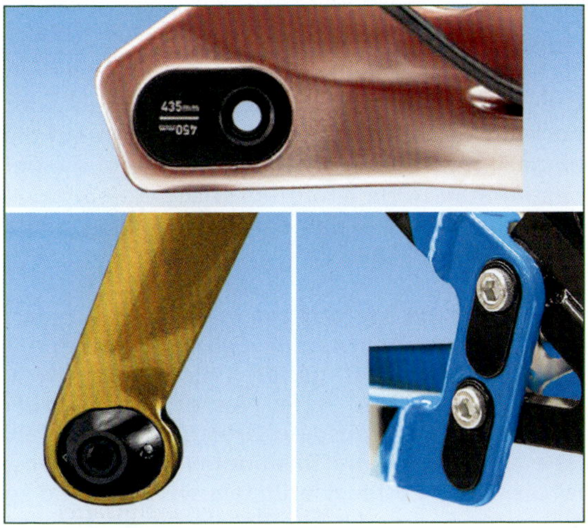


**Bild 2: Ausfallenden mit Flip Chips**

Die **Querstege** (Bremssteg bzw. Kurbelgehäusesteg) sind Verbindungsrohre zwischen den Hinterbauober- bzw. -unterrohren. Sie versteifen den Hinterbau und dienen meist auch zur Befestigung von Felgenbremse, Schutzblech oder Gepäckträger. Bei einfachen Rahmen werden auch gestanzte Blechteile aufgelötet oder aufgeschweißt, wie die Pletscher®- oder die Fahrradständerplatte **(Bild 3)**.

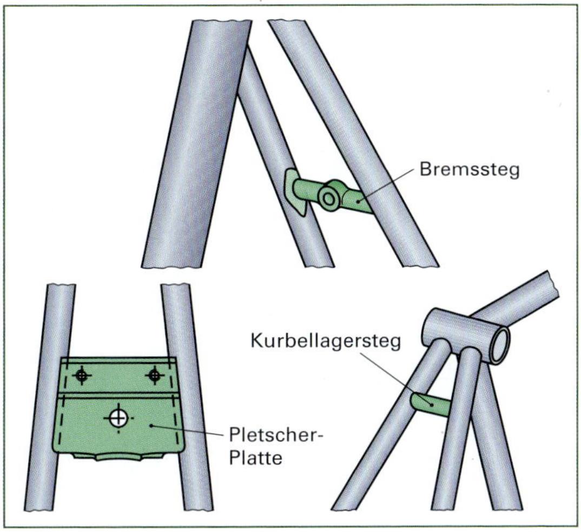


**Bild 3: Querstege, Pletscherplatte**

Andere Bauelemente des Rahmens sind:

- Bremssockel für U-, V- oder Cantileverbremsen,
- Befestigungslasche zur Abstützung des Bremsgegenhalters von Trommelbremsen,
- Befestigungsgewinde für die Bremssättel von Scheibenbremsen,
- Befestigungssockel für das vordere Schaltwerk **(Bild 4)**,
- Führungen und Anschläge für Seilzüge und Hydraulikleitungen,
- Befestigungslasche für Seitendynamos,
- Lowrider-Gewinde für Gepäckaufnahmen,
- Luftpumpenhalter.

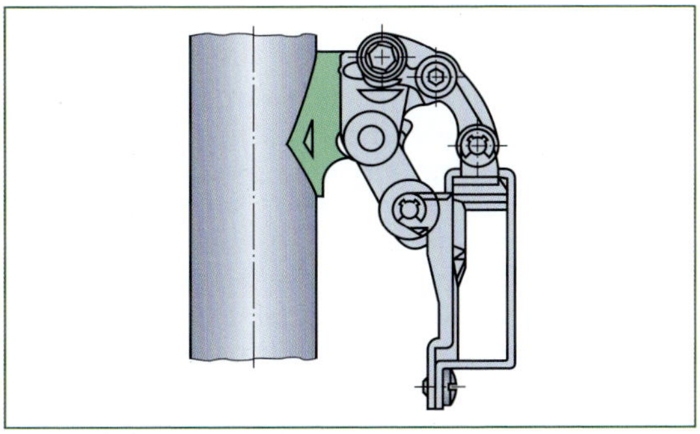

**Bild 4: Befestigungssockel für das vordere Schaltwerk**

## 4.4 ISO-Rahmentest

Die mechanischen Belastungen eines Fahrradrahmens bleiben im normalen Gebrauch unterhalb der eigentlichen Grenzwerte des Materials. Doch durch ihr beständiges und wiederholtes Auftreten sind auf Dauer trotzdem Rahmenschäden möglich. Um die Gestaltfestigkeit eines Fahrrades zu prüfen, wird der dynamische Rollentest nach EN ISO 4210-3 durchgeführt **(Bild 1)**.

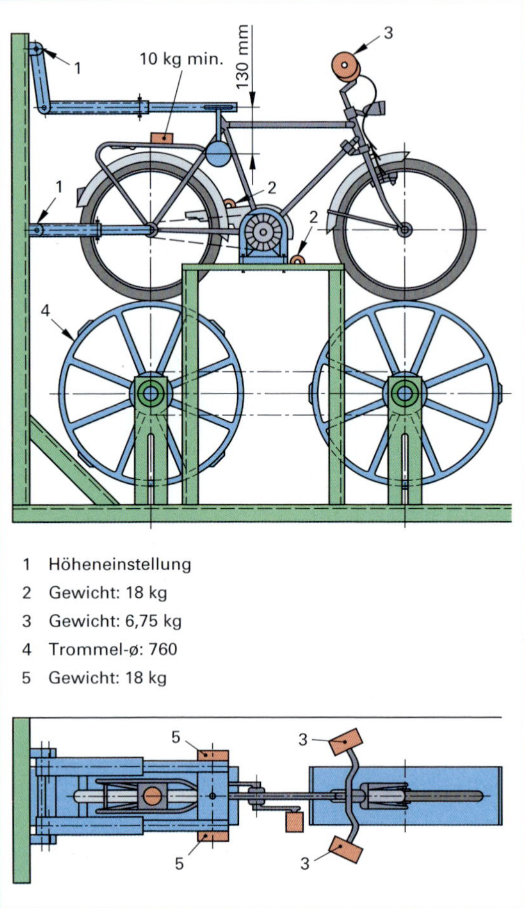


**Bild 1: Rollentest nach EN ISO 4210-3**

Dazu wird das Fahrrad in einer Halterung auf einer sich drehenden Prüftrommel an drei Stellen fixiert. Auf der Trommel sind unterschiedlich dicke Leisten angebracht. Das Fahrrad wird mit vorgegebenen Gewichten belastet, die auf Sattel, Lenker, Pedale und bei Alltagsrädern auf dem Gepäckträger befestigt werden. Dieser Test ist realitätsnah, weil sich die Elastizitäten von Reifen, Rädern und Rahmen auch in der Fahrpraxis stoßmildernd auswirken. Bei anderen Prüfständen werden die Belastungen mit hydraulischen Druckzylindern auf den nackten Rahmen aufgebracht – die stoßmildernden Elastizitäten bleiben unberücksichtigt.

Bei der Prüfung der Wiegetrittbelastung wird der Rahmen in beiden Ausfallenden fixiert und mit winkelförmigen, an der Hinterradachse abgestützten Hebeln versehen **(Bild 2 und Seite 193, Bild 1)**.

An die auf beiden Seiten nach vorn/unten ragenden Hebel wird unter 7,5 Grad abwechselnd die Trittkraft des Radlers mit 1000 N (City- und Trekkingbike) und 1250 N (MTB) bei mehr als 100000 Lastspielen simuliert.

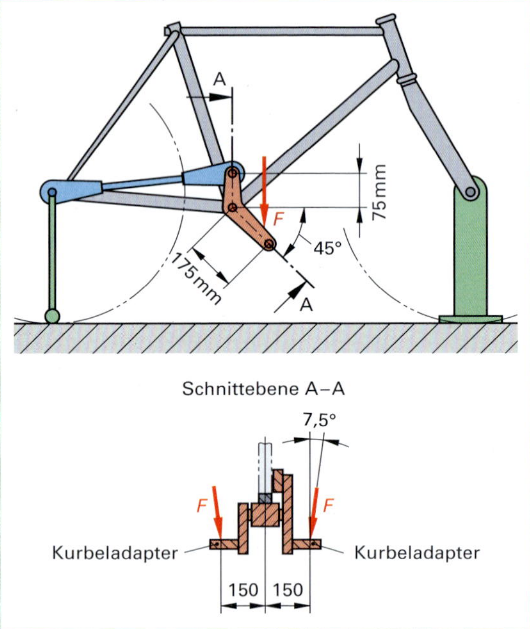


**Bild 2: Prüfstand für Wiegetrittbelastung nach DIN plus**

Die Sicherheit gegen Stoßbelastungen wird nach EN ISO 4210-6 geprüft. Dabei fällt auf die eingespannte Rahmen-Gabel-Einheit aus einer bestimmten Höhe ein Prüfgewicht auf eine zwischen die Ausfallenden der Gabel eingespannte Rolle **(Seite 193, Bild 2)**.

Eine bleibende Verformung von t = 30 mm darf nicht überschritten werden. Falls eine Ersatzprüfgabel eingebaut ist, gelten andere Grenzwerte (siehe EN ISO 4210-2). Ist eine gefederte Gabel montiert, ist sie in ausgefederter Länge zu prüfen. Ist ein Federelement Bestandteil des Rahmens, ist dieses so zu blockieren, als würde ein 80 kg schwerer Fahrer (Jugendfahrräder 40 kg) das Fahrrad belasten.

Bild 1: Prüfstand für Wiegetrittbelastung

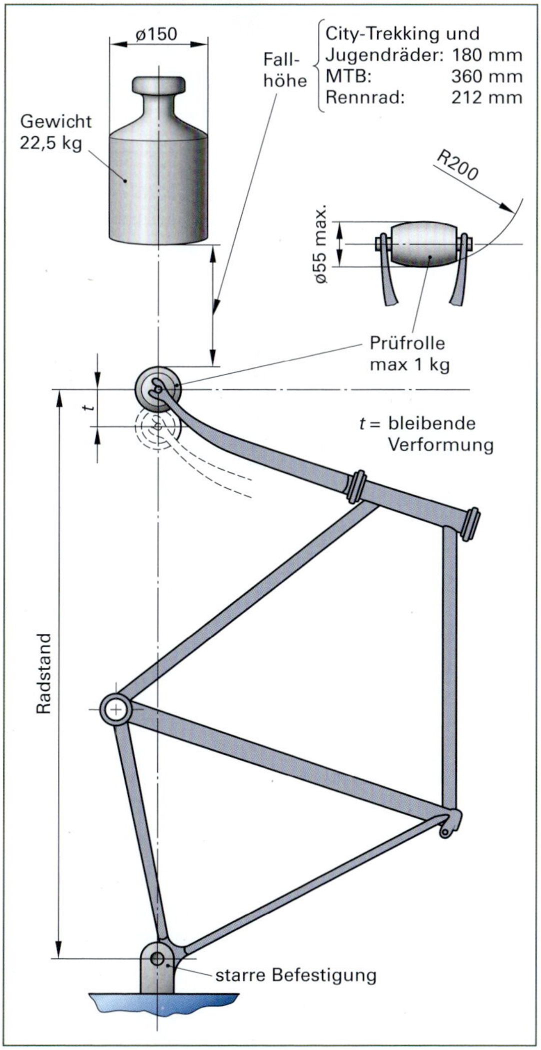


Bild 2: Stoßprüfung einer Rahmen-Gabeleinheit nach EN ISO 4210-6

## 4.5 Werkstattkontrolle von Rahmen und Gabeln

Die Kontrolle von Rahmen und Gabeln dient vor der Neuradmontage zur Überprüfung der Fertigungsqualität (Beschichtung, fehlerhafte Dekore, Vorhandensein von Dellen und Unregelmäßigkeiten). In der Instandhaltungspraxis kontrolliert man Rahmen und Gabel, um Schäden durch Verschleiß, Werkstoffermüdung oder Unfallschäden aufzudecken.

### Nabenklemmung des Rahmens prüfen und korrigieren

Vor der Überprüfung der Rahmensymmetrie, muss die Nabenklemmbreite des Hinterbaus mit einem Messschieber ermittelt und mit dem Sollmaß abgeglichen werden **(Bild 3)**.

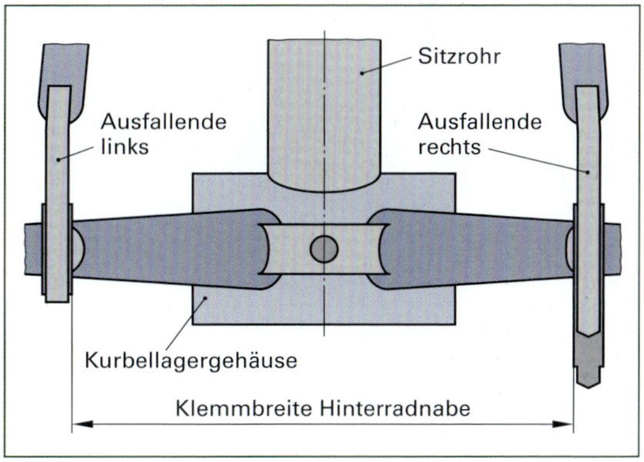


Bild 3: Nabenklemmbreite messen

Anschließend wird die Parallelität der Ausfallenden mit einem Richtwerkzeug **(Bild 4)** geprüft und gegebenenfalls korrigiert.

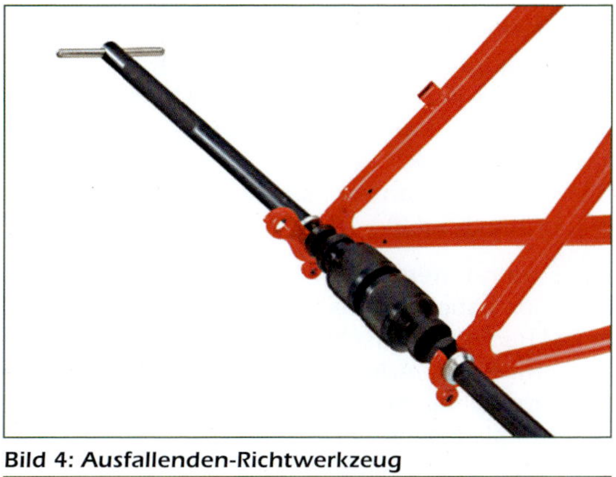

Bild 4: Ausfallenden-Richtwerkzeug

4

Mögliche Fehler an Ausfallenden sind:

- Beide Ausfallenden stehen parallel, aber nicht senkrecht zur Rahmenebene **(Bild 1a)**.
- Beide Ausfallenden stehen nicht parallel und nicht senkrecht zur Rahmenebene **(Bild 1b)**.
- Ein Ausfallende (hier das rechte) steht nicht senkrecht zur Rahmenebene **(Bild 1c)**.

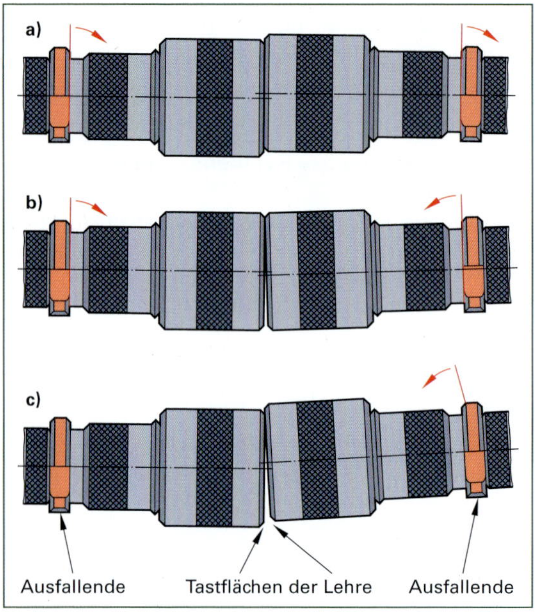


**Bild 1: Fehler an Ausfallenden**

Falsch ausgerichtete Ausfallenden verbiegen die Nabenachse. Das Nabenlager verschleißt dann vorzeitig.

Das Richten von Ausfallenden ist nur an Stahlrahmen erlaubt. Ausfallenden von Aluminium-, CFK- oder gegossenen Metallrahmen dürfen nicht gerichtet werden. Beim Richten ist immer wieder die Nabenklemmbreite zu überprüfen.

### Schaltauge prüfen und richten

Bei Schaltproblemen muss das Schaltauge mit einer Lehre kontrolliert werden. Ob der Schaltwerkskäfig parallel zur Hinterradebene steht, kann man mit der Tastspitze eines Schaltaugen-Richtwerkzeugs an der Felge in mehreren Positionen prüfen **(Bild 2)**.

Bei Stahlrahmen ist ein Richten meist möglich. Dagegen haben Rahmen aus Aluminium und CFK in der Regel austauschbare Schaltaugen aus Aluminium. Stark verbogene Ausfallenden aus Aluminium sollten nicht gerichtet werden, da eine erneute plastische Verformung schnell zum Versagen des Bauteils führen kann. Gerät ein Schaltwerk dabei in das Hinterrad, droht ein schwerer Sturz.

**Bild 2: Schaltaugen-Richtwerkzeug**

Schaltaugen werden in einer großen Anzahl von Varianten hergestellt **(Bild 3)**. Eine umfangreiche Schaltaugenübersicht findet man im Internet unter www.schaltauge.com.

**Bild 3: Unterschiedliche Schaltaugen**

### Rahmensymmetrie prüfen

Mit einer verstellbaren Lehre und einem Fühlerlehrensatz kann die Rahmensymmetrie zwischen Rahmenvorderbau und Rahmenhinterbau kontrolliert werden. Die Lehre wird am Lenkrohr- und am Sitzrohr angelegt und die verstellbare Tastspitze über eine Rändelschraube an das jeweilige Ausfallende herangeführt **(Seite 195, Bild 1)**.

Bei dem Vergleich beider Seiten wird die Entfernung zwischen Tastspitze und Ausfallende, das weiter innen liegt, mit dem Fühlerlehrensatz gemessen **(Seite 195, Bild 2)**.

So kann festgestellt werden, ob der Rahmen symmetrisch ist oder ein Winkelversatz (Fluchtungsfehler) zwischen Hinterrad und Vorderrad besteht, der den Geradeauslauf beeinträchtigt.

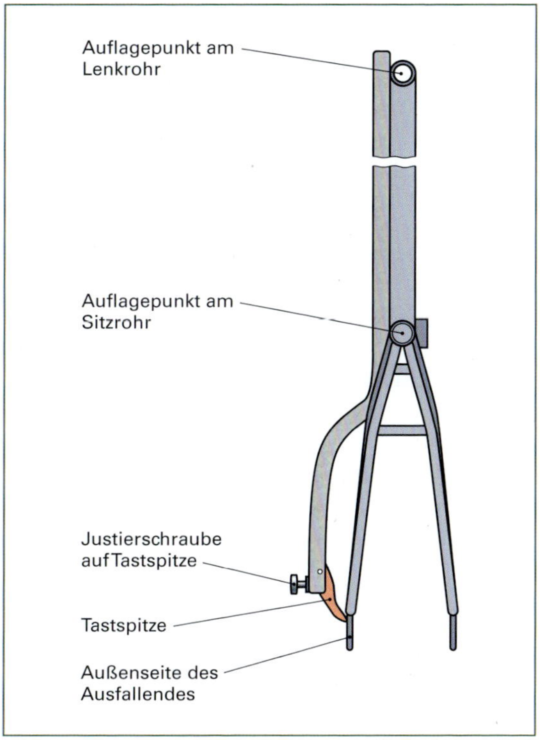


**Bild 1: Rahmenkontrolllehre**

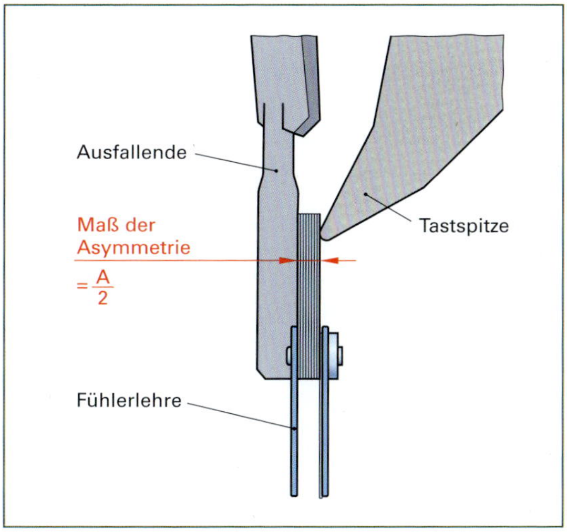


**Bild 2: Rahmensymmetrie messen**

### Ebenengleichheit von Lenk- und Sitzrohr prüfen

Liegen Lenk- und Sitzrohr nicht in einer Ebene (z. B. verursacht durch einen Fertigungsfehler oder einen Sturz), dann ist der Rahmen in sich verdreht. Ein solcher Winkelversatz kann auf einer Rahmenmessplatte mittels einer geeigneten Vorrichtung gemessen werden.

### Prüfung von Rahmen und Gabel bei Inspektionen und nach Unfällen

Neben den Lehren und Messwerkzeugen benötigt man für die Inspektion des vorgereinigten Rahmens und der Gabel eine helle Leuchte und eine starke Lupe. Man prüft:

- die Rohre und die Rohrverbindungen auf Risse, Dellen, Rost, Beschichtungs-, Löt- und Schweißfehler sowie Stauchungen,
- das Lenkrohr auf Längsrisse oder Aufweitungen am unteren Lagersitz verursacht durch Gabelschaftverbiegungen,
- das Lenkungslager auf korrekte Passung (besonders wichtig bei integrierten Lenkungslagern),
- die Ausfallenden und deren Befestigungszonen auf Risse oder Änderungen der Maulweite,
- die Position des Schaltauges,
- den Sattelklemmbereich auf angerissene Muffen oder Anlötteile, abgerissene Klemmwiderlager,
- die Bremssockel und Scheibenbremsaufnahmen auf Risse und Ausrichtung,
- angelötete und angenietete Teile auf Sitz und Vollzähligkeit und
- CFK-Rahmen und Gabeln auf Schäden **(Seite 86ff)**.

### Gabeln prüfen

Die Gabel ist eines der am höchstbelasteten Bauteile am Fahrrad und bedarf einer besonders sorgfältigen Kontrolle. Bei Gewindegabeln muss der Schaftbereich am Gewinde nach Aufweitungen und Längsrissen verursacht durch die Vorbauklemmung abgesucht werden.

Eine Verbiegung und Aufweitung durch Überlastung kann mit einem Haarlineal oder einem Präzisionsstahllineal in Rohrlängsrichtung geprüft werden **(Bild 3)**.

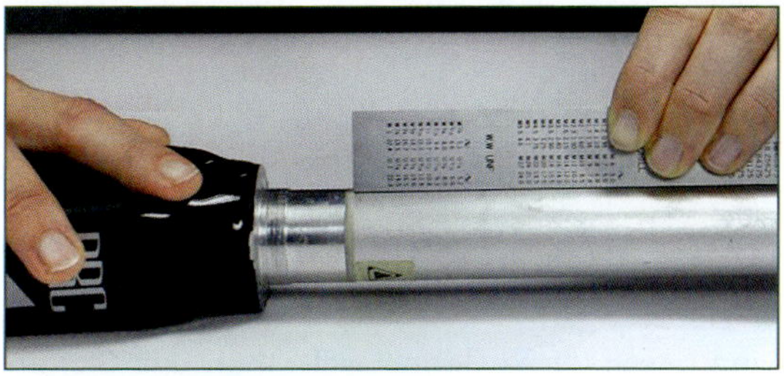

**Bild 3: Gabelschaftprüfung**

4

Queranrisse durch Überlastung sind besonders oberhalb der unteren und der oberen Lenkungslagerschale zu finden.

Einen Versatz der Gabelscheiden in Fahrtrichtung (Längsrichtung) prüft man auf einer ebenen Tisch- oder Messplatte **(Bild 1)**.

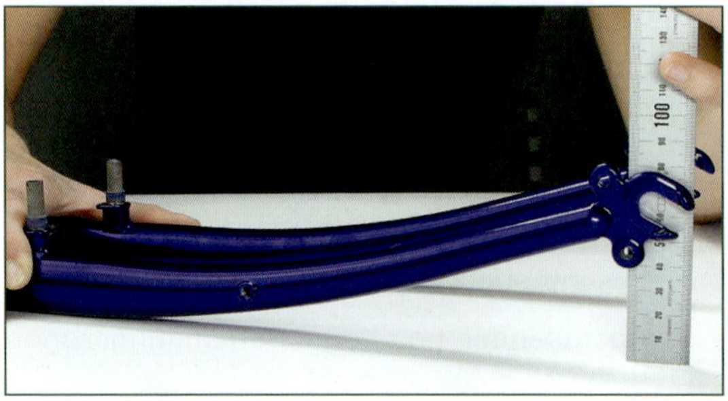

**Bild 1: Gabelscheidenversatz messen**

Beim Prüfen einer geraden Gabel (Straightfork) müssen das Gabelschaftrohr und die Gabelscheiden unterhalb des Gabelkopfes mit zwei Parallelstücken unterlegt werden.

Geklebte CFK-Gabeln können nicht verbiegen – daher erübrigt sich eine Prüfung auf Versatz.

Sind die Gabelscheiden quer zur Fahrtrichtung verbogen (Symmetriefehler), spürt man beim Freihändigfahren eine deutliche Ablenkkraft von der Fahrtrichtung.

**Farbeindringprüfung**

Die Sichtprüfung von hochbelasteten Bauteilen, wie Rahmen, Gabel, Lenker, Kurbeln und Sattelstütze kann durch eine Farbeindringprüfung ergänzt werden. **Bild 2** zeigt den Anriss einer Scheibenbremsaufnahme an einem Alurahmen.

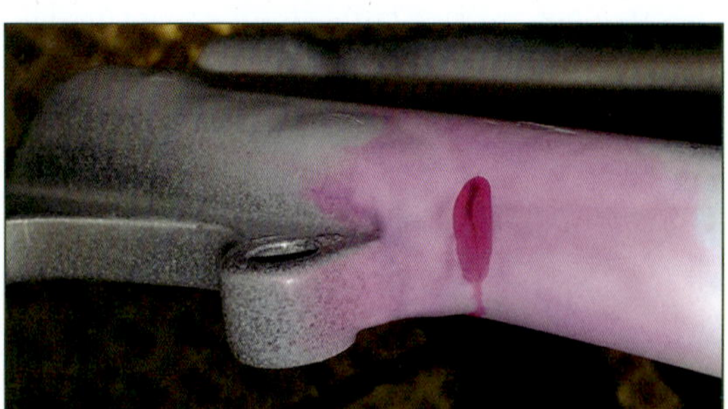

**Bild 2: Farbeindringprüfung zur Diagnose von Rissen**

Eine beschädigte Gabel sollte man aus Sicherheitsgründen immer austauschen.

## 4.6 Lenksystem

Die Komponenten der Lenkung sind:

- Gabel
- Lenkungslager
- Lenkervorbau
- Lenker

Das Zusammenspiel von Rahmen, Lenkung und Rad (die Lenkgeometrie) bestimmt das Fahrverhalten des Fahrrades.

### 4.6.1 Gabel

Die Vorderradgabel ist ein hoch belastetes Bauteil am Fahrrad. Biegemomente bis über 1000 Nm können durch Stoß- und Bremsbelastungen auftreten – insbesondere an der linken Gabelscheide bei Fahrrädern mit Scheibenbremsen am Vorderrad.

Die Aufgaben der Fahrradgabel sind:

- Aufnahme des Vorderrades
- Verbindung über den Gabelschaft zum Vorbau und Lenker
- Lenkung des Vorderrades durch drehbare Lagerung in den Lenkungslagern
- Beeinflussung des Fahrverhaltens durch geometrische Auslegung
- Schwingungsaufnahme und Dämpfung von Fahrbahnstößen

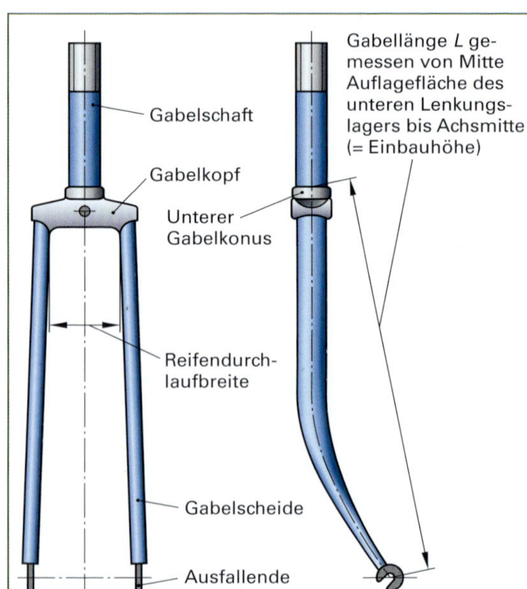


**Bild 3: Teile der Vorderradgabel, Gabellänge**

Zur Anwendung kommen Starrgabeln und Federgabeln.

Die Bauteile einer Gabel sind (**Seite 196, Bild 3**):

- Gabelschaft (Gabelrohr),
- Gabelkopf (Gabelkrone, Gabelbrücke); außer bei Unicrown-Gabeln,
- Gabelscheiden (Gabelbeine),
- Ausfallenden und
- Aufnahmen für die Bremse und Anbauteile.

Mit dem **Gabelschaft** steckt die Gabel im Lenkrohr. Am unteren Ende befindet sich der Sitz für das untere Lenkungslager. Für das obere Ende des Gabelschaftes gibt es die Varianten:

- Gewindeloses Lenkungslager (Ahead-Set) **(Bild 1a)**:

  Hier muss die Wandstärke im oberen Teil des Schaftes so bemessen sein, dass sich der Abschlussdeckel (Kappe) mit der Klemmung (Kralle oder geschlitzte Kegelhülse) sicher innen verspannen lässt.

- mit Außengewinde **(Bild 1b)**:

  Das Gewinde dient zur Befestigung des oberen Lenkungslagers und zum Einstellen des Lagerspiels. Im eingebauten Zustand ist es nicht zugänglich, sodass die Gewindegröße (1" oder 1 $^{1}/_{8}$") nicht unmittelbar festgestellt werden kann. Das Gewinde sollte nicht länger als notwendig sein, um den Gabelschaft nicht übermäßig zu schwächen.

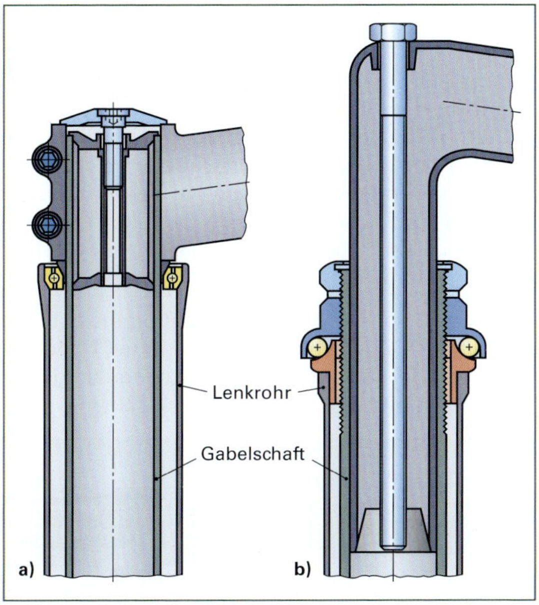


**Bild 1: Gewindeloser Gabelschaft, Gabelschaft mit Außengewinde**

Der **Gabelkopf** ist die Verbindung zwischen dem mittig sitzenden Gabelschaft und den seitlichen Gabelscheiden. Einfache Gabelköpfe für Starrgabeln werden aus Stahlblech hergestellt, hochwertige aus Feinguss, Sphäro- oder Temperguss **(Bild 2)**.

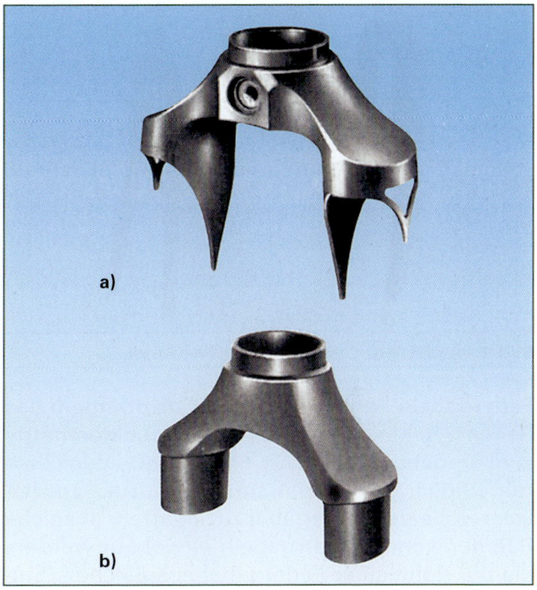


**Bild 2: Klassischer Gabelkopf a) mit Außenmuffe b) mit Innenmuffe**

Die Unicrowngabel wird ohne Gabelkopf gebaut. Hier sind die Gabelscheiden nach innen gebogen und direkt mit dem Gabelschaft verschweißt **(Bild 3)**.

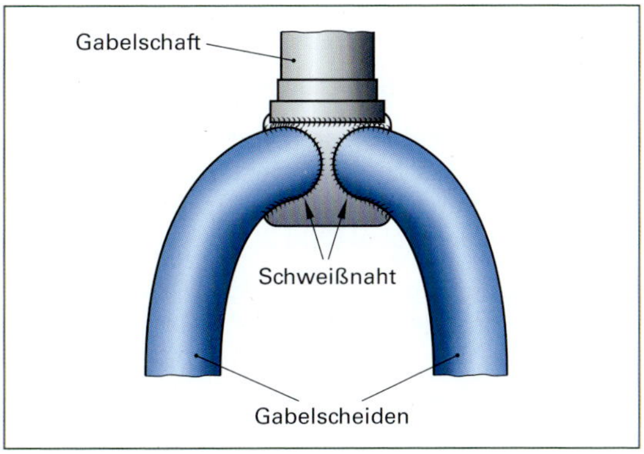


**Bild 3: Unicrown-Gabel**

Gabelschäfte für die Ahead-Bauweise können aus Stahl, Aluminium, Titan oder CFK bestehen. Das Fügen des Gabelschaftes mit dem Gabelkopf erfolgt durch Löten, Schweißen, Pressen, Klemmen oder Kleben.

Bei CFK/Alu-Gabeln sind die CFK-Gabelscheiden in den Alu-Gabelkopf geklebt **(Bild 1a)**. Bei Voll-CFK-Gabeln sind Schaft, Kopf und Gabelscheiden meist in Monocoque-Bauweise aus einem Stück hergestellt **(Bild 1b)**.

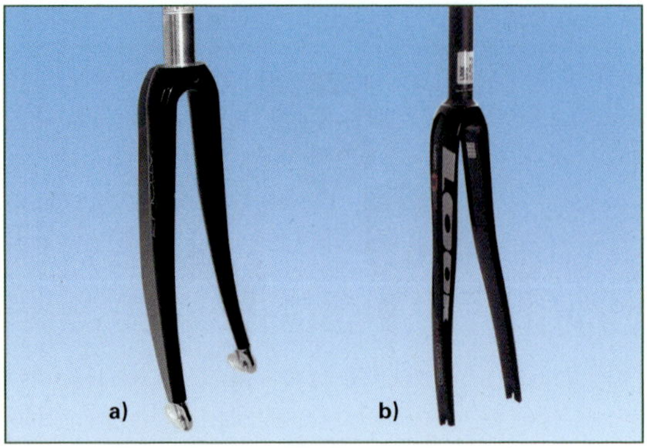


**Bild 1:** *a)* **CFK/Alu-Gabel** *b)* **Voll-CFK-Gabel**

**Federgabeln** benötigen mehr Platz oberhalb des Reifens. Rahmen mit einer Federgabelgeometrie sind so gebaut, dass das untere Ende des Lenkrohrs höher gelegen ist, um Platz für die zusätzliche Höhe der Federgabel zu schaffen. In solche Rahmen können Starrgabeln eingebaut werden, die die Höhe einer Federgabel ausgleichen. Entweder durch einen hoch angesetzten Gabelkonus oder durch längere Gabelscheiden.

### Gabelbelastung

Der Vorderbau stützt sich über die Lenkgabel und das Vorderrad auf dem Boden ab. Die Gabel wird dabei auf Druck und auf Biegung belastet, wobei die Biegebelastung kritischer ist.

Die verschiedenen Belastungsfälle sind:

- Bei normaler Fahrt lasten je nach Sitzposition des Fahrers bis zu 45 % des Gesamtgewichts auf der Vorderradgabel. Dies erzeugt ein Biegemoment in der Gabel **(Bild 2)**.
- Beschleunigungskräfte durch Fahrbahnstöße und Sprünge belasten die Gabel mit bis zu 3000 N.
- Das Abstütz-Bremsmoment am Gabelschaft. Das maximale Moment wirkt in der Mitte des unteren Lenkungslagers.
- Das Abstützmoment von den Widerlagern der Nabenbremse (Trommel- oder Scheibenbremse) an der Gabelscheide.
- Verwindungskräfte durch Lenkbewegungen auf weichem Untergrund.

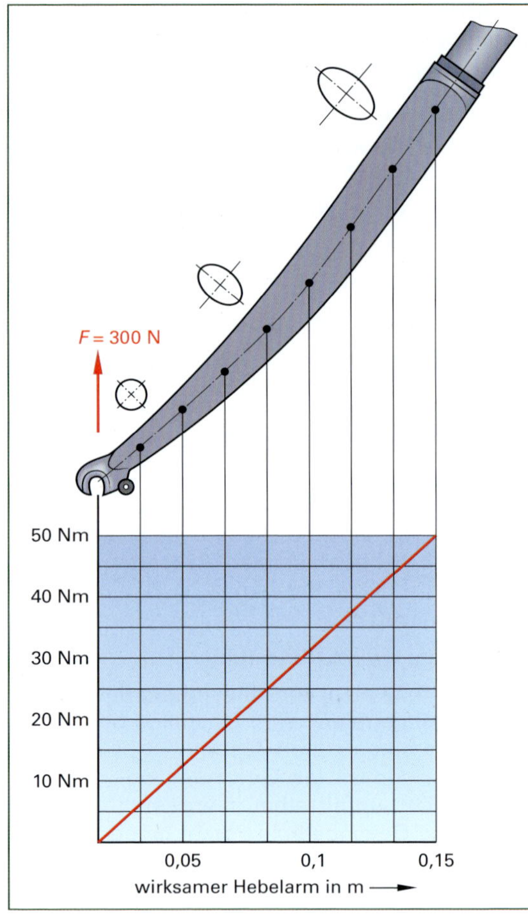


**Bild 2: Verlauf des Biegemomentes aus vertikaler Last an einer Vorderradgabel**

Die meiste Belastung tritt dabei in der Rahmenebene und in Fahrtrichtung auf. Um in dieser Richtung eine höhere Biegesteifigkeit zu erhalten, ist der Rohrquerschnitt der Gabelscheiden vorzugsweise längsoval. Der sich mit zunehmendem Abstand vom Ausfallende zum Gabelkopf hin vergrößernde Rohrquerschnitt erhöht kontinuierlich die Biegesteifigkeit **(Bild 2)**.

Aus dem gleichen Grund wird bei hochbelasteten Gabeln das Gabelschaftrohr am unteren Ende mit einem größeren Durchmesser versehen (engl. **tapered fork, Bild 3**).

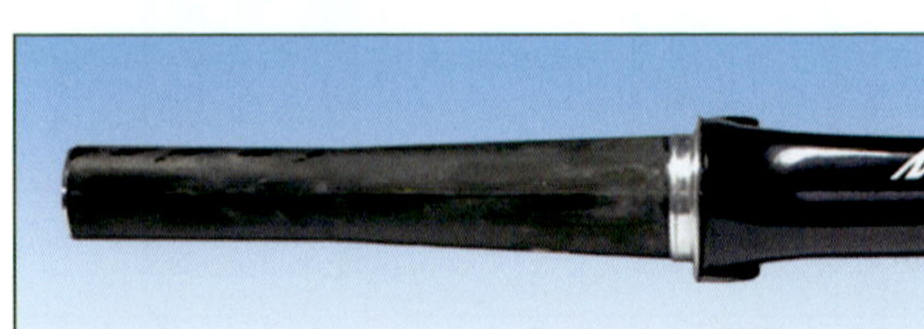

**Bild 3: Tapered fork, oben 1 $^1/_8$" - unten 1 $^1/_2$"**

Gabeln für Trommel-, Rollen- und Scheibenbremsen nehmen das durch die Bremskraft ausgelöste Reaktionsmoment (Abstützmoment) auf. Sie müssen daher biegesteifere Gabelscheiden besitzen als solche von Felgenbremsen.

Das Bremsmoment wird nur durch *eine* Gabelscheide übertragen. Diese Gabelscheide biegt sich entsprechend stärker durch. Der Gabelkopf (bzw. die Gabelbrücke) reagiert darauf mit einer Verdrehung.

**Federwirkung**
Eine Starrgabel bestimmt (wenn auch nur geringfügig) durch ihre Federwirkung den Fahrkomfort. Diese Wirkung ist abhängig vom/von:

- dem Gabelversatz,
- der Dimensionierung der Gabelscheiden und
- dem Werkstoff.

Bei einer **Straightfork** wird der Gabelversatz in einer geraden Linie erreicht. Damit die Lenkung einen Nachlauf hat, werden die Gabelbeine schräg nach vorn stehend am Gabelkopf oder direkt an den Gabelschaft gefügt **(Bild 1)**. Sie sind etwas steifer und leichter als gebogene Gabeln.

**Bild 1: Straightfork-Gabel**

Als Werkstoff für Starrgabeln hat sich Stahl aufgrund seiner guten Dauerschwingfestigkeit bewährt. Sie wiegen zwischen 1000 g und 1500 g. Ebenso haltbar, aber aufwendiger in der Herstellung sind Voll-CFK-Gabeln (Gewicht: 350 g bis 600 g). Gewichtsmäßig dazwischen positionieren sich Aluminium-Gabeln.

## 4.6.2 Lenkungslager

Das **Lenkungslager** (auch als Steuersatz bezeichnet) bildet das Lagersystem der Lenkgabel im Rahmen und lässt sie um die Lenkachse rotieren. Das System besteht aus zwei Wälzlagern **(Bild 2)** und ist umso stabiler, je weiter die beiden Lagerstellen auseinanderliegen und je größer die Lagerdurchmesser sind.

**Bild 2: Bauteile des geschraubten Lenkungslagers**

Die Lenkungslagerung wird anders belastet als die meisten am Fahrrad eingebauten Lager. Während andere Wälzlager dauernd rotieren und senkrecht zur Rotationsachse (radial) belastet sind, rotieren die Kugeln/Nadeln kaum und sind beim normalen Fahren in Richtung der Rotationsachse (axial) belastet. Diese Anordnung ist für die Wälzkörper ungünstig, da sie die Fahrbahnstöße immer in derselben Position übertragen müssen. Die Folge sind oft Werkstoffermüdung und Wälzkörpereindrücke an der Lageroberfläche auch bei geschliffenen und einsatzgehärteten Laufbahnen. Durch die geringe Rotation der Wälzkörper sind auch die Schmierbedingungen ungünstig.

Um vorzeitigen Verschleiß zu vermeiden, muss die Lagerung exakt eingestellt sein:

- Bei zu fester Einstellung wird zu viel Druck auf Lagerflächen und Wälzkörper ausgeübt.
- Bei zu lockerer Einstellung, gibt es Bewegung zwischen den Teilen. Dadurch schlagen die Wälzkörper zwischen den Lagerflächen.

Generell sollten die Lager so locker wie möglich ohne Spiel oder Klopfen im System eingestellt werden.

Die Position der oberen und unteren Lagerungsebene wird durch das Lenkrohr definiert. Diese beiden Ebenen müssen für einen reibungslosen Betrieb parallel zueinander sein. Ist dies nicht der Fall, neigen die Lager beim Drehen der Gabel zum Verklemmen. Dies kann ebenfalls zu vorzeitigem Lagerverschleiß und einem schlechten Lenkverhalten führen.

Auch der Lagersitz über dem Gabelkopf muss rechtwinklig zur Drehachse der Gabel geschnitten sein, um ein Verklemmen der Gabel zu vermeiden.

In der Leichtbauweise sind die Lagerschalen aus Aluminium und mit einem gehärteten Stahlring für die Wälzkörperlaufbahnen versehen.

Bei Nadeln als Wälzkörper **(Bild 1)** ist der Kontaktbereich größer als bei Kugeln. Solche Lager sind entsprechend haltbarer, aber auch etwas schwieriger einzustellen.

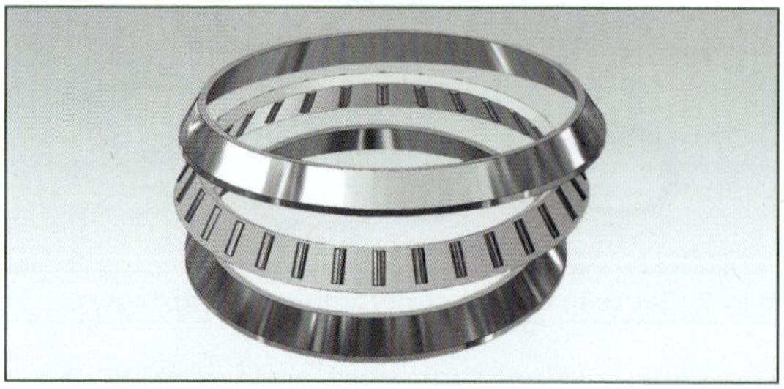

**Bild 1: Nadellager mit Stahllaufbahnen**

### Dichtungen

Das Eindringen von Wasser und Schmutz führt zu frühzeitigem Verschleiß der Lenkungslager. Bei Fahrrädern ohne Schutzbleche wird eine erhebliche Menge davon an die untere Lagerstelle geschleudert. Bei Sportfahrrädern sollte deshalb immer eine Abdichtung des unteren Lagers vorhanden sein **(Bild 2)**.

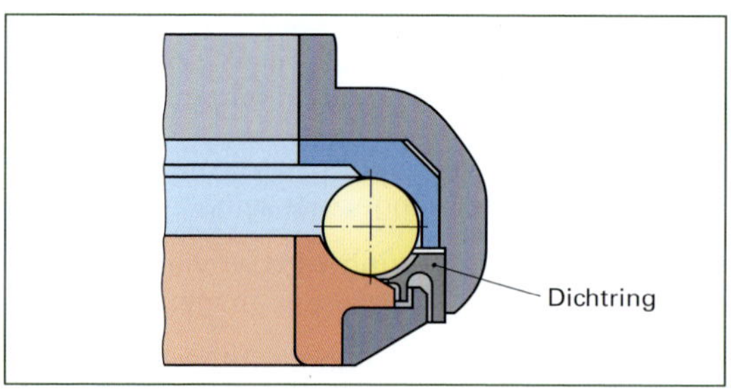


**Bild 2: Untere Lagerschale mit Dichtring**

Sind die Lager nicht gedichtet, müssen sie mit einer ausreichenden Menge von wasserabweisendem Schmierfett montiert werden. Das Fett sollte in regelmäßigen Abständen erneuert werden.

### Bauarten

Mittlerweile sind alle neuen Sportfahrräder und viele Alltagsfahrräder mit Lenkungslagern für gewindelose Gabelschäfte, dem sogenannten **Ahead-Set**, ausgerüstet. An Citybikes und älteren Modellen findet man jedoch noch **geschraubte Lenkungslager**.

### Geschraubtes Lenkungslager

Bei geschraubten Lenkungslagern (Gewinde-Lenkungslager) besteht das untere Lager aus dem Gabelkonus, dem Kugelring und der Rahmenschale. Das obere Lager besitzt dagegen einen Rahmenkonus, den Kugelring und eine Gewindeschale (Mutterschale) sowie eine Überwurfmutter (Kopfmutter) und eine Verdrehsicherung (Nasenscheibe, **Bild 3**).

Der **Gabelkonus** wird per Presspassung auf dem Gabelschaft fixiert (Untermaß 0,1 mm bis 0,15 mm). Ebenso die Rahmenschale und der Rahmenkonus im Lenkrohr (Übermaß 0,1 mm bis 0,25 mm). Bei geringen Unterschreitungen von Unter- bzw. Übermaß kann das Bauteil auch zusätzlich mit Schraubenkleber gesichert werden.

Mit der „Mutterschale" wird das axiale Spiel der Lagerung eingestellt. Die **Kopfmutter** sichert die Einstellung durch Konterung.

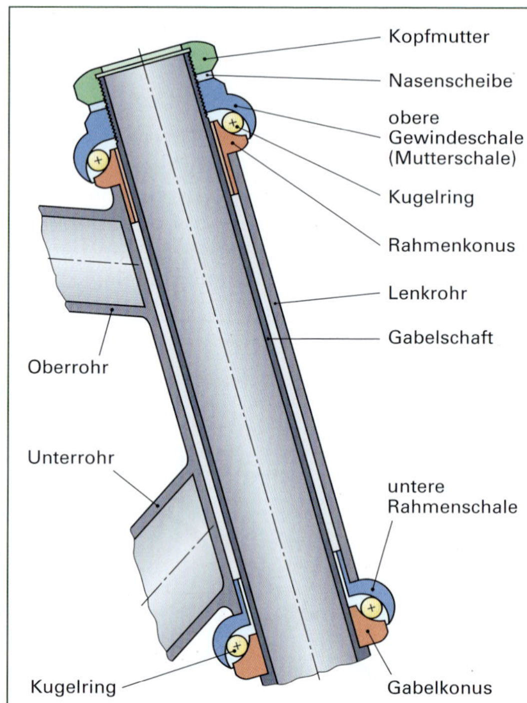


**Bild 3: Geschraubtes Lenkungslager**

Damit sich bei der Konterung die Mutterschale nicht verstellt, liegt zwischen ihr und der Kopfmutter eine Verdrehsicherung.

Ist dies eine Nasenscheibe, so greift ein Steg der Scheibe in eine Nut des Gabelschaftes. Da die Nut den Gabelschaft schwächt, ist bei höherwertigen Gabeln das Gewinde nur in einem kleinen Bereich flachgefeilt und eine Scheibe mit passendem Innenflach als Sicherung eingesetzt.

Zum Drehen der Kopfmutter sollte immer ein Norm-Gabelschlüssel mit breiten und geschliffenen Anlageflächen verwendet werden. Bei den flachen Lenkungslagerschlüsseln ist die Anlagefläche zu klein. Sie rutschen leicht ab und beschädigen dann die Kopfmutter.

Lenkungslagerschlüssel sind nur für das Gegenhalten der oberen Gewindeschale vorgesehen.

**Einstellung und Sicherung eines geschraubten Lenkungslagers**

1. Kopfmutter etwa zwei Umdrehungen lockern; Gabelschlüssel SW 32 oder 36.
2. Nasenring mit einem kleinen Schraubendreher anheben.
3. Einstellen durch Verdrehen der Mutterschale mit einem Lenkungslagerschlüssel.
4. Nasenring über der Mutterschale montieren und kontrollieren, dass die Nase in der Nut liegt.
5. Mutterschale mit Lenkungslagerschlüssel halten und Kopfmutter mit Gabelschlüssel anziehen; der Nasenring darf sich dabei nicht mitdrehen.
6. Für die letzten Winkelgrade der Konterung die Mutterschale gegen die Kopfmutter nach oben festziehen (dies gleicht das Flankenspiel im Gewinde aus und soll ein Verspannen des Lagers verhindern).
7. Spiel prüfen, bei Bedarf Vorgang wiederholen.

Die Mindestlänge des Gabelschaftes richtet sich nach der Länge des Lenkrohres $l_{LR}$ und der Aufbauhöhe $h_A$ des Lenkungslagers **(Bild 1)**. Sollte der Gabelschaft länger sein, so kann die Differenz durch Distanzstücke unter der Kopfmutter ausgeglichen werden.

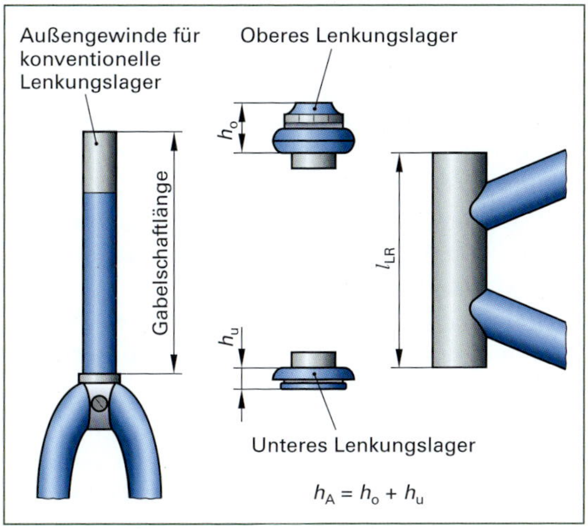


**Bild 1: Länge des Gabelschafts**

**Gewindeloses Lenkungslager**

Das gewindelose Lenkungslager (engl. threadless headset; in Deutschland auch als **Ahead-Set** nach dem Markennamen des Herstellers Dia-Compe bezeichnet) wurde Anfang der 1990er Jahre auf den Markt gebracht und hat sich schnell etabliert. Es ist im Vergleich zum geschraubten Lenkungslager kostengünstiger und einfacher zu montieren bzw. zu warten. Zudem ist ihr Einbau bei Aluminium- und GFK-Gabelschäften möglich.

Das gewindelose Lenkungslager gibt es für Gabelschaftdurchmesser der Größen 1"; 1 $^1/_8$"; 1 $^1/_4$" und 1 $^1/_2$". Die größte Verbreitung hat das Maß 1 $^1/_8$" sowie die „tapered" Variante mit 1 $^1/_4$" und 1 $^1/_8$".

Es wird in drei unterschiedlichen Bauformen angeboten:

- **External Cup** (EC)
  In das Lenkrohr sind Lagerschalen eingepresst (engl. press fit). Die Wälzlager liegen außerhalb des Lenkrohres wie bei geschraubten Lenkungslagern.
- **Zero Stack** (ZS) auch: Semi-Integriert oder Low Profile genannt
  In das Lenkrohr sind Lagerschalen eingepresst. Die Wälzlager (Normlager) liegen innerhalb des Lenkrohres **(Bild 2)**.

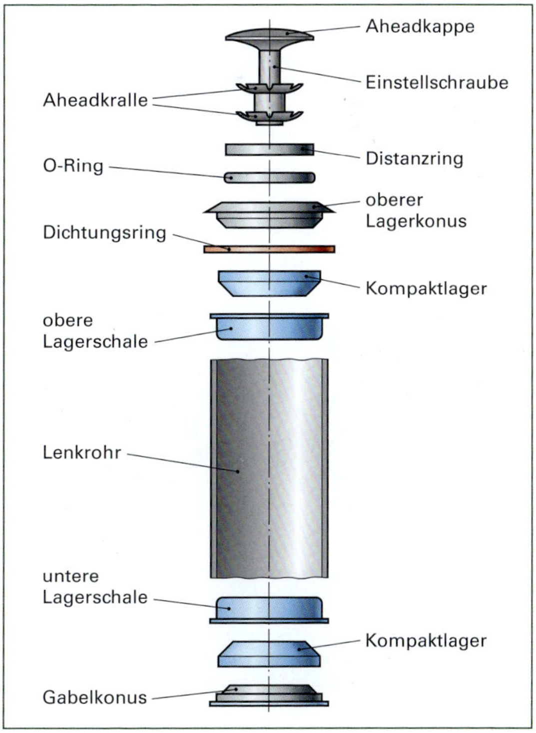


**Bild 2: Gewindeloses Lenkungslager, ZS**

- **Integrated System (IS)**, auch vollintegriertes Lenkungslager

  Es werden keine separaten Lagerschalen verbaut, die Wälzlager liegen mit Lossitz direkt in den konischen Profilsenkungen innerhalb des Lenkrohres. Unten sorgt ein aufgepresster Gabelkonus **(Bild 1)**, oben ein Zentrierkonus für die Führung.

  Der Winkel $\alpha_W$ für die Positionierung im Rahmen beträgt in der Regel 45°. Der früher auch genutzte Wert von 36° ist mittlerweile obsolet.

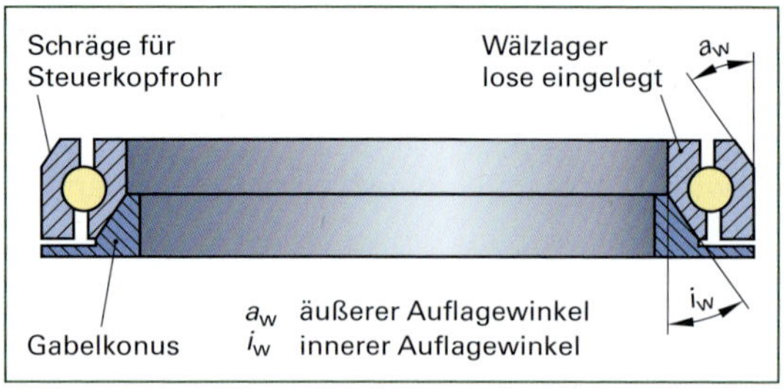


**Bild 1: Vollintegriertes Lenkungslager**

Die gewindelosen Lenkungslager besitzen meist einen geschlitzten Zentrierkonus, der die obere Lagerschale auf dem Gabelschaft zentriert. Die Schale muss auf dem Schaftrohr axial leicht verschiebbar sein, damit das Lagerspiel eingestellt werden kann.

Die Einstellschraube des Lagers benutzt ein Gewinde, das über eine Federkralle oder einen Spreizkonus (vorgeschrieben für CFK-Gabelschäfte) im Gabelschaftrohr eingesetzt wird **(Bild 2)**. Auf den Lenkervorbau wird eine Kappe aufgesteckt, über welche die Schraube axialen Druck auf den Vorbau und die Lager ausüben kann. Die Fixierung des Lenkungslagers erfolgt über die Klemmung des Lenkervorbaus.

**Bild 2: a) Federkralle b) Spreizkonus (Expander)**

### Standardized Headset Identification System

Das Standardized Headset Identification System (S.H.I.S) ist eine im Jahre 2010 eingeführte einheitliche Benennung von Lenkungslagern. Es löst das Problem der bis dahin unübersichtlichen Vielfalt von verschiedenen Durchmessern und Einbauvarianten der Lagerungen ab.

Dabei werden jeweils das obere und das untere Lager mit einer dreiteiligen Benennung identifiziert **(Bild 3)**.

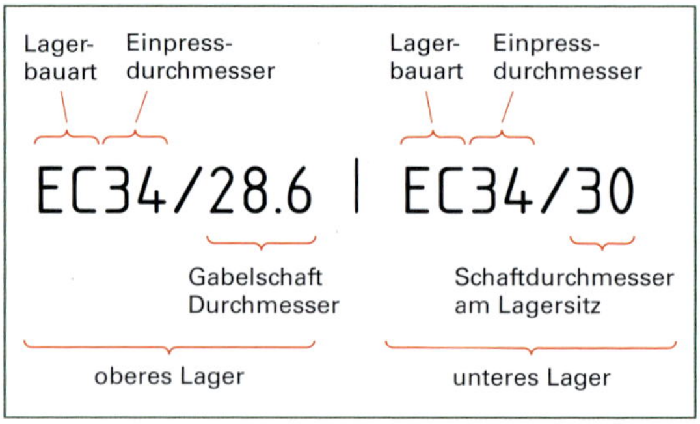


**Bild 3: S.I.H.S. für ein $1^1/_8$" Lenkungslager**

Aufbau der S.I.H.S.-Bezeichnung:

1. Zu Beginn stehen zwei Buchstaben. Sie bezeichnen die Lagerbauart:
   - **EC** (External Cup), die obere Lagerschale kann sowohl geschraubt als auch gewindelos sein,
   - **ZS** (Zero Stack),
   - **IS** (Integrated System).
2. Ohne Leerzeichen oder Trennung folgen zwei Ziffern, die den Innendurchmesser des Lenkrohrs in [mm] angeben.

   Dieser Wert darf nicht als exaktes Maß missverstanden werden. Z. B. hat der japanische JIS Standard für 1"-Lager einen Innendurchmesser von 29,8 mm und wird als EC 29 bezeichnet. Der europäische Standard für 1"-Lager hat einen Innendurchmesser von 30,2 mm und wird als EC 30 bezeichnet.
3. Die durch einen Schrägstrich getrennte Zahl gibt den Außendurchmesser des Gabelschaftes bzw. des Lagersitzes in [mm] an.

   Bei geschraubten Lenkungslagern folgt nach einem Bindestrich noch die Gewindesteigung (z. B. 24 tpi).
4. Zusätzlich kann der Hersteller noch durch einen Schrägstich getrennt und mit einem vorangestellten ‚H' die Bauhöhe des Lagers angeben. Die Bauhöhe entspricht der Länge, die das Lager außerhalb des Lenkrohres aufweist.

Das S.I.H.S.-System ist besonders hilfreich bei verjüngten (engl. tapered) Gabelschäften **(Seite 198, Bild 3)**. Es erlaubt den Rahmen- und Gabelherstellern eine freiere Wahl bei der Dimensionierung der Lager **(Bild 1)**.

**Bild 1: Taperend headset, obere Schale ZS44, untere Schale ZS56**

Montage eines gewindelosen Lenkungslagers

1. Lagerschalen einpressen.
   Die Auflagefläche des Einpresswerkzeuges darf nicht auf dem Lagersitz aufliegen. Montagepaste verwenden.
2. Gabelkonus auf den Gabelschaft aufpressen.
   Den Gabelkonus mit der Lagerlauffläche in Richtung Vorbau aufsetzen. Geeignetes Aufschlagrohr verwenden.
3. Gegebenenfalls Gabelschaft kürzen.
   Der Schaft der neuen Gabel ist oft länger als nötig und daher entsprechend zu kürzen.

   Die Gabelschaftlänge ist individuell zu bestimmen und hängt von der Körpergröße und den persönlichen Vorlieben bzw. der Konstitution des Fahrers ab. Mit Distanzringen (engl. spacer) kann die gewünschte Vorbauhöhe angepasst werden **(Bild 2)**.

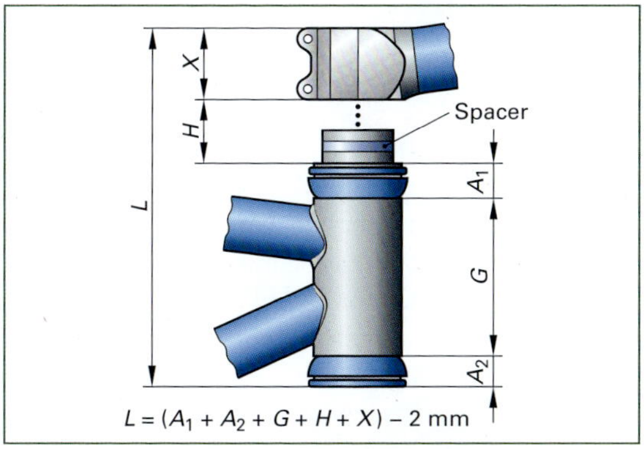


**Bild 2 : Länge Gabelschaft**

   Gabelschäfte nur mit einer Säge kürzen. Keine Rohrschneider verwenden!

   Für saubere rechtwinklige Schnitte eine Sägeführung verwenden. Anschließend entgraten. CFK-Gabelschäfte mit Klebeband umwickeln und mit einem sehr scharfen, fein gezahnten Sägeblatt kürzen.
4. Federkralle installieren.
   Geeignetes Werkzeug verwenden **(Bild 3)**. Die Federkralle darf beim Einschlagen nicht kippen. Die Hersteller geben die maximale Einschlagtiefe an, z.B. 25 mm. Beim Einschlagen ist darauf zu achten, dass die Ausfallenden nicht beschädigt werden. Es ist hilfreich, ein bereiftes Vorderrad zu montieren. Einfetten erleichtert die Montage.

   Ist die Federkralle fehlerhaft montiert, kann das Lenkungslager nicht eingestellt werden.

   Niemals eine Federkralle aus Stahl in einen Gabelschaft aus CFK schlagen!

**Bild 3: Werkzeuge zum Einschlagen der Federkralle**

5. Gabel montieren.
   Oberes Lager mit Klemmring (Zentrierkonus), Spannring und Lenkungslagerdeckel auf den Gabelschaft schieben.
6. Spacer aufschieben.
7. Lenkervorbau auf Gabelschaft stecken.
8. Kappe auf Lenkervorbau aufsetzen, Spannschraube einführen.

   Für eine bündige Montage der Vorbaukappe muss der Abstand *g* zwischen 1 mm und 5 mm betragen. Bei einem CFK-Schaftrohr könnte dabei die Flächenpressung an dessen Oberkante zu hoch sein. In diesem Fall sollte das Rohr überstehen und zwischen Kappe und Vorbau ein Spacer gesetzt sein.

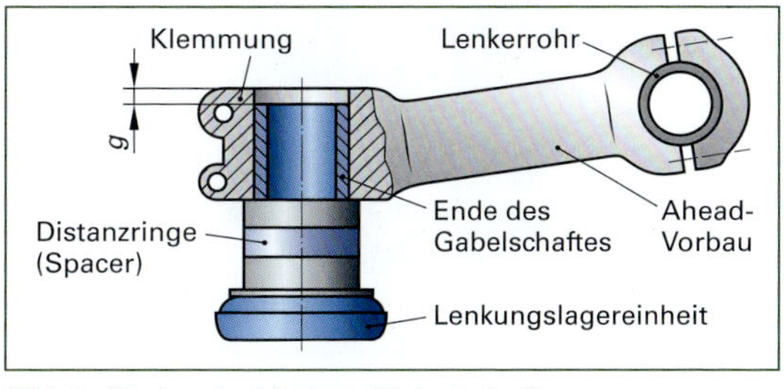


**Bild 4: Abstand *g* Vorbau/Gabelschaft**

9. Spannschraube anziehen, bis die Lagerung weder Spiel aufweist noch verspannt ist.
10. Lenkervorbau gerade ausrichten.
11. Klemmschrauben anziehen.

### Winkelverstellbares Lenkungslager

Ein **winkelverstellbares Lenkungslager** vergrößert oder verkleinert den Lenkachswinkel um bis zu 2° **(Bild 1)**.

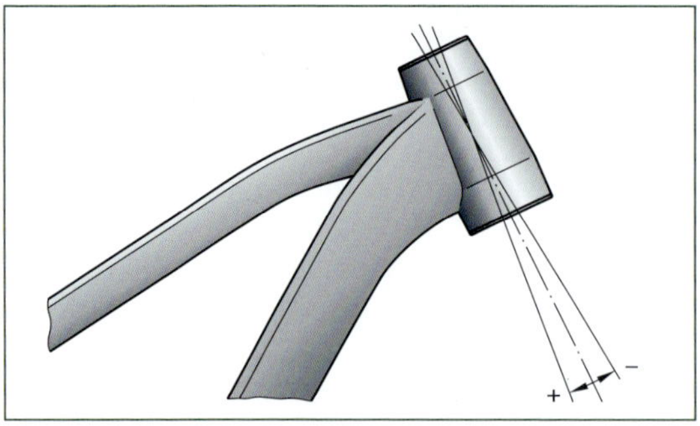


Bild 1: Änderung des Lenkachswinkels

Diese Art das Fahrverhalten eines Fahrrades nachträglich zu ändern ist besonders bei MTBs eine kostensparende Möglichkeit des Tunings.

So kann sich z. B. ein Enduro-Bike, das ursprünglich auf Stabilität bei schnellen Abfahrten ausgelegt ist, schwerfällig (overbiked) anfühlen, wenn es auf flacherem, hügeligem oder technischem Terrain gefahren wird. Eine Lenkachswinkeländerung von +1° verringert dann den Nachlauf um 5 % bis 7 % und verkürzt den Radstand um 10 mm bis 12 mm. Dies verlagert mehr Gewicht auf das Vorderrad, wodurch die Lenkung agiler wird und sich dessen Traktion verbessert. Umgekehrt kann eine Verringerung des Lenkachswinkels um -1° das Fahrverhalten für schnelleres Terrain weiter verbessern.

Für die Bauarten External Cup (EC) und Zero Stack (ZS) werden Lagersätze angeboten, deren oberer Lagersitz exzentrisch positioniert ist **(Bild 2)**.

Bild 2: Exzentrischer ZS-Lagersatz

Beim Integrated System (IS) liegen die Lager direkt im Rahmen. Daher muss hier das Lenkrohr um eine separate Lageraufnahme ergänzt werden. Durch ein zerlegbares Rohr werden hier auf die ursprünglichen Lagersitze neue und um einige mm versetzte Hülsen aufgebaut **(Bild 3)**.

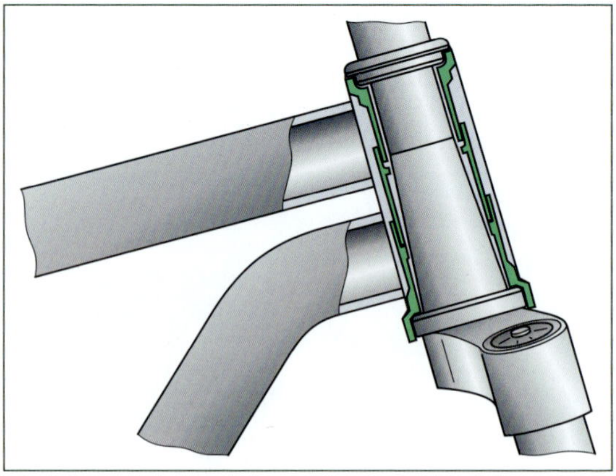

Bild 3: Einbauhülse für IS-Lagersatz

Bei der Erhöhung des Lenkachswinkels besteht die Gefahr, dass der Vorderreifen zu nah an die Schuhe des Fahrers gerät. Ein ausreichender Abstand muss auch bei voller Einfederung gewährleistet sein.

### Lenkanschlag

Im Stand kann das unbeabsichtigte Umschlagen der Lenkung zur Beschädigung des Rahmens und der Bremsleitungen führen. Dies tritt vor allem bei sehr flachen Lenkachswinkeln und/oder Gepäck an der Lenkgabel auf. Um dies zu vermeiden werden manche Rahmen mit Lenkanschlägen ausgestattet. Alternativ gibt es Lenkungslager mit eingebautem Lenkanschlag **(Bild 4)**.

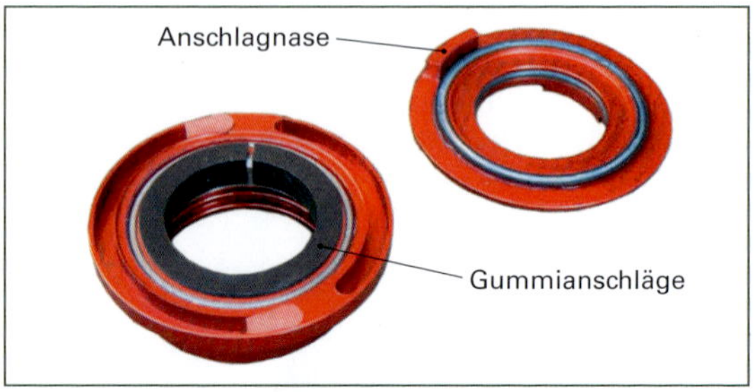


Bild 4: Lagerschale mit Lenkungsanschlag

Dafür muss die Lagerkappe mit der Anschlagnase drehfest montiert sein **(Bild 5)**.

Bild 5: Verdrehsicherung der Lagerkappe

### 4.6.3 Vorbau

Als Verbindungsteil zwischen Lenker und Gabelschaftrohr ist der Vorbau ein wichtiges Bauteil zur Anpassung des Fahrrads an den Fahrer. Mit dem Vorbau lassen sich die Lenkerhöhe und die Sitzlänge variieren.

Preiswerte Vorbauten werden aus Stahl gefertigt oder aus Aluminium gegossen. Bei höherwertigen Produkten wird ausschließlich geschmiedetes Aluminium eingesetzt. Vorbauten aus CFK sind teuer, bringen aber gegenüber Aluminiumvorbauten weder Haltbarkeits- noch Gewichtsvorteile, es sei denn, sie bilden mit dem Lenker eine feste Einheit **(Seite 214, Bild 2)**.

**Belastung**

Vorbauten unterliegen im Fahrbetrieb hohen Belastungen, da beim Bremsen und bei Fahrbahnstößen das Körpergewicht auf dem Lenker abgestützt wird. Beim Wiegetritt kann der Gegenhalt am Lenker Biege- und Torsionsmomente oberhalb von 250 Nm erzeugen **(vgl. Seite 62f)**.

Die Verdrehfestigkeit zwischen dem Vorbau und dem Gabelschaft muss nach EN ISO 4210 mindestens 40 Nm bzw. 50 Nm betragen **(Bild 1)**.

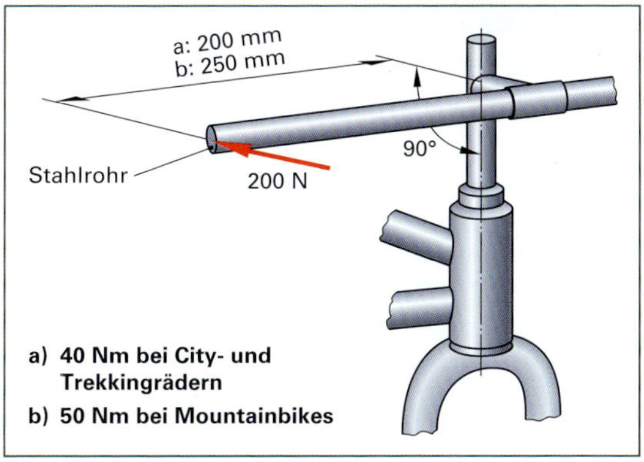


**Bild 1: Prüfung der Verdrehfestigkeit**

Die Vorbaulänge beeinflusst das Lenkverhalten des Fahrrads. Ein kurzer Vorbau lässt ein agiles Lenken zu und ermöglicht ein einfacheres Heben des Vorderrades. Er wird daher bevorzugt bei Downhill- und Singletrail-Fahrten benutzt. Einen langen Vorbau nutzen dagegen eher Fahrer von Touren- und Cross-Country-Rädern.

**Bauarten**

Vorbauten unterscheiden sich vor allem in der Befestigung am Gabelschaft. Der klassische Vorbau für Gabeln mit Außengewinde besitzt eine **Innenklemmung**. Seit der Einführung der gewindelosen Lenkungslager werden aber vermehrt Vorbauten mit **Außenklemmung** verbaut. An Mountainbikes wird bei höchsten Beanspruchungen der Vorbau per **Direktmontage** mit der oberen Gabelbrücke fest verschraubt.

**Vorbau mit Innenklemmung (Schaftvorbau)**

Die Konstruktion von Lenkungslager und Vorbau bedingen sich gegenseitig. Beim geschraubten Lenkungslager wird die Außenfläche des Gabelschaftes durch das Gewinde und die Lagerung beansprucht. Der Vorbau kann durch die Bohrung in der Kopfmutter in den Gabelschaft eingeführt und dort von innen geklemmt werden **(Bild 2)**.

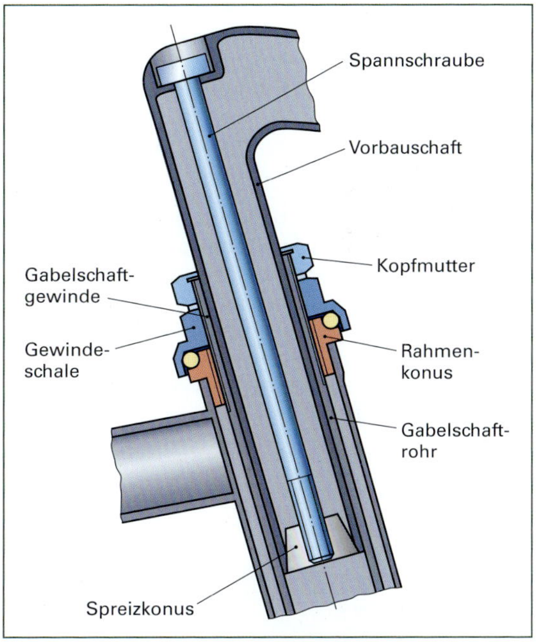


**Bild 2: Vorbau mit Innenklemmung**

Eine Spannschraube zieht eine speziell geformte Mutter von unten gegen den Vorbauschaft. Dabei gibt es zwei Ausführungen **(Bild 3)**:

- Spreizkonus in geschlitztem Vorbauschaft
- Klemmkeil an abgeschrägtem Vorbauschaft

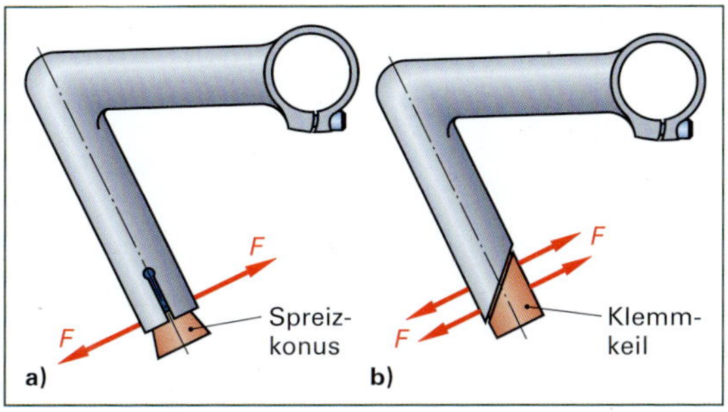


**Bild 3: a) Spreizkonus, b) Klemmkeil**

4

Der **Spreizkonus** klemmt zwar den Vorbauschaft über den ganzen Umfang, die Klemmfläche ist jedoch sehr klein. Durch den hohen Anpressdruck besteht die Gefahr, dass der Gabelschaft im Bereich der Klemmung ringförmig aufgeweitet wird. Eine Nase am Konus und ein Schlitz im Vorbau sind die Verdrehsicherung, die das Spannen ermöglichen. Dieser Schlitz schwächt den Vorbauschaft.

4

Der **Klemmkeil** drückt beim Spannen gegen das schräge Ende des Vorbauschaftes. Die Anpressfläche ist größer als beim Spreizkonus.

Klemmschraubengewinde und -kopf, Konusflächen und Gabelschaft-Innenwand müssen vor der Montage und bei Inspektionen mit Montagepaste oder Fett vor Rost durch eindringendes Regenwasser geschützt werden. Korrosion erschwert häufig die Demontage und schwächt das hochbelastete Gabelschaftrohr.

Die **Mindest-Einstecktiefe** (engl. minimum insertion) des Vorbaus im Gabelschaft beträgt das 2,5-Fache seines Durchmessers. Damit sie eingehalten wird, ist eine Markierung (per Rädelung, Prägung oder Laseraufdruck) auf dem Vorbauschaft aufgebracht. Bei Herausziehen des Vorbaus aus dem Gabelschaft darf diese nicht sichtbar werden **(Bild 1)**.

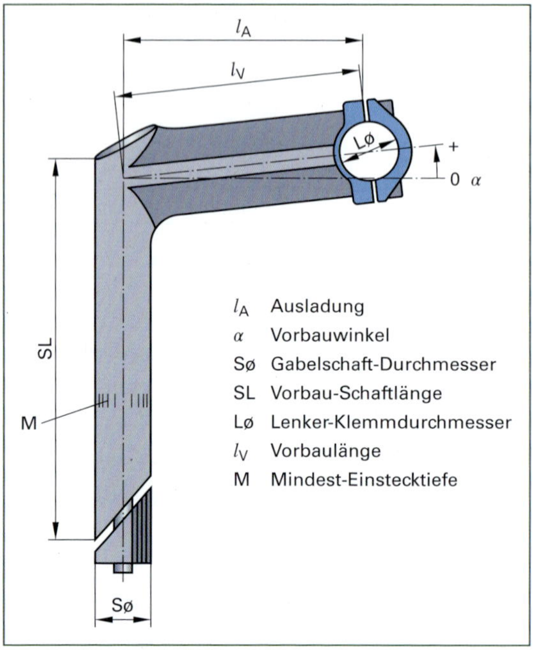


**Bild 1: Maße am Vorbau**

Die **Vorbaulänge** $l_V$ ist das Maß vom Zentrum der Lenkerklemmung bis zur Mittelachse des Schaftes und somit unabhängig vom Vorbauwinkel $\alpha$. Die **Ausladung** $l_A$ ist die horizontale Komponente der Vorbaulänge und beeinflusst die Sitzlänge und das Lenkverhalten **(Bild 1)**.

**Vorbau mit Außenklemmung (Ahead-Vorbau)**

Das gewindelose Lenkungslager wird durch eine Schraube eingestellt, die ihr Widerlager in einem Gewinde innerhalb des Gabelschaftes hat (Ahead-Kralle, -Expander). Dadurch steht für die Klemmung des Lenkers die Außenfläche des Gabelschaftes zur Verfügung.

Der Ahead-Vorbau wird außen auf den überstehenden gewindelosen Gabelschaft gesteckt. Sein geteiltes Ende wird zur Befestigung meist von zwei Schrauben zusammengezogen **(Bild 2)**.

**Bild 2: Ahead-Vorbau**

Als Standard-Anschlussmaß (Außendurchmesser des Gabelschaftes) gilt heute $1^1/_8$" (28,6 mm). Bei erhöhter Belastung werden auch größere Durchmesser verwendet: $1^1/_4$" (31,8 mm) oder $1^1/_2$" (38,1 mm). Nur selten findet sich der Durchmesser von 1" (25,4 mm).

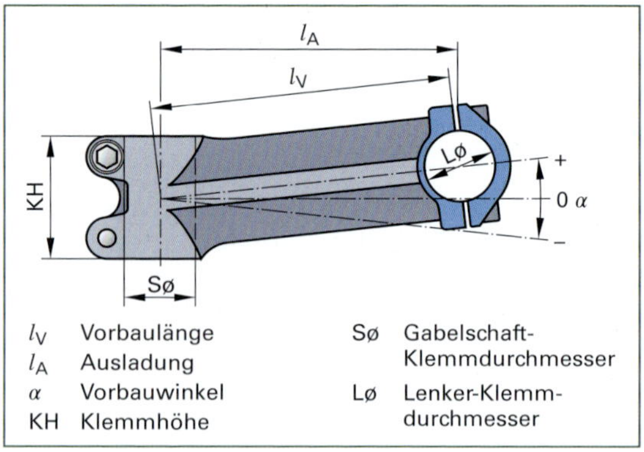


**Bild 3: Maße Ahead-Vorbau**

Die Lenkerhöhe wird über Distanzringe (engl. spacer) eingestellt, die man unter den Vorbau legt. Dazu muss der Gabelschaft genau passend abgelängt werden **(siehe Seite 203, Bild 2 und 4)**.

Man kann oft ohne diese Maßnahme die Lenkerhöhe beeinflussen. Ein **Flip-Flop-Vorbau** kann um die Längsachse verdreht montiert werden, sodass zwei verschiedene Lenkerhöhen möglich sind **(Bild 1)**.

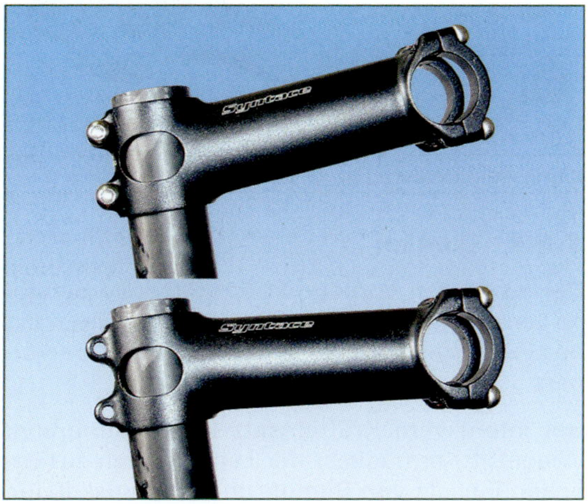

**Bild 1: Flip-Flop-Vorbau mit 6° Neigung**

### Vergleich von Innen- und Außenklemmung

Auch wenn die meisten der höherwertigen Fahrräder mit einer Außenklemmung versehen sind, so hat auch die Innenklemmung noch eine breite Verwendung.

**Vorteile der Innenklemmung:**

- Die Lenkerhöhe kann durch den Austausch des Vorbaus ohne großen Aufwand angepasst werden. Die Schaftlängen reichen bis 300 mm (Alu) oder 400 mm (Stahl).
- Eine problemlose Feineinstellung der Lenkerhöhe ist möglich.
- Das Entfernen des Vorbaus beeinflusst nicht die Einstellung des Lenkungslagers.
- Das Erscheinungsbild ist schlank und elegant ohne viele sichtbare Schrauben.

**Vorteile den Außenklemmung:**

- Sie kann höhere Kräfte und Biegemomente aufnehmen.
- Die Produktion und Lagerhaltung von Fahrradgabeln wird vereinfacht, weil nur noch eine Größe für alle Modellvarianten vorgehalten werden muss.
- Vorbauten lassen sich schnell austauschen. Insbesondere die Anpassung der Sitzlänge und der Sattelüberhöhung wird damit vereinfacht.
- Sie können mit einem einzigen Inbusschlüssel gewechselt werden. Das Lösen der Klemmung erfordert keine hohen Kräfte.
- Es kommt kaum zu Korrosion am Gabelschaft. Der Vorbau korrodiert nicht fest, wie es häufig mit dem Klemmkeil- oder Spreizkonus geschieht.

### Direktmontage (Direct Mount)

Im Laufe der Zeit genügte für die besonders schweren Bedingungen beim DH-Mountainbiken die Außenklemmverbindung nicht mehr. Wenn sich beispielsweise bei einem Sturz der Lenkervorbau im Gabelschaft verdrehte, dann konnte damit z. B. ein Wettkampf nicht mehr zu Ende gefahren werden.

Als Abhilfe übernahm man aus dem Motorradsport die **Direktmontage** des Lenkers an der Gabelbrücke (engl. direct mount, **Bild 2**).

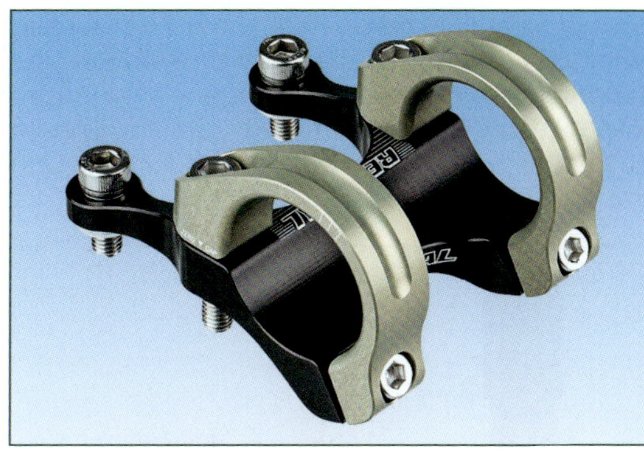

**Bild 2: Direct Mount-Vorbau**

### Lenkerklemmung

Bei Schaftvorbauten erfolgt die Lenkerklemmung oft mittels einer Schlitzklemmung. Mit einer Schraube wird das geschlitzte Vorbauauge zusammengezogen und fixiert den Lenker **(Bild 3a)**.

Einen Lenkerwechsel ohne Demontage von Brems- und Schaltgriffen sowie Lenkerband oder -griffen ermöglicht eine zweiteilige Klemmung **(Bild 3b)**. Hier umfasst ein Deckel den vorderen Teil des Lenkers. Dieser wird von zwei oder vier Klemmschrauben am Vorbau befestigt.

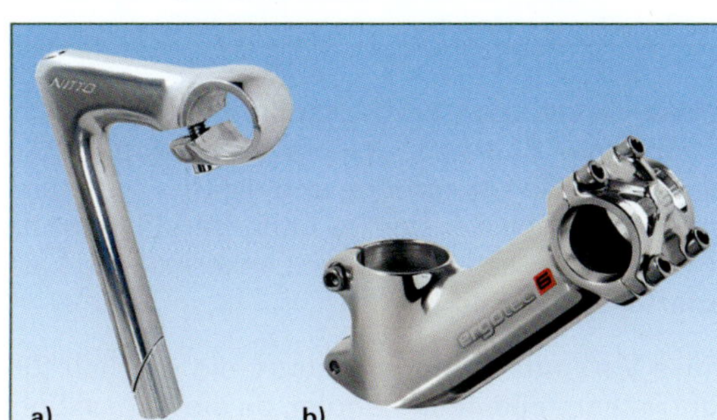


**Bild 3: Lenkerklemmung**

**Verstellbare Vorbauten**

Neben den festen Vorbauten gibt es auch solche, die sich ohne Demontage verstellen lassen. Sie sollen u. a. den Fahrkomfort verbessern, indem auf längeren Touren unterschiedliche Sitzpositionen eingenommen werden können.

Dabei muss sichergestellt sein, dass:

- die Verdrehsicherheit eingehalten ist,
- die Bedienkräfte gering sind,
- ein selbsttätiges Lösen während der Fahrt nicht vorkommen kann.

**Schnellverstellbare Vorbauten** lassen sich ohne Werkzeug in der Höhe verändern **(Bild 1a)** oder für ein kleines Packmaß seitlich verdrehen.

Um nachträglich den Lenker höher zu setzen, kann bei Außenklemmung unter Umständen eine **Gabelschaftverlängerung** eingesetzt werden **(Bild 1b)**. Für die Innenklemmung gibt es dagegen die Möglichkeit, den Schaft auf Außenklemmung umzubauen **(Bild 1c)**.

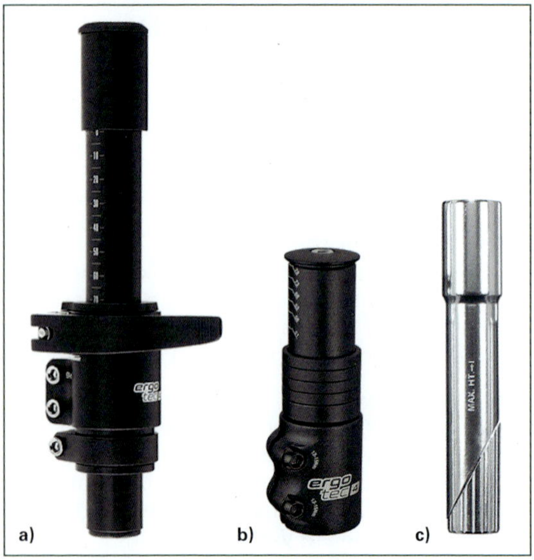


Bild 1: Höhenverstellung, Schaftverlängerung

**Winkelverstellbare Vorbauten** können nach dem Lösen einer Schraube geschwenkt werden. So lassen sich die Lenkerhöhe und die Sitzlänge verändern. Da sich der Lenker beim Verstellen mitdreht, muss anschließend die Lenkerstellung korrigiert werden **(Bild 2)**.

Diese Vorbauten sind in erster Linie nützlich für Fahrradhersteller und -händler, da die Anpassung der Maschine an den Kunden einen Wechsel des Vorbaus nicht unbedingt notwendig macht.

Bild 2: Winkelverstellbarer Vorbau

### 4.6.4 Lenker

Der durch den Vorbau mit der Gabel verbundene Lenker dient neben der Richtungsbestimmung des Fahrrades auch zur Abstützung des Oberkörpers.

Bei intensivem Krafteinsatz (Beschleunigung/Wiegetritt) ermöglicht der Lenker durch zusätzlichen Einsatz von Rumpf- und Armmuskulatur, mehr Kraft auf das Pedal zu bringen. Der Lenker federt aufgrund seiner Elastizität Fahrbahnstöße ab und trägt so zum Fahrkomfort bei.

Am Lenker selbst sind Bremshebel und Schaltgriffe (bzw. -hebel) und die vorgeschriebene Klingel angebracht **(Bild 3)**.

Bild 3: Lenker mit Bedienelementen

Die Gestaltung des Lenkers bestimmt die jeweilige Sitzposition des Fahrradbenutzers und erlaubt je nach Ausführung verschiedene Griffmöglichkeiten.

Bei der Auswahl von Lenker und Vorbau müssen die Klemmdurchmesser sorgfältig ausgewählt werden. Viele Jahre betrug das Klemmmaß für Lenker an Tourenrädern und MTBs 25,4 mm, an BMX-Rädern 22,2 mm und an Rennrädern 25,8 mm oder 26,0 mm (Hersteller Cinelli auch 26,4 mm).

Seit 2015 beträgt der Standardduchmesser an den meisten Fahrrädern 31,8 mm. Neben einer höheren Festigkeit entfallen die bisherigen Probleme aufgrund unterschiedlicher Größen und Durchmesser.

**Belastungen**

Beim Abstützen der Hände (Bremsen oder Bodenwellen beim MTB-Downhill-Fahren) wird der Lenker mit Kräften in der Größenordnung bis zu 1500 N belastet. Im gleichen Bereich können die wechselseitigen Biegebelastungen durch Rennfahrer im Wiegetritt liegen.

Die höchste Belastung entsteht im Bereich der Lenkerklemmung am Vorbau, denn hier wirkt die halbe Lenkerbreite als Hebel. Das Biegemoment, das am Übergang zur Lenkerklemmung wirkt, kann mehr als 250 Nm betragen **(vgl. Seite 62f)**.

Hinzu kommt noch die Kantenpressung an den Rändern der Vorbauklemmung. Aus diesem Grund haben Lenker im Klemmbereich einen größeren Durchmesser und eine größere Wandstärke. Aluminium-Rennlenker der 1970er und 1980er Jahre besaßen an dieser Stelle innerhalb des Lenkrohrs eine Stahlhülse zu Verstärkung.

Ein Nebeneffekt des größeren Durchmessers ist das einfachere Einfädeln des Lenkers in den Vorbau.

Auf keinen Fall dürfen Grate oder scharfe Kanten an den Rändern des Vorbaus hervorstehen, da sich diese infolge der dauernden Biegebelastung in das Lenkermaterial einarbeiten und durch Kerbwirkung zum Bruch führen. Aus diesem Grunde sollten Lenker aus Aluminium nicht in Vorbauten aus Stahl montiert werden, da wegen der höheren Festigkeit des Stahls die Ränder des Klemmauges wie scharfe Kanten wirken. Eine Kerbe auf der Unterseite des Lenkers war die Ursache für den Lenkerbruch (**Bild 1**).

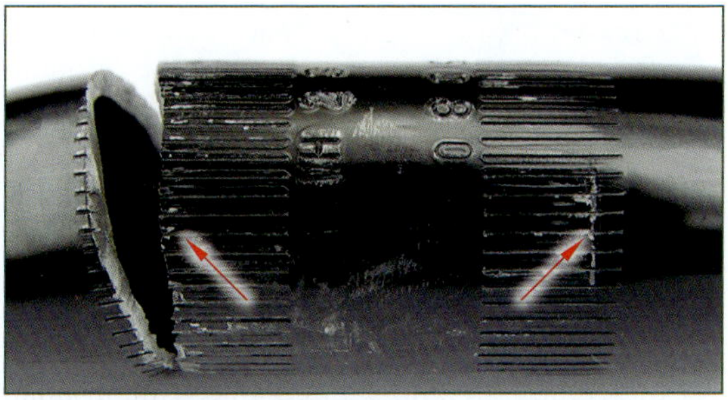

**Bild 1: Lenkerbruch durch fehlerhafte Montage**

**Vorschriften nach EN ISO 4210-5**

- Die Lenkung muss aus der Mittellage heraus nach jeder Seite um mindestens 60° frei beweglich sein. Bei MTBs und Rennrädern beträgt die Mindestauslenkung 30°.
- Mindestens 25 % des Gesamtgewichtes von Fahrrad, Fahrer und Gepäck müssen das Vorderrad belasten. Dabei muss der Fahrer auf dem Sattel sitzen und die Lenkergriffe umfassen. Fahrer und Sattel müssen sich dabei in der am weitesten nach hinten geschobenen Position befinden.
- Der Lenker benötigt eine feste Klemmung **(Bild 2)**, die sich auch unter einer Drehmoment-Belastung von 60 Nm (City-, Trekking-, Jugend- und Rennräder) bzw. 80 Nm (Mountainbikes) nicht verdreht.
- Die Enden der Lenker müssen mit Lenkergriffen oder Lenkerstopfen verschlossen sein, die einer Abzugskraft auch bei Nässe von 70 N standhalten. An Kinderfahrrädern müssen die Enden der Lenkergriffe eine Prallfläche von mindestens 40 mm Durchmesser aufweisen.
- Das System Vorbau-Lenker muss in zwei Prüfstufen den folgenden Dauerbelastungen widerstehen (**Seite 210, Bild 1**).

1. In der gegenphasigen Prüfstufe 100 000 Lastspiele mit einer Wechselbiegekraft.
2. In der gleichphasigen Prüfstufe 100 000 Lastspiele mit Wechselbiegekräften.
3. für Rennräder sind nach EN ISO 4210-5 weitere Prüfungen vorgesehen.

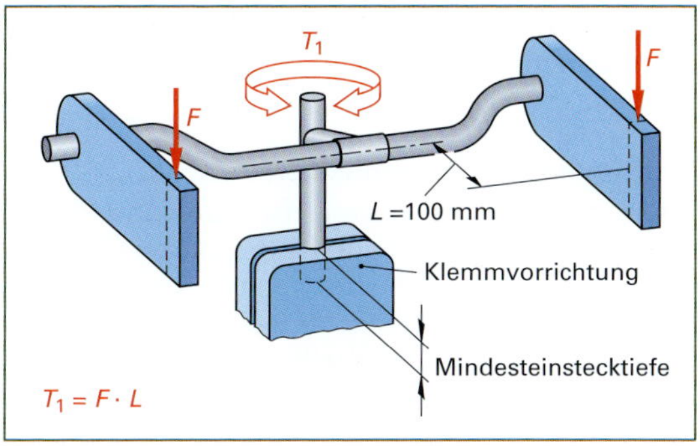


**Bild 2: Prüfung der Lenkerklemmung**

Alle Prüfungen müssen ohne Bruch und sichtbaren Anriss abgeschlossen werden.

4

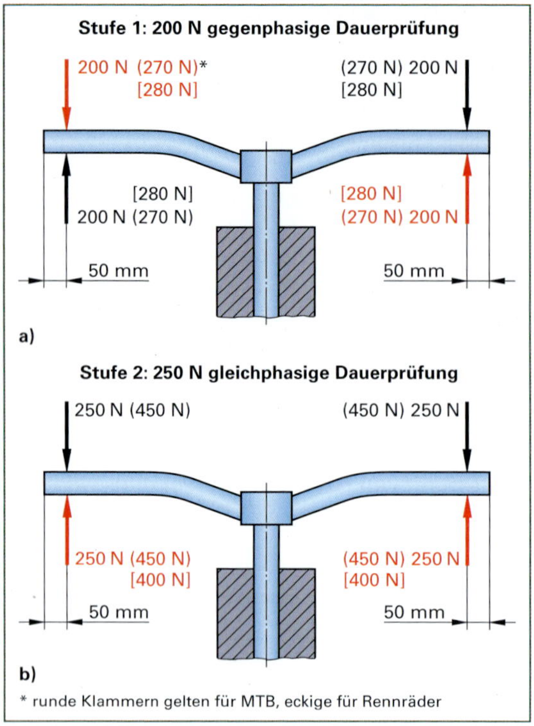


**Bild 1: Dynamischer Lenkertest**

Um bei einem Unfall schwere Verletzungen zu vermeiden, sollen Lenkerenden stets mit einem Stopfen bzw. Lenkergriff verschlossen sein.

Nach Stürzen sollten verbogene Lenker ausgetauscht werden, da die Dauerhaltbarkeit nicht mehr gewährleistet ist.

Beim Transport mit dem Auto dürfen Räder nicht kopfüberstehend am Lenker befestigt werden, da die auftretenden dynamischen Kräfte zu Materialermüdung führen können.

Das vom Hersteller angegebene maximale Anziehmoment der Klemmungen muss eingehalten werden.

### Bauformen von Fahrradlenkern

Kaum ein anderes Bauteil des Fahrrades ist in seiner Formgebung so vielfältig gestaltet wie der Lenker. Man unterscheidet nach Lenkern für Alltagsfahrten oder sportliche Betätigung; mit nur einer oder mehreren Griffpositionen; für nur eine oder mehrere Sitzhaltungen. Sie variieren daher nach:

- Art der Biegungen (Lenkerform)
- Lage und Richtung der Griffmöglichkeiten
- Anzahl der Griffmöglichkeiten

Die Maße eines Lenkers zeigt **Bild 2**:

- Breite und Höhe
- Griffwinkel und Grifflänge
- Griffdurchmesser
- Klemmdurchmesser
- Länge der Aufweitung

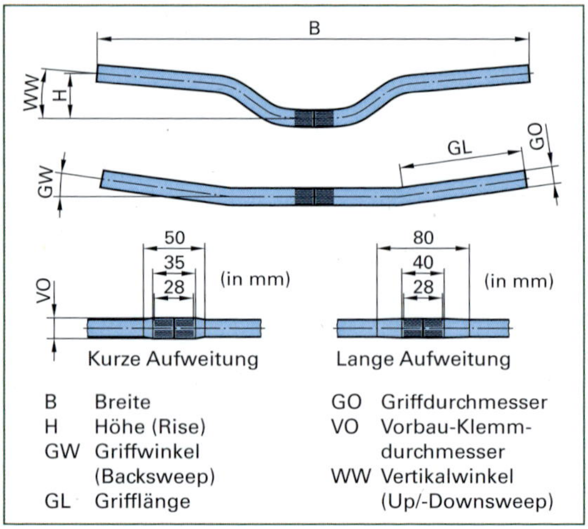


**Bild 2: Maße am Lenker**

### Hollandlenker, Tourenlenker

Der Hollandlenker ermöglicht eine aufrechte Sitzhaltung. Die Arme hängen entspannt seitlich und die Hände liegen locker auf den Griffen. Dazu steht der Lenker relativ hoch. Seine Griffe sind nach oben gekröpft und reichen weit nach hinten. Damit sie beim Auf- und Absteigen nicht behindern, ist der Lenker breit ausgeführt **(Bild 3a)**.

Die Griffe des Tourenlenkers (NSU-Lenker nach dem gleichnamigen Fahrradhersteller aus Neckarsulm) liegen dagegen etwas weiter vorne und nicht so weit auseinander. Auch sind sie etwas seitlich ausgestellt. Die Sitzhaltung ist leicht nach vorn gebeugt **(Bild 3b)**.

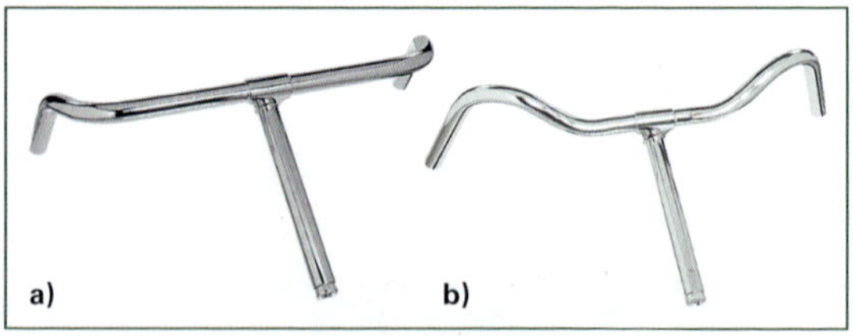


**Bild 3: a) Hollandlenker b) Tourenlenker**

Der Holland- und der Tourenlenker sind über einen kurzen Vorbau fest mit dem Lenkerschaft verlötet. Dadurch sind sie nah an der Lenkachse positioniert.

### Citylenker

Citylenker existieren in verschiedenen Varianten, die sich durch Höhe und Weite unterscheiden. Sie sind mit ihren weiter ausgestellten Griffwinkeln für eine leicht vorgebeugte Sitzhaltung vorgesehen **(Bild 1)**.

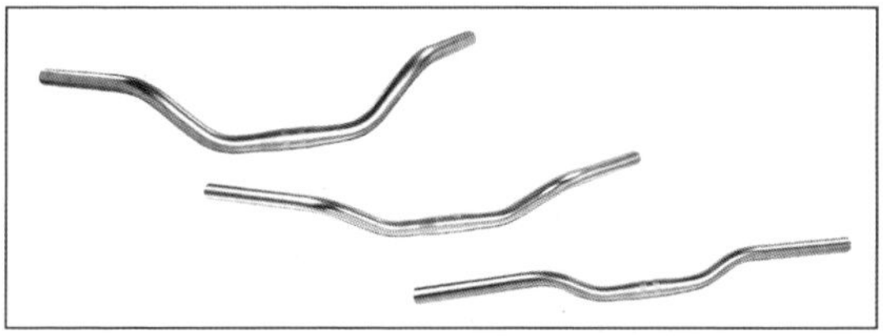

**Bild 1: Citylenker**

### Trekkinglenker

Der Übergang zwischen City- und Trekkinglenker ist fließend. Die Griffenden des Trekkinglenkers sind um 20° bis 45° abgewinkelt. Der Lenker ist weniger gekröpft, weil die Sitzposition flacher ist. Die längeren Griffenden bieten Platz für Schalthebel und Bremsgriffe **(Bild 2)**.

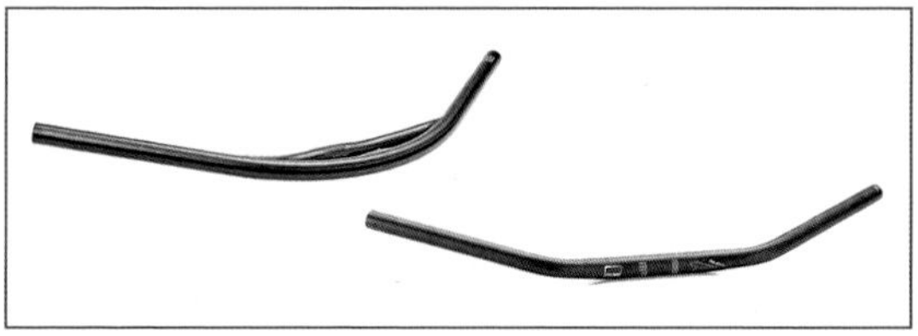

**Bild 2: Trekkinglenker**

### Multipositionslenker

Der Multipositionslenker ist bei City- und Trekkingfahrrädern verbreitet. In der Contestform ist eine Montage der Brems- und Schaltgriffe nur auf den geraden Endstücken nahe des Fahrers möglich **(Bild 3a)**.

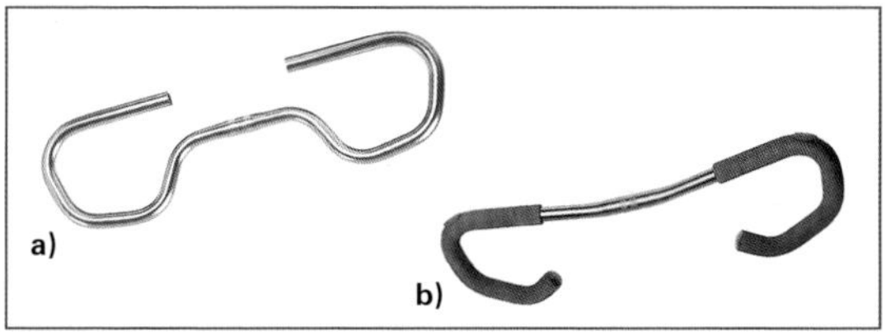

**Bild 3: Multipositionslenker**

In dieser Position ist der Abstand der Griffe zur Lenkachse gering. Mit einem so kurzen Hebel lässt sich ein beladenes Fahrrad oder eine Fahrt auf schwierigem Untergrund nicht sicher lenken.

Der Hornbar ist von der Klemmung aus leicht nach hinten abgewinkelt. Die Enden sind nach vorne und innen gekrümmt **(Bild 3b)**. So bietet er drei Griffpositionen. Zur Montage der Brems- und Schalthebel können die Enden manchmal demontiert werden. Sind diese Lenker in einem nach vorn ansteigenden Winkel von 15° bis 20° ausgerichtet, verändert sich beim Umgreifen leicht die Rückenhaltung des Fahrers. Sind sie senkrecht montiert, dann heben und senken sich nur die Arme.

### MTB-Lenker

Der Lenker eines MTB ist in der Regel gerade (engl. flat bar) oder um einen kleinen Betrag nach oben gekröpft (engl. rizer bar). Der Höhenversatz beträgt dabei maxmimal 70 mm. Der Backsweep beträgt meist 8° bis 9°, der Upsweep 4° bis 5° – ausgenommen Flat Bars **(Bild 4)**. Die Breiten der Lenker reichen von 580 mm für XC-MTB bis 780 mm für DH-MTB.

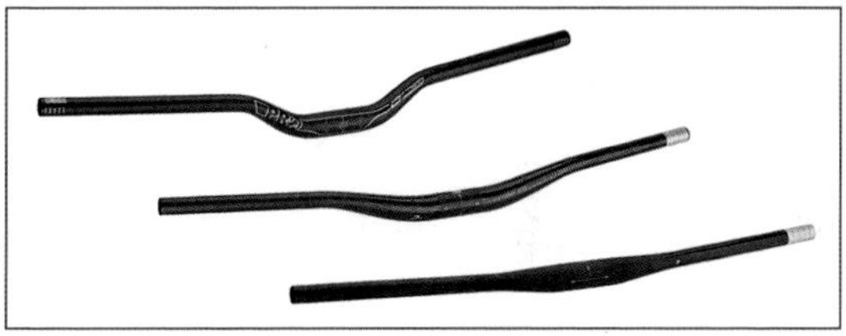

**Bild 4: MTB-Lenker**

Mit einem geraden Lenker ist das Lenkverhalten äußerst direkt. Bei einer steilen Abfahrt bieten sie eine gute Kontrolle. Für eine eher aufrechte Sitzposition empfehlen sich gekröpfte Lenkerbügel. Der Biegungswinkel nimmt erheblichen Einfluss auf die Sitzposition. Das Lenkverhalten ist im Vergleich zu den geraden MTB-Lenkern weniger nervös, da der Schwerpunkt nach hinten verlegt wird.

Um die Griffposition zu variieren, werden **Bar Ends** (Lenkerhörnchen) montiert. Es gibt sie in verschiedenen Größen und Formen. Sie werden per Außen- oder Innenklemmung an den Rohrenden des Lenkers angeschraubt **(Bild 5)**.

Durch die Möglichkeit des Wechsels der Griffposition können vor allem bei längeren Fahrten die Muskulatur und das Handgelenk entlastet werden. Die Griffposition verlagert zudem den Schwerpunkt des Fahrers, was Schmerzen und Verkrampfung vorbeugt.

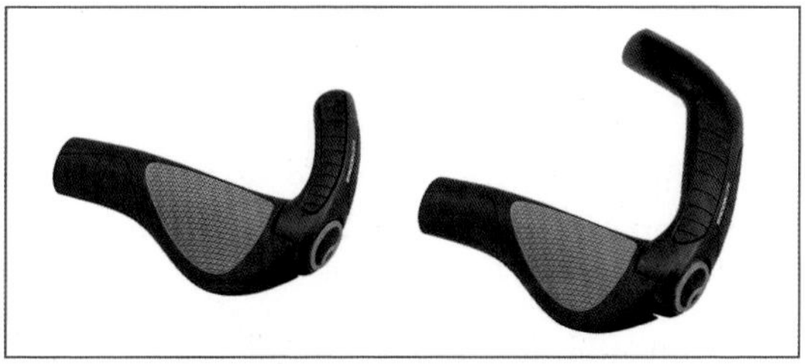

**Bild 5: Lenkergriffe mit Bar Ends**

4

Da die Tendenz zu breiteren Lenkern für mehr Kontrolle bei der Fahrt geht, ist die Position der Zusatzgriffe am äußeren Ende fraglich geworden. Die extrabreite Armhaltung ermüdet die Muskulatur und kann zu Verspannungen führen. Auch erzeugt sie einen unnötigen Luftwiderstand. Als Lösung werden Zusatzgriffe angeboten, die in der Nähe der Schalt-/Bremsgriffe montiert werden (Herstellername: Innerbarends, **Bild 1**).

Bild 1: Innere Zusatzgriffe (Innerbarends)

### BMX-Lenker

Im BMX-Sport werden zwei Lenker-Bauarten nach der Anzahl ihrer Bauteile unterschieden: 2-Piece und 4-Piece **(Bild 2)**.

Bild 2: BMX-Lenker; links 2-Piece, rechts 4-Piece

Der 2-Piece-Lenker besteht aus einem gebogenen Rohr, das mit einem Querrohr verstärkt ist. Beim 4-Piece sind die Seitenrohre und die Querrohre einzeln und miteinander verschweißt. Ein 4-Piece-Lenker kann schmaler gebaut sein. Außerdem besteht die Gelegenheit, verschiedene und der Belastung angepasste Rohrquerschnitte zu nutzen.

Auch wenn es bei beiden Bauarten sehr hochwertige Modelle gibt und die tatsächlichen Unterschiede zwischen diesen gering sind, werden ihnen bestimmte Eigenschaften zugesprochen **(Tabelle 1)**.

**Tabelle 1: Unterschiede von BMX-Lenkern**

| 2-Piece | 4-Piece |
|---|---|
| flexibler | steifer |
| verbiegt bei Überlast | bricht bei Überlast |
| weniger Kniefreiheit | mehr Kniefreiheit |
| Cleaner Look | Old School Look |

### Rennlenker

Bei den meisten Radsportarten wird eine hohe Fahrgeschwindigkeit angestrebt. Für einen geringen Luftwiderstand ist dabei der Rumpf des Fahrers weit nach vorne gebeugt und die Griffe der Lenker sind weit vorne und tief angeordnet. Aus diesen Vorgaben entstand der klassische Rennlenker (engl. dropbar), der lange Zeit mit leichten Modifikationen hergestellt wurde **(Bild 3)**.

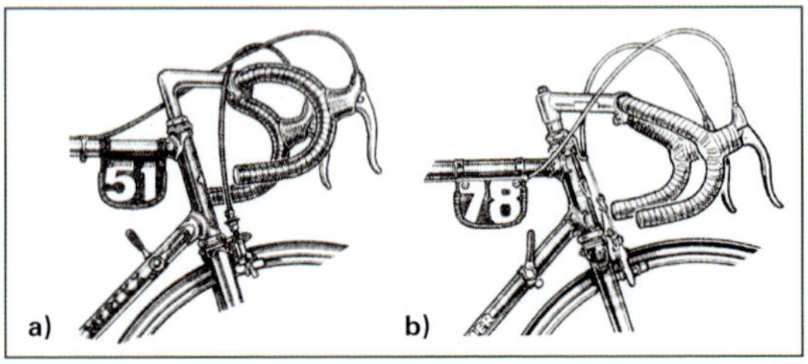


Bild 3: Rennlenker der 1970er Jahre

Der gebräuchliche **Werkstoff** für Rennlenker ist seit einigen Jahrzehnten Aluminium. Dabei sind die Möglichkeiten der Lenkerform durch die Verfahren der Rohrherstellung und -verarbeitung begrenzt. Mit CFK als Material ist es einfacher geworden, komplexe Formen zu erstellen. So werden die aerodynamischeren und ergonomischeren Profile möglich, die die Palette an Lenkerformen deutlich erweitern.

### Maße am Rennlenker

Als Standard für die **Lenkerklemmung** hat sich das Maß 31,8 mm etabliert und die alten Größen 25,4 mm, 26,0 mm (die meisten alten italienischen Lenker) oder 26,4 mm (alte Cinelli-Lenker) abgelöst.

### Lenkerbreite

Straßenrennlenker werden normalerweise in den Breiten 400 mm, 420 mm, und 440 mm angeboten. Gelegentlich kommen auch die Größen 380 mm und 460 mm hinzu. Die Bemaßung der Breite ist jedoch nicht genormt. Bei einigen Herstellern wird sie zwischen den Mitten der Rohrenden gemessen (center to center, c-c, **Seite 213, Bild 1**). Andere Produzenten messen von Außenkante zu Außenkante.

Als Faustregel gilt, dass die Lenkerbreite der Schulterbreite entsprechen sollte. Zu schmale Lenker behindern die Atmung und verschlechtern die Fahrkontrolle. Zu breite Lenker können Nacken- und Schulterschmerzen erzeugen.

**Bremsgriffweite (shifter width)**

Wenn der Lenker nach unten aufgeweitet ist (Spreizung/Flare), dann reicht das klassische Maß der Lenkerbreite nicht aus. In solchen Fällen wird auch der Abstand zwischen den Montagepunkten der Bremsgriffe (gemessen von Mitte zu Mitte) angegeben **(Bild 1)**.

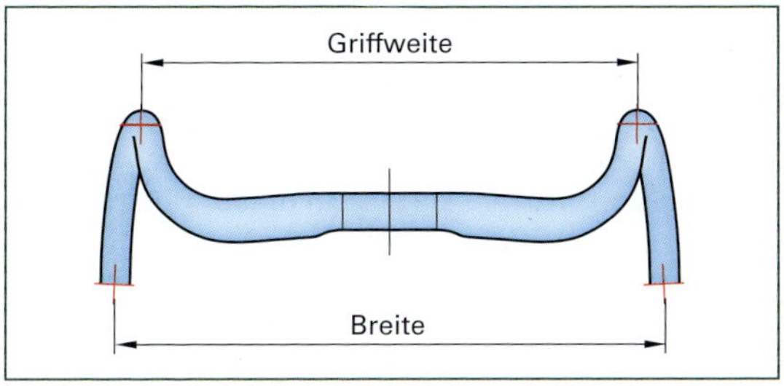


**Bild 1: Lenkerbreite center-center, Griffweite**

**Bogenform**

In der Unterlenkerhaltung greift die Hand den unteren Bogen. Die klassische Form des unteren Bogens ist gleichmäßig gekrümmt **(Seite 213, Bild 3)**. Für einen besseren Komfort wird er anatomisch angepasst, z. B. indem er nach einem engen Radius am oberen Ende der Biegung in einen geraden oder zumindest flacheren Abschnitt übergeht **(Bild 2)**.

**Vorbiegung (reach)**

Dies ist der horizontale Abstand, um den sich der Lenker vom Klemmbereich des Vorbaus nach vorne erstreckt **(Bild 2a)**. Typische Werte liegen zwischen 70 mm und 80 mm.

Eine größere Vorbiegung erlaubt eine gestreckte Sitzposition bei schneller Fahrt und eine aufrechte Haltung, wenn der Oberlenker gegriffen wird.

**Absenkung (drop)**

Die Absenkung ist der vertikale Abstand vom Bereich der Vorbauklemmung bis zum Ende des Lenkers **(Bild 2b)**. Typische Werte liegen zwischen 125 mm und 135 mm.

Lenker mit kleinerer Absenkung haben sich in den letzten Jahren durchgesetzt. Es wird damit ein zu starker Wechsel der Köperhaltung beim Wechsel der Griffposition vermieden. Wenn der Lenker hoch eingestellt ist, entlastet dies den Rücken- und Nackenbereich. Wenn der Lenker tief eingestellt ist, vermeiden Rennfahrer damit eine aerodynamisch ungünstige Sitzposition in der Oberlenkerhaltung.

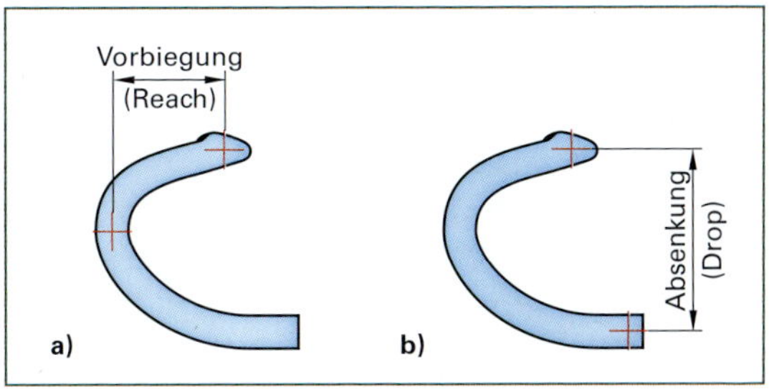


**Bild 2: Vorbiegung (reach), Absenkung (drop)**

**Spreizung (flare)**

Die Spreizung des Lenkers ist der Winkel, um den sich der abgesenkte Bereich des Lenkers von der Vertikalen nach außen öffnet **(Bild 3)**. Sie ermöglicht in der Unterlenkerhaltung eine bessere Kontrolle des Vorderrades. Gleichzeitig bleibt die normale Bremsgriff- und Oberlenkerhaltung bestehen. Dies ist vor allem für Gravelbiker wichtig, die sowohl auf befestigten wie auch auf unbefestigten Wegen fahren.

**Erhöhung (rise)**

In der Regel verläuft die Oberseite des Lenkers in der Achse der Vorbauklemmung. Er kann aber auch um 20 mm bis 25 mm nach oben gekröpft sein **(Bild 3)**. Der Lenker ermöglich dann in der Oberrohrhaltung eine aufrechtere Sitzposition, die eine Ermüdung bei langen oder technisch schwierigen Strecken verzögern soll. Eine Erhöhung kann aber auch bei Rädern mit niedrigem Lenkungslager (TT-Bikes) sinnvoll sein.

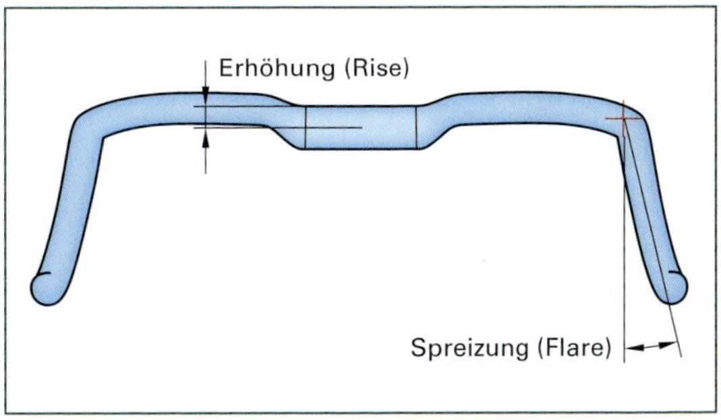


**Bild 3: Erhöhung (rise), Spreizung (flare)**

**Schwenkwinkel (sweep)**

Zur Beschreibung der Lage der Griffbereiche benutzt man den Schwenkwinkel, mit dem sie vom jeweiligen rechten Winkel abweichen. Der englische Ausdruck dafür lautet allgemein sweep.

### Vorschwenk, Rückschwenk

Ein Vorschwenk der Oberseite (frontsweep) kann z. B. mit einer Gewichtsersparnis oder mehr Kniefreiheit beim Sprinten begründet werden **(Bild 3)**. Ein Rückschwenk (backsweep) soll dagegen zu einer natürlicheren Handhaltung führen **(Bild 1)**.

### Auswärtsschwenk (outsweep)

Der Auswärtsschwenk ist der Winkel, den das Ende des Lenkrohrs relativ zur Rahmenebene bildet. Er liegt meist zwischen 0° und 4° **(Bild 1)**.

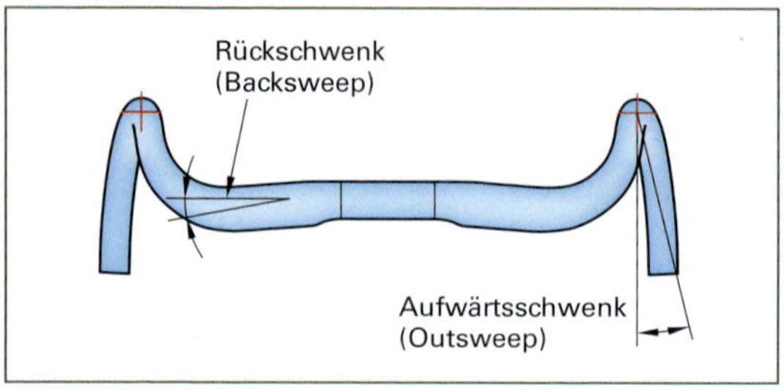


**Bild 1: Rück- und Auswärtsschwenk**

### Oberseite

Die Oberseiten der meisten Lenker haben einen kreisförmigen Querschnitt. Durch den Einsatz von CFK sind mittlerweile andere Formen möglich. So wird das Rohr zu einer Fläche ausgeformt, die sowohl die Aerodynamik verbessert als auch als komfortable Handablage dient **(Bild 2)**.

**Bild 2: Lenker mit abgeflachter Oberseite**

### Bahnradlenker

Bahn-Wettkämpfe werden bei hoher Geschwindigkeit während einer meist kurzen Zeitdauer ausgetragen. Dabei ist vor allem eine aerodynamisch günstige Körperhaltung wichtig. Auch würden breite Lenker bei den häufigen Körperkontakten zwischen den Fahrern stören. Daher sind Bahnlenker vor allem sehr schmal (340 mm bis 380 mm). Die Absenkung kann bis 170 mm betragen **(Bild 3)**.

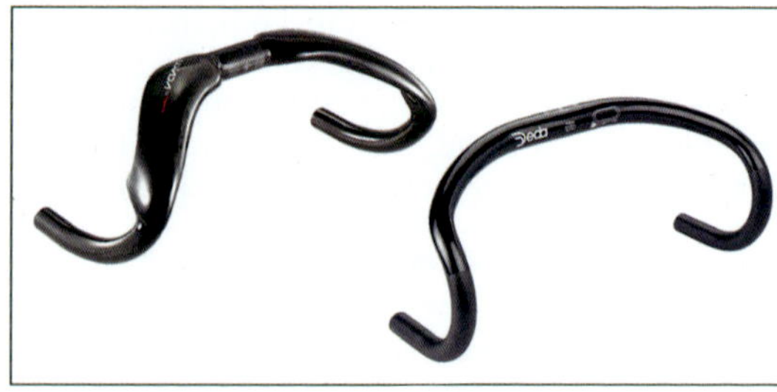

**Bild 3: Bahnradlenker mit Vorschwenk zwischen Lenkerklemmung und -bogen; Material: links CFK, rechts Aluminium**

### Zeitfahrlenker

Für eine perfekte Aerodynamik muss sich der Zeitfahrer waagerecht vorbeugen und die Arme nah beieinander halten. Diese Position ermöglicht der Zeitfahrlenker mit Armauflagen und weit vorgestreckten Griffen. Da sich in dieser Position das Lenken nur auf leichte Korrekturen der Geradeausfahrt beschränkt, bietet der Lenker noch zwei weiter auseinanderliegende Griffe für den Start, die Fahrt durch enge Kurven und andere schwierige Fahrsituationen **(Bild 4)**.

**Bild 4: Zeitfahrlenker**

### Innovationen

Neben den oben genannten, mittlerweile etablierten Lenkerbauarten gibt es immer wieder Neuerungen.

So bietet der **Surly Corner Bar** eine moderate Rennlenker-Position an, wird aber mit MTB-Brems-/Schalthebeln bestückt. So kann man eine andere Sitzposition auf dem MTB realisieren, ohne die Steuerungsanlage erneuern zu müssen **(Bild 5)**.

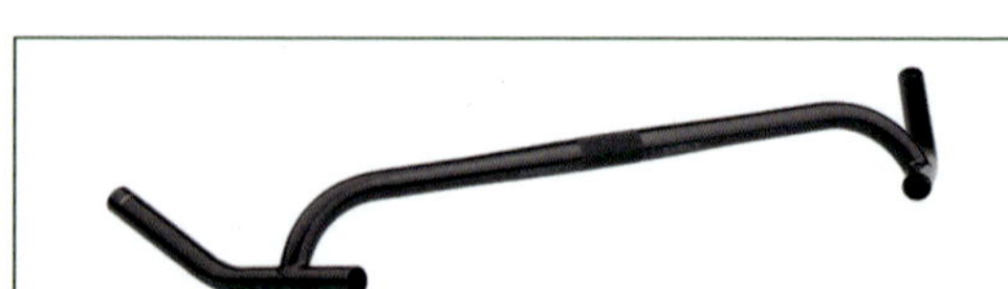

**Bild 5: Surly Corner Bar**

## 4.7 Sitzsystem

Der Körper eines Radfahrers wird zur Entlastung seiner Muskulatur vom Rahmen gestützt. Auf diese Weise spart der Fahrer einen erheblichen Betrag an Energie ein, wodurch lange Fahrtzeiten und -strecken möglich werden. Roller, Tretroller und Wipproller bieten diesen Vorteil nicht und werden daher auch nur selten zum Bewältigen großer Distanzen eingesetzt.

Die Art der Abstützung ist abhängig von der Körperhaltung und erfolgt durch:

- **Sattel** (Tretbewegung nach unten),
- **Sessel** (Tretbewegung nach vorne/unten),
- **Liege** (Tretbewegung nach vorne).

Die Übergänge zwischen den Kategorien der Sitzhaltungen sind fließend.

### 4.7.1 Sattel

Die Körperhaltung beim Fahrradfahren ist in der Regel aufrecht. Diese Position nahmen schon die Nutzer von Karl Drais ersten Laufmaschinen ein, die zu ihrer Zeit auch „Draisinenreiter" genannt wurden.

Zur Abstützung des menschlichen Körpers dient seit dieser Zeit normalerweise ein Sattel, der verglichen mit einem Pferdesattel zwar eine modifizierte Form hat, aber dieselbe Funktion erfüllt.

Die wesentliche Anforderung an einen Sattel ist, dass er ein dauerhaftes Fahren ohne Sitzbeschwerden erlaubt. Diese wären in erster Linie:

- Druckschmerzen der Sitzknochen,
- Druckschmerzen und Taubheitsgefühle im Dammbereich und
- Wundreiben an den Innenseiten der Oberschenkel.

Bei einer aufrechten Sitzposition und entspannter Fahrt, wie sie ein Touren- oder Hollandrad ermöglicht, trägt der Sattel etwa 70 % des Körpergewichts. Übertragen wird diese Last durch die Sitzbeinhöcker des Beckens.

Die Sitzbeinhöcker bilden das hintere Ende der beiden kurvenförmigen Schambeinknochen, deren vordere Enden den Schambeinbogen bilden. Die beiden Knochen sind in der Schambeinfuge elastisch verbunden **(Bild 1)**. Die Sitzbeinhöcker sind nur von einer dünnen Gewebeschicht überzogen. Der Abstand der Sitzbeinhöcker, die Weite und Form der Schambeine und des Schambeinbogens sind individuell und entscheidend für die Auswahl eines passenden Sattels.

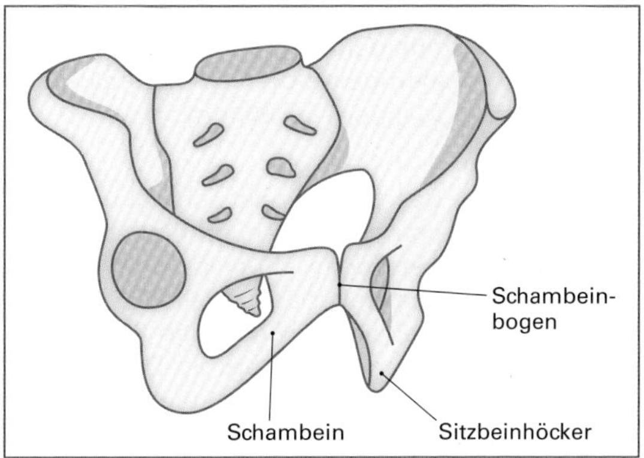


**Bild 1: Menschliches Becken**

Das Gewebe, die Gefäße und die Nervenleitungen, die sich zwischen den Schambeinen befinden, können nur wenig Druck vertragen. Sollten sie durch einen nicht passenden Sattel zu stark komprimiert werden, entstehen Druckschmerzen und Taubheitsgefühle.

**Sitzbeinhöcker**

Das Sitzen auf dem Sattel belastet bei aufrechter Haltung im Idealfall nur die relativ großen Sitzbeinhöcker, was einen breiten Sattel notwendig macht **(Bild 2)**.

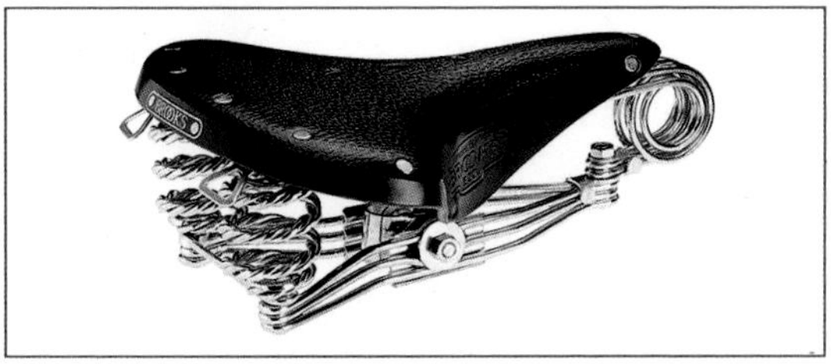

**Bild 2: Breiter Tourensattel aus Leder, Breite ca. 235 mm**

Je weiter nach vorne geneigt die Köperhaltung ist, desto schmaler muss der Sattel sein, um den Schambeinen Halt zu bieten und ein Wundscheuern der Beine an der Sattelnase zu verhindern **(Bild 3)**.

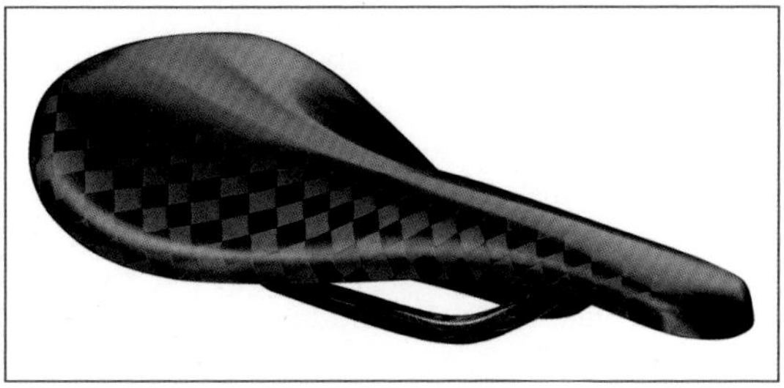

**Bild 3: Schmaler Rennsattel aus CFK, Breite ca. 140 mm**

Der weiteste Abstand der Sitzbeinhöcker geht bei Frauen bis 170 mm, bei Männern bis 160 mm. Der Abstand der Schambeine beträgt bei Frauen ca. 70 mm und bei Männern ca. 60 mm.

### Beckenform und Sitzhaltung

Das männliche Becken ist meist schmal und lang ausgeformt. Die Kufen der Schambeine und auch die Sitzbeinhöcker liegen enger zusammen und steigen nach vorne steiler an, sodass der Schambeinbogen erst bei einer erheblichen Beckenkippung nach vorne den Sattel berührt. Die schmale Form der meisten Sportsättel entspricht dieser Anatomie und die Kufen bekommen seitlich eine gute Auflagefläche.

Das weibliche Becken ist eher breit und relativ kurz. Die Schambeine sind hier eher nach außen gewölbte Bögen, was oft zu einer aufrechteren Beckenhaltung führt und kürzere und breitere Sättel notwendig macht.

### Gesäßdruck

Auf Sätteln mit fester Oberfläche besteht nur eine kleine Kontakfläche zum Gesäß. Der lokale Druck ist entsprechend hoch, betrifft aber nur die Sitzbeinhöcker bzw. die Schambeinkufen **(Bild 1)**.

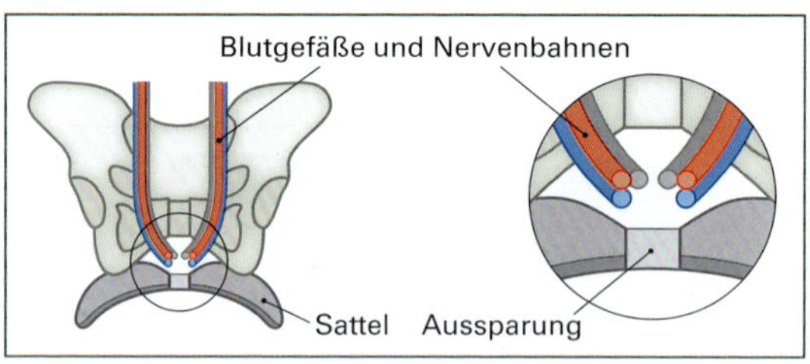


**Bild 1: Nerven und Blutgefäße im Sitzbereich**

An diesen Zustand gewöhnt sich der Körper, wenn die Sitzdauer langsam gesteigert wird. Längere Pausen vom Radfahren (ab zwei Wochen), wie sie in der Winterzeit vorkommen, machen diesen Gewöhnungseffekt wieder rückgängig.

Auf Sätteln mit weicher Oberfläche sinkt das Gesäß ein, sodass sich die Kontaktfläche vergrößert. Der lokale Druck verringert sich, was im ersten Moment als angenehm empfunden wird. Allerdings sind in diesem Fall auch Zonen mit den Nerven- und Blutbahnen des Dammbereichs durch Druck belastet.

Ein längeres Sitzen verursacht hier Probleme mit der Durchblutung sowie Nervenreizungen. An diese Belastung kann sich der Körper nicht gewöhnen. Bei längeren Fahrstrecken kann es durch die weiche Polsterung auch zum Wundreiben kommen.

Beim Pedalieren auf Sattelfahrrädern üben die Beine eine Kraft auf die Pedale aus. Die dazu notwendige Gegenkraft besteht in der Regel aus der Gewichtskraft des Fahrers. Die Last auf den Sattel nimmt entsprechend der ausgeübten Pedalkraft ab. Trainierte Radfahrer, die hohe Pedalkräfte übertragen, haben daher tendenziell eine geringere Belastung ihres Gesäßes.

Allgemeine Tipps bei Taubheitsgefühlen:

- eine aufrechtere Sitzposition einnehmen,
- öfter im Stehen fahren (Wiegetritt),
- nicht mit schwerem Rucksack fahren,
- mehr Druck am Pedal entlastet den Druck auf dem Sattel,
- Körpergewicht abbauen,
- ein dünneres Sitzpolster verwenden,
- möglichst weit hinten an der breitesten Stelle des Sattels sitzen,
- Sattel etwas nach vorne/unten neigen.

### Sattelgestaltung

Um einen Sattel konstruktiv an die Bedürfnisse von Radfahrern anzupassen, nutzen die Hersteller Lösungen wie z. B. Sicken **(Bild 2)**.

**Bild 2: Sicke in der Sattelmitte**

Ebenso können Aussparungen **(Bild 1)** oder weiche Elemente in der Sattelmitte sowie Stufen zwischen dem Sitzbereich und der Sattelnase helfen **(Bild 3)**.

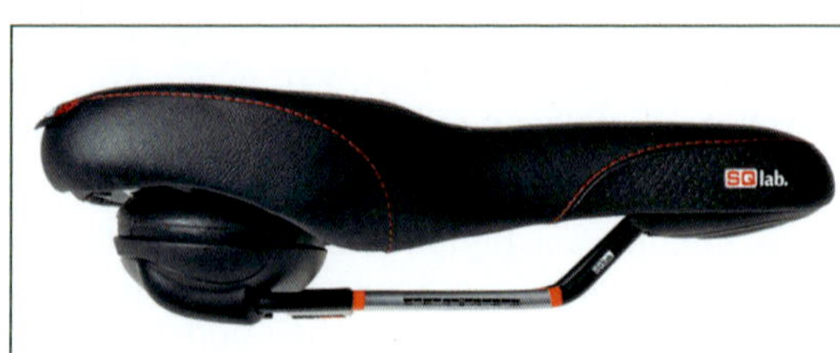


**Bild 3: Stufensattel**

*Hinweis:*
In einem Beratungsgespräch sollte daran gedacht werden, dass es gerade älteren Menschen

schwerfällt, offen über Sitzbeschwerden im Dammbereich zu sprechen. Es ist daher wichtig, das Gespräch vorsichtig und einfühlsam zu führen. Ältere Männer sind häufiger von Entzündungen oder Vergrößerungen der Prostatadrüse betroffen, die sich oberhalb des Dammbereiches befindet. Sattelformen mit Druckentlastungszonen werden daher als besonders angenehm empfunden.

**Sattelmaterial**

Ab ca. 1870 war für ungefähr hundert Jahre Leder das einzige Material für einen Fahrradsattel. Dann wurden es relativ schnell durch Kunststoff abgelöst. Sportsättel bestanden aus einem spritzgegossenen Kunststoffkörper, in den die zwei Schienen zur Befestigung eingearbeitet waren. In der Folgezeit setzte sich ein mehrschichtiger Aufbau der **Kunststoffsättel** durch, bei dem der formgebende Kunststoffkörper mit einem Bezug aus Leder oder Textilmaterial und einer Polsterung aus Schaumstoff und eventuell einer Geleinlage versehen wird **(Bild 1)**.

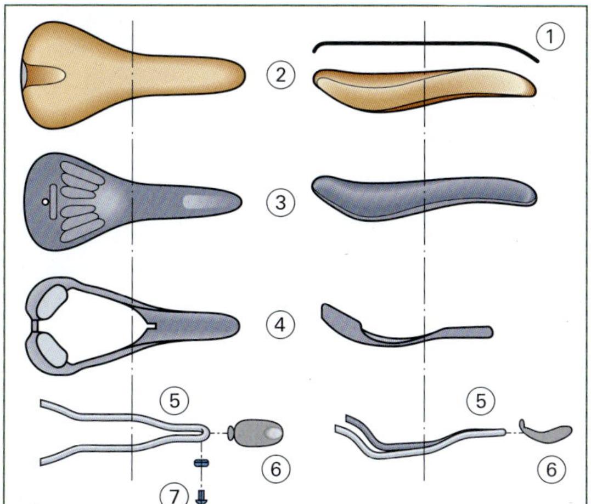

1 Lederbezug
2 Polsterung
3 Schale
4 Gegenstück Schale
5 Sattelgestell
6 Elastomer
7 Rahmenblock

**Bild 1: Mehrschichtiger Aufbau eines Rennsattels**

Die Vorteile von Kunststoffsätteln sind:

- Es sind viele verschiedenen Formen und Detaillösungen realisierbar.
- Sie müssen nicht eingefahren werden und verändern ihre Form während des Gebrauchs kaum.
- Sie sind deutlich leichter als Ledersättel.
- Sie benötigen keine Pflege.
- Sie sind unempfindlich gegen Nässe.
- Einfache Sättel sind preiswert.

Mit dem 3D-Druck ergeben sich seit dem Jahr 2020 neue Gestaltungsmöglichkeiten **(Bild 2)**.

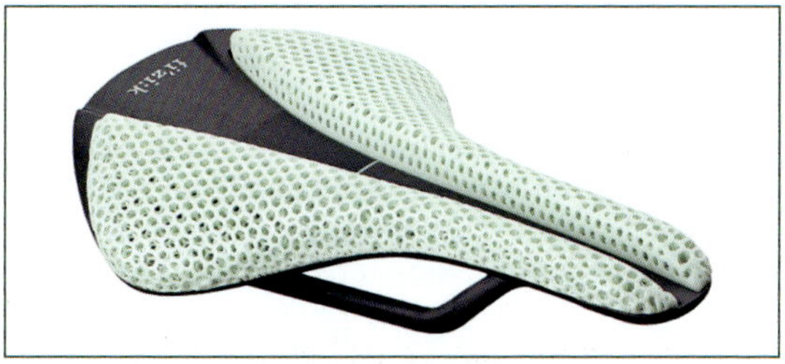

**Bild 2: Sattel mit Polsterung aus 3D-Druck**

**Ledersättel** haben die besondere Eigenschaft, dass sie sich an die Gesäßform ihres Fahrers anpassen können. Dazu müsen sie eingefahren werden. Das bedeutet, dass die Sitzbeinhöcker Vertiefungen in den Sattel drücken. Dies geschieht während der Benutzung und der Prozess vollzieht sich je nach Dicke des Leders über eine Fahrstrecke von 500 km bis 1.000 km. Vor der Erstbenutzung müssen Ledersättel (von unten) gefettet werden, was das Einfahren beschleunigt und die Lebensdauer verlängert.

Durch die sich bildenden Vertiefungen vergrößert sich die Kontaktfläche des Sattels zum Gesäß und der lokale Druck auf Sitzbeinhöcker verringert sich. Das umliegende Gewebe, die Gefäße und Nervenbahnen werden nicht gequetscht, da der Sattel nicht gepolstert ist und solange die Mulden nicht zu tief werden. Ledersättel eignen sich daher vor allem für Personen, die häufig und lange Strecken fahren.

Über die Dauer der Benutzung dehnt sich vor allem dünnes und sehr stark gefettetes Leder. Der Sattel hängt dann zwischen der vorderen und der hinteren Befestigung durch. Diese Form der ‚Hängematte' ist kein grundsätzlicher Nachteil. Sollten sich aber dadurch Sitzprobleme ergeben, dann können Ledersättel durch eine Vorrichtung in der Sattelnase wieder gespannt werden **(Bild 3)**.

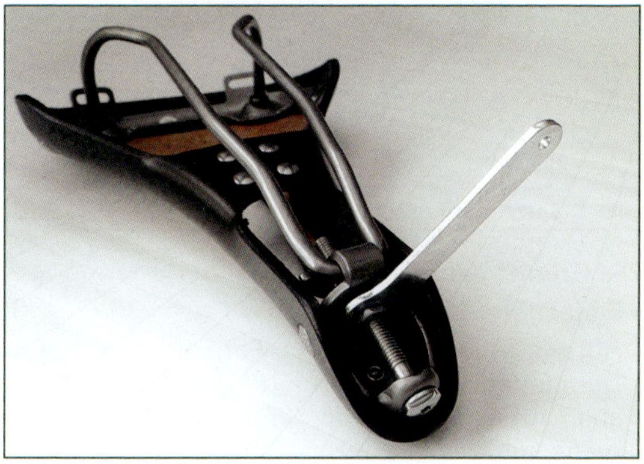

**Bild 3: Spannen eines Ledersattels**

Dies darf nur vorsichtig ausgeführt werden, denn der Durchhang wird sich im Laufe der Zeit wieder einstellen und die mögliche Spannlänge ist begrenzt.

Ledersättel können auch nachträglich modifiziert werden: Eine Aussparung lässt sich mit einem scharfen Messer und Locheisen problemlos ausschneiden. Der Sattel gewinnt dadurch im Dammbereich an Flexibilität.

Die Verwendung von **Gel-Einlagen** bei Kunststoffsätteln soll den Druck auf eine größere Fläche verteilen. Dazu darf die Einlage aber nicht zu dick sein, weil sie sonst wie eine gewöhnliche Polsterung wirkt und zu den oben genannten Nachteilen führt. Außerdem haben Geleinlagen nur eine begrenzte Lebensdauer.

### Sattelnase

Die **Sattelnase** dient als Führung. Beim Straßen- und Bahnrennfahren erlaubt sie ein Verschieben des Köpers in Längsrichtung und unterstützt die Kontrolle des Fahrverhaltens. Sollte man während der Fahrt den Sattel verlassen (z. B. im Wiegetritt) gibt sie dem Radfahrer eine taktile Information über die Position des Sattels und erleichtert so das sichere Hinsetzen.

Es kann aber auch sinnvoll sein, einen Sattel mit einer nur kurzen **(Bild 1)** oder ganz ohne Nase zu verwenden (Rocksattel).

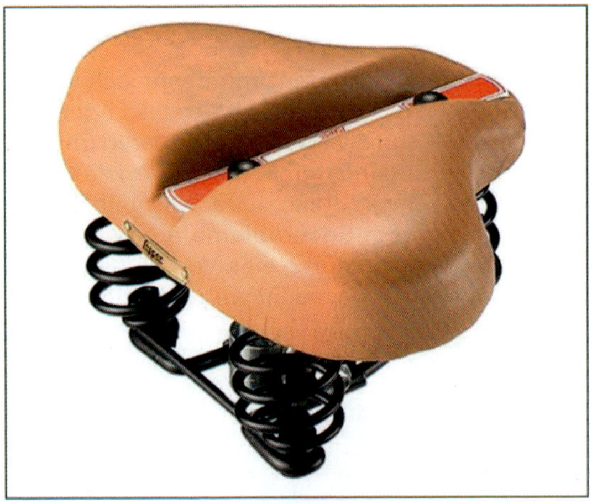

**Bild 1: Sattel mit kurzer Nase und Sicke**

Die Gründe dafür sind:

- Einfacherer Durchstieg
  Alltagsradfahrer, die ein Fahrrad mit tiefen Durchstieg fahren, führen oft den Auf- und Abstieg auf den Sattel von der Innenseite des Rahmens aus. Dabei erweist sich eine lange Sattelnase als hinderlich.
- Auswahl der Kleidung
  Auskragende Sättel sind mit geräumiger luftiger Kleidung nicht vereinbar.
- Sturzfolgen
  Wenn es möglich ist, werden bei sportlichen Disziplinen mit großer Sturzgefahr (BMX, MTB-Downhill) Sättel mit stumpfer Sattelnase und gerundeten Ecken bevorzugt.
- Zeitfahren und Triathlon
  Beim Zeitfahren und Triathlon wird eine weit vorgelagerte Sitzposition eingenommen. Das Körpergewicht ruht auf der Sattelnase, die eher kurz und breit sein muss. Möglich ist eine Entlastungsspalte die den Sattel an dieser Stelle teilt **(Bild 2)**.

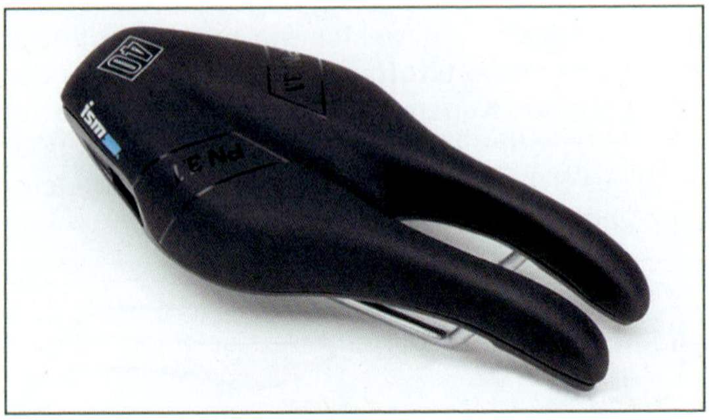

**Bild 2: TT- und Triathlon-Sattel**

## 4.7.2 Sattelstütze

Die **Sattelstütze** dient zur Befestigung und Einstellung des Sattels. Die dazu nötigen Verstellmöglichkeiten sind:

- Höhenverstellung zur Justage der Sitzhöhe,
- Horizontalverstellung in Längsrichtung zur Anpassung der Sitzlänge und
- Neigungsverstellung des Sattels.

Die größte Verbreitung hat seit Jahrzehnten die Kombination eines Sattelstützrohres aus Stahl oder Aluminium („Sattelkerze", **Bild 3**) mit einer Sattelklemme („Sattelkloben", **Seite 219, Bild 1**).

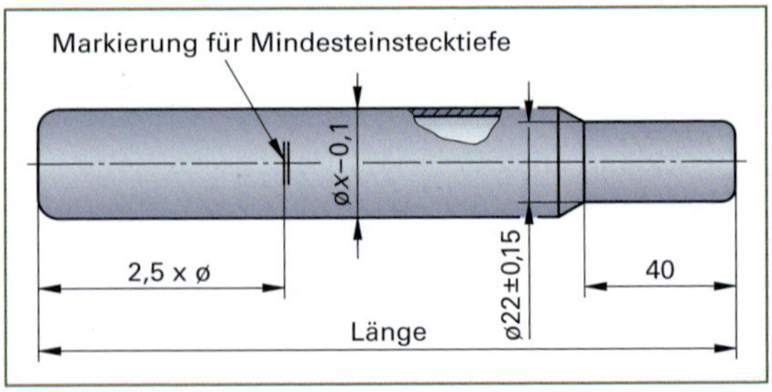


**Bild 3: Sattelstützrohr/Sattelkerze**

Der Außendurchmesser der Sattelstütze sollte 0,1 mm kleiner als der Innendurchmesser des Sitzrohres sein. Die Mindesteinstecktiefe ist auf dem Rohr markiert. Die Markierung darf im eingebauten Zustand nicht sichtbar sein. Sollte keine Markierung vorhanden sein, dann gilt eine Mindesteinstecktiefe des 2,5-Fachen des Rohrdurchmessers.

### Stützrohrdurchmesser

Weil sich in vergangenen Zeiten die Hersteller von Fahrrädern an Standardgrößen der Rohrhersteller orientieren mussten, waren die Außendurchmesser für die Rahmenrohre meist auf Größen wie 25,4 mm (= 1" – USA), 28,6 mm (= 11/8" – GB, Italien) und 28,0 mm (Frankreich) beschränkt. Abzüglich der Wandstärke resultierten daraus die Durchmesser für Sattelstützen von 22,0 mm (USA) und 25,0 mm bis 27,2 mm (GB, I, F). Die dünneren Wandstärken von leichteren Rahmenrohren führten deshalb zu den größeren Sattelstützdurchmessern der Straßenrennräder im Vergleich zu Alltagsfahrrädern.

In dem Bereich von 25,0 bis 27,2 mm gibt es fast durchgängig Sattelstützen in Schritten von 0,2 mm. Mit dem MTB kamen Oversize-Maße dazu.

Die häufigsten Durchmesser zeigt die **Tabelle 1**.

**Tabelle 1: Übliche Durchmesser von Sattelstützen**

| Durchmesser in [mm] | | | | | | |
|---|---|---|---|---|---|---|
| 25,0 | 26,8 | 27,0 | 28,6 | 30,9 | 31,6 | 34,9 |
| 25,4 | | 27,2 | | | 31,8 | |

Die Formstücke der **Sattelklemme** (auch „Sattelkolben" genannt, **Bild 1**) nehmen die Schienen des Sattels auf, die dann durch einen Bolzen seitlich geklemmt werden. Gleichzeitig wird die Klemme auf der Verjüngung des Sattelstützrohres mit dem Durchmesser von 22,0 mm befestigt.

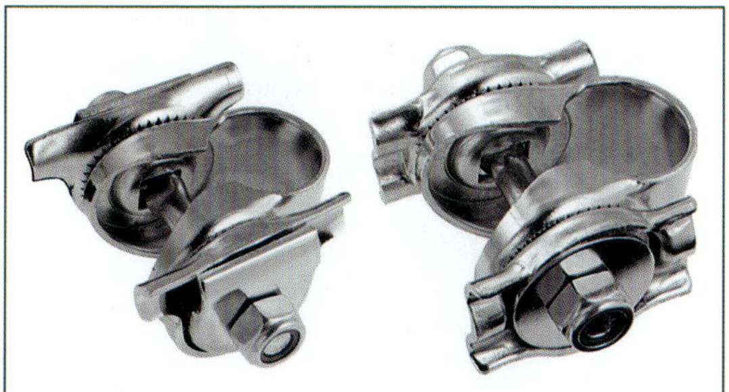

**Bild 1: Sattelklemmen für 2- und 4-Schienen-Gestelle**

Die Position in Längsrichtung wird durch Verschieben des Sattels in der Klemme eingestellt. Die Neigung durch das Verdrehen der Formstücke. Diese sind gerastert, um zu verhindern, dass sich der Sattel während des Betriebs verstellt. Die Rasterungen übernehmen 36 oder 40 radial angeordnete Zahnpaare und sie sind mit 10° bzw. 9° Winkelschritten relativ grob.

Bei **einteiligen Sattelstützen** (auch „Patentsattelstützen" genannt) sind Sattelklemme und -stützrohr eine Einheit. Diese können gerastert oder ungerastert ausgeführt sein.

Bei **feingerasterten Sattelstützen** (engl. pivotal seatpost, pivot = Drehgelenk, Drehzapfen) ist die zweiteilige Klemmung in der konkaven Drehpfanne der Stütze gelagert und mit einem zentralen Bolzen befestigt **(Bild 2a)**.

Hierbei sind die Unterseite der unteren Schienenklemmplatte und die Oberseite der Drehpfanne mit einer Feinverzahnung versehen, die die Verstellung meist in 2°-Schritten ermöglicht.

Bei dieser Zentralbolzen-Befestigung muss die Schraube immer mit einem möglichst hohen Anziehmoment versehen werden. Sonst lastet auf ihr eine unzulässig hohe Querkraft, die zum Bruch der Schraube führen kann. Die Gewindefurchen in dem belasteten Bereich vergrößern die Bruchneigung zudem durch ihre Kerbwirkung.

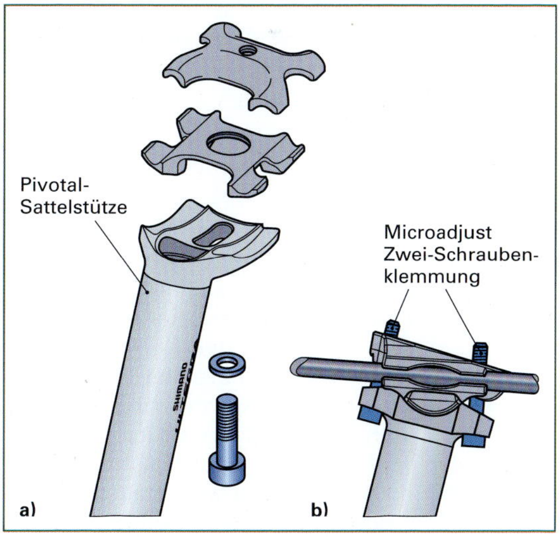


**Bild 2: Feingerasterte und ungerasterte Sattelstütze**

**Ungerasterte Sattelstützen** (engl. microadjust seatpost) ermöglichen eine genauere Ausrichtung des Sattels. Dabei werden die Winkelausrichtung und die Befestigung der Schienen über das Verstellen von zwei Schrauben erreicht **(Bild 2b)**.

Für die beiden oben genannten Bauarten hat sich im Deutschen die Bezeichnung „Patent"-Sattelstütze eingebürgert. Vermutlich, weil die Firma Campagnolo ab den 1960er Jahren einen solchen Vermerk am Kopf der Stütze einprägte.

**Schienendurchmesser und Form**

Die Schienen der Sättel sind in der Regel aus Runddraht mit einem Durchmesser von 7 mm gefertigt. Daneben existieren noch weitere Größen, die jeweils eine exakt passende Klemmung erfordern:

- 2-Schienen Oversize mit 8,0 mm oder 9,0 mm Runddraht (MTB und BMX oder für schwere Fahrer bis 150 kg),
- 2-Schienen CFK mit 8,5 mm oder 9,6 mm Rundprofil,
- 2-Schienen CFK mit 7 x 9 mm oder 7 x 10 mm Ovalprofil und
- Flachschienen aus hochkant stehendem 2 x 10 mm Stahlblech (alte Tourenfahrräder).

Die Schienen können aus Draht oder als Rohre hergestellt sein. Als Material finden Stahl, Titan und CFK Anwendung.

> *Hinweis*:
> Der Sattelhersteller Brooks unterscheidet bei seinen Sätteln die Single-, Double- und Triple-Rail-Systeme. Dabei werden immer nur die Schienen einer Seite gezählt. Single-Rail entspricht hier also der o. e. Standardbefestigung mit zwei Schienen und ist nicht zu verwechseln mit Monorail-Systemen, wie sie nachfolgend besprochen werden.

**Monorail**

Neben den 2-, 4- und 6-Schienen-Gestellen wurden in den vergangenen Jahren auch 1-Schienen-Systeme entwickelt. Die Hersteller zielen damit vor allem auf eine weitere Reduzierung des Gewichts, eine Verbesserung des Komforts, eine Vergrößerung des Verstellbereichs, eine Erhöhung der Belastbarkeit und eine Verringerung der Baubreite. Durch ihre geringere Stützbreite sind die Sättel in der Lage, in kleinem Maße auch eine Kippbewegung um die Längsachse auszuführen und damit der Bewegung des Beckens zu folgen.

Im Jahr 2012 wurde von dem Hersteller SDG das **i-beam** Monorail-System vorgestellt. Die Schiene ist integraler Bestandteil der Sattelschale und verstärkt diese. Die Klemmschraube muss keine Biegelasten aufnehmen, wie sie bei Pivotal-Sattelstützen vorkommen. Seine Hauptanwendung ist im MTB- bzw. Downhill-Sport **(Bild 1)**.

**Bild 1: Monorail**

Ein Jahr später stellte die Firma Ritchey das System **Vector EVO** vor. Es hat den Vorteil, dass die verwendete Sattelstütze durch einen Austausch der Befestigungsadapter neben dem eigenen System auch Monolink und klassische 2-Schienen-Sättel aufnehmen kann.

Das 2011 eingeführte **Monolink** von Selle Italia sollte vor allem durch seine schmale Bauform die Breite der Sattelnase verringern helfen und damit die Reibung der Oberschenkel am Sattel reduzieren. Das System wird offensichtlich nicht weiter gepflegt.

**Masttop-Sattelstütze**

Für eine belastungsgerechte Konstruktion eines CFK-Rahmens ist es nachteilig, wenn dessen Faserverlauf durch Öffnungen unterbrochen wird. Zur Montage des Sattels wird daher bei einigen Monocoque-Rahmen keine Sattelstütze in den Rahmen eingeführt. Stattdessen ist das Sattelrohr nach oben verlängert und die Sattelklemmung wird auf dieses überstehende Rahmenteil (engl. mast) aufgesetzt **(Bild 2)**.

**Bild 2: Masttop-Sattelstütze**

## BMX-Sattelstützen

Der Sattel von BMX-Fahrrädern dient nur gelegentlich zum Sitzen und Fahren. Da er während der Durchführung von Tricks nicht im Weg sein darf, ist er sehr niedrig montiert. Für bestimmte Tricks wird er zur Kontrolle des Bikes benötigt oder die Sattelspitze dient als Handgriff. Bei ungünstigen Landungen nach Sprüngen muss der Sattel starke Stöße aufnehmen, ohne sich zu lösen.

Am Anfang der Entwicklung von BMX-Bikes waren die Sättel noch mit den klassischen Sattelstützrohr/Sattelklemm-Kombinationen befestigt. Aufgrund der damals geringen Rohrdurchmesser wurden durchgehende 22,0 mm und 22,2 mm Sattelstützrohre ohne die charakteristische Verjüngung verwendet. Um das Durchrutschen des Sattels nach starken Schlägen zu verhindern, hatte die Sattelklemme am oberen Ende einen Anschlag (Haltenase) eingepresst **(Bild 1)**.

**Bild 1: Haltenase an der Sattelklemme**

Für die **Rail-Sättel** (2-Schienen-Sättel) werden auch Pivotal-Sattelstützen eingesetzt. Die Klemmung ist mittig auf dem Stützrohr platziert **(Bild 2)**. Um höhere Kräfte aufnehmen zu können ist die Verzahnung relativ grob. Die Einstellung der Sattelneigung erfolgt in Schritten von ca. 4°.

**Bild 2: Pivotal-Rail-Sattelstütze**

Die Konstruktion der **Pivotal-Sattelstütze** wurde später dadurch vereinfacht, dass die Rail-Aufnahme entfällt und die konvexe Seite der Verzahnung bereits im Sattel integriert ist. Die Verschraubung erfolgt von oben durch eine Öffnung in der Sattelpolsterung **(Bild 3)**.

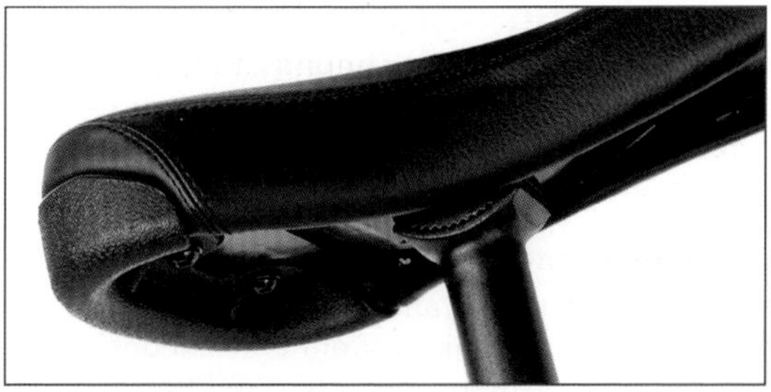

**Bild 3: Pivotal-Sattelstütze eines Einrads**

Das **Tripod**-System bietet eine wesentlich größere Stützbreite und ist in der Lage höhere Kräfte aufzunehmen als die bisher vorgestellten Lösungen **(Bild 4)**. Die Sattelstütze trägt dazu eine dreieckige Platte. Die zwei hinteren Befestigungsnasen werden in die Sattelschale gesteckt, während vorne ein Bolzen die Stütze mit dem Sattel verschraubt.

**Bild 4: Tripod-Sattel/Sattelstütze**

Die Neigungseinstellung lässt hier nur zwei Positionen zu, wenn ein Keil entweder zwischen Sattel und Sattelstütze oder unterhalb des Schraubenkopfes montiert wird.

**Combo-Sättel** sind die radikalste Form, um die Konstruktion zu vereinfachen. Sie werden mit montierter Sattelstütze geliefert. Eine Einstellung von Sattelneigung oder -längsposition ist nicht möglich **(Bild 5)**.

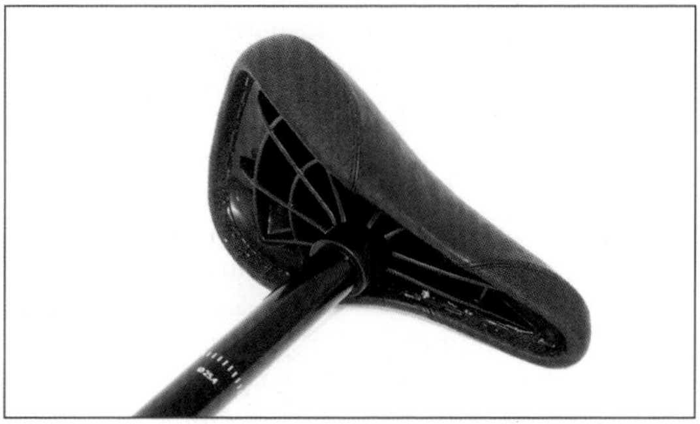

**Bild 5: Combo-Sattel mit integrierter Sattelstütze**

### Absenkbare Sattelstützen

**Absenkbare Sattelstützen** (engl. dropper post) lassen sich per Fernbedienung vom Lenker aus oder mit einem Hebel unter der Sattelnase entriegeln und über die Belastung durch das Körpergewicht während der Fahrt absenken. Dies kann notwendig sein, um dem Fahrer Bewegungsfreiheit bei einer Abfahrt zu geben. Um an einer anschließenden Steigung ein kräfteschonendes Pedalieren zu ermöglichen, wird der Sattel durch eine Stahl- oder Gasdruckfeder wieder in seine Normalposition hochgefahren. Sie sind am MTB im All Mountain- und Enduro-Bereich zum Standard geworden.

Die Ansteuerung der Stütze kann mechanisch, hydraulisch oder elektrisch erfolgen. Ein Seilzug oder eine hydraulische Leitung können am oberen Ende der Variostütze angebracht von außen montiert sein **(Bild 1)**. Mittlerweile ist die Verlegung durch den Rahmen und von unten Standard. Die elektrische Ansteuerung wird drahtlos per Funk realisiert.

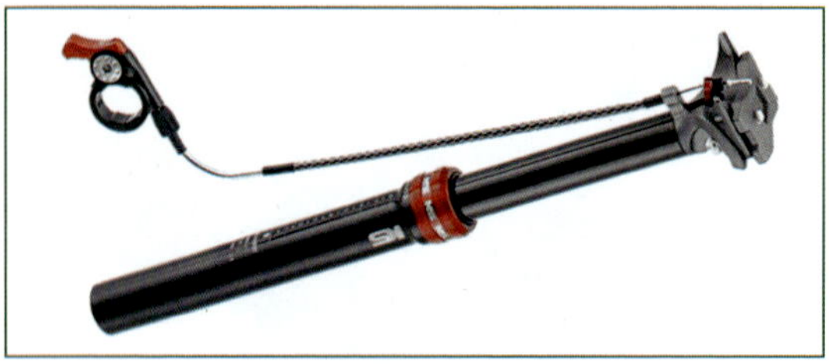

**Bild 1: Seilzugbetätigte absenkbare Sattelstütze**

In der Regel sind mindestens 100 mm Absenkung notwendig, um einen spürbaren Unterschied zur Normalposition zu bekommen. Den meisten Fahrern genügen 100 mm bis 150 mm; sehr große benötigen 170 mm bis 200 mm. Dieser Verstellweg kann je nach Konstruktion abgestuft oder stufenlos angefahren werden.

Absenkbare Sattelstützen bauen höher als feste Stützen und brauchen über dem oberen Ende des Sattelrohres noch 45 mm bis 70 mm Länge, auf die der Sattel nicht abgesenkt werden kann. Dies ist bei der Auswahl und Berechnung einer passenden Stütze zu beachten.

### Sattelstützklemmung

Das Fixieren der Sattelstütze im Sitzrohr des Rahmens erfolgt kraftschlüssig durch eine Klemmverbindung. Das wird bei Stahlrahmen meist von einer Klemmschraube bewirkt, die durch angelötete Ösen am oberen Ende des Sitzrohrs geführt wird. Bei Rahmen aus Aluminium werden stattdessen Klemmschellen benutzt **(Bild 2)**:

a) Klemmschraube mit Schnellspanner für ältere MTBs, ATBs und Klappräder.

b) Klemmschraube mit Steg als Verdrehsicherung für ältere Tourenfahrräder und preisgünstige Fahrräder.

c) Klemmschraube mit Innensechskant und Hülsenmutter für hochwertige Stahlrahmen.

d) Klemmschelle mit Schnellpanner für Falt- oder Mietfahrräder.

e) Klemmschelle für Aero-Rahmen.

f) Klemmschelle mit Gewindeaugen zur Befestigung eines Gepäckträgers.

g) Klemmschelle mit Bowdenzuganschlag für eine Cantileverbremse.

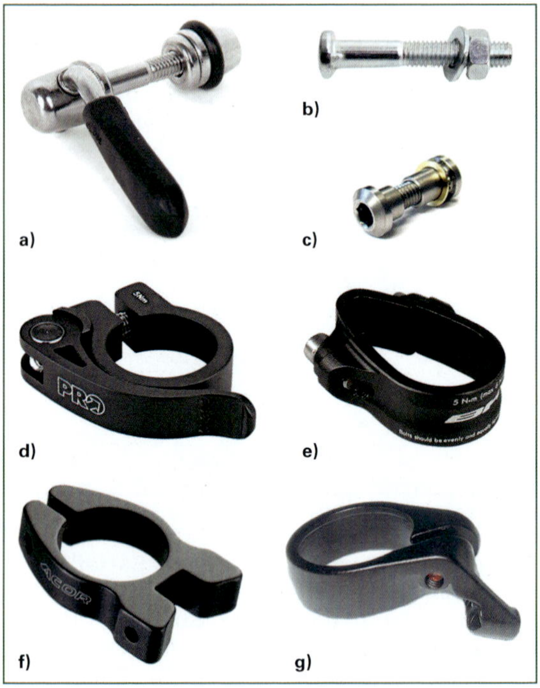


**Bild 2: Klemmschrauben und -schellen**

Hinweise zur Montage von Sattelstützen:

- Das Sitzrohr im Rahmen muss frei von Graten sein, damit die Sattelstütze nicht verkratzt. Kratzer können durch ihre Kerbwirkung der Ausgangspunkt von Rissen werden. Gegebenenfalls muss das Sitzrohr ausgerieben oder ausgeschliffen werden.
- Der Innendurchmesser des Sitzrohres lässt sich präzise mit einer stufenförmigen Sitzrohrlehre ermitteln **(Bild 3)**.

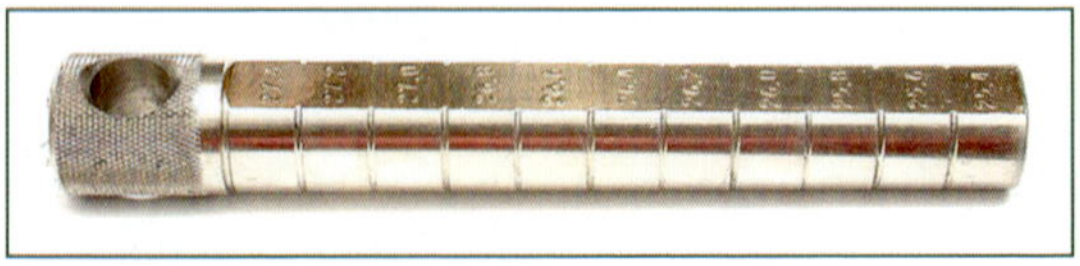

**Bild 3: Sitzrohrlehre**

- Der Durchmesser der Sattelstütze darf maximal 0,2 mm kleiner als der des Sitzrohrs sein. Nur knapp untermaßige Stützen können evtl. mit einem dünnen Blech unterfüttert werden. Für größere Differenzen werden Distanzhülsen (andere Bezeichnungen: Reduzier- oder Adapterhülsen; engl. shim) eingebaut, die mindestens 75 mm lang sein müssen.
- Einige Hersteller weisen darauf hin, dass die Stütze nicht zu tief eingeschoben werden darf, weil im oberen Bereich das Material dünner ist und für die Belastung durch Klemmung und Biegung nicht ausgelegt ist.
- Um Knackgeräusche oder ein Festkorrodieren der Stütze zu verhindern, sind die Kontaktflächen bei Metall/Metall-Paarungen mit Montagepaste einzustreichen; für CFK-Stützen darf nur Carbonmontagepaste verwendet werden.
- Bei CFK-Sattelstützen darf der Klemmspalt der Schelle nicht mit dem Spalt am Rahmen fluchten, sondern muss um 180° versetzt sein **(Bild 1)**, da sich sonst die freien Enden des Sitzrohres nach innen biegen und in die Sattelstütze einarbeiten.

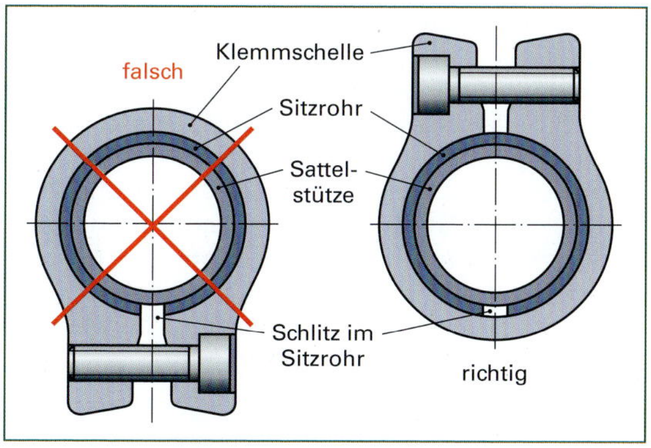


**Bild 1: Montageposition der Klemmschelle bei CFK-Sattelstützen**

Eine elegantere Lösung, als oben dargestellt, ist die Verwendung einer Klemmschelle mit seitlich versetztem Schlitz **(Bild 2)**.

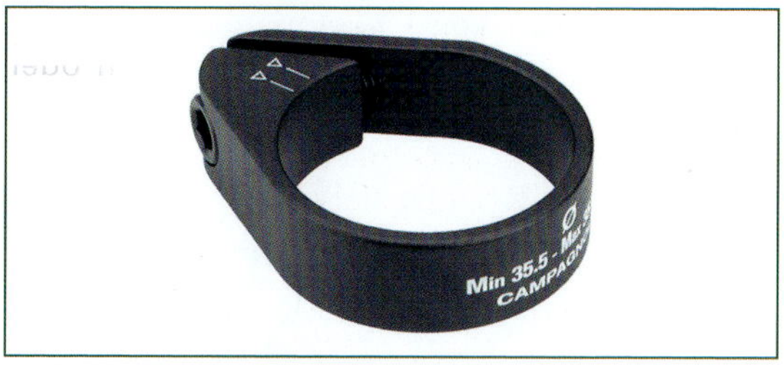


**Bild 2: Klemmschelle mit versetztem Schlitz**

In CFK-Rahmen sind häufig integrierte Klemmen verbaut, in denen keilförmige Klemmstücke durch eine Schraube gegeneinander verschoben werden und die so die Sattelstütze durch seitlichen Druck festspannen **(Bild 3)**.

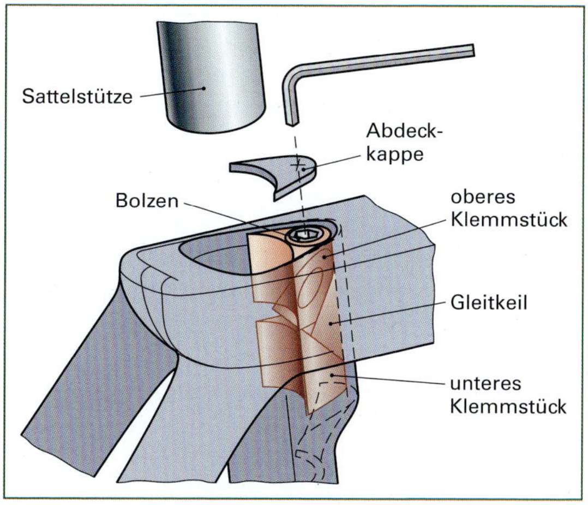


**Bild 3: Integrierte Sattelstützklemmung**

Bei BMX-Fahrrädern wird die Sattelstütze gelegentlich auch durch einen Klemmkeil oder einen Spreizkonus **(Bild 4)** wie bei einem Schaftvorbau der Lenkung festgesetzt.

**Bild 4: Konusklemmung einer BMX-Sattelstütze**

### 4.7.3 Federung im Sitzsystem

Das Sitzsystem flexibel zu gestalten ist eine einfache Art, Fahrbahnstöße auf den Körper des Fahrers abzumildern. Dies ist besonders wichtig für das Fahren in einer aufrechten Körperhaltung, da hier die Stöße in Richtung der Wirbelsäule wirken und damit die Bandscheiben belasten.

Aber auch für Rennradfahrer ist eine Federung sinnvoll, denn der menschliche Körper muss eine nicht zu vernachlässigende Menge an Energie aufbringen, um sich auf dem Fahrrad zu halten. Dies gilt umso mehr, je flacher die Sitzposition ist. Dieser Energiebedarf steigt, wenn die Muskeln durch eine erhöhte Körperspannung Vibrationen kompensieren müssen. Je mehr davon durch das Fahrrad aufgenommen wird, desto weniger Haltearbeit müssen die Muskeln leisten.

Die Federung kann sowohl im Sattel als auch in der Sattelstütze realisiert sein. Es können separate Federungselemente verbaut sein oder die Bauteile sind auf eine federnde Wirkung hin optimiert.

4

### Sattelfederung

Die Federung des Sattels kann auf verschiedene Weise umgesetzt werden. Dabei hat jede der genannten Federungen ihre eigene Charakteristik und ist konstruktiv festgelegt:

- Polsterung
  Eine dicke Schaumstoff- oder Gelpolsterung hat eine kleine Federkonstante und kann deswegen theoretisch viele Vibrationen aufnehmen. Allerdings überwiegt der negative Effekt durch die Belastung der Weichteile. Eine dünne Polsterung hat diesen Nachteil nicht, aber der Federweg ist so gering, dass ein Federungseffekt kaum auftritt.
- Sattelschale
  Da die Schale außerhalb der Auflagepunkte der Sitzbeinhöcker aufgehängt ist, kann sie bei Belastung einige Millimeter nachgeben. Der Komfort von Ledersätteln beruht zu einem großen Teil auf diesem Effekt.
- Sattelschienen
  Die Schienen sind in der Sattelklemmung gelagert und können sich bei Belastung verbiegen. Dabei sind Schienen aus Titan und CFK flexibler als solche aus Stahl.
- Federung zwischen Sattelschale und -schienen
  An den Verbindungspunkten der Sattelschale mit den Schienen können Federungselemente aus Stahl **(Seite 215, Bild 2)** oder Elastomer **(Seite 216, Bild 3)** eingebaut sein. Einige Hersteller ermöglichen es, die Elastomer-Elemente auszutauschen und unterschiedliche Federraten zu wählen. Zusätzlich dämpfen Elastomere die Schwingungen.

### Sattelstützfederung

Der ganze Sattel wird über spezielle Elemente (Teleskop- bzw. Parallelogramm-Sattelstütze) gefedert oder man nutzt die Flexibilität der Materialien aus (Komfort-Sattelstütze).

Eine **Teleskop-Sattelstütze** besteht aus zwei ineinander verschiebbaren Rohren. Eine innenliegende Stahlfeder oder ein Satz Elastomere nehmen die stoßartigen Kräfte auf. Der Sattel bewegt sich dabei nach unten und nach vorne **(Bild 1)**.

Da das Innenrohr aufgrund der Winkelstellung durch das Fahrergewicht nach hinten gekippt wird, neigt es dazu, im Außenrohr zu verkanten. Deswegen besteht die Führung der Rohre mindestens aus einem Gleitlager, besser aber aus einem Linear-Kugellager. Seitliches Drehspiel kann bei einigen Produkten an der Führung nachgestellt werden.

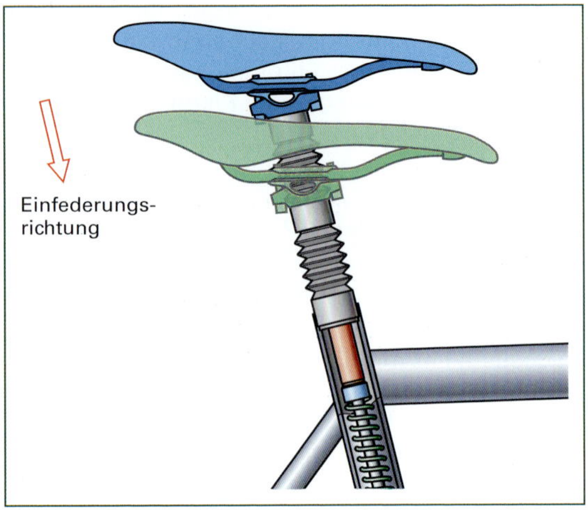


**Bild 1: Teleskop-Sattelstütze**

### Parallelogramm-Sattelstützen

Zwei parallele Flachstäbe verbinden die Sattelklemme gelenkig mit der Stütze. Sie werden von einer Feder nach vorne/oben gedrückt und können bei einer Stoßbelastung nach hinten/unten schwenken. Weil der Sattel dabei der Körperbewegung folgt, tritt kein Verkanten wie bei der Teleskopstütze auf **(Bild 2)**. Allerdings müssen die Drehgelenke hohe Kräfte aufnehmen.

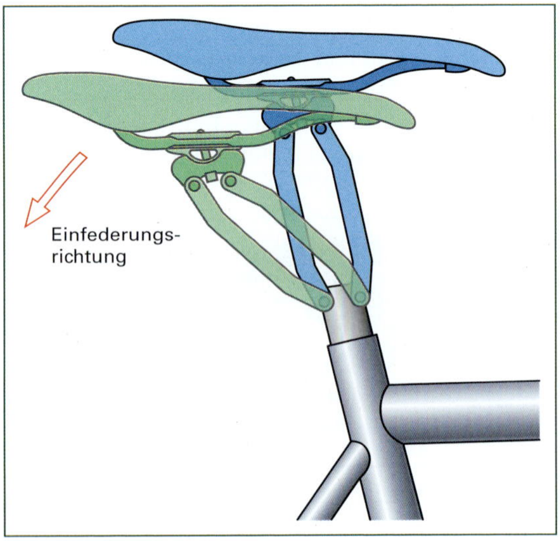


**Bild 2: Parallelogramm-Stütze**

Die Federung ist als Elastomer zwischen den Flachstäben oder als Schraubenfeder innerhalb realisiert **(Bild 1)**.

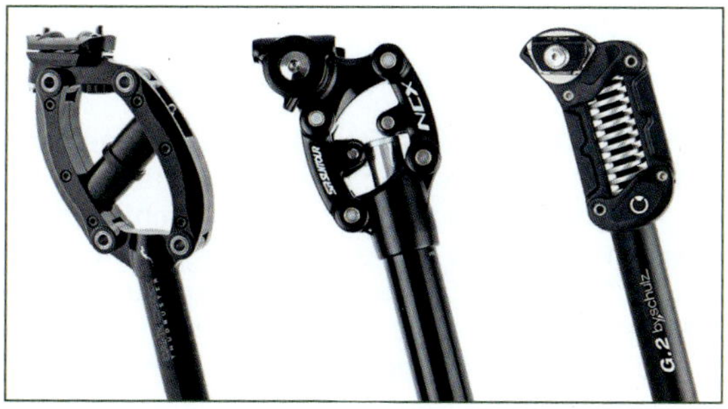

**Bild 1: Parallelogramm-Stützen mit Elastomer und Stahlfeder**

Bei Federsattelstützen mit beweglichen Teilen müssen die Lagerungen, Führungen und Gelenke gut geschmiert sein, um ein feinfühliges Ansprechverhalten zu erhalten und Verschleiß zu verringern.

Die Vorspannung ungedämpfter Federstützen sollte so eingestellt sein, dass die Stütze noch nicht unter dem Fahrergewicht einfedert. Damit wird verhindert, dass die Stütze bei höheren Trittfrequenzen oder unrundem Tritt zu wippen beginnt. Bei gedämpften Stützen kann die Federhärte geringer eingestellt werden, um den Negativ-Federweg zu nutzen.

### Komfort-Sattelstützen

Sogenannte Komfort-Sattelstützen werden bei Straßen- und Gravel-Rennrädern verwendet. Sie verzichten auf Mechaniken und separate Federelemente. Ihre CFK-Struktur ist aber konstruktiv auf Federung optimiert. Sie bieten ungefähr die gleiche Federwirkung wie die Reifen.

Bei dieser Reihenschaltung von Komfort-Sattelstütze und Reifen ist die gemeinsame Federrate kleiner als die kleinste Einzelfederrate. Somit wird vor allem bei schmaler Bereifung der Fahrkomfort deutlich verbessert.

Bei großer Auszuglänge und normalem Fahrergewicht bieten schon einfache CFK-Komfort-Sattelstützen einen Federweg von 5 mm bis 15 mm. Leichtere Fahrer sollten Stützen mit kleinerer Federrate wählen wie die Ergon CF3 Pro **(Bild 2a)**. Sie besteht aus zwei halbkreisförmigen CFK-Stäben, die wie Blattfedern wirken.

Die Sattelklemme der Specialized CG-R ist am Ende eines kurzen, fast waagerecht liegenden Schenkels der Stütze befestigt, dessen Schwingungen durch einen Gummipuffer gedämpft werden **(Bild 2b)**.

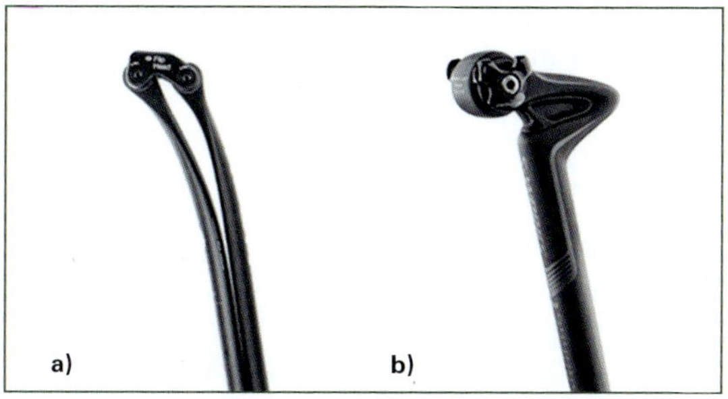


**Bild 2: Komfort-Sattelstützen mit konstruktiver Federung**

Im Vergleich mit konventionellen Sattelstützen ist der Federweg ca. 50 % größer bei einer halbierten Federrate.

**info**

Bei einer Auszuglänge von 270 mm und einer Last von 100 kg haben herkömmliche CFK-Stützen einen Federweg von ca. 4 mm. Die Auszuglänge und der Rohrdurchmesser sind dabei von erheblicher Bedeutung für das Federungsverhalten. Schon bei einer Reduzierung der Auszuglänge von 310 mm auf 250 mm (–20 %) verdoppelt sich die Federhärte. Und bei gleicher Auszuglänge, aber größerem Rohrdurchmesser (34,9 mm statt 27,2 mm) nimmt die Federhärte um ca. 30 % zu.

### Federnde Sattelstützaufnahme

Bei dem Trek IsoSpeed-System ist die Federung in das Sitzrohr integriert. Die Sattelstützaufnahme ist als Schwinge im Bereich des oberen Rahmenknotens in zwei Kugellagern drehbar gelagert **(Bild 3)**. Beim Einfedern kann sich dieser Stab nach hinten biegen, während er sich unterhalb der Lagerung federnd gegen das Sitzrohr abstützt. Dabei kann der Abstützpunkt durch einen Schieber verstellt und die Federrate linear verändert werden.

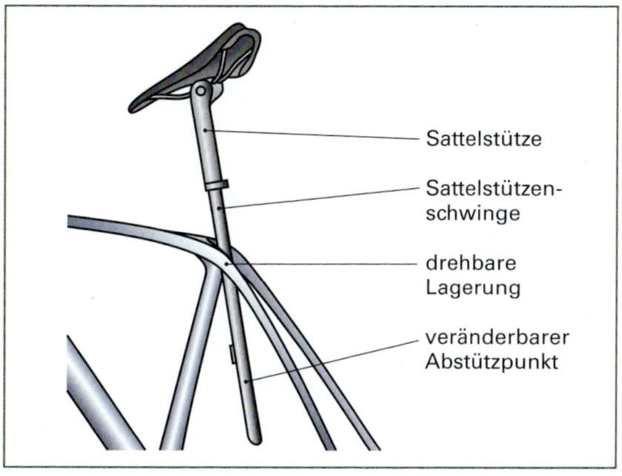


**Bild 3: Trek IsoSpeed, 2012**

4

In einer überarbeiteten Version stützt sich die Schwinge am Oberrohr ab **(Bild 1)**. In diesem System verstellt der Schieber die Federrate progressiv.

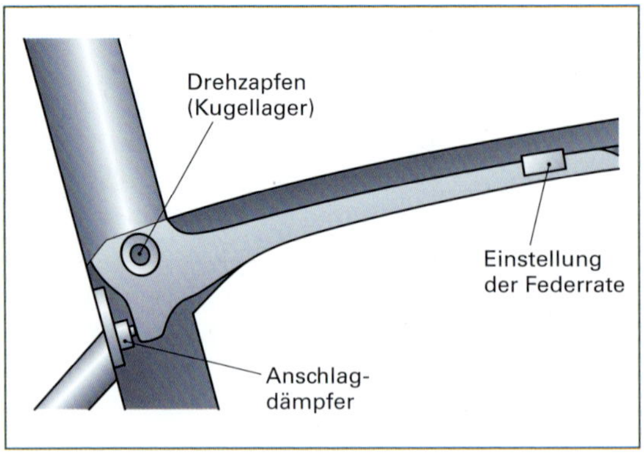


**Bild 1: Trek Isospeed, 2018**

### 4.7.4 Sessel und Liegen

Bei Sessel- und Liegefahrrädern müssen die Sitze größere Teile des Körpers stützen. Die Wirbelsäule und das Gesäß werden entsprechend entlastet, was einen großen Teil des Komfortgewinns dieser Fahrradbauarten ausmacht. Die zum Pedalieren notwendige Gegenkraft wird hier nicht durch die Gewichtskraft des Körpers gebildet, sondern resultiert aus den Stütz- und Reibungskräften des Körpers im Sitz.

Weil Trikes mehrspurige Fahrzeuge sind und sich nicht in die Kurve kippen können, müssen ihre Sitze zusätzlich den Seitenhalt des Körpers gewährleisten. Trotzdem muss das Hineinlehnen des Fahrers in die Kurve möglich bleiben.

Die Sitze werden als Schalen- oder als Bespannsitze hergestellt. Für einfache Sesselfahrräder gibt es Sitze mit separater Rückenlehne **(Seite 159, Bild 3)**.

**Schalensitze** werden in der Regel aus GFK oder CFK gefertigt, da sich auf diese Weise anatomisch angepasste Formen verwirklichen lassen **(Bild 2)**. Die Winkelstellung des Liegerades bestimmt die Form der Schale, die Rückenlänge des Fahrers ihre Größe.

**Bespannsitze** haben einen Rahmen aus Aluminiumrohr. Darin wird ein Netz aus Textilbändern aufgespannt, das sich an die Körperform anpasst **(Seite 159, Bild 2** und **Seite 160, Bild 2)**.

Die **Sesselsitze** sind durch eine steile Sitzposition (Rückenwinkel zur Horizontalen: 50° bis 80°) gekennzeichnet **(Seite 159, Bild 1 und 2)**. Hier wird ein größerer Teil des Körpergewichts vom Gesäß getragen und die Rückenlehne dient vor allem dazu, die Pedalgegenkraft aufzunehmen. Auf die Größe des Fahrers braucht wenig Rücksicht genommen zu werden. Dafür muss der viel stärker belastete Sitzbereich optimal geformt sein.

Schalensitze müssen, Bespannsitze können mit einem **Polster** versehen sein. Dabei hat sich für die meisten Einsatzfälle ein luftdurchlässiges, dreidimensionales Polyestergewirk bewährt, das bei ca. 30 mm Dicke aus ca. 95 % luftdurchlässigen Leerraum besteht. Dadurch kühlen die Polster bei Schweißbildung und fühlen sich stets trocken an. Im Winter empfiehlt sich ein Polster aus Isolierschaumstoff.

**Bild 2: Schalensitz**

**Recumbent-Butt**

Auch bei Liege- und vor allem bei Sesselsitzen wird ein Teil des Körpergewichts vom Gesäß übertragen. Es kann sein, dass dies nicht nur über die Sitzbeinhöcker, sondern über die gesamte Sitzfläche geschieht. Somit wird der wichtigste, für die Antriebsarbeit zuständige Muskel, der Gluteus Maximus **(Seite 464)**, zusammengedrückt und in seiner Tätigkeit behindert. In der Folge entstehen nach längerer Fahrt Schmerzen und Taubheitsgefühle, die nach dem Verlassen des Fahrzeugs schnell verschwinden, manchmal aber auch zu einem Muskelkater führen können. Dies ist der sog. **Recumbent-Butt** (engl. für „Liegerad-Hintern"). Als Abhilfe kann der Sitz an den notwendigen Stellen unterfüttert werden, um den Druck vom Gluteus auf die Sitzbeinhöcker zu verlagern. Eine flachere Sitzposition verlagert mehr Last auf die Rückenfläche und entlastet ebenfalls diesen Muskel.

## 4.8 Federung und Dämpfung

Viele Fahrräder sind heutzutage gefedert. Sie haben eine Federgabel, gefederte Sattelstützen, Sattelfedern, Hinterradschwingen und/oder großvolumige Reifen. Bei manchen Fahrradbauarten, wie z. B. dem Trekkingrad oder dem MTB, sind Feder-Dämpfer-Elemente Standard, wohingegen das Straßenrennrad ungefedert ist.

### 4.8.1 Aufgaben der Federung

Die Federung ist ein Energiespeicher. Überfährt ein Rad ein Hindernis, federn die Federelemente (Gabel, Sattelstütze, Federbein) ein. Beim Einfedern speichert das Federmedium (Stahl- oder Titanfeder, Luft, Stickstoff) potenzielle Energie, die sie beim Ausfedern in Form von Bewegungsenergie wieder abgibt.

Die Fahrradfederung hat zwei Aufgaben zu erfüllen:

**Kontaktbedingung**

Die Fahrradfederung hat einen ständigen Kontakt zwischen den Reifen und der Fahrbahn zu gewährleisten, sodass die Räder beim Überrollen von Unebenheiten der Fahrbahn nicht springen **(Bild 1)**.

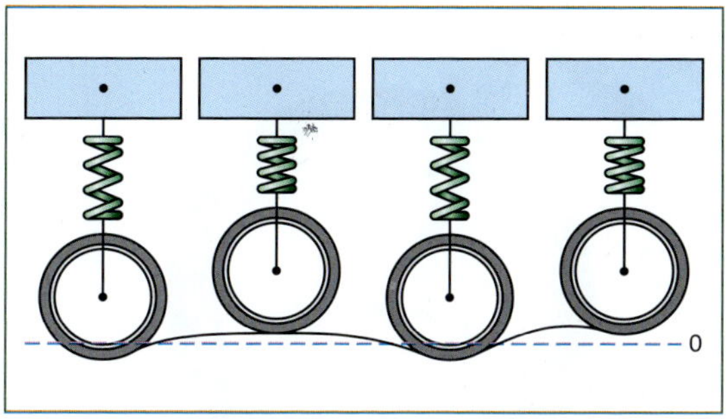


**Bild 1: Kontaktbedingung**

**Schwingungsbedingung**

Die Federung hat die Wirkung der Fahrbahnunebenheiten auf den Fahrradfahrer abzuschwächen, sodass er von den Fahrbahnunebenheiten „isoliert" ist **(Bild 2a)**.

Die Feder-Dämpfer-Elemente entkoppeln die Gesamtmasse in die gefederte und die ungefederte Masse. Der gemeinsame Schwerpunkt der ungefederten Masse folgt den Fahrbahnunebenheiten, während im Idealfall der Schwerpunkt der gefederten Masse einer Geraden folgt **(Bild 2b)**.

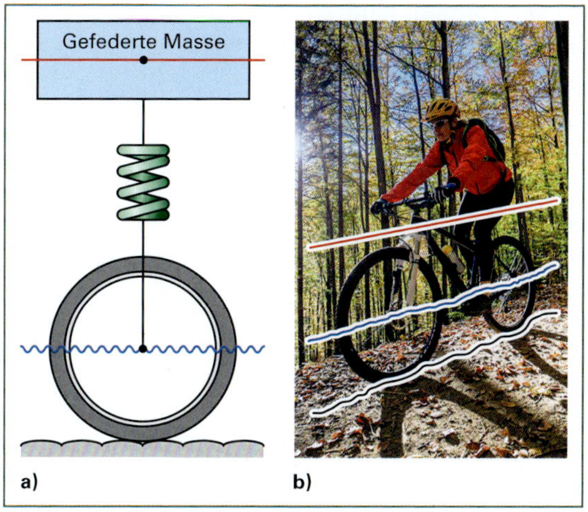


**Bild 2: Schwingungsbedingung**

### 4.8.2 Das ungefederte Fahrrad

Bis in die 1990er Jahre hinein waren fast alle Fahrräder ungefedert. Erst durch die weite Verbreitung der MTB und Trekkingräder wurde die Fahrradfederung salonfähig und ist heute an den meisten Fahrradtypen und in den unterschiedlichsten Bauarten zu finden.

Das ungefederte Fahrrad ist nicht zwangsläufig unkomfortabel und nicht völlig starr: Zum einen können die Arme und Beine des Radfahrers Federungs- und Dämpfungsaufgaben übernehmen, zum anderen hat der Luftreifen einen wesentlichen Einfluss auf den Komfort, auch wenn die Reifen keine Federung im strengen technischen Sinne sind.

**Die menschliche Federung**

Die Straße oder der Weg trägt das Fahrrad. Die Unebenheiten der Fahrbahn stellen dabei die Ursache für empfindliche Störungen dar. Das Rad folgt der Oberfläche und vollzieht ein Auf und Ab. Diese Impulse pflanzen sich durch den Fahrradrahmen und weitere Bauteile bis in den Sattel und den Lenker fort und wirken störend auf den Fahrer.

Auch eine schädigende Wirkung kann von überraschend heftigen Stößen ausgehen. In der Regel lässt man es nicht so weit kommen: Entdeckt der Fahrer eine größere Unebenheit, so geht er beim Überfahren aus dem Sattel, steht auf den Pedalen, lässt das Fahrrad darüber rollen, federt mit den Beinen die Schwingungen ab und setzt sich dann wieder.

Dieser Vorgang läuft automatisch ab. Aus dieser Beobachtung lässt sich ableiten:

Wir scheinen ein großes Interesse zu haben, die störenden Fahrbahneinflüsse zu mindern oder gar auszuschalten. Wir mögen es nicht, dass Rumpf und Kopf durchgeschüttelt werden, hingegen sind die Füße offenbar nicht so empfindlich.

Erfahrungen zeigen, dass Fuß- und Beinbereiche, aber auch die Hände weniger empfindlich sind als der Rumpf oder der Kopf.

Die menschliche Federung bedient sich vielfältiger Körperfunktionen: Die Augen, die Nerven und der Bewegungsapparat sind im Einsatz, der ganze Körper ist daran beteiligt. Es ist ein aktives und effektiv arbeitendes Federungssystem, das hilft, Energieverluste zu minimieren.

Die menschliche Federung setzt voraus:

- Intakte Körperfunktionen: Sie fordert, dass alle diesem Regelkreis zugehörigen Elemente arbeiten: Sehkraft, Aufmerksamkeit und Muskelpräsenz.
- Ausdauervermögen: Sie benötigt Energie und körperliche Ausdauer, um den Anstrengungen und der Ermüdung entgegenzuwirken.
- Leichtes Fahrrad: Das beladene Reiserad ist schwer. Es kann bei zügiger Fahrt den Unebenheiten nicht folgen und es droht außer Kontrolle zu geraten. Bremsen und Schrittfahren bei schlechter Wegstrecke ist ein Muss. Das leichte MTB und das Rennrad weichen den Unebenheiten direkt aus und behalten Kontakt zur Fahrbahn. Sie sind gute Partner der menschlichen Federung.

### Fahrradreifen

Die Luftreifen des Fahrrades haben einen großen Einfluss auf den Fahrkomfort eines Fahrrades. Man weiß aus Erfahrung, dass hart aufgepumpte Reifen mehr Rückmeldungen über den Fahrbahnzustand geben als Reifen mit niedrigerem Luftdruck. Diese Erfahrungen führen dazu, dass man den Reifen Federungseigenschaften zuschreibt. In der korrekten technischen Begrifflichkeit federn Fahrradreifen nicht, sondern schlucken kleinere Fahrbahnunebenheiten.

Die Schluckfähigkeit des Reifens **(Bild 1)** bedeutet, dass der Reifen in der Lage ist, kleinere Fahrbahnunebenheiten durch seine Nachgiebigkeit und Verformungsfähigkeit zu kompensieren. Diese Hindernisse übertragen keine Stoßwirkung auf das Rad und müssen deshalb nicht von einem Feder-Dämpfer-System isoliert werden.

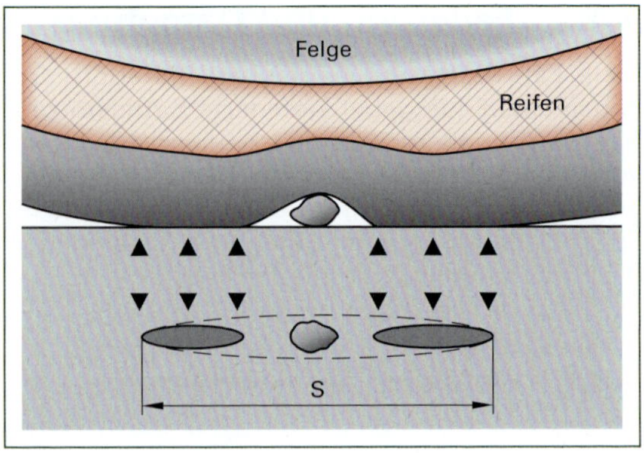


**Bild 1: Schluckfähigkeit des Reifens**

Die Schluckfähigkeit eines Reifens hängt von der Karkassenspannung und vom Luftdruck ab und ist weitgehend unabhängig von der Geschwindigkeit: Bei kleinen Fahrgeschwindigkeiten funktioniert die Kompensation genauso gut wie bei großen.

Einige Hersteller von Alltags- und Reiserädern setzen auf dieses Komfortsystem: großvolumige Reifen, die ohne Durchschlaggefahr mit niedrigem Luftdruck von ca. 2,5 bar gefahren werden und die meisten Fahrbahnunebenheiten ohne aufwendige Federelemente kompensieren **(Bild 2)**.

**Bild 2: Großvolumiger Reifen**

Häufig wird auch mehr oder weniger nachgiebigen Bauteilen wie Fahrradrahmen, Lenkern und Sattelstützen eine Federwirkung nachgesagt. Dahinter steht die Vorstellung, dass diese Nachgiebigkeiten die jeweiligen Bauteile zu Fahrzeugfedern machen.

Wie aber gezeigt wird, führen nur weiche Federn, d.h. Bauteile mit geringen Federsteifigkeiten, zur Erfüllung der Schwingungsbedingung.

## 4.8.3 Elemente der Federung und Dämpfung

### Rad und Reifen

Die Gesamtheit von Rad, Radaufhängung und Federelementen stellt innerhalb des Fahrrads ein gekoppeltes, schwingfähiges System dar. In diesem Zusammenhang übernehmen das Rad und der Luftreifen wesentliche Funktionen der Fahrradfederung **(Bild 1)**.

Bild 1: Schwingfähiges System Fahrrad

Der Luftreifen ist verglichen mit der Erfindung des Rades eine junge Errungenschaft. Davor besaßen von Menschen bewegte Karren und von Pferden gezogene Kutschen unnachgiebige Räder. Das hölzerne Rad war mit einem Stahlband umfasst. Die Berührung zwischen Stahl und Untergrund war hart und unflexibel. Befuhr man einen Weg, so gaben Sand und Kiesel nach. Auf gepflasterten Straßen kam es dauernd zu harten Punktberührungen mit hohen mechanischen Lastspitzen.

Beträchtlicher Verschleiß, Radbruch, Lagerversagen und kraftraubende Fahrwiderstände waren die Regel.

Aus diesem Grund wurden Fahrräder um 1880 auch als *Knochenschüttler* bezeichnet. Es gab zu dieser Zeit eine große Anzahl von Konstruktionsversuchen von Rahmen- und Radfederungen, um den Fahrkomfort zu steigern **(Bild 2)**.

Erst der Luftreifen brachte eine Veränderung. Er verteilt die Radlast flächig auf den Untergrund. Dadurch stellen sich vorteilhafte Gegebenheiten ein:

Bild 2: Gefedertes Hinterrad um 1890

### Kraftverteilung

Die nachgiebige Oberfläche des Reifens passt sich dem Untergrund an. Kleine bis mittlere Erhebungen verschwinden im Gummi, kleine Täler und Vertiefungen werden ausgefüllt. Die Flächenpressung verringert sich, hohe Punktlasten verschwinden.

Der Innendruck des aufgepumpten Reifens übt eine Vorspannung auf die Karkassenfäden aus. Trägt das Rad eine Last, erhöht sich der Innendruck und verringert die Vorspannung ähnlich einer unter Last stehenden vorgespannten Speiche. Beim Fahren steht die resultierende Karkassenspannung im Gleichgewicht mit der Pressung zwischen Reifen und Fahrbahn. In der Berührungsfläche (Latsch) erfährt der Reifen eine Abflachung in Form einer Ellipse. Die Berührungsfläche vergrößert sich mit abnehmendem Reifendruck.

### Kompensieren von Unebenheiten

Die Abfolge von Tälern und Bergen auf der Fahrbahn wird als Rauheit bezeichnet. Der Reifen egalisiert kleine bis mittlere Rauigkeiten. Er kann Berge und Täler in sich einbetten und das Fahrrad beruhigt tragen. Die Hubbewegungen der Radachsen reduzieren sich durch den Reifen beträchtlich. Direkt an der Fahrbahn kompensierte Unebenheiten können den Fahrkomfort nicht beeinträchtigen.

### Rad als Bewegungsvermittler

Das Rad als allgegenwärtiges Element ist derart selbstverständlich, dass die Funktionalität häufig nicht hinterfragt wird. Man nimmt wahr, dass kleine und große Räder parallel existieren.

> *Beispiel*: Rollschuhe mit kleinen, Fahrräder mit auffällig großen Rädern

4

Im Hinblick auf die Fahreigenschaften sind die Unterschiede erheblich. Zur Erläuterung sind die zwei Bewegungsrichtungen des Rades parallel und senkrecht zur Fahrbahn zu unterscheiden **(Bild 1)**:

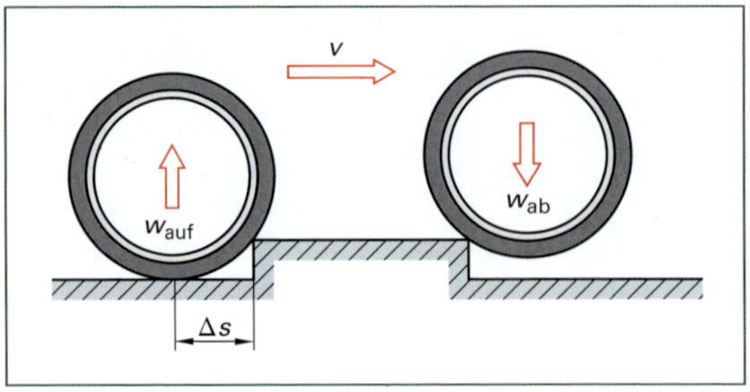


**Bild 1: Bewegungsrichtungen des Rades**

Der augenfälligste Umstand und die Hauptfunktion eines Rades ist die Entkopplung der Fahrbewegung vom feststehenden Untergrund.

Der zweite Umstand: Das Rad stellt einen immer gleichen Abstand zum Boden ein. Es folgt der Fahrbahnkontur und leitet die Achskräfte über den Aufstand in den Boden ein.

Ein Merkmal des Rades ist im Zusammenhang mit der Federung zusätzlich bedeutsam: die Verlagerung der Aufstandspunkte beim Auffahren auf ein Hindernis.

Werden vom Rad Unebenheiten überfahren, so folgt die Radachse in grober Annäherung der Bodenkontur: Bei einer Erhebung hebt sich die Radachse und bei einem Tal senkt sie sich.

Der Radumfang des größeren Rades erreicht das Hindernis im Abstand $s_1 - s_2$ früher als der des kleineren Rades **(Bild 2)**. Das kleinere Rad fährt näher auf das Hindernis zu. Es hat weniger Zeit, die Hubbewegung auszuführen. Die Folgen sind für das kleinere Rad nachteilig hohe Beschleunigungen und stark wechselnde Aufstandskräfte.

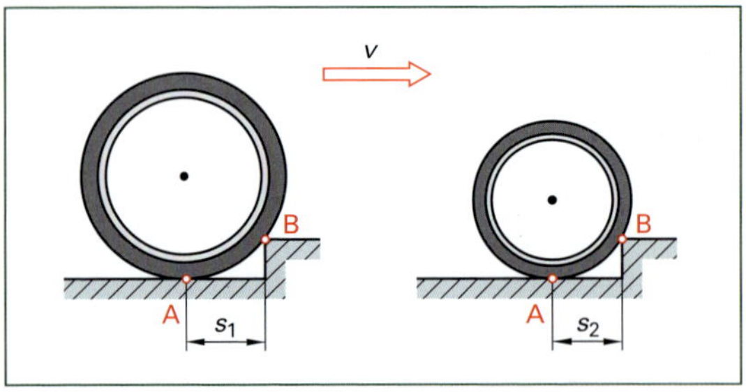


**Bild 2: Auffahren von ungleich großen Rädern auf ein Hindernis**

Das große Rad vermag den Konturen vergleichsweise problemlos zu folgen. Das kleine Rad wirkt dagegen nervös und vor allem bei der Abwärtsbewegung von der Erhebung in die Mulde droht der Kontaktverlust.

## 4.8.4 Federung

Federn geben unter Kraft nach, nehmen Energie auf und geben sie bei der Umkehrbewegung wieder ab. In der Fahrradpraxis haben sich Schraubenfedern aus Stahl oder Titan und geschlossene Luftkammern (Gasfedern) bewährt. Bei Fahrrädern im unteren Preissegment können auch noch Kunststoffelemente zum Einsatz kommen.

Zugfedern unter Last verlängern sich, Druckfedern werden kürzer **(Bild 3)**. Der Betrag der Längenänderung ist von der elastischen Federkraft abhängig. Das Verhältnis aus der Federkraft *F* und dem Federweg *s* ist die Federrate *c* (auch als Federhärte oder Federkonstante bezeichnet), die in der Einheit lbs/in oder N/mm angegeben wird:

$$c = \frac{F}{s}$$

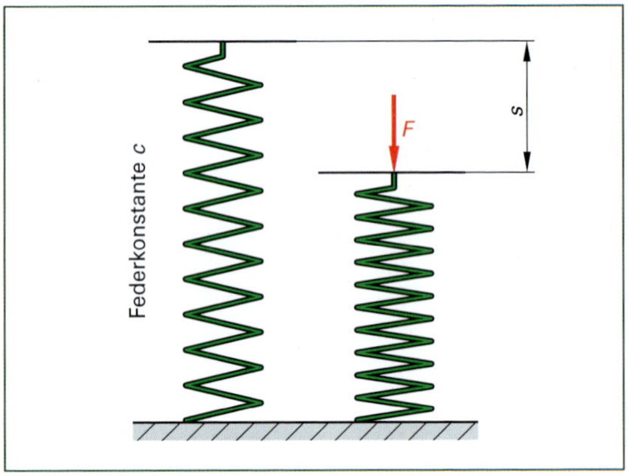


**Bild 3: Federrate**

Je größer die Federhärte, desto mehr Kraft oder Gewicht ist nötig, um die Feder zusammenzudrücken. Eine höhere Federrate bedeutet mehr Kraft pro Weg. Bei Luftfederelementen entspricht dies einem höheren Druck.

Weiche Federn haben eine kleine, harte Federn eine große Federrate.

Die Federhärte ist verantwortlich dafür, genügend Federweg (*sag*, Erklärung Seite 239f.) bereitzustellen, ohne bei starken Belastungen durchzuschlagen.

Die **Federkennlinie (Bild 1)** beschreibt die Größe der Federrate über den gesamten Federweg. Je nach Bauform der Feder oder eingesetztem Federsystem unterscheidet man lineare, progressive, degressive oder kombinierte Federkennlinien.

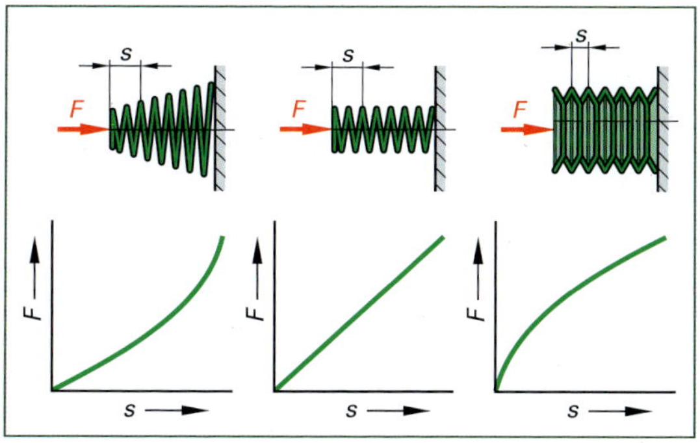


**Bild 1: Federkennlinie: a) progressiv, b) linear, c) degressiv**

Federn haben eine lineare Kennlinie, wenn ihre Federrate über den ganzen Federweg konstant bleibt.

Federn haben eine progressive Kennlinie, wenn die Federkraft mit zunehmendem Federweg überproportional ansteigt. Zu beachten ist, dass Federn mit stärkerer Progression den Federweg verkürzen.

Luftfedergabeln verfügen bauartbedingt immer über eine progressive Kennlinie.

Nimmt die Federkraft mit zunehmendem Federweg unterproportional ab, spricht man von einer degressiven Federkennlinie. Im Fahrradbereich kommen solche Federungen nicht vor.

Als ideal gelten Fahrradfederungen mit einem steilen Kraftanstieg, gefolgt von einem großen, flachen (weichen) Arbeitsbereich und einem steilen Kraftanstieg zum Ende hin **(Bild 2)**.

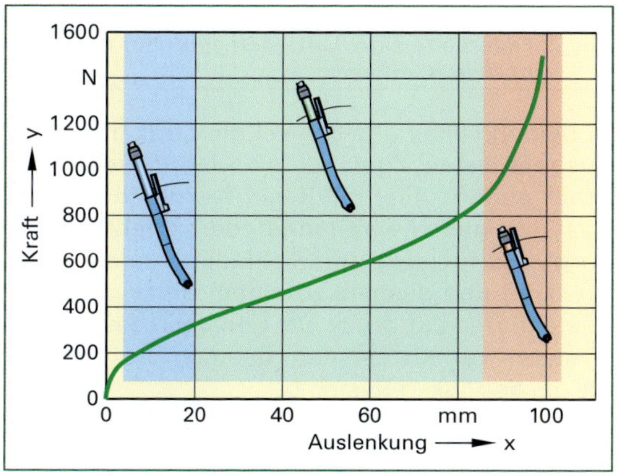


**Bild 2: Ideale Kennlinie einer Federgabel**

Die Federkennlinie lässt sich in drei Bereiche gliedern: Die Losbrechkraft **(1)**, den Verlauf im Federweg **(2)** und die Endprogression **(3)**.

**Info**

Losbrechkraft: Die Kraft, die benötigt wird, bis ein Federelement anspricht. Es ist der Übergang von Haft- auf Gleitreibung. Bei einer niedrigen Losbrechkraft reagiert das Federelement feinfühlig auf kleine Schläge und Vibrationen. Ein Federelement mit einer hohen Losbrechkraft führt zu einem unkomfortablen Ansprechverhalten und das Rad hat geringe Traktion.

Setzt die Endprogression zu früh und zu stark ein, kann man den Federweg nicht nutzen. Bei zu wenig Endprogression schlagen die Federelemente oft durch und belasten Mensch und Maschine.

### Schraubenfedern

Schraubenfedern sind gewickelte Torsionsfedern aus Stahl oder Titan mit linearer Federkennlinie. Die gewünschten progressiven Federeigenschaften erreicht man durch unterschiedlich steile Federwindungen **(Bild 3a)**, unterschiedliche Drahtdurchmesser oder unsymmetrische Form. Möglich ist auch ein Aufeinandersetzen von Federn unterschiedlicher Federhärte **(Bild 3b)**.

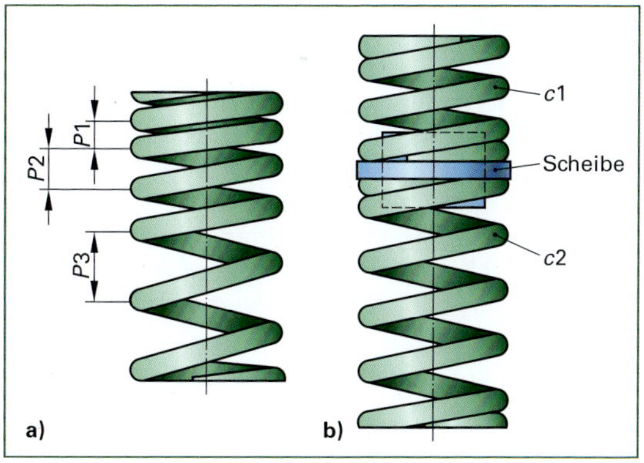


**Bild 3: Progressive Schraubenfedern**

Vorteile von Schraubenfedern:

- Berechenbares lineares Federverhalten
- Hohe Lebensdauer
- Kostengünstige Fertigung
- Kompakte Bauart und wartungsfrei

Nachteile von Schraubenfedern:

- Hohes Gewicht
- Am Hinterbau nur mit Öldämpfer sinnvoll

4

4

### Elastomere

Die in der Fahrradfederung eingesetzten Elastomere sind geschäumte mikrozellige Polyurethane (MCU). Diese nachgiebigen Kunststoffe federn und dämpfen gleichzeitig **(Bild 1)**. Während der Verformung wird ein Teil der Bewegungsenergie in Wärme umgesetzt. Durch das Aufeinanderstapeln unterschiedlich steifer Ausführungen erhält man eine mehr oder weniger progressive Kennlinie.

Elastomere eignen sich vor allem für kleinere Federwege und als Endanschläge in Kombination mit Stahlfedern. Die Elastomere sind kostengünstig herzustellen. Nachteilig kann sich die Temperaturabhängigkeit bemerkbar machen, denn sie verhärten sich mit abnehmender Temperatur.

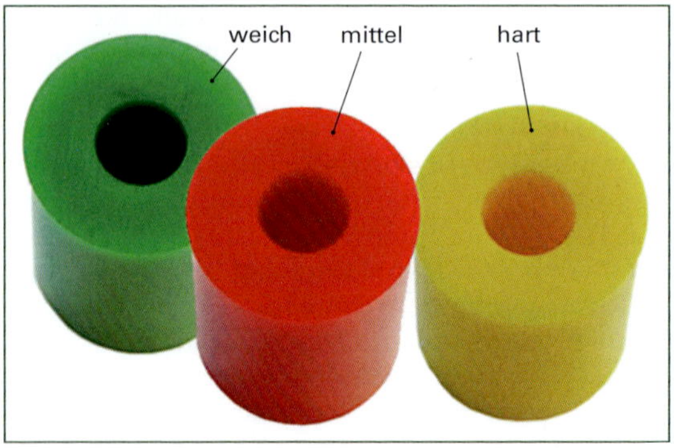


**Bild 1: Elastomere verschiedener Härtegrade**

### Luftfedern

Bei Luftfedern dient komprimierte Luft (selten reiner Stickstoff) als Energiespeicher. Die Funktion beruht auf dem Prinzip der Volumenverdrängung. Die außen angreifenden Kräfte komprimieren die Luft. Die Luft reagiert mit einer Druckerhöhung. Druck $p$ und Kraft $F$ sind über die wirksame Querschnittfläche $A$ des Kolbens verknüpft:

$$p = \frac{F}{A}$$

Nach dem allgemeinen Gasgesetz sind Druck $p$, Volumen $V$ und Temperatur $T$ nach folgender Formel verknüpft:

$$\frac{p_1 \cdot V_1}{T_1} = \frac{p_2 \cdot V_2}{T_2}$$

Findet die Zustandsänderung bei konstanter Temperatur statt (isotherme Zustandsänderung), vereinfacht sich die Formel zu

$$p_1 \cdot V_1 = p_2 \cdot V_2$$

Die Federhärte lässt sich über den Luftdruck einstellen, das heißt, das Federelement wird entsprechend stark aufgepumpt. Mehr Druck entspricht einer härteren Feder.

Wegen der hohen Drücke von bis zu 20 bar benötigt man zum Aufpumpen eine Dämpferpumpe.

Durch Veränderung der Luftkammergröße verändert sich die Federkennlinie. Vereinfachtes Beispiel: Halbiert man das Volumen, verdoppelt sich der Druck, was einer doppelten Federhärte entspricht **(Bild 2)**.

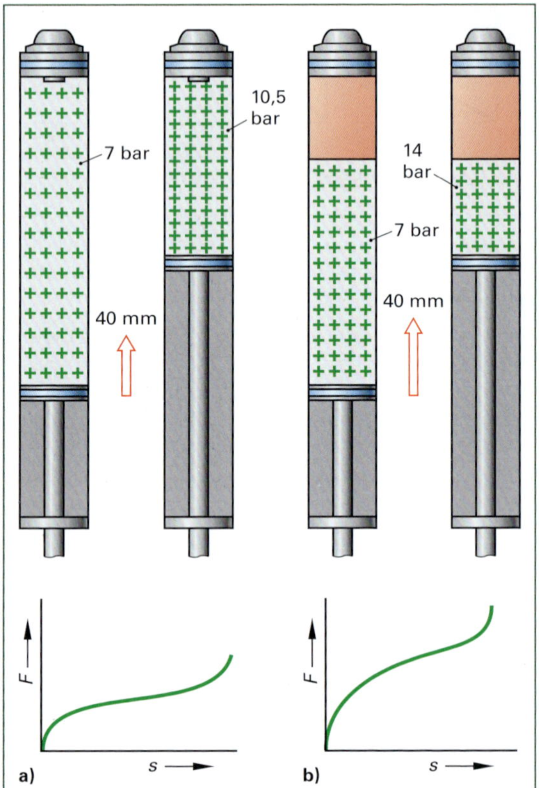


**Bild 2: Federhärte einer Luftfeder: a) großes Volumen, b) kleines Volumen**

In beiden Fällen a und b sei die Luftkammer im ausgefederten Zustand mit identischem Luftdruck gefüllt – hier mit 7 bar. Werden nun beide Systeme gleich weit eingefedert (hier 40 mm), sorgt das für eine unterschiedlich starke Kompression und deshalb zu einem unterschiedlich gesteigerten Luftdruck. Die Kennlinie des rechten Systems verläuft deshalb deutlich progressiver als die des linken Systems.

Meist erfolgt die Verringerung der Luftkammergröße durch das Einbringen von sog. *Spacern* oder *Token*, kleinen Plastikzylindern, die man in die Luftkammer der Federgabel/Federbein einschraubt **(Bild 1)**. Statt Token kann man auch eine bestimmte Ölmenge einfüllen.

**Bild 1: Token zur Verminderung des Luftvolumens**

Mit der Anzahl der Token verändert sich das Verhältnis von Federweg zu Verringerung der Luftkammergröße.

*Beispiel* **Bild 2, Seite 232**: Ohne Token sei die Luftkammer 120 mm lang, mit 5 Token von je 4 cm Dicke nur noch 100 cm. Will man nun jeweils 40 cm weit einfedern, hat man im ersten Fall das Volumen um 40/120 = 1/3 = 33 %, im anderen Fall um 40/100 = 40 % reduziert. Die Gabel mit der kleineren Luftkammer wird stärker verhärtet.

Mehr Token in der Luftkammer bedeutet weniger Luftvolumen und höheren Druck. Der Federweg und die Federhärte ändern sich nicht, nur der *Verlauf* der Federhärte (die Kennlinie).

Größere Luftkammer → eher lineares Federverhalten, kleinere Luftkammer → progressiveres Federverhalten

Die Progression einer Luftfeder steht im direkten Verhältnis zur Größe des Luftvolumens und des Federweges (Hub). Je kleiner das Luftvolumen und je größer der Hub, desto größer ist die Progression.

**Positiv- und Negativkammer**

Eine Luftfeder hat zu Beginn der Einfederung eine hohe Losbrechkraft zu überwinden. Beispiel: Bei einem Luftdruck von 10 bar (= 100 N/cm$^2$) und einem Kolbendurchmesser von 3 cm (Kolbenfläche $A = d^2 \cdot 0{,}785 = 7$ cm$^2$) beträgt die Losbrechkraft $F = p \cdot A = 700$ N.

Eine Trennung des Luftvolumens in eine Haupt- und Nebenkammer (Positiv- und Negativ-Luftkammer) vermeidet die hohe Losbrechkraft – von der Reibung einmal abgesehen **(Bild 2)**.

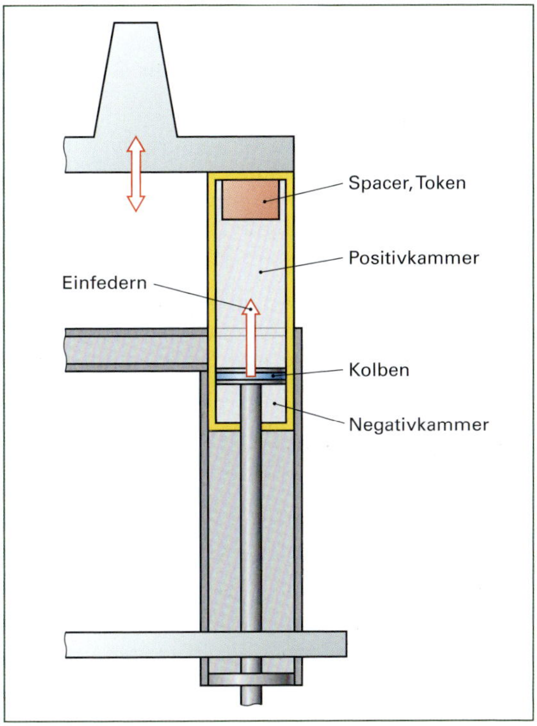


**Bild 2: Federgabel mit Positiv- und Negativkammer**

Beim Einfedern drückt der Kolben gegen die Luft in der Positiv-Luftkammer. Das erzeugt den zunehmenden Widerstand. Dabei vergrößert sich das Volumen in der Negativ-Luftkammer und der Druck nimmt hier schnell ab (Expansion). Gleichzeitig steigt der Druck in der Positiv-Luftkammer (Kompression). Die Negativ-Luftkammer ist quasi eine bereits vorgespannte Feder, die dem Druck der Hauptkammer entgegenwirkt.

Getrennt werden die beiden Luftkammern von einem Kolben, der sich zwischen den beiden Kammern bewegt. Bei einigen Luftfedern sorgt im ausgefederten Zustand eine kleine Ausgleichsbohrung im Trennkolben für einen Druckausgleich (in beiden Luftkammern herrscht vor dem Einfedern der gleiche Druck). Bei anderen Systemen werden beide Kammern getrennt aufgepumpt.

*Gedankenexperiment*
Ein Auto versinkt im Meer. Der Fahrer schafft es nicht, die Tür gegen den großen Wasserdruck zu öffnen. Er bleibt ruhig und wartet ab, bis das Auto (fast) voll gelaufen ist. Durch den Druckausgleich zwischen Innen und Außen lässt sich nun die Tür öffnen. Luftfeder: Für diesen Druckausgleich sorgt die Negativ-Luftkammer.

4

Beim Ausfedern läuft das Spiel in umgekehrter Reihenfolge ab, wobei der Druck in der Negativluftkammer ein Durchschlagen (der Gabel) verhindert.

Die Negativ-Luftkammer verhindert, dass die Feder auf der ersten Hälfte des Federwegs „durchsackt", um dann im weiteren Verlauf bretthart zu werden. Ein höherer Negativ-Luftdruck macht die Gabel sensibler für kleinere Schläge

Die Negativkammer wirkt über den gesamten Federweg. Am Anfang hat sie einen großen Einfluss auf die Federkennlinie, am Ende keinen mehr **(Bild 1)**.

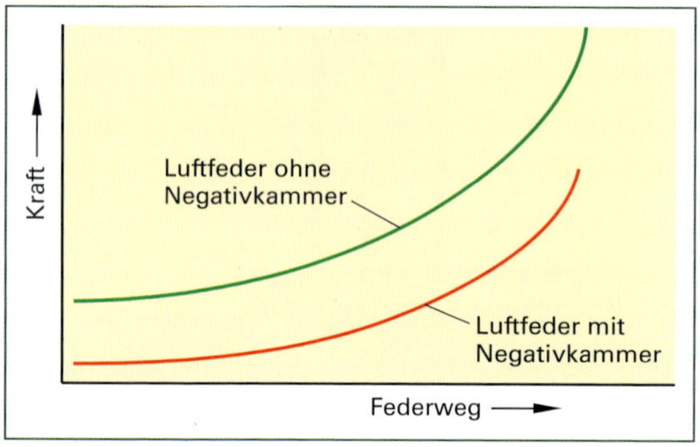


**Bild 1: Kennlinie einer Luftfeder mit und ohne Negativkammer**

Durch eine geeignete Wahl der Volumenverhältnisse von Positiv- und Negativ-Luftkammer kann man die Endanschläge weich und die Kennlinie im Arbeitspunkt **(Seite 231, Bild 2)** besonders flach einstellen.

Bei einigen Luftfeder-Bauarten (im unteren Preissegment) dient eine Stahlfeder als Negativfeder.

## 4.8.5 Dämpfung

Die Aufgabe der Dämpfung ist die kontrollierte Umwandlung der in der Feder gespeicherten Energie in Wärme. Ohne Dämpfung würde die Federung nach jeder Fahrbahnunebenheit lange nachschaukeln.

Man unterscheidet Reibungsdämpfer und viskose Dämpfer.

### Reibungsdämpfer

Der Reibungsdämpfer bremst die Bewegung an den Kontaktflächen zwischen beweglichen Bauteilen. Bei einfachen Federgabeln dämpft nur die Reibung zwischen den Standrohren und den Gleitlagern, Abstreifern und Dichtungen auf der Innenseite der Tauchrohre.

- Vorteile: Einfach, preiswert, wartungsarm.
- Nachteile: Reibungsdämpfer dämpfen bei Druck und Zug gleich stark. Die Ein- und Ausfedergeschwindigkeit kann nicht reguliert werden.

### Viskose Dämpfer, Hydraulische Dämpfer

Ein hydraulischer Schwingungsdämpfer setzt der Schwingbewegung einen Widerstand entgegen und wandelt dabei die Bewegungsenergie durch Flüssigkeitsreibung in Wärmeenergie um. Das geschieht, indem im Inneren des Dämpfers über Öffnungen (meist Bohrungen) im Kolben der Durchfluss des Dämpfungsmittels (meist Öl) gebremst wird.

Vom Grundprinzip her unterscheidet man zwei Ausführungen:

- Freie Bohrungen
- Plattenventile

### Freie Bohrungen

Wenn Öl durch Bohrungen mit geringem Durchmesser (0,8 mm bis 3,5 mm) strömt, erzeugt es durch den Druckunterschied einen Widerstand **(Bild 2)**. Je kleiner die Bohrung, desto größer ist die Dämpfung.

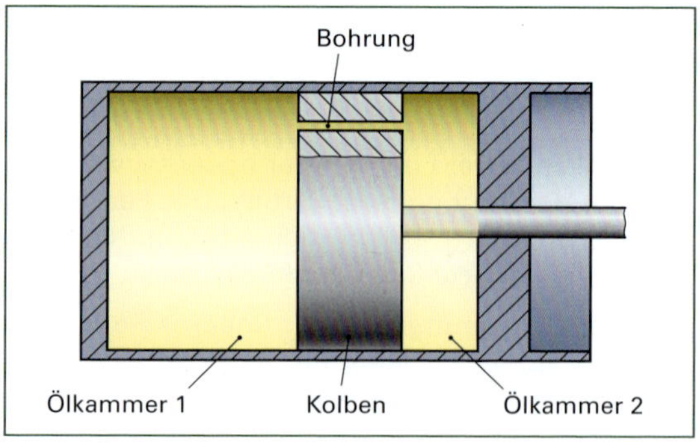


**Bild 2: Öldämpfung mit freier Bohrung**

Mit steigender Fließgeschwindigkeit nimmt der Druckunterschied zu und damit auch die Dämpferkraft. Die Dämpfung erfolgt ähnlich einer Luftfeder progressiv.

Da die Bohrungen immer geöffnet sind, strömt das Öl, sobald sich der Kolben bewegt. Ein Dämpfer, der allein mit „freien" Bohrungen arbeitet, kann Dämpferaufgaben aber nicht optimal erfüllen.

### Plattenventile

Eine Verbesserung der Dämpferfunktion bringt eine Kombination von unterschiedlich großen Bohrungen und Plattenventilen (shims).

Die Plattenventile öffnen sich, wenn der Druck auf die Kolbenunterseite den Federdruck übersteigt **(Bild 1)**. Je größer die Durchflussöffnung ist, desto mehr Öl kann fließen und die Dämpfung wird schwächer.

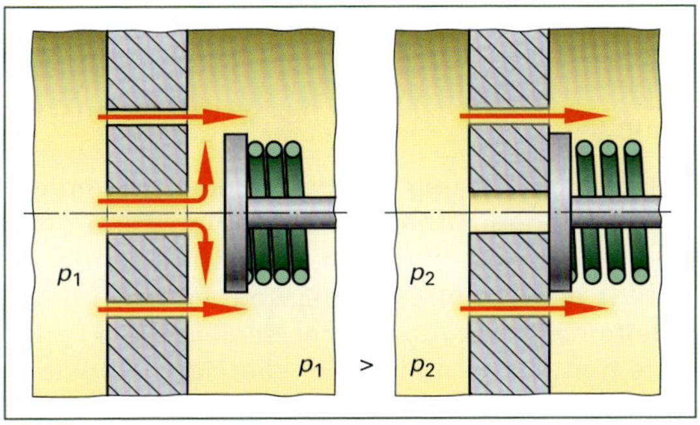


**Bild 1: Hydraulische Dämpfung durch freie Öffnungen und Plattenventil**

Damit eine Dämpfung sowohl beim Ein- als auch beim Ausfedern erfolgt, ist auf jeder Seite des Kolbens ein Plattenpaket angeordnet **(Bild 2)**.

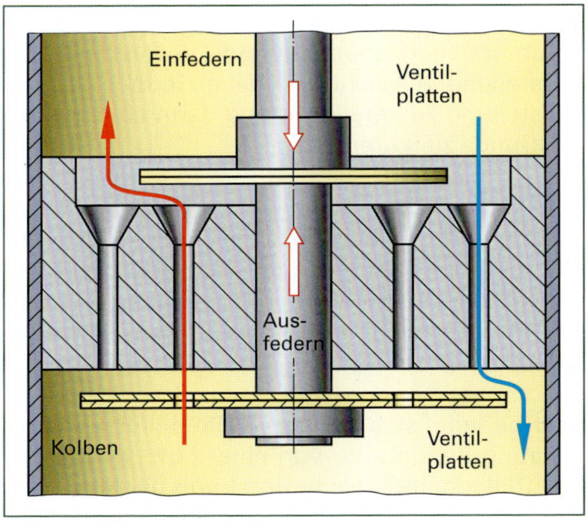


**Bild 2: Beidseitige Plattenventile**

## Ölfluss beim Ein- und Ausfedern

Beim **Einfedern** gelangt das Öl durch eine große Öffnung in den oberen Gabelteil. Die Dämpfung fällt geringer aus **(Bild 3a)**.

Beim **Ausfedern** muss das Öl durch eine kleine Öffnung in den unteren Gabelteil zurückfließen. Die Ausfedergeschwindigkeit verringert sich und bewirkt damit eine stärkere Dämpfung **(Bild 3b)**.

Die Abstimmung der Dämpfung erfolgt über die Größe der Öffnungen (Plattformdämpfung ausgenommen). Je kleiner die Öffnungen, desto langsamer federt das Element aus.

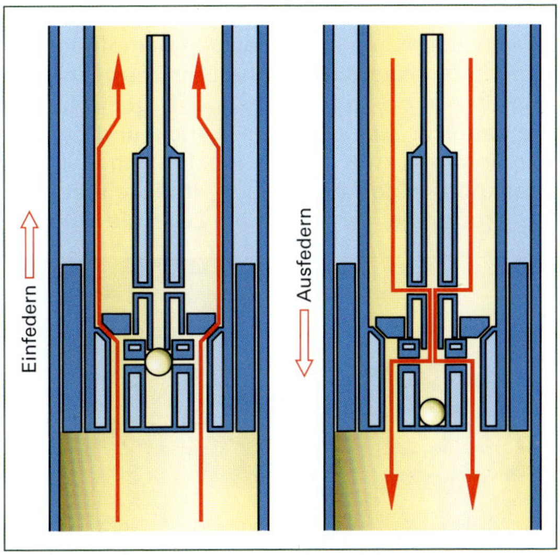


**Bild 3: Ölstrom beim a) Einfedern (Druckstufe)**
**b) Ausfedern (Zugstufe)**

Die Dämpferkraft ist von der Federgeschwindigkeit abhängig. Schnellen Schlägen wird eine größere Kraft entgegengebracht, während langsame Schläge wenig Gegenkraft hervorrufen.

Man unterscheidet zwei Dämpfungsvorgänge: die Druckstufen- und die Zugstufendämpfung.

### Druckstufendämpfung

Beim Überfahren einer Bodenwelle wird das Rad durch das Hindernis nach oben gedrückt. Hierbei werden Feder und Dämpfer zusammengepresst. Das Federelement federt ein. Der Dämpfer arbeitet in der Druckstufe.

Die Druckstufe regelt über die Einfedergeschwindigkeit, in welchem Maße die Federung nach einem Stoß (oder einer Sprunglandung) komprimiert wird.

### Zugstufendämpfung

Nachdem die Feder das Hindernis ausgeglichen hat, muss der Dämpfer die sich mit großer Kraft entspannende Feder in der Bewegung abbremsen. Der Dämpfer arbeitet in der Zugstufe: Das Federelement wird entlastet, federt aus und drückt das Rad an den Boden. Hier bestimmt die Federhärte die Ausfedergeschwindigkeit. Die Zugstufe verzögert oder bremst das Ausfedern.

*Tipp*:
Zuerst die richtige Federhärte auswählen, bevor man die Einstellungen der Zugstufe vornimmt.

Bei hochwertigen Feder-Dämpfer-Systemen unterscheidet man noch *bei beiden* Dämpfungsvorgängen langsame und hohe Dämpfergeschwindigkeiten *(Low- und Highspeed)*. Der Dämpfer hat dann zur Justierung der Druck- und Zugstufendämpfung zwei Funktionen. Ein Schalter oder Drehknopf regelt den Geschwindigkeitsbereich der Druckstufe, der andere die Zugstufe **(Bild 1)**.

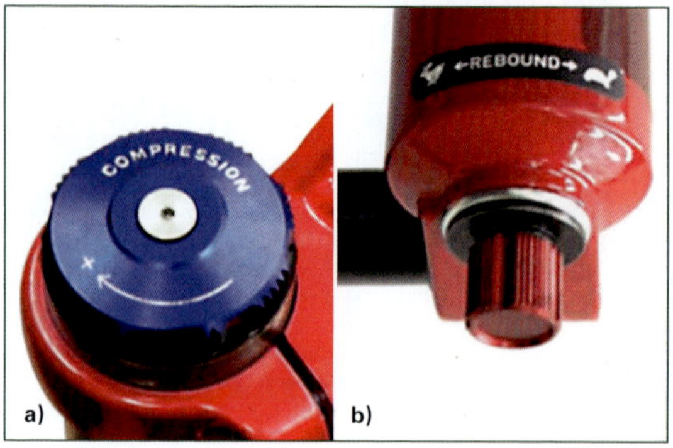


**Bild 1: Einstellen a) Druckstufe b) Zugstufe**

### Lowspeed-Druckstufe

In der Lowspeed-Druckstufe soll die Einfederung gesteuert langsam ablaufen. Das tritt ein beim Verlagern des Körpergewichts (wippendes Treten im Wiegetritt), bei Bodenwellen, beim Bremsen und in Kurven. Dabei ist es unerheblich, ob das Federelement viel oder wenig eintaucht – entscheidend ist die Geschwindigkeit des Einfederns.

Bei der Highspeed-Druckstufe geht es um kurz- bis mittelhubige Einfederungen. Die Einstellung kontrolliert das Ansprechen auf scharfkantige Schläge und große Stöße, z.B. bei der Landung nach einem Sprung. Auch hier ist es unerheblich, ob es nur kurze Federwege sind (Kopfsteinpflaster) oder der volle Federweg benötigt wird.

### Zugstufe

Der Lowspeed-Bereich der Zugstufe (engl. Rebound) beschreibt ein gedrosseltes Ausfedern. Das ist der Fall, wenn der Druck auf die Feder langsam nachlässt und das Federelement langsam ausfedert. Ist die Zugstufe ganz zugedreht, federt der Dämpfer nicht mehr aus und der Hinterbau (des MTB) kann den schnelleren Schlägen im Gelände nicht folgen.

Viel wichtiger ist der High-Speed-Bereich. Hier geht es um ein schnelles Ausfedern, wenn das Federelement entlastet wird. Allein die Federhärte bestimmt die Ausfedergeschwindigkeit. Meist ist gewünscht, dass das Federelement so schnell wie möglich ausfedert, ohne nachzuwippen oder anzuschlagen.

Nach dem Einfedern soll das Federelement möglichst schnell wieder in die Normalposition (sag) zurückfahren, um auf das nächste Hindernis vorbereitet zu sein.

- Hat man **zu viel** Zugstufe eingestellt, ist das Federelement noch nicht ganz in die Normalposition zurückgekehrt. Beim nächsten Hindernis steht nicht mehr der volle Federweg zur Verfügung.
- Hat man **zu wenig** Zugstufe eingestellt, ist das Federelement über die Normalposition „hinausgeschossen". Beim nächsten Hindernis steht ein Zuviel an Federweg zur Verfügung. Beim nächsten Ausfedern „schießt" das Federelement noch mehr über die Normalposition hinaus usw. Die Federung „verhärtet".
- Ist die Zugstufe ausgeschaltet (ganz aufgedreht), federt der Dämpfer extrem schnell aus und das Fahrrad kann im Gelände unkontrolliert springen.

Um die richtige Druck- und Zugstufendämpfung zu ermitteln, bedarf es einer Anzahl von Fahrten in unterschiedlichem Gelände mit veränderten Einstellungen. Wichtig ist dabei, immer nur eine Einstellung zu verändern und dann eine weitere Testrunde zu fahren.

**Bild 1, Seite 237** zeigt ein Federdämpferelement (Dämpfer, Federbein) mit Einstellmöglichkeiten der Zug- und Druckstufe. Federt die Kolbenstange ein, wird Öl aus dem Zylinder oberhalb des Hauptkolbens in den Ausgleichsbehälter gedrückt.

Hier befindet sich ein Trennkolben (IFP = Internal Floating Piston), der von einer Luft- oder Stickstofffüllung unter einen Druck von bis zu 12,5 bar gesetzt wird. Der Druck verhindert, dass sich bei schneller Kolbenbewegung Gasblasen im Öl bilden.

In der Kolbenstange des Hauptkolbens befindet sich die Zugstufennadel, die eine Bohrung öffnet oder schließt und so den Ölfluss reguliert.

**Bild 2, Seite 237** zeigt das Prinzip eines Kartuschen-Gasdruckdämpfers (engl. Cartridge).

### Einstellung der Zugstufe

Die Zugstufe bestimmt die Geschwindigkeit, mit der das Federelement nach dem Einfedern wieder ausfedert. Die Federelemente verfügen über einen Zugstufen-Einsteller (*Rebound*, siehe **Bild 1**).

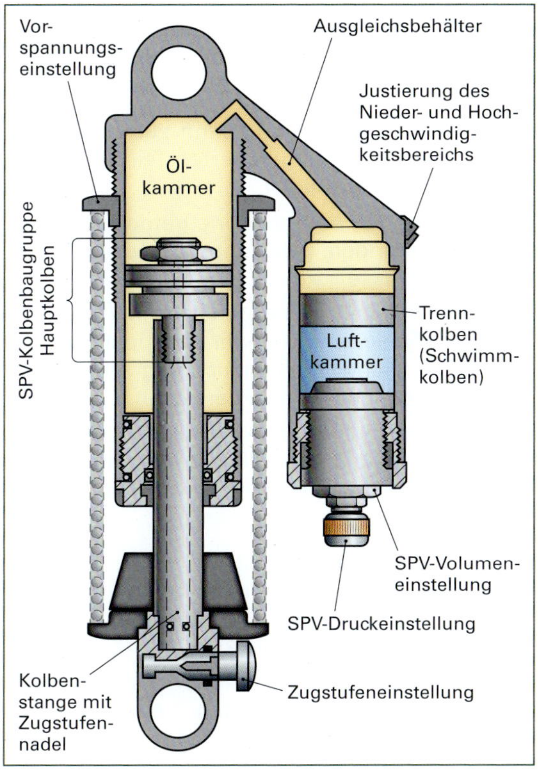


**Bild 1: Federbein „Manitou Swinger" SPV**

> *Wichtig*:
> Man stellt immer zuerst die Federvorspannung ein und danach die Zugstufe.

### Zugstufen-Einstellung an der Federgabel

Die Federgabel sollte möglichst schnell ausfedern, jedoch ohne dass sie hörbar anschlägt oder das Vorderrad vom Boden abhebt.

1. Die Grundeinstellung für die Zugstufe erfolgt aus geschlossener Position: Man dreht den Zugstufen-Einsteller im Uhrzeigersinn bis zum Anschlag (die Richtung ist meist mit einem + oder einer Schildkröte gekennzeichnet).
2. Man steht seitlich neben dem Mountainbike und drückt die Federgabel mit dem ganzen Gewicht zusammen.
3. Dann lässt man den Lenker plötzlich los und beobachtet den Vorderrad-Bodenkontakt.
4. Man dreht nun die Zugstufe Klick für Klick so weit auf (gegen den Uhrzeigersinn), bis die Gabel so schnell ausfedert, dass das Vorderrad *beinahe* abhebt.

### Zugstufen-Einstellung am Dämpfer, Federbein

Das Federelement federt am schnellsten aus, wenn der Einstellknopf (roter Drehknopf) bis zum Anschlag gegen den Uhrzeigersinn geöffnet wird. Am langsamsten federt es aus, wenn der Knopf bis zum Anschlag im Uhrzeigersinn gedreht wird (geschlossen).

1. Die Grundeinstellung erfolgt von geschlossener Position: Man dreht den Zugstufen-Einsteller im Uhrzeigersinn bis zum Anschlag.
2. Zugstufen-Einsteller entsprechend der Tabelle für das jeweilige MTB-Modell um die angegebene Anzahl Klicks gegen den Uhrzeigersinn drehen.

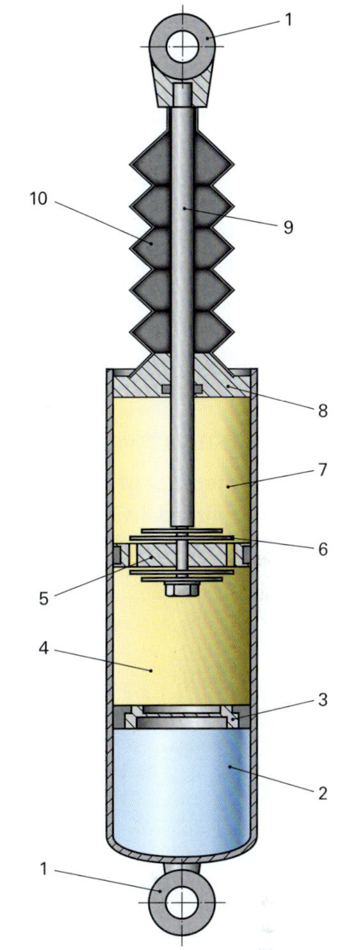

1 **Rahmenösen** 2 **Gasdruckkammer**
3 **Trennkolben:** Gleicht das veränderte Ölvolumen beim Einschieben der Kolbenstange aus.
4 **Ölfüllung**
5 **Kolben mit Zug- und Druckstufenbohrung**: Regelt die Öldurchlassmenge.
6 **Shims**: Scheibchen, die sich beim Ölfluss umbiegen und so den Öldurchsatz in beide Richtungen regeln.
7 **Öl** 8 **Kartuschenkörper** mit **Dichtungen**
9 **Kolbenstange** 10 **Faltenbalg**

**Bild 2: Kartuschen-Gasdruckdämpfer**

**Elektronische Fahrwerke**

Für die Einstellung von Federung und Dämpfung werden zunehmend elektronische Fahrwerkssysteme angeboten. Diese stimmen das Fahrwerk sekundenschnell den Fahrbedingungen an.

Ein Steuergerät wertet zahlreiche Sensorsignale aus und sendet Steuerbefehle an kleine Stellmotoren in den Federungselementen. Die Übertragung kann kabelgebunden oder drahtlos erfolgen. Eine Batterie versorgt das System mit Strom.

Möglich ist auch eine Fernbedienung zur Einstellung der Federungselemente. Beispiel: Koppelung mit der Shimano-Di2-Schaltung.

## 4.8.6 Feder-Dämpfertechnologie

**Gefederte und ungefederte Masse**

Beim gefederten Fahrrad (wie bei allen Feder-Massen-Systemen) unterscheidet man gefederte und ungefederte Massen **(Bild 1)**.

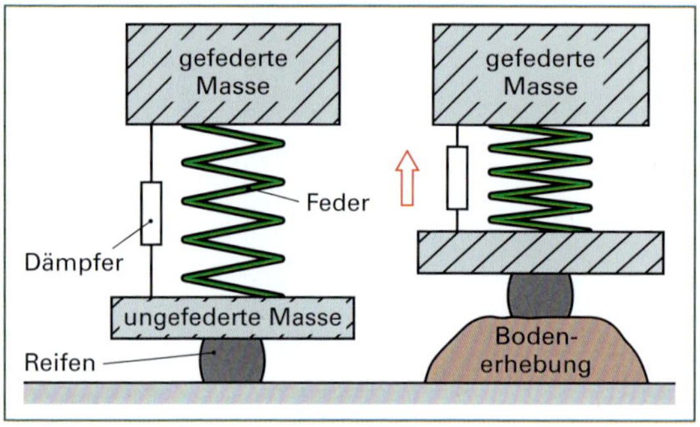


**Bild 1: Gefederte und ungefederte Masse**

Die ungefederten Massen haben direkten Kontakt zur Fahrbahn und folgen den Unebenheiten. Dazu gehören Reifen, Felgen, Naben, Bremsen und Antriebsteile, die Tauchrohre der Federgabel und die Hinterbauschwinge.

Zu den gefederten Massen gehört alles, was sich oberhalb der Federelemente befindet: Fahrer, Sattel, Rahmen, Lenker, die Standrohre der Federgabel.

- Das Gepäck gehört nur dann zur gefederten Masse, wenn es am gefederten Teil des Fahrrades befestigt ist **(Bild 2)**.
- Ist als einzige Federung eine gefederte Sattelstütze vorhanden, gehört nur der Fahrer zur gefederten Masse.

Die ungefederten und gefederten Massen sind durch die Federn miteinander gekoppelt. Die beiden Massen schwingen unabhängig voneinander in verschiedenen Frequenzbereichen.

Eine notwendige Bedingung für das gefederte System ist, dass der Anteil an ungefederter Masse deutlich geringer ist als der Anteil an gefederter Masse.

**Federweg**

Der **Gesamtfederweg** ist die Längendifferenz zwischen unbelasteter und vollständig zusammengedrückter Feder **(Bild 3)**.

Im Ruhezustand lastet die gefederte Masse auf den Federn und verringert den Gesamtfederweg um den Negativfederweg auf den Positivfederweg:

Gesamtfederweg = Negativfederweg + Positivfederweg

Ein Teil des Negativfederweges entfällt auf die Federvorspannung.

Je größer der Gesamtfederweg, desto größere Unebenheiten können gefedert überrollt werden. Gegenüber einem ungefederten Fahrrad erbringen die ersten 40 mm bis 50 mm Federweg den größten Effekt. Für die nur selten schneller als 20 km/h gefahrenen Touren- und Cityräder reicht dieser Federweg aus. Da Mountainbiker bergab

**Bild 2: Gepäckträger als Teil der gefederten Masse**

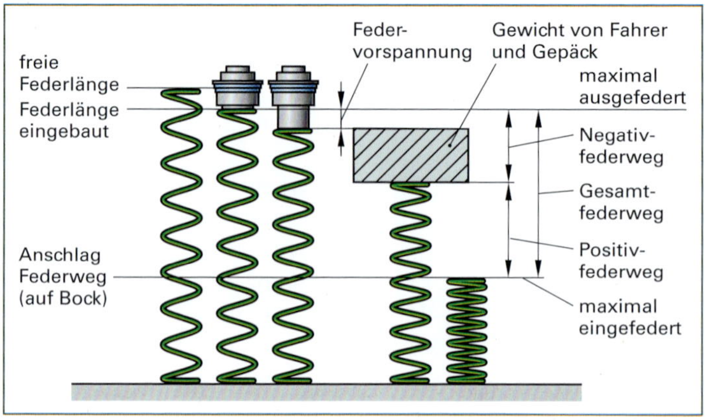


**Bild 3: Definition der Federwege**

mit wesentlich höheren Geschwindigkeiten fahren, benötigen sie Federwege von 80 mm und mehr.

Mit steigendem Federweg erhöht sich der Abstand vom Kurbellager zum Boden, sodass sich das Handling des Fahrrades verschlechtert.

**Federvorspannung**

Mit der Federvorspannung beeinflusst man die Fahrzeuglage und den Federungsbeginn. Mit einer größeren Vorspannung liegt das Fahrzeug niedriger und die Feder spricht später an. Die Federhärte ändert sich durch die Vorspannung nicht.

Bei Federelementen mit Stahlfeder ändert man die Vorspannung mittels der Handradmutter, die sich an einem Ende der Schraubenfeder abstützt **(Bild 1)**. Dann spricht die Federung erst bei einer geringeren oder höheren Last an.

**Bild 1: Schraubenfeder-Dämpferelement**

Die Vorspannung ist ein Teil des Negativfederweges.

*Beispiel*:
Feder 200 mm lang, Federhärte 50 N/mm **(Bild 2)**.

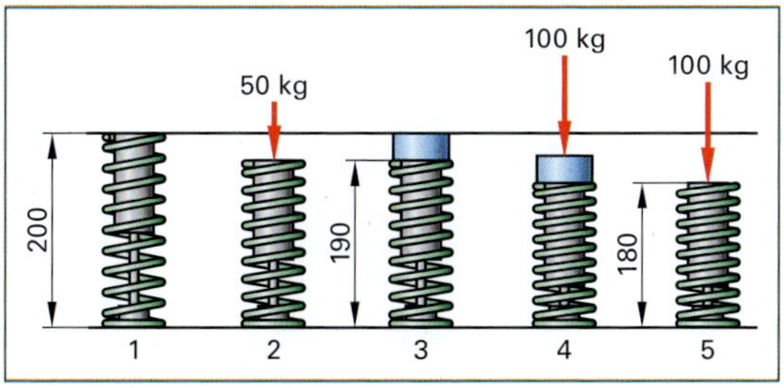


**Bild 2: Vorspannung einer Feder**

Wenn man die Feder mit 50 kg ($F$ = 500 N) belastet, wird sie um $s$ = 10 mm auf 190 mm gestaucht (2).

Wird die Feder bei 190 mm vorgespannt und anschließend entlastet, bleibt das Maß bei 190 mm. Das bedeutet, dass die Feder auf die ersten 0 kg bis 50 kg nicht reagiert (3).

Wird die Feder nun mit 100 kg (= 1000 N) belastet, so wird sie um weitere 10 mm auf 180 mm gestaucht (4):

$$c = \frac{F}{s} \qquad s = \frac{F}{c} = \frac{1000\text{ N} - 500\text{ N}}{50\text{ N/mm}} = 10\text{ mm}$$

Belastet man die nicht vorgespannte Feder mit 100 kg, so wird auch diese um 20 mm auf 180 mm gestaucht (5).

Durch das Vorspannen kann die Federrate nicht verändert werden. Schwere Fahrer können eine zu geringe Federhärte nicht durch eine höhere Vorspannung ausgleichen.

Beim Luftfedersystem bestimmt der Luftdruck im Federelement die Federhärte und die Vorspannung **(Seite 232, Bild 2)**.

**Negativfederweg, Nachgiebigkeit**

Der Negativfederweg (engl. sag) ist der Federweg, um den der Hinterbau oder die Federgabel einfedert, wenn der Fahrer im Stillstand seine übliche Position einnimmt (es ist der Weg, den ein vorgespanntes Federelement zum Ausfedern zur Verfügung hat). Dieser Weg ist bei jeder Unebenheit (z. B. ein plötzlich auftauchendes Schlagloch) erforderlich, da er den Bodenkontakt gewährleistet. Das Rad kann vertikal der Schlaglochkontur folgen, ohne dass sich der Fahrer bzw. die gefederte Masse absenkt.

Als Faustregel für den Negativfederweg gelten 10 % bis 15 % des Gesamtfederweges. Im Freeride- und Trailbereich sind es ca. 20 % und Downhill-Biker gehen bis auf 40 % des Gesamtfederweges.

*Beispiel Federbein* **(Bild 3)**:
Gesamtfederweg 57 mm (2,25 in), empfohlener Negativfederweg 30 % = 17 mm (0,68 in).

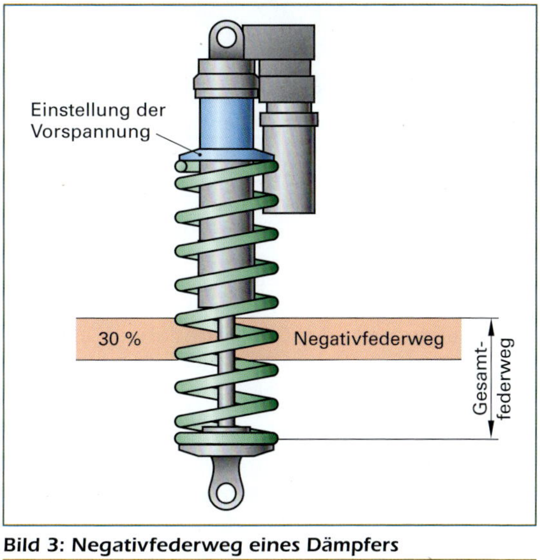


**Bild 3: Negativfederweg eines Dämpfers**

*Beispiel Teleskopgabel*:
Gesamtfederweg 80 mm, gemessene Einfederung durch das Eigengewicht 20 mm. Der Negativfederweg beträgt 20 · 100/80 = 25 %.

Zum Messen des Negativfederweges an Fahrrädern mit gefederter Sattelstütze oder einfacher Hinterbau-Konstruktion ermittelt man zuerst den senkrechten Abstand der hinteren Sattelkante von der Hinterradachse **(Bild 1a)**.

4

Dann setzt man sich in normaler Fahrposition auf das Rad und ein Helfer misst erneut den Abstand der Sattelkante von der Hinterradachse **(Bild 1b)**.

a)
b)

**Bild 1: Messung des Negativfederweges**

Die Differenz aus den beiden Messungen ist der Negativfederweg, der noch als %-Wert auf den Gesamtfederweg umgerechnet wird.

Nach der Entlastung stellt man den Negativfederweg am Feder-Dämpferelement ein, wo sich meist aufgedruckt der Gesamtfederweg ablesen lässt.

Auf den meisten Feder-Dämpferelementen befindet sich ein verschiebbarer O-Ring, der im unbelasteten Zustand gegen den Abstreifer geschoben wird und die Nulllage angibt. Nach der Belastung wird der Versatz des O-Ringes gemessen und ggf. der Luftdruck korrigiert.

Bei Federelementen mit **Stahlfeder** reguliert man den Negativfederweg mit der Federvorspannung. Stahlfedergabeln sind in der Regel ab Werk auf eine Fahrermasse von 75 kg eingestellt, sodass die Stahlfedern bei leichteren Fahrern oftmals getauscht werden müssen.

Nach der Messung des Verschiebeweges an einer Teleskopgabel lässt sich der Negativfederweg mittels Vorspannrad um etwa ± 15 % verändern **(Bild 2)**. Je schwerer der Fahrer ist, desto härter muss die Federvorspannung sein.

a)
b)

**Bild 2: a) Vorspannrad zum Einstellen der Federvorspannung b) Messung des Negativfederweges**

Wenn trotz maximaler Vorspannung der Negativfederweg immer noch zu groß ist, baut man Vorspannstücke (Spacer) ein, oder man benötigt eine härtere Feder.

Hat man zu wenig Negativfederweg, ist die Feder zu hart. Man benötigt eine weichere. Hat man zu viel sag, ist die Feder zu weich. Man braucht eine härtere.

Bei Feder-Dämpfer-Elementen mit Luftfeder verändert man den Negativfederweg über die Federhärte, die sich über den Luftdruck stufenlos einstellen lässt. Im ausgefederten Zustand steht das Hydrauliköl nicht unter Druck. Dieser baut sich erst beim Einfedern auf, wenn das Luftpolster komprimiert wird. Je höher der Ölstand, desto größer der Druck beim Einfedern **(siehe Bild 1, Seite 237** Federgabel).

Die progressive Federwirkung der Luft sorgt dafür, dass auch bei einem Einbau einer zusätzlichen linearen Stahlfeder ein progressiver Anstieg der Gesamtfederkraft erfolgt.

### Lockout

Mit Lockout wird eine zuschaltbare Blockierfunktion bei Federelementen bezeichnet.

Dabei wird der Dämpfer komplett gesperrt, indem die Druckstufendämpfung geschlossen wird. So geht keine Energie durch unnötige Bewegung (Beispiele: Eintauchen der Federgabel im Wiegetritt oder das Einsacken des Hinterbaus bei steilen Anstiegen) verloren. Andererseits kann die Federung keine Schläge mehr abfedern, sodass die Traktion leiden kann **(Bild 1)**.

**Bild 1: Schalter für Lockout-Funktion**

> *Wichtig:*
> Lockout darf im Gelände nicht zugeschaltet werden.

Durch Abfahrten oder große Schläge bei deaktivierten Federelementen können diese beschädigt werden; daher sollte man nicht vergessen, den Lockout auch wieder zu öffnen. Die meisten Federungen haben zwar als Schutz eine Art Überströmventil (blow off) eingebaut, das man aber nur im Notfall öffnen sollte.

Lockout gibt es an vielen gefederten Rädern, obwohl dieser eher an Rädern für den Renneinsatz sinnvoll ist. Im Gelände ist eine Wippunterdrückung und/oder eine einstellbare Druckstufendämpfung für Normalfahrer sinnvoller.

### Federwegverstellung

Eine Absenkfunktion zur Reduzierung des Federwegs (bei Gabeln ab 120 mm) hilft, an steilen Anstiegen mehr Druck aufs Vorderrad zu bringen. Die Absenkung erfolgt stufenlos oder gerastert in Stufen **(Bild 2)**.

**Bild 2: Federwegverstellung**

### Lenkerfernbedienung (Remote)

Ein echter Sicherheitsgewinn ist, wenn man im ruppigen Gelände die Hand nicht vom Lenker nehmen muss. Wer Federwegverstellung oder Lockout häufig nutzt, sollte deshalb eine Fernbedienung **(Bild 3)** nutzen.

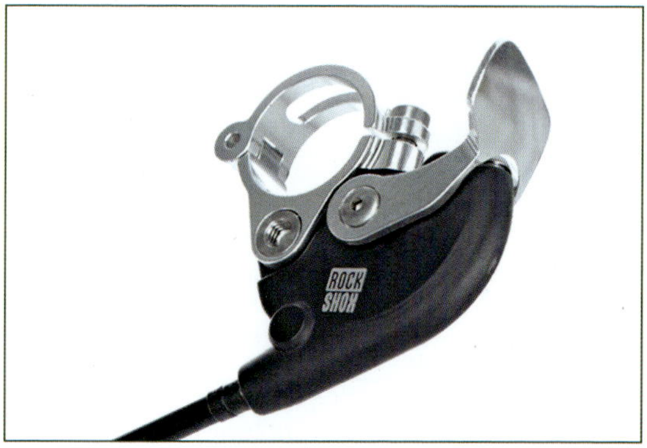


**Bild 3: Federwegverstellung (Fernbedienung)**

### Plattformdämpfung

Einfache Federungen haben den Nachteil, dass sie auch dann federn, wenn es nicht unbedingt erforderlich ist, etwa auf einer asphaltierten Strecke ohne Unebenheiten. Dabei geht ein Teil der Trittenergie verloren. Bei vielen Modellen gibt es die Möglichkeit, die Federung manuell komplett zu arretieren.

**Funktion der Plattformdämpfung:** Fährt man im „Lockout-Modus", werden Wippbewegungen durch den Fahrer unterdrückt. Fährt man über ein Hindernis, öffnet ein Massenträgheitsventil und die Federgabel wird wieder aktiv. Danach schließt das Ventil bis zum nächsten Hindernis. Das heißt, der Dämpfer bleibt auf einer asphaltierten Strecke starr, im ruppigen Gelände hingegen löst er aus und federt. Das Auslösemoment kann eingestellt werden.

4

### Maße von Feder-Dämpfer-Elementen (Dämpfer)

Dämpferhub und Einbaulage bestimmen das Fahrverhalten und den Fahrkomfort **(Bild 1)**.

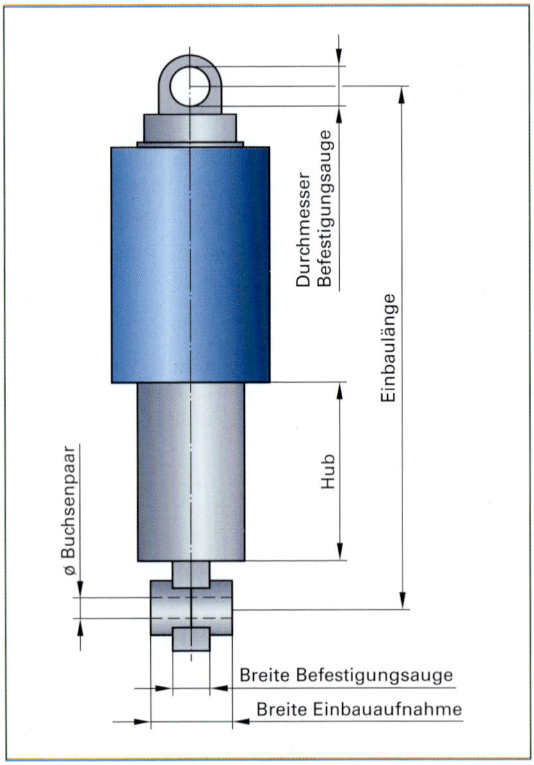


**Bild 1: Dämpfermaße**

- Die Dämpferlänge (Einbaulänge) ist im ausgefederten Zustand die Länge von Auge zu Auge, jeweils durch die Mitte der Bohrung gemessen.
- Der Dämpferhub ist der effektive Weg des Dämpfers (in der Regel wenige Millimeter weniger als die Länge der freien Kolbenstange). Hub und effektive Federlänge sollten übereinstimmen.
- Die Buchsenbreite ist der Abstand zwischen den beiden Seiten der Dämpferaufnahme.

Als Dämpfungsmedium dient Öl, das von einem Kolben beim Ein- und Ausfedern durch enge Bohrungen gepresst wird. Dabei macht man sich die Fließeigenschaften (Viskosität) einer Flüssigkeit zunutze.

**info**

Die *Viskosität* ist ein Maß für die innere Reibung, die beim Fließen einer Flüssigkeit (hier des Dämpferöls) Widerstand entgegensetzt. Ein anderer Begriff ist Zähflüssigkeit. Beim Öl sinkt die Zähflüssigkeit mit zunehmender Temperatur – es wird dünnflüssiger.

Unterschiedlich viskose Gabelöle beeinflussen die Dämpferkraft von Zug- und Druckstufe:

- Hohe Viskosität (dickflüssiges Öl) → hohe Dämpferkraft
- Niedrige Viskosität (dünnflüssiges Öl) → wenig Dämpferkraft

Gabel- bzw. Dämpferöle gibt es in den SAE1 Viskositätsklassen 2.5W, 5W, 7,5W, 10W und 15W. Je höher die Zahl, desto dickflüssiger ist das Öl.

Durch Mischen gleicher Ölsorten mit unterschiedlichen Viskositätsklassen können auch Zwischenklassen erreicht werden und so die Zug- und Druckstufendämpfung verändern.

Es gibt vereinzelt offene, meist aber geschlossene Öldämpfer. Durch hohe Druckunterschiede zwischen der Kolbenober- und -unterseite können sich im Öl Luftblasen bilden. Diese Erscheinung nennt man Kavitation. Das Öl schäumt auf, die Viskosität sinkt und die Funktion des Dämpfers ist außer Kraft gesetzt.

Bei den geschlossenen Dämpfern versucht man konstruktiv, den Luftanteil in der Dämpferkammer möglichst klein zu halten, um das Aufschäumen zu verhindern. Anti-Schaum-Additive im Öl (meist Silikone) unterstützen diese Maßnahme.

### Übersetzungsverhältnis des gefederten Hinterbaus

**info**

Zu unterscheiden ist der effektive Federweg vom Einfederweg. Der effektive Federweg ist (etwa) gleich dem Dämpferhub, dem möglichen Federweg des Dämpfers. Der Einfederweg ist die Strecke, welche die Hinterradachse beim Federn tatsächlich zurücklegt **(Bild 1, Seite 242)**.

Bei **Eingelenk-Hinterbauten (Bild 1)** ist der Abstand *b* des Schwingendrehpunktes zum Feder-Dämpferelement (im Folgenden als Dämpfer bezeichnet) kürzer als der Abstand *a* zur Hinterradachse. Die Folge ist beim Ein- und Ausfedern eine Weg- und Kraftübersetzung.

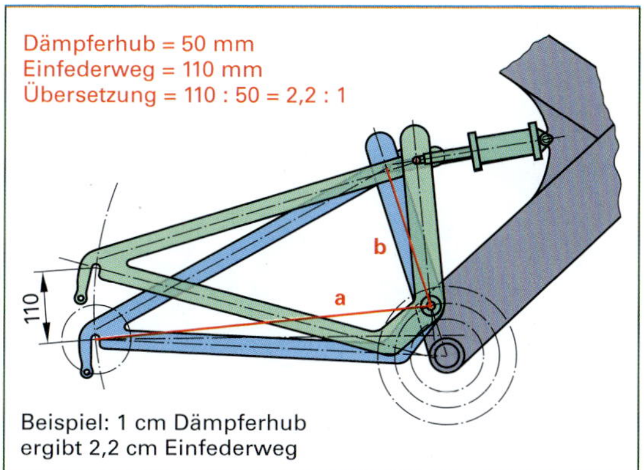


**Bild 1: Wegübersetzung eines gefederten Eingelenkers (Cantileverschwinge)**

Die Wegübersetzung führt zu unterschiedlichen Federwegen von Dämpfer und Hinterrad. Der Dämpfer benötigt einen kürzeren Federweg, um den gewünschten Einfederweg des Hinterrades zu ermöglichen.

Einfache Bestimmung des Einfederweges am gefederten Hinterbau:

Das Fahrrad umdrehen und auf Lenker und Sattel stellen. Dann misst man den Abstand von der Hinterradachse zum Boden im ein- und ausgefederten Zustand. Die Differenz ist der Gesamtfederweg.

Das Verhältnis von Einfederweg zu Dämpferhub ist das durchschnittliche Übersetzungsverhältnis des Hinterbaus. Die Hebelarme der Schwinge entsprechen sich:

*a* : *b* = Einfederweg : Dämpferhub

In der Praxis ergeben sich Übersetzungsverhältnisse von 2 : 1 bis 3 : 1.

Das Übersetzungsverhältnis ändert sich beim Einfedern ständig. Bei einigen Hinterbausystemen mit unterschiedlichen Hebelanordnungen von linear über progressiv bis degressiv.

Die Kraftübersetzung entspricht der Wegübersetzung **(Bild 2)**. Eine Stoßkraft von $F_1$ = 1000 N am Hinterrad wird mit $F_2$ = 2,2 × 1000 N = 2200 N auf das Federelement übertragen.

Je größer die Übersetzung, desto höher ist die Belastung durch die Krafteinleitung in den Rahmen an der Stelle, wo der Dämpfer befestigt ist.

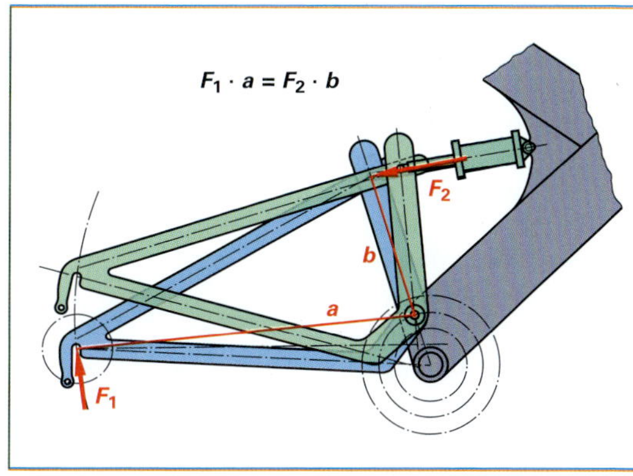


**Bild 2: Kraftübersetzung des gefederten Hinterbaus**

## Bremsnicken

Beim Abbremsen des Fahrrades kommt es zu einer Mehrbelastung des Vorderrades. Die Vorderradfederung federt ein, die Hinterradfederung federt aus. **(Bild 3)**. Das Bremsnicken ist unerwünscht, weil sich dabei die Fahrradgeometrie ändert:

- Der Radstand wird etwas kürzer
- Der Lenkwinkel wird steiler
- Der Nachlauf verkürzt sich

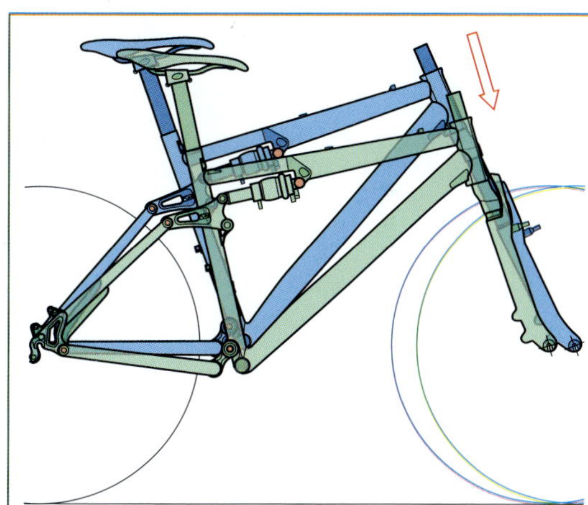

**Bild 3: Bremsnicken**

Das Fahrverhalten wird schlechter und die Gefahr des Überschlagens nimmt zu. Neue intelligente Druckstufendämpfungen, die zwischen schneller und langsamer Einfedergeschwindigkeit unterscheiden, können das Bremsnicken verringern.

Telelever-Vorderradfederungen (bekannt aus dem Motorradbau) oder entsprechend konzipierte Schwingengabeln vermeiden weitgehend das Bremsnicken. Andererseits kann ein leichtes Bremsnicken als spürbare Reaktion auf das Bremsen als angenehm empfunden werden.

### Kettenzug

Je nach geometrischer Anordnung des Drehpunktes der Hinterradschwinge kann die Federung bei kräftigen Antritten „eintauchen" oder „aufbäumen". Als konstruktive Gegenmaßnahme hat sich die geometrische Anordnung des Schwingendrehpunktes in Höhe des Kettenauflaufs auf das große Kettenrad bewährt.

### Pedalrückschlag (Kickback)

Ein unerwünschter Effekt, der bei Fahrrädern mit Hinterbaufederung konstruktionsbedingt auftreten kann, ist der Pedalrückschlag. Dabei wird die Kette beim Ein- und Ausfedern des Hinterbaus gestrafft oder entspannt. Vergrößert sich beim Ausfedern der Abstand zwischen der Hinterradachse und dem Kurbellager **(Bild 1a)**, wird zusätzliche Kettenlänge $\Delta x$ benötigt **(Bild 1b)**.

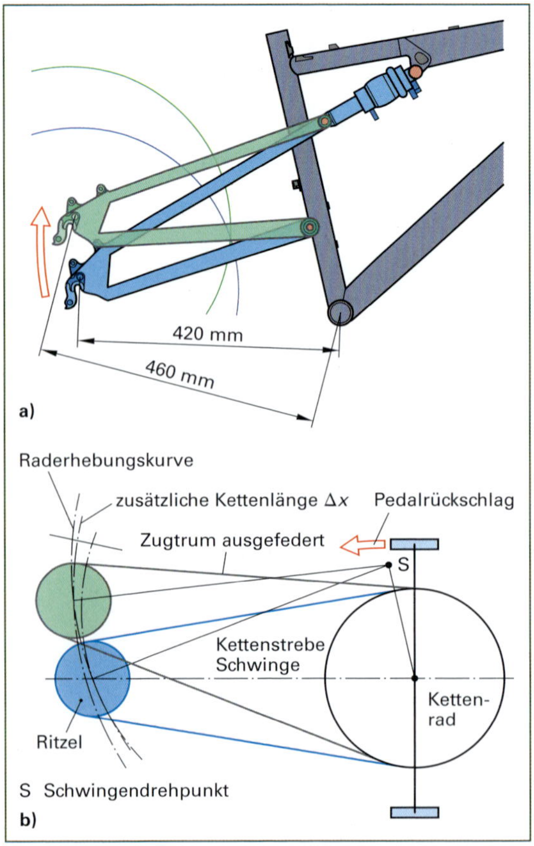


**Bild 1: Pedalrückschlag: a) Änderung des Abstandes zwischen Kurbellager und Hinterachse, b) Änderung der Kettenlänge**

Der Pedalkreis verkürzt sich. Steht das Pedal im oberen Totpunkt, wird es spontan gegen die Tretrichtung zurückgezogen und übt einen Impuls auf den Fuß des Radlers aus.

Abhilfe kann eine angepasste geometrische Anordnung des Schwingendrehpunktes bringen. Auch bei dem System Antriebsschwinge, bei dem sich das Kurbellager in der Hinterbauschwinge befindet, bleibt der Abstand vom Kurbellager zur Hinterradachse gleich und es tritt kein Pedalrückschlag auf **(Bild 2)**.

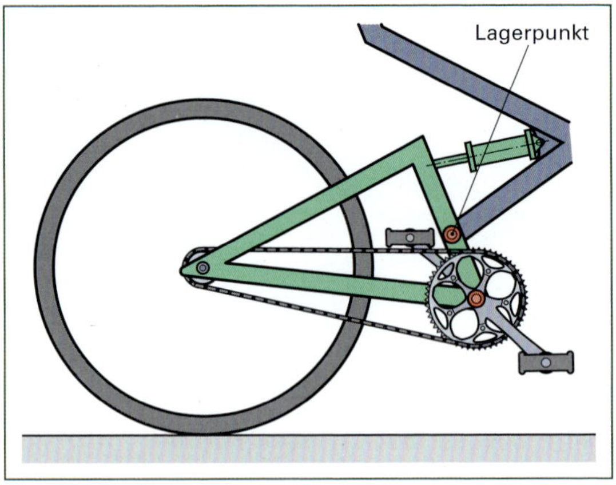


**Bild 2: Antriebsschwinge**

Ein Problem dieser Kinematik ist, dass bei jedem Tritt ein Moment in den Hinterbau eingeleitet wird. Das System neigt zum Wippen.

### Absenkung beim Einfedern

Beim Einfedern senkt sich das Kurbellager ab:

- Vorderradfederung allein: 45 % bis 50 % der Einfederung des Vorderrades
- Hinterradfederung allein (Ein-, Mehr- und Viergelenker): 60 % der Einfederung des Hinterrades Hinterradfederung allein (Antriebsschwinge): 40 % der Einfederung des Hinterrades.

Um die Bodenfreiheit bei Kurvenfahrt zu garantieren, fordert die DIN EN 4210-2, dass ein unbelastetes Fahrrad in einem Winkel von 25° (Rennrad und Jugendfahrrad 23°) seitlich geneigt werden kann, ohne dass irgend ein Teil des Pedals (Trittfläche nach oben) den Boden berührt. Daher muss das Kurbellager beim gefederten Fahrrad höher gesetzt werden als beim ungefederten (**Bild 1, Seite 245**). Das erschwert im Stand das Abstützen mit den Füßen am Boden und ist besonders bei City- und Trekkingrädern von Nachteil.

Der Rahmen dreht sich beim Einfedern um den Drehpunkt Hinterradachse. Das Kurbellager beschreibt einen leichten Bogen. Unter Vernachlässigung der Bogenkrümmung lässt sich die Absenkung $a_V$ einfach berechnen:

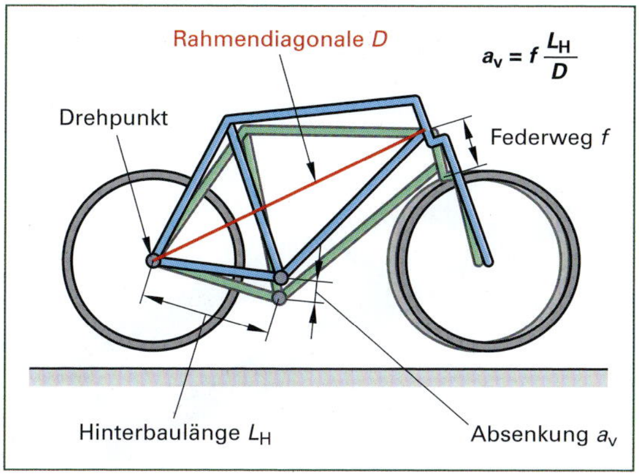


**Bild 1: Absenkung beim Einfedern des Vorderrades**

### 4.8.7 Ausführungen von Federungen

Räder, Rahmen und Lenker tragen nur wenig zur Federung und Dämpfung von Fahrbahnunebenheiten bei. Elemente zur Verbesserung des Fahrkomforts sind Vorderradfederungen, Rahmenfederungen und gefederte Sattelstützen.

#### Vorderradfederungen

Federgabeln sorgen vor allem dafür, dass Hände, Arme, Schultergürtel und Kopf weniger Fahrbahnschläge erfahren. Ein gefedertes Vorderrad sorgt für einen besseren Bodenkontakt und macht das Fahrradfahren sicherer.

#### Teleskopgabel

Dank ihrer einfachen Bauweise ist die Teleskopgabel nach wie vor die am häufigsten eingesetzte Vorderradfederung **(Bild 2)**.

Das Rad ist in den Ausfallenden der Tauchrohre fixiert. Bei Fahrbahnerhöhungen schieben sich die Tauchrohre über die Standrohre nach oben (sie federn ein, *compression*) und bei Fahrbahnvertiefungen nach unten (sie federn aus, *rebound*).

Die **Standrohre** sind über den Gabelkopf mit dem im Lenkrohr gelagerten Gabelschaftrohr verbunden. Im Inneren der Standrohre eingebrachte Federn drücken die **Tauchrohre** nach dem Stoß wieder in ihre Ausgangslage zurück.

Nachteilig ist bei Teleskopgabeln die Tendenz zum ungleichmäßigen Einfedern der Gabelbeine sowie deren leichtes Verdrehen bei kräftigen Lenkausschlägen.

Konstruktiv lassen sich diese Effekte durch eine steife Bauweise mit einem kräftigen Verbindungssteg zwischen den Tauchrohren verringern.

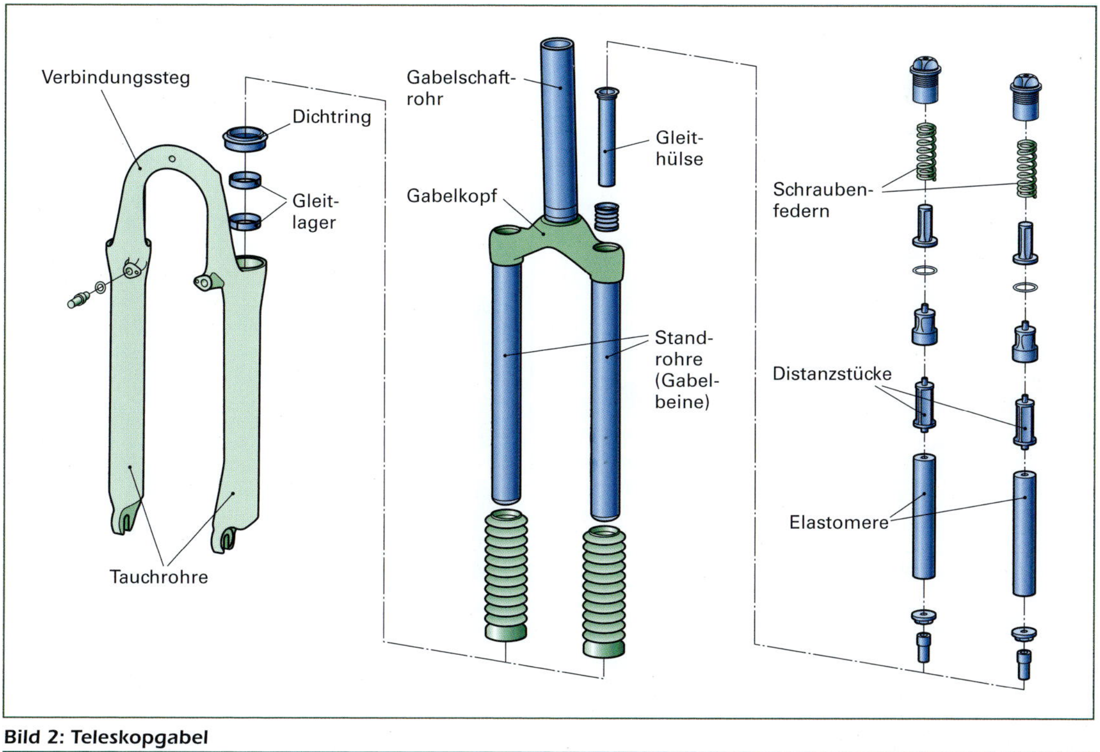


**Bild 2: Teleskopgabel**

4

### Funktion einer Luftfeder-Öldämpfer-Gabel

Die Dämpfereinheit für die *Druckstufendämpfung* befindet sich im rechten Standrohr, das mit Öl gefüllt ist. Die Dämpfereinheit für die *Zugstufendämpfung* ist unten im Tauchrohr untergebracht und wird mit dem Kolben vom Standrohr geführt **(Bild 1, Seite 247)**.

Bewegt ein Stoß auf das Vorderrad, bewegen sich die Tauchrohre und der Luftkolben im linken Standrohr nach oben. Der Luftkolben drückt in der Hauptluftkammer ein Luftvolumen zusammen. Ist der Stoß absorbiert, drückt die verdichtete Luft den Luftkolben zurück und die Gabel federt aus. Der Dämpfermechanismus beider Dämpfereinheiten kontrolliert die Geschwindigkeit des Ein- und Ausfederns.

Werden die Dämpfer stark belastet, heizt sich das Öl auf, kann aufschäumen und die Funktion außer Kraft setzen. Antischaumzusätze im Öl und luftfreie Ölkammern verhindern ein Aufschäumen. Möglich ist auch ein „offenes" Ölbad, in dem das zur Dämpfung genutzte Öl den gesamten Innenraum des Gabelbeines benetzt und dieses die Wärme abstrahlt.

### Stahlfeder-Öldämpfer-Gabel

Bei Federgabeln mit Stahlfeder und Öldämpfer befindet sich die Feder im linken und die Dämpfereinheit im rechten Standrohr **(Bild 1)**.

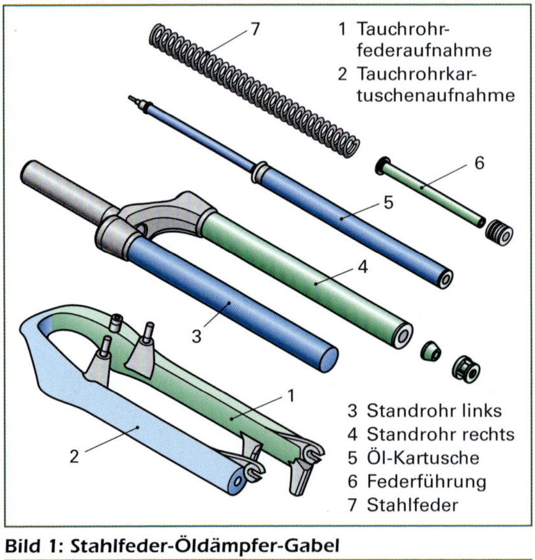


**Bild 1: Stahlfeder-Öldämpfer-Gabel**

### Doppelbrückengabel

Eine Sonderausführung der Teleskopgabel ist die Doppelbrückengabel, bei der die Standrohre am Lenkrohr vorbeilaufen und mit Brücken zum Gabelschaft hin verbunden sind **(Bild 2)**. Auf diese Weise lassen die nach oben verlängerten Gabelbeine größere Federwege zu.

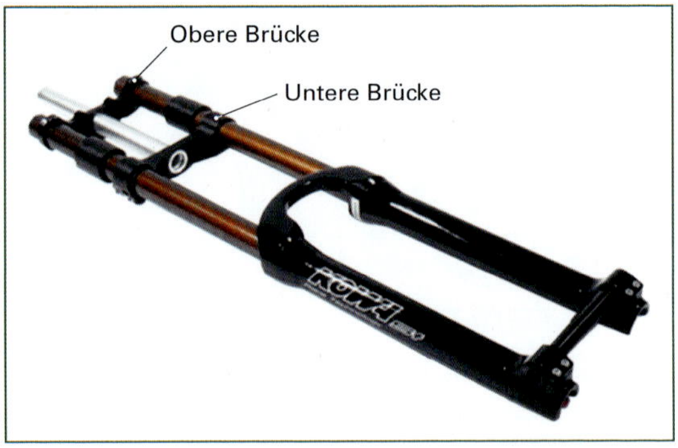


**Bild 2: Doppelbrückengabel**

Doppelbrückengabeln belasten die Anbindung des Lenkrohres an Ober- und Unterrohr höher, da sich das Gabelschaftrohr im Bereich des unteren Lenkungslagers weniger elastisch verformen kann. Aus diesem Grunde geben einige Hersteller ihre Rahmen nicht für Brückengabeln frei.

### Gabelschaft-Federgabeln

Bei Gabelschaft-Federgabeln *Head Shok* federt der Gabelschaft in eine Hülse ein, die im Lenkrohr gelagert ist. Das Feder-Dämpfer-Element ist im Federungsbereich untergebracht (grün in **Bild 3**).

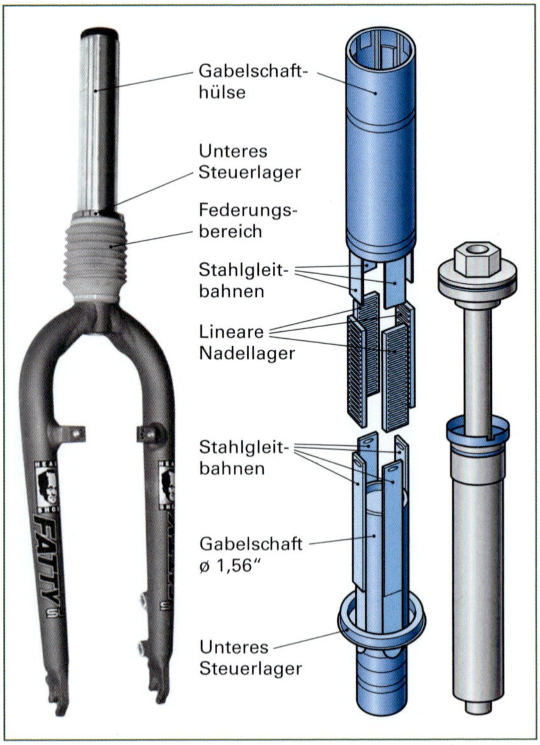


**Bild 3: Gabelschaft-Federgabel, Dämpferelement**

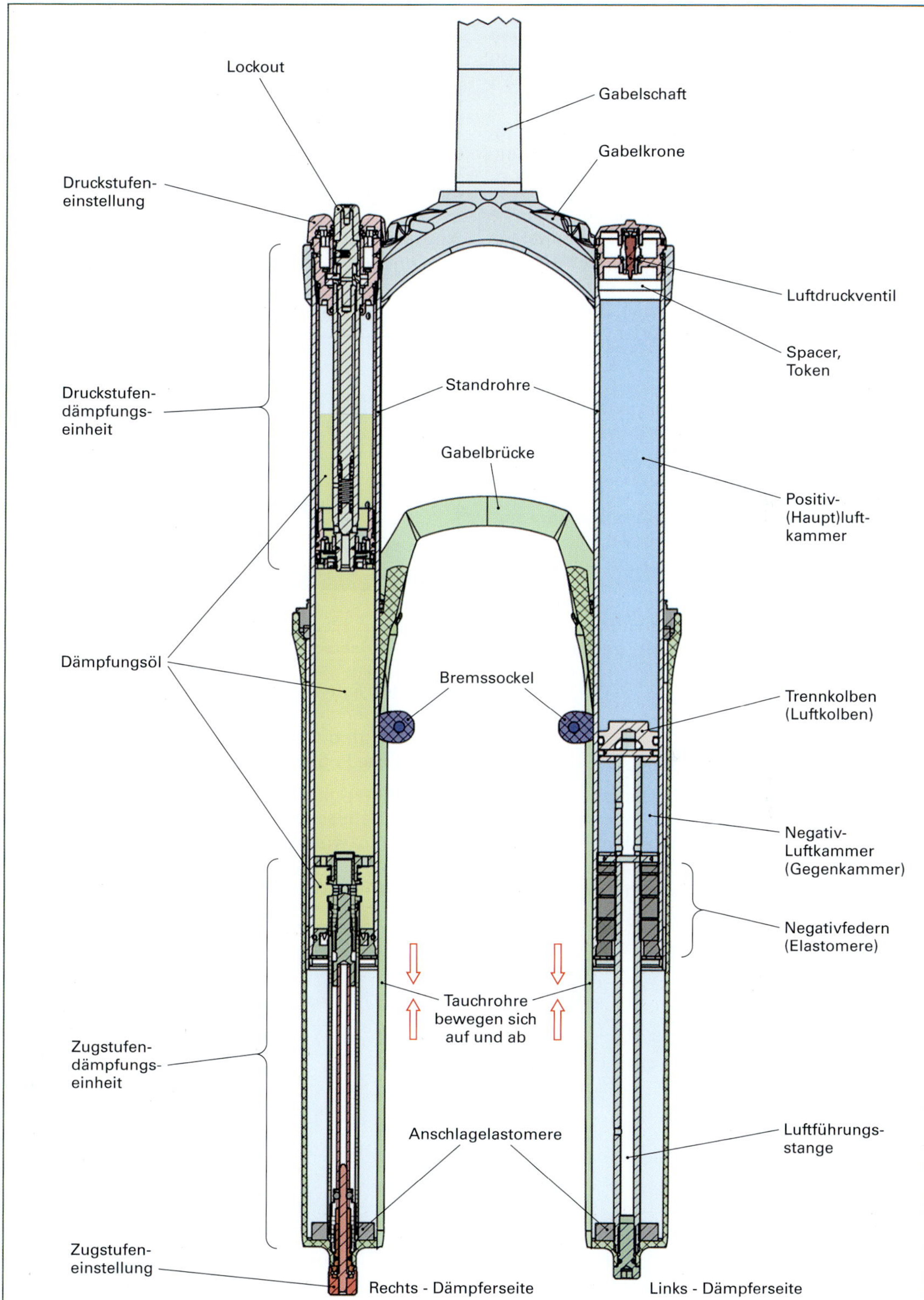


**Bild 1: Luftfeder-Öldämpfer-Gabel (Magura)**

Hier sind die ineinandergleitenden Rohre viereckig ausgeführt und können sich so nicht gegeneinander verdrehen. Vier Linearnadellager mit je 22 Wälzkörpern sorgen für ein sensibles Ansprechen und hohe Langlebigkeit. Die Forderung nach Dichtheit der Lager und spielfreie Übertragung der Lenkbewegung stellt an die Fertigung hohe Ansprüche.

Auch preiswerte Versionen von Gabelschaft-Federgabeln kann man aufgrund ihrer kompakten Bauweise in Rahmen für 1 1/8"-Gabelschaftrohre einbauen. Da der Federweg auf 30 mm bis 50 mm begrenzt ist, eignen sie sich auch zum Nachrüsten bislang ungefederter Fahrräder.

### Schwingen-Federgabel

Bei den vielfältigen Ausführungsmöglichkeiten dieses Gabeltyps wird das Vorderrad von einer Schwinge aufgenommen, die beim Einfedern einen Kreisbogen um das Drehgelenk beschreibt.

Die geschobene Schwinge kommt z. B. bei den Modellen *Birdy* und beim *Moulton*, die gezogene Schwinge beim *Pacific Reach* zur Anwendung **(Bild 1)**.

Die Einfederungsrichtung bei der gezogenen Schwinge ist nach oben/hinten gerichtet, also weg vom Hindernis.

### Hinterradfederungen

Gefederte Hinterräder mindern Fahrbahnschläge, die über dem hinteren Kontaktpunkt zum Fahrrad auf das Becken und den Wirbelsäulenbereich einwirken. Das Hinterrad ist dabei entweder in einer Schwinge oder einem Viergelenk gelagert. Das hintere Federelement wird meist als Dämpfer bezeichnet. Eine Systematik findet sich in **Bild 2**.

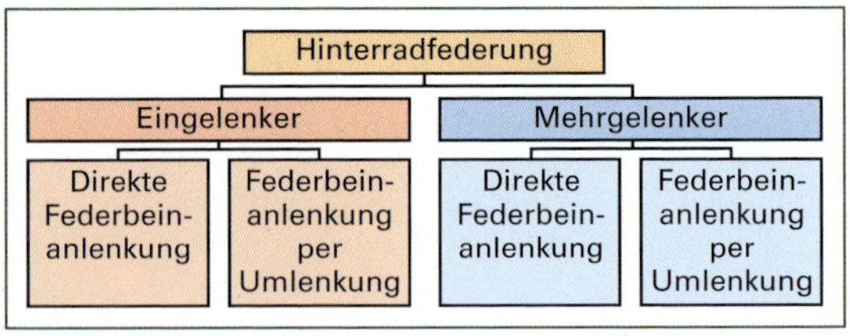


**Bild 2: Einteilung der Hinterradfederungen**

### Antriebsschwinge

Das Kurbellager ist in der Hinterradschwinge integriert **(Bild 3)**. Der Kettenzug bleibt damit reaktionsfrei und ein Pedalschlag tritt nicht auf.

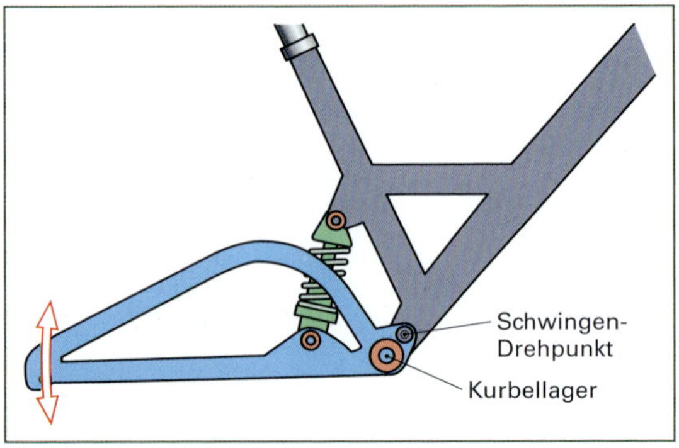


**Bild 3: Antriebsschwinge**

Geht der Fahrer beim Wiegetritt aus dem Sattel, steht er auf der gefederten Schwinge des Rahmens und wird so ein Teil der ungefederten Masse. Die Pedale wippen mit.

In der Anfangszeit der vollgefederten MTBs war die Antriebsschwinge ein häufig eingesetztes System. Inzwischen haben andere Systeme, die ebenfalls den Pedalrückschlag vermeiden, die Antriebsschwinge ersetzt.

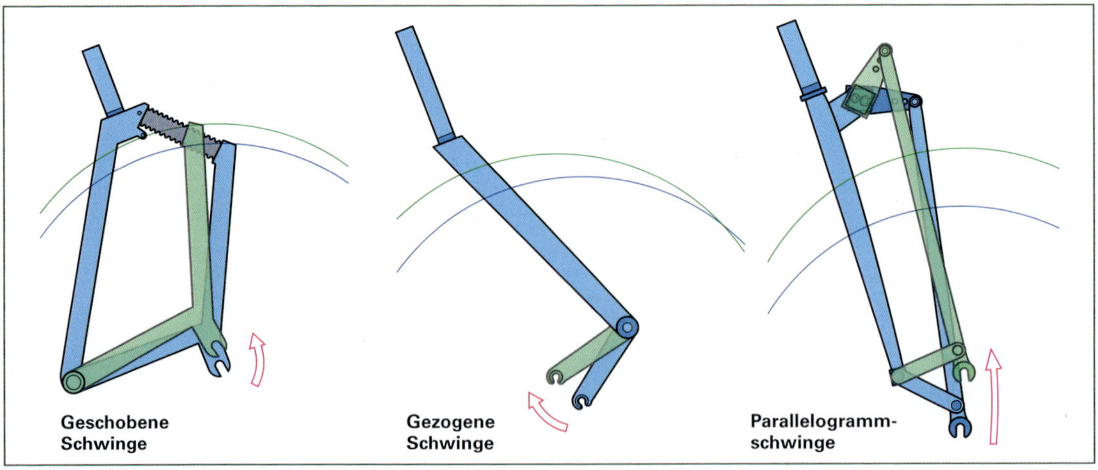


**Bild 1: Ausführungen von Schwingen-Federgabeln**

### Eingelenker

Der Drehpunkt des Eingelenkers befindet sich im Hauptrahmen im Bereich des Sitzrohres **(Bild 1)**. Für eine möglichst reaktionsfreie Hinterradfederung wird der Drehpunkt auf Höhe des mittleren Kettenrades und etwas vor das Kurbellager gelegt.

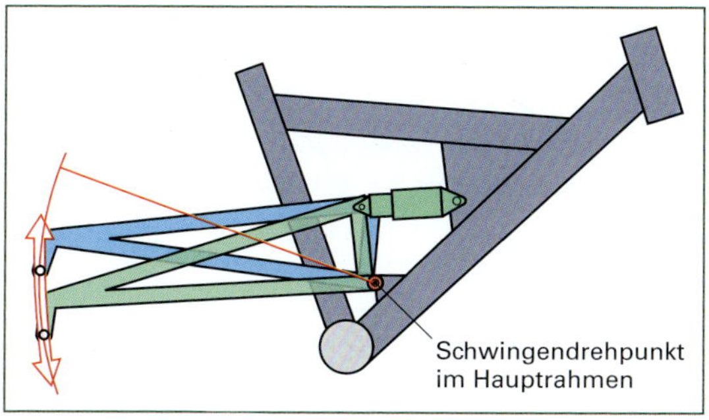


**Bild 1: Eingelenker**

Das Hinterrad federt in Bewegungsrichtung ein. Dabei beschreibt die Hinterradachse eine Kreisbahn um das Schwingenlager.

Vorteile:

- Großer Federweg möglich
- Wenig Reibungsverluste, daher sensibles Ansprechen
- Günstiger Preis, einfache Wartung und niedriges Gewicht
- Stabil durch einteilige Schwinge

Nachteile:

- Neigt ohne spezielle Dämpfer zum Wippen
- Pedalrückschlag, wenn das Schwingenlager sehr hoch liegt
- Bei langem Hinterbau geringe Seitensteifigkeit

### Abgestützter Eingelenker (Mehrgelenker)

Der abgestützte Eingelenker **(Bild 2)** wird oft mit dem Viergelenker verwechselt. Die zusätzlichen Gelenke dienen nur der Abstützung seitlicher Kräfte. Er funktioniert wie ein Eingelenker, weil sich zwischen Hauptlager und Hinterrad kein weiteres Gelenk befindet.

Durch die Anlenkung des Dämpfers über eine Wippe lässt sich die Kennlinie der Federung besser steuern, entlastet das Feder-Dämpfer-Element von möglichen Biegebelastungen und macht den Hinterbau stabiler. Ein weiteres Gelenk kann sich an der Hinterbau-Oberstrebe (Sattelstrebe) in der Nähe der Ausfallenden befinden.

### Viergelenker

Im Gegensatz zum Mehrgelenker hat der Viergelenker einen zusätzlichen Drehpunkt in den Hinterbau-Unterrohren, den sogenannten „Horst-Link". Dadurch kann das Hinterrad nahezu gerade nach oben einfedern **(Bild 3)**.

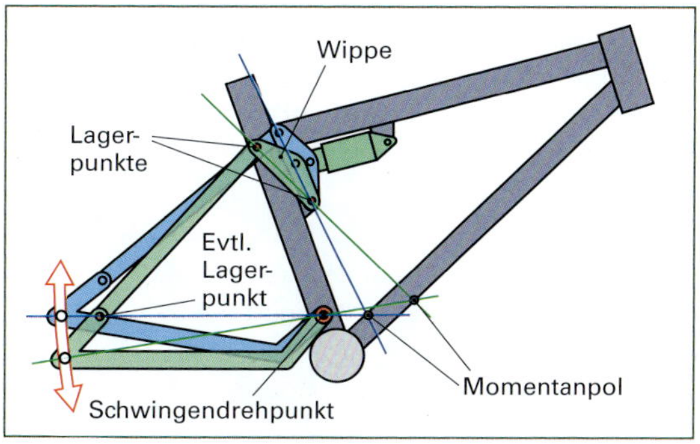


**Bild 2: Abgestützter Eingelenker**

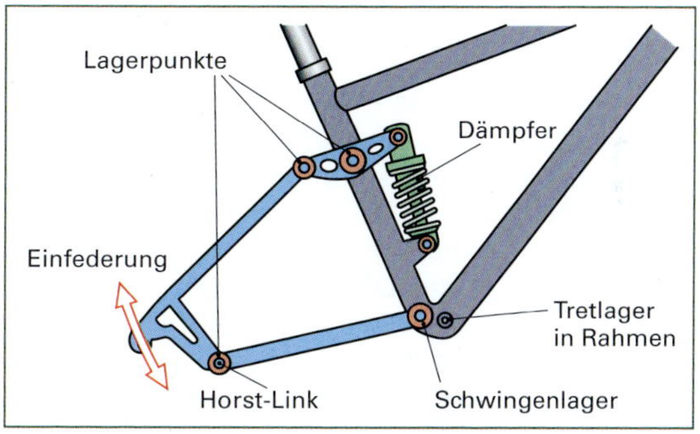


**Bild 3: Viergelenker**

Die weit auseinanderliegenden Lagerpunkte machen den Hinterbau sehr steif. Wie beim Mehrgelenker wird der Dämpfer über eine Wippe angesteuert, dadurch wird er vor Seitenkräften geschützt. Durch die vielen Lagerpunkte spricht der Hinterbau nicht so sensibel an wie beim klassischen Eingelenker. Das System arbeitet antriebsneutral.

Vorteile:

- Steifer Hinterbau
- Antriebsneutral

Nachteil:

- Wartungsintensiv

Die Besonderheit sind die *Horst-Link-Gelenke* (benannt nach dem Erfinder Horst Leitner) an den hinteren Enden der Hinterbau-Unterrohren (Kettenstreben). Beim Einfedern gleichen diese den sich verändernden Abstand zwischen Kurbellager und Hinterachse aus. Damit bleibt auch bei vollem Kettenzug die Funktion der Federung erhalten.

Eingelenker haben einen festen Drehpunkt, um den sich das Hinterrad beim Ein- und Ausfedern dreht. Viergelenker haben einen Momentanpol, der während des Einfederns wandert.

4

### Virtual Pivot Point

Bei der Hinterradfederung Virtual Pivot Point (VPP, **Bild 1**) federt die Schwinge S-förmig über zwei Umlenkhebel. Der virtuelle Drehpunkt, der beim Ein- und Ausfedern wandert, soll das Rahmenwippen im Wiegetritt verhindern.

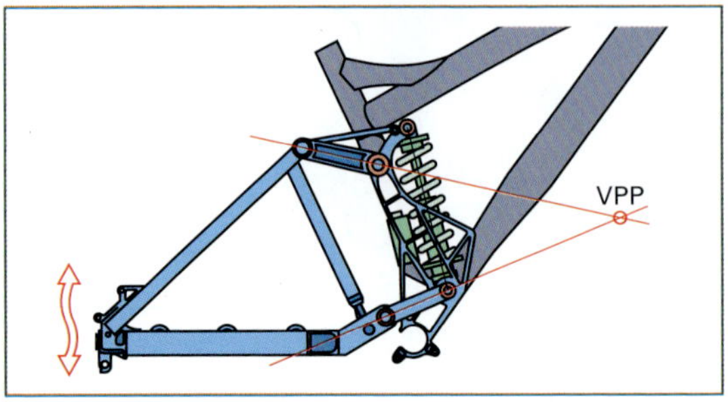


**Bild 1: Virtual Pivot Point**

### Low Ratio Suspension

Bei der Low Ratio Suspension (LRS) sitzt der Dämpfer parallel zu einem der Hinterbau-Oberrohre. Durch diese Anlenkung entspricht der Dämpferhub nahezu dem Hub des Hinterbaus. Daher benötigt der Dämpfer einen geringeren Luftdruck, was die Belastungen auf Dichtungen und bewegliche Teile reduziert.

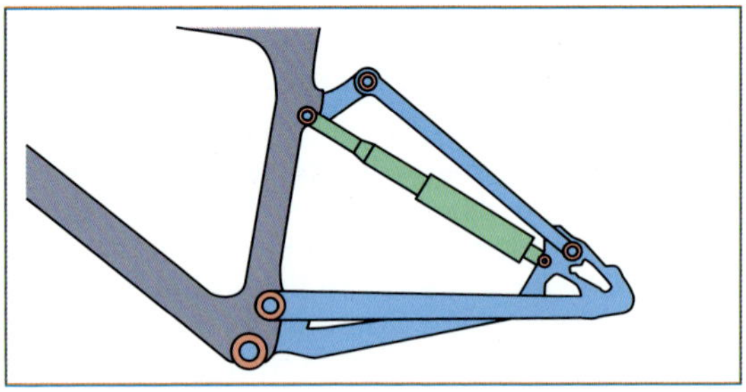

**Bild 2: Low Ratio Suspension**

Vorteile:

- steifer Hinterbau
- wenig defektanfällig

Nachteil:

- nur geringe Federwege realisierbar

Die Variante **Monolink** ist eine Mischung aus Antriebsschwinge und Mehrgelenker **(Bild 3)**.

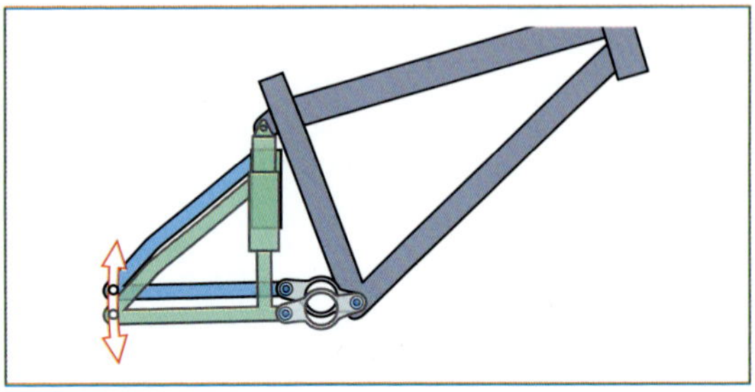

**Bild 3: Monolink**

Beim **Floatlink**, einem Viergelenker, ist der Dämpfer schwimmend zwischen Umlenkhebel und Hinterbau-Unterrohr (Kettenstrebe) gelagert **(Bild 4)**.

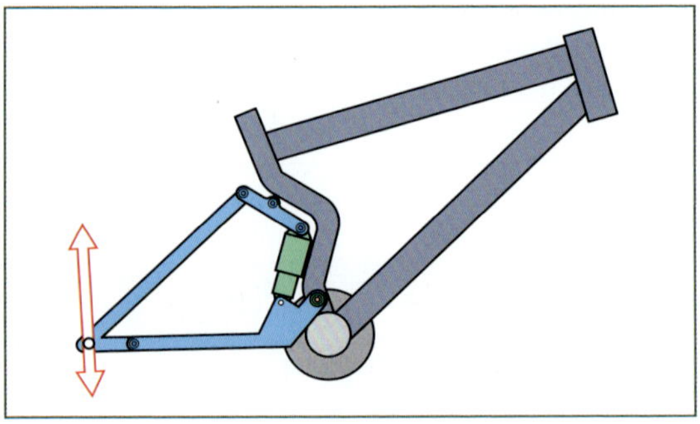

**Bild 4: Float-Link**

Möglich ist auch eine aktive Federbeinanlenkung. Mittels Umlenkhebel lassen sich unterschiedliche Federkennungen für Up- und Downhillfahren schalten **(Seite 251, Bild 1)**.

### Gefederte Sattelstützen

Das Verhältnis Fahrermasse zur Fahrzeugmasse beträgt bei Fahrrädern etwa 6:1 bis 9:1. Ist die Sattelstütze einziges Federelement, gehört das gesamte Fahrzeug zur ungefederten Masse. Das wirkt sich besonders ungünstig bei einem voll beladenen Reiserad oder beim Kindertransport aus. Gefederte Sattelstützen können lediglich bei harten, einmaligen Stößen den Stoß abmildern. Sie können nicht den Fahrbahnunebenheiten folgen. Das kurzzeitige Abfedern der Fahrermasse kann aber den Fahrkomfort deutlich verbessern.

In einfacher Ausführung bestehen die gefederten Sattelstützen aus einem Rohr mit einer innenliegenden Stahlfeder **(Bild 5)**. Über der Feder befindet sich ein Gleitlager mit einer Vierkant- oder Sternführung, in die das Standrohr mit dem Sattel eintaucht.

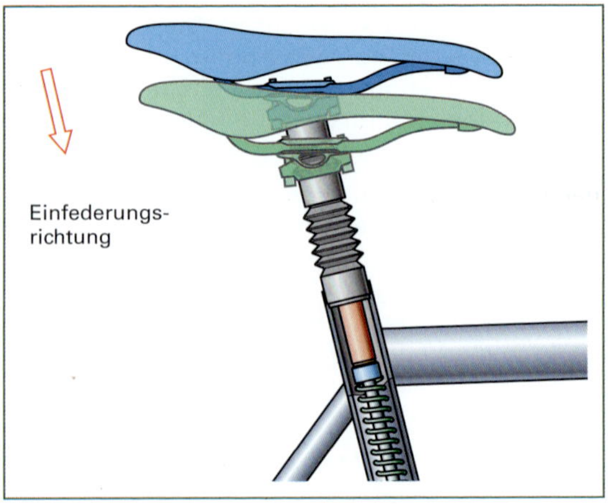


**Bild 5: Teleskop-Sattelstütze**

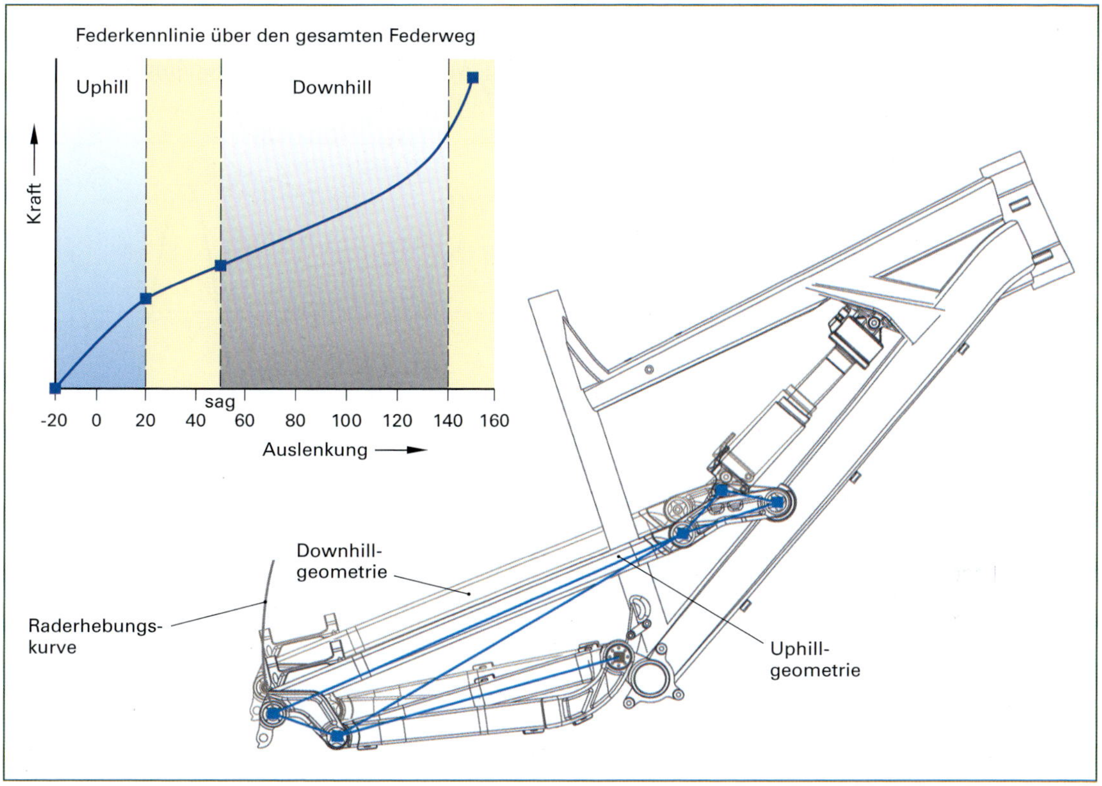


**Bild 1: Mehrgelenker (Bionicon hyperX)**

Seitliches Drehspiel des Standrohrs kann ggf. an der Führung nachgestellt werden.

Alle Arten von Federsattelstützen besitzen kleine, aber hoch belastete Gleitlager, Führungen und Gelenke. Fehlt die regelmäßige Schmierung, nimmt das feinfühlige Ansprechverhalten stark ab und es kommt zu hohem Verschleiß.

Von Nachteil ist die durch das Sitzrohr vorgegebene Einfederungsrichtung. Überrollt das Hinterrad ein Hindernis, so drehen sich alle Bauteile des Fahrrades um den Aufstandspunkt des Vorderrades. Dieses Problem vermeidet die Parallelogramm-Stütze, die entgegen der Stoßrichtung nach hinten/unten einfedert **(Bild 2)**.

Die Vorspannung ungedämpfter Federstützen sollte so eingestellt sein, dass die Stütze noch nicht unter dem Fahrergewicht einfedert. Damit wird verhindert, dass die Stütze bei höheren Trittfrequenzen oder unrundem Tritt periodisch einfedert (wippt).

Bei gedämpften Stützen kann die Federhärte geringer eingestellt werden, um den Negativ-Federweg zu nutzen.

Für Freerider entwickelt ist die hydraulisch verstellbare Sattelstütze, die sich vom Lenker aus absenken und wieder hochfahren lässt.

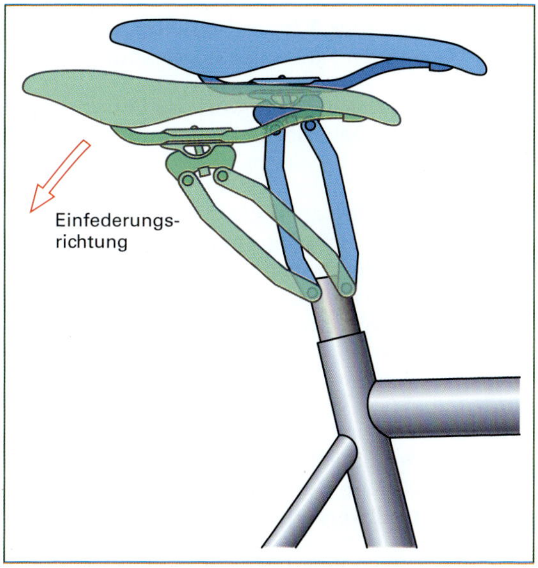


**Bild 2: Parallelogramm-Sattelstütze**

### 4.8.8 Physik der Fahrradfederung

Wer sich mit der Fahrradfederung beschäftigt, benötigt Grundlagenkenntnisse der Schwingungslehre.

Eine Masse hängt an einer Feder und wird durch eine Kraft aus ihrer Ruhelage ausgelenkt. In der Feder selbst wirkt eine Rückstellkraft, die das System zurückschwingen lässt **(Bild 1)**. Die Masse schwingt dabei über ihre Ruhelage hinaus und es tritt erneut eine Rückstellkraft auf.

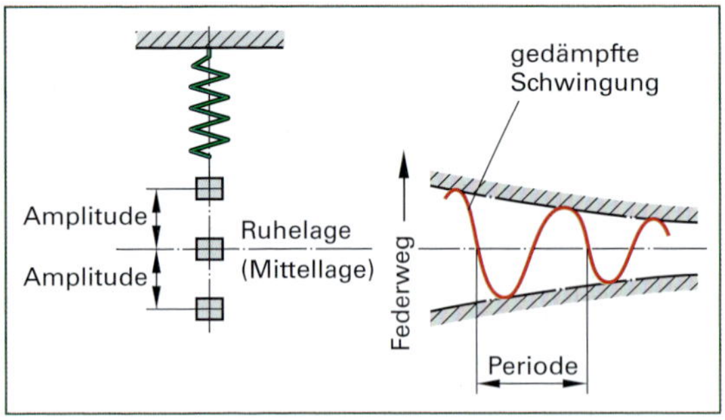


**Bild 1: Schwingungen eines Feder-Masse-Systems**

Dieser Vorgang wiederholt sich, bis sich die Bewegungsenergie durch Reibung in Wärme umgewandelt hat und der Schwinger zur Ruhe kommt.

Eine **Schwingung** beschreibt eine sich wiederholende Zustandsänderung, z. B. die Hin- und Herbewegung einer Masse.

Den größten Abstand der schwingenden Masse zur Ruhelage nennt man **Amplitude *A***.

Die **Periodendauer *T*** (oder **Schwingungsdauer**) ist die Dauer einer Hin- und Herbewegung.

Die **Frequenz *f*** ist der Kehrwert der Periodendauer, es ist die Anzahl der Schwingungen in einer Sekunde.

Die **Eigenfrequenz $f_0$** ist ein wesentliches Merkmal des „Freien Schwingers". Eine kleine Eigenfrequenz wird durch eine große Masse und eine weiche Feder erzielt. Umgekehrt ergibt eine kleine Masse und mit einer harten Feder eine große Eigenfrequenz.

Wird eine Masse von außen angestoßen, spricht man von fremderregt. Erfolgt die Erregung $f_E$ im Rhythmus der Eigenfrequenz $f_0$, so stellt sich **Resonanz** (Erklärung **Seite 253**) ein. Die Amplitude kann sehr groß werden.

Bei einer Schwingung bezeichnet man als Dämpfung die Abnahme der Amplitude **(Bild 2)** durch Umwandlung der Schwingungsenergie in andere Energieformen (meist Wärme) aufgrund von Reibung. Man spricht von einer gedämpften Schwingung (rote Kurve in **Bild 2**).

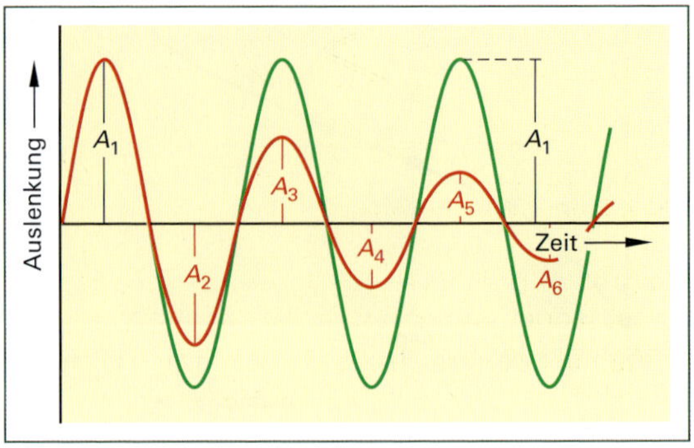


**Bild 2: Ungedämpfte und gedämpfte Schwingung**

Ein Maß für die Dämpfung ist der Quotient zweier aufeinanderfolgender Amplituden, das Dämpfungsverhältnis *k*:

$$k = \frac{A_n}{A_n + 1}$$

Bei sehr hoher Dämpfung findet überhaupt keine periodische Schwingung mehr statt, sondern der Pendelkörper „kriecht" in seine Ruhelage zurück (aperiodische Dämpfung, **Bild 3**).

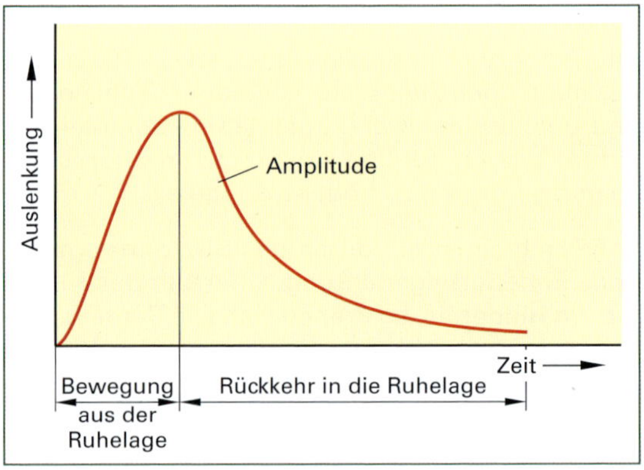


**Bild 3: Aperiodische Dämpfung**

Für die folgenden Betrachtungen dient das einfachste Modell eines Schwingers, der sog. Ein-Massen-Schwinger **(Seite 253, Bild 1)**. Er besteht aus einer Feder und einer Masse; dabei entspricht die Feder der Fahrradfederung und die (gefederte) Masse dem Körpergewicht des Fahrers, den jeweiligen Fahrradbauteilen und dem Gepäck oberhalb der Federung.

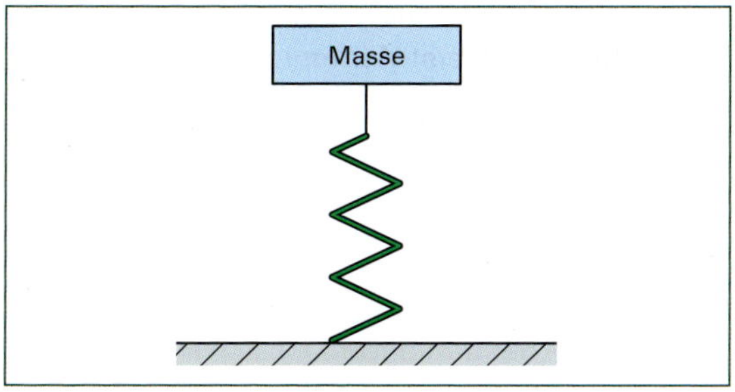


**Bild 1: Einmassenschwinger**

Die grobe Kenntnis der anderen Schwingungsarten ist jedoch nötig, um die Besonderheiten der Fahrzeugfederung zu verstehen und sie gegen benachbarte Themenbereiche abzugrenzen.

Die Übersicht in **Bild 2** zeigt die Gliederung verschiedener Schwingungsarten. Darin gibt der rot eingezeichnete Pfad die spezielle Schwingungsart an, die am Fahrrad auftritt.

### Freie Schwingungen

Wird ein Schwinger einmal von außen angestoßen und dann sich selbst überlassen, so schwingt er. Die Frequenz, mit der sich der frei schwingende Schwinger auf und ab bewegt, wird als Eigenfrequenz $f_0$ bezeichnet und ist charakteristisch für den jeweiligen Schwinger.

Die Eigenfrequenz ist abhängig von der Masse $m$ und der Federhärte $c$ (die Federhärte wird auch als Federsteifigkeit bezeichnet).

$$f_0 = \frac{1}{2 \cdot \pi} \sqrt{\frac{c}{m}}$$

*Beispiel*: Federsteifigkeit $c = 10^4$ N/m, Masse $m$ = 30 kg. Die Eigenfrequenz $f_0$ des Einmassen-Schwingers beträgt

$$f_0 = \frac{1}{2 \cdot \pi} \sqrt{\frac{c}{m}} = \frac{1}{2 \cdot \pi} \sqrt{\frac{10^4\ \text{N/m}}{30\ \text{kg}}} = 2{,}9\ \text{Hz}$$

- Große Federsteifigkeiten und kleine Massen führen zu hohen Eigenfrequenzen.
- Kleine Federsteifigkeiten und große Massen führen zu niedrigen Eigenfrequenzen.

*Hinweis*:

Eine notwendige Bedingung für die Funktion einer Federung ist eine niedrige Eigenfrequenz.

In Abgrenzung zur freien Schwingung sind Bremsenquietschen, Radunwuchten und Fahrzeugfederungen **keine** freien Schwingungen. Allerdings ist die Kenntnis der Eigenfrequenz nötig, um eine Federung richtig auszulegen.

### Erzwungene Schwingung, Resonanzschwingung

Auf ein senkrecht aufgehängtes Federpendel wirkt periodisch eine Kraft ein **(Seite 254, Bild 1)**. Ist die Erregerfrequenz viel kleiner als die Eigenfrequenz des schwingenden Systems, stimmt die Amplitude (Ausschlagweite) der erzwungenen Schwingung des Pendelkörpers mit der Amplitude der äußeren Kraft überein.

Steigert man nach und nach die Anregungs-Erregerfrequenz, so vergrößert sich die Amplitude des schwingenden Körpers.

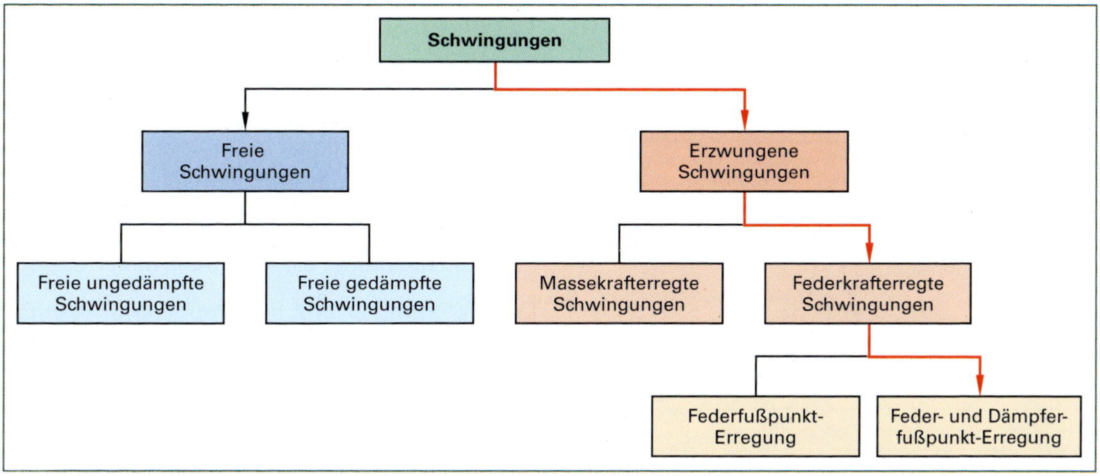


**Bild 2: Übersicht Schwingungsarten**

4

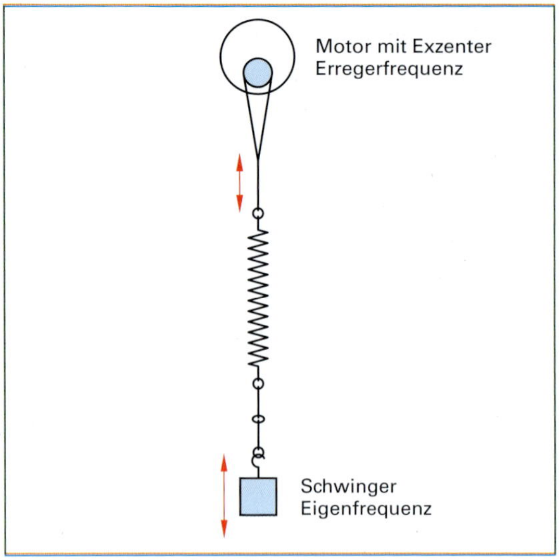


**Bild 1: Fremderregung eines Schwingers**

Wenn schließlich die Erregerfrequenz mit der Eigenfrequenz des Federsystems übereinstimmt, erreicht die Amplitude einen Maximalwert – es stellt sich Resonanz ein **(Bild 2)**.

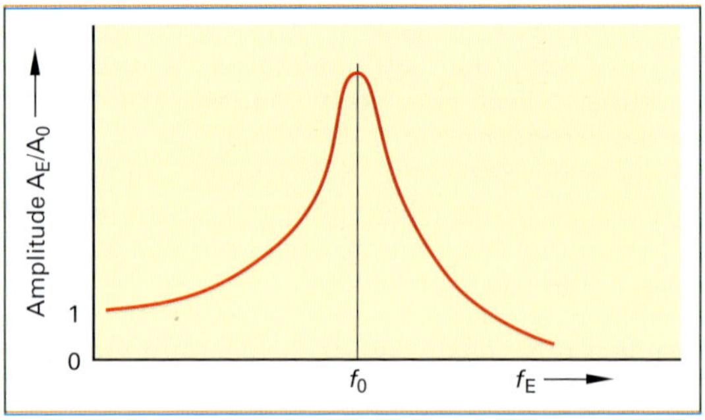


**Bild 2: Resonanzkurve**

Je geringer die Dämpfung der Schwingung ist, desto größer ist dieser Maximalwert **(Bild 3)**. Bei zu kleiner Dämpfung kann der Resonanzfall zur Zerstörung des schwingenden Systems führen.

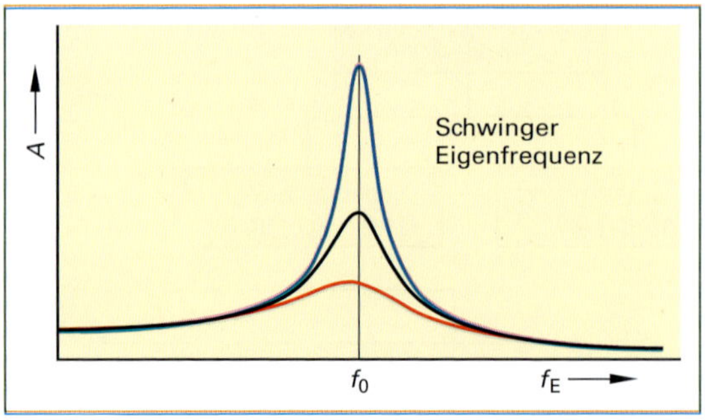


**Bild 3: Resonanzkurve bei unterschiedlichen Dämpfungen**

Bei weiterer Erhöhung der Erregerfrequenz nimmt die Amplitude wieder ab.

Bei der Amplitude der Schwingung sind die Erregung und die Antwort über den Schwinger verknüpft. Die waagerechte Linie in der Übertragungsfunktion (Vergrößerungsfunktion, **(Bild 4)**) zeigt das Verhalten eines ungefederten Systems Fahrrad/Fahrer, das die Unebenheiten der Fahrbahn 1 : 1 an die gefederte Masse weitergibt.

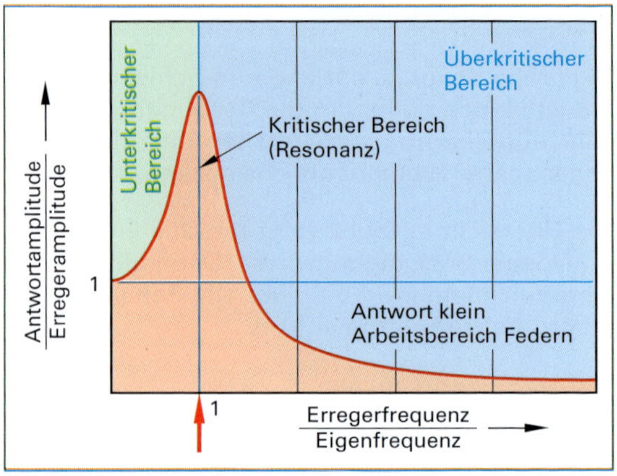


**Bild 4: Vergrößerungsfunktion einer erzwungenen Schwingung**

In der Vergrößerungsfunktion ist das Verhältnis der Antwortamplitude zur Erregeramplitude über dem Verhältnis von Erregerfrequenz zu Eigenfrequenz aufgetragen.

Es werden drei Bereiche unterschieden, wobei sich der Schwinger jeweils völlig unterschiedlich verhält:

- **Unterkritisch:** In diesem Bereich ist die Erregerfrequenz kleiner als die Eigenfrequenz des Schwingers. Die Masse reagiert mit einem vergrößerten Ausschlag.
- **Kritisch** oder **Resonanz:** In diesem Bereich ist die Erregerfrequenz ähnlich der Eigenfrequenz. Hier vergrößern sich die Schwingungen weiter in große Ausschläge.
- **Überkritisch:** In diesem Bereich ist die Erregerfrequenz größer als die Eigenfrequenz des Schwingers. Die Antwortamplitude wird kleiner und unterschreitet die Amplitude der Erregung.

Eine Federung erfolgt nur im überkritischen Bereich.

Die **Erregerfrequenz** erzwingt die Antwortfrequenz. Sie stellt sich jeweils nach wenigen Schwingungen ein und ist identisch mit der Erregung. Man spricht vom „eingeschwungenen Zustand“.

**Ort der Anregung**

Wirkt die Erregung unmittelbar auf die Masse und erst indirekt auf die Feder, spricht man von einer Massenkrafterregung (z. B. Unwucht im Rad).

Wirkt die Erregung unmittelbar auf die Feder und mittelbar auf die Masse, spricht man von einer **Federkrafterregung (Bild 1)**. Der Schwinger antwortet entsprechend der Vergrößerungsfunktion.

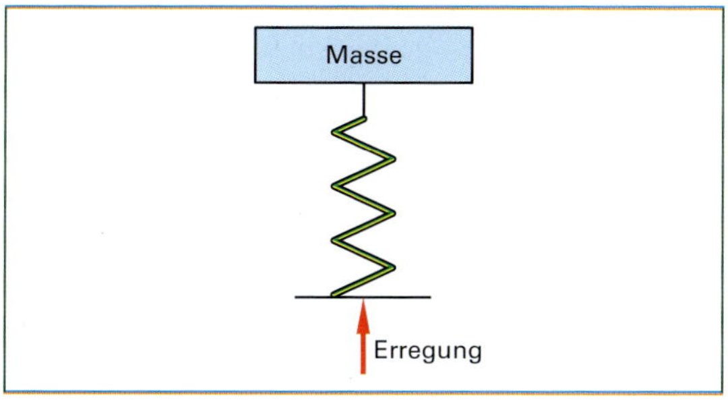


**Bild 1: Federkrafterregung**

**Dämpfung**

Bei den Fahrzeugfederungen ist der Feder ein Dämpfer parallel geschaltet **(Bild 2)**.

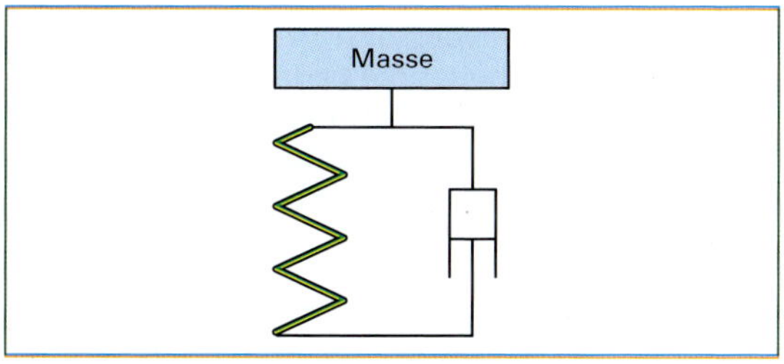


**Bild 2: Dämpfer parallel geschaltet zur Feder**

Wirkt die Erregung unmittelbar nur auf die Feder, (den sogenannten Federfußpunkt) und nicht auf den Dämpfer(Fußpunkt), so spricht man von einer **Federfußpunkterregung (Bild 3)**.

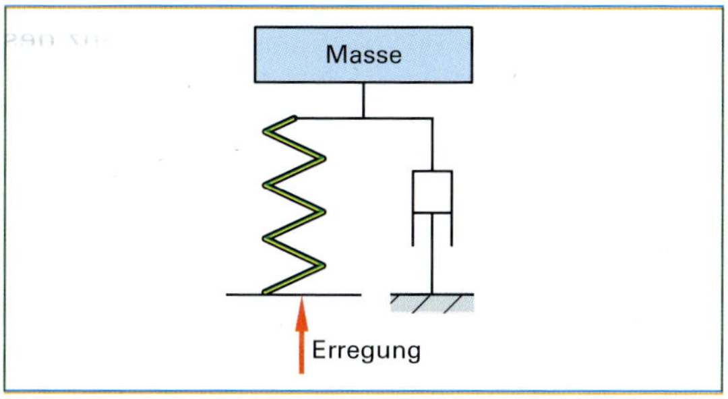


**Bild 3: Federfußpunkterregung**

Der Dämpfer verbindet die schwingende Masse mit der stillstehenden Basis. So bewirkt eine große Dämpfung in allen drei Bereichen (unterkritisch, kritisch, überkritisch) eine Verkleinerung der Amplituden des Schwingers – verglichen mit einem schwach gedämpften oder ungedämpften System. Diese Schwingungsart heißt Schwingungsdämpfung.

Wirkt die Erregung gleichzeitig auf beides, den Federfußpunkt und den Dämpferfußpunkt, spricht man von einer **Feder-und-Dämpfer-Fußpunkterregung** – der für die Fahrradfederung relevante Schwingungsfall **(Bild 4)**. Diese Schwingungsart bezeichnet man als Schwingungsisolierung.

*Beispiel*: Die Erregung durch Fahrbahnunebenheiten wirkt auf die Feder und den Dämpfer.

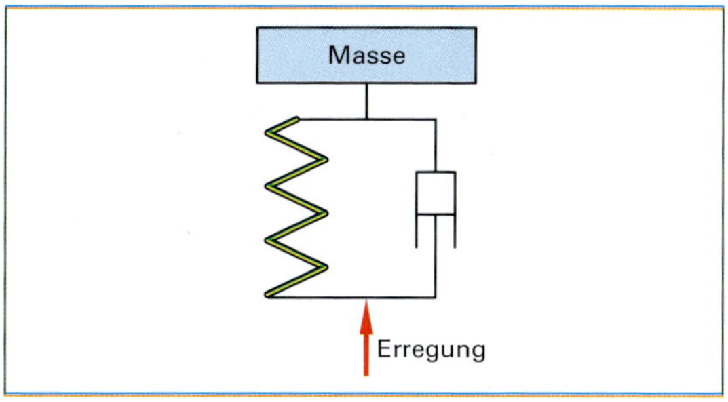


**Bild 4: Feder- und Dämpfer-Fußpunkterregung**

In **Bild 5** sind die Vergrößerungsfunktionen für eine Federung mit drei unterschiedlichen Federsteifigkeiten dargestellt. Auf der waagerechten Achse ist die Fahrgeschwindigkeit aufgetragen, mit der ein Fahrrad über eine wellige Teststrecke fährt.

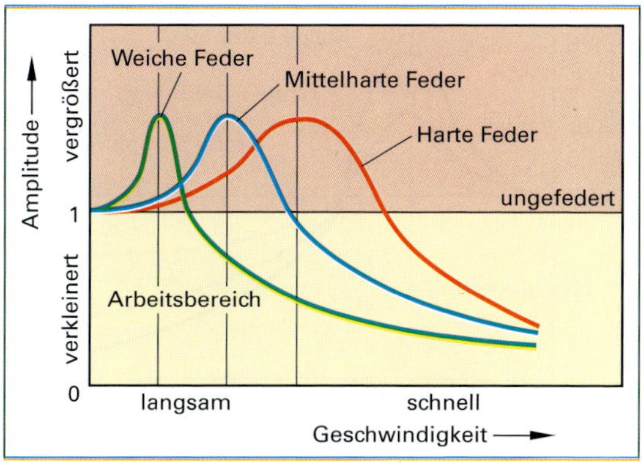


**Bild 5: Vergrößerungsfunktion für drei Federn mit unterschiedlichen Federsteifigkeiten**

4

Auf der senkrechten Achse ist die Vergrößerung bzw. Verkleinerung aufgetragen, mit der das gefederte Fahrrad auf die Fahrbahnunebenheit „antwortet“. Die waagerechte Linie bei 1 zeigt das Verhalten eines ungefederten Fahrrades, das die Fahrbahnunebenheit 1:1 an die gefederte Masse weitergibt.

*Hinweis*:

Wenn die Kurven oberhalb der waagerechten Linie liegen, funktioniert die Federung nicht – im Gegenteil: sie wirkt komfortverschlechternd!

Erst wenn die Kurve unterhalb dieser Linie liegt, spricht man von einer funktionierenden Federung. Dieser Bereich ist der Arbeitsbereich der Federung.

Je größer die Federsteifigkeit der Fahrzeugfederung ist, desto größer muss die Fahrgeschwindigkeit sein, ab der man überhaupt von einer Federung sprechen kann. Unter Umständen ist diese notwendige Geschwindigkeit so groß, dass sie im Fahrbetrieb gar nicht erreicht wird. Die Federung ist dann, wie bei manchen einfachen harten Federgabeln, wirkungslos.

Je weicher eine Feder ist, desto besser funktioniert eine Federung.

Eine harte Fahrzeugfederung ist ungünstig, denn sie ermöglicht das Federn erst bei größeren Fahrgeschwindigkeiten.

In **Bild 1** sind die Vergrößerungsfunktionen für eine Federung mit drei unterschiedlichen Dämpfercharakteristiken dargestellt.

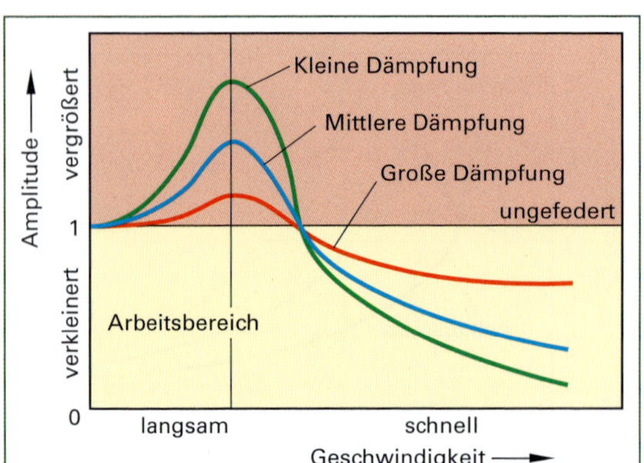


**Bild 1: Vergrößerungsfunktion für drei unterschiedliche Dämpfungen**

Eine große Dämpfung bewirkt im unterkritischen und im kritischen Bereich eine Verkleinerung der Antwortamplitude. Aber auch im überkritischen Bereich bewirkt sie nur eine geringe Verkleinerung der Amplitude (siehe **Bild 4, S. 254**).

Eine schwache Dämpfung ist im unterkritischen und kritischen Bereich von Nachteil, im überkritischen Bereich aber günstig.

Die Auslegung des Dämpfers ist ein Kompromiss zwischen ausreichend starker Dämpfung im kritischen und einer möglichst schwachen Dämpfung im überkritischen Bereich. Es gibt Dämpfer in Fahrradfederungen, die die Dämpfercharakteristik den Gegebenheiten anpassen können.

Der Dämpfer einer Fahrradfederung ist kein Schwingungsdämpfer, sondern ein Resonanzdämpfer. Nur im Resonanzbereich (im kritischen Bereich) hat er seine Aufgabe zu erfüllen.

Die Fahrradfederung dient der Schwingungsisolierung und nicht der Schwingungsdämpfung.

Merkmale einer Fahrradfederung sind:

- Im unterkritischen und im kritischen Bereich (keine Isolierung) werden die Unebenheiten der Fahrbahn immer vergrößert zum Fahrer weitergeleitet. Hier arbeitet die Federung komfortverschlechternd gegenüber einem ungefederten System. Durch eine starke Dämpfung kann diese Vergrößerung begrenzt werden.
- Erst im überkritischen Bereich leitet das Feder-Dämpfer-System die Unebenheiten der Fahrbahn verkleinert zum Fahrer weiter (Isolierung). Nur in diesem Bereich führt eine Federung zur Komfortverbesserung gegenüber einem ungefederten Fahrrad. Hier ist eine möglichst schwache Dämpfung vorteilhaft.

Der Arbeitsbereich einer Fahrzeugfederung ist der überkritische Bereich. Damit sich ein gefedertes Fahrrad hauptsächlich in diesem Bereich aufhält, muss die Erregerfrequenz deutlich größer sein als die Eigenfrequenz des Fahrrades. Das wird begünstigt durch

- Große gefederte Massen
- Weiche Federn
- Hohe Fahrgeschwindigkeiten

Sind diese Bedingungen nicht erfüllt, funktioniert eine Federung nicht.

Im Diagramm **Bild 1** sind neun unterschiedliche Zustände eines gefederten Fahrrades mit verschiedenen Fahrgeschwindigkeiten und Federsteifigkeiten dargestellt.

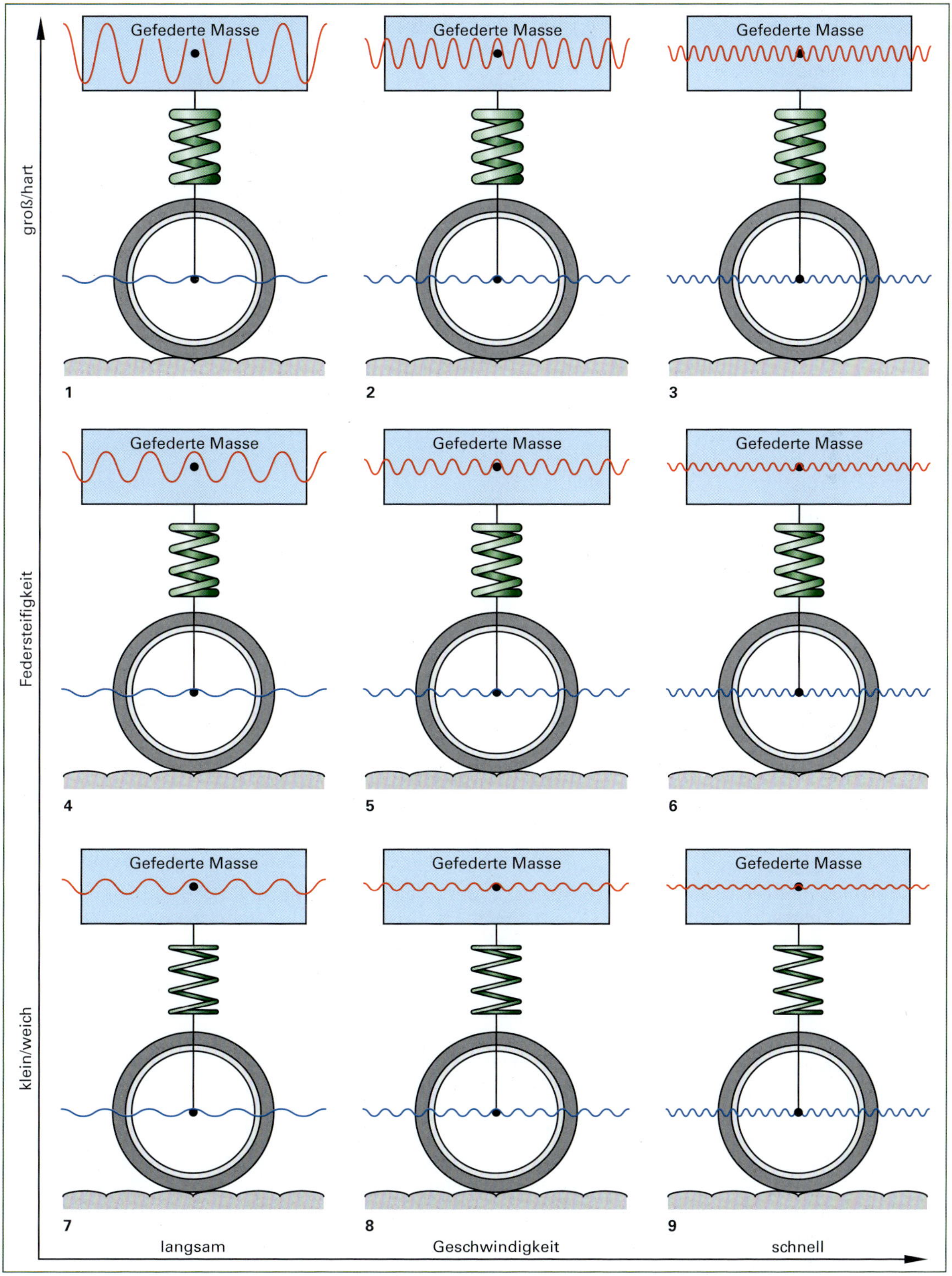


**Bild 1: Unterschiedliche Zustände eines gefederten Systems**

**Erläuterung**

Blaue Wellenlinie
→ Erregungsschwingung durch Fahrbahnunebenheiten

Rote Wellenlinie
→ Antwortschwingung der gefederten Masse

Aus der Darstellung der Wellenlinie sind Amplitude und Frequenz abzulesen:

4

Dicker Federdraht
→ hohe Federsteifigkeit = harte Feder

Mitteldicker Federdraht
→ mittlere Federsteifigkeit = mittelharte Feder

Dünner Federdraht
→ geringe Federsteifigkeit = weiche Feder

*Beispiel*:

Faktor 2 bedeutet, dass der Fahrer die Fahrbahnunebenheit mit doppelter Amplitude erfährt; erst bei Faktoren < 1 kann man von Federung sprechen.

In Zeile 9 bei kleiner Federsteifigkeit und schneller Fahrt ergibt sich ein sehr kleiner Faktor von 0,125.

Die Federungsqualität nimmt mit kleiner werdenden Faktoren zu.

| | Federsteifigkeit | Fahrgeschwindigkeit | Vergrößerungsfaktor | Ergebnis-Bewertung |
|---|---|---|---|---|
| 1 | Groß | Langsam | 2 | Ungefedert |
| 2 | Groß | Mittel | 1 | Ungefedert |
| 3 | Groß | Schnell | 0,5 | Gefedert |
| 4 | Mittel | Langsam | 1 | Ungefedert |
| 5 | Mittel | Mittel | 0,5 | Gefedert |
| 6 | Mittel | Schnell | 0,25 | Gefedert |
| 7 | Klein | Langsam | 0,5 | Gefedert |
| 8 | Klein | Mittel | 0,25 | Gefedert |
| 9 | Klein | Schnell | 0,125 | Gefedert |

| Falsch | Richtig |
|---|---|
| Die Dämpfung soll das Nachschwingen nach Überfahren eines Hindernisses verhindern. | Die Dämpfung wirkt lediglich bei langsamer Fahrt und im Resonanzbereich verbessernd (→ Resonanzdämpfung), im Arbeitsbereich der Federung ist Dämpfung unerwünscht. |
| Nachgiebige Bauteile, z. B. ein elastischer Fahrradrahmen, verbessern den Fahrkomfort. | Nur besonders weiche Federn können den Fahrkomfort verbessern; Elastizitäten von ungefederten Rahmen und Gabeln sind in diesem Sinne harte Federn. |
| Reifen, die mit geringem Luftdruck gefahren werden, arbeiten wie eine Federung. | Reifen federn nicht, Reifen schlucken die Fahrbahnunebenheiten, und zwar unabhängig von der Fahrgeschwindigkeit. |
| Teleskopgabeln haben mehr oder weniger große „Losbrechmomente". | Die Tauch- und die Standrohre von Teleskopgabeln bewegen sich linear zueinander; es gibt keine Drehbewegung und deshalb auch kein (Dreh-)Moment. Es muss richtig heißen: Losbrechkraft. |
| Manche Teleskopgabeln haben ein schlechtes „Ansprechverhalten". | Ein großer Kraftanstieg aus der Ruhelage heraus wird häufig mit schlechtem Ansprechverhalten bezeichnet. Eine große Federsteifigkeit der Gabel ist jedoch dort erwünscht. Der Arbeitsbereich wird früh erreicht und die Feder kann über einen langen Weg dann weich ausgeführt werden (siehe auch Übungsaufgabe Federung **Seite 559**). |

# 5 Räder

Das Rad trägt die Last von Fahrrad, Fahrer und Gepäck (Systemmasse). Es ist das gestalt- und namensgebende Bauelement des Fahrrades.

Die vier Funktionseinheiten des Rades sind **(Bild 1)**:

- Die **Nabe** bildet das Zentrum des Rades und erlaubt seine reibungsarme Rotation.
- Die **Speichen** bzw. die **Radscheibe** verbinden die Nabe mit der Felge.
- Die **Felge** trägt den Reifen, gibt dem Rad seine Form und dient ggf. als Bremsfläche.
- Der **Reifen** stellt den Kontakt des Rades mit der Fahrbahn her, um Antriebs-, Brems- und Seitenführungskräfte zu übertragen. Er gleicht in begrenztem Umfang Fahrbahnunebenheiten aus und ist damit ein Teil der Federung.

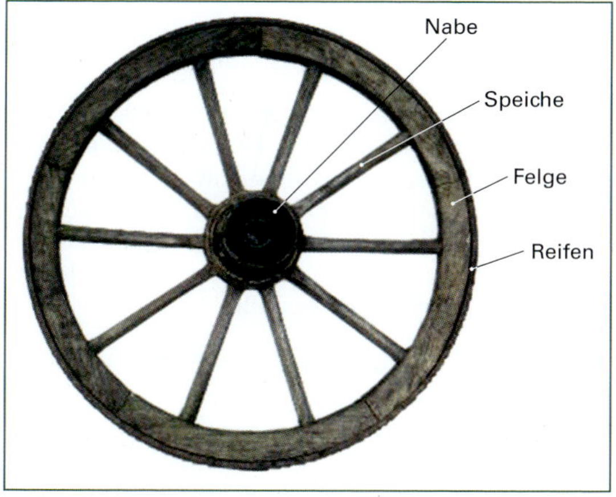


**Bild 1: Funktionseinheiten des Rades**

Es werden drei Arten des Rades unterschieden:

- Scheibenrad
- Ungespanntes Speichenrad (Druckspeichenrad)
- Vorgespanntes Speichenrad (Zugspeichenrad)

## 5.1 Scheibenrad

Die Urform des Rades ist das Scheibenrad. Es kann einfach hergestellt werden und hat eine hohe Tragfähigkeit. Es besitzt aber eine hohe Masse, weshalb man es lange Zeit nicht im Fahrradbau einsetzte, bis schließlich der Vorteil des geringeren Luftwiderstands (bei kontrollierten Windverhältnissen) erkannt wurde.

Der Anströmwinkel der Luft ist ein entscheidender Faktor bei der Betrachtung der Aerodynamik. Bei einem Seitenwind, der unter einem Winkel von ca. 20° seitlich von vorne kommt, können Scheibenräder zusätzlichen Vortrieb erzeugen.

Bei Seitenwind drückt eine Flächenlast auf das Vorderrad und erschwert durch Rücksprung (Gabelversatz) und Nachlauf die Lenkung. Es ist daher in einem solchen Fall nicht sinnvoll, ein Scheibenrad als gelenktes Rad einzusetzen.

Verkleidete Speichenräder, bei denen die Speichen mit Textilien oder Kunststoffscheiben abgedeckt sind, gelten nicht als Scheibenräder. Sie sind bei offiziellen Wettkämpfen nicht zugelassen.

Erst mit der Verwendung leichter Verbundfasermaterialien ist der Einsatz von Scheibenrädern am Fahrrad sinnvoll geworden. Die Scheiben bestehen oft aus einem Schaum- oder Wabenkern, der auf beiden Seiten mit CFK-Scheiben abgedeckt ist. Die CFK-Beschichtung kann aus einzelnen Gewebelagen oder aus Kreissegmenten bestehen. Letztere vergrößern den radialen Faseranteil **(Bild 2)**.

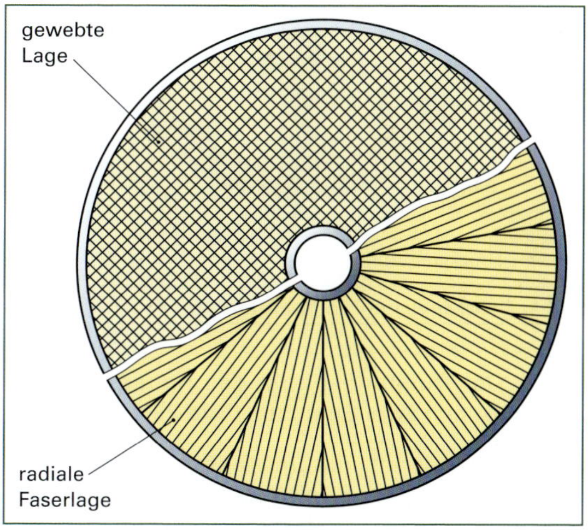


**Bild 2: Faserlage im Scheibenrad**

Nachteilig ist ihre mangelnde vertikale Elastizität, die zu einem unkomfortablen Lauf und Energieverlusten auf unebener Fahrbahn führt.

Bei Scheibenrädern bilden Nabe, Radscheibe und Felge eine Einheit. Die Fügestellen sind verklebt und Reparaturen dementsprechend aufwendig.

## 5.2 Ungespanntes Speichenrad (Druckspeichenrad)

Die Entwicklung der Druckspeichenräder begann vor ca. 3500 Jahren in Ägypten. Sie entstanden aus den Scheibenrädern und sind in ähnlicher Bauweise noch heute im Gebrauch.

Für das ungespannte Speichenrad unterscheidet man zwei radiale Belastungsfälle:

**Fall 1:** Eine Speiche des Rades steht in direkter Linie zwischen Nabenlagerung und Fahrbahn **(Bild 1)**.

Die Gewichtskraft der Systemmasse wird vom Ausfallende durch Speiche, Felge und Reifen auf die Fahrbahn übertragen. Speiche und Felge werden hierbei gestaucht, d. h. im Inneren des Materials entsteht eine Druckspannung. Um dieser Spannung dauerhaft zu widerstehen, sind relativ große Materialquerschnitte in den Speichen notwendig.

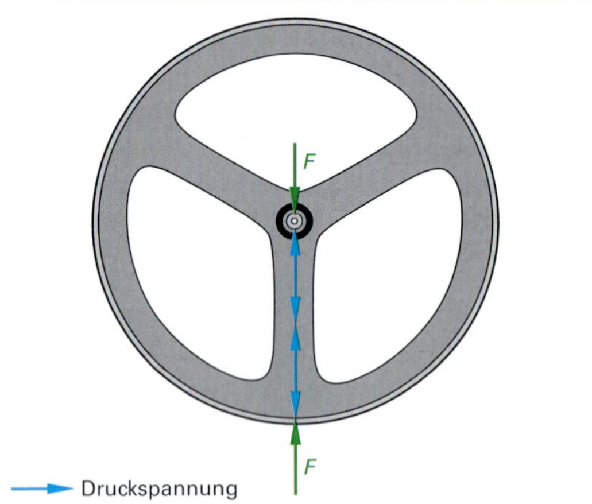


**Bild 1: Druckspeichenrad Spannungen, Fall 1**

**Fall 2:** Der Aufstandspunkt des Rades befindet sich zwischen zwei Speichen **(Bild 2)**.

Die Gewichtskraft, die im Ausfallende angreift, wird hier von zwei Speichen zu den Anschlusspunkten der Felge geleitet, dort in die Felge umgelenkt und gelangt über den Reifen in die Fahrbahn. Die Felge arbeitet als Brücke zwischen den Speichen und wird durch die Reaktionskraft nach innen verformt. Weil sich ihre Kontur dadurch abflacht, baut sich in ihr eine Druckspannung auf. Damit die Verformung nicht zu stark ausfällt, muss die Felge ein hohes Widerstandsmoment aufweisen, was oft durch ein hohes Felgenprofil erreicht wird.

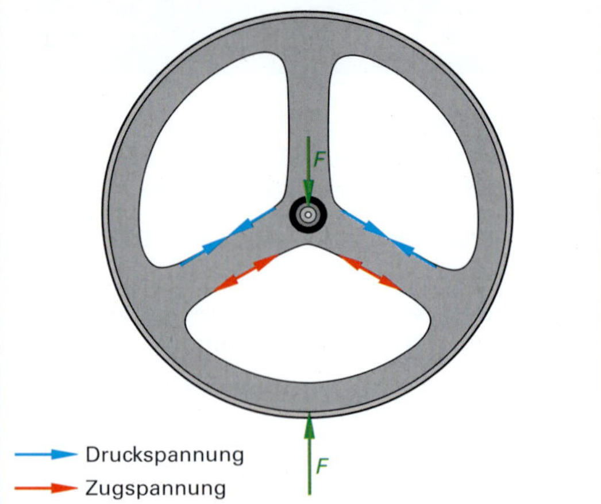


**Bild 2: Druckspeichenrad Spannungen, Fall 2**

Die Kraft in der Felge setzt außerhalb der Wirkungslinie von Ausfallende zum Aufstandspunkt an den Speichen an. Sie erhält damit einen Hebel, der die Speichen nach oben biegt. Somit ergeben sich auf den Unterseiten der Speichen Zug- und auf ihren Oberseiten Druckspannungen.

Im Betrieb sind die Felge und die Speichen von ungespannten Rädern einer ständige Wechselbelastung zwischen Druck- und Zugspannung ausgesetzt. Ihre Bezeichnung als Druckspeichenräder ist nicht ganz korrekt. Ungespannte Speichenräder wurden und werden für verschiedenen Zwecke am Fahrrad hergestellt:

- Für BMX-Bikes aus Polyamid (Nylon) im Spritzgussverfahren.

  Die relativ kleinen 20"-Räder (Tuff Wheels) lassen sich noch auf normalen Maschinen der Kunststoffverarbeitung fertigen. Ihr Vorteil ist die günstige Massenproduktion, die mit nur wenig Handarbeit auskommt. Durch Überlastung verbogene Räder werden durch Lagerung bei tiefen Temperaturen (Gefriertruhe) ggf. von selbst wieder gerade.

- Für Zeitfahrräder und Bahnrennräder aus CFK.

  Durch die Reduktion der Speichenanzahl sowie ihrer aerodynamischen Optimierung sollen diese Räder vor allem in Zeitfahrwettbewerben Vorteile bringen. Ihr höheres Gewicht ist zwar nachteilig für Sprintwettbewerbe, ermöglicht beim Zeitfahren aber eine gleichmäßigere Fahrgeschwindigkeit. Bei vergleichbarem Luftwiderstand sind sie weniger seitenwindanfällig als Scheibenräder.

- Für Leichtmofas (z. B. Saxonette) als Aluminiumdruckguss.

Da das Druckspeichenrad keine Speichenbohrungen in der Felge erfordert, eignet es sich gut für schlauchlose Reifensysteme.

## 5.3 Vorgespanntes Speichenrad (Zugspeichenrad)

Das Prinzip der vorgespannten Speichen wurde zuerst 1869 durch Eugène Meyer realisiert. Dabei werden die bisher massiven Speichen durch dünne, vorgespannte Stahldrähte ersetzt. Die Vorspannung ihrerseits setzt die Felge unter eine Druckspannung, wodurch sie widerstandsfähiger gegen die wechselnden Spannungen im Bereich der Aufstandsfläche wird.

Damit Nabe, Speichen und Felge ein stabiles, haltbares Rad bilden, müssen die Speichen in allen Betriebssituationen unter Vorspannung bleiben. Die Vorspannung muss mindestens so groß sein, dass sie die Entlastung durch die Betriebskräfte kompensieren kann. Und sie darf höchstens so groß sein, dass die Felge unter Maximallast keinen Schaden nimmt.

### 5.3.1 Kräfte am vorgespannten Rad

Am Rad werden drei Lastfälle unterschieden **(Bild 1)**:

1. Radiale Belastung
Die Kräfte wirken in einer Linie von der Radachse zum Aufstandspunkt. Diese entstehen durch die Gewichtskraft der Systemmasse und bestehen auch, wenn das Fahrzeug nicht bewegt wird. Eine zusätzliche radiale Belastung wirkt z.B. beim Durchfahren eines Schlaglochs.

Für die radiale Belastung ist die äußere Kraftrichtung entscheidend. Der Kraftfluss kann im Rad umgelenkt sein.

2. Tordierende (verdrehende) Belastung
Zum Beschleunigen und Abbremsen muss das Rad Drehmomente übertragen. Diese führen zur Torsion (Verwindung, Verdrehung) des Rades. Dabei wird die Nabe in sich verdreht. Speichen und Felge nehmen diese Last als eine Veränderung der Vorspannung auf. Sie dehnen sich, sodass sich die Nabe gegen die Felge verdreht.

3. Laterale (seitliche) Belastung
Die laterale Belastung tritt am einspurigen Fahrzeug normalerweise nur in einem geringen Umfang auf. Sie wirkt, wenn zwischen Kraftrichtung und Radmittelebene ein Winkelunterschied besteht, z.B. wenn im Wiegetritt das Fahrrad aus der Senkrechten gekippt wird, während die Gewichtskraft weiterhin vertikal wirkt.

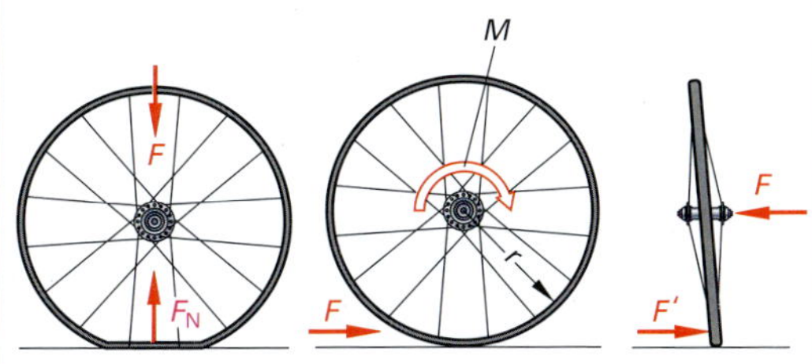


**Bild 1: Kräfte am Rad**

### 5.3.2 Radiale Kräfte

Durch die Betriebslast wird die Felge in der Aufstandsfläche abgeflacht. Der Abstand der Felge zur Nabe wird in diesem Bereich geringer und die Speichen werden hier von einem Teil ihrer Vorspannung entlastet. Da aber die Kräftebilanz für das komplette Rad konstant bleiben muss, übernehmen die restlichen Speichen diese Entlastung als Mehrlast.

*Beispiel 1* **(Seite 262, Bild 1)**:

Ein Fahrrad rollt mit einer Systemmasse von ca. 100 kg. Die radiale Betriebslast eines Rades beträgt 500 N und die Vorspannung der 36 Speichen jeweils 1000 N. Stark vereinfacht kann die Lastsituation der Speichen wie folgt berechnet werden:

Die Felge flacht im Fahrbahnbereich ab und entlastet dabei vier Speichen durchschnittlich um

500 N : 4 = 125 N.

Die 1000-N-Spannung dieser vier Speichen reduziert sich auf

1000 N – 125 N = 875 N.

Die Entlastung der vier Speichen wird von den restlichen 32 Speichen als Mehrlast übernommen. Jede dieser Speichen trägt eine Mehrlast von

500 N : 32 = 15,6 N

bzw. eine Gesamtlast von

1000 N + 15,6 N = 1015,6 N.

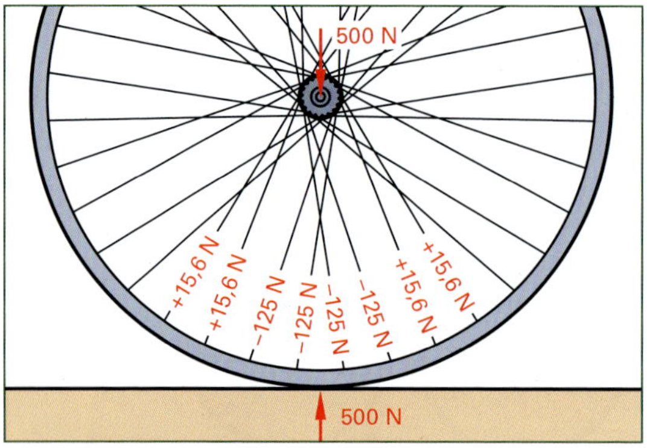


**Bild 1: Radiale Belastung eines Rades**

Tatsächlich ist die Abflachung in der Aufstandsfläche nicht gleichmäßig. Am untersten Punkt ist die Felge um den größten Betrag eingedrückt, während das „überschüssige“ Material der Felge zu den Seiten verdrängt wird **(Bild 2)**.

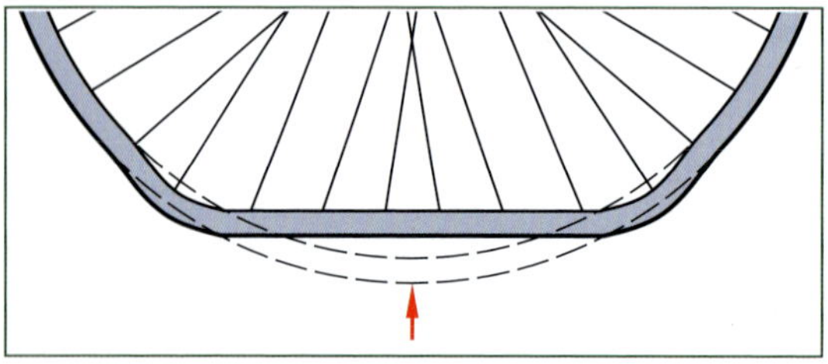

**Bild 2: Verdrängung des Felgenmaterials in der Aufstandsfläche**

Als Folge wird die zentrale Speiche am stärksten entlastet, während die Speichen neben der Aufstandsfläche zusätzlich gespannt werden **(Bild 3)**.

*Beispiel 2*:

Wiederum stark vereinfacht kann die extreme Last eines vertikalen Fahrbahnstoßes (Durchfahren eines Schlaglochs) mit 5000 N angenommen werden. Die Felge flacht in der Aufstandsfläche ab und entlastet acht Speichen durchschnittlich um

5000 N : 8 = 625 N

Die 1000-N-Vorspannung dieser acht Speichen reduziert sich auf

1000 N – 625 N = 375 N.

Die Entlastung der acht Speichen wird von den restlichen 28 Speichen getragen, jede mit einer Mehrlast von

5000 N : 28 = 178,6 N

bzw. einer Gesamtlast von

1000 N + 178,6 N = 1178,6 N.

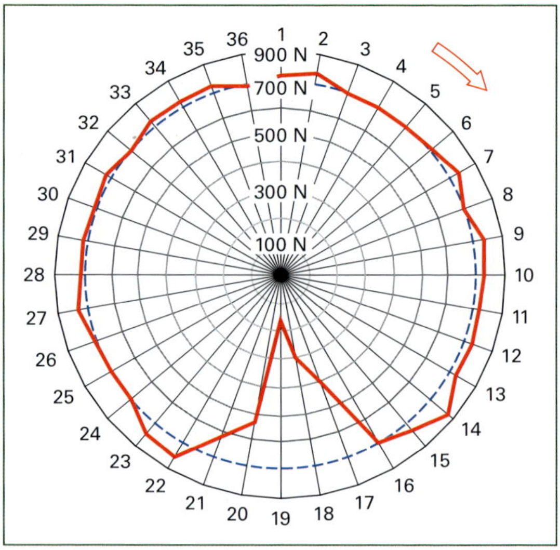


**Bild 3: Speichenspannung unter radialer Last**

*Exkurs*:

Die Frage, ob in einem vorgespanntem Speichenrad die Nabe und ihre Last auf den Speichen steht oder an ihnen hängt, ist bestimmt von den Definitionen für „hängen“ und „stehen“. Es muss mit einem Weder-noch und einem Sowohl-als-auch beantwortet werden.

Unter Hängen versteht man, wenn z. B. eine Masse von einem Seil gehalten wird, das an einem Kranausleger befestigt ist. Die Schwerkraft zieht die Masse nach unten in Richtung Erdmittelpunkt. In dem Seil baut sich als Reaktion eine Zugspannung auf.

Beim Stehen wird z. B. eine Masse von einer Stütze gehalten, während die Schwerkraft auf sie einwirkt. Dabei baut sich in der Stütze eine Druckspannung auf.

Abweichend zu diesen Definitionen gilt:

- In dem Rad „hängt“ die Nabe an allen Speichen gleichzeitig, weil alle Speichen auf Zug belastet sind. Die Nabe hängt auch an den unteren Speichen entgegen der Schwerkraft nach oben.
- Im Betrieb stützt das Rad die Systemmasse gegen die Schwerkraft nach unten, sie steht auf dem Rad. Dabei baut sich aber in keiner Speiche des Rades eine Druckspannung auf.

Die Ausgangsfrage bleibt unbeantwortet, solange man die herkömmlichen Begriffe von Hängen und Stehen verwendet.

### 5.3.3 Tordierende Kräfte

Vereinfacht ausgedrückt setzt die Antriebskraft an der Nabe an und versucht diese gegen die Felge zu verdrehen, während die Felge über den Reifen durch die Reibungskraft der Fahrbahn festgehalten wird. Die Übertragung des Drehmoments geschieht dabei durch die Veränderung der Speichenspannung.

Speichen können nur Kräfte in ihrer Längsrichtung aufnehmen. Zur Übertragung eines Drehmomentes benötigen sie deshalb immer auch einen Hebel. Verlängert man die Wirklinie der Speiche in Richtung der Nabenachse, dann gibt es einen Punkt, an dem sich die beiden am nächsten sind. Dieser Abstand entspricht dem Radius eines virtuellen Kreises, an dem alle Speichen anliegen und der als Hebel für die Erzeugung des Drehmoments wirkt **(Bild 1)**.

Eine radial eingespeichte Nabe verdreht sich in diesem Fall so weit, dass die Summe der zusätzlichen Kräfte in den Speichen multipliziert mit der Summe der Hebelarme aller Speichen gleich dem zu übertragenden Drehmoment ist.

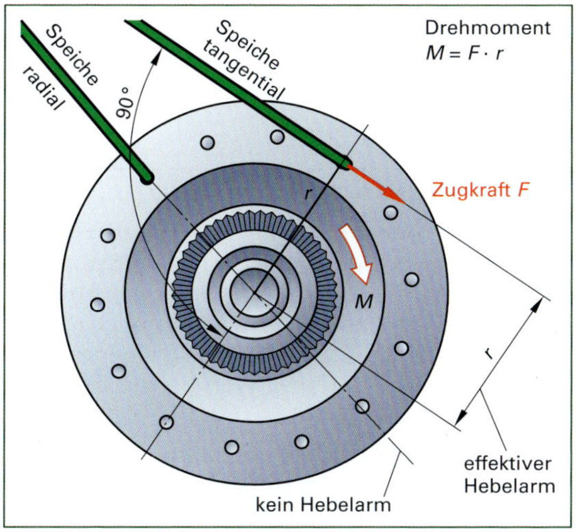


**Bild 1: Drehmomentübertragung an der Nabe**

Die Antriebskraft schwankt aufgrund des Kurbeltriebs immer zwischen Null (in den Totpunkten bei 0° und 180° Kurbelwinkel) und einem Maximum (90° und 270° Kurbelwinkel). Dementsprechend wird das Rad regelmäßig verdreht bzw. federt es in seine Ausgangslage zurück.

Bei tangentialen Speichen besteht konstruktiv ein Hebel. Da sie ihrerseits beim Aufbringen der Vorspannung die Nabe verdrehen würden, muss es auch immer eine Vorrichtung geben, die ihnen entgegenwirkt. Es hat sich aber bewährt, stattdessen die Speichen abwechselnd in und gegen die Drehrichtung einzubauen. Dies sind die „führenden" und die „folgenden" Speichen. Ihre tangentialen Spannungsanteile heben sich gegeneinander auf **(Bild 2)**.

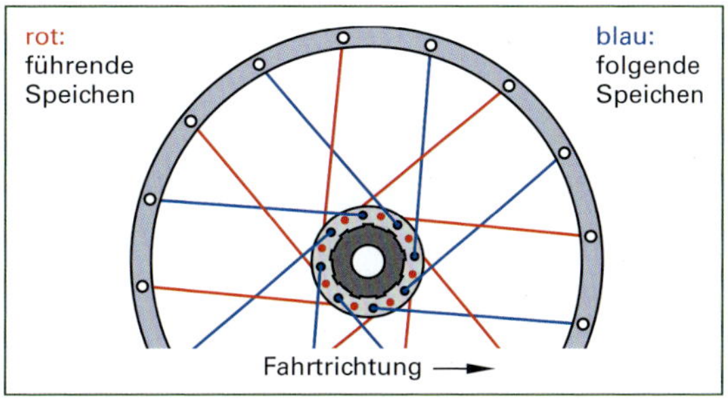


**Bild 2: Führende und folgende Speichen einer Seite**

Für Räder mit Nabenbremsen gilt prinzipiell das Gleiche wie für Antriebsräder. Hier wirkt das Bremsmoment in umgekehrter Richtung wie das Antriebsmoment.

Zur sicheren und dauerhaften Übertragung von Drehmomenten sollte es in einer Nabe immer eine Anzahl Speichen geben, die tangential angebracht sind **(siehe Seite 292 f.)**.

*Beispiel 3* **(Seite 264, Bild 1)**:

Für eine Bergauffahrt wird der kleinste Gang eingelegt (Kettenrad 42 Zähne, Ritzel 23 Zähne). Es besteht somit eine Hebelübersetzung von der 170 mm langen Kurbel auf das Kettenrad mit 42 Zähnen, was einem Teilkreisradius von 85 mm entspricht.

Die Kette leitet die Kraft auf das Ritzel, wobei 23 Zähne einem Teilkreisradius von 46 mm entsprechen. Dieser ist doppelt so groß wie der Lochkreisradius der Nabe (23 mm), der dem Hebelarm der Speichen entsprechen soll.

Bei einem kräftigen Antritt wirkt eine Kraft von 1000 N auf die Pedale. Dadurch beträgt die zu übertragende Kraft:

$$1000\ \text{N} \cdot \frac{170\ \text{mm}}{85\ \text{mm}} \cdot \frac{46\ \text{mm}}{23\ \text{mm}} = 4000\ \text{N}$$

Am Lochkreis der Nabe liegen 4000 N an. Diese Kraft wird von den 18 folgenden Speichen aufgenommen. Jede trägt dabei eine Zusatzlast von

$$4000\ \text{N} : 18 = 222\ \text{N}.$$

Und zusammen mit 1000 N Vorspannung eine Gesamtlast von

$$1000\ \text{N} + 222\ \text{N} = 1222\ \text{N}$$

Die Gesamtlast der 18 führenden Speichen reduziert sich auf

$$1000\ \text{N} - 222\ \text{N} = 778\ \text{N}$$

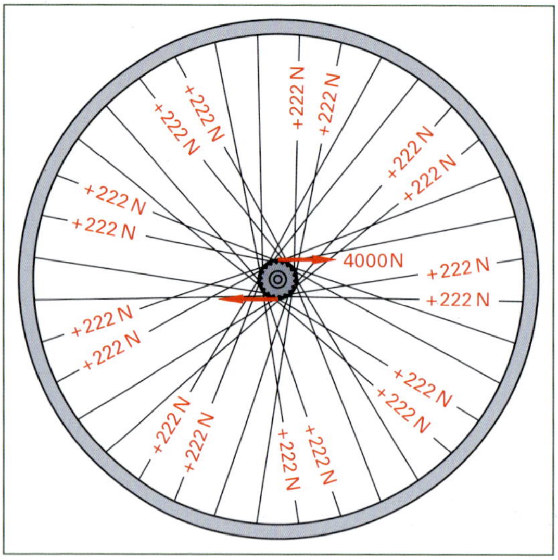


Bild 1: Tordierende Belastung

### 5.3.4 Laterale Kräfte

Laterale (seitliche) Kräfte entstehen, wenn zwischen Kraftrichtung und Radmittelebene ein Winkelunterschied besteht. Im Normalfall wirken auf die Räder von einspurigen Fahrzeugen keine lateralen Kräfte, weil radiale und tordierende Kräfte in der Radmittelebene wirken. Bei einer Kurvenfahrt wandert der Aufstandspunkt des Reifens um wenige Millimeter aus dieser Ebene, aber auch hier ist der Betrag der lateralen Kraft zu vernachlässigen. Erst wenn im Wiegetritt das Fahrrad aus der Senkrechten gekippt wird, treten größere Seitenkräfte auf. Diese können bis zu 300 N je Rad betragen **(Bild 2)**.

Bild 2: Laterale Belastung

Das Rad widersteht diesen Kräften aufgrund der Schrägstellung seiner Speichen, wobei die Horizontalkomponente der Speichenzugkraft zum Tragen kommt.

Am klassischen Rad mit 28-Zoll Durchmesser beträgt der Speichenschrägwinkel am Vorderrad beidseitig ca. 7°. Bei einem Antriebsrad mit Kettenschaltung sind die Winkel etwa 7° auf der linken und 4° auf der rechten Seite **(Bild 3)**.

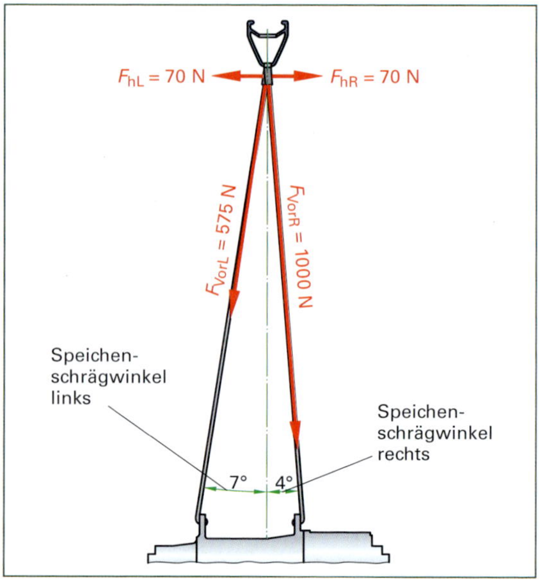


Bild 3: Speichenschrägwinkel am Rad für Mehrfachritzel

Bei dieser asymmetrischen Speichenlage ist die Vorspannung der beiden Seiten ungleichmäßig. Während die rechte Seite bis zum maximal erlaubten Wert von $F_{VorR}$ = 1000 N gespannt wird, kann die linke Seite diesen Wert nicht erreichen.

Der Grund liegt darin, dass die Horizontalkomponente der Seitenkräfte auf beiden Seiten identisch sein muss. Die Felge ist in ihrer Lage immer im Gleichgewicht zwischen den Kräften, die entweder nach links oder nach rechts ziehen.

Die Horizontalkomponente $F_{hR}$ einer Speiche der rechten Seite mit $\alpha$ = 4° Speichenschrägwinkel berechnet sich zu:

$$F_{hR} = F_{VorR} \cdot \sin \alpha = 1000\ \text{N} \cdot 0{,}07 = 70\ \text{N}$$

Da beide Seiten im Gleichgewicht sind, sind auch die Horizontalkomponenten $F_{hR}$ und $F_{hL}$ gleich:

$$F_{hR} = F_{hL} = 70\ \text{N}$$

Aus diesem Wert lässt sich die resultierende Vorspannung $F_{VorL}$ der linken Speiche berechnen, deren Speichenschrägwinkel $\beta = 7°$ ist:

$$F_{VorL} = \frac{F_{hL}}{\sin \beta} = \frac{70\ N}{0{,}122} \approx 575\ N$$

*Beispiel*: Die zusätzliche laterale Kraft von $F_{LatZus} = 300\ N$ wird von vier Speichen aufgenommen. Jede dieser Speichen trägt eine zusätzliche horizontale Last von

$$F_{SpZus} = \frac{300\ N}{4} = 75\ N$$

Die gegenüberliegenden Speichen werden um den Betrag von $F_{SpEnt} = 75\ N$ entsprechend entlastet.

Die Seitenbelastung bewirkt, dass die Horizontalkomponente dieser vier Speichen sich vergrößert:

$$F_{hR} = F_{hL} = 70\ N + 75\ N = 145\ N$$

Wenn das Rad nach rechts gekippt ist, steigt die Kraft $F_{SpL}$ in der linken Speiche auf:

$$F_{SpL} = \frac{F_{hL}}{\sin 7°} = \frac{145\ N}{0{,}122} \approx 1990\ N$$

Wenn das Rad nach links gekippt ist, steigt die Kraft $F_{SpR}$ in der rechten Speiche auf:

$$F_{SpR} = \frac{F_{hR}}{\sin 4°} = \frac{145\ N}{0{,}07} \approx 2070\ N$$

Hohen Seitenkräften weicht die Felge seitlich aus, da sich die Speichen unter der höheren Last dehnen. Dadurch vergrößert sich der Speichenschrägwinkel. Im Beispiel 4 vergrößert sich der Speichenwinkel um ca. 0,4°, wodurch sich die Speichenspannung der vier Speichen der rechten Seite von 2070 N auf 1880 N reduziert.

### 5.3.5 Zusammenfassung der Kräfte

Mehrere Aspekte ergeben sich bei der Betrachtung der Kräfte am vorgespannten Rad:

- Die Gesamtspannung der Speichen bleibt auch unter dem Einfluss äußerer Kräfte gleich. Zusätzlichen Belastungen von einzelnen Speichen steht immer die Entlastung der verbliebenen Speichen gegenüber. Der Betrag der Druckspannung, unter der die Felge steht, ist also konstant.
- Selbst bei Speichenbrüchen bleibt das System erhalten und es stellt sich automatisch (mit der Einschränkung eines Seiten- und Höhenschlages) wieder ein Gleichgewicht ein.
- Die zusätzliche Belastung durch radiale Kräfte ist für die Speichen hinsichtlich einer Bruchgefahr zu vernachlässigen. Generell kann für eine konventionelle Speiche von einer Bruchlast $F_{Rm} = \pm 3000\ N$ ausgegangen werden. Auch im Extremfall würde sie durch radiale Kräfte nur um ca. 250 N mehr gespannt werden.
- Die Entlastung durch radiale Kräfte ist dagegen kritisch zu sehen, weil die zentrale Speiche in der Aufstandsfläche schon in wenig extremen Situationen vollkommen entlastet sein kann **(vgl. Kap. 5.7.4)**.
- Die zusätzliche Belastung durch Antriebskräfte bewegt sich ebenfalls im tolerierbaren Bereich. Selbst wenn durch einen ungünstigen Speichenabgangswinkel und geringer Speichenanzahl die Kräfte höher wären, als im Beispiel berechnet, läge die Gesamtbelastung noch unter der üblichen Bruchlast. Alleine durch ihre Beinkraft zerstören Radfahrer nur selten Speichen.
- Die zusätzliche Entlastung durch Antriebskräfte ist verglichen mit der Entlastung durch radiale Kräfte eher niedrig. Sie führt allein nicht zu einer vollständigen Entlastung.
- Laterale Kräfte wirken konzentriert in einem Rad. Sie können durch ihre Höhe in Extremsituationen durchaus zum Bruch einer Speiche führen. Sie sind gleichzeitig in der Lage die Vorspannung der entlasteten Speiche auf Null zu reduzieren. Laterale Kräfte sollten im Fahrbetrieb soweit es geht vermieden werden.
- Die auftretenden Kräfte überlagern sich. Die wiederholte Entlastung durch die radialen Kräfte der Systemmasse werden durch die Antriebs- oder Bremskräfte verstärkt. Dies alleine kann schon zur Lockerung der Speichennippel führen. Gleichzeitige laterale Kräfte bergen die Gefahr des plötzlichen Kollapses des Rades. Die Vorspannung der Speichen sollte deswegen immer so hoch wie technisch möglich oder von den Herstellern der Felgen erlaubt sein.

Die Naben sind bei ausreichend flachem Abgangswinkel der Speichen hinreichend vor dem Ausreißen der Bohrungen geschützt. Meist ist eine 2-fach- oder 3-fach-Kreuzung ausreichend. Die Speichen selber sind in dieser Kette das stärkste Glied, auch wenn sie es sind, die letzten Endes nach gewisser Zeit aufgrund des Verschleißes ausgetauscht werden müssen.

5

## 5.3.6 Steifigkeit eines Rades

Der Begriff der **Steifigkeit** eines Rades wird im Zusammenhang mit Rennfahrrädern häufig diskutiert. Die Steifigkeit bezeichnet den Widerstand, den das Rad gegenüber Verformungen der drei Belastungsarten aufbringt. Dies entspricht im Wesentlichen der **Federrate (siehe Seite 230)** eines Rades in die jeweilige Kraftrichtung.

Die Federrate ist höher bei:
- höherer Anzahl der Speichen
- größerem Querschnitt der Speichen
- geringerer Länge der Speichen
- festerem Material der Speiche (E-Modul: Stahl 210 GPa; Aluminium 70 GPa)
- geraden anstelle von gekröpften Speichen
- größerer Felgenhöhe und -breite
- größerem Materialquerschnitt der Felge
- festerem Material der Felge (E-Modul: CFK 230 GPa; Aluminium 70 GPa)

Veränderungen an den Speichen gehen im linearen Verhältnis in die Steifigkeit ein.

*Beispiel*:
Eine Verringerung der Speichenanzahl von 32 auf 28 bedeutet eine Verringerung der Steifigkeitswerte von 12,5 %.

Eine Verringerung der Speichendicke von 2,00 auf 1,8 mm bedeutet eine Verringerung der Steifigkeitswerte von 20 %.

Keinen Einfluss hat die Vorspannung der Speichen ab dem Punkt, an dem sie und die Nippel im Betrieb verlässlich fest verankert sind.

Bei der Felge geht ihre Geometrie über das Flächenträgheitsmoment mit der dritten Potenz in die Steifigkeit des Rades ein.

### Radiale Steifigkeit

Weil es eine Aufgabe des Reifens ist, Fahrbahnunebenheiten auszugleichen, ist seine radiale Steifigkeit wesentlich geringer als die der vorgespannten Felge. Von Radfahrern gefühlte Unterschiede sind daher meist dem Reifen zuzurechnen.

*Beispiel:*
Bei einer radialen Last von 500 N drückt sich die Felge um ca. 0,2 bis 0,4 mm ein, während der Reifen je nach Größe und Innendruck um 2 bis 10 mm nachgibt.

### Verdrehsteifigkeit

Solange in einem Rad eine ausreichende Anzahl Speichen in tangentialer Lage vorhanden ist, kann man davon ausgehen, dass das Rad sich unter dem Einfluss der Beinkraft des Fahrers und deren Übersetzung nicht merklich verdreht. Die Unterschiede zwischen verschiedenen Rädern sind demnach nicht spürbar.

*Beispiel*:
Unter einer Mehrbelastung von 222 N dehnt sich eine Speiche um ca. 0,1 mm. Bei einem Lochkreisradius von 23 mm verdreht sich die Nabe dabei um ca. 0,2°.

### Laterale Steifigkeit

Um die laterale Steifigkeit zu verstehen, muss man das Verhalten von Speichen und Felge unter Last separat betrachten.

Neben den Werten der Speichen (Anzahl, Querschnitt, Länge, Material) hat ihre Lage einen erheblichen Einfluss. Je größer die Speichenschrägwinkel, desto höher ist die Seitensteifigkeit **(Bild 1)**. Dabei wird sie größer mit:
- größerem Abstand von Flansch zur Radmittelebene
- größerem Lochkreisdurchmesser
- kleinerem ERD **(siehe Seite 281 und Seite 297)**
- kleinerem Nabenabgangswinkel der Speiche

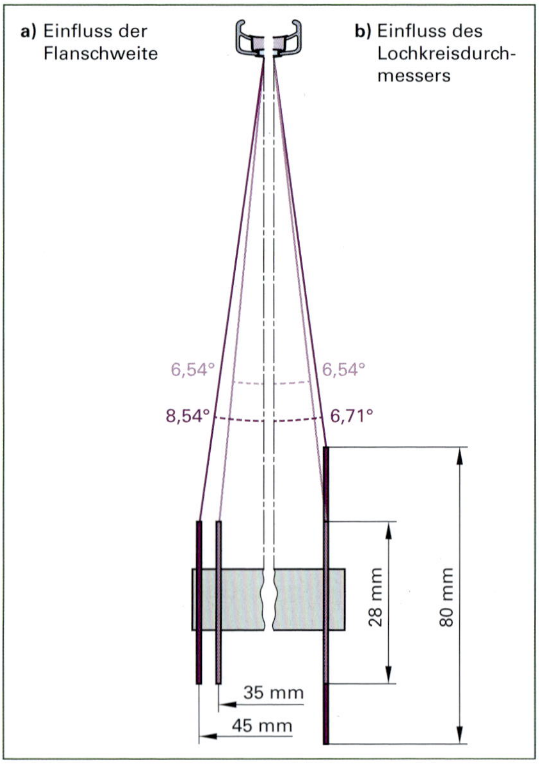


**Bild 1: Einfluss des Flansches auf den Speichenschrägwinkel**

In einem begrenzten Maß kann ein kleiner Flanschabstand von einem größeren Lochkreisdurchmesser ausgeglichen werden, um die geometrischen Nachteile der Montage von Ritzelsätzen auszugleichen.

Die laterale Steifigkeit der Felge steigt mit:

- größerer Breite und
- steigendem E-Modul des Materials.

Die Bewertung der lateralen Steifigkeit eines Rades geschieht oft mit der Wahrnehmung, dass bei seitlicher Last (im Wiegetritt) die Felge (des Hinterrades) an der Felgenbremse schleift. Sollte dies vorkommen, wird fälschlicherweise angenommen, dem Rad fehle die notwendige Seitensteifigkeit.

Es ist genau das Gegenteil der Fall. Zwar weicht ein steifes Rad in der Aufstandsfläche weniger seitlich aus, aber es überträgt diese Bewegung direkter auf die gegenüberliegende Seite **(Bild 1)**.

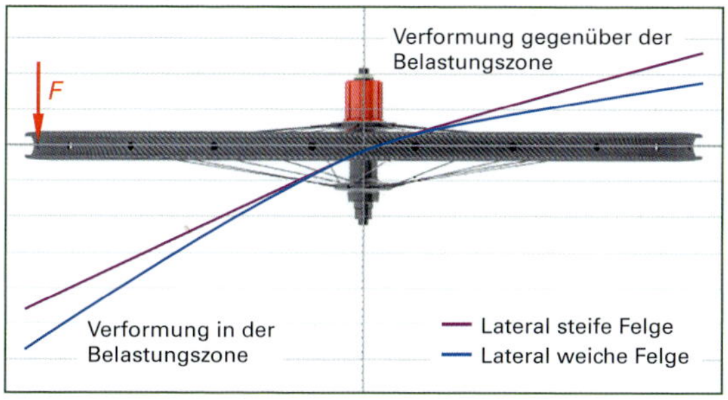


**Bild 1: Seitliche Auslenkung durch laterale Kräfte**

Da eine Felgenbremse am Hinterbau ca. 160° zur Aufstandsfläche befestigt ist, ist hier die Auslenkung fast genauso groß wie im Kontaktpunkt mit der Fahrbahn.

Eine seitlich elastischere Felge erweckt nur den Eindruck, sie hätte sich nicht verformt. Tatsächlich ist sie in sich so stark verbogen, dass die Auslenkung am Aufstandspunkt nicht auf die gegenüberliegende Seite übertragen wird.

Zusätzlich bedeutet bei einem flexiblen Rahmen ein Verzug an den Ausfallenden unter Last, dass das Rad stark aus der Mittelebene kippt und ebenfalls die Bremsklötze berührt.

Besonders seitensteife Räder mit Felgen aus CFK sind von dem beschriebenen Problem betroffen. Diesem lässt sich begegnen durch höhere Seitensteifigkeit, indem mehr und stärkere Speichen und/oder steifere Rahmen eingesetzt werden. Bei Zeitfahrrädern wird aus diesem Grund die Hinterradbremse im Kurbellagerbereich eingebaut.

## 5.4 Vorschriften und Prüfverfahren (EN ISO 4210)

Prüfung der Seitensteifigkeit:

Ein eingespanntes Rad wird mit einer statischen Last von 250 N (Geländefahrräder 370 N) an einem beliebigen Punkt der Felge (Antriebsrad auf der rechten Seite) senkrecht zur Radmittelebene für eine Minute belastet. Es darf kein Teil des fertig montierten Rades versagen und die bleibende Verformung am Kraftangriffspunkt der Felge darf 1,5 mm (bei Gelände- und Rennfahrrädern 1 mm) nicht überschreiten **(Bild 2)**.

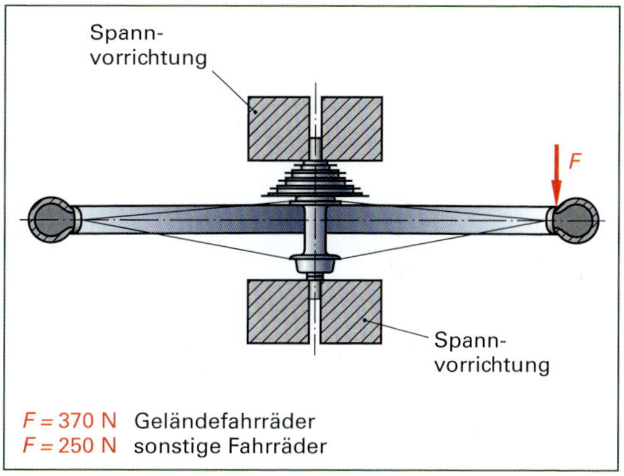


**Bild 2: Statische Belastungsprüfung eines Hinterrades**

Prüfung der Vorderrad- und Hinterradsicherung:

Eine Kraft von 2300 N ist symmetrisch auf beiden Seiten der Achse in Ausbaurichtung für die Dauer von einer Minute einzuleiten. Es darf keine Bewegung der Achse in Bezug auf die Gabel festzustellen sein.

Prüfung der Achsbefestigung:

Sind eine Achse und Mutter mit Gewinde eingebaut und die handfest angezogene Mutter um mindestens 360° gelöst, darf sich das Rad bei einer Krafteinleitung von 100 N nicht von der Gabel lösen. Die Kraft ist 1 Minute lang beizubehalten.

Prüfung des Reifendurchlaufs:

Das Rad muss so ausgerichtet sein, dass mindestens 6 mm (4 mm bei Rennrädern) freier Durchgang zwischen dem Reifen und den Rahmen- und Gabelteilen (bzw. den Schutzblechen oder deren Befestigungsschrauben) vorhanden ist.

Prüfung von Federungen:

Bei Fahrrädern mit Federungselementen darf ein Versagen der Feder und Dämpfer nicht dazu führen, dass der Reifen mit Rahmenteilen oder dem Gabelkopf in Berührung kommt.

## 5.5 Naben

Die Nabe bildet das Zentrum eines Rades und ermöglicht durch ihre drehbare Lagerung seine Rotation. Sie dient der Befestigung der Speichen oder der Radscheibe und kann mit zusätzlichen Funktionseinrichtungen versehen sein, die dem Antrieb, der Verzögerung, der Erzeugung oder der Nutzung elektrischer Energie dienen.

Die Nabe besteht grundsätzlich aus **(Bild 1)**:

- Nabenkörper, in der Regel mit seitlichen Flanschen oder Stegen,
- Lagerung (meist Wälzlagerung) und
- Achse mit Klemmvorrichtung.

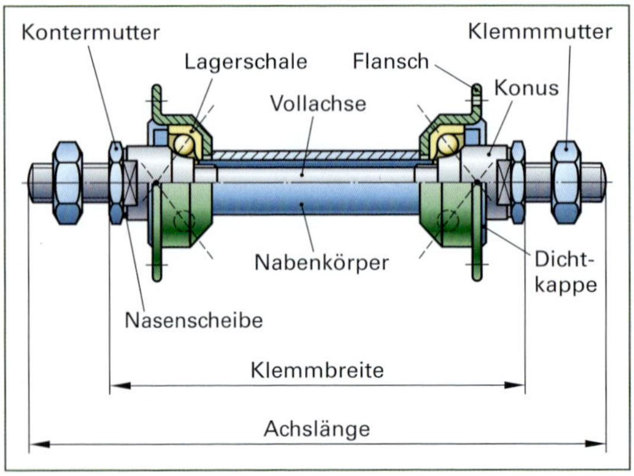


**Bild 1: Nabe ohne Zusatzeinrichtungen**

Im Allgemeinen werden Nabenkörper durch Fließpressen oder Schmieden von Aluminium zu Rohlingen vorgeformt und anschließend durch Drehen, Fräsen und Bohren bearbeitet. Für kleine Stückzahlen wird der Nabenkörper direkt aus Rundmaterial spanend hergestellt. Für geringere Qualitätsansprüche werden Nabenkörper aus Stahlrohren und den darauf aufgepressten Flanschen gebaut.

**Nabenbauarten**

Häufig werden Naben unterschieden in Vorderrad- und Hinterradnaben. Diese Unterteilung ist fachlich nicht korrekt, weil sog. Vorderradnaben auch in Fahrradanhängern oder Hinterrädern von Rollern eingebaut werden. Bei frontangetriebenen Fahrrädern (z.B. einige Liegeräder) wäre in diesem Sinne die Anordnung der Naben vertauscht. Daher ist es sinnvoller Naben danach zu unterscheiden, ob sie bzw. über welche Zusatzeinrichtungen sie verfügen. Je nachdem handelt es sich dann um:

- Naben ohne Zusatzeinrichtungen
- Antriebsnaben (Getriebenaben **s. Seite 344 ff.**)
- Bremsnaben **(s. Seite 390 ff.)**
- Generatornaben **(s. Seite 410 f.)**
- Motornaben

Weitere Beispiele für Zusatzeinrichtungen sind Leistungsmessung (Powertap G3), Luftpumpe (Nakano Iron Works Air Hub) und Fahrwiderstandsgenerator (Terraindynamics AIRhub).

Einige der Zusatzeinrichtungen können auch kombiniert werden.

### 5.5.1 Naben ohne Zusatzeinrichtungen

Naben ohne Zusatzeinrichtungen werden meist als Vorderradnaben und für Fahrradanhänger verwendet. Bei frontangetriebenen Fahrrädern sind sie die Hinterradnaben.

Die Standards einer einfachen Nabe mit Mutterklemmung sind 9 mm für den Achsdurchmesser und 100 mm für die Klemmbreite. Abweichend ist die Klemmbreite 74 mm für Falt- und Kinderräder bzw. Anhänger.

### 5.5.2 Antriebsnaben

Schon *Karl Drais*' vierrädrige Fahrmaschine von 1815 besaß einen Antrieb über eine Kurbelwelle, der direkt mit der Nabe des Triebrads verbunden war. Dieses Prinzip des starren Antriebs wurde bis in die Zeit der Hochräder beibehalten, auch wenn die erste Nabe mit Freilaufkupplung für Pedal-Velocipede bereits 1869 patentiert wurde.

Mit dem Erscheinen der Niederräder wird die Antriebsenergie beim Fahrrad meist von einer Tretkurbel über einen Kettentrieb auf ein an der Nabe befestigtes Ritzel und weiter über eine Freilaufkupplung zum Nabenkörper und schließlich über die Speichen, Felgen und Reifen auf die Fahrbahn übertragen.

#### 5.5.2.1 Ritzel

Zur Aufnahme der Kettenkraft werden Ritzel verwendet, die entweder drehfest mit dem Nabenkörper verbunden sind oder auf einem Ritzelträger befestigt werden, der über einen Freilauf mit der Nabe gekuppelt ist.

**Schraubritzel**

Schraubritzel sind mit einem Innengewinde versehen und können direkt auf die Nabe aufgeschraubt werden (**Seite 269, Bild 1a**). Sie kuppeln den Antrieb starr mit dem Rad. Zum einfacheren Wechsel des Ritzels werden Ritzelträger mit Nuten verwendet, die auf die passende **Steckritzel** montiert werden **(Bild 1b)**.

a) b)

**Bild 1: a) Schraubritzel, b) Steckritzel mit Ritzelträger**

### Direkter (starrer) Antrieb

Der direkte (starre) Antrieb hat gegenüber einem Freilauf einige Vorteile, die ihn bei Bahnrennrädern bzw. Radball-, Saalsport- und Einrädern erforderlich machen. Er ermöglicht:

- das Balancieren im Stand,
- das Rückwärtsfahren und
- das Bremsen durch Gegenhalten der Beine gegen die eigentliche Drehrichtung der Kurbeln (Kontern).

Für Bahnrennräder, Radball- und Saalsporträder werden am rechten Nabenflansch zwei Gewinde angebracht. Auf das innere, rechtsgängige, wird das Ritzel aufgeschraubt. Das äußere, kleinere und linksgängige, nimmt den Konterring auf. So wird verhindert, dass sich beim Abbremsen durch Kontern oder Rückwärtsfahren das Ritzel von der Nabe löst **(Bild 2)**. Folgende Gewindemaße kommen für die Konterung zur Anwendung: 1.32"x24 TPI (italienisch), 1.29"x24 TPI (japanisch) oder 33x1,0 mm (französisch).

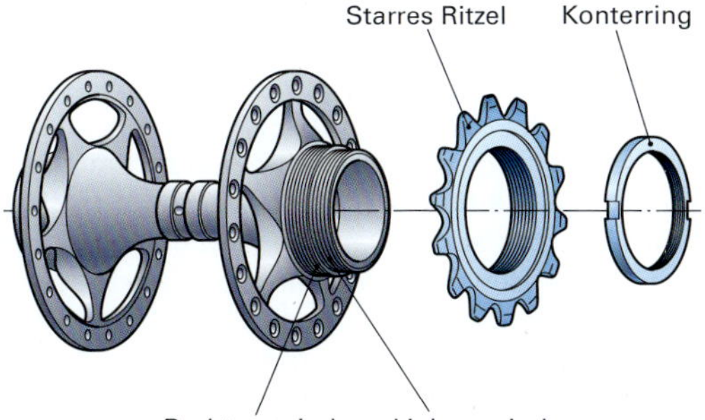


**Bild 2: Bahnradnabe**

Fahrräder mit starrem Antrieb werden nach der englischen Bezeichnung „fixed gear" auch als **„Fixies"** bezeichnet und im Straßenverkehr gefahren. Dies ist grundsätzlich erlaubt, doch ist zu beachten, dass das Bremsen durch Kontern nicht den gesetzlichen Bestimmungen entspricht. Solche Fahrräder sind immer mit zwei voneinander unabhängig wirkenden Bremsen auszustatten. Bei Einrädern entfällt das Ritzel. Dafür ist die Nabe über das Klemmmaß hinaus verlängert, sodass außerhalb der Flansche die Lagerung und die Kurbeln montiert werden können. Es entfällt die Nabenachse und die Nabe ist gleichzeitig die Kurbelwelle **(Bild 3)**.

**Bild 3: Einradnabe mit ISIS-Kurbelverbindung**

### Freilaufritzel

Bei Fahrrädern, deren Antrieb ohne Gangschaltung (engl. **single speed)** und ohne Rücktrittbremse gestaltet ist und die nicht starr gekuppelt sind, ist das Ritzel mit einem Freilauf vereint **(Bild 4)**.

**Bild 4: Freilaufritzel**

Der Freilaufkörper wird von Hand auf das Nabengewinde aufgeschraubt und durch die Kettenkraft im Betrieb festgezogen. Zum Abnehmen wird je nach Hersteller und Modell ein passender Schlüssel benötigt.

5

**Freilaufritzelsatz (Schraubzahnkranz)**

Anstelle eines einzelnen Ritzels kann ein Freilauf auch eine Kombination von Ritzeln tragen. Die Ritzel sind mit verschiedenen Innendurchmessern stufenweise auf den Ritzelträger geschraubt oder gesteckt **(Bild 1)**.

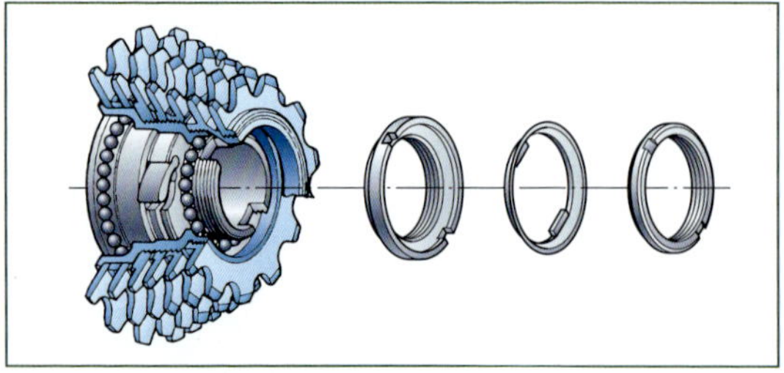

Bild 1: Freilaufritzelsatz

Der Freilaufkörper besitzt das gleiche Gewindemaß wie einzelne Schraub- oder Freilaufritzel. Zur Befestigung von Schraubritzel, Freilaufritzel oder Freilaufritzelsatz an der Nabe gibt es fünf Gewindegrößen **(Tabelle 1)**.

**Tabelle 1: Gewindemaße zur Ritzelbefestigung**

| Maß | Bezeichnung | Verwendung |
|---|---|---|
| 1,370" × 24 TPI<br>34,80 × 1,058 mm | Englisches Maß<br>BSA | Schraubritzel, Freilaufritzel, Freilaufritzelsatz |
| 35 mm × 24 TPI<br>1,378" × 1,058 mm | Italienisches Maß | Schraubritzel, Freilaufritzel, Freilaufritzelsatz |
| 34,7 × 1,0 mm<br>1,366" × 25,4 TPI | Französisches Maß | Schraubritzel, Freilaufritzel, Freilaufritzelsatz |
| 1,375" × 24 TPI<br>34,92 × 1,058 mm | US-Maß | Schraubritzel, Freilaufritzel, Freilaufritzelsatz |
| M 30 × 1 | BMX | Freilaufritzel |

*Hinweis*:

Die verschiedenen Gewinde (außer BMX) unterscheiden sich in ihren Abmessungen nur minimal. Es ist bei der Montage auf jeden Fall mit Vorsicht zu testen, ob Nabe und Freilaufträger zusammenpassen.

Ein Gewinde nach französischer Bauart hat eine kleinere Steigung als die nach englischer, italienischer oder US-Bauart und sollte nicht mit solchen kombiniert werden.

**Steckritzelsatz (Kassette)**

Bei einem Steckritzelsatz werden die Ritzel als vormontiertes Paket oder einzeln mit Zwischenringen auf den Ritzelträger aufgesteckt **(Bild 2)**.

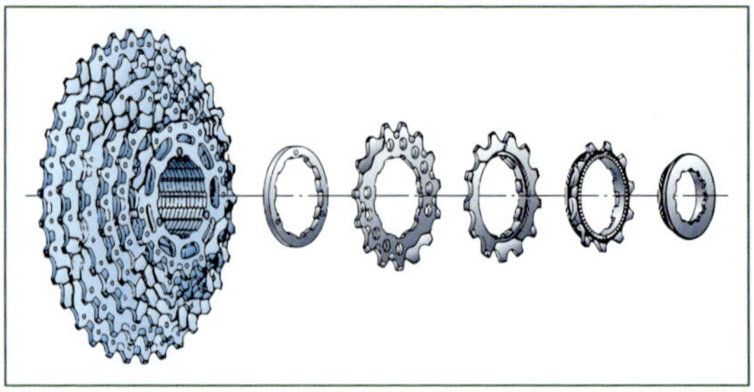

Bild 2: Steckritzelsatz

Die Drehmomentübertragung geschieht über ein Keilwellenprofil vom Ritzel auf den Ritzelträger. Ein Gewindering mit Rechtsgewinde wird als Abschluss in den Ritzelträger geschraubt. Als Werkzeug ist dafür ein passender Schlüsseleinsatz (fälschlich oft als Abzieher bezeichnet) notwendig.

Zum Lösen wird der Ring gegen den Uhrzeigersinn geschraubt. Da die Nabe in dieser Richtung frei dreht, ist dabei die Kassette mit einer Kettenpeitsche festzuhalten.

### 5.5.2.2 Freilaufkupplungen

Die Freilaufkupplung stellt eine drehrichtungsabhängige Verbindung zwischen Ritzel und Nabe her. Wird der Antrieb langsamer, unterbrochen oder umgekehrt (reversiert), kann das Rad ohne Einschränkung seiner Bewegung in Fahrtrichtung weiterrollen.

Die Erfindung des Freilaufs war einer der wichtigsten Beiträge, um das Fahrrad im 19. Jahrhundert massentauglich zu machen. Die bis dahin sich ständig mitdrehenden Pedale erschwerten die Handhabung, weil bei schneller Bergabfahrt die Füße oft den Halt auf den Pedalen verloren haben und es deswegen zu Stürzen mit schwerwiegenden Verletzungen kam. Ein weiterer Sicherheitsgewinn ergibt sich bei Kurvenfahrt in großer Schräglage, da das kurveninnere Pedal hochgehalten werden kann. Darüber hinaus ermöglicht der Freilauf das Rollenlassen des Fahrrades zur Erholung der Muskeln und beim Schalten von Getriebenaben entlastet er den Antriebsstrang vom Drehmoment.

Je nach Prinzip der Kraftübertragung unterscheidet man beim Freilauf zwischen:

- Formschluss durch Sperrklinken oder Zahnscheiben und
- Kraftschluss durch Klemmrollen oder Klemmkörper.

### Sperrklinkenfreilauf

Der Sperrklinkenfreilauf wird sowohl in Freilaufritzeln und Freilaufritzelsätzen als auch in Getriebenaben verwendet **(s. Seite 346)**.

Die Sperrklinken stellen eine formschlüssige Verbindung des Ritzelträgers mit dem Freilaufkörper her. Dieser ist über ein Feingewinde am Nabenkörper befestigt **(Bild 1)**.

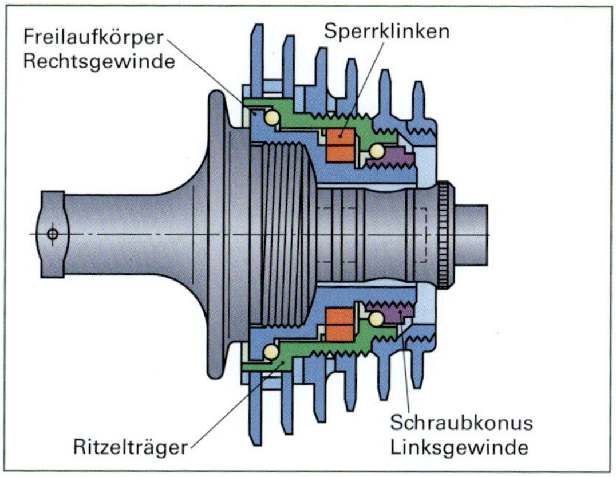


**Bild 1: Lage der Kupplung im Freilaufritzelpaket**

Auf dem Freilaufkörper sind zwei bis sechs federbelastete Sperrklinken schwenkbar gelagert. Sie greifen bei Vorwärtsdrehung des Ritzelträgers in dessen sägezahnförmige Aussparungen und übertragen das Drehmoment auf die Nabe. Bei Stillstand oder Reversieren überholen die Sperrklinken den Ritzelträger und gleiten über die Sägezahnflanken. Das Klicken des Freilaufs entsteht, wenn die federbelasteten Sperrklinken vom innersten Punkt der Sägezahnflanke radial aufspringen **(Bild 2)**.

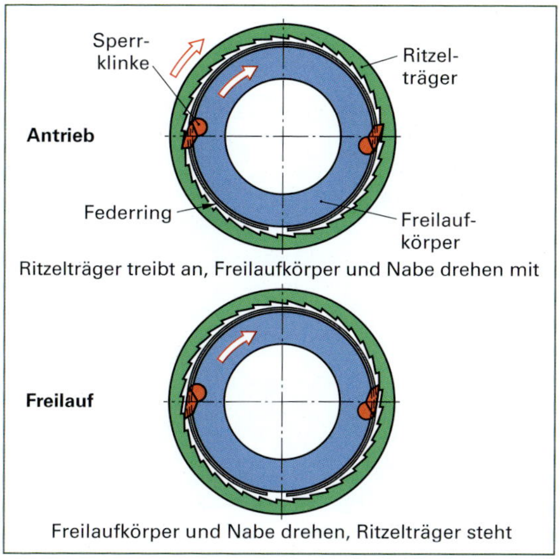


**Bild 2: Prinzip der Sperrklinkenfreilaufkupplung**

Bei einem Wechsel eines Freilaufritzelsatzes wird immer auch der Freilauf getauscht. Bei älteren Modellen können die Ritzel einzeln getauscht werden.

Bei Kassettennaben wird das gleiche Prinzip verwendet, nur ist hier die Freilaufkupplung ein Bestandteil der Nabe und wird bei einem Wechsel des Ritzelsatzes nicht demontiert. Der Wechsel wird erleichtert, weil das Paket durch ein definiertes Drehmoment beim Aufschrauben der Abschlussmutter befestigt wird und nicht durch das im Fahrbetrieb auftretende Drehmoment am Ritzel.

Der Freilauf von Kassettennaben ist in ein Innengewinde des Nabenkörpers geschraubt und liegt nah an der Nabenachse. Dadurch baut er niedriger und erlaubt einen kleineren Ritzelträger und somit kleinere Ritzeldurchmesser **(Bild 3)**.

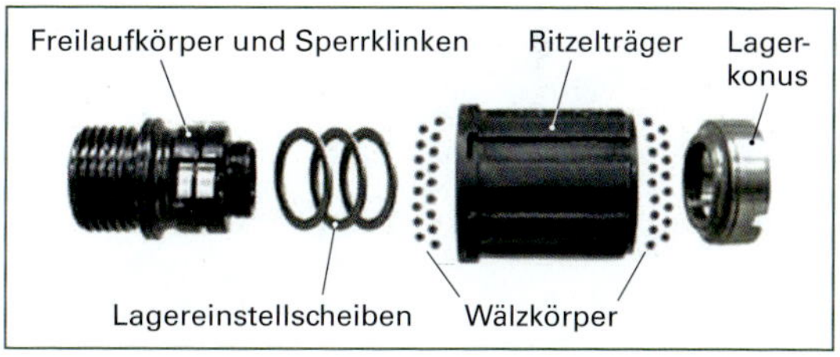


**Bild 3: Freilaufkupplung einer Kassettennabe**

Damit sinkt der wirksame Hebel der Sperrklinken, was im Gegenzug bei der Übertragung des Drehmoments höhere Kräfte erzeugt als in Schraubritzeln und Freilaufritzelpaketen. Die Anforderungen an die Materialfestigkeit sind hier deutlich höher.

Eine andere Möglichkeit, den Ritzelträger klein zu halten ist es, den Freilauf innerhalb des Nabenkörpers unterzubringen. Die Sperrklinken sitzen dann am linken Ende des Ritzelträgers. Das Sägezahnprofil befindet sich im Nabenkörper und ist als Gewindering eingeschraubt. Der wirksame Radius dieser Kupplung ist größer als bei der oben genannten Variante **(Bild 4)**.

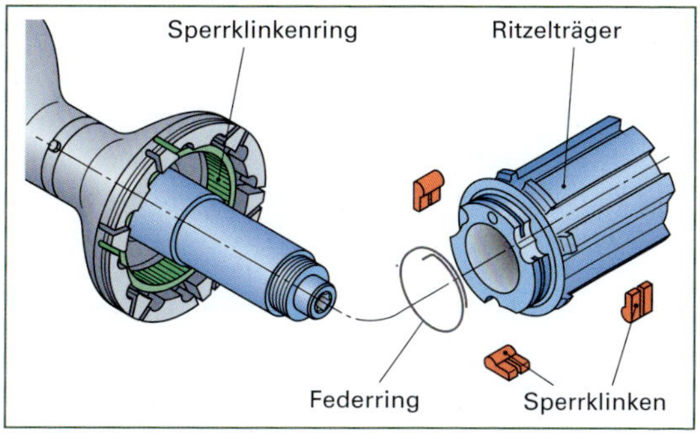


**Bild 4: Sperrklinkenfreilauf im Nabenkörper**

Je nach Anzahl der Zähne im Ritzelträger und Anzahl und Position der Sperrklinken ergibt sich ein Winkelversatz von 20° bis 1,76°, bis beim Antritt der Kraftschluss hergestellt ist. Der resultierende Leerweg der Kurbel ist im umgekehrten Verhältnis zum Übersetzungsverhältnis des Kettengetriebes.

### Zahnscheibenfreilauf

Im Nabenkörper und im Ritzelträger befindet sich jeweils eine Freilaufscheibe mit axial angeordneter Sägeverzahnung. Die Scheiben sind axial verschiebbar und mit einer Kegelfeder belastet. Sie sind über ein Keilwellenprofil drehfest mit der Nabe bzw. dem Ritzelträger verbunden **(Bild 1)**.

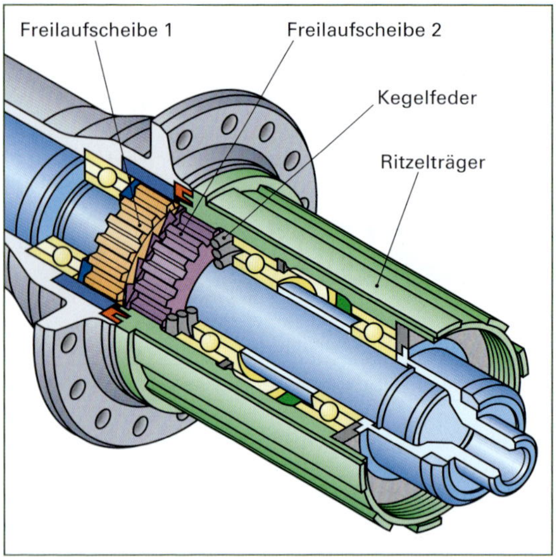


**Bild 1: Zahnscheibenfreilaufkupplung**

Bei der Übertragung des Antriebsmomentes greifen die federbelasteten Freilaufscheiben ineinander. Bei Tretstillstand oder Reversieren überholt die Freilaufscheibe im Nabenkörper diejenige des Ritzelträgers. Dabei drückt die Sägeverzahnung die Freilaufscheiben gegen die Federspannung axial auseinander. Die Zahnscheiben gibt es mit unterschiedlichen Zähnezahlen für einen Winkelversatz von 20°, 15°, 10° und 6,6°.

### Klemmrollenfreilauf

Auf dem Ritzelträger (auch „Antreiber" genannt, s. a. **Bild 1, Seite 345**) sind fünf spiralförmig ansteigende Aussparungen für die Klemmrollen eingearbeitet. Bei der Vorwärtsdrehung des Ritzelträgers laufen die Rollen auf den Steigkurven hoch, klemmen zwischen Ritzelträger und Nabenkörper und übertragen kraftschlüssig das Drehmoment **(Bild 2)**.

Bei Tretstillstand oder Reversieren schiebt der weiterdrehende Nabenkörper die Walzen aus dem Kraftschluss und löst damit die Verbindung zur Nabe. Statt fünf relativ großen Rollen kann auch eine größere Anzahl kleinerer Nadeln das Drehmoment übertragen, wodurch die Baugröße sinkt (Shimano Silent Clutch).

Die Klemmrollen müssen erhebliche Kräfte aushalten, um das Drehmoment sicher zu übertragen. Das erzeugt bei kleinen Radien der Rollen hohe Flächenpressungen, die zu einem schnellen Verschleiß an den Berührflächen führen. Sicher und haltbar sind diese Kupplungen mit relativ großen Rollen in dickwandigen Stahlnaben. Die Klemmrollenfreilaufkupplung arbeitet geräuschlos.

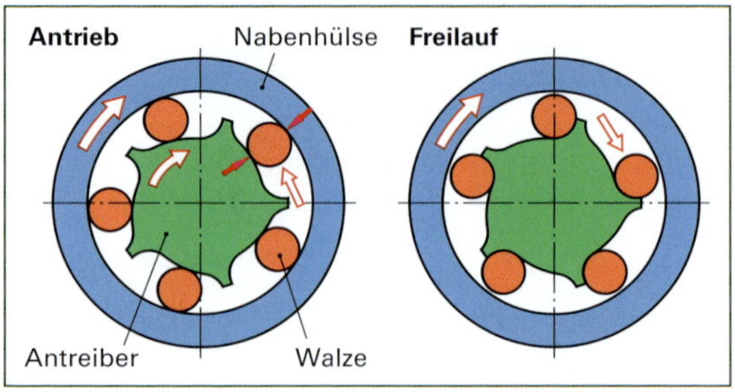


**Bild 2: Prinzip der Klemmrollenfreilaufkupplung**

### Klemmkörperfreilauf

Der Ritzelträger mit dem Klemmkörperring dreht sich über einen fest mit dem Nabenköper verbundenen Klemmring. Bei einer Drehmomentübertragung vom Ritzelträger zum Nabenkörper kippen die Klemmkörper und stellen einen Kraftschluss her. Bei Tretstillstand oder Reversieren überholt der Klemmring auf dem Nabenkörper den Ritzelträger und löst die Kraftschlussverbindung der Klemmkörper **(Bild 3)**.

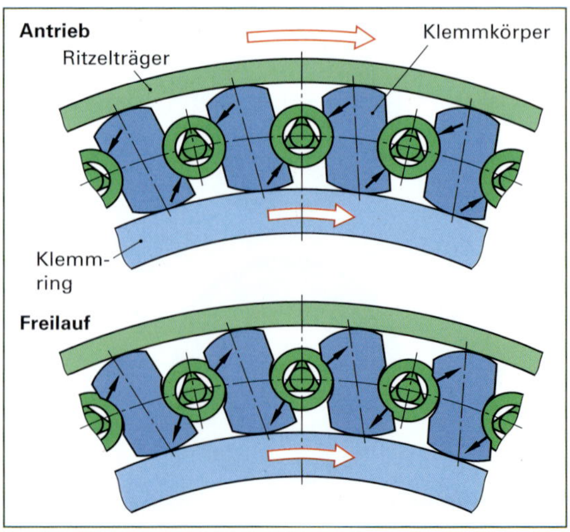


**Bild 3: Prinzip der Klemmkörperfreilaufkupplung**

Durch ihre schmale Bauform und das Fehlen der Rampen können bei gleichem Kreisumfang mehr Klemmkörper untergebracht werden als Rollen bei der Klemmrollenfreilaufkupplung. Auch haben die Kontaktflächen der Klemmkörper einen größeren Radius als jener der Klemmrollen. Beides sorgt dafür, dass die Klemmkörper ein höheres Drehmoment bei geringerer Verformung und geringerem Verschleiß übertragen können.

### 5.5.2.3 Antriebsvarianten

Neben den oben aufgezeigten Antrieben existieren für besondere Anwendungsfälle noch Varianten.

**Flip-Flop-Nabe**

Naben können an beiden Außenseiten mit Gewinden zur Ritzelaufnahme versehen sein. Man erhält zwei Übersetzungen, wenn man das Rad demontiert und gewendet wieder einbaut. Es gibt drei verschiedene Arten von Flip-Flop-Naben:

- Free/Free – beiden Seiten fehlt das Linksgewinde für einen Konterring; es sollten nur Freilaufritzel montiert werden.
- Fixed/Fixed – beide Seiten haben ein Ritzel- und ein Kontergewinde zur Montage von Schraubritzeln mit Konterringen. Es können aber auch Freilaufritzel montiert werden.
- Fixed/Free – nur eine Seite besitzt ein Kontergewinde **(Bild 1)**.

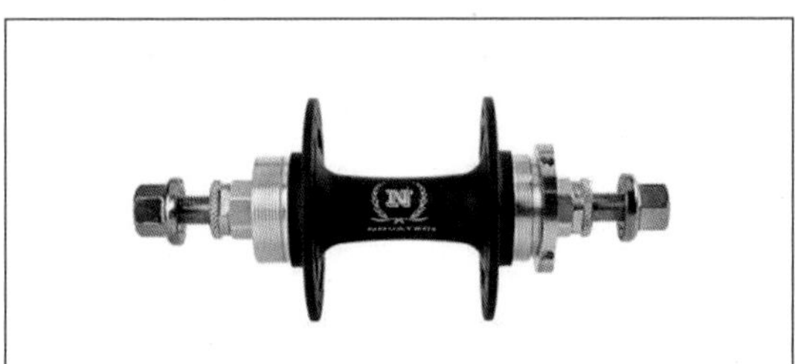

**Bild 1: Flip-Flop-Nabe, fixed/free**

Im BMX-Bereich versteht man unter Flip-Flop-Naben solche mit BSA-Gewinde zur Montage von Freilaufritzeln ab 16 Zähnen und M30x1-Gewinde zur Montage von Freilaufritzeln von 14 oder 15 Zähnen.

**Lefthand-Drive-Naben (LHD-Naben)**

Üblicherweise ist der Antrieb am Fahrrad auf der rechten Seite untergebracht. In bestimmten Situationen kann dies aber problematisch sein. Im BMX-Bereich erlaubt ein linksseitiger Antrieb (Lefthand Drive) das Grinden auf der rechten Seite, was ggf. dem Bewegungsablauf des Fahrers besser entspricht.

**Boost-Standard**

Die 29"-Raddurchmesser bei MTBs und die Reifenbreiten von 2,4" bis 4,8" durch Plus-Größen und Fattires (**s. Bild 1, Seite 319**) stellen neue Anforderungen an Räder und Rahmen. Die größeren Räder werden aufgrund lateraler Belastungen im Gelände labiler und dem Rahmen fehlt der notwendige Freiraum für den Reifendurchlauf. Als Lösung für diese Probleme wurde 2014 von den Firmen SRAM und Trek der Boost-Standard für Kurbeln und Naben eingeführt.

Dabei steigt die Breite der Antriebsnabe auf 148 mm, die der Vorderradnabe auf 110 mm. Die Nabenflansche werden symmetrisch um jeweils 3 mm bzw. 5 mm nach außen versetzt. Bei der Kurbel verschiebt sich die Kettenlinie um 3 mm nach außen **(Bild 2)**. Die Trittweite bleibt unverändert.



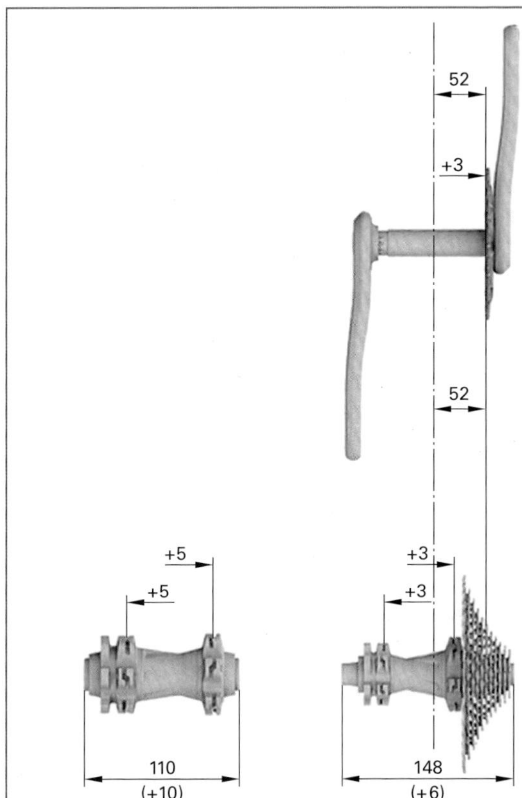


**Bild 2: Maße am Boost-Standard SRAM/Trek**

Durch den größeren Flanschabstand der Naben steigt der Speichenschrägwinkel und damit die laterale Steifigkeit und Haltbarkeit der Räder. Bei Vergleichsmessungen an 29"-Radsätzen konnte die Verbesserung der lateralen Steifigkeit vorne um 21 % und hinten um 10 % nachgewiesen werden.

Aufgrund der größeren Kettenlinie steht im Kurbellagerbereich mehr Platz zur Verfügung. Dieser kann genutzt werden, um die Hinterbauten kompakter zu konstruieren, den Reifendurchlauf zu maximieren oder größere Schwingenlager bzw. breitere Abstützungen zu realisieren.

Die Firma American Classic nutzt das Boost-Format, um ausgeglichene Speichenschrägwinkel und damit eine Angleichung der Speichenvorspannung zwischen den beiden Seiten zu erhalten. Der Nabenkörper wird ebenfalls um 6 mm breiter, wobei beide Nabenflansche um diesen Betrag nach rechts versetzt sind. Dadurch verbessert sich die Haltbarkeit des Rades mehr als die laterale Steifigkeit.

Beim Standard EVO6 der Firmen Syntace und Liteville wird die 6 mm größere Baubreite genutzt, um mit einer asymmetrische Hinterbaukonstruktion eine Symmetrie im Antriebsrad zu erreichen. Hier werden die Hinterradnabe und damit auch die Kettenlinie um 6 mm nach rechts verschoben. Es wird sowohl die laterale Steifigkeit als auch die Haltbarkeit des Rades im gleichen Maß verbessert.

## 5.5.3 Nabenflansch

Die Nabe der klassischen Bauart trägt an ihren Außenseiten eine Scheibe mit Bohrungen quer zur Fahrtrichtung (**Seite 275, Bild 1**). Dies ist der Flansch, in dem die Speichen eingefädelt werden. Sie können auch in Stege oder in einem Kranz des Nabenkörpers eingehängt werden (**Seite 287, Bild 2**).

### Flanschhöhe

Die Bezeichnung Hochflanschnabe bezieht sich auf Naben, die mit großem Flanschdurchmesser gefertigt werden, obwohl das Nabenmittelteil dies nicht erfordert. Manchmal ist von dem Nabenmodell eine Alternative mit kleinem Flanschdurchmesser erhältlich (Niederflansch-nabe).

Der Begriff Hochflansch sagt nichts über den absoluten Durchmesser aus. So haben Hochflanschnaben der 1970er Jahre einen Lochkreisdurchmesser von ca. 70 mm, während eine Getriebenabe wie die Rohloff Speedhub einen Lochkreisdurchmesser von 100 mm besitzt, aber nicht als Hochflansch bezeichnet wird.

Hochflanschnaben gebraucht man insbesondere im Bahnrennsport. Dabei nutzt man die Eigenschaft, dass Naben mit hohem Flansch ein etwas seitensteiferes Rad erzeugen. Räder mit kleinen Flanschdurchmessern sind dagegen etwas elastischer. Sie federn Straßenunebenheiten besser ab und sind damit etwas haltbarer. Der Gewinn in der Seitensteifigkeit bei Hochflanschnaben beträgt im besten Fall bei radialer Speichenlage ca. 5 %. Andere Gründe, Hochflanschnaben zu wählen, können sein:

- Bei 48-Loch-Naben lägen die Speichenbohrungen zu nah beieinander und es besteht die Gefahr des Flanschbruchs. Der Lochkreisdurchmesser muss daher vergrößert werden.
- Bei einem Lochkreisdurchmesser von min. 70 mm können Speichen am Hinterrad auch auf der Zahnkranzseite ohne Demontage des Ritzels gewechselt werden, wenn die Ritzelgröße bis 18 Zähne beträgt. Diese Zähnezahl ist normalerweise das Maximum bei Bahnrennen. Für solche Räder war diese Größe eine wesentliche Arbeitserleichterung zu der Zeit, als Speichen noch nicht so hoch belastbar und haltbar waren wie heute.
- Aus ästhetischen Gründen, um ein historisierendes Aussehen zu erhalten.

### Flanschdicke

Die Nabenflansche sollten zur Vorsorge gegen Speichenbrüche (bzw. Flanschbrüche bei radialer Einspeichung) eine Dicke von 3,2 bis 3,3 mm aufweisen. Bei dicken Nabenflanschen sind die Bohrungen leicht angesenkt, sodass die Speichenköpfe und -bögen optimal an ihnen anliegen. Naben mit asymmetrischen Flanschabständen haben gelegentlich auf der stärker belasteten Seite mit den steiler stehenden Speichen einen ca. 0,1 mm dickeren Flansch.

Wenn die Nabenflansche geringere Dicken aufweisen, wird die Haltbarkeit der Speichen durch Unterlegscheiben aus Messing verbessert. Dabei sollten sie bei Flanschen aus Aluminium unter den Speichenkopf, bei Flanschen aus Stahl in der Speichenkröpfung montiert werden. So wird gewährleistet, dass der Speichenbogen immer im jeweils weicheren Material gebettet ist.

Ein weiterer Vorteil von Unterlegscheiben liegt darin, dass die Speichen enger am Nabenflansch anliegen und damit weniger Rückbiegung während ihres Spannens stattfindet.

### Lochkreisdurchmesser

Der Lochkreisdurchmesser $D_{LK}$ ist eine wesentliche Größe bei der Berechnung der Speichenlänge. Er entspricht dem Kreis der Mittelpunkte der Speichenbohrungen im Flansch (**Seite 275, Bild 1**).

### Speichenbohrungsdurchmesser

Der Durchmesser der Speichenbohrung $d_B$ liegt zwischen 2,3 und 3,0 mm **(Bild 1)**. Er sollte 0,2 bis 0,3 mm größer als der Durchmesser im Bogen der Speiche sein, damit diese problemlos eingefädelt werden kann, dabei aber unnötiges Spiel vermieden wird. Größere Differenzen zwischen Speichenbohrung und -durchmesser vereinfachen die industrielle Fertigung von Rädern, verringern aber ihre Haltbarkeit.

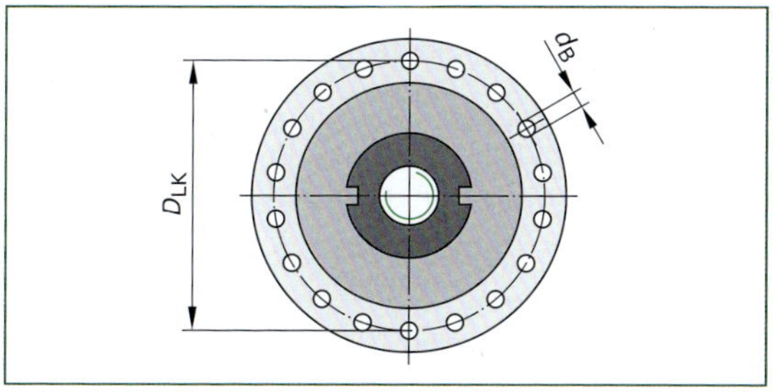


**Bild 1: Maße am Nabenflansch**

### Hi-Lo-Nabe

Bei der Übertragung von Drehmomenten, die durch Antriebs- oder Bremskräfte entstehen, verdreht sich bei einseitiger Krafteinleitung immer auch das Nabenmittelteil. Das bedeutet, dass der Nabenflansch, der näher zum Ort der Krafteinleitung liegt, einen höheren Anteil des Drehmoments übertragen muss. Um die an diesem Flansch befestigten Speichen zu entlasten, werden gelegentlich Hi-Lo-Naben angeboten, deren höher belasteter Flansch einen größeren Durchmesser aufweist **(Bild 2)**.

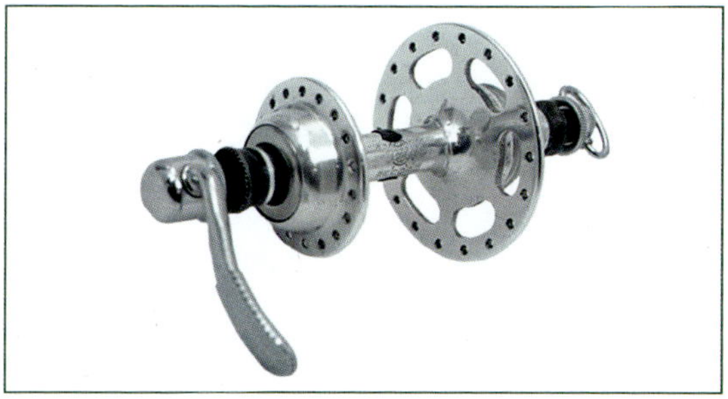

**Bild 2: Hi-Lo-Nabe**

Die Entlastung der Speichen durch die Vergrößerung des Lochkreisdurchmessers ist aber geringfügig, sodass diese Konstruktion nur in den Grenzbereichen der Gewichtsoptimierung sinnvoll einzusetzen ist.

### Flanschbrüche

Durch fehlerhafte Montage oder durch eine falsche Kombination von Bauteilen kann es zu einer Rissbildung am Flansch kommen, die normalerweise zu einem Bruch führt.

Mögliche Ursachen für Flanschbrüche an Fahrradnaben sind:

**1** *Radiale Einspeichung in einer vom Nabenhersteller nicht dafür vorgesehenen Nabe.*

Dabei wirkt eine zu hohe Gesamtzugkraft der Speichen auf einen schwach ausgelegten Flansch. Gleichzeitig wird die zyklische Ent- und Belastung der Speichen nicht durch Unterkreuzungen abgefedert **(vgl. Kap. 5.7.5)**.

**2** *Falsche Speichengeometrie (Speichenbogenlänge zu kurz und/oder Drahtdurchmesser im Speichenbogen zu groß).*

Die Speiche beschädigt beim Einfädeln, Ausrichten oder Spannen den Rand der Speichenbohrung durch Quetschung. Wenn die Beschädigung im Winkel von ca. 90° zur Speichenzugrichtung liegt, kann der Nabenflansch einreißen **(Bild 3)**.

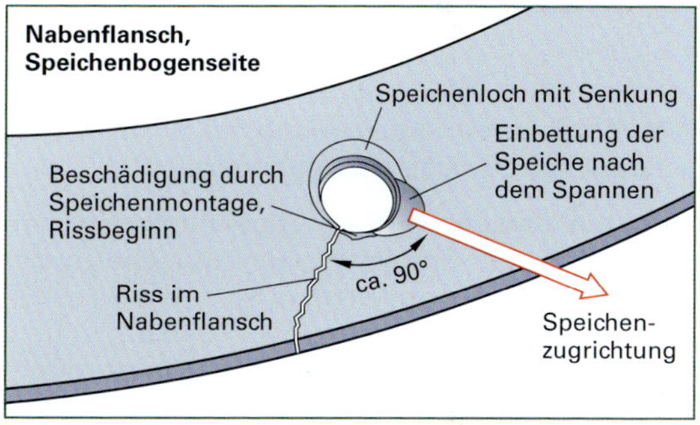


**Bild 3: Rissbildung durch falsche Speichengeometrie**

**3** *Umspeichen mit geänderter Speichenausrichtung (zweites Einspeichen der Nabe).*

Die alte Einbettung wirkt wie eine Beschädigung oder Kerbe an der Speichenbohrung. Da die alte Einbettung ca. im 90° Winkel zur neuen Zugrichtung steht, kann sie der Ausgangspunkt für einen Riss im Flansch sein **(Bild 4)**.

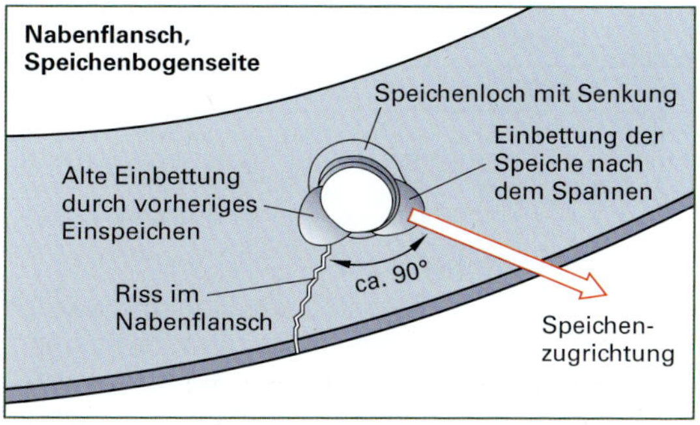


**Bild 4: Rissbildung durch falsche Speichenbettung**

5

4 *Prägegrate am Speichenkopf.*

Die Prägegrate am Speichenkopf erzeugen Kerben in der Senkung der Speichenbohrung. Stehen die Kerben etwa im Winkel von 90° zur Speichenzugrichtung, kann sich ein Riss bilden und ausbreiten **(Bild 1)**.

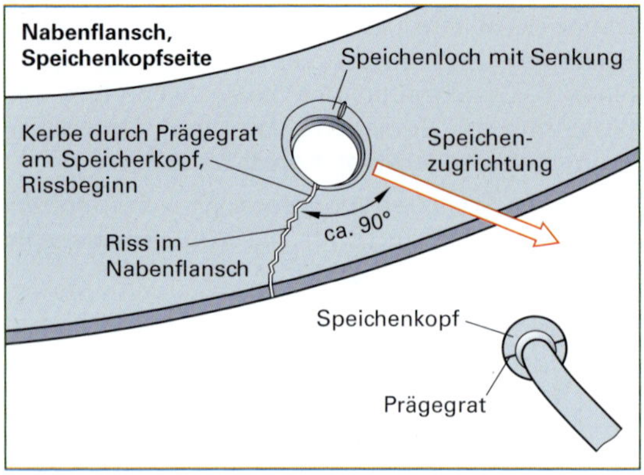


**Bild 1: Rissbildung durch Prägegrate am Speichenkopf**

5 *Lose Speichen durch eine falsche Speichengeometrie (Speichenbogen zu lang und/oder Drahtdurchmesser im Speichenbogen zu klein) oder zu geringe Speichenvorspannung.*

Dadurch bewegt sich der Speichenkopf/Speichenbogen bei Entlastung der Speiche in der Speichenbohrung und erzeugt an ihrem Rand Beschädigungen und Kerben. Die Beschädigungen, die ca. im Winkel von 90° zur Speichenzugrichtung sind, können Ausgangspunkt für einen Riss im Nabenflansch sein **(Bild 2)**.

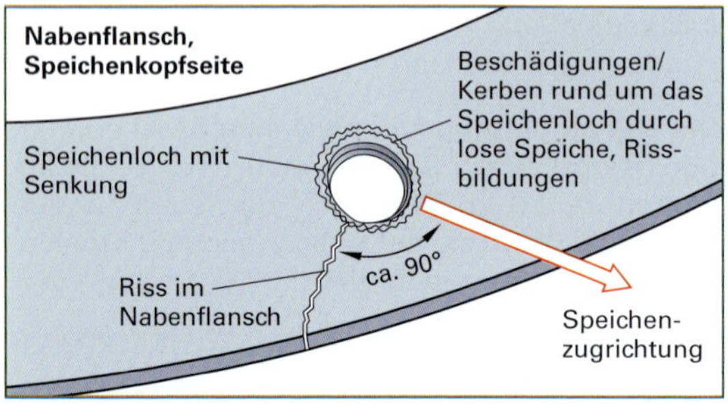


**Bild 2: Rissbildung durch lose Speiche**

Für eine richtige Auswahl der Speichengeometrie siehe **Seite 288**.

### Nabenstege, Nabenkranz

Abweichend vom klassischen Flansch werden Speichen ohne Kröpfung in Stege oder in einem Kranz eingehängt. Dann sind die Bohrungen bzw. Ausfräsungen tangential oder radial angeordnet (**Seite 287, Bild 2**).

## 5.5.4 Nabenlagerung

Durch den Einsatz von Kugellagern wurde die Nutzung des Fahrrades einfacher und effizienter. So hat sich zeitgleich zur Fahrradindustrie gegen Ende des 19. Jahrhunderts die Kugellagerindustrie als einer ihrer wichtigsten Zulieferer entwickelt. Seit dieser Zeit werden in Fahrradnaben hauptsächlich Konuskugellager (Schrägkugellager) eingesetzt **(Bild 3a)**. Sie haben sich als robust und preiswert erwiesen und gleichen geringfügige Abweichungen der Lagerflucht oder kleinere Achsverbiegungen aus **(s. Seite 24 f.)**.

Die Verwendung von Rillenkugellagern (Normwälzlager nach DIN 625) ist bislang auf höherpreisige Modelle beschränkt **(Bild 3b)**.

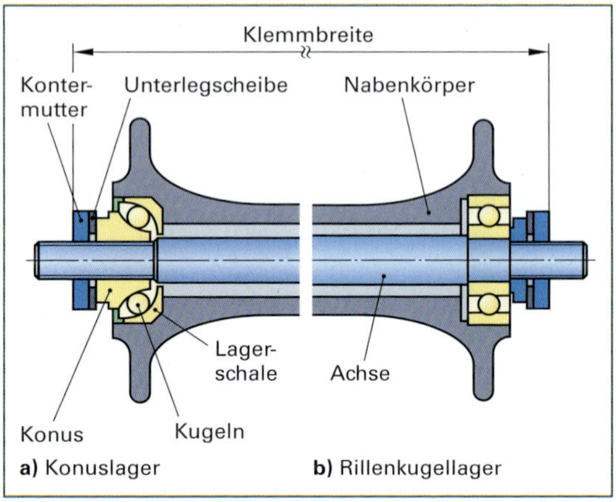


**Bild 3: Nabenlagerung**

Für die Lagerung der Freiläufe in Antriebsnaben werden, wenn es die Platz- oder Lastverhältnisse erfordern, auch die niedriger bauenden Nadellager (DIN 617) verwendet. Die Lagerung des Rades erfolgt dabei aber weiterhin über Rillenkugellager.

Der Druck vom Schnellspanner kann vom Ausfallende über die Achsendstücke und dem Innenring des Rillenkugellagers auf das verdickte Achsmittelteil bzw. die versteifende Hülse weitergeleitet werden. In dieser Bauart ist der innere Anschlag der Lager konstruktiv vorgegeben und die Naben müssen nicht mehr eingestellt werden.

### Drucklinie und Druckwinkel

Verbindet man die Berührpunkte der einzelnen Wälzkörper an den Laufbahnen des Innen- und Außenrings, so erhält man die Drucklinie, die genau durch den Mittelpunkt des Wälzkörpers geht. Als Druckwinkel $\alpha$ wird der Winkel der Drucklinie gegenüber der Radialebene bezeichnet **(Seite 277, Bild 1)**.

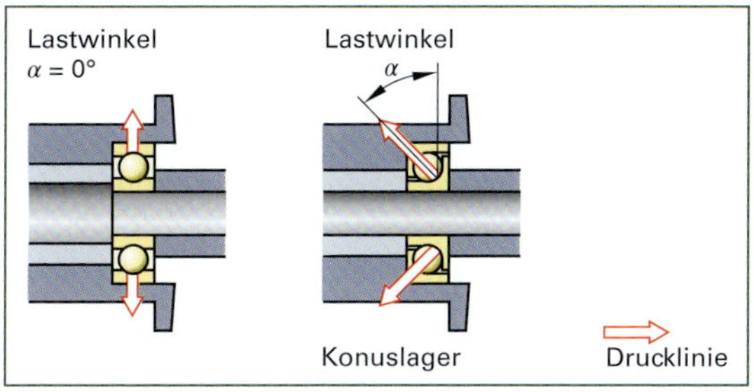


**Bild 1: Drucklinie und Druckwinkel**

Bei Rillenkugellagern verläuft die Drucklinie unter einem Winkel von 0°, während der Druckwinkel bei Konuslagern (vergleichbar den Schrägkugellagern nach DIN 628) ca. 40° beträgt. Dies hat zur Folge, dass Konuslager sowohl zur Übertragung von radialen als auch axialen Kräften geeignet sind. Rillenkugellager können hingegen sehr gut radiale und nur in geringem Umfang axiale Kräfte weiterleiten (bis ca. 30 % der Last).

Ein einspuriges Fahrzeug wie das Fahrrad belas-tet die Radlager überwiegend in radialer Richtung. Dies gilt auch für Kurvenfahrten, da es sich in die Kurve neigt und die Kraftrichtung weitgehend beibehalten wird. Axiale Belastungen treten hauptsächlich im Wiegetritt auf, wenn das Fahrrad zur Seite geneigt wird, während die Kraft durch den Fahrer vertikal ausgeübt wird **(Seite 264, Bild 2)**. Bei mehrspurigen Fahrzeugen entsteht eine axiale Belastung der Radlager während der Kurvenfahrt.

### Stützbreite

Die Punkte, an denen die Drucklinien der beiden Radlager die Rotationsachse der Nabe schneiden, bestimmen die Stützbreite der Nabe. Je größer die Stützbreite, desto geringer wird die Achse auf Biegung belastet. Es ist also sinnvoll, die Nabenlagerung möglichst weit außen am Nabenkörper anzubringen.

Bei der Lagerung mit Rillenkugellagern ist die Stützbreite identisch mit dem Abstand der Radialebenen beider Lager. Bei der Konuslagerung sind die Drucklinien auswärts gerichtet. Daher entlastet die Konuslagerung die Nabenachse.

Bei Antriebsnaben für Freilaufritzelsätze muss der rechte Nabenflansch weiter nach innen versetzt sein, um Platz für den Ritzelsatz zu schaffen. Gleichzeitig muss der linke Nabenflansch ebenfalls nach innen versetzt sein, um die Speichenschrägwinkel von linker und rechter Radseite nicht zu unterschiedlich werden zu lassen (**Seite 264, Bild 3**). Da die Radlager normalerweise in der Nähe der Nabenflansche untergebracht sind, bedeutet dies eine geringe Stützbreite mit einer entsprechend hohen Biegebelastung der Achse **(Bild 2)**.

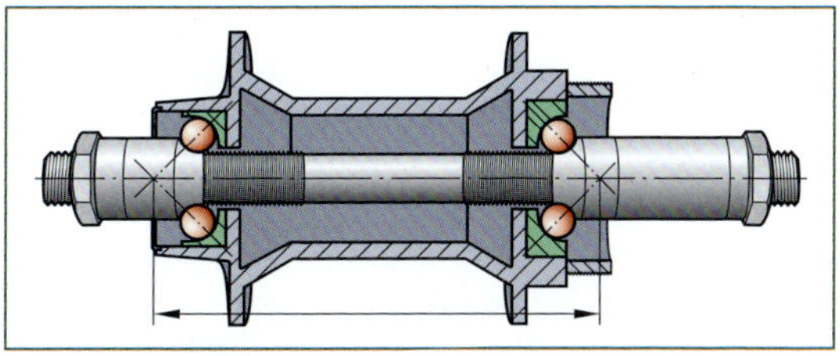

**Bild 2: Stützbreite einer Nabe für Freilaufritzelsätze**

Bis zu sechs Ritzeln war dies technisch noch vertretbar, aber die Steigerung auf sieben und mehr Ritzel machte konstruktive Veränderungen notwendig. Als Lösung für dieses Problem wurden die Helicomatic (Maillard) und der in der Nabe integrierte Freilauf (Kassettennabe, Shimano) entwickelt.

Bei der Kassettennabe ist der Freilaufkörper als separates Bauteil in den Nabenkörper eingeschraubt. Die Freilauflagerung trägt hierbei auch die Nabe. Dadurch rückt das antriebsseitige Achslager näher an das Ausfallende **(Bild 3)**.

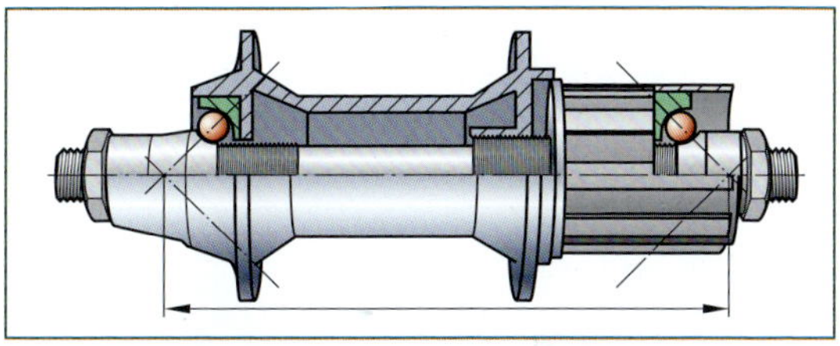

**Bild 3: Stützbreite einer Kassettennabe für geschraubte Freilaufkupplung**

Wird die Freilaufkupplung zwischen Ritzelträger und Nabenkörper eingebaut, dann entfällt die feste Verbindung zwischen Freilaufkörper und Nabenkörper. Das bedeutet, dass die Lagerung des Freilaufkörpers nicht zur Radlagerung genutzt werden kann **(Bild 4)**.

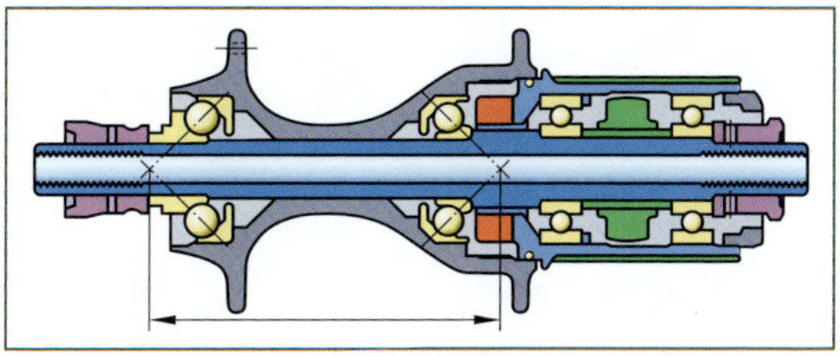

**Bild 4: Stützbreite einer Kassettennabe für gesteckte Freilaufkupplung**

Solche Naben haben eine sehr kleine Stützbreite, die durch entsprechend hochwertiges Material oder große Dimensionierung der Achse ausgeglichen werden muss.

5

5

### 5.5.5 Nabenabdichtung

Die Wälzlager der Naben sind empfindlich gegen eindringendes Wasser sowie Staub und anderen Schmutz. Das Auswaschen der Schmierung, schleifende Partikel oder Oxidation verringern die Lebenserwartung eines Lagers und erhöhen den Rollwiderstand.

Die einfachste Art, die Nabenlagerung vor Umwelteinflüssen zu schützen, ist der Einbau einer Staubkappe, bei der ein schmaler Spalt gröbsten Schmutz vom Eindringen in das Lager abhält. Bei dieser Dichtung sollte man regelmäßig und häufig das Schmierfett ersetzen **(Bild 1a)**.

Bei der Spaltdichtung ist zwar der Abstand zwischen feststehendem (Konus) und rotierendem Teil (Deckkappe) ähnlich wie bei der Staubkappe, aber der Spalt zwischen ihnen ist länger ausgeformt. Das erhöht den Durchgangswiderstand für Wasser und Schmutz und damit die Dichtungsleistung **(Bild 1b)**.

Die Spaltdichtung kann durch Federringe ergänzt werden, die radial im Konus wirken. Diese sind in Nuten des Konus eingesetzt und klemmen von innen in der Deckkappe. Dadurch bewegen sie sich berührungsfrei in den Nuten des Konus. Auf diese Weise wird das Eindringen von Wasser und Schmutz durch eine Labyrinthdichtung wirksam verhindert **(Bild 1c)**.

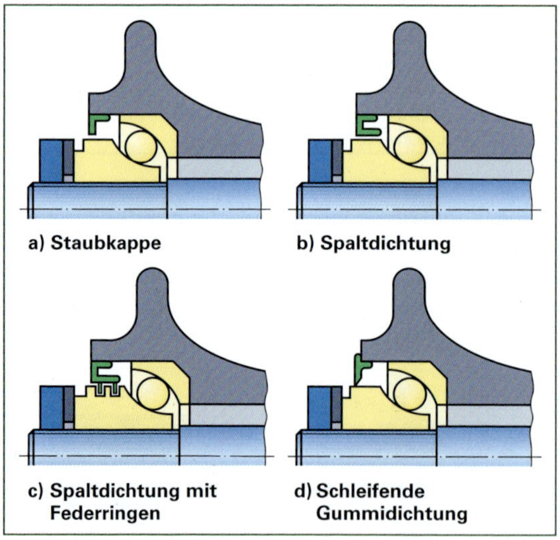


**Bild 1: Nabenabdichtungen**

Bei schleifenden Dichtungen besteht kein offener Spalt mehr an der Dichtstelle. Eine Gummikappe drückt mit geringer Spannung auf die gegenüberliegende Dichtfläche des Konus. Das Eindringen von Wasser und Schmutz ist hier theoretisch ausgeschlossen. Allerdings ist die Gummilippe empfindlich für Beschädigungen und kann verschleißen. Bei der Montage muss die Kontaktfläche geschmiert werden **(Bild 1d)**.

Durch das Schleifen der Gummilippe bremst diese Dichtung ein wenig die Rotation des Rades, dies ist aber normalerweise unbedeutend im Vergleich zur Rollwiderstandserhöhung durch verschmutzte oder verschlissene Lager.

Die verschiedenen Dichtungsarten können auch kombiniert werden **(Bild 2)**.

Normwälzlager können bei der Produktion mit Deckscheiben versehen sein **(Bild 1, Seite 109)**, die sie gegen Verschmutzung schützen. Um eine Korrosion der Außenseite der Lager zu verhindern, sind immer zusätzliche Dichtungsmaßnahmen empfehlenswert.

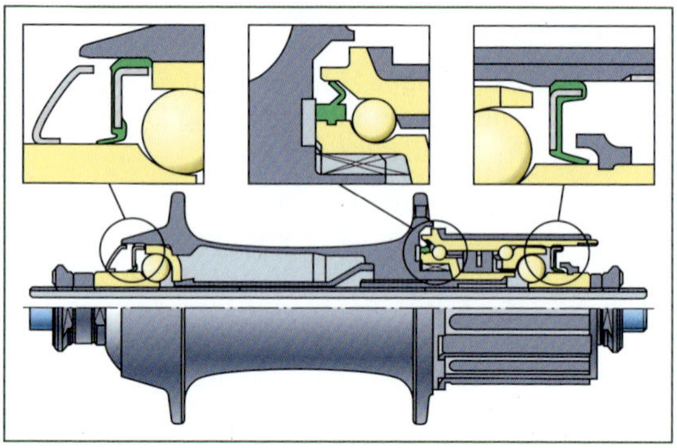

**Bild 2: Kombinationen von Dichtungsarten**

### 5.5.6 Nabenklemmung

Der Abstand der Außenflächen der Kontermuttern der Nabe und die lichte Weite zwischen den Ausfallenden des Rahmens müssen auf ±1 mm übereinstimmen, um einen zuverlässigen Ein- und Ausbau der Räder zu ermöglichen. Außerdem wird so vermieden, dass in Rahmen oder Gabel unzulässige Materialspannungen entstehen, die vor allem bei Aluminiumrahmen zu vorzeitigem und plötzlichen Bruch führen können. Die Klemmbreite wird an der Nabe zwischen den Außenflächen der Kontermuttern **(Seite 276, Bild 3)** und am Rahmen zwischen den Innenflächen der Ausfallenden gemessen. Übliche Klemmbreiten sind: 100 mm (Vorderradnabe), 116-126 mm (3-/5-Gang-Naben), 120 mm (5-Gang-Kettenschaltung), 126 mm (6-/7-Gang-Kettenschaltung), 130 mm (8- bis 11-Gang-Kettenschaltung), 135 mm (Alfine, Speedhub, 7- bis 12-Gang MTB)

**Axiale Klemmung**

Vollachsen werden durch Achsmuttern mit den Ausfallenden verklemmt. Dabei wirkt eine Zugkraft in axialer Richtung zwischen Achse, Achsmutter, Ausfallende und Kontermutter **(Seite 279, Bild 1a)**.

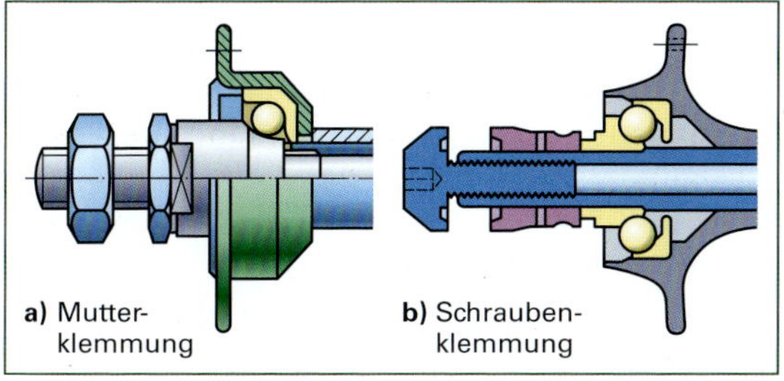


**Bild 1: Axiale Klemmung**

Hohlachsen können mit einem Innengewinde versehen sein und mit Schrauben am Ausfallende geklemmt werden (Bolt-On). Eine solche Befestigung wird z. B. bei Race BMX eingesetzt, um das vorstehende Achsende zu vermeiden **(Bild 1b)**. Das Gewinde im kritischen Biegebereich der Achse erzeugt allerdings Kerben, die den Bruch der Achse begünstigen. Lange Schrauben, die bis unter das Lager reichen, sollen dieses Problem verringern.

Hohlachsen werden im Straßenrennsport mit **Schnellspannern** geklemmt **(Bild 2)**. Dieser Zuganker wird bedient, indem der Exzenterhebel geöffnet, die Gegenmutter leicht gegen das Ausfallende geschraubt und dann wieder um einen kleinen Winkel gelöst wird (Gewinde 5 x 0,8 mm; bei älteren französischen Modellen auch 5 x 0,9 mm oder 5 x 0,75 mm). Schließlich wird der Exzenterhebel geschlossen. Die Klemmspannung wird durch das Umlegen des Hebels aufgebracht und durch die Handkraft des Bedieners bestimmt. Daher ist Übung im Umgang mit Schnellspannern notwendig.

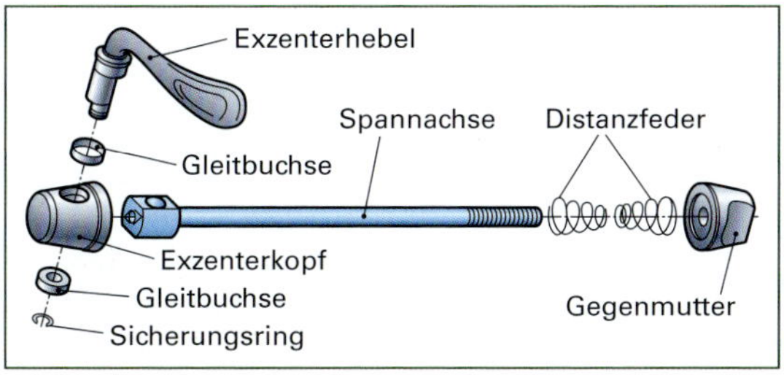


**Bild 2: Schnellspanner**

*Hinweis:*

**Der Exzenterhebel dient nicht zum Festdrehen der Gegenmutter!**

Im gespannten Zustand wirkt auf die Spannachse eine Zug- und auf die Hohlachse eine Druckspannung. Die vorgespannte Hohlachse wird belastbarer, da die Druckspannung der für die Belastbarkeit maßgebenden Zugspannung (als Komponente der Biegespannung) entgegenwirkt. Die Hohlachse wird durch die Spannachse gestaucht. Je nach Achsdicke, -länge und -werkstoff liegt die Stauchung im Bereich von 0,01 mm bis 0,04 mm. Aus diesem Grund müssen die Naben immer so eingestellt sein, dass sie im ungespannten Zustand ein geringfügiges Lagerspiel haben.

*Hinweis:*

Die Einstellung der Nabenlagerung wird mit einer Pendelprobe überprüft. Dazu wird das Rad in einen Zentrierständer eingesetzt, der Schnellspanner nur leicht angezogen, eine Unwucht angebracht und das Rad in eine leichte Bewegung versetzt. Das Rad pendelt dann um die Unwucht.

Nun wird der Schnellspanner fest angezogen und der Versuch wiederholt.

Kommt die Pendelbewegung beim zweiten Versuch früher zum Stillstand, so sind die Kugeln zwischen Konus und Lagerschale eingeklemmt. Die Einstellung muss korrigiert werden, um einen Lagerschaden zu verhindern.

Gleichzeitig kontrolliert man auch immer das Lagerspiel durch seitliches Rucken an der Felge. Kippt die Felge auch bei fest gespanntem Rad, dann ist das Lagerspiel zu groß und muss ebenfalls korrigiert werden.

Der Schnellspannhebel sollte bei geschlossener Stellung parallel zur Gabelscheide liegen bzw. nach hinten weisen. Er darf niemals in Fahrtrichtung nach vorne geschlossen werden, weil er sich sonst bei Berührung mit Gegenständen vom Fahrbahnrand o. Ä. öffnen kann.

### Radiale Klemmung

Einige Bauarten von Steckachsen werden neben den o. g. Befestigungen zusätzlich auch radial durch Spannvorrichtungen geklemmt. Dazu wird die Steckachse durch das Klemmauge einer Seite der Gabel eingeführt und durch die Nabe hindurchgeschoben. Im gegenüberliegenden Klemmauge wird die Achse mit ihrem Gewinde eingeschraubt und anschließend radial durch je zwei Klemmschrauben in den Klemmaugen fixiert **(Bild 3)**.

**Bild 3: Radiale Klemmung, Steckachse**

5

**Steckachsen**

Während eine starre Gabel die Verwindung der Achse kaum zulässt, kann die Belastung einer Federgabel bei Fahrten im Gelände und durch die Wirkung von Scheibenbremsen dazu führen, dass die Außenrohre (Tauchrohre) ungleichmäßig einfedern oder sich gegeneinander verdrehen. Steckachsen verringern dieses Problem.

Vorteile von Steckachsen:

- Der Widerstand der Gabel gegen Verformungen bei seitlicher Belastung und beim Bremsen erhöht sich, weil ungleichmäßige Belastungen der Gabelrohre ausgeglichen werden. Dies wird durch größer dimensionierte Bauteile und bessere Krafteinleitung erreicht.
- Das Mehrgewicht der groß dimensionierten Steckachsen kann durch eine leichter konstruierte Federgabel kompensiert werden.
- Die Ausrichtung der Bremsscheibe zum Bremssattel ist exakt parallel. Es tritt kein Schleifen der Bremsscheibe nach dem Einbau auf.
- Die Klemmkraft zur Montage des Rades ist geringeren Schwankungen unterworfen als bei axialer Klemmung.
- Eine wesentlich geringere axiale Spannung entlastet die Achs- und Lagerbauteile im Vergleich zum Schnellspanner.
- Resultierende Kräfte bei der Betätigung der Scheibenbremse können die Achse nicht aus ihrem Sitz drücken.

**Thru-Axle-Steckachsen**

Eine Thru-Axle-Steckachse ähnelt einem langen Schraubbolzen, der an einem Ende ein kurzes Gewinde oder einen Bajonett-Verschluss und am anderen Ende einen Schraubkopf oder einen Schnellspannhebel aufweist.

In Rahmen und Gabel des Rades befinden sich in den Ausfallenden einerseits ein Loch zum Durchstecken der Achse und andererseits eine Aufnahme für das Gewinde oder den Bajonett-Verschluss. Die Thru-Axle-Steckachse passt oft nur in die zugehörigen Rahmen bzw. Gabeln des jeweiligen Herstellers. Produkte von Fremdanbietern müssen explizit für das jeweilige System spezifiziert sein.

Allerdings passt die Nabe eines beliebigen Herstellers, die zur Verwendung mit Steckachse gedacht ist, im Regelfall, wenn der Durchmesser der Steckachse und die Einbaubreite übereinstimmen.

**Thru-Bolt-Steckachsen**

Thru-Bolt-Steckachsen erlauben die Montage von Steckachsen in klassische Ausfallenden. Ihre Abmessungen gleichen denen der üblichen Hohlachsen. Die Steckachse positioniert die Nabe im Ausfallende und befestigt die Nabe. Die Hohlachse im Innern der Nabe hat dementsprechend einen größeren Durchmesser als die der klassischen Schnellspannnaben.

**Pitlock-Verschluss**

Das Pitlock-System zur Diebstahlsicherung von Rädern gibt es für Spannachsen und Vollachsen. Die Mutter hat dabei eine in vielen Varianten mögliche, unregelmäßige Formgebung, die mit nur einem dazugehörigen Codeschlüssel angezogen und gelöst werden kann.

## 5.6 Felgen

Die Felge gibt dem Rad seine Form, trägt den Reifen und überträgt radiale, laterale und tordierende Kräfte. Die Felge nimmt die Speichen auf und wird durch deren Vorspannung auf Druck belastet. Ihre mechanischen Eigenschaften sind abhängig vom verwendeten Material, der Wandstärke und der Profilgebung. Die Flanken können als Bremsflächen für Felgenbremsen dienen.

Felgen werden unterschieden:

- nach der Art der Reifenaufnahme,
- nach dem Querschnittsprofil und
- nach dem Material.

### 5.6.1 Reifenaufnahme

Grundsätzlich gibt es zwei Prinzipien der Reifenaufnahme:

- Felgen für offene Reifen (TubeType, Tubeless und Tubeless Ready)
- Felgen für geschlossene Reifen (Tubular und Single-Tube, dt. Schlauchreifen).

Die Felgengeometrie ist nach den Vorschriften der European Tyre and Rim Technical Organization (ETRTO) normiert.

**Felgen für offene Reifen**

Diese Felgen werden oft als „Drahtreifenfelgen" bezeichnet. Sie können neben den sog. „Drahtreifen" aber auch sog. „Faltreifen" aufnehmen.

Die seitlichen über das Felgenbett hochgezogenen Flanken enden in Felgenhörnern, die zur Führung des Reifens dienen. Die Felgenhörner können auf der Innenseite gerade verlaufen (engl. hookless) oder am äußeren Rand nach innen eingezogen sein. Im letzten Fall werden sie als Hakenfelgen (engl. crotchet) bezeichnet **(Bild 1)**.

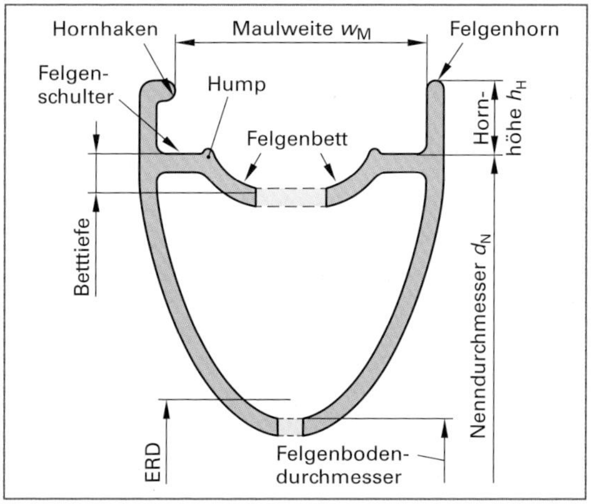


**Bild 1: Reifenaufnahme für offene Reifen**

Da sich unter dem Reifendruck der komplette Reifen samt dem Reifendraht ausdehnt, sind hakenlose Felgenhörner nur bis zu einem Reifendruck von 4 bar zulässig.

Die **Felgenhornhöhe** ($h_H$) bestimmt die Flankenführung des Reifens. Ein niedriges Felgenhorn lässt den Reifen im aufgepumpten Zustand einen runden Querschnitt einnehmen. Sie reduziert Verzerrungen in der Karkasse und führt zu einem besseren Abrollverhalten. Ein hohes Felgenhorn bedeutet mehr Sicherheit gegen ein Abspringen des Reifens unter hohem Druck.

Ein tiefes **Felgenbett** erleichtert den Reifenwechsel.

Der Durchmesser an der Felgenschulter ist der **Felgennenndurchmesser** ($d_N$). Hier liegt der Reifen auf der Felge auf. Damit Felge und Reifen zusammenpassen, müssen ihre Nenndurchmesser identisch sein. Die englische Bezeichnung lautet **Bead Seat Diameter** (BSD).

Die **Felgenschulter** dient der radialen Zentrierung des Reifens. Bei zu kleinem Durchmesser bekommt der Reifen einen exzentrischen Sitz.

Der **Felgenbodendurchmesser** ist der Punkt, an dem die Köpfe der Speichennippel auf der Felge aufliegen.

Um die Speichenlänge zu berechnen, muss der Umkreis der Speichenenden bekannt sein. Dafür muss die Kopfhöhe der Speichennippel addiert werden (2 x 2,5 mm). Daraus ergibt sich der **Effective Rim Diameter** (ERD). Manche Felgenhersteller geben den ERD in ihren technischen Unterlagen und ggf. auch auf der Felge an. Die Bestimmung des ERD ist aber nicht genormt. Er kann identisch mit dem Felgenbodendurchmesser (Hersteller: Alexrims, Mavic, Notubes, Ryde/ Rigida) oder um die Nippelkopfhöhe ergänzt sein (Hersteller: DT Swiss, FRM, Pacenti, Velocity). Vgl. dazu Seite 296f.

Die **Felgenmaulweite** ($w_M$)ist die lichte Weite zwischen den Felgenhörnern und mitbestimmend für das Fahrverhalten des Reifens.

Der **Ventillochdurchmesser** beträgt 6,2 mm für Sclaverandventile und 8,3 mm für Dunlop- und Schraderventile.

**Felgen für geschlossene Reifen**

Für die Montage von geschlossenen Reifen genügt ein muldenförmiges Felgenbett. Die Befestigung erfolgt über eine Klebverbindung und den Anpressdruck des sich unter dem Luftdruck ausweitenden Reifens **(Bild 2)**.

Ohne das Felgenhorn sind diese Felgen bei gleicher lateraler Stabilität leichter und radial flexibler als jene für offene Reifen.

Der Felgenbett-Radius ($R_R$) bestimmt den gleichmäßigen Flächenkontakt und die Klebeflächengröße zwischen Reifen und Felge. Beide sollten über den gleichen Radius verfügen. Abweichungen bedeuten die Gefahr des Abspringens des Reifens bei größeren Seitenkräften. Auch können sich in einem Hohlraum zwischen Reifen und Felge Wasser und Schmutz sammeln, die die Klebung mit der Zeit erodieren. Bei einigen Modellen zentriert eine Mittelrille im Felgenbett die Reifennaht.

Unter hoher Belastung wird der Reifen zusammengepresst. Ein großer Felgenkantenradius ($R_K$) lässt dann den Reifen ohne energieverzehrende bzw. schädliche Verzerrungen eine ovale Form einnehmen.

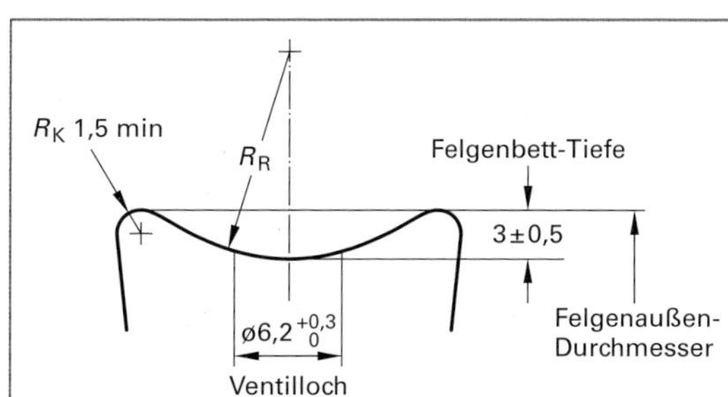


**Bild 2: Reifenaufnahme für geschlossene Reifen**

## 5.6.2 Felgenprofile

Das Felgenprofil bezeichnet die Querschnittsform der Felge. Es bestimmt überwiegend die Eigenschaften einer Felge. Diese sind die radiale und laterale Steifigkeit, ihr Verhalten unter Druckspannung und ihre Aerodynamik.

5

**U-Profil:**
Diese Form lässt sich einfach durch Walzen und Umbördeln aus Stahlblech erzeugen. Durch das hohe Felgenhorn wird der Reifen schlecht zentriert. Es ist sehr verwindungsanfällig und Felgen mit U-Profilen müssen häufig nachzentriert werden **(Bild 1a)**.

**Westwood:**
Dies ist die klassische Felge für Tourenräder. Die gerundeten Seiten erlauben nicht die Verwendung von Zangen-Felgenbremsen **(Bild 1b)**. In Deutschland wurden stattdessen Stempelbremsen verwendet. Bei englischen Roadstern hingegen zieht das Bremsgestänge die Bremsklötze von unten gegen die Felge. Die Sicke in der Mitte des Profils verhindert dabei, dass die Speichennippel gegen die Bremsklötze schlagen.

**Endrick und Westrick:**
Das Endrick-Profil ist für die Verwendung von Zangen-Felgenbremsen entworfen. Das Westrick-Profil erlaubt die Verwendung von beiden oben erwähnten Bremsen. Der Name leitet sich als Kofferwort von *West*wood und End*rick* ab **(Bild 1c und d)**.

Diesen Felgen werden oft als „Drahtreifenfelgen" bezeichnet. Sie können neben den sog. „Drahtreifen" aber auch sog. „Faltreifen" aufnehmen.

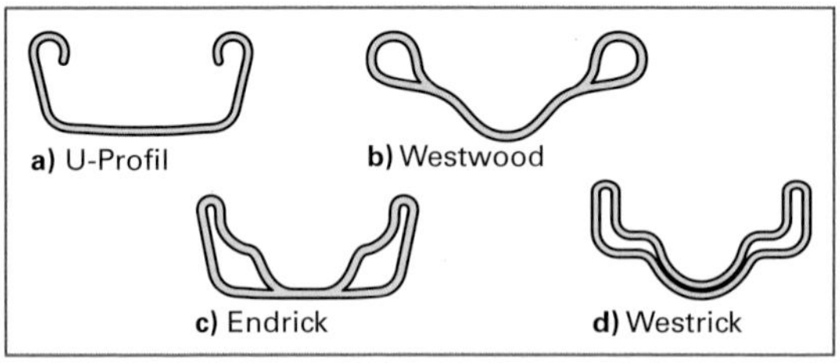


**Bild 1: Profile für Felgen aus gewalztem Blech**

Durch das Fertigungsverfahren des Aluminium-Strangpressens lassen sich vielfältige Formen hochpräzise herstellen. So z.B. auch die Hornhaken, durch welche die Verwendung von Hochdruckreifen der offenen Bauart möglich wurde. Auch Innenversteifungen sind realisierbar. Hohlkammerprofile besitzen einen Hohlraum unter dem Felgenbett und weisen dadurch eine gute Verwindungssteifigkeit auf.

**Tiefbett-Profil:**
Ein Tiefbettprofil aus Aluminium ist wenig verwindungssteif. Es kann mit Hornhaken an den Flanken versehen sein **(Bild 2a)**.

**Kasten-Profil:**
Diese Felgen sind radial flach und gelten als komfortabel. Sie werden oft für Straßenfahrräder im Retro-Stil eingesetzt und erfordern die eher hohe Anzahl von 32 oder 36 Speichen **(Bild 2b)**.

**V-Profil:**
Das als gerundetes Dreieck ausgeführte Profil ist radial steifer als das Kastenprofil. Dies entlastet die Speichen **(Bild 2c)**.

**Hohes V-Profil:**
Aluminium-Felgen werden bis zu einer Profilhöhe von 42 mm hergestellt. Der große umschlossene Raum macht sie extrem verwindungssteif. Die Speichenanzahl lässt sich deutlich verringern, was den Luftwiderstand der Räder gegenüber den anderen Profilen verbessert. Durch ihre Steifigkeit und bei geringer Speichenzahl sind sie schwierig zu zentrieren. Wenn in Extremsituationen der Reifen durchschlägt, geben diese Felgen kaum nach. Das bedeutet eine hohe Belastung sowohl der Felgenhörner und des Reifens als auch der Gabel und des Rahmens **(Bild 2d)**.

**Asymmetrisches Profil:**
Bei diesem Profil sind die Speichenbohrungen um 2 bis 4 mm aus der Felgenmitte versetzt. Dadurch steigt der Speichenschrägwinkel auf der Zahnkranzseite und damit die Seitensteifigkeit und Haltbarkeit der Speichen. Diese Felgen werden auch für Vorderräder mit Scheibenbremsen eingesetzt **(Bild 2e)**.

**Verstärktes Kasten-Profil:**
Die Hohlkammer kann durch zusätzliche Rippen versteift sein. Die Felgenhörner sind stärker **(Bild 2f)**.

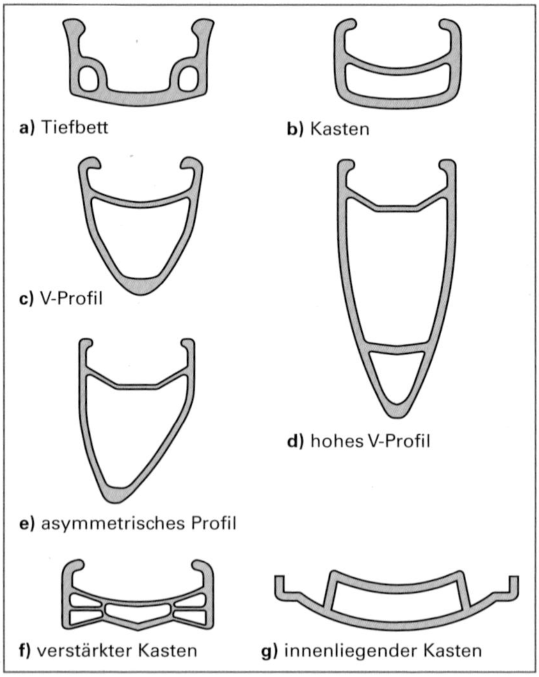


**Bild 2: Profile für Felgen aus Aluminium-Strangpressung**

**Innenliegender Kasten:**
Um die Stabilität zu erhöhen, kann eine Hohlkammer im Inneren des Felgenbettes platziert sein, die so gestaltet ist, dass bei Durchschlägen der Schlauch nicht perforiert wird. Die Felgenschulter ist für die Aufnahme von schlauchlosen Reifen vorbereitet **(Seite 282, Bild 2g)**.

**Torusförmige Felgenprofile:**
Um eine Felge aerodynamisch zu optimieren, müssen zwei Besonderheiten berücksichtigt werden:

- Im Fahrbetrieb führen Seitenwinde meist zu einem variablen Anströmwinkel der Luft.
- Auf der in Fahrtrichtung liegenden Seite wird zuerst der Reifen angeströmt, auf der Gegenseite zuerst die Felge.

Um eine günstige Umströmung des Rades an allen Positionen zu gewährleisten, wird das Gesamtsystem einschließlich der Windverhältnisse betrachtet **(Bild 1)**.

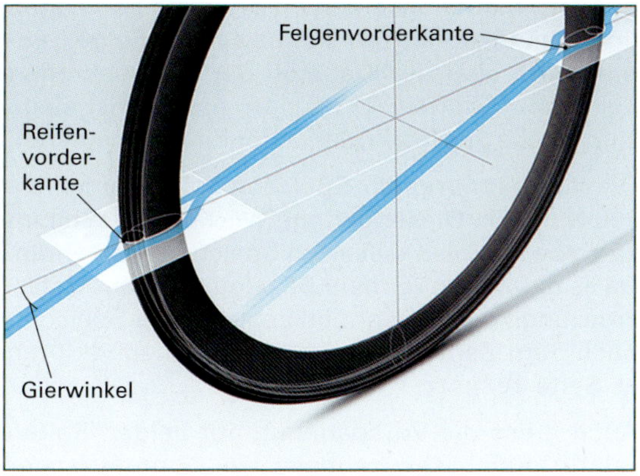


**Bild 1: Luftströmung am Rad**

Der Anströmwinkel ergibt sich als Vektoraddition der Fahr- und der Windgeschwindigkeit sowie der Windrichtung relativ zum Rad **(Tabelle 1)**.

**Tabelle 1: Beispiele zum Anströmwinkel**

| Geschwindigkeit [km/h] | | Wind-richtung | Anström-winkel |
|---|---|---|---|
| Fahrrad | Wind | | |
| 20 | 10 | 20° | 5° |
| 40 | 20 | 20° | 5° |
| 40 | 20 | 40° | 10° |
| 40 | 20 | 90° | 22,5° |

Um den Luftwiderstand zu verringern, ist es wichtig, dass der Strömungsabriss am Rad so spät wie möglich erfolgt. Dadurch wird die folgende Wirbelschleppe (engl. wake) minimiert **(Bild 2)**.

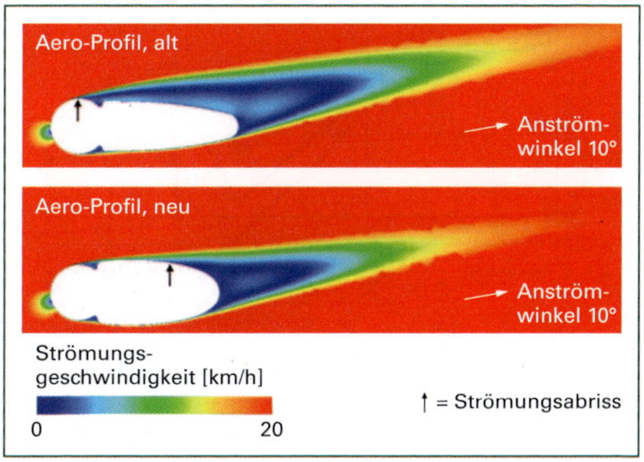


**Bild 2: Wirbelschleppe und Punkt des Strömungsabrisses bei 10° Anströmwinkel von zwei verschiedenen Felgenprofilen**

Der Gesamtquerschnitt aus Reifen und Felge muss dafür einer Ellipse ähneln. Dies wird erreicht mit einem torusförmigen Felgenprofil (engl. toroidal rim), bei dem die Felge im Mittelteil breiter ist als der Reifen. Als Mindestbreite wird die 1,05-fache Reifenbreite empfohlen **(Bild 3)**.

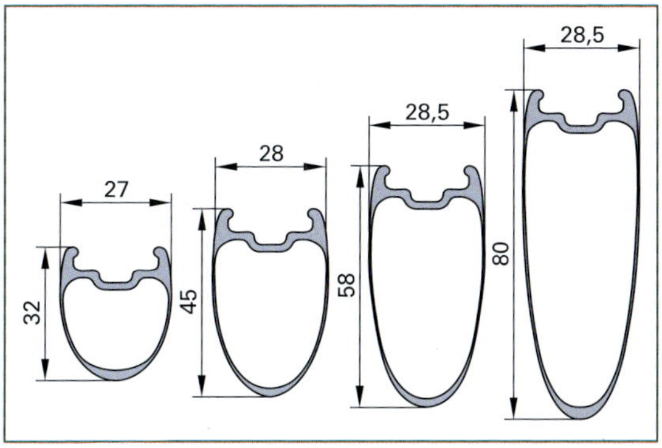


**Bild 3: Torusförmige Felgenprofile (Maulweite 18 mm)**

Je höher das Felgenprofil ist, umso besser liegt die Strömung an ihrer Flanke an. Das bewirkt besonders bei großen Anströmwinkeln eine Verringerung des Luftwiderstandes (engl. drag) **(Seite 284, Bild 1)**. Dieser wird durch einen glatten Übergang vom Reifen zur Felge zusätzlich gesenkt.

Bei großen Anströmwinkeln und hohen Felgenprofilen oder Scheibenrädern wird der Luftwiderstand negativ. Das bedeutet, dass der Wind Vortrieb erzeugt und das Rad „segelt". Bei einer weiteren Vergrößerung des Anströmwinkels kommt es zu einem Strömungsabriss (engl. stall), der bei höherem Felgenprofil deutlich stärker ausfällt.

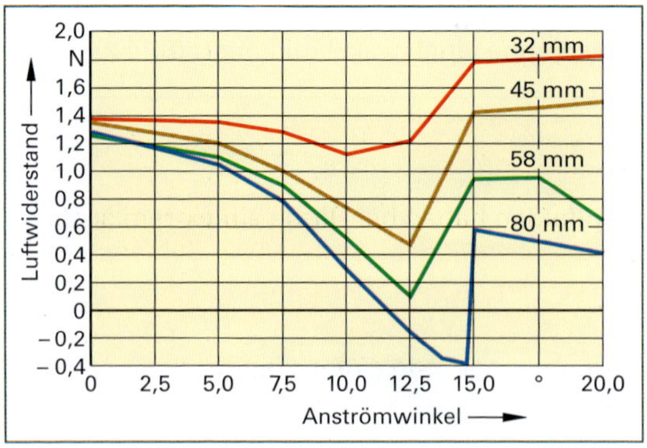


**Bild 1: Luftwiderstand verschiedener Profilhöhen**

Vertiefungen auf der Felgenoberfläche, wie sie auch auf Golfbällen zu finden sind (engl. dimples), verbessern zusätzlich die Umströmung der Felge.

### 5.6.3 Werkstoffe und Herstellung von Felgen

Als Felgenmaterial kommen heute vorwiegend die **Aluminiumlegierungen** AlMgSi0,5 oder AlMgSi1 (Werkstoffnummer 6060 und 6082) zur Anwendung. Gefertigt werden die Felgenprofile im Strangpressverfahren **(vgl. Seite 22, Bild 1)**. Die so gedrückten Profilstangen werden anschließend gebogen und am Felgenstoß mit Stiften oder Formstücken zusammengesteckt. Für hochwertigere Verbindungen wird der Felgenstoß über Pressstumpfschweißen gefügt. Abschließend werden die beiden Felgenflanken übergedreht oder -geschliffen.

Felgen aus **Stahlblech** finden sich heute nur noch an preiswerten Fahrrädern und Kinderrädern. Die aus dünnem Stahlblech gewalzten und gebogenen Profile verschweißt man am Felgenstoß. Hohes Baugewicht und mangelhafte Verwindungssteifigkeit sind ihre Nachteile. Ebenso das schlechte Nassbremsverhalten, weswegen sie nur mit Nabenbremsen kombiniert werden sollten.

**CFK**-Felgen werden aus Kohlefasergelegen gefertigt, die in einer Form per Schlauch aufgeblasen werden und in dieser Lage aushärten.

Die Variante, einen CFK-Unterbau mit einem Aluminiumprofil als Reifenaufnahme und Bremsfläche zu verkleben, bietet sich an, wenn besondere Nassbremswerte erreicht werden müssen. Sie kann auch sinnvoll sein, wenn an einem Fahrrad Räder aus Aluminium und CFK häufiger gegeneinander ausgetauscht werden und auf das sonst notwendige Wechseln der Bremsklötze verzichtet werden soll.

Ein Problem bei kohlefaserverstärkten Felgen ist die Wärmeeinbringung beim Bremsen. Das Epoxidharz als Trägermaterial des Verbundes ist ein schlechter Wärmeleiter und leitet daher die Bremswärme nicht so gut ab wie Aluminium. Dieses Problem haben ebenfalls kombinierte Alu/CFK-Felgen, weil auch hier ein Wärmeübergang zur Klebeverbindung stattfindet.

Aus **Holz** kann problemlos die einfache Geometrie für Schlauchreifenfelgen hergestellt werden. Dazu verleimt man mehrere Lagen von langfaserigem Holz, wie Esche oder Hikory versetzt zueinander, sodass ein Ring ohne Stoß entsteht. Ebenso entstehen Felgen für offene Reifen. Allerdings sind Hakenprofile nicht möglich. Daher können auch keine Hochdruckreifen der offenen Bauart verwendet werden.

Holz als Felgenwerkstoff hat eine hervorragende Flexibilität. Schläge und Vibrationen werden sehr gut abgefedert. Der Lauf ist leiser und sanfter. Ein weiterer Vorteil der Holzfelgen ist die geringe Wärmeleitfähigkeit. Beim Bremsen auf langen und steilen Abfahrten kann zwar die Felge „anbrennen", aber der Klebstoff der Schlauchreifen löst sich nicht. Besser als normale Bremsbeläge sind solche aus Kork oder Leder für Holz geeignet.

Die Vorspannung der Speichen sollte bei bei ca. 700 N liegen. Dieser geringe Wert macht den Einsatz von flexiblen taillierten Speichen notwendig. Da es deswegen zu mehr Bewegung an der Unterkreuzung kommt, empfiehlt es sich, die Speichen nach dem Zentrieren zu binden und zu verlöten (s. **Seite 302**).

Auch muss die Vorspannung auf beiden Seiten relativ gleich sein, sodass ein symmetrischer Flanschabstand am Antriebsrad (nicht mehr als sechs Ritzel) angestrebt wird.

Nachteilig ist die Eigenschaft von Holz, sich bei Nässe zu verziehen. Nasse Felgen sollen langsam trocknen und dann ggf. nachzentriert werden.

Felgen aus **Titan** wurden in den 1980er Jahren für den Radrennsport hergestellt. Die relativ hohe Festigkeit des schwierig zu verarbeitenden Materials macht geringe Wandstärken und damit leichte Felgen möglich. Diese waren dafür aber empfindlich für Dellen.

### 5.6.4 Felgenbohrungen

Zum Einführen von Speichen und Nippeln sind im Felgenbett und Felgenboden Bohrungen vorhanden. Im Felgenbett beträgt der Bohrungsdurchmesser bis 10 mm, im Felgenboden bis 4,5 mm bzw. 5,5 mm für Speichen mit 3 mm Durchmesser.

Damit sich Felgen einfacher maschinell einspeichen lassen, werden die Nippelbohrungen mit Ösen aus Messing oder Stahl versehen. Diese verringern die Reibung zwischen Nippel und Felge und verhindern ein Fressen der Reibpartner bei hoher Speichenspannung. Die Kantenpressung des Nippels verteilt sich somit auf eine größere Fläche. Die Felge selber wird durch die größere Bohrung aber geschwächt **(Bild 1a)**.

Bei doppelt geösten Felgen ist der Felgenboden durch einen zusätzlichen Hohlniet mit dem Felgenbett verbunden. Dadurch wird das Ausreißen der Öse verhindert. Zudem kann bei der Montage der Nippel nicht versehentlich in die Hohlkammer gelangen **(Bild 1b)**.

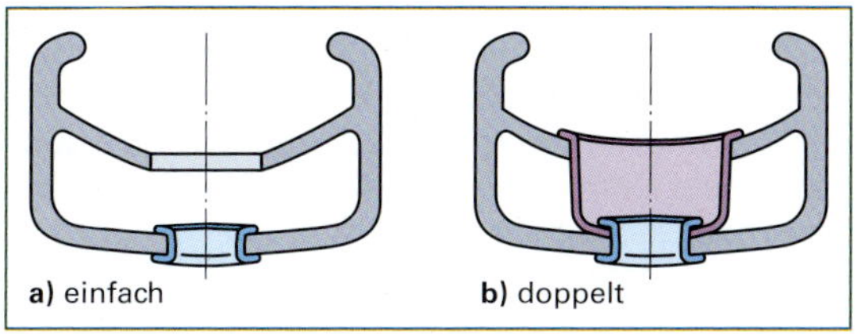


**Bild 1: Geöste Felgen**

Um Biegungen der Speiche im oberen Gewindeteil sowie das Verkanten der Nippel beim Zentrieren zu vermeiden, gibt es richtungsgebohrte Felgen. Dafür werden Bohrungen entsprechend der tangentialen Ausrichtung der führenden bzw. folgenden Speichen in Richtung des Nabenflansches eingebracht. Beim Einspeichen ist diese Ausrichtung zu beachten.

Bei Felgen können sphärische Prägungen (Punzungen) die Ausrichtung der Speichennippel erleichtern **(Bild 2)**.

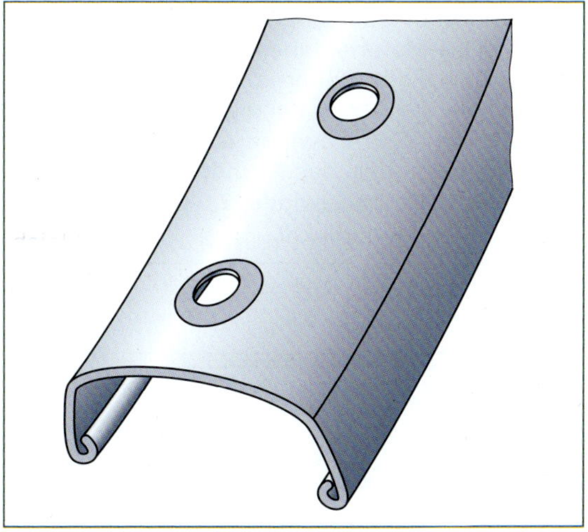

**Bild 2: Felge mit Punzungen**

## 5.6.5 Felge als Bremsscheibe

Die Seitenflanken der Felgen sind die Reibpartner für die Bremsgummis der Felgenbremsen. Ihre Material- und Oberflächenbeschaffenheit hat daher Einfluss auf die Bremswirkung.

Stahlfelgen haben bei Nässe ein extrem schlechtes Bremsverhalten. Auch eine Riffelung der Felgenflanken vermag daran nichts zu ändern.

Aluminium-Felgen aus den nicht eloxierten Legierungen AlMgSi0,5 und AlMgSi1 haben nahezu identische Reibeigenschaften des Bremsgummis auf dem nacktem Felgenmetall. Gleiches gilt für Felgen mit überdrehten oder überschliffenen Bremsflanken.

Eloxierte Felgen besitzen bei Trockenbremsungen gute, bei Nassbremsungen schlechte Bremswerte. Letzteres so lange, bis die Eloxalschicht heruntergebremst ist.

Aluminiumfelgen mit Keramikbeschichtungen aus Titanoxid und Carbiden, die in einem Plasmaverfahren auf die Bremsflanken gespritzt werden, haben ein gutes Nassbremsverhalten. Sie benötigen jedoch spezielle Bremsgummis, da die raue Oberfläche sonst einen starken Gummiabrieb zur Folge hat.

Das Bremsverhalten von CFK-Felgen ist bei Trockenheit gut, bei Nässe teilweise schlecht. Da der Werkstoff die Bremswärme ungenügend ableitet, neigen diese Felgen bei langen Bremspassagen zur Überhitzung, wodurch das faserfixierende Harz geschädigt werden kann. Es dürfen nur vom Hersteller freigegebene Bremsklötze verwendet werden.

Beim Bremsen mit der Felgenbremse unterliegen die Felgenhörner einer Wechselbelastung. Unter dem Reifendruck wölben sich die Felgenhörner nach außen. Die Zangenkraft der Felgenbremsen drückt sie zusammen **(Bild 3)**.

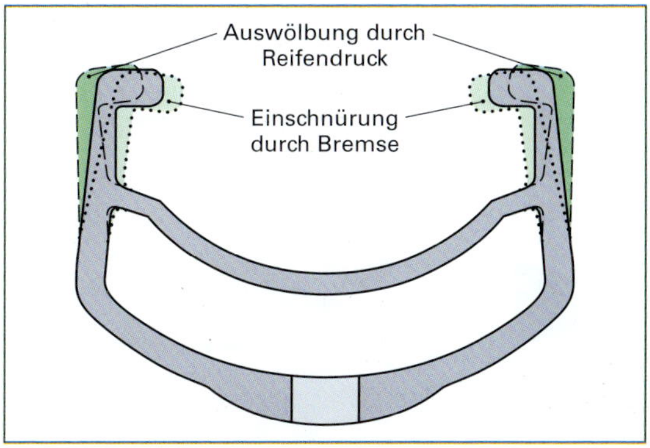


**Bild 3: Verformung der Felgenflanken**

Diese elastische Auslenkbewegung fällt mit zunehmender Zangenkraft der Bremse größer aus. Die Auslenkweite wird auch größer, wenn die Felgenhörner durch den Bremsabrieb dünner gebremst werden. Die schnelle Abfolge dieser Wechselbelastung kann zur Materialermüdung und letztlich zum Absprengen ganzer Felgenhornbereiche führen.

Da es sich um eine Biegebelastung handelt, geht die Dicke des Felgenhornes mit der 3. Potenz in die Auslenkweite ein. Wird beispielsweise ein Felgenhorn von ursprünglich 1,2 mm auf 0,8 mm dünner gebremst, so erhöht sich die Auslenkweite um mehr als den Faktor 3.

Für Felgen, die Bestandteil eines Bremssystems sind, ist eine Verschleißmarkierung der Felgenflanken vorgeschrieben. Wird die Verschleißgrenze erreicht, so ist die Felge auszutauschen. Die Markierung besteht meist aus einer in das Felgenhorn eingedrehten Nut. Bei Felgen des Herstellers Ryde (früher Rigida) ist die Verschleißmarkierung auf der Innenseite der Flanke eingebracht. Die Flanke ist im Neuzustand glatt. Bei Erreichen der Verschleißgrenze erscheint die Markierung auf der Felgenflanke **(Bild 1)**.

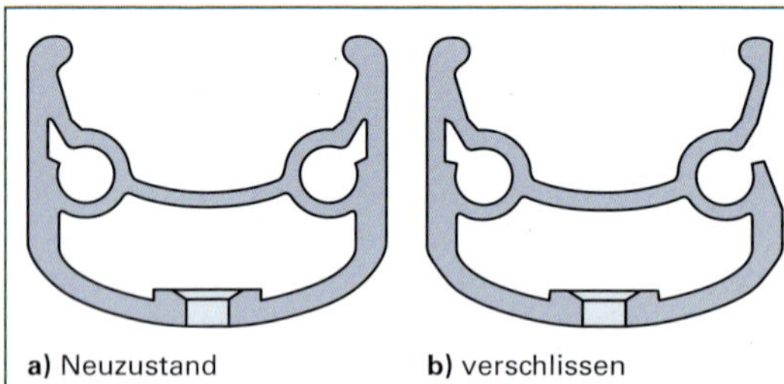


**Bild 1: Verschleißindikator in der Felgenflanke**

An älteren Felgen und einigen Rennfelgen findet man keinen Bremsverschleißindikator. Bei Inspektionen in der Werkstatt kann man die Stärke des Felgenhorns mit einem Zehntelmaß ermitteln **(Bild 2)**. Die Mindestdicke des Felgenhorns beträgt 1,2 mm.

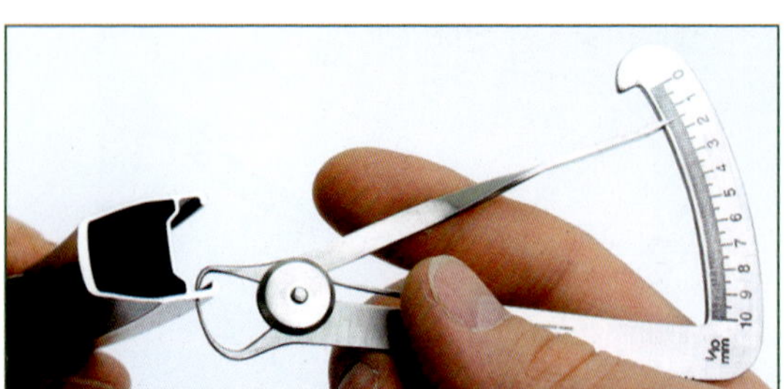

**Bild 2: Messen der Felgenhorndicke**

## 5.7 Vorgespannte Speichen

Die vorgespannte Speiche wird auch im Betrieb ausschließlich mit einer Zugspannung belastet **(vgl. Kap. 5.3)**. Durch die permanente Vorspannung wird der Speichennippel kraftschlüssig in der Felge fixiert.

### 5.7.1 Material, Herstellung

Preiswerte Speichen sind aus verzinktem Stahldraht, hochwertige aus rostfreiem Stahldraht. Standard ist die Stahlsorte X5CrNi18-10, auch als 18/10 bezeichnet (18 % Chrom, 10 % Nickel). Die Kaltverfestigung bei der Fertigung sorgt bei den Speichen aus diesem Material für Zugfestigkeiten bis 1700 N/mm$^2$. Verchromte Stahlspeichen werden nicht mehr hergestellt.

Speichen aus Aluminium und CFK sind in der gekröpften Bauweise nicht erhältlich. Sie haben materialbedingt einen größeren Querschnitt, weswegen sie immer als Aerospeichen ausgeführt sind (z.B. Mavic Ksyrium). CFK-Speichen werden meist unter Vorspannung in das Rad einlaminiert. Nur selten werden sie verschraubt (z.B. Mavic R-Sys).

Bei Titanspeichen ergibt sich durch die geringere Dichte des Materials gegenüber Stahl (ca. 4,5 g/cm$^3$ zu ca. 7,9 g/cm$^3$) ein Gewichtsvorteil. Der niedrige E-Modul von Titan führt aber zu labileren Rädern.

Zur Herstellung werden die Stahldrähte in Schritten auf Maß gezogen. Dabei verfestigt sich das Material, weswegen es zwischendurch zum Abbau von Spannungen thermisch behandelt wird. Anschließend werden sie abgelängt und durch Anstauchen mit einem Speichenkopf versehen. Nach dem Biegen des Speichenbogens wird ein Gewinde auf das andere Drahtende gerollt. Die Gewinderollen quetschen dabei die Gewindekerbe in das Material hinein, wobei es teilweise nach außen fließt. Daher ist der Gewindedurchmesser stets größer als der eigentliche Speichendurchmesser. Das Gewinde ist 0,3 mm größer im Durchmesser als das Grundmaterial (1,8 mm Speiche -> 2,1 mm Gewinde; 2,0 mm -> 2,3 mm; 2,3 mm -> 2,6 mm) **(Bild 3)**.

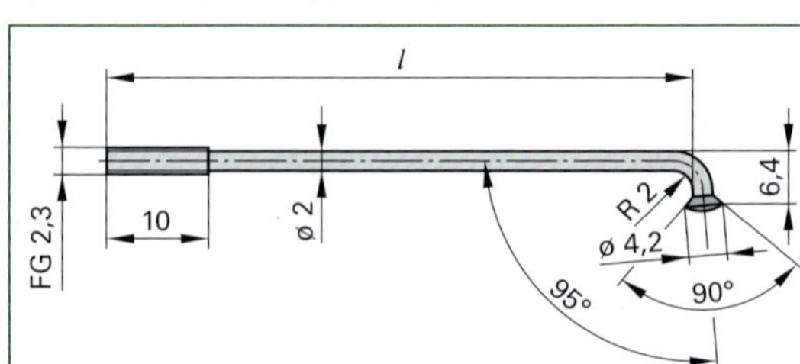


**Bild 3: Maße an der gekröpften Speiche**

Bei den taillierten Speichen folgt das Dünnerwalzen oder Schmieden des Speichenmittelteils. Messerspeichen stellt man durch Schmieden auf Pressen mit einem rechteckigen oder linsenförmigen Querschnitt her.

### 5.7.2 Speichenbauarten

Um die vielen Varianten, in denen Speichen gefertigt werden, zu unterscheiden, betrachtet man die Befestigung in der Nabe sowie den Verlauf im Mittelteil getrennt.

**Speichenbefestigung in der Nabe**

Die Befestigung in der Nabe kann auf vier Arten erfolgen **(Bild 1)**.

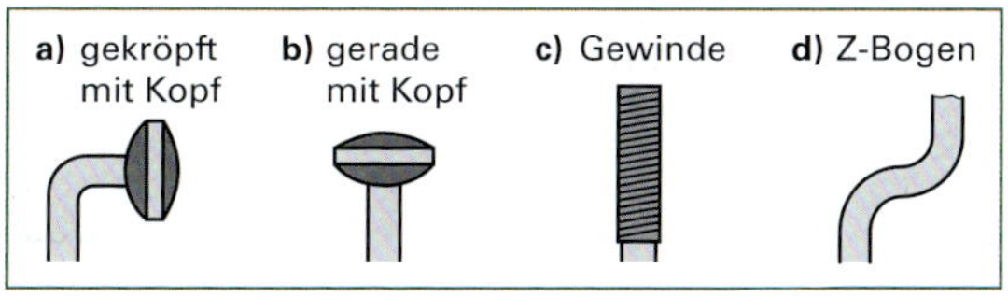


**Bild 1: Speichenbefestigung**

**Gekröpft mit Kopf**

Die gebräuchlichste Nabenbauform verfügt über einen Flansch mit quer zur Fahrtrichtung eingebrachten Speichenbohrungen. Um von dort aus die Nabe zu erreichen, müssen die Speichen um ca. 90° abgewinkelt (gekröpft) sein. Die Befestigung erfolgt durch einen angestauchten Kopf an ihrem Ende. Die Kröpfung ist die Schwachstelle dieser Bauart, an der es oft zum Bruch kommt. Trotzdem haben sie Vorteile:

- Beim Spannen der Speiche drehen sie nicht mit dem Nippel mit.
- Es besteht eine große Auswahl an Naben.
- Es können mit den Naben und Felgen alle beliebigen Einspeicharten realisiert werden.

**Gerade mit Kopf**

Gerade Speichen sind wesentlich haltbarer als gekröpfte. Daher können sie mit höherer Vorspannung versehen werden, was wiederum die notwendige Anzahl der Speichen im Rad vermindert. Es steigt aber der Bauaufwand an der Nabe, um die notwendigen Stege für die tangentiale Anordnung gerader Speichen herzustellen **(Bild 2)**.

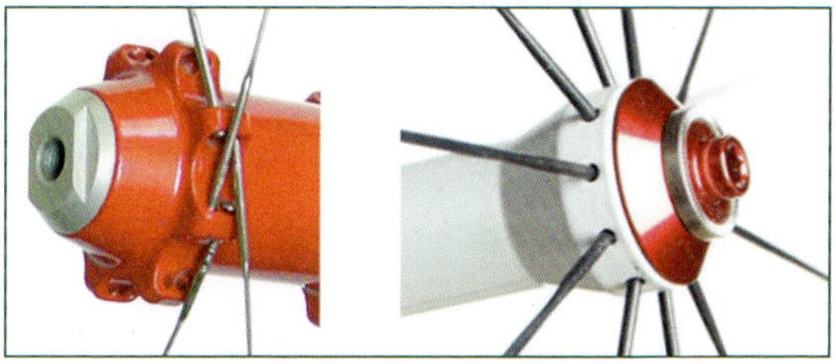

**Bild 2: Gerade Speichen a) tangential und b) radial**

**Gewinde**

Die Speichen sind auf beiden Seiten mit einem Gewinde versehen und mit Nippeln befestigt. Dabei ist einer in der Hohlkammer der Felge verborgen und auf der Speiche festgeklebt. Der Nippel an der Nabe dient zur Einstellung der Speichenspannung **(Bild 3)**.

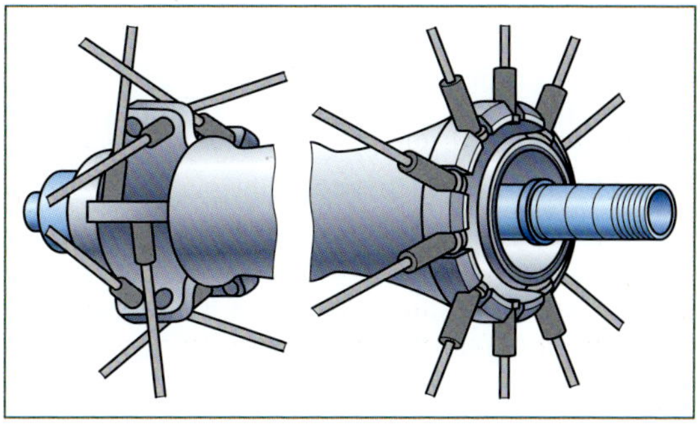

**Bild 3: Nippelanordnung an der Nabe**

Die Ausbildung beider Enden als Gewinde erübrigt das zusätzliche Anstauchen des Speichenkopfes und damit bei der Herstellung zusätzliche Werkzeugkosten. Durch die Verlagerung des zugänglichen Nippels an die Nabe kann die Bohrung in der Felge kleiner ausfallen, wodurch sie weniger geschwächt wird. Gleichzeitig vergrößert sich die Anlagefläche des Speichennippels in der Felge und der Übergang von der Felge zur Speiche wird aerodynamisch optimiert.

**Z-Bogen**

Mittlerweile selten sind Speichen, die einen zweiten gegenläufigen Bogen anstelle des Speichenkopfes besitzen. Diese Befestigung erlaubt es, die Speiche einzubauen, ohne sie vollständig durchfädeln zu müssen. Dies ist vorteilhaft, wenn:

- Aero-Speichen in konventionellen Naben eingesetzt werden sollen, obwohl die Bohrung zu klein für das Speichenmittelteil ist.
- Auf der Ritzelseite zum Ersetzen der Speiche der Zahnkranz nicht demontiert werden kann.
- Zur Notreparatur eine zu lange Speiche eingesetzt werden soll. Sie kann auf der Kopfseite abgelängt werden.

**Kontrolle der Speichengeometrie**

Am Markt gibt es eine Vielzahl von unterschiedlichen Speichen. Diese unterscheiden sich nicht nur in Länge und Durchmesser, sondern auch in den Speichenbogenmaßen. Für optimale Haltbarkeit des Nabenflansches und des gesamten Rades müssen deshalb die Speichenbogenmaße auf den Nabenflansch und die Speichenbohrungen abgestimmt werden. Es reicht nicht aus, die Speiche nur nach Durchmesser und Länge auszuwählen.

5

Ist der Speichenbogen zu lang und/oder der Drahtdurchmesser im Speichenbogen zu klein, kann sich die Speiche nach dem Zentrieren im Speichenloch axial bewegen. Der Speichenbogen kann sich aufbiegen. Dadurch kann ein Speichenbruch verursacht werden.

Ist der Speichenbogen zu kurz und/oder der Drahtdurchmesser im Speichenbogen zu groß, kann es beim Einfädeln bzw. Spannen der Speiche an der Speichenbohrung auf der Speichenbogenseite zu einer starken Quetschung des Nabenflansches kommen. Die dadurch verursachte Beschädigung kann zu einem Flanschbruch führen.

**Bestimmung der korrekten Speichengeometrie**

Eine Speiche (Kopf innen) in den rechten Nabenflansch einädeln. Der Speichenkopf muss lose am Flansch anliegen. Die Nabe so halten, dass die Flansche waagerecht stehen und die Speiche radial nach außen zeigt. Der Vorgang wird mit einer Speiche (Kopf außen) in den linken Nabenflansch wiederholt **(Bild 1)**.

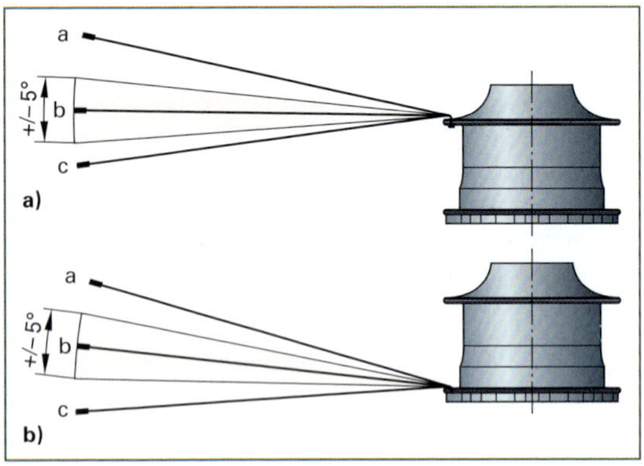


**Bild 1: Kontrolle der Speichengeometrie**
**a) Kopf innen, b) Kopf außen**

Das Gewindeende der Speiche sollte sich in beiden Fällen im schraffierten Bereich befinden (Lage b). Steigt die Speiche nach oben an (Lage a), ist entweder der Speichenbogen zu kurz und/oder der Drahtdurchmesser zu groß. Fällt die Speiche nach unten ab (Lage c), ist entweder der Speichenbogen zu lang oder der Drahtdurchmesser zu klein.

**Speichenverlauf im Mittelteil**

Die Speichen werden in ihrem Mittelteil nach den verwendeten Durchmessern unterschieden. Die gängige Unterscheidung nach der Anzahl der verdickten Enden und Anzahl der Durchmeser ist weder konsistent noch ausreichend. Demnach existieren „Eindickend" (ED) und „Doppeldickend" (DD) Speichen, aber keine „Keindickend" (KD). Und um die zwei Arten von DD Speichen zu unterscheiden, wird eine von ihnen nach ihren drei Durchmessern als 3 D Speiche bezeichnet.

In diesem Buch werden die verschiedenen Bauarten in eindeutiger Weise nach der Anzahl und Lage der Durchmesser bezeichnet **(Tabelle 1)**.

**1 D Speichen**

Die meistverwendeten Speichen haben in der Regel einen Durchmesser von 2 mm. Für höhere Belastungen werden 2,3 mm angeboten. 1,8 mm Speichen sind selten anzutreffen.

1 D Speichen federn die Wechselbelastung im Rad nur wenig ab. Sie sollten daher immer unterkreuzt eingebaut sein. Einige CFK-Felgenhersteller verbieten sie in radialer Lage und bei geringer Anzahl zu verwenden, weil ihre mangelnde Elastizität zur Zerstörung der Felge führen kann.

**1-2 D Speichen**

Durch die dickere Ausführung des Speichenbogens wird der Ermüdungsbruch an dieser Stelle

**Tabelle 1: Speichenbezeichnungen;** bei den Bezeichnungen der 3. und 4. Spalte sind nur die schwarz gedruckten gebräuchlich

| | Anzahl und Lage der Durchmesser | Anzahl der verdickten Enden | Anzahl der Durchmesser |
|---|---|---|---|
| 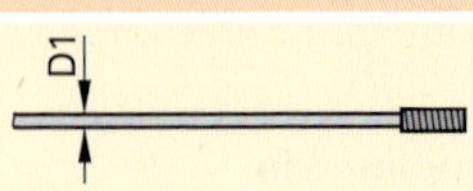  | 1 D | KD | 1 D |
| 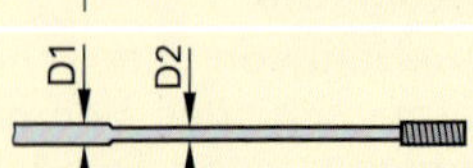  | 1-2 D | ED | 2 D |
| 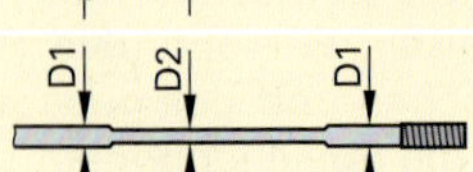  | 1-2-1 D | DD | 2 D |
| 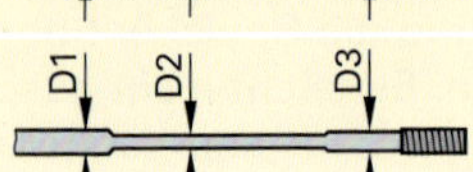  | 1-2-3 D | DD | 3 D |

herausgezögert. Die Speiche selber hat aber immer noch eine harte Federcharakteristik wie die 1 D Speiche. Sie ist erhältlich in den Größen 2,0/1,8 mm und 2,3/2,0 mm.

Bei Nabenflanschen mit großen Bohrungen, wie sie bei Getriebe- oder Motornaben häufig vorkommen, sollten 2,3/2,0 mm Speichen verwendet werden.

**1-2-1 D Speichen**

Diese Speichen sind im Mittelteil im Durchmesser reduziert (tailliert). Bei Belastung durch die Vorspannung dehnt sich dieser stärker als die dickeren Enden. Bei der Entlastung während des Durchgangs durch die Aufstandsfläche **(s. Kap. 5.7.4)** geschieht die Verkürzung der Speiche auch im Mittelteil. Die bruchanfälligen Stellen (Kröpfung und Gewinde) werden somit von schädlichen Schwankungen der Materialspannungen geschützt.

Für die meisten Anwendungen am Rad ist die Abstufung 2,0/1,8/2,0 mm geeignet. Kleinere Durchmesser (z. B. 2,0/1,5/2,0) verringern das Gewicht und verbessern die Aerodynamik. Sie verringern aber gleichzeitig die laterale Steifigkeit des Rades.

**1-2-3 D Speichen**

Diese haltbarsten aller Speichen verbinden die Vorteile der 1-2 D mit denen der 1-2-1 D Speichen. Sie weisen im Bogen einen Durchmesser von 2,3 mm, in der Speichenmitte 1,8 mm und im Gewindeteil 2 mm auf.

**Aerospeichen**

Speichen, deren Mittelteil durch Prägung abgeflacht oder ovalisiert ist, sollen aerodynamische Vorteile bieten. Die Speiche wird durch die Prägung breiter und kann ab 2,5 mm nicht mehr durch normale Flanschbohrungen eingefädelt werden. Die Speichenbohrungen müssen dann entsprechend aufgefeilt werden. Sehr flache Speichen werden ohne Kröpfung in Stege der Nabe eingelegt **(Bild 1)**.

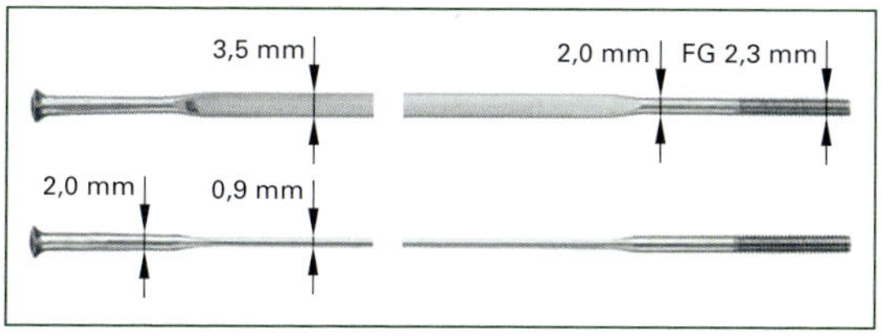


**Bild 1: Aerospeiche**

**Speichendurchmesser/Gauge**

Bei ihrer Produktion werden die Speichendrähte schrittweise dünner gezogen, bis sie das gewünschte Maß erreicht haben. Mit Gauge wird die Anzahl der Ziehschritte angegeben, daher tragen dünnere Drähte einen höheren Wert **(Tabelle 1)**.

**Tabelle 1: Standard Wire Gauge**

| Standard Wire Gauge | Durchmesser [mm] | Speichenmaß [mm] |
|---|---|---|
| 10 | 3,251 | |
| 11 | 2,946 | |
| 12 | 2,642 | |
| 13 | 2,337 | 2,3 |
| 14 | 2,032 | 2,0 |
| 15 | 1,829 | 1,8 |
| 16 | 1,626 | 1,6 |
| 17 | 1,422 | |
| 18 | 1,219 | |

## 5.7.3 Speichennippel

Speichennippel befestigen die Speichen in der Felge bzw. bei einigen Rädern auch am Nabenkörper. Über die Gewindesteigung werden die Speichen vorgespannt und die Felge zentriert.

Speichennippel werden in verschiedenen Bauformen aus vernickeltem Messing, Aluminium oder Stahl hergestellt:

- Räder lassen sich mit Messingnippeln gut maschinell einspeichen und sind ausreichend widerstandsfähig gegen Umwelteinflüsse.
- Speichennippel aus Aluminium reduzieren die Masse des Rades (pro Nippel ca. 0,5 g). Sie haben eine eingeschränkte Dauerfestigkeit, neigen zur Korrosion und sind für die maschinelle Montage nicht geeignet. Durch die Speichenvorspannung verschweißen sie in der Kontaktfläche mit ungeösten Aluminiumfelgen (Fressen).
- Nippel aus Stahl sind korrosionsempfindlich und werden eher für höhere Lasten (Motorräder) hergestellt.

Der Antrieb der Nippel erfolgt meist an zwei Seiten. Die Außenseite verfügt über einen Schlitz-, Sechskant- oder Torxantrieb. Die Innenseite hat einen Vierkant- oder Torxantrieb **(Bild 2)**.

**Bild 2: Speichennippel, Antriebe**

Der Schlitzantrieb beschleunigt das Aufschrauben zu Beginn des Einspeichens. Das eigentliche Spannen erfolgt meistens auf der Innenseite der Felge über den Vierkant oder Torx.

Die Sechskant- und Torxantriebe auf der Außenseite werden für das Spannen mit höheren Drehmomenten vor allem an Rädern mit geringen Speichenzahlen notwendig. Sollen Aerospeichen beim Einbau gegen ein Verdrehen gesichert werden, dann lassen sie sich näher zum Gewinde festhalten, wenn der Nippel am Außenantrieb gedreht wird. Seine Verwendung ist auch bei farbigen Nippeln empfohlen, damit die sichtbare Beschichtung erhalten bleibt.

Für besondere aerodynamische Anforderungen verbleiben die Speichennippel vollständig in der Hohlkammer der Felge. Diese Konstruktion hat den Vorteil, dass die Felge durch eine kleinere Bohrung nicht so sehr geschwächt wird, während gleichzeitig die Flächenpressung durch den Nippel geringer ist als bei der konventionellen Positionierung **(Bild 1)**.

**Bild 1: Nippel innerhalb der Hohlkammer**

**Nippelsicherung**

Normalerweise sind Nippel gegen ein unbeabsichtigtes Lösen durch eine ausreichend hohe Vorspannung gesichert. Die Verbindung der Speiche zum Nippel ist aber trotz ihrer feinen Ausführung ein Grobgewinde mit geringer Selbsthemmung. Bei einer Entlastung neigt der Nippel dazu, sich zu lösen.

Wenn damit gerechnet werden muss, dass die Spannung der Speiche im Betrieb gegen Null abfällt, ist ein zusätzlicher Schutz notwendig. Die Hersteller bieten dafür Nippel an, die mit Klebstoff, einem Kunststoffklemmring oder einer Prägung im Gewinde versehen sind.

Ein bewährtes Mittel ist es, das Speichengewinde vor der Montage in Leinöl zu tauchen. Dies schmiert den Nippel während des Spannens. Durch die natürliche Polymerisation der Moleküle wird das Leinöl mit der Zeit fest und verklebt das Gewinde. Die Festigkeit ist gerade so stark, dass man das Rad noch nachzentrieren kann.

Als nachträgliche Sicherung kann auch Schraubenkleber mittelfest im Spalt zwischen Speiche und Nippel dienen. Es besteht aber die Gefahr, dass dadurch ein Nachzentrieren des Rades schwierig bis unmöglich wird.

### 5.7.4 Speichenbelastung

**Bild 2** zeigt beispielhaft den Spannungszustand einer Speiche bei einem Umlauf unter Last. Die Speiche hat eine Vorspannung von 800 N. Sie wird bei jeder Umdrehung des Rades vor Erreichen der Aufstandsfläche gespannt (140° bis 150°), bis sie in der Vertikalen auf 300 N entlastet wird (170° bis 190°) und anschließend wieder gespannt (210° bis 220°). Nach dieser schwellenden Belastung kehrt sie zu ihrer Ausgangsspannung zurück. Diese beträgt ca. 102 % der eigentlichen Vorspannung **(vgl. Seite 262, Bild 3)**. Der Betrag der Spannungsänderung und der Winkelbereich, in dem sie auftritt, ist dabei von der Konstruktion des Rades und seiner Belastung abhängig.

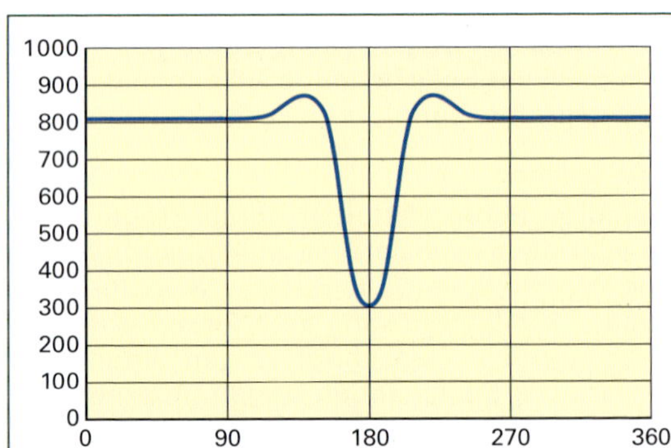


**Bild 2: Verlauf der Speichenspannung bei einem Umlauf**

*Beispiel*: Die betroffene Aufstandsfläche umfasst einen Winkelbereich von ca. 80°. Bei einer Fahrgeschwindigkeit von 20 km/h dauert dieser Vorgang bei einem Rad mit 28" Durchmesser ca. 0,09 Sekunden und mit 20" Durchmesser nur ca. 0,06 Sekunden.

Diese ständig schwellende Belastung führt mit der Zeit zur Materialermüdung und dem Schwingbruch (auch Dauerschwingbruch, Ermüdungsbruch genannt).

Der Schwingbruch beginnt an einem mikroskopisch kleinem Anriss an der Oberfläche, die bevorzugt dort entstehen, wo örtliche Spannungskonzentrationen herrschen. Durch den veränderten Kraftfluss und weitere Wechselspannungen breitet sich der Anriss entlang von Korngrenzen oder durch Körner hindurch Schritt für Schritt aus.

Der Speichenbogen ist besonders bruchgefährdet, da hier die Zugkraft umgeleitet wird **(Bild 1a)**. Die Spannung konzentriert sich auf der Innenseite des Bogens. Dieser Bereich wurde bereits beim Anstauchen des Speichenkopfes und beim anschließenden Biegen verfestigt. Die Oberfläche der Bogeninnenseite bekam dadurch eine körnige Oberfläche, die eine Rissbildung begünstigt.

Beonders problematisch ist eine vollständige Entlastung der Speiche. In diesem Fall federt der Bogen in seine Ausgangslage zurück. Durch diese Bewegung wird die Rissausbreitung beschleunigt **(Bild 1b)**.

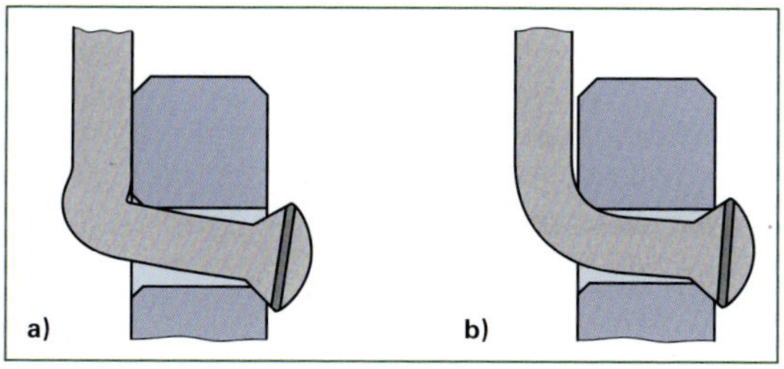


**Bild 1: Speiche a) vorgespannt b) entspannt**

**info**

Die Chrom-Nickel Legierungen von Speichen haben eine austenitische Kristallstruktur und damit ein ähnliches Ermüdungsverhalten wie Aluminium. Speichen sind daher ein Verschleißteil und müssen je nach der individuellen Belastung und Radkonstruktion gewechselt werden. Sollte an einem Rad nach längerer Gebrauchszeit ohne besonderen Anlass eine Speiche brechen, so kann davon ausgegangen werden, dass ihr in naher Zukunft weitere Speichen folgen werden, da alle gleich viele Lastspiele ertragen mussten.

Eine vollständige Entlastung der Speiche wirkt auch auf den Speichennippel. In einem solchen Moment verliert er die Losdrehsicherung durch den Kraftschluss mit der Felge. Sollte er sich auch nur um einen kleinen Betrag lösen, so sinkt die Vorspannung der Speiche, was bei einer erneuten Entlastung noch früher zum weiteren Lösen und Vorspannungsverlust führen wird. Auf diese Weise sinkt nach und nach die gesamte Vorspannung des Rades und mehr Speichennippel lösen sich. Die reduzierte Vorspannung führt immer häufiger zur vollständigen Entlastung und damit zur beschleunigten Rissausbreitung in den Speichen.

Die Lage und Ausführung der Felgenbohrungen bestimmt zu einem großen Teil die Materialspannung am Gewindeansatz der Speiche. Einfache Felgen besitzen nur radial gestanzte oder gebohrte Löcher. Diese zwingen den Nippel in eine radiale Lage und die Speiche muss unter dem Nippel ihre Ausrichtung ändern. Die entstandene Biegung erzeugt Anrisse und die bestehende Spannung fördert die Rissausbreitung am Gewindeansatz **(Bild 2)**.

Um dies zu vermeiden, sind Felgenbohrungen in Speichenlage ausgerichtet oder mit Punzungen versehen. Beim Einbau solcher Felgen ist es besonders wichtig, sich über die korrekte Lage der Speichen zu vergewissern, da sonst der Winkelversatz noch größer wäre als bei den radialen Bohrungen.

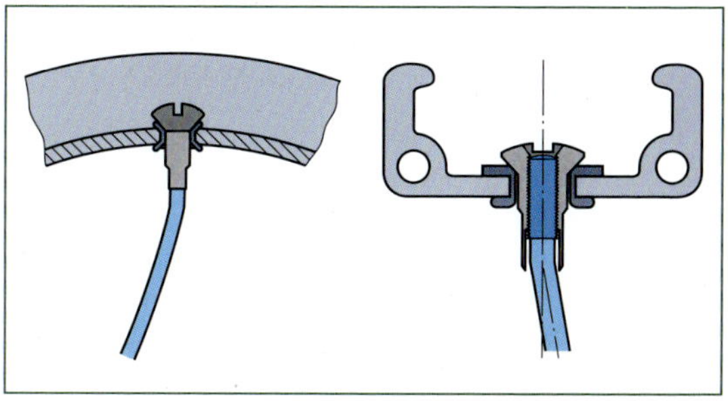

**Bild 2: Schädliche Abwinkelung der Speiche unter dem Nippel**

Weil die Felgenhersteller normalerweise keine Vorgabe für Lochkreisdurchmesser und Speichenwinkel machen, können trotz einer Ausrichtung der Bohrung bestimmte Anwendungen problematisch sein:

- 4-fach-Speichenkreuzung,
- kleiner Felgendurchmesser und großer Flanschdurchmesser sowie
- kleiner Felgendurchmesser und breiter Flanschabstand.

### Verbesserung der Haltbarkeit der Speichen

Um die Haltbarkeit der Speichen zu verbessern, muss die schädliche Rissbildung und -ausbreitung verhindert oder zumindest verlangsamt werden. Das kann auf verschiedene Arten geschehen:

- Es wird eine radial stabilere Felge verwendet (z.B. ein höheres Felgenprofil). Dadurch reduziert sich ihre Abflachung im Aufstandsbereich und damit die Amplitude der Spannungsveränderung in den Speichen.

- Es werden mehr Speichen verwendet. Die Speichen stehen näher zueinander. Dadurch befinden sich in der Aufstandsfläche mehr Speichen, diese werden jeweils um einen geringeren Betrag entlastet, was ebenfalls die Amplitude verringert.
- Es wird ein kleineres Rad (z. B. 26" statt 28") verwendet. Auch hier ist die Felge radial stabiler. Zusätzlich stehen die Speichen noch ein wenig näher zueinander.
- Es werden taillierte Speichen verwendet. Diese haben im Mittelteil einen geringeren Durchmesser. Beim Aufbringen der Vorspannung dehnen sie sich stärker als solche mit größerem Durchmesser. Sie vertragen demnach eine stärkere Abflachung der Felge.

*Beispiel*:
Bei 1000 N Speichenspannung beträgt die Dehnung der Speiche A mit 2 mm Durchmesser 0,4 mm, die der Speiche B mit 1,4 mm Durchmesser hingegen 0,8 mm. Flacht die Felge im Bodenbereich um 0,4 mm ab, geht die Spannung der Speiche A auf Null zurück, während Speiche B noch 500 N Speichenspannung behält.

- Die Speichenbögen werden poliert. Dadurch entfernt man die bei der Fertigung entstandenen Risse. Dieses arbeitsaufwendige Verfahren ist sinnvoll bei Rädern mit bis zu 20 Speichen, die radial kopfaußen eingespeicht sind.
- Bei Rädern mit asymmetrischen Flanschabständen (z. B. Antriebsräder mit Mehrfachritzel) kann die durch den ungleichen Speichenschrägwinkel verursachte ungleiche Speichenvorspannung mittels asymmetrischer Felgen ausgeglichen werden.
- Um ein Lösen der Speichennippel bei vollständiger Entlastung zu verhindern, kann eine Nippelsicherung verwendet werden.

## 5.7.5 Einspeicharten

Beim Einspeichen unterscheidet man zwischen Einspeichart und Einspeichverfahren.

Die **Einspeichart** bezeichnet die Lage der Speichen im Rad (auch Einspeichmuster genannt). Die Speichen können tangential (lat. tangere = berühren) oder radial (lat. radius = Strahl) montiert sein **(Bild 1)**.

**Bild 1: Einspeichart, Geometrie**

*Hinweis*:
Der **Radius** ist die kürzeste Verbindung eines Kreises mit seinem Mittelpunkt.
Eine **Tangente** ist eine Gerade, die einen Kreis an einem Punkt berührt.

Das **Einspeichverfahren** ist die Methode (auch Vorgehensweise genannt), mit der die Speichen montiert werden **(s. Seite 297)**.

Die gebräuchlichste Einspeichart ist die 3-fach-Kreuzung mit Unterkreuzung von Rädern mit 36 Speichen. Daneben werden andere Muster verwendet, je nachdem ob die Aerodynamik, die Masse, die Haltbarkeit oder das Aussehen optimiert werden sollen. Im Folgenden werden einige Einspeicharten vorgestellt.

### Radiale Einspeichung

Die Speichen verlaufen direkt von der Nabe zur Felge **(Seite 293, Bild 1a)**. Diese Einspeichart findet sich häufig an den Vorderrädern von Straßen- und Bahnrennrädern.

Vorteile:

- Größtmögliche Seitensteifigkeit eines Rades, wenn alle Speichenköpfe innen liegen.
- Geringster Luftwiderstand, wenn die Speichenköpfe außen liegen.
- Minimierung des Gewichts.
- Direkte Krafteinwirkung auf die Felge ohne eine elastische Auslenkung wie bei unterkreuzten Speichen. Deshalb lassen sich Seitenschläge leichter auszentrieren.
- Einfache Reinigung des Rades.

Nachteile:

- Die verwendete Nabe muss für eine radiale Einspeichung vorgesehen sein, sonst besteht die Gefahr, dass der Flansch bricht. Bei einem Flansch aus Aluminium sollten maximal 12 Speichen radial eingebaut sein.
- Die Übertragung von Drehmomenten ist nur durch das Verdrehen der Nabe zur Felge möglich. Dabei verdreht sich die Nabe so weit, bis der virtuelle Kreis, an dem die Speichen dann anliegen, einen ausreichenden (aber sehr kleinen) Hebelarm zur Erzeugung des Drehmoments bietet. Das bedeutet, dass die Belastung der Speichen entsprechend hoch ist. Die Bewegung der Speichen in den Flanschbohrungen erzeugt somit einen hohen Verschleiß an den Speichenbögen und den Flanschen. Auch werden die Nippelbohrungen der Felge übermäßig belastet.

- Das Rad arbeitet wie eine Torsionsfeder, die in der Belastungsphase einen Teil der Energie speichert und diese in der Entspannungsphase wieder abgibt. In Verbindung mit Nabenbremsen hat dies ein stotterartiges Bremsverhalten zur Folge.

*Hinweis*:
Um die Belastung der Flansche gering zu halten und die Nippel zu sichern, darf nur mit 1-2-1 D oder 1-2-3 D Speichen radial gespeicht werden. Die Obergrenze für radial gespeichte Räder sind 12 Speichen pro Flansch. Radiale Speichen dürfen keine Drehmomente übertragen.

**Tangentiale Einspeichung**

Bei der tangentialen Einspeichung verlassen die Speichen den Nabenflansch unter einem Winkel > 0° zum Radius. Die Verlängerung der Speiche in Richtung der Nabe läuft am Mittelpunkt der Nabe vorbei. Der kleinste Abstand dieser Linie zum Mittelpunkt ist der Radius eines gedachten Kreises. Für diesen Kreis ist die Speiche eine Tangente. Der Radius dieses Kreises ist der Hebel, mit dem die Speiche Drehmomente übertragen kann **(s. Seite 263, Bild 1)**. Je mehr Speichenkreuzungen bei einer gegebenen Nabe-Felge-Kombination eingebaut werden, desto größer ist der Radius des gedachten Kreises.

Wenn die Speichen die Nabe unter dem Winkel von 90° verlassen, dann ist der gedachte Kreis gleich dem Lochkreis der Nabe und damit der Hebel der größtmögliche **(Bild 1a)**.

Die Vorteile eines großen Hebels liegen in der geringeren Belastung von Nabe, Speichen und Felge.

*Hinweis*:
Wesentlich für den Radius des virtuellen Kreises ist nicht die Anzahl der Kreuzungen, sondern der Winkel, den die Speiche zum Nabenflansch bildet.

Die Anwendungsfälle für verschiedene Anzahlen von Speichenkreuzungen lassen sich grob unterteilen in:

**1-fach-Kreuzung**

Sie wird eingesetzt bei kleinen Felgendurchmessern und großen Nabendurchmessern z. B. 16"-Kinderräder oder Motor-Naben und 20"-Felge. Ebenso bei 28"-Rädern mit acht Speichen pro Flansch und als Notbehelf, wenn keine längeren Speichen verfügbar sind oder eine radiale Einspeichung nicht erlaubt ist **(Bild 1b)**.

**2-fach-Kreuzung**

Bei 10 oder 12 Speichen pro Flansch und für Rohloff Speedhub, Eviolo und Motornaben in 26"-und 28"-Rädern. Als Notbehelf, wenn keine längeren Speichen zur Verfügung stehen **(Bild 1c)**.

**3-fach-Kreuzung**

Dies ist die häufigste Einspeichart für 26"- und 28"-Räder mit 16 oder 18 Speichen pro Flansch **(Bild 1d)**.

**4-fach-Kreuzung**

Ist für 26"- und 28"-Räder mit 20 oder 24 Speichen pro Flansch anzuwenden **(Bild 1e)**.

**5-fach-Kreuzung**

Ist für 28"-Räder bei Naben mit einem Lochkreisdurchmesser ab ca. 64 mm und 24 Speichen pro Flansch möglich.

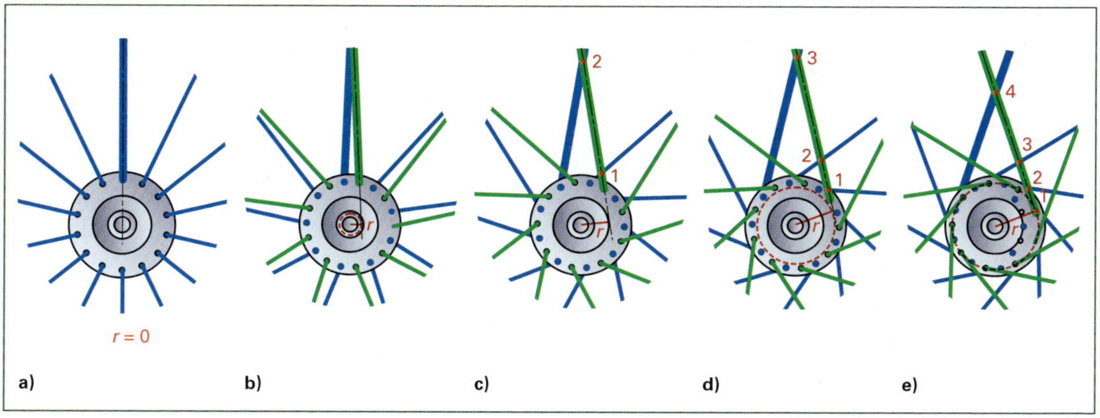


**Bild 1: Radiale bzw. tangentiale Lage der Speichen und der resultierende virtuelle Radius**

5

Für Felgen mit niedrigen Profilen und kleinem Lochkreisdurchmesser ergeben sich folgende maximale Kreuzungszahlen, wobei sich schon Probleme beim Einfädeln der Speichen in kleine Räder ergeben können **(Tabelle 1)**.

**Tabelle 1: Maximale Anzahl der Speichenkreuzungen**

| | | Felgendurchmesser | | | |
|---|---|---|---|---|---|
| | | 28" | 26" | 24" | 20" |
| Anzahl Speichen pro Flansch | 24 | 4x | 4x | 4x | 3x |
| | 20 | 4x | 4x | 3x | 3x |
| | 18 | 4x | 3x | 3x | 3x |
| | 16 | 3x | 3x | 3x | 2x |
| | 14 | 3x | 3x | 2x | 2x |
| | 12 | 3x | 2x | 2x | 2x |
| | 10 | 2x | 2x | 2x | 2x |

### Unterkreuzen

Beim Unterkreuzen wird an der äußersten Kreuzungsstelle die Speiche mit dem Kopf nach außen über die Speiche mit Kopf nach innen gelegt. Beide Speichen werden so aus der direkten Linie zwischen Flansch und Felge gedrückt. Hiermit erzielt man:

- Zusätzliche Elastizität im Rad, die den Fahrkomfort und die Haltbarkeit erhöht. Besonders, wenn das Rad Drehmomente übertragen muss.
- Eine bessere Anlage der Speichenbögen an den Nabenflansch, wodurch ebenfalls die Lebensdauer der Speichen erhöht wird.
- Besonders bei den Kopf-außen-Speichen wird so verhindert, dass sich der Speichenbogen beim Spannen zu stark aufbiegt und die Rissbildung beschleunigt.
- Weniger Resonanzschwingungen der Speichen, die die Rissausbreitung beschleunigen würden.

Je weiter zur Felge hin die Unterkreuzung stattfindet, desto größer sind die o. g. Effekte.

### Linke Seite radial – rechte Seite tangential

Das Drehmoment wird von der Freilaufkupplung direkt zum rechten Flansch geleitet und auf die Felge übertragen. Die rechten Speichen müssen zusätzlich zu den radialen und lateralen Lasten die komplette Torsionskraft übertragen.

Da das Nabenmittelteil nicht dem Drehmoment ausgesetzt ist, kann es mit geringerer Festigkeit und daher leichter ausgeführt sein. Der linke Flansch und die linken Speichen sind nur radial und lateral belastet **(Bild 1)**.

**Bild 1: Links radial, rechts tangential gespeicht**

Die Speichen der linken Seite sind nicht unterkreuzt und federn kaum die Entlastungen ab. Daher neigen ihre Speichennippel zum unbeabsichtigten Lösen. Dieser Effekt wird durch den relativ flachen Speichenschrägwinkel verstärkt, der zu einer um ca. 30 % unter ihrem Idealwert liegenden Vorspannung führt. Das bedeutet, dass sie unbedingt mit den Speichenköpfen nach außen montiert sein sollen, um diesen Effekt zu begrenzen. Auch der Einbau einer asymmetrischen Felge ist hier sinnvoll.

Ebenfalls möglich ist die Reduktion der Anzahl der linken Speichen auf die Hälfte, was gleichzeitig die Erhöhung ihrer Vorspannung notwendig macht. Hier ist aber der maximal zulässige Bemessungswert der Felge zu beachten. Sollte diese keine Verdoppelung zulassen, müssten im Gegenzug die rechten Speichen mit geringerer Vorspannung eingebaut werden, was die Seitensteifigkeit und Haltbarkeit des Rades mindert **(vgl. Seite 303)**.

### Linke Seite tangential – rechte Seite radial

Das Drehmoment wird von der Freilaufkupplung durch den Nabenkörper zum linken Flansch geleitet und auf die Felge übertragen. Das Nabenmittelteil ist dem vollständigen Drehmoment ausgesetzt und muss verdrehfest ausgeführt sein (großer Durchmesser und große Materialstärke im Mittelteil; sichere Kraftübertragung zwischen Nabenflansch und -hülse muss gewährleistet sein).

Die rechten Speichen sind vom Drehmoment entlastet und tragen nur radiale und laterale Lasten. Um den Speichenschrägwinkel der rechten Seite zu erhöhen, sollten sie mit den Speichenköpfen nach innen montiert sein.

Weil die rechte Seite immer noch bis zum maximal erlaubten Wert vorgespannt wird, sind die rechten Speichennippel gut vor dem unbeabsichtigten Losdrehen geschützt.

Der linke Flansch und die linken Speichen übertragen neben der radialen und lateralen Last auch das Drehmoment. Da sie aber unterkreuzt sind, federn sie die Entlastungen gut ab.

### Tangential und radial auf einer Seite

Zwei Speichen kreuzen eine radial eingelegte Speiche. Die sog. Krähenfuß-Einspeichung ist nur möglich, wenn die Lochzahl durch drei teilbar ist. In Flanschen mit 18 Bohrungen kann jede zweite frei bleiben, damit die Speichen nicht zu eng stehen. Diese Einspeichart bietet keinen besonderen technischen Vorteile und wird aus rein optischen Gründen verbaut **(Bild 1)**.

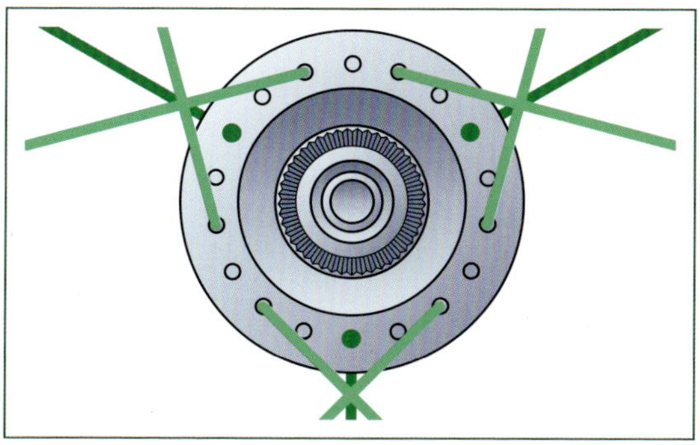

Bild 1: Krähenfuß-Einspeichung

### 24 Speichen in 36-Loch-Naben und Felgen

In Rädern, die für 36 Speichen in tangentialer Lage vorgesehen sind, kann die Anzahl der Speichen auf 24 reduziert werden, wenn die zu erwartende Belastung dies erlaubt. Dazu wird jedes dritte Speichenloch in Nabenflanschen leer gelassen.

In der Felge besteht die Wahl, jeweils vier Löcher zu besetzen und dann zwei frei zu lassen. Hiermit wird der Ausrichtung der Felgenbohrungen zur jeweiligen Nabenseite entsprochen. Allerdings muss dann eine radial stabile Felge verwendet werden, damit sich nicht zu starke Höhenschläge ausbilden.

Alternativ können auch jeweils zwei besetzte Felgenbohrungen von einer freien gefolgt werden. Dies kann aber je nach Ausrichtung der Bohrungen die Speichen zusätzlich belasten.

Die Speichenlänge entspricht der eines Rades mit 32 Speichen, 4-fach gekreuzt.

### Wurzelspeichung

Der Ausgangspunkt der Wurzelspeichung ist ein Rad mit 3-fach gekreuzten Speichen. Nach dem Einspeichen werden immer jeweils zwei sich unterkreuzende Speichen wieder gelöst und am äußersten Kreuzungspunkt einmal umeinander gedreht. Danach werden sie wieder in ihren urprünglichen Felgenbohrungen vernippelt **(Bild 2a)**.

Zur Herstellung ist dabei zu beachten, dass die Speichen im mittleren Teil möglichst dünn und länger als bei einer normalen Einspeichung sind:

- 2 mm bei 1,5 bis 1,8 mm Durchmesser
- 3 mm bei 2,0 mm Durchmesser.

Die Auswirkungen der Wurzelspeichung auf das Rad sind:

- Die Kraftübertragung beim Antrieb und bei der Scheibenbremse ist nicht mehr optimal.
- Das Rad verliert an Flexibilität.
- Die Verwurzelung erzeugt eine Schwachstelle in der Speiche.
- Die Speichen verlieren an Elastizität, wodurch die Speichenbögen stärker beansprucht werden.
- Sollte eine Speiche versagen, wird auch ihre Wurzelpartnerin wirkungslos.

Eine Variante ist das zweifache Verwurzeln, bei dem sowohl am dritten als auch am zweiten Kreuzungspunkt die Speichen miteinander verdreht werden. Bei der zweifachen Verwurzelung sind alle Speichen einer Seite miteinander verbunden. Hier müssen Speichen mit 1,5 bis 1,8 mm Durchmesser und ca. 4 mm länger gewählt werden. Sollte hier eine Speiche versagen, verliert das ganze Rad seine Vorspannung.

### Fächerspeichung

Beim Einspeichen müssen sich führende und folgende Speichen nicht unbedingt immer abwechseln. Es ist auch möglich auf zwei oder drei führende Speichen ebenso viele folgende zu montieren. So liegen zwei oder drei Speichen fast parallel zueinander. Wie bei der klassischen Einspeichung sind die führenden und die folgenden Speichen jeweils auf einer Seite des Flansches angeordnet **(Bild 2b)**.

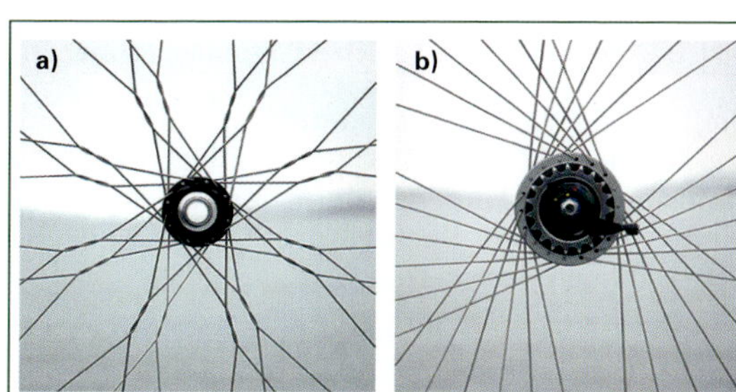


Bild 2: a) Wurzelspeichung, b) Fächerspeichung

### 5.7.6 Speichenlänge

Als Speichenlänge bezeichnet man die Distanz von der Innenkante des Speichenbogens bis zum Gewindeende (**Seite 286, Bild 3**). Speichen werden von den Herstellern in 2 mm Längenabstufungen angeboten. Die Gewindelänge auf der Speiche beträgt normalerweise 10 mm.

Speichennippel werden in den Längen 12, 14 und 16 mm hergestellt, wobei an der Einschraubseite ein gewindeloser Ansatz von ca. 3 mm Länge ist.

Das Speichengewinde eines 12 mm Speichennippels ist vollständig ausgefüllt, wenn es bis bündig zur Kante eingeschraubt ist **(Bild 1c)**. Dies ist notwendig, um den Kopf des Nippels zu stabilisieren und in ihm einen spannungsarmen Kraftfluss zu erreichen. Es ist auch akzeptabel, wenn das Speichenende bis zum Antriebsschlitz (Schraubendreherschlitz) des Nippels reicht **(Bild 1b)**.

Ist die Speiche zu kurz **(Bild 1a)**, besteht die Gefahr, dass der Nippelkopf durch die schwellende Belastung im Betrieb Risse bekommt und bricht. Außerdem kann das Gewinde aus dem Nippel reißen. Ein aus dem Nippel herausragendes Gewinde weist deutlich auf einen handwerklichen Mangel hin.

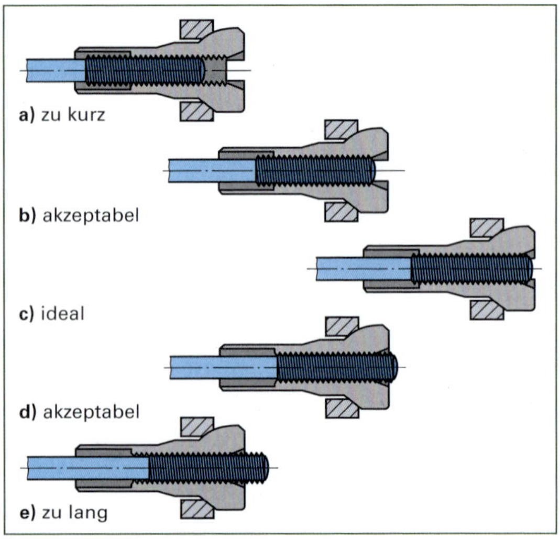


**Bild 1: Unterschiedliche Speichenlängen im Nippel**

Ragt das Gewinde um ca. 1 mm aus dem Nippelkopf heraus (**Bild 1d**), ist dies technisch bei Hohlkammerfelgen kein Problem, jedoch kann bei Tiefbettfelgen die Speiche das Felgenband und den Schlauch perforieren.

Ist die Speiche mehr als 2 mm zu lang, dann schraubt sich der Nippel über das Gewindeende hinaus und versucht die Gewindefurche zu verlängern. Dabei wird er schwergängig. Es besteht die Gefahr, dass die notwendige Vorspannung nicht erreicht wird. Auch wird das Gewinde im Nippel nicht vollständig genutzt, wodurch es ausreißen kann **(Bild 1e)**.

Speichennippel mit 14 mm Länge werden hauptsächlich für die maschinelle Einspeichung verwendet. Solche mit 16 mm Länge sind notwendig, wenn ein dicker Felgenboden und/oder Ösen verhindern, dass das Werkzeug den Nippelvierkant zum Spannen sicher umfasst. In diesem Fall muss das Speichengewinde ebenfalls entsprechend länger sein.

Nippel mit 14 mm oder 16 mm Länge dürfen nicht zum Ausgleich von zu kurzen Speichen benutzt werden.

Die Speichenlänge $l_{Sp}$ lässt sich nach folgender Formel berechnen:

$$l_{Sp} = \sqrt{r_{ERD}^2 + r_{LK}^2 + w^2 - 2 \cdot r_{ERD} \cdot r_{LK} \cdot \cos\left(\frac{360° \cdot n_{Kr}}{n_{Sp}}\right)} - r_B$$

$l_{Sp}$ = Speichenlänge
$r_{ERD}$ = Radius des ERD
$r_{LK}$ = Radius des Lochkreisdurchmessers
$w$ = Abstand Nabenflansch zur Felgenmitte
$n_{Kr}$ = Anzahl der Speichenkreuzungen
$n_{Sp}$ = Anzahl der Speichen pro Nabenflansch
$r_B$ = Radius der Speichenbohrung im Flansch

Der Effective Rim Diameter (ERD) wird vom Hersteller in den technischen Unterlagen angegeben. Gelegentlich ist er auch auf der Felge vermerkt (**vgl. Seite 281**). Sollte er nicht bekannt sein, dann empfiehlt sich folgende Messmethode **(Seite 297, Bild 1)**.

1. Auf zwei Speichen jeweils einen Speichennippel fest aufdrehen und das vom Nippelkopfüberstehende Speichenende absägen/abfeilen.
2. Die Speichen auf 200 mm ablängen.
3. Beide Messspeichen durch zwei gegenüberliegende Felgenbohrungen einführen und den Abstand $x$ ausmessen.
4. Den Wert 400 mm zu dem Wert $x$ addieren.
5. Diese Messung an verschiedenen Stellen der Felge wiederholen, um auszuschließen, dass eine mögliche Exzentrizität die Messung beeinflusst.

Bei kleinen Felgen überlappen sich die Speichenenden; der Abstand $x$ wird dann abgezogen.

Der Lochkreisdurchmesser $d_{LK}$ ist mit einem Messschieber zu ermitteln. Für die Lage des Lochkreises siehe **Seite 275, Bild 1**.

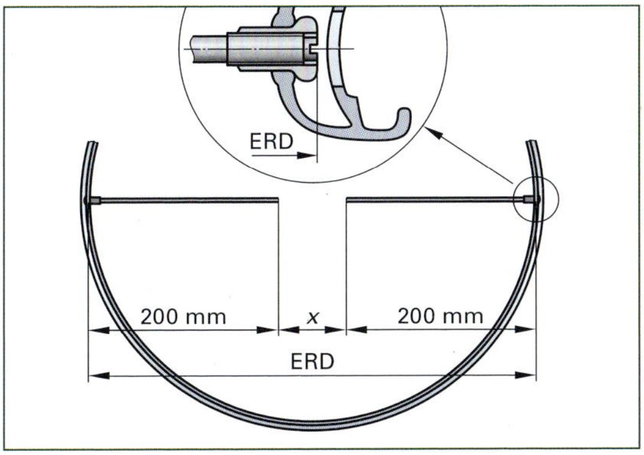


**Bild 1: Ermittlung des ERD**

Zur Ermittlung des Flanschabstandes *w* zur Felgenmittelebene wird bei tangentialer Speichung die Mitte der Flansche gemessen **(Bild 2)**. Bei radialer Kopf-außen-Speichung gilt die Innenkante, bei radialer Kopf-innen-Speichung die Außenkante der Flansche.

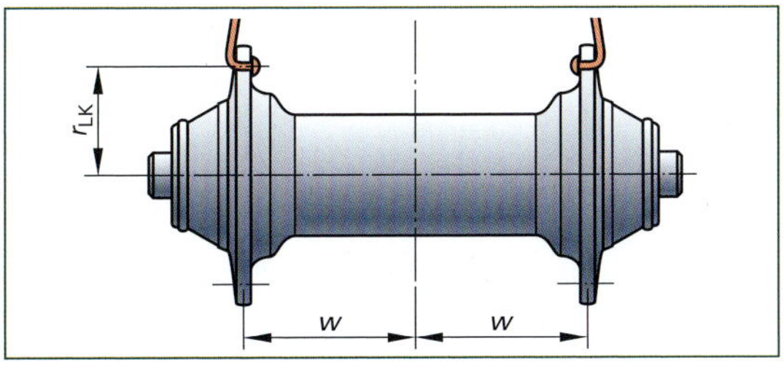


**Bild 2: Abstand Nabenflansch zur Felgenmitte**

Bei asymmetrischen Flanschabständen müssen die Werte $w_L$ und $w_R$ für die beiden Seiten ermittelt und die Speichenlänge jeweils separat berechnet werden.

Ist der Versatz *v* der Nippelbohrungen in der Felge > 1 mm zur Mittelebene, dann muss der Wert *w* um den jeweiligen Betrag korrigiert werden **(Bild 3)**.

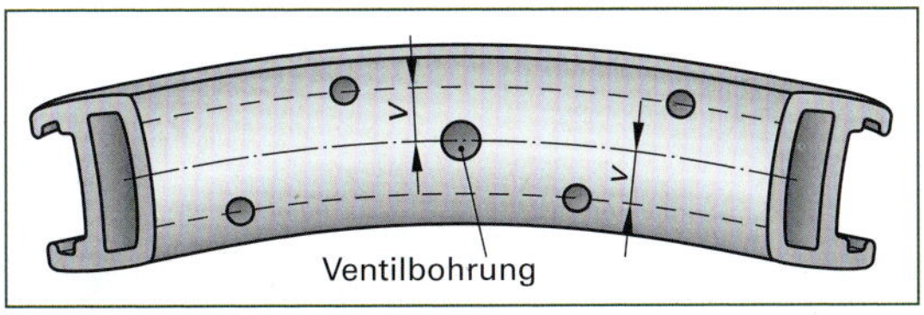


**Bild 3: Versatz der Nippelbohrung zur Mittelebene, Bohrmuster links-oben**

Der Durchmesser der Speichenbohrung im Flansch $d_B$ kann exakt nur mit einem kalibrierten Messdorn ermittelt werden. Dazu können Metallbohrer in 1/10 mm Abstufung im Bereich von 2,3 bis 3,0 mm Durchmesser verwendet werden. Bei Naben für den Radrennsport kann man mit dem Wert 2,4 mm rechnen. Für Getriebe-, Motornaben etc. sind die Werte den zugehörigen Datenblättern zu entnehmen.

> *Hinweis*:
> Es ist zu beachten, dass die o. g. Daten immer Durchmesser darstellen, während in der Formel zur Berechnung Radien verwendet werden. Die Werte sind entsprechend zu halbieren.

Durch die Vorspannung längen sich die Speichen während des Einbaus. Die Längenzunahme ist abhängig von Material und Querschnittsfläche der Speiche sowie der aufgebrachten Spannung. Man kann von den Werten 0,4 mm bzw. 0,8 mm für 2,0 mm bzw. 1,5 mm Speichen bei 1000 N Vorspannung ausgehen.

5

> *Hinweis*:
> Da der ERD bereits die maximale Länge der Speichen definiert und beim Spannen der Speichen deren Dehnung hinzukommt, sollte zur Auswahl der verwendeten Speichen der berechnete Wert $l_{Sp}$ immer abgerundet werden.

## 5.7.7 Einspeichverfahren

Die Anleitung bezieht sich auf ein Rad mit 36 Speichen und 3-fach-Kreuzung. Bei Naben für 36 Speichen sind die Speichenbohrungen der beiden Flansche um 10° zueinander versetzt.

Sollte es sich um ein Hinterrad handeln, ist hier bereits berücksichtigt, dass die folgenden Speichen der Antriebsseite vom Antriebsmoment zusätzlich belastet sind und mit dem Speichenbogen außen auf dem Nabenflansch aufliegen sollen.

Wenn das Rad mit einer Scheiben- oder Rollenbremse ausgestattet ist, wird ebenfalls berücksichtigt, dass die führenden Speichen der Bremsseite vom Bremsmoment zusätzlich belastet sind und mit dem Speichenbogen außen auf dem Nabenflansch aufliegen sollen.

Die Einspeichanleitung lässt sich auch bei Naben mit Rücktrittbremse, Generator oder solchen ohne Zusatzeinrichtungen anwenden.

Das Verfahren gilt für Felgen, deren Bohrmuster so gestaltet ist, dass die erste Bohrung links vom Ventil zur rechten Seite weist **(links-oben, Bild 3)**.

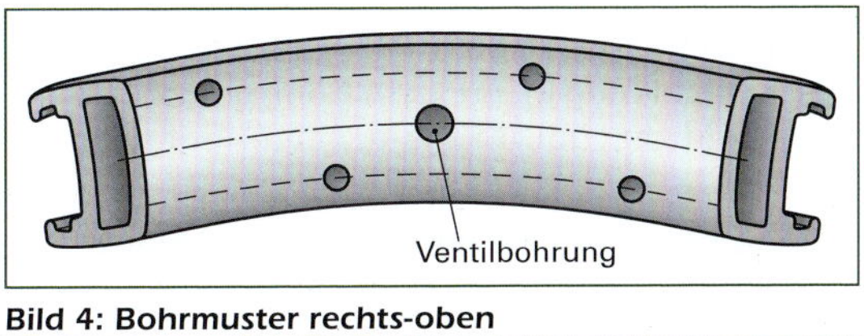


**Bild 4: Bohrmuster rechts-oben**

Sollte das Bohrmuster spiegelverkehrt dazu sein **(rechts-oben, Seite 297, Bild 4)**, dann muss beim Start in Schritt 1 die erste Speiche vom linken Flansch aus und die zweite Speiche mit dem 10°-Versatz nach links vom rechten Flansch aus eingefädelt werden.

Vor der Montage müssen die Speichengewinde und die Nippelköpfe bzw. ihre Auflagefläche in der Felge mit Öl oder Fett geschmiert werden. Dies ist eine Voraussetzung für das problemlose Spannen und Zentrieren des Rades.

**1** Erste Speiche (rot) kopf-außen in den rechten Flansch einfädeln und links neben dem Ventilloch vernippeln **(Bild 1)**.

**2** Zweite Speiche (grün) 10° nach links versetzt kopf-innen in den linken Flansch einfädeln und links neben der ersten Speiche in der Felge vernippeln **(Bild 1)**.

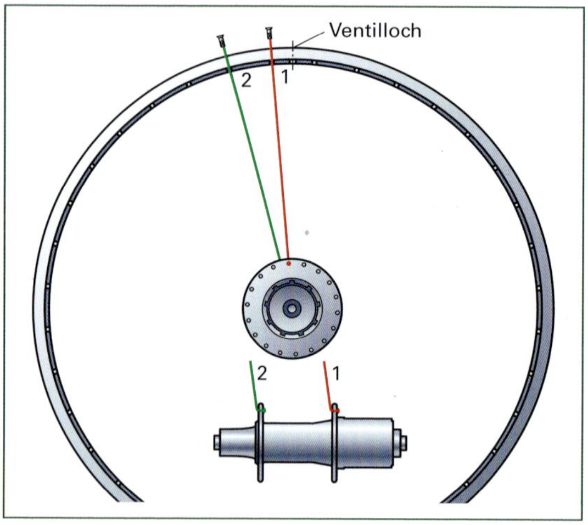

**Bild 1: Schritt 1 und 2**

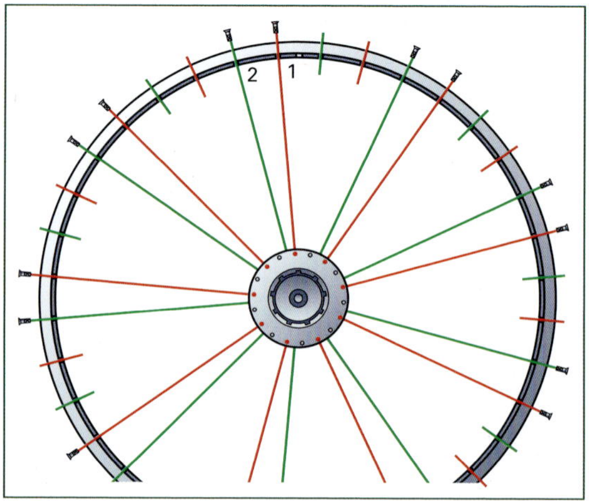

**Bild 2: Schritt 3 und 4**

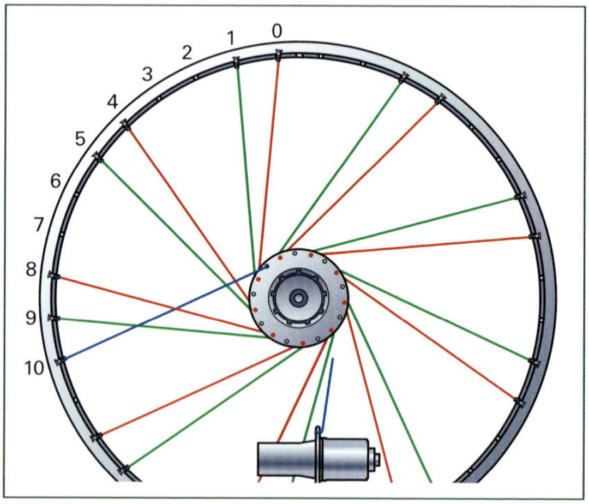

**Bild 3: Schritt 5 und 6**

**3** Wie in Schritt 1 und 2 beide Nabenflansche mit je einem Loch Abstand mit Speichen auffüllen **(Bild 2)**.

**4** Die Speichenpaare mit jeweils zwei Loch Abstand zueinander in die Felge vernippeln **(Bild 2)**.

**5** Nabe nach links verdrehen.

**6** Eine Speiche (blau) kopf-innen in eine freie Bohrung des rechten Flansches einfädeln. Diese Speiche nach links abwinkeln und dabei zwei Speichen über- und eine dritte unterkreuzen. Dann in der nächsten freien Bohrung der Felge vernippeln **(Bild 3)**. Bei dem Bohrmuster **rechts-oben** ist die übernächste Felgenbohrung zu wählen.

**7** Die übrigen Bohrungen des rechten Flansches wie in Schritt 6 mit Speichen auffüllen und vernippeln **(Bild 4)**.

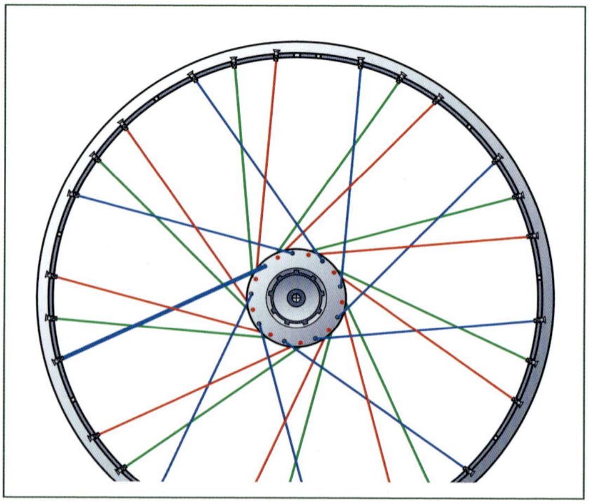
**Bild 4: Schritt 7**

**8** Das Rad umdrehen. Eine Speiche (violett) kopf-außen in den linken Flansch einfädeln. Diese Speiche nach rechts abwinkeln und zwei Speichen unter- und eine weitere überkreuzen. Dann in der nächsten freien Bohrung der Felge vernippeln **(Bild 1)**.

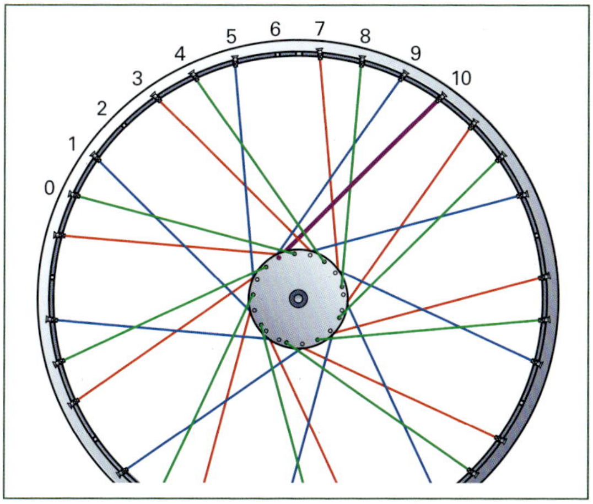


**Bild 1: Schritt 8**

**9** Die übrigen Bohrungen des linken Flansches wie in Schritt 8 mit Speichen auffüllen und vernippeln **(Bild 2)**.

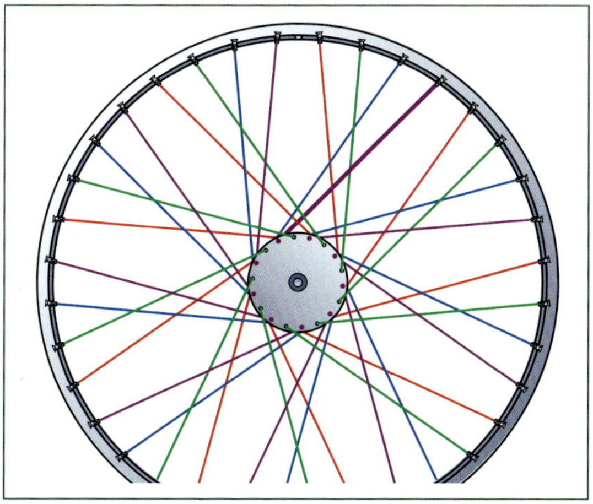

**Bild 2: Schritt 9**

Kontrollen:

- Unter der Ventilbohrung befindet sich keine Speichenkreuzung.
- Die Speichen zeigen von der Felge aus abwechselnd zum rechten und zum linken Flansch.
- Alle Speichen berühren an der 3. Kreuzung eine andere Speiche.
- Die Speichen des rechten Flansches sind um 10° in Fahrtrichtung versetzt vor den Speichen des linken Flansches eingebaut.

Modifikationen:

- Sollen alle führenden Speichen der beiden Flansche kopf-außen liegen (z. B., wenn keine Scheiben- oder Rollenbremse verbaut ist), dann wird die zweite Speiche kopf-außen eingefädelt. Die übrigen Speichen des linken Flansches werden ebenfalls seitenverkehrt eingebaut. Schritt 8 wird so abgewandelt, dass die nach rechts abgewinkelten Speichen die ersten zwei Speichen über- und eine weitere unterkreuzen.
- Zum Einspeichen mit 2-fach-Kreuzung wird der Schritt 6 so abgewandelt, dass nur die erste Speiche über- und die zweite unterkreuzt wird. Schritt 8 wird so abgewandelt, dass nur die erste Speiche unter- und die zweite überkreuzt wird.
- Bei 32-, 28- und 24-Loch Naben wird analog gearbeitet, allerdings ist bei ihnen der Winkelversatz der Lochkreise 11,25°, 12,86° bzw. 15°. Der Versatz lässt sich bei ihnen leichter erkennen.

5

**Weitere Einspeichverfahren**

In dem oben dargestellten Einspeichverfahren werden zuerst alle führenden und danach alle folgenden Speichen eingebaut. Es gibt aber auch Verfahren, die in einer anderen Reihenfolge vorgehen, z. B. zuerst eine Seite komplett fertigstellen und danach die zweite. Welches Verfahren ein Mechaniker bevorzugt, ist alleine seinen Gewohnheiten und Vorlieben überlassen. Wesentlich ist am Ende immer die korrekte Lage der Speichen im Rad.

## 5.7.8 Spannen und Zentrieren

Das Spannen beginnt, wenn alle Speichen richtig montiert sind. Um bei der Arbeit die Orientierung zu behalten, ist es für alle Schritte sinnvoll, immer am Ventilloch zu beginnen.

Eine gleichmäßig hohe Vorspannung aller Speichen ist das Ziel des Spannens. Räder mit geringen Höhen- und Seitenschlägen und mittiger Zentrierung können ungleichmäßig gespannt sein. In der Regel wird eine Speichenspannung von 1000 N angestrebt. Davon kann abgewichen werden, wenn die Speichen asymmetrisch stehen **(s. Seite 264, Bild 3)** oder der Felgenhersteller andere Werte empfiehlt.

**info**

Die Gleichmäßigkeit und Höhe der Speichenspannung bestimmt die Haltbarkeit des Rades!

**1** Alle Nippel gleichmäßig und locker aufschrauben, bis das Speichengewinde im Nippel verschwindet.

**2** Nippel mit dem Schlitzschraubendreher weiterschrauben, bis die Speiche den Antriebsschlitz erreicht. Bei der Verwendung von Nippeldrehern (Schlitzantrieb) mit Auswurfeinrichtung wird so weit geschraubt, bis der Dreher herausgeschoben wird. Sollte man sich nicht sicher sein, ob die Speichen lang genug sind, können alle Speichen stufenweise um eine bestimmte Anzahl Umdrehungen festgezogen werden. Die Gewindesteigung beträgt 0,454 mm. D. h., für 1 mm Längsbewegung des Speichennippels werden ca. 2 Umdrehungen benötigt.

**3** Ab jetzt mit dem Nippelschlüssel (Außenvierkantantrieb) auf der Innenseite der Felge arbeiten oder, wenn vorhanden, den Außensechskant nutzen. Vor allem bei Alu-Nippeln muss der Nippelschlüssel über drei Ecken fassen, um die Vierkantfläche der Nippel nicht vorzeitig zu überdrehen.

Die Nippel je nach bestehender Spannung um 1/2, 1/4 oder 1/8 Umdrehung anziehen. Bei geringer Spannung können größere Drehwinkel gewählt werden.

**4** Wird mit einem Tensiometer gearbeitet, kann ab 400 bis 500 N Vorspannnung ihre Gleichmäßigkeit kontrolliert werden. Einzelne Speichen, die von dem Mittelwert abweichen, sollten jetzt schon angeglichen werden.

**5** Die Vorspannung schrittweise erhöhen, bis ca. 3/4 des Zielwerts erreicht sind. Dabei immer wieder die Gleichmäßigkeit der Vorspannung kontrollieren und ggf. korrigieren.

Erfahrene Mechaniker können anhand des Klangs einer Speiche beim Anschlagen mit einem harten Gegenstand beurteilen, ob die Vorspannung gleichmäßig verteilt ist und sparen sich somit das Ansetzen des Tensiometers.

Vor dem Spannen sollte der Bogen der Kopf-innen-Speichen an den Flansch angeschmiegt werden **(Bild 1)**. Wird dies unterlassen, recken sich die Speichen im Betrieb und verlieren an Vorspannung.

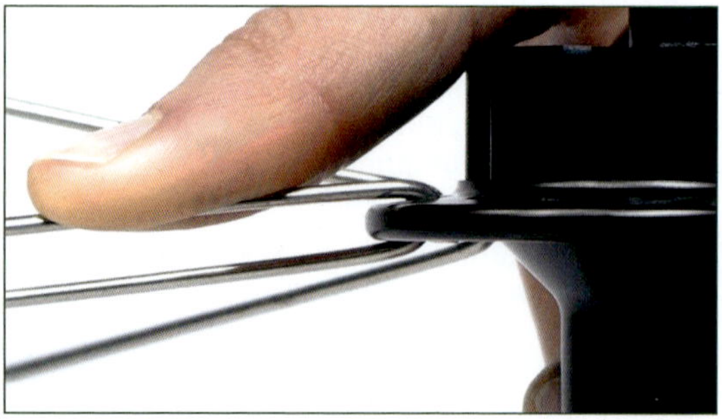

**Bild 1: Speichenbogen anschmiegen**

Auch zwischendurch sollten die Speichen immer wieder gereckt werden, damit sie sich in in den Speichen- und Nippelbohrungen setzen können. Dazu werden auf beiden Seiten jeweils zwei parallele bzw. kreuzende Speichen von Hand umfasst und kräftig gegeneinandergedrückt **(Bild 2)**.

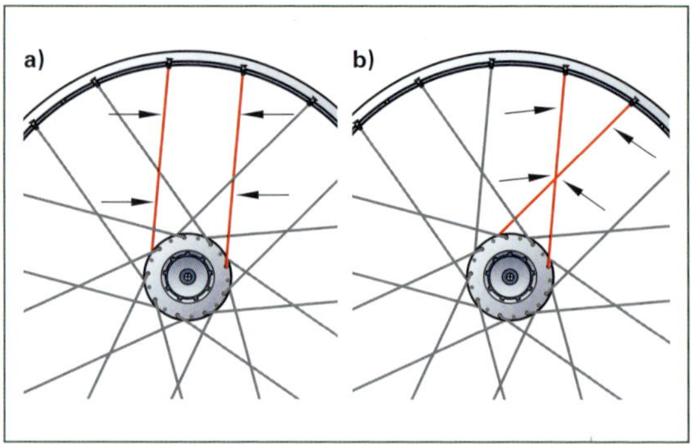


**Bild 2: Recken während des Einspeichens**
**a) parallele Speichen, b) kreuzende Speichen**

Bei asymmetrischen Speichenschrägwinkeln empfiehlt es sich, zuerst die steiler stehenden Speichen zu spannen (z. B. rechte Seite beim Antriebsrad für Kettenschaltung) und dann die Felge zur anderen Seite zu ziehen.

Mit Erreichen der Endspannung geht das Spannen fließend in das Zentrieren über. Das Zentrieren des Rades ist notwendig, um einen ruhigen Lauf und ein gleichmäßiges Bremsverhalten bei Felgenbremsen zu erzielen. Dabei ist ein exakt zentrisches Rad nicht möglich. Der Mechaniker muss abhängig vom Anwendungsfall festlegen, welche Toleranzen angemessen sind. Bei Straßenrennrädern mit Felgenbremsen liegt die untere Grenze bei ca. 0,2 mm Abweichung für den Seitenschlag und ca. 0,3 mm für den Höhenschlag. Ein Hollandrad mit Rollenbremse verträgt problemlos auch 2 mm Abweichung in beiden Richtungen.

Beim Zentrieren zieht man mit den Speichen die Felge in die gewünschte Position. Seitenschläge gleicht man aus, indem die Speichen der einen Seite gespannt und die der gegenüberliegenden Seite gelockert werden. Für Höhenschläge werden jeweils die linke und die rechte Seite der betroffenen Stelle gemeinsam gespannt oder gelockert.

Bei ca. 3/4 der Endspannung beginnt man zuerst damit, die Höhenschläge und danach die Seitenschläge auszugleichen. Je höher die Vorspannung ist, desto „störrischer" verhält sich das Rad gegenüber Veränderungen. Ein stark vorgespanntes Rad wird im Betrieb länger seine Form behalten und widersteht auch größeren Belastungen.

Je höher die Spannung der Speiche, desto größer ist auch die Reibung im Gewinde zum Nippel. Dieser zur Nippelsicherung gewünschte Effekt erschwert aber das gezielte Verändern der Vorspannung. Das hohe Losbrechmoment im Gewinde führt zur Verdrehung der Speiche. Es kann sein, dass beim Drehen des Nippelschlüssels keine Bewegung im Gewinde stattfindet. In diesem Fall wird die gute Schmierung des Gewindes vor der Montage bedeutsam. Erfahrene Mechaniker spüren, ob sich wie beabsichtigt der Nippel auf dem Gewinde bewegt oder sich nur die Speiche verdreht.

Beim Erreichen der Zielspannung ist es meist notwendig, mit dem Nippelschlüssel z. B. um 1/8 Drehung zu spannen und danach die Verdrehung der Speiche mit einer 1/16 Drehung wieder zu lösen. Je kleiner der Durchmesser der Speiche, desto empfindlicher reagiert sie auf Torsion. Die 2,0 mm-Speichen lassen sich noch recht problemlos verarbeiten, während solche mit 1,5 mm Durchmesser viel Aufmerksamkeit erfordern. Dasselbe gilt für Aerospeichen, die bei ihrer Montage stets von einem separaten Schlüssel gehalten werden müssen.

Während und zum Abschluss des Zentrierens muss das Rad abgedrückt werden. Dazu wird die Felge an zwei gegenüberliegenden Stellen festgehalten und die Nabe mit so viel Kraft gegen eine feste Oberfläche gedrückt, dass die Speichen ihre Torsionsspannung verlieren. Dies ist als Knacken zu hören. Dieser Vorgang wird auf beiden Seiten rundum wiederholt **(Bild 1)**.

**Bild 1: Abdrücken**

Die mittige Lage der Felge wird anhand einer Zentrierlehre **(Bild 2)** oder in einem dafür geeigneten Zentrierständer festgestellt.

Felgen aus CFK sind radial wesentlich steifer als solche aus Aluminium. Zum Ausgleichen von Höhenschlägen sollten deshalb immer mehr Speichen (= ein größerer Felgenabschnitt) gespannt oder gelockert werden. Man verschiebt also eher die Position der Felge, als dass man sie in Position biegt.

Je weniger Speichen ein Rad hat, desto schwieriger ist es einen exakten Rundlauf zu erzeugen. Für die notwendige Feinabstimmung fehlen bei ihnen die Justagepunkte. Hier ist die gleichmäßige Konzentrizität der Felge ein wichtiges Qualitätskriterium.

**Bild 2: Kontrolle mit der Zentrierlehre**

### Nachzentrieren von Rädern

Nach einiger Betriebszeit können Seiten- und Höhenschläge auftreten. Die Ursache liegt entweder in einem selbstständigen Lockern der Speichenippel oder einem Setzen der Speichen. Solche Abweichungen sollten immer nur durch das Festziehen der jeweiligen Speichen behoben werden, nicht durch ein Lösen der Nachbarspeichen.

Bei einem starken Stoß entsteht ein Tiefenschlag. Diese plastische Deformierung der Felge kann durch ein Lockern der Speichen an dieser Stelle meist nur teilweise ausgeglichen werden. Dabei entstehen Dysbalancen im Rad. Die Haltbarkeit des Rades ist dann erheblich reduziert und die Felge sollte ausgetauscht werden. Die Speichen können weiterverwendet werden, da ihre Lebensdauer im Wesentlichen von der Anzahl der Lastspiele abhängt und kaum durch einzelne Ereignisse beeinflusst wird.

Wenn eine gebrochene Speiche ersetzt wird, sollte zuerst die Vorspannung aller Speichen reduziert werden (auf ca. 50 % des Ursprungswertes). Nach dem Einbau wird das Rad wie bei einem Neubau wieder gleichmäßig auf Spannung gebracht.

Es schadet nicht, vor dem Nachzentrieren an jedem Nippel jeweils einen Tropfen dünnflüssiges Öl zwischen Speiche und Nippel sowie Nippel und Felge zu geben.

### 5.7.9 Korrosion an Speichen und Nippel

Räder sind bei ihrem Einsatz den Umwelteinflüssen ungeschützt ausgesetzt. Daher ist die Gefahr der Korrosion ihrer Bauteile groß, obwohl die meisten der verwendeten Metallteile einen eigenen Korrosionsschutz besitzen:

- Aluminium ist durch seine natürliche Oxid- bzw. durch die künstliche Eloxalschicht meist ausreichend sicher.
- Edelstahl ist mit der Passivierung der Oberfläche durch das einlegierte Chrom (Chromoxidschicht) geschützt.
- Messing wird durch eine Beschichtung mit Nickel geschützt.

Trotzdem kann in bestimmten Situationen Korrosion auftreten. Notwendig ist dafür meist ein korrosives Medium wie das chloridhaltige Salzwasser, das sich im Winter in großer Menge auf den Straßen befindet.

**Spaltkorrosion** tritt an Metallteilen in engen, nicht abgeschlossenen Spalten wie z.B. dem zwischen Speiche und Speichennippel auf.

Chloridhaltiges Wasser reagiert mit der Werkstoffoberfläche und fördert eine Destabilisierung der Passivschicht von CrNi-Stählen. Wenn der pH-Wert in diesem Bereich ein kritisches Stadium erreicht, können Chlorid-Ionen einwandern. Aufgrund der fehlenden Sauerstoffzufuhr kann die oxidische Schutzschicht nicht mehr aufrechterhalten werden.

**Spannungsrisskorrosion** ist die Rissbildung entlang der Korngrenzen oder durch das Gefügekorn in Werkstoffen. Sie entsteht unter dem gleichzeitigen Einfluss einer Zugspannung und eines korrosiven Mediums. Anfällig dafür ist besonders der hochlegierte CrNi-Stahl der Stahlsorte 18/8. Dagegen ist die Sorte 18/10 davon weniger betroffen. Es genügen bereits geringe Mengen Salzwasser, die an der Unterkreuzung zweier Speichen haften, um innerhalb kurzer Zeit Risse zu bilden.

**Kontaktkorrosion** entsteht, wenn sich zwei unterschiedliche metallische Werkstoffe mit unterschiedlichem elektrochemischem Potential berühren. Als Elektrolyt genügt bereits ein Feuchtigkeitsfilm über dieser Kontaktstelle. Das edlere Metall wirkt als Kathode, das unedlere löst sich anodisch auf. Besonders gefährdet sind Bauteile aus Aluminium und Aluminium-Legierungen. Wenn die isolierende Oxidschicht beschädigt ist, können sie bei Kontakt mit Stahl und sogar mit CFK korrodieren.

Als Vorsorge gegen Korrosion sollte an der Nabe Sprühwachs an allen Speichenköpfen und -bögen den Zutritt von Wasser verhindern. Ebenso sind die Speichennippel regelmäßig mit einem Tropfen Öl am Gewinde und in der Felgenbohrung zu schützen. Wenn im Winter Streusalz auf der Straße verwendet wurde, müssen die Speichen des Rades mit klarem Wasser gespült werden.

### 5.7.10 Speichen binden und verlöten

Das Binden und anschließende Verlöten der Bindung von Speichenkreuzungen entstand im 19. Jahrhundert als Vorsichtsmaßnahme zur Vermeidung von Unfällen bei Hochrädern. Deren Speichen waren bruchanfällig und Speichenbrüche führten oft zu schweren Verletzungen der Fahrer. Dieses Verfahren wurde später auch bei Bahnrennrädern aus demselben Grund durchgeführt.

Gebundenen Speichen wird eine bessere Haltbarkeit und eine direktere Umsetzung der Antriebskraft nachgesagt. Konkrete Messergebnisse, die dies belegen, liegen nicht vor. Sicher ist aber, dass die Bindung von Speichen ihre Relativbewegung zueinander reduziert, weswegen sie sich an ihren Kontaktstellen nicht so stark einarbeiten und Resonanzschwingungen vermindern.

Die mechanische Wirkung geht von der Bindung aus. Das Verlöten dient dazu, die Bindung dauerhaft zu sichern. Das Vorgehen zum Binden und Verlöten wird im Folgenden dargestellt:

1 Das Ende eines verzinnten Stahldrahts wird zu einem Haken gebogen und von der Innenseite aus in die Speichenkreuzung eingehängt **(Bild 1a)**.

2 Der Draht wird festgehalten und mit der Drahtrolle werden insgesamt sieben Windungen eng und fest um die Speichenkreuzung ausgeführt. Anschließend wird die Rolle von unten zwischen den sich kreuzenden Speichen durchgereicht und der Draht zur Nabe hin gezogen, bis er abreißt **(Bild 1b)**.

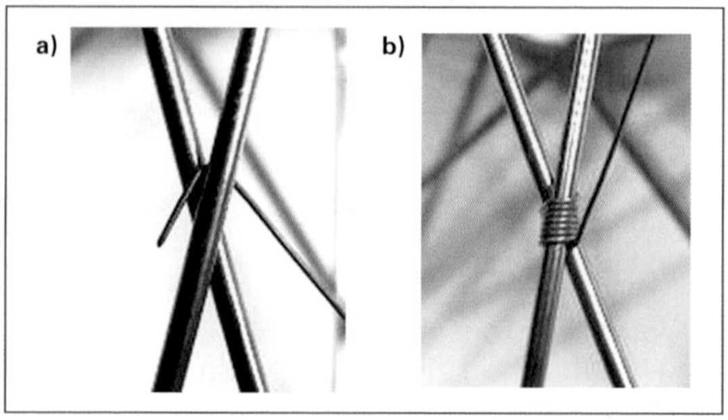


**Bild 1: a) Ansetzen b) Winden und Abreißen**

Die Windungen werden mit Weichlot gesichert (Lötkolben oder ein kleiner Propangasbrenner). Nach dem Löten müssen verbliebene Flussmittelrückstände entfernt werden.

## 5.7.11 Fachgerechter Radbau

Fertiggebaute Räder können von unterschiedlicher Qualität sein. Neben der Auswahl des Materials hat die Ausführung der Arbeit einen entscheidenden Einfluss auf die Verwendbarkeit und die Haltbarkeit des Rades. Zu beachten sind besonders folgende Merkmale:

- Die Lage der Speichen im Rad ist der erwarteten Belastung entsprechend gewählt.
- Die korrekte Speichenlänge ist eingehalten.
- Die Lage und die Orientierung von Felgenpunzungen oder ausgerichteten Felgenbohrungen ist beachtet.
- Die Speichen bzw. Nippel sollen alle vom gleichen Typ und Material sein. Bei asymmetrischen Einspeichungen können unterschiedliche Speichen je Seite verbaut sein.
- Die maximale zulässige Speichenvorspannung der Felge ist erreicht.
- Die Felge ist mittig zur Radebene zentriert.
- Seiten- und Höhenschlag der Felge sind innerhalb der Toleranzgrenzen für die geplante Verwendung des Rades.
- Es befindet sich keine Speichenkreuzung unter dem Ventil, d. h., am Ventil ist Platz zum Ansetzen der Luftpumpe.
- Die Beschriftung der Nabe ist in Fahrtrichtung und durch die Ventilbohrung lesbar.
- Sind die Schriftzüge der Felge nur von einer Seite lesbar, dann möglichst von rechts.

## 5.7.12 Systemräder

Systemräder unterscheiden sich von konventionellen Rädern dadurch, dass ihre Bauteile nicht durch die standardisierten Ersatzteile der Fahrradindustrie ersetzt werden können. In ihrem Bauprinzip entsprechen sie konventionellen vorgespannten Speichenrädern. Die Hersteller von Systemrädern realisieren optimierte Konstruktionsprinzipien mit speziell angepassten Komponenten.

**Verwendung ungekröpfter Speichen**

Es werden grundsätzlich ungekröpfte Speichen eingebaut. Durch die Eliminierung der wesentlichen Schwachstelle können weniger Speichen realisiert werden.

**Paarweise Speichenanordnung**

Da bei weniger Speichen die Abstände am Umfang größer werden und sie gleichzeitig stärker vorgespannt sind, neigt die Felge dazu sich seitlich zu verformen. Diese regelmäßigen Seitenschläge lassen sich minimieren, indem die Speichen paarweise am Umfang angeordnet werden **(Bild 1)**.

Bild 1: Paarweise Speichenanordnung

Durch die Bündelung der Speichen steigt die radiale Belastung der Felge. Sie muss zur Verhinderung von Höhenschlägen radial steif sein.

**Ausgleich von Vorspannungsdifferenzen**

Am Antriebsrad besitzen die Speichen unterschiedliche Speichenschrägwinkel. Bei konventionellen Rädern führt dies dazu, dass die Speichen der linken Seite nur ca. 60 % ihrer empfohlenen Vorspannung besitzen. Um dies auszugleichen, wird die Anzahl der linken Speichen halbiert. Durch die Verdoppelung ihrer Vorspannung bleibt die Gesamtspannung im Rad bestehen. Weil die Speichen der linken Seite radial eingebaut sind, sind sie von der Übertragung tordierender Kräfte entlastet **(Bild 2)**.

Bild 2: Spannungsausgeglichene Speichen

5

**Verteilung der dynamischen Kräfte**

Die unterschiedlichen Speichenschrägwinkel am Antriebsrad führen zu hohen Belastungen der rechten Speichen. Um diese zu entlasten, wird das Antriebsmoment nur durch die tangential angeordneten Speichen der linken Seite übertragen.

Die rechte Seite ist radial gespeicht. Somit übertragen die stärker vorgespannten Speichen der rechten Seite nur radiale und laterale Kräfte. Die schwächer vorgespannten Speichen der linken Seite übertragen zusätzlich noch die tordierenden Kräfte. Ein so konstruiertes Rad kann auch mit Aluminium-Speichen ausgerüstet werden **(Bild 1)**.

Bild 1: Drehmomentübertragung über linke Seite

## 5.8 Reifen

Der Reifen ist das äußere Element eines Rades. Mit seiner Lauffläche stellt er den Kontakt mit der Fahrbahn oder dem Untergrund her. Seine Aufgabe ist es, die Gewichtskraft von Fahrzeug und Ladung zu tragen, während der Fahrt die Beschleunigungs-, Brems- und Seitenführungskräfte zu übertragen sowie Fahrbahnunebenheiten zu kompensieren.

### 5.8.1 Reifenaufbau

Die **Karkasse** (frz. carcasse „Gerippe") ist das tragende Gerüst des Luftreifens. Sie besteht aus Fadenlagen, die in Gummi eingebettet sind und als Festigkeitsträger dienen. Der Reifeninnendruck setzt die Karkasse unter eine Zugspannung. Auf der Außenseite ist eine Lauffläche aus Gummi aufgebracht. Diese bleibt spannungsfrei.

Die Grundlage der Karkasse bildet eine Faserlage aus Polyamid (Handelsname: Nylon). Die Verwendung von Naturfasern (Baumwolle, Seide) beschränkt sich auf den Bereich des Bahn- und Querfeldeinrennsports. Die Fäden sind parallel zueinander angeordnet und werden mit Kautschuk beschichtet. Die Fadenlage wird gewöhnlich in einem Winkel von 45° zur Rollrichtung des Reifens verarbeitet **(Bild 2)**.

Bild 2: Fadenlage

Durch Umschlagen der Fadenlage um die Wulstkerne entsteht ein Gelege, bei dem sich die Fäden im Winkel von 90° kreuzen und mit 45° diagonal zur Rollrichtung liegen. In der Mitte unter der Lauffläche überlappen sich dabei die umgeschlagenen Seiten, sodass sich dort ein dreischichtiges Gelege bildet **(Seite 307, Bild 3b)**. Bei der Vulkanisation wird der Kautschuk in Gummi umgewandelt und das Gelege untrennbar in diese Matrix eingebettet **(Bild 3)**.

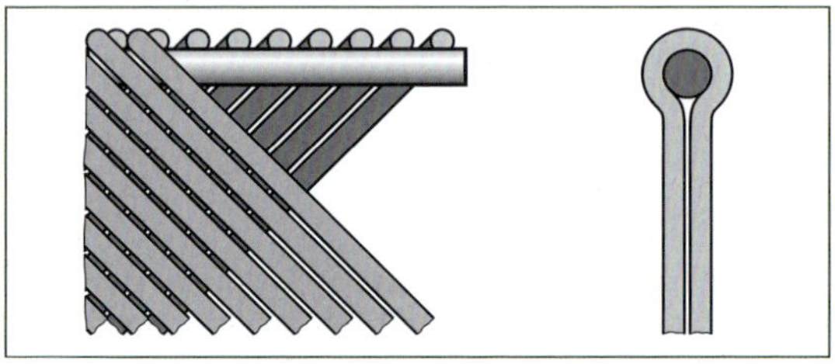

Bild 3: Zweischichtiges Gelege

Für Automobile gibt es seit dem Jahr 1955 und für Motorräder seit 1980 Reifen, deren Karkassenfäden radial liegen (90° zur Rollrichtung). Da sich dabei die Fäden der beiden Lagen nicht kreuzen und damit gegenseitig abstützen können, ist unter der Lauffläche zur Verstärkung ein Gürtel eingearbeitet. Diese Konstruktion verringert den Rollwiderstand erheblich.

Im Fahrradbereich werden als Annäherung an echte Radialreifen Karkassen mit dem Fadenwinkel von bis zu 85° zur Umfangsrichtung angeboten **(Bild 4)**.

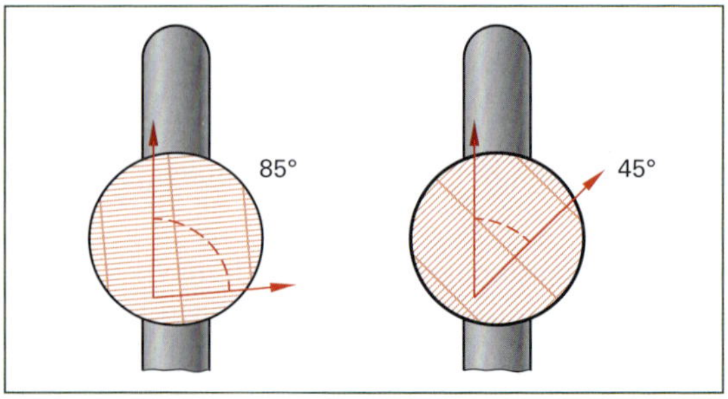


Bild 4: Radialreifen und Diagonalreifen

Die gewünschte hohe Elastizität der Flanken von Radialreifen bedingt einen niedrigeren Widerstand gegen seitliche Kräfte. Der Reifen benötigt daher eine größere Stützbreite durch relativ breite Felgen.

Die Qualität der Karkasse wird zu einem großen Teil von der Feinheit der Fäden bestimmt. Als Maß wird dafür die **TPI-Zahl**, d. h. die Anzahl der Fäden je 25,4 mm Breite der Faserlage benannt (Threads per Inch = Fäden pro Zoll, siehe **Bild 1**).

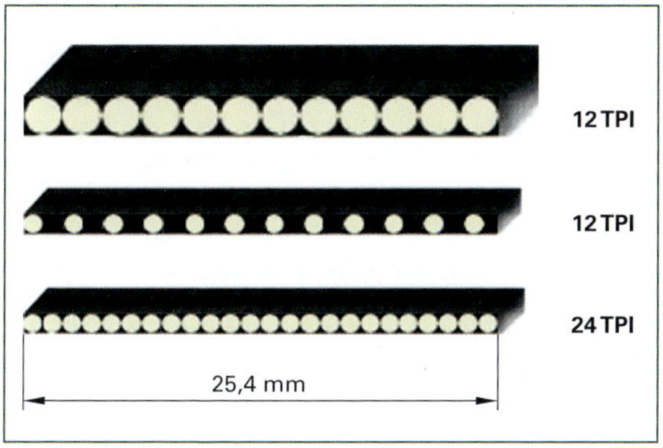


**Bild 1: Beispiele zur TPI-Zahl**

Mit einer höheren TPI-Zahl sinkt der Durchmesser der verwendeten Fäden. Daraus ergeben sich folgende Vorteile:

- Es wird weniger Material für die Fäden und das umhüllende Gummi eingesetzt. Die Karkasse wird leichter und flexibler (geringerer Rollwiderstand).
- Die Fäden sind dichter gepackt, dadurch wird dem Eindringen von Fremdkörpern ein höherer Widerstand entgegengebracht (höhere Pannensicherheit).

Die Fadendicke kann nicht beliebig verringert werden. Bei 127 TPI beträgt diese nur noch 0,2 mm. Solche feinen Fäden sind sehr empfindlich gegen Beschädigungen.

Im Gegensatz dazu kann bei geringerer TPI-Zahl nicht davon ausgegangen werden, dass die Fäden entsprechend dick gewählt werden. Bei 24 TPI beträgt die Fadendicke nicht 1,06 mm (dies entspräche einem Wert, wie er bei Motorradreifen Verwendung findet), sondern ca. 0,35 mm. Es werden die Abstände zwischen den Fäden auf bis zu 0,7 mm vergrößert. Das verringert die Sicherheit gegen das Eindringen von Fremdkörpern, da der Gummi leicht von diesen zertrennt wird.

Manche Hersteller bewerben ihre Reifen mit hohen TPI-Werten. Diese beschreiben dann das gesamte Gelege, z. B. unter der Lauffläche drei Fadenlagen und ggf. noch Pannenschutzeinlagen.

Ein höherer TPI-Wert bedeutet nicht unbedingt eine elastischere und flexiblere Karkasse. Die Einbettung der Fäden in die Gummimatrix ist ebenso entscheidend für ihre technischen Eigenschaften. Viel Gummimaterial kann die Geschmeidigkeit verringern.

Die Gummimischung eines Reifens besteht aus folgenden Bestandteilen:

- Natur- und Synthetikkautschuk (Anteil: 40 % ... 60 %)
- Füllstoffe, z. B. Ruß oder Kieselsäure/Silica (Anteil: 15 % ... 30 %)
- Weichmacher, z. B. Öle, Fette
- Alterungsschutzmittel
- Vulkanisationsmittel, z. B. Schwefel
- Vulkanisationsbeschleuniger, z. B. Zinkoxid
- Farbstoffe

Der Rußanteil sorgt für Abriebfestigkeit und geringen Rollwiderstand, während die Verwendung von Silica die Härte des Reifens reduziert und die Haftung verbessert.

**Konstruktive Auslegung von Reifen**

Reifen müssen viele, einander oft widersprechende Anforderungen erfüllen. So wird geringes Gewicht, aber gleichzeitig ein hoher Pannenschutz gefordert oder eine gute Nasshaftung bei einem niedrigen Rollwiderstand.

In Form eines Netzdiagramms kann die Charakteristik von Reifen grafisch dargestellt und verglichen werden **(Bild 2)**.

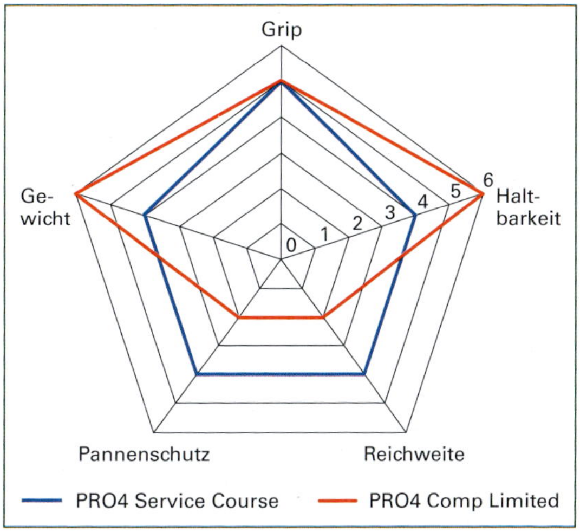


**Bild 2: Vergleich zweier Reifen im Netzdiagramm**

5

Reifen mit **nichtvulkanisierter Karkasse** werden von einigen Herstellern in Kleinserie gefertigt. Dabei wird die Karkasse meist aus Baumwolle oder Seide hergestellt und mit Latex verklebt und abgedichtet. Die Lauffläche wird aus Naturkautschuk separat hergestellt und mit Latex auf die Karkasse geklebt.

Der Einsatz dieser aufwendig hergestellten Reifen erfolgt meist im Bereich des Rennsports. Einerseits im Gelände, wo mit niedrigen Reifendrücken gefahren wird und vom Reifen die perfekte Anpassung an den Untergrund gefordert wird und andererseits auf der Rennbahn, wo bei höchster Karkassenspannung noch ein Rest von Federung und Komfort benötigt wird.

5

Ist die Flanke des Reifens zum Schutz vor Beschädigungen mit einer Gummierung versehen, spricht man von **Gum Wall**. Fehlt diese oder ist sie nur sehr fein ausgeführt, wird der Reifen als **Skin Wall** bezeichnet. Solche Reifen sind leichter, haben einen niedrigeren Rollwiderstand und sind geschmeidiger. Sie sind aber auch verletzungsanfälliger und weniger haltbar.

### 5.8.2 Vulkanisieren

Durch die Entwicklung von elastischen und haltbaren Materialien wurde die moderne Reifentechnologie erst möglich. Grundsubstanz dafür sind Natur- und Synthesekautschuk.

Naturkautschuk wird aus Latex gewonnen. Dies ist die Flüssigkeit, die durch das Anritzen der Rinde des Kautschukbaums freigesetzt und in Behältern aufgefangen wird. In ihm sind etwa 25 % bis 35 % Kautschuk enthalten.

Im Grundzustand ist Naturkautschuk viskoelastisch, d. h., unter einer länger anliegenden Kraft verformt er sich dauerhaft.

Ab dem Jahr 1839 entwickelt Charles Goodyear ein Verfahren, bei dem unter der Verwendung von Schwefel und Wärme der Kautschuk in Gummi umgewandelt wird. Thomas Hancock prägte später dafür den Begriff „Vulkanisieren" (Vulkan = römischer Gott des Feuers).

Bei der Vulkanisation wird der Kautschuk mit dem Schwefel und anderen Zuschlägen für wenige Minuten auf eine Temperatur von 140 °C bis 220 °C erhitzt. Gegebenenfalls wird der Rohling dabei noch mit Druck in eine Form gepresst. In dieser Zeit findet die Polymerisation statt. Dabei werden die Molekülketten des Kautschuks miteinander verbunden. Der so entstandene Gummi ist nun elastisch, d. h., nach einer Belastung nimmt er wieder seine ursprüngliche Gestalt an. Rohmaterial, Zuschlagsstoffe und Prozessführung bestimmen dabei, wie hoch der abschließende Vernetzungsgrad ausfällt und ob sich aus dem Plastomer ein Elastomer oder ein Duromer entwickelt **(vgl. Seite 77)**.

Als Alternative zum Naturkautschuk wurden seit dem Beginn des 20. Jahrhunderts verschiedene Arten von Synthesekautschuk entwickelt. Zur Herstellung von Reifen werden z. B. Butadien- und Styrol-Butadienkautschuk verwendet. Für Reifenschläuche ist Butylkautschuk aufgrund seiner geringen Gasdurchlässigkeit der meist verwendete Grundstoff.

**info**

Obwohl es sich bei Latex um eine Flüssigkeit handelt, hat sich der Begriff als Kennzeichnung von Produkten eingebürgert, die aus Naturkautschuk hergestellt worden sind.

### 5.8.3 Bauarten von Reifen

Die unterschiedlichen Bauarten sind:

- Offene Reifen mit separatem Schlauch (Draht-, Falt-, Clincher- und Wulstreifen); engl. **Tube Type** (TT)
- Geschlossene Reifen (Schlauchreifen); engl. **Tubular** und **Single Tube**
- Offene Reifen ohne Schlauch (Schlauchlosreifen); engl. **Tubeless** (TL) und **Tubeless Ready** (TLR)
- Mischformen der o. g. Bauarten
- Reifen aus Vollmaterial; engl. Solid Tires

Bei **Tube-Type-Reifen** werden Reifen und Schlauch separat in die Felge eingelegt. In den Reifenwulst wird ein Stahldraht eingearbeitet (Drahtreifen). Dieser verhindert ein Aufweiten des Reifens bei Beaufschlagung mit einem Innendruck und sorgt für einen guten Halt auf der Felge. Durch den Einsatz von Aramidfasern (Handelsname: Kevlar) anstelle des Stahldrahts kann der Reifen auf ein kleines Packmaß gefaltet werden und ist bis zu 90 Gramm leichter **(Faltreifen, Bild 1)**.

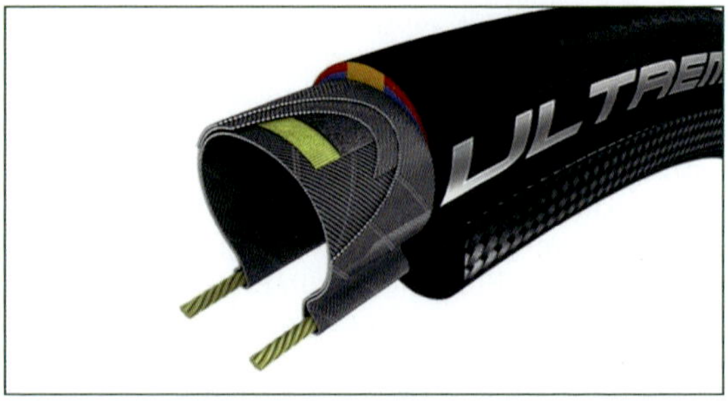

**Bild 1: Tube-Type-Reifen (Faltreifen)**

**Wulstreifen** haben keine Drahtverstärkung, sondern zwei ausgeprägte Wülste, die sich unter dem Felgenrand verhaken und im Felgenbett überlappen **(Bild 1)**.

Bild 1: Tube-Type-Reifen (Wulstreifen)

Ein Felgenband ist nicht erforderlich und sie sind problemlos faltbar. Bis in die 1960er Jahre hinein waren Wulstreifen in Deutschland gängig. Heutzutage sind sie noch für historische Fahrzeuge erhältlich.

Beim **Tubular** (Schlauchreifen) ist der Schlauch direkt in den Reifen eingenäht. Die Naht wird zum Schutz vor Beschädigungen beim Auf- und Abziehen des Reifens mit einem Schutzband versehen. Diese Einheit wird mit einem Klebstoff oder doppelseitigem Klebeband in das muldenförmige Felgenbett der Schlauchreifenfelge geklebt **(Bild 2)**.

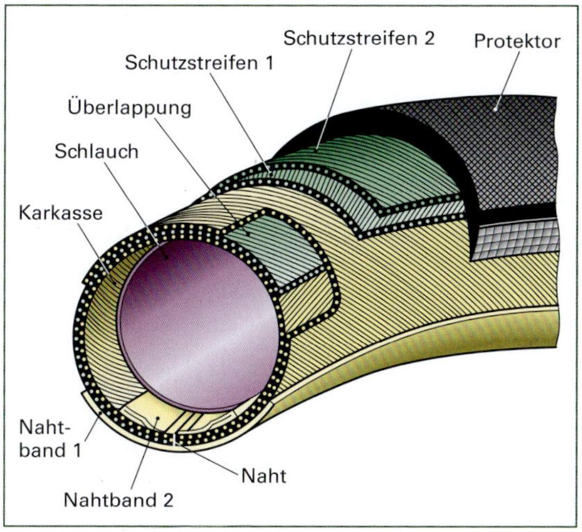


Bild 2: Tubular-Reifen (Schlauchreifen)

Bei **Single-Tube-Reifen** ist die Karkasse nahtlos gefertigt (gewickelt) und auf der Innenseite mit Butyl beschichtet **(Bild 3c)**.

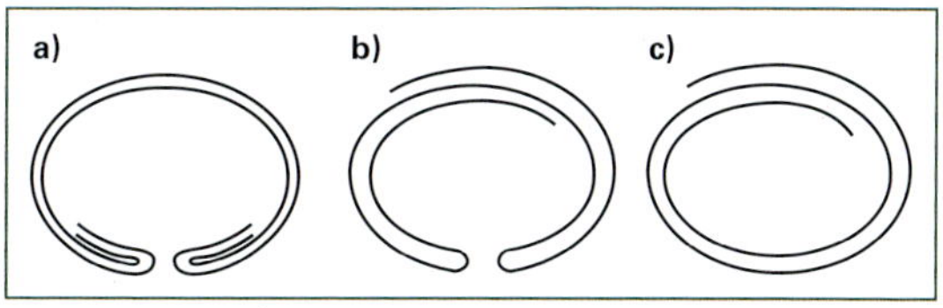


Bild 3: Karkassenbauarten

**Vergleich der Eigenschaften von geschlossenen und offenen Reifen**

- Die Kombination von Reifen und Felge ist bei geschlossenen Reifen leichter als eine gleichwertige mit offenen Reifen.
- Geschlossene Reifen können sich freier verformen und passen sich besser den Fahrbahnunebenheiten an. Offene Reifen werden hingegen durch die Kanten der Felgenhörner eingeschnürt und unter zusätzliche innere Spannung versetzt.
- Geschlossene Reifen können im Gelände mit niedrigem Reifendruck gefahren werden, ohne dass ein Durchschlagen den Schlauch perforiert, da die Felge ohne Felgenhörner auskommt.
- Geschlossene Reifen können mit einem Reifendruck bis 16 bar auf CFK-Felgen betrieben werden. CFK-Felgen für offene Reifen sollten nicht über 8 bar belastet werden.
- Offene Reifen sitzen sicherer in der Felge und sind einfacher zentriert.
- Bei langen Abfahrten im Gebirge kann sich durch das Bremsen die Felge und damit der Reifenkleber erhitzen. Bei Temperaturen ab ca. 120° C verliert ein geklebter Reifen dadurch seinen Halt, wandert auf der Felge oder kann von ihr abspringen.
- Der Reifenkleber altert und dadurch kann sich der Reifen lösen.
- Offene Reifen sind in der Regel preiswerter.

Verbesserte Rolleigenschaften und Gewichtsreduzierung haben in den letzten Jahren dazu geführt, dass TL- und TLR-Reifen vermehrt im Radrennsport verwendet werden.

**Tubeless- und Tubeless-Ready-Reifen**

Beim Schlauchlosreifen dichten sich Reifen und Felge gegeneinander ab. Die Felge wird entweder nach dem Einspeichen und Zentrieren durch ein selbstklebendes Felgenband luftdicht gemacht oder es wird eine Felge mit einem Felgenbett ohne Nippelbohrungen verwendet. In diesem Fall müssen die Speichennippel von der Innenseite eingesetzt werden. Das Ventil wird separat eingesetzt und besitzt einen abdichtenden Fuß.

Der Reifen hat einen verstärkten und breiteren Wulst, der sowohl am Felgenhorn als auch an der Felgenschulter anliegt **(Bild 1)**.

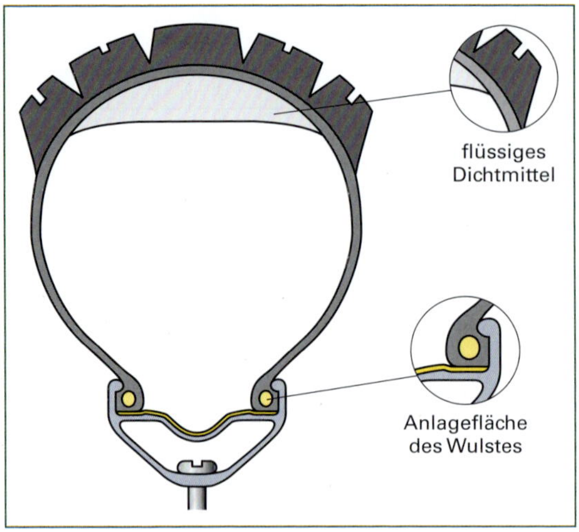


**Bild 1: TLR-System**

Nach dem Standard Universal System Tubeless (UST) sind die Reifen innen mit einer luftundurchlässigen Beschichtung versehen. Alternativ können Tubeless-Ready (TLR) Reifen von innen mit einem flüssigen Dichtmittel abgedichtet werden.

Es gibt zwei verschiedene Wirkungsweisen des Dichtmittels bzw. der Pannenschutzflüssigkeit:

- Mit Fasern oder Partikeln wird die Leckage mechanisch verstopft. Dieser Verschluss kann sich möglicherweise wieder lösen. Die Substanz ist dauerhaft wirksam.
- Latexbestandteile polymerisieren in der Leckstelle und erzeugen eine dauerhafte Abdichtung. Diese Substanz härtet mit der Zeit im Reifen aus und muss regelmäßig nachgefüllt werden.

Diese beiden Wirkungsweisen können auch kombiniert in einer Flüssigkeit vorliegen.

Vorteile von schlauchlosen Reifen:

- TLR-Reifen können bei nachgiebigem Untergrund mit einem Reifendruck gefahren werden, bei dem es gelegentlich zu Durchschlägen kommt. Dies maximiert die Traktion bei einem minimalen Rollwiderstand.
- Keine Perforation eines Schlauchs aufgrund von Durchschlägen.
- Durchstiche werden von der Latexflüssigkeit während der Fahrt wieder abgedichtet.
- Kein Ventilabriss durch Reifenwandern beim Fahren mit häufigen, starken Bremsungen.
- Das Fehlen des Schlauchs reduziert die Walkarbeit und damit den Rollwiderstand.
- Kein Platzen des Schlauchs bei großer Wärmeentwicklung durch Felgenbremsen während langer Bergabfahrten mit hoher Bremslast. Gewöhnliche Schläuche können bei Felgentemperaturen um 150 °C versagen. Latex- und Butyl-Leichtschläuche sogar schon bei niedrigeren Werten. Der Reifen selbst verträgt höhere Temperaturen.

Nachteile von schlauchlosen Reifen:

- Höhere Kosten durch die Anschaffung von Reifen, Felgen oder eines Umrüstsatzes.
- Beschädigungen des Reifens ab ca. 3 mm Durchmesser können nicht durch die Dichtflüssigkeit abgedichtet werden und erfordern andere Reparaturarten (Flicken des Reifens von innen, Einziehen eines Schlauches, Stopfen mit Gummifasern).
- Bei starken Seitenkräften kann der Wulst kurzzeitig aus seinem Sitz gehoben werden. Dabei entweicht etwas Luft, was entsprechend dem entstehenden rülpsenden Geräusch ‚Burping' genannt wird.
- Die Notwendigkeit, beim Aufpumpen den Reifen auf die Felgenschulter zu heben, macht evtl. die Verwendung von Handpumpen unmöglich und erfordert Kompressoren oder Druckluftspeicher.
- Die Verwendung von $CO_2$ als Reifenfüllgas aus Druckpatronen kann zur Verklumpung der Dichtflüssigkeit führen.
- Sollten kleine Tropfen Dichtflüssigkeit auf Gegenstände gelangen, sind sie anfangs kaum sichtbar. Beim Austrocknen verfärben sie sich dunkelbraun und sind schwierig zu entfernen.

### Mischformen

Der Hersteller Tufo bietet mit dem Modell MS3 einen Schlauchreifen für den Rollstuhlsport an, der auf einer Hakenprofilfelge montiert wird. Sein Durchmesser ist so gewählt, dass er auf dem Felgenboden aufliegt. Dafür sind die Flanken verstärkt ausgeführt. Durch seine Lage innerhalb der Felgenhörner kann er besonders gut Seitenkräfte übertragen. Da die Einfederungstiefe geringer ist, muss er mit hohem Luftdruck betrieben werden **(Seite 309, Bild 1a)**.

Daneben bietet die Firma Tufo mit der C-Serie auch Schlauchreifen an, die mit einem Fuß versehen sind. Auf diese Weise lassen sich auch Hakenprofilfelgen mit Schlauchreifen für den normalen Betrieb ausstatten. Da der Reifeninnendruck bei

Schlauchreifen nicht durch die Felgenhörner aufgenommen werden muss, können mit solchen Reifen Drücke bis 15 bar auch auf CFK-Hakenprofilfelgen gefahren werden **(Bild 1b)**.

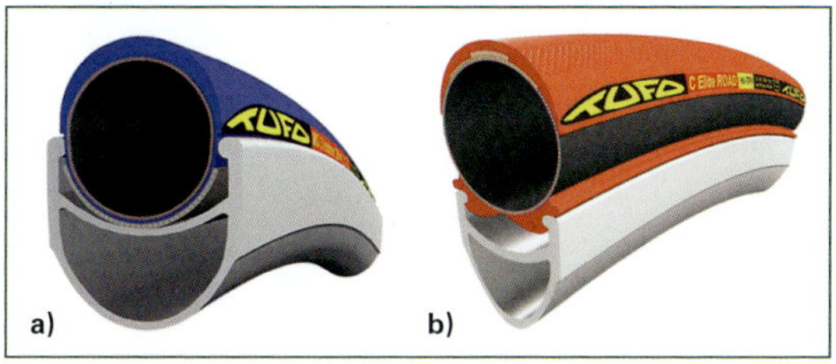


**Bild 1: Tufo-Reifen**

### Durchschlagschutz

Mit dem Schwalbe Procore wurde eine Kombination aus Tube Type- und Tubeless-Reifen entwickelt **(Bild 2)**. Dabei wird auf eine Tubeless-Felge ein großvolumiger Tubeless-Reifen montiert. Im Innenraum befindet sich zusätzlich ein Reifen mit Schlauch. Befüllt werden beide Luftkammern über ein umschaltbares Ventil. Dabei wird der innere Reifen mit einem Druck von 4 bis 6 bar, der äußere mit 0,8 bar bis 1,5 bar beaufschlagt. Der niedrige Druck ermöglicht dem äußeren Reifen eine optimale Anpassung an einen weichen Untergrund, während der innere Reifen das Rad vor Durchschlägen schützt. Gleichzeitig verbessert er die Abdichtung und den Halt des Tubeless-Reifens, sodass kein Burping vorkommen kann.

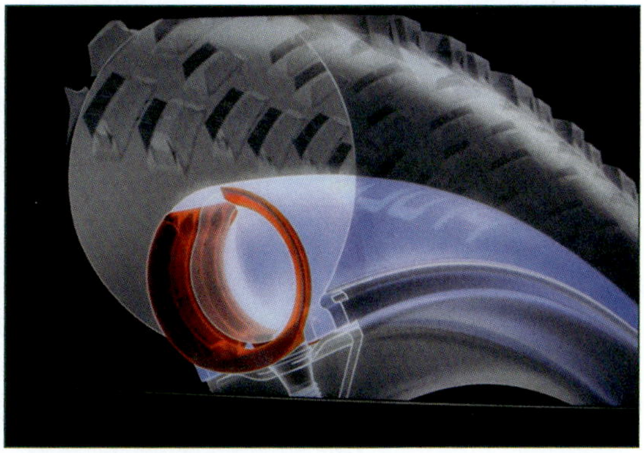

**Bild 2: Schwalbe Procore**

### Pannenschutz

Um Reifen vor Defekten zu schützen, wird die Karkasse i. d. R. so gelegt, dass sie unter der Lauffläche dreilagig ist. Ein spitzer Fremdkörper muss dadurch nicht nur die Lauffläche, sondern auch die drei Karkassenlagen durchdringen, bis er den Schlauch verletzen kann. Zusätzlich werden eine oder zwei Gewebelagen aus Aramidfasern oder Polyurethan in diesem Bereich eingesetzt.

Als besonders pannensicher werden Reifen mit einer bis zu 5 mm starken Kautschukschicht unter der Lauffläche angeboten. In ihr können auch große Fremdkörper stecken bleiben, ohne zum Schlauch vorzudringen **(Bild 3)**. Dadurch wird der Reifen starrer. Er schmiegt sich nicht mehr optimal an die Fahrbahnoberfläche an und verliert in kritischen Situationen früher die Haftung. Vor allem an Vorderrädern sollte man diese Reifen deshalb meiden.

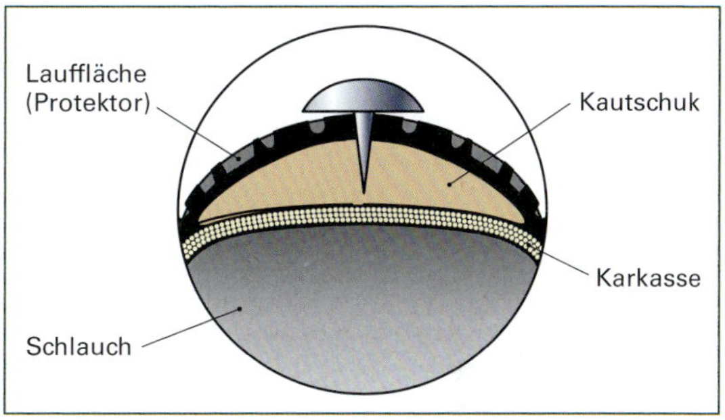


**Bild 3: Pannenschutz durch Kautschukschicht**

### Reifen aus Vollmaterial

Als absolut pannensicher gelten **Reifen aus Vollmaterial** (engl. solid tires). Früher war dies Vollgummi, neuere Entwicklungen haben als Basis meist ein Grundmaterial aus geschlossenzelligem PU-Schaum. Diese Reifen gibt es als Vollreifen **(Bild 4a)** oder als Kombination von Reifen und PU-Inlay, wie sie im Motocross als Mousse Tires bekannt sind **(Bild 4b)**.

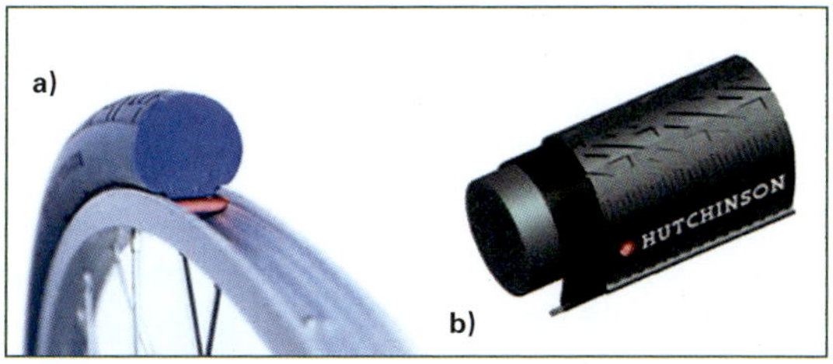


**Bild 4: Reifen aus Vollmaterial**

Nachteile der Reifen aus Vollmaterial:

- Sie passen sich weniger gut der Fahrbahn an und die Verankerung in der Felge ist schwächer. Das Fahrverhalten in Kurven ist problematisch.
- Mit der Zeit wird das Material spröde und verliert viel von seiner Haftfähigkeit.
- Durch die zyklische Kompression verliert das tragende Material seine Flexibilität.
- Die erhöhte rotierende Masse erschwert die Beschleunigung des Fahrrades
- Die Montage ist relativ schwierig.

Reifen aus Vollmaterial haben ihre Berechtigung bei Nischenanwendungen, wenn:

- die Fahrzeuge nur langsam bewegt werden und Rollwiderstand und Beschleunigungsverhalten kein wesentliches Kriterium sind.
- die Möglichkeit eines Pannenservices nicht gegeben ist bzw. der momentane Ausfall größere Probleme bereiten würde, z.B. bei Leihrädern oder Rollstühlen.
- das Fahrzeug selten benutzt wird.

## 5.8.4 Kraftübertragung des Reifens

Die Übertragung der Kräfte auf die Fahrbahn geschieht über die Gummischicht in der Lauffläche. Die Ausprägung der Lauffläche eines Reifens wird Profil genannt. Sie muss für eine optimale Kraftübertragung an die Einsatzbedingungen angepasst sein.

Im Wesentlichen werden zwei Umgebungszustände unterschieden:

- Die Fahrt auf festem und wenig nachgiebigem Untergrund (Straße, Radrennbahn).
- Die Fahrt auf losem und weichem Untergrund (Gelände).

Der Zustand des Untergrunds ist häufig variabel. So kann eine Fahrbahn sauber, verschmutzt, trocken oder feucht sein oder man bewegt sich über Felsen oder Geröll.

### Aufstandsfläche

Die von oben wirkende Gewichtskraft $F_G$ wird durch die vom Gasdruck $p$ vorgespannte Karkasse über die Aufstandsfläche $A$ auf den Untergrund übertragen. Der von der Steifigkeit der Karkasse übertragene Teil der Gewichtskraft macht nur einen geringen Teil der Gesamtkraft aus und wird zur Vereinfachung aus der Berechnung ausgelassen. Als Formel zur Ermittlung des Tragvermögens ergibt sich **(Bild 1)**:

$$F_G = A \cdot p$$

*Beispiel*: Ein Rad muss eine Gewichtsbelastung von 400 N (~ 40 kg) übertragen. Der Reifen ist mit einem Druck von 6 bar (= 60 N/cm²) versehen. Es ergibt sich eine Aufstandsfläche von

$$A = \frac{F_G}{p} = \frac{400\ \text{N}}{60\ \text{N/cm}^2} = 6{,}67\ \text{cm}^2$$

Die Aufstandsfläche des Reifens wird auch als „Latsch" bezeichnet.

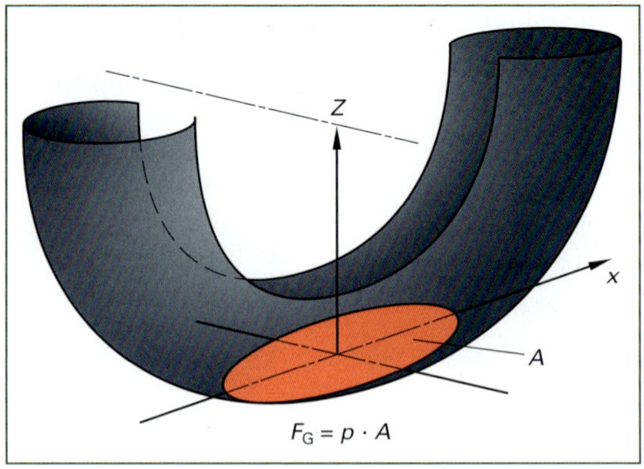


**Bild 1: Aufstandsfläche (Latsch) eines Reifens**

### Gummireibung

Auf festem Untergrund entsteht die Haftung des Reifens durch die Reibung des Gummis auf der Fahrbahn. Durch die Radaufstandskraft wird der Gummi der Aufstandsfläche elastisch verformt und passt sich der Gestalt der Straße an. In dieser Situation ist Gummi kein Festkörper, sondern gleicht eher einer viskosen Flüssigkeit **(Bild 2)**.

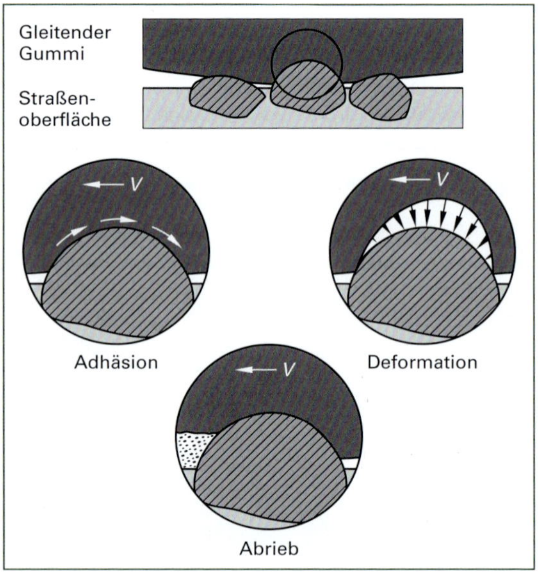


**Bild 2: Gummireibung**

Die Gummireibung setzt sich aus drei Einzelkomponenten zusammen:

- Die **Adhäsionsreibung** beschreibt die molekulare Anziehungskraft zwischen Reibpartnern (Van der Waals-Kräfte). Sie ist auf trockener Fahrbahn der dominierende Teil der Reibung und ist vor allem von der Auflagefläche und den Materialeigenschaften abhängig.

- Die **Hysteresereibung** beschreibt die Deformationsverluste auf rauen Fahrbahnen. Sie ist von den visko-elastischen Eigenschaften des Gummis, der Oberflächenbeschaffenheit und der Geschwindigkeit abhängig.
  Infolge der molekularen Wechselwirkungen verbraucht die Stauchung der Lauffläche auf der bewegungszugewandten Seite Energie, die mit der anschließenden Entspannung auf der abgewandten Seite nicht ausgeglichen werden kann. Diese Deformationsreibung ist Grund für die Erwärmung eines Reifens im Betrieb.
- Die **Kohäsionsreibung** stellt den Energieaufwand zur Erzeugung neuer Oberflächen durch Abrieb dar. Der Abrieb erfolgt sowohl am Reifen als auch auf der Fahrbahnoberfläche.

Der Reibungskoeffizient $\mu$ ist ein dimensionsloses Maß für die Reibungskraft im Verhältnis zur Anpresskraft zwischen zwei Körpern. Er ist nicht konstant, sondern hängt von verschiedenen Faktoren ab: Normaldruck, Auflagefläche, Temperatur, Geschwindigkeit.

Reibkräfte sind generell Reaktionskräfte und wirken immer Aktionskräften wie Antriebs-, Brems- und Seitenkräften entgegen. Die Aktionskräfte können nur aufgrund einer bestehenden Reibung übertragen werden.

**Straßenreifen**

Durch die geringe Aufstandsfläche von schmalen und profillosen Reifen verzahnt sich der Gummi mit den Fahrbahnrauigkeiten. Grundsätzlich haben profillose Reifen (engl. slicks) bei fester und sauberer Fahrbahn die beste Haftung und den geringsten Rollwiderstand. Profilblöcke hingegen verformen sich beim Einlaufen in die Aufstandsfläche. Die dazu aufgewendete Energie wird teilweise in Wärme umgewandelt. Ein anderer Teil wird gespeichert und beim Auslaufen aus der Aufstandsfläche in eine Gleitbewegung des Profilblocks umgewandelt, die zum Abrieb des Reifens beiträgt.

Wenn die Gewichtskraft nicht groß genug ist, die Aufstandsfläche durch einen niedrigen Reifendruck zu groß wird oder die Kombination der zu übertragenden Kräfte (Seitenführung bei gleichzeitigem Bremsen) zu hoch wird, reicht die Flächenpressung in der Aufstandsfläche für eine optimale Verzahnung des Gummis in der Fahrbahn nicht mehr aus **(vgl. Kap. 11.9.3)**. Hier empfiehlt sich eine weichere Gummimischung, die sich leichter in die Fahrbahnrauigkeiten pressen lässt.

Da besonders bei Straßenrennen in Kurvenfahrten der Grenzbereich der Haftung erreicht wird, fertigen einige Hersteller die Lauffläche mit zwei Gummimischungen: In der Mitte eine harte für einen niedrigen Rollwiderstand und auf den Reifenschultern eine weiche für gute Haftung bei Kurvenfahrten (engl. „Dual Compound") **(Bild 1)**.

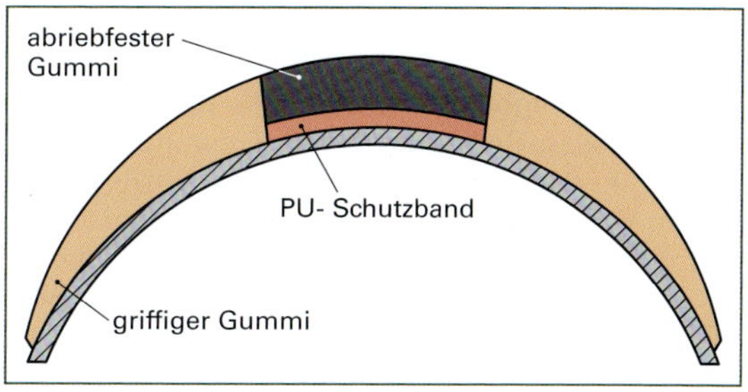


**Bild 1: Dual Compound-Lauffläche**

Alternativ dazu kann man auch die Kontaktfläche verkleinern, indem der Reifen mit einem Profil versehen wird. Dabei ist nur auf den Reifenschultern ein Profil nötig, das bis zu 50 % der Oberfläche ausspart. Der mittlere Bereich der Lauffläche sollte für einen niedrigen Rollwiderstand und geringere Abrollgeräusche weiterhin glatt sein.

Mit feinen Profilierungen wie Diamantierungen oder Rillen soll auf leicht sandiger Fahrbahn trotz der Verschmutzung der Fahrbahnkontakt erhalten bleiben **(Bild 2)**.

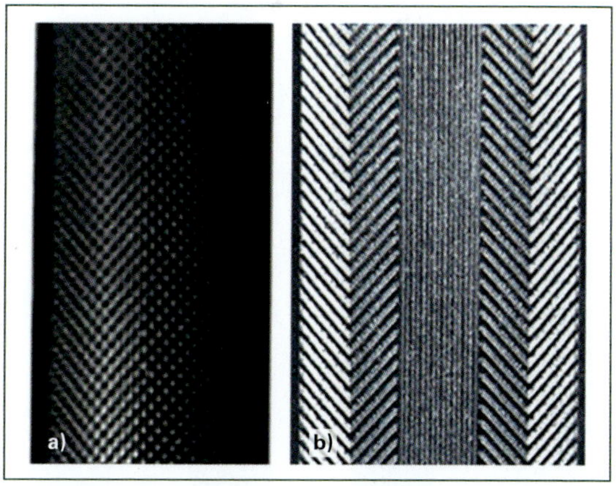


**Bild 2: a) Diamantierung, b) Fischgrät- und Längsrillen**

Diese Profile nutzen sich in der Mitte recht schnell ab, doch für die Kurvenfahrt bleibt das feine Profil erhalten.

Grobe Profilblöcke, wie bei Citybikes üblich, sind weniger gut in der Lage, feine Verschmutzungen zu durchdringen und bieten in diesem Fall kaum Vorteile gegenüber Slicks.

**info**

Anders als bei Kraftfahrzeugen ist es beim Fahrradreifen nicht notwendig, auf nasser Fahrbahn das Wasser über Abflusskanäle im Reifenprofil nach außen abzuleiten. Die relativ schmale und elliptische Kontaktfläche sowie die konvexe Form des Reifens sorgen für eine sichere Verdrängung des Wassers auch bei hohen Geschwindigkeiten.

Bei Fahrrädern für den Alltagsverkehr wird dem Profil allgemein eine zu hohe Wirksamkeit zugemessen. Es kopiert oft die Gestaltung von Kraftfahrzeugreifen. Auch wenn dies objektiv keine Vorteile bringt, kommt es der Erwartung der Kunden für das, was sie als „Reifen" kennen, entgegen. Im Gegenzug muss der Kunde einen höheren Rollwiderstand akzeptieren.



### Geländereifen

Auch bei der Fahrt auf losem und/oder weichem Untergrund muss sich der Reifen mit dem Untergrund verzahnen, um die Kräfte zu übertragen. Allerdings fehlt dem Untergrund die Fähigkeit, diese Kräfte problemlos aufzunehmen. Die Mikroverzahnung wird hier durch eine Makroverzahnung ergänzt bzw. ersetzt.

Die beste Übertragung von Antriebs- und Bremskräften bietet ein Profil aus quer zur Fahrtrichtung stehenden Stegen **(Bild 1a)**. Um im Gelände Seitenführungskräfte zu übertragen, sind tiefe Längsrillen optimal **(Bild 1b)**. Beide Profile können nicht gleichzeitig am Reifen realisiert werden. Deshalb kann man als Kompromiss schräg stehende oder (noch besser) bogenförmige Rippen wählen **(Bild 1c und d)**.

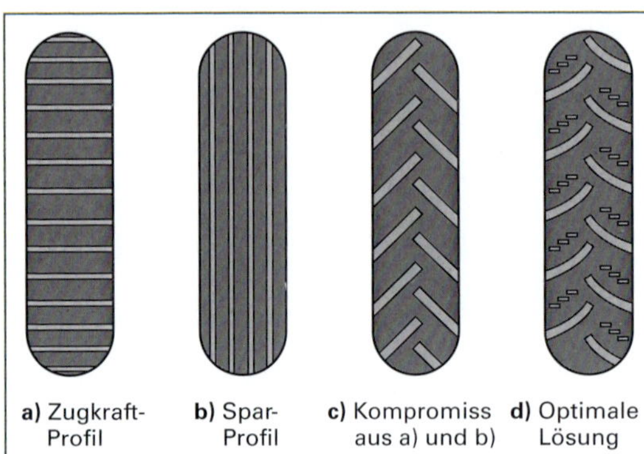


**Bild 1: Ideale Geländeprofile**

Um die Flexibilität der runden Karkasse nicht zu sehr einzuschränken, werden solche Rippen bei einem Fahrradreifen in einzelne Stollen aufgelöst **(Bild 2a)**.

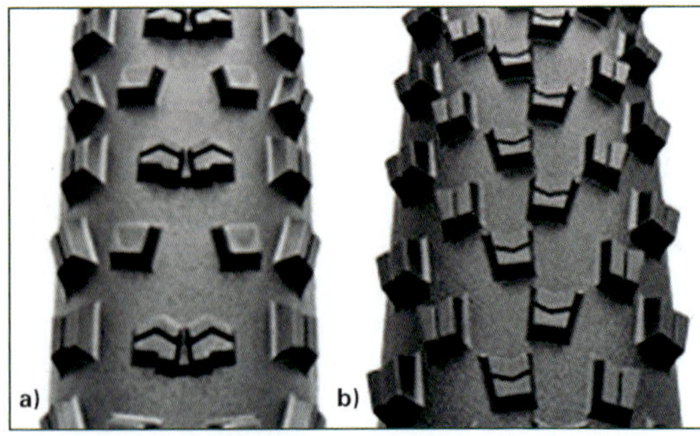


**Bild 2: a) Zugkraftprofil und b) V-förmiges Profil**

Bei der konkreten Gestaltung des Reifens haben die Designer einen breiten Spielraum, weil es „das optimale" Profil nicht gibt. Trotzdem sind einige grundsätzliche Regeln zu berücksichtigen:

- Ist die Anzahl der Stollen zu gering, reichen sie nicht aus, um die geforderte Leistung auf den Untergrund zu übertragen.
- Ist die Anzahl der Stollen zu groß, verringert sich der Anpressdruck je Stollen, sodass auch in diesem Fall nicht genügend Leistung übertragen werden kann.
- Zu dicht beieinanderstehende Stollen neigen dazu, sich mit Schlamm zuzusetzen.
- Eine fehlende Konizität der Stollen reduziert ebenfalls die Selbstreinigung.
- Niedrige Stollen sind gut für relativ festen Untergrund, greifen aber nicht tief genug in weichen Untergrund ein.
- Hohe Stollen greifen tief in weichen Untergrund ein, knicken aber auf festerer Fläche unter Belastung aus oder drücken sich in die Karkasse und erhöhen somit den Rollwiderstand.
- Quer zur Fahrtrichtung angeordnete Stollenriegel haben die beste Traktion auf weichem Untergrund, sind aber unruhig und energieverzehrend auf fester Oberfläche.
- In V-Anordnung stehende Stollenpakete führen zu einem ruhigeren Abrollen, da der in Fahrtrichtung folgende Stollen schon Bodenkontakt hat, während der vorige noch in der Auflagefläche weilt **(Bild 2b)**.

Aufgrund der Nachgiebigkeit des Bodens soll die Flächenpressung durch den Reifen gering sein. So wird verhindert, dass der Reifen eine zu tiefe Furche gräbt und sich in der Folge der Rollwiderstand erhöht. Dies erreicht man durch einen niedrigen Reifendruck, der eine große Aufstandsfläche erzeugt.

Als Allrounder für Strecken auf abwechselnd festem und losem Untergrund haben sich Schulter stollenreifen erwiesen. In der Mitte befindet sich eine Diamantierung, während die Reifenschultern ausgeprägte Stollen aufweisen. Diese Reifen haben auf der Straße ein gutes Abrollverhalten und auf festem Untergrund im Gelände ausreichend Traktion. Bei weichem Boden sinkt der Reifen tiefer ein und die Schulterstollen übertragen die Kräfte. Dies gilt besonders bei Kurvenfahrten **(Bild 1a)**.

Für den Betrieb auf Schotterstraßen (engl. gravel roads) entfallen die Stollen, sodass nur noch eine grobe Diamantierung oder ein ähnliches Profil übrig bleibt **(Bild 1b)**.

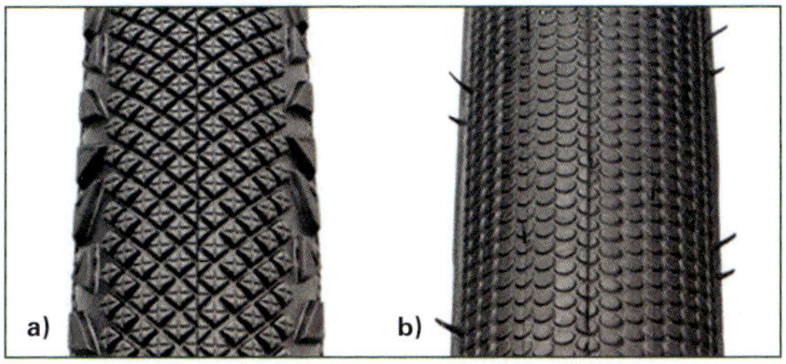


**Bild 1: a) Schulterstollen und b) Schotterprofil**

### Schnee und Eis

Auf festgefahrenem Schnee und Eis sind Metallnägel in der Lauffläche des Reifens (engl. spikes) für die Verzahnung mit dem Untergrund sinnvoll. Sie können auch problemlos auf Asphalt gefahren werden, haben aber den Nachteil der erhöhten Geräuschentwicklung.

Um den dauerhaften Halt der Spikes zu gewährleisten, sollten die Reifen ca. 40 km auf Asphalt eingefahren sein. Dabei ist starkes Beschleunigen und Abbremsen zu vermeiden.

### Richtungsbindung

Viele Profile von Fahrradreifen weisen pfeilförmig in eine bestimmte Richtung. Auch wenn dies bei Straßenreifen nur eine kleine Wirkung hat und zur Drainage von Regenwasser auf der Fahrbahn nicht erforderlich ist, sollte der Reifen mit der Pfeilrichtung nach vorne montiert werden. Bei einem Fischgrätprofil gilt die Pfeilung der Laufflächenschulter.

Im Gelände soll die Umkehrung des Pfeilprofils die Traktion am angetriebenen Hinterrad verbessern, während die gewöhnliche Orientierung am Vorderrad das Bremsverhalten verbessert.

### Dynamorändelung

Standardreifen für den Alltagsgebrauch sind für den Betrieb von Seitendynamos mit einer leicht erhabenen Rändelung versehen. Damit soll das Durchrutschen des Antriebsrädchens vermindert werden.

### Verschleißanzeige

Bei Kfz-Reifen ist ein Indikator vorgeschrieben, der die maximale Abnutzung des Reifens anzeigt. Einen solchen Tread Wear Index (TWI) findet man auch bei einigen Reifen für Rennräder, da sie aus Sicherheitsgründen nicht zu lange gefahren werden sollten **(Bild 2)**.

**Bild 2: Tread Wear Index**

## 5.8.5 Reifenschlauch

Ein Reifenschlauch besteht meist aus dem luftdichten Butylkautschuk. Schläuche aus Naturkautschuk (auch Latex genannt) sind dagegen elastischer und haben eine höhere Festigkeit. Daher können sie mit geringerer Wandstärke hergestellt werden. Sie haben einen geringeren Rollwiderstand und sind leichter. Gleichzeitig bieten sie einen besseren Pannenschutz gegen Durchschläge und Durchstiche. Ihr Nachteil liegt in der geringen Lufthaltigkeit **(Bild 3)**. Weiterhin sind sie empfindlich gegen Öl, Tageslicht und hohe Temperaturen.

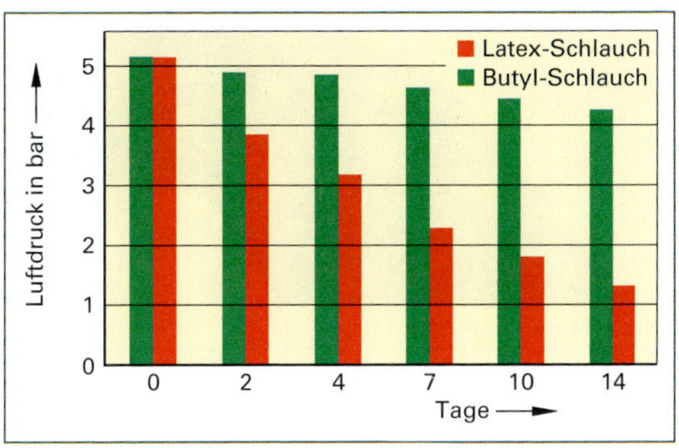


**Bild 3: Vergleich der Lufthaltigkeit von Butyl- und Latexschläuchen**

Der Luftverlust eines Schlauches ist unvermeidlich. Er entsteht durch das Eindringen und Diffundieren der Luftmoleküle in und durch das Schlauchmaterial. Um dies zu reduzieren, sollte das Material möglichst wenig freien Platz zwischen den Molekülketten besitzen. Dieses kann durch einen höheren Vernetzungsgrad oder Füllstoffgehalt des Elastomers geschehen. Ebenso verringert eine größere Wandstärke die Diffusionsrate. Alle drei Maßnahmen bedeuten aber immer auch eine Verringerung der Elastizität und damit eine Erhöhung des Rollwiderstands.

5

Für eine sichere Montage haben Schläuche einen etwas kleineren Querschnitt und Durchmesser als der Reifen. Sie können dadurch mit etwas Luft gefüllt eingebaut werden, ohne dass sie unter dem Wulst einklemmen. Beim anschließenden Aufpumpen auf den gewünschten Innendruck weiten sie sich und legen sich an die Karkasse an. Dabei baut sich eine Spannung innerhalb des Schlauches auf. Sollte ein Schlauch zu klein für einen Reifen sein, kann er allein durch seine innere Spannung reißen.

Mit steigender Materialspannung verliert ein Schlauch seine Elastizität: Zu kleine Schläuche erhöhen den Rollwiderstand. Ein zu stark gedehnter Schlauch verfälscht auch die korrekte Bestimmung der Karkassenspannung (dargestellt als Reifendruck), da ein größerer Anteil der Energie im Schlauch und nicht im Reifen gespeichert ist.

Der französische Hersteller Michelin hat sein Modell Protek Max mit ‚überschüssigem' Material in Form von Beulen ausgestattet. Dadurch wird der Aufbau der inneren Spannung vermieden. Bei Beschädigungen sollen Perforationen wieder geschlossen werden. Zusätzlich ist der viereckige Schlauch mit einer Pannenschutzflüssigkeit ausgestattet **(Bild 1)**.

**Bild 1: Michelin Protek Max**

Die feine Talkumschicht erlaubt es, dem Schlauch seine Lage zur Karkasse anzupassen und verhindert, dass er in einer verdrehten Position an ihr festklebt.

Alternative Schlauchmaterialien sind PU oder thermoplastische Elastomere. Ihre Vorteile liegen in einem geringem Gewicht, einem kleinen Packmaß und guter Durchschlag- und Durchstichfestigkeit. Der Rollwiderstand liegt im Bereich von Butylschläuchen. Ihr wesentlicher Nachteil ist der hohe Preis und die Notwendigkeit bei der Montage gewissenhaft zu arbeiten, da sie empfindlich auf Verknicken, innere Spannungen und Drehrichtung des Rades reagieren.

### 5.8.6 Felgenband

Felgenbänder haben die Aufgabe, den Fahrradschlauch vor einer Beschädigung durch die scharfen Kanten von Felgenbohrungen, Ösen und Speichennippeln zu schützen. Daneben verringern sie bei einer heißgebremsten Felge den Wärmeübergang zum Schlauch.

Bei Hohlkammerfelgen kommen Hochdruckfelgenbänder aus Kunststoff oder selbstklebende Gewebefelgenbänder zum Einsatz. Sie müssen so breit gewählt werden, dass sie den gesamten Felgenboden bedecken und bis unter die Reifenwulste reichen **(Bild 2a)**. Ist das Felgenband zu schmal, kann es bei der Montage verrutschen und scharfe Kanten der Felge freilegen, die den Schlauch beschädigen **(Bild 2b und 2c)**.

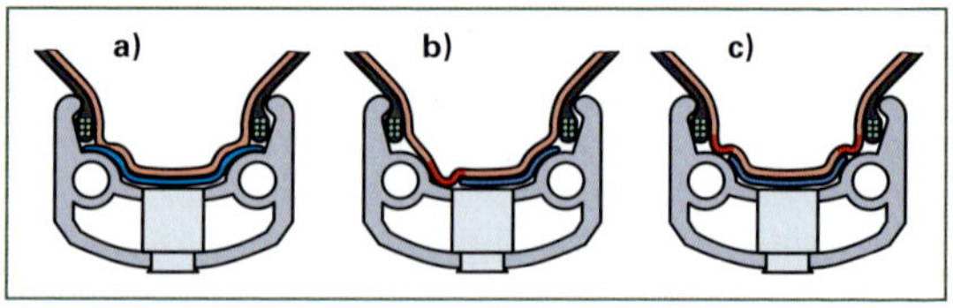


**Bild 2: Felgenbandmontage**

Selbstklebende Felgenbänder werden überlappend und auf vorgereinigte Felgen geklebt.

Bei Tiefbettfelgen für Niederdruckreifen werden Felgenbänder aus Gummi eingesetzt, die nur die Speichennippel abdecken.

### 5.8.7 Schlauch- und Reifenreparatur

Obwohl für das Flicken von Reifenschläuchen auch der Begriff des Vulkanisierens verwendet wird, handelt es sich bei der Verbindung von Flicken und Schlauch um einen Klebevorgang mit einem Kontaktklebstoff. Das Lösemittel muss dabei so lange ablüften, bis der Klebefilm bei der Fingerprobe keine Fäden mehr zieht und nur noch eine geringe Soforthaftung aufweist. Dies dauert je nach Umgebungsbedingungen 5 bis 10 Minuten. Nach dem Zusammenfügen der Klebeflächen ist eine Korrektur nicht mehr möglich. Die Klebeflächen sind kurz unter möglichst hohem Druck zusammenzupressen. Die Klebung ist sofort nach dem Fügen belastbar.

**Dichtflüssigkeiten** werden bei der Montage von Tubeless-Reifen vorsorglich in den Reifen gefüllt, eignen sich aber auch als Reparaturmittel. Sie bestehen meist aus einer Emulsion mit Latexpartikeln oder Mikrofasern.

Bei einem **Pannenspray** wird eine Flüssigkeit nach einer Panne in den Reifen oder den Schlauch eingefüllt. Das eingefüllte Material verklebt die undichte Stelle und das Treibgas ($CO_2$ oder Propan) pumpt den Reifen auf.

Pannensprays und Dichtflüssigkeiten eignen sich für Schäden bis zu 3 mm Größe. Tritt eine Verletzung ein, fließt das Reifendichtmittel, getrieben durch den Luftdruck im Reifen, in die offene Stelle. Problematisch werden diese Mittel, wenn sie das Ventil verkleben oder zwischen Schlauch und Reifen geraten. Mit Pannenschutz gefüllte Schläuche können nicht mehr auf konventionelle Art geflickt werden.

Beim Abdichten wird mit der aus dem Loch ausströmenden Luft das Dichtmittel mitgerissen und kann sich so vor das Leck setzen. Das bedeutet, dass vor der Abdichtung erst Luft entwichen sein muss. Der Druckverlust in MTB- und Trekking-Reifen ist dabei meist gering. Bei Rennradbereifung kann er aber spürbar sein.

Die Abdichtung des Lecks geschieht am zuverlässigsten bei schlauchlosen Reifen. Bei Reifen mit Schlauch kann die Relativbewegung zwischen Schlauch und Reifen beim Walken die beschädigte Stelle wieder aufreißen.

Es ist zu beachten, dass latexbasierte Flüssigkeiten auf einen plötzlichen Temperaturabfall mit dem Einsetzen der Polymerisation reagieren. Das kann geschehen, wenn ein Reifen nach einer Panne mit einer $CO_2$-Kartusche aufgepumpt wird und sich das Gas durch die Entspannung beim Ausströmen aus der Kartusche abkühlt. Um dieses Problem zu mindern, sollte in einem solchen Fall das Ventil an der höchsten Stelle des Rades sein und der Dichtflüssigkeit genug Zeit gegeben werden, dass sie sich am tiefsten Punkt des Rades sammelt.

Bei Tubeless-Reifen wird nach einer Stichverletzung der Karkasse erst das Loch mit einem Fräser aufgeweitet. Anschließend wird es mithilfe einer Ahle durch eine mit Klebstoff versehene Schnur verstopft **(Bild 1)**.

**Bild 1: Reparatur eines TL-Reifens durch Stopfen**

Reparaturen an Tube-Type-Reifen sind im Fahrradbereich selten, weil die Kosten eines neuen Reifens meist gering sind und die Funktionssicherheit bei hohen Drücken nicht gewährleistet ist. Es ist aber möglich, einen Schnitt in der Karkasse durch einen Gewebeflicken von innen zu beheben.

### 5.8.8 Fahrradventile

Das Fahrradventil soll die Luftstöße der Pumpe in den Schlauch hineinlassen und die zusammengepresste Luft im Schlauch halten. Es gibt vier verschiedene Bauarten von Ventilen, die im Fahrradbereich verwendet werden **(Bild 2)**:

- Woodsventil, Blitzventil, Schwalbeventil (gemeinsame Bezeichnung: Dunlopventil)
- Sclaverandventil
- Schraderventil
- Reginaventil

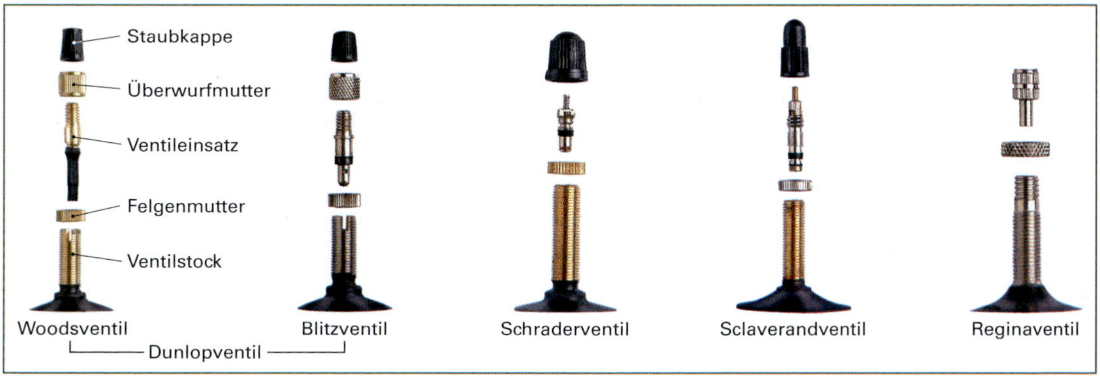


**Bild 2: Ventilbauarten**

Im Jahr 1890 erwarb die Firma Dunlop die Rechte an dem Ventil von Charles Woods und setzte damit den Standard für Reifenventile durch. Der Einsatz des **Woodsventils** hat seitlich zwei Stege, die in die Nuten des Ventilstocks greifen. Sie verhindern ein Verdrehen des Einsatzes bei der Befestigung mit der Überwurfmutter. Die einfache Konstruktion mit einem Schlauch als Rückflusssperre lässt sich leicht instandsetzen. Sie hat aber den Nachteil, dass das Aufpumpen gegen die Materialspannung des Ventilschlauchs geschehen muss **(Bild 1a)**. Die Entlüftung des Schlauchs erfolgt über den Ausbau des Ventileinsatzes. Der maximale Arbeitsdruck beträgt 5 bar. Es wird eine Bohrung von 8,3 mm in der Felge benötigt.

Als Weiterentwicklung wurden Leichtpumpeinsätze entwickelt, von denen der bekannteste das **Blitzventil** der Firma Alligator ist. Hier verschließt ein beweglicher Silikonstopfen durch den Reifeninnendruck das Ventil **(Bild 1b)**.

Die neueste Entwicklung besteht in dem prüfbaren **Schwalbeventil**, für das es ein eigenes Druckmessgerät gibt. Dabei wird das Ventil ähnlich dem Schraderventil durch einen Stift geöffnet. Zum Befüllen genügt allerdings der Luftdruck wie bei dem Blitzventil.

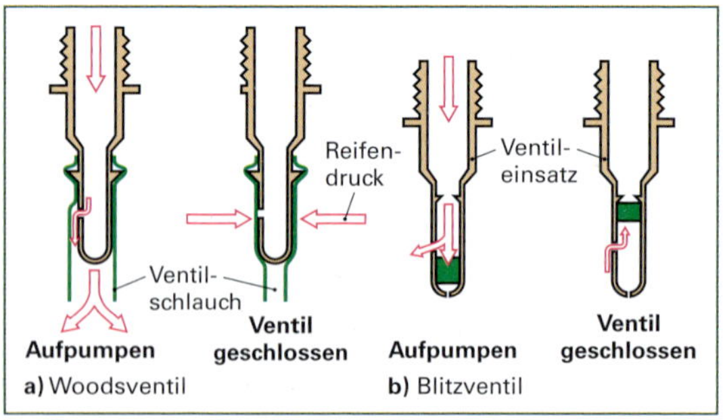


**Bild 1: Funktion von Woodsventil und Blitzventil**

Da dieses Ventil nicht geöffnet werden kann, ohne Druckluft zuzuführen oder abzulassen, kann der Reifendruck nur beim Pumpen gemessen oder grob geschätzt werden. In Luftpumpen eingebaute Manometer zeigen den Druck an, während Luft in den Reifen gepumpt wird und dabei der Druck in Pumpe und Schlauch kurzzeitig gleich groß ist.

Alternative Bezeichnungen: Dunlopventil (DV), Blitzventil, Woodsventil, Normalventil, NV, Fahrradventil, deutsches Ventil, englisches Ventil und Hollandventil.

Das im Jahr 1893 in New York von August Schrader patentierte **Schraderventil** für Luftreifen hat sich zum Standard für Kraftfahrzeuge entwickelt. Dabei sitzt der Ventileinsatz bündig im Ventilstock. Der Verschluss erfolgt über eine Feder. Er wird mit einem Zweikantsteckschlüssel montiert und demontiert **(Bild 2)**.

Beim Aufstecken des Pumpenkopfes oder eines Manometers wird das Ventil durch Niederdrücken des Ventilstößels geöffnet. Handpumpen für Schraderventile benötigen deshalb ein Rückschlagventil im Pumpenkopf. Der maximale Arbeitsdruck beträgt 20 bar. Die Verwendung des Schraderventils am Fahrrad geschah parallel zur Verbreitung der MTBs aus den USA, wo es das Standard-Ventil für Luftreifen sowohl an Kraftfahrzeugen als auch bei Fahrrädern ist.

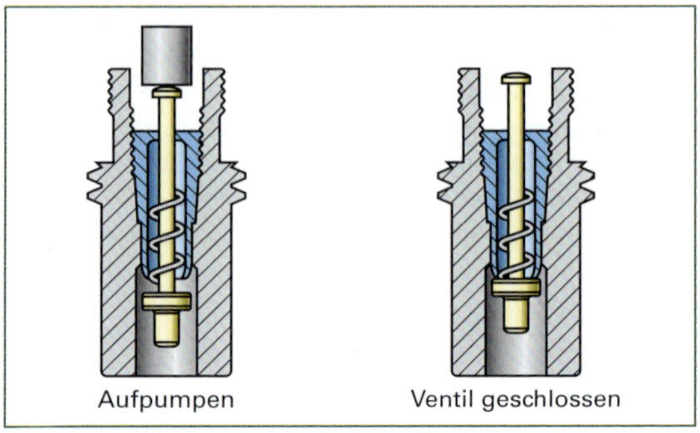


**Bild 2: Funktion des Schraderventils**

Alternative Bezeichnungen: Autoventil (AV), Pkw-Ventil, Motoventil, Motorradventil und MTB-Ventil.

Das **Sclaverandventil** wurde von dem Franzosen Etienne Sclaverand erfunden und 1898 patentiert. Es kann sowohl fest im Ventilstock verbaut oder als separater Ventileinsatz eingeschraubt sein.

Der sperrende Ventilkegel im Innern kann durch eine Gewindestange mit Rändelmutter von außen auf den Ventilsitz gezogen werden. Zum Befüllen muss diese Mutter gelockert werden. Sobald die Rändelmutter gelockert ist und der Ventilstößel heruntergedrückt wird, ist das Ventil geöffnet. Beim Pumpen muss nur der Gegendruck im Reifen überwunden werden **(Bild 3)**. Das Sclaverandventil ist tauglich für einen Reifendruck bis 16 bar.

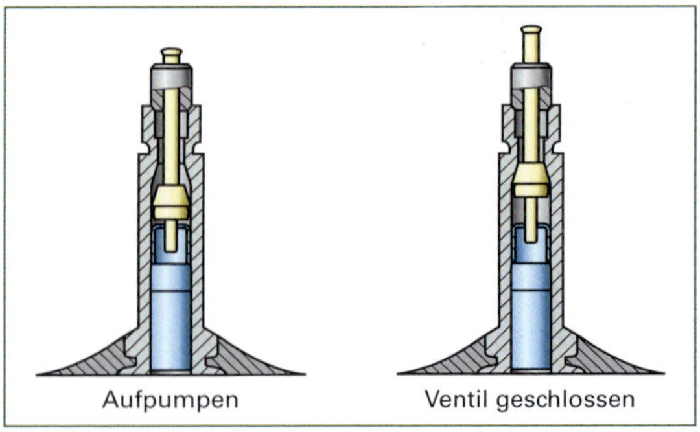


**Bild 3: Funktion Sclaverandventil**

Sclaverandventile benötigen eine 6,2 mm-Bohrung in der Felge und sind somit auch für sehr schmale Felgen geeignet. Sie sind wegen des geringeren Durchmessers mechanisch etwas weniger robust als die o. g. Ventile. Die Gewindestange der Rändelmutter kann z. B. bei ungeschicktem Auf- oder Absetzen der Pumpe leicht verbiegen. Für den Gebrauch von sehr hohen Felgenprofilen werden lange Ventilstöcke bzw. Ventilverlängerungen angeboten.

Alternative Bezeichnungen: Französisches Ventil, Rennradventil und Presta-Ventil.

Das **Reginaventil** ähnelt dem Sclaverandventil. Der Ventilkegel wird durch die Ventilkappe gesichert. Zum Befüllen wird die Kappe entfernt. Die Gewindestange bleibt innerhalb des Ventilstocks, sodass sie nicht verbogen werden kann. Der Ventileinsatz ist nicht auswechselbar. Es ist hauptsächlich in Italien verbreitet.

Der **universelle Ventileinsatz** der Firma Alligator ist ein Blitzventil mit einem Gewinde für den Sclaverandventilstock. Auf Dunlop- und Schrader-Ventilstöcken wird es mit einer Überwurfmutter befestigt.

Der universelle Ventilstock der Firma Schwalbe besitzt ein Innengewinde für Schrader- und ein Außengewinde für die Überwurfmutter der Dunlopventile.

**Luftpumpen** haben mittlerweile Pumpenköpfe mit Aufnahmen für Schrader- bzw. Dunlop-/Sclaverand-Ventilen. Bei kleineren Handpumpen wird dies durch umbaubare Pumpenköpfe erzielt **(Bild 1)**.

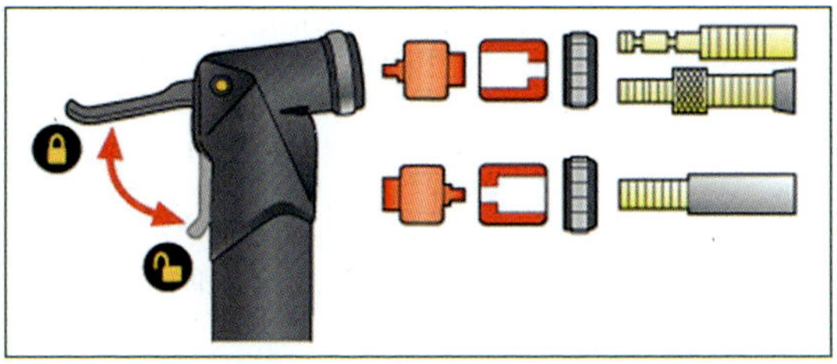

**Bild 1: Umbau eines Pumpenkopfes (Topeak)**

**Ventilabriss**

- Das Ventil kann abreißen, wenn es nicht zentrisch in der Ventilbohrung sitzt. Das kann durch Nachlässigkeit beim Einbau oder durch das Reifenwandern beim Bremsen geschehen. Besonders bei MTBs kann durch die wirkungsvollen Bremsen und die geringen Innendrücke der Reifen auf der Felge rutschen.
- Beim Einbau von Schläuchen mit Sclaverandventil in Felgen mit 8,5 mm Ventillochbohrungen kann die Metallkante der Bohrung den Ventilschaft vom Schlauch abtrennen. Es gibt Felgen, die auf der Außenseite die für Sclaverandventile korrekte Bohrung von 6,5 mm haben, aber auf der Innenseite eine größere 8,5 mm-Bohrung.

### 5.8.9 Größenbezeichnungen von Reifen

Reifengrößen werden nach drei verschiedenen Normen bemaßt. Im Alltag gebräuchlich ist häufig die Bezeichnung in Zoll. Weniger bekannt ist das französische Maß. Technisch eindeutiger als diese beiden ist die Größenangabe nach der Vorgabe der European Tire and Rim Technical Organization (ETRTO) **(Bild 2)**.

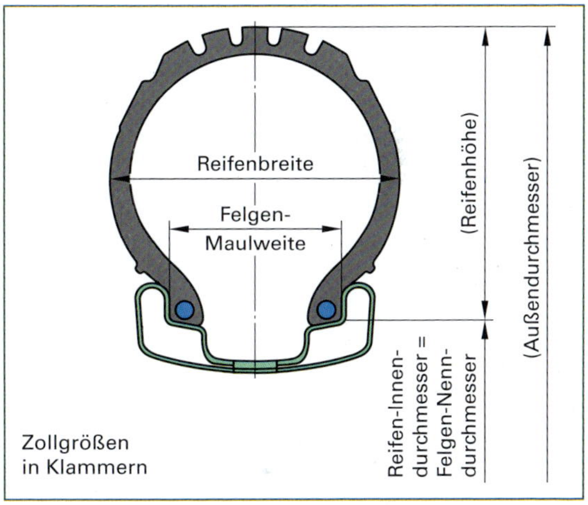


**Bild 2: Reifenbemaßung**

**Zollbemaßung**

Der Beginn der Entwicklung von Luftreifen lag in Großbritannien, daher werden Reifengrößen üblicherweise in Zoll angegeben. Weil die ersten Fahrradbremsen von oben auf den Reifen wirkten, war damals das entscheidende Maß für Konstrukteure der Außendurchmesser des Reifens. An zweiter Stelle wird die Höhe und danach die Breite des Reifens angegeben (bei einigen Herstellern kann der zweite und der dritte Wert vertauscht sein). Aus der Reifenhöhe leitet sich die Felgengröße ab.

*Beispiel einer Zollbemaßung*:

28 x 1 $^{5}/_{8}$ x 1 $^{3}/_{8}$

Der Außendurchmesser beträgt 28" (711 mm), die Reifenhöhe 1 $^{5}/_{8}$" (41 mm) und die Reifenbreite 1 $^{3}/_{8}$" (35 mm). Die Felgengröße ist 28 x 1 $^{5}/_{8}$ (622 mm).

Sind nur zwei Werte angegeben, dann kennzeichnet der zweite die Reifenbreite.

Die Zollwerte können als echter Bruch oder als Dezimalzahl dargestellt sein (z. B. 1 $^3/_4$ und 1.75). Werte in Dezimaldarstellung wurden zu Beginn der 1930er Jahre eingeführt, um die breiteren Ballongrößen (Breiten ab 1.75") von den Standardreifen zu unterscheiden. Dabei haben nominell gleiche Werte (z. B. 1 $^3/_4$ und 1.75) i. d. R. unterschiedliche Innendurchmesser.

**Französische Bemaßung**

Ebenfalls Ende des 19. Jhd. wurde das französische Maß eingeführt. Dieses gibt den Außendurchmesser des Reifens und seine Breite in mm an. Zusätzlich wird über einen Buchstabencode auf den Felgennenndurchmesser hingewiesen. Die Buchstaben A, B und C der französischen Norm geben den Nenndurchmesser in Abhängigkeit von dem Reifenaußendurchmesser an **(Tabelle 1)**.

**Tabelle 1: Nenndurchmesser, franz. Norm**

| Reifenaußendurchmesser [mm] | Felgennenndurchmesser [mm] Kennbuchstabe | | |
|---|---|---|---|
| | A | B | C |
| 700 | 642 | 635 | 622 |
| 650 | 590 | 684 | 571 |

*Beispiel einer französischen Bemaßung*:
700 x 35 C
Der ungefähre Außendurchmesser beträgt 700 mm bei einer Reifenbreite von 35 mm. Der Buchstabe C weist auf einen Nenndurchmesser von 622 mm hin.

**Bemaßung nach ETRTO**

Für die Verwendung im Handel und im Service ist die Bemaßung nach ETRTO praktikabler als die vorgenannten. Bei ihr wird die Reifenbreite und der Nenndurchmesser angegeben. Reifen und Felgen mit einem identischen Nenndurchmesser sollten zueinander passen. Der Mechaniker muss allerdings beurteilen, ob Rahmen, Bremse und Radschützer dem Reifen genügend Durchlauf lassen.

*Beispiel einer ETRTO Bemaßung*:
37-622
Die Reifenbreite beträgt 37 mm, der Innen-(Nenn-)durchmesser ist 622 mm.

Der ETRTO-Nenndurchmesser leitet sich (meistens) aus dem Außendurchmesser in Zoll abzüglich der doppelten Reifenhöhe ab **(Tabelle 2)**.

**Tabelle 2: Beispiele für den Zusammenhang von Zoll- und ETRTO-Reifenmaß**

| Durchmeser | Reifenhöhe | ETRTO-Maß |
|---|---|---|
| 28" | 1 3/8" | 642 mm |
| 28" | 1 1/2" | 635 mm |
| 26" | 1 1/2" | 584 mm |

**Missverständnisse bei Reifenbemaßungen**

Die drei unterschiedlichen Normen führen häufig zu Missverständnissen:

- Reifen mit einem Maß von 28" (= 711 mm) waren üblicherweise 1.75" breit und hoch. Der Felgennenndurchmesser beträgt daher 622 mm. Dieser Nenndurchmesser hat sich als Standard für die meisten Fahrräder für erwachsene Personen etabliert.
- Reifen mit einem Maß von 28" Durchmesser und 1 1/2“ Breite benötigen hingegen einen Felgennenndurchmesser von 635 mm. Heute ist dieses Maß üblich für Hollandräder.
- Schlauchreifen mit einem Maß von 27" (= 686 mm) wurden als schmale Rennradreifen mit den Durchmessern 1", 1 $^1/_8$" und 1 $^1/_4$" hergestellt. Der davon abgeleitete ETRTO-Felgenstandard bekam den Nenndurchmesser von 630 mm und ist daher größer als die meisten (aber nicht alle!) 28"-Felgen.

Mit der steigenden Verbreitung der im Vergleich zur Stempelbremse leistungsfähigeren Felgenbremse wurde die Position der Bremsflanken der Felge die kritische Größe bei der Auswahl des passenden Rades. Damit konnten die montierten Reifen auf diesen Felgen in ihrer Größe und Ausführung stärker variieren. Dies führte dazu, dass z. B. für das Maß von 28" (= 711 mm) und dem zugehörigen Nenndurchmesser von 622 mm mittlerweile Reifen angeboten werden, die einen tatsächlichen Außendurchmesser von 25.9" (= 658 mm, bei 18 mm Reifenhöhe) bis 29.2" (= 742 mm, bei 60 mm Reifenhöhe) haben.

Mit dieser Gestaltungsfreiheit entwickelte sich eine Vielzahl von Reifengrößen und Größenbezeichnungen, die durch den Einsatz der Scheibenbremse an Mountainbikes noch erweitert wurde. Denn neben der klassischen 26"-Größe der anfänglich für diesen Sport verwendeten Schwinn Cruiser Bikes haben sich weitere Radgrößen entwickelt:

- Die 29"-Räder (engl. Twentyniner) basieren auf Felgen mit 622 mm Nenndurchmesser und Reifen von 50 bis 75 mm Breite.

- Die 27.5" basieren auf Felgen mit einem Nenndurchmesser von 584 mm. Da diese Größe der französischen Norm 650B entspricht, werden 27.5" und 650B synonym verwendet.
- 26-Plus und 27.5-Plus bezeichnen Reifen mit 559 mm bzw. 584 mm Nenndurchmesser und einer Breite von 65 mm bis 80 mm (2.4" bis 3.25").
- „Fattires" sind Reifen mit extrem großen Breiten von 90 mm bis 120 mm (3.5" bis 4.8"). Diese werden auf Felgen der Größe 559 mm (26") montiert.

**Zusammenhang von Reifen- und Felgenbreiten**

Die richtige Kombination von Reifen und Felge ist eine Voraussetzung für ein sicheres Fahren. Auch wenn der Reifen- und der Felgennenndurchmesser übereinstimmen, stellt ein für eine bestimmte Felge zu breiter Reifen ein Sicherheitsrisiko dar. Das Verhältnis

Reifenbreite : Felgenmaulweite

sollte maximal 1,5- bis 2 (Renn- und Tourenreifen) oder 2 bis 2,5 (MTB) betragen. Leichte Reifen mit dünner Karkasse benötigen mehr Halt als Reifen mit festen Karkassen. Bei einem kleinen Wert besitzt der Reifen eine größere Stützbreite, die bei Kurvenfahrten sein Wegkippen vermeidet. Er lässt sich besser lenken und das Fahrgefühl wird nicht „schwammig". Gleichzeitig wird das Felgenhorn weniger stark durch auswärts gerichtete Zugkräfte des Reifenwulstes belastet. Gerade im Zusammenspiel mit der Wechselbelastung durch eine Felgenbremse könnte es sonst zu vorzeitigem Versagen der Felge kommen.

*Beispiel*: Wird ein Reifen der Größe 37–622 auf einer Felge mit der Maulweite von 19 mm montiert, so ist das Breitenverhältnis

$$37 : 19 = 1{,}95$$

und damit technisch an der oberen Grenze.
Bei der Montage auf einer Felge mit 24 mm Maulweite ergibt sich der Wert

$$37 : 24 = 1{,}54$$

und damit ein besseres Fahrverhalten.

Die Reifenbreite darf nicht kleiner sein als die Felgenbreite.

## 5.8.10 Reifendruck und Karkassenspannung

Durch den Luftdruck wird der Reifen in seiner Betriebsform stabilisiert. Ein Gas als Füllmedium im Reifen lässt auch kleinste Formänderungen zu, wodurch sich der Reifen an die Fahrbahnoberfläche anpasst und Bodenunebenheiten kompensieren kann.

**Zugspannung in der Karkasse**

Als Reaktionskraft auf den Innendruck des Reifens entsteht in den Fäden der Karkasse eine Zugspannung. Diese kann in tangentialer und in axialer Richtung nach der sog. Kesselformel berechnet werden **(Bild 1)**.

Das **Bild 1, Seite 310**, mag den Eindruck erwecken, als stehe der Reifen auf einer Luftsäule mit der Grundfläche $A = F/p$. Dies ist aber irreführend, denn die Felge kann sich nicht auf einer solchen Luftsäule abstützen, da der Reifendruck an allen Stellen ihres Umfangs gleich ist.

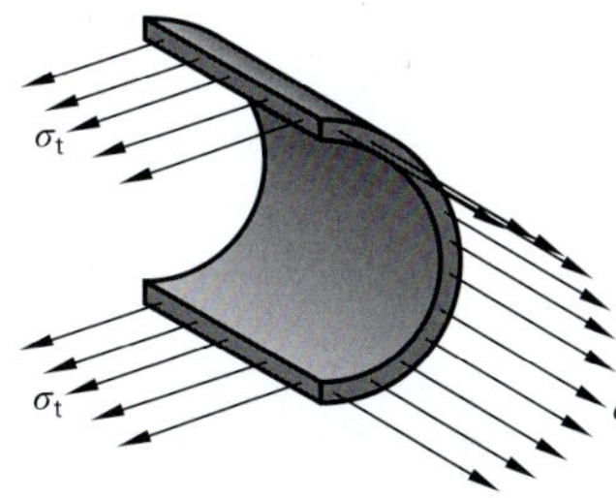


$$\sigma_t = \frac{p \cdot d_m}{2 \cdot s}$$

$$\sigma_a = \frac{p \cdot d_m}{4 \cdot s}$$

$p$ Innendruck
$s$ Wanddicke
$d_m$ mittlerer Durchmesser
$\sigma_t$ tangentiale Spannung
$\sigma_a$ axiale Spannung

**Bild 1: Kesselformel**

Der Reifen trägt die Last über eine Verringerung der Vorspannung in der Karkasse im Bereich der Aufstandsfläche (Latsch) ähnlich wie die vorgespannten Zugspeichen des Rades.

Im Latsch wird der Innendruck durch die Gegenkraft der Fahrbahn aufgehoben. Die Karkassenspannung lässt in diesem Bereich nach. Gleichzeitig beulen sich hier die Reifenflanken aus. Durch den veränderten Angriffswinkel der Karkasse zieht ihre Spannung die Felge an dieser Stelle nach oben **(Bild 2)**.

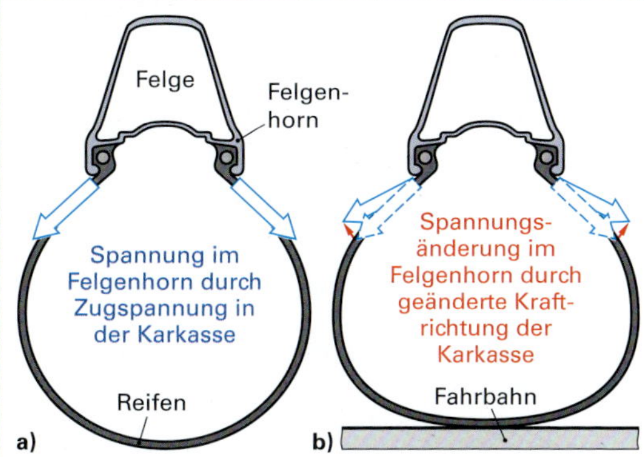


**Bild 2: Übertragung der radialen Last durch die vorgespannte Karkasse**

*Beispiel*: Bei einem Schlauchreifen der Größe 25 – 622 beträgt der Umfang in Rollrichtung 2110 mm und der Umfang quer zur Rollrichtung 79 mm. Bei einer Gewichtsbelastung von 400 N und einem Druck von 6 bar beträgt die Aufstandsfläche 667 mm². Die Aufstandsfläche soll eine Ellipse mit der Länge $l$ = 65 mm und der Breite $b$ = 13 mm sein.

Die Karkassenspannung $\sigma_a$ ändert sich in Rollrichtung um:

$$d\sigma_a = \frac{65}{2110} \cdot 100 = 3\ \%$$

Die Karkassenspannung $\sigma_t$ ändert sich quer zur Rollrichtung um:

$$d\sigma_t = \frac{13}{79} \cdot 100 = 16{,}5\ \%$$

5

**info**

Breitere Reifen haben aufgrund ihres größeren Durchmessers bei gleichem Druck eine höhere Karkassenspannung als schmale Reifen. Bei einer gegebenen Last müssen sie sich weniger verformen und haben somit einen geringeren Rollwiderstand. Gleichzeitig sind sie dann aber auch härter und unkomfortabler.

**Reifendruckempfehlungen für Straßenreifen**

Je nach Reifentyp und -bauart, Systemgewicht und Einsatzzweck variiert der optimale Reifendruck zwischen 2,0 bar (sehr breite Reifen) und 16 bar (Bahnsport, sehr schmale Reifen und harte, glatte Fahrbahn).

Der „max. Druck" wird durch die größte zulässige Karkassenspannung (abzüglich einer Sicherheitsmarge) vorgegeben. Der „min. Druck" ergibt sich aus der gerade noch zulässigen Materialverformung bei einer ausreichenden Tragfähigkeit.

Mit dem Spannungszustand der Karkasse ändern sich auch die wichtigen Eigenschaften des Reifens. Eine Übersicht über die Auswirkungen eines stark von den Empfehlungen abweichenden Luftdrucks von Rennradreifen gibt die **Tabelle 1**.

In der Regel ist die Lastverteilung zwischen Vorder- und Hinterrad 40 % zu 60 %. Daran sollte auch der Reifendruck angepasst sein.

**Reifendruckempfehlungen für Geländereifen**

Aufgrund der unterschiedlichen Betriebssituationen für MTB richtet sich der Reifendruck nach den folgenden Aspekten:

- Fahrergewicht bzw. Gesamtgewicht
- Reifenvolumen
- Geländebeschaffenheit
- Fahrstil
- Reifenkonstruktion
- Felgenbreite

Die Untergrenze des Reifendrucks ist erreicht, wenn der Reifen beginnt bei Bodenunebenheiten durchzuschlagen. Bei Tubeless- und Schlauchreifen sind leichte Durchschläge aber durchaus akzeptabel.

**Messung des Reifendrucks**

Der Reifendruck wird mit einem Manometer ermittelt. Steht dieses nicht zur Verfügung, so kann die Spannung der Karkasse auch durch eine „Daumenprobe" kontrolliert werden. Dabei ist zu bedenken, dass hier nicht der Innendruck ermittelt wird, sondern der Widerstand der Karkasse gegen eine Verformung. Dieser ist auch abhängig von Material, Dicke und Reifenquerschnitt. Deshalb sollte dieser Test nicht auf der Lauffläche durchgeführt werden, weil sonst das Reifenprofil und die Pannenschutzeinlagen das Ergebnis beeinflussen.

**Tabelle 1: Auswirkungen des Reifendrucks**

| Reifendruck | | |
|---|---|---|
| **zu gering** | **empfohlen** | **zu hoch** |
| **Rollwiderstand** | | |
| Energieverluste durch erhöhte Walkarbeit im Reifen | optimal | Energieverluste durch Schwingungen in Fahrrad und Fahrer |
| **Haftfähigkeit** | | |
| verminderte Haftung durch Relativbewegung zwischen Reifen und Fahrbahn | optimal | verminderte Haftung durch eine verringerte Kontaktfläche |
| **Fahrkomfort** | | |
| Reifen kompensiert vermehrt Fahrbahnunebenheiten | medium | Reifen gibt Fahrbahnunebenheiten an den Rahmen weiter |
| **Fahrverhalten** | | |
| schwammiges Fahrverhalten | optimal | Reifen kann bei Unebenheiten von der Fahrbahn abheben; Seitenführung geht verloren |
| **Pannenverhalten** | | |
| schwammiges Fahrverhalten | optimal | Reifen kann bei Unebenheiten von der Fahrbahn abheben; Seitenführung geht verloren |
| Gefahr von Durchschlägen | minimiert | erhöhte Gefahr von Durchstichen |

Die entscheidende Größe am Luftreifen ist nicht der Reifendruck, sondern die Karkassenspannung. Diesen Zusammenhang berücksichtigt die „Daumenprobe". Für einen Einsatzzweck korrekt aufgepumpte Reifen fühlen sich unabhängig von ihrer Breite immer ungefähr gleich „fest" an.

**Füllung eines Reifens mit Kohlendioxid ($CO_2$)**

Kohlendioxid ($CO_2$) zur Füllung von Fahrradreifen wird in Form von Kartuschen geliefert, die das Aufpumpen vereinfachen sollen.

Zwar sind die $CO_2$ Moleküle größer als die von $O_2$ und $N_2$, trotzdem diffundieren diese schneller durch den Reifenschlauch. Grund dafür ist ein größerer Diffusionsgradient. Bei einem luftgefüllten Reifen liegen die Gase im Reifen im selben Verhältnis wie außerhalb, aber in höherer Dichte vor (z. B.: 7 bar Druck; Diffusionsgradient ≈ 7). Bei reiner $CO_2$-Füllung steigert sich der Gradient um den Faktor 2000, weil der Schlauch zu 100 % mit einem Gas gefüllt ist, das in der Außenluft nur 0,05-Vol.% hat.

**Einfluss des Umgebungsdrucks**

Der effektive Reifendruck ist die Differenz zwischen dem inneren Gasdruck und dem der umgebenden Atmosphäre (Normaldruck: 1,013 bar). Ein Reifen, der auf Meereshöhe einen Druck von 4 bar aufweist, hat also im Vakuum einen Innendruck von 5,013 bar.

In einem Flugzeug sind Passagiere und Gepäck in einer Druckkammer untergebracht, in der während des Fluges der Druck auf einen Wert gesenkt wird, der einer Höhe von 1500 m bis 2000 m über dem Meeresspiegel entspricht.

## 5.8.11 Rolleigenschaften von Reifen

Der Rollwiderstand entsteht, indem Antriebsenergie für die Längsbewegung des Fahrrades verloren geht. Er setzt sich aus drei Anteilen zusammen:

- Walkwiderstand
- Abrollwiderstand
- Fahrbahnwiderstand

**Walkwiderstand**

Beim Abrollen flacht sich ein Reifen in der Aufstandsfläche ab. Diese Verformung baut sich in der Karkasse des Reifens ständig auf und ab und läuft als Welle durch ihn durch. Dabei werden die Flanken in Querrichtung ausgebeult und die Lauffläche in Längsrichtung gestaucht.

Die Energie für dieses Walken wird durch eine elastische Rückverformung teilweise zurückgewonnen. Ein großer Betrag wird aber im Material in Wärme umgewandelt.

**Abrollwiderstand**

Ein Rad, das mit der Geschwindigkeit $v = x$ rollt, wälzt um einen festen Kontaktpunkt am Boden ab. In der Kontaktfläche beträgt die Geschwindigkeit $v = 0$ **(Bild 1).**

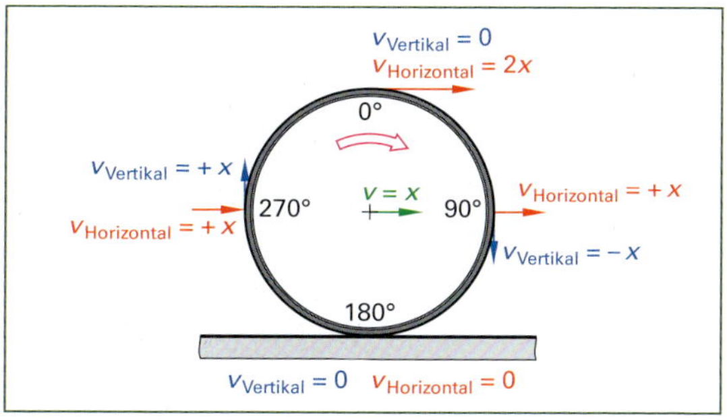


**Bild 1: Geschwindigkeiten am Rad**

Jeder Punkt des Umfangs besitzt eine vertikale und eine horizontale Geschwindigkeitskomponente **(Bild 2)**:

- Die vertikale Komponente wird abwechselnd negativ und positiv je nachdem, ob sich der betreffende Punkt des Rades abwärts oder aufwärts bewegt.
- Die horizontale Komponente pendelt zwischen der doppelten Geschwindigkeit der Vorwärtsbewegung ($v = 2x$) am obersten Punkt und $v = 0$ am Aufstandspunkt.

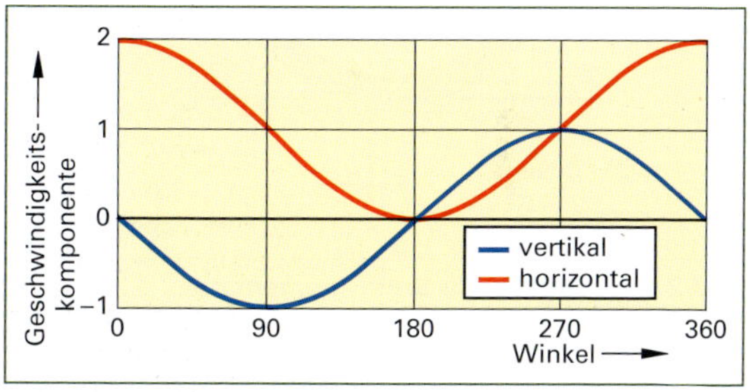


**Bild 2: Verlauf der vertikalen und horizontalen Geschwindigkeitskomponenten bei einer Radumdrehung**

Da sich der Reifen in der Aufstandsfläche abflacht, beginnt der Bodenkontakt vor dem idealen Berührpunkt, der für ein unverformbares Rad auf unverformbarer Bahn gilt **(Bild 3)**.

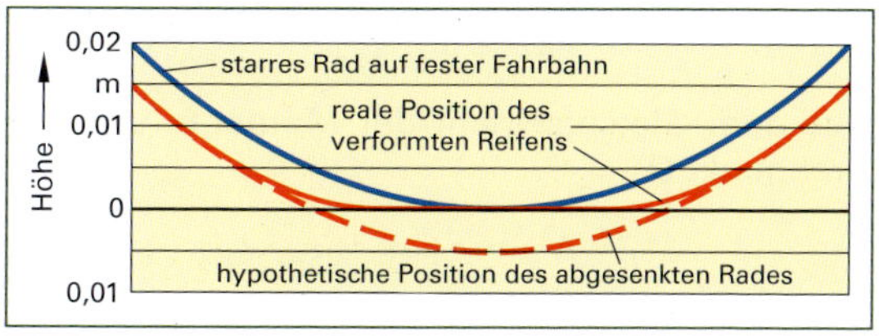


**Bild 3: Deformation des Reifens**

Die Stelle des Reifens, die gerade mit dem Boden in Kontakt kommt, ist eigentlich noch in der Abwärtsbewegung und wird hier abrupt gebremst **(Bild 1)**. Gleichzeitig wird sie in Richtung der Felge gedrückt, also um den Betrag der Einsinktiefe relativ angehoben.

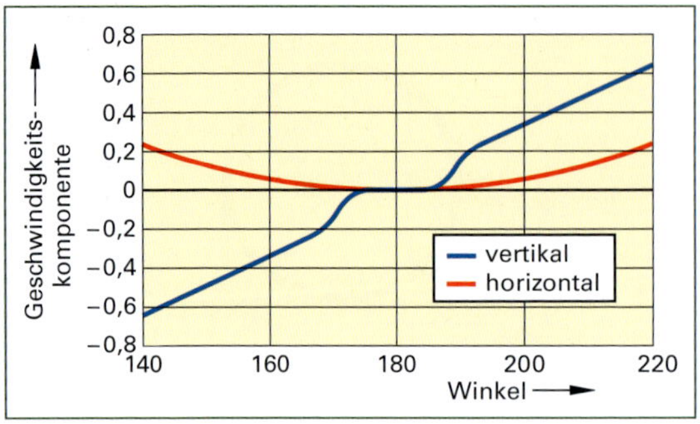


**Bild 1: Verlauf der vertikalen und horizontalen Geschwindigkeitskomponenten im Bereich der Radaufstandsfläche**

Die dadurch entstehende Kraft greift an einer Stelle zwischen dem ersten Kontaktpunkt und dem idealen Aufstandspunkt (180°) an. Beim Ablaufen des Reifens von der Fahrbahn kommt es zu seiner Rückverformung, die eine Kraft in Drehrichtung ausübt **(Bild 2)**.

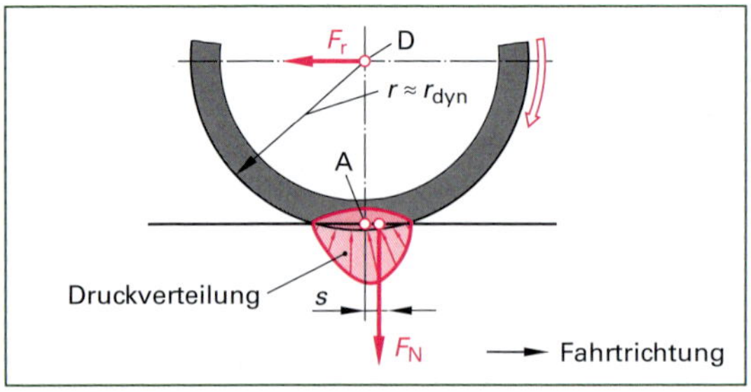


**Bild 2: Entstehung des Bremsmoments**

Die Resultierende aus beiden Kräften liegt um die Strecke *s* vor der Radmitte. Dies ist der Hebelarm des wirkenden Bremsmoments $M_b$. Die Kraft, die an diesem Hebel ansetzt, ist die jeweilige Radlast oder auch Normalkraft $F_N$:

$$M_b = F_N \cdot s$$

Als Antriebsmoment $M_a$ wirkt die Antriebskraft $F_A$ multipliziert mit dem dynamischen Radradius $r_{dyn}$.

$$M_a = F_A \cdot r_{dyn}$$

Aus dem Gleichgewicht der Momente um den Drehpunkt *D*

$$M_b = M_a = F_N \cdot s = F_A \cdot r_{dyn}$$

ergibt sich für die notwendige Antriebskraft, um den Abrollwiderstand zu überwinden:

$$F_A = F_N \cdot \frac{s}{r_{dyn}}$$

Der Faktor $s/r_{dyn}$ wird als Rollwiderstandsbeiwert $k_R$ des Reifens bezeichnet.

*Beispiel*:
An einem Vorderrad mit einem Reifen der Größe 24 – 622 ($r_{dyn}$ = 660 mm) beträgt die Last 400 N. Die Vorverschiebung des Drehpunktes beträgt 2 mm (bei 7 bar Reifendruck).

$$k_R = \frac{2\ \text{mm}}{330\ \text{mm}} = 0{,}006$$

$$F_A = 400\ \text{N} \cdot 0{,}006 = 2{,}4\ \text{N}$$

Die Antriebskraft zur Überwindung des Abrollwiderstandes beträgt 2,4 N.

### Fahrbahnwiderstand auf der Straße

Er entsteht durch den Kontakt mit kleinen Fahrbahnunebenheiten, die von dem elastischen Reifen umschlungen werden. Dadurch verbessert sich die Haftung, aber es entsteht ein zusätzlicher Anteil am Rollwiderstand.

Eine grobe Fahrbahnoberfläche kann den Rollwiderstand erheblich steigern. Auch Nässe erhöht den Fahrbahnwiderstand durch die Notwendigkeit, die Wasserschicht zu zerteilen und den Effekt, dass der Reifen auf seiner Oberfläche Wasser mitreißt.

### Fahrbahnwiderstand im Gelände

Zur Kraftübertragung passt sich der Reifen an die Oberfläche der Fahrbahn an. Auf weichem oder losem Untergrund verformt sich aber auch die Fahrbahn. Wenn ein Reifen Spuren im Boden zieht, dann ist für diese plastische Veränderung auch Energie notwendig. Die Verdrängung von Bodenmaterial soll also weitestgehend verhindert werden.

Sinkt der Reifen in den Untergrund ein, so muss sich das Rad permanent aus der gezogenen Furche herausarbeiten. Dies bedeutet eine Hubarbeit und damit einen Energieverlust. Ebenso verhält es sich beim Überfahren von Unebenheiten wie Baumwurzeln und Steinen. Die Wahl fällt dann auf breite Reifen mit möglichst großer Aufstandsfläche bei einem niedrigen Betriebsdruck. Ein höherer Walkwiderstand wird hier in Kauf genommen, um den Fahrbahn- und den Abrollwiderstand zu senken.

### Einfluss des Reifendrucks

Der Reifendruck kann den Rollwiderstand sowohl senken als auch steigern **(vgl. Seite 320, Tabelle 1)**. Bei zu stark aufgepumpten Reifen sinkt der Rollwiderstand nur noch marginal oder steigt sogar wieder an. Solche Reifen werden im Jargon auch als „totgepumpt“ bezeichnet.

Je nachgiebiger und unebener die Fahrbahn ist, desto präziser ist der korrekte Reifendruck auszuwählen. Bei festem und glattem Untergrund „darf es auch mal ein bisschen mehr sein", ohne dass der Rollwiderstand zu stark beeinflusst wird **(Bild 1)**. Oft ist der Reifendruck zu hoch eingestellt, weil die starken Vibrationen dem Fahrer eine hohe Geschwindigkeit suggerieren.

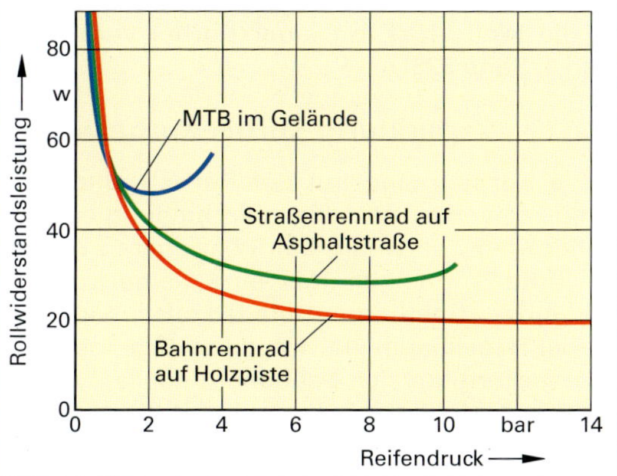


**Bild 1: Abhängigkeit des Rollwiderstands vom Reifendruck bei unterschiedlichen Fahrbahnen**

### Einfluss des Materials

Das verwendete Material hat einen erheblichen Einfluss auf den Rollwiderstand eines Reifens:

- Weniger Material für Karkasse, Lauffläche und Schlauch vermindern die für die Verformung aufzuwendenden Kräfte.
- Elastischeres Material für Karkassenfäden, umgebende Gummimatrix und Schläuche erhöhen die Rate der Rückgewinnung der eingebrachten Energie.
- Flexibleres Material verbessert die Anpassung des Reifens an die Fahrbahnoberfläche und reduziert beim Überfahren von Gegenständen und Hindernissen die Länge des Reifenlatsches **(s. Seite 228, Bild 1)**.
- Schläuche, die möglichst genau dem Innendurchmesser des Reifens entsprechen, sind weniger durch den Luftdruck vorgespannt und haben einen geringeren Verformungswiderstand als zu kleine Schläuche.

### Breite vs. schmale Reifen

Die Größe der Aufstandsfläche ist vom Innendruck abhängig, ihre Form aber von der Reifenbreite. Während der breite Reifen einen kurzen Latsch ausbildet, ist der des schmalen länger. Ein schmalerer Reifen hat dementsprechend auch ein höheres Bremsmoment **(Bild 2)**.

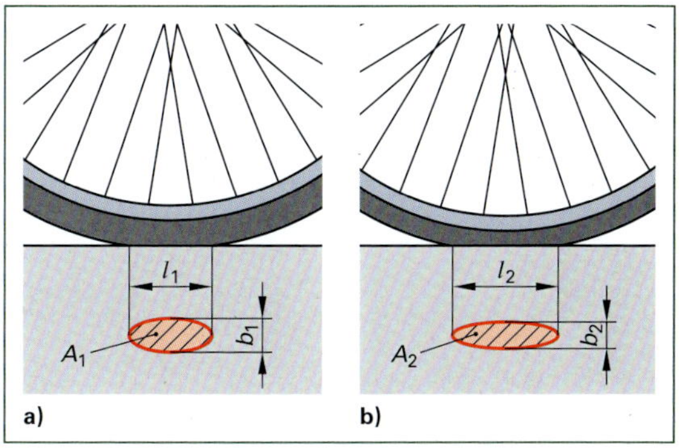


**Bild 2: Vergleich von Aufstandsflächen a) breiter Reifen, b) schmaler Reifen**

Breite Reifen senken sich auch nicht so stark in Vertiefungen der Fahrbahn ab. Unebenheiten werden deshalb weniger stark als unerwünschte Schwingungen des Rahmens weitergegeben. Die Verlustleistung von breiten Reifen ist insgesamt geringer als die von schmalen **(Bild 3)**.

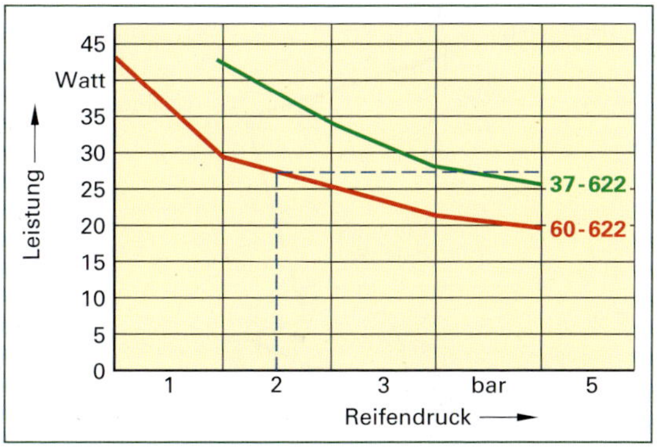


**Bild 3: Verlustleistung unterschiedlicher Reifenbreiten**

### Großer vs. kleiner Raddurchmesser

Kleine Raddurchmesser sind gegenüber großen bezüglich des Rollwiderstandes in mehrfacher Hinsicht benachteiligt:

- Der Reifen senkt sich tiefer ab, um dieselbe Aufstandsfläche zur erhalten. Das bedeutet eine höhere Walkarbeit.
- Das Hebelverhältnis $s/r$ wird größer und damit das Bremsmoment $M_b$ bzw. der Rollwiderstandsbeiwert $k_R$.
- Beim Überfahren eines Hindernisses entsteht ebenfalls ein für das kleine Rad ungünstiges Hebelverhältnis.
- Beim Durchfahren eines Schlaglochs ist die Einsinktiefe des kleinen Rades größer und somit steigt in diesem Fall noch zusätzlich die Höhe des Hindernisses.

# 6 Antrieb

Der Kurbelantrieb stellt die effektivste mechanische Anordnung dar, mit der ein Radfahrer seine Beinkraft zur Vorwärtsbewegung einsetzen kann. In seiner einfachsten Ausführung besteht der Kurbelantrieb aus Pedalen, Kurbelsatz, Kette und Ritzel.

## 6.1 Pedalbewegungen

Die Pedalbewegung beim Fahrradfahren erfolgt auf einer Kreisbahn – dem Kurbelkreis. Befindet sich die Kurbel im oberen Totpunkt, beträgt der Kurbelwinkel 0°. Befindet sich die Kurbel in Fahrtrichtung waagerecht, beträgt der Kurbelwinkel 90°. Durch die Füße werden über das Pedal verschiedene Kräfte auf die Kurbel übertragen **(Bild 1)**. Dabei sind drei Kräfte zu unterscheiden:

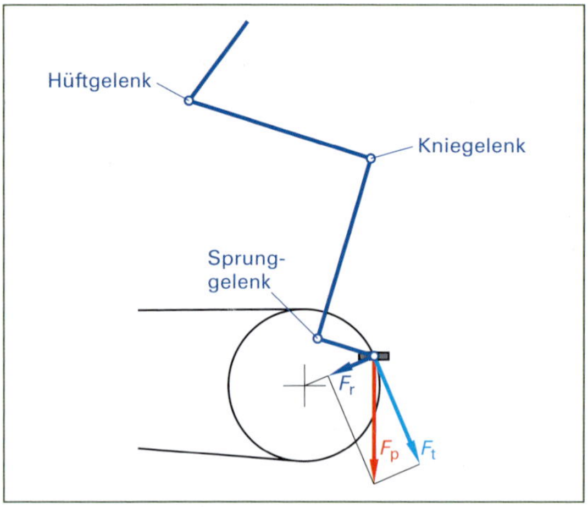


**Bild 1: Kräfte bei der Pedalbewegung**

Vortriebswirksam ist nur die **Tangentialkraft $F_t$**. Sie wirkt immer rechtwinklig zur Kurbel und muss demnach je nach Kurbelwinkel auch ihre Richtung ändern.

Die **Radialkraft $F_r$** erzeugt keinen Vortrieb, sondern bewirkt lediglich eine Stauchung der Kurbel, Biegung der Kurbelwelle und Reibung im Lager. Diese Totkraft sollte möglichst gering gehalten werden.

Beide Kräfte, die Tangentialkraft und die Radialkraft, ergeben sich aus der **resultierenden Kraft $F_p$**, mit der der Radfahrer das Pedal bewegt.

Biomechanisch wäre ein Optimum erreicht, wenn möglichst die gesamte resultierende Pedalkraft in tangentiale Kraft und damit vortriebswirksam umgesetzt werden könnte.

## 6.2 Kurbelsatz

Ein dreiteiliger Kurbelsatz besteht aus zwei Kurbeln, die auf einer Kurbelwelle befestigt sind, dem Kettenrad bzw. den Kettenrädern und dem Kurbelwellenlager. Bei der zweiteiligen Bauweise ist die Welle fest mit einer Kurbel verbunden **(Bild 1, Seite 325)**.

### 6.2.1 Verbindung Kurbel-Kurbelwelle

Beide Kurbeln sind mit der Kurbelwelle formschlüssig verbunden. Diese Verbindung erfolgte früher über den wenig betriebssicheren Kurbelkeil **(Bild 2)**, der nur über eine kleine Kontaktfläche das Drehmoment (Pedalkraft x wirksame Kurbel-Hebellänge) überträgt. Die Keile lockerten oder verformten sich bei hoher Pedallast und es bestand Unfallgefahr durch das Hängenbleiben von Bekleidungsstücken an dem vorstehenden Keil. Kurbelkeile an Kinderfahrrädern sind nicht mehr zulässig.

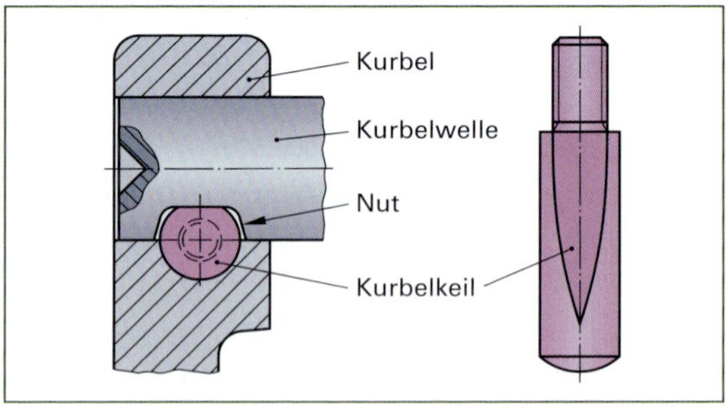


**Bild 2: Kurbelkeil**

Der *Vierkant* **(Bild 1, Seite 325)** ist betriebssicherer: Die Kurbel mit dem Innenvierkant und die Kurbelwelle mit dem Außenvierkant werden über die Anziehkraft einer Schraube form- und kraftschlüssig miteinander verbunden. Bei einem Keilwinkel von 1,5° bis 2° und einem Anziehmoment von 40 Nm der M8x1-Schraube werden so hohe Flächenpressungen erzeugt, dass sich der Innenvierkant der Kurbel plastisch dem Außenvierkant der Welle anpasst.

Die Kurbeln sind meist aus Aluminium und die Kurbelwelle aus Stahl. Elektrochemische Kontaktkorrosion kann bei Reparaturen die Demontage der Kurbeln erheblich erschweren. Deshalb sollten die Kontaktstellen beider Bauteile stets mit Montagepaste zusammengebaut werden. Der Hersteller kann jedoch auch eine anderslautende Montage vorschreiben.

Jahrelange Nutzung gepaart mit hohen Pedalkräften kann Ermüdungsbrüche an Vierkant-Kurbelwellen hervorrufen. Gründe:

- Kantenpressung erzeugt Spannungsspitzen (Pfeile in **Bild 1**)
- Kerbwirkung durch das Innengewinde für die Kurbelschraube
- Die nur bis zum Ende der Kontaktfläche zur Kurbel reichende Kurbelschraube stellt eine Störung des Kraftflusses dar.

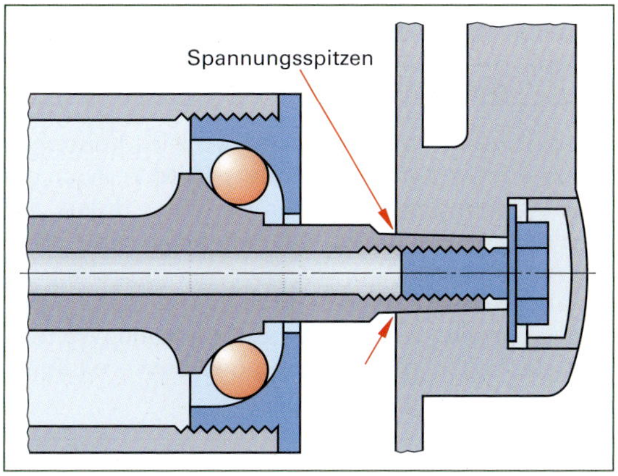


**Bild 1: Schwachpunkt des Kurbelvierkants**

Neben der Vierkantverbindung gibt es *Vielzahn-Verbindungen* zwischen der Kurbel und der Kurbelwelle. Dabei handelt es sich entweder um *Keilwellen-Profile* **(Bild 2)** oder um *Kerbzahnwellen-Profile*. Keilwellenprofile findet man bei der Shimano Octalink, bei SRAM Truvativ Powerspline und dem ISIS-Standard.

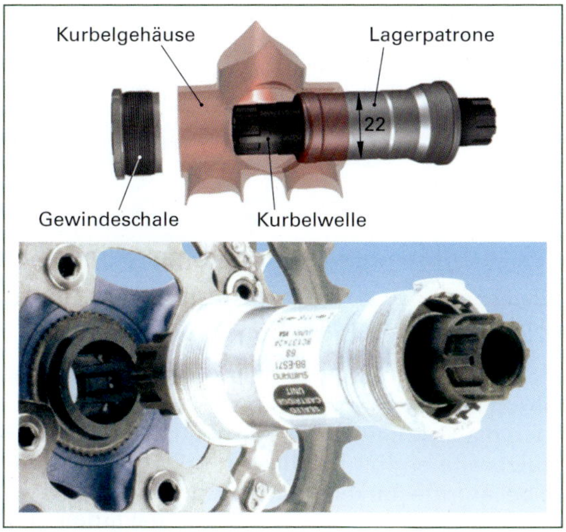


**Bild 2: Keilwellen-Profil Octalink-Kurbel mit 8 Zähnen (Shimano)**

Bei diesen Verbindungen ist der Wellendurchmesser vergrößert: Beim Octalink- und bei der ISIS-Kurbelwelle beträgt der Durchmesser der Kurbelwelle etwa 22 mm. Die daraus resultierende höhere Bruchsicherheit und Biegesteifigkeit der Kurbelwelle verhindern Taumelbewegungen der Kettenräder bei harten Wiegetritten und erhöhen die Lebensdauer der Lagerung.

Auch das Aufreißen des Innenvierkants von Aluminiumkurbeln wird vermieden.

Bei Antrieben mit modifiziertem Kerbzahnprofil auf der linken Wellenseite werden die Kurbeln gesteckt und verschraubt oder geschlitzte Kurbeln um die Kurbellagerwelle geklemmt.

*Beispiele:* Campagnolo Power Torque System, FSA MegaExo, Shimano Hollowtech und SRAM GXP, DURA ACE **(Bild 3)**

6

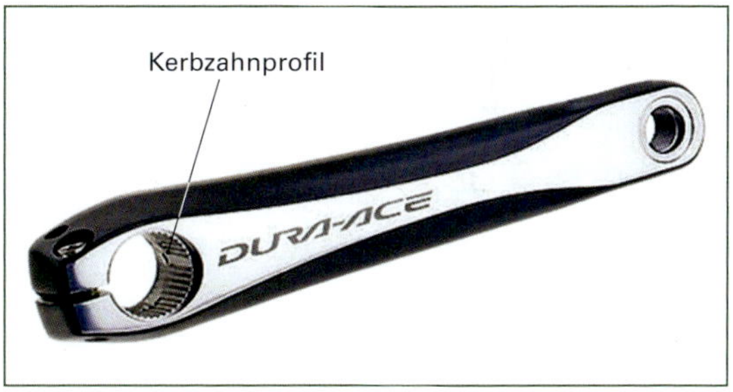


**Bild 3: Geschlitzte Kurbel (DURA ACE)**

Zu den vorgespannten Formschluss-Verbindungen gehört die Hirth- oder Stirnzahnverbindung. Sie wird bei den zweiteiligen Campagnolo Ultra-Torque Kurbelgarnituren verwendet **(Bild 4)**. Eine Hohlschraube im Innern presst die verzahnten Stirnflächen der beiden Wellenhälften aufeinander.

**Bild 4: Campagnolo Ultra Torque**

### 6.2.2 Kurbellager (Innenlager)

Während sich bei den Radlagern der Außenring um den feststehenden Innenring dreht, ist es beim Kurbellager umgekehrt. Hier steht die Außenschale fest und die Kurbellagerwelle dreht sich. Sie überträgt das Drehmoment auf das Kettenrad.

Beim klassischen *Konus-Kurbellager* (BSA-Lager) sind auf der Kurbellagerwelle zwei feste Konen eingearbeitet. Diese bilden mit den ins Kurbellagergehäuse geschraubten Lagerschalen die Laufbahnen für die lose eingelegten (oder mittels Käfig gehaltenen) Kugeln **(Bild 1)**.

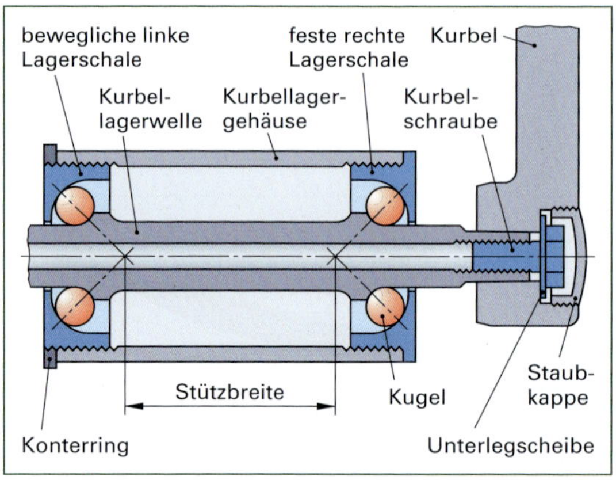


**Bild 1: Konus-Kurbellager (BSA-Lager)**

Beide Lagerschalen werden ins Kurbellagergehäuse eingeschraubt. Die rechte Lagerschale (Linksgewinde) wird mit ihrem Bund bis zum Anschlag des Kurbellagergehäuses eingeschraubt und ist mitbestimmend für die Kettenlinie **(siehe Seite 331)**.

Mit der linken Gewindeschale erfolgt die Einstellung des Lagerspiels, das per Konterring gesichert wird. Auf diese Weise kann man auf einen Einstellkonus an der Kurbellagerwelle verzichten und beide Konen als Festkonen ausbilden.

Eine Staubschutzhülse mit Faltenbalg zwischen beiden Lagerschalen schützt die Kugellager vor Kondenswasser und Rost und hält ein innenverlegtes Lichtkabel von der drehenden Welle fern.

Das *Kurbellager mit Rillenkugellager* **(Bild 2)** ist eine Fest-/Loslagerung, die nicht einstellbar ist. Die Lagereinstellung der beiden Rillenkugellager erfolgt bei einigen Ausführungen über beidseitige Konterringe, damit sich auch die Kettenlinie geringfügig verändern lässt.

Die Variante mit doppelreihigen Rillenkugellagern oder jeweils zwei Kugellagern pro Lagerstelle haben sich als besonders robust, biegesteif und langlebig erwiesen.

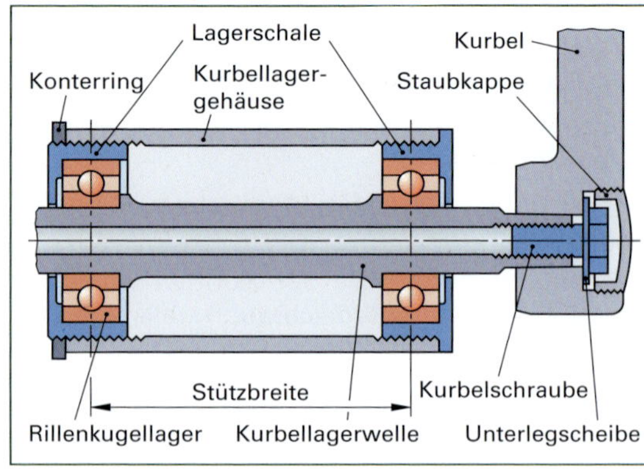


**Bild 2: Kurbellager mit Rillenkugellager**

An nahezu jedem neuen Fahrrad wird heute ein *Patronen-Kurbellager* montiert **(Bild 3)**. Hier erfolgt die komplette Lagerung in einer Hülse, die als Einheit in das Kurbellager eingeschraubt wird. Die Arbeitszeiten für die Montage und Demontage verkürzen sich wesentlich, denn das Lagerspiel ist bereits vom Werk aus eingestellt. Weitere Vorteile: bessere Abdichtung und bessere Lagerqualität.

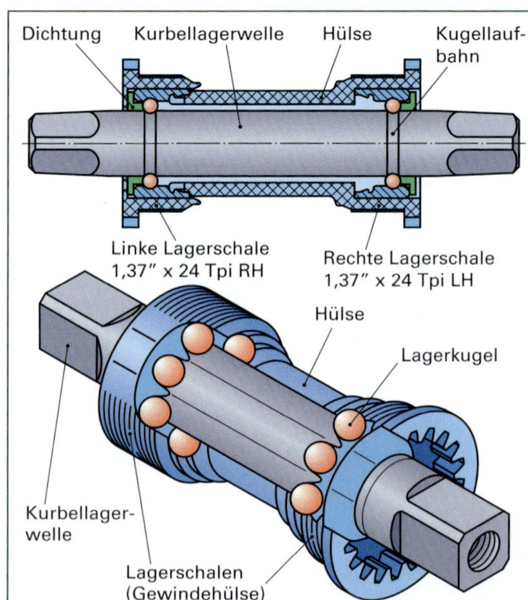


**Bild 3: Patronen-Kurbellager**

Diesem Vorteil steht bei einigen Vierkant-Ausführungen eine geringere Biegesteifigkeit gegenüber, die sich bei einer Lagerung mit zu geringer Stützbreite ergibt. Bei kleinen Stützbreiten kann es bei antrittsstarken Radlern aufgrund nicht ausreichender Biegesteifigkeit zum Schleifen der Kette am Umwerfer und zu einer höheren Lagerverschleißrate kommen.

Mit der nahezu dreifachen Biegesteifigkeit warten die Kurbellagereinheiten für die Vielzahn-Befestigung der Kurbeln auf – hier ersetzen Hohlwellen mit mehr als 22 mm Durchmesser die übliche Kurbellagerwelle mit 15,5 mm bis 17 mm Durchmesser.

Da es bereits vor den ersten Normungen Fahrräder gab, haben sich bis heute unterschiedliche Gewindeabmessungen erhalten. Im Tabellenbuch Fahrradtechnik sind die zur Zeit gebräuchlichen Gewindedurchmesser und Maße der gewindelosen Lagerschalen aufgeführt.

Die Patrone wird mit zwei Gewindeschalen und einem Anziehmoment von 35 Nm bis 45 Nm (je nach Hersteller) in das Kurbellagergehäuse eingeschraubt, wobei die rechte Gewindeschale oftmals fest mit der Patrone verbunden ist.

Das Linksgewinde der rechten Lagerschale wirkt dem Selbstlöseeffekt von Schrauben entgegen, der durch umlaufende Kräfte erzeugt wird. Sind die Festziehrichtung von Schraube und Mutter entgegengesetzt der Drehrichtung der umlaufenden Kraft, kann sich die Verbindung nicht von selbst lösen. Bei italienischen und französischen Kurbellagergewinden mit beidseitigem Rechtsgewinde (RH) ist es daher ratsam, die rechten Lagerschalen mit Schraubenkleber (niedrig- oder mittelfest) einzusetzen.

Aus gleichem Grunde haben auch das linke Pedalgewinde sowie die tragenden Schraubkonen von Freiläufen Linksgewinde (LH).

Patronen-Kurbellager sind mit unterschiedlich langer Kurbellagerwelle erhältlich, sodass man den Abstand der Kurbel zum Fahrradrahmen und die Kettenlinie variieren kann.

Bei neueren Modellen liegen die beiden Lager außerhalb des Kurbellagergehäuses **(Bild 1)**. Durch den größeren Abstand der Lager verbessert sich das Verhältnis von Steifigkeit zu Gewicht.

**Bild 1: Außenliegende Lager eines Patronen-Kurbellagers (Shimano Hollowtech II)**

Wichtig für die Funktionalität ist, dass beide Lagerschalen exakt parallel zueinander stehen. Daher müssen die Stirnflächen des Kurbellagergehäuses angesenkt werden **(Bild 2)**.

**Bild 2: Kugellagergehäuse: Gewinde nachschneiden und ansenken (Cyclus Tools)**

Beide Lagerschalen werden auf Anschlag in den Rahmen geschraubt. Mit Montagepaste oder Fett müssen die ungeschützten, angesenkten Stirnflächen und das Gewinde vor Korrosion und Festfressen geschützt werden. Die Symmetrie der Kurbeln und die Kettenlinie wird mit Distanzringen (Spacer) eingestellt.

Immer häufiger finden *gewindelose Kurbellager* Anwendung.

*Beispiel:* BB 30, PF 30, BB 90.

Die Lager werden mit metallfreier Montagepaste beschichtet und beiderseits mit einem Spezialwerkzeug in das Kurbellagergehäuse eingepresst **(Bild 3)**. Sie können dabei im Gehäuse liegen oder außerhalb.

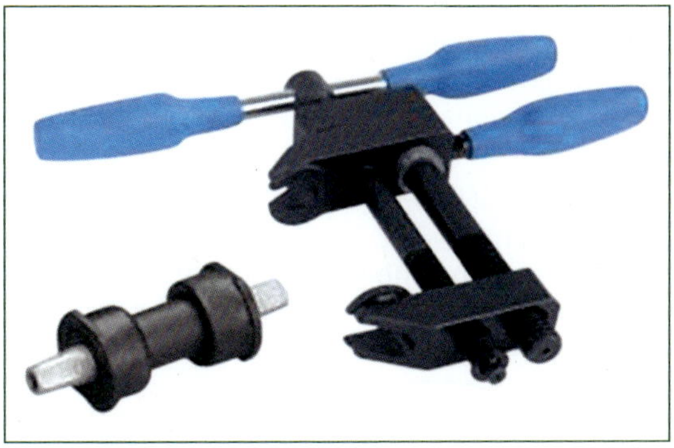

**Bild 3: Einpresswerkzeug für gewindelose Kurbellagerschalen (Thompson-Lager)**

Besondere Vorsicht ist beim Entfernen von gewindelosen Kurbellagern aus den eingeklebten Aluhülsen von CFK-Rahmen geboten.

Eine nachträgliche Spieleinstellung gewindeloser Kurbellager ist nicht mehr möglich. Von Vorteil ist die höhere Steifigkeit.

### 6.2.3 Kurbeln und Kettenräder

Nach EN ISO 4210-8 müssen Kurbeln bei montierten Pedalen einer statischen Belastung von $F = 1500$ N bei einem Eingang-Antrieb standhalten **(Bild 1)**. Bei Fahrrädern mit Mehrgang-Antrieb beträgt die Prüfkraft $F = 1500\ \text{N} \cdot z_1/z_2$ mit $z_1$ als der Zähnezahl des kleinsten Kettenrades und $z_2$ als der Zähnezahl des größten Ritzels.

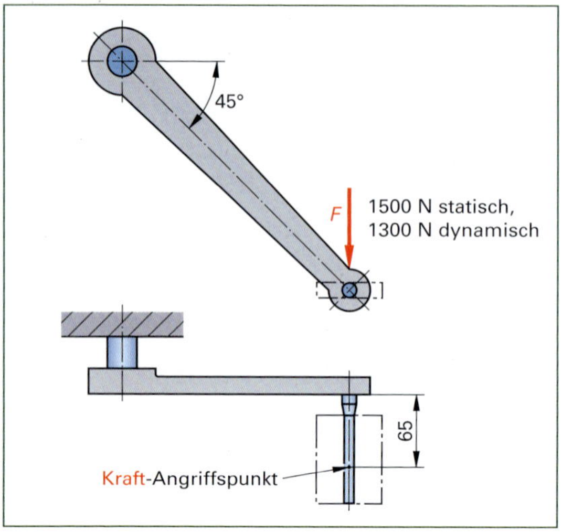


**Bild 1: Statischer Kurbeltest nach EN ISO 4210-8**

Bei der dynamischen Prüfung werden im Wechsel auf den Pedalachsen 1300 N (MTB und Rennrad 1800 N) für die Dauer von 100000 Schwingspielen (50000 Schwingspiele MTB und Rennrad) aufgebracht.

Bei der Prüfung dürfen keine Brüche oder sichtbare Anrisse in den Pedalachsen, den Kurbeln, in der Kurbelwelle oder in anderen Befestigungsteilen auftreten. Das Kettenrad darf sich weder lockern noch lösen.

Die tangentiale Antriebskraft des Radlers wird über ein Kettenrad an der rechten Kurbel in eine Drehbewegung umgewandelt und über Kette und Ritzel zum Hinterrad weitergeleitet **(Bild 2)**.

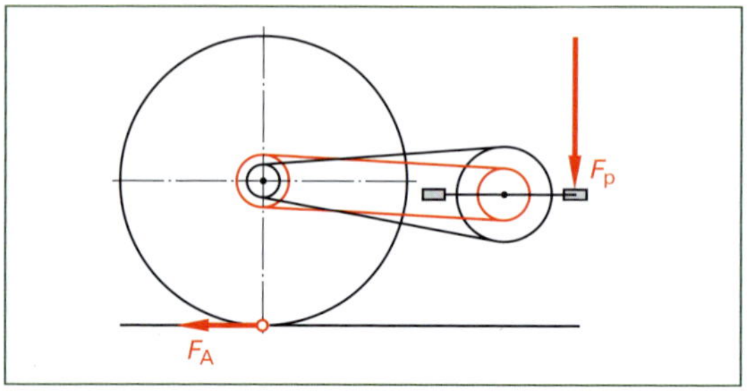


**Bild 2: Kraftübersetzung durch unterschiedlich große Kettenräder und Ritzel**

Unterschiedliche Zähnezahlen von Kettenrad und Ritzel ermöglichen eine Übersetzung, weshalb bei Kettenschaltungen zwei oder drei unterschiedlich große Kettenräder an der rechten Kurbel befestigt sind.

Die Befestigung des Kettenrades auf der rechten Kurbel erfolgt durch Aufschrumpfen auf eine Kerbverzahnung **(Bild 3)**.

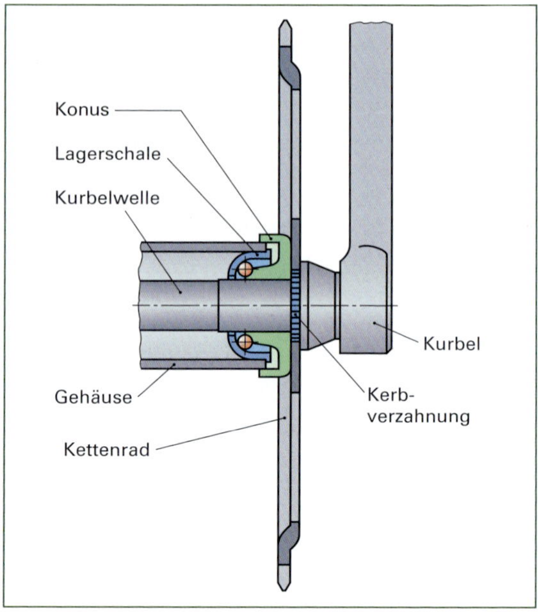


**Bild 3: Aufgeschrumpftes Kettenrad**

Im BMX-Bereich und bei einigen Kinderradmodellen wird teilweise der *Fauber-Antrieb* montiert **(Bild 4)**.

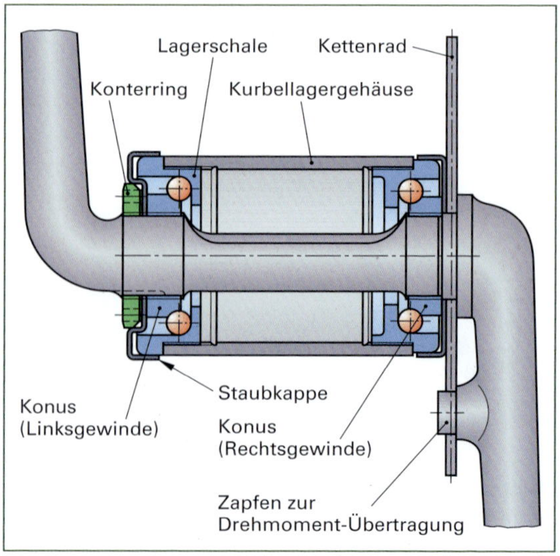


**Bild 4: Fauber-Antrieb**

Hier sind beide Kurbeln und die Kurbellagerwelle aus Stahl und aus einem Stück geschmiedet. Beide Lagerkonen sind dabei aufgeschraubt: Der rechte Konus besitzt Rechtsgewinde und wird gegen einen Bund auf der Welle geschraubt. Gleichzeitig wird das Kettenrad planparallel ausgerichtet und gegen einen weiteren Anschlagbund gedrückt.

Der linke Konus besitzt ein mit einem Konterring fixiertes Linksgewinde und dient zur Lagereinstellung. Ein von der rechten Kurbel in das Kettenrad ragender Mitnehmerzapfen überträgt das Antriebsmoment auf das Kettenrad.

Einige Hersteller übernehmen das Anschlag- und Mitnehmerprinzip mit der konventionellen Kurbelbefestigung per Vierkant oder Vielzahn-Verbindung. Statt eines Zapfens überträgt eine Schraube das Antriebsmoment.

An höherwertigen Kurbelgarnituren sind die Kettenräder über einen Kurbelstern mit der Kurbel verschraubt. In vielen Fällen wird der Kurbelstern mit der Kurbel in einem Stück gegossen oder geschmiedet **(Bild 1)**.

Die Kurbelsterne sind im Rennradbereich mit fünf Befestigungslöchern für das Kettenrad versehen,

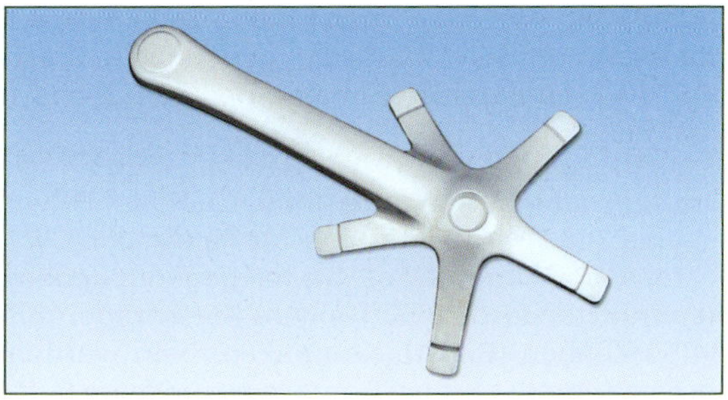

**Bild 1: Gesenkgeschmiedete Kurbel aus Aluminium**

die für den MTB-Bereich mit vier **(Bild 2)**. Für die Montage der Kettenräder sind außerdem noch der Lochkreisdurchmesser oder das Lochmaß wichtig, die aber von Hersteller zu Hersteller unterschiedlich ausfallen.

6

Zur Umrechnung beim Fünfarm-Stern:
Lochkreisdurchmesser = 1,7 x Lochmaß

An Rennrädern haben die Kettenräder bei Zweifach-Garnituren meist 53 und 39 Zähne (ältere Ausführungen 52-42), bei Mountainbikes Dreifach-Garnituren 22, 32 und 44 oder 30, 39 und 52 Zähne. Bei Trekkingrädern sind 26, 36 und 48 Zähne eine gängige Kombination.

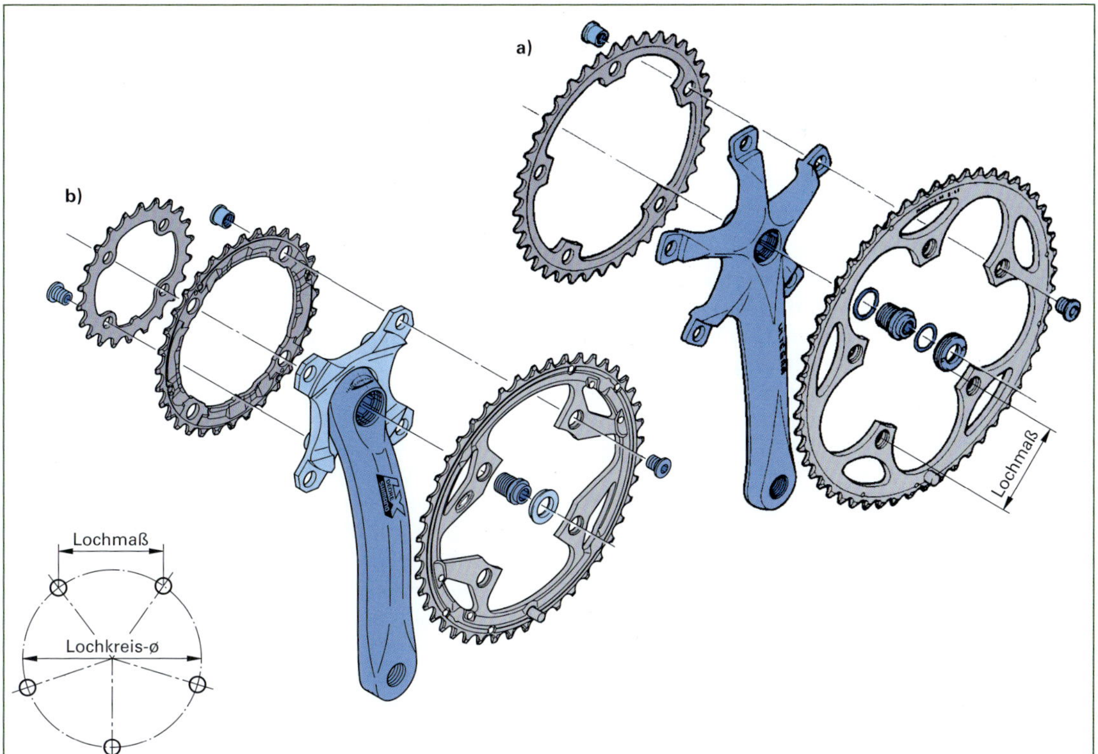


**Bild 2: a) Fünfarm-Kurbelstern mit zwei Kettenrädern b) Vierarm-Kurbelstern mit drei Kettenrädern**

Liegeräder verfügen meist über Schaltungen mit einem großen Übersetzungsbereich, sodass hier oft Mountainbike-Schaltungen zum Einsatz kommen.

Die sogenannte **Kompaktkurbel** (Compact Drive) ist eine 2-fach-Kurbelgarnitur für Rennräder, Cyclocross- und Fitnessbikes. Sie hat gegenüber dem Rennradstandard 39/53 kleinere Kettenräder mit 34/50 Zähnen **(Bild 1)**. Kompaktkurbeln werden im Straßenradsport bei Bergrennen und von Radtouristen und Radmarathonfahrern in bergigen Gegenden eingesetzt.

**Bild 1: Kompaktkurbel 34/50 (SRAM Force)**

Die Kurbellänge unterscheidet sich nicht von konventionellen Ausführungen. Der Lochkreisdurchmesser beträgt 110 mm statt 130 mm (Shimano) bzw. 135 mm (Campa).

Der Sinn einer Kompaktkurbel ist es, Steigungen mit „kleineren" Gängen und einer höheren (effizienteren) Trittfrequenz fahren zu können. Nachteilig ist ihr Einsatz in der Ebene. Hier ist die Trittfrequenz aufgrund der Übersetzung größer als bei einer Standardgarnitur. Hohe Geschwindigkeiten lassen sich im flachen Gelände und bei Bergabfahrten nicht erzielen.

Die Alternative zu den 2-fach-Kompaktkurbeln sind 3-fach-Kurbelsätze mit 30, 39 und 52 Zähnen. Gegenüber der *2-fach-Kompakt* kann bei gleicher Gesamtübersetzung eine Ritzelkassette mit kleineren Gangstufen gewählt werden. Auf der anderen Seite kann die Gesamtabstufung durch ein Schaltwerk mit langem Käfig und eine größere Kassette vergrößert werden.

Von Nachteil ist, dass häufiger vorn geschaltet werden muss, das Gewicht steigt und sich der Abstand zwischen den Pedalen vergrößert.

Den Vorteil des sicheren und weniger häufigen Umschaltens vorne im Renneinsatz machen sich auch die SRAM XX- und die Shimano XTR-MTB-Schaltgruppen zunutze. Diese werden in 1 x 11-fach, 2 x 11-fach und teils auch in 3 x 11-fach angeboten. Entfällt der Umwerfer, wird eine Kettenführung benötigt.

Bei Rennradfahrern sind Dreifach-Garnituren aufgrund des klobigen Aussehens, des höheren Gewichts und vor allem wegen des vergrößerten Abstandes zwischen den Pedalen selten anzutreffen.

### 6.2.4 Kurbellänge

Die meisten Fahrräder für Erwachsene werden mit Kurbellängen von 170 mm (Rennrad und Alltagsräder) sowie 175 mm für den Trekking- und MTB-Bereich angeboten.

Aus biomechanischen Gründen **(siehe Kapitel 10 Ergonomie und Anpassung)** sollte die Länge der Tretkurbeln maximal 1/5 der Innenbeinlänge betragen (Faustformel) – sonst wird der Kniewinkel im oberen Totpunkt zu klein.

Die Standardkurbellänge von 170 mm bis 175 mm ist für die meisten Menschen mit einer Innenbeinlänge von etwa 80 cm geeignet.

Im Mittel- bis Hochpreisbereich werden Kurbeln in unterschiedlichen Längen angeboten[1]. Dies ist dann von Bedeutung, wenn pro Jahr viele Tausend Kilometer mit dem Rad zurückgelegt werden.

Daneben sind für Kinderfahrräder Kurbeln in den Längen von 100 mm bis 150 mm auf dem Markt.

Zu beachten ist, dass bei einer möglichen Umstellung auf längere Kurbeln die Fußfreiheit (100 mm nach EN ISO 4210-2, beim MTB 89 mm) und die Bodenfreiheit gewährleistet bleiben.

### 6.2.5 Trittweite

Früher baute man den Hinterbau von Fahrrädern mit möglichst geringem Pedalabstand. Heute gibt es aus verschiedenen Gründen einen Trend zu größeren Abständen:

- Die Popularität von Kurbeln mit Dreifachkettenrädern hat die rechte Seite nach außen verschoben.
- Umwerfer für Dreifachkettenräder haben einen mehr dreidimensional geformten Käfig, der einen größeren Freiraum zwischen dem großen Kettenrad und der rechten Kurbel benötigt.
- An Trekkingrädern muss genügend Platz für die Montage eines Kettenschutzes vorhanden sein.

[1] Andel Enterprise 150 mm bis 175 mm
Zinn Cycles bis 220 mm

- Mountainbikes und Fatbikes haben breitere Unterstreben (Kettenstreben), um ausreichend Platz für die Reifen zu bieten. Die Kettenräder müssen weiter nach außen verschoben werden.
- Je größer die Zahl der Ritzel, desto weiter muss die Kettenlinie (**Bild 3**) nach außen verschoben werden.

Die **Trittweite** (Q-Factor) ist der horizontale Abstand der Kurbeln, gemessen von der Seite aus, an der die Pedale eingeschraubt werden **(Bild 1)**. Der Abstand setzt sich zusammen aus dem Abstand der linken und der rechten Kurbelfläche zur Rahmenmitte.

Die Trittweite hängt von der Länge der Kurbellagerwelle und von der Kröpfung der Kurbeln ab. Bei Rennrädern reicht die Spanne von 134,5 mm (Shimano Dura Ace Bahnkurbel) bis 156,7 mm (3-fach Shimano 105 Octalink), bei MTBs von 158 mm (Specialized S-Works) bis 196 mm (Shimano Saint).

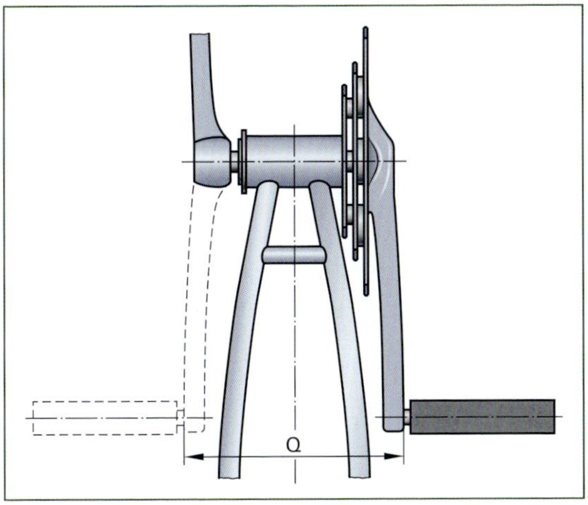


**Bild 1: Trittweite = Pedalabstand**

Gründe, den Pedalabstand (und damit die Trittweite) schmal zu halten, sind:

- Die Hüftgelenke sind optimiert für das Gehen. Bei einem normalen Gang sind die Fußspuren mit nur geringer Schrittbreite fast in einer Linie. Eine kleine Trittweite ist ergonomisch günstiger.
- Je weiter die Pedale von der Mittellinie entfernt sind, desto stärker muss man am Lenker ziehen, um beim Wiegetritt die seitliche Kippbewegung des Fahrrads auszugleichen.
- Je größer der Pedalabstand ist, desto höher muss das Kurbellager sein, um einen Bodenkontakt der Pedale in engen Kurven zu vermeiden.

Bei Low-Profile-Kurbeln **(Bild 2)** verlaufen die Kurbeln unter einem Winkel $\alpha$ zu den Pedalenden.

Vorteile sind:

- Der Kontakt zwischen der Kurbel und den Fußknöcheln des Fahrers wird vermieden.
- Die Kurbellagerwelle kann kürzer ausfallen.

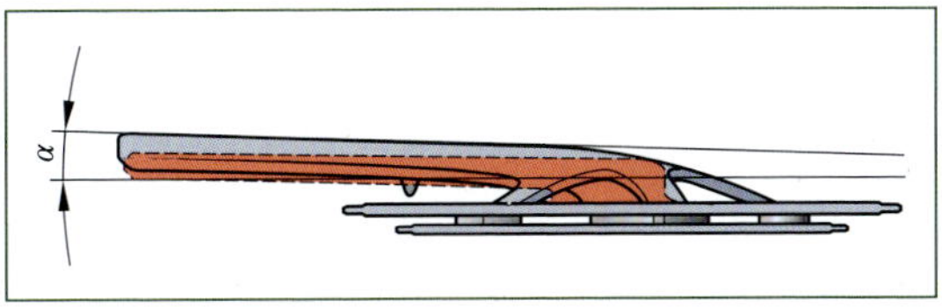


**Bild 2: Low-Profile-Kurbel**

### 6.2.6 Kettenlinie

Als Kettenlinie wird der Abstand von der Mittelachse des Fahrradrahmens bis zur Mitte des Kettenrades bzw. des Ritzels bezeichnet:

- Bei Kurbelgarnituren mit zwei Kettenrädern bis zur Mitte zwischen den beiden Kettenrädern **(Bild 3a)**
- Bei Dreifach-Garnituren bis zur Mitte des mittleren Kettenrades **(b)**
- Beim Hinterrad wird die Mitte des Ritzelpaketes als Bezug genommen **(c)**

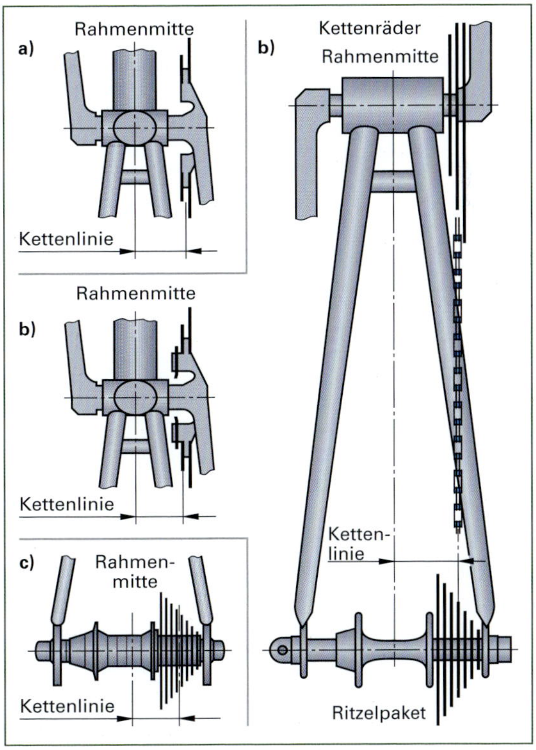


**Bild 3: Kettenlinie a) am Kurbellager mit zwei Kettenrädern b) am Kurbellager mit drei Kettenrädern c) am Ritzelpaket**

Im Idealfall sollte bei Kettenschaltungen die Mitte des Ritzelpaketes exakt mit dem mittleren Kettenrad fluchten und die Kette in den am häufigsten verwendeten Gängen möglichst gerade verlaufen.

Bei exakter Kettenlinie ergibt sich der geringste Verschleiß und die beste Schaltfunktion, da die Kette nach beiden Seiten hin gleich weit aus der Flucht auslenkt. Toleranzen im Bereich von ± 1,5 mm sind bei allen Fahrrädern vertretbar.

In der Regel wird die Kettenlinie ausschließlich durch die Länge der Kurbellagerwelle bestimmt. Bei außenliegenden Lagern sind weniger Varianten erhältlich. Hier werden Distanzringe (Spacer) verwendet.

6

Bei schaltungslosen Fahrrädern oder Fahrrädern mit Nabenschaltungen verbessert die exakte Kettenflucht geringfügig den Wirkungsgrad und schützt vor unerwünschtem Abspringen der Kette.

**info**

Stimmt die Kettenlinie nicht, kann auch der Umwerfer nicht optimal eingestellt werden, denn die Kette schleift am Leitblech.
Ist die Kurbellagerwelle zu lang, neigt die Kette dazu, vom mittleren Kettenrad auf das kleine zu fallen, wenn man hinten des größte Ritzel geschaltet hat. Es besteht Sturzgefahr, weil die Kette durchrutschen kann.

## 6.3 Pedale

Anders als bei den Rädern, wo der Nabenkörper um die feststehende Achse rotiert, ruht (wie bei dem Kurbelantrieb) beim Pedal der Pedalkörper still zur Lastrichtung.

### 6.3.1 Pedalgewinde

Die Pedalachse ist einseitig in die linke Kurbel mit Linksgewinde (in die rechte Kurbel mit Rechtsgewinde) eingeschraubt **(Bild 1, Seite 334)**. Das Standard-Pedalgewinde ist 9/16" x 20. Bei Fauber-Kurbeln wird oft 1/2" verwendet. In Frankreich wurde auch das Gewinde 14 x 1 verwendet. Die Schlüsselweite beträgt 15 mm; es gibt daneben Ausführungen, die sich mit einem 6 mm- oder 8 mm-Innensechskant montieren lassen.

Montagepaste oder Schmierfett schützen die Gewinde vor elektrochemischer Korrosion.

**Einschub: Warum hat die rechte Kurbel Rechtsgewinde und die linke Kurbel Linksgewinde?**

Man sollte meinen, dass die rechte Pedalachse mit einem Linksgewinde versehen werden sollte, damit sich diese – ähnlich einer Schleifscheibe oder eines Kreissägeblattes – gegen Selbstlösen sichert (beim linken Pedal umgekehrt).

**Begründung**

Kurbelt man in Fahrtrichtung (also im Uhrzeigersinn) und blockiert gleichzeitig die leicht gelockerte rechte Pedalachse, dreht sich das Pedal heraus, weil es ein Rechtsgewinde hat (zum Blockieren genügt es, wenn man mit der Hand die Pedalachse an den Schlüsselflächen festhält).
Mit einem Linksgewinde versehen würde sich das Pedal festziehen und sich so gegen Lösen sichern. Warum sichert sich das rechte Pedal trotz Rechtsgewinde (das linke trotz Linksgewinde)?

**Erklärung**

Während sich die Kurbel im Uhrzeigersinn rechtsherum dreht, dreht sich das waagerecht gehaltene Pedal gegen den Uhrzeigersinn linksherum (das sieht man zwar nicht sofort, denn das Pedal dreht sich relativ zur Kurbel) – *und das ist für die Selbstsicherung entscheidend.*
Über die Lagerreibung entsteht ein (wenn auch kleines) Drehmoment, welches das Pedal in das Innengewinde der Kurbel *hineindreht.*

**Handversuch (Bild 1)**

Man nimmt einen langen, mit einem leichten Sechskantprofil versehenen Stift und umschließt ihn locker in der linken Faust. Die Faust stellt das Innengewinde der Kurbel und der Stift die Pedalachse dar.
Jetzt führt man mit den Fingern der rechten Hand am oberen Stiftende eine taumelnde Bewegung **gegen** den Uhrzeigersinn aus. Das Sechskantprofil des Stiftes zeigt, dass sich der Stift **im** Uhrzeigersinn dreht.

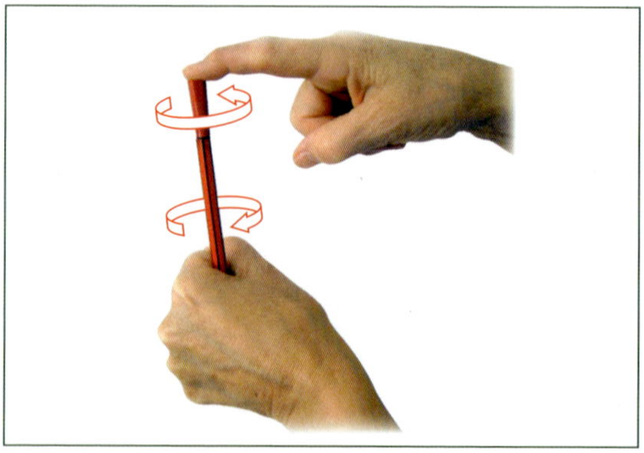

**Bild 1: Handversuch zur Pedalbewegung**

**Folgerung**

Auch die Pedalachse taumelt minimal im Innengewinde der Kurbel. Mit der Drehung im Uhrzeigersinn (Rechtsdrehung) der Kurbel in Fahrtrichtung sichert sich eine eventuell lockere Pedalachse gegen ein Herausdrehen.

## 6.3.2 Pedalprüfung

Sicheres Radfahren ist nur mit einem rutschfesten Kontakt zwischen Schuh und Pedal möglich.

Forderungen nach DIN EN:

- Die Trittfläche eines Pedals muss gegen Verschieben im Pedalrahmen gesichert sein.
- Die Ober- und Unterseite eines Pedals müssen je eine Trittfläche haben. Es genügt auch eine Trittfläche, wenn sich diese im Betrieb automatisch dem Fuß des Fahrers zuwendet.

Die statische Festigkeitsprüfung nach EN ISO 4210-8 fordert, dass Pedalachsen einer Belastung von 1500 N widerstehen müssen, ohne Schaden zu nehmen oder sich verformen **(Bild 1a)**.

Bei der Stoßprüfung **(Bild 1b)** darf kein Bruch der Achse auftreten. Eine bleibende Durchbiegung darf 15 mm am Krafteinleitungspunkt nicht überschreiten.

Bei der dynamischen Festigkeitsprüfung werden die Pedale beidseitig in die Prüfwelle fest eingeschraubt (in **Bild 1c** ist nur ein Pedal dargestellt).

Zur Vermeidung von Schwingungen werden Gewichte mittels einer Zugfeder an das Pedal gehängt. Nach 100000 Umdrehungen der Prüfwelle bei einer maximalen Drehzahl von 100 U/min dürfen weder Brüche oder sichtbare Anrisse am Pedal auftreten, noch darf die Lagerung versagen.

Bei der dynamischen Prüfung der Tretkurbeleinheit **(Bild 2)** werden wiederholte, vertikale dynamische Kräfte für die Dauer von 100000 Schwingspielen (MTBs 50000) auf die Tretkurbeln aufgebracht. Das Kettenrad darf sich dabei nicht lockern oder lösen.

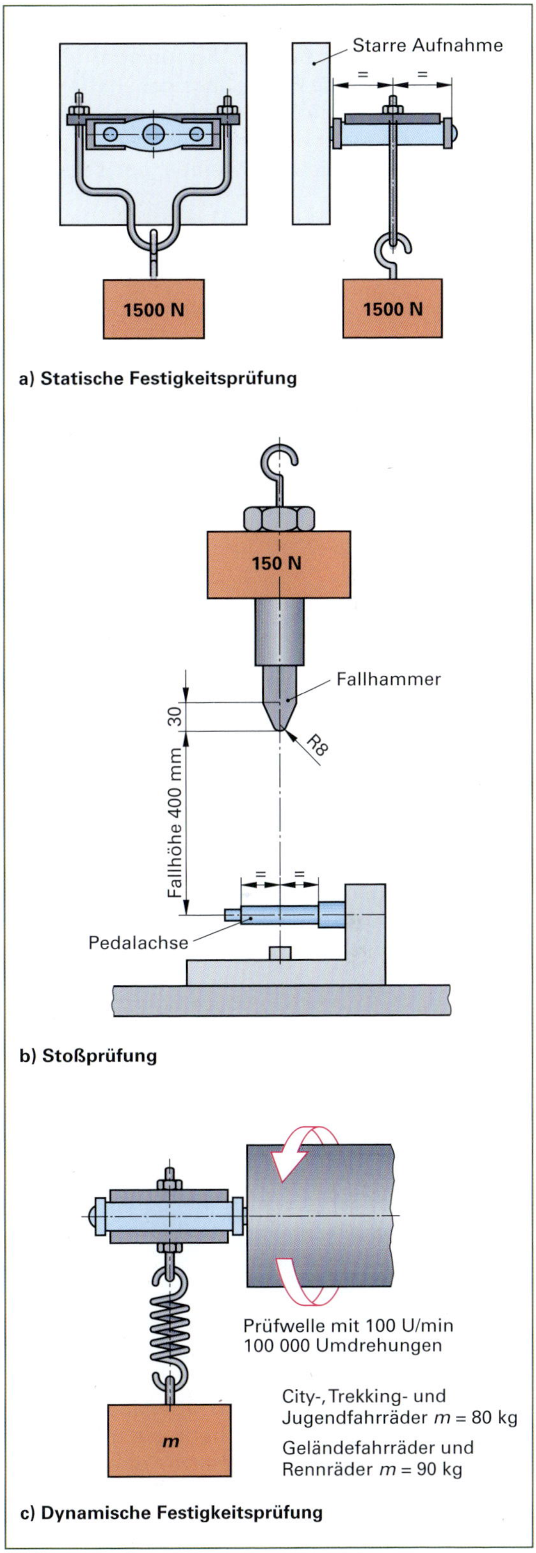


a) Statische Festigkeitsprüfung

b) Stoßprüfung

c) Dynamische Festigkeitsprüfung

Bild 1: Pedalprüfung nach EN ISO 4210-8

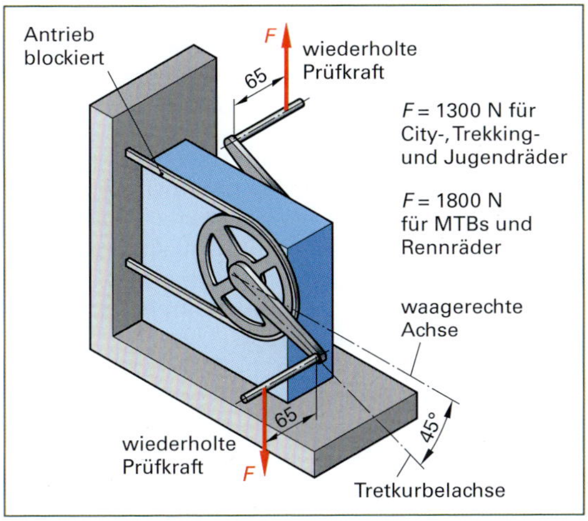


Bild 2: Dynamische Prüfung der Tretkurbeleinheit

### 6.3.3 Pedallagerung

Zur Kurbel hin ist bei der Konuslagerung der Konus gleich auf die Pedalachse geschliffen. Das vermeidet eine unnötige Schwächung der Pedalachse. Außen sorgt ein einstellbarer und gekonterter Konus für die Spielfreiheit der Lagerung **(Bild 1)**.

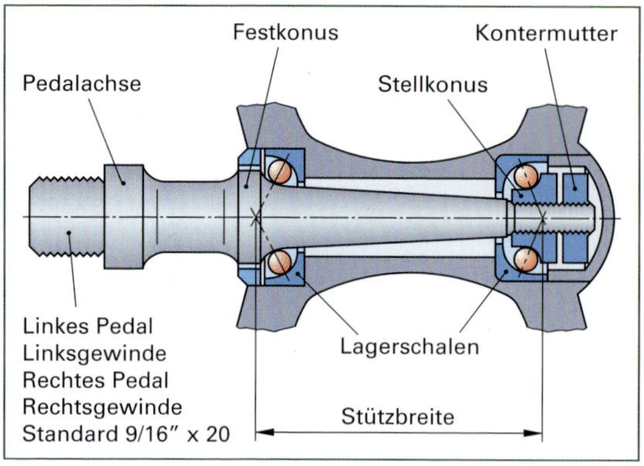


**Bild 1: Klassische Pedal-Konuslagerung**

Das äußere Lager wird von einer geschlossenen Staubkappe hermetisch vor Schmutz und Wasser geschützt.

Das kurbelseitige Lager wird oft nur durch einen Lagerspalt abgedichtet, durch den aufgewirbeltes Spritzwasser in das Lager eindringen kann. Im Sportbereich genutzte Pedale mit Konuslagerung sind aus diesem Grunde auf der Innenseite mit Dichtungen geschützt.

**info**

Die Lebensdauer von konusgelagerten Pedalen, die nicht mehr unter die 24 Monate Gewährleistung fallen, kann einfach gesteigert werden:

Man bohrt ein kleines Loch von 3 mm Größe mittig in die Staubkappe. Anschließend drückt man mit einer Fettpresse so viel Schmierfett in das Pedal, bis das frische Fett an der Gewindeseite austritt.

Höherwertige Pedale drehen sich an beiden Achsenden in Rillenkugellagern **(Bild 2)** oder kombinieren Rillenkugel- und Gleitlager. Die Paarung der Lagerwerkstoffe und die Oberflächengüten sind den Konuslagerungen überlegen und sorgen zusammen mit exakten Lagersitzen und optimierten Abdichtungen für eine längere Betriebsdauer.

Konuslagerungen haben den Vorteil der größeren Stützbreite.

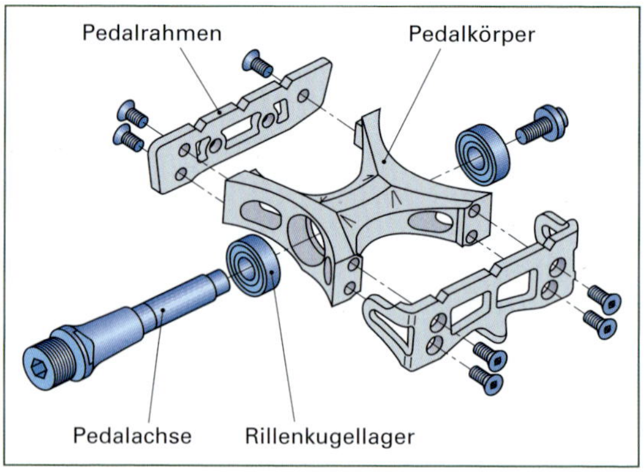


**Bild 2: Pedal mit Rillenkugellager**

Immer größere Marktanteile gewinnen Pedale mit Patronenlager. Hier erfolgt wie beim Kurbelwellen-Lager die komplette Pedallagerung samt Achse in einer gekapselten Hülse, die sich in den Pedalkörper schrauben lässt **(Bild 3)**.

Das Einstellen des Lagerspieles entfällt und bei Verschleiß wird die Patrone einfach ausgetauscht.

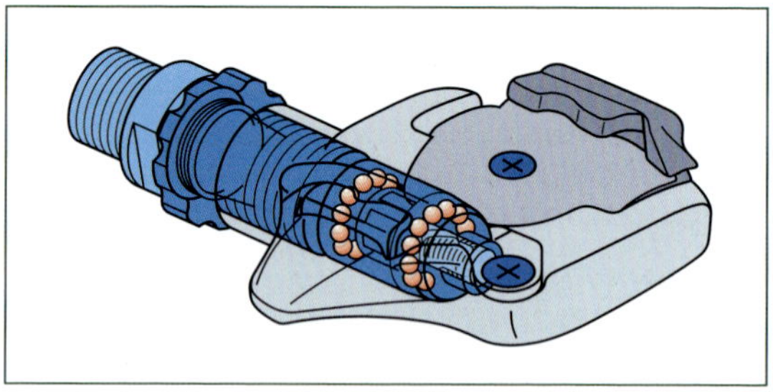

**Bild 3: Pedal mit Patronenlagerung**

### 6.3.4 Pedalausführungen

Der Pedalkörper nimmt die Pedallagerung auf und stellt die Verbindung zum Pedalrahmen her, der die Trittfläche des Pedals bildet.

Bei einfachen Pedalen besteht der Pedalrahmen aus Kunststoff und ist mit einem rutschfesten Belag versehen oder als gezackter Aluminium-Rahmen ausgelegt. Auf den Stirnseiten des Rahmens sind Pedalrückstrahler integriert oder sie lassen sich mit zwei Schrauben am Pedalrahmen befestigen (**Bild 1, Seite 335**).

Plattform-Pedale für das Mountainbike besitzen feste oder wechselbare Metallspikes (Pins), die die Haftung verbessern. Da bei einem Abrutschen Verletzungsgefahr an den Spikes droht, wird das Tragen von Unterschenkelprotektoren empfohlen.

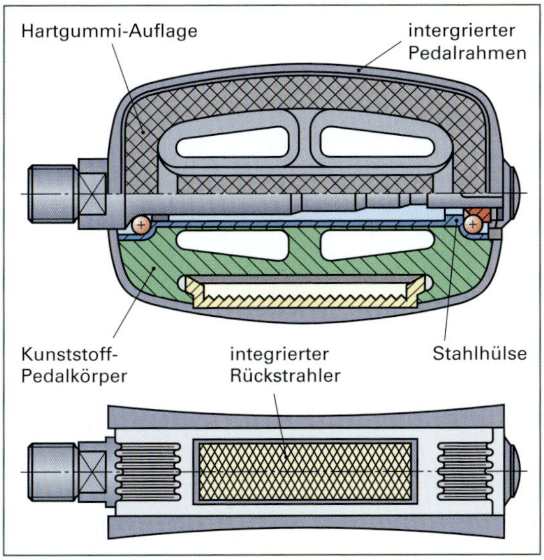


**Bild 1: Kunststoff-Standardpedal**

**Klapp-Pedale (Bild 2)** stehen durch seitliches Hochklappen weniger weit von der Kurbel ab und lassen auf diese Weise das Fahrrad leichter verladen. Bei Falträdern lassen sie geringere Faltmaße zu.

Eine kurze, kräftige Achse ist in einem ebenfalls kurzen Pedalkörper gelagert. Zwischen Pedalkörper und Pedalrahmen befindet sich das Faltgelenk. Im Fahrbetrieb liegt das Gelenk auf Anschlag und kann so die volle Trittkraft aufnehmen.

**Bild 2: Klapp-Pedal**

Bei Pedalen für *Schuhhalter* (alte Bezeichnung *Haken*) und *Riemen* lässt sich ein die Schuhspitze umfassender Metallbügel an die Vorderseite des Pedalrahmens schrauben. Der Bügel fixiert den Schuh in Längsrichtung. Ein durch den Pedalkörper und eine Öse am hinteren Ende des Schuhhalters verlaufender Riemen sichert den Fuß in seitlicher Richtung **(Bild 3)**.

Pedale mit Haken bergen ein erhöhtes Verletzungsrisiko für den Fahrer. Sie werden hauptsächlich von Sprintern im Bahnradsport und aus nostalgischen oder modischen Gründen verwendet.

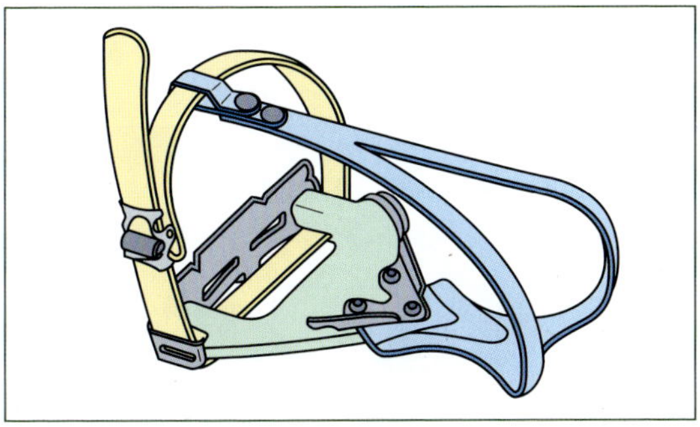

**Bild 3: Pedal mit Haken und Riemen**

Ergänzend gab es Schuhplatten (cleats) auf der Schuhsohle, die in den hinteren Steg des Pedalrahmens einrasten und den Pedalkontakt sicherstellen.

*Klickpedale (Systempedale)* verbinden Schuh und Pedal nach Art der Skibindung. Ein auf die Schuhsohle geschraubter Adapter (cleat) rastet unter Druck in einen Federmechanismus des Pedals ein und kann durch seitliches Drehen des Fußes wieder gelöst werden **(Bild 4)**.

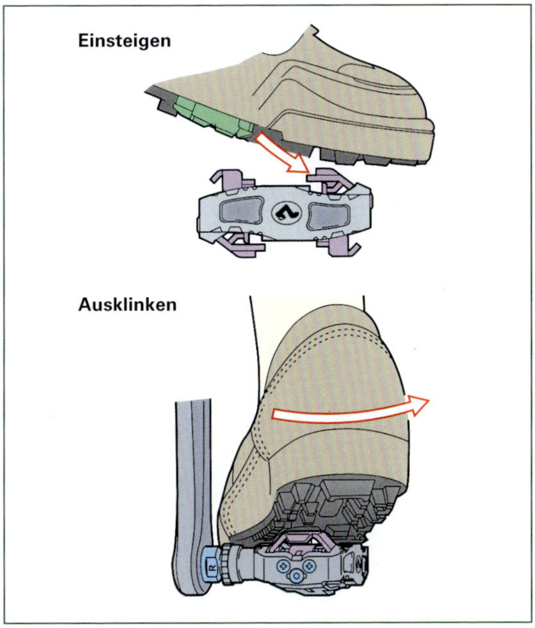


**Bild 4: Systempedal**

Einige Trekking-Klickpedale bieten zusätzlich für den Radwanderer und Freizeitsportler die Möglichkeit, durch heftigen Zug nach oben Schuh und Pedal voneinander zu trennen.

Auch Magnetfixierungen, anstelle von Adapterplatten und Federmechanik, sind erhältlich.

Die modernen Systempedale **(Bild 1)** sind so ausgelegt, dass sich die Verriegelung auch bei starker Verschmutzung leicht lösen lässt.

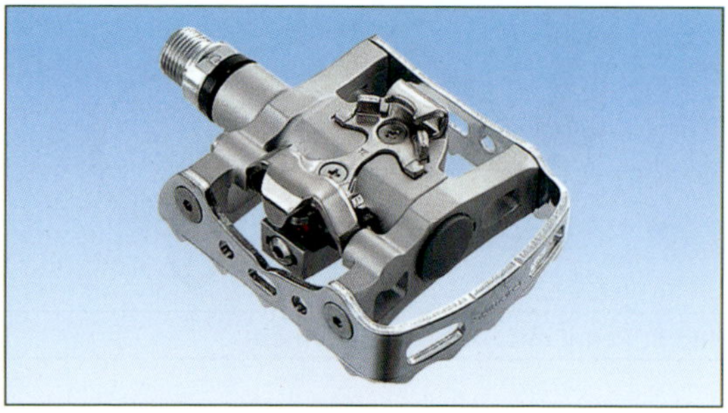

**Bild 1: Systempedal (Shimano)**

## Drehpunkte und Drehspiel

Die meisten Hersteller von Klickpedalen besitzen aus patentrechtlichen Gründen eine eigene Adapterplatte. Der Drehpunkt des Adapters kann fest oder variabel sein sowie vor oder auf der Pedalachse liegen.

Shimano SPD, SPD-SL, Look-Renn und Campagnolo-Pro-Fit besitzen Platten mit einem festen Drehpunkt *vor* der Pedalachse. Sie bieten dem Fuß nach rechts und links einige Grad Drehspiel **(Bild 2)**.

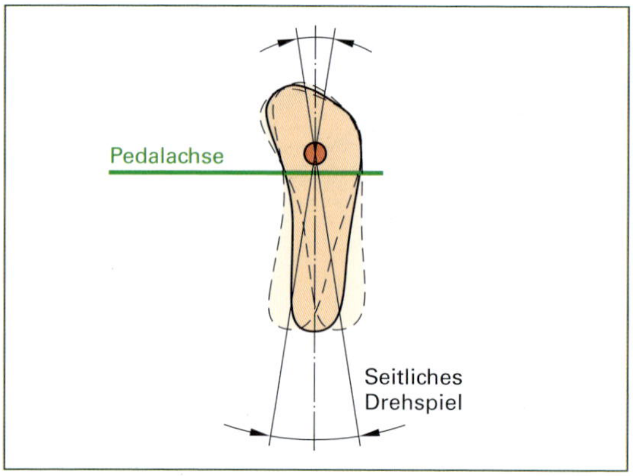


**Bild 2: Fester Drehpunkt vor der Pedalachse**

Speedplay- und Crankbrothers-Pedale haben einen festen Drehpunkt *auf* der Pedalachse und seitliches Drehspiel. Das Drehspiel ist bei Speedplay-Pedalen rechts und links separat einstellbar **(Bild 3)**.

Bei den Pedalen *Time Renn*, *Time MTB* und *Look MTB* Pedale befindet sich ein variabler Drehpunkt auf der Pedalachse **(Bild 4)**. Das seitliche Drehspiel und der Drehpunkt gestatten dem Fuß, bei einer Pedalumdrehung einige Millimeter nach außen und innen gleiten zu können (sog. *Floating* oder *Lateral Float*). Sportler mit Knieproblemen bevorzugen Klickpedale dieser Bauart.

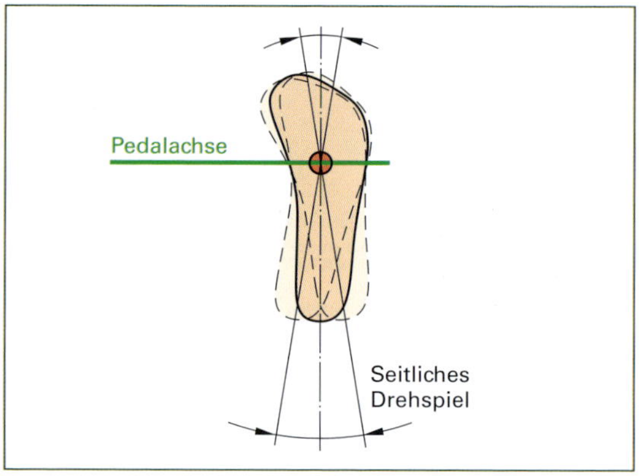


**Bild 3: Fester Drehpunkt auf der Pedalachse**

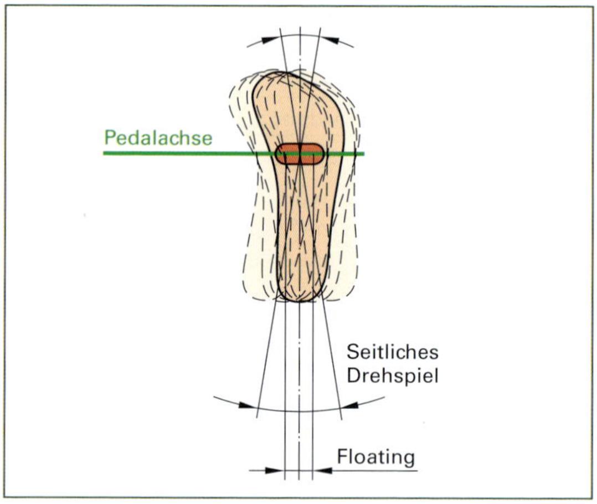


**Bild 4: Variabler Drehpunkt auf der Pedalachse**

Für die Mountainbike-Sparten Freeride, Downhill, Allmountain und Trail gibt es spezielle Plattformpedale und Schuhsohlen, die für die Nutzung von Pins angepasst sind **(Bild 5)**.

**Bild 5: Plattformpedal und Schuhsohle**

## 6.4 Antriebskette

Die Antriebskette überbrückt den Abstand vom Kettenrad zum Ritzel und überträgt die durch die Tretkraft des Fahrers erzeugte Energie auf das Hinterrad.

Eine gepflegte Kette leistet mit einem Wirkungsgrad bis zu 98 % einen wesentlichen Beitrag zur Effizienz des Radfahrens.

Andere Übertragungselemente wie Reibrolle, Keilriemen oder Wellenantrieb konnten sich bisher nicht durchsetzen. Entweder ist der Wirkungsgrad schlechter, das Baugewicht höher oder die Betriebssicherheit bei dem hohen Antriebsmoment des Fahrrades nicht gewährleistet. Der Zahnriemenantrieb **(Kapitel 6.5)** hat sich aufgrund neuer Werkstoffe etabliert.

Eine abspringende Kette darf das Hinterrad nicht blockieren. Es wird auf die DIN 8187-1 und ISO 9633 verwiesen, nach der Antriebsketten einer Zugbelastung von 10 000 N standhalten müssen.

### 6.4.1 Aufbau einer Antriebskette

Antriebsketten haben eine Teilung von 12,7 mm (= 1/2 Zoll) und werden je nach Verwendung in unterschiedlichen Breiten hergestellt **(Bild 1)**.

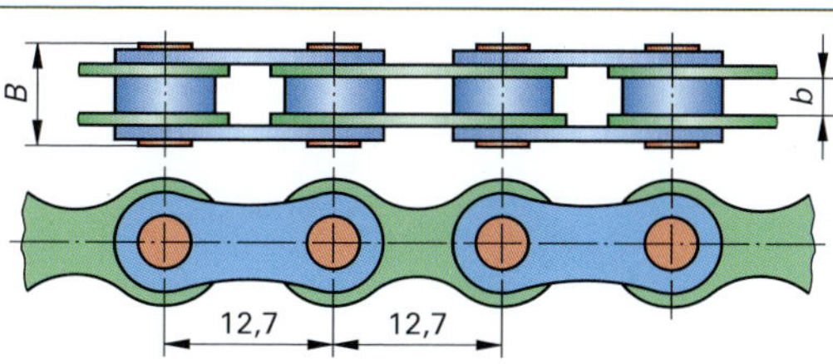


| Verwendung | Benennung in Zoll | b in mm | B in mm |
|---|---|---|---|
| Saalsport | $^1/_2$ x $^3/_{16}$ | 4,9 | 11,4 |
| Singlespeed | $^1/_2$ x $^1/_8$ | 3,3 | 9,2 – 10,5 |
| Nabenschaltung | $^1/_2$ x $^3/_{32}$ | 2,4 | 7,3 – 8,8 |
| 6-, 7- ,8-fach | $^1/_2$ x $^3/_{32}$ | 2,4 | 7,3 – 8,8 |
| 9-fach | $^1/_2$ x $^{11}/_{128}$ | 2,2 | 6,6 |
| 10-fach | $^1/_2$ x $^{11}/_{128}$ | 2,2 | 5,9 |
| 11-fach | (Connex, KMC) | 2,2 | 5,6 |
| 12-fach | $^1/_2$ x $^5/_{64}$ (Taya) | 2,1 | 5,2 – 5,3 |
| 13-fach | – | – | 4,9 |

**Bild 1: Abmessungen von Antriebsketten**

Bei der klassischen *Rollen-Hülsenkette* **(Bild 2a)** wechseln sich Innen- und Außenlaschen ab. Die Außenlaschen werden mit einem Kettenbolzen über die Innenlaschen vernietet. Die Innenlaschen sind durch eine Hülse miteinander verbunden. Zwischen den Innenlaschen ist jeweils eine Rolle auf der Hülse gelagert.

Die Hülsenkette für Kettenschaltungen ist mittlerweile von der *Lagerkragenkette* **(b)** ersetzt worden.

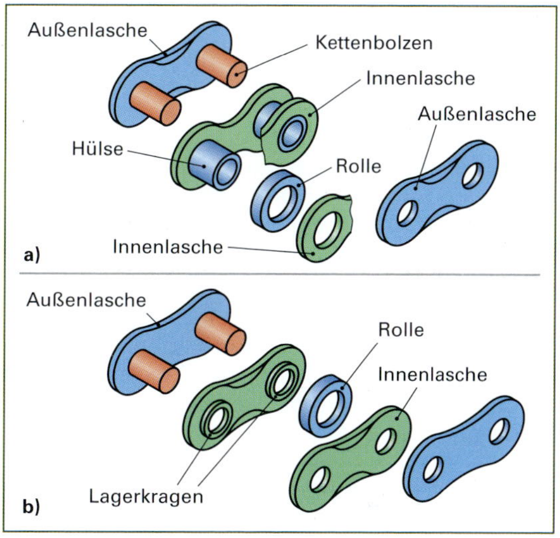


**Bild 2: a) Rollen-Hülsenkette b) Lagerkragenkette**

Bei der Herstellung einer *Lagerkragenkette* wird aus jeder Innenlasche ein kurzer Bund (der Lagerkragen) herausgezogen. Beide Lagerkragen zusammen ersetzen die Hülse und tragen die Rolle. Die Innenlaschen sind nicht fest miteinander verbunden und dadurch seitlich beweglicher. Auch können die Innenlaschen durch die ausgezogenen Lagerkragen niedriger ausfallen, was die zum Schaltvorgang nötige seitliche Beweglichkeit der Kette weiter erhöht.

Als Steighilfe an modernen Ketten werden die Kettenlaschen angefast oder seitlich ausgestellt, um so schneller in die Ritzelzähne des nächsten Ritzels eingreifen zu können **(Bild 3)**.

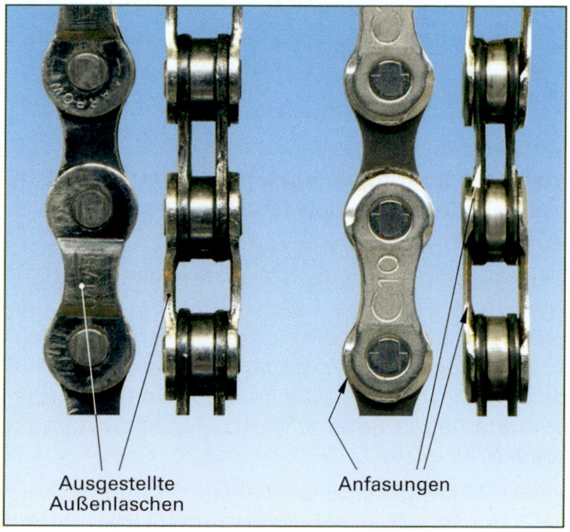


**Bild 3: Ketten-Schalthilfen**

6

## 6.4.2 Kettenreibung und Kettenverschleiß

Fast die gesamten Reibungsverluste der Kette entstehen im Zugtrum (oben gezogener Kettenteil), wenn die Kette aus dem Ritzel aus- oder in das Kettenrad einschwenkt.

Der Vorgang im Einzelnen:

- Bei geradem Kettenlauf liegt oder legt sich die jeweilige Rolle ohne Drehung an der entsprechenden Zahnflanke von Ritzel oder Kettenrad an **(Bild 1)**.
- Beim Aus- oder Einschwenken der Kettengelenke erfolgt eine *Drehung* des Lagerkragens innerhalb der Rolle über den Kettenbolzen und verursacht Reibungsverluste. Zwischen Rolle und Zahnflanke entsteht keine zusätzliche Gleitbewegung.

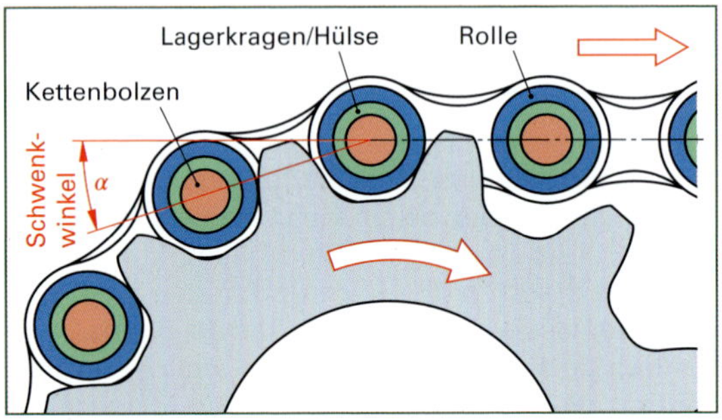


**Bild 1: Ausschwenken der Kette aus dem Ritzel**

Die Reibung ist von der Zugbelastung der Kette und von dem Schwenkwinkel $\alpha$ der Kettenglieder abhängig.

> *Beispiel:* Die Kette muss von einem 12er-Ritzel um 30° ausschwenken; dagegen bei einem 48er-Kettenrad nur um 7,5° einschwenken. Damit verursacht das 12er-Ritzel viermal so viel Kettenverschleiß durch Reibung wie das 48er-Kettenrad.

Sowohl vom Wirkungsgrad als auch von der Vermeidung unnötigen Kettenverschleißes ist es sinnvoll, Kettenrad und Ritzel möglichst groß zu wählen.

Die Reibungsverluste durch Kettenschräglauf werden in der Regel überschätzt. Bei einer diagonal laufenden Schaltungskette mit 3,5° Auslenkung beträgt die Querkomponente nur rund 6/100 der Kettenzugkraft. Die maximalen Reibungsverluste liegen unter 1 % des Gesamtwirkungsgrades.

- Der Mittenabstand der Bolzen, Lagerkragen/Hülsen und Rollen beträgt im Normalzustand 1/2" **(Bild 2a)**.
- Durch Reibung verschleißen die Kontaktstellen von Bolzen und Lagerkragen/Hülse an den äußeren Seiten der Innenlaschen **(Bild 2b)**.
- Durch den Materialabtrag entfernen sich die Innanlaschen um den Betrag Δv von einander. Ebenso entfernen sich die Mittelpunkte der Rollen zweier benachbarter Innenlaschen.
- Die Mittelpunkte der Rollen einer Innenlasche behalten dagegen ihren Abstand.
- Ein Materialabtrag zwischen Rollen und Lagerkragen/Hülsen wirkt sich dagegen nicht auf die Teilung aus, weil sich die Rollen dabei in die gleiche Richtung verschieben.

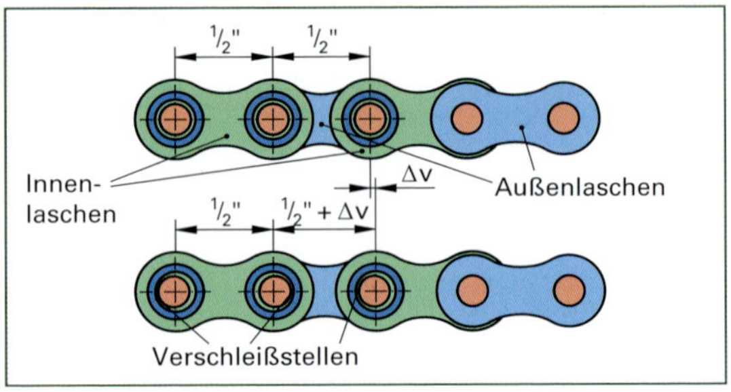


**Bild 2: Verschleiß an einer Antriebskette**

Dadurch wird die Kettenteilung über der Außenlasche größer: Das länger gewordene Außenlaschenglied rutscht ein Stück auf der Zahnflanke nach oben **(Bild 3)**. Bei fortschreitendem Verschleiß rutscht dann das Glied über den Zahnkopf.

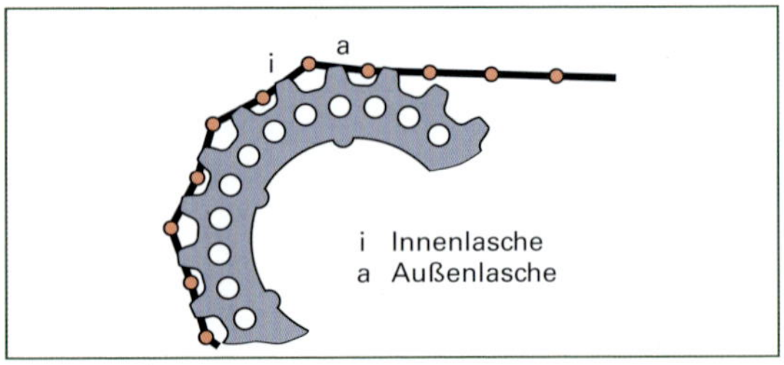


**Bild 3: Lage einer verschlissenen Antriebskette**

Die Verschleißkontrolle erfolgt mit einer Verschleißlehre **(Bild 4)**. Die Kette sollte gewechselt werden, wenn sich beide Seiten der Lehre in die Kette eindrücken lassen. Die Kette hat sich dann um ca. 1 % (~ 0,1 mm) pro Gelenk gelängt. Wird die Kette länger gefahren, verschleißen die Ritzel und Kettenräder schneller, da sich die Zahnflanken der Längung anpassen.

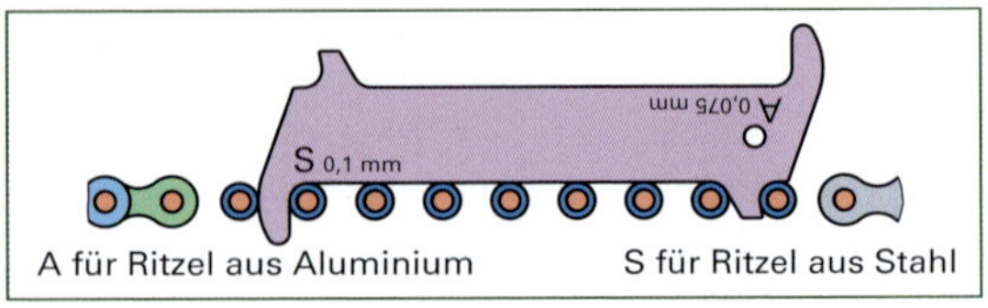


**Bild 4: Verschleißlehre (Rohloff-Kettenkaliber)**

Die Grobüberprüfung der Kettenlänge nach **Bild 1** ist nur für herkömmliche, nach Norm gefertigte Kettenräder geeignet. Lässt sich die Kette von Hand um mehr als 5 mm vom Zahnkranz abheben, ist die Verschleißgrenze erreicht und die Kette sollte ausgetauscht werden.

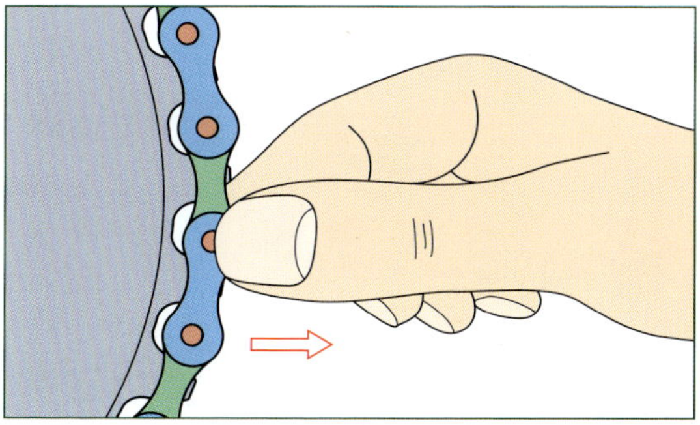

**Bild 1: Verschleißprüfung der Kette von Hand**

Moderne Schaltwerke haben zur Entwicklung angepasster Zahnformen geführt, die schon bei Neuauslieferung ein Spiel von bis zu 4 mm zulassen.

Durch Schmierstoffmangel können feste Schmutzpartikel und Regen-, Spritz- oder Waschwasser in die Kettengelenke eindringen und in kurzer Zeit Rost bilden. Rost und Schmutz lassen die Verschleißrate stark ansteigen, denn beide Zwischenstoffe wirken abrasiv und schaffen immer neue Oberflächen, die ihrerseits rosten (korrodieren). Die Kettengelenke werden regelrecht „ausgeschmirgelt".

Bei Antriebsketten entstehen bis zu 1000 N/mm² hohe Flächenpressungen zwischen dem Lagerkragen und dem Kettenbolzen. Darum sollten Antriebsketten nur mit speziellen Kettenschmiermitteln behandelt werden, die für hohe Pressungen ausgelegt sind. Darüber hinaus besitzen diese Schmierstoffe gute Kriecheigenschaften, um einen gerissenen Schmierfilm möglichst schnell wieder zu schließen.

Dickflüssige Öle haben durch ihre langen Kohlenwasserstoffketten ein gutes Druckaufnahmevermögen. Auch die Wasserbeständigkeit ist besser als bei dünnflüssigen Kriech- oder Multiölen.

Kettenschmierstoffe können ihre Wirkung am besten entfalten, wenn sie in die Kettengelenke eindringen können **(Bild 2)**. Das Fahrrad sollte dann für einige Stunden nicht bewegt werden.

Im Winter mit Streusalz, Sand und Schnee kann eine tägliche Nachschmierung notwendig sein. Hier reichen aber wenige Tropfen Öl. Mit Sprühwachs kann die Kette von außen gegen Rost geschützt werden.

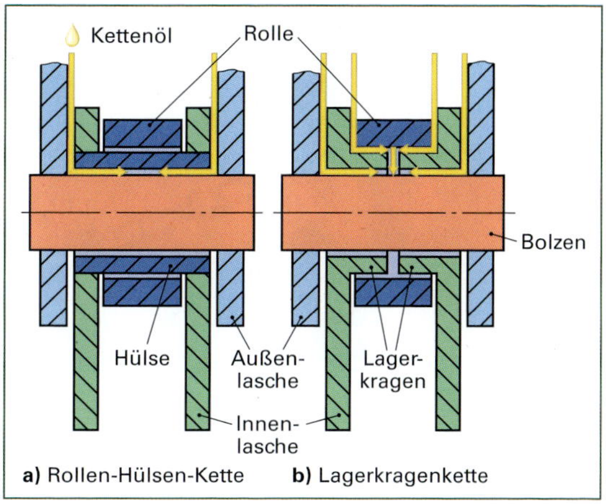


**Bild 2: Weg des Kettenöls in das Kettengelenk**

*Flächenpressung* entsteht an den berührenden Oberflächen, wenn sich beide Bauteile unter Druck berühren.

*Druck* (oder Spannung) tritt in **einem** Bauteil auf, z. B. im Rohrquerschnitt der Sattelstütze oder im aufgepumpten Schlauch. Die Einheit ist bei beiden N/mm².

## 6.4.3 Kettenfügen

Standardketten für Fahrräder ohne Schaltung oder mit Nabenschaltung werden mit einem Kettenschloss zu einem Endlosband geschlossen. Dabei ist unbedingt darauf zu achten, dass der Bogen der Federspange in die Kettendrehrichtung weist – ansonsten kann es der Kettenschutz abstreifen **(Bild 3)**.

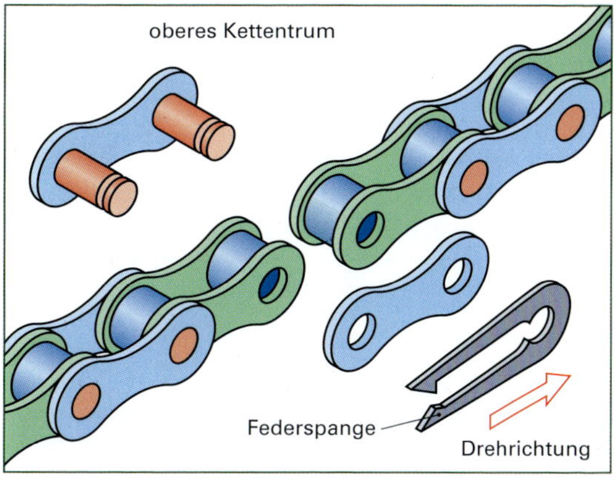


**Bild 3: Standard-Kettenschloss, Federschloss**

Bei den Schaltungsketten gibt es unterschiedliche Fügeverfahren.

- Kette mit dem Nietendrücker **(Bild 1 auf Seite 340)** verbinden:

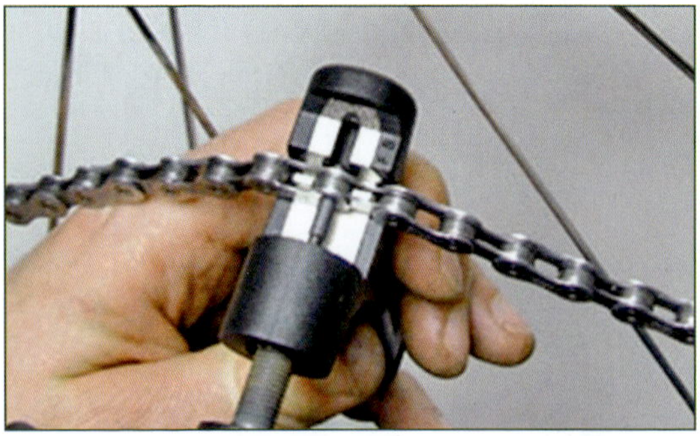

Bild 1: Nietendrücker

Hierbei scheren sich beim Eindrücken des Bolzens in die Außenlasche die ursprünglich verdickten Bereiche am Bolzenende ab. Die Außenlasche wird dabei leicht aufgeweitet.

Beim Rohloff-Kettennieter wurden die Kettenbolzen nach dem Durchdrücken der Außenlasche in einem zweiten Arbeitsgang an ihren Enden vernietet **(Bild 2)**.[1]

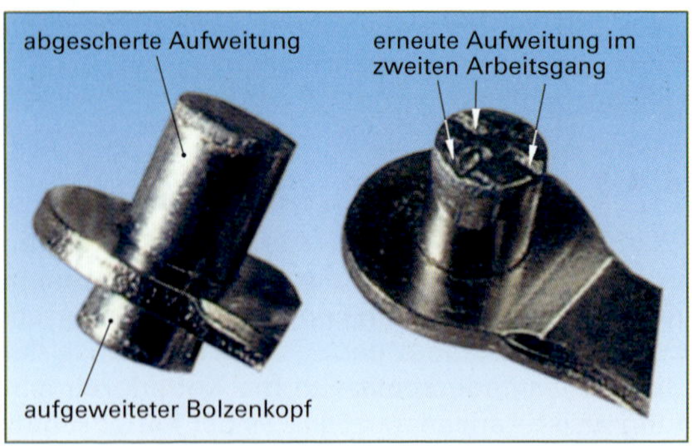


Bild 2: Vernietung der abgescherten Bolzenenden

- Nietstift von Shimano:

Ein spezieller Kettenniet mit einer Bundverdickung auf beiden Seiten wird durch beide Außenlaschen gedrückt. Zur Erleichterung der Montage besitzt der Nietstift zunächst ein Einführungsteil, welches nach dem Vernieten an einer Sollbruchstelle abgebrochen wird **(Bild 3)**.

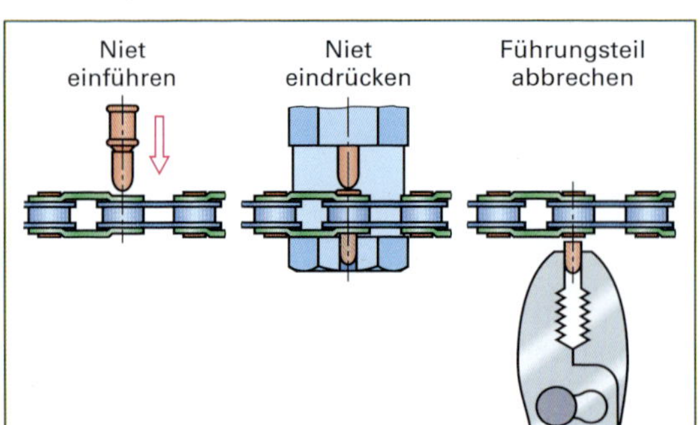


Bild 3: Nietstift (Shimano)

Für Schaltungsketten wurden weitere Kettenschlösser entwickelt **(Bilder 4 und 5)**.

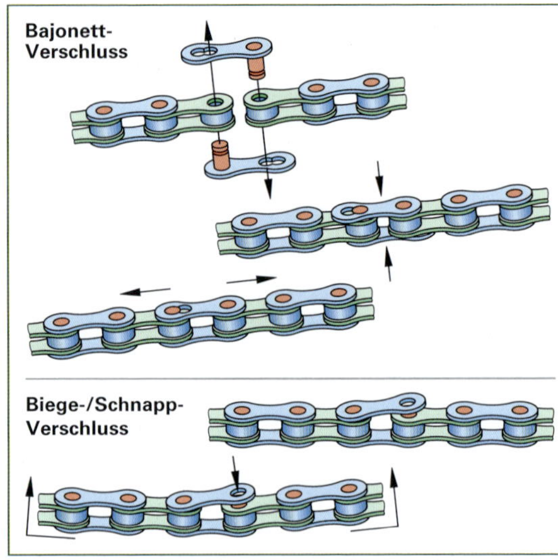


Bild 4: Schlösser für Schaltungsketten

Bild 5: Kettenschloss mit Bajonettverschluss (Connex)

Arbeitsplan: Kette mit Kettenschloss verbinden

- Kettengelenke leicht mit Kettenöl einölen
- Beide Kettenschlossteile in die Kettengelenke einführen
- Kettenschlossteile zusammenstecken und einhaken
- Damit das Kettenschloss richtig einklinkt, leichten Druck auf das Pedal ausüben, dabei Hinterradbremse ziehen
- Kettengelenk auf Gängigkeit prüfen

### 6.4.4 Kettenlänge bei Kettenschaltungen

Die richtige Kettenlänge sorgt für die optimale Spannung am Schaltwerk **(siehe Seite 362)**. Ist die Kette zu lang, kann sie beim Lauf über die kleinen Ritzel nicht richtig gespannt werden und das untere Kettentrum schlägt unkontrolliert bei allen stärkeren Bewegungen des Fahrrades.

[1] Rohloff-Ketten und Rohloff-Kettennieter sind nicht mehr im Handel erhältlich (Stand 2015)

Ist die Kette zu kurz, kann die Übersetzung „größtes Kettenrad/größtes Ritzel" nicht mehr geschaltet werden. Sollte der Schalthebel versehentlich trotzdem in diese Position geraten, versucht die Kette auf das größte Ritzel zu schalten. Es besteht die Gefahr, dass sich dabei das Schaltwerk und das Schaltauge verbiegen.

Es gibt zwei Wege zur Bestimmung der richtigen Kettenlänge bei Kettenschaltungen:

a) Zur praktischen Bestimmung wird die zu montierende Kette als Maßband benutzt. Als Anfang dient das Außenglied mit dem herausstehenden Bolzen.

   Beim Abzählen gilt: ein Bolzen = ein Kettengelenk.

   Man addiert die Zähnezahl des größten Kettenrades und des größten Ritzels und teilt das Ergebnis durch zwei. Dazu addiert man zwei Kettenglieder **(Bild 1)**.

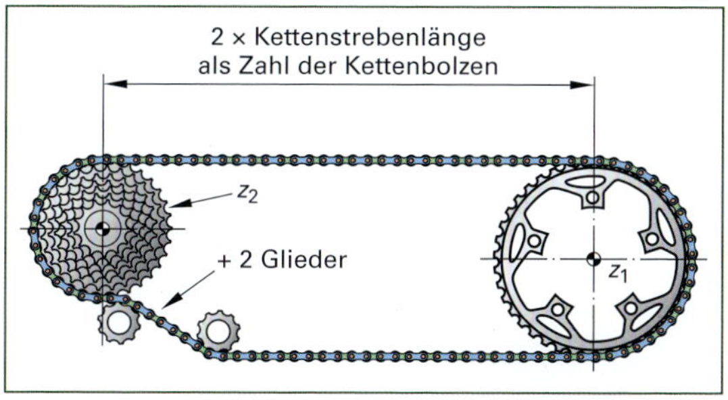


**Bild 1: Kette als Maßband**

> *Beispiel*:
> Größtes Kettenrad 44 Zähne, größtes Ritzel 28 Zähne
> 44 + 28 = 72 : 2 = 36
> 36 + 2 = 38
> Die letzte Zahl merken: 38 Gelenke = 38 Bolzen

   Nun wird mit der Kette die Länge der Kettenstrebe (= Länge Unterrohr) abgemessen. Den Anfangsbolzen der Kette hält man an die Mitte der Hinterradachse und misst bis zur Mitte der Kurbellagerwelle.

   Die so ermittelte Länge wird verdoppelt und die vorher gemerkte Zahl der Bolzen addiert. Ergibt sich jetzt an dieser Stelle beim Öffnen ein Innenglied, so wird die Kette hier geöffnet. Ergibt sich ein Außenglied, so muss zum Öffnen ein Gelenk weitergezählt werden. Die Kette ist jetzt in der richtigen Länge gekürzt und hat zum Verschließen zwei ungleiche Enden.

b) Mit einer Formel kann die richtige Kettenlänge berechnet werden **(Bild 2)**.

$L_K$ = Kettenlänge in Zahl der Gelenke (= Bolzenzahl)
$a$ = Kettenstrebenlänge in mm (Mitte Kurbellager bis Mitte Hinterachse)
$z_1$ = Zähnezahl größtes Kettenrad
$z_2$ = Zähnezahl größtes Ritzel

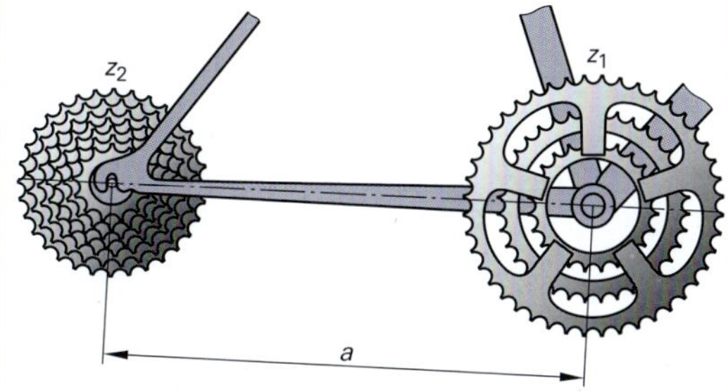


**Bild 2: Berechnung der Kettenlänge**

a) für Schaltwerke mit 10-Zahn-Kettenrädchen:

$$L_K = 0{,}157\ a + \frac{1}{2} z_1 + \frac{1}{2} z_2 + 2$$

b) für Schaltwerke mit 11-Zahn-Kettenrädchen:

$$L_K = 0{,}157\ a + \frac{1}{2} z_1 + \frac{1}{2} z_2 + 4$$

> *Beispiel:*
> für ein Schaltwerk mit 10-Zahn-Kettenrädchen:
> $a = 420$ mm, $z_1 = 44$ Zähne, $z_2 = 28$ Zähne
> $$L_K = 0{,}157 \cdot 420 + \frac{44}{2} + \frac{28}{2} + 2 = 103{,}94$$

Die Kette sollte 104 Gelenke haben. Damit sich die Kettenenden verschließen lassen, ist das Ergebnis auf eine gerade Zahl aufzurunden.

Zur Kontrolle, ob beim *Rennrad* die Kettenlänge korrekt ist, legt man die Kette auf das große Kettenrad und hinten auf das kleinste Ritzel **(Bild 3)**. Jetzt sollen die Spannrolle, Leitrolle und Hinterachsmitte auf einer Linie liegen und einen rechten Winkel zum Boden einnehmen.

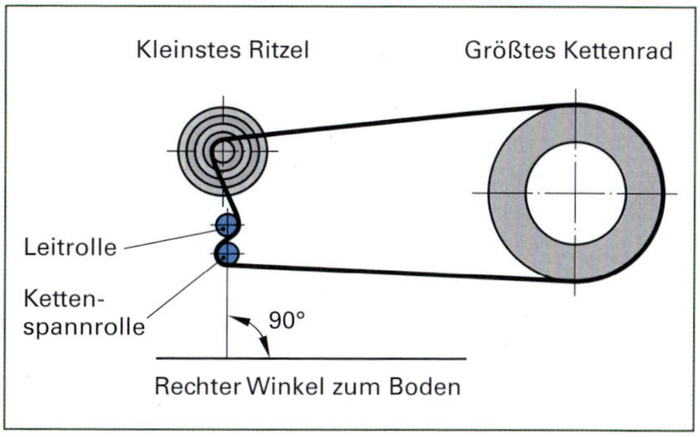


**Bild 3: Prüfen der Kettenlänge beim Rennrad**[1]

[1] Quelle: Shimano Händlerkatalog 2011

Beim *Mountainbike* mit *gefedertem Hinterbau* ändert sich das Maß *A* **(Bild 1)** in Abhängigkeit vom Einfedern. Bei einer zu kurz bemessenen Kette können dabei unzulässig hohe Zugkräfte auf die Komponenten des Antriebsstranges ausgeübt werden.

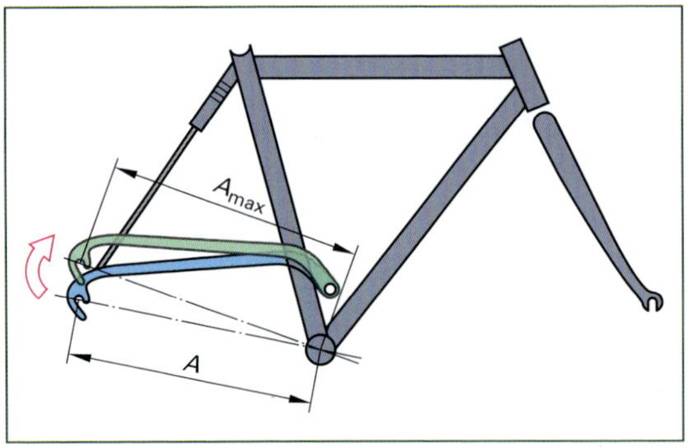


**Bild 1: Längenänderung des Unterrohres (Kettenstrebe) beim Einfedern**

Beim Bemessen der Kettenlänge legt man die Kette auf das größte Kettenrad und das größte Ritzel **(Bild 2)**. Dabei sollte sich die Federung in dem Zustand befinden, bei der das Maß *A* **(Bild 1)** maximal lang ist.

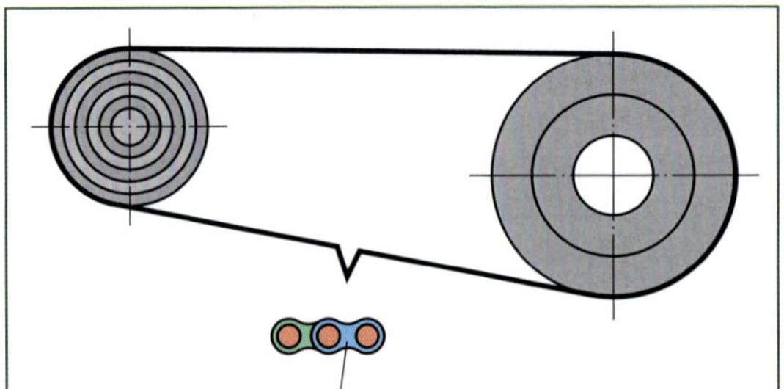


**Bild 2: Ermitteln der Kettenlänge beim MTB**

**info**

Eine weitere schnelle und sichere Methode ist es, die Kette vorn und hinten auf das jeweils kleinste Ritzel und Kettenrad zu legen. Wenn die Kette durch das Schaltwerk geführt ist, wird sie so weit gekürzt, bis der untere Kettentrum gerade nicht mehr an der Kettenführung des Schaltwerks schleift.

## 6.5 Zahnriemen

Für den Antrieb von Fahrrädern finden auch Zahnriemen Anwendung **(Bild 3)**.

**Bild 3: Zahnriemen**

Die Idee, einen Zahnriemen für die Energieübertragung an Fahrrädern zu verwenden, ist fast so alt wie der Zahnriemen selbst. Jedoch ergab sich mit den herkömmlichen Zahnriemen, die eine Stahlseele bzw. Aramid- oder Glasfasern besitzen, kein befriedigender Wirkungsgrad.

Erst mit dem Einsatz von Carbonfasern **(Bild 4)** konnte der Zahnriemen die Kette ersetzen. Die eingearbeiteten Carbonfasern geben dem Riemen die Zugbelastbarkeit und Unnachgiebigkeit.

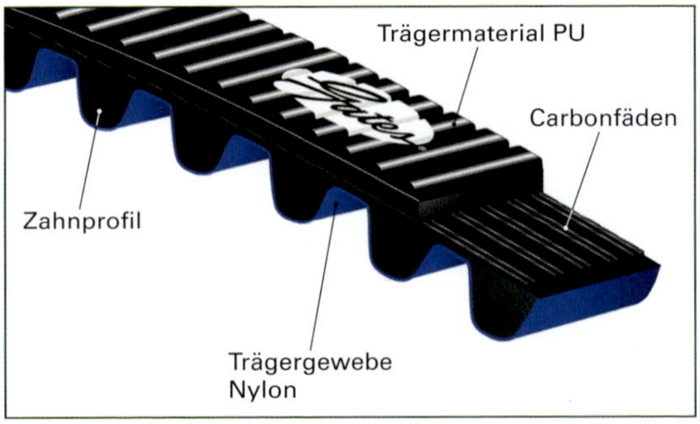


**Bild 4: Aufbau eines Zahnriemens**

Das Grundmaterial ist Polyurethan und die Zugfasern, welche darin eingebettet sind, bestehen aus Kohlefasern. Die Carbonfasern sind extrem reißfest, aber empfindlich gegen Knickbelastungen.

Die Riemenscheiben bestehen aus einer hochfesten Aluminiumlegierung. Als Verschleißschutz wird eine sogenannte Metal-Spray-Schicht aufgetragen.

Eine Vorspannung des Zahnriemens ist Voraussetzung für den Geradelauf. Daher benötigt man normale Kettenspanner, nachempfundene Riemenspanner oder in das Kugellager integrierte Kettenspanner **(Bild 1, Seite 343)**.

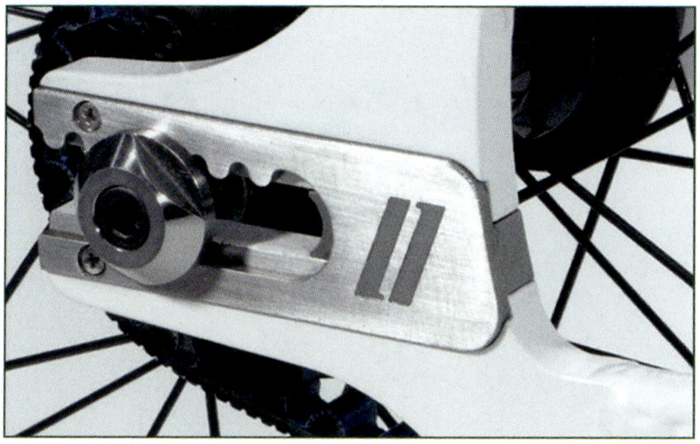

**Bild 1: Riemenspanner**

Im Vergleich zu einer gut geschmierten Kette hat der Zahnriemen einen im Fahrbetrieb nicht merklich geringeren Wirkungsgrad. Der Riemen muss lediglich mit der korrekten Spannung montiert werden.

Bei der Kette fällt der Wirkungsgrad schon nach kurzer Zeit stark ab, was durch mangelnde Pflege und Wartung noch verstärkt wird. Der Riemen behält dagegen seinen Wirkungsgrad konstant bei.

Unter Laborbedingungen mit nachempfundener Belastung hält ein Zahnriemen etwa 20000 km. In der Praxis hält ein Zahnriemen etwa 6000 – 10000 km. Je nach Schmutzbelastung sind die Riemenscheiben aus Aluminium jedoch schon früher verschlissen. Da der Reinigungs- und Schmieraufwand gegenüber der Antriebskette entfällt, ist der Zahnriemen eine leistungsfähige Alternative. Weitere Vorteile gegenüber herkömmlichen Stahlketten:

- Spielfreier Antrieb wegen der Elastizität des Riemens möglich
- Keine Längung
- Geringe Masse von ca. 70 g

Der Fahrradrahmen muss für die Verwendung eines endlosen Riemens vorbereitet sein. Das heißt, das hintere Rahmendreieck muss sich auf der Antriebseite zur Montage des Riemens öffnen lassen **(Bild 2)**.

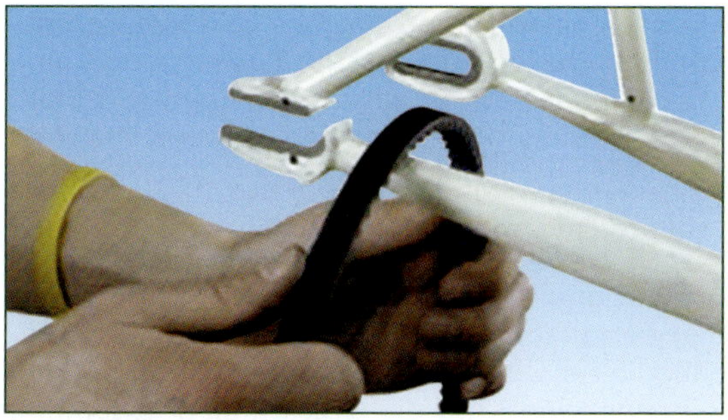

**Bild 2: Einführen des Riemens in den offenen Rahmen**

Typischerweise geschieht dies an der Hinterbau-Oberstrebe (Sitzstrebe) oder am Ausfallende.

Voraussetzung für einen sicheren Betrieb ist ein biegesteifer, präzise gearbeiteter Rahmen mit ebenso stabilem Rahmenschloss zum Einfädeln des Riemens[1].

Die Riemenscheiben besitzen gegeneinander versetzte Anlaufborden, die sich am vorderen Riemenrad außen und bei dem hinteren Riemenrad innen befinden. Da der Riemen eine sehr hohe Quersteifigkeit besitzt, wird er von beiden Anlaufborden in der Spur gehalten und kann nicht abrutschen.

Gates-Zahnriemen für Anlaufborde gibt es in den Breiten 10 mm (CDC) und 12 mm (CDX). Anstelle über die Borde kann der Riemen auch über einen Mittelsteg geführt werden. Diese 12 mm breiten Zahnriemen bezeichnet man als „CDX Centertrack".

Ein Überspringen der Zähne (Ratcheting) kann zu Schäden der Kohlefasereinlagen führen und den Riemen unbrauchbar machen. Eine am Rahmen montierte kleine mitlaufende Rolle („Snubber") verhindert ein Herausheben des Riemens aus der Riemenscheibe. Riemenverschleiß lässt sich daran erkennen, dass die Zähne ihre runde Form verlieren und spitz zulaufen. Der Verschleiß der Zahnriemenscheiben aus Stahl ist an Einlaufausbuchtungen zu erkennen, der Verschleiß von hartbeschichteten Aluscheiben an der fehlenden Beschichtung.

Der Riemenverschleiß nimmt extrem zu, sobald der Riemen längere Zeit auf unbeschichtetem Aluminium gefahren wird (auf Stahlscheiben halten die Riemen länger). Aluscheiben und Riemen sollten immer gemeinsam erneuert werden.

Die Riemenspannung kann mechanisch mit einem Spannungstester **(Bild 3)** oder akustisch mit dem Mikrofon des Smartphones und der *App Gates Carbon Drive* geprüft werden.

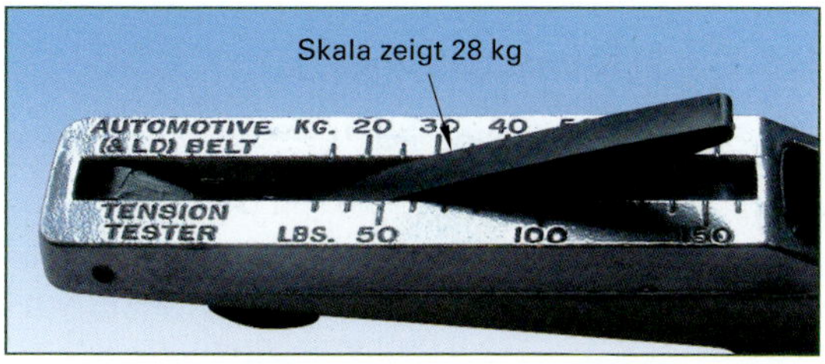


**Bild 3: Tension Tester**

[1] Bei Verwendung eines Gates-Zahnriemens mit einer Rohloff-SPEEDHUB wird zwingend der Einsatz einer kontaktlosen Riemenanlaufrolle (Snubber) vorgeschrieben, die bei zu geringer Riemenspannung ein Überspringen des Riemens verhindert. Aufgrund der kleinen Übersetzungsmöglichkeit (Faktor 2,1), die große Abstützkräfte zur Folge hat, sind nur Kombinationen mit Rahmen zugelassen, die einen Hinterbausteifigkeitstest bestanden haben.

## 6.6 Fahrradschaltungen

Die Fahrradschaltung hat die Aufgabe, die Antriebsleistung des Radfahrers an die unterschiedlichen Fahrwiderstände anzupassen. Die Pedalkraft und die Trittfrequenz bestimmen die Leistung des Radfahrers. Unterschiedliche Getriebeübersetzungen ermöglichen es, dass der „Motor Mensch" im optimalen Leistungsbereich arbeitet.

Nach der Anordnung, wie die Übersetzung geändert wird, unterscheidet man:

- **Nabenschaltung.** Das Getriebe befindet sich gekapselt im Nabenkörper.
- **Kettenschaltung.** Die Kette wechselt „offen" auf unterschiedlich große Kettenräder.
- **Kurbellagerschaltung**

Vorteile der Naben- und Kurbellagerschaltung:

- Schmutzgeschützte Bauweise
- Sie lässt sich auch im Stand schalten
- Sie ermöglicht eine voll gekapselte Kette oder einen Antrieb mit Zahnriemen
- Mit einer Rücktrittbremse kombinierbar
- Einfache Bedienung

Vorteile der Kettenschaltung:

- Übersetzung individuell anpassbar
- Der Schaltwechsel ist unter voller Tretlast möglich
- Sie kann größere Antriebsmomente übertragen
- Besserer Wirkungsgrad
- Leichtere Bauweise
- Großer Übersetzungsumfang
- Einfacher Ein- und Ausbau des Hinterrades bei Reifendefekten

### 6.6.1 Nabenschaltungen

Bei allen Nabenschaltungen befindet sich ein Planetengetriebe im Nabengehäuse. Das Planetengetriebe ist ein Umlaufgetriebe, bei dem sich die Planetenräder außer um die eigene Achse (die „Umlaufachse") auch noch um eine andere Achse (die „Zentralachse") drehen können.

Bei einem Planetengetriebe sind immer alle Zahnräder im Eingriff. **Bild 1** zeigt die schematische Anordnung eines in einer Dreigangnabe **(Bild 2)** befindlichen Planetengetriebes, bei der der Planetenträger angetrieben wird. Der Abtrieb erfolgt über das Hohlrad.

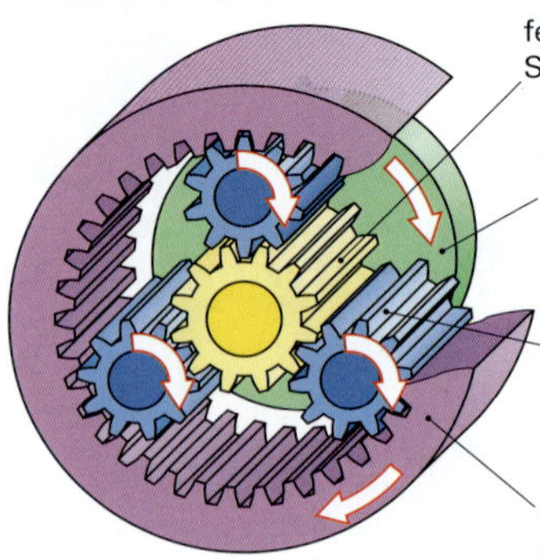


**Bild 1: Prinzip Planetengetriebe, hier Schnellgang**

**Bild 2: Torpedo-Dreigangnabe**

Die folgenden Punkte beziehen sich auf die Torpedo-Dreigangnabe.

- Die Hinterradachse trägt ein drehfest angebrachtes Sonnenrad.
- Drei gegenseitig verbundene Planetenräder umlaufen das Sonnenrad.
- Die Planetenräder sind auf einem Planetenträger gelagert, der sich selbst um das Sonnenrad dreht.
- Nach außen hin greifen die Zähne der Planetenräder in das umhüllende Hohlrad ein. Die Planetenräder kämmen nach außen mit dem Hohlrad und nach innen mit dem zentralen Sonnenrad.
- In der hohlen Hinterradachse befindet sich ein Schubklotz, der durch eine Zugkette und eine Druckfeder bewegt wird. Der Schubklotz stellt die Verbindung zwischen den Antriebsteilen her.
- Eine Freilaufkupplung lässt das Rad vorwärts rotieren, während das Ritzel still steht.

Antrieb und Abtrieb erfolgen über das Hohlrad und den Planetenträger. Die Planetenräder dienen nur zur Übertragung der Bewegung auf den Planetenträger. Auf die Größe der Übersetzung haben sie keinen Einfluss.

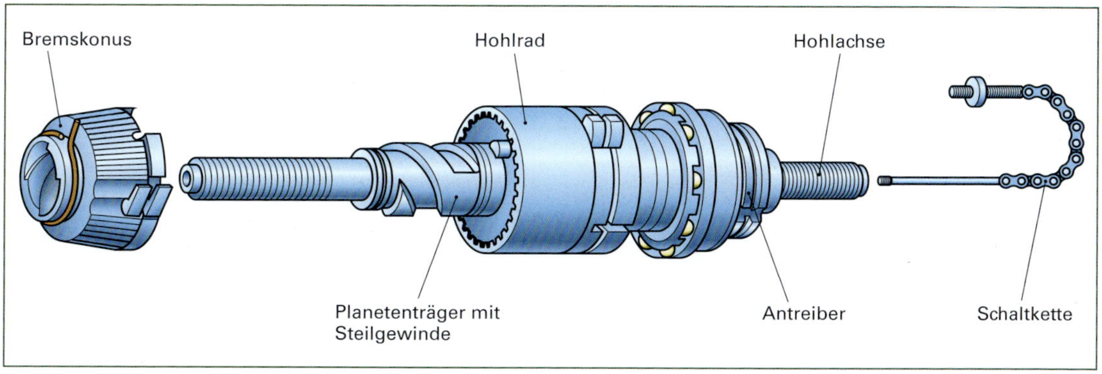


**Bild 1: Hohlachse und Zugkette einer Dreigangnabe**

Je nachdem, ob der Antrieb über den Planetenträger oder das Hohlrad erfolgt, sind verschiedene Übersetzungen möglich (**Formeln siehe Seite 556** und Tabellenbuch Fahrradtechnik).

### Dreigang-Nabenschaltung

Anhand der klassischen Torpedo-Dreigangnabe (ehemals Fichtel & Sachs, heute SRAM) wird das Prinzip einer Nabenschaltung erklärt **(Bild 1)**. Hinweis: In die Dreigangnabe ist eine Rücktrittbremse integriert. Beim Rückwärtstreten verschiebt der Planetenträger über das Steilgewinde den Bremskonus nach links. Die weitere Beschreibung der Rücktrittfunktion ist in **Kapitel 7 Bremsen** beschrieben.

Im *Schnellgang* **(Bild 2)** nehmen die Kupplungszähne des Antreibers das verschiebbare Kupplungsrad mit. Auf der kleinen Verzahnung des Kupplungsrades ist eine sternförmige Mitnehmerscheibe **(Bild 1, Seite 346)** befestigt, die in die Aussparungen auf der Stirnseite des Planeten-trägers **(Bild 2, Seite 346)** eingreift und diesen mitnimmt.

Das Ritzel ist jetzt mit dem Planetenträger und die Nabenhülse mit dem Hohlrad verbunden **(Bild 3, Seite 346)**. Infolgedessen drehen sich die Planetenräder *vorwärts* um das Sonnenrad und treiben das Hohlrad mit erhöhter Drehzahl an. Über die Hohlrad-Sperrklinken **(Bild 4, Seite 346)** erfolgt die Mitnahme der Nabenhülse.

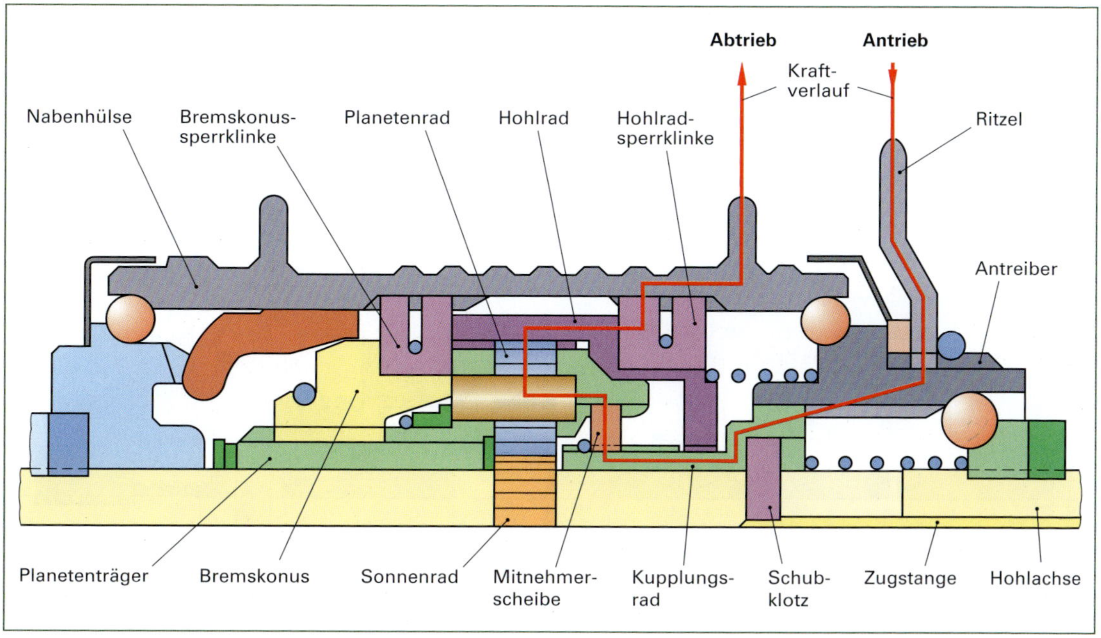


**Bild 2: Kraftverlauf beim Schnellgang**

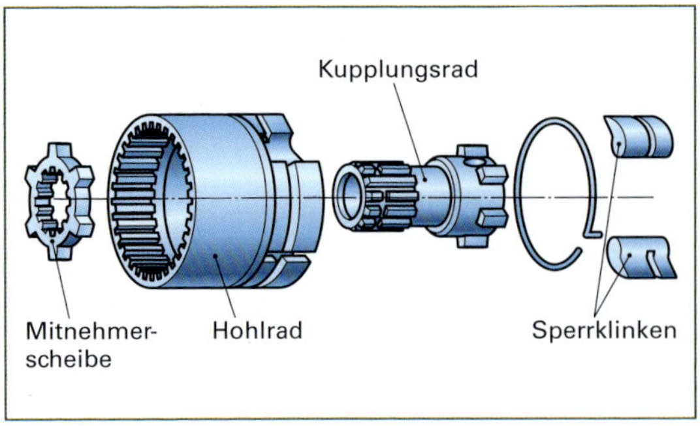


**Bild 1: Kupplungsrad und Mitnehmerscheibe**

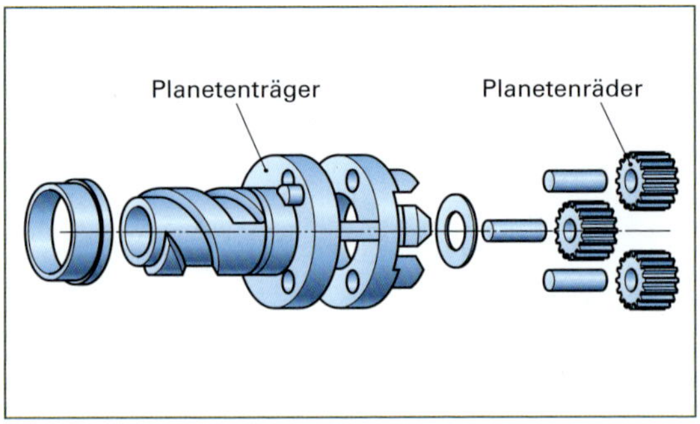


**Bild 2: Planetenträger und Planetenräder**



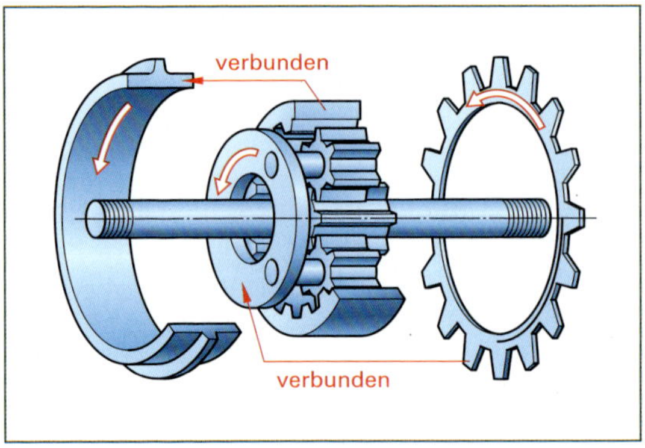


**Bild 3: Vereinfacht dargestellt: Schnellgang**

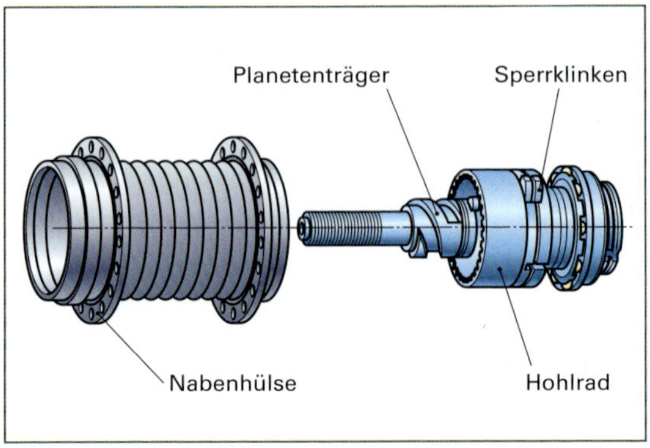


**Bild 4: Sperrklinken und Nabenhülse**

Im *Berggang* **(Bild 5)** wird das Hohlrad axial nach rechts verschoben. Die Sperrklinken werden aus der ersten Klinkenverzahnung der Nabenhülse geschoben und kommen somit nicht zur Wirkung.

Die Kupplung verbindet das Ritzel mit dem Hohlrad, während die Nabenhülse mit dem Planetenträger verbunden ist (**Bild 1, Seite 347**). Jetzt treiben die Planetenräder über den Planetenträger die Nabenhülse langsamer an als das Ritzel. Der Kraftverlauf erfolgt über das Hohlrad, den Planetenträger, Bremskonus und Sperrklinken auf die **zweite** Verzahnung der Nabenhülse.

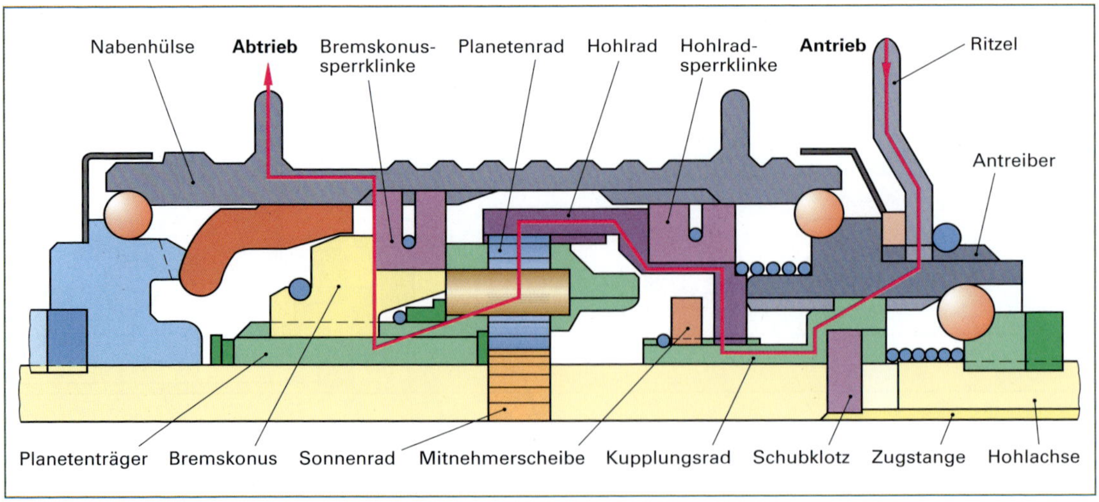


**Bild 5: Kraftverlauf beim Berggang der Dreigang-Nabenschaltung**

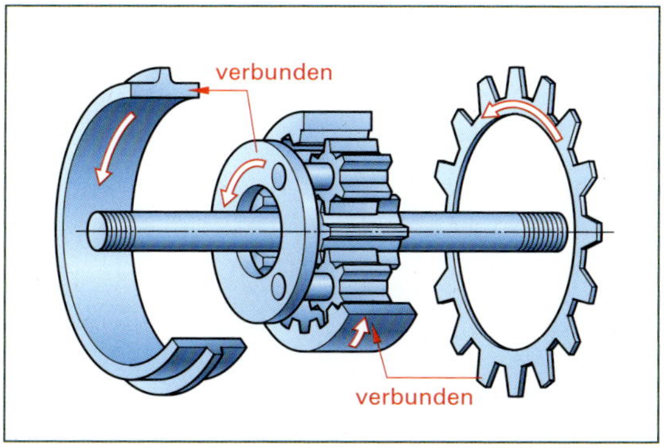


**Bild 1: Berggang Dreigang-Nabenschaltung**

Im *Normalgang* **(Bild 2 und 3)** greift die kleine Verzahnung des Kupplungsrades in die Innenverzahnung des Hohlrades.

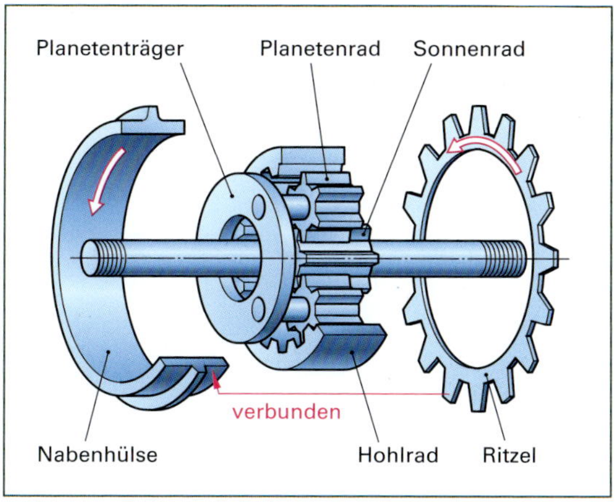


**Bild 2: Normalgang Dreigang-Nabenschaltung**

Der Antrieb erfolgt nun direkt über die Hohlrad-Sperrklinken auf die Nabenhülse. Über die Verzahnung des Hohlrades wird das Getriebe leer mitgenommen und kommt so nicht zur Wirkung.

**Übersicht-Kraftfluss**

**Berggang:**

Antriebskette →

Ritzel →

Hohlrad →

Planetenträger →

Nabenhülse →

Rad →

Drehzahl Rad kleiner als Drehzahl Ritzel

**Schnellgang:**

Antriebskette →

Ritzel →

Planetenträger →

Hohlrad →

Nabenhülse →

Rad →

Drehzahl Rad größer als Drehzahl Ritzel →

**Normalgang:**

Antriebskette →

Ritzel →

Hohlrad →

Nabenhülse →

Rad →

Drehzahl Rad = Drehzahl Ritzel

6

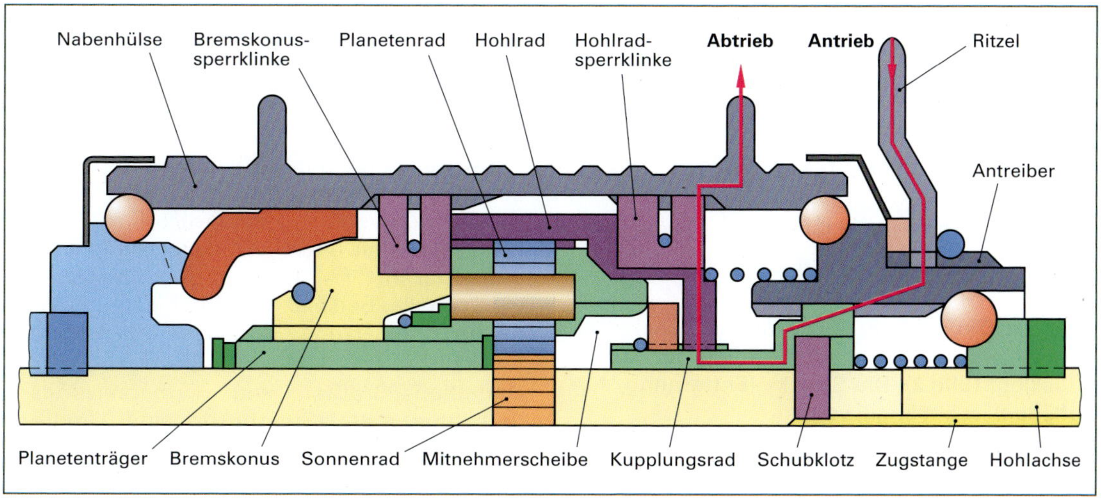


**Bild 3: Kraftverlauf beim Normalgang der Dreigang-Nabenschaltung**

*Berechnungsbeispiel einer Dreigang-Nabenschaltung* **(Bild 1)**

28"-Rad 37-622 → $d \approx 700$ mm ≈ 0,7 m

Ritzel-Antriebsdrehzahl:
Berggang 90 $\text{min}^{-1}$,
Normalgang 130 $\text{min}^{-1}$,
Schnellgang 180 $\text{min}^{-1}$

**Berggang**

Sonnenrad fest, Hohlrad angetrieben, Planetenträger abgetrieben = Raddrehzahl

Übersetzung $i = \frac{z_H + z_S}{z_H} = \frac{47 + 17}{47} = 1{,}36$

$i = \frac{n_H}{n_P} = \rightarrow n_P = \frac{n_H}{i} = \frac{90}{1{,}36} = 66 \text{ min}^{-1}$

Geschwindigkeit Berggang

$v = d \cdot \pi \cdot n_P = 0{,}7 \text{ m} \cdot 3{,}14 \cdot 66 \text{ min}^{-1} = 145 \frac{\text{m}}{\text{min}}$
$= \mathbf{8{,}7 \frac{km}{h}}$

**Normalgang**

Ritzel treibt Hohlrad und damit Rad direkt an:

Übersetzung $i = 1 \rightarrow n_H \rightarrow 130 \text{ min}^{-1}$

Geschwindigkeit Normalgang

$v = 0{,}7 \text{ m} \cdot 3{,}14 \cdot 130 \text{ min}^{-1} = 286 \frac{\text{m}}{\text{min}} = \mathbf{17 \frac{km}{h}}$

**Schnellgang**

Planetenträger angetrieben, Hohlrad abgetrieben = Raddrehzahl

Übersetzung $i = \frac{z_H}{z_H + z_S} = \frac{47}{47 + 17} = 0{,}73 = \frac{1}{1{,}36}$

$i = \frac{n_P}{n_H} = \rightarrow n_H = \frac{n_P}{i} = \frac{180}{0{,}73} = 247 \text{ min}^{-1}$

Die Gesamtübersetzung beträgt

$i_{ges} = \frac{i_{min}}{i_{max}} = \frac{1{,}36}{0{,}73} = 1{,}86 = 186\ \%$

Geschwindigkeit Schnellgang

$v = 0{,}7 \text{ m} \cdot 3{,}14 \cdot 247 \text{ min}^{-1} = 543 \frac{\text{m}}{\text{min}} = \mathbf{32{,}6 \frac{km}{h}}$

Unter Entfaltung *E* versteht man die Strecke, die das Fahrrad durch eine Umdrehung der Kurbel zurücklegt **(Bild 2)**. Die Strecke (Entfernung, Ablauflänge) ist abhängig von:

- Abrollumfang *U* des Rades
- Primärübersetzung $i_1$ von Kettenrad und Ritzel
- Sekundärübersetzung $i_2$ des Nabengetriebes

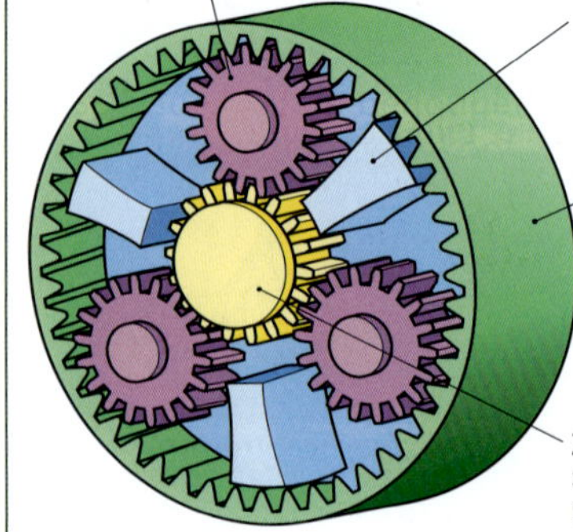


**Bild 1: Planetengetriebe Dreigang-Nabe**

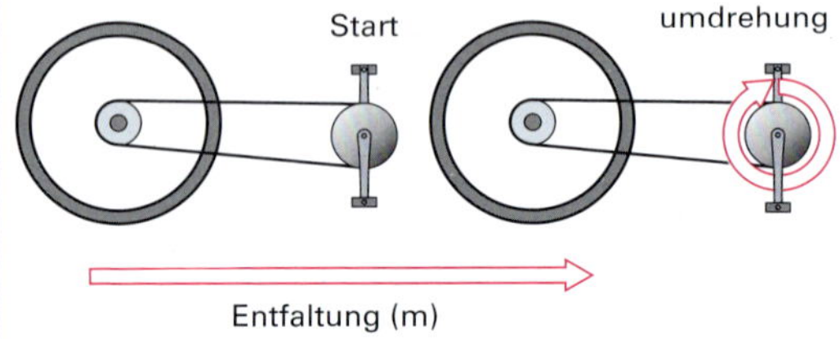


**Bild 2: Entfaltung *E***

*Beispiel:*
Abrollumfang $U = 2{,}2$ m, Kettenrad $z_1 = 44$, Ritzel $z_2 = 19$
Formel: $E = \frac{U}{i_1 \cdot i_2}$ mit $i_1 = \frac{z_2}{z_1} = \frac{19}{44} = 0{,}43$
beträgt die Entfaltung im
Berggang $E = \frac{2{,}2 \text{ m}}{0{,}43 \cdot 1{,}36} = \mathbf{3{,}76 \text{ m}}$
im Normalgang $E = \frac{2{,}2 \text{ m}}{0{,}43 \cdot 1} = \mathbf{5{,}12 \text{ m}}$
im Schnellgang $E = \frac{2{,}2 \text{ m}}{0{,}43 \cdot 0{,}73} = \mathbf{7 \text{ m}}$

Für Berechnungen im Fahrzeug- und Maschinenbau gilt: Übersetzung ins Schnelle → $i < 1$, Übersetzung ins Langsame → $i > 1$. In älterer Fahrradliteratur und im Werkstattalltag ist es oft umgekehrt: $i > 1$ ist dann die Übersetzung ins Schnelle. Beispiel: Die Kombination 48/24 mit der Übersetzung $i = 2$ ist eine Übersetzung ins Schnelle.

Definition „Größter Gang" = Übersetzungsverhältnis, mittels dessen bei einer Umdrehung der Tretkurbel die größte Entfaltung (Entfernung) zurückgelegt wird (Quelle DIN EN ISO 4210)

## Fünfgang-Nabenschaltung

In nahezu gleicher Bauweise sind Fünfgang-Nabenschaltungen aufgebaut. Der Planetenträger nimmt hier nicht einen Satz Planetenräder auf, sondern einen Stufenblock mit zwei Sätzen unterschiedlich großer Planetenräder. Jeder Planetenradsatz umkreist ein dazugehöriges Sonnenrad mit unterschiedlichem Durchmesser.

Indem einmal das größere und einmal das kleinere Sonnenrad auf der Achse festgesetzt werden, ergeben sich fünf Übersetzungen (alle Bilder der Fünfgang-Nabenschaltung von SRAM):

- Großer Schnellgang **(Bild 1)**
- Kleiner Schnellgang **(Bild 2)**
- Normalgang **(Bild 1, Seite 350)**
- Kleiner Berggang **(Bild 2, Seite 350)**
- Großer Berggang **(Bild 1, Seite 351)**

Beim *großen Schnellgang* (5. Gang) wird das Drehmoment vom Ritzel über den Antreiber auf das Kupplungsrad übertragen.

Die sternförmige Mitnehmerscheibe des Kupplungsrades greift in die Aussparungen des Planetenträgers und treibt ihn an. Die Sonne 2 ist vom Schubklotz auf der Achse festgesetzt. Die Planetenräder umlaufen die Sonne 2 und treiben das Hohlrad mit erhöhter Drehzahl an.

Der Abtrieb erfolgt über die Sperrklinken des Hohlrades auf die Nabenhülse. Die Sperrklinken auf dem Bremskonus werden „überholt".

Beim *kleinen Schnellgang* (4. Gang) wird der Schubklotz nach rechts verschoben. Er gibt das Sonnenrad 2 frei und setzt das Sonnenrad 1 achsfest. Vom Antriebsritzel wird das Drehmoment über den Antreiber auf das Kupplungsrad und den mit ihm verbundenen Planetenträger übertragen. Die Planetenräder umlaufen die Sonne 1 und treiben das Hohlrad mit nur etwas erhöhter Drehzahl an. Der Abtrieb erfolgt wie beim großen Schnellgang.

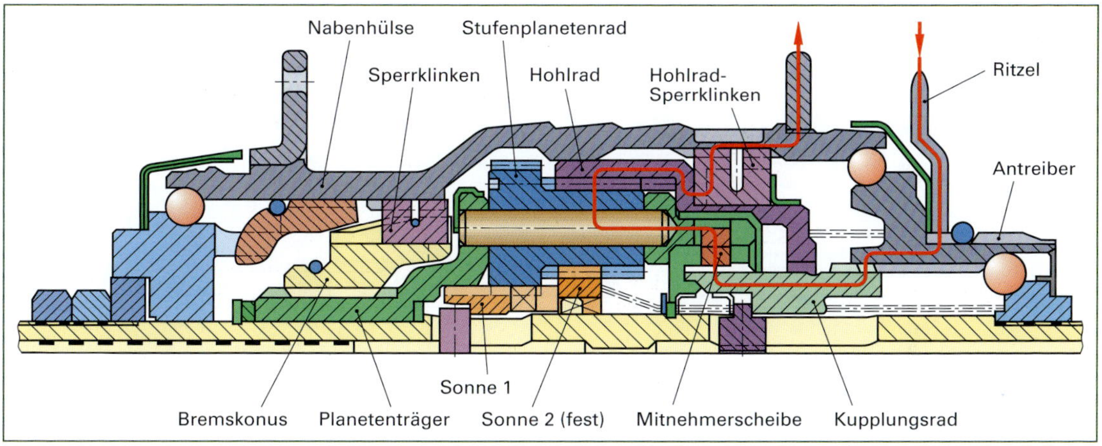


**Bild 1: Kraftverlauf beim großen Schnellgang (5. Gang) der Fünfgang-Nabenschaltung**

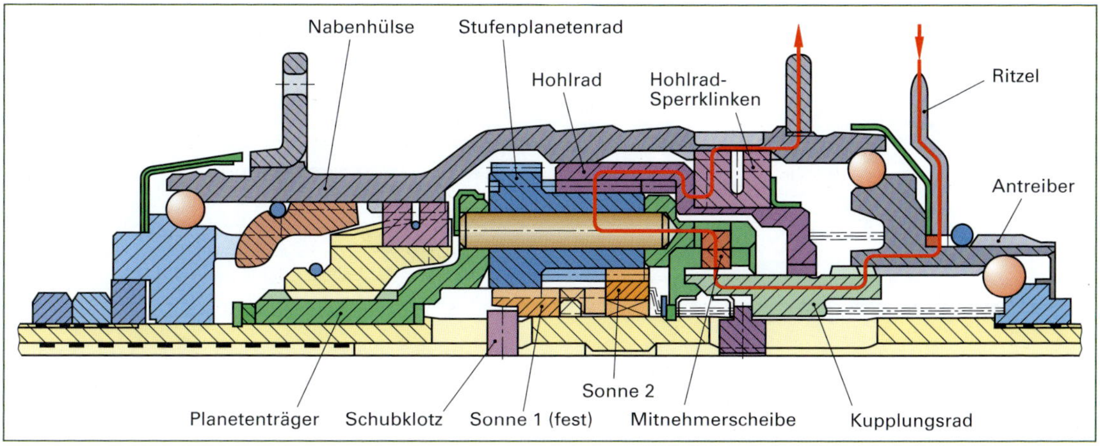


**Bild 2: Kraftverlauf beim kleinen Schnellgang (4. Gang) der Fünfgang-Nabenschaltung**

Im *Normalgang* (3. Gang) hat der Schubklotz das Kupplungsrad nach rechts verschoben. Der Antrieb erfolgt über Ritzel, Antreiber, Kupplungsrad und Hohlrad. Die Hohlrad-Sperrklinken greifen direkt in die Nabenhülse. Das Planetengetriebe läuft leer mit.

Wird der *kleine Berggang* (2. Gang) geschaltet, verschiebt der Schubklotz das Kupplungsrad mit dem Hohlrad und den Hohlradsperrklinken nach rechts. Die Sperrklinken entkuppeln sich dabei aus der Verzahnung der Nabenhülse und kommen somit nicht zur Wirkung.

Der Antrieb erfolgt über Ritzel, Antreiber, Kupplungsrad und Hohlrad auf die Planetenräder, die um das feststehende Sonnenrad 1 laufen. Der Planetenträger dreht sich mit verminderter Drehzahl.

Beim großen Berggang (1. Gang) wird der Schubklotz nach rechts verschoben. Er gibt das Sonnenrad 1 frei und setzt das Sonnenrad 2 achsfest. Der Antrieb erfolgt über Ritzel, Antreiber, Kupplungsrad und Hohlrad auf die Planetenräder.

Diese umlaufen das Sonnenrad 2 und treiben dabei den Planetenträger mit stark verminderter Drehzahl an.

Der Abtrieb erfolgt vom Planetenträger über das Schraubgewinde auf den Bremskonus.

Die Sperrklinken des Bremskonus treiben die Nabenhülse an.

Der Kraftverlauf beim Abtrieb ist der gleiche wie beim kleinen Berggang.

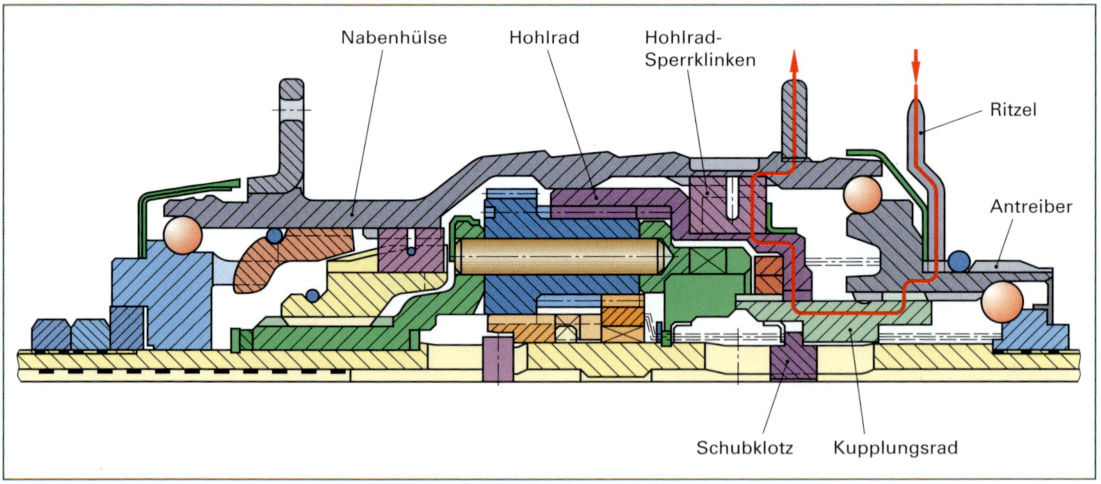


**Bild 1: Kraftverlauf beim Normalgang der Fünfgang-Nabenschaltung**

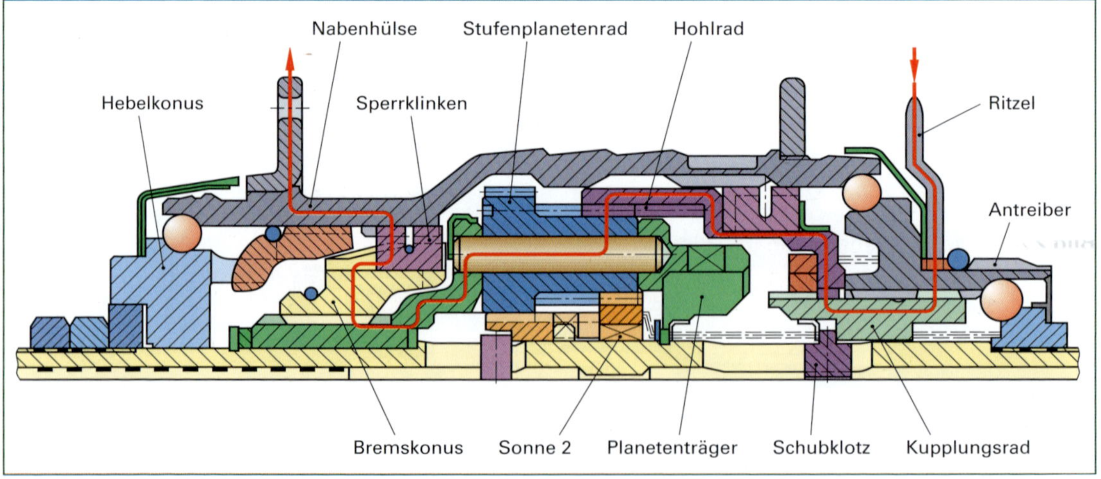


**Bild 2: Kraftverlauf beim kleinen Berggang der Fünfgang-Nabenschaltung**

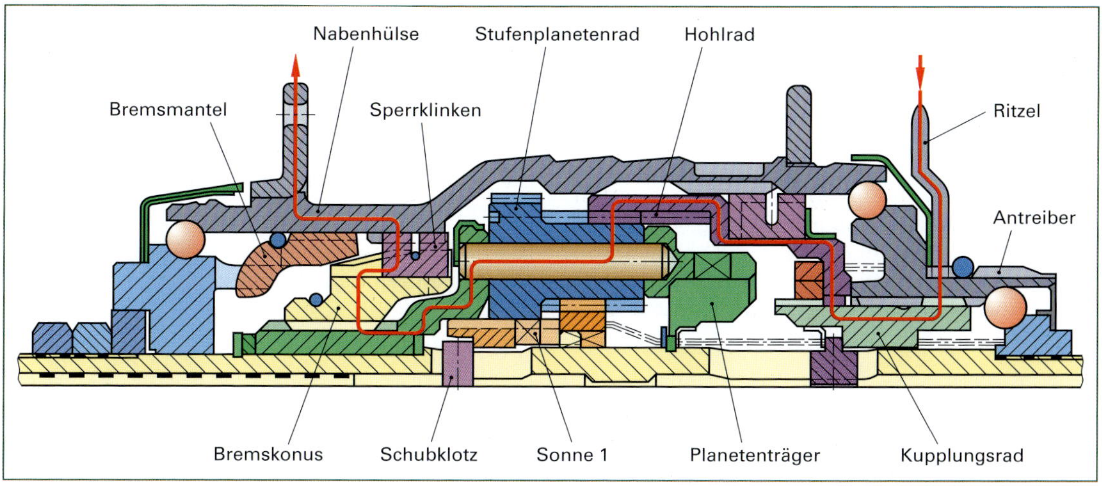


**Bild 1: Kraftverlauf beim großen Berggang der Fünfgang-Nabenschaltung**

**Technische Daten der Fünfgangnabe**

**5. Gang** (großer Schnellgang)
größte Übersetzung
1 : 1,49 = 0,67 → größte Entfaltung

**4. Gang** (kleiner Schnellgang)
große Übersetzung
1 : 1,28 = 0,78

**3. Gang** (Normalgang)
mittlere Übersetzung
1 : 1

**2. Gang** (kleiner Berggang)
kleine Übersetzung
1 : 0,78 = 1,28

**1. Gang** (großer Berggang)
kleinste Übersetzung
1 : 0,67 = 1,49 → kleinste Entfaltung

Der Übersetzungsbereich $Ü$ (andere Begriffe sind Gesamtübersetzung, Übersetzungsbandbreite, Schaltumfang, Gesamtübersetzungsverhältnis) ist das Verhältnis der kleinsten zur größten Übersetzung.

$$Ü = \frac{i_{min}}{i_{max}} = \frac{1{,}49}{0{,}67} = 2{,}22 = 222\ \%$$

**Bild 2** zeigt die Gangabstufung und die Entfaltung der Fünfgang-Nabenschaltung.

Beim Rückwärtstreten nimmt das Fünfgang-Planetengetriebe die Bremsstellung ein. Dabei wird der Bremskonus über das Bewegungsgewinde des Planetenträgers in den Konus des zweiteiligen Bremsmantels gedrückt und schiebt ihn nach links auf die konische Fläche des Hebelkonus. Die beiden Hälften des Bremsmantels **(Bild 3)** werden gespreizt und pressen sich gegen den Bremszylinder der Nabenhülse.

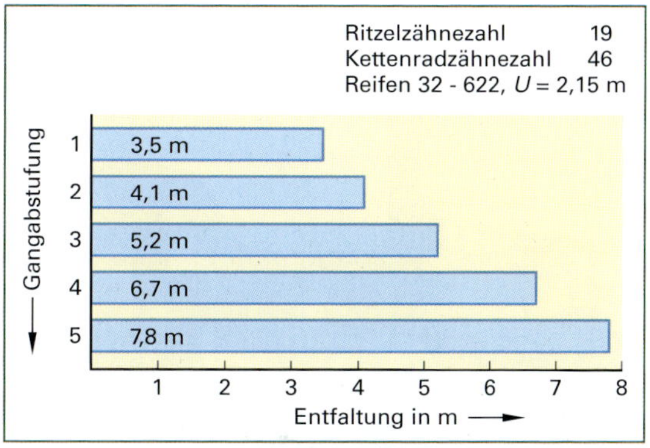


**Bild 2: Entfaltungsdiagramm SRAM Fünfgangnabe**

**Bild 3: SRAM Fünfgangnabe mit Rücktrittbremse**

Dabei wirkt die Übersetzung des Planetengetriebes. Das Bremsmoment ist im kleinsten Gang am größten.

Nach dem gleichen Schema der Fünfgangnaben ist die **Siebengang-Nabe** von SRAM **(Bild 1)** aufgebaut. Jedoch sind hier drei Sonnenräder mit den dazugehörigen Planetenrädern im Einsatz. Das Getriebe liefert neben einem Normalgang drei Übersetzungen ins Langsame und drei Übersetzungen ins Schnelle.

Bei der **Siebengang-Nabenschaltung** von Shimano sind zwei Planetengetriebe mit je zwei Sonnenrädern hintereinander geschaltet. Hier entfällt der Normalgang, da dieser fast dem vierten Gang entspricht.

Die **Achtgang-Nabenschaltung (Bild 2 und Bilder Seite 353 bis Seite 355)** von Shimano besteht aus einem Viergang-Planetengetriebe, das mit einem weiteren vorgeschalteten Planetengetriebe wahlweise untersetzt oder durchgeschaltet werden kann. Ein Schaltservo benützt die Pedalkraft, um das Zurückschalten auch unter Last zu unterstützen.

Die Gesamtübersetzung von 307 % ergibt sich aus den Einzelübersetzungen:

| Gang | 1 | 2 | 3 | 4 | 5 | 6 | 7 | 8 |
|---|---|---|---|---|---|---|---|---|
| 1: | 1,9 | 1,55 | 1,34 | 1,18 | 1 | 0,82 | 0,71 | 0,62 |
| *i* | 0,527 | 0,644 | 0,748 | 0,851 | 1 | 1,223 | 1,419 | 1,615 |

6

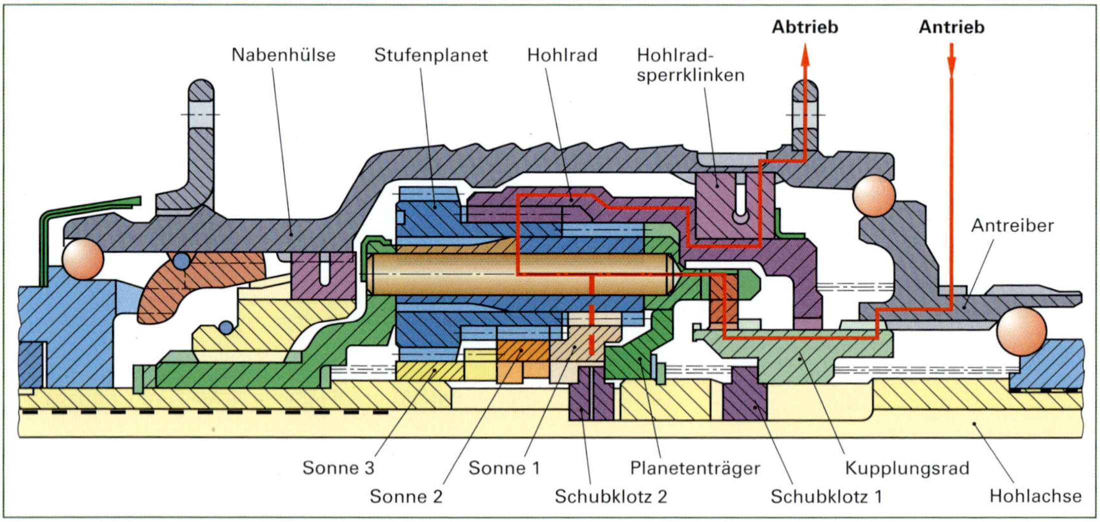


**Bild 1: Kraftverlauf im kleinen Schnellgang der Siebengang-Nabenschaltung von SRAM**

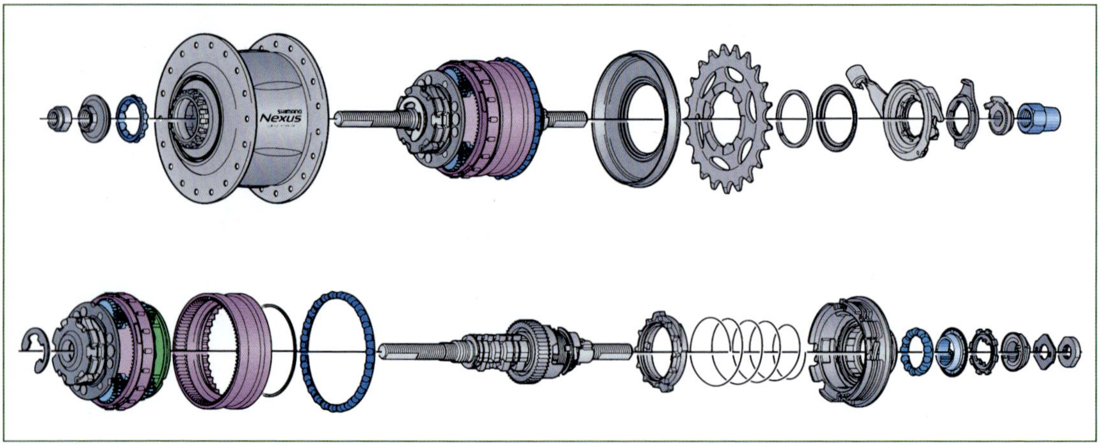


**Bild 2: Achtgang-Nabenschaltung von Shimano Nexus Inter 8**

Bild 1: Shimano Nexus Inter-8

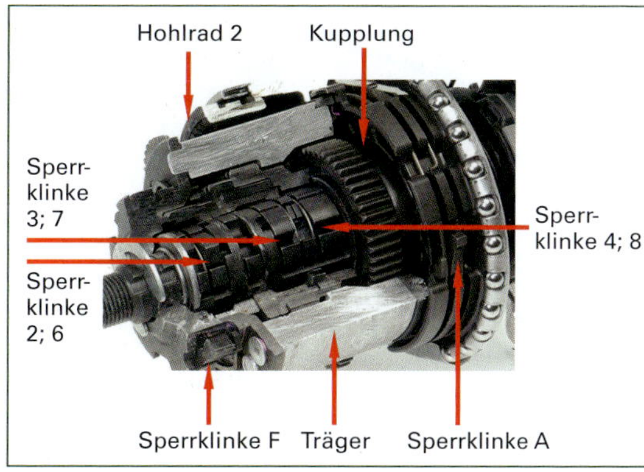


Bild 2: Bauteilbezeichnung Nexus Inter-8

| | Gang 1 | Gang 2 | Gang 3 | Gang 4 | Gang 5 | Gang 6 | Gang 7 | Gang 8 |
|---|---|---|---|---|---|---|---|---|
| **Antrieb** | Input | Input | Input | Input | Input | Input | Input | Input |
| **Kupplung** | | | | | ○ | ○ | ○ | ○ |
| **Sperrklinke A** | ○ | ○ | ○ | ○ | | | | |
| **Sperrklinke 2; 6** | | ○ | ○ (Stand-by) | | | ○ | ○ (Stand-by) | |
| **Sperrklinke 3; 7** | | | ○ | ○ (Stand-by) | | | ○ | ○ (Stand-by) |
| **Sperrklinke 4; 8** | | | | ○ | | | | ○ |
| **Hohlrad 2** | | Output | Output | Output | | Output | Output | Output |
| **Sperrklinke F** | Output | | | | Output | | | |

Legende: ○ (blau) **Stand-by**[1)]; ○ (orange) **eingerastet**

Bild 3: Gangstufen Antrieb – Abtrieb

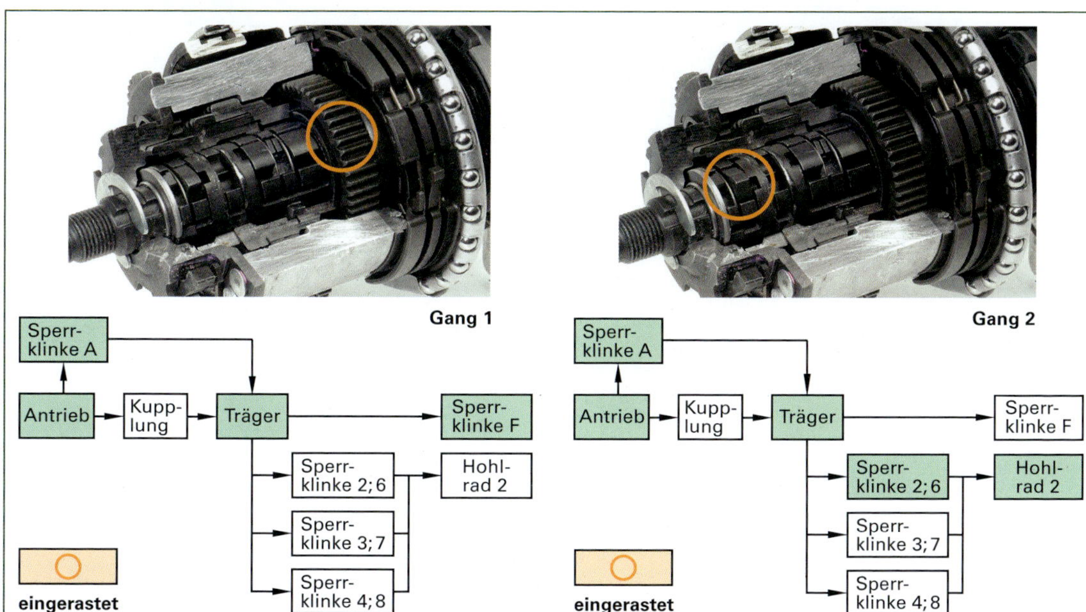


Bild 4: Nexus Inter 8 Gang 1 und Gang 2

1 Stand-by: Die Sperrklinke ist nicht im Eingriff und rutscht leer durch.

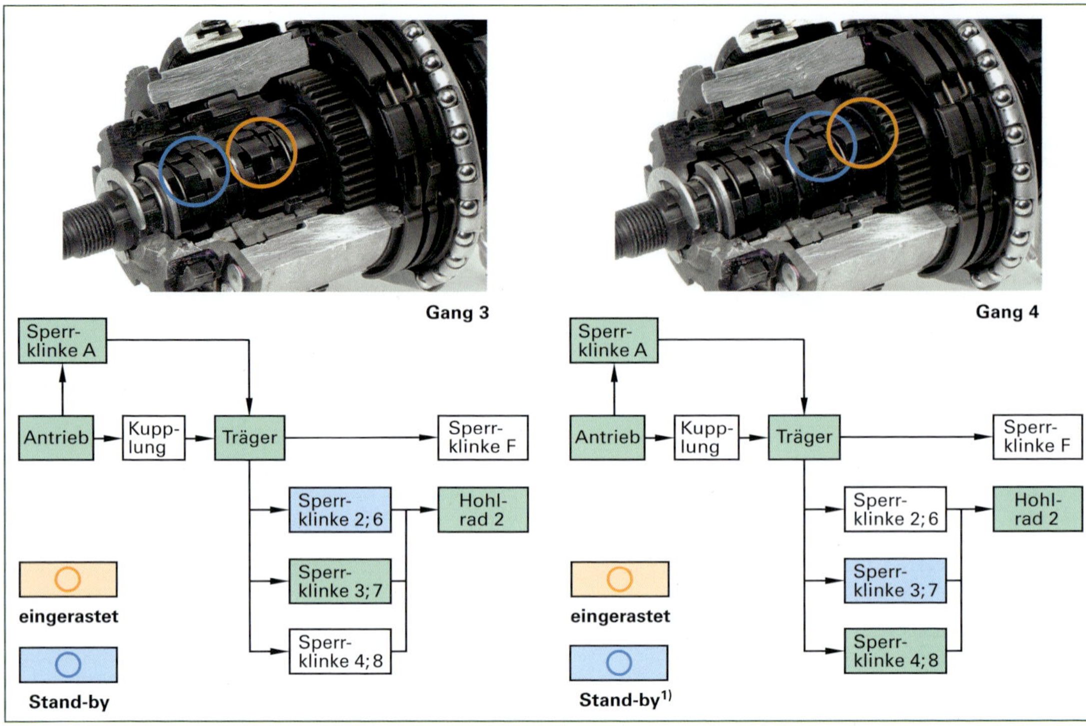


**Bild 1: Nexus Inter-8 Gang 3 und Gang 4**

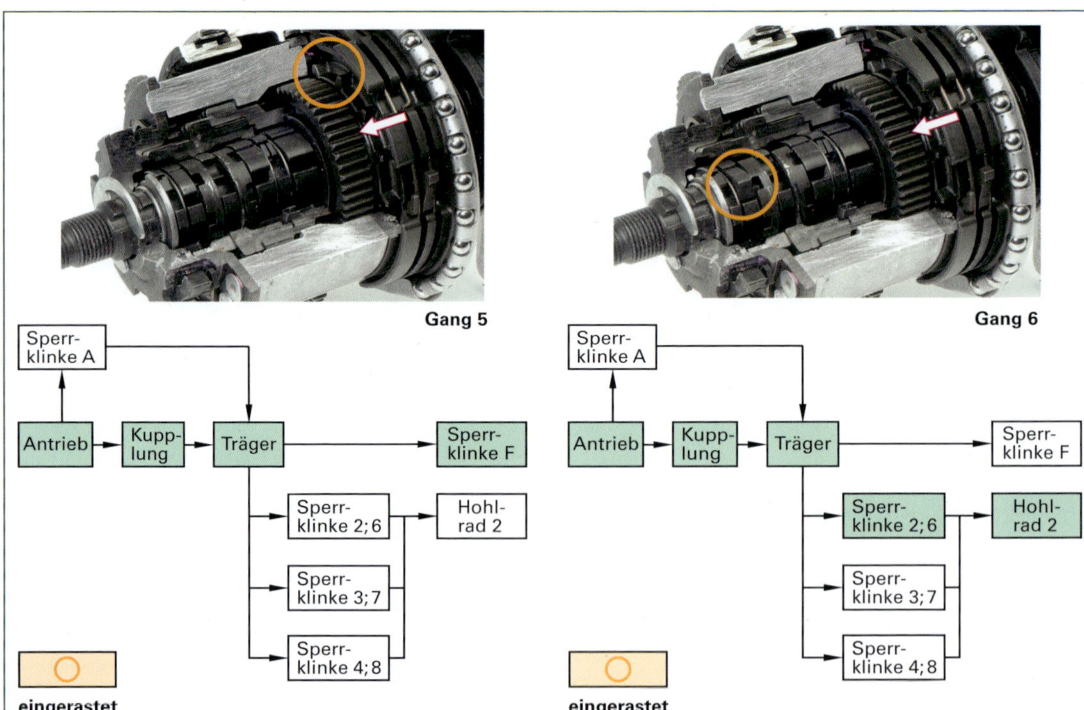


**Bild 2: Nexus Inter-8 Gang 5 und Gang 6**

[1] Stand-by: Die Sperrklinke ist nicht im Eingriff und rutscht leer durch.

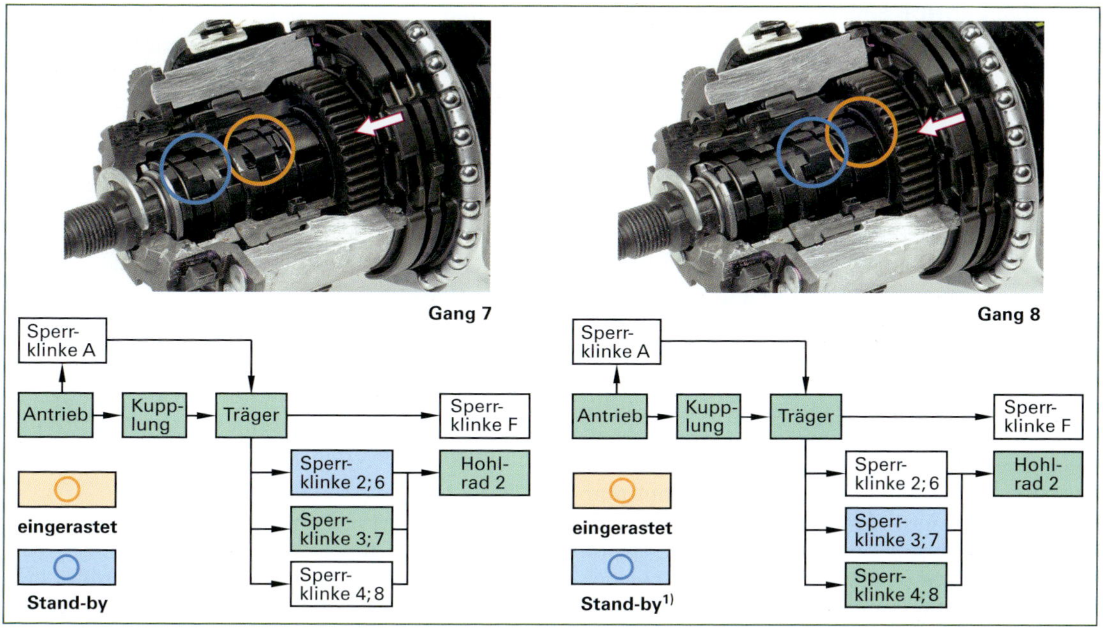


**Bild 1: Nexus Inter-8 Gang 3 und Gang 4**

**Die 11-Gang-Nabenschaltung** (Shimano Alfine, **Bild 2**) erweitert mit drei weiteren Gangstufen die Gesamtkapazität (das Übersetzungsverhältnis) auf 409 %. Wie bei der Rohloffnabe erfolgt die Schmierung mit einer Ölfüllung statt der üblichen Fettschmierung.

| Gang | 1 | 2 | 3 | 4 | 5 | 6 | 7 | 8 | 9 | 10 | 11 |
|---|---|---|---|---|---|---|---|---|---|---|---|
| 1: | 0,527 | 0,681 | 0,770 | 0,878 | 0,995 | 1,134 | 1,292 | 1,462 | 1,667 | 1,888 | 2,153 |
| **i** | 1,9 | 1,47 | 1,3 | 1,14 | 1 | 0,88 | 0,77 | 0,68 | 0,6 | 0,53 | 0,46 |

**Bild 2: Schnittdarstellung Shimano Alfine 11-Gang-Nabenschaltung**

[1] Stand-by: Die Sperrklinke ist nicht im Eingriff und rutscht leer durch.

## Rohloff SPEEDHUB 500/14

Die 14-Gang-Nabe von Rohloff **(Bild 1)** verbindet die Vorteile der Kettenschaltung (großer Übersetzungsbereich, geringes Gewicht, hoher Wirkungsgrad) mit den Vorteilen einer Getriebenabe (geringer Wartungsaufwand, geringer Verschleiß, leichte Bedienbarkeit).

Technische Daten der SPEEDHUB 500/14:

- Gewicht von 1,7 kg (CC) bis 1,825 kg (CC DB)
- Übersetzungsbereich 526 % **(siehe Seite 359)**
- Gangsprünge konstant 13,6 % **(siehe Seite 359**)
- Mittlerer Wirkungsgrad 97 %

6

In der Praxis hat sich die 14-Gang-Nabe als so robust herausgestellt, dass sie von Herstellern für Tandems freigegeben wurde. Schaltprobleme sind weder bei Verschmutzung noch bei mangelnder Pflege und Wartung zu befürchten. Auch sind Speichenbrüche sehr selten, da das Hinterrad symmetrisch gespeicht ist und die Speichenflansche 3,2 mm dick sind – richtige Auswahl der Speichen vorausgesetzt.

## Funktion

Von den insgesamt drei Planetengetrieben sind zwei baugleich und auf einem gemeinsamen Planetenträger angeordnet. Das dritte Getriebe ist in Reihe angeordnet **(Bild 1 und 2, Seite 358)**. Jedes Getriebe hat ein eigenes Hohlrad. Die Planetenräder umlaufen ihre Sonnenräder, die wahlweise mit Klinken zur Achse drehfest gekuppelt werden. In der Achse befinden sich die Schaltwelle, die Kupplungselemente und Klinken **(Bild 1 und 2, Seite 357)**.

Mit der ersten Umdrehung der Schaltwelle werden die Gänge 1 bis 7 gesteuert. Beim Gangwechsel von 7 auf 8 schaltet der Kupplungsring das dritte Getriebe starr. Mit der zweiten Umdrehung der Schaltwelle werden die Gänge 8 bis 14 geschaltet.

Der Antrieb erfolgt immer über Ritzel, Antreiber und Hohlrad vom ersten Getriebe aus. Der Abtrieb erfolgt über den dritten Planetenträger, der das Drehmoment über Kuppelbolzen auf das Nabengehäuse überträgt.

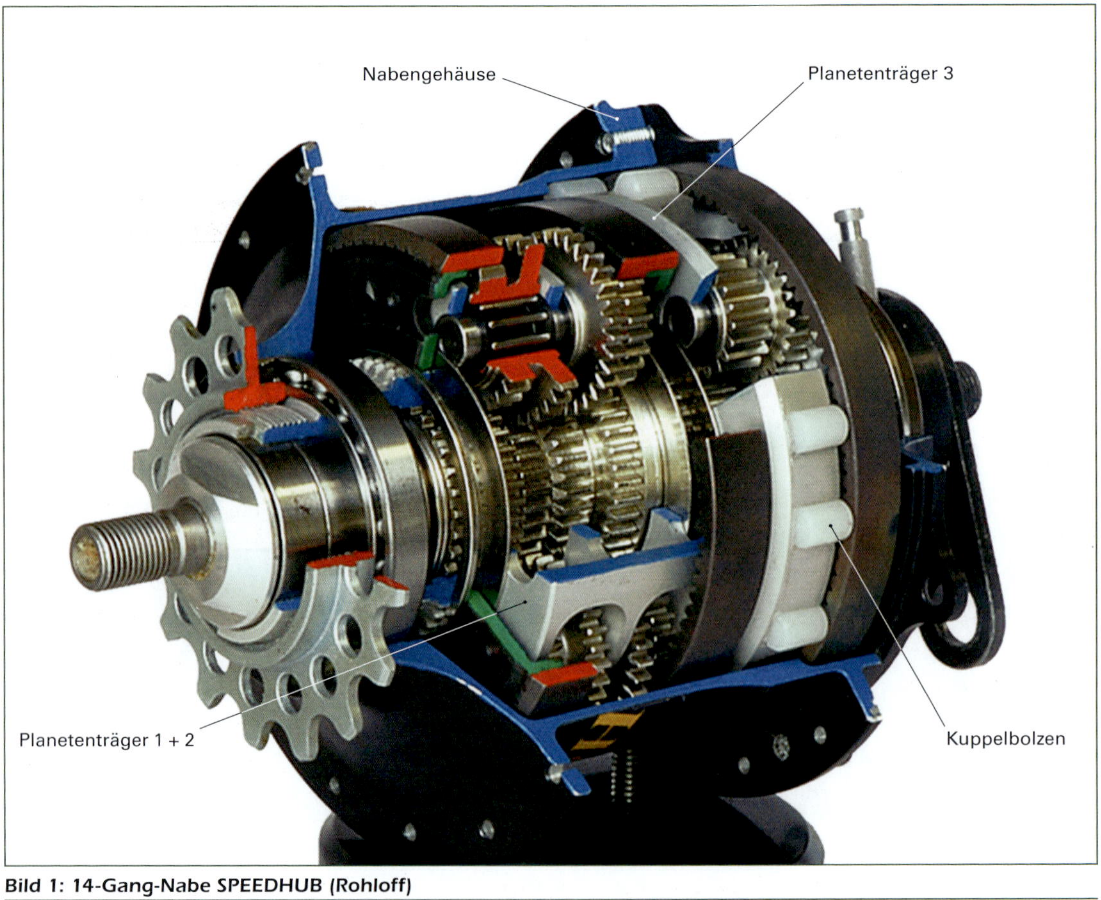


**Bild 1: 14-Gang-Nabe SPEEDHUB (Rohloff)**

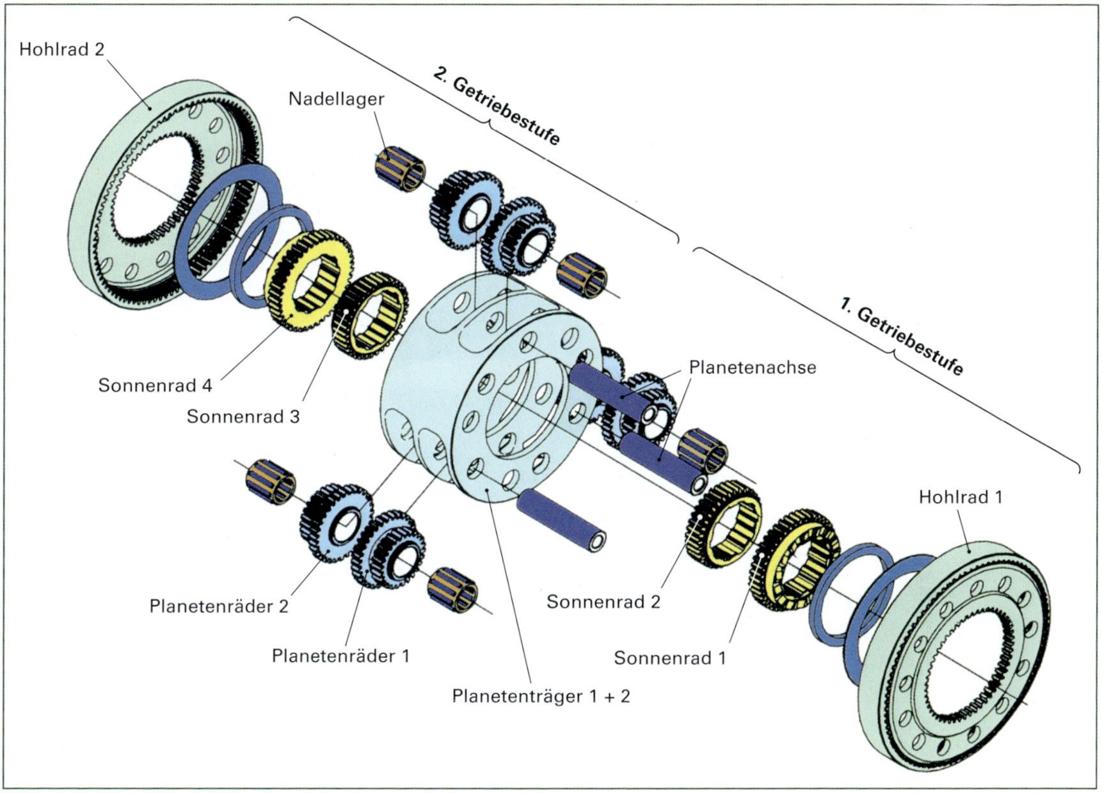


**Bild 1: 14-Gang-Nabenschaltung. 7 Gänge mit zwei Planetengetrieben in einem Planetenträger**

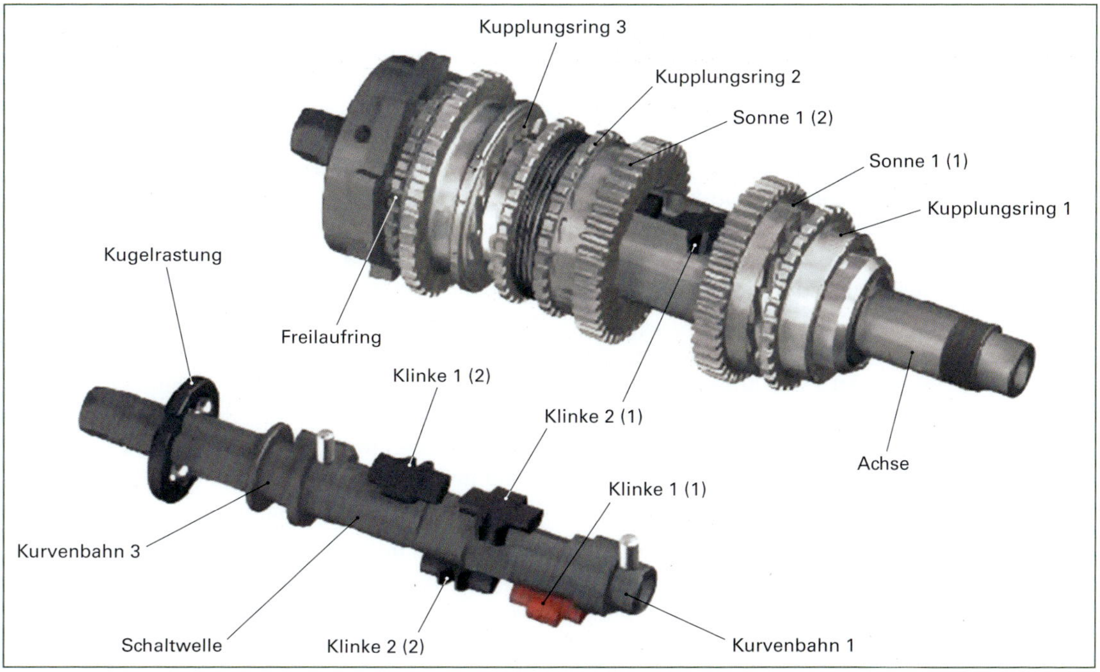


**Bild 2: Schaltfunktion mit Achse, Schaltwelle, Kupplungselementen und Sonnenräder. Ziffern in der Klammer bedeuten Getriebestufe 1 oder 2. Die mittleren Sonnenräder sind nicht dargestellt.**

6

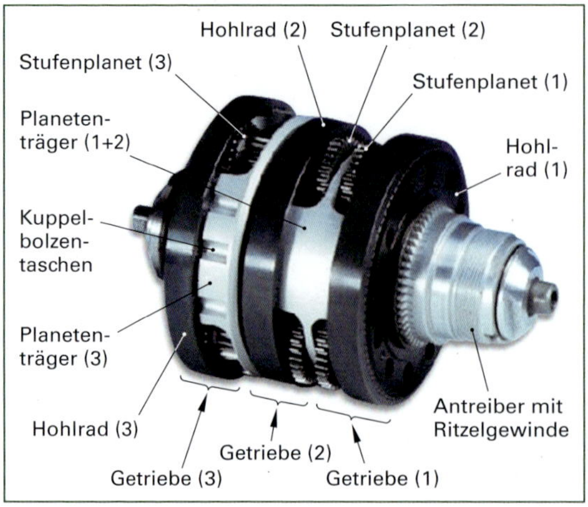


**Bild 1: Getriebeblock aus drei in Reihe geschalteten Planetengetrieben**

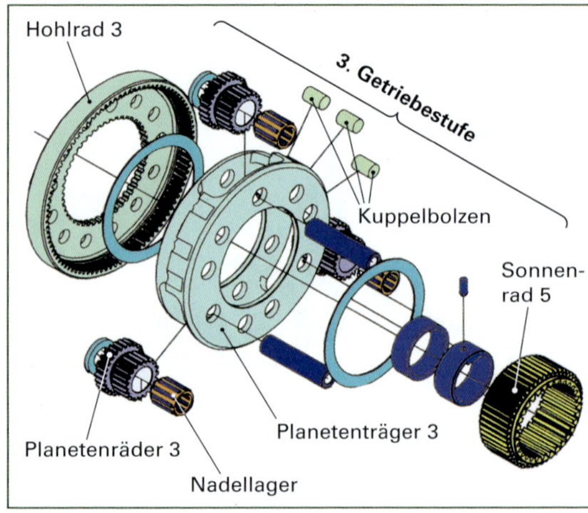


**Bild 2: Dritte Getriebestufe der 14-Gang-Nabenschaltung**

6

| Gang | Funktion der Gänge 1 bis 7 |
|---|---|
| 1 | Das Hohlrad 1 wird vom Ritzel angetrieben. Das Sonnenrad 1 der ersten Getriebestufe **(Bild 1, Seite 357)** wird mit der Klinke 1 **(Bild 2, Seite 357)** achsfest gesetzt. Die Planetenräder 1 werden vom Hohlrad 1 angetrieben, wälzen sich auf dem Sonnenrad 1 ab und treiben den Planetenträger 1(2) mit verringerter Drehzahl an.<br>Das Getriebe 2 ist 1 : 1 geschaltet und leitet den Antrieb direkt weiter an das Sonnenrad 3. Das Hohlrad 3 **(Bild 2)** ist achsfest geschaltet. Das Sonnenrad 3 treibt die Planetenräder 3 an. Diese wälzen sich im (fest) stehenden Hohlrad 3 ab und verringern die Drehzahl des Planetenträgers 3 weiter, der über die Kuppelbolzen das Nabengehäuse antreibt.<br>Auf eine Ritzelumdrehung erfolgen 0,682 x 1 x 0,409 = **0,279** Nabenumdrehungen (= höchster Berggang). |
| 2 | Das Hohlrad 1 wird vom Ritzel angetrieben. Das Sonnenrad 2 der ersten Getriebestufe wird mit der Klinke 2 achsfest gesetzt. Die Planetenräder 1 werden vom Hohlrad 1 angetrieben, wälzen sich auf dem Sonnenrad 2 ab und treiben den Planetenträger 1(2) mit verringerter Drehzahl an.<br>Wie im ersten Gang ist das Getriebe 2 (1 : 1) geschaltet und leitet den Antrieb weiter an das Sonnenrad 3. Das Hohlrad 3 ist achsfest geschaltet. Das Sonnenrad 3 treibt die Planetenräder 3 an. Diese wälzen sich im (fest)stehenden Hohlrad 3 ab und verringern die Drehzahl des Planetenträgers 3 weiter, der die Nabe antreibt.<br>Auf eine Ritzelumdrehung erfolgen 0,774 x 1 x 0,409 = **0,316** Umdrehungen der Nabe. |
| 3 | Das erste Getriebe ist wie im ersten Gang geschaltet. Die Klinke 2 setzt das Sonnenrad 2 achsfest. Der Planetenträger 1(2) treibt die Planetenräder 2 an, die sich auf dem feststehenden Sonnenrad 2 abwälzen. Dadurch erfolgen 1,292 Umdrehungen von Hohlrad 2 und mit dem damit verbundenen Sonnenrad 3.<br>Das Hohlrad 3 ist achsfest geschaltet. Das Sonnenrad 3 treibt die Planetenräder 3 an, die sich im Hohlrad 3 abwälzen. Die Drehzahl verringert sich um den Faktor 0,409.<br>Auf eine Ritzelumdrehung erfolgen 0,682 x 1,292 x 0,409 = **0,360** Nabenumdrehungen. |
| 4 | Dass Getriebe 1 ist 1 : 1 geschaltet und leitet die Ritzelumdrehungen direkt weiter auf den Planetenträger 1(2). Auch das Getriebe 2 ist 1 : 1 geschaltet und leitet die Umdrehungen von Getriebe 1 direkt weiter an das Sonnenrad 3.<br>Das Hohlrad 3 ist wie im 3. Gang achsfest geschaltet und treibt die Planetenräder 3 an. Die wälzen sich im Hohlrad 3 ab. Die Drehzahl verringert sich um den Faktor 0,409.<br>Auf eine Ritzelumdrehung erfolgen 1 x 1 x 0,409 = **0,409** Nabenumdrehungen. |

| Gang | Funktion der Gänge 1 bis 7 |
|---|---|
| **5** | Das Getriebe 1 ist wie bei Gang 2 geschaltet. Auf eine Ritzelumdrehung erfolgen 0,774 Umdrehungen des Planetenträgers 1(2). Die Klinke 1(2) hält das Sonnenrad 1(2) fest. Der Planetenträger 1(2) treibt die Planetenräder 2 an, die sich auf dem (fest)stehenden Sonnenrad 1(2) abwälzen. Dadurch erfolgen 1,467 Umdrehungen von Hohlrad 2 und dem damit verbundenen Sonnenrad 3.<br>Wie im 3. und 4. Gang verringert sich im Getriebe 3 die Drehzahl um den Faktor 0,409.<br>Auf eine Ritzelumdrehung erfolgen 0,774 x 1,467 x 0,409 = **0,464** Nabenumdrehungen. |
| **6** | Das Getriebe 1 ist geschaltet und leitet die Ritzelumdrehungen direkt auf den Planetenträger 1(2) weiter. Die Klinke 2(2) hält das Sonnenrad 2(2) achsfest. Der Planetenträger 1(2) treibt die Planetenräder 2 an, die sich auf dem Sonnenrad 2 abwälzen. Dadurch erfolgen 1,292 Umdrehungen von Hohlrad 2 und dem damit verbundenen Sonnenrad 3.<br>Wie in den Gängen 3, 4 und 5 verringert sich im Getriebe 3 die Drehzahl um den Faktor 0,409.<br>Auf eine Ritzelumdrehung erfolgen 1 x 1,292 x 0,409 = **0,523** Nabenumdrehungen. |
| **7** | Das Getriebe 1 ist durchgeschaltet und leitet die Umdrehungen des Ritzels direkt weiter auf den Planetenträger 1(2). Wie im 5. Gang erhöht sich die Drehzahl in dem 2. Getriebe um den Faktor 1,467.<br>Wie in den Gängen 3, 4 und 5 verringert sich im Getriebe 3 die Drehzahl um den Faktor 0,409.<br>Auf eine Ritzelumdrehung erfolgen 1 x 1,467 x 0,409 = **0,600** Nabenumdrehungen. |

Die Gänge 8 bis 14 in Kurzform:

In **Bild 1** sind die 27 Schaltmöglichkeiten einer MTB-Kettenschaltung und die 14 Gänge der SPEEDHUB 500/14 gegenübergestellt. Sowohl in der Gesamtübersetzung als auch in der Anzahl der nutzbaren Gänge gibt es kaum Unterschiede.

| Gang | Auf eine Ritzelumdrehung erfolgen in den 3 Getrieben folgende Nabenumdrehungen |
|---|---|
| **8** | 0,682 x 1 x 1 = 0,682 |
| **9** | 0,774 x 1 x 1 = 0,774 |
| **10** | 0,682 x 1,292 x 1 = 0,881 |
| **11** | 1 x 1 x 1 = 1,000 = direkter Gang |
| **12** | 0,774 x 1,467 x 1 = 1,135 |
| **13** | 1 x 1,292 x 1 = 1,292 |
| **14** | 1 x 1,467 x 1 = 1,467 (höchster Schnellgang) |

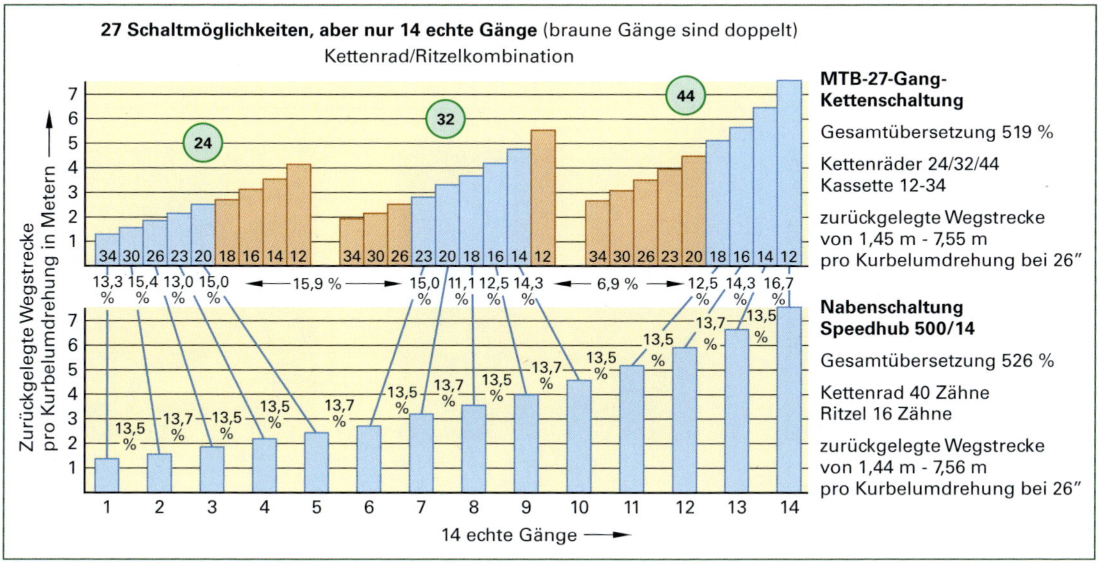


**Bild 1: Entfaltung der 14-Gang-Nabenschaltung im Vergleich zu einer Kettenschaltung**

## Enviolo-Nabenschaltung

Die Enviolo-Nabe (bis Ende 2017 hieß diese Nabe NuVinci) ist eine stufenlose Getriebenabe des amerikanischen Herstellers Fallbrook Technologies Inc. Die neue N360 CVP hat einen Übersetzungsumfang (Gesamtkapazität) von 360 % und wiegt ca. 2,45 kg einschließlich des Schmiermittels. Die Nabe wird über einen Drehgriffschalter geschaltet und ist für den Einsatz an Alltagsrädern, Tourenrädern und Pedelecs vorgesehen **(Bild 1)**.

**Bild 1: Schnittbild Enviolo**

Die Enviolo-Nabe arbeitet wie alle Nabenschaltungen als Planetengetriebe, das aber nicht aus Zahnrädern, sondern aus Kugeln und Kugellaufbahnen aufgebaut ist **(Bild 2)**.

Die Verbindung zwischen den Getriebebauteilen erfolgt nicht formschlüssig wie bei Zahnradgetrieben, sondern kraftschlüssig, wobei ein spezielles Hydrauliköl (Valvoline Transmissions Fluid) in der Nabe den Schlupf zwischen den Kugeln und Kugellaufbahnen verhindert.

Durch Betätigung des Drehgriffschalters **(Bild 2, Seite 370)** werden die Lagerachsen der Kugeln schräg gestellt **(Bild 3)**. Die Kugeln entsprechen den Planetenrädern und die Lagerachsen den Planetenradachsen des normalen Zahnrad-Planetengetriebes. Durch die Schrägstellung verändert man den wirksamen Umfang der Kugel, so als würde man ein Zahnrad mit einer anderen Zähnezahl verwenden.

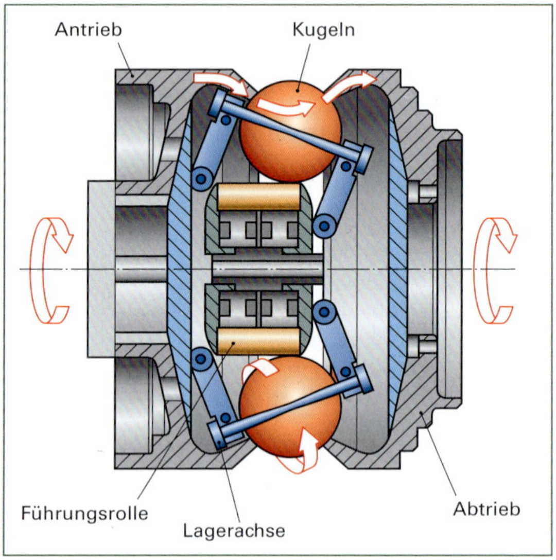


**Bild 2: Funktion Enviolo**

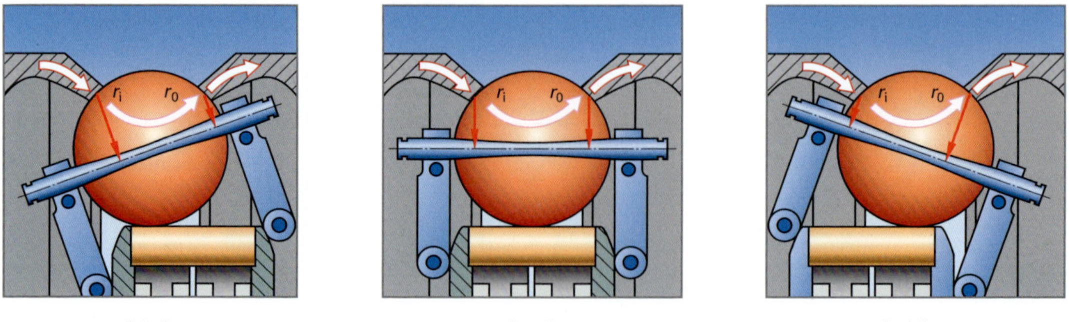


$r_i > r_0$

**a) Übersetzung ins Langsame**

$r_i = r_0$

**b) Direkte Übersetzung**

$r_i < r_0$

**c) Übersetzung ins Schnelle**

**Bild 3: Schrägstellung der Kugelachsen**

Ist die Kugelachse geneigt **(Seite 360, Bild 3a)**, übersetzt der linke Teil des Getriebes mit dem großen wirksamen Kugelradius $r_i$ stark ins Langsame und der rechte Teil mit dem kleinen wirksamen Kugelradius $r_0$ schwach ins Schnelle. Die Gesamtübersetzung ist eine Übersetzung ins Langsame.

Steht die Kugelachse waagerecht (b), übersetzt der linke Teil des Getriebes genauso stark ins Langsame wie der rechte ins Schnelle. Die Gesamtübersetzung ist 1:1.

Ist die Kugelachse zur anderen Seite geneigt (c), übersetzt der linke Teil des Getriebes mit dem kleinen wirksamen Kugelradius $r_i$ schwach ins Langsame und der rechte Teil mit dem großen wirksamen Kugelradius $r_0$ stark ins Schnelle. Die Gesamtübersetzung ist eine Übersetzung ins Schnelle.

Durch das Schrägstellen der Kugelachsen werden stufenlos alle möglichen Übersetzungen **(Bild 1)** durchlaufen.

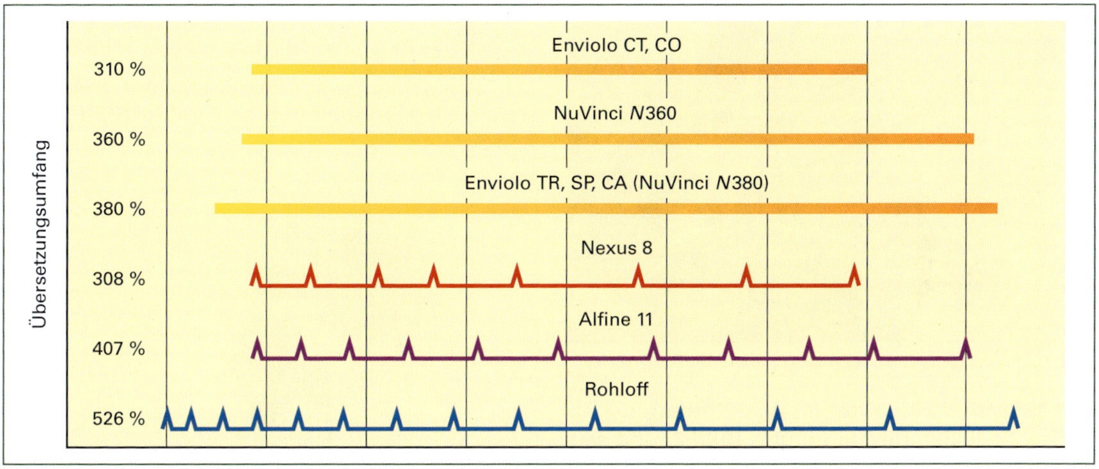


**Bild 1: Übersetzungsumfang von Nabenschaltungen im Vergleich**

**Arbeitsplan:**

**Schaltseilwechsel am Beispiel einer Nabenschaltung Nexus (Shimano)**

- Drehschaltgriff auf 4.Gangstufe stellen. Im runden Kontrollfenster am Drehschaltgriff muss die Ziffer 4 erscheinen.
- Drei Kreuzschlitzschrauben an der Schalthebelabdeckung lösen, Abdeckung entfernen.
- Schaltseil am unteren Ende (an der Achse des Hinterrades) abschneiden.
- Am Schalthebel den Nippel des Schaltseils aushebeln und das Schaltseil komplett herausziehen.
- Klemmschraube an der Nabe lösen und den Rest des Schaltseils entfernen.
- Das neue Schaltseil um die drei Führungsrollen im Schalthebel legen und durch die Einstellschraube in die Außenhülle vollständig einführen. Der Nippel muss korrekt in der Aussparung sitzen.
- Auf die richtige Länge der Außenhülle achten.
- Das andere (untere) Ende des Schaltseils um die Umlenkung an der Schaltkassette und durch die Klemmschraube führen.
- Schaltseil straff ziehen.
- Schaltseil unter Spannung halten und Klemmschraube anziehen.
- Schalthebel-Einstellschraube so weit hinein- oder herausdrehen, bis sich die beiden roten Einstellmarkierungen decken.
- Erste Gangstufe einlegen und danach erneut die vierte Stufe schalten. Kontrollieren, ob sich die beiden Striche noch exakt decken. Wenn nicht, die Spannung des Schaltseils mittels der Einstellschraube korrigieren.
- Probefahrt durchführen und prüfen, ob sich alle Gänge exakt und geräuschlos schalten lassen.
- Schaltseil kürzen. Abschlusskäppchen auf das Ende des Schaltseils setzen, damit es nicht ausfranst.

Bei der Inter-7- und der Inter-8-Nabenschaltung wird statt einer Klemmschraube ein Befestigungsbolzen auf das Schaltseil montiert und an der Schaltkassette eingehängt. Ausgehend vom Ende der Außenhülle (dort, wo am Hinterrad das Schaltseil die Außenhülle verlässt), misst man bei der Version mit Faltenbalg 127 mm, bei der Standardvariante 101 mm ab und fixiert hier den Bolzen.

### 6.6.2 Kettenschaltungen

Da Kettenräder im Maschinenbau meist exakt in Flucht zueinander stehen, hielt man es lange Zeit für unmöglich, die Kettenkraft auf ein nicht fluchtendes Ritzel zu übertragen.

Erst 1930 kam die Kettenschaltung „Vittoria Margherita" auf den Markt **(Bild 1)**.

**Bild 1: Die erste Kettenschaltung „Vittoria Margherita"**

Seit 1950 wird die Kette mit zwei Kettenrädchen zu den einzelnen Ritzeln geführt **(Bild 2)** und seitdem hat sich an den Kettenschaltungen nichts Grundlegendes geändert.

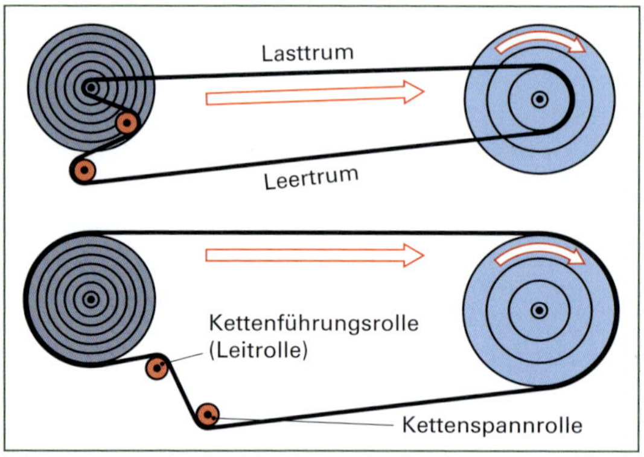


**Bild 2: Prinzip der Kettenschaltung**

Die komplette Kettenschaltung besteht aus:
- Schalthebeln
- Schaltseilen und Seilhüllen
- Hinterem Schaltwerk (auch als Derailleur bezeichnet)
- Vorderem Schaltwerk

**Hinteres Schaltwerk**

Das Schaltwerk versetzt die Kette zwischen den Ritzeln. Um die Kette von einem Ritzel auf ein größeres zu führen, muss die Kette parallel verschoben und angehoben werden.

Betätigt der Radfahrer den Schalthebel, um einen anderen Gang einzulegen, bewegt das Schaltseil die Schwenkarme. Diese haben die Form eines Parallelogramms und sind an den vier Eckpunkten drehbar gelagert. Die Rückholfeder im Schaltwerk wird durch das Schaltseil gespannt oder gelöst.

Durch Ziehen am Schaltseil bewegen sich die Schwenkarme in eine Richtung und spannen die Feder. Durch Lösen der Seile zieht die Feder die Schwenkarme in die entgegengesetzte Richtung.

Die Seilbewegung auf das Parallelogramm überträgt sich als Parallelverschiebung **(Bild 3)** auf den Schaltkäfig.

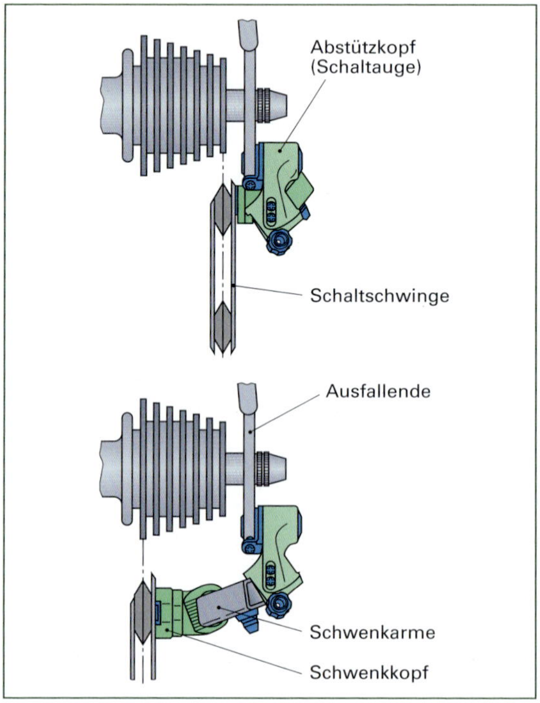


**Bild 3: Parallelogramm-Schaltwerk**

Die Kette, die über zwei Schalträdchen durch die Schaltschwinge läuft, folgt der Parallelverschiebung und klettert auf das nächste Ritzel. Das obere Schaltungsrädchen (Kettenführungsrolle) schiebt die Kette beim Schalten von einem zum anderen Ritzel. Es hat seitliches Spiel, um mögliche ungenaue Schaltungseinstellungen auszugleichen (**Bild 1, Seite 363**).

Der Kettenverstellweg wird von zwei Justierschrauben (Begrenzungsschrauben, **Bild 2, Seite 363**) begrenzt.

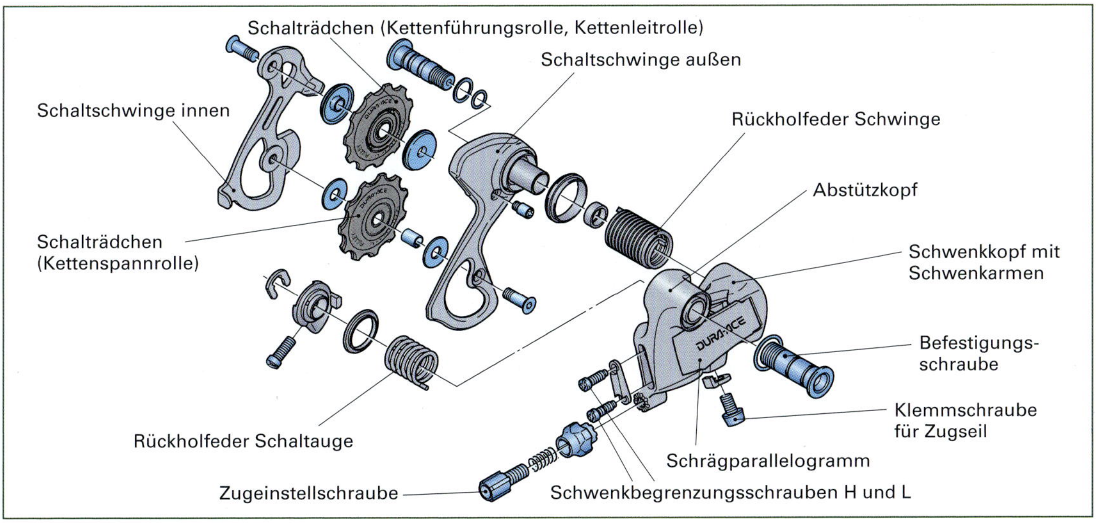


**Bild 1: Modernes Schaltwerk „Dura Ace" (Shimano)**

**Bild 2: Justierschrauben (Begrenzungsschrauben)**

Den Längenunterschied der Kette (größere Ritzel benötigen mehr Kettenlänge als kleinere) gleicht die federbelastete Schaltschwinge durch Drehung um ihre Lagerachse aus. Die untere Kettenspannrolle hält die Kette mittels der Rückholfeder der Schwinge unter Spannung.

An vielen Rahmen ist das Schaltwerk an einem austauschbaren Schaltauge befestigt. Die kleine Anschlagkante am Schaltauge begrenzt das Verdrehen des Schaltwerks. Mit der Einstellschraube B **(Bild 3)** stellt man den Abstand der Kettenführungsrolle zum größten Ritzel ein, sodass dieses das Ritzel nicht berührt. Vorne befindet sich die Kette dazu auf dem kleinsten Kettenrad.

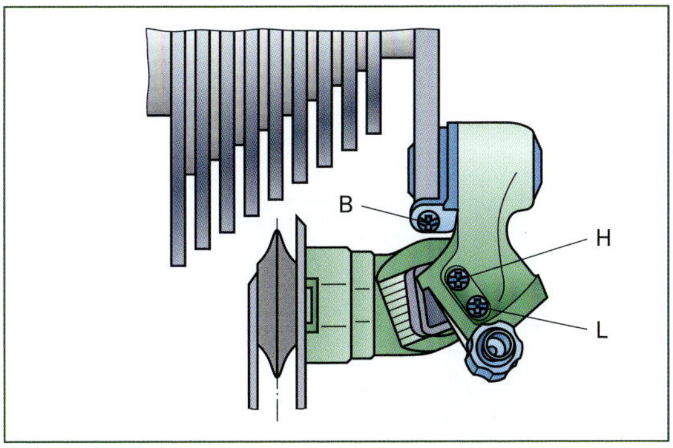


**Bild 3: Einstellschraube B, Justierschrauben H und L**

Schaltwerke müssen zu den verwendeten Zahnabstufungen passen. Die Parameter sind Maximalzähnezahl und Gesamtkapazität (Schaltkapazität).

Die **Maximalzähnezahl** gibt das größtmögliche Ritzel an, das mit dem Schaltwerk geschaltet werden kann.

Die **Gesamtkapazität** ist die Fähigkeit, die durch den Unterschied der Zähnezahlen freiwerdende (bzw. erforderliche) Kettenlänge auszugleichen. Sie ist die Summe der Zähnedifferenzen der Kettenräder und Ritzel (Rechenbeispiel auf **Seite 554**).

Je länger der Schaltwerkkäfig (und damit der Achsabstand der beiden Schalträdchen), desto größer ist die Gesamtkapazität.

*Beispiel*: Ein kurzer Schaltwerkkäfig mit 50 mm Achsabstand bietet eine Gesamtkapazität von 29 Zähnen. Ein mittlerer Käfig mit 73 mm Achsabstand 33 Zähne, ein langer Achsabstand von 85 mm 45 Zähne.

Die Funktion der Kettenschaltung wurde ab 1980 durch folgende Maßnahmen verbessert:

- Die *Positron* von Shimano und der *Commander* von Sachs: Von Gang zu Gang einrastende Schaltungen vermeiden manuelle Schaltfehler.
- Schrägparallelogramm von Suntour: Die um etwa 25 Grad schräg nach innen/unten angeordneten Parallelogramm-Arme heben die Kette leichter und schneller auf die nach innen größer werdenden Ritzel. Dabei sind die Achsen des Parallelogramms schräggestellt, um die Schwenkbewegung der Schaltschwinge der „Hüllkurve" des Ritzelpaketes anzupassen (bei einem Rennrad-Schaltwerk stehen die Achsen deshalb weniger schräg als bei einem MTB-Schaltwerk).
- Das Shimano-Hyperglide-Ritzel **(Bild 1)** mit kurzen Zahnhöhen, weiten Zahnbetten und seitlich ausgenommenen Ritzelzähnen lassen die Kette Zahn in Zahn eingreifend auf das Nachbarritzel überlaufen.

6

Eine „hyperglide-taugliche" Kette mit der hohen seitlichen Beweglichkeit lässt einen Schaltwechsel unter Last zu.

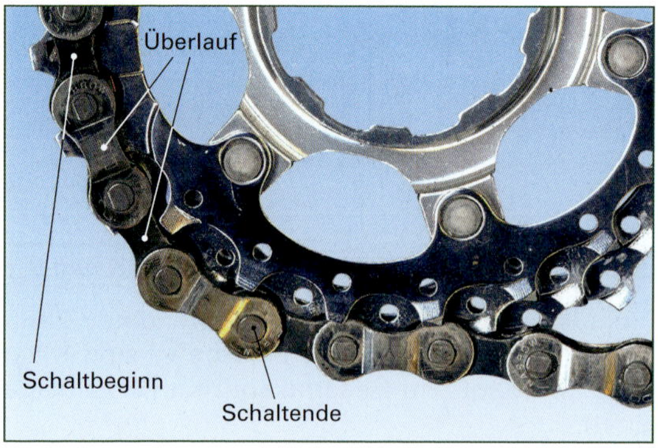


**Bild 1: Kettenüberlauf bei einem Hyperglide-Ritzel-Zahnprofil**

- Eine Rückholfeder im Abstützkopf, dem festen Teil der Parallelogramm-Lagerung, und die Schwingenfeder im beweglichen Schwenkkopf sorgen dafür, dass sich die obere Kettenführungsrolle immer im richtigen Abstand zum Ritzel befindet.

### Arbeitsfolgeplan: Standard-Schaltwerk einstellen

#### 1 Vorbereitung

- Das Schaltauge muss parallel zu den Ausfallenden stehen
- Die Zugeinstellschraube am Schaltwerk eineinhalb Umdrehungen herausdrehen. So hat man später den meisten Einstellspielraum.

#### 2 Unteren Anschlag einstellen

- Kurbel drehen und Kette auf das größte Kettenrad und das kleinste Ritzel schalten (größter Gang).
- Schwenkbereich des Schaltwerkes mit der Schwenkbegrenzungsschraube H so regulieren, dass die Kettenführungsrolle (oberes Schalträdchen) exakt lotrecht unter der äußeren Kante des kleinsten Ritzels steht **(Bild 2)**.

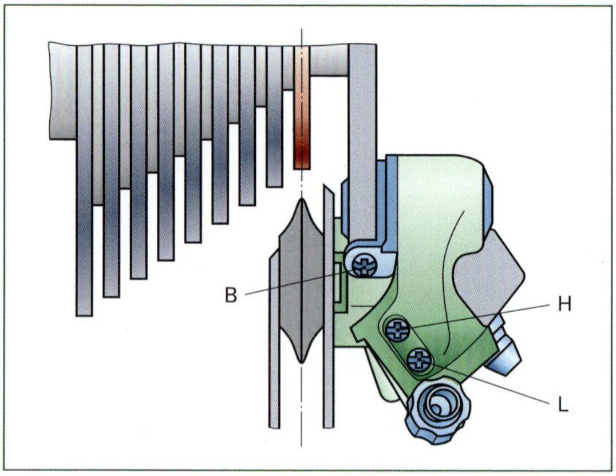


**Bild 2: Justieren auf das kleinste Ritzel**

#### 3 Oberen Anschlag einstellen

- Kurbel drehen und auf das größte Ritzel (kleinster Gang) schalten **(Bild 2)**.
- Die mit L gekennzeichnete Schwenkbegrenzungsschraube so einstellen, dass die Kette noch auf das größte Ritzel klettern kann, aber nicht darüber hinaus. Die Kettenführungsrolle steht jetzt mittig unter dem größten Ritzel.

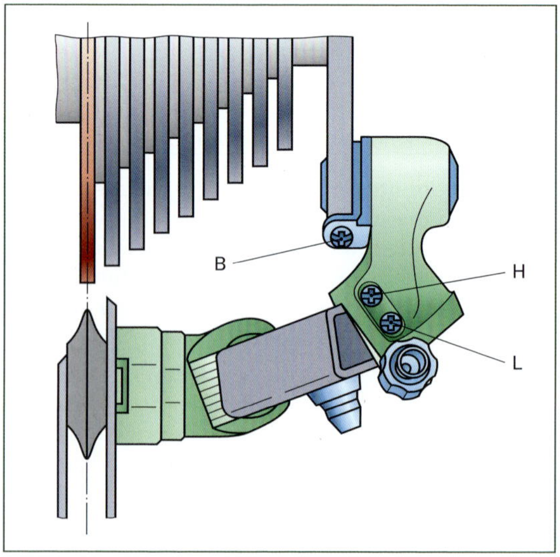


**Bild 3: Justieren auf das größte Ritzel**

### 4 Feineinstellung

1. Fahrrad in einen Montageständer setzen. Das Fahrrad **nicht** auf den Kopf (Lenker und Sattel) stellen, da der Kettenwechsel dann das Gewicht der Kette tragen muss. Dann liegen andere Bedingungen vor als im Normalbetrieb.
2. Die Kette vorne auf das größte Kettenrad und hinten auf das kleinste Ritzel schalten.
3. Kurbel mit mittlerer Drehzahl drehen und ein Gang weiter schalten. Wenn die Kette in den nächsten Gang schaltet, ist die Zugspannung korrekt.
4. Falls die Kette nicht oder nur mit Mühe auf das nächst höhere Ritzel springt, ist die Seilspannung zu gering. Dann Zurückschalten und die Zugeinstellschraube eine halbe Umdrehung im Gegenuhrzeigersinn drehen **(Bild 1)**.

**Bild 1: Feineinstellung des Schaltwerks**

5. Noch einmal bei Punkt 2 beginnen.
6. Die Schaltgenauigkeit für die weiteren Ritzel in der gleichen Weise überprüfen und wenn nötig einstellen.
7. Die Kette auf das mittlere Kettenrad und hinten auf das größte Ritzel schalten.
8. Schrittweise hinunterschalten.
9. Falls die Kette nicht sauber auf das nächst kleinere Ritzel springt, die Seileinstellschraube um etwa eine Vierteldrehung im Uhrzeigersinn drehen.

**info**

Wenn nach dem Einstellen der Einstellschraube B und den Justierschrauben L und H die Feineinstellung nicht möglich ist, kann der Schaltkäfig verbogen oder das Schaltseil zu schwergängig sein.

### Vorderes Schaltwerk

Das vordere Schaltwerk besteht aus einem Parallelogramm-Gelenkmechanismus, der die Kette mithilfe eines umschließenden Schaltkäfigs (Kettenleitblech, Schaltgabel) zwischen den Kettenrädern verschiebt. Betätigt wird das Gelenk durch ein Schaltseil, das den Schaltkäfig nach außen zieht **(Bild 2)**.

Eine integrierte Feder zieht den Schaltkäfig bei sinkender Seilspannung wieder zurück.

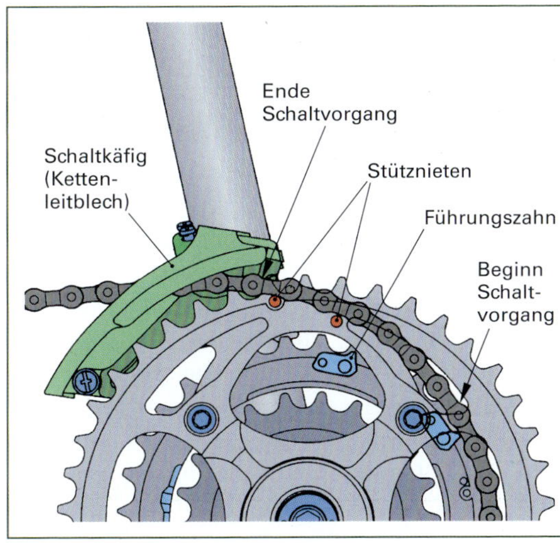


**Bild 2: Kettenradwechsel mit dem vorderen Schaltwerk**

Der Schaltkäfig schiebt und hebt (oder senkt) die Kette auf das benachbarte Kettenrad. Die grundsätzlichen Einstellungen des Schaltwerks umfassen Höhe, Parallelität, Begrenzung des Schwenkbereiches und Zugspannung des Schaltseiles.

Ein 3-fach-Kettenradsatz benötigt einen breiteren Schaltkäfig als eine 2-fach-Garnitur **(Bild 3)**.

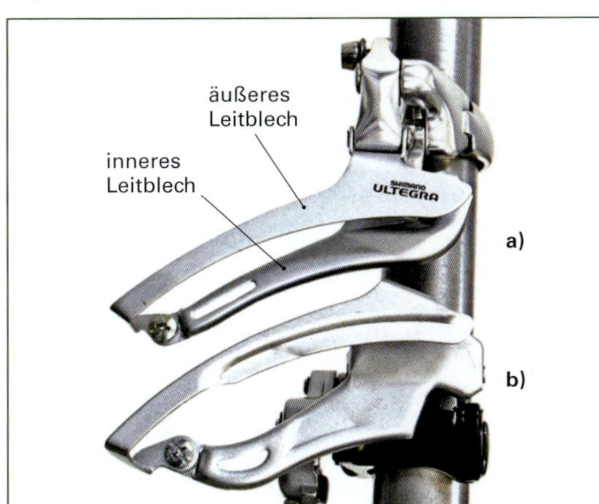


**Bild 3: Schaltkäfig a) schmal b) breit**

Die Befestigung am Sitzrohr erfolgt meist über eine Schelle oder Anlötsockel **(Bild 1)**.

**Bild 1: Schellenbefestigung**



Mit zwei Justierschrauben wird die seitliche Verstellbarkeit begrenzt (für den Längenausgleich der Kette sorgt das hintere Schaltwerk).

Je nach Kettenradgröße und Sitzrohrwinkel gibt es unterschiedliche Ausführungen, die eine definierte Höhen- und Drehwinkelanpassung ermöglichen.

Befindet sich das Parallelogramm-Gelenk oberhalb der Befestigungsschelle, bezeichnet man die Position als *Top Swing*. *Down Swing* ist die Position unterhalb der Schelle. Dieses Schaltwerk ist meist höher am Sitzrohr angebracht.

Führt das Schaltseil von oben zum Schaltwerk, spricht man von *Top Pull*, kommt er von unten, handelt es sich um eine *Bottom Pull*-Verlegung **(Bild 2)**.

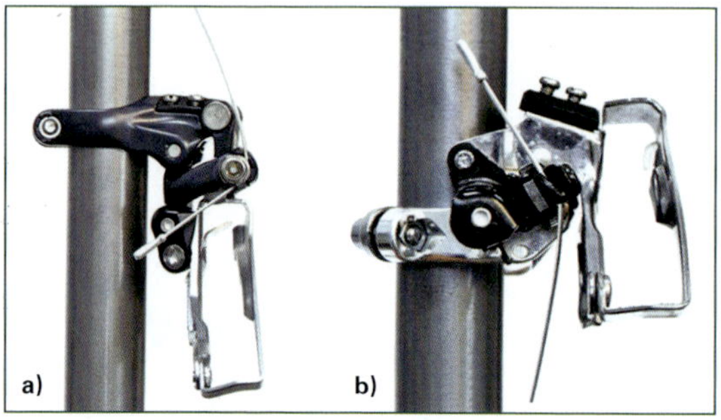


**Bild 2: a) Top Pull – Down Swing**
**b) Bottom Pull – Top Swing**

Verbesserungen an der Schaltfunktion des Umwerfers:

- Gekürzte Kettenradzähne erleichtern den Radwechsel.
- Eine Nase am äußeren Leitblech erzeugt einen mehr punktuellen Druck und erreicht damit eine größere Schrägstellung der Kette zum Blattwechsel.
- Die Innenseite des Schaltkäfigs verläuft in einer Kurve nach oben und beschleunigt den Schaltvorgang auf größere Kettenräder.
- Seitlich an den Kettenrädern angebrachte Hilfs- und Fangzähne (Führungszähne) unterstützen den Kletter- und Absteigevorgang der Kette.
- Der Schaltkäfig ist im hinteren Teil weiter geöffnet, damit das Schaltwerk beim Aufliegen von Extremgängen seine Lage behält.

Die Einstellung des Schaltwerks erfolgt nach

- Höhe
- Parallelität
- Begrenzung des Schwenkbereichs

Eine neue Schaltwerkstechnik, bei der der Schaltzug von vorn kommt, siehe: http://bikenews.shimano-eu.com/germany/de/side-swing-technologie.

**Arbeitsfolgeplan: vorderes Schaltwerk einstellen**

**1 Richtige Position**

- Das Schaltwerk am Sitzrohr so befestigen, dass die Unterkante der Kettenleitbleche 1-2 mm über dem großen Kettenrad steht **(Bild 3)**.

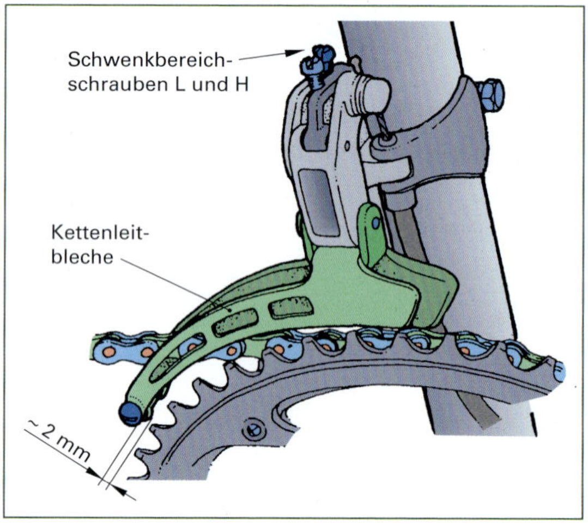


**Bild 3: Schwenkbereichsschrauben und Grundeinstellung**

- Die Leitbleche müssen dabei exakt parallel zu der Kette ausgerichtet sein **(Bild 4)**.

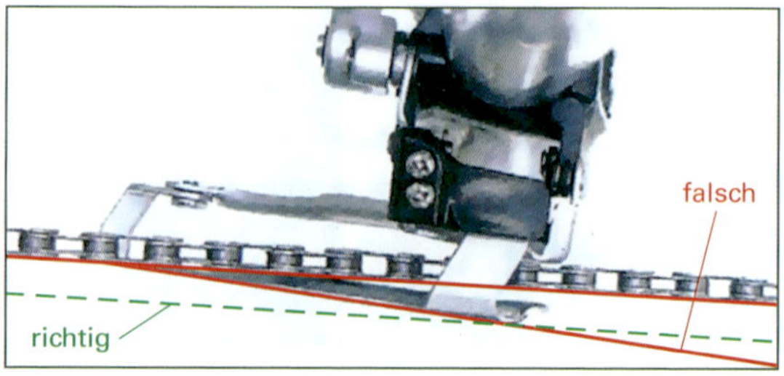


**Bild 4: Parallelität prüfen**

**2 Unterer Anschlag**

- Kette auf das kleinste Kettenrad und auf das größte Ritzel legen.
- Mit der äußeren Schwenkbereichsschraube „L" (low gear) den Abstand so zur Kette regulieren, dass das innere Leitblech gerade nicht schleift.

**3 Seilspannung**

- Schaltseil von Hand vorspannen und befestigen.
- Seilspannung überprüfen. Wenn das Schaltwerk nicht korrekt schaltet, mit der Einstellschraube am Schalthebel nachstellen.

**4 Oberer Anschlag**

- Kette auf das große Kettenrad und auf das kleinste Ritzel legen.
- Mit der inneren Schwenkbereichsschraube „H" (high gear) den Abstand zur Kette so einstellen, dass das äußere Leitblech gerade nicht schleift.

**5 Probefahrt**

- Spannung am Schaltseil so korrigieren, dass das Schalten schnell und leicht erfolgt.
- Wenn die Kette rasselt, kleine Korrekturen an den Schrauben H und L vornehmen.

**6 Synchronisierung**

Indexierte Schalthebel für 3-fach-Kettenräder sind an der dreifachen Rasterung erkennbar. Eine Synchronisierung kann erst nach vollständiger Einstellung der Begrenzungsschrauben erfolgen.

- Die Kette auf das mittlere Kettenrad und größtes Ritzel schalten.
- Der Abstand zwischen der Kette und der Innenseite des Schaltkäfigs sollte so gering wie möglich sein, ohne dass die Kette schleift. Zur Verringerung des Abstandes die Einstellschraube am Schalthebel gegen den Uhrzeigersinn drehen.
- Ist die Einstellschraube bereits am Anschlag, das Schaltseil korrigieren. Dazu die Kette auf das innere Kettenrad legen, die Klemmschraube am Umwerfer lösen und den Innenzug neu spannen und fixieren.

### 6.6.3 Schalthebel

Schalthebel ist der Sammelbegriff unterschiedlicher Bauformen zur Betätigung der Naben- oder Kettenschaltung. An nahezu allen heute erhältlichen Fahrrädern sind die Betätigungseinrichtungen für Naben- oder Kettenschaltungen ergonomisch griffgünstig an unterschiedlichen Lenkerpositionen angebracht.

Die Betätigung erfolgt über ein Schaltseil, das bei Mehrgangnaben **(Bild 1)** über eine Schaltkette einen Schubklotz oder über Schubstangen ein Kupplungsrad verschiebt. Bei Kettenschaltungen verstellt das Seil das hintere Schaltwerk und das vordere Schaltwerk.

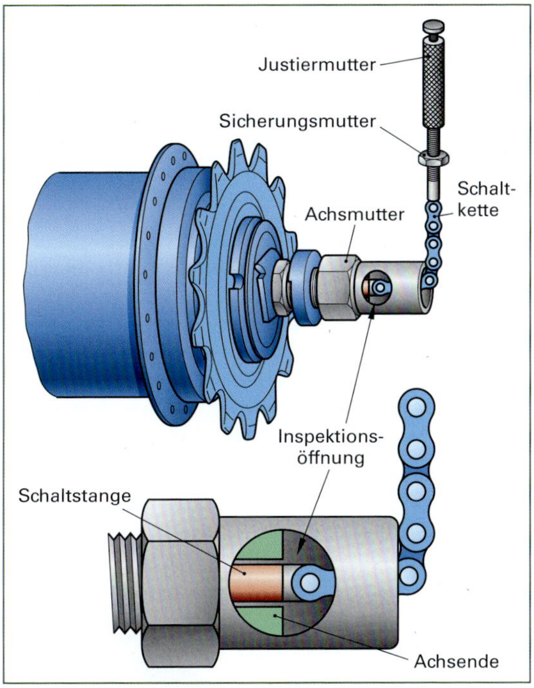


**Bild 1: Einstellung einer Nabenschaltung (Sunrace Sturmey Archer)**

Fahrräder, die bis Mitte der 1980er-Jahre gebaut wurden, sind noch mit einem **Reibungsschalthebel** ausgestattet **(Bild 2)**.

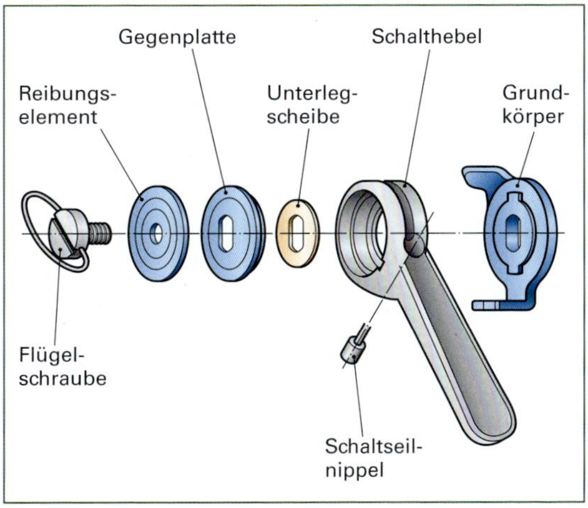


**Bild 2: Reibungsschalthebel**

Mit der zentralen Flügelschraube erzeugt man eine bestimmte Schwergängigkeit, die dafür sorgt, dass die Feder im Schaltwerk oder Umwerfer den gewählten Gang nicht verstellt. Verstellbare Endanschläge am Schaltwerk oder am Schalthebel begrenzen den Schaltweg.

Man muss nicht nur beim Hochschalten am Schalthebel „mit Gefühl“ ziehen, sondern auch beim Herunterschalten – wenn das Seil gelockert werden muss.

Das Schalten nach Gefühl entfällt bei den sogenannten **Indexschalthebeln**. Hier rasten die Schalthebel in mehreren Stellungen ein und sind am harten, deutlichen Klicken während des Schaltvorganges zu erkennen.

In den ersten Indexschalthebeln befand sich eine runde Platte mit einer Reihe von halbrunden Aussparungen. Eine kleine Feder drückte eine kleine Kugel in die dem jeweiligen Gang zugeordnete Aussparung. Heute sind alle Indexhebel mit einer intelligenten Kombination aus Zahn- oder Rastscheiben und mehreren Sperrklinken versehen.

Nabenschaltungen hatten schon immer indexierte Betätigungshebel, da Mehrganggetriebe durch ungenaue Hebelstellung von Reibungsschalthebeln beschädigt würden **(Bild 1)**.

**Bild 1: Lenker-Schalthebel mit Rastertechnik für die Torpedo-Dreigang-Nabenschaltung**

Shimano Rapidfire **(Bild 2)** und SRAM Trigger sind Schalthebel, bei denen die Hebel für die Schaltwerke mittels Daumen und/oder Zeigefinger geschaltet werden. Das vordere Schaltwerk wird per Daumen mit dem zum Fahrer *zugewandten* Hebel auf ein größeres, mit dem *abgewandten* Hebel und dem Zeigefinger auf ein kleineres Ritzel geschaltet.

Der hintere Schaltwerk wird per Daumen mit dem zum Fahrer *zugewandten* Hebel auf ein größeres, mit dem abgewandten Hebel und dem Zeigefinger auf ein kleineres Kettenrad geschaltet.

Zum Hochschalten auf ein größeres Kettenrad muss man Kraft aufwenden, um die Federkraft des vorderen Schaltwerks zu überwinden (im Daumen besitzt man die meiste Kraft). Zum Runterschalten mit dem Zeigefinger ist kaum Kraft nötig, da nur eine Sperrklinke gelöst wird und die Federkraft des vorderen Schaltwerks das Schalten übernimmt. Bei neueren Modellen von Shimano ist das Herunterschalten sowohl mit dem Zeigefinger als auch mit dem Daumen möglich.

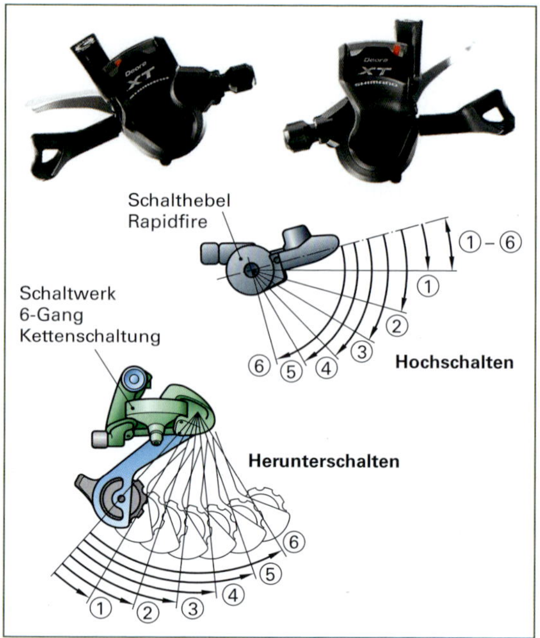


**Bild 2: Rapidfire-Schalthebel (Shimano)**

Präzises Schalten mit Indexschaltwerken für Kettenschaltungen setzt voraus, dass der Abstand der einzelnen Ritzel untereinander den gewählten Positionen am Schalthebel entspricht **(Bild 3)**.

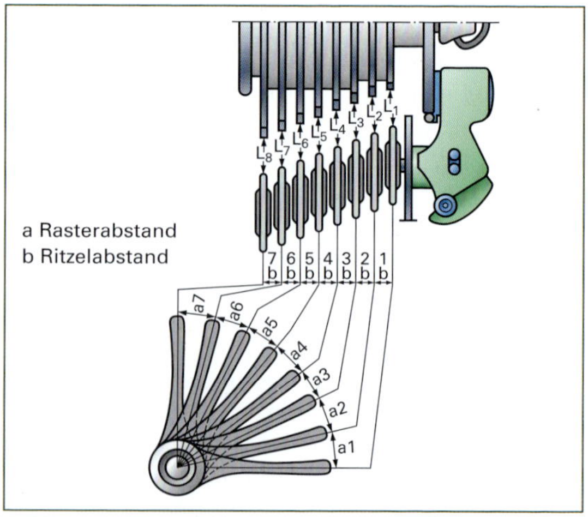


**Bild 3: Schaltprinzip Index SIS (Shimano 8-Gang-Kettenschaltung)**

Jeder Hersteller hat das Hebelverhältnis zwischen der Seil-Einhollänge im Schalthebel und den Hebeln und Ansteuerpunkten am Schaltwerk genau aufeinander abgestimmt, sodass nahezu kein Systemteil durch ein Fremdbauteil ausgetauscht werden kann.

Mit dem *Jtek Shiftmate Adapter* dagegen können unterschiedliche Systeme miteinander kombiniert werden.

Manche Schalthebel von MTBs und Trekkingrädern sind vom Bremshebel getrennt. Dies bietet mehr Freiheit bei der Wahl des Bremssystems (seilbetätigt oder hydraulisch). Bei einem Defekt muss lediglich das nicht mehr funktionsfähige Teil ersetzt werden, sodass die Reparaturkosten niedriger sind.

**Bremsschalthebel** haben sich dagegen an Rennrädern und ähnlichen Fahrradtypen mit Rennlenkern durchgesetzt. Die Schaltung wird durch seitliches Kippen der Bremsgriffe (hochschalten) und durch einen zusätzlichen Hebel unmittelbar hinter dem Bremshebel (runterschalten) betätigt (Shimano).

Bei Campagnolo ist der Bremshebel starr. Der hintere Hebel dient zum Hochschalten, ein kleinerer Hebel auf der Innenseite des Bremsgriffs zum Runterschalten.

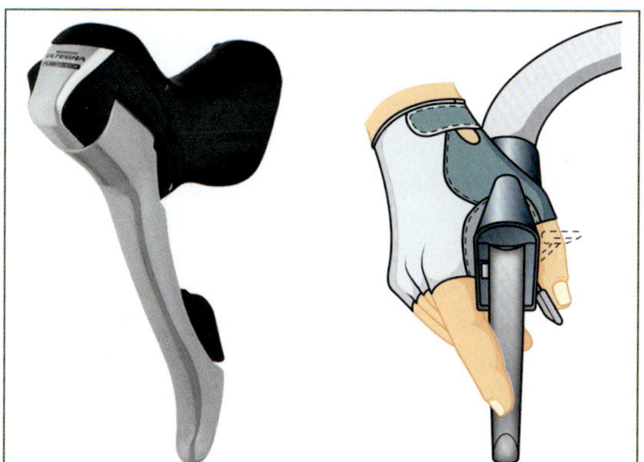

**Bild 1: Bremsschalthebel. Links: STI (Shimano), rechts: Ergopower (Campagnolo)**

**info**

Vorteil: Beim Schalten bleibt die Handposition unverändert, sodass man selbst im Wiegetritt einen Gangwechsel vornehmen kann.

In die Lenkerenden montierte **Lenkerendschalthebel** oder Barendshifter **(Bild 2)** sind an Triathlon- und Zeitfahrrädern üblich. Vereinzelt werden sie auch noch an älteren Cyclocrossrädern und an Reiserädern verwendet. Im Gegensatz zum Unterrohrschalthebel muss der Lenker zum Betätigen nicht losgelassen werden.

**Bild 2: Lenkerendschalthebel**

**Indexierte Drehschaltgriffe** werden zwischen Bremshebel und gekürztem Lenkergriff montiert **(Bild 3)**. Sie sind heute Standard zur Ansteuerung von Mehrgangnaben und werden auch für Kettenschaltungen angeboten.

**Bild 3: Drehschaltgriff X9 (SRAM)**

Der Drehgriff lässt sich einfach aufbauen und herstellen. Er gestattet das Schalten von mehreren Gängen in einem, sodass beim Ampelstopp eine Getriebenabe bequem in den ersten Gang zum Anfahren gestellt werden kann.

Eine sichtbare Ganganzeige ist Standard.

Die **Daumenschalter (Bild 4)** schalten schnell, auch bei allen Wetterbedingungen und lassen ergonomische Griffe zu.

**Bild 4: Daumenschalter**

Rohloff-, Enviolo- und Pinion-Drehgriffe verfügen über eine Steuerung mit zwei Seilen, während die im Hebel bzw. Drehgriff gerasteten nur ein Seil haben.

Bei den Systemen von Rohloff und Pinion sind die Schalthebel nicht gerastert. Statt dessen werden die Gänge innerhalb des Getriebes fixiert **(Bild 1)**. Die Schaltung ermöglich ein Durchschalten über mehrere Gänge hinweg.

Bei der stufenlosen Fallbrook Enviolo-Nabe entfällt die Indexierung **(Bild 2)**.

**Bild 1: Drehschalthebel Pinion und Rohloff**

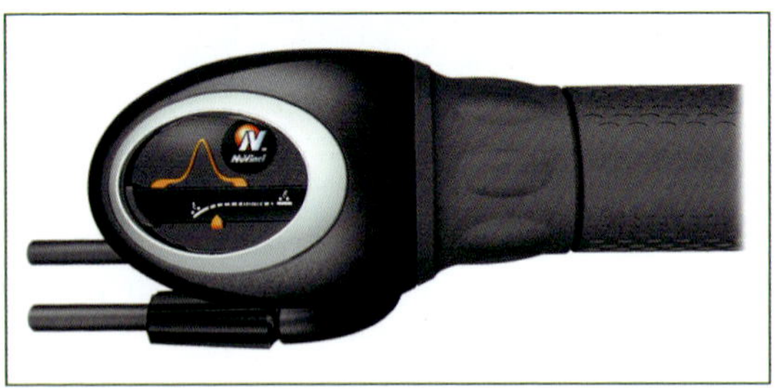

**Bild 2: Drehsteller Enviolo**[1]

Die Mechanik der meisten Schalthebel ist gleitgelagert. Nur die Spitzenmodelle der großen Komponentenanbieter haben eine Kugellagerung.

Eine regelmäßige Schmierung der Mechanik mit Feinmechaniköl oder dem besser auf Schmierstellen haftenden Sprühfett erhöht die Lebensdauer und sorgt für leichtgängige Funktion.

Schmierstoffe schützen die Mechanik und die Seile außerdem vor eindringendem Wasser (Kapillarwirkung) und vor Rostbildung. Eingedrungenes Wasser kann im Winter gefrieren und die Funktion blockieren.

Oxidierte, gealterte Schmierfette und große Kälte können die Leichtgängigkeit der kleinen Sperrklinken beeinträchtigen, sodass die Hebel nicht mehr einrasten. Hier hilft das Verflüssigen des gealterten Fettes mit etwas Ölspray.

Hinweis: Schaltseile bei Neumontage, Inspektion und Reparatur immer schmieren. Kettenöle eignen sich gut zum Schmieren der Schaltseile. Mehrere Komponentenhersteller bieten weiche, wasserbeständige Silikonfette an.

### 6.6.4 Weitere Schaltsysteme

Bei der Kombinationsschaltung *Dualdrive* **(Bild 3)** von SRAM werden 9 Ritzel vor eine Dreigang-Nabenschaltung gesetzt. Dadurch stehen trotz Verzicht auf den Umwerfer 27 Gänge zur Verfügung.

**Bild 3: Kombination der Ketten-Nabenschaltung „Dualdrive"**

Der vordere Teil der Kette kann mit einem Kettenschutz versehen werden. Ein weiterer Nutzen: Wurde bei einem Ampelstopp nicht rechtzeitig heruntergeschaltet, lässt sich über die Nabenschaltung im Stand ein Gangwechsel durchführen.

Den Nachteil höherer Reibungsverluste der Nabenschaltung kann man bei den kombinierten Schaltungen umgehen:

Im Normalgang ist das Planetengetriebe direkt übersetzt und verursacht keine Reibungsverluste. So lassen sich die neun Gänge der Nabenschaltung mit dem Wirkungsgrad einer Kettenschaltung fahren. Lediglich bei extremen Steigungen oder Gefällstrecken (Berg- oder Schnellgang) wird die Nabenschaltung aktiviert.

Zur Vergrößerung der Schaltkapazität werden Nabenschaltungen gelegentlich mit zwei Kettenrädern ausgestattet. Dazu ist ein Kettenspanner am Ausfallende erforderlich.

Probleme können auftreten, wenn das Kettenrad weniger als 35 Zähne hat. Dann führt das höhere Antriebsmoment bei extremen Steigungen zu vorzeitigem Verschleiß oder Versagen der dafür nicht ausgelegten Nabenschaltung.

[1] Eine elektrisch betätigte Schaltung ist die Enviolo-Version *Harmony*. Ein Stellmotor regelt die Übersetzung so, dass eine gewählte Trittfrequenz eingehalten wird. In der Variante *Advanced* kann man auf manuelle Schaltung umstellen und selbst die Kontrolle behalten.

## Kurbelgetriebe

Ein Kurbelgetriebe kann sich innerhalb des Kurbellagers oder außerhalb am Kettenrad befinden. Zusätzlich zur Nabenschaltung erweitert das Kurbellagergetriebe den Übersetzungsbereich.

Während bei einer Kettenschaltung die Kette über verschieden große Kettenräder läuft, wird beim Kurbelgetriebe das Kettenrad von der Kurbel abgekoppelt und übersetzt: Die Kurbel dreht sich mit einer anderen Geschwindigkeit als das Kettenrad.

Das Kurbellagergetriebe Pinion P1.18 **(Bild 1)** ist als zweistufiges Stirnradgetriebe mit einer 3- und einer 6-Gangstufe aufgebaut. Es ist für einen Toureneinsatz vorgesehen, während das Pinion P1.12 und C1.12 als Zwölfganggetriebe für den MTB-Einsatz konzipiert ist. Für Pedelecs mit Nabenmotor gibt es die C-Line mit den Getrieben C1.9 und C1.6.

Die 3-Gangstufe ist ähnlich abgestuft wie die drei Kettenräder einer Kettenschaltung. Die 6-Gangstufe ist feiner abgestuft, ähnlich der 6-fach-Kassette einer Kettenschaltung.

Es ergeben sich ohne Überschneidungen 3 x 6 = 18 Gänge aus den beiden Gangstufen. Der Übersetzungsbereich beträgt 636 %!

**Montage:**

Anstelle eines Kurbellagers befindet sich am Rahmen ein angeschweißter Befestigungsbügel, an den das Getriebe angeschraubt wird.

Das Getriebe läuft in einem geschlossenen Ölbad.

Beim Kurbelgetriebe **Mountaindrive (Bild 2 und Bild 3)** übersetzt ein Planetengetriebe die Trittfrequenz ins Langsame. Dabei wird das Sonnenrad angetrieben und das Hohlrad festgesetzt.

**Bild 1: Kurbelgetriebe Pinion P1.18**

**Bild 2: Mountaindrive (Schlumpf)**

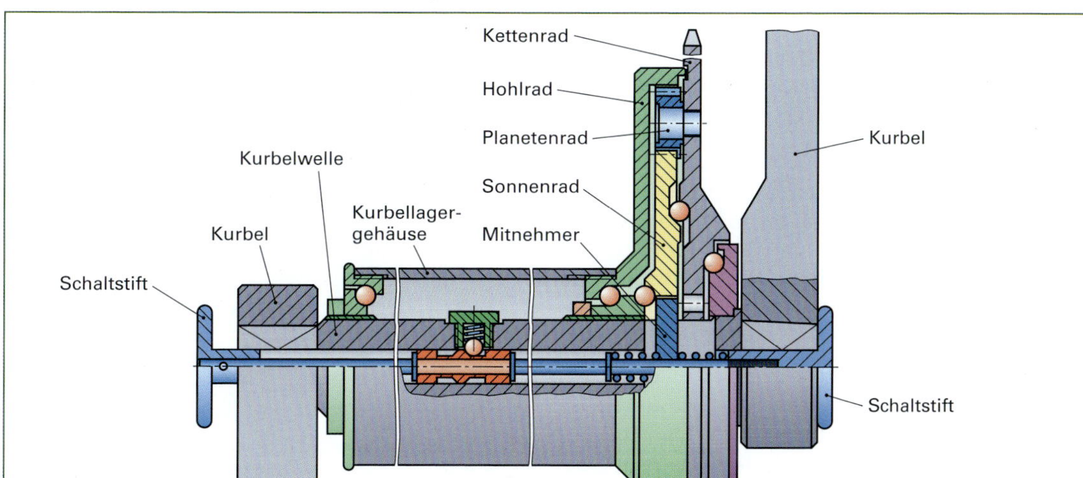


**Bild 3: Kurbelgetriebe Mountaindrive (Florian Schlumpf)**

Das Kettenrad, das gleichzeitig als Planetenträger dient, dreht sich so um den Faktor 2,5 langsamer.

Geschaltet wird mit der Ferse, indem ein auf beiden Seiten der Kurbelwelle angebrachter Schaltstift verschoben wird.

Mit dem rechten Schaltkopf wird der Mitnehmer nach links verschoben und setzt das Sonnenrad achsfest.

| Gang | Funktion |
|---|---|
| Normalgang | Der Mitnehmer verkuppelt die Kurbelwelle direkt mit dem Kettenrad. |
| Berggang | Das Sonnenrad wird von der Kurbelwelle angetrieben. Die Planetenräder drehen sich in dem fest mit dem Kurbellagergehäuse verbundenen Hohlrad und versetzen das auch als Planetenträger arbeitende Kettenrad in eine langsamere Umdrehung. |

Alle Gänge einer hinteren Schaltung (Ketten- oder Nabenschaltung) kommen um das Zweieinhalbfache reduziert als Gänge hinzu. Beispiel: Ein 50-er Kettenrad dreht sich auf Knopfdruck um den Faktor 2,5 langsamer – was einem Kettenrad mit 20 Zähnen entspricht.

### Servomechaniken

Um die Bedienungskräfte geringer zu halten, lässt sich zum Schaltvorgang auch die Tretkraft des Radlers nutzen. Auf diese Weise sind elektrisch unterstützte Gangwechsel mittels Tastendruck ohne großen Stromverbrauch möglich.

### Shimano Power-Change-Mechanism (SPCM)

Beim Hochschalten des Umwerfers **(Bild 1a)** klappt die erste Schaltklinke hoch, die auf einer Kurvenscheibe gelagert ist.

Die Schaltklinke und die Kurvenscheibe werden von einem mit der Kurbel verbundenen Schaltfinger mitgedreht. Die Kurvenscheibe drückt auf einen Seilhebel, der per Seil den Schaltkäfig über das große Kettenrad schwenkt **(Bild 1b)**. Dann schwenkt die Schaltklinke wieder in die Ausgangslage zurück.

Beim *Herunterschalten* **(Bild 2)** bewegt der Schaltfinger eine zweite Schaltklinke, die die Kurvenscheibe freigibt. Die mitdrehende Kurvenscheibe hebt den Seilhebel an und dieser schwenkt den Schaltkäfig über das kleine Kettenrad.

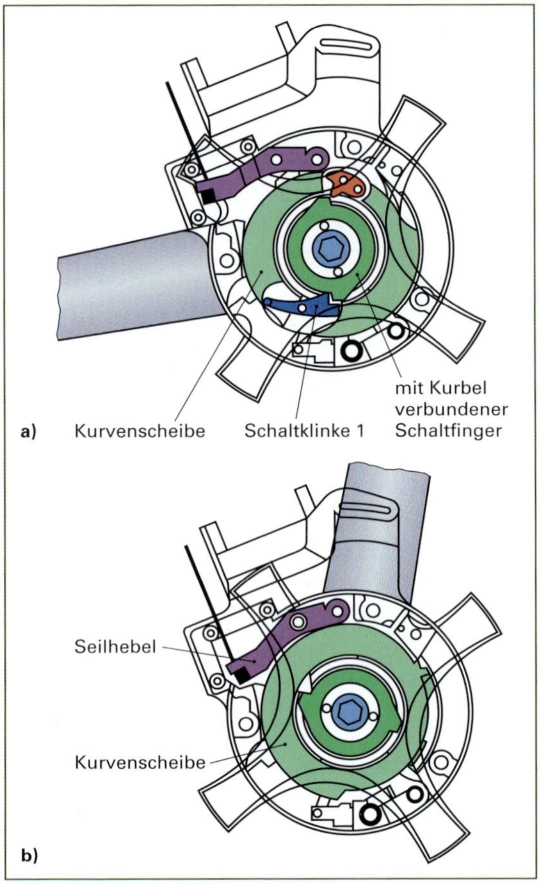


**Bild 1: Hochschalten mit der Umwerfer-Servomechanik Shimano SPCM**

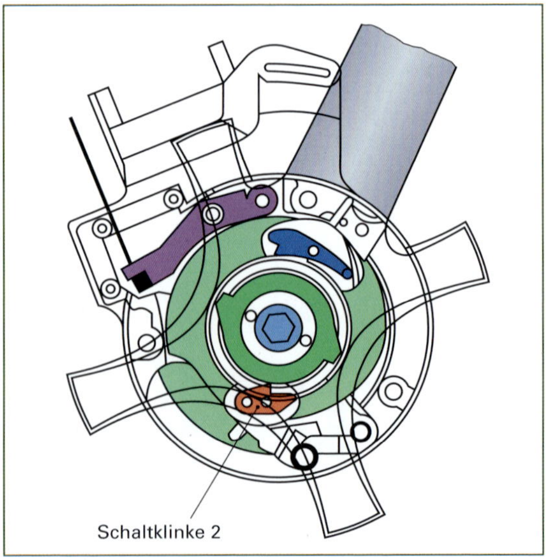


**Bild 2: Herunterschalten mit der Umwerfer-Servomechanik Shimano SPCM**

Die Ansteuerung der Schaltung über ein Seil bedeutet Reibung. Mit zunehmendem Verschleiß und/oder Verschmutzung der mechanischen Bauteile steigen die Bedienkräfte an und der Komfort nimmt ab. Dies ist im Radsport genauso unerwünscht wie von Menschen mit körperlicher Einschränkung (z.B. Arthrose in den Händen). Ein weiterer Nachteil der mechanischen Schaltungsbetätigung ist, dass stets nur ein Schalthebel je Schaltkomponente verwendet werden kann.

### Elektrisch/elektronisches Schaltwerk Mavic-Mektronic (1999)

Das obere Kettenrädchen treibt über eine Taumelscheibe eine Pleuelstange in einem Schieber hin und her. Sensoren lokalisieren den jeweiligen Standort der Pleuelstange. Beim Schaltvorgang verkuppelt ein Schaltrelais die Pleuelstange mit dem Schieber. Dieser schiebt dann die gesamte Schaltschwinge nach innen oder nach außen auf das nächste Ritzel **(Bild 1)**.

Die Sensoren sorgen dafür, dass das Schaltrelais nur für Bruchteile einer Sekunde arbeitet, wodurch dieses Schaltsystem mit einer kleinen Fotobatterie auskommt und rund 10000 Schaltvorgänge ausführen kann.

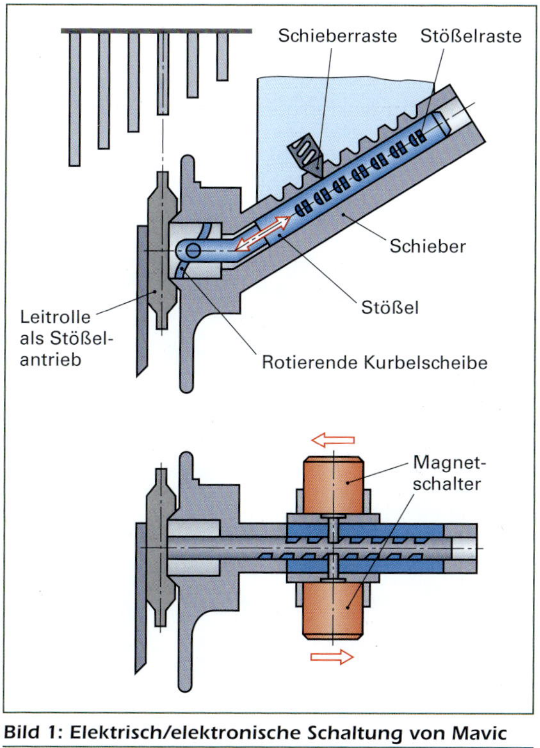


**Bild 1: Elektrisch/elektronische Schaltung von Mavic**

### Automatische Schaltung Autodrive von Shimano

Die in Kurbellagernähe untergebrachte Zentraleinheit erteilt Schaltbefehle, die eine elektrisch aktivierte Servomechanik vollzieht **(Bild 2)**.

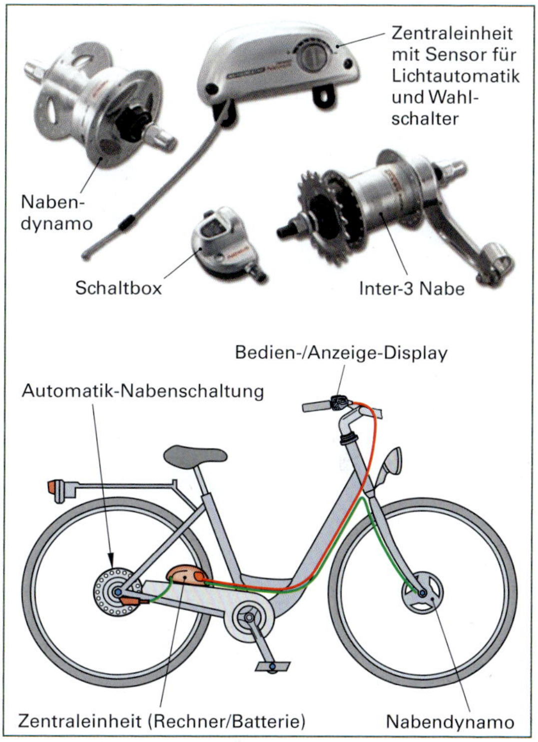


**Bild 2: Autodrive von Shimano**

Die Schaltbefehle erteilt der Rechner immer dann, wenn eine vorgegebene Fahrgeschwindigkeit über- oder unterschritten wird. Daher liegt zum Anfahren stets der erste Gang auf und mit zunehmender Geschwindigkeit schaltet der Rechner auf den jeweils höheren von vier Gängen.

Auf einem Mini-Cockpit lässt sich in zwei Stufen die Geschwindigkeit einstellen, bei der die Schaltwechsel erfolgen sollen. Alternativ hierzu lässt sich die Automatik auch abschalten.

Die Stromversorgung von Schaltautomatiken erfolgte bisher durch Batterien und Akkus. Durch Servo-Mechaniken im Stromverbrauch reduziert, reichte deren Kapazität für 5000 km bis 10000 km Fahrstrecke.

Um die Stromversorgung betriebssicherer und umweltfreundlicher zu gestalten, setzt Shimano Nabendynamos ein, die nicht nur für ein sich automatisch einschaltendes Licht sorgen, sondern auch den notwendigen Strom für die Schaltungsbetätigung liefern.

6

6

### Elektronische Schaltung

Die elektronische Schaltung Shimano Di2 ist modular aufgebaut und für Naben- und Kettenschaltung erhältlich. Sie besteht aus der Batterie, den e-Tube-Kabeln, den Kabelverteilern, den Bedienschaltern, dem Anzeigedisplay, der Schaltung hinten und vorne mit Stellmotor und dem Ladegerät **(Bild 1)**.

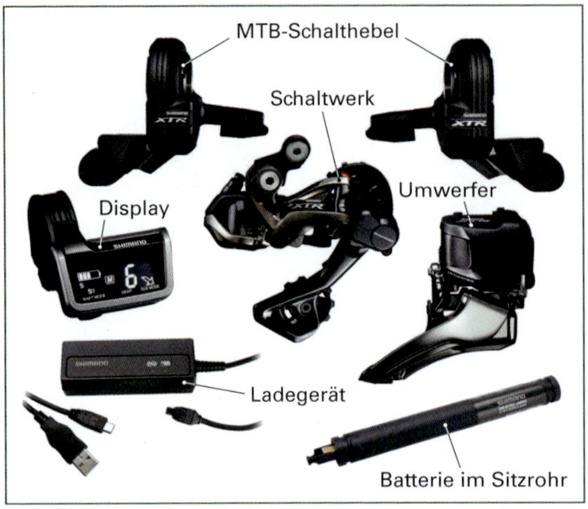


**Bild 1: Einzelheiten einer elektronischen Schaltung (Shimano Di2)**

Die Batterie kann intern im Sattelrohr oder im Vorbau oder extern auf dem Rahmenrohr befestigt sein. Wasserdichte Stecker sorgen für eine zuverlässige Kabelverbindung. Sollen mehrere Bedienelemente für eine Schaltung verwendet werden (z. B. für Zeitfahrlenker), können diese über Kabelverteiler angeschlossen werden.

Zur Konfiguration, Aktualisierung der Firmware und Fehlerdiagnose benötigt man ein PC-Verbindungsgerät und eine Wartungssoftware **(Bild 2)**.

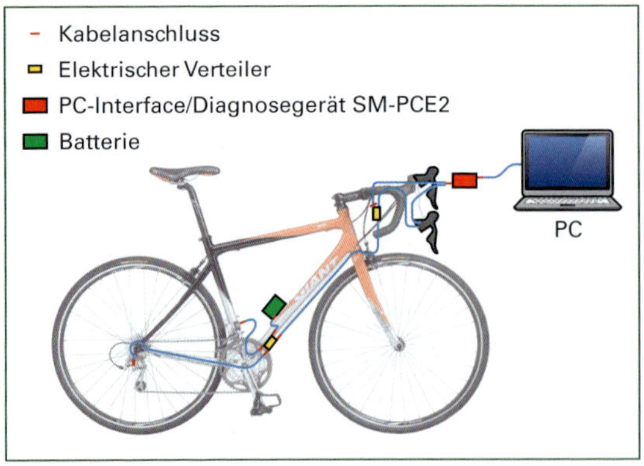


**Bild 2: Anschlussschema einer elektronischen Schaltung (Shimano Di2)**

Ein Nachteil herkömmlicher Kettenschaltungen mit zwei oder drei Kettenrädern ist, dass es beim Schalten zu gefühlten Gangüberschneidungen kommt. Man muss kurzfristig berücksichtigen, welche Gänge vorne und hinten gerade geschaltet sind, welcher Gang als nächster geschaltet werden soll und welche Gänge man meiden sollte.

Die elektronische Di2-Kettenschaltung gestattet das sogenannte synchronisierte Schalten. Über das Diagnoseinterface kann die Reihenfolge der Gänge festgelegt werden, sodass die gewünschten Gänge von nur einem Schalter angesteuert werden können. Nach Festlegung der Schaltreihenfolge werden die gewünschten Gänge nacheinander automatisch eingelegt **(Bild 3)**.

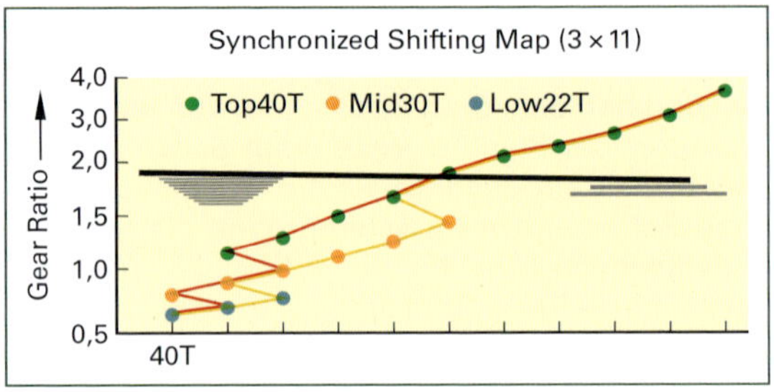


**Bild 3: Synchronisiertes Schalten (Shimano Di2)**

Die gelbe Linie gibt die intelligente Schaltreihenfolge von 15 Gängen der insgesamt 33 vorhandenen Gänge wieder. Überschneidungen sind vermieden und eine gleichmäßige Übersetzung erreicht.

Bei den Rennradschaltungen erfolgt die Trimmung des Umwerfers automatisch.

Weitere elektronische Schaltungen sind die Rennradschaltung Campagnolo EPS und die Red e Tap von SRAM **(Bild 4)**.

**Bild 4: Elektronische Schaltung Red e Tap (SRAM)**

# 7 Bremsen

In einer Zeit mit hoher und noch zunehmender Verkehrsdichte und eines beschleunigten Verkehrsablaufes werden an die Qualität und an die Sicherheit der Bremsen hohe Anforderungen gestellt.

- Die Bremsen sollen leicht sein, große Bremswirkungen erzielen und die entstehende Wärme abführen.
- Die Bremsen müssen gut zu dosieren sein und unterschiedlich hohe Systemgewichte (Fahrrad, Fahrer und Gepäck) sicher abbremsen.
- Eine große Bremswirkung muss bereits mit geringer Handkraft erzielt werden.
- Bremsen müssen verschleißfest, einfach zu reparieren und einzustellen sein sowie zuverlässig arbeiten.

Die Fahrradbremse hat zwei Grundaufgaben:
Als **Verzögerungsbremse** soll sie die Fahrt verlangsamen und/oder das System Fahrrad und Fahrer zum Anhalten bringen. Die größte Bremswirkung wird erreicht, wenn sich beim Bremsvorgang die Räder gerade noch drehen, aber noch nicht rutschen.

Als **Dauerbremse** soll sie auf Gefällstrecken die Geschwindigkeit konstant halten.

In der Fahrpraxis überlagern sich beide Aufgaben. Die Geschwindigkeit muss bei Bergabfahrten nicht nur konstant gehalten, sondern auch verlangsamt und bei Bedarf muss auch angehalten werden können.

## 7.1 Vorschriften

Eine Vorschrift über die Wirksamkeit und Prüfung der Bremse, wie sie für die Kraftfahrzeuge besteht, gibt es für Fahrräder nicht. Die Fahrsicherheit ist bei Fahrrädern nicht durch ein (z.B. vom Technischen Überwachungsverein) erteiltes Gutachten gewährleistet und es besteht keine periodische Vorführpflicht.

### 7.1.1 Gesetzliche Vorschriften

Laut Straßenverkehrszulassungsordnung StVZO § 65 muss ein Fahrrad mit zwei voneinander unabhängigen Bremsen ausgerüstet sein, von denen eine auf das Vorderrad und eine auf das Hinterrad wirkt.

Sinn dieser Vorschrift ist, dass bei Ausfall einer Bremse noch eine zweite funktionstüchtige Bremse zur Verfügung steht.

Fahrräder mit mehr als zwei Rädern müssen mit einer Feststellvorrichtung ausgerüstet sein.

### 7.1.2 Sicherheitstechnische Anforderungen und Prüfungen

In Arbeitskreisen von Industrie, Handwerk und Handel, den Normeninstituten, der Fachverbände, der Prüfstellen (Technischer Überwachungsverein, Landesgewerbeanstalt, Stiftung Warentest, Gewerbeaufsichtsämter), der Verbraucherverbände, der Behörden und der Wissenschaft wurden über Jahrzehnte sinnvolle und praxisnahe Vorschriften für Fahrradbremsen erarbeitet.

Die Norm EN ISO 4210 (Jan 2015) ersetzt die bisherige DIN 79100, DIN EN 14764 für City- und Trekking-Fahrräder, DIN EN 14766 für Geländefahrräder und DIN EN 14781 für Rennräder.

Für Kinderfahrräder gilt weiterhin DIN EN 14765. Diese Norm gilt für Fahrräder mit einer maximalen Sattelhöhe > 435 mm und < 635 mm.

Die Befestigungen von **Handbremsen** dürfen sich nicht selbstständig lösen. Handbremshebel müssen am Lenker so angebracht sein, dass sie sich in üblicher Fahrposition bequem betätigen lassen.

Die Bremsen müssen nachstellbar sein, damit der Verschleiß an den Bremsbelägen[1] ausgeglichen und die geforderte Bremswirkung erreicht wird.

Der Abstand *d* des Handbremshebels vom Lenker darf im Abstand *a* über eine Länge von 40 mm 90 mm **(Bild 1)** nicht überschreiten. *a* ist der Abstand vom kleinen Finger bis zum Ende des Bremshebels. Er wird mit einer Lehre gemäß EN ISO 4210-4 ermittelt.

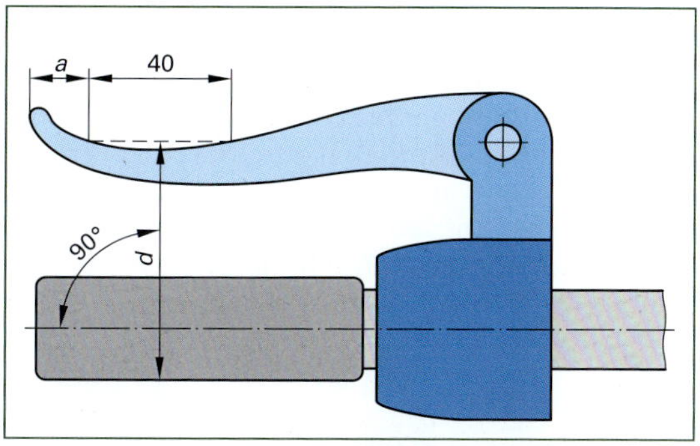


**Bild 1: Abstand Handbremshebel-Lenker**

Die Überprüfung von Bremsschuhen erfolgt an einem fertig montierten Fahrrad mit richtig eingestellten Bremsen. Zur Funktionsprüfung ist jeder

[1] Nach DIN EN 15532 unterscheidet man Bremsschuh und Bremsklotz. Mit Bremsklotz bezeichnet man ausschließlich das Gummimaterial, mit Bremsbelag den Bremsschuh einer Scheibenbremse.

Bremshebel mit einer Kraft von $F$ = 180 N (130 N)[1] zu betätigen (Kraftangriffspunkt $a$ siehe **Bild 1, Seite 375**). Diese Kraft ist beizubehalten, während das Rad fünfmal vorwärts und rückwärts verschoben wird. Dabei dürfen keine Veränderungen an den Bremsschuhen und -klötzen auftreten.

Die Bremsschuhe und Bremsbeläge sind mit Hersteller, Typbezeichnung und Verwendungsbereich zu kennzeichnen. Aus der Typbezeichnung muss der verwendete Werkstoff des Bremsbelages hervorgehen, der eine Zuordnung zum Felgenwerkstoff ermöglicht (z. B. Al/St).

Die Bremsschuhe müssen verhindern, dass die Bremsklötze weder beim Vor- noch Rückwärtsbewegen des Fahrrades herausfallen können. Ihre Einbaurichtung ist zu beachten.

7

Bei der Prüfung der Belastbarkeit darf kein Versagen des Bremssystems oder der Einzelteile auftreten. Die Prüfung erfolgt auf einem Prüfstand. Dazu wird bei Handbremsen **(Bild 1)** eine Kraft von 450 N (300 N)[1] eingeleitet.

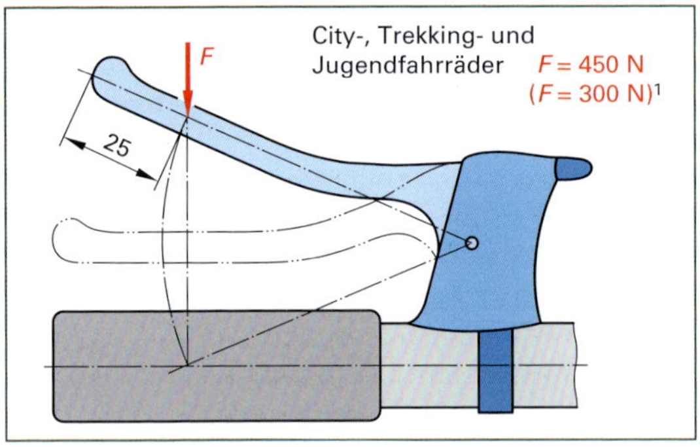


**Bild 1: Handkraft am Handbremshebel nach EN ISO 4210-2**

Die **Fußbremse** (Rücktrittbremse) wird durch eine entgegen der Antriebsrichtung wirkende Fußkraft des Fahrers betätigt. Die Kraftübertragung erfolgt durch die Antriebskette, deren Leertrum beim Bremsen zum Zugtrum wird. Der Winkel zwischen der Antriebs- und der Bremsstellung an der Tretkurbel darf 60° (Totgangwinkel, **Bild 2**) nicht überschreiten.

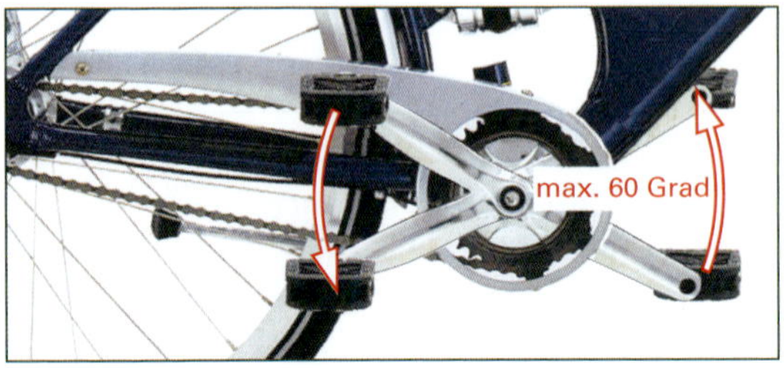


**Bild 2: Totgangwinkel bei Rücktrittbremsen**

Die Funktionsüberprüfung der Fußbremse nach EN ISO 4210-2 erfolgt mit einer Pedalkraft von 250 N.

Bei der Prüfung auf Belastbarkeit der Fußbremse darf kein Teil des Bremssystems versagen, wenn das Fahrrad mit einer Pedalkraft von 1500 N belastet wird **(Bild 3)**.

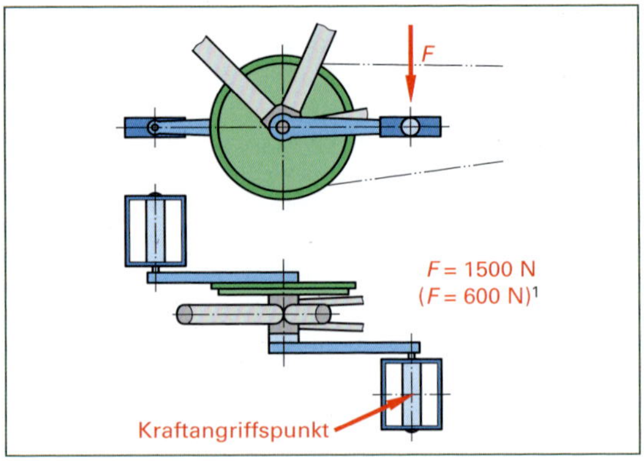


**Bild 3: Pedalkraft bei fußbetätigten Bremsen nach EN ISO 4210-2**

Das Fahrrad muss bei unterschiedlichen Bedingungen bestimmte Bremswege einhalten:

| Bedingung | Geschwindigkeit km/h | Bremsen in Benutzung | Bremsweg m |
|---|---|---|---|
| Trocken | 25 | Beide Bremsen | 7 |
| | | Nur hintere Bremse | 15 |
| Nass | 16 | Beide Bremsen | 5 |
| | | Nur hintere Bremse | 10 |

Die Bremsen an Hinterrad (HR) und Vorderrad (VR) müssen bestimmte Mindestverzögerungen $a$ (Werte in m/s$^2$) erlauben:

| Fahrradbauart | Bremse | a Trocken | a Nass |
|---|---|---|---|
| Cityrad, Trekkingrad | VR<br>HR | 3,4<br>2,2 | 2,2<br>1,4 |
| Rennrad | VR<br>HR | 4,2<br>2,6 | 2,2<br>1,4 |
| Mountainbike | VR<br>HR | 4,2<br>2,8 | 2,2<br>1,4 |

Die Mindestverzögerung wird als Maß genommen, da diese Größe unabhängig von Fahrzeuggewicht und Bremskraft ist.

[1] Klammerwerte für Kinderfahrräder nach DIN EN 14765

### 7.1.3 Kraftübertragung und Übersetzungsverhältnis

Um die erforderlichen Reib- und Bremskräfte zu erzielen, muss die Handkraft am Bremsgriff bzw. die Fußkraft an der Tretkurbel durch eine Kraftübersetzung verstärkt werden. Die Kraftübersetzung hängt ab von

- dem Bremsentyp (Felgen- oder Nabenbremse, mechanisch oder hydraulisch betätigte Bremse).
- der Übersetzung am Bremsgriff oder an der Tretkurbel.
- der Übersetzung innerhalb der Bremse.
- den Reibungsverlusten bei der Kraftübertragung (Seil, Gelenke, Kette, Hydraulik).

Zur Verstärkung der Handkraft $F_1$ betätigt man am Bremsgriff den längeren Hebel $l_1$, der auch als Kraftarm bezeichnet wird **(Bild 1)**.

Der kürzere Hebel ist der Lastarm, der die Kraft übersetzt und weiterleitet. Seine Länge $l_2$ ist der senkrechte Abstand zwischen dem Drehpunkt und der Einhängung des Bremsseils[1].

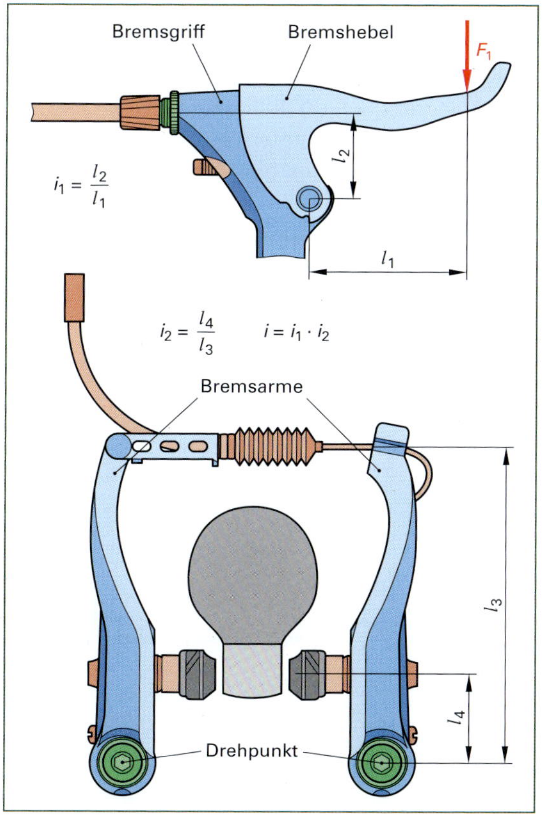


**Bild 1: Gesamtübersetzung einer V-Bremse**

[1] Nach DIN EN 15532 gibt es Bremsseile oder Schaltseile. Außenhüllen nennt man Seilhüllen.

Nach dem Hebelgesetz:

Kraft x Kraftarm = Last x Lastarm bzw.

$$F_1 \cdot l_1 = F_2 \cdot l_2$$

beträgt das Übersetzungsverhältnis der Kräfte

$$i = \frac{F_1}{F_2}$$

und das Übersetzungsverhältnis der Hebelarme

$$i = \frac{l_2}{l_1}$$

Bei einem Übersetzungsverhältnis < 1 liegt eine Kraftverstärkung vor (siehe Rechenbeispiel **Seite 542**).

An den Bremsarmen erfolgt die zweite Stufe der Übersetzung über unterschiedlich lange Hebel.

Der Kraftarm $l_3$ ist der Abstand vom Drehpunkt des Bremsbügels bis zur Aufnahme des Bremsseiles.

Der Lastarm $l_4$ (das sog. Bremsmaß) ist der Abstand vom Drehpunkt des Bremsbügels bis zur Mitte des Bremsklotzes.

Für die zweite Stufe der Hebelarm-Übersetzung gilt:

$$i_2 = \frac{l_4}{l_3}$$

Die Gesamtübersetzung ist das Produkt der Einzelübersetzungen: $i = i_1 \cdot i_2$

**Der Bremshebel und die Bremsarme müssen aufeinander abgestimmt sein, damit sich die Bremse sicher betätigen und dosieren lässt.**

Bei der Bestimmung der Bremskraft sind noch die Reibungsverluste bei der Bremskraftübertragung und das Bremsspiel zwischen Bremsschuh und Felge bzw. Bremsbelag und Bremsscheibe zu berücksichtigen.

Für Trommelbremsen und mechanische Scheibenbremsen gelten ähnliche Bedingungen. Sie benötigen aber wegen des kleineren wirksamen Bremshebelarms (Abstand Radaufstandspunkt/Bremsenwirkpunkt, siehe **Bild 3, Seite 547**) deutlich höhere Kraftverstärkungen als Felgenbremsen.

Die Hebelverhältnisse an einer Trommelbremse unterscheiden sich je nach Bremsentyp (**Bild 1, Seite 378**).

Mit einem Seil werden bei geringerem Gewicht größere Kräfte übertragen als über Gestänge. Mit dem Bremsseil, einem in einer flexiblen Hülle geführten Drahtseil, kann man Kräfte auch ohne Umlenkrollen um Ecken führen. Die flexible Hülle dient als Widerlager für das Seil und wird am Bremsgriff und am Bremskörper abgestützt. Das Seil bewegt sich relativ zur Hülle.

7

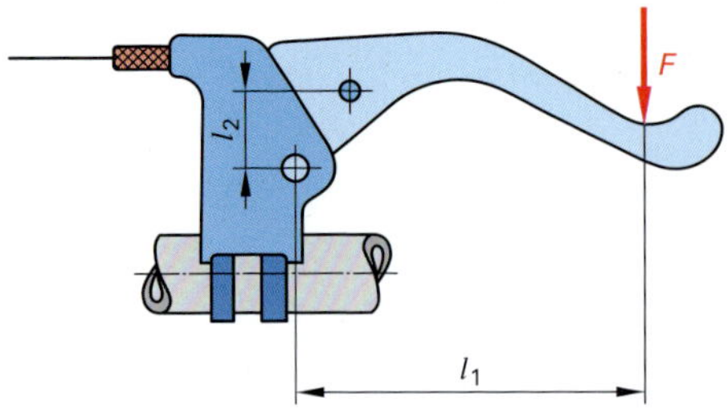


$i_1 = \frac{l_2}{l_1}$ $i_2 = \frac{l_n}{l_3}$ $i_3 = \frac{b}{a}$

$l_1 = 92$ $l_2 = 25$ $l_3 = 50$

$l_n = 6$ $a = 70$ $b = 35$

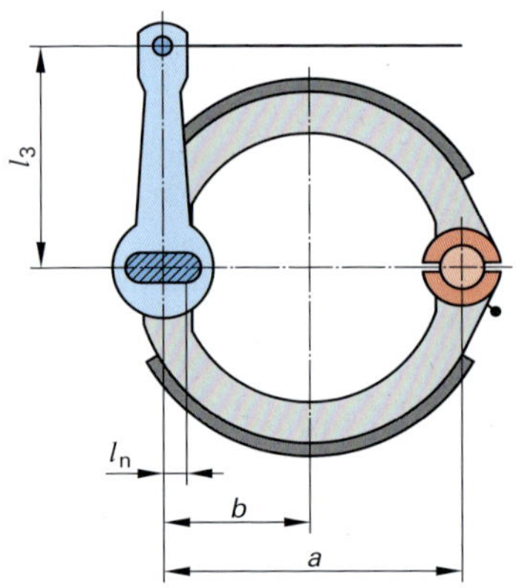


$i < 1 \rightarrow$ Kraftverstärkung

$i > 1 \rightarrow$ Kraftverringerung

$$i = \frac{l_2}{l_1} \cdot \frac{l_n}{l_3} \cdot \frac{b}{a} = \frac{25}{92} \cdot \frac{6}{50} \cdot \frac{35}{70} = \frac{5250}{322000} = \frac{1}{61{,}3}$$

**Bild 1: Gesamtübersetzung einer Trommelbremse**

Die Seilhülle, eine eng gewickelte Drahtwendel im Kunststoffmantel, nimmt die entsprechenden Druckkräfte auf. Dabei staucht sich die Hülle etwas zusammen und das Seil dehnt sich. Dieser „Ziehharmonika-Effekt" verkürzt den wirksamen Weg des Bremshebels und der Druckpunkt fühlt sich weich an. Dieser Effekt wird besonders an der Hinterradbremse von Rahmen spürbar, wo Seil und Seilhülle häufig mehr Bögen haben.

Jede Kraftübertragung und -umlenkung ist mit Verlusten durch elastische Verformung der Bauteile und durch Reibung verbunden. Beim Bremsseil hängt die Größe ab von

- der Handkraft.
- der Reibung zwischen Seil und Hülle.
- der Summe aller Umschlingungswinkel der Bögen **(Bild 2)**.

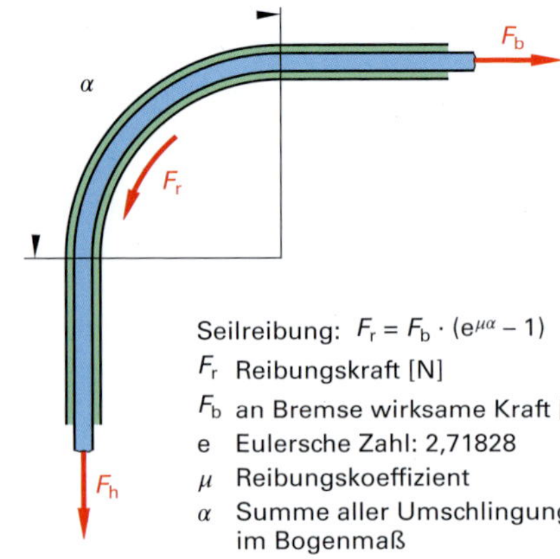


Seilreibung: $F_r = F_b \cdot (e^{\mu\alpha} - 1)$

$F_r$ Reibungskraft [N]

$F_b$ an Bremse wirksame Kraft [N]

e Eulersche Zahl: 2,71828

$\mu$ Reibungskoeffizient

$\alpha$ Summe aller Umschlingungswinkel im Bogenmaß

**Bild 2: Seilreibung im 90°-Bogen eines Bremsseils**

Die Kraftverluste durch Seilreibung liegen zwischen 21 % ($\mu = 0{,}15$, 90°-Bogen) und 47 % bei einem wartungsbedürftigen Bremsseil zur Hinterradbremse mit zwei 90°-Bögen.

Die Reibung kann verringert werden durch:

- Seilverlegung (wenige Bögen, große statt kleine Bögen)
- Geglättete Bremsseile aus Edelstahl Rostfrei (Vermeidung von Rostbildung)
- Schmierung mit Schmierfett oder Kettenöl
- Außenhülle mit Kunststoff-Innenrohr (Teflon-Liner)

Bei **hydraulisch betätigten Felgenbremsen** wird die Kraft ($F_1$ in **Bild 3**) vom Geberkolben zum Bremskolben durch den Druck $p$ in einer Flüssigkeitssäule übertragen.

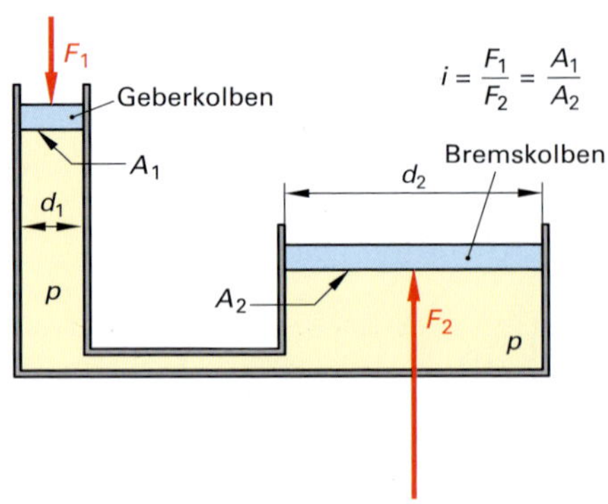


$$i = \frac{F_1}{F_2} = \frac{A_1}{A_2}$$

$$p_1 = \frac{F_1}{A_1} \quad p_2 = \frac{F_2}{A_2} \quad p_1 = p_2 \rightarrow \frac{F_1}{A_1} = \frac{F_2}{A_2} = i$$

$$i = \frac{A_1}{A_2} \quad \text{oder} \quad i = \frac{F_1}{F_2} \quad \text{oder} \quad i = \frac{d_1^2}{d_2^2}$$

**Bild 3: Hydraulische Kraftübersetzung**

## 7.2 Bauarten von Bremsen

Nach der Bauart unterscheidet man Felgenbremsen, Nabenbremsen und Stempelbremsen (Klotzbremsen, hier nicht behandelt).

**Felgenbremsen** bremsen das Rad an der Felge ab, indem sie die Felge „in die Zange nehmen". Die Felgenflanken dienen als Bremsfläche.

**Nabenbremsen** bremsen das Rad an der Nabe ab.

### 7.2.1 Felgenbremsen

Man unterscheidet zwischen Systemen mit nur einem Gelenkpunkt an der Gabelbrücke oder den Hinterradstreben (z. B. an Rennrädern) und Systemen mit zwei Gelenkpunkten beiderseits der Felge (z. B. an Trekkingrädern).

Die Vorteile von Felgenbremsen sind:

- Leichte und einfache Bauweise
- Die Speichen werden nur geringfügig belastet
- Erforderliche Bremskraft geringer als bei einer Nabenbremse

Die Nachteile von Felgenbremsen sind:

- Schlechtere Bremswirkung bei Nässe
- Felgenüberhitzung möglich mit der Gefahr des Schlauchplatzens
- Funktion der Mechanik kann durch Korrosion und im Winter stark beeinträchtigt werden
- Abrasiver Verschleiß der Felgenbremsflanken
- Verschmutzung durch Felgenabrieb

Die Bauarten von Felgenbremsen sind:

- Gestängebremsen
- Seitenzugbremsen
- Mittelzugbremsen
- Delta-Bremsen
- U-Bremsen
- Cantileverbremsen
- V-Bremsen
- Hydraulische Felgenbremsen

**Gestängebremsen** findet man noch an alten Fahrrädern **(Bild 1)** und an Hollandrädern. Trotz eines hohen mechanischen Aufwandes ergibt sich nur ein geringer Wirkungsgrad.

**Seitenzugbremsen** lassen sich unterteilen in Eingelenk- und Zweigelenkbremsen.

Bei der Eingelenkbremse (**Bild 2a** und **Bild 1, Seite 380**) drehen sich beide Bremsarme um einen gemeinsamen Lagerbolzen, der sich in der Mitte der Gabelkrone befindet. Bei einer Seitenzug-Hinterradbremse befindet sich der zentrale Drehpunkt am Bremssteg der Hinterbau-Oberstreben.

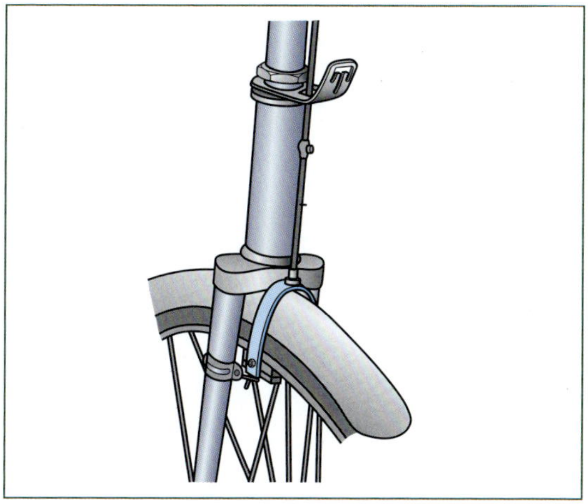

**Bild 1: Gestängebremse**

Bei den **Zweigelenkbremsen** (Dual-Pivot) sind beide Bremsarme getrennt gelagert **(Bild 2b)**. Eine feststehende Trägerplatte ermöglicht durch den Kniehebeleffekt eine Verstärkung der Bremswirkung. Seitenzugbremsen mit zweifacher Lagerung sind seit 1990 Standard im Rennradbereich.

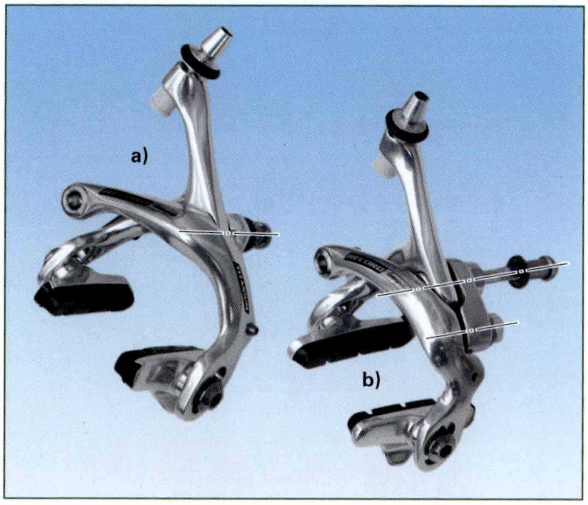


**Bild 2: Seitenzugbremse a) einfache Lagerung b) zweifache Lagerung**

Seitenzugbremsen haben das Zugwiderlager an einem der Bremsarme. Beim Bremsen zieht das Seil einen Bremsarm **(Bild 1, Seite 380)** nach oben und nimmt als Gegenreaktion den anderen Bremsarm mit, sodass die Bremsklötze von beiden Seiten gegen die Felge drücken.

Bei einer **Seitenzugbremse mit einfacher Lagerung** schwingen beide Bremsklötze in einem Abwärtsbogen zu den Felgenflanken. Die Bremsklötze berühren die Felgenflanken an ihren Oberkanten.

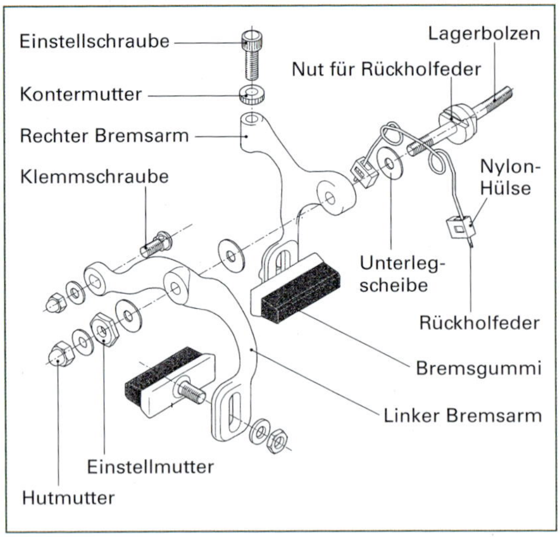


**Bild 1: Einzelteile einer Seitenzugbremse mit einfacher Lagerung**

Das Übersetzungsverhältnis $i_2$ der Bremse **(Bild 2)** berechnet sich zu

*Seilkraft $F_1$ · Schwenklänge $l_1$ =*
*Anpresskraft $F_N$ · Bremsmaß $l_2$*

$$F_1 \cdot l_1 = F_N \cdot l_2 \quad \rightarrow \quad i_2 = \frac{F_1}{F_N} = \frac{l_2}{l_1}$$

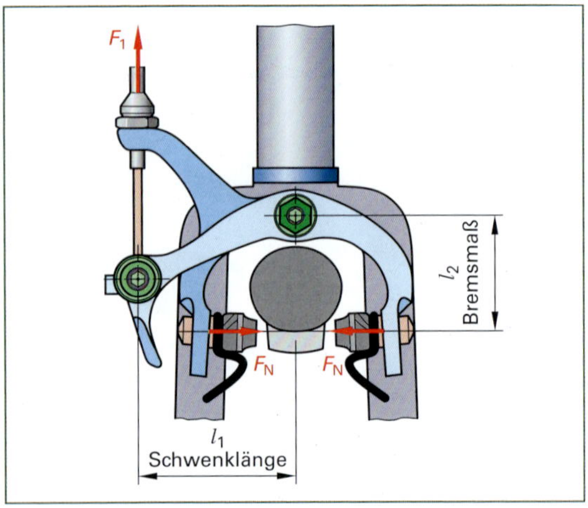


**Bild 2: Übersetzungsverhältnis einer einfach gelagerten Seitenzugbremse**

Bei einem Übersetzungsverhältnis $i < 1$ liegt Kraftverstärkung vor. Als Maß für das Hebelverhältnis gilt das Bremsmaß, der senkrechte Abstand zwischen Bremsbolzen und Bremsschuh.

Je kleiner das Bremsmaß $l_2$ einer Seitenzugbremse, desto größer ist die Anpresskraft. Bei einem Bremsmaß von 45 mm beträgt das Hebelverhältnis $i_2 = 1 : 1$.

Bei Rennrädern liegt das Bremsmaß zwischen 38 mm und 45 mm. Diese kurzen Bremsen lassen nur schmale Bereifungen bis etwa 28 mm Breite zu.

Modelle mit einem Bremsmaß über 55 mm haben durch ungünstige Hebelverhältnisse und eine starke Verwindung der Bremsarme eine schlechte Bremsleistung. Daher sind mittlerweile die Seitenzugbremsen an City- und Trekkingfahrrädern von den V-Brakes abgelöst worden.

Der Unterschied von **Seitenzugbremsen mit zweifacher Lagerung** zu einer einfach gelagerten Seitenzugbremse besteht in der getrennten Lagerung der beiden Bremsarme und der daraus resultierenden unterschiedlichen Drehbewegung **(Bild 3)**.

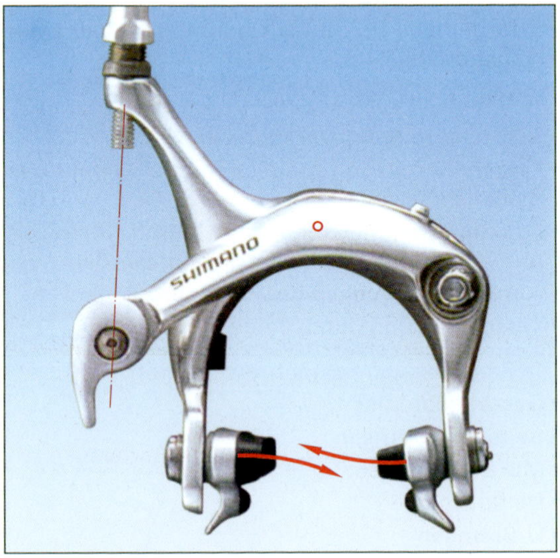


**Bild 3: Schwenkbewegung der zweifach gelagerten Seitenzugbremse**

Der (von hinten gesehen) rechte Bremsschuh beschreibt eine Kreisbahn um den Lagerbolzen an der Gabelkrone und schwingt abwärts zur Felge. Der linke Bremsarm wird zusätzlich zu seinem Kreisbahnverlauf nach oben gezogen und drückt von schräg unten nach oben gegen die Felge.

Zwei Bauweisen der zweifach gelagerten Seitenzugbremse bieten bessere Hebelverhältnisse:

- Bei der Dual-Pivot-Bauweise ist der vordere Bremsarm auf einem zweiten Bolzen außermittig gelagert. Dadurch verbessern sich die Hebelverhältnisse und damit die Anpresskraft der Bremsschuhe **(Bild 1, Seite 381)**.

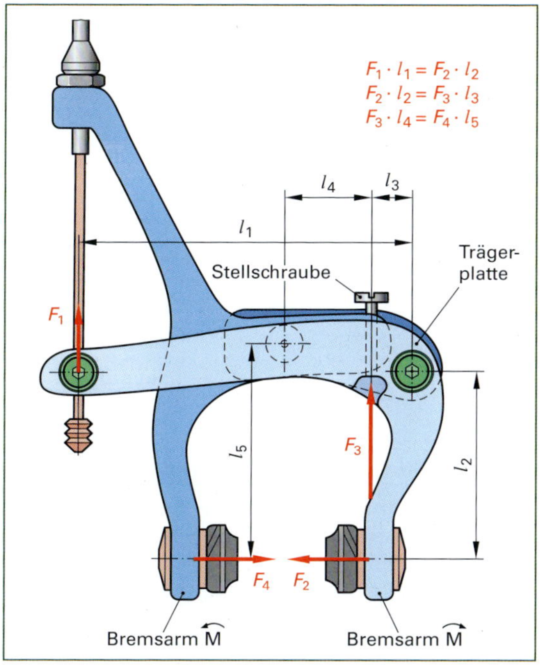


**Bild 1: Kräfte an einer Dual-Pivot-Bremse**

*Beispiel*:

(Maße in mm, Ansicht in Fahrtrichtung):
Bremsseilkraft $F_1 = 400$ N

Linke Bremsarmlänge (Schwenklänge) $l_1 = 90$

Bremsmaß links $l_2 = 45$

Abstand Drehpunkt bis Auflage Trägerplatte $l_3 = 20$

Abstand Auflage Trägerplatte bis Lagerbolzen $l_4 = 25$

Bremsmaß rechts $l_5 = 50$

$$F_2 = \frac{400\text{ N} \cdot 90\text{ mm}}{45\text{ mm}} = 800\text{ N}$$

$$F_3 = \frac{400\text{ N} \cdot 90\text{ mm}}{20\text{ mm}} = 1800\text{ N}$$

$$F_4 = \frac{1800\text{ N} \cdot 25\text{ mm}}{50\text{ mm}} = 900\text{ N}$$

Übersetzungsverhältnis

$$i_2 = \frac{F_1}{F_4} = \frac{400\text{ N}}{900\text{ N}} = 0{,}44 \text{ oder } 1 : 2{,}25$$

Kraftverstärkung, da $i < 1$

- Bei einem anderen System sind beide Bremsarme außermittig auf einem Joch gelagert. Dadurch ist die Bremswirkung bis zu einem Bremsmaß von 75 mm möglich.

Bei hochwertigen Rennrad-Seitenzugbremsen sind die Bremsarme auf Axialkugellagern gelagert.

**Einstellung einer zweifach gelagerten Seitenzugbremse:**

- Bremsseil schmieren und durch Bremsgriff und Seilhülle führen.
- Bremsseil an der Klemmschraube sichern.
- Befestigungsschrauben der Bremsschuhe lockern.
- Beide Bremsschuhe an die Felgenflanken drücken und horizontal und vertikal auf der Felgenbremsflanke ausrichten.
- Wird die Bremse betätigt, dürfen die Bremsschuhe nicht den Reifen berühren. Der vertikale Abstand zur Oberkante des Felgenhorns sollte 1,5 mm bis 2 mm betragen (nur bei gutem Arbeitslicht sichtbar!).
- Befestigungsschrauben festziehen.
- Bremshebel ziehen und Bremsspiel überprüfen.
- Abstand zwischen Bremsschuh und Felgenflanke soll jeweils etwa 1,5 mm betragen. Länge des Bremsseils über die Klemmschraube anpassen, die Feineinstellung kann mit der Kabelverstellschraube erfolgen.
- Mittigkeit der Bremsschuhe zur Felge überprüfen. Mit der Stellschraube **(Bild 2)** korrigieren.

**Bild 2: Bremsschuhe rechts/links synchronisieren**

Bei der Einstellung der Bremsschuhe ist darauf zu achten, dass sie gleich weit von der Felge entfernt sind und beim Bremsen mit ihrer vollen Reibfläche an der Felge anliegen.

Beim Bremsen werden die Bremsschuhe von der drehenden Felge in Fahrtrichtung gezogen und somit leicht angehoben; sie sollten deshalb in der Ruhestellung vorne etwas nach unten gekippt sein **(Bild 1)**.

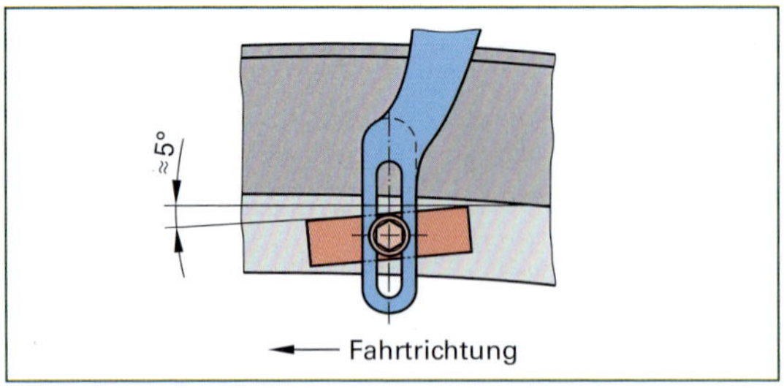


**Bild 1: Montage der Bremsklötze in Fahrtrichtung**

Bremsschuhe, die parallel zur Felgenflanke eingestellt sind, neigen zum Quietschen. Sofern dies möglich ist, sollten sie daher so justiert werden, dass der Bremsklotz in Fahrtrichtung vorn zuerst die Felge berührt und das hintere Klotzende 1 mm bis 2 mm von der Felge entfernt ist **(Bild 2)**.

Diese V-förmige Einstellung bezeichnet man als *Toe-in*.

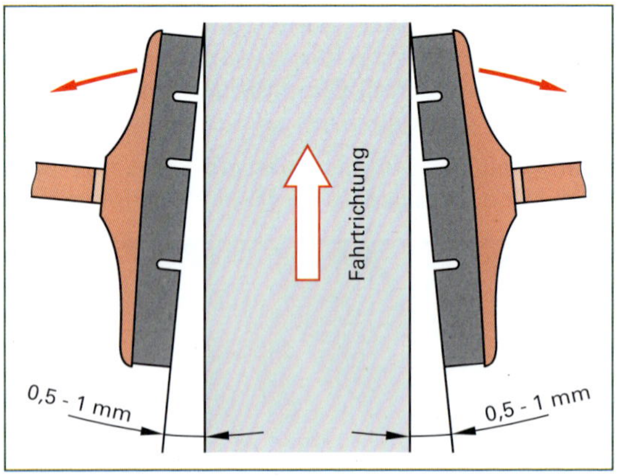


**Bild 2: Schrägstellung der Bremsklötze (übertrieben dargestellt)**

Die **Mittelzugbremse** ist konstruktionsbedingt immer richtig zentriert, weil die beiden Bremsarme auf einer gemeinsamen Halteplatte montiert sind und sich beide Bremsarme in ihren eigenen Buchsen drehen. Sie sprechen indirekter an als Seitenzugbremsen und der Anpressdruck der Bremsschuhe ist gleichmäßiger.

Die oberen Enden der beiden Bremsarme sind über ein Verbindungsseil (Querseil, Briedenseil) verbunden, das beim Bremsen über ein Führungsstück vom Hauptbremsseil nach oben gezogen wird **(Bild 3)**.

Die konventionelle Mittelzugbremse hat den besten Wirkungsgrad, wenn der Winkel des Verbindungsseils ungefähr 120° beträgt.

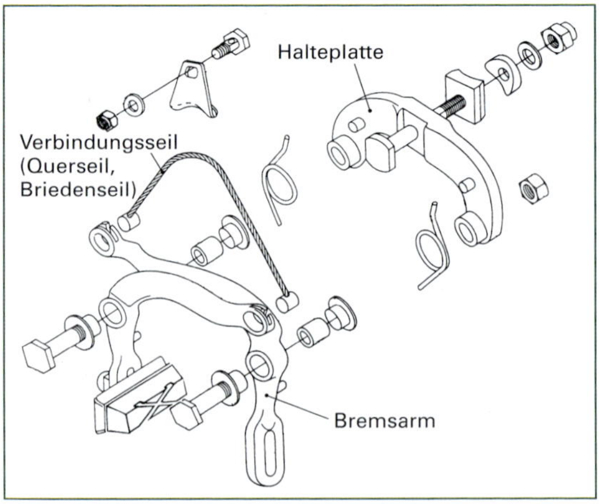


**Bild 3: Einzelteile einer Mittelzugbremse**

Mittelzugbremsen sind heute bei Rennrädern und Leichtlaufrädern von der Seitenzugbremse und der V-Bremse abgelöst.

Die **U-Bremse** (U-Brake) ist im Prinzip eine Mittelzugbremse. Die beiden Lötsockel-Drehpunkte befinden sich jeweils außerhalb des Felgendurchmessers auf der Gabel oder den Hinterbau-Unterrohren **(Bild 4)**. Im Gegensatz dazu sind die Lötsockel einer Cantilever-Bremse innerhalb des Felgendurchmessers angebracht und somit nicht mit einer U-Brake kompatibel.

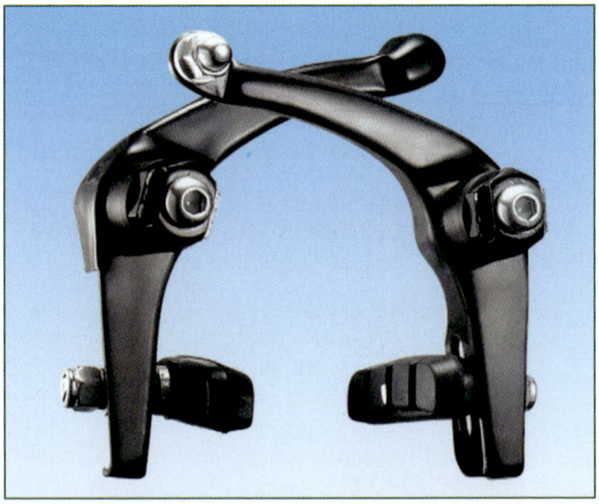

**Bild 4: U-Bremse**

Die U-Brake war in den 1980er Jahren an Mountainbikes populär, wo man sie unterhalb der Hinterbau-Unterrohre (Kettenstreben) montierte – möglicherweise rührt daher auch ihr Name: *U* im Sinne von *„under chainstays"*. Dieser Montageort hatte den Nachteil, dass die Bremsschuhe dort besonders schnell verschmutzten und die Bremswirkung nachließ. Ein Vorteil war der höhere Widerstand, den diese Rohre gegen ein Verbiegen boten, als die Hinterbau-Oberrohre.

Bei MTBs wurde die U-Bremse mittlerweile von den Cantilever- und V-Bremsen vom Markt verdrängt. Weil sie aber im Gegensatz zu diesen nicht über die Gabel und Streben herausragen und Kombinationen mit anderen Spezialteilen zulassen, sind sie weiterhin bei Freestyle-BMX-Rädern beliebt.

Die **Delta-Bremse (Bild 1)** ist eine Sonderform der Mittelzugbremse. Die Bremskraft wird über ein dreieckig konturiertes Spreizstück auf die Bremsarme übertragen. Delta-Bremsen für Rennräder sind meist gekapselt.

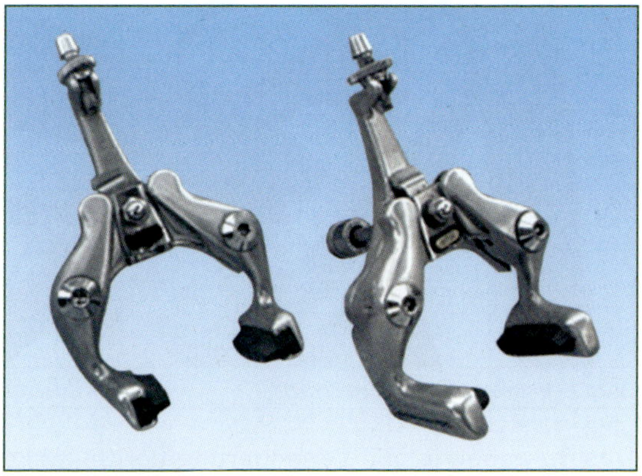

**Bild 1: Delta-Bremse**

Eine Weiterentwicklung der Mittelzugbremse ist die **Cantileverbremse** (Cantilever engl. für Ausleger, Kragarm) **(Bild 2)**. Ihre zwei separaten Bremsarme sind einzeln auf jeder Seite am Rahmen oder der Gabel gelagert.

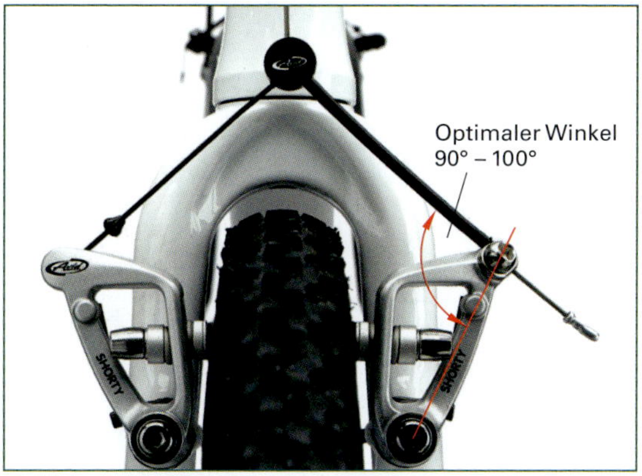


**Bild 2: Cantileverbremse mit Zugabspannung**

Das Übersetzungsverhältnis ist größer als bei der konventionellen Seitenzugbremse und deshalb sind höhere Bremsnormalkräfte an der Felge möglich. Je spitzer das Seildreieck (der Spreizwinkel **(Bild 3)**, desto geringer wird die Bremswirkung (siehe auch **Rechenbeispiel Seite 543**).

**Bild 3: Cantileverbremse mit Kabelträger**

Die Lagerung (Drehpunkte) der Kipphebel erfolgt direkt an der Gabel oder an den Hinterbau-Oberrohren durch angeschweißte oder angelötete Sockel. Sie befinden sich unterhalb der Felgen.

Die Bremsschuhe bewegen sich in einem Abwärtsbogen zur Felgenflanke. Deshalb sollten sie die Felgenflanke möglichst weit oben treffen, ohne jedoch den Reifen zu berühren. Mit zunehmendem Verschleiß trifft der Bremsschuh die Felgenflanke weiter unten und der Bremsarm kommt näher an die Felge. Dadurch ist der Klotzverschleiß nie gleichmäßig.

Es gibt zwei Arten der Verbindung zwischen den beiden Bremsarmen:

- Ein Zugstück führt das Verbindungsseil zu den Bremsarmen. Das Zugstück ist über eine Klemmschraube mit dem vom Bremsgriff kommenden Bremsseil verbunden.
- Die zweite Bauform besteht aus einem Verbindungsstück (Y-Link) mit einem integrierten Verbindungsseil und einer Seilhülle. Beide sind in ihrer Länge festgelegt und bestimmen den Spreizwinkel der Bremse. Für die Anpassung des Spreizwinkels müssen unterschiedliche Y-Links verwendet werden. Die Position der Bremsarme zueinander ist somit festgelegt (**Bild 1, Seite 384**). Man muss nur noch ein Bremsseil einstellen – für die symmetrische Auslenkung der beiden Bremsarme sorgt das Y-Link.

Oft ist auf dem Y-Link eine dünne Linie eingraviert, die bei korrekter Einstellung mit dem Führungszug fluchten sollte.

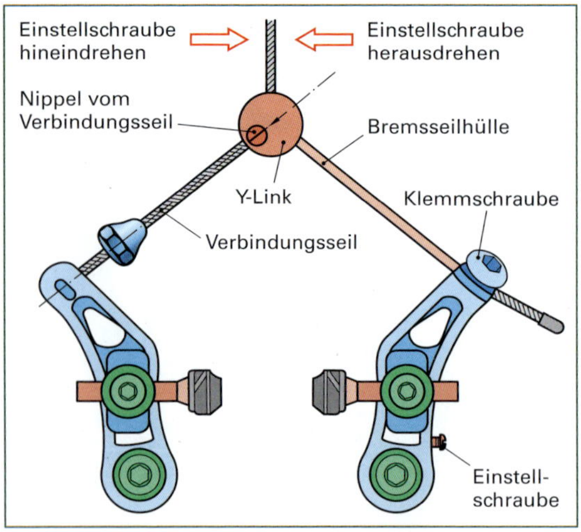


**Bild 1: Cantileverbremse mit Y-Link. Einstellen der Mittigkeit**

Die meisten Cantileverbremsen werden entspannt, indem man den Nippel des Verbindungsseils aus dem offenen Ende eines der Bremsarme löst **(Bild 2)**. Dazu muss man beide Bremsarme gleichzeitig gegen die Felge drücken.

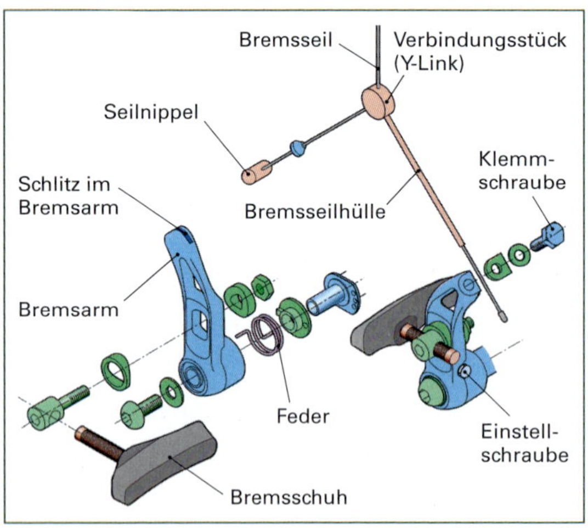


**Bild 2: Einzelteile einer Cantileverbremse**

Die Bremsleistung der Cantileverbremse wird stark von der Einstellung der Hebelverhältnisse beeinflusst, daher wurde sie von der besseren und unkomplizierteren V-Bremse abgelöst.

An Cyclocross-Fahrrädern (Querfeldein, Radquer) wird sie weiterhin verwendet, da sie viel Platz für Schmutz am Reifen lässt. Weiterer Anwendungsgrund: Sie ist kompatibel mit dem Seileinholweg von Rennbremshebeln.

An Fahrrädern ohne vorderes Schutzblech muss ein Verbindungsseil-Fanghaken montiert werden, damit bei einem Reißen des Bremsseils das Vorderrad nicht blockiert.

Die **V-Bremse** ist eine Weiterentwicklung der Cantileverbremse. Die Bremsarme werden auf denselben Anlötsockeln an Rahmen oder Gabel fixiert und über das Bremsseil bewegt. Die Zugumlenkung erfolgt über ein gebogenes Röhrchen, das ein zusätzliches Verbindungsseil und eine Abstützung am Rahmen ersetzt **(Bild 3)**.

**Bild 3: V-Bremse am Hinterrad**

Das Röhrchen ist die Verlängerung der Seilhülle und stützt sich an einer Lasche des einen Bremsarmes ab. Das durchgeführte Seil wird im gegenüberliegenden Bremsarm geklemmt **(Bild 4)**.

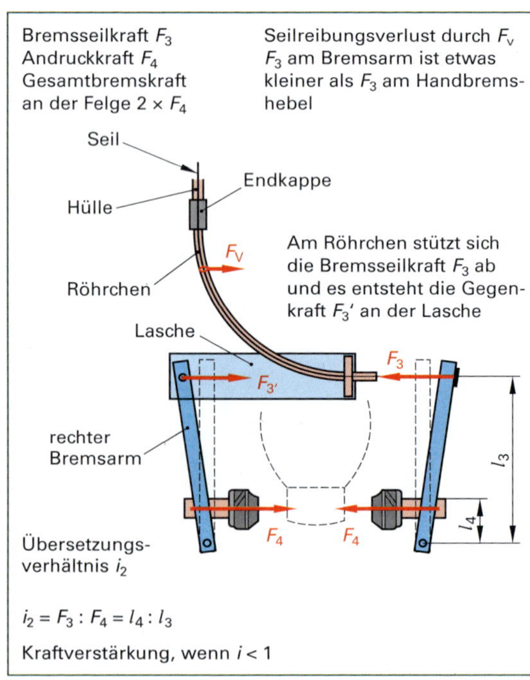


**Bild 4: Hebel- und Kraftverhältnisse an der V-Bremse**

Durch Ziehen am Bremshebel werden die Bremsarme zusammengezogen und die an ihnen befestigten Bremsschuhe auf die Felgenflanken gedrückt.

Bei V-Bremsen bewegen sich die Bremsschuhe auf einem Abwärtsbogen zur Felge. Daher sollten die Bremsschuhe gebremst 1,5 mm bis 2 mm unterhalb der Oberkante der Felgenflanke anliegen, um nicht den Reifen zu berühren. Durch Abrieb sinkt die Position des Bremsschuhes automatisch.

Eine Weiterentwicklung war die parallelgeführte V-Bremse **(Bild 1)**. Hier sorgte ein Kniehebel (Pos. 10 in **Bild 2**) für ein rechtwinkliges verkantungsfreies Aufsetzen der Bremsschuhe auf die Felge. Die Bremse arbeitete schneller, wirksamer und ließ sich besser dosieren.

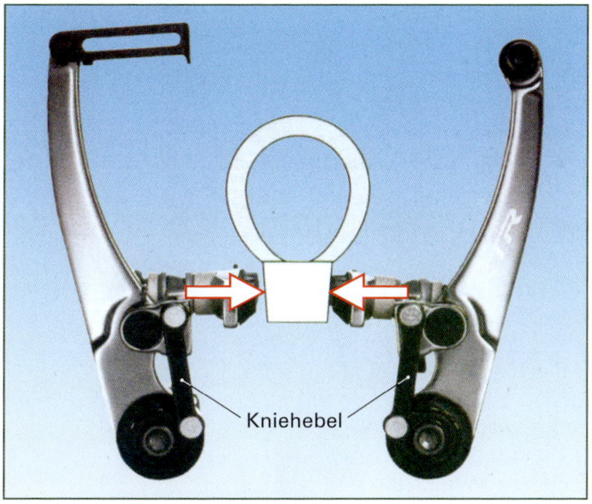


**Bild 1: Parallelgeführte V-Bremse**

Durch den vollflächigen Kontakt zwischen Felge und Bremsschuhen nutzt sich der Klotz gleichmäßiger und langsamer ab. Von großem Nachteil hat sich das addierende Mechanikspiel von Bremsarmen und Parallelogrammführung erwiesen. Bereits wenig Spiel kann starkes Bremsquietschen verursachen, sodass diese Bremsen kaum noch angeboten werden.

Vorteile der V-Bremse gegenüber der Cantileverbremse sind:

- Deutlich höhere Bremswirkung aufgrund der günstigeren Hebelverhältnisse
- Bremsleistung ist linear, weil die Bremskraft beim Ziehen gleichmäßig zunimmt. Bei ungünstiger Einstellung der Cantileverbremse nimmt die Bremskraft ab: degressive Bremsleistung.
- Durch die Konstruktion des gebogenen Röhrchens einfache Montage, das Verbindungsseil entfällt
- Einfache Montage der Bremsschuhe und einfaches Zentrieren der Bremse, da der Bremsarmabstand zur Felge durch dicke oder dünne Unterlegscheiben vorgegeben ist.

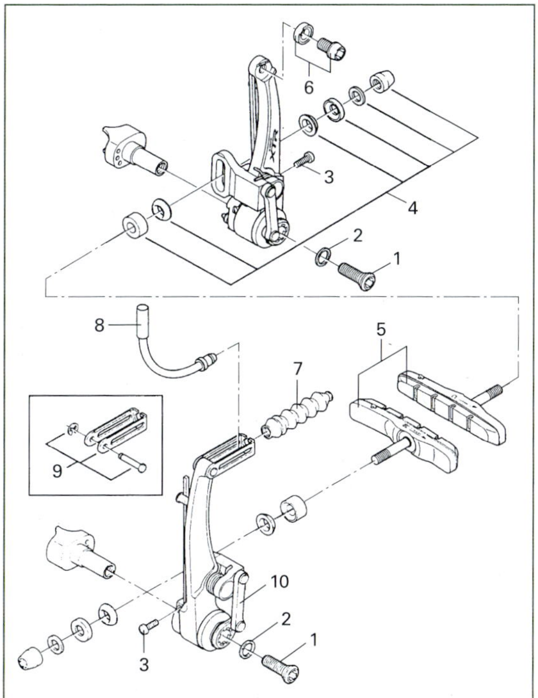


| Nr. | Beschreibung |
|---|---|
| 1 | Bremsarmbefestigungsschraube (M6 x 18) |
| 2 | Unterlegscheibe für Befestigungsschraube |
| 3 | Einstellschraube für Federspannung |
| 4 | Befestigungssatz für Bremsschuh, komplett |
| 5 | Bremsschuhe |
| 6 | Seilklemmschraube (M6 x 8,5) mit Platte |
| 7 | Faltenbalg |
| 8 | Führungsröhrchen (135°) |
| 9 | Lasche mit Befestigung |
| 10 | Kniehebel |

**Bild 2: Einzelteile der V-Bremse aus Bild 1**

Die V-Bremse ist wegen ihrer überragenden Bremsleistung bei geringen Bedienkräften die Standardfelgenbremse und findet sich in verschiedenen Qualitätsklassen an allen Fahrradtypen außer an reinen Rennrädern.

Die Mini-V-Brake ist eine Sonderform der V-Brake mit kürzeren Bremsschenkeln. Sie wird bei sportlichen Fahrrädern mit schmaler Bereifung ohne Schutzbleche eingesetzt. Möglich ist eine Kombination mit Rennbremshebeln, deren Kraftübersetzung im Hebel doppelt so groß ist wie bei den herkömmlichen V-Brake-Hebeln.

7

Will man Fahrräder mit Rennbremshebeln und V-Bremsen ausstatten, benötigt man einen Adapter, um die nicht kompatiblen Hebelverhältnisse von Bremshebel und Bremse auszugleichen **(Bild 1)**. Der Adapter wird anstelle des 90°-Röhrchens an der Bremse montiert.

**Bild 1: V-Bremsadapter (Travel Agent)**



### Arbeitsplan: V-Bremse einstellen

- Die Befestigungsschrauben der Bremsschuhe rechts und links lösen **(Bild 2a)**.
- Die Bremsschuhe zur Felgenebene so schwenken, dass sie in Fahrtrichtung vorne näher zur Felge stehen als hinten **(siehe Bild 2, Seite 382)**. Reicht der Abstand zwischen den Bremsschuhen und der Felge für ein Nachstellen nicht aus, ist zusätzlich die Schraube für die Bremsseilbefestigung zu lösen.

Der Abstand kann dann durch Lockerung des Bremsseiles vergrößert werden **(Bild 2b)**.

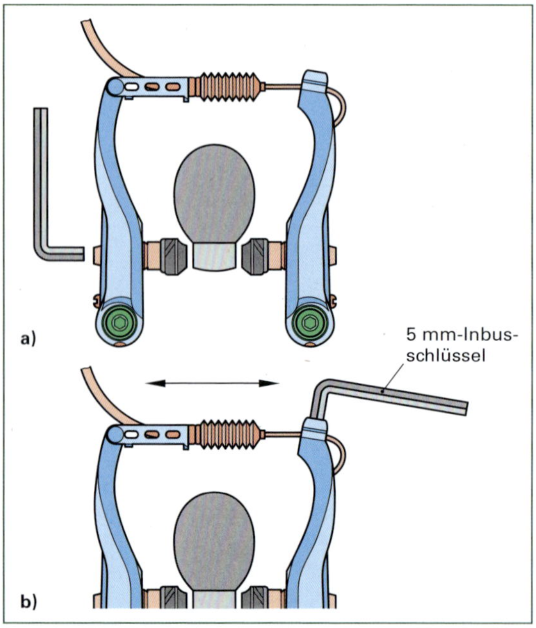


**Bild 2: V-Bremse einstellen**

- Die Schraube für die Bremsseilbefestigung wieder festziehen.
- Befestigungsschrauben der Bremsschuhe festziehen.

  Die Abstände zwischen den Bremsschuhen und der Felge mit den Schrauben zur Federeinstellung rechts und links gleichmäßig je 1 mm bis 1,5 mm pro Seite einstellen **(Bild 3a)**.
- Mit der Stellschraube am Bremsgriff **(Bild 3b)** die Feineinstellung des Hebelweges vornehmen. Die Bremswirkung sollte nach ca. einem Drittel des Bremshebelweges einsetzen.

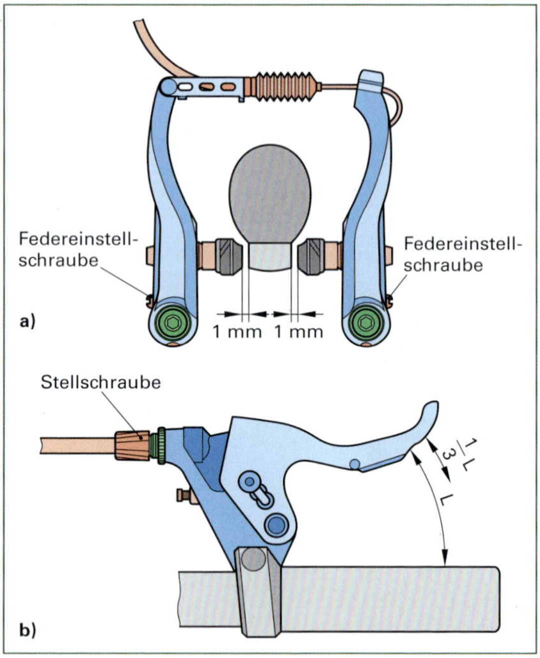


**Bild 3: Feineinstellung der V-Bremse**

### Bremskraftbegrenzung

Um das Fahrrad beim Bremsen unter Kontrolle zu halten, muss das Blockieren der Räder vermieden werden. Moderne Bremsen verzögern oft sehr gut. Bei plötzlichem oder schreckhaftem Abbremsen können die Räder blockieren bzw. ausbrechen und lassen sich nicht mehr steuern.

Das Vorderrad ist besonders gefährdet, da es aufgrund der dynamischen Bremskraftverlagerung den größten Teil der Bremskraft aufnimmt.

Um die Bremskraft dosiert zu übertragen, können City- und Trekkingräder mit Bremskraftbegrenzern ausgestattet werden. Eine erhöhte Kraft am Bremsseil wird von einer Feder oder einer Rutschkupplung aufgenommen und begrenzt.

Bei richtig eingestellter Bremskraftbegrenzung sollte diese einfedern, wenn die eingestellte (und noch nicht zur Reifenblockade führende) Bremskraft erreicht ist. Die Bremskraft sollte sich dann nicht weiter erhöhen – auch wenn der Bremshebel am Lenker anliegt.

Reicht der Federweg der Bremskraftbegrenzung dazu nicht aus, kann es bei Panikbremsungen trotzdem zu Radblockaden kommen. Das Unfallrisiko ist dann gegenüber Bremsen ohne Bremskraftbegrenzung sogar erhöht.

Daher sollte man sich mit der Funktion des Bremskraftbegrenzers vertraut machen und diesen zunächst unter sicheren Bedingungen testen.

Drei Systeme zur Bremskraftbegrenzung kommen zur Anwendung:

- Powermodulator
- Bremskraftmodulator
- Rutschkupplung

Beim **Powermodulator** für V-Bremsen ist die Bremsseilhülle unterbrochen und ein Federzylinder zwischengeschaltet **(Bild 1)**, der die Dosierung der Bremskraft erleichtert. Dies wird innerhalb eines bestimmten konstanten Bremskraftbereichs durch eine Verlängerung des Zugweges am Bremshebel erreicht.

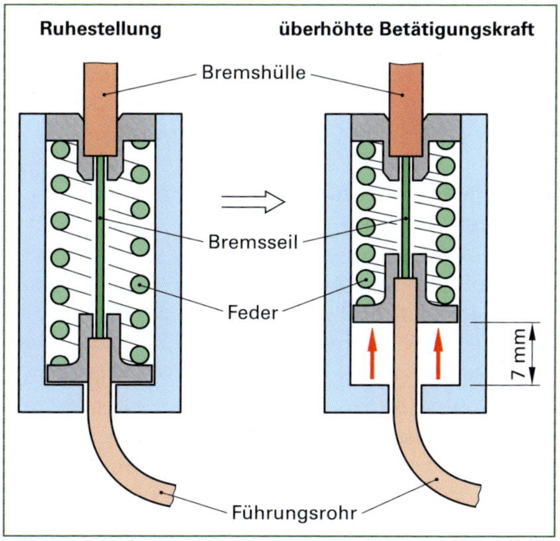


**Bild 1: Prinzip Powermodulator**

Sobald der effektive Arbeitsbereich des Bremskraftbegrenzers überschritten wird, verhalten sich der Bremshebelweg und die Bremse wieder wie jede normale V-Bremse.

**Bild 2** zeigt den Regelbereich von vier Bremsen (Shimano) mit und ohne Bremskraftbegrenzern.

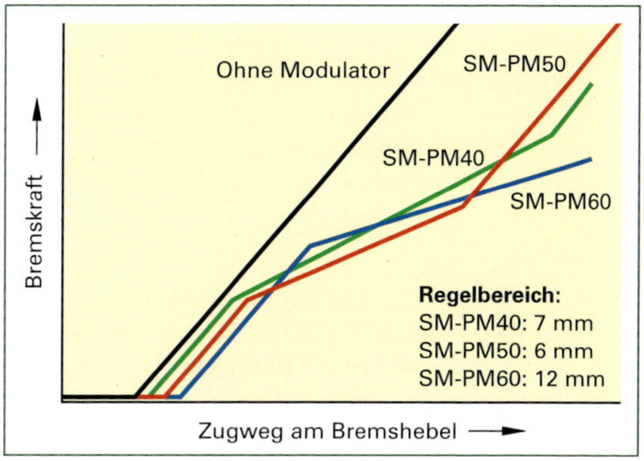


**Bild 2: Bremsleistungsvergleich**

Beim **Bremskraftmodulator** fängt ein Federmechanismus in einem Kipphebel des Bremsarms die überhöhte Hebelkraft ab **(Bild 3)**. Bei zu heftigem Bremsen federt das Bremsseil in seiner Halterung nach unten ein und verhindert ein weiteres Ansteigen der Bremswirkung.

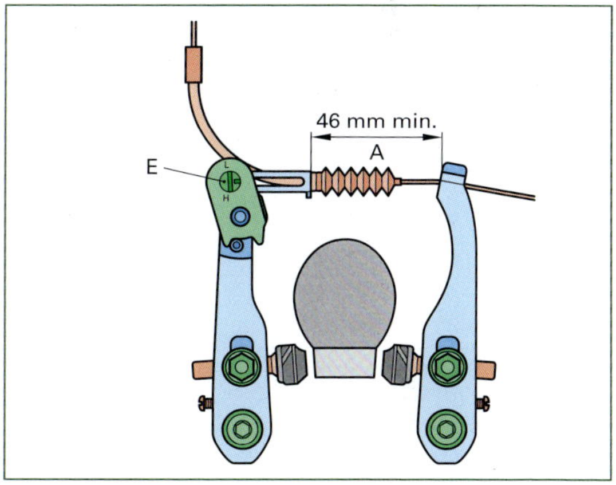


**Bild 3: Bremskraftmodulator der Shimano Nexave-V-Bremse**

Zur Einstellung des Bremskraftmodulators wird die Einstellschraube E zwischen L und H auf Null gestellt. Beträgt der Abstand A bei der Nexave-V-Bremse nicht mindestens 46 mm, muss nachjustiert werden.

Je nach Wunsch kann nun der Bremskraftmodulator in Richtung L = weicher oder in Richtung H = härter eingestellt werden.

Bremskraftbegrenzungen müssen exakt auf das Systemgewicht (Fahrer + Fahrrad + Gepäck) eingestellt werden, da die Bremsverzögerung $a$ nach dem dynamischen Grundgesetz von der Bremskraft $F_B$ und der Systemmasse $m$ abhängt:

$$a = \frac{F_B}{m}$$

7

So ist bei gleicher Bremskraft die Bremsverzögerung eines 100 kg schweren Systems nur halb so groß wie bei einem 50-kg-System. Für einen leichten Radfahrer kann es unter Umständen trotz Bremskraftbegrenzung beim Bremsen zum Blockieren des Rades kommen, während die Bremswirkung für einen sehr schweren Fahrer zu gering ist.

Manche Bremshebel bieten die Möglichkeit, das Übersetzungsverhältnis ($i_1$ in **Bild 1, Seite 377**) und damit die maximale Bremskraft zu verändern, indem man einen Bolzen am Bremsgriff verschiebt.

Leichtere Fahrer wählen den längeren, meist mit L für *low* gekennzeichneten Hebelarm; schwerere den kürzeren (H für *high*) Hebelarm **(Bild 1)**.

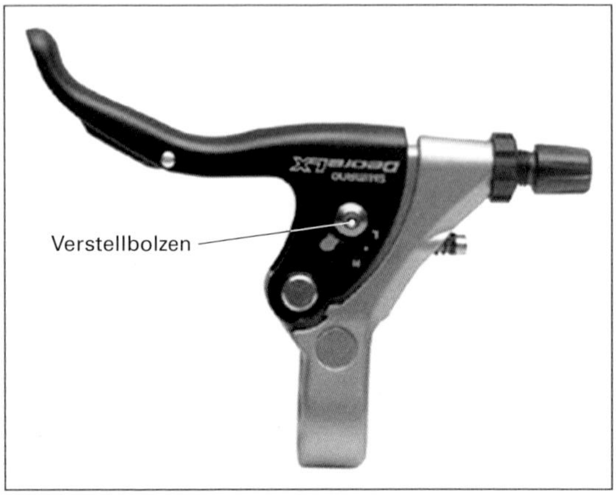


**Bild 1: Bremskraftverstellung am Bremsgriff**

Einige Hersteller bieten Bremsgriffe mit stufenloser Einstellung per Rändelschraube an **(Bild 2)**. Mit dem kürzeren Hebelarm wird die Bremskraft um bis zu 30 % gesteigert.

**Bild 2: Stufenlose Einstellung der Hebelübersetzung (Avid)**

Die Bremskraftbegrenzung einer Rollenbremse wird auf **Bild 3, Seite 392** erläutert.

Zu den **Bremskraftverstärkern** gehören sog. **Brakebooster**. Diese Bauteile sollen verhindern, dass sich die Gabelscheiden oder die Hinterbau-Oberstreben (Sattelstreben) bei starker Bremsbetätigung elastisch aufweiten.

Ein hufeisenförmiger Bügel verbindet die Anlötsockel von Cantilever- oder V-Bremsen **(Bild 3)**. Die unteren Enden des Bügels werden beiderseits mit den Anlötsockeln verschraubt.

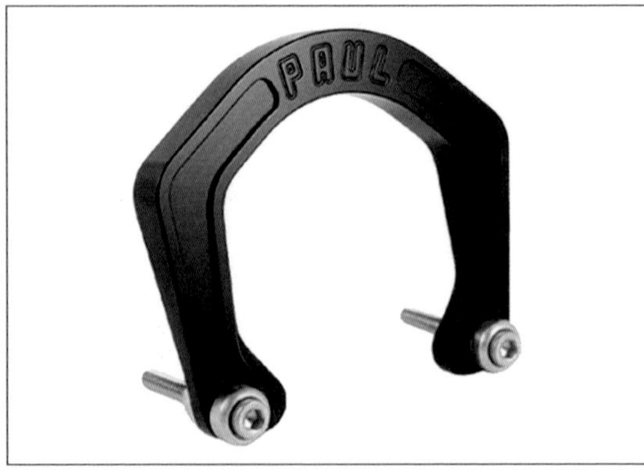

**Bild 3: Brakebooster (Paul-Engineering)**

Von Vorteil ist, dass sich der Druckpunkt am Bremshebel direkter anfühlt. Nebenbei können Brakebooster die Lenkgenauigkeit von Fahrrädern mit Federgabeln verbessern, deren Tauchrohrbrücke nicht sehr steif ist.

Auch störendes Bremsenquietschen kann durch Brakebooster abgestellt werden. Für Magura HS11 und HS33 gibt es eigene Booster.

### Montage und Wartung von seilbetätigten Bremsen

- Vor der Montage von Cantilever- und V-Bremsen müssen die Anlötsockel am Rahmen und der Gabel gefettet werden. Auch die Bremsseile sollten vor der Montage dünn mit Schmierfett oder zähflüssigem Kettenöl benetzt werden.
- Die Schmierstoffe schützen vor Korrosion im Winter, außerdem reduzieren sie die Bedienkräfte und sorgen für eine langanhaltend gute Funktion.
- Shimano, SRAM und Campagnolo bieten Bremsseilhüllen an, die bereits mit Silikonfett befüllt sind. Hier entfällt die Schmierung bei der Montage.
- Im Rahmen von Wartungen sollten alle Gelenkstellen von Bremsen und Reibstellen mit wenigen Tropfen Öl nachgeschmiert werden. Dabei dürfen die Bremsflächen keinesfalls mit Öl verschmutzt werden

Die **hydraulisch betätigte Felgenbremse (Bilder 1 und 2)** ist ein geschlossenes System aus Bremsgriff, Geberzylinder (der im Bremsgriff integriert ist), Bremsleitung, Nehmerzylinder und Bremskörper.

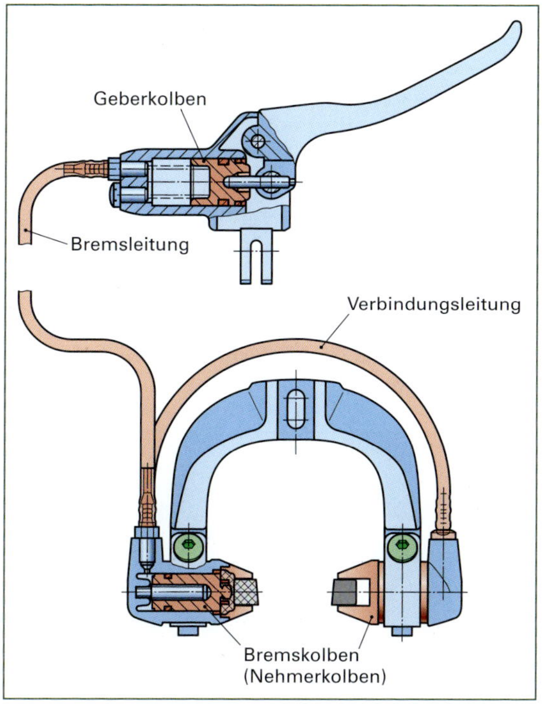


**Bild 1: Prinzip: Hydraulische Felgenbremse**

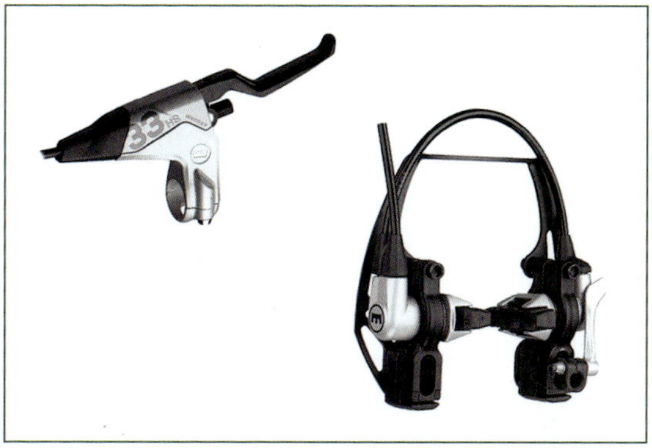

**Bild 2: Hydraulische Felgenbremse (Magura HS33)**

Das Funktionsprinzip beruht darauf, dass sich Flüssigkeiten nicht komprimieren lassen. Drückt ein Kolben (Geberkolben) an einem Ende der Leitung auf eine Flüssigkeit, überträgt sich der Druck auf einen Kolben (Bremskolben) am anderen Ende der Leitung.

Über unterschiedliche Kolbenflächen erzielt man eine Kraftübersetzung vom Geberkolben zum Bremskolben.

Der erste (Brems)Kolben im Nehmerzylinder bewegt beim Bremsen seinen Bremsschuh in Richtung Felge. Er überträgt den Druckimpuls über eine kurze Verbindungsleitung zum zweiten Bremskolben, sodass beide Bremsschuhe gleichzeitig auf die Felge drücken.

Beim Loslassen des Bremsgriffs ziehen zwei Federn die beiden Kolben zurück in ihre Ausgangsstellung und das Öl fließt zurück.

**info**

Wichtig: Bei der Erstmontage sollte man zur Einstellung der Bremsschuhe nicht die Nachstellung am Griff benutzen. Die Bremsschuhe sollten nicht mehr als 2 mm Spiel von der Felge aufweisen. Andernfalls fahren die Kolben bei starkem Verschleiß der Bremsschuhe und einer Nachstellung am Griff zu weit aus dem Gehäuse heraus. Die Rückholfedern werden dauerhaft überdehnt und die Kolben fahren nicht mehr gleichmäßig zurück.

Die Bremsschuhe haben eine Steckverbindung und lassen sich mit einem Handgriff austauschen.

Als hydraulische Flüssigkeit kann man bei Fahrradbremsen wegen der geringeren Wärmeentwicklung statt herkömmlicher Bremsflüssigkeit wasserabweisendes Mineralöl verwenden. Eine gute Abdichtung und sorgfältige Entlüftung sind für einen zuverlässigen Betrieb wichtig.

Vor- und Nachteile der hydraulischen Kraftübertragung:

- Geringe Reibungsverluste
- Gute Dosierbarkeit
- Wartungsarmut und Witterungsbeständigkeit
- Gleichmäßiger Bremsbelagabrieb
- Hydraulische Felgenbremsen haben keine automatische Bremsklotznachstellung
- Bei dünnwandigen Stahlrahmen mit kleinem Rohrdurchmesser kann es zu Bremsquietschen kommen.

Standardhydraulikleitungen sind aus Kunststoff. Bei einem Außendurchmesser von 5 mm und einem Innendurchmesser von 2,8 mm dehnen sich die Leitungen nur unwesentlich aus. Die Leitung hat den gleichen Außendurchmesser wie die Bremshülle und kann wie diese am Rahmen verlegt werden.

Liegeräder und Spezialräder haben häufig viele Leitungsbögen mit Scheuerstellen. Um die Leitungen vor mechanischen Beschädigungen zu schützen, gibt es gepanzerte Stahlflexleitungen (**Bild 1, Seite 390**). Sie sind oft mit Kunststoff ummantelt, um den Rahmenlack an den Kontaktpunkten nicht zu beschädigen.

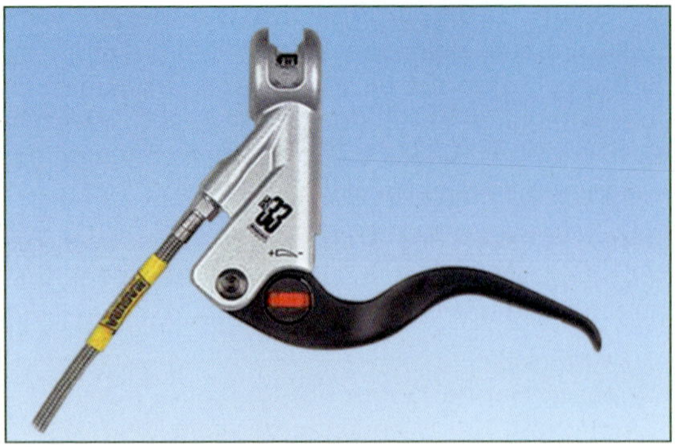

**Bild 1: Stahlflexleitung (Magura)**

### Bremsschuhe für Felgenbremsen

Bremsschuhe für seil- und hydraulisch betätigte Felgenbremsen gibt es in verschiedenen Bauausführungen und mit unterschiedlichen Gummimischungen.

Zur Verbesserung des Nassbremsverhaltens sind Feststoffe beigemischt. Spezielle Gummimischungen für unbeschichtete, eloxierte und keramikbeschichtete Felgen und für Carbonbremsflächen sind erhältlich.

Die Befestigung der Bremsschuhe an den Bremsarmen erfolgt mit glatten Bolzen oder mit Gewindebolzen.

Bremsschuhe mit glatten Bolzen (**Bild 2a**) kommen noch bei Cantilever- und Mittelzugbremsen zum Einsatz.

Bremsschuhe mit Gewindebolzen und planen Unterlegscheiben (**Bild 2b**) lassen sich nur begrenzt einstellen (und sind nicht empfehlenswert).

Bremsschuhe mit Gewindebolzen und sphärischen (gewölbten) Unterlegscheiben (**Bild 2c**) erlauben eine Einstellung in allen Winkeln. Zwischen den beiden konvexen Unterlegscheiben innen und außen am Bremsarm sitzt die dazu passende konkave Unterlegscheibe. Meist weisen die konkaven Unterlegscheiben zwei verschiedene Stärken auf, sodass man verschieden lange Abstände wählen kann.

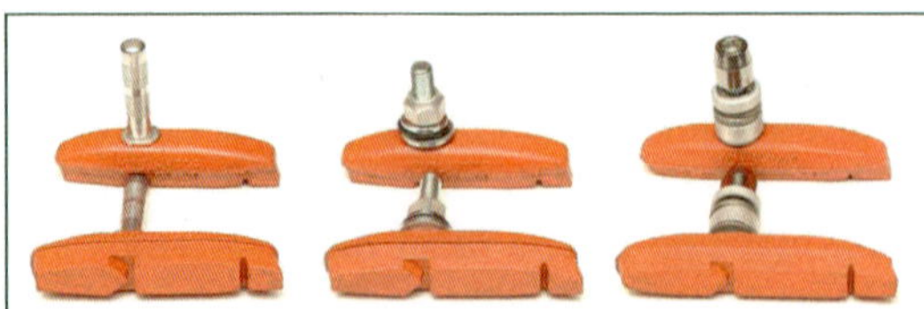

**a)** mit glatten Bolzen **b)** mit Gewindebolzen und planer U-Scheibe **c)** mit Gewindebolzen und sphärischen U-Scheiben

**Bild 2: Bremsschuhe für Felgenbremsen**

Zu beachten ist, dass nicht jeder Bremsschuh mit jeder Felgen-Aluminiumlegierung kompatibel ist. Wird im Rahmen der Wartung festgestellt, dass sich kleine Metallsplitter im Bremsklotz befinden, sollte auf ein anderes Klotzmaterial ausgewichen werden, das weniger stark abrasiv (schleifend) wirkt.

> Die Auswahl des Bremsklotzes beeinflusst erheblich den Bremsflankenabrieb und die Betriebsdauer der Felge.

Bremsklötze von Cantilever- und V-Bremsen verschleißen selten gleichmäßig. Daher ist es sinnvoll, überstehende Gummikanten gelegentlich abzuschneiden oder abzufeilen.

**Bild 3** zeigt einen verschlissenen Bremsklotz, bei dem bereits der Metallhalter sichtbar wird.

**Bild 3: Stark verschlissener Bremsklotz**

## 7.2.2 Nabenbremsen

Die Bauarten von Nabenbremsen sind:

- Trommelbremse
- Rücktrittbremse
- Rollenbremse
- Scheibenbremse

Nabenbremsen gibt es sowohl für das Hinterrad als auch für das Vorderrad. Man unterscheidet zwei Bauarten:

- In die Nabe integriert
- An der Nabe befestigt

Zu den in die Nabe integrierten Bremsen zählen die Trommelbremsen und die Rücktrittbremsen. An der Nabe befestigte Bremsen sind die Rollenbremsen, die SRAM i-Brake und die Scheibenbremsen.

Für das Hinterrad gibt es Rücktritt- und Trommelbremsen mit und ohne Nabenschaltung.

Nabenbremsen dürfen nur an besonders konstruierten Gabeln angebaut werden.

Die Vorteile der Nabenbremsen sind:

- Durch die geschützte Bauweise und die hohen Anpresskräfte sind sie unempfindlich gegen Witterungseinflüsse.
- Der Verschleiß des Bremsbelags ist kleiner als bei Felgenbremsen.
- Die Felgen verschleißen nicht durch das Bremsen.
- Die Bremsleistung kann bei Scheibenbremsen durch unterschiedlich große Bremsscheiben beeinflusst werden.
- Für Radfahrer mit geringer Handschlusskraft bietet sich die Rücktrittbremse an.

Die Nachteile von Nabenbremsen sind:

- Wegen höherer Reibkräfte und schlechter Wärmeabführung sind sie nur für ein begrenztes Fahrzeuggesamtgewicht ausgelegt.
- Springt die Kette ab, ist eine Rücktrittbremse unwirksam.
- Speichen werden zusätzlich belastet, da sie das Bremsmoment von der Nabe auf die Felge übertragen.
- Gabel und Rahmen werden zusätzlich durch die einseitige Abstützung des Bremsmomentes am unteren Gabelende oder am Hinterbaurohr belastet.

**Trommelbremsen** (**Bilder 1** und **2**) sind als Vollbremsnabe oder Stufennabe in die Vorderrad- oder Hinterradnabe integriert und werden über ein Bremsseil von Hand betätigt. Die Bremsen greifen weich, aber wirkungsvoll. Der Verschleiß der Bremsbeläge ist gering.

Trommelbremsen sind witterungsunempfindlich, da es sich um eine geschlossene Konstruktion handelt. Obwohl sie die Bremswärme wesentlich besser ableiten als Rücktrittbremsen, erreichen sie nicht die Wärmebeständigkeit von Scheibenbremsen.

In der Regel beträgt der Trommeldurchmesser 70 mm. Für Tandems und Lastenfahrräder gibt es Trommelbremsen mit einem Durchmesser von 100 mm.

Gabeln für Trommelbremsen müssen nach DIN am Ausfallende mit einem „N“ gekennzeichnet sein.

**Bild 1: Vorderrad-Trommelbremse**



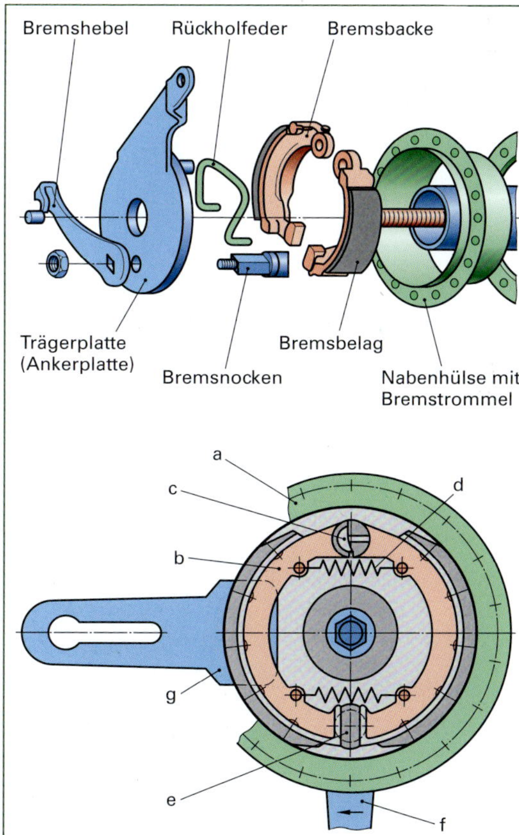


a Bremstrommel
b Bremsbacken mit Bremsbelag
c Drehbolzen
d Zugfeder
e Bremsnocken
f Bremshebel
g Bremsgegenhalter

**Bild 2: Einzelteile einer Trommelbremse**

### Wirkungsweise

Vom Bremsgriff am Lenker wird über das Bremsseil der Bremsnocken **e** verdreht. Der Bremsnocken drückt die Bremsbacken **b** auseinander. Diese pressen sich an die umlaufende Bremstrommel **a** und bremsen die Nabe ab. Durch die Zugfedern **d** werden die Bremsbacken wieder in die Ausgangsposition gebracht.

Die SRAM i-Brake und die Arai-Tandem-Trommelbremse sind am Nabengehäuse befestigt. F&S, Sturmey Archer und Gazelle-Trommelbremsen sind im Nabenkörper integriert.

### Rollenbremsen

Auch bei der Rollenbremse handelt es sich um eine gedichtete, geschlossene Konstruktion. Nässe und Schmutz werden ferngehalten und können die Bremswirkung nicht beeinträchtigen.

7

Rollenbremsen werden mitttels einer Keilverzahnung seitlich an der Nabe befestigt und über ein Seil betätigt.

Eine relativ große Kühlscheibe, die optisch leicht mit einer Bremsscheibe verwechselt wird, sorgt für eine wirkungsvolle Wärmeabfuhr und beugt einem Bremsverlust bei Überhitzung (Fading) vor. Eine regelmäßige Schmierung mit hitzebeständigem Rollenbremsfett macht die Rollenbremse verschleißfrei.

Im Gegensatz zur Trommelbremse arbeiten die Rollenbremsen mit einem Rollen- und Nockenmechanismus, der für hohe und gut dosierbare Bremsleistungen bei Trockenheit und Nässe sorgt **(Bild 1)**.

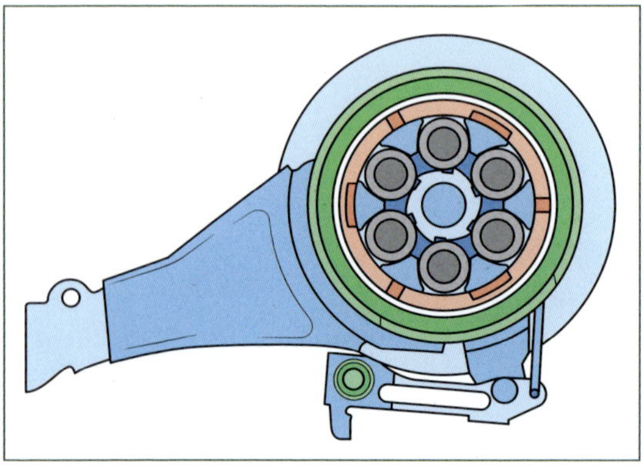

**Bild 1: Aufbau einer Rollenbremse**

Die Bremsbacken werden nicht durch einen Bremsnocken gespreizt, sondern durch Rollen und eine Nockenscheibe **(Bild 2)**.

1. Beim Betätigen der Bremse dreht sich die Nockenscheibe und die Rollen wandern auf den Nocken radial nach außen
2. Die Bremsbeläge werden durch die drehenden Rollen gegen die Bremstrommel gedrückt.
3. Der Bremsbelag liegt an der Trommel an und verzögert diese.

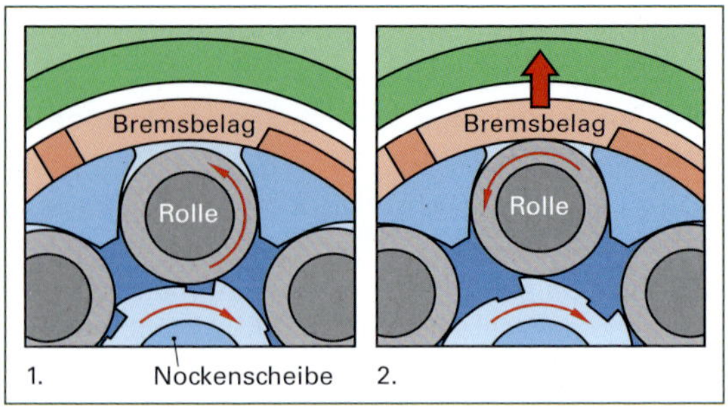


**Bild 2: Funktion der Rollenbremse (Shimano)**

### Bremskraftmodulator

Das in die Nabe von Vorderrad-Rollenbremsen integrierte Blockierschutzsystem kompensiert eine abrupte Betätigung des Bremshebels **(Bild 3)**. Die Bremsleistung der Vorderradbremse lässt sich somit besser dosieren.

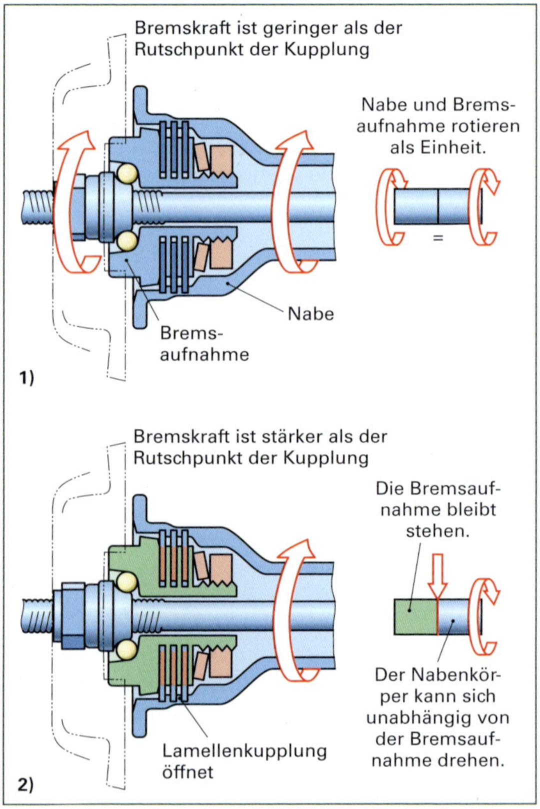


**Bild 3: Blockierschutzsystem Power-Modulator von Shimano**

1. Solange noch keine oder normale Bremskraft eingeleitet wird, verbindet die Lamellenkupplung die rotierende Bremsaufnahme und Nabe.
2. Bei zu starker Betätigung der Bremse öffnet die Kupplung und die Bremsaufnahme bleibt stehen. Der Nabenkörper kann sich unabhängig von der Bremsaufnahme drehen.

**Rücktrittbremse**

Die Rücktrittbremse ist die kleinste aller Trommelbremsen und die älteste (sie wurde 1903 von der Firma Sachs unter dem Namen Torpedo in Lizenz produziert). Später wurde die Rücktrittbremse mit unterschiedlichen Mehrgangnaben kombiniert.

Eine weitere Bauart ist die Nabe mit doppeltem Konus **(Bild 1)**. Hier werden sowohl der Antrieb (Überholkupplung mit Konusklemmung) als auch die Bremse über jeweils einen Konus betätigt, der über das Steilgewinde des Antreibers seitlich nach rechts (Antrieb; Rechtsdrehung des Ritzels) oder links (Bremsen; Linksdrehung des Ritzels) bewegt wird.

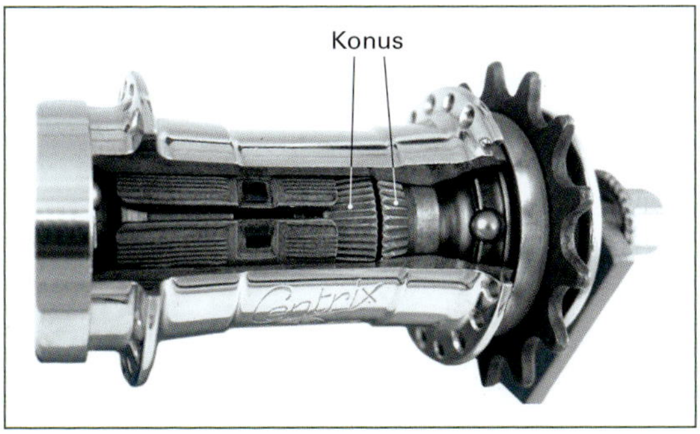


**Bild 1: Nabe mit doppeltem Konus für Antrieb und Bremse**

Als einzige Bremse wird sie nicht über ein Seil oder ein Gestänge, sondern durch Rückwärtstreten über die Antriebskette betätigt (daher ihr Name).

Die Rücktrittbremse gilt als betriebssichere Bremse, weil sie wenig Wartung erfordert. Solange die Kette zum Antrieb funktioniert und das Fahrrad fahrbereit ist, funktioniert auch die Rücktrittbremse. Ein Seil braucht mehr Pflege und ist bei selten gepflegten Fahrrädern in der Praxis oft defekt.

Die hohe Pedalkraft gleicht das ungünstige Übersetzungsverhältnis zwischen Bremskörper und Reifenaufstand wieder aus.

Durch die kleine Bauweise kann nur eine geringe Wärmemenge abgeführt werden. Deshalb kann die Rücktrittbremse auf Gefällstrecken schnell überhitzen und versagen.

Sinnvoll ist die Montage einer zusätzlichen Felgenbremse am Hinterrad. Eine Felgenbremse am Vorderrad ist unerlässlich.

Ein weiterer Nachteil ist, dass eine hohe Bremskraft nur in der 9-Uhr-Stellung der Pedale eingeleitet werden kann.

Nach DIN EN ist vorgeschrieben, dass die Bremswirkung spätestens dann einsetzen muss, wenn die Pedale um einen Winkel von 60° zurückgetreten sind.

Man unterscheidet Hinterradnaben mit zwei unterschiedlich betätigten Rücktrittbremsen:

- Zwei Konusflächen spreizt den Bremsmantel **(Bild 2)**.
- Eine Nockenscheibe mit Rollen spreizen den Bremsmantel (Rollenbremsprinzip)

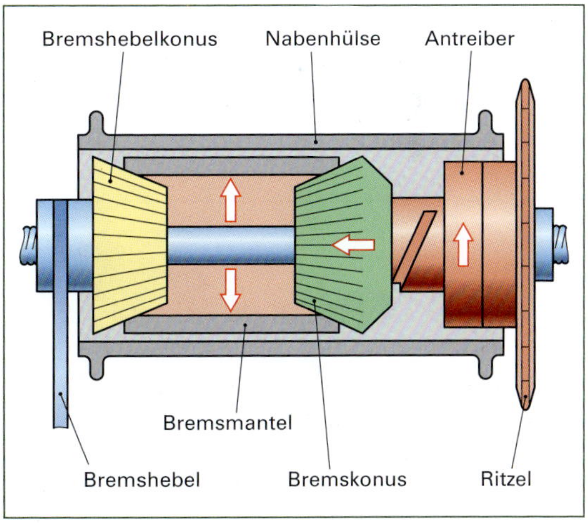


**Bild 2: Bremskonus**

**Funktion der Rücktrittbremse (Bild 1, Seite 394)**

Durch die Rückwärtsbewegung der Pedale wird über die Antriebskette und Ritzel ein Antreiber mit Schneckengewinde (**6**) in Drehung versetzt. Der Antreiber wird von der drehenden Schnecke in eine geradlinige Bewegung überführt.

7

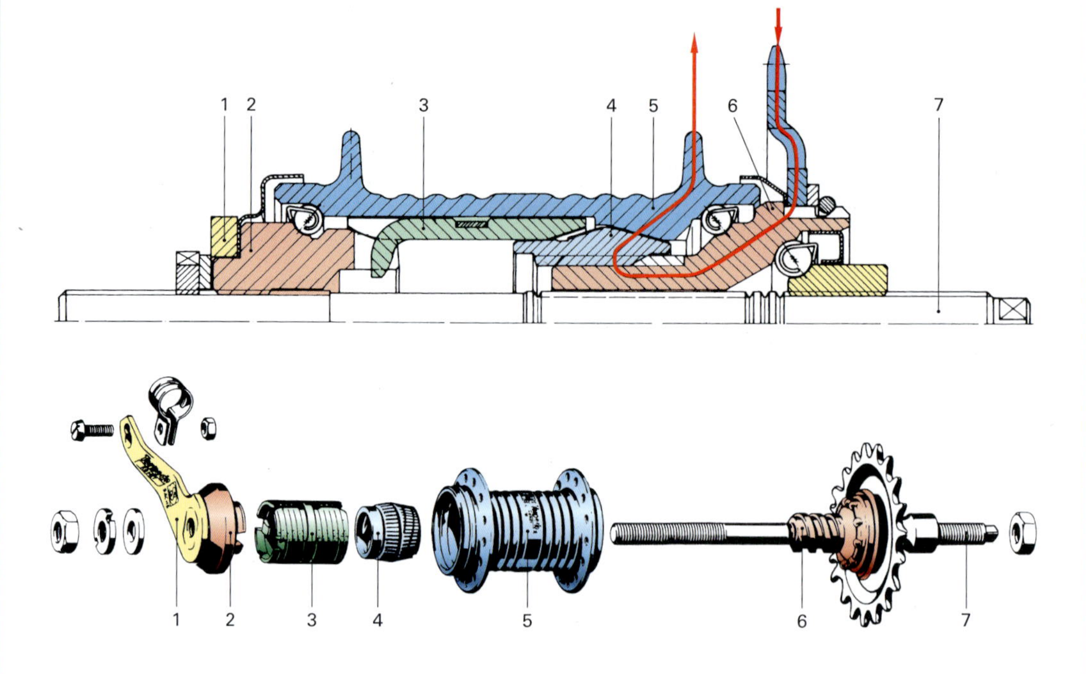


**Bild 1: Schnittbild einer Rücktrittbremse**

Mit dem Antreiber verbunden ist der Bremskonus **(4)**. Der Bremskonus bewegt sich nach links, Richtung Bremshebelkonus **(2)**. Der geteilte Bremsmantel **(3)** gleitet entlang der geriffelten Kegelkonusflächen von (**2**) und (**4**) und spreizt sich nach außen. Die Spreizung presst den Bremsmantel gegen die Nabenhülse **(5)** und bremst die Nabe ab.

Das Bremsmoment wird über den feststehenden Bremshebel **1** auf den Rahmen übertragen.

Bei den **Rücktrittbremsen mit Nockenscheiben-Rollen** (Beispiele Shimano Nexus 8 und SRAM iMotion 9) dreht auf der Achse anstelle einer Schnecke mit Konus eine Nockenscheibe **(Bild 2)**.

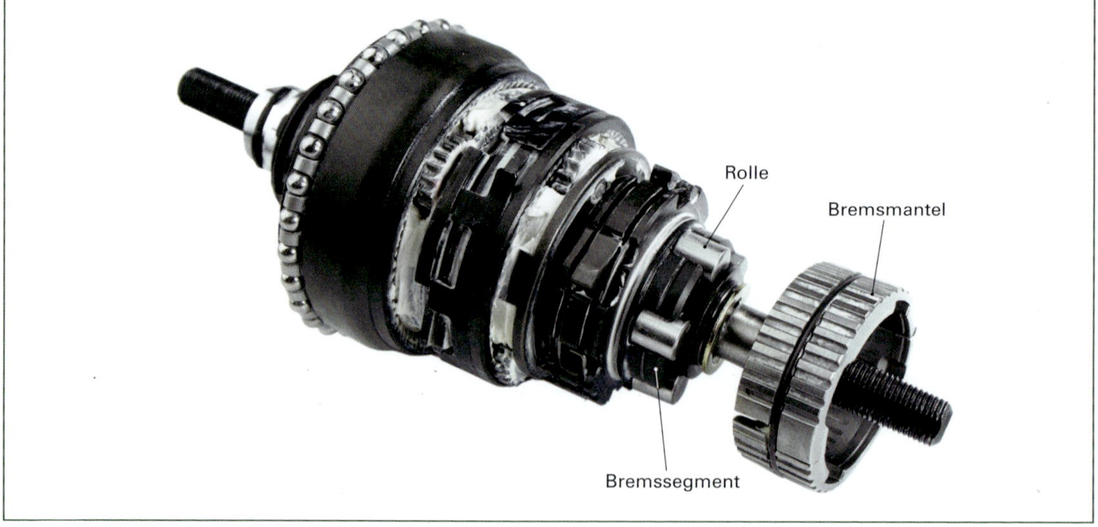


**Bild 2: Rücktrittbremse mit Nockenscheiben-Rollen**

Jede Rolle ist auf einem Nocken der Nockenscheibe gelagert. Zwischen Rollen und Nabenhülse befindet sich ein geteilter Bremsmantel **(Bild 1)**.

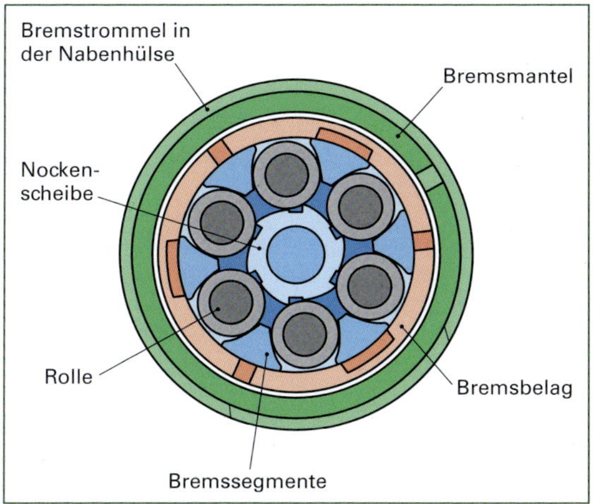


**Bild 1: Rollenbremse beim Treten**

Die Rollen stützen sich an den Bremssegmenten ab, drücken den Bremsmantel gegen die Nabenhülse und bremsen die Naben ab **(Bild 2)**.

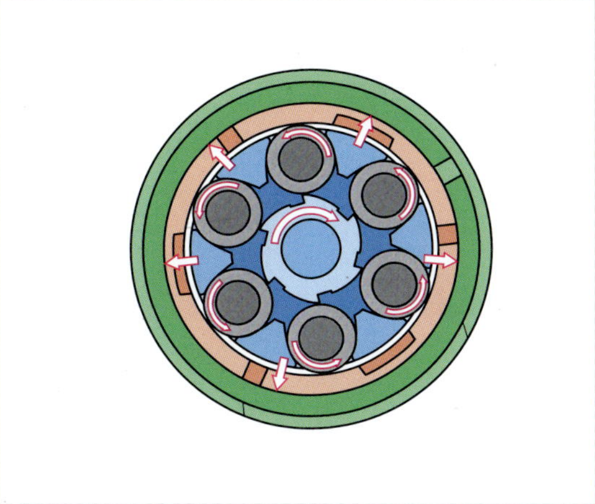

**Bild 2: Rollenbremse beim Bremsvorgang**

Das Bremsmoment wird auch hier über einen feststehenden Bremshebel auf den Rahmen übertragen.

Damit der Bremsmantel und die Bremsfläche in der Nabenhülse nicht durch starkes Bremsen bergab und die erzeugte Reibungshitze zerstört werden, besitzt der Bremsmantel kleine Nuten. In ihnen muss sich eine kleine Menge von hitzebeständigem Schmierfett befinden. Das Schmierfett verschleißt durch Hitze, Oxidation und hohe Drücke. Es muss in regelmäßigen Abständen erneuert werden (siehe auch Kapitel 13).

Die Rücktrittbremse wird nicht nur in einfachen Freilaufnaben ohne Gangschaltung, sondern auch in Getriebenaben mit 2, 3, 4, 5, 7 und 8 Gängen eingebaut.

Bei älteren Rücktrittbremsen ist die Bremsleistung vom eingelegten Gang abhängig. Im Normalgang und bei den Berggängen wirkt sich die Übersetzung des Planetengetriebes aus und bewirkt eine Steigerung des Bremsmomentes.

Dagegen wird das Bremsmoment in den Schnellgängen nicht durch das Getriebe vergrößert.

Neuere Naben haben diesen Nachteil nicht mehr. Die Bremsleistung ist in allen Gängen gleich oder annähernd gleich **(Bild 3)**.

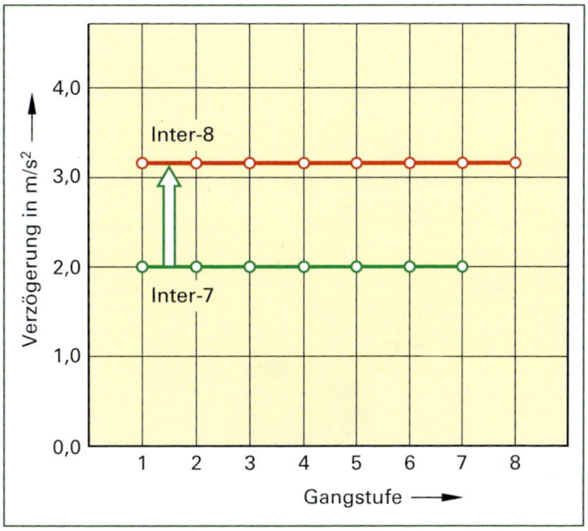


**Bild 3: Konstante Bremsverzögerung einer Nabenschaltung mit Rücktrittbremse (Shimano)**

**info**

Bei langen und steilen Abfahrten sollte man neben der Rücktrittbremse unbedingt abwechselnd auch die Felgenbremse betätigen. Damit wird verhindert, dass sich die Nabe zu stark erhitzt und Schmiermittel verliert. Der nächste Bremsvorgang kann zur Zerstörung von Bremskonus und Bremsmantel führen.

Weiterhin ist zu beachten, dass eine Rücktrittbremse bei defekter oder abgesprungener Kette unwirksam ist.

### Scheibenbremsen

Bei Scheibenbremsen sind die Bremssättel mit den Bremskolben und -belägen (den Bremsklötzen) vorn an der Gabel oder hinten am Rahmen montiert – jeweils auf der linken Seite.

Die Bremsscheibe ist an der Nabe befestigt und wird beim Bremsen von den Bremsbelägen „in die Zange" genommen. Da der Scheibendurchmesser geringer als der Felgendurchmesser ist, sind bei gleicher Bremsleistung höhere Bremsnormalkräfte (Anpresskräfte) als bei der Felgenbremse erforderlich.

Wie bei den Nabenbremsen wird die Bremskraft über die Speichen zur Auflagefläche zwischen Reifen und Fahrbahn geleitet – deshalb werden Scheibenbremsen den Nabenbremsen zugeordnet. Um die Belastung der Speichen in Grenzen zu halten, weist der Nabenflansch, der die Bremsscheibe aufnimmt, bei einigen Naben einen größeren Durchmesser auf.

7

Man unterscheidet mechanisch und hydraulisch betätigte Scheibenbremsen. Außerdem gibt es noch Hydraulikadapter, die eine mechanische Seilbewegung in eine hydraulische Bremsbetätigung umwandeln oder eine per Bremsseil betätigte Hydraulik im Scheibenbremssattel.

Bei der **mechanischen Scheibenbremse** wird die Bremskraft von dem Bremsgriff über ein Seil übertragen **(Bild 1)**.

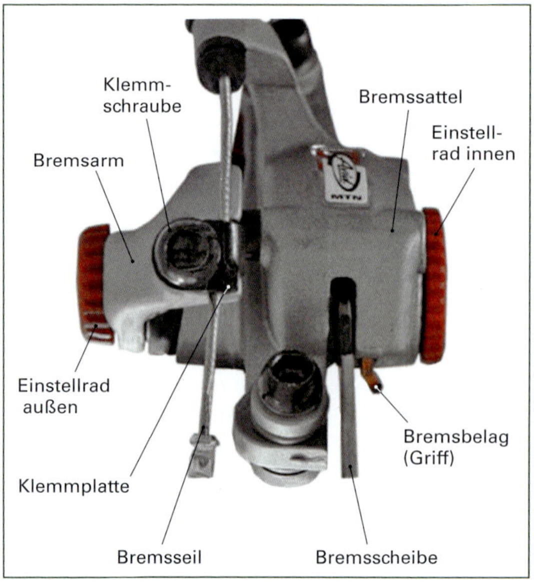


**Bild 1: Bauteile einer mechanischen Scheibenbremse**

Während der innere Bremsbelag feststeht, drückt der äußere Bremsbelag durch die Bewegung der Spindel gegen die Bremsscheibe und diese dann an den inneren Bremsbelag **(Bild 2)**.

Die Schraubbewegung wird durch eine Überlagerung von Taumelscheibenbewegung und Spindeldrehung erzeugt. Zwei Teller und drei Kugeln machen es möglich. Die Kugeln liegen in Vertiefungen des inneren Tellers. Der andere gegenüberliegende Teller hat drei ansteigende Kugelbahnsegmente.

Wird am Bremsarm gezogen, verdrehen sich die Teller gegeneinander. Die Kugeln laufen in den schrägen Kugelbahnen hoch und drücken den inneren Teller, auf dem der Bremsbelag sitzt, gegen die Bremsscheibe.

Bei der *TRP Spyre Bremse* werden beide Bremsbeläge symmetrisch gegen die Bremsscheibe bewegt. Beide Spindeln sind über einen Hebelarm verbunden, an dem das Bremsseil zieht.

Mechanische Scheibenbremsen haben eine gute Bremsleistung. Spezielle Ausführungen lassen sich mit Rennbremshebeln kombinieren.

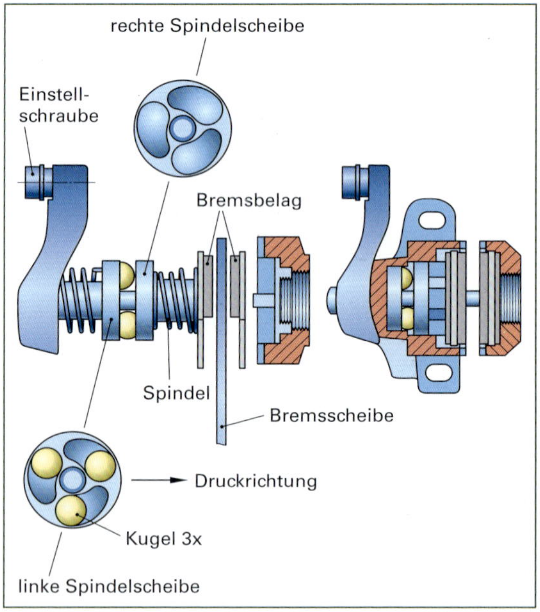


**Bild 2: Funktion einer mechanischen Scheibenbremse**

Der Abstand zwischen den Bremsbelägen und der Scheibe ist erheblich größer als bei einer hydraulischen Scheibenbremse, sodass Schleifgeräusche selten auftreten. Mechanische Scheibenbremsen sind jedoch schwerer als hydraulische und stellen sich nicht selbsttätig nach.

**Hydraulische Scheibenbremsen** sind bei MTBs und Rennrädern sowie höherwertigen Trekking- und Alltagsfahrrädern mittlerweile standard **(Bild 1)**. Sie lassen sich gut dosieren und mit geringer Kraft bedienen. Die Bremsleistungen sind bei Nässe und Trockenheit fast gleich.

**Bild 1: Hydraulische Scheibenbremse (Magura)**

Die Verzögerungswerte der hydraulischen Bremse lassen sich durch unterschiedlich große Bremsscheiben dem Bedarf anpassen.

Die Kraftübertragung erfolgt über Bremsflüssigkeit (Hydraulikfluid) oder Mineralöl in der Bremsleitung.

Man unterscheidet zwei Bauarten:

- Hydraulische Scheibenbremse mit Festsattel **(Bild 2)**
- Hydraulische Scheibenbremse mit Schwimmsattel **(Bild 1, Seite 398)**

Die meisten Scheibenbremsen arbeiten mit einem **Festsattel**. Der Bremssattel ist unbeweglich an der Gabel oder am Rahmen fixiert. Die beiden gegenüberliegenden Bremszylinder sind durch einen Kanal hydraulisch miteinander verbunden.

Wird die Bremse betätigt, fahren beide Bremskolben aus und pressen die Bremsklötze von beiden Seiten gegen die rotierende Scheibe. Der Pressdruck der Bremskolben arbeitet gegeneinander und zentrieren sich über die Bremsscheibe, die deshalb nur ein geringes Biegemoment aufnimmt.

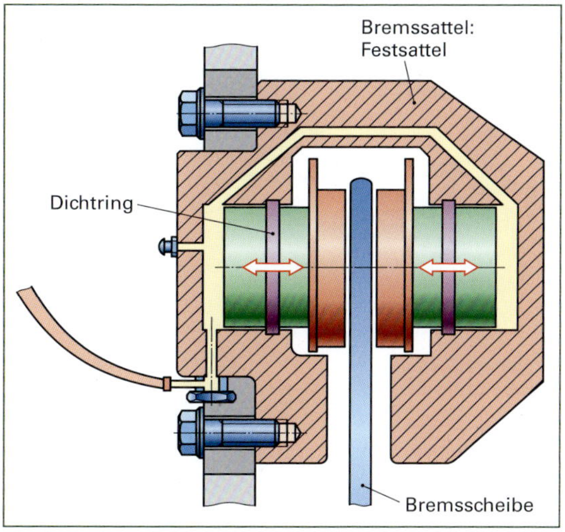


**Bild 2: Funktion einer Scheibenbremse mit Festsattel**

Die Bremsbeläge streifen beim Lösen nicht mehr an der Bremsscheibe. Voraussetzung ist, dass der Bremssattel genau mittig über der Bremsscheibe montiert ist. Eine hohe Fertigungsgenauigkeit des Rahmens ist erforderlich.

### Anzahl der Bremskolben

Bremssättel haben einen, zwei oder vier Bremskolben (vereinzelt gab es auch Konstruktionen mit sechs Bremskolben).

Bei Bremssätteln mit vier Kolben drücken auf jeder Seite ein kleiner und ein großer Kolben auf die Bremsscheibe. Da zuerst die kleineren Kolben an die Scheibe gelangen und danach erst die mit dem größeren Durchmesser, wird der Totweg des Bremshebels verkürzt – ein feineres Ansprechverhalten und eine höhere Bremsverzögerung stellen sich ein.

Bei der seltener anzutreffenden Scheibenbremse mit **Schwimmsattel** umfasst ein horizontal verschiebbarer Sattel einen Teil der Scheibe. Der Bremskolben drückt auf der Außenseite den Bremsklotz gegen die rotierende Scheibe. Bei zunehmendem Bremsdruck verschiebt sich der Bremssattel von der Bremsscheibe weg und zieht den Belag auf der gegenüberliegenden Seite an die Scheibe.

Der Schwimmsattel zentriert sich automatisch über der Scheibe.

Von Nachteil ist, dass der feste (innere) Belag auch bei gelöster Bremse an der Bremsscheibe anliegen kann und Schleifgeräusche verursacht.

Bei einer Schwimmsattelbremse ist nur ein Hydraulik-Nehmerzylinder erforderlich.

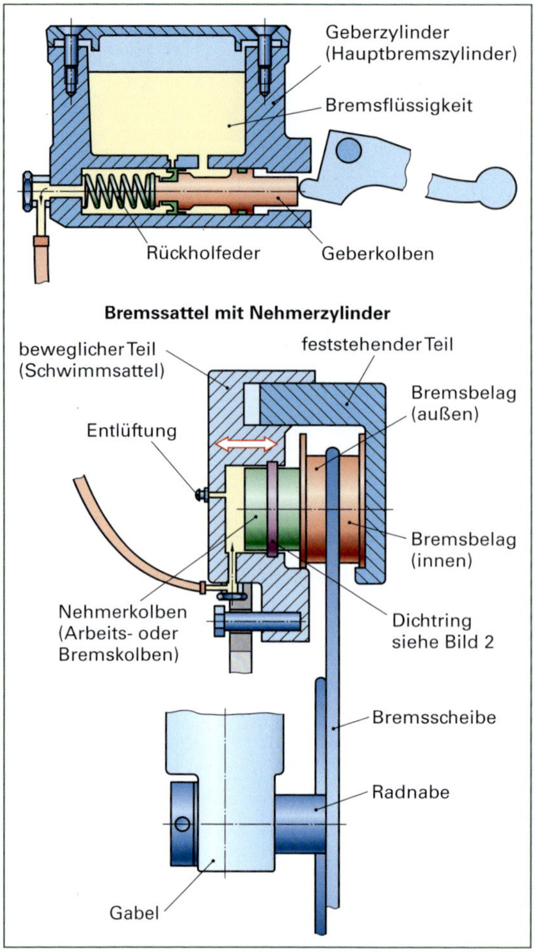


**Bild 1: Funktionsprinzip einer Scheibenbremse mit Schwimmsattel**

## Automatische Nachstellung der Bremsbeläge

Die Kolben werden von einem Dichtring aus einem Elastomer (Rechteck- oder Vierkantring, auch als Quadring bezeichnet) geführt, der in einer Nut des Bremssattels sitzt **(Bild 2)**.

Beim Bremsen fahren die Kolben aus und verformen den Vierkantring elastisch in Richtung der Bremsscheibe. Beim Loslassen des Bremshebels wird das hydraulische System drucklos und die Ringe nehmen wieder ihre ursprüngliche Form ein. Dabei ziehen sie die Kolben um das **Lüftspiel** von ca. 0,4 mm von der Bremsscheibe weg.

Bei zunehmendem Verschleiß der Bremsbeläge kann sich der Vierkantring ab einem gewissen Punkt nicht mehr weiter verformen und lässt den Kolben durchrutschen – der Kolben stellt sich nach. Dadurch bleibt der Abstand der Beläge zur Scheibe immer gleich, egal wie weit die Beläge abgefahren sind.

Von Nachteil bei Systemen mit automatischer Belagnachstellung ist, dass sich der Druckpunkt nicht verstellen lässt. Er ist konstruktiv durch die Form der Nut im Bremssattel vorgegeben.

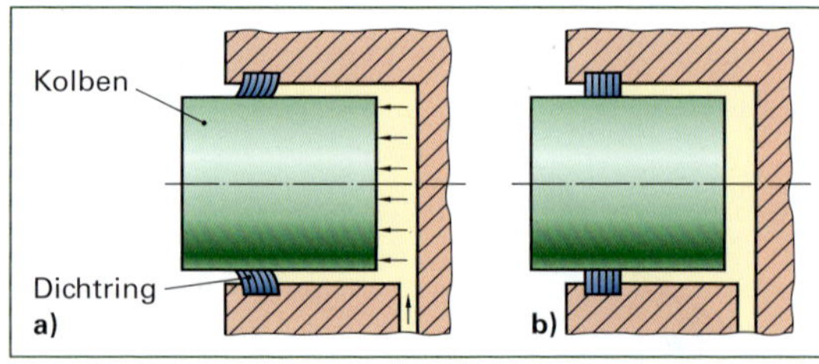


**Bild 2: a) Bremsstellung b) Ruhe- oder Lösestellung**

**Druckpunkt** ist der Moment, bei dem die Bremsbeläge die Scheibe berühren und so die Kraft des Bremshebels direkt und ohne weiteres Nachgeben an die Bremsscheibe weitergeben.

**info**

Wenn nicht mehr genügend Öl im Geberreservoir zum Nachstellen vorhanden ist, stellt sich die Bremse nicht mehr nach. Der Druckpunkt am Bremshebel wird weich.

Quadringe sind mit einem Spezialfett geschmiert. Ungenügende Kolbenrückstellung kann durch eine Neuschmierung behoben werden.

### Befestigung des Bremssattels

Die unterschiedlichen Standards zur Befestigung der Bremsscheibe an der Nabe und des Bremssattels an der Gabel bzw. am Rahmen führen zu einer erhöhten Variantenanzahl.

Zur Befestigung des Bremssattels an der Gabel bzw. am Rahmen sind seit dem Jahr 2000 die Sockel **IS2000** und **Postmount** verbreitet. Davor gab es eine Vielzahl anderer Standards, unter anderem IS1999 oder „alter" Postmount (engl. für Nachrüst-Standard).

Postmount **(Bild 3)** kommt vorrangig bei Vorderradbremsen an Federgabeln zum Einsatz. Die Befestigungsschrauben mit einem Abstand von 74 mm liegen in Fahrtrichtung.

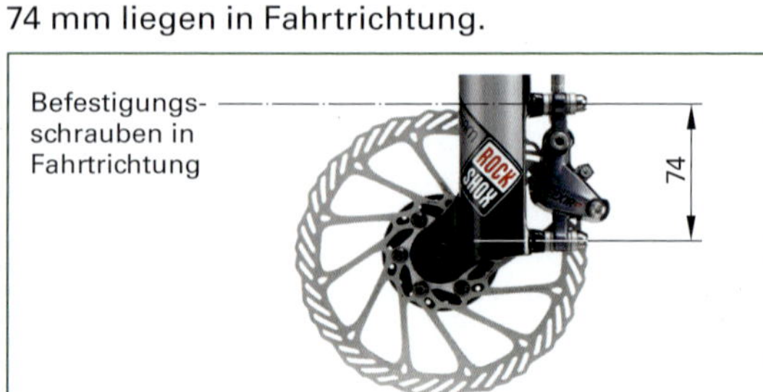


**Bild 3: Bremssattelbefestigung Postmount**

Langlöcher in den Befestigungspunkten des Bremssattels erlauben eine Zentrierung der Bremsscheibe zwischen den Bremsbelägen.

Beim Internationalen Standard IS2000 wird der Bremssattel mit zwei Schrauben in axialer Richtung (zur Mitte des Rades hin) an der Vorderradgabel bzw. am hinteren Ausfallende montiert.

Bremssättel mit Postmount-Befestigung können über Adapter an den Internationalen Standard angepasst werden.

Bei IS2000 **(Bild 1)** beträgt der Schraubenabstand zur Befestigung des Bremssattels 51 mm. Die Schrauben verlaufen parallel zur Radachse.

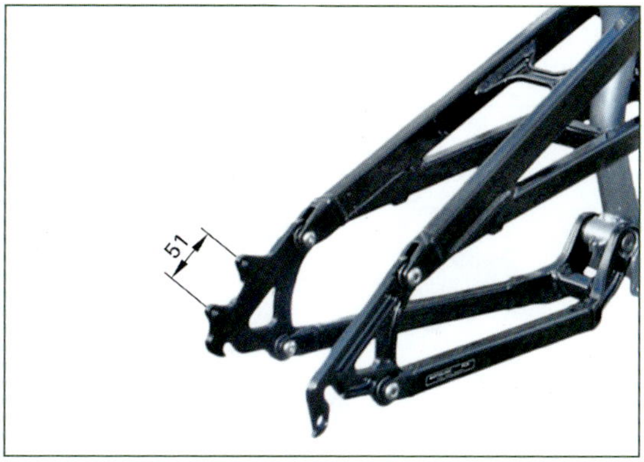


**Bild 1: IS2000- Bremssattelbefestigung am hinteren Ausfallende**

Damit die Bremskolben im Bremssattel genau senkrecht auf die Bremsscheibe drücken, muss die Bremssattelaufnahme genau rechtwinklig zur Radachse ausgerichtet sein.

Mit speziellen Schneidwerkzeugen werden die Aufnahmepunkte flachangesenkt **(Bild 2)**. Durch Betätigen des Drehknopfes werden zwei Flachsenker mit Zapfen in Drehung versetzt. Die Werkzeugausrichtung erfolgt an den beiden Ausfallenden.

**Bild 2: Flachansenken der Scheibenbremsaufnahme (Cyclus)**

**Befestigung der Bremsscheibe**

Die beiden häufigsten Befestigungssysteme für Bremsscheiben sind der **IS2000** „Sechsloch-Standard" und die Shimano-**Centerlock**-Aufnahme[1].

Beim Befestigungssystem IS2000 wird die Bremsscheibe mit sechs Schrauben in einer gleitfesten Verbindung an der Nabe befestigt **(Bild 3)**.

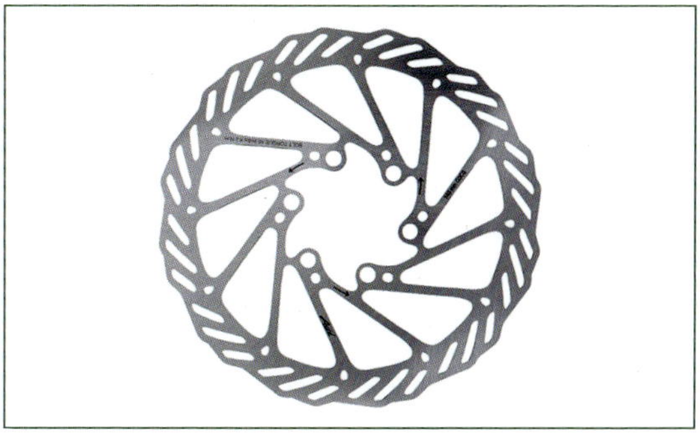

**Bild 3: Scheibenbefestigung IS2000**

Bei Centerlock ist die Bremsscheibe auf einen Träger genietet. Dieser Träger fasst mit seiner Innenverzahnung auf die Außenverzahnung der Nabe und wird mit einem Verschlussring fixiert **(Bild 4 und 5)**.

**Bild 4: Scheibenbefestigung Centerlock**

**Bild 5: Bremsscheiben-Vielzahnprofil**

Es gibt eine Vielzahl von Adaptern, um z. B. IS-2000-Scheiben auf Centerlock-Naben oder Postmount-Bremszangen an IS2000-Gabeln zu montieren. Dabei sind nur bestimmte Kombinationen möglich.

[1] IS 2000 wurde mittlerweile durch Postmount abgelöst.

**Scheibendurchmesser**

Bremsscheiben gibt es als Stahlscheiben aus einem Stück gefertigt. Der Werkstoff ist meist hochlegierter nichtrostender Stahl X12Cr13.

Auch Leichtbauscheiben aus beschichtetem Titan und hochfestem Aluminium sind erhältlich.

Stahlscheiben auf einen Aluminiumrotor genietet, reduzieren das Gewicht der Bremsscheibe und verbessern die Wärmeabfuhr **(Bild 4, Seite 399)**. Bei dieser Konstruktion kann die Stahlbremsscheibe schwimmend oder fest mit dem Rotor verbunden sein.

Bremsscheiben gibt es mit den Durchmessern 140 mm bis 230 mm, wobei die Stahlscheiben mit 160 mm und 180/185 mm die im Handel gängigsten Größen sind. Mit steigender Scheibengröße erzeugt man bei gleicher Kraft am Bremshebel bzw. an der Scheibe größere Bremskräfte an der Radaufstandsfläche.

7

**Offene und geschlossene Systeme**

Die meisten der auf dem Markt befindlichen hydraulischen Scheibenbremsen haben ein **offenes System**. Bei nicht gezogenem Bremshebel stellen Öffnungen im Ausgleichsbehälter **(Bild 1)** eine Verbindung zum Geberzylinder her und sorgen für einen Druckausgleich. Bremsflüssigkeit kann in den Ausgleichsbehälter hinein- oder herausfließen.

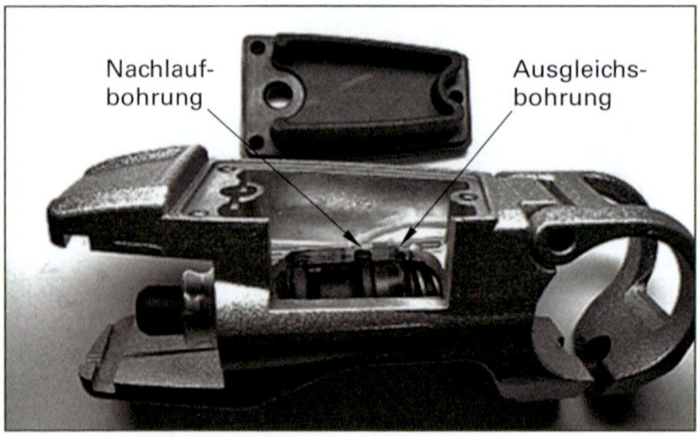


**Bild 1: Ausgleichsbehälter**

Erst bei gezogenem Bremshebel wird diese Verbindung unterbrochen und es kann sich der zum Bremsen notwendige Druck aufbauen.

Ausgleich beim offenen System:

- Die Nehmerkolben im Bremssattel stellen sich automatisch nach, wenn die Bremsbeläge dünner werden.
- Wenn sich beim heftigen Bremsen die Bremsflüssigkeit erwärmt, dehnt sie sich aus. Das größere Volumen wird vom Ausgleichsbehälter aufgenommen. So wird verhindert, dass die Bremse bei starker Erwärmung „zumacht“.

Der Ausgleichsbehälter stellt über eine Membran den Druckausgleich nach außen her.

Beim **geschlossenen System** ist das hydraulische System zu jedem Zeitpunkt druckdicht. Ein automatischer Druckausgleich findet nicht statt. Der Vorteil dieser Systeme ist, dass sich der Druckpunkt von Hand einstellen lässt. Allerdings muss auch der Belagverschleiß von Hand ausgeglichen werden.

**Bremsbeläge**

Beim Material für Scheibenbremsbeläge unterscheidet man **organische** und **Sintermetall**-Bremsbeläge. Die Trägerplatten bestehen aus Stahl und Kupferlegierungen, deren Form der Kolben- und Bremsscheibengröße angepasst ist **(Bild 2)**.

**Bild 2: Bremsbeläge für Scheibenbremsen**

Gesinterte Beläge sind im Allgemeinen härter und verschleißfester als organische Beläge, neigen aber stärker zum Quietschen und erzeugen beim Bremsen mehr Wärme.

Daneben gibt es noch Semi-Metallic-Bremsbeläge, die aus unterschiedlichen Metallen (Eisen, Kupfer, Zink etc.), gemischt mit Graphit, Füllstoffen und Bindemitteln, bestehen. Der langen Haltbarkeit der Beläge steht ein hoher Verschleiß der Bremsscheibe gegenüber. Auch die Bremsscheibe muss auf den Belag abgestimmt sein.

Störendes Quietschen von Scheibenbremsbelägen kann man durch eine Behandlung mit dem Spray „Swisstop Silencer“ beseitigen.

**info**

Um ein Klemmen der Bremssattelkolben zu verhindern, sollten diese bei jedem Bremsbelagwechsel nacheinander vorsichtig ausgefahren und mit einem Putztuch, Seifenwasser und Bremsflüssigkeit gereinigt werden.

Hohe oder lang anhaltende thermische Belastungen können die Reibeigenschaften der Bremsbelagwerkstoffe beeinträchtigen. Das Nachlassen der Bremswirkung nennt man **Fading**.

Scheibenbremsbeläge sind deutlich verschleißfester als Felgenbremsschuhe. Dennoch müssen auch sie regelmäßig kontrolliert werden. Unter 1 mm Belagstärke sind die Beläge auszutauschen **(Bild 1)**.

**Bild 1: Verschlissener Scheibenbremsbelag**

### Hysteresekurve

Einer Hysteresekurve können wichtige Leistungsdaten einer Bremse entnommen werden **(Bild 2)**.

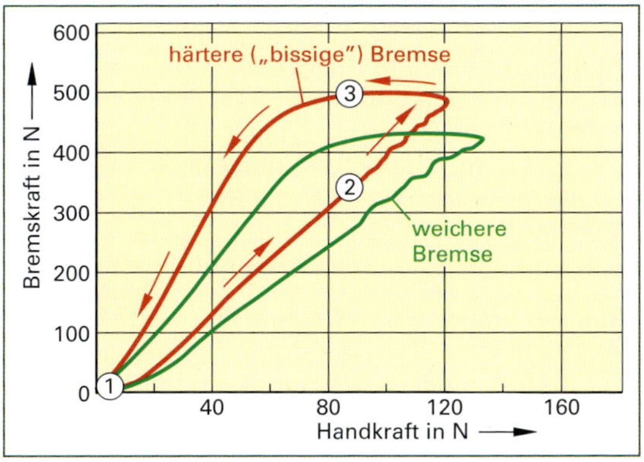


**Bild 2: Hysteresekurven von zwei Scheibenbremsen**

Die Kurve stellt einen kompletten Bremsvorgang dar. Auf der horizontalen Achse sind die Werte für die Handkraft, auf der vertikalen Achse ist die Bremskraft aufgetragen. Der untere Ast der Kurve **(1)** zeigt den Anstieg der Bremskraft bei zunehmendem Zug am Bremshebel. Je schmaler dieser Bereich ist, desto früher spricht die Bremse an.

Der anschließende Anstieg **(2)** zeigt, wie kräftig die Bremse arbeitet. Je steiler die Kurve, desto weniger Kraft braucht man, um das Fahrrad zu verzögern. Ein linearer Verlauf der Kurve steht für exakte Dosierbarkeit.

Der Verlauf der absteigenden Kurve gibt die Bremskraft bei abnehmender Handkraft an, also beim Lösen der Bremse **(3)**. Je näher die Werte für das Öffnen und Ziehen der Bremse zusammenliegen, desto besser lässt sich die Bremse dosieren.

Hier spielen Scheibenbremsen ihren größten Vorteil gegenüber Felgenbremsen aus. Während V-Bremsen stets verzögert die Felge freigeben, öffnen Scheibenbremsen sofort.

Je schmaler der horizontale obere Bereich der Kurve, desto spontaner reagiert die Bremse beim Lösen des Bremsgriffs. Entsprechend steigen die Chancen, bei einer Vollbremsung ein blockierendes Vorderrad zu vermeiden.

**info**

Neue organische Bremsbeläge müssen „eingebremst" werden. Erst nach dem Ausgasen ist der Belag temperaturresistent und verschleißfest. Ein nichtausgehärteter „weicher" Belag könnte innerhalb weniger Abfahrtskilometer komplett verschleißen (Einbremsvorschlag siehe Bike Magazin 31.07.2014).

### Bremsflüssigkeiten

Je nach Hersteller kommen Mineralöle, DOT-Bremsflüssigkeiten oder sogar Wasser (wie bei der *Brake Force One*) zum Einsatz.

**Mineralöle** haben den Vorteil, dass sie kein Wasser aufnehmen, ungiftig und sehr langlebig sind. Die geringe Hitzebeständigkeit ist in der Praxis vernachlässigbar.

Die HS11- und die HS33-Bremsen von Magura werden mit Mineralöl betrieben. Dieses hat sich als unkompliziert und äußerst langlebig erwiesen.

**Bremsflüssigkeiten** werden nach den Richtlinien des amerikanischen *Department of Transport* aufgeteilt in **DOT 3, 4, 5.1** und **5**. DOT 3, 4 und 5.1 sind Flüssigkeiten auf der Basis von Polyglykolether, DOT 5 besteht dagegen aus Silikonöl.

**Tabelle 1: Mischbarkeit von DOT-Bremsflüssigkeiten**

| | |
|---|---|
| **DOT 3 und DOT 4** | nicht empfehlenswert |
| **DOT 3 und DOT 5.1** | mischbar |
| **DOT 4 und DOT 5.1** | mischbar |
| **DOT 5** | nicht mischbar mit DOT 3, 4 und 5.1 |

Bremsflüssigkeiten auf der Basis von Polyglykolether nehmen Wasser aus der Umgebung auf, z. B. aus der Luftfeuchtigkeit. Sie sind hygroskopisch. Diese Eigenschaft ist mit Vor- und Nachteilen verbunden.

Von Nachteil ist, dass sich durch die Wasseraufnahme die Eigenschaften verändern (Siedepunkt, Kompressibilität, Viskosität) und deshalb alle zwei Jahre erneuert werden muss.

Von Vorteil ist, dass aufgenommenes Wasser in Lösung geht und nicht mehr in Tropfenform vorliegt. Dadurch ist gewährleistet, dass sich bei starker Erhitzung durch die Bremsreibung keine Dampfblasen bilden, dass die Bremsanlage nicht durch die Wassertropfen korrodiert und dass keine Wassertröpfchen im Winter im Bremssystem gefrieren.

Gefrierende Wassertropfen und komprimierbare Dampfblasen führen zum sofortigen Ausfall der Bremse.

**Tabelle 1: Siedepunkte von Bremsflüssigkeiten**

| Klassen-einteilung | DOT 3 | DOT 4 | DOT 5.1 |
|---|---|---|---|
| Trocken-siedepunkt | ≥ 205 °C | ≥ 230 °C | ≥ 260 °C |
| Nass-siedepunkt | ≥ 140 °C | ≥ 155 °C | ≥ 180 °C |
| Farbe | Gelb | Gelb | Blau |

Befindet sich Luft in der Bremsanlage, ist die Funktion der hydraulischen Bremse nicht mehr gewährleistet.

**Werkstatthinweise**

- Angebrochene Bremsflüssigkeitsgebinde haben nur eine begrenzte Gebrauchsdauer, weil sie Feuchtigkeit aus der Raumluft aufnehmen. Auch über die Dichtungen der Ausgleichsbehälter und dem Ring am Bremskolben gelangen geringe Mengen an Luftfeuchtigkeit in die Bremsflüssigkeit.
- Das Datum des Gebindeanbruchs von Bremsflüssigkeiten notieren. Angebrochene Bremsflüssigkeitsgebinde nach fünf Monaten entsorgen.
- Bremsflüssigkeiten auf Polyglykolbasis sind gesundheitsschädlich und reizen die Augen und Haut. Daher sollte man beim Umgang Schutzhandschuhe und eine Schutzbrille tragen. Sie greifen Lacke, Reifengummi und Kunststoffe an. Spritzer und Tropfen sofort mit reichlich Wasser entfernen.
- Im Zweifelsfall immer die Flüssigkeit verwenden, die der Bremsenhersteller als Aufdruck auf dem Ausgleichsbehälter vorgibt.
- Es ist gesetzlich verboten, Bremsflüssigkeiten und Hydrauliköle zu mischen.
- Verbrauchte Flüssigkeiten und Öle stets in den Originalbehältern sammeln und an den kommunalen Sammelstellen für *Gefährliche Abfälle* abgeben.
- In jeder Werkstatt muss ein getrennt gelagertes Entlüftungsset für DOT-Bremsfluids und Mineralölsysteme vorhanden sein. Sie dürfen nicht verwechselt werden.

Die Bremsflüssigkeit muss luftblasenfrei in die Entlüftungsspritze mittels Unterdruck eingefüllt werden. Anschließend soll man die Spritze nach oben geöffnet 5 Minuten stehen lassen, damit Restluftblasen entweichen können.

Es hat sich bewährt, ein befülltes System von unten nach oben und Bremssattel, Leitung und Hebel nacheinander zu entlüften.

Im Werkstattalltag sieht man häufig **unter-** und **überfüllte Bremssysteme**. Bei zu gering befüllten Systemen fehlt der Bremsdruck, da dem Geberkolben nicht genügend Bremsflüssigkeit zur Verfügung steht. Dies kann durch Nachfüllen am Ausgleichsbehälter behoben werden.

Bei einem überfüllten System ist der Bremshebelweg zu gering und die Bremsbeläge schleifen an der Scheibe (zu wenig „gap"). Dies findet man an Neurädern ebenso wie nach einem Wechsel von Bremsklötzen eines anderen Fabrikates. Eine Überfüllung kann auch dadurch entstehen, dass die Bremsflüssigkeit mit Wasser übersättigt ist.

Mit dem *Hayes Feel R Gage*-Werkzeug **(Bild 1)** lässt sich eine Bremse optimal befüllen. Je ein Stahlband zwischen Bremsklotz und Bremsscheibe positioniert den Nehmerkolben bei ausgefahrenem Bremshebelkolben. Dadurch berücksichtigt man Lüftspiel, Bremsklotzstärke und Bremsscheibendicke und erzielt so eine genaue Flüssigkeitsmenge im System.

**Bild 1: Entlüften mit Hayes Feel R Gage**

# 8 Beleuchtungsanlage

Nützlich für die Sicherheit der Fahrradfahrer im öffentlichen Straßenverkehr ist eine funktionsfähige und ausreichend dimensionierte Beleuchtungsanlage.

## 8.1 Gesetzliche Grundlagen

Die Gestaltung und Anwendung der Beleuchtungsanlage am Fahrrad wird in der Straßenverkehrs-Zulassungs-Ordnung (StVZO) §§ 22, 66a, 67 und 67a in der Fassung vom 18.05.2017 geregelt. Daneben gilt die Straßenverkehrs-Ordnung (StVO) § 17. Diese Verordnungen werden in verschiedenen Technischen Anforderungen (TA) präzisiert.

*Hinweis*:
Die Verordnungen beziehen sich auf Fahrräder. Roller und Einräder gelten nicht als Fahrräder und müssen Gehwege benutzen.

Es ist zu beachten, dass in den Verordnungen einige Begriffe abweichend von technisch korrektem Sprachgebrauch verwendet werden:

- Frontleuchte wird „Scheinwerfer“,
- elektrischer Generator wird „Lichtmaschine“,
- galvanische Primärzelle wird „Batterie",
- galvanische Sekundärzelle wird „wieder aufladbarer Energiespeicher"

genannt.

**§ 67 StVZO – Lichttechnische Einrichtungen an Fahrrädern**

*(1) Fahrräder dürfen nur dann im öffentlichen Straßenverkehr in Betrieb genommen werden, wenn sie mit den vorgeschriebenen und bauartgenehmigten lichttechnischen Einrichtungen ausgerüstet sind. [...]*

*Fahrräder müssen für den Betrieb des Scheinwerfers und der Schlussleuchte mit einer Lichtmaschine, einer Batterie oder einem wieder aufladbaren Energiespeicher oder einer Kombination daraus als Energiequelle ausgerüstet sein.*

*Alle lichttechnischen Einrichtungen, mit Ausnahme von Batterien und wieder aufladbaren Energiespeichern, müssen den Anforderungen des § 22a StVZO genügen.*

*Die Nennspannung der Energiequelle muss verträglich mit der Spannung der verwendeten aktiven lichttechnischen Einrichtungen sein.*

*(2) Als lichttechnische Einrichtungen gelten auch Leuchtstoffe und rückstrahlende Mittel.*

*Die lichttechnischen Einrichtungen müssen vorschriftsmäßig im Sinne dieser Verordnung und während ihres Betriebs fest angebracht, gegen unabsichtliches Verstellen unter normalen Betriebsbedingungen gesichert sowie ständig einsatzbereit sein. Lichttechnische Einrichtungen dürfen nicht verdeckt sein.*

8

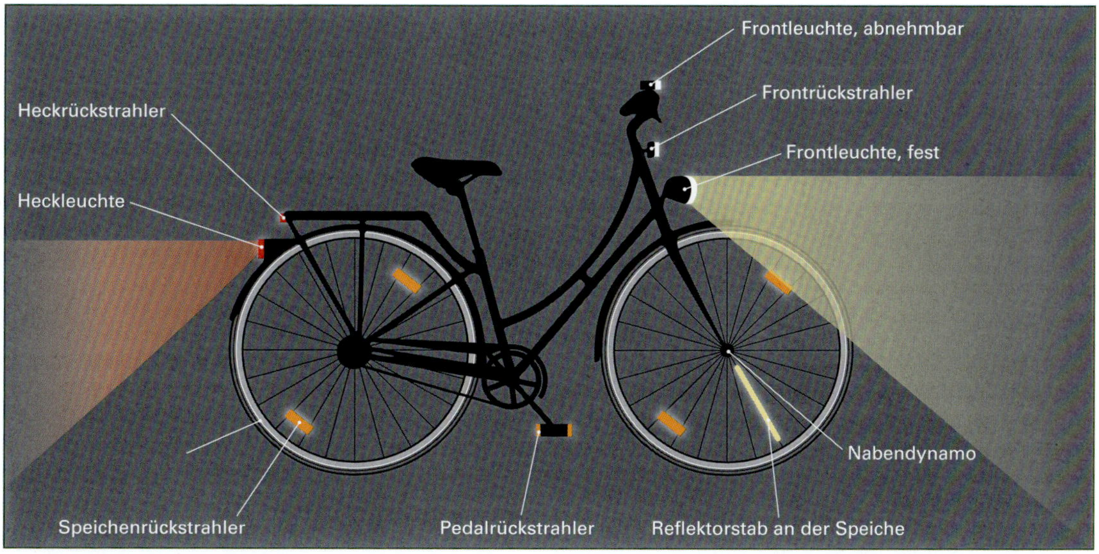


**Bild 1: Elemente der Fahrradbeleuchtung**

*Scheinwerfer, Leuchten und deren Energiequelle dürfen abnehmbar sein, müssen jedoch während der Dämmerung, bei Dunkelheit oder wenn die Sichtverhältnisse es sonst erfordern, angebracht werden.*

*Lichttechnische Einrichtungen dürfen zusammengebaut, ineinander gebaut oder kombiniert sein, mit Ausnahme von Fahrtrichtungsanzeigern.*

*Lichttechnische Einrichtungen dürfen sich in ihrer Wirkung gegenseitig nicht beeinflussen. Fahrräder mit einer Breite über 1 000 mm müssen nach vorne und hinten gerichtete, paarweise horizontal angebrachte Rückstrahler sowie mindestens zwei weiße Scheinwerfer und zwei rote Schlussleuchten aufweisen, die mit einem seitlichen Abstand von maximal 200 mm paarweise zur Außenkante angebracht sein müssen. Abweichend davon müssen Fahrräder, die breiter als 1 800 mm sind, den Anbauvorschriften der Regelung [...] für Personenkraftwagen entsprechen.*

8

*(3) Fahrräder müssen mit einem oder zwei nach vorn wirkenden Scheinwerfern für weißes Abblendlicht ausgerüstet sein. Der Scheinwerfer muss so eingestellt sein, dass er andere Verkehrsteilnehmer nicht blendet. Blinkende Scheinwerfer sind unzulässig.*

*Fahrräder müssen mit mindestens einem nach vorn wirkenden weißen Rückstrahler ausgerüstet sein.*

*Scheinwerfer dürfen zusätzlich mit Tagfahrlicht und Fernlichtfunktion für weißes Licht [...] ausgerüstet sein. Die Umschaltung zwischen den Lichtfunktionen muss automatisch erfolgen oder von Hand [...].*

*(4) Fahrräder müssen an der Rückseite mit mindestens*

1. *einer Schlussleuchte für rotes Licht,*
2. *einem roten nicht dreieckigen Rückstrahler der Kategorie „Z“ ausgerüstet sein* **(Bild 1)**.

**Bild 1: Z-Kennzeichen und Prüfzeichen**

*Schlussleuchte und Rückstrahler dürfen in einem Gerät verbaut sein. Schlussleuchten dürfen zusätzlich mit einer Bremslichtfunktion [...] ausgerüstet sein. Blinkende Schlussleuchten sind unzulässig.*

*(5) Fahrradpedale müssen mit nach vorn und nach hinten wirkenden gelben Rückstrahlern ausgerüstet sein. Die Längsseiten eines Fahrrades müssen nach jeder Seite mit*

1. *ringförmig zusammenhängenden retroreflektierenden weißen Streifen an den Reifen oder Felgen oder in den Speichen des Vorderrades und des Hinterrades oder*
2. *Speichen an jedem Rad, alle Speichen entweder vollständig weiß retroreflektierend oder mit Speichenhülsen an jeder Speiche, oder*
3. *mindestens zwei um 180 Grad versetzt angebrachten, nach der Seite wirkenden gelben Speichenrückstrahlern an den Speichen des Vorderrades und des Hinterrades kenntlich gemacht sein.*

*Zusätzlich zu der Mindestausrüstung mit einer der Absicherungsarten dürfen Sicherungsmittel aus den anderen Absicherungsarten angebracht sein. Werden mehr als zwei Speichenrückstrahler an einem Rad angebracht, so sind sie am Radumfang gleichmäßig zu verteilen. Zusätzliche nach der Seite wirkende bauartgenehmigte gelbe rückstrahlende Mittel sind zulässig. Nach vorne und nach hinten wirkende Fahrtrichtungsanzeiger [...] sind nur bei mehrspurigen Fahrrädern oder solchen mit einem Aufbau, der Handzeichen des Fahrers ganz oder teilweise verdeckt, zulässig.*

*(6) Schlussleuchte und Scheinwerfer dürfen nur gemeinsam einzuschalten sein, wenn sie mithilfe einer Lichtmaschine betrieben werden. Bei eingeschalteter Standlichtfunktion darf auch die Schlussleuchte allein leuchten.*

*In den Scheinwerfern und Leuchten dürfen nur die nach ihrer Bauart dafür bestimmten Leuchtmittel verwendet werden.*

*(7) Bei Fahrrädern mit elektrischer Tretunterstützung kann die Versorgung der Beleuchtungsanlage über eine Kopplung an den Energiespeicher für den Antrieb erfolgen, wenn*

1. *nach entladungsbedingter Abschaltung des Unterstützungsantriebs noch eine ununterbrochene Stromversorgung der Beleuchtungsanlage über mindestens zwei Stunden gewährleistet ist [gilt nicht für Fahrräder mit elektrischer Tretunterstützung, die vor dem 1. Januar 2019 in Verkehr gebracht wurden] oder*
2. *der Antriebsmotor als Lichtmaschine übergangsweise benutzt werden kann, um auch weiterhin die Lichtanlage mit Strom zu versorgen.*

*(8) Für lichttechnische Einrichtungen am Fahrrad gelten folgende Anbauhöhen:*

*Leuchte und Rückstrahler vorne min. 400 mm, max. 1200 mm*

*Leuchte und Rückstrahler hinten min. 200 mm, max. 1200 mm*

**§ 67a StVZO – Lichttechnische Einrichtungen an Fahrradanhängern**

Zusätzlich gilt für Fahrradanhänger:

*(2) Fahrradanhänger müssen mindestens mit folgenden lichttechnischen Einrichtungen ausgerüstet sein:*

*1. nach vorn wirkend:*

*a) bei einer Breite des Anhängers von mehr als 600 mm mit zwei paarweise angebauten weißen Rückstrahlern mit einem maximalen Abstand von 200 mm zur Außenkante,*

*b) bei einer Breite des Anhängers von mehr als 1000 mm zusätzlich mit einer Leuchte für weißes Licht auf der linken Seite,*

*2. nach hinten wirkend:*

*a) mit einer Schlussleuchte für rotes Licht auf der linken Seite, falls mehr als 50 Prozent der sichtbaren leuchtenden Fläche der Schlussleuchte des Fahrrads durch den Anhänger verdeckt wird oder falls der Anhänger mehr als 600 mm breit ist und*

*b) mit zwei roten Rückstrahlern der Kategorie „Z" mit einem maximalen Abstand von 200 mm zur Außenkante,*

*3. nach beiden Seiten wirkend:*

*a) mit ringförmig zusammenhängenden retroreflektierenden weißen Streifen an Reifen oder Felgen oder Rädern oder*

*b) mit weiß retroreflektierenden Speichen (jede Speiche) oder Speichenhülsen (an jeder Speiche) an jedem Rad oder*

*c) mit mindestens zwei um 180 Grad versetzt angebrachten, nach der Seite wirkenden gelben Speichenrückstrahlern an den Speichen jedes Rades.*

*(3) Anhänger, die nicht breiter als 1000 mm sind, dürfen mit einer Leuchte für weißes Licht nach vorne ausgerüstet werden.*

*(4) Unabhängig von der Breite dürfen Anhänger mit*

*1. einer weiteren Leuchte für rotes Licht nach hinten auf der rechten Seite* **(Bild 1)** *oder*

*2. Fahrtrichtungsanzeigern [...] oder*

*3. zwei weiteren zusätzlichen roten nicht dreieckigen Rückstrahlern nach hinten wirkend mit einem maximalen Abstand von 200 mm zur Außenkante ausgerüstet werden.*

*(5) Lichttechnische Einrichtungen dürfen zusammengebaut, ineinander gebaut oder kombiniert sein, mit Ausnahme von Fahrtrichtungsanzeigern.*

*(6) Absatz 2 gilt nicht für Fahrradanhänger, die vor dem 1. Januar 2018 in Verkehr gebracht wurden.*

**Bild 1: Heckleuchten am Anhänger**

**Praktische Auswirkungen der Regelungen**

Die wesentlichen Neuerungen zu den bisher geltenden Regelungen sind:

- Die elektrischen Spannungs- bzw. Leistungswerte von 6 V und 3 W sind nicht mehr zwingend vorgeschrieben.
- Die Lichtanlage muss nur während ihres Betriebs fest angebracht sein.
- Am Heck ist nur noch mindestens ein Rückstrahler vorgeschrieben. Dieser muss der Kategorie ‚Z' entsprechen.
- Fahrtrichtungsanzeiger sind für besondere Fahrräder erlaubt.

Ob ein Bauteil den Anforderungen entspricht erkennt man am Vorhandensein des Prüfzeichens (eine Wellenlinie, Buchstabe K und Prüfziffer, siehe **Bild 1, Seite 404**). Alle Beleuchtungselemente eines Fahrrades müssen dies aufweisen.

Die Prüfung der Bauteile geschieht anhand der Vorgaben, die in verschiedenen „Technischen Anforderungen" (TA) formuliert sind. Dabei darf die Serienstreuung der Produkte im fotometrischen Bereich bis zu 20% betragen, wenn sie nicht auf eine Änderung der Bauart zurückzuführen ist.

## 8.2 Fotometrie

Zur Darstellung der Qualität ihrer Produkte geben die Hersteller von Fahrradbeleuchtung häufig Werte mit den Maßeinheiten Lumen [lm] oder Lux [lx] an.

Lichtquellen werden technisch durch Größen wie Lichtstrom, Lichtstärke, Beleuchtungsstärke und Leuchtdichte bewertet. Daneben stellen Farbtemperatur und Farbwiedergabeindex, Abstrahlcharakteristik sowie Wirkungsgrade von Leuchten und Leuchtmitteln zweckmäßige Bewertungsgrößen dar.

Die Fotometrie befasst sich mit der Vermessung des Lichts.

### 8.2.1 Elektromagnetische Wellen und Licht

8

Elektromagnetische Wellen, auch elektromagnetische Strahlung genannt, bestehen aus gekoppelten elektrischen und magnetischen Feldern **(Bild 1)**.

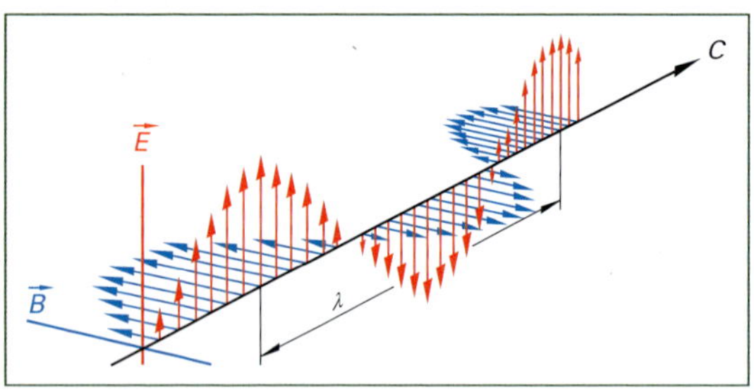


**Bild 1: Elektromagnetische Welle (rot: elektrisches Feld, blau: magnetisches Feld)**

Sie benötigen zur Ausbreitung kein Medium und können daher größte Entfernungen im Weltraum überbrücken. Sie bewegen sich im Vakuum mit Lichtgeschwindigkeit fort.

Je nach ihrer Frequenz *f* bzw. Wellenlänge $\lambda$ können elektromagnetische Wellen als Radiowellen, Mikrowellen, Infarotstrahlung, sichtbares Licht, UV-Strahlung oder Gammastrahlung erscheinen. Dabei sind die Übergänge zwischen diesen Erscheinungen fließend **(Bild 2)**.

Das für den Menschen sichtbare Licht ist die elektromagnetische Strahlung im Wellenlängenbereich von 380 nm bis 780 nm. Dabei ist das Helligkeitsempfinden des Auges über den sichtbaren Bereich nicht gleich verteilt. Dargestellt in der V-Lambda-Kurve zeigt es ein tagsüber deutliches Maximum im grünen Bereich bei 555 nm. Nachts verschiebt sie sich in den blauen Bereich mit einem Maximum bei 507 nm **(Bild 3)**.

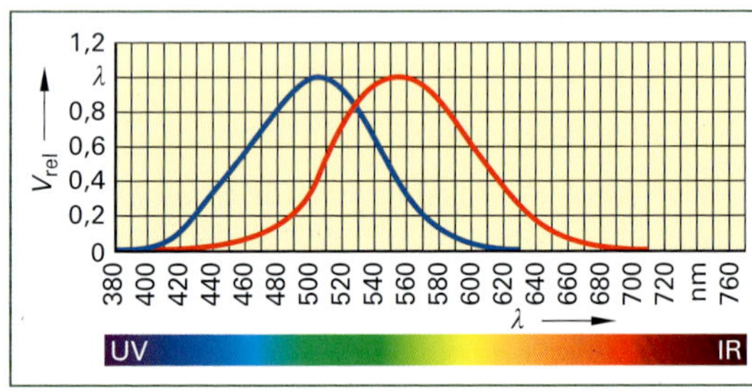


**Bild 3: Helligkeitsempfindlichkeit des Menschen**

Die Fotometrie beschäftigt sich nur mit der Vermessung der Strahlung im Bereich des sichtbaren Lichts. Dabei werden die Messgeräte mittels

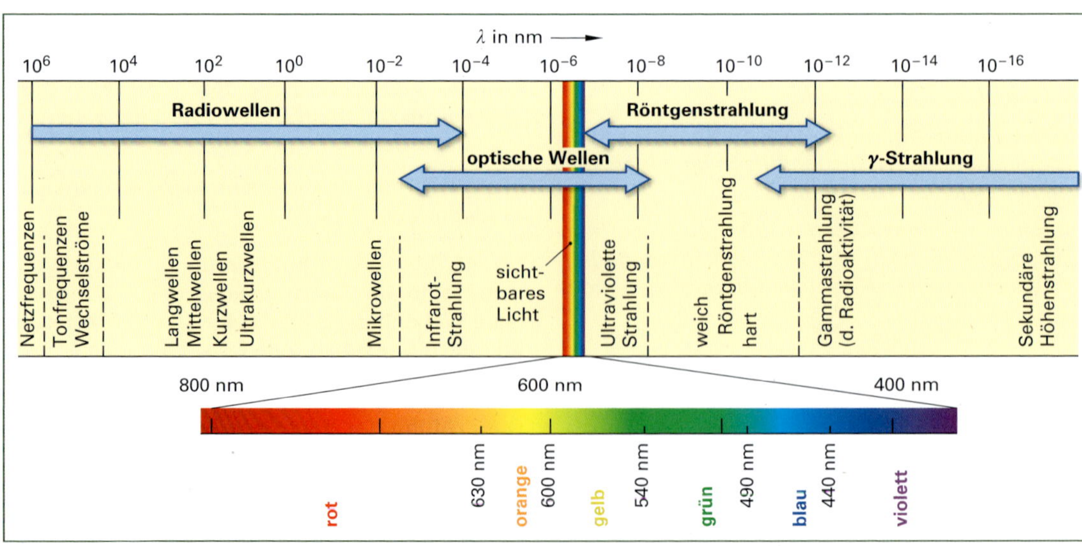


**Bild 2: Elektromagnetisches Spektrum (von links nach rechts mit steigender Frequenz/abnehmende Wellenlänge)**

Hellempfindlichkeitskorrekturen an die Empfindlichkeit des menschlichen Auges angepasst.

### 8.2.2 Strahlungsleistung und Lichtstrom

Durch künstliche Leuchtmittel wird elektrische Energie in elektromagnetische Strahlung umgewandelt. Der erzeugte Strahlungsbereich ist dabei abhängig von dem jeweiligen Leuchtmittel. Die von einer Glühlampe erzeugte Strahlung liegt hauptsächlich im infraroten Bereich (Wärmestrahlung **Bild 1**).

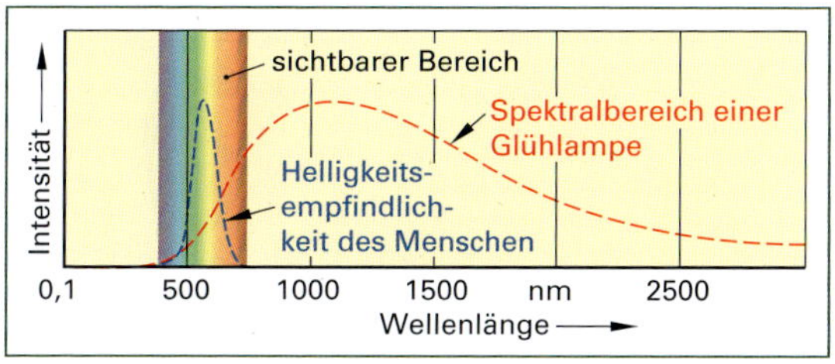


**Bild 1: Strahlungsspektrum einer Glühlampe**

Zur fotometrischen Bewertung eines Leuchtmittels wird nur die Strahlungsleistung im sichtbaren Bereich herangezogen.

Die Strahlungsleistung eines Leuchtmittels im Bereich des sichtbaren Lichts wird als **Lichtstrom** $\Phi_V$ bezeichnet. Die Maßeinheit ist **Lumen** [lm].

Ein Gerät zum Messen des Lichtstroms ist das **Kugelfotometer** (auch **Ulbrichtkugel** genannt). Dabei wird das Leuchtmittel in einer lichtdichten Kugel eingespannt, sodass weder äußere Helligkeit eintreten noch das Licht des Leuchtmittels austreten kann. Sie ist innen mit einer homogenen, vollkommen gestreut reflektierenden Oberfläche versehen. Das erzeugte Licht verteilt sich dabei gleichmäßig im Raum. In einem kleinen Messfenster ist ein Detektor angebracht, der durch einen Abschatter gegen direkte Anstrahlung geschützt ist (**Bild 2**).

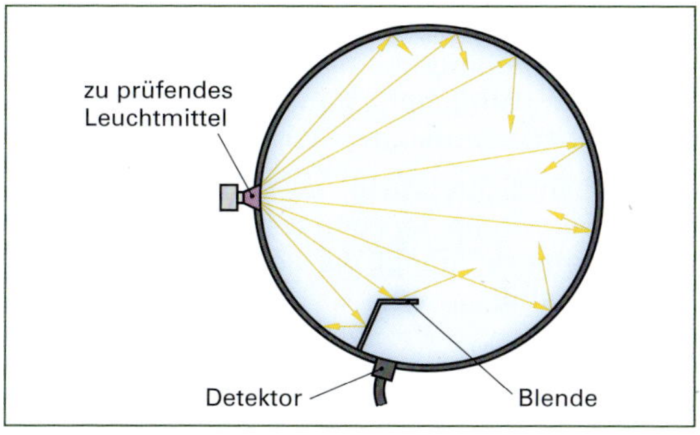


**Bild 2: Kugelfotometer (Ulbrichtkugel)**

### 8.2.3 Lichtstärke

Künstlich erzeugtes Licht wird häufig durch Optiken (Reflektoren, Linsen) geleitet, so dass es gerichtet bestimmte Flächen oder den umgebenden Raum erhellt. Der vom Leuchtmittel abhängige Lichtstrom hat für solche Fälle nur eine begrenzte Aussagekraft, da er eine Richtwirkung nicht berücksichtigt. Die Lichtstärke berücksichtigt die unterschiedliche Lichtverteilung im Raum (**Bild 3**).

Die **Lichtstärke** $I_V$ ist das Verhältnis von Lichtstrom zu dem von ihm durchstrahlten Raumwinkel Ω. Die Maßeinheit ist **Candela** [cd].

$$I_V = \frac{\Phi_V}{\Omega}$$

Dem Maß von 1 cd entspricht etwa die Lichtstärke einer Stearinkerze mit einer Flamme von ca. 3 cm Höhe.

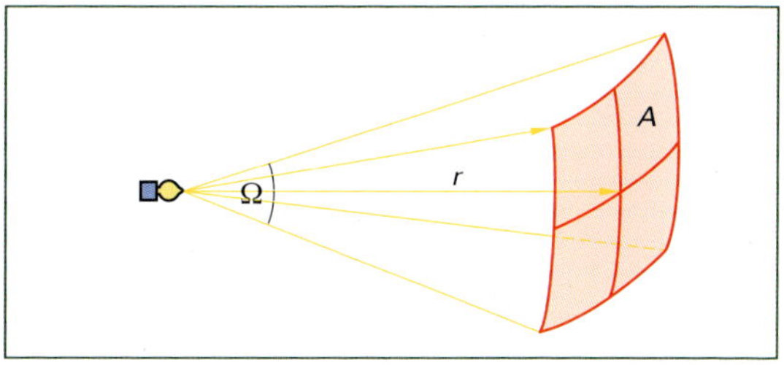


**Bild 3: Lichtstärke**

Die Lichtstärke $I_V$ ist unabhängig vom Abstand $r$ zur Leuchtquelle, da die Bemessungsfläche mit dem Abstand größer wird. Sie hängt nur vom betrachteten Raumwinkel Ω ab.

In Lichtverteilungskurven wird die Lichtstärke von Leuchtmitteln oder Leuchten dargestellt (**Bild 4**).

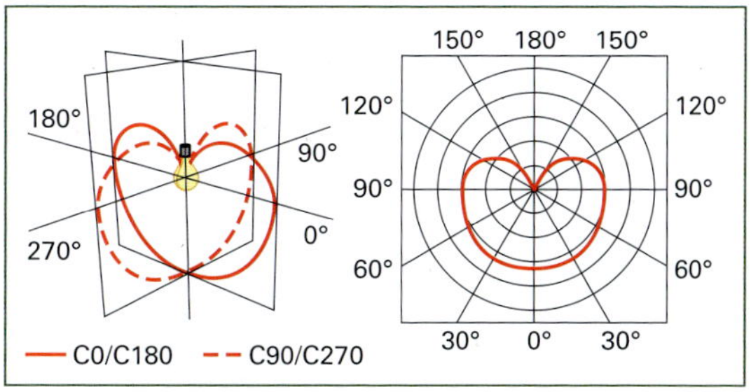


**Bild 4: Lichtverteilungskurve**

In der Mitte des Diagramms befindet sich die Lampe. Die radialen Linien geben den Betrachtungswinkel an, die konzentrischen Kreise die Lichtstärke. Das Messergebnis (durchgezogene bzw. die gepunktete rote Linie) zeigt die Lichtstärke aus verschiedenen Blickwinkeln.

### 8.2.4 Beleuchtungsstärke

Die Beleuchtungsstärke ist eine reine Empfängergröße und dient als Maß für die Helligkeit an einem bestimmten Ort. Bildlich gesprochen gibt die Beleuchtungsstärke an, wieviel Licht tatsächlich an einem bestimmten Fleck eintrifft.

Die **Beleuchtungsstärke $E_V$** ist das Verhältnis von Lichtstrom zur Empfängeroberfläche ***A***. Die Maßeinheit ist **Lux** [lx].

Dabei bewirkt ein Lichtstrom von 1 lm, der sich gleichförmig über eine Fläche von 1 m$^2$ verteilt, dort eine Beleuchtungsstärke von 1 lx:

$$1 \text{ lx} = 1 \text{ lm/m}^2$$

Die Beleuchtungsstärke eines Empfängers nimmt mit dem Quadrat des Abstandes $r$ zur Lichtquelle ab **(Bild 1)**.

$$E_V = \frac{d\Phi_V}{dA} = \frac{I_V}{r^2}$$

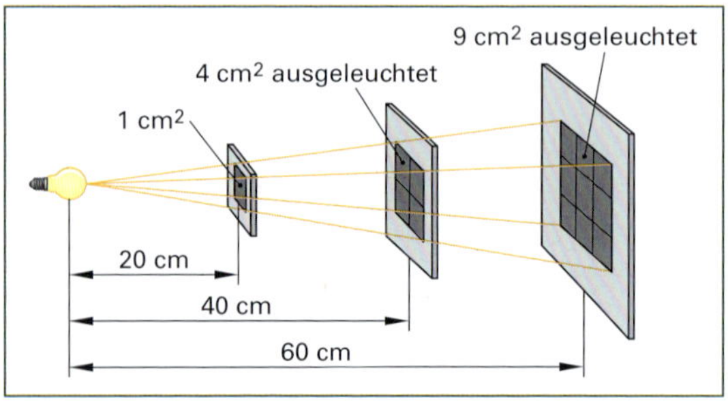


**Bild 1: Beleuchtungsstärke und Entfernung**

Bei Fahrradfrontleuchten bezieht sich die Angabe zur Beleuchtungsstärke auf eine Messung in zehn Meter Entfernung.

Die Beleuchtungsstärke wird mit einem Luxmeter gemessen **(Bild 2a)**. In den meisten Smartphones ist ein Lichtsensor eingebaut, mit dem die Beleuchtungsstärke gemessen werden kann. Dazu wird eine separate App benötigt **(Bild 2b)**.

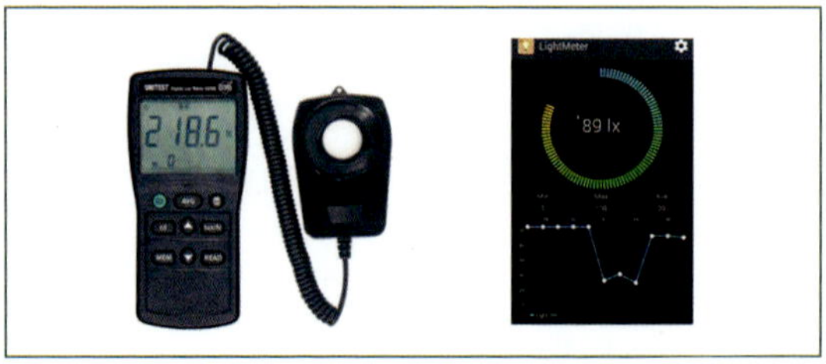

**Bild 2: Luxmeter und Luxmeter App**

Mangels geeigneter Kalibrierung sind Messungen mit dem Smartphone nicht sehr genau. Für den gelegentlichen Vergleich von Beleuchtungsstärken durch unterschiedliche Lichtquellen eignen sie sich dennoch recht gut.

### 8.2.5 Leuchtdichte

Die Leuchtdichte gibt an, welche Menge an sichtbarem Licht von einer bestimmten Oberfläche aus (die Fläche der Lichtquelle) in einer bestimmten Richtung ausgestrahlt wird. Dabei kann es sich um eine direkte Lichtquelle oder um eine Reflexion handeln **(Bild 3)**.

Die **Leuchtdichte $L_V$** beschreibt den Helligkeitseindruck, den eine selbstleuchtende oder bestrahlte Fläche vermittelt. Die Maßeinheit ist **Candela pro Quadratmeter** [cd/m$^2$].

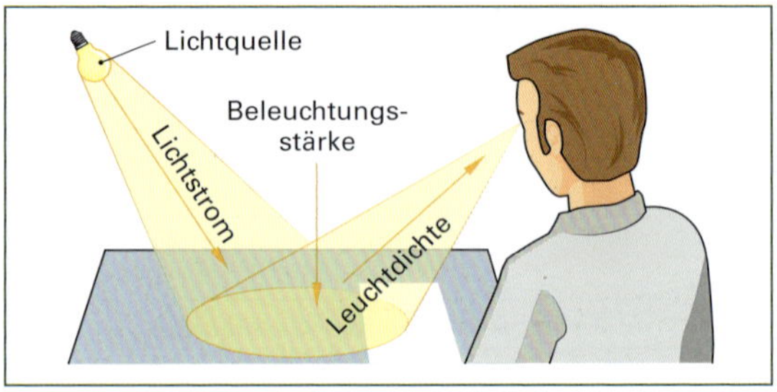


**Bild 3: Lichtstrom, Beleuchtungssstärke und Leuchtdichte**

Die Helligkeit von verschiedenen Lichtquellen kann vom Menschen unterschiedlich beurteilt werden, auch wenn die Lichtstärke (und die Wellenlänge) identisch ist. Das geschieht, wenn zwei gleich starke Lichtquellen unterschiedlich große Leuchtflächen aufweisen.

So hat eine Glühlampe mit 100 W elektrischer Leistung verschiedene Leuchtdichten, je nach Ausführung des Glaskolbens:

- matt 200 000 cd/m$^2$
- klar 10 000 000 cd/m$^2$

Im Fall des klaren Glaskolbens reduziert sich die Leuchtfläche auf die des Glühfadens.

Die Leuchtdichte einer Fläche bestimmt, mit welcher Flächenhelligkeit das Auge die Fläche wahrnimmt und hat daher von allen photometrischen Größen den unmittelbarsten Bezug zur optischen Sinneswahrnehmung. Besonders bei Heckleuchten und Tagfahrlicht bestimmt die Leuchtdichte die Sichtbarkeit für andere Verkehrsteilnehmer.

Eine Leuchtdichte ab $10^5$ bis $10^6$ cd/m$^2$ führt zu einer Überlastung der Fotorezeptoren in der Netzhaut (Zapfensättigung), die als Blendung wahrgenommen wird.

Die Leuchtdichte beschreibt die Helligkeit von ausgedehnten, flächenhaften Lichtquellen; für die Beschreibung der Helligkeit von punktförmigen Lichtquellen ist die Lichtstärke besser geeignet.

### 8.2.6 Farbtemperatur

Künstliche Lichtquellen vermitteln immer einen eigenen, charakteristischen Farbeindruck. Dies resultiert aus der Technologie, mit der sie das Licht erzeugen. Die Farbtemperatur ist ein Maß, um den Farbeindruck einer Lichtquelle quantitativ zu bestimmen und Lichtquellen untereinander vergleichbar zu machen.

Dabei darf die Farbtemperatur nicht mit den Farben verwechselt werden, die im Alltag zur Kennzeichnung von Temperaturen verwendet wird (blau = kalt, rot = heiß).

Als **Farbtemperatur** bezeichnet man diejenige Temperatur, die ein schwarzer Körper haben müsste, damit dessen Licht denselben Farbeindruck erweckt wie die tatsächlich vorhandene Beleuchtung. Die Maßeinheit ist **Kelvin** [K].

Ein **Schwarzer Körper** (auch: Schwarzer Strahler, planckscher Strahler) ist eine idealisierte thermische Strahlungsquelle.

Die Idealisierung besteht darin, dass ein Schwarzer Körper alle auftreffende elektromagnetische Strahlung vollständig absorbiert, somit auch Licht. Er lässt keine Strahlung hindurch und spiegelt oder streut nichts.

Andererseits sendet er bei Erwärmung eine elektromagnetische Strahlung aus, deren Intensität und spektrale Verteilung von der Beschaffenheit des Körpers und seiner Oberfläche unabhängig sind und nur von seiner Temperatur abhängt **(Bild 1)**.

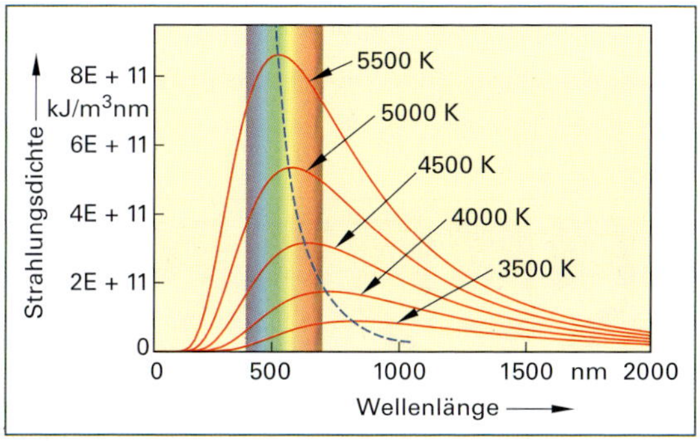


**Bild 1: Schwarzkörperstrahlung**

Bei niedriger Temperatur sendet der Schwarze Körper hauptsächlich Wärmestrahlung aus. Bei steigender Temperatur vergrößert sich der Anteil an Strahlung im sichtbaren Bereich. Je höher seine Temperatur, desto größer sind die Anteile blauen Lichts am Farbspektrum.

**Physiologische Auswirkung der Farbtemperatur**

Der Mensch hat sich während seiner Evolution an die äußeren Bedigungen angepasst. Die Sonne als unsere größte Lichtquelle strahlt annähernd mit dem Spektrum eines Schwarzen Strahlers bei 5500 K (Mittagslicht, je nach Sonnenstand). Diese Farbtemperatur wird vom Menschen als neutral wahrgenommen. Niedrigere Temperaturen haben einen höheren Rotanteil, bei höheren überwiegt der Blauanteil.

Im Verlauf eines Tages verändern sich sowohl die Farbtemperatur des Sonnenlichts als auch die Beleuchtungsstärke. Große Helligkeit wird dabei immer von einer hohen Farbtemperatur begleitet. Abweichungen davon werden intuitiv als unnormal wahrgenommen und mit Unbehaglichkeit assoziiert **(Bild 2)**.

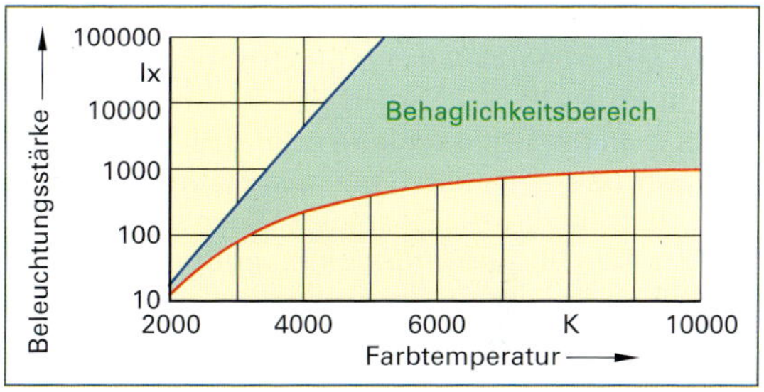


**Bild 2: Beleuchtungstechnischer Behaglichkeitsbereich**

### 8.2.7 Farbwiedergabe

Der Farbwiedergabeindex (Colour Rendering Index, CRI) ist eine fotometrische Größe zur Bestimmung des Farbeindrucks eines angestrahlten Objekts. Es handelt sich um einen einheitenlosen Referenzindex. Der Index beschreibt die Qualität der Zusammensetzung des weißen Lichts eines Leuchtmittels. Als Referenz dient dabei das Sonnenlicht (Wert: 100). Bei diesem Wert wirken die Farben von Gegenständen oder der Umgebung natürlich. Der Farbwiedergabeindex ist nicht von einer bestimmten Farbtemperatur abhängig.

Glühlampen und Halogen-Glühlampen haben eine kontinuierliche Spektralverteilung und daher auch CRI-Werte bis zu 100. Das Spektrum von Gasentladungslampen und LEDs ist dagegen diskontinuierlich **(Seite 424, Bild 1)**. Dabei ist die Intensität bestimmter Wellenlängen schwächer oder sie fehlen ganz. Diese Fehler lassen das von einem Gegenstand reflektierte Licht als unnatürlich erscheinen **(Tabelle 1)**.

**Tabelle 1: CRI einiger Leuchtmittel**

| Leuchtmittel | CRI |
|---|---|
| Weiße LED, aktuell<br>(alte Bauart) | 75 bis 98<br>(65 bis 90) |
| Kompaktleuchtstofflampen | 80 bis 90 |
| Halogen-Metalldampflampe | 60 bis 95 |

## 8.3 Bereitstellung elektrischer Energie

Der Fahrradgenerator wandelt mechanische Arbeit in elektrische Energie um und stellt diese zum Betrieb von elektrischen Verbrauchern (z. B. Lichtanlage oder Navigationssystem) zur Verfügung.

### 8.3.1 Spannungserzeugung durch Induktion

Zwischen den Polen eines Magneten besteht ein Magnetfeld. Die Stärke des Feldes wird als magnetischer Fluss angegeben.

Befindet sich ein elektrischer Leiter in einem Magnetfeld, wirkt auf die Elektronen in ihm der magnetische Fluss. Ändert sich der magnetische Fluss (z. B. die Leiterschleife oder das Magnetfeld werden bewegt), wirkt auf die Elektronen eine Kraft (Lorentzkraft). Einzelne Elektronen werden verschoben und es findet eine Ladungstrennung statt: Eine Spannung wird induziert.

Die Höhe dieser induzierten Spannung ist abhängig von:

- der Änderungsgeschwindigkeit des magnetischen Flusses,
- der Windungszahl der Leiterschleifen und
- der Stärke des Magnetfeldes.

Schließt man an den beiden Enden der Leiterschleife einen Verbraucher an, fließt ein elektrischer Strom **(Bild 1a)**.

Nach der Lenzschen Regel ist der Induktionsstrom in jedem Augenblick so gerichtet, dass sein eigenes Magnetfeld die Drehbewegung hemmt. Um das Fließen des Stromes aufrechtzuhalten, muss ständig mechanische Arbeit aufgewendet werden.

Bei einer Umdrehung der Leiterschleife hat die Induktionsspannung zweimal ihren Höchstwert (den Scheitelwert) und zweimal den Wert Null. Die dauerhaft wirksame Spannung bezeichnet man als Effektivspannung $U_{eff}$. Sie beträgt 70,7 % der Spitzenspannung **(Bild 1b)**.

Das für die Induktion notwendige Magnetfeld stammt bei Kleingeneratoren immer von Dauermagneten (Permanenterregung). Daneben gibt es Generatoren mit Elektromagneten, die ihren Strom aus dem Generator selbst beziehen (Selbsterregung). Dieses sog. *dynamo-elektrische Prinzip* war namengebend für den Dynamo, welches aber eigentlich nicht die Permanenterregung beschreibt.

Der Generator eines Fahrrades gibt normalerweise einphasigen Wechselstrom ab. Der Frequenzbereich reicht dabei bei Nabengeneratoren von 30 bis 120 Hz und bei Seitenläufern von 180 bis 740 Hz (ungefähre Werte für 28" Bereifung, 10 bis 40 km/h Geschwindigkeit).

Der maximale Gesamtwirkungsgrad beträgt bei einfachen Seitenläufern ca. 30 %, bei getriebelosen Nabengeneratoren bis über 70 %.

Energieverluste entstehen in einem Generator durch:

- den elektrischen Widerstand in der Spule,
- den magnetischen Widerstand im Luftspalt zwischen Magnetrotor und Polblechen,
- Wirbelströme in den Polblechen,
- die Ummagnetisierung der Polbleche,
- die Reibung in den Lagerstellen.

Daneben treten Energieverluste in Antrieb und Getriebe auf.

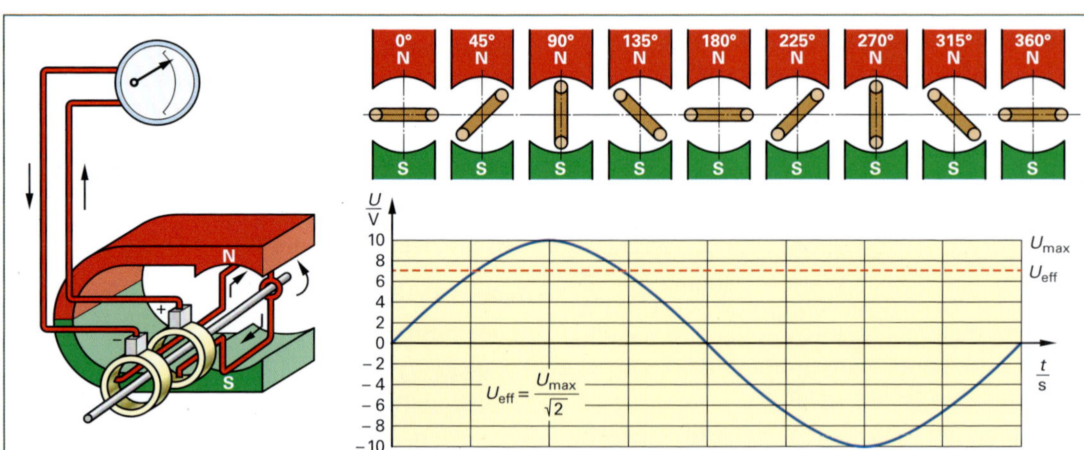


**Bild 1: Spannungserzeugung durch Induktion**

Da einige Verlustquellen (etwa Wirbelstromverluste in den Klauenpolen und mechanische Reibungsverluste) mit der Drehzahl stark ansteigen, während die Leistungsabgabe nahezu konstant bleibt, sinkt der Wirkungsgrad bei höherer Geschwindigkeit erheblich ab **(Bild 1)**.

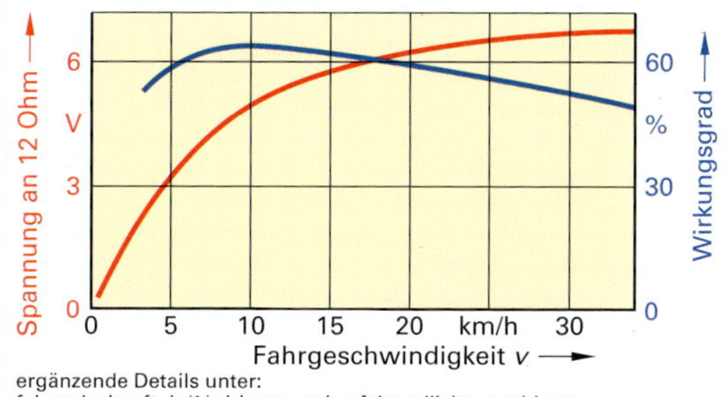


**Bild 1: Spannungsabgabe und Wirkungsgrad eines Nabengenerators**

## 8.3.2 Generator – innerer Aufbau

Kleingeneratoren werden meist als **Klauenpolgenerator** konzipiert. Der magnetische Rotor wird angetrieben, während die Spule ruht. Daher sind zur Stromabnahme keine Schleifkontakte notwendig. Polbleche aus weichmagnetischem Material dienen als Leiter für den magnetischen Fluss. Da diese wechselseitig und fingerartig ineinander greifen, werden sie auch Klauen genannt.

Weil das Magnetfeld durch die Polbleche geleitet wird, kann die Spule verschiedene Lagen haben:

- unterhalb des Rotors **(Bild 2)**
- außerhalb des Rotors als Innenläufer **(Bild 3)**
- innerhalb des Rotors als Außenläufer wie bei Walzen- und Nabendynamos **(Seite 414, Bild 3)**, selten bei Seitenläufern.

Da für die erzeugte Spannung nicht die Drahtlänge der Spule, sondern nur die Anzahl der Windungen ausschlaggebend ist, werden kleine Spulendurchmesser bevorzugt.

**Bild 2: Seitenläufer mit der Spule unterhalb des Rotors**

Die Vorteile des Klauenpolgenerators sind:

- Einfacher Aufbau aus wenigen, günstig zu fertigenden Teilen.
- Kleine Abmessungen und geringes Gewicht.
- Die hohe Polpaarzahl, die auch bei kleiner Drehzahl eine hohe Leistung und für langsam drehende Nabendynamos eine ausreichend hohe Frequenz der Wechselspannung ermöglicht.
- Die prinzipbedingt gekrümmte Spannungs-Kennlinie.

### Ablauf der Stromerzeugung

An den Polringen sind Laschen (Klauen) angebracht: Die Laschen 1 und 3 sind mit dem unteren Ring verbunden, die Laschen 2 und 4 mit dem oberen Ring. Die Spule befindet sich zwischen den Laschen und den Polringen **(Bild 3)**.

- Die beiden Nordpole des Magnetrotors stehen bei den Laschen 1 und 3, die Südpole bei den Laschen 2 und 4.
- Durch magnetische Influenz werden die Laschen 1 und 3 zu Südpolen und der untere Polring zum Nordpol. Analog wird der obere Polring zum Südpol.
- Der magnetische Fluss durchdringt die Spule von unten (Nordpol) nach oben (Südpol).
- Wird der Magnetrotor um einen Polschritt weitergedreht, wechselt die Polung aller Laschen und das Magnetfeld in der Spule kehrt seine Richtung um.
- Durch die Magnetfeldwechsel wird in der Spule eine Wechselspannung induziert.

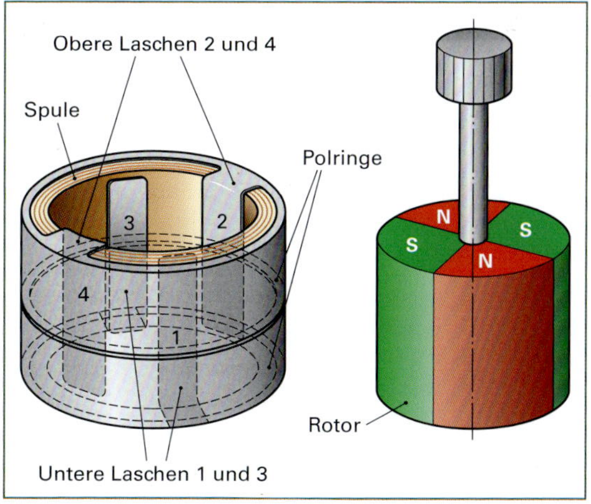


**Bild 3: Innenläufer: Spule mit Polringen und Magnetrotor**

Abweichend zur Darstellung in **Bild 3** wird der Rotor normalerweise mit vier Polpaaren magnetisiert, sodass sich bei jeder vollen Umdrehung vier Schwingungen ergeben.

8

### Spannungsbegrenzung

Die Bauteile einer Fahrradlichtanlage sind konstruktiv so aufeinander abgestimmt, dass es keiner aktiven Spannungsregelung bedarf. Stattdessen wird der Effekt der Gegeninduktion zur Regelung der Spannung ausgenutzt:

- Das rotierende Magnetfeld induziert eine Spannung in der Spule.
- Der geschlossene Stromkreis lässt einen Strom fließen.
- Dieser Stromfluss bewirkt in der Spule ein Magnetfeld, das dem erzeugenden Magnetfeld entgegengerichtet ist.
- Das resultierende Magnetfeld innerhalb der Spule wird abgeschwächt, sodass die Steigerung der induzierten Spannung mit steigender Drehzahl abnimmt.

Mathematisch kann man diesen Vorgang als Erhöhung des Innenwiderstandes $R_i$ des Generators darstellen:

$$R_i = \sqrt{R^2 + (2 \cdot \pi \cdot L \cdot f)^2}$$

Mit:

- Gleichstromwiderstand der Spule, $R \approx 7\ \Omega$
- Dynamokonstante $L \approx 0{,}01\ \Omega$
- Dynamofrequenz $f$

Der (relativ) große Innenwiderstand eines Fahrradgenerators bewirkt, dass die Ausgangsspannung bei gleicher Drehzahl (bzw. Fahrgeschwindigkeit) stark von der Größe des Lastwiderstandes abhängt **(Bild 1)**.

Nach alter Norm ist der Generator für einen Lastwiderstand von 12 Ω ausgelegt. Bei einer Fahrgeschwindigkeit von ca. 20 km/h erzeugt er eine Spannung von 6 V, die auch bei höheren Geschwindigkeiten kaum noch zunimmt (s. a. Kennlinie 12 Ω in **Bild 1**).

An der klassischen Fahrradlichtanlage haben die Lampen in Front- und Heckleuchte festgelegte Leistungswerte (2,4 W bzw. 0,6 W).

Insbesondere verlustarme Nabendynamos mit relativ niedrigem Innenwiderstand verhalten sich dagegen wie Konstantstromquellen. Bei schneller Fahrt ist dabei der Strom auf ca. 600 mA begrenzt.

Es ergeben sich daraus die Spannungen von ungefähr 7,2 V an 12 Ω, 9,0 V an 15 Ω und 36 V an 60 Ω.

Die korrekte Leistungsfähigkeit kann durch die Messung des Kurzschlussstroms überprüft werden. Bei einer AC-Messung mit einem Multimeter sollte relativ unabhängig von der Drehzahl 600 mA ± 50 mA angezeigt werden.

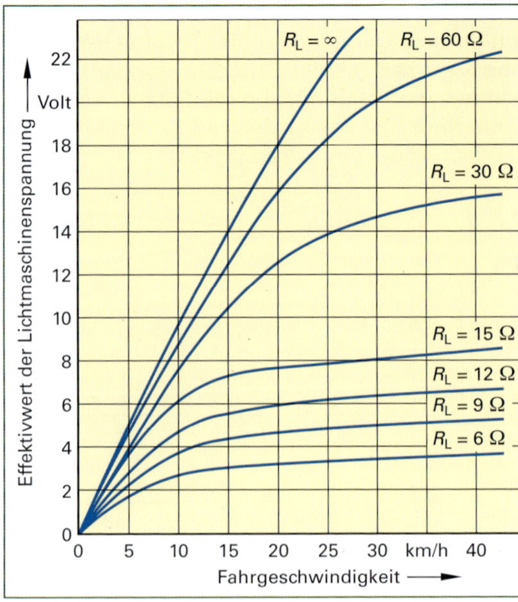


**Bild 1: Spannungskennlinien in Abhängigkeit vom Lastwiderstand**

AC-Spannungsmessungen sind bei geringer Drehzahl dagegen wenig aussagekräftig.

Der Ausfall einer Lampe im Stromkreis führt bei einer klassischen Fahrradlichtanlage zu einer Erhöhung des Schaltungswiderstandes und damit zu einer Verringerung des Stromflusses. Als Folge steigt die induzierte Spannung. Beim Ausfall der Heckleuchte steigt der Widerstand auf 15 Ω, bei dem Ausfall der Frontleuchte auf 60 Ω. Der verbliebene Verbraucher muss dann eine hohe Spannung ertragen **(Bild 1)**. Bei Glühlampen verkürzt sich dadurch die Lebensdauer stark.

Korrosion an den elektrischen Kontakten und Wackelkontakte können ebenfalls zu einem Anstieg der Generatorspannung führen.

### Normspannung/-leistung

Vor der Neufassung der StVZO im Jahr 2017 waren die Nennspannung und die Nennleistung der Generatoren auf 6 V und 3 W festgelegt. Notwendig war dies, um den Austausch von Ersatzteilen (meist Glühlampen) zu vereinfachen. Mit dem Wegfall dieser Norm haben die Konstrukteure der Beleuchtungsanlage mehr Freiheiten, die Leistungsfähigkeit und Effizienz der Beleuchtung zu verbessern.

So kann die geringere Betriebsspannung von LEDs von ca. 3 V oder die höhere Versorgungsspannung von E-Motor-Akkus berücksichtigt werden. Die Kehrseite der Medaille ist, dass in der Reparatur in Zukunft vermehrt die Anschlusswerte der Bauteile beachtet werden müssen.

Der Spannungsverlauf der Generatoren wird nach der alten Norm durch die TA 24 in der Form eines Korridors festgelegt, der der „natürlichen“ Spannungskurve eines Klauenpolgenerators entspricht **(Bild 1)**.

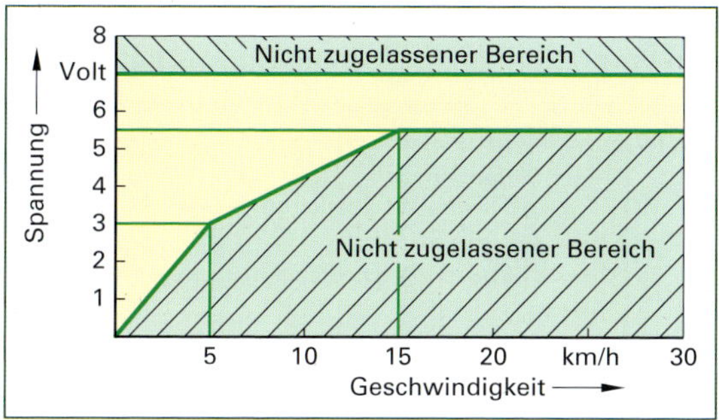


**Bild 1: Korridor der erlaubten Spannung bei Fahrradgeneratoren**

### Überspannungsschutz

Die Betriebstemperatur von Halogenglühlampen ist sehr nahe am Schmelzpunkt des Glühfadens. Auf Überspannungen reagieren sie daher besonders empfindlich. Um ihre bessere Lichtausbeute trotz der ungenauen Selbstregelung der Fahrraddynamos nutzbar zu machen, war der Einbau eines Überspannungsschutzes unerlässlich.

Eine einfache Methode, um eine Spannung zu begrenzen, ist der Einbau von Z-Dioden. Diese besitzen wie normale Dioden eine Durchlass- und eine Sperrrichtung. Beim Überschreiten einer bestimmten Durchbruchspannung (Zenerspannung) werden sie in Sperrrichtung durchlässig.

Da der Generator Wechselspannung erzeugt, werden zwei Z-Dioden gegeneinander in Reihe geschaltet **(Bild 2)**.

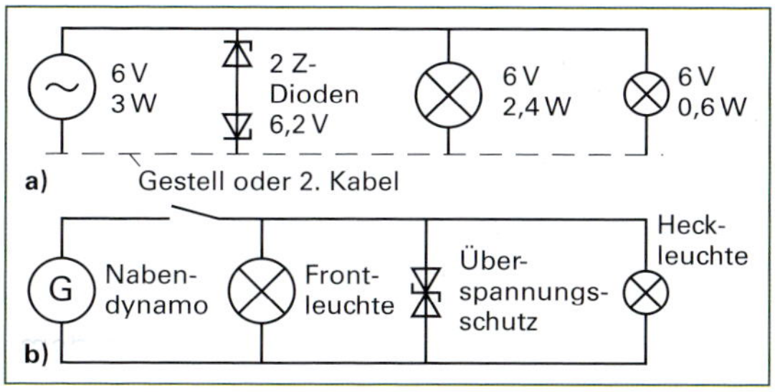


**Bild 2: Überspannungsschutz a) mit 2 Z-Dioden b) mit einer bidirektionalen TVS-Diode**

Arbeitsweise bei dem Ausfall einer Lampe:

- Der Gesamtwiderstand der Schaltung steigt.
- Die Gegeninduktion sinkt und die Versorgungsspannung steigt.
- Oberhalb der Durchbruchspannung werden die Z-Dioden leitend und wirken in der Schaltung wie ein Kurzschluss.
- Damit sinkt der Gesamtwiderstand.
- Die induzierte Spannung so weit gesenkt, bis die Durchbruchspannung unterschritten ist.

Die Dioden haben eine begrenzte Leistungsaufnahme. Deshalb wiederholt sich der Ablauf, bis entweder die Stromerzeugung beendet wird oder bis die Dioden durch thermische Überlast zerstört werden **(Bild 3)**.

**Bild 3: Thermisch zerstörte TVS-Diode**

Die Dioden sind meist in das Gehäuse der Leuchte integriert und können beim Ausfall (Durchbrennen) nicht ersetzt werden.

Statt der beiden Z-Dioden kann auch eine bidirektionale TVS-Diode (TVS = Transient Voltage Suppressor) den Überspannungsschutz ermöglichen **(Bild 2b)**.

Dabei besitzt der für die Fahrradbeleuchtung genutzte Typ BZW04-7V8B eine Sperrspannung von 7,78 V und eine Durchbruchspannung von 9,1 V (± 0,5 V). Das ist eine sinnvolle Dimensionierung, die bei langsamer Fahrt mit funktionsfähiger Beleuchtung nur geringe Verluste erzeugt. Bei 25 km/h liegt die Betriebsspannung an Halogenfront- und LED-Heckleuchte bei ca. 7 V

Wenn die Spannungsbegrenzung außerhalb des Generators erfolgt (z. B. in der Frontleuchte), wird bei ausgeschaltetem Licht auch die Spannungsbegrenzung deaktiviert. Ansonsten müsste ein dauernd eingeschalteter Nabendynamo ständig gegen die Spannungsregelung arbeiten und Energie „verbrauchen“.

Auf Bauteilen mit eingebautem Überspannungsschutz ist ein Hinweiszeichen angebracht **(Bild 4)**.

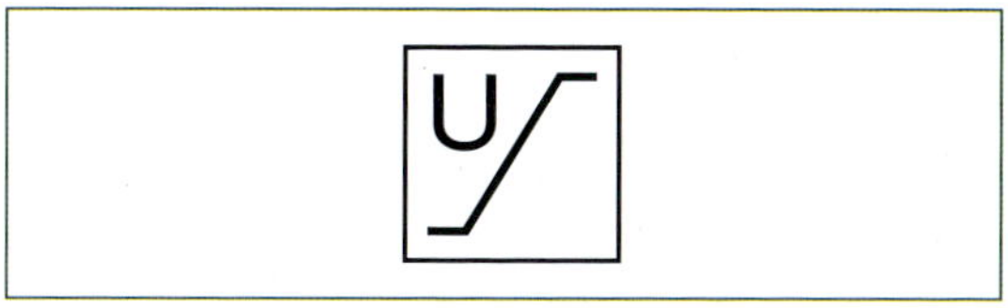


**Bild 4: Hinweiszeichen für einen Überspannungsschutz**

Sollte die Diode des Überspannungsschutzes durch eine Überlastung defekt sein, wird dies häufig nicht bemerkt. Vor allem nicht, wenn sie in der Frontleuchte verbaut ist. Eine elektronische Funktionsprüfung ist schwierig durchzuführen und verlangt besondere Messinstrumente.

Eine typische Defekthistorie kann wie folgt entstehen:

- Die Glühlampe der Heckleuchte ist defekt bzw. ein Kabelbruch unterbricht ihren Kontakt.
- Dieses wird durch den Radfahrer längere Zeit nicht bemerkt, sodass thermische Überlastung (z. B. Fahrt mit Licht bei hoher Geschwindigkeit) die Diode zerstört und in der Folge die Halogenlampe der Frontleuchte versagt.
- Dieser Defekt wird bemerkt und die beiden Lampen werden ersetzt. Die zerstörte Diode wird nicht bemerkt.
- Aufgrund des jetzt fehlenden Überspannungsschutzes kommt es in der Folge immer häufiger zum Versagen der Halogenlampen.

Die Beleuchtungsanlage kann auch mit einem Überspannungsschutz nachgerüstet werden. Dazu wird ein entsprechender Adapter an geeigneter Stelle parallel zu dem Lampen eingebaut. Solche Nachrüstungen verfügen meist über einen leistungsfähigen Kühlkörper, der die Diode vor thermischer Überlastung schützt.

8

In einfachen LED-Beleuchtungen wird der Generatorstrom nur von einem Vorwiderstand begrenzt und durch einen Brückengleichrichter aufbereitet. Aufwändiger ist eine Stromverdoppelerschaltung, die aus 6 V / 500 mA ca. 3 V / 1000 mA erzeugt. Diese Spannung entspricht den Kennwerten der LED. Die Haupt-LED verhält sich dabei wie eine Z-Diode und begrenzt die Systemspannung.

### 3-Phasen-Wechselstromgenerator/Drehstromgenerator

Die klassischen Fahrraddynamos sind für die Fahrradbeleuchtung optimiert. Die bauartbedingte Begrenzung des abgegebenen Stroms **(vgl. Seite 412)** begrenzt aber gleichzeitig auch die lieferbare Leistung. Sollen zusätzliche Verbraucher (z. B. Navigationssystem, Powerbank) versorgt werden, ist ein Simultanbetrieb normalerweise nicht möglich.

**Bild 1: Drehstromgenerator, Seitenläufer**

Durch einen geänderten Aufbau kann auch ein Kleingenerator hohe Leistungen liefern. Dazu wird die Spulenanordnung zu einem 3-Phasen-Wechselstrom-Generator in Dreieckschaltung modifiziert (drei Anschlussleitungen, **Bild 1**).

Die Spannung bzw. Leistung kann somit ohne konstruktive Drosselung ungehindert ansteigen **(Bild 2)** während die nachgeschaltete Elektronik den Verbrauchern angepasste Ströme liefert.

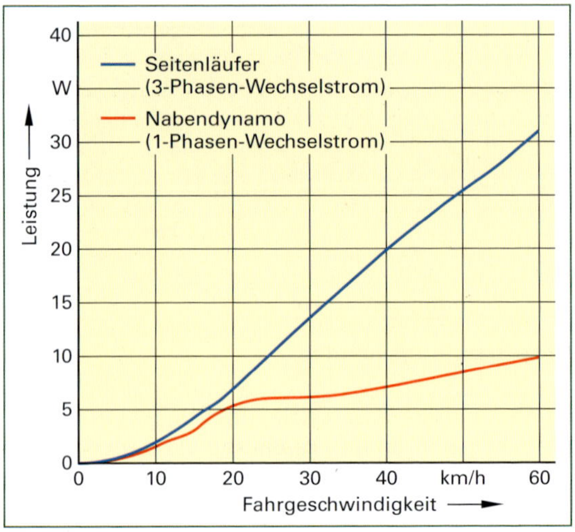


**Bild 2: Leistung am Ladestromregler**

Es ist zu beachten, dass hiermit kein klassischer Dynamobetrieb möglich ist, da nur ein nachgeschalteter Ladestromregler für eine konstante Spannung sorgen kann.

### Luftspulengenerator

Im Unterschied zum Klauenpolgenerator verzichtet der **Luftspulengenerator** auf Polbleche zur Leitung des Magnetfeldes. Da Luft den magnetischen Fluss viel schlechter leitet als Eisen, brauchen sie deutlich mehr oder stärkere Magneten und ein größeres Wickelvolumen, so dass sie bei gleicher Leistung und Drehzahl schwerer und teurer sind. Auch ist der Aufbau aufwendiger, denn ohne die Umlenkung des Magnetfeldes muss es geradlinig und durch einen zweiten Luftspalt wieder in den Erreger zurückgeleitet werden.

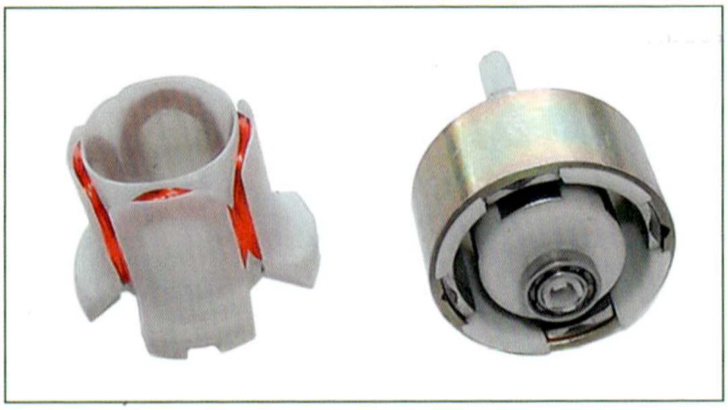

**Bild 3: Luftspule und Magnetrotor**

Der Vorteil der Luftspulensysteme ist ein absolut verlustfreier Leerlauf. Dieser würde sich für getriebelose Nabendynamos empfehlen. Der einzige Fahrradgenerator dieser Bauart war bislang der Seitenläufer Lightspin (Hersteller: Dynosys, **Seite 414, Bild 3**, fahrradzukunft.de/bilder/30/steckdose-unterwegs-8/12.png).

**Polfühligkeit**

Dreht man einen Klauenpolgenerator von Hand, lässt sich der Polwechsel deutlich fühlen. Bedingt ist dieses ungleichförmige Drehmoment durch die Anziehungskräfte zwischen Magnetpolen und Klauen, die den Rotor in ganz bestimmte Vorzugsstellungen ziehen. Um den Rotor aus solch einer Vorzugstellung wegzudrehen, wird Energie benötigt; schnappt er dann in die nächste weiter, wird ein Großteil dieser Energie wieder frei. Subjektiv wird allerdings nur die aufgewendete Kraft wahrgenommen, nicht aber die nachher wieder frei werdende.

Der Leistungsbedarf des Generators hat also nichts mit dem zum schrittweisen Drehen benötigten Drehmoment zu tun.

Die Stärke dieser Polfühligkeit hängt von der Feinabstimmung von Magnetfeld und Eisenkörper ab und kann von Exemplar zu Exemplar stark schwanken, ohne die elektrischen Eigenschaften wesentlich zu beeinflussen. Eine zu große Polfühligkeit kann allerdings bei bestimmten Fahrgeschwindigkeiten zu spürbaren Vibrationen (Resonanzfrequenzen) führen.

## 8.3.3 Antriebe von Generatoren

Im Laufe der Zeit wurden viele Varianten von Fahrradynamos entwickelt und gefertigt. Sie lassen sich nach ihrer Antriebsart und der Getriebeart einteilen **(Bild 1)**:

- Reibradantrieb (Seitenläuferdynamo, Walzendynamo) mit Reibradgetriebe,
- Mitnehmerantrieb (Speichendynamo) mit Zahnriemengetriebe und
- Direktantrieb (Nabendynamo) mit Planetengetriebe oder getriebelos.

Am Markt behauptet haben sich die Seitenläuferdynamos und die Nabendynamos. Erstere werden gegenwärtig vornehmlich für einfache Anwendungen konzipiert und auf niedrige Herstellkosten und geringes Gewicht optimiert. Seltene Ausnahmen sind Modelle für spezielle Anwendungen, wenn die Nabe nicht als Generator genutzt werden kann (z. B. Velomobile und andere Dreiräder) oder soll (Reiseräder).

Das Angebot an Nabendynamos deckt dagegen mit einer Vielzahl von Modellen den gesamten Anforderungsbereich ab. Walzen- und Speichendynamos werden seit 2000er Jahren nicht mehr hergestellt, sind aber ggf. noch an älteren Fahrrädern verbaut.

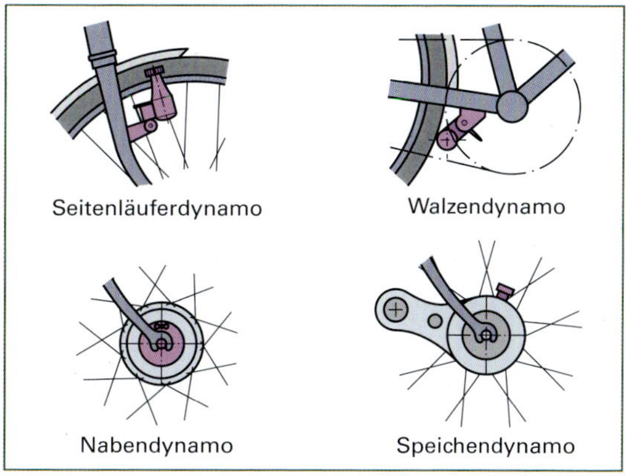


**Bild 1: Antriebsarten des Dynamos**

**Reibradantrieb**

Bei den Reibradbauarten rollen zwei Flächen aufeinander ab. Die Laufrolle des Generators wird durch Federkraft an den Reifen oder die Felge gepresst und durch Haftreibung angetrieben. Hinzu kommt noch ein geringer Formschlusseffekt, wenn die Laufrolle gerillt ist und sich mit der Profilierung der Reifenflanke verzahnt. Der Reibschluss ist stark abhängig von Umwelteinflüssen und wird durch Feuchtigkeit oder Verschmutzung stark herabgesetzt.

Der notwendige Anpressdruck der Reibrolle verursacht einen Verlust an mechanischer Energie durch die Reibungskräfte in den Gleitlagern und der Walkarbeit im Reifen.

**Reibradgetriebe**

Zwar drehen sich unterschiedlich große Räder bei gleicher Fahrgeschwindigkeit mit unterschiedlichen Drehzahlen. Beispiel: Bei 20 km/h dreht sich ein 20"-Rad mit 210 $^1/_{min}$, während ein 28"-Rad 150 $^1/_{min}$ aufweist. Doch die Differenz der Durchmesser von Laufrolle und der Abrolllinien auf den verschieden großen Reifen wirkt wie ein Getriebe, das durch seine Übersetzung die Drehzahlunterschiede ausgleicht. Die Drehzahl an der Dynamowelle ist nur von der Fahrgeschwindigkeit abhängig.

Seitenläufer- und Walzendynamos können deshalb problemlos mit Rädern unterschiedlicher Durchmesser kombiniert werden.

**Seitenläufer**

Einige Seitenläufer haben selbstreinigende Antriebsrollen, die reifenschonend laufen und leicht auszutauschen sind. Die Dymotec-Baureihe des Herstellers B&M (Produktion eingestellt) verfügt über einen einstellbaren Anpressdruck.

8

Beim Seitenläufer vermindern Montagefehler den Wirkungsgrad der Kraftübertragung. Um den Verschleiß am Reifen klein zu halten, muss der Dynamo so montiert werden, dass die Auflagefläche der Laufrolle auf der Reifenschulter möglichst groß ist **(Bild 1a)**. Die Dynamowelle muss radial zur Radachse stehen **(Bild 1b)**.

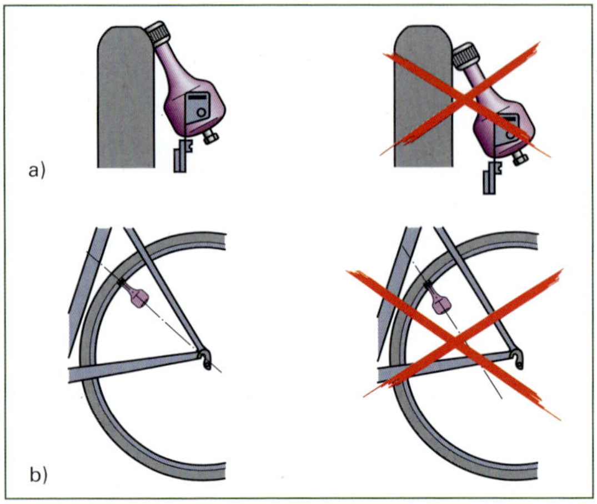


**Bild 1 Richtige Montage und Montagefehler**

Sollte sich ein Seitenläufer lösen, besteht die Gefahr, dass er in die Speichen gerät und das Rad blockiert. Da eine Blockade des Hinterrades fahrdynamisch leichter beherrschbar ist, als die des Vorderrades, ist die Befestigung am linken Hinterbau-Oberrohr und in Fahrtrichtung zu empfehlen. Bei kleineren Rädern besteht allerdings die Gefahr der Kollision mit dem Schuhabsatz des Fahrers.

### Felgenläufer

Den Seitenläufer auf der Felge abrollen zu lassen ist bislang eine seltene Ausnahme **(Bild 2)**.

Die Felge als Abrollfläche bietet einige Vorteile:

- Sie ist meist trocken, weil sie nicht, wie der Reifen, bei Nässe permanent durch die Straße befeuchtet wird.
- Sie kann durch das Bremsen mit einer Felgenbremse von Nässe befreit werden.
- Ihre glatte Oberfläche ermöglicht einen ruhigeren Lauf des Reibrades.
- Sie hat weniger Gleichlaufabweichungen (Seitenschlag) und damit einen weniger stark wechselnden Anpressdruck.
- Es entsteht kein Reifenverschleiß durch die Übertragung der Reibkräfte.

Es spricht nichts dagegen, einen (Reifen-)Seitenläufer zu einem Felgenläufer umzurüsten, wenn zwei Voraussetzungen erfüllt sind:

- Die Reibrolle ist unprofiliert und idealerweise sehr schmal, um einen ruhigen Lauf und eine optimale Flächenpressung zu erzielen. Als Kontaktelement haben sich handelsübliche O-Ringe bewährt.
- Der Generator kann tief genug montiert werden.

**Bild 2: Felgenläufer**

Wenn das Laufrädchen eines Seitenläufers austauschbar ist, dann kann man es durch eine einfache Rolle mit einer Aufnahme für einen O-Ring austauschen. Dabei kann ein größerer Durchmesser als jener der Original-Rolle gewählt werden. Zwar sinken dadurch die Drehzahl und die damit erzeugte Spannung. Doch die meisten der aktuellen LED-Leuchten erreichen ihre Bemessungshelligkeit bei deutlich weniger als 6 V. Zusätzlich erhöht diese Maßnahme das Drehmoment an der Rotorwelle, wodurch die Gefahr des Durchrutschens weiter verringert wird.

Im einfachsten Fall gelingt es, einen O-Ring ohne weitere Hilfsmittel fest genug auf der Läuferrolle zu montieren.

### Walzendynamo

Ein Walzendynamo läuft nicht an der Reifenflanke, sondern auf der Lauffläche des Reifens. Dazu ist er meist hinter dem Kurbelgehäuse in der Nähe oder anstelle des Fahrradständers montiert **(Bild 3)**.

**Bild 3: Walzendynamo**

Im Gegensatz zu einem Seitenläufer läuft nicht ein am Dynamo befestigtes Rädchen auf dem Reifen, sondern der gesamte zylinderförmige Dynamoaußenläufer. Dazu ist dieser an beiden Enden befestigt und außen mit einer Lauffläche versehen.

Die Vorteile der Walzendynamos sind:

- Die empfindliche Flanke von leichten Reifen wird nicht belastet oder beschädigt.
- Eine Montage ohne Klemmungen an empfindlichen Rahmenrohren.
- Ein optisch unauffälliger Montageort hinter dem Kurbellagergehäuse.
- Bei einigen Modellen mit Fernsteuerung durch einen Seilzug.

Nachteilig ist im Betrieb die Empfindlichkeit für Feuchtigkeit auf der Reifenlauffläche, die schnell und langandauernd zum Durchrutschen des Dynamos führt.

### Speichendynamo

Speichendynamos können nachträglich am Vorder- oder am Hinterrad montiert werden. Beim Modell des Herstellers Aufa/FER erfolgt der Antrieb des Generators über den Speichenmitnehmer der großen Riemenscheibe. Der Antrieb wird mechanisch an- bzw. abgeschaltet. Die formschlüssige Verbindung des Antriebs garantiert die Funktion des Dynamos bei jeder Witterung.

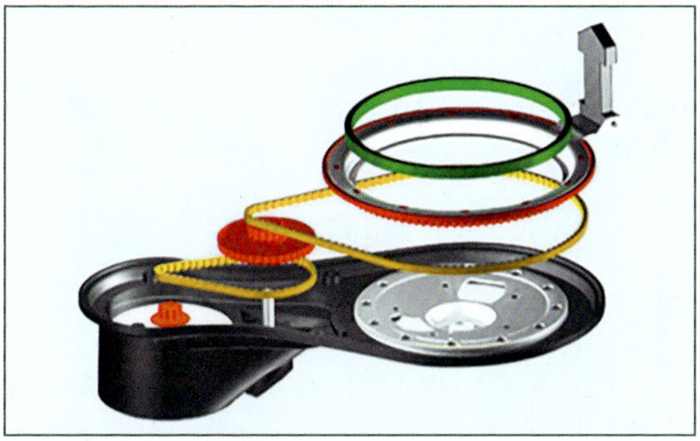

**Bild 1: Speichendynamo mit zweistufigem Getriebe**

Mittels eines zweistufigen Zahnriemen-Getriebes wird die Raddrehzahl ins Schnelle übersetzt **(Bild 1)**. Das Übersetzungsverhältnis beträgt 1:27 und erzeugt eine Generatordrehzahl von 35 bis 140 $^1/$sek (28" Bereifung bei 10 km/h bzw. 20" Bereifung bei 30 km/h). Zur Stromerzeugung wird ein Klauenpolgenerator eingesetzt.

Nachteilig sind der geringe Wirkungsgrad durch die Reibungsverluste und der Verschleiß an den Zahnriemen.

### Nabendynamo

Wenn der Generator in eine Nabe integriert ist, dann erfolgt der Antrieb mit der relativ geringen Raddrehzahl. Zum Erreichen der vorgeschriebenen Spannungswerte bieten sich dann zwei Maßnahmen an:

- Es wird durch ein Planetengetriebe ein herkömmlicher Klauenpolgenerator auf eine entsprechende Drehzahl gebracht.
- Es wird die Polzahl der Permanentmagnete erhöht. Der Durchmesser des Magnetrotors (Nabenhülse) steigt daher in Abhängigkeit von der Polzahl. Da neuere Magnetwerkstoffe einen höheren magn. Fluss erzeugen, genügt eine geringere Polgröße und damit ein kleinerer Nabendurchmesser bei modernen Nabendynamos.

Im ersteren Fall verursacht das Getriebe hohe Energieverluste und darüber hinaus eine unangenehme Geräuschentwicklung. Im zweiten Fall sind vor allen die Materialkosten deutlich höher. Auch wenn die getriebeübersetzten Nabengeneratoren mechanisch abschaltbar sind und daher keine Leerlaufverluste bei ausgeschalteten Verbrauchern erzeugen, haben sich die getriebelosen Nabendynamos durchgesetzt **(Bild 2)**.

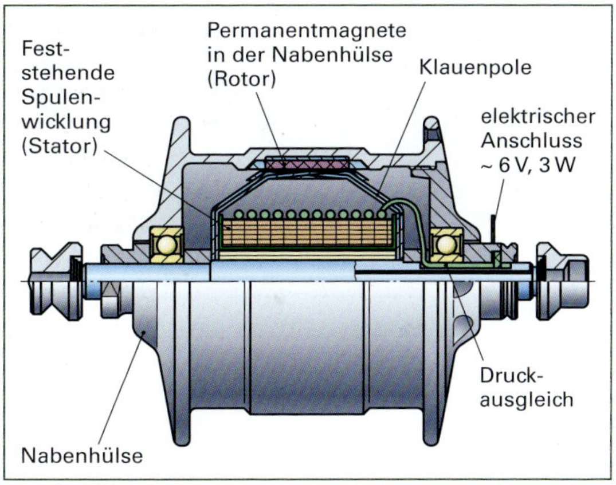


**Bild 2: Getriebeloser Nabendynamo**

### Direktantrieb

Getriebelose Nabendynamos arbeiten aufgrund des sicheren Antriebs zuverlässig und nahezu geräuschlos. Ihr Wirkungsgrad reicht von 40 bis 70 %. Damit sind sie deutlich effizienter als die meisten Seitenläufer. Ein stetig mitlaufender Dynamo in Verbindung mit einer lichtsensorgesteuerten Einschaltautomatik bedeutet einen Gewinn an Komfort und Verkehrssicherheit. Der Austausch eines Nabendynamos ist jedoch mit einem großen Arbeitsaufwand verbunden.

Der Aufbau besteht aus einer fest auf der Nabenachse montierten Spule und einem in die Nabenhülse integrierten Magnetrotor. Die Klauenpole führen der Spule das wechselnde Magnetfeld von der rotierenden Nabenhülse zu.

8

Die Generatoren sind meist als Außenläufer konstruiert, bei denen die Magnete an der Innenseite der Nabenhülse angebracht sind **(Bild 1)**.

**Bild 1: Außenläufer**

Beim Scheibenläufer sind die Magnete in der Nabe als senkrecht stehende Scheibe platziert, die drehfest mit der Nabenhülse verbunden wird **(Bild 2)**.

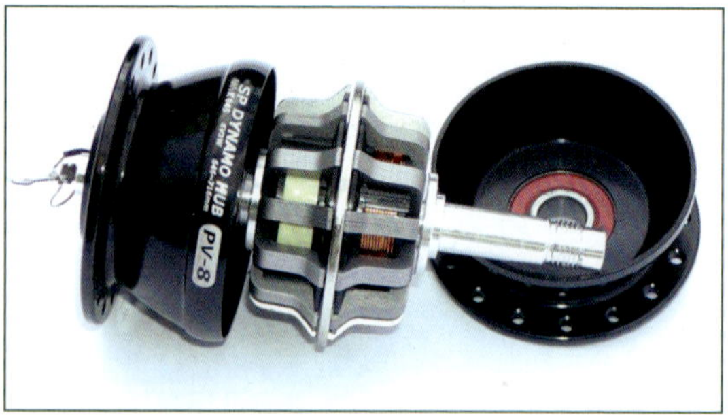


**Bild 2: Scheibenläufer**

Ein konstruktives Problem bilden Temperaturwechsel, wenn sich die Luft im relativ großen Volumen des Nabenkörpers ausdehnt bzw. zusammenzieht. Geschieht der Volumenausgleich nur durch die Dichtungen der Nabenlager, besteht die Gefahr, dass durch den Druckausgleich Schmutzwasser in die Lager und das Nabeninnere gesaugt wird und dich mit der Zeit dort sammelt. Neben entstehenden Korrosionsschäden kann bei gefrierendem Kondenswasser der Generator auch mechanisch zerstört werden. Abhilfe schaffen hochwertige Abdichtungen der Lager und ein integriertes Druckausgleichssystem **(Seite 417, Bild 2)**.

Neben Reibung durch Lager und Dichtungen treten im Generator auch bei ausgeschaltetem Licht sog. Leerlaufverluste auf. Diese entstehen bei der permanenten Ummagnetisierung der Polbleche in Form von Wirbelstrom- und Hystereseverlusten. Diese Verluste steigen überproportional mit der Geschwindigkeit an und werden in erster Linie relevant bei Geschwindigkeiten ab 30 km/h.

Nabendynamos werden für verschiedene Einsatzzwecke optimiert und hergestellt:

- Schnelllaufende 20"-Räder oder langsam laufende 28"-Räder.
- Leistungsabgabe für LED-Frontleuchte (1,5 W), für Halogen-Frontleuchte (2,4 W) oder die Kombination von Front- und Heckleuchte (3 W).

Das **Bild 3** zeigt die mechanischen und elektrischen Werte von fünf vermessenen Nabendynamos. Sie unterscheiden sich durch ihre Konstruktion (Hersteller), die Leistungsabgabe (3 W, 1,5 W) und den Einsatzbereich (20"/28"-Räder).

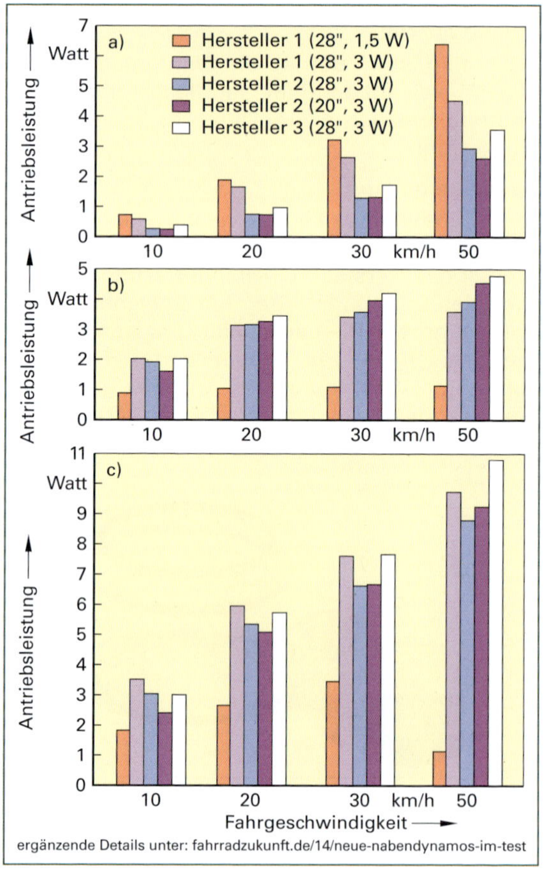


**Bild 3: Leistungswerte von Nabendynamos**

Die **Leerlaufverluste**, die für den Betrieb ohne Beleuchtung interessant sind, zeigt **Bild 3a**.

Durch Zuschalten einer **elektrischen Last von 12 Ω** (Beleuchtungsanlage) erhöht sich die notwendige Antriebsleistung **(Bild 3b)**.

Die **erzielbare elektrische Leistung (Bild 3c)** ist für den Betrieb von Ladeadaptern interessant, weil sie andere oder zusätzliche Verbraucher (Navigationssystem, Powerbank) als die Lichtanlage versorgen.

### 8.3.4 Ladeadapter

Ladeadapter werden genutzt, um die geschwindigkeitsabhängige Spannung und Frequenz des Wechselstroms aus dem Nabendynamo in eine stabilisierte Gleichspannung umzuwandeln. Damit können dann z. B. Handys, Smartphones oder Navigationsgeräte betrieben werden.

Einfache Ladeadapter liefern meist nur 400 bis 500 mA am USB-Ausgang. Aufwendigere Geräte können bisweilen mehr als 800 mA (entsprechend 4 W) liefern. Für solch hohe Ausgangsleistungen ist aber selbst bei effizient arbeitenden Ladeadaptern eine Fahrgeschwindigkeit von deutlich über 20 km/h erforderlich.

Moderne Smartphones im Navigations-Betrieb mit dauerhaft eingeschaltetem Display benötigen 2 bis 4 Watt Leistung. Ein akkugepufferter Adapter kann Geräte versorgen, die höhere Ansprüche an die Versorgungsspannung haben.

Das Laden über USB-Kabel während der Fahrt sollte nur mit Vorsicht geschehen. Eingesteckte Stecker können durch Erschütterungen Ladebuchsen beschädigen.

Die meisten Ladeadapter laden gar nicht oder nur mit einem Bruchteil der Nennleistung, wenn parallel der Scheinwerfer leuchtet. Wenn man z. B. ein USB-Gerät versorgen will, empfiehlt es sich die Beleuchtung abzuschalten.

Ladeadapter sollten in keinem Fall am Rücklichtausgang einer Frontleuchte, sondern direkt am Nabendynamo parallel zur Beleuchtung angeschlossen werden.

Das Angebot an Ladeadaptern ist in den vergangenen Jahren stark gewachsen und bietet Produkte mit unterschiedlichsten Eigenschaften. In den meisten Fällen wird die Spannungsversorgung von 5 V gemäß dem USB-Standard angeboten, z. B. zur Montage anstelle der Ahead-Kappe **(Bild 1)**. Es ist aber auch möglich, Spannungen bis 13,3 V und Ströme bis 1,5 A frei zu liefern und damit den Anwendungsbereich zu vergrößern **(Bild 2)**.

**Bild 1: Ladeadapter mit Pufferakku zur Lenkerschaftmontage**

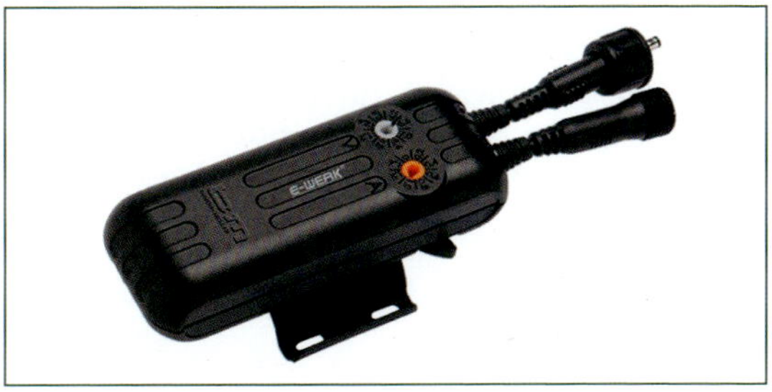


**Bild 2: Ladeadapter mit einstellbarer Spannung und Stromabgabe**

Im Projekt **Forumslader** sind Ladeschaltungen und Bauanleitungen entwickelt worden, die im Internet frei verfügbar sind. Unter www.forumslader.de lassen sich Schaltpläne abrufen **(Bild 3)** oder vollständige Bausätze bestellen.

Daneben gibt es für geringere Leistungsansprüche Frontleuchten mit integriertem Ladegerät.

*Hinweis*:
Eine empfehlenswerte Vertiefung des Themas findet sich im Internet auf der Website www.fahrradzukunft.de. Dort zeigt die Artikelreihe „Steckdose unterwegs“ in verschiedenen Teilen seit dem Jahr 2010 die Entwicklung der Ladetechnik am Fahrrad auf.

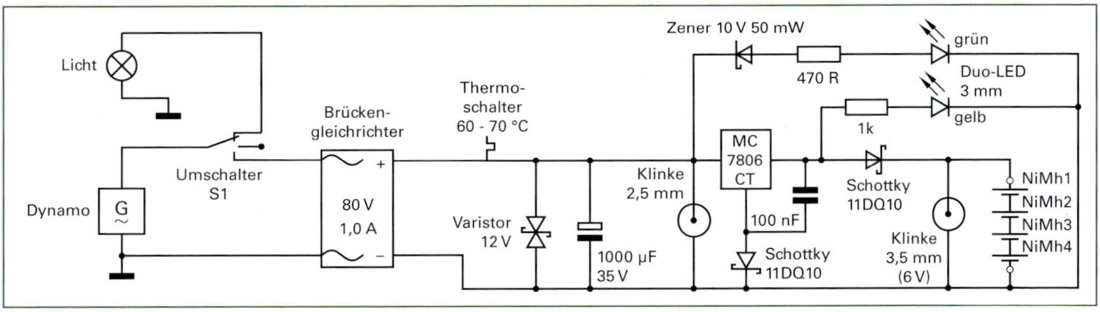


**Bild 3: Forumslader 6 V, Schaltplan**

## 8.4 Lichtquellen

Als Lichtquellen einer Fahrradbeleuchtung werden gegenwärtig überwiegend Leuchtdioden genutzt, die die in der Vergangenheit üblichen Glühlampen ersetzen. Andere Leuchttechniken, wie die der Gasentladungslampen, blieben seltene Ausnahmen.

Die bisher gültigen elektrischen Anschlusswerte der Fahrradleuchten beziehen sich auf begrenzte Möglichkeiten der Glühlampe und betrugen 6 V/2,4 W für die Front- und 6 V/0,6 W für die Heckleuchte.

### 8.4.1 Glühlampen

Glühlampen werden in verschiedensten Bauarten und -formen hergestellt. Am Fahrrad werden die drei Bauformen B1 und B2 mit dem Sockel E10 und die Bauform HS3 mit dem Sockel PX13,5 s verwendet **(Bild 1)**.

**Bild 1: Glühlampen-Bauformen B1, B2 und HS3**

Bei der **Vakuumglühlampe (Bild 2)** wird eine haarfeine Wendel aus Wolfram vom Strom durchflossen. Durch ihren elektrischen Widerstand erwärmt sie sich bis zur Glühtemperatur (ca. 2500 bis 2700 °C). Je höher die Temperatur, umso weißer erscheint das Licht.

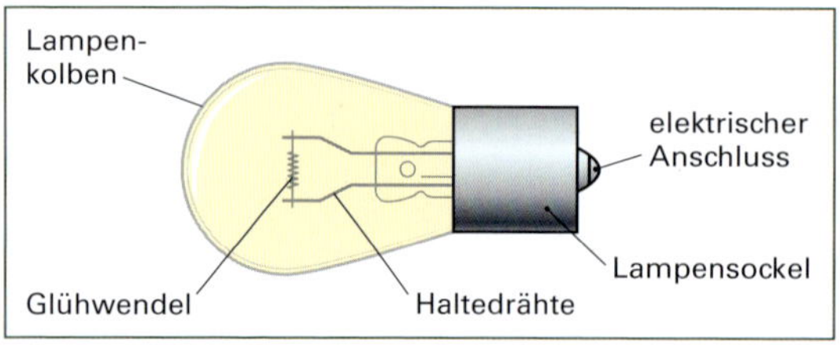


**Bild 2: Vakuumglühlampe**

Die Vakuum-Umgebung im Glaskolben verhindert, dass der Draht bei der hohen Temperatur verbrennt. Sie verhindert jedoch nicht das Verdampfen von Wolframatomen aus dem Draht. Mit der Zeit kondensieren daher Metallatome an der Innenseite des Glaskolbens und bilden eine schwarzglänzende Schicht. Dies vermindert die Lichtausbeute und begrenzt die Lebensdauer des Leuchtkörpers.

Der Aufbau einer **Halogen-Glühlampe** ähnelt dem der Vakuumglühlampe. Die Unterschiede sind:

- Der Glaskolben ist kleiner und aus temperaturfestem Quarzglas.
- Der Glaskolben ist unter Druck mit einem Halogengas (Brom) gefüllt.

Diese Konstruktion erlaubt eine höhere Betriebstemperatur der Drahtwendel (bis ca. 3000 °C). Das bewirkt eine höhere Farbtemperatur der HS3, deren Strahlungsspektrum dadurch etwas tageslichtähnlicher wird und einen positiven Effekt auf die Farb- und Kontrastwahrnehmung durch den Menschen ausübt.

Eine höhere Betriebstemperatur würde allerdings den Abbau des Glühfadens und die Schwärzung des Glaskolbens beschleunigen.

Dagegen wirkt der Halogen-Kreisprozess **(Bild 3)**:

- Die Wolfram-Atome lösen sich aus dem Glühdraht (wie bei der Vakuumglühlampe).
- Da sich der Quarzglaskolben auf über 250 °C erhitzt, können die Wolfram-Atome nicht an ihm kondensieren.
- Die Wolfram-Atome verbinden sich mit den Brom-Atomen des Gases.
- Diese Moleküle treiben durch den Glaskolben und gelangen irgendwann in Kontakt mit kühleren Stellen des Glühfadens.
- Bei einer Temperatur ab 1400 °C trennt sich das Wolfram vom Brom und lagert sich wieder am Glühfaden an.
- Das Brom-Atom steht für die nächste Verbindung zur Verfügung.

Zusätzlich wird das Verdampfen des Wolframs durch den Gasdruck erschwert.

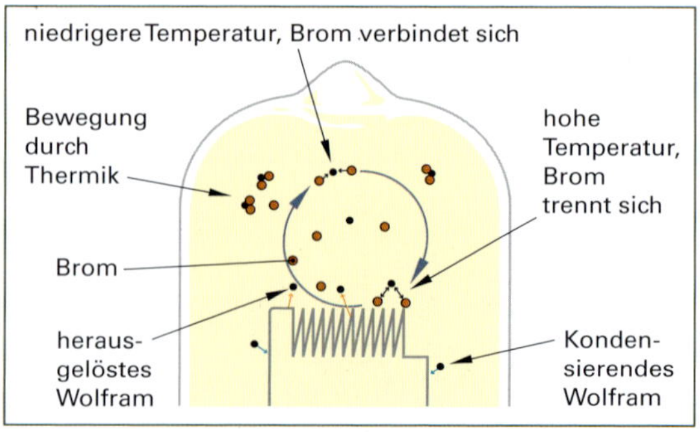


**Bild 3: Halogenkreisprozess**

Für die Beurteilung von Lampen sind der erzeugte Lichtstrom bzw. das Verhältnis von Lichtstrom zur aufgewandten Leistung wichtig.

Die lichttechnischen Werte der Glühlampen zeigt **Tabelle 1**.

**Tabelle 1: Lichtstrom und Lichtausbeute**

| Merkmal | Bauart | | |
|---|---|---|---|
| | B1 | B2 | HS3 |
| **Lichtstrom** | 21 lm | 2 lm | 36 lm |
| **Lichtausbeute** | 8,75 lm/W | 3,3 lm/W | 15 lm/W |

Temperaturstrahler, wie z. B. Glühlampen, erzeugen ein breites Strahlungsspektrum. Das erzeugte Licht befindet sich dabei in einem Randbereich, der Hauptteil der Strahlung ist Wärme **(Seite 407, Bild 1)**. Der **Wirkungsgrad** ist daher prinzipbedingt gering und beträgt bei Vakuumglühlampen ca. 5 % und bei Halogen-Glühlampen ca. 10 %.

Die **Lebensdauer** einer Glühlampe ist stark abhängig von der Einhaltung der Nennspannung. Schon eine Überschreitung der Spannung von nur 10 % verringert die Lebensdauer auf 25 % **(Bild 1)**.

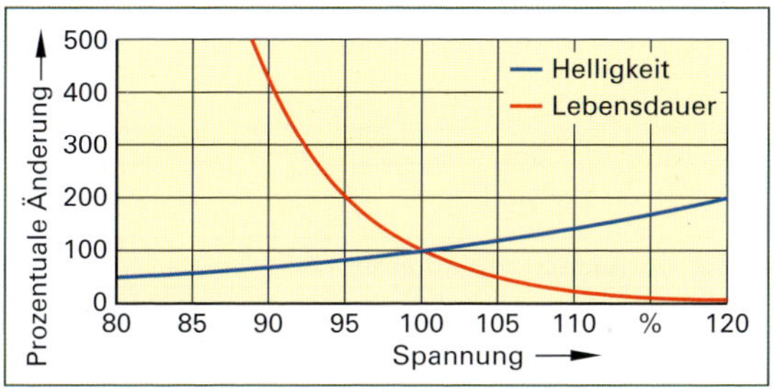


**Bild 1: Lebensdauer und Helligkeit über die Spannung**

Die Nennlebensdauer der Glühlampen B1, B2 und HS3 beträgt 100 Stunden. Ihre Empfindlichkeit gegen Überspannungen und Erschütterungen lässt aber meist nur eine Betriebszeit von 20 bis 40 Stunden zu.

Ein Nachteil der B1/B2-Glühlampen ist ihre **Befestigung** durch einen Schraubsockel. Diese Verbindungsart lässt eine exakte Ausrichtung der Glühwendel zum Brennpunkt des Reflektors nicht zu. Bei der HS3 hingegen kann durch die Positionierung eine bessere Lichtverteilung erreicht werden.

Beim Einbau ist unbedingt darauf zu achten, dass der Glaskolben von Halogen-Glühlampen nicht mit den Fingern berührt wird. Durch die hohe Betriebstemperatur können Verunreinigungen zu einer Eintrübung des Quarzglases führen, indem zurückbleibende Salze zur Entglasung beitragen.

## 8.4.2 Leuchtdioden

Im Gegensatz zu Glühlampen sind Leuchtdioden (LED = light emitting diodes) keine Temperatur-, sondern Lumineszenzstrahler. Die Lichterzeugung erfolgt mit einem deutlich höheren Wirkungsgrad. Die Umwandlung elektrischer Energie in Licht findet in einem Halbleiterkristall statt, der zum Leuchten angeregt wird.

Eine LED **(Bild 2)** besteht aus einer Anode und einer Kathode, über die der zugeführte Strom fließt. Die Kunststofflinse dient zum Schutz und zur Lichtverteilung. Der LED-Chip ist in einer Reflektorwanne auf der Kathode eingebettet. Die zum Stromfluss notwendige Verbindung von der Kathode zur Anode bildet der Anschlussdraht (Bonddraht).

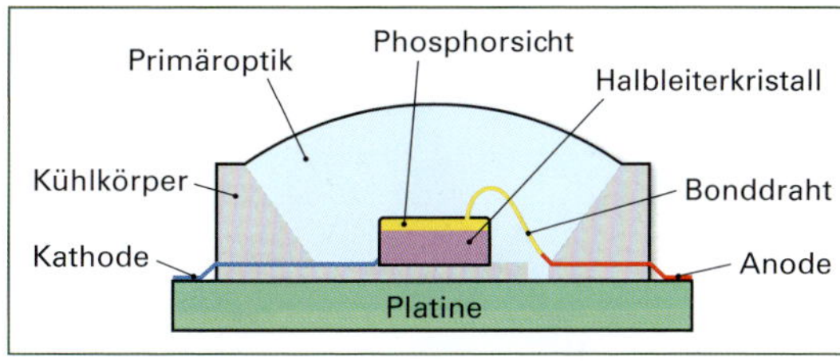


**Bild 2: Aufbau einer Leuchtdiode**

Der LED-Chip besteht aus einer n-Leiterschicht mit Elektronenüberschuss und einer sehr dünnen p-Leiterschicht mit Elektronenmangel (Löcher). Fließt in Durchlassrichtung ein Strom, verbinden sich in der Grenzschicht die Elektronen mit den Löchern (Rekombination). Bei diesem stetig erneut stattfindenden Vorgang wird Energie in Form von Wärme und Licht frei **(Bild 3)**.

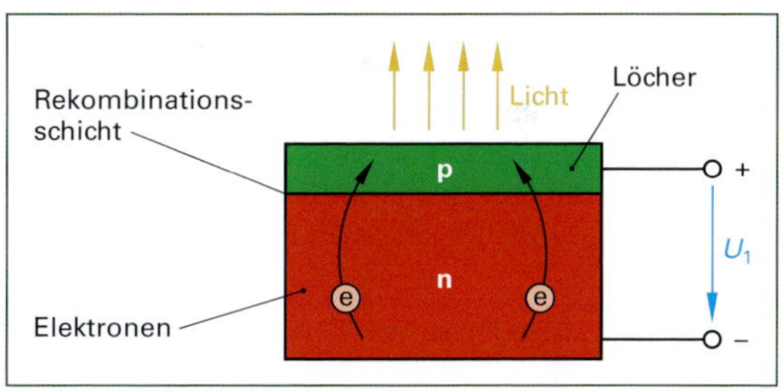


**Bild 3: Lichtabgabe einer LED**

Die Durchlassspannung liegt je nach Bauart und Leuchtfarbe zwischen 1,3 V und 4 V. Die Stromaufnahme reicht von 2 mA bis 1,5 A.

Je nach Halbleitermaterial strahlen LEDs Licht in unterschiedlichen Farben aus. Weißes Licht lässt sich durch die Mischung verschiedener Farben erzeugen. Die Spektralverteilung von LEDs variiert stark je nach Hersteller, Charge und Modelljahrgang. „Weiße" LEDs strahlen eigentlich blaues Licht aus, das durch eine Phosphorschicht teilweise in langwelligeres grün-orange-rotes Licht umgewandelt wird **(Seite 422, Bild 1)**. Die gesamte Lichtstrahlung wird vom Menschen als weiß wahrgenommen. Beim Anleuchten von

Gegenständen kann das Fehlen bestimmter Farbanteile einen unnatürlichen Eindruck erzeugen (niedriger CRI).

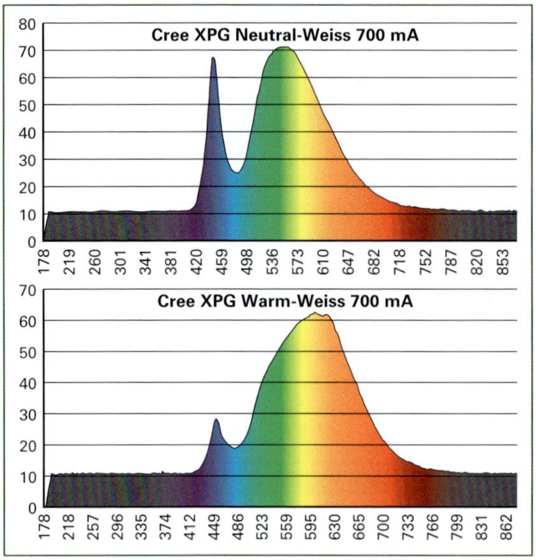


**Bild 1: Auswirkung der Phosphorbeschichtung auf die Spektralverteilung einer LED**

Eine stärkere Phosphorschicht verschiebt das Strahlungsspektrum einer LED in den langwelligeren Bereich (warmweiß). Damit verbessert sich die Farbwidergabe. Dies geschieht aber auf Kosten der Strahlungsintensität (Lichtstrom).

### LED-Licht und das menschliche Sehen

Typisch bei „weißen" LEDs ist ein Peak im blauen Bereich bei 430 – 460 nm (die Wellenlänge variiert mit der Technologie des Halbleitermaterials). Der Anteil des umgewandelten blauen Lichts ist abhängig von der Phosphormenge auf dem LED-Chip.

Eine große Phosphormenge reduziert aber den Lichtstrom und führt zu einer stärkeren Streuung der Strahlung. Letzteres stört die Projektion durch die Optik des Scheinwerfers. Die Ausleuchtung der Fahrbahn wird ungenau und der Gegenverkehr wird geblendet.

Das Auge ist im Bereich 530 – 550 nm am empfindlichsten und Fahrbahnbeläge reflektieren langwelligeres Licht besser. Auch erscheinen Farben bei einer solchen Beleuchtung lebendiger und die Umgebung bekommt eine stärkere Tiefenwirkung.

Die Einstellung des Lichtspektrums von LEDs für Fahrradscheinwerfer muss daher einen Kompromiss zwischen hohem Lichtstrom (hoher Blauanteil) und exakter Ausleuchtung und guter Farbwidergabe (hoher Rotanteil) finden.

### Eigenschaften von Leuchtdioden

Leuchtdioden sind stoß- und vibrationsfest. Sie haben einen Wirkungsgrad von 30 bis 40 %, der aber durch die Vorschaltelektronik gemindert wird und zusätzlich stark vom Temperaturmanagement abhängt. Sie erreichen eine Lichtausbeute von 50 bis 150 lm/W. Im Unterschied zur Glühwendel sind ihre Abmessungen und Lage im Raum klar definiert, was ein gutes Reflektordesign ermöglicht.

Die (theoretische) Lebensdauer einer LED beträgt bis zu 50000 Stunden – dabei geht aber im Laufe der Zeit die Leuchtkraft zurück. Zu hohe Ströme verkürzen ihre Lebensdauer. Darüber hinaus besitzt eine LED keinen nennenswerten ohmschen Widerstand. Deshalb muss sie zur Strombegrenzung mindestens mit einem in Reihe geschalteten Vorwiderstand geschützt werden **(Bild 2)**. Bei modernen Leuchten wird der Strom durch eine Elektronik aktiv geregelt.

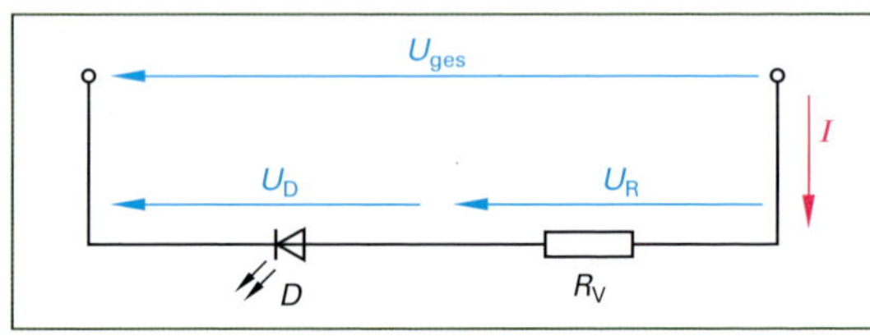


**Bild 2: Vorwiderstand an einer LED**

Durch Erwärmung sinken die Lebensdauer und die Lichtausbeute einer LED **(Bild 3)**. Durch optimierte Kühlsysteme im Gehäuse oder Reflektor versucht man, diese Verluste zu minimieren.

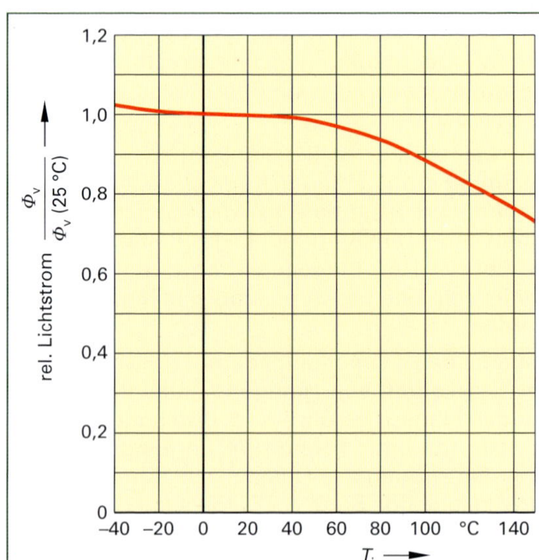


**Bild 3: LED – Relativer Lichtstrom in Abhängigkeit von der Temperatur**

## 8.5 Beleuchtung

Als Leuchte wird eine Vorrichtung bezeichnet, die der Beleuchtung dient und in die ein Leuchtmittel (Lampe) fest eingebaut ist oder eingebaut werden kann. Am Fahrrad werden die Front- und die Heckleuchte eingesetzt. Das abgegebene Licht kann verschiedene Aufgaben haben: Fahrlicht, Fernlicht, Standlicht und Bremslicht.

### 8.5.1 Frontleuchte (Scheinwerfer)

Das Gehäuse der Frontleuchte nimmt den Reflektor mit Streuscheibe bzw. Klarglasabdeckung und die Lichtquelle auf.

Frontleuchten für Glühlampen verfügen über eine profilierte Glasabdeckung (Streuscheibe), die zusammen mit einem Spiegel (Reflektor) für die Lichtverteilung sorgt **(Bild 1)**.

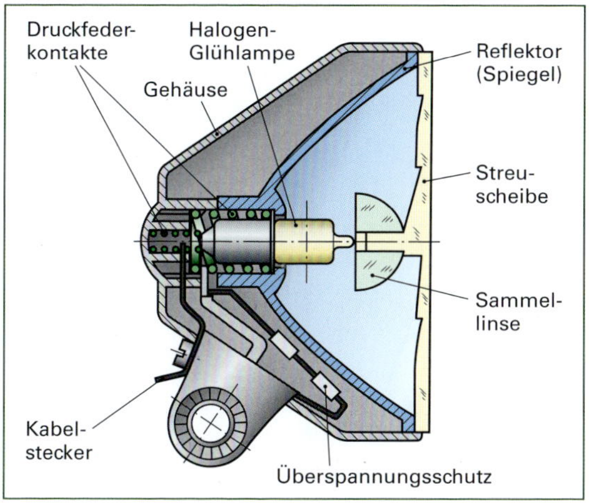


**Bild 1: Aufbau einer Halogenfrontleuchte**

Der Reflektor bündelt das von der Lichtquelle erzeugte Licht und lenkt es in eine definierte Richtung. Durch die Bündelung wird die Lichtstärke der Leuchte um etwa das Tausendfache erhöht. Nach ihrer geometrischen Form sind die Reflektoren in paraboloide, ellipsoide und Freiformreflektoren eingeteilt. Bei den paraboloiden und ellipsoiden Reflektoren wird das reflektierte Licht gebündelt und durch die Streuscheibe auf die Fahrbahn gelenkt **(Bild 2)**.

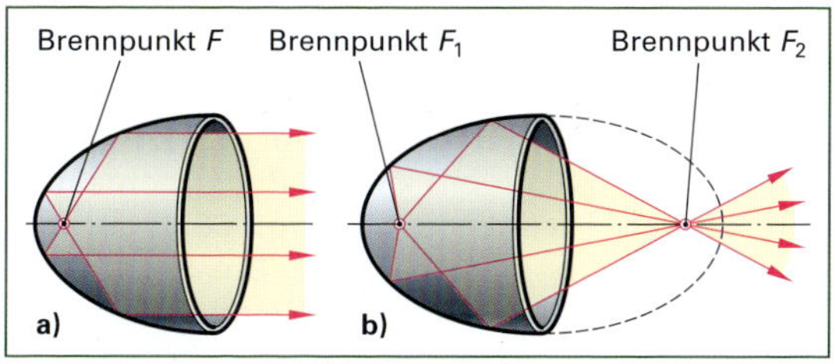


**Bild 2: Reflektoren: a) Paraboloid b) Ellipsoid**

Bei einer Frontleuchte mit Freiformreflektor (auch als Stufenreflektor bezeichnet) wird durch die Oberflächenform des Spiegelreflektors der Lichtstrom am besten zur Fahrbahnausleuchtung genutzt. Der Reflektor ist frei im Raum geformt, sodass jeder berechnete Reflexionspunkt einen bestimmten Teil der Fahrbahn ausleuchtet **(Bild 3)**. Durch die Freiformflächentechnik kann die Streuscheibe entfallen. Die Abdeckung der Frontleuchte erfolgt über eine Klarglasscheibe.

**Bild 3: Frontleuchte mit Freiformreflektor**

Glühlampen senden ihr Licht fast kugelfömig aus. Um hier die gesamte Strahlung zu nutzen, wird das Leuchtmittel zentral im Reflektor eingebaut. Dagegen strahlt eine LED in einem definiertem Raumwinkel von 90° bis 140°. Dies erlaubt es, den Reflektor seitlich anzustrahlen **(Bild 4)**. Das Licht wird effektiv gebündelt und über die gesamte Spiegelfläche praktisch ohne Streuverluste auf die Fahrbahn gelenkt. Dadurch werden blendende Abstrahlungen nach oben verhindert.

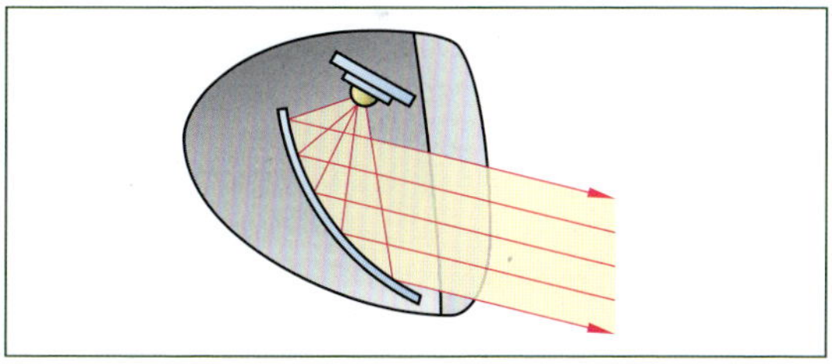

**Bild 4: Anstrahlung des Reflektors, zentral seitlich**

Eine LED-Matrix, ggf. mit mehreren schaltbaren Modulen, kann zur Erzeugung eines variablen Lichtbildes genutzt werden wie z. B. für Abblendlicht und Fernlicht **(Bild 5)**.

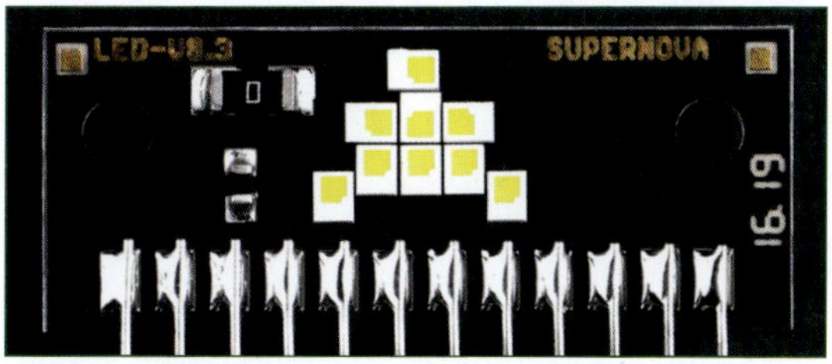


**Bild 5: LED-Matrix**

**Lichtverteilung/Ausleuchtung**

Da die Energie für die Beleuchtung häufig vom muskelangetriebenen Generator erzeugt wird, ist ein effizienter Umgang mit dem erzeugten Lichtstrom unerlässlich. Bei Nachtfahrten stellen Streuverluste und eine falsch ausgeleuchtete Fahrbahn ein Sicherheitsrisiko dar.

Im deutschen Straßenverkehr dürfen nur Leuchten verwendet werden, denen ein Prüfzeichen nach StVZO zugeteilt wurde.

Die Bewertung des Lichts erfolgt anhand eines normierten Messschirms nach TA 23, auf dem bestimmte Mindesthelligkeiten nachgewiesen werden müssen **(Bild 1)**.

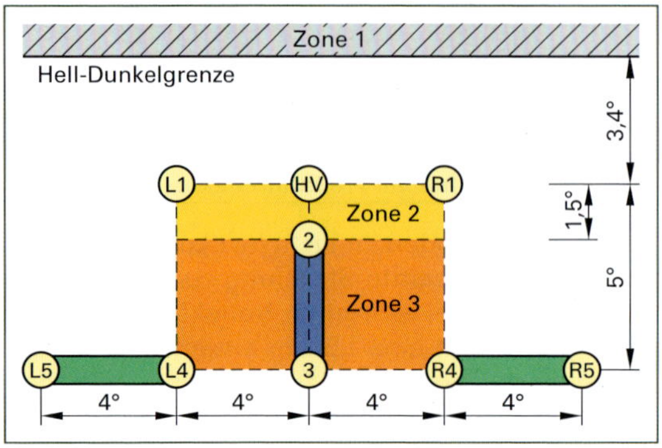


**Bild 1: Helligkeitsverteilung nach TA 23**

Dazu wird die Frontleuchte so ausgerichtet, dass der Lichtstrahl genau rechtwinklig auf den Messschirm fällt. Die Messdistanz beträgt 10 m. Die hellste Stelle des Lichtstrahls muss auf den Punkt HV treffen. Es wird unterschieden in Leuchten mit einem Lichtstrom von 20 bis 42 lm und über 42 lm. Die Zone 1 gibt die Hell-Dunkelgrenze an.

Die **Tabelle 1** gibt an, welche Mindestwerte erreicht werden müssen.

**Tabelle 1: Beleuchtungsstärke gem. TA 23**

| Bereich | Beleuchtungsstärke $E$ 20 bis 42 lm | Beleuchtungsstärke $E$ > 42 lm |
|---|---|---|
| **Zone 1** | $E \leq 2$ lx | $E \leq 2$ lx |
| **Punkt HV** | $E_{max} \geq 10$ lx | $E_{max} \geq 20$ lx |
| **Zone 2** | $E \geq 0{,}5 \cdot E_{max}$ | $E \geq 0{,}5 \cdot E_{max}$ |
| **Strecke 2 - 3** | $E \geq 1{,}5$ lx | $E \geq 2{,}5$ lx |
| **Zone 3** | $E \geq 1{,}0$ lx | $E \geq 2{,}0$ lx |
| **Strecken L5 – L4 / R4 – R5** | – | $E \geq 2{,}0$ lx |

Ein nach dieser Vorgabe strahlender Scheinwerfer beleuchtet in 10 m Distanz eine Breite von ca. 1,4 m. Der Lichtkegel vor dem Fahrrad reicht dann von 4,5 bis 40 m **(orange-gelber Bereich in Bild 2)**. Dies und die geringe Helligkeit genügen nur unzureichend den Anforderungen eines modernen Straßenverkehrs.

Darüber hinaus wird der Verlauf der Helligkeit nicht weiter spezifiziert, sodass eine ungleichmäßige und „fleckige" Ausleuchtung der Fahrbahn erlaubt ist, obwohl sie die Erkennbarkeit von Gegenständen stark beeinträchtigt.

Leuchten mit einem Lichtstrom ab 42 lm müssen einen Bereich ausleuchten, der in 10 m Entfernung immerhin 2,8 m breit ist **(grüner Bereich in Bild 2)**. Doch ist hier die geforderte Beleuchtungsstärke immer noch sehr gering. Für Fahrten auf kurvigen Strecken oder im Wald wäre eine Panoramaausleuchtung von jeweils 20° zu beiden Seiten empfehlenswert **(blauer Bereich in Bild 2)**.

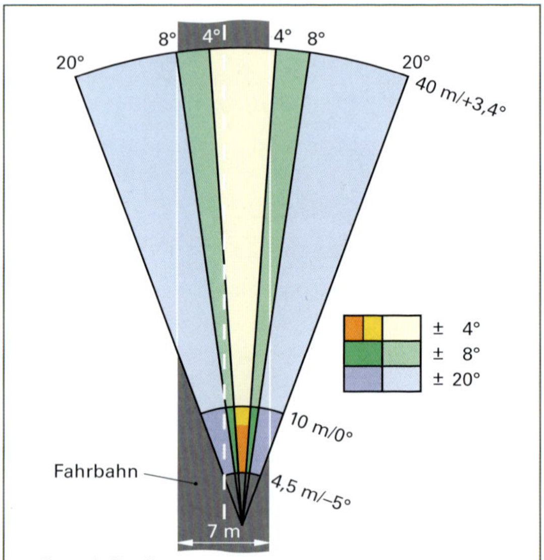


ergänzende Details unter:
velo.dyndns.eu/Illuminaten-Lumen2009.pdf

**Bild 2: Fahrbahnausleuchtung (hohe Montageposition)**

Die vorgeschriebene Helligkeitsverteilung macht aufwendige Reflektor- und ggf. Linsensysteme notwendig. Vor allem die geforderte Hell-Dunkelgrenze macht einfache Taschenlampen vollkommen ungeeignet für eine Fahrradbeleuchtung.

Zur Beurteilung von Frontleuchten ist der alleinige Bezug auf die Beleuchtungsstärke (Maßeinheit Lux) in 10 m Entfernung wenig aussagekräftig, da hier nach TA 23 nur ein kleiner Punkt gemessen wird und ein Helligkeitsabfall von 50 % zur Umgebung nicht bemängelt wird. Die Bewertung anhand des Lichtstroms (Maßeinheit: Lumen) ist aber ebensowenig ausreichend, da der Lichtstrom nichts über die Lichtverteilung aussagt.

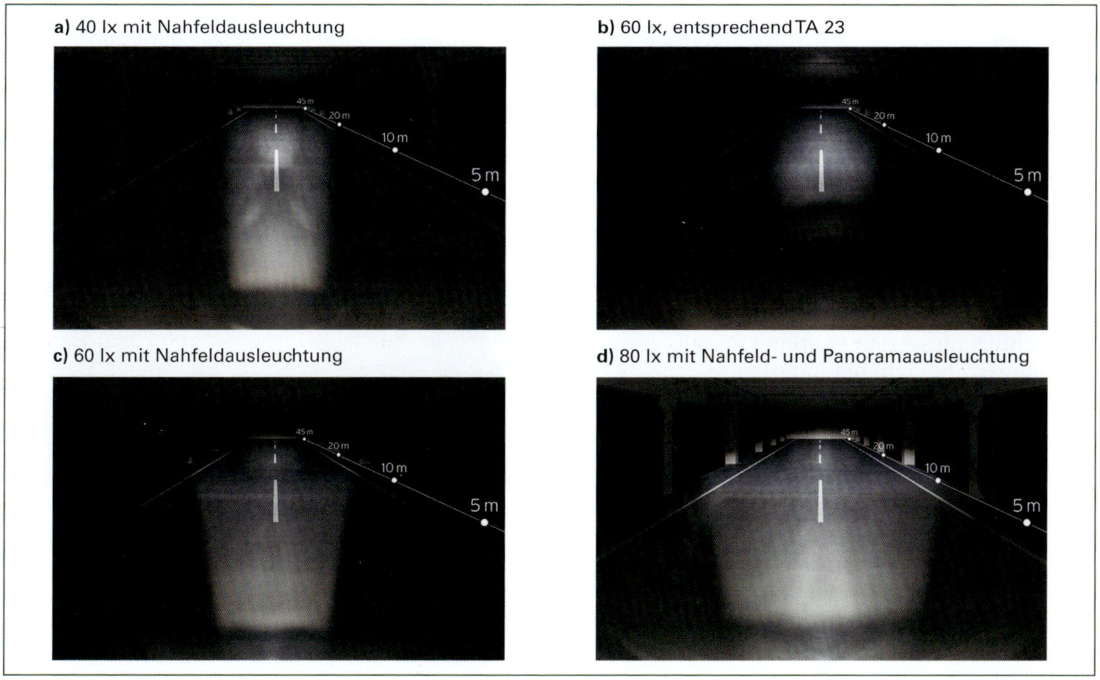


**Bild 1: Ausleuchtung verschiedener Frontleuchten**

Letztlich sollte immer die Ausleuchtung selbst als Beurteilungskriterium dienen. Um den verschiedenen Anforderungen der Fahrradfahrer gerecht zu werden, bieten die Hersteller deshalb spezialisierte Modelle an, die ausgerichtet sind auf (z. B.) eine Nahfeldausleuchtung, ein besonders breites Lichtfeld oder eine starke Helligkeit auf größerer Entfernung.

Die Möglichkeiten unterschiedlicher Ausleuchtungen zeigen vier Leuchten eines Herstellers (**Bild 1**). Ihre äußere Bauform zeigt **Bild 2**.

**Bild 2: Leuchten zu Bild 1**

### Sensorfunktion und Tagfahrlicht

Frontleuchten mit Sensorfunktion beinhalten einen Hell-/Dunkelsensor und schalten sich automatisch bei Dämmerung und Dunkelheit ein, sodass sich der Radfahrer nicht mehr selbst um das Schalten seiner Lichtanlage kümmern muss.

Damit sich die Leuchte bei Nachtfahrten nicht ausschaltet (wenn z. B. das Licht eines überholenden Pkws auf den Sensor fällt), arbeitet die Sensorfunktion verzögert oder der Sensor ist im Gehäuse nach unten ausgerichtet, so dass er nicht direkt angestrahlt werden kann.

Frontleuchten mit Tagfahrlichtfunktion schalten sensorgesteuert zwischen Tag- und Nachtmodus. Da dies nur während ausreichender Umgebungshelligkeit geschieht (gem. ECER 148 ab 1000 lx), werden andere Verkehrsteilnehmer nicht geblendet. Bei Tag wird die Fahrbahn gedimmt angestrahlt **(Bild 3a)**. Im Nachtmodus wird die Fahrbahn maximal ausgeleuchtet und die Signal-LEDs werden gedimmt **(Bild 3b)**.

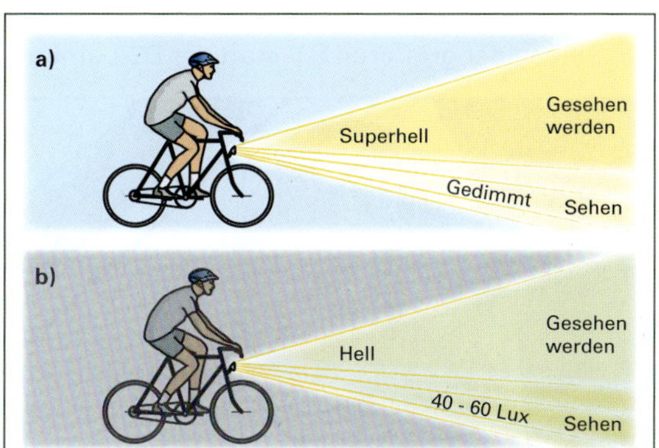


**Bild 3: a) Tagmodus b) Nachtmodus**

Akku-Heckleuchten mit Sensorfunktion haben zusätzliche Bewegungssensoren. Nur wenn sich das Fahrrad bei Dunkelheit bewegt, schalten sich die Rücklichter ein.

**Helmleuchte**

Die Vorgaben der StVZO gelten nur für Fahrzeuge und die an ihnen montierte Beleuchtungsanlage. Da der Helm ein Teil der Bekleidung ist, müssen Leuchten, die an ihm befestigt sind, kein Prüfzeichen tragen. Einschränkungen wie Lichtverteilung und Hell-Dunkelgrenze gelten für sie nicht. Ihre Benutzung setzt aber immer voraus, dass der Straßenverkehr nicht behindert wird.

Ihre Nutzung ist nur dort angeraten, wo definitiv keine anderen Personen durch sie geblendet werden können. Beispielweise die Beleuchtung bei Nachtfahrten im Wald, wenn die gesetzeskonforme Beleuchtung dem Fahrer nicht ausreicht.

Der Lichtstrom reicht von 700 bis 7000 lm und der Lichtkegel ist oft ohne eine spezielle Ausleuchtungscharakteristik **(Bild 1a)**. Bei einigen Leuchten wird der Lichtstrom in Nah-, Fern- und Weitwinkelbereich unterteilt **(Bild 1b)**.

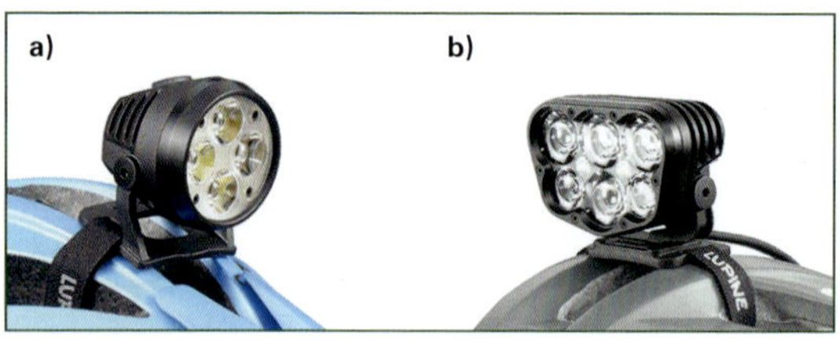


**Bild 1: LED-Helmleuchten**

## 8.5.2 Heckleuchte (Schlussleuchte)

Für den Betrieb der roten Heckleuchte ist bei einer 6 Volt-Lichtanlage eine Leistung von 0,6 Watt vorgeschrieben. Als Leuchtmittel werden Glühlampen oder LEDs **(Bild 2)** eingesetzt. Die Vorgabe, dass eine Glühlampe nur von der Rückseite des Reflektors einsetzbar sein darf, verhindert den Einbau der größeren B1- statt der B2-Lampen.

**Bild 2: LED-Heckleuchte**

Die Heckleuchte darf mit dem roten Rückstrahler eine Baueinheit bilden.

Punktförmige Lichtquellen, wie einzelne Leuchtdioden im Rücklicht, lassen ihre Entfernung nur ungenau einschätzen. Um bei Dunkelheit die Entfernung zu einem vorausfahrenden Fahrrad besser zu erkennen, wird die Abstrahlfläche als waagerechte Linie, als Ring oder als Punktreihe ausgeführt **(Bild 3)**.

**Bild 3: Linienförmige Abstrahlfläche**

**Bremslicht, Verzögerungslicht**

Ein **Bremslicht** wird über einen Schaltkontakt an der Bremse betätigt. Es ist ca. fünfmal heller (bei S-Pedelecs min. 5x heller) als das Rücklicht.

Das **Verzögerungslicht** bezieht seine Information über das Verlangsamen der Fahrt von einem Beschleunigungssensor oder aus der Wechselspannungsfrequenz des Nabengenerators. Dabei wertet ein Prozessor die Rate der Verzögerung aus und lässt entsprechend die LED ca. drei- bis zwölf mal heller leuchten.

## 8.5.3 Standlicht

Beim Stillstand des Rades liefert der Generator keine elektrisch Energie. Die ersten Standlichtanlagen besaßen große Batteriefächer, die mit vier 1,5 V Zellen bestückt wurden, um eine Spannung von 6 V zu erhalten.

Heutige Standlichteinrichtungen verwenden stattdessen kleine Super-Kondensatoren, die sich einfach im Gehäuse der Leuchte unterbringen lassen und die LEDs mit Energie versorgen.

Gemäß TA 4 muss eine Standlichtbeleuchtung über eine Zeitdauer von mindestens 4 Minuten nach Stillstand des Generators in Betrieb sein.

Während des Aufladens der Kondensatoren soll sichergestellt sein, dass der Lastwiderstand der Leuchten nicht wesentlich größer als 12 Ω ist. Bei entladenem Kondensator wird eine Ladezeit von zwei Minuten bei 6 V zugestanden.

Das Ende des Ladevorgangs kann gelegentlich als leichter Helligkeitssprung des Frontlichts wahrgenommen werden. Das geschieht meist innerhalb einer Fahrstrecke von 500 m (15 km/h ≙ 4,17 m/s; 4,17 m/s · 120 sec = 500 m).

### 8.5.4 Batteriebeleuchtung

Lange Zeit war in Deutschland nach § 67 der StVZO die Ausstattung mit einer Lichtmaschine (sic!) Pflicht, eine Batteriebeleuchtung war nur als zusätzliche Einrichtung oder bei Rennrädern erlaubt.

Die wesentlichen Neuerungen zu den bisher geltenden Regelungen sind:

- Die elektrischen Spannungs- bzw. Leistungswerte von 6 V und 3 W sind nicht mehr zwingend vorgeschrieben.
- Das gleichzeitige Einschalten beider Leuchten entfällt.
- Die Lichtanlage muss nur während ihres Betriebs fest angebracht sein.

Dies eröffnet Möglichkeiten, um mit moderner Akku- und LED-Technologie eine kleine, leichte, aber leistungsfähige Fahrradbeleuchtung zu nutzen **(Bild 1)**.

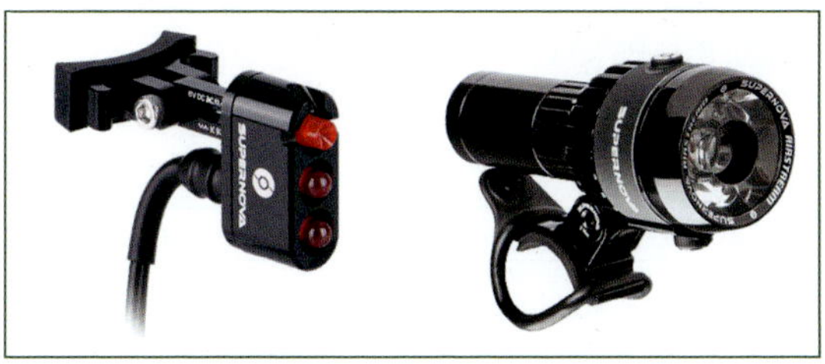

**Bild 1: Akku-Fahrradbeleuchtung (Akku in der Frontleuchte)**

Die geltenden Vorgaben für Akkuleuchten lauten:

- Scheinwerfer und Leuchten mit eigener Batterie bzw. Akkuversorgung müssen eine Kontrolleinrichtung haben, die den Benutzer informiert, dass ein Batteriewechsel bzw. das Nachladen vorgenommen werden muss. Die Anzeige muss erfolgen, wenn die fotometrischen Bedingungen gerade noch erfüllt werden.
- Für neue Batterie-/Akkubeleuchtung gilt, dass sie die Mindesthelligkeit für minimal fünf Stunden halten muss. Danach darf eine Warnlampe einen niedrigen Akkustand anzeigen. Die Leuchtfunktion muss aber noch für mindestens 30 Minuten gewährleistet sein.
- Bei alten Geräten erfolgt die Anzeige, wenn die Spannung 80 % der Nennspannung erreicht hat.

### 8.5.5 Generatorleuchte

Die generatorbetriebene Beleuchtung Magnic Light ist als geschlossenes System konzipiert. Dabei entfällt die Notwendigkeit, bestimmte Spannungs- und Leistungswerte einzuhalten. Die Stromerzeugung und -verwendung ist dabei genau aufeinander abgestimmt, sodass mit geringstem Leistungsaufwand ausreichende Helligkeiten erzielt werden. Bei der Generatorleuchte sind die beiden Funktionen in einem Gehäuse vereint.

**Wirbelstromgenerator**

Dieses System kommt ohne zusätzliche Komponenten an den Rädern und ohne Kontakt zu Felge oder Reifen aus **(Bild 2)**.

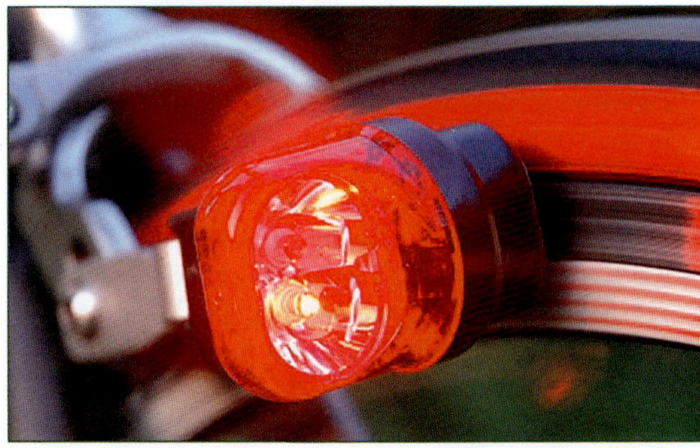

**Bild 2: Leuchte mit Wirbelstromgenerator**

Im Gehäuse befindet sich ein Magnetrotor **(Bild 3)**, dessen Drehachse senkrecht zur Drehachse des Rades steht (quasi parallel zu den Speichen) und dessen Stirnfläche nah zur Felgenflanke positioniert ist (ca. 3 mm Abstand).

**Bild 3: Rotor des Wirbelstromgenerators**

Das Magnetfeld des Rotors dringt dabei in die drehende Felge ein und erzeugt darin einen Wirbelstrom. Dafür muss die Felge elektrisch leitend sein (Aluminium, Stahl).

Dieser Wirbelstrom erzeugt seinerseits ein Magnetfeld an der dem Rotor gegenüberliegenden Stelle in der Felge.

Dieses Feld wirkt auf den Rotor, indem es ihn wie bei einer Wirbelstrombremse anzieht. Da der Rotor drehbar gelagert ist bewegt er sich mit der Felge mit, sodass eine ständige Drehbewegung entsteht.

Innerhalb des Gehäuses ist um den Rotor eine Spule angebracht **(Seite 428, Bild 1)**. Das rotierende Magnetfeld des Rotors induziert in ihr einen elektrischen Strom, der damit zwei LEDs zum Leuchten anregt.

**Bild 1: Generatorspule um den Rotor, Gehäuseteil**

Für einen Lichtstrom von 40 bis 100 lm wird dabei eine Antriebsleistung von ca. 2 W benötigt.

**Speicheninduktoren**

Eine sehr einfache Variante, elektrische Energie aus der Bewegung des Rades zu erzeugen, ist das Verfahren, das Rad mit Magneten zu versehen und damit zum Magnetrotor zu machen **(Bild 2)**.

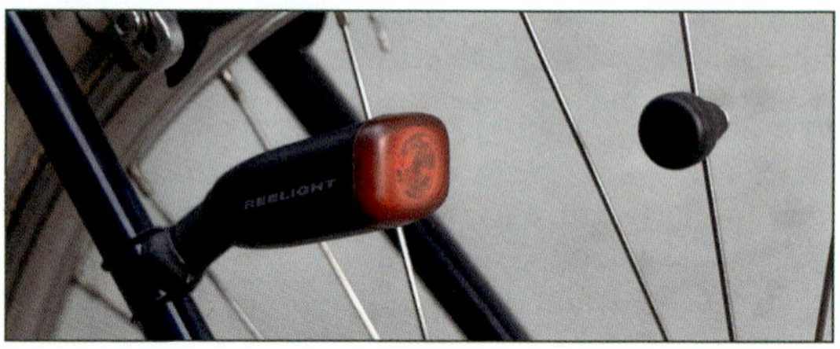

**Bild 2: Leuchte mit Induktionsmagnet**

Hiermit wird allerdings kein konstanter Stromfluss erzeugt und die Leuchten arbeiten nur im Blinkmodus. Eine hohe Anzahl an Speichenmagneten (z. B. an jeder zweiten Speiche) kann aber einen nahezu konstanten Lichteindruck erzeugen.

## 8.5.6 Rückstrahler

Rückstrahler werfen das einfallende Licht anderer Verkehrsteilnehmer in die Einfallsrichtung zurück. Als passive Beleuchtung dienen sie der Sicherheit, indem sie die Radfahrer bei Dunkelheit für andere Verkehrsteilnehmer einfacher identifizierbar machen.

Man unterscheidet zwei Prinzipien der Lichtreflexion **(Bild 3)**:

- Prismenreflektoren (Tripelspiegel)
- Kugelreflektoren

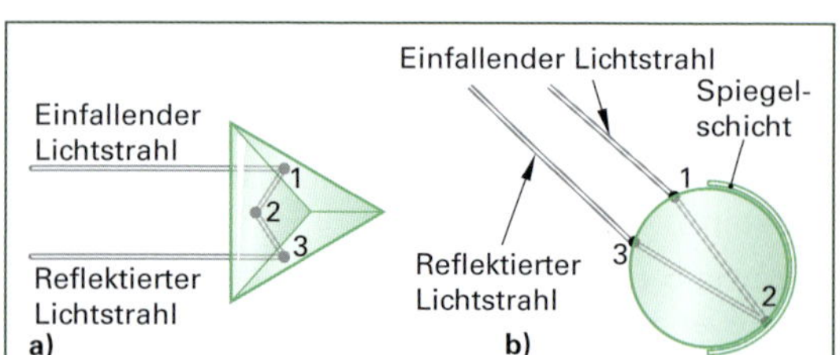


**Bild 3: Lichtreflexion a) Prismenreflektor b) Kugelreflektor**

Der Prismenreflektor wirft das Licht auch bei schrägem Einfall über dreifache Totalreflexion in die Einfallsrichtung zurück **(Bild 3a)**.

Beim Kugelreflektor aus Glas oder Kunststoff wird das einfallende Licht einer entfernten Lichtquelle auf einen Fleck kurz hinter der hinteren Oberfläche fokussiert. Durch den Unterschied im Brechungsindex im Vergleich zur Luft wirkt die hintere Oberfläche der Kugel spiegelnd **(Bild 3b)**. Sie finden Anwendung bei Reflexfolien an der Bekleidung, am Helm und am Reifen.

Rückstrahler nach dem Tripelspiegel-Prinzip werden aus klarem oder rot bzw. gelb eingefärbtem Kunststoff (PMMA, Handelsnamen: Acrylglas, Plexiglas) für Front-, Heck-, Pedal- und Speichenstrahler hergestellt **(Bild 4)**. Durch Anstrich gefärbte Rückstrahler sind unzulässig.

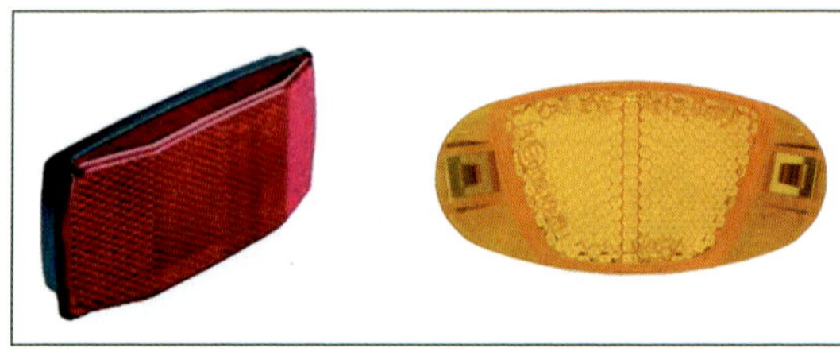

**Bild 4: Heck-Rückstrahler, Speichenrückstrahler**

Die TA 18 definiert die fotometrischen Anforderungen an die Rückstrahler **(Tabelle 1)**.

**Tabelle 1: Mindestrückstrahlwerte in cd/lx**

| Rückstrahler | Beobachtungswinkel | | | | | |
|---|---|---|---|---|---|---|
| | 0,33° | | | 1,5° | | |
| | Anleuchtungswinkel horizontal/vertikal | | | | | |
| | 0°/0° | 0°/±10° | ±20°/±5° | 0°/0° | 0°/±10° | ±20°/±5° |
| **Weiß** | 1,2 | 0,8 | 0,4 | 0,048 | 0,036 | 0,024 |
| **Gelb, Pedale** | 0,3 | 0,2 | 0,1 | 0,012 | 0,009 | 0,006 |
| **Gelb, Speichen** | 0,75 | 0,55 | 0,25 | 0,028 | 0,023 | 0,015 |
| **Rot** | 0,3 | 0,2 | 0,1 | 0,012 | 0,009 | 0,006 |
| **Rot, Kat. Z** | 1,0 | 0,7 | 0,4 | 0,03 | 0,02 | 0,01 |

## 8.5.7 Elektrische Leitungen

Elektrische Leitungen sind bei generatorbetriebener Beleuchtung notwendig, um den Stromkreis zu schließen.

Die **Einleitungsverkabelung** leitet den Strom über eine Kupferleitung zu Front- und Heckleuchte und benutzt Metallteile wie Leuchtenhalter, Lenkungslager, Rahmen, Gabel, Schutzbleche oder

Gepäckträger zum Schließen des Stromkreises. Die Leitungsanschlüsse erfolgen mit Steckern, Klemmkontakten oder durch Verschraubung.

Der geringe Leitwert des metallischen Rahmens und der anderen stromdurchflossenen Bauteile sowie Korrosion an den vielen Kontaktstellen lassen mit der Zeit den elektrischen Widerstand außerhalb der Verbraucher ansteigen (**Seite 430, Bild 1**).

Bei der **Zweileitungsverkabelung** (Zwillingsverkabelung) erfolgt auch die Rückleitung des Stroms über eine durchgehende Kupferleitung. Die Energieverluste durch Kontaktstellen werden dadurch minimiert **(Bild 1)**.

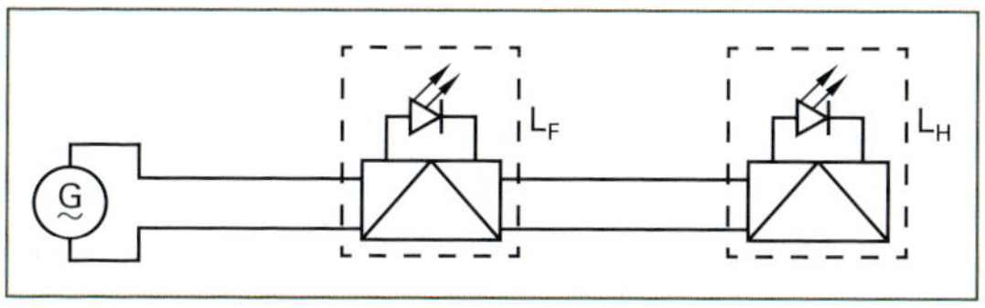


**Bild 1: Zweileitungsverkabelung mit Anschluss der LED-Heckleuchte an der LED-Frontleuchte**

Obwohl die Beleuchtungsanlage durch den Generator mit einer Wechselspannung versorgt wird, ist bei der Verlegung der Leitung auf die **Polung** zu achten. Das Massekabel ist mit einer weißen Linie gekennzeichnet. Die Anschlüsse an den Leuchten und am Generator sind für die Zuleitung mit Plus oder einem Blitzsymbol gekennzeichnet. Für die Rückleitung steht ein Minus oder das Schaltzeichen für Masse **(Bild 2)**.

**Bild 2: Anschlüsse**

Wenn Kabel an Leuchten und Generatoren nicht geklemmt werden, dann sind sie fast immer mit **Flachsteckern** (Bezeichnung FASTON) befestigt. Üblich ist die Bauform 2,8 × 0,5 mm (Generatoranschluss bei SON: 4,8 × 0,8 mm).

Die Stecker und Kabel unterliegen einem Verschleiß mit Ermüdungsbrüchen durch Vibrationen und Bewegungen. Daher sollten die Kabel regelmäßig inspiziert werden. Kabel und Stecker sollten dabei immer zugentlastet und ausreichend lang verlegt werden.

Die **Folienverkabelung** von Schutzblechen in Sandwichbauweise (Kunststoff-Alufolie-Kunststoff-Verbund) ermöglicht ebenfalls die Stromleitung. Dazu werden Steckerbuchsen aus Kupfer in die nach außen isolierte Aluminiumschicht genietet **(Bild 3)**. Auch einlaminierte Kupferleitungen sind möglich.

**Bild 3: Anschlüsse der Folienverkabelung**

Allerdings korrodiert die Alufolie bei Anwesenheit von salzhaltigem Wasser an den Kontakstellen zu der Kupferbuchse und es treten Kontaktprobleme auf. Die Folienverkabelung wurde schließlich durch aufgenietete Kabelkanäle ersetzt.

Die haltbarste und sicherste Verbindung für die Fahrradbeleuchtung ist die Verlegung von **Koaxialkabeln**. Dabei sind zwei Leitungen konzentrisch zueinander angeordnet. Sie bestehen aus einem Innenleiter (auch Seele genannt), der in konstantem Abstand von einem hohlzylindrischen Außenleiter umgeben ist **(Bild 4)**.

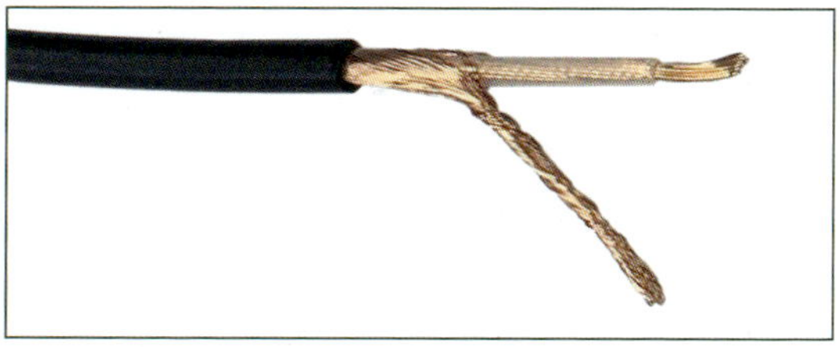

**Bild 4: Koaxialkabel**

Da der Außenleiter den Innenleiter gegen elektromagnetische Strahlung abschirmen kann, werden Koaxialkabel regelmäßig bei Antennenleitungen oder anderen Anwendungen der Hochfrequenztechnik eingesetzt.

Die Anschlüsse werden manchmal mit speziellen Steckern ausgeführt **(Bild 5)**.

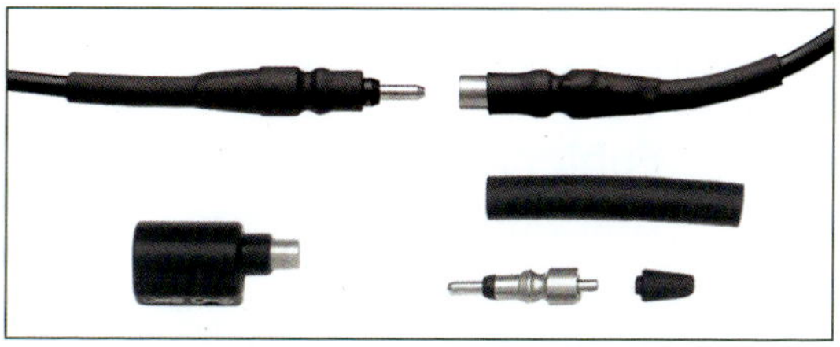

**Bild 5: Steckverbindungen für Koaxialkabel**

Die Konfektionierung der Kabel ist aufwendiger als bei der Zwillingsverkabelung und erfordert spezielles Werkzeug, wie Crimpzange, Lötstation und Haltevorrichtung für die Leitungen.

Die Vorteile der koaxialen Verkabelung sind:

- Einfaches Verbinden und Trennen der Leitungen mit nur einem Stecker.
- Zuverlässige Kontaktierung der Steckverbindung.
- Sichere Verbindung der Leitung mit dem Stecker/der Buchse.
- Besserer Knickschutz.
- Elegante Anmutung durch glatte Verlegung und sanfte Bögen; keine Knicke und Verdrehungen des Kabels.

**Leitungsverbindungen**

Für fachmännische Leitungsverbindungen werden Stecker gecrimpt oder angelötet. Daneben können Kabel auch verdrillt oder geklemmt werden.

Gecrimpte Verbindungen sind sehr solide und haltbar, benötigen aber als Werkzeug eine Crimpzange. Bei mangelhafter Crimpung löst sich der Stecker vom Kabel oder das Blech des Steckers bricht.

Eine gut ausgeführte Crimpung erzeugt eine gasdichte Verbindung von Draht zu Stecker. Das verhindert Korrosion und damit die Erhöhung des Übergangswiderstandes zwischen diesen Bauteilen.

Lötverbindungen haben etwas bessere elektrische Eigenschaften. Die Litze wird aber durch das Lot versteift, sodass unmittelbar hinter der Lötstelle eine potenzielle Bruchstelle besteht. Hier sollte unbedingt für einen guten Knick- und Vibrationsschutz gesorgt werden.

Die Verbindungsstelle sollte grundsätzlich mit einem Schrumpfschlauch geschützt werden. Hier ist die auf der Innenseite mit Kleber versehene Variante hervorzuheben. Dieser hält nicht nur den Überzug an Ort und Stelle und kann somit die Kurzschlussfestigkeit sicherstellen, die Verklebung bewirkt auch einen wasserdichten Abschluss und kann die Zugentlastung bis zu einem gewissen Grad übernehmen.

## 8.6 Fehlersuche in der Beleuchtungsanlage

Zur systematischen Fehlereingrenzung und einer schnellen Überprüfbarkeit hat sich in der Praxis die folgende Vorgehensweise bewährt.

**1. Verkabelung überprüfen**

Zuerst sollten die Leitungen auf Wackelkontakte, oxidierte Kontakte oder Kabelbrüche untersucht werden.

Bei der einadrigen Verkabelung ist eine häufige Fehlerquelle eine defekte Masserückführung. Korrodierte Verbindungen über den Rahmen und Anbauteile, wie über das Hinterradschutzblech, können die Ursache sein.

Mithilfe eines zusätzlichen Massekabels ist es möglich, Fehler schnell und einfach zu lokalisieren. Mit der Verbindung des Kabels am Masseanschluss der Front- oder der Heckleuchte und dem schrittweisen Abgreifen der Massepunkte zurück zur Spannungsquelle kann die fehlerhafte Stelle der Masserückführung eingegrenzt werden.

Je nach Montageort von Generator und Leuchten können verschiedene Übergangswiderstände auftreten **(Bild 1)**.

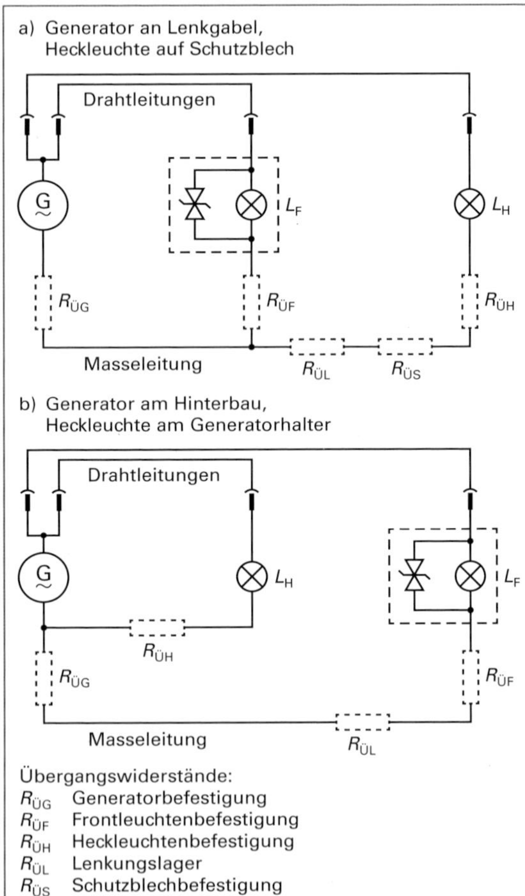


**Bild 1: Schaltpläne für verschiedene Montageorte von Generator/Heckleuchte sowie einige mögliche Übergangswiderstände**

Da die im Generator erzeugte Spannung vom Gesamtwiderstand der Schaltung abhängig ist, wirken die durch schlechte Kontaktierung entstehenden Übergangswiderstände auf sie zurück. Dabei steigt die Spannung, je größer der Gesamtwiderstand ist **(vgl. Seite 412)**.

So kann ein verrostetes Lenkungslager dabei zu einer Erhöhung der Spannung führen, die die Glühlampe der Heckleuchte zerstört **(siehe Beispiel)**.

*Beispiel*:
In den beiden Schaltplänen von **Seite 430, Bild 1** ist der Übergangswiderstand des Lenkungslagers $R_{ÜL}$ = 7,5 Ω. Alle anderen Übergangswiderstände sind Null.

**Fall a)**
Für die Montage des Generators an der Lenkgabel und der Heckleuchte auf dem Schutzblech ergibt sich ein Gesamtwiderstand von:

$$R_{ges} = \frac{15\,\Omega \cdot (60\,\Omega + 7{,}5\,\Omega)}{15\,\Omega + (60\,\Omega + 7{,}5\,\Omega)} = 12{,}3\,\Omega$$

**Fall b)**
Für die Montage des Generators am Hinterbau und der Heckleuchte am Generatorhalter ergibt sich ein Gesamtwiderstand von:

$$R_{ges} = \frac{(15\,\Omega + 7{,}5\,\Omega) \cdot 60\,\Omega}{(15\,\Omega + 7{,}5\,\Omega) + 60\,\Omega} = 16{,}4\,\Omega$$

Die Erhöhung des Gesamtwiderstandes führt zu einer Erhöhung der Spannung, wie sie in der Kurve **auf Seite 412, Bild 1**, dargestellt ist.

Im Fall b) kann die Spannung z. B. bei 20 km/h über 8 Volt betragen.

Wie man in **Seite 430, Bild 1**, sehen kann, schützt dabei der Übergangswiderstand $R_{ÜL}$ die Frontleuchte. Bei $R_{ÜL}$ = 7,5 Ω fällt ein Drittel der Gesamtspannung dieses Strompfades an ihm ab.

Diese Schutzwirkung besteht aber nicht für den Strompfad der Heckleuchte. Die Glühlampe wird durch die Überspannung belastet und fällt vorzeitig aus.

Mit einem Multimeter lassen sich die Kontakte und die Verkabelung auf Durchgang überprüfen. Dabei signalisiert ein akustisches Signal die Funktionsfähigkeit **(Bild 1)**. Daneben lässt sich über das Ohmmeter auch der Durchgangswiderstand messen.

Eine Widerstandsmessung von Glühlampen kann allerdings zu irritierenden Ergebnissen führen. Glühlampen sind sog. Kaltleiter. Ihr Widerstand steigt mit der Temperatur. Bei HS3-Lampen von ca. 2,5 Ω auf 15 Ω und bei B2-Lampen von ca. 19 Ω auf 60 Ω (jeweils bei Zimmer- bzw. Betriebstemperatur).

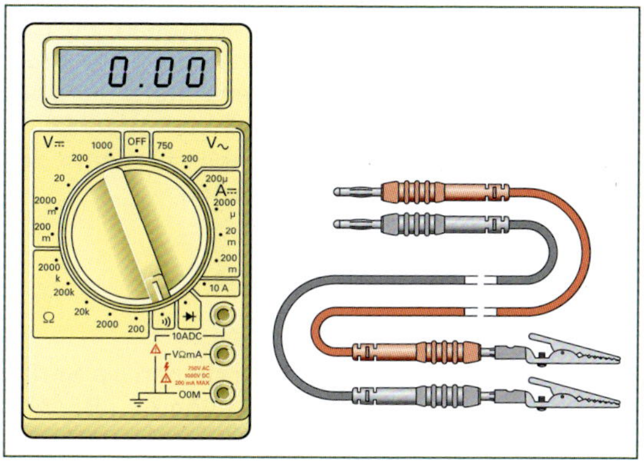


**Bild 1: Digital-Multimeter**

## 2. Leuchten überprüfen

Im nächsten Schritt zur Fehlereingrenzung werden die Lichtquellen überprüft. Bei Glühlampen ist die Durchgangsprüfung mit einem Multimeter möglich.

Bei LED-Leuchten wird vorzugsweise die Funktion über eine externe Stromquelle geprüft.

Für Fehlfunktionen beim Standlicht kann unter Umständen eine noch funktionierende Halogenglühlampe der Frontleuchte verantwortlich sein. Zum Ende der Standzeit einer Glühwendel können sich die einzelnen Wicklungen berühren und einen Kurzschluss verursachen. Der dadurch resultierende Spannungseinbruch verhindert eine Aufladung des Standlicht-Kondensators.

### Stromquellen zur Fehlersuche

Als Stromquelle bei der Schadenssuche sollte der am Fahrrad montierte Generator (Wechselstrom) verwendet werden.

Alternativ kann man auch ein nicht gleichgerichtetes Steckernetzteil mit maximal 7,5 V Ausgangsspannung nutzen.

Ein Steckernetzteil mit Gleichstromausgang, eine 6-Volt-Batterie oder ein 6-Volt-Akku (in keinem Fall eine 9-Volt-Blockbatterie!) dürfen auch eingesetzt werden. Da diese aber Gleichstromquellen sind, muss die richtige Polarität beachtet werden (modellbedingt kann eine Verpolung vorgeschrieben sein!), denn bei einige Leuchten mit Sensortechnik zum automatischen Ein-/Ausschalten (abhängig von der Umgebungshelligkeit) und/oder Standlichtfunktion in der Rückleuchte können sich bei falscher Polung des Gleichstroms abweichende Funktionen zeigen, obwohl sie nicht defekt sind.

# 9 Zubehör

Zubehörteile am Fahrrad sind zur reinen Fortbewegung zwar entbehrlich, machen das Radfahren aber bequemer, sicherer und erweitern die praktische Anwendung. Wegen einer hohen Diebstahlsquote ist das Fahrradschloss zu einem der wichtigsten Zubehörteile geworden.

## 9.1 Schutzblech und Kettenschutz

Die **Schutzbleche**[1] für die Räder dienen als Spritzschutz, die den Benutzer gegen von den Rädern hochgeschleuderten Straßenschmutz und Spritzwasser schützen. Sie sollen etwa 1 cm breiter als die Reifen sein, damit von der Seite kein Spritzwasser den Radfahrer trifft.

Die klassische Befestigung erfolgt über Streben mit einer Fixierung an den Ausfallenden **(Bild 1)**.

**Bild 1: Klassische Schutzbleche (Radschützer)**

Clip-Systeme lösen die Haltestreben, wenn sich Gegenstände zwischen Reifen und Vorderrad-Schutzblech verklemmen. Sie verhindern ein Blockieren des Rades. In diese Clips werden die Schutzblechstreben eingesteckt – also nicht starr mit der Gabel verschraubt.

Während früher die Schutzbleche ausschließlich aus Stahl- oder Aluminiumblechen gefertigt wurden, ist heute ein zähelastischer, beschichteter Kunststoff der vorwiegend verwendete Werkstoff.

Vorteile der modernen Schutzbleche sind geringes Gewicht, hohe Flexibilität, Optik und Sicherheit.

Häufig werden am hinteren Kunststoffschutzblech Kabelführungsrohre angenietet, die eine elegante, unempfindliche Kabelverlegung ermöglichen.

Für die Nachrüstung von sportlichen Rädern gibt es verschiedene Varianten leichter Steckschutzbleche aus Kunststoff. Durch Spreizstücke und Haltewinkel können sie auch an Federgabeln und besonderen Rahmenformen montiert werden.

Das Steckschutzblech für ein Mountainbike aus **Bild 2** lässt sich durch ein Gelenk an den Abstand zum Reifen anpassen.

**Bild 2: Steckschutzblech**

Nach ISO EN 4210 müssen Schutzbleche fußfrei montiert sein, das heißt, der Fuß darf beim Einschlagen des Lenkers nicht an Vorderreifen oder Schutzblech stoßen. Dabei darf ein Mindestabstand von 100 mm zwischen Pedalmitte und Schutzblech nicht unterschritten werden.

Weiterhin müssen Schutzbleche einer senkrecht nach oben wirkenden Kraft von 160 N widerstehen, die ein unter die Streben gehaltener Stab im Felgenbereich auf die Streben ausübt **(Bild 3a)**. Daneben müssen Schutzbleche einer Kraft von 80 N widerstehen, die senkrecht auf das Schutzblech ausgeübt wird **(b)**.

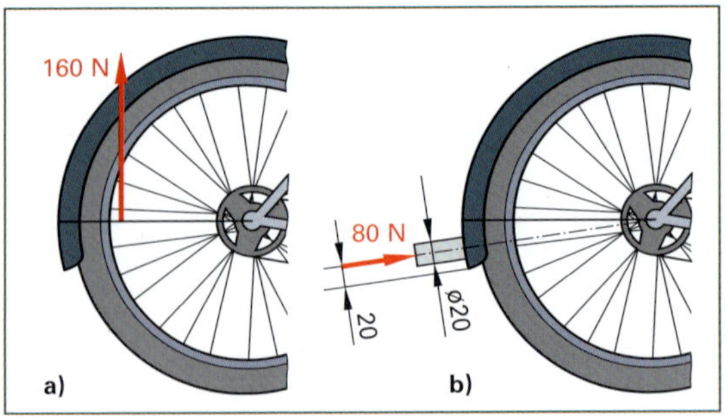


**Bild 3: Mindestbelastungen auf Schutzblech und Schutzblechstreben**

[1] Die Bezeichnung für Schutzbleche nach DIN EN 15532 ist Radschützer.

EN ISO 4210-2 verlangt für City-, Trekking- und Jugendfahrräder, dass eine **Kettenschutzvorrichtung** das größte Kettenrad um mindestens 10 mm überragen muss **(Bild 1)**. Nebeneffekt der Schutzscheibe ist, dass eine Kette nicht nach außen abspringen kann.

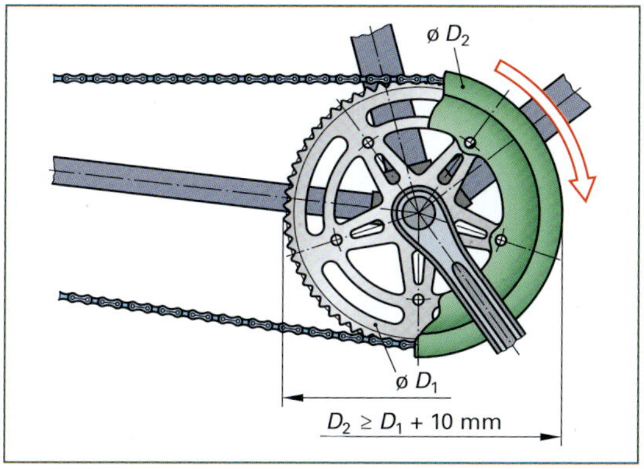


**Bild 1: Kettenschutz nach EN ISO 4210-2**

Weiterhin muss die Kettenschutzscheibe die Kette in mindestens 25 mm Abstand vor dem Einlauf der Kette in das Kettenrad abdecken **(Bild 2)**.

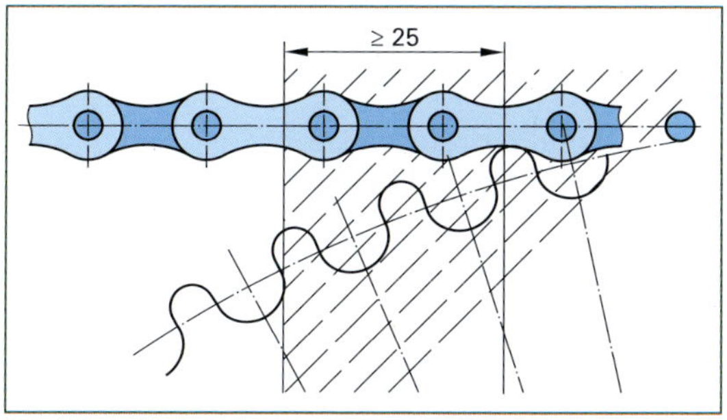


**Bild 2: Zusammentreffen von Kette und Kettenrad**

Das Hinterrad eines Fahrrades mit Kettenschaltung sollte mit einer **Speichenschutzscheibe** ausgestattet sein **(Bild 3)**. Die Scheibe soll verhindern, dass die Kette durch eine Fehljustierung oder einen Schaden in die Speichen gelangt und das Hinterrad blockiert.

**Bild 3: Speichenschutzscheibe**

## 9.2 Gepäckträger

Der Gepäckträger ist eine Vorrichtung, die zum Befördern von Gepäck dient, aber nicht für die Befestigung von Kindersitzen geeignet ist. Ein Gepäckträger kann am Hinterrad oder am Vorderrad (Lowrider, **siehe Bild 3, Seite 422**) montiert werden. Daneben gibt es noch Vorderradgepäckträger über dem Vorderrad.

Gepäckträger müssen der Prüfnorm DIN EN14872 (Zubehör) entsprechen. Sie schreibt für hintere Gepäckträger eine maximale Belastungsgrenze von 25 kg vor (an der Sattelstütze angebaut 10 kg). Über dem Rad angebrachte Front-Gepäckträger sind für eine Last von 10 kg zugelassen, Front-Gepäckträger mit tiefliegender Befestigung (Lowrider) zusammen 18 kg.

Der Gepäckträger muss sichtbar und dauerhaft mit folgenden Angaben gekennzeichnet sein:

- Tragfähigkeit in kg
- Namen oder Zeichen des Herstellers
- EN 14872

Gepäckträger werden aus dünnwandigem Stahlrohr oder Rundstahldraht, aus Aluminium-Rundmaterial oder aus dünnwandigen Edelstahlrohren hergestellt.

Die Befestigung kann an drei oder an vier Punkten erfolgen **(Bild 4)**.

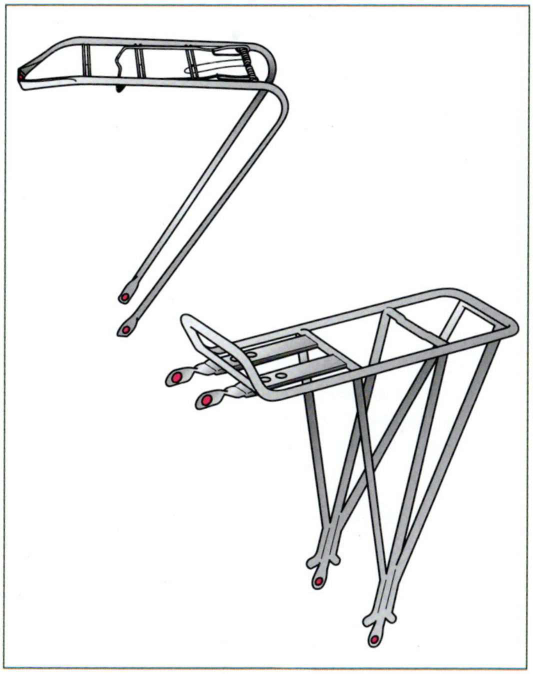

**Bild 4: Drei- und Vierpunktbefestigung**

9

Aufgrund der besseren Verstellmöglichkeiten bei unterschiedlichen Rahmenhöhen sowie einer höheren Seitenstabilität haben sich Gepäckträger mit Vierpunktbefestigung durchgesetzt. In alle Richtungen schwenk- und verschiebbare Streben ermöglichen die Verwendung eines Gepäckträgers für annähernd alle Rahmenhöhen **(Bild 1)**.

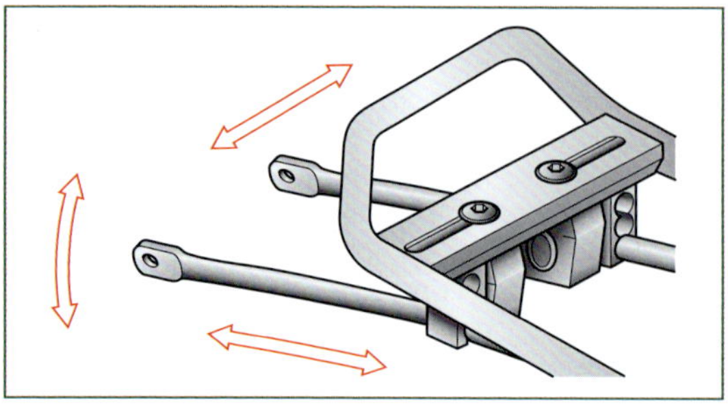

**Bild 1: Verstellbare Streben**

Separate Anlötösen an den Hinterbau-Oberstreben (Sitzrohrstreben) sowie seitliche Gewindebohrungen in den Ausfallenden garantieren eine stabile seitliche Befestigung.

Zur Befestigung von Lasten auf dem Gepäckträger dient in den meisten Fällen einen Federbügel. Der Nachteil dieses Systems ist, dass die Gepäckstücke durch die Schräge des Bügels nach vorne gedrückt werden. Ein (ggf. aufklappbarer) Anschlag sichert in diesem Fall das Gepäck **(Bild 2)**. Gummizüge oder Spanngurte haben sich bei schwererem und sperrigem Gepäck als sicherer erwiesen.

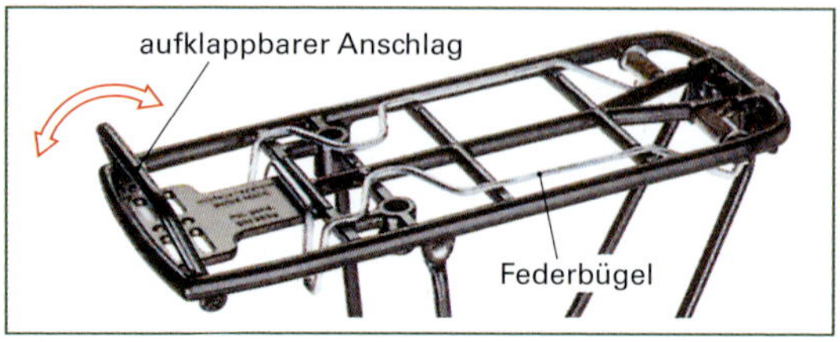


**Bild 2: Gepäckträger mit Federbügel und Anschlag**

Systemgepäckträger ermöglichen es, spezielle Einkaufskörbe, Fahrradtaschen und anderes Zubehör sicher zu befestigen. Die zulässige Belastung des Gepäckträgers muss sichtbar eingeprägt sein.

Der Standard-Gepäckträger ist am Hinterbau befestigt und ist meist in die Gesamtkonstruktion des Fahrrades integriert.

Für Reiseräder wurden zusätzlich spezielle Vorderradgepäckträger (**Lowrider**) entwickelt **(Bild 3)**. Hier können zusätzliche Taschen tief in der Ebene der Vorderradachse eingehängt werden, ohne dass die Lenkbewegungen zu stark beeinflusst werden. Zur Befestigung sind Gewindebohrungen an der Vorderradgabel oder Montageschellen erforderlich.

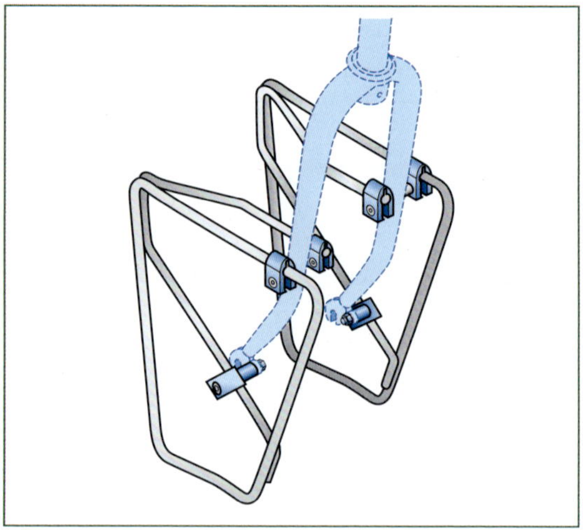

**Bild 3: Vorderrad-Gepäckträger (Lowrider)**

Langstrecken-Radler verteilen die Zuladung auf das Vorder- und Hinterrad. Gut ausbalanciert liegen 25 % (± 5 %) des Gepäckgewichtes auf dem Vorderrad. Die Verlängerung der Lenkachse sollte durch den Schwerpunkt der vorderen Gepäcklast gehen.

Die hinteren Packtaschen sollen möglichst weit vorn liegen, aber noch genügend Platz für die Tretbewegung lassen.

Je kleiner die ungefederten Massen sind, umso besser ist der Bodenkontakt. Deshalb sollte das Gepäck so untergebracht werden, dass es zu den gefederten Massen gehört – also *oberhalb* der Federelemente. Das Verhältnis der gefederten zu den ungefederten Massen wird vergrößert und damit die Federung insgesamt verbessert.

Reiseräder sollten nur nach diesem Prinzip ausgerüstet sein.

Zur Mitnahme kleiner Lasten sind häufig bei Rennrädern, Fitnessbikes oder MTBs Sonderträger an der Sattelstütze montiert **(Bild 4)**.

**Bild 4: Sattelstützträger für ein MTB**

Lowrider an Fahrrädern, die mit einer Federgabel versehen sind, sollten nicht an den Tauchrohren befestigt werden. Sie würden bei schnellen Ausweichbewegungen den Weg der Federgabel mitmachen und hohen Beschleunigungskräften unterliegen.

Eine Befestigung oberhalb des Vorderrades an der Gabelkrone und unterhalb des oberen Lenkungslagers ist die einfachste Lösung für die Anbringung des Gepäckträgers. Allerdings muss man bei Ausnutzung der zulässigen Lastgrenze (18 kg lt. DIN EN 14872) durch die Schwerpunktverlagerung ein verändertes Lenkverhalten beachten.

Eine sinnvolle Befestigungsart zeigt **Bild 1**: Hier wird der Lowrider hinter dem Gabelkopf und unterhalb des Lenkungslagers befestigt und zusätzlich von zwei neben den Tauchrohren befindlichen Linearführungen stabilisiert.

Auf diese Weise wird der Schwerpunkt nach unten verlegt und das Gepäck von Radstößen verschont.

**Bild 1: Faiv Lowrider von U. Artmann**

## 9.3 Kindersitze

Auf Kindersitzen können Kinder bis 7 Jahre mitgenommen werden, wobei der Radfahrer mindestens 16 Jahre alt sein muss. Diese Regelung gilt für Fahrräder, Pedelecs, E-Bikes und Mofas.

Die technischen Anforderungen waren bis Juni 2005 in der DIN 79120 „Kindersitze für Fahrräder" vorgeschrieben. Gemäß Euronorm EN 14344 werden drei Kategorien unterschieden:

- A15 Kindersitze hinten für Kinder bis 15 kg
- A22 Kindersitze hinten für Kinder bis 22 kg
- C15 Kindersitze zwischen Lenker und Radfahrer montiert und für Kinder bis 15 kg

Originaltext der EN:
C15-Kindersitze vorn müssen u.a. einen Befestigungspunkt haben, der *nicht* der Lenker oder eine Ergänzung des Lenkervorbaus ist.

**Tabelle 1: Klassifizierung von Kindersitzen**

| Sitztyp | Gewichtsklasse | |
|---|---|---|
| | 9 kg – 15 kg | 9 kg – 22 kg |
| Rücksitz | Zulässig | Zulässig |
| Frontsitz zwischen Lenker und Fahrer | Zulässig | Nicht zulässig |
| Frontsitz vor dem Lenker | Nicht zulässig | Nicht zulässig |

Die meisten Kindersitze sind mit verstellbaren Fußstützen versehen, auf denen man die Füße des Kindes mit einem Riemen festschnallen kann. Damit wird verhindert, dass die Füße in die Speichen gelangen können. Die neue Norm verlangt von allen Kindersitzen einen integrierten Speichenschutz.

Bei Montage des Kindersitzes zwischen Lenker und Sattel besteht die Gefahr, dass das Kind in den Lenker greifen kann. In diesem Fall empfehlen sich Kindersitze mit eigenem Sicherheitsgriff **(Seite 436, Bild 1)**.

Auf dem Kindersitz müssen der Herstellername und das maximal zulässige Kindergewicht aufgedruckt sein. Die Montage an schwenkbaren Lenkungsteilen ist nicht erlaubt, da die Lenkung beeinträchtigt wird. Werden Kindersitze auf dem Gepäckträger montiert, muss deren Tragfähigkeit ausreichend sein.

Kindersitze, die sich hinter dem Fahrer befinden, können auf dem Gepäckträger oder am Sattelrohr montiert werden. Bei Sätteln mit offenen Spiralfedern sind diese abzudecken, um für das Kind Quetschungen der Finger zu vermeiden.

Eine mögliche Belastung von bis zu 22 kg macht das Fahrrad hecklastig und es neigt bei höherer Geschwindigkeit zum Aufschaukeln und Rahmenflattern. Dieser Nachteil macht sich besonders bei Damen-Hollandrädern mit ihren flachen Sitzrohrwinkeln und wenig verwindungssteifen Rahmen bemerkbar.

Eine Sonderform stellt der Kindersitz *Bobike Classic Junior* dar. Er ist für Kinder zwischen 5 und 10 Jahren und einem Körpergewicht bis 35 kg geeignet.

Bild 1: Kindersitz mit Sicherheitsgriff (Römer)

Bild 2: Kindersitz für die Montage hinter dem Fahrer (Römer)

Die Kunststoffschalen von Kindersitzen tragen das Herstellungsdatum. Sie sollten nicht länger als acht Jahre verwendet werden, da sie durch UV-Strahlung altern.

## 9.4 Fahrradständer

Damit Fahrräder beim Abstellen nicht umfallen, kann man sie mittels angeschraubter Ständer auf festem Untergrund abstellen. Je nach Nutzung des Fahrrades und möglicher Gepäckbeladung bieten sich unterschiedliche Systeme an:

- Seitenständer in Kurbellagernähe
- Seitenständer als Hinterbaustütze
- Zweibeinständer in Kurbellagernähe
- Seitenständer am Lowrider

Der **Seitenständer in Kurbellagernähe (Bild 3)** wird an der Stegplatte hinter dem Kurbellager angebracht. Das Ständerbein ist nach links ausklappbar, da in dieser Richtung die Kette nicht stört.

Bild 3: Verstellbare Seitenstütze im Kurbellagerbereich

Verschiedene Kurbellagerhöhen erfordern unterschiedlich lange Stützen. Es gibt auch verstellbare Modelle.

**Hinterbaustützen** werden ebenfalls nach links ausgeklappt. Mit Direktmontage in Gewindebohrungen des Rahmens oder mit einer Schellen-Halterung, die am Hinterbau das Unterrohr (Kettenstrebe) mit dem Oberrohr (Sattelstrebe) verbindet, wird die Stütze am Rahmen befestigt **(Seite 437, Bild 1)**.

Diese Anbringung hat sich besonders bei Gepäckzuladung als vorteilhaft erwiesen, da das beladene Rad näher an seinem Schwerpunkt abgestützt wird. Sie sind Standard bei Reisefahrrädern.

Als stabil gelten zweibeinige Ständer **(Seite 437, Bild 2)**, was aber nur auf jene aus Rohr oder Vollaluminium zutrifft und nicht auf gewinkelte Blechversionen. Montiert werden sie entweder an der Stegplatte (wie die Seitenstütze) oder im Raum zwischen dem Kurbellagergehäuse und der Stegplatte.

Bild 1: Hinterbau-Seitenständer

Bild 2: Zweibeinständer

Die Standsicherheit von Zweibeinständern ist durch die geometrisch eng zusammenliegenden Abstützpunkte eingeschränkt **(Bild 3)**. Sie reicht nicht aus, um beispielsweise ein Fahrrad mit Kindersitz halbwegs sicher abzustellen, wobei hier noch der hohe Schwerpunkt verunsichernd hinzukommt.

**info**

Niemals Kinder bei aufgebocktem Fahrrad im Kindersitz sitzen lassen.

Auf jeden Fall muss die Gegenplatte des Zweibeinständers montiert werden (oben in Bild 2), um ein Abbrechen der Stegplatte zu verhindern.

Besonderer Vorteil eines Zweibeinständers ist die Möglichkeit, Reparaturarbeiten an den Rädern auszuführen.

## 9.5 Glocke

Nach der StVZO § 64a müssen alle Fahrräder im öffentlichen Straßenverkehr mit einer hell tönenden Glocke (Klingel) ausgerüstet sein – also auch Rennräder und Mountainbikes. Sie muss jederzeit zugänglich am Lenker angebracht sein. Andere Einrichtungen für Schallzeichen dürfen an Fahrrädern nicht angebracht sein. An Fahrrädern sind seit 1960 Radlaufglocken nicht zulässig[1].

Die Glocke muss den Anforderungen der DIN ISO 7636 entsprechen. Dabei ist eine Mindestlautstärke von 75 Dezibel vorgeschrieben.

**info**

Der Schallpegel wird in Dezibel (dB) angegeben. Die Hörschwelle liegt bei 0 dB, 45 dB ist der mittlere Schallpegel eines vorbeifahrenden Pkw.

Herkömmliche Fahrradglocken bestehen aus einer Unterschale und einer Oberschale, dem Glockendeckel aus Metall. In der Unterschale, meist ein Kunststoffteil mit angespritzter Befestigungsschelle, ist auf einem Bolzen ein Zahnsegment mit Rückzugfeder und einem nach außen stehenden Betätigungshebel gelagert **(Bild 3)**. Einfacher aufgebaut sind Einschlagglocken.

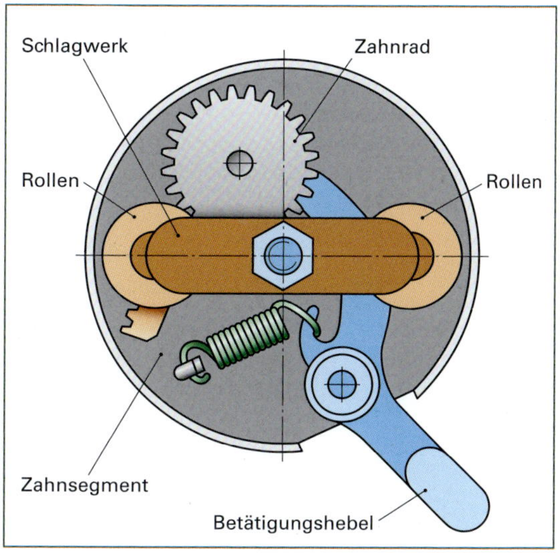


Bild 3: Prinzip Fahrradglocke (Trillerglocke)

Die Zähne dieses Segments greifen in ein Zahnrad, das mit dem Schlagwerk verbunden ist. Über das Segment und Zahnrad wird das Schlagwerk in schnelle Umdrehungen versetzt. Die am Ende des Schlagwerks gelagerten Rollen schlagen dabei gegen den Glockendeckel, der ins Schwingen kommt und den Klang erzeugt.

[1] In Österreich ist neben einer Fahrradklingel auch eine Hupe erlaubt.

## 9.6 Luftpumpe

Mit der Luftpumpe wird von Hand der Reifen aufgepumpt. Je nach Ventiltyp muss die Pumpe den passenden Ventilkopf haben. Moderne Luftpumpen besitzen meist einen Universalkopf, der an unterschiedliche Ventile passt:

- Dunlopventile
- Sclaverandventile
- Schraderventile

Zur Mitnahme am Fahrrad sind einfache Handpumpen, die als Klemmpumpen in unterschiedlichen Längen angeboten werden, ausreichend.

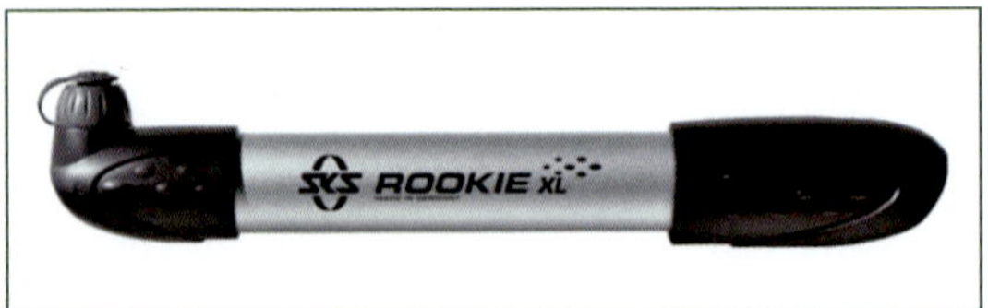


**Bild 1: Mini-Handluftpumpe**

**Funktionsbeschreibung:** In einem unten verschlossenen und oben mit einem Deckel verschraubten Zylinder (meist ein Kunststoffteil) bewegt sich der Pumpenkolben auf und ab. Der Kolben, auf einer Stange sitzend, besteht aus einer topfförmigen Manschette aus synthetischem Material **(Bild 2)**.

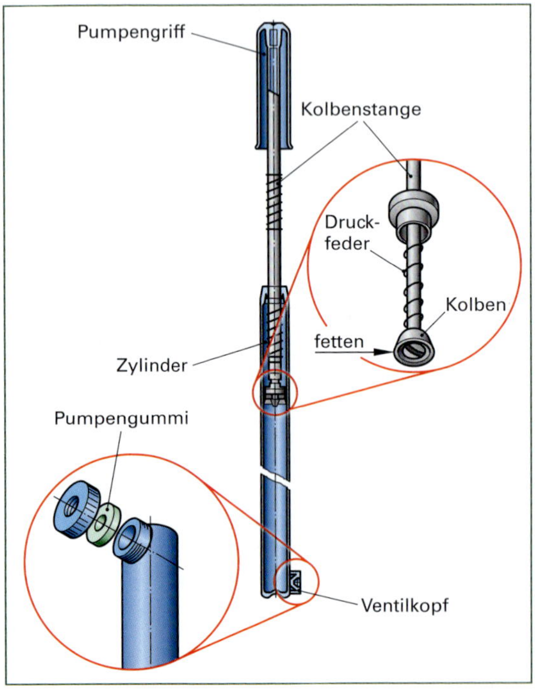


**Bild 2: Funktion einer Handluftpumpe**

Der Kolbenboden ist an der Stange zwischen zwei Scheiben verschraubt. Wird der Kolben angezogen, entsteht unter ihm ein luftverdünnter Raum. Die Manschetten-Dichtung ist dabei geöffnet und die Außenluft strömt durch die Deckelbohrung in den Zylinder. Beim Niederdrücken der Kolbenstange ist die Manschetten-Dichtung geschlossen und die Luft wird zusammengepresst.

Wenn der Druck im Pumpenzylinder größer ist als der Gegendruck im Schlauch, öffnet das Ventil. Die zusammengepresste Luft strömt in den Schlauch und erhöht den Druck.

Für Rennräder, die einen höheren Luftdruck benötigen, sind Pumpen mit kleinerem Kolbenquerschnitt *(Hochdruckluftpumpen)* sinnvoller. Eine kleinere Querschnittsfläche erfordert zwar einen längeren Hubweg oder eine größere Anzahl an Hüben, aber geringere Betätigungskräfte.

Für den stationären Betrieb in der Fahrradwerkstatt (oder zu Hause) gibt es Standpumpen mit integriertem Manometer, mit denen man von Hand Drücke bis 16 bar erzeugen kann. Damit kann schneller und leichter aufgepumpt werden **(Bild 3)**.

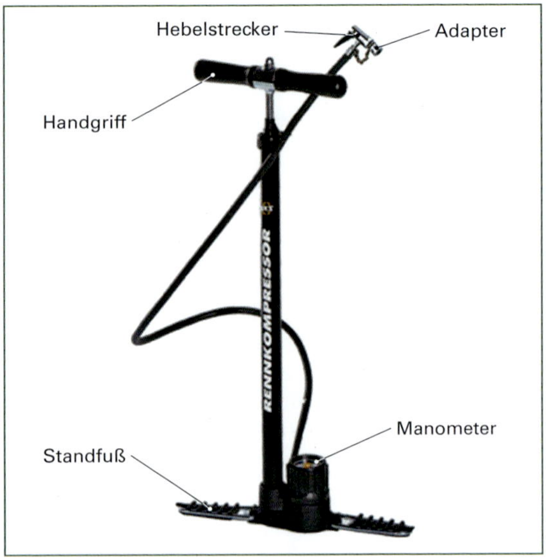


**Bild 3: Standluftpumpe mit Manometer**

Bei einer Kartuschenpumpe wird eine kleine unter Druck stehende $CO_2$-Kartusche benötigt. Sie wird an die eigentliche Kartuschenpumpe angeschlossen und diese am Ventil befestigt und betätigt.

Bei großvolumigen Fahrradreifen reicht eine einzelne Kartusche meistens nicht aus. Man benötigt unterwegs sicherheitshalber immer mehrere Kartuschen.

## 9.7 Fahrradschlösser

Obwohl vom Gesetzgeber nicht vorgeschrieben, sollte ein Rad gegen unbefugte Benutzung oder gegen Diebstahl mit einem Sicherheitsschloss ausgerüstet sein.

Verschiedene Fahrradhersteller bieten in der Erstausrüstung einfache Ringbügelschlösser an **(Bild 1)**. Diese Schlösser sind nur als Schnellsicherung für eine kurze Abstellung des Rades anzusehen.

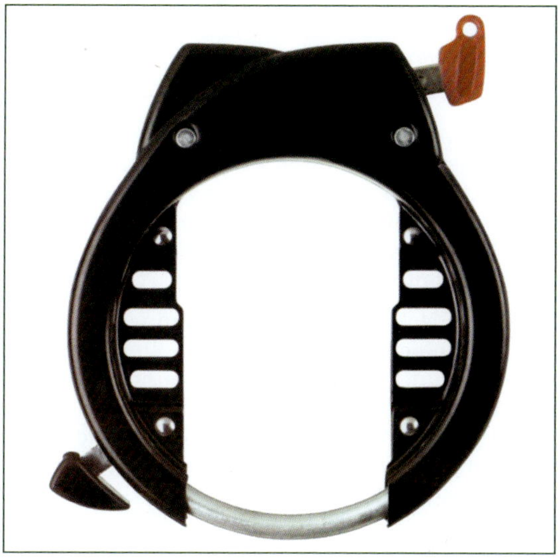

**Bild 1: Ringbügelschloss**

Das Fahrrad mit einem wirksamen Sicherheitsschloss auszurüsten ist aufgrund des großen Angebotes möglich, wird aber von den meisten Herstellern aus Gründen des hohen Gewichtes und der Kosten nicht vorgenommen.

Es wird dem Fahrradbesitzer überlassen, ein Schloss auszuwählen, das seine persönlichen Sicherheitsbedürfnisse erfüllt. Dabei spielen Argumente wie die Zeitdauer, der Ort und die Tageszeit, in der das Fahrrad unbewacht abgestellt ist, eine wichtige Rolle.

Verschiedene Sicherungssysteme für die Absicherung des Fahrrades sind:

- Kabelschloss mit gehärteter Stahlhülse und flexiblem Edelstahlkabel **(Bild 2)**
- Kettenschloss mit gehärteten Vierkantgliedern **(Bild 3)**
- Bügelschloss mit beidseitiger Bügelverriegelung aus gehärtetem Spezialstahl **(Bild 4)**

Einige Anbieter definieren für ihre Schlösser Sicherheitsstufen. Je höher die Zahl ist, umso sicherer soll das Schloss sein. Als Pauschalwert hat

**Bild 2: Kabelschloss**

**Bild 3: Kettenschloss mit Kunststoff-Ummantelung**

**Bild 4: Bügelschloss**

sich eingebürgert, dass ein passendes Schloss etwa 10 % des Fahrrades kostet.

**info**

Je teurer und leichter ein Rad ist, umso schwerer und teurer sollte auch ein adäquates Schloss sein.

In größeren Städten ist die Diebstahlsgefahr besonders groß. Muss ein Rad über mehrere Stunden unbewacht abgestellt werden, hat sich der Einsatz von zwei unterschiedlichen Schlössern aus gehärtetem Stahl bewährt (Beispiel: Bügelschloss und Ringbügelschloss).

## 9.8 Anhänger

Je nach Verwendungszweck unterteilt man Fahrradanhänger in Kinderanhänger und Lastenanhänger. Eine andere Einteilung ist die Unterscheidung nach Verwendung und Konstruktion.

| Verwendung | Konstruktion |
|---|---|
| Kinderanhänger | Einspurig |
| Lastenanhänger | Zweispurig |
| Einkaufsanhänger | Hochdeichsel |
| Reiseanhänger | Tiefdeichsel |
| Hundeanhänger | Trailerbike |

Gegenüber Kindersitzen haben **Kinderanhänger** den Vorteil, dass das Lenk- und Fahrverhalten des Fahrrades nicht so stark beeinträchtigt wird. Angekoppelt werden sie auf der Höhe der Hinterradachse. Das Fahrrad wird weder heck- noch kopflastig und der Fahrer kann seine gewohnte Sitzposition einnehmen.

Fahrradanhänger für Kinder weisen eine hohe Kippsicherheit auf. Zum Schutz dienen ein stabiles Gestell mit Überrollbügel und Sicherheitsgurte **(Bild 1)**. Die Bewegungsfreiheit ist ausreichend und die Kinder sitzen bei Regen im Trockenen.

**Bild 1: Anhänger für den Transport von zwei Kindern**

Die Anhängerkupplung befindet sich meist am linken Ausfallende **(Bild 2)**.

Auf abschüssigen Straßen besteht die Gefahr, dass beim Bremsen das Fahrrad aus der Spur geschoben wird, denn die meisten Anhänger sind ungebremst.

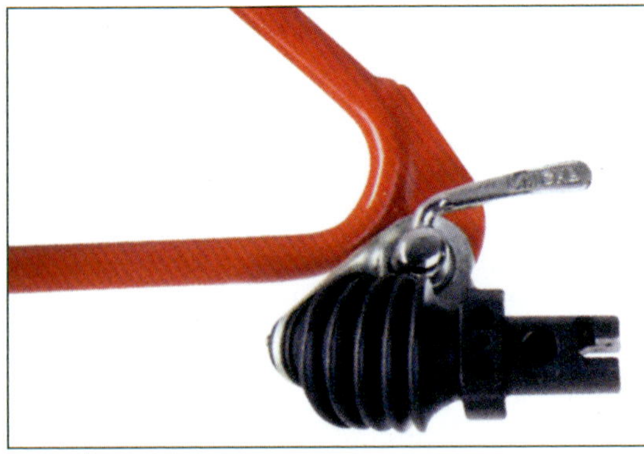

**Bild 2: Anhängerkupplung am Ausfallende (Weber Technik)**

Nach Inkrafttreten der geänderten StVZO sind maximale Abmessungen von Fahrradanhängern vorgeschrieben: Länge 2 m, Breite 1 m und Höhe 1,4 m. Die zulässige Gesamtmasse darf 80 kg nicht überschreiten. Bei mehr als 40 kg wird eine Bremse empfohlen.

Die DIN EN 15198 „Fahrradanhänger – Sicherheitstechnische Anforderungen und Prüfverfahren" liegt als Entwurf vor. Sie gibt bei einer Beladung mit zwei Personen von je 22 kg ein zulässiges Systemgewicht von 60 kg an. Die Stützlast darf nicht weniger als 30 N und nicht mehr als 80 N betragen.

Besonders wichtig ist, dass die Kupplung zum Fahrrad nur wenig Spiel hat und so für eine sichere Spurhaltung sorgt. Je mehr Spiel die Kupplung aufweist, desto schräger hängt der Anhänger hinter dem Erwachsenenrad. In dem Moment, da der Anhänger auf die Seite kippt, entsteht ein starker Seitenimpuls, der den Fahrer zu einer gefährlichen Lenkkorrektur zwingen kann.

**Fahrradtrailer** (Nachläufer) sind einspurige Anhänger für Kinder, die bereits ein gewisses Fahrgefühl haben und auf dem Trailer selbstständig treten können **(Bild 3)**.

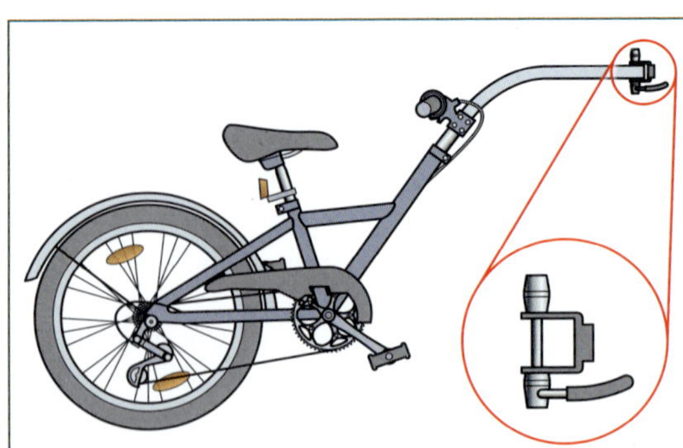

**Bild 3: Fahrradtrailer**

## 9.9 Fahrradcomputer

Die früher verwendeten Tachometer zum Anzeigen der Fahrgeschwindigkeit hatten noch keine elektronischen Uhren und konnten deshalb nicht eine Geschwindigkeit nach der Definition „zurückgelegter Weg durch benötigte Zeit" anzeigen.

Beim früheren Tachometer („Tacho") werden die Radumdrehungen mittels Schneckengetriebe und biegsamer Welle mit entsprechender Übersetzung auf das Anzeigegerät geleitet. Dort setzt die Welle einen Dauermagneten in Drehbewegung. Der Magnet rotiert in einer Glocke aus Aluminium. Dabei entstehen Wirbelströme, die die Glocke etwas verdrehen. Je schneller sich der Magnet dreht, desto mehr verdreht sich die Glocke und der mit ihr verbundene Zeiger zeigt eine höhere Fahrgeschwindigkeit an **(Bild 1)**.

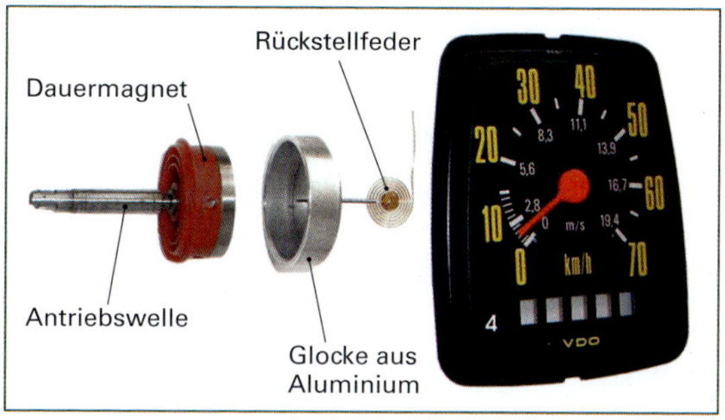


**Bild 1: Wirbelstrom-Tachometer**

Dieser Tacho ist ein typisches Analoggerät, das die tatsächliche Geschwindigkeit nur ungenau anzeigt.

Heutige Fahrradcomputer berechnen mithilfe der eingebauten elektronischen Uhr die Geschwindigkeit und zeigen diese digital an.

**info**

**Analog:** Der Messwert wird mit einem Zeiger auf einer Skala angezeigt. Ändert sich die Messgröße, ändert sich die Anzeige stufenlos. Es können so Zwischenwerte abgeschätzt werden.

**Digital:** Der Messwert wird ziffernmäßig angegeben. Ändert sich die Messgröße, ändert sich die Anzeige in Sprüngen. Man kann keine Zwischenwerte abschätzen.

Die Messung des zurückgelegten Weges erfolgt mit einem Geber (Sensor, Sendeeinheit), der an der Gabel und einem Magneten, der an einer Speiche befestigt ist **(Bild 2)**. Der Magnet streicht pro Umdrehung des Rades einmal am Geber nahe vorbei, erzeugt dabei einen Spannungsstoß und löst einen Zählvorgang im Empfänger aus.

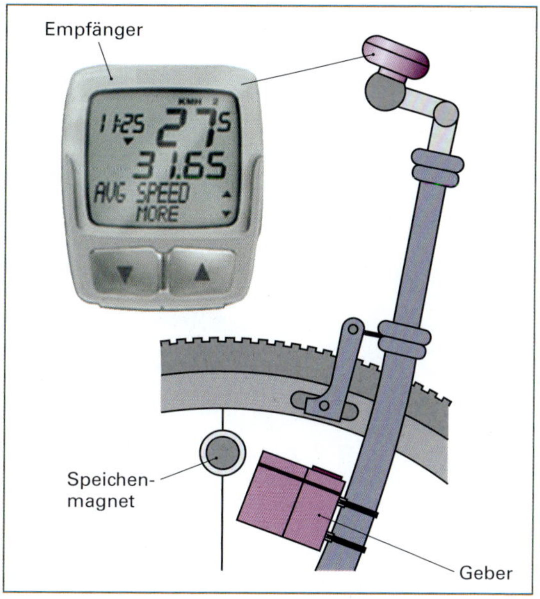


**Bild 2: Empfänger, Geber und Speichenmagnet**

Ein **Geber** ist ein magnetisch betätigter Schalter. Das Vorbeistreichen des an der Speiche befestigten Magneten schließt einen Kontakt (auch als Reedkontakt bezeichnet).

Die Datenübertragung der Impulse von Raddrehzahl oder Trittfrequenz kann über ein Kabel oder auch drahtlos über ein digitales Funksystem erfolgen. Die Daten sind dabei vor Störungen durch Stromleitungen oder Handys geschützt. Weiterhin gewährleisten codierte Funkübertragungen, dass bei Gruppenfahrten nur die eigenen Datenimpulse im Computer verarbeitet werden.

Der Computer zählt die Radumdrehungen, multipliziert mit dem Radumfang und teilt durch die Zeitdauer eines Radumlaufes. Das digital angezeigte Rechenergebnis ist die (aktuelle) Durchschnittsgeschwindigkeit bezogen auf die Dauer eines Radumlaufes.

Zur Datenübertragung zwischen dem Radcomputer (oder einem Smartphone) und den Sensoren für Geschwindigkeit, Leistung, Tritt- und Herzfrequenz ist das Funknetz ANT und ANT+ Standard. Diese Technologie arbeitet im 2,4-GHz-Mikrowellen-Frequenzband über Entfernungen unter 10 m und benötigt zum Senden und Empfangen von Daten weniger als 50 mW Sendeleistung.

ANT+ konkurriert mit dem weit verbreiteten *Bluetooth Low Energy*. Bluetooth dient auch zur Kommunikation und Wartung einiger Pedelec-Controller.

9

Durch den steigenden Fahrradtourismus haben einige Hersteller ihre GPS-Navigationssysteme durch entsprechende Befestigungssysteme und Witterungsschutz auch zur Verwendung am Fahrrad erweitert **(Bild 1)**.

**Bild 1: GPS-fähiger Fahrradcomputer (NavGear)**

Nachteilig sind die geringen Standzeiten der Systeme durch die eingeschränkten Akkumulator-Kapazitäten. Bei Pedelecs ist der Anschluss am Display (per USB-Kabel) möglich, um die Laufzeit zu verlängern. Ladeadapter **(s. Seite 419)** ermöglichen über einen stetig mitlaufenden Nabendynamo eine dauerhafte Energieversorgung des GPS-Systems.

**Leistungsmessung.** Mit speziellem Zubehör können sich Radsportler ihre erbrachte Leistung unmittelbar anzeigen lassen. Die unterschiedlichen Systeme sind:

**Wattmessung an der Tretkurbel**[1]

Durch die vom Sportler aufgebrachte Pedalkraft wird mit dem an der Kurbel angebrachten Kurbelstern gemessen **(Bild 2a)**. Über Dehnmessstreifen wird die Verformung gemessen und so das Drehmoment bestimmt. Aus der Höhe des Drehmoments und der Umdrehungsgeschwindigkeit der Kurbel wird dann die Leistung berechnet: Leistung ist Drehmoment mal Winkelgeschwindigkeit.

**Wattmessung an der Nabe**

Hier wird das Drehmoment nach der „Überführung" durch Kette und Ritzel auf die Nabe gemessen. Die Leistungsmessung in der Hinterradnabe ist problematisch, da diese je nach Übersetzung in einem anderen Verhältnis zur Kurbel steht und die Messwerte gemittelt werden. Verluste in der Kette und am Ritzel können nicht berücksichtigt werden.

**Wattmessung im oder am Pedal**

Hier wird die Durchbiegung der Pedalachse ermittelt **(Bild 2b)**. Piezoelemente messen die Trittfrequenz und die Druck- und Zugkräfte, die während der Pedalumdrehung an der Pedalachse wirken. Interessant ist die Möglichkeit, die rechte und linke Pedale getrennt zu messen. Der Radfahrer kann so seinen runden Tritt kontrollieren.

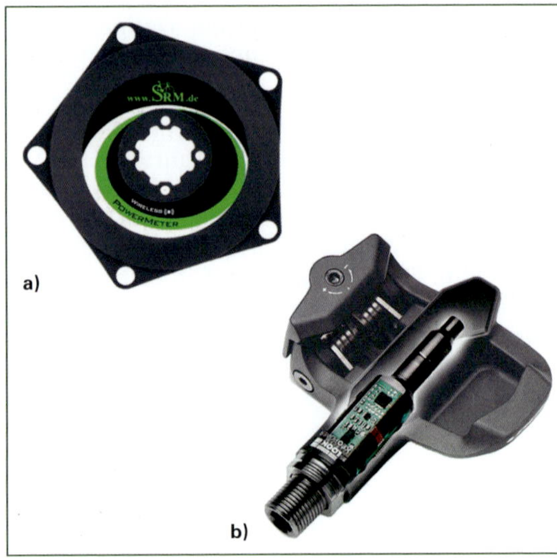


**Bild 2: a) Kurbelstern SRM b) Pedalsensoren LOOK**

In vielen Bereichen ergänzen sich neue Technologien. Entwicklungen wie das *Connected Bike System COBI* nutzen das Smartphone, um verschiedene Funktionen und Informationen in einem Endgerät zu vereinen. Eine App bündelt Daten des Radcomputers, Lichtsteuerung, Navigation, Diebstahlschutzfunktion und evtl. Pedelec-Antriebsinformationen im Smartphone.

Die Bedienung dieser „All-in-one-Lösung" erfolgt über ein griffgünstiges Bedienelement, um die Hände nicht vom Lenker nehmen zu müssen **(Bild 3)**.

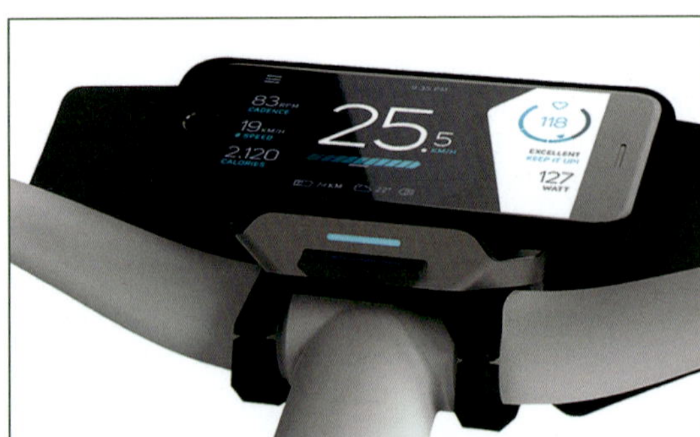


**Bild 3: Connected Bike System COBI**

Weitere Entwicklungen sind das vernetzte Verkehrswarnsystem *Garmin Varia Fahrrad-Radar*.

[1] Dieses Verfahren wurde von Schoberer-Rad-Messtechnik (SRM) erfunden und patentiert.

## 9.10 Elektrische Spannungsversorgung für Mobilgeräte

Die Verwendung von Navigationsgeräten, Handys, MP3-Playern, Beleuchtungskomponenten oder sonstigen elektrischen Geräten ist durch die Kapazität ihrer Akkus zeitlich begrenzt. Für einen dauerhaften Einsatz am Fahrrad können diese Geräte über eine Ladestation konstant mit Energie versorgt werden. Die Verbindung erfolgt über ein Kabel an eine USB-Schnittstelle, die standardmäßig eine Spannung von 5 Volt liefert. Auch gibt es Ladestationen, bei denen die Höhe der Strom- und Spannungsversorgung genau nach Herstellerangaben eingestellt werden kann.

Viele Spannungsversorger besitzen einen integrierten Pufferakku, der während der Fahrt aufgeladen wird. Dadurch werden die angeschlossenen Geräte auch bei langsamer Fahrt oder kurzen Zwischenstopps weiter mit Energie versorgt. Mobilgeräte mit einer sensiblen Elektronik gehen somit nicht jedes Mal auf Störung und schalten den Ladevorgang ab. Weiterhin ist darauf zu achten, dass das angeschlossene Gerät eine eigene Abschaltung bei vollem Akku besitzt, um ein Überladen zu verhindern.

Die Ladestation wird parallel zur Lichtanlage am Nabendynamo angeschlossen. Zum schnelleren Aufladen und zur sicheren Spannungsversorgung soll bei der Verwendung von Anschlussgeräten vorzugsweise auf das Einschalten von Licht verzichtet werden. Bei ca. 8 km/h setzt dann der Ladevorgang ein und ist bei ca. 15 km/h mit dem eines normalen Netzladegeräts vergleichbar.

Herstellerangaben informieren über die Kompatibilität mit den Anschlussgeräten. Die USB-Anschlüsse müssen spritz- und regenwassergeschützt werden. Über Schnellbefestigungen können die Ladestationen am Fahrradrahmen montiert werden. Bei anderen Bauvarianten ist die komplette Ladestation im Scheinwerfer integriert oder als Kappe auf das Ahead-Lenkungslager aufgesetzt **(Bild 1)**.

**Bild 1: Ladestation auf dem Ahead-Lenkungslager (Supernova)**

## 9.11 GPS-Navigation

Für Radfahrer wird die satellitengestützte Navigation in naher Zukunft ähnlich weite Verbreitung finden wie bei Autofahrern. Wie beim Auto können Zielfahrten von einem Start- zu einem Zielort durchgeführt werden. Es ist auch möglich, sich vom Navigationsgerät über landschaftlich schöne und verkehrsarme Strecken leiten zu lassen.

Das vom amerikanischen Militär entwickelte **Global Positioning System (GPS)** basiert auf 24 Satelliten, die in 24000 km Höhe auf verschiedenen Umlaufbahnen die Erde umkreisen. Diese senden laufend Informationen über ihre genaue Position sowie dank hochgenauer Atomuhren synchrone Zeitimpulse aus.

Das GPS-Empfangsgerät auf der Erde analysiert nun die Laufzeit zwischen den einzelnen Signalen. Befindet sich der GPS-Empfänger auf einem Kreis, den ein Satellit mit seinen Signalen auf der Erde abdeckt (A in **Bild 2**), liegt die Laufzeit bei 0,8 Sekunden:

$$t = \frac{\text{Entfernung}}{\text{Lichtgeschwindigkeit}} = \frac{24000\ \text{km}}{300000\ \text{km/s}} = 0{,}8\ \text{s}$$

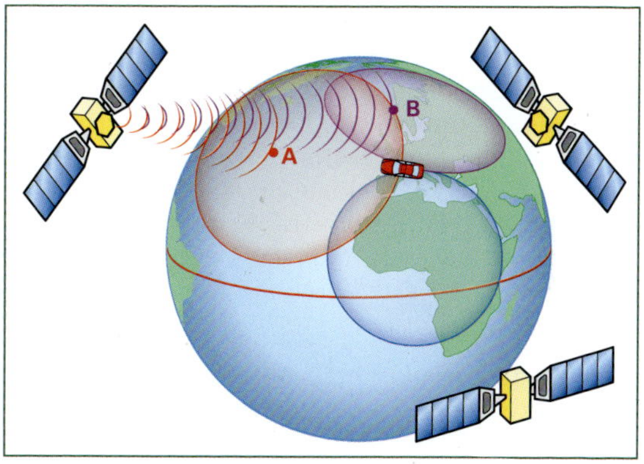


**Bild 2: Satellitennavigation**

Verstreicht mehr Zeit, befindet sich der Empfänger weiter entfernt, also irgendwo auf einem anderen Kreis, z.B. bei B. Für die Signale, die er dort von einem zweiten Satelliten empfängt, gilt das Gleiche: Der GPS-Empfänger muss sich damit an einem der beiden Schnittpunkte der Kreise befinden. Erst die Signale eines dritten Satelliten lassen eine eindeutige Ortsbestimmung zu. Mit dem Signal eines vierten Satelliten steigert sich die Genauigkeit bis zu 6 m.

Damit kann das Navigationsgerät dem Fahrer auf dem Gerätedisplay grafisch anzeigen, wo er sich befindet, bzw. seine Position in Längen- und Breitengraden angeben.

Damit das Gerät auch erkennt, in welche Himmelsrichtung sich der Fahrer bewegt, aktualisiert es einmal pro Sekunde die Position und berechnet aus dem Vergleich der beiden letzten Messungen die Geschwindigkeit und die Bewegungsrichtung. So wird aus der Längen- und Breitenangabe die momentane Position auf die Straßenkarte übertragen.

Die meisten Fahrrad-GPS-Geräte werden ohne Kartenmaterial angeboten, sodass der Käufer frei wählen kann, welches digitalisierte Kartenmaterial er in den Gerätespeicher lädt.

Unterschieden wird zwischen Raster- und Vektorkarten. Rasterkarten sind in der Regel gescannte Papierkarten. Man verwendet sie in Ländern, von denen keine Vektorkarten erhältlich sind. Vektorkarten sind dagegen ohne Qualitätseinbuße zoombar, die Datenmenge ist kleiner, eine Kalibrierung auf das Koordinatensystem entfällt.

Es gibt hochauflösende topografische Karten für Wanderer, Mountainbiker oder Tourenradler, und für Reiseradler und Rennradfahrer ideale Straßenkarten mit geringerer Auflösung, wie sie auch im Auto verwendet werden.



Während bei den Straßenkarten ein hausnummerngenaues Leiten (Routing) möglich ist, sind die höher auflösenden Karten nur begrenzt routingfähig. Ein wesentlicher Grund besteht darin, dass kleine, autoverkehrsarme Wege für Radfahrer in digitaler Form bisher nur unzureichend erfasst sind. Die kostenlose Openstreetmap-Weltkarte wird von GPS-Benutzern selbst hergestellt. Unterprojekte wie die Radkarte Deutschland oder die Open-MTB-Karte versuchen diese Lücke zu schließen.

Zur Navigation kann man bei den Fahrrad-GPS-Geräten zwischen Tracks und Routen wählen.

Tracks sind Listen von Einzelpositionen, die miteinander verbunden als Linie (Layer) auf der Karte dargestellt werden.

Tracks lassen sich mit dem GPS-Gerät oder mit geeigneter Kartensoftware selbst erstellen oder aus dem Internet laden. Internet-Tourenportale, Internet-Fahrradroutenplaner und Fremdenverkehrsämter bieten fertige Radtouren an.

Bei der Navigation mit Tracks wird die aktuelle Position grafisch und akustisch zum Verlauf der Radtour dargestellt. Der Track wird dazu virtuell auf die Landkarte projiziert **(Bild 1)**.

Bei der Routing-Funktion errechnet das Gerät aktiv den Weg zum Zielpunkt und zeigt diesen durch Fahranweisungen an.

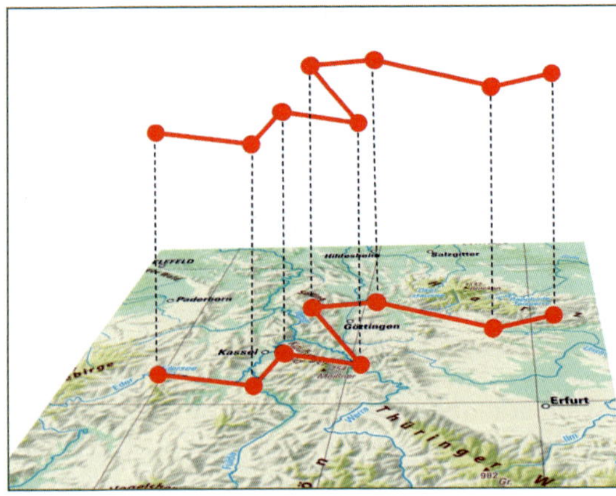


**Bild 1: Projektion eines GPS-Tracks auf eine digitale Landkarte**

Wird ein Rundkurs gefahren und die Routingfunktion genutzt, so muss der weitest entfernte Streckenteil als Zwischenziel definiert werden. Andernfalls versucht das Gerät, den kürzest möglichen Weg zu errechnen, der nicht dem Rundkurs entspricht.

GPS-unterstützte Navigation ermöglicht das optimale Nutzen von autoverkehrsarmen Wegen für den Radfahrer **(Bild 2)**. Je reizvoller und verkehrsärmer der Streckenverlauf gestaltet wird, desto häufiger muss die Fahrt zur konventionellen Navigation mit Landkarte und Kompass unterbrochen werden.

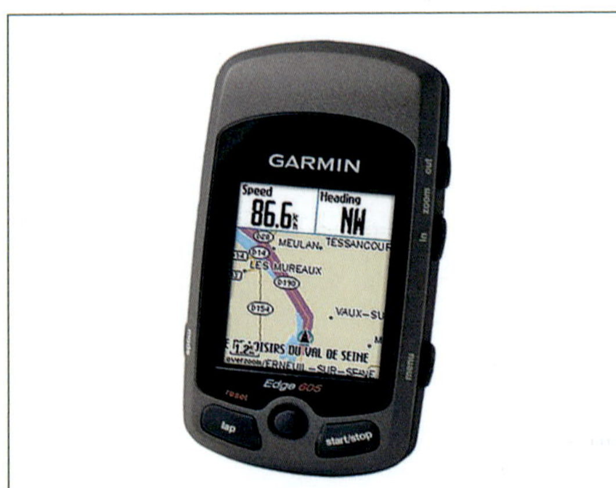


**Bild 2: Navigationsgerät (Garmin)**

Bei einer Streckenlänge von 100 km kann die Unterbrechungs- oder Navigationszeit bis zu 3 Stunden betragen. Für eine GPS-Radtourenplanung am Computer sind dagegen 10 bis 30 Sekunden pro Fahrkilometer zu kalkulieren. Seit 2013 gewinnen mobile Navigations-Applikationen (Apps) für Smartphones und GPS-Tablets an Bedeutung.

## 9.12 Helm

Der Helm ist ein wichtiger Kopfschutz, der den Radfahrer bei einem Sturz oder Aufprall vor Kopfverletzungen schützen soll.

Helme für Radfahrer bestehen aus einer 2 bis 3 cm dicken Dämmschicht aus **EPS** (**E**xpandiertes **P**olystyrol = **S**tyropor), die von einer Kunststoffschale (Microshell) umgeben ist. Die harte Schale soll bei einem Sturz Verzahnungseffekte mit der rauen Fahrbahnoberfläche und damit ein ruckartiges Abbremsen des Kopfes vermeiden **(Bild 1)**.

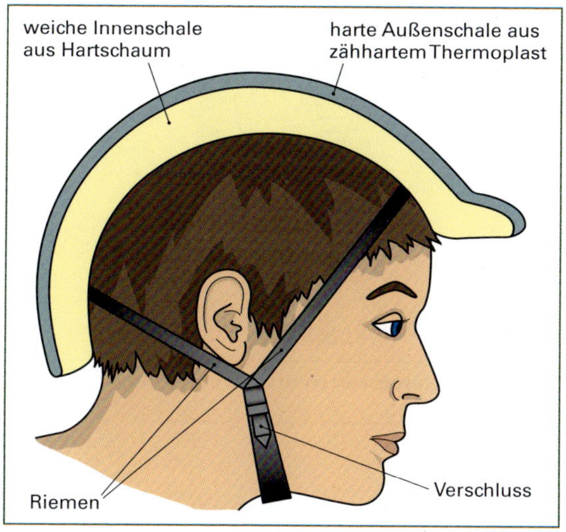


**Bild 1: Aufbau eines Fahrradhelms**

Die Hartschaumschicht ist die Knautschzone. Durch den zusätzlichen „Bremsweg" von ca. 2 cm soll sie bei einem Aufprall die hohen Verzögerungswerte auf 300 g (das ist die 300-fache Erdbeschleunigung) verringern.

Ein Helm hat nur dann seine optimale Wirkung, wenn die Dämmschicht *ohne* Bruch auf Minimalstärke (ca. 1 cm) komprimiert wurde. Bricht die Außenschale, bleibt die Dämmschicht wirkungslos.

Moderne Helme werden nach dem „In-Molding"-Verfahren hergestellt. Dabei wird der EPS-Schaum in die dünne Microshell-Kappe gespritzt, während die Kappe sich noch in der Pressform (dem „Mold") befindet. Der Schaum verschweißt mit der Kappe und beide härten bei der gemeinsamen Abkühlung aus.

Durch gezielte Formgebung werden beim Spritzen die kritischen Zonen um die Belüftungsöffnungen verstärkt. Die Sicherheit liegt damit deutlich höher als bei den nur punktweise verklebten Helmen.

Helme werden nach der europäischen CE-Norm EN 1078 geprüft und zertifiziert. Seit 1997 dürfen in Europa nur noch Helme in den Handel gebracht werden, die nach dieser Norm geprüft wurden und das CE-Siegel im Helm tragen. TÜV/GS, ANSI, SNELL, ASTM und andere Institute ohne CE-Zertifizierung haben keine Gültigkeit mehr.

Bei der mechanischen Prüfung wird ein 5 kg schwerer Prüfkörper, der dem Kopfgewicht entsprechen soll, in den Helm eingebracht und ein Fallexperiment durchgeführt.

Dabei wird die maximale negative Beschleunigung (Verzögerung) beim Aufprall des Prüfkörpers gemessen. Liegt die Verzögerung unter 300 g (= 3000 m/s²) und übersteht die Helmschale den Aufprall ohne Bruch, gilt der Helm als sicher.

Aus den Prüfbedingungen kann man die Bremskraft ausrechnen:

$$300 \cdot 10\ \text{m/s}^2 \cdot 5\ \text{kg} = 15000\ \text{N}$$

Die in der Dämmschicht absorbierte Energie entspricht der Verformungsarbeit bei einem „Bremsweg" von 1 cm:

$$15000\ \text{N} \cdot 0{,}01\ \text{m} = 150\ \text{Nm bzw. } 150\ \text{J}$$

Daraus kann man die maximale Geschwindigkeit vor dem Aufprall ausrechnen, denn die kinetische Energie ist gleich der Verformungsarbeit: 28 km/h.

$$W = \frac{1}{2} m \cdot v^2$$

$$v = \sqrt{\frac{2 \cdot W}{m}} \quad \text{mit } W = 150\ \text{Nm}$$

mit 1 Nm = 1 kgm/s²

$$v = \sqrt{\frac{2 \cdot 150\ \text{kgm}^2}{5\ \text{s}^2}} = \sqrt{60\ \text{m}^2/\text{s}^2} \approx 7{,}75\ \text{m/s}$$

$$v \approx 28\ \text{km/h}$$

Ein 5 kg schwerer Prüfkörper in einem Probehelm, der bei einem Aufprall von 27 km/h auf 0 km/h ohne Helmdurchschlag abgebremst wird, übersteht die Belastung einer 300-fachen Erdbeschleunigung.

Daher der Satz: „... wirkt bis 25 km/h."

In der Realität müssen aber größere Massen als die 5-kg-Prüfmasse abgebremst werden, sodass es schon bei erheblich geringeren Geschwindigkeiten zum Durchschlag kommt.

9

*Beispiel*:
Ein 75 kg schwerer Fahrer fährt mit einer Geschwindigkeit von 25 km/h (≈ 7 m/s) gegen ein Hindernis und wird dann vom Helm gebremst.

Mit den Prüfbedingungen 300 g und 1 cm Bremsweg des Helmes ergibt sich eine Bremskraft von 15000 N (siehe **Seite 380**). Bei einer Masse von 75 kg kann nur noch eine Verzögerung von

$$a = \frac{F}{m} = \frac{15000 \text{ N}}{75 \text{ kg}} = 200 \text{ m/s}^2 = 20 \text{ g}$$

einen Helmdurchschlag verhindern.

Hat der Fahrer die Hartschaumschicht des Helmes komprimiert, so hat er immer noch eine Restgeschwindigkeit von

$$v = v_0 - a \cdot t$$

$$t \text{ aus } s = v_0 \cdot t - \frac{1}{2} \cdot a \cdot t^2$$

$t$ hier ohne weitere Berechnung der gemischtquadratischen Gleichung ≈ 0,0015 s

$$v = 7 \text{ m/s} - 200 \text{ m/s}^2 \cdot 0{,}0015 \text{ s}$$

$$v = 7 \text{ m/s} - 0{,}3 \text{ m/s} = 6{,}7 \text{ m/s} = 24{,}12 \text{ km/h}$$

*Ergebnis*:
Muss der Helm nicht nur die 5 kg des Prüfkörpers, sondern die 75 kg eines Fahrers verzögern, so bremst der Helm nur von 25 km/h auf 24,12 km/h ab. Ein wirksamer Schutz ist unter diesen Umständen nicht mehr gegeben.

Weitere Anforderungen an Fahrradhelme sind eine gute Belüftung **(Bild 1)**, ein unverrutschbarer, druckfreier Sitz **(Bild 2)** und eine Einhandbedienung des Verschlusses **(Bild 3)**.

Die Helmschale sollte mit den Gurtbändern so justiert werden, dass sie 10 mm bis 15 mm über den Augenbrauen ruht.

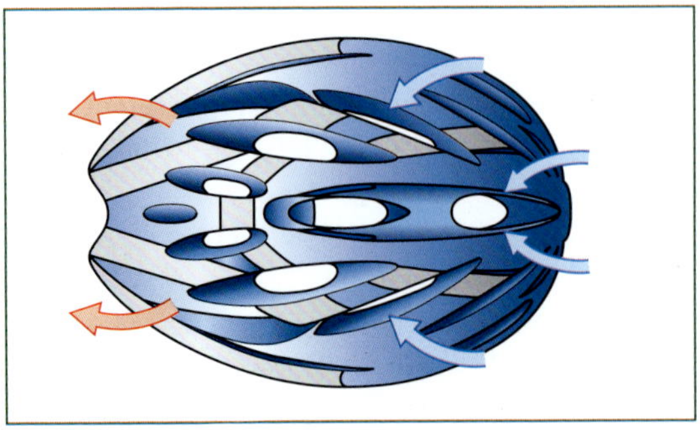

Bild 1: Zugfreie Be- und Entlüftung

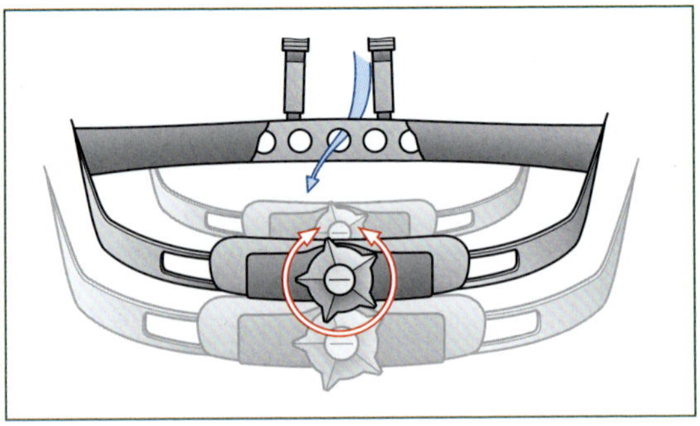

Bild 2: Stufenlos einstellbare Kopfgrößenanpassung

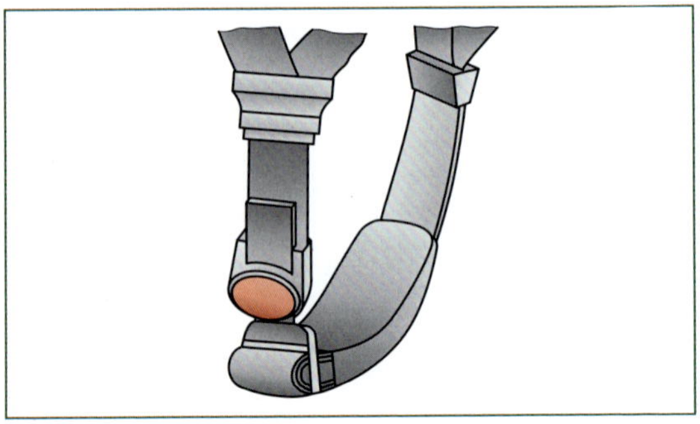

Bild 3: Drucktastenverschluss mit einer Hand bedienbar

## 9.13 Sicherheitszelle

Eine Sicherheitszelle, wie sie BMW für den Motorroller C1 konzipiert hat, kann auch auf das Fahrrad übertragen werden. **Bild 4** zeigt einen Vorschlag von R. Munz. Die Verbreitung von Elektrofahrrädern bietet eine neue Chance, das Fahrrad mit mehr Sicherheit auszurüsten.

Bild 4: Fahrrad mit Sicherheitszelle (R. Munz)

# 10 Ergonomie und Anpassung

Die Ergonomie ist ein Teilgebiet der Arbeitswissenschaft. Sie erforscht die Fähigkeiten und Eigenschaften des menschlichen Körpers, um optimale Arbeitssysteme zwischen Mensch, Maschine und Arbeitsumgebung zu schaffen. Beim Arbeitssystem Radfahren leitet der Mensch Muskelkräfte in die Maschine Fahrrad ein, welche diese in Vortrieb umwandelt.

Die **ergonomische Anpassung** oder engl. **Bike Fitting** (to fit: anpassen, einpassen) verfolgt das Ziel, den Fahrradtyp, den Einsatzzweck und individuelle Besonderheiten zu ermitteln. Anschließend soll die Sitzposition des Radfahrenden auf dem Fahrrad so gestaltet sein, dass ein effizientes Fortbewegen mit geringem Verletzungsrisiko und mit Komfort möglich ist **(Bild 1)**.

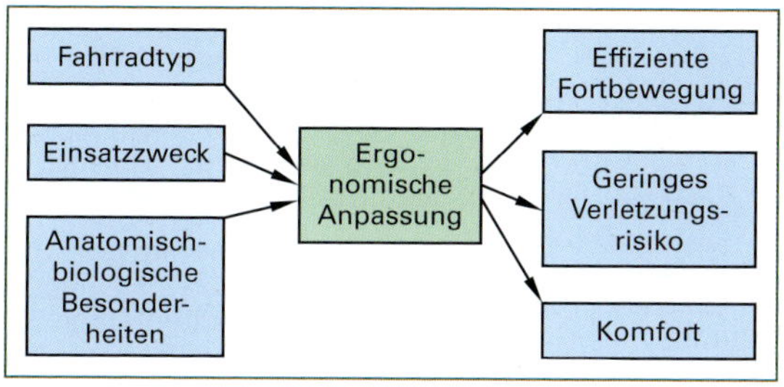


**Bild 1: Ziele des Bikefittings**

## 10.1 Anpassungsbereich

Neben Knochen und Gelenken, die wie Stützen und Hebel wirken und von Natur aus bestimmte Arbeitswinkel besitzen, sind zum Radfahren eine Vielzahl von Muskeln, Bänder und myofasziale Leitbahnen (Muskelketten) notwendig **(Bild 2 und 3)**.

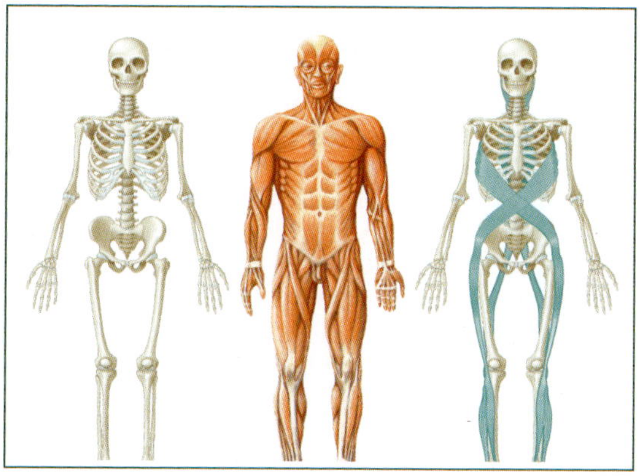

**Bild 2: Skelett, Muskeln, fasziale Leitbahnen**

Ein Teil von ihnen besitzt die Aufgabe, den Körper auf dem Fahrrad zu halten, eine Sitzposition einzunehmen und Drehmomente aufnehmen zu können. Sie verkürzen sich selten, sondern sind hauptsächlich angespannt (isometrische Kontraktion), ein anderer Teil verkürzt sich in regelmäßiger Folge (konzentrische Kontraktion). Alle Muskeln können am besten arbeiten, wenn ihnen die ergonomische Anpassung genügend Vordehnung für die Kontraktion bietet.

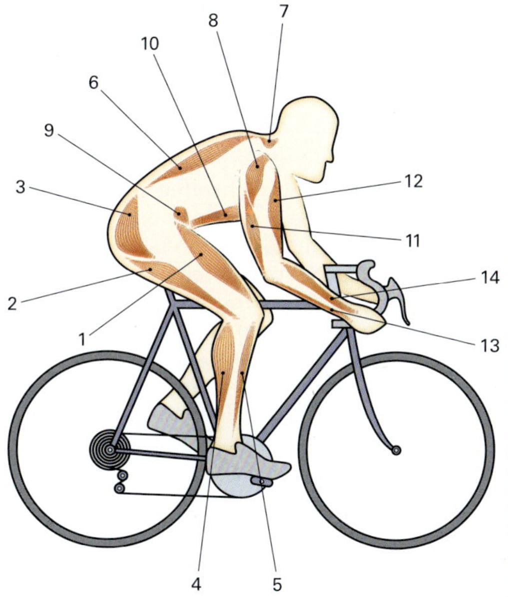


| | | |
|---|---|---|
| 1. | **Oberschenkelstrecker** | Streckung im Knie |
| 2. | **Oberschenkelbeuger** | Beugung im Knie |
| 3. | **Gesäßmuskeln** | Streckung im Hüftgelenk |
| 4. | **Wadenmuskulatur** | Streckung des Fußes |
| 5. | **Schienbeinmuskulatur** | Heben des Fußes |
| 6. | **Rückenmuskulatur** | Stabilisierung der Wirbelsäule |
| 7. | **Nackenmuskulatur** | Heben des Kopfes |
| 8. | **Schultermuskulatur** | Fixierung der Schulter |
| 9. | **Hüftbeuger** | Beugung im Hüftgelenk |
| 10. | **Bauchmuskulatur** | Beugen und Drehen des Rumpfes |
| 11. | **Armstrecker** | Streckung im Ellenbogen |
| 12. | **Armbeuger** | Beugung im Ellenbogen |
| 13. | **Handgelenkbeuger** | Beugung im Handgelenk |
| 14. | **Handgelenkstrecker** | Streckung im Handgelenk |

**Bild 3: Beanspruchte Muskelgruppen beim Radfahren**

Die Muskellängen, die verschiedenen Muskelfasertypen, ihre Dehnbarkeit und das Bindegewebe sind bei jedem Mensch verschieden und unterliegen leichten Schwankungen. Verursacht werden diese Schwankungen durch die Bewegungsmuster in unserem Alltag, aber auch die Art des Trainings und Veränderungen mit fortschreitendem Alter. Der Körper folgt dem Prinzip der Selbstregulation. Er besitzt die intelligente Fähigkeit, sich automatisch und meist unbewusst eine Körperhaltung zu suchen, in der er die günstigsten biomechanischen Arbeitsbedingungen vorfindet.

Beispiel für die Selbstregulation: Ist der Sattel zu tief eingestellt und dadurch der Kniewinkel ungünstig klein, beginnt der Radfahrende unbewusst mit dem Mittelfuß oder der Fußferse zu pedalieren. Der Körper versucht auf diese Weise einen günstigeren Kniewinkel zu finden.

Wegen der genannten Schwankungen ist die Körperhaltung auf dem Fahrrad nie gleich, daher gibt es auch keine millimetergenaue Sitzposition.

**Bild 1** zeigt Verstellmöglichkeiten zur Anpassung der Sitzposition. Die Kunst der ergonomischen Anpassung besteht darin, eine Einstellung zu finden, in der der Körper durch eigene Korrekturbewegungen Schwankungen ausgleichen und damit höhere Leistungen bei geringem Verletzungsrisiko erbringen kann. Im professionellen Radsport spricht man vom **Anpassungsbereich** oder dem **Bike fit window** (nach *Andrew L. Pruitt*).

10

**Bild 1: Verschiedene Einstellmöglichkeiten**

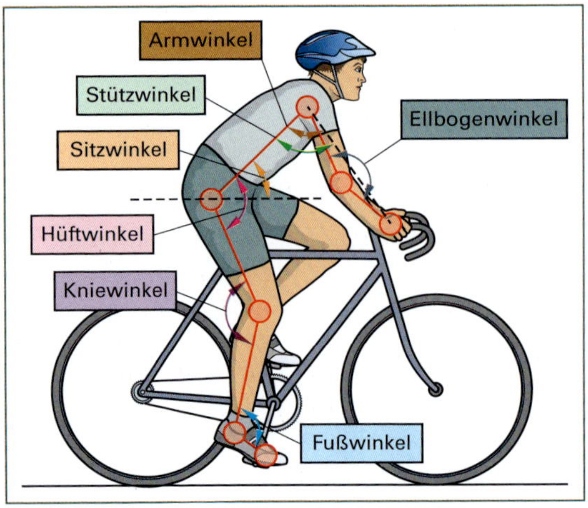


**Bild 2: Ergonomische Winkel auf dem Fahrrad**

In **Bild 2** sind die wichtigsten Körperwinkel auf dem Fahrrad in der Seitenansicht zu sehen. Diese werden durch die in **Bild 1** gezeigten Verstellmöglichkeiten variiert. Der Winkel von Becken und Wirbelsäule bleibt zur Vereinfachung unberücksichtigt.

Ist ein Anpassungsbereich gefunden, beträgt der durchschnittliche Verstellbereich von **a** bis **e** 10 bis 30 mm, also 5 bis 15 mm in jeweils eine Verstellrichtung.

## 10.2 Anpassungsmethoden

Durch den Radsport haben sich in den vergangenen Jahrzehnten verschiedene Anpassungsmethoden entwickelt. Diese lassen sich in **statische** und **dynamische Methoden** einteilen **(Tabelle 1)**.

**Tabelle 1: Anpassungsmethoden**

| Statische Methoden | Dynamische Methoden |
|---|---|
| Traditionell | 2D oder 3D Bewegungsanalyse (z. B.: Bioracer Motion Analysis, Fit4bike.com, Guru, Shimano Dynamic lab – Bikefitting.com, Retül – Specialized,Trek Precision Fit) |
| Anthropometrisch (z. B.: Body Scanning CRM) | 2D oder 3D Bewegungsanalyse mit Druckmessungen und medizinischer Leistungsdiagnostik |
| Individuell-beobachtend (z. B. diverse Ergonomie-Dienstleister) | |

Bei den statischen Methoden wird die Sitzposition im Stand eingestellt, während man bei den dynamischen Methoden Anpassungen durch Bewegungsanalysen durchführt.

Zu den **traditionellen Methoden** zählen viele Arten von ergonomischer Anpassung, die vor allem durch den Straßenradsport geprägt wurden. Viele Radsporttrainer nahmen an, dass die Sitzpositionen von Spitzenfahrern aufgrund der erbrachten Leistungen optimal und somit übertragbar seien. So wurden über Jahrzehnte Richtlinien zur Anpassung der Sitzposition durch Beobachtungen und Erfahrungen entwickelt. Da aber fundierte Forschung und die Möglichkeit der direkten Leistungsmessung fehlten, führte unzureichendes Wissen dazu, dass sich der Mensch der Maschine anpassen sollte und nicht die Maschine an den Mensch. Eine erweiterte Sicht lieferte schließlich ab 1972 das Buch *Cycling*, herausgegeben vom nationalen olympischen Komitee C.O.N.I. in Rom. Dieses Buch hatte bis zum Ende des 20. Jahrhunderts großen Einfluss auf den Radsport und empfahl die individuelle Anpassung.

Traditionelle Methoden sind zum Beispiel die Ermittlung der Sitzlänge mittels Unterarm am Sattel, oder dass die Sitzposition auf dem Rennrad so eingestellt werden sollte, dass beim Blick auf das Vorderrad der Lenker die Vorderradnabe verdeckt. Die parallele Ausrichtung nicht paralleler Füße zueinander war eine weitere und leider besonders gelenkschädigende Methode.

Bei den **anthropometrischen Methoden** misst man verschiedene Körpermaße **(Bild 1)** und errechnet mit Formeln oder Computerprogrammen eine statische Sitzposition. Diese Verfahren werden heute vor allem im Internethandel verwendet. Die bekannteste anthropometrische Formel wurde in den 1980er Jahren eingeführt, die sogenannte ***Guimard-LeMond*-Formel (Sitzhöhe, siehe Seite 450, Bild 1)**:

$$\text{Sitzhöhe} = \text{Beininnenlänge} \cdot 0{,}883$$

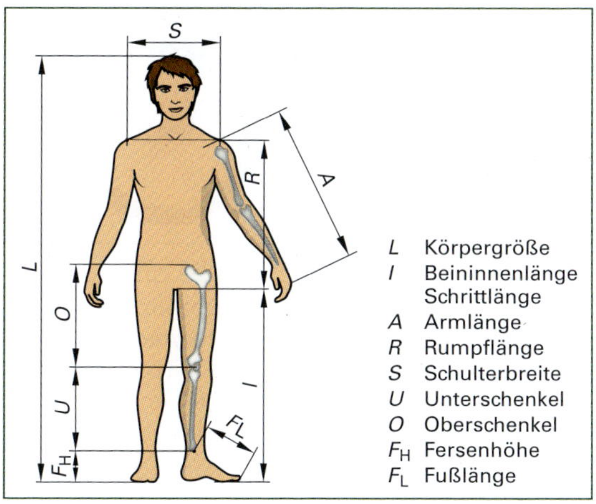


**Bild 1: Körpermaße**

Wie in Rahmenbau-Lehrbüchern betont wird, können anthropometrische Methoden für eine erste Orientierung verwendet werden, um sich dem Anpassungsbereich und einer Rahmengeometrie zu nähern. Da ihre Genauigkeit überschätzt wird, liegt ihr Wert vor allem in der Schaffung eines Einkaufserlebnisses, denn sie suggerieren Präzision. Anatomische Besonderheiten wie Muskelflexibilität, Beweglichkeit der Gelenke und Körperasymmetrien berücksichtigt diese Methode nicht.

Durch die großen Fortschritte in der Elektrotechnik und der Datenverarbeitung kamen Anfang 2000 die ersten **dynamischen Anpassungsmethoden** mit zwei- und dreidimensionalen Analysemöglichkeiten auf den Markt.

Das erste System wurde von *Retül* eingeführt **(Bild 2)**. Nach einer statischen Radeinstellung können die Gelenkwinkel und die Bewegungsabläufe auf dem Rad von jeder Körperhälfte einzeln analysiert werden. Dazu werden verschiedene Punkte und Gelenke auf dem Rad und am Radfahrenden markiert. Eine oder mehrere Hochgeschwindigkeitsvideokameras **(Bild 2, links)** zeichnen die Bewegungen bei unterschiedlichen Belastungsstufen auf (engl. 3D motion capture). Eine Analysesoftware misst die Körperwinkel und zeigt in der verlangsamten Videokontrolle Körperbereiche mit ungünstigen Bewegungsmustern. Beispiel: Das Becken pendelt, wenn der Sattel zu hoch eingestellt ist.

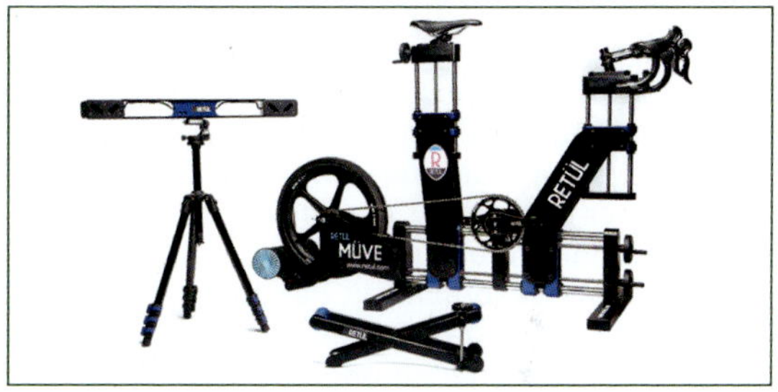


**Bild 2: Retül Bikefitting System**

Während der Analyse kann bei einigen Fahrradsimulatoren die Sitzposition stufenlos verändert und die Effekte auf Komfort und Leistung direkt überprüft werden. Bei Systemen, wie dem Shimano 3D Pedaling Analyzer, ist zusätzlich eine dynamische dreidimensionale Bewegungs-, Kraft- und Leistungsuntersuchung in Echtzeit möglich **(Bild 3)**. Verfahren, wie die von Gebiomized, analysieren bei unterschiedlichen Belastungsstufen zusätzlich die Druckverteilung auf dem Sattel und die der Füße in den Radschuhen.

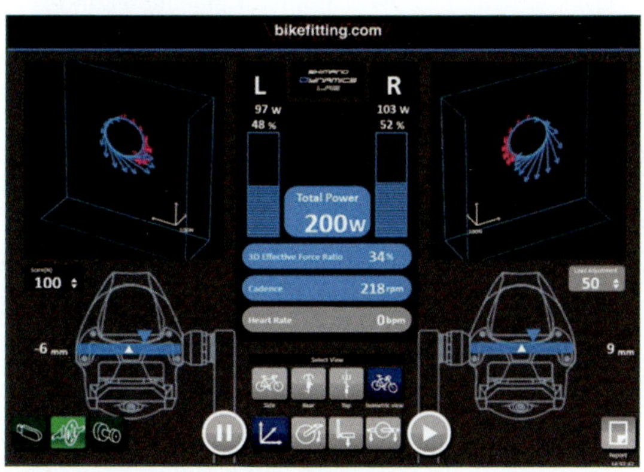


**Bild 3: Shimano 3D Pedaling Analyzer**

Dynamisches Bikefitting erfordert Fortbildung und Erfahrung. Es ist das beste Verfahren für die Anpassung der Sitzposition von Hochleistungssportlern und Personen mit hohen Jahreskilometerleistungen.

Sie hilft Verletzungen zu vermeiden und optimale Leistungen zu erbringen bei ausreichendem Komfort. Zu beachten ist, dass die angebotenen Systeme lediglich Daten liefern, die der Nutzer durch entsprechendes Fachwissen interpretieren muss. Daher sind die Empfehlungen von Ergonomie-Experten selten gleich.

**Individuell-beobachtende Anpassung** ist im Fahrradfachhandel und bei Sportergonomie-Dienstleistern die am weitesten verbreitete Methode. Sie beinhaltet sowohl statische als auch dynamische Verfahren. Üblicherweise verwenden Dienstleister Verfahren von Anbietern wie Retül, Shimano Bikefitting.com, Guru, Trek oder Bioracer und ergänzen diese durch eigene Entwicklungen und Sportmedizin- und Biomechanik-Fachwissen. Im Fahrradfachhandel wird der Blick der Verkaufsberatenden durch Schulungen und eigenes Testen auf wichtige Körpermerkmale, Körperhaltungen und Fahrradeinstellungen geschärft. Im Gespräch mit den Kunden werden der Einsatzzweck des Rades und mögliche körperliche Besonderheiten und Beschwerdepunkte erfragt und eine Sitzposition ermittelt. Diese kann unmittelbar durch Probefahrten geprüft und korrigiert werden. Mit entsprechender Übung führen die individuell-beobachtenden Methoden bereits ohne professionelle 3D-Analysehilfen zu guten bis präzisen Ergebnissen. Sie helfen dabei, die meisten Anpassungsprobleme im Fachhandelsalltag zu lösen. Ein geschulter Blick sieht in Sekundenschnelle die Gesamtheit der Sitzhaltung auf dem Fahrrad.



**Tabelle 1: Werkzeuge für die Anpassung**

| | |
|---|---|
| **Basis-ausstattung** | Werkzeuge für die Einstellung von Fahrrad oder Ergometer<br>Messformular/Software mit Definition der Messpunkte<br>Gliedermaßstab, Maßband<br>Wasserwaage<br>Lot<br>Winkelmesser (Goniometer)<br>Sitzknochen-Messgerät<br>Einstellhilfe für Schuhplatten |
| **Fortgeschritten (zusätzlich zur Basis-ausstattung)** | Linienlaser<br>Digitaler Winkelmesser<br>Geräte zur Analyse von Fußstellungen (z. B. SQlab Footdisc, Bikefit Fußwinkelmessgerät)<br>Trainingsrolle |
| **Ergonomie-dienstleister** | Anpassungsergometer<br>Leistungsanalyse<br>Bewegungsanalyse<br>Druckmessverfahren<br>Lasermessplatz<br>Analysesoftware für Windangriffsfläche |

**Werkzeuge zur Anpassung**

Für eine ergonomische Anpassung werden verschiedene Werkzeuge benötigt. Sie reichen von einfachen Längen- und Winkelmessgeräten bis zu computergestützten Analysesystemen. **Tabelle 1** zeigt Werkzeuge für verschiedene Anwender und deren Anforderungen.

## 10.3 Messmethoden

Für Fahrräder, die nicht im professionellen oder semiprofessionellen Leistungssport genutzt werden, hat sich in der Praxis die Messung bewährt, bei der der Sitzrohrwinkel in der Regel unberücksichtigt bleibt **(Bild 1)**.

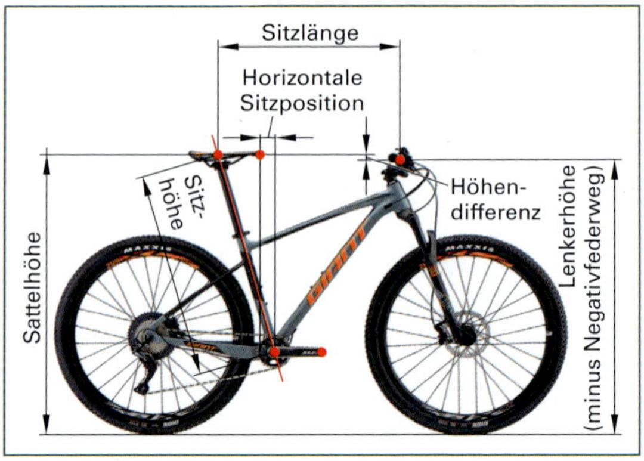


**Bild 1: Messweise für die meisten Fahrräder**

Diese Messung ist schnell, unkompliziert und genau genug. Zur Darstellung der Sitzlänge verwendet man den Punkt, an dem die Sitzrohr-Mittellinie die Satteloberfläche durchdringen würde. Ein weiterer Vorteil dieser Messweise ist, dass der Rückversatz des Sattels gegenüber der Kurbellagermitte in der Praxis selten gemessen werden muss. So ergeben sich drei zentrale Längen: die Sitzhöhe, die Sitzlänge und die Höhendifferenz Sattel-Lenker, mit denen im Verkaufsalltag gut gearbeitet werden kann.

Wird eine genauere Messung gewünscht, oder ist diese Teil der Anpassungsmethode, liefert die zweite Messweise in Längsrichtung präzisere Angaben zur Position des Sattels und des Lenkers. Bei dieser Methode werden Längen nach vorn und hinten zur Ebene der Kurbellagermitte angegeben **(Seite 451, Bild 1)**. Diese Messweise ist im Profiradsport üblich. Beide Messweisen sind bewährt, allerdings erfordert die zweite Methode mehr Hilfsmittel. Sie gestattet ferner, die neueren Rahmenmaße Reach und Stack zu nutzen.

Für welche Messweise man sich entscheidet, sollte von den Fahrrädern und Anforderungen abhängig gemacht werden, mit denen man am meisten arbeitet. Bei Lasermessplätzen werden die Messpunkte der Sitzposition in einem Ko-

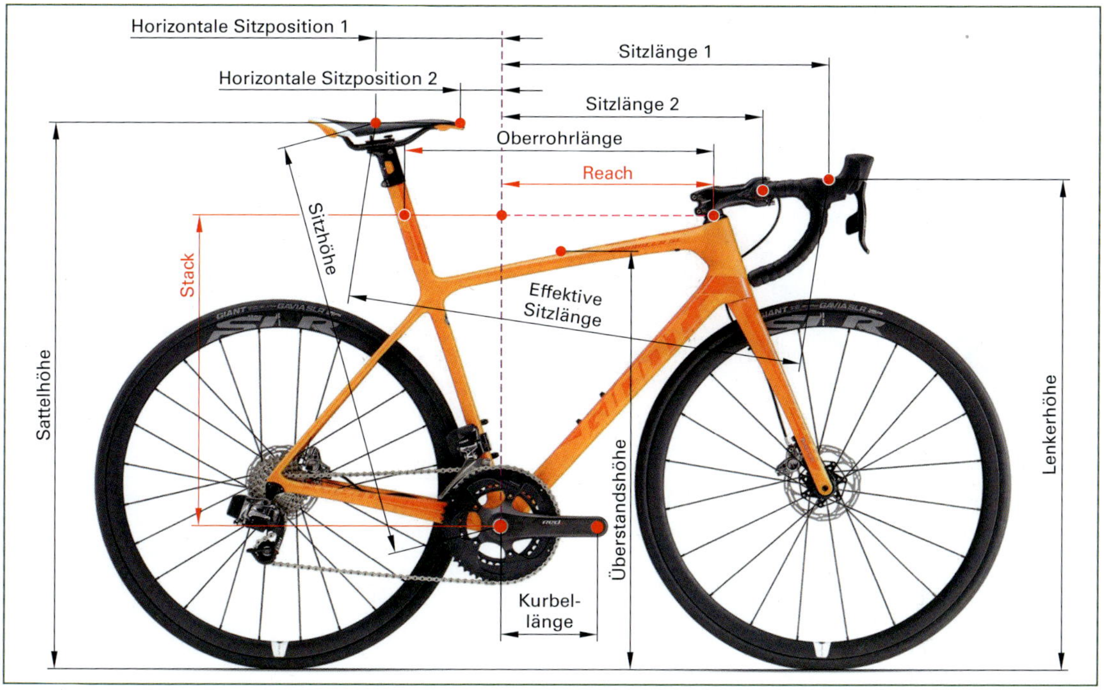


**Bild 1: Messweise zur Kurbellagermitte**

ordinatensystem dargestellt. Der Nullpunkt der X- und Y-Achse befindet sich in der Mitte der Kurbelwelle. Einzelne Systeme messen Reach bis zur Mitte der Lenkerklemmung.

## 10.4 Sitzpositionen

Die Sitzposition auf dem Fahrrad wird durch die Lage der drei Kontaktpunkte Hand/Lenker, Sitzknochen/Sattel und Fuß/Pedal gestaltet.

### 10.4.1 Fachbegriffe, Definitionen und Kennlinien

Die Sitzlänge gestaltet den Winkel der Arme zum Rücken. Gewohnheitsmäßig wird diese von der Sattelspitze bis zur Mitte der Lenkerklemmung am Vorbau gemessen, im **Bild 2** rot dargestellt.

Diese Messweise hat sich bei der Neuradmontage bewährt. Erhebliche Fehler liefert sie jedoch, wenn eine bisherige Sitzposition korrigiert und eine andere Lenkerform gewählt wird, wie dies im Fachhandel zum Tagesgeschäft gehört. Keine Rahmengeometrie kann so große Sitzlängendifferenzen hervorrufen wie verschiedene Lenkerformen und bevorzugte Griffpositionen. Bedauerlicherweise interpretieren nicht wenige Kunden diese Differenzen als falsche Rahmenhöhe.

Daher veranschaulicht **Bild 2** in grüner Farbe die effektive Sitzlänge, also den tatsächlichen Abstand vom Sattel bis zu der Linie, an der die Hände den Lenker halten. Um verlässlich mit dem Maß Sitzlänge arbeiten zu können, muss die Hauptgriffposition am Lenker als Messpunkt definiert werden.

Weitere Korrekturen können bei Rennlenkern notwendig sein. So greifen Nutzer von Campagnolo Ergopower Hebeln häufig 2 bis 3 cm weiter hinten als SRAM- oder Shimano-Nutzer.

Die Unterscheidung von traditioneller Messweise mit fehlerbehafteten Messpunkten und der Messung der tatsächlichen Sitzlänge ist notwendig, um ergonomische Anpassungen erfolgreich in der Praxis durchführen zu können. Dieses Wissen hilft die nachfolgenden Seiten besser zu verstehen und im Berufsalltag entscheiden zu können, ob eine Rahmengeometrie für den Radfahrenden geeignet ist.

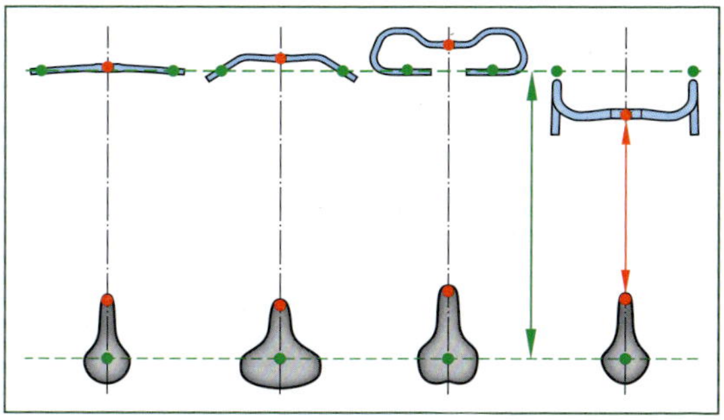

**Bild 2: Effektive Sitzlängen**

Für die Messung eignen sich Gliedermaßstab mit einer dünnen Metallschiene **(Bild 1)**, ein einfacher Linienlaser oder ein digitales Entfernungsmessgerät.

**Bild 1: Messen der effektiven Sitzlänge**

## 10.4.2 Sitzhöhe

Die wichtigste biomechanische Einstellung auf dem Fahrrad ist die Sitzhöhe $S_H$. Diese wird definiert als die Entfernung von der Mitte der Kurbelwelle bis zum Durchstoßpunkt der Sitzrohr-Mittellinie durch die Satteloberfläche **(Seite 450, Bild 1)**.

Sie entscheidet maßgeblich darüber, ob Muskelkraft effizient in Vortrieb umgewandelt wird oder nicht. Ein zu niedriger oder zu hoher Sattel führt zu hohen Leistungsverlusten **(Bild 2)**. Da alle weiteren Anpassungen von der Sitzhöhe abhängen, beginnt jede Methode mit dieser Einstellung.

10

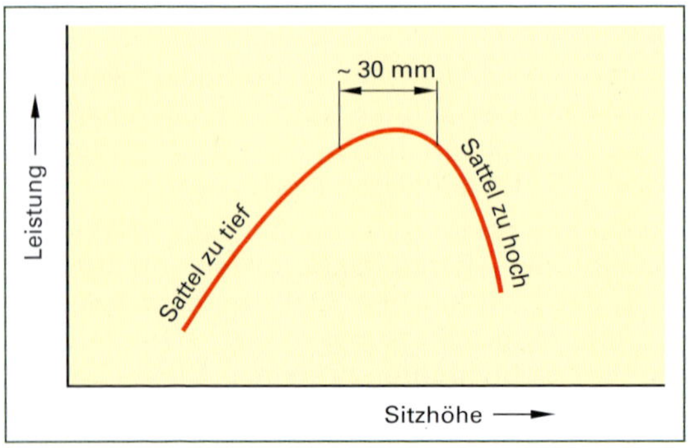


**Bild 2: Optimaler Bereich der Sitzhöhe**

Heute sind drei statische Methoden und eine dynamische Methode gebräuchlich. Die Einstellung erfolgt in der Regel bei einem waagerecht und auf der Sattelstütze mittig montierten Sattel **(Tabelle 1)**.

**Tabelle 1: Methoden der Sitzhöheneinstellung**

| | |
|---|---|
| **Ferse-Knie-Methode** | statisch |
| **Kniewinkelmessung** | statisch, Goniometer |
| **Anthropometrisch** | statisch, Beininnenlänge · 0,883 |
| **Bewegungsanalyse** | dynamisch |

Die **Ferse-Knie-Methode** ist die am häufigsten eingesetzte Einstellmethode.

Sie ist einfach, schnell und zuverlässig. Zur Einstellung muss eine flache Schuhsohle getragen werden und sich eine Kurbel in der Verlängerung des Sitzrohres befinden. Anschließend platziert man die Ferse auf dem Pedal (**Bild 3**a). Die Sitzhöhe wird so eingestellt, dass das Kniegelenk gestreckt ist. Um den Sattel nicht zu hoch einzustellen, sollte der zweite Fuß ebenfalls auf dem Pedal stehen, damit das Becken auf dem Sattel nicht zur Seite abknickt. Bei dieser Einstellung ist das Kniegelenk beim korrekten Pedalieren mit dem Vorderfuß nicht ganz gestreckt **(Bild 3b)**. Die Ferse-Knie-Methode eignet sich für alle Fahrradarten.

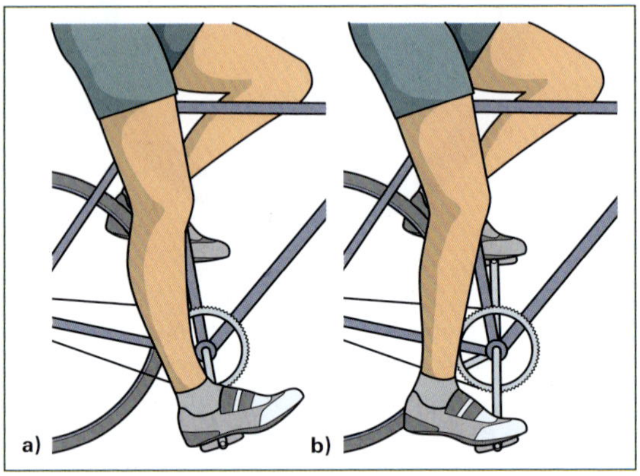


**Bild 3: Ferse-Knie-Methode**

Möchte man mit der **statischen Kniewinkelmessung** arbeiten, verwendet man zur Einstellung ein Goniometer (Winkelmesser). Im unteren Totpunkt UT und dem Vorderfuß auf dem Pedal sollte die Sitzhöhe so eingestellt werden, dass sich das Knie mit einem Winkel von 145° bis 155° beugt **(Bild 4)**.

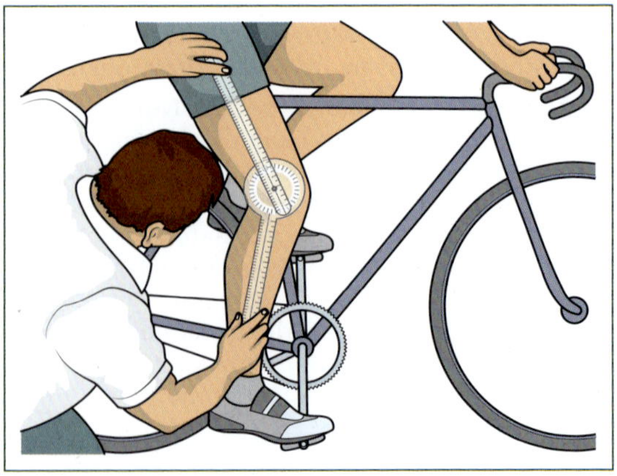

**Bild 4: Kniewinkelmessung**

Bei guter Beinbeweglichkeit und hohem Trainingszustand sind auch Beugungswinkel bis etwa 160° möglich.

Die **anthropometrische Berechnung** der Sitzhöhe durch Multiplikation der Beininnenlänge mit dem Faktor 0,883 liefert bei vielen Menschen mit eher größeren oder kleineren Füßen fehlerhafte Ergebnisse. Da die Ferse-Knie-Methode physisch auf jedem beliebigen Fahrrad durchgeführt werden kann, sollte sie einer Berechnung vorgezogen werden.

Im Leistungssport kann die Sitzhöhe am besten mit den dynamischen Methoden gefunden werden, indem eine **digitale Bewegungsanalyse mit Winkelmessung** aller Bein- und Fußwinkel erfolgt.

Der gesamte Anpassungsbereich (Bike fit window) der optimalen Sitzhöhe beträgt bei Gelegenheitsradfahrern ungefähr 30 mm und bei Radsportlern etwa 20 mm.

### Horizontale Sitzposition

Sie beschreibt die Lage des Sattels zur Kurbellagermitte und wird häufig auch als Sattelversatz oder Rückversatz beschrieben. Die Bestimmung der geeigneten Sitzlänge basiert auf diesem Wert. Verursacht wird der Sattelversatz durch den Sitzrohrwinkel, der bei den meisten Fahrrädern zwischen 72° und 75° liegt. Sattelstützen gestatten den Sattel um wenige Zentimeter horizontal zu verschieben. Außerdem kann durch größere Kröpfungen der Sattelstützen korrigiert werden. Sie werden in Zentimeter „off set" angegeben. Trotz vieler sportwissenschaftlicher Studien liefert die Knie-über-Pedalachse (KüPa)-Methode für die meisten Radfahrenden eine gute Einstellung. Dabei soll ein Lot von der Unterkante der Kniescheibe durch die Pedalachse fallen **(Bild 1)**.

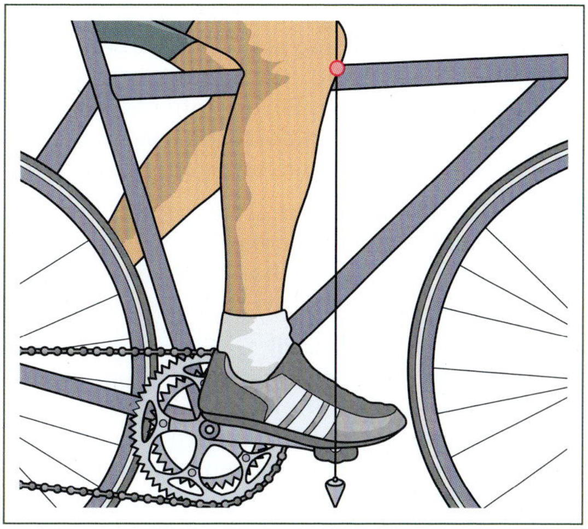

**Bild 1: Überprüfung der horizontalen Sitzposition**

### Ergänzende Einstellempfehlungen

- **Fuß-Boden-Kontakt**

Handelsübliche Fahrräder haben einen Sitzrohrwinkel von 72 bis 75° und vom Boden gemessen eine Kurbelgehäusehöhe um 300 mm. Bei einer richtig eingestellten Sitzhöhe werden sich Fahrer mit einer Schuhgröße < 42 nicht mit den Fußspitzen am Boden sicher abstützen können. Ausnahmen bilden spezielle Rahmengeometrien mit flachen Sitzrohrwinkeln, wie zum Beispiel am Urban Arrow Lastenrad oder durch die Electra Bikes Flat Foot Technology.

- **Sitzhöhe bei Kinderrädern**

Bei Kinderrädern treffen verschiedene Faktoren aufeinander. Einerseits muss der Sattel so eingestellt werden, dass die Fußspitzen zum sicheren Auf- und Absteigen den Boden berühren. Andererseits muss der Rahmen ausreichend Bodenfreiheit bieten, damit die Pedale nicht in der Kurve zu früh den Boden berühren. Gleichzeitig aber sind die Füße von Kindern noch recht klein/kurz. Wird die Sitzhöhe mit der Ferse-Knie-Methode eingestellt und versucht das Kind mit den Fußspitzen den Boden zu berühren, fehlen viele Zentimeter. Man ist gezwungen den Sattel ergonomisch ungünstig zu tief zu stellen, was die Leistungsentfaltung des Kindes stark beeinträchtigt. Einige Kinderradhersteller achten daher auf ausreichend kurze altersgerechte Kinderkurbeln, die es ermöglichen über einen angepassten Rahmen das Kurbelgehäuse abzusenken. Kurze Kurbeln sorgen für größere Kniewinkel, die ebenfalls vorteilhaft sind. In jedem Fall ist ein kontinuierliches Höherstellen des Sattels in kürzeren Wochenabständen ratsam.

- **Pedale mit oder ohne Bindung**

Fahrer ohne Schuh-Pedal-Bindung empfinden eine eher höhere Einstellung angenehmer. Berichtet ein Radfahrer, dass er trotz vieler Versuche seine optimale Sitzhöhe nicht findet, so ist vor allem an eine **Beinlängendifferenz** zu denken, die ärztlich abgeklärt werden sollte.

- **Fußwinkel**

Der Fußwinkel **(Seite 448, Bild 2)** beträgt bei richtig eingestellter Sitzhöhe etwa 105° bis 130° beziehungsweise 15° bis 40°. Er ist in der Abwärtsbewegung kleiner und kann sich durch Streckung in der Aufwärtsbewegung vergrößern.

- **Straßen- und Bahnrennsport**

Die optimale Höhe für den Rennsport liegt im oberen Bereich des Anpassungsbereichs, der eine Größe von etwa ± 15 mm hat (Bike fit window). Je trainierter der Radfahrer, umso kleiner der Anpassungsbereich. Durch die Regelmäßigkeit des Fahrens hat dieser bereits mehrere Feineinstellungen zur Optimierung vorgenommen, außerdem findet eine Konditionierung statt. Der Körper nimmt deutlich schneller und genauer Abweichungen vom Gewohnten wahr. Ein zu hoher Sattel kann Schmerzen auf der Kniérückseite verursachen, ein zu tiefer Sattel Schmerzen an der Kniescheibe.

- **MTB- und CX-Rennsport**

Mountainbiker und Cyclocrossfahrer wählen eher niedrigere Sitzhöhen, da das häufige Aufstehen aus dem Sattel erleichtert wird.

- **BMX, Dirtjump, Downhill**

Da nur selten sitzend gefahren wird und genügend vertikaler Freiraum zwischen Sattel und Schritt vorhanden sein muss, wird der Sattel tiefer eingestellt, ungefähr Beininnenlänge · 0,7. Bei absenkbaren Teleskopstützen kann die biomechanisch sinnvolle Sitzhöhe eingestellt werden.

- **Liegefahrräder**

Bei ein- und mehrspurigen Liegefahrrädern entfällt der Begriff Sitzhöhe, da die Tretkurbeln und die Sitzfläche annähernd auf gleicher Höhe angeordnet sind. Hier beschreibt die Sitzlänge den Abstand zwischen Sitz und Kurbellager. Vor Beginn der Einstellung und sofern möglich sollte der Winkel des Sitzes in einer mittleren bzw. als angenehm empfundenen Position eingestellt werden. Zum Einstellen der Sitzlänge eignet sich ebenfalls die Ferse-Knie-Methode. Die Knie sollten in der weitesten Entfernung zum Sitz beim Pedalieren keinesfalls gestreckt sein **(Bild 1)**.

**Bild 1: Sitzlänge auf einem Liegerad**

- **Einräder**

Die Einstellung gleicht der normalen Fahrradeinstellung (z. B. Ferse-Knie-Methode).

## 10.4.3 Oberkörperhaltungen

Nach der Justage der Sitzhöhe ist die Wahl der Oberkörperhaltung die nächste zentrale Einstellung. In einigen Büchern wird eine Einteilung zu verschiedenen Fahrradarten gewählt. In diesem Buch werden dagegen die verschiedenen Sitzwinkel mit ihren Vor- und Nachteilen sowie Einsatzmöglichkeiten beschrieben. Die Bereiche der Sitzwinkel dienen lediglich der Orientierung.

**Sitzwinkel 80° bis 90°**

Diese Winkel sind vor allem an klassischen Holland-, bequemen Alltagsrädern und an Pedersen-Fahrrädern anzutreffen. Solche großen Rückenwinkel erreicht man, wenn der Lenker mehr als 15 cm über dem Sattel montiert und die Sitzlänge durch stark gebogene Lenker verkürzt ist. Die Wirbelsäule ruht nahezu senkrecht auf dem Sattel, während die Arme locker am Rumpf anliegen und die Hände den Lenker entspannt halten, ohne den Oberkörper tragen zu müssen **(Bild 2)**.

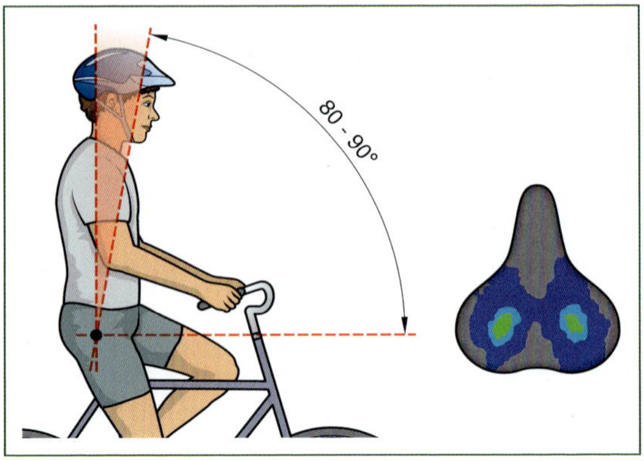


**Bild 2: Sitzwinkel 80° – 90°, Druckverteilung Sattel**

Wie beim Sitzen auf einem Gymnastikball muss die Wirbelsäule über die Rumpfmuskeln in der Senkrechten gehalten werden. Tun sie dies nicht oder ermüden sie, krümmt sich die Wirbelsäule auf ganzer Länge, was besonders zu Schmerzen im unteren Lendenbereich führen kann. Vertikale Stöße durch Fahrbahnunebenheiten stauchen die Zwischenwirbelscheiben (Bandscheiben), was ebenfalls zu Schmerzen an einer bereits geschädigten Wirbelsäule führen kann. Daher sind gefederte Sättel, Federsattelstützen und dickere, größere Reifen sinnvoll.

Durch das aufgerichtete Becken lastet das Gewicht des Oberkörpers auf dem hinteren Teil der V-förmigen Sitzhöcker, weshalb breite Sättel angenehmer empfunden werden. Der Druck auf den empfindlichen Dammbereich (Perineum) ist dabei gering. Dank der Haltung ist die Sicht auf die Umgebung gut und die Nackenmuskeln nur mit dem Balancieren und Halten/Drehen des Kopfes beschäftigt. Von Nachteil ist, dass der Oberkörper bei starkem Gegenwind oder höheren Geschwindigkeiten einen erhöhten Luftwiderstand verursacht. Ein weiterer Nachteil ist, dass die starken Gesäßmuskeln (m. gluteus maximus), die den Großteil der Muskelkraft für die ersten 90° der Kurbelumdrehung liefern, nicht genügend Vordehnung zur Kontraktion erhalten. Denn beim aufrechten Sitzen ist der Hüftwinkel so groß, dass eine Vordehnung kaum vorhanden ist und weniger Kraft erzeugt werden kann.

Der Gesamtschwerpunkt des Fahrrades liegt bei dieser Sitzposition weit hinten. Die Gewichtsverteilung zwischen Vorderrad und Hinterrad beträgt etwa 1 : 2,4. Dieser Schwerpunkt wird durch Gepäck oder Kindersitze hinten noch weiter verschoben, sodass besonders verwindungssteife Rahmen zur Verbesserung der Fahrstabilität erforderlich sind. Auch zusätzliche Gepäcklast an einem Lowrider unten an der Gabel verbessert das Fahren.

### Sitzwinkel 70° bis 80°

Diese Oberkörperhaltung wird von vielen Menschen gewählt, die im Alltag meist kürzere Strecken in flachem Gelände zurücklegen. Sie unterscheidet sich von der vorgenannten aufrechteren Haltung dadurch, dass der Lenker gegenüber dem Sattel noch höher eingestellt ist und auch die Sitzlänge etwas größer ist **(Bild 1)**.

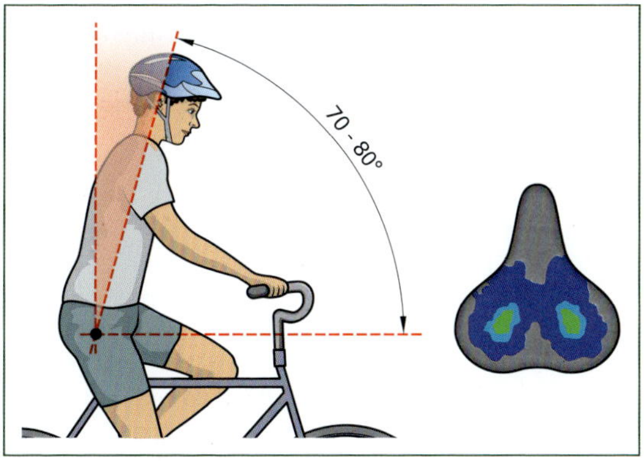


**Bild 1: Sitzwinkel 70° – 80°**

Bei dieser zunächst als bequem empfundenen Sitzposition behindert der große Armwinkel die Möglichkeit, dass sich der Oberkörper in seiner natürlichen S-Form ausbalancieren kann **(Bild 2)**. Stattdessen hält die Rumpfmuskulatur die Wirbelsäule aufrecht. Ermüdet die Rumpfmuskulatur, rotiert das Becken nach hinten. Der Oberkörper sackt ebenfalls in sich zusammen und es bildet sich ein ungünstiger Rundrücken.

Während mehrstündiger Radfahrten kann es daher vorkommen, dass der Radfahrende das Gefühl hat, nicht (mehr) gut zu sitzen. Dafür gibt es zwei Gründe. Die Rumpfmuskeln sind ermüdet und können den Rücken nicht mehr gerade halten. Außerdem ist bei dieser Sitzhaltung die Vordehnung der großen Gesäßmuskeln gering. Darum eignet sich diese Position nicht gut für lange Fahrten und für Fahrten, wo höhere Leistungsanforderungen gefragt sind, zum Beispiel durch Steigungen, Gegenwind oder beim Fahren mit ho-

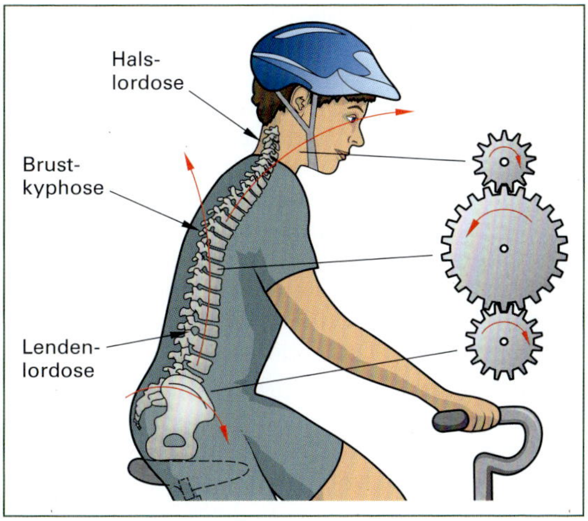


**Bild 2: Wirbelsäule bei aufrechter Haltung**

her Geschwindigkeit. Versucht man in dieser Haltung mit viel Kraft zu pedalieren, neigt man unweigerlich dazu, **hinten über den Sattel zu rutschen**. Dies ist ein Zeichen dafür, dass der Körper selbsttätig versucht, einen günstigeren, kleineren Arbeitswinkel für die Gesäßmuskeln zu finden. Durch Verringerung der Leistung durch leichtere Gänge oder durch Tieferstellen des Lenkers und Vergrößerung der Sitzlänge kann Abhilfe geschaffen werden. Die Höhendifferenz zwischen Lenker und Sattel beträgt > 15 cm.

Bei Sitzwinkeln zwischen etwa 70° bis 90° ist die Biegung des Lenkers nach hinten (engl. backsweep) von geringer Bedeutung, weil wenig Körpergewicht auf den Handgelenken lastet. Lenkerbiegungen zwischen 30° bis 80° sind gebräuchlich.

### Sitzwinkel 30° bis 70°

Diese Sitzwinkel werden am häufigsten gefahren an Alltags- und Reiserädern, Rennrädern und Mountainbikes. Je sportlicher gefahren wird, umso flachere/kleinere Winkel werden bevorzugt, je langsamer und komfortorientierter, umso aufrechter/größere Winkel **(Bild 3)**.

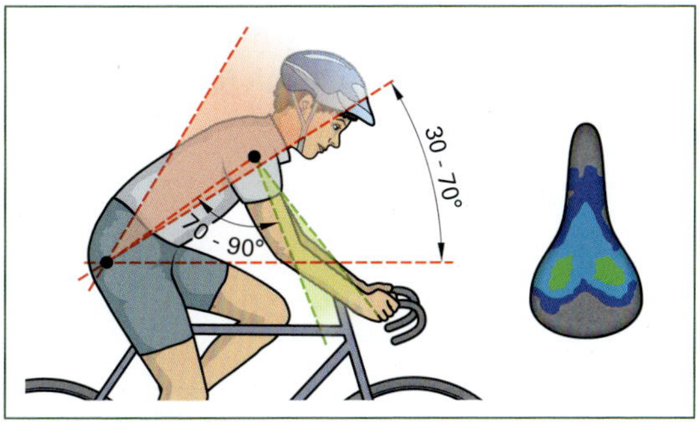


**Bild 3: Sitzwinkel 30° – 70°**

10

Im Bereich von 30° bis 70° lassen sich Oberkörperhaltungen auf dem Rad finden, die eine gute Balance zwischen Komfort und guter Aerodynamik, gleichmäßiger Gewichtsverteilung auf Hände und Sitzknochen, Vorder- und Hinterrad bieten. Die Haltearbeit der Rumpfmuskeln ist moderat, die Nackenmuskeln müssen das Kopfgewicht halten, bei größeren Sitzwinkeln jedoch ebenfalls mit moderatem Einsatz. Der Druck des Sattels auf den Dammbereich verteilt sich gleichmäßig auf die vorderen Zweidrittel der V-förmigen Sitzknochen und auf den Dammbereich.

Bei aufrechteren, komfortableren Oberkörperhaltungen sollte die Höhendifferenz zwischen Lenker und Sattel zwischen 0 – 10 cm liegen. Die Sitzlänge ist so einzustellen, dass eine gesunde Wirbelsäule ihre S-Form beibehält und sich ein Stützwinkel von etwa 70° bis 90° ergibt.

Wird eine flachere, sportlichere Sitzposition angestrebt, sollte der Stützwinkel möglichst um 90° liegen. Bei diesem Winkel stellt sich die beste Kraftübertragung zwischen Arm und Schulter ein. Dies kann mit einem Liegestütz demonstriert werden **(Bild 1)**. Mithilfe des Goniometers lässt sich dieser Winkel bequem einstellen.

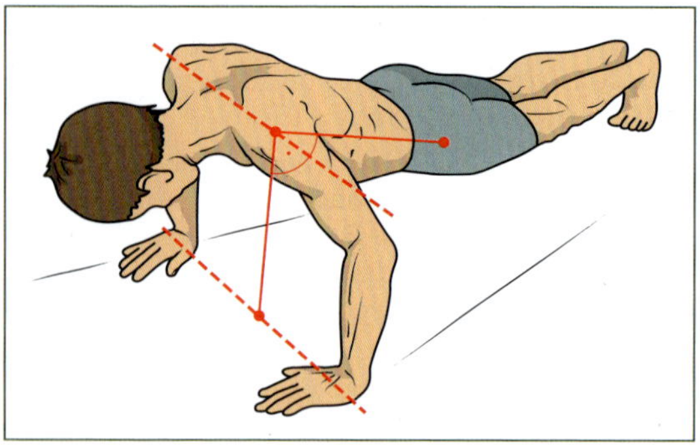

**Bild 1: Günstiger Oberkörper-Stützwinkel beim Liegestütz**

Um Fehlstellungen der Wirbelsäule zu berücksichtigen, muss die Sitzlänge häufig um wenige Zentimeter angepasst werden, um die gekrümmte Form auszugleichen. **Bild 2** zeigt verschiedene Wirbelsäulenformen und Beckenstellungen. Haltungsschäden können durch Radfahren nicht korrigiert werden.

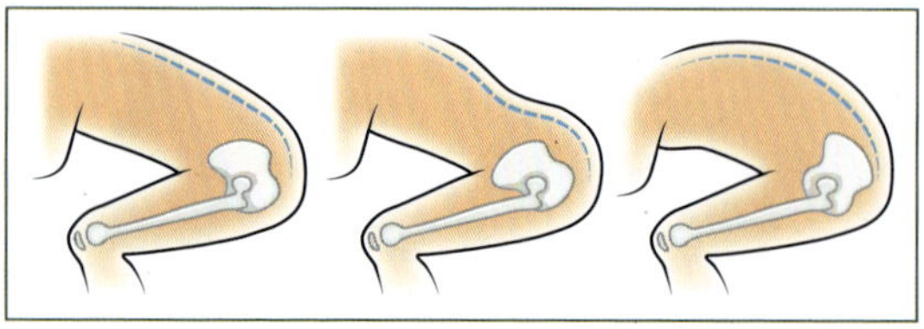

**Bild 2: Verschiedene Wirbelsäulen- und Beckenhaltungen**

Die Vordehnung der großen Gesäßmuskeln ist stärker und damit ergonomisch günstiger als bei den aufrechten Sitzpositionen. Bei Sitzwinkeln von < 60° steht deutlich mehr Muskelkraft zum Pedalieren zur Verfügung. Auch die Aerodynamik verbessert sich mit jedem Zentimeter, den der Oberkörper tiefer „aus dem Wind" kommt. Je tiefer der Lenker eingestellt ist, umso wichtiger ist die Ausrichtung von Hand und Unterarm zueinander. Lenkerbiegungen von ca. 8° – 16° nach hinten sorgen bei diesen Haltungen dafür, dass Hand und Unterarm eine Gerade bilden, was Beschwerden durch komprimierte Nerven im Handgelenk vermeidet.

Bei Sitzwinkeln < 60° muss darauf geachtet werden, dass das Ellbogengelenk nicht ganz gestreckt ist. Ideal sind Ellenbogenwinkel zwischen 150° und 170°. Dadurch ist gewährleistet, dass die Armgelenke durch harte Stöße nicht verletzt werden und der Oberkörper einfedern und seinen Neigungswinkel frei steuern kann.

Je nach Einsatzbereich des Rades bringt ein Lenker Vorteile, der auf langen Strecken mehrere Griffpositionen bietet. Beispiele: Lenkerhörnchen, Rennlenker, Lenkeraufsätze.

### BMX

Bei diesen Fahrern sind Rückenwinkel im Stand von ungefähr 30° üblich. Wenn man ein Lot vom Hüftgelenk fällt, sollte sich dieses bei nahezu gestrecktem Bein wenige Zentimeter vor dem Kurbellager befinden. Über die Kröpfung des Lenkers nach oben kann ein Rückenwinkel um 30° eingestellt werden. Horizontal sollte der Lenker so justiert werden, dass bei gestreckten Armen die Vorderseite der Schultern senkrecht über den Handgriffen. Abweichende Einstellungen je nach Sportart und Körpergröße sind möglich **(Bild 3)**.

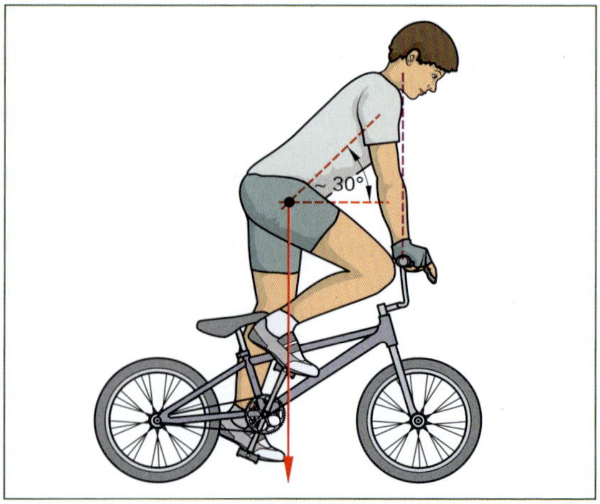


**Bild 3: Rückenwinkel im Stand bei BMX**

**Sitzwinkel 15° bis 30°**

Winkel zwischen 15° bis 30° liefern aerodynamisch hervorragende Sitzpositionen **(Bild 1)**. Der Fahrradschwerpunkt ist mittig oder leicht nach vorne verschoben. Die Höhendifferenz zwischen Lenker und Sattel beträgt durchschnittlich –15 cm bis –4 cm.

Genutzt werden diese Sitzwinkel vor allem im Leistungssport, wo hohe Durchschnitts- oder Endgeschwindigkeiten auf kurzen oder langen Distanzen und eine optimale Nutzung vorhandener Muskeln gefragt sind (Triathlon, Zeitfahren). Der Rücken ist leicht nach oben gebogen, die Sitzlänge so einzustellen, dass sich ein Armwinkel von 80° bis maximal 105° einstellt. Der Lenker befindet sich dabei deutlich unter Sattelniveau. Eine zu große Sitzlänge erkennt man an einer überstreckten Haltung, bei der es den Betroffenen schwerfällt, mit den Armen den Oberkörper abzustützen.

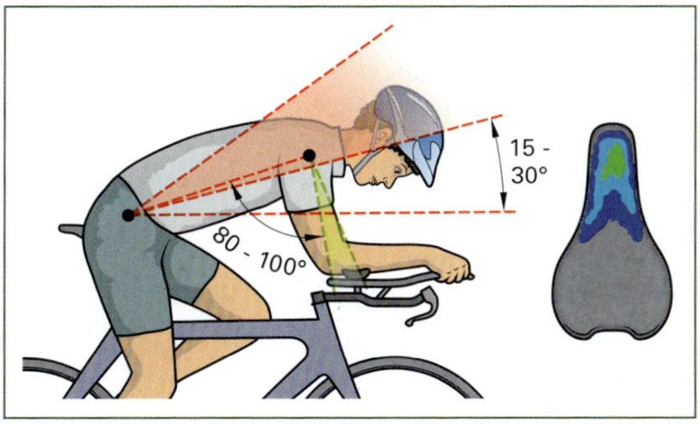


**Bild 1: Rückenwinkel 15° – 30°**

Durch das stark nach vorne rotierte Becken ist der Druck im Genitalbereich hoch, sodass bei Triathlon und Zeitfahren Spezialsättel mit breiten, weichen oder ausgeschnittenen Sattelnasen genutzt werden.

Um die Atembewegungen des Oberkörpers und die Arbeit der inneren Organe nicht zu beeinträchtigen, wird bei besonders flachen Positionen gleichzeitig steiler über dem Kurbellager gesessen. Eine zu tiefe Sitzposition erkennt man daran, dass die Oberschenkel im oberen Totpunkt der Kurbel die unteren Rippenbögen leicht berühren und der Komfort als gering beschrieben wird. Im Hochleistungssport werden über Physiotherapie, 3D-Analysen und Leistungsmessungen alle Oberkörperwinkel abgestimmt, bei denen die höchste Leistung erzielt wird. Diese liegt teilweise im Bereich schlechterer Aerodynamik. Für Langstrecken wird zugunsten höheren Komforts optimiert.

Statt einer Einteilung der Sitzwinkel verwenden einzelne ergonomische Anpassungsmethoden den Hüftwinkel zwischen Oberschenkel im oberen Totpunkt (OT) und Rücken. Beispiel: Retül.

## 10.5 Kontaktpunkte am Fahrrad

Die Stütz- und Antriebskräfte des Fahrers werden an den drei Kontaktpunkten Pedal, Sattel und Lenker in die Maschine eingeleitet.

### 10.5.1 Kontaktpunkt Pedal

Für eine gute Kraftübertragung sollte der Vorderfuß auf dem Pedal stehen. Er ist so auszurichten, dass sich die Pedalachse zwischen dem ersten inneren und dem fünften äußeren Mittelfuß-Knochenkopf (Metatarsialköpfchen) befindet **(Bild 2)**. Diese Linie lässt sich anhand der Knochenwölbungen auf den beiden Fußaußenseiten leicht ertasten.

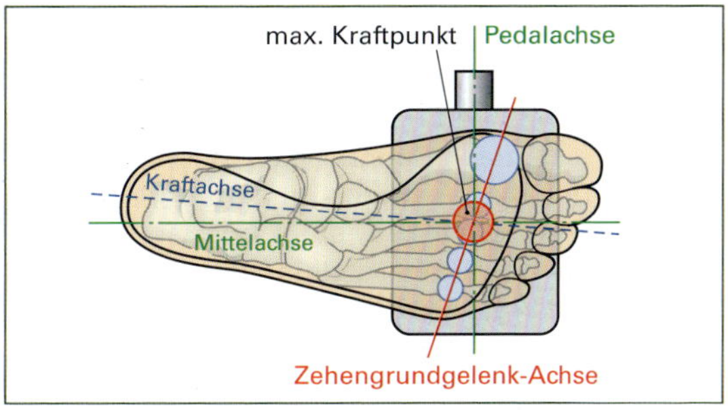


**Bild 2: Kontaktpunkt Fuß-Pedal**

Werden eher hohe Trittfrequenzen getreten, bevorzugen viele den maximalen Kraftpunkt etwas hinter der Pedalachse. Radfahrende, die lieber langsame Trittfrequenzen mögen, bevorzugen den Kraftpunkt 5 – 15 mm vor der Pedalachse (Fuß weiter nach vorne).

Nach bisherigen wissenschaftlichen Studien hat die horizontale Position der Mittelfuß-Knochenköpfchen zur Pedalachse und die Kurbellänge nur einen kleinen Einfluss auf die maximal erzielbare Vortriebsleistung. Ihr Wert sollte daher nicht überbewertet werden. Bei der dynamischen Anpassung gilt die Regel „der Fuß zuerst" (engl. „fit the foot first"). Dabei wird zunächst der Fuß auf dem Pedal positioniert. Anschließend erfolgen Winkelmessungen der Gelenke beim Pedalieren. Neuere biomechanische Untersuchungen (caloped.de) haben nachgewiesen, dass bei Radfahrten ohne Belastungsspitzen die Montage der Pedalplatten deutlich weiter in Richtung Mittelfuß und mit einem verbesserten Tretstil positive Effekte auf Leistung und Verletzungsrisiko haben.

**Bindungspedale**

Es gibt bindungsfreie Pedale und solche mit einer Bindung zwischen Pedal und Fuß (Klickpedale oder Pedale mit Käfig, Riemen und Schuhplatte). Auf einem bindungsfreien Pedal sucht sich der Körper eine biomechanisch günstige Position selbst.

Um Verletzungen und Beschwerden bei der Nutzung von Bindungspedalen zu vermeiden, muss die individuelle Fußstellung bei der Montage der Schuhplatten beachtet werden **(Bild 1)**.

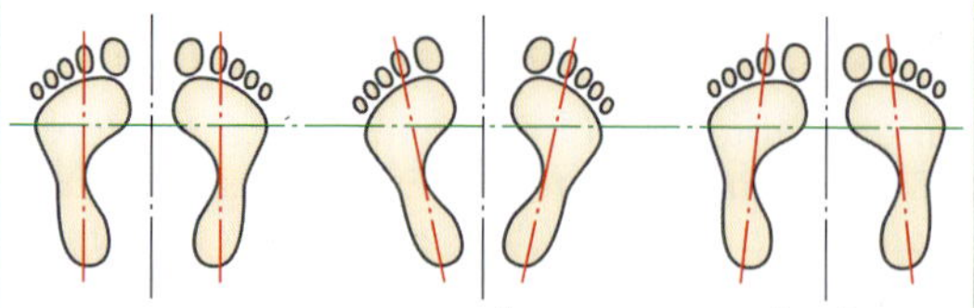


**Bild 1: Verschiedene Fußgrundstellungen**

### Fußwinkel auf Bindungspedalen

Die Platten sollen so eingestellt werden, dass der seitliche Drehwinkel des Pedalsystems gleichmäßig nach innen und nach außen genutzt werden kann, da sich die Füße innerhalb einer Kurbelumdrehung um wenige Winkelgrade drehen. Würde man den Fuß ohne Drehspiel fixieren oder die Schuhplatte bei der Fußstellung b) und c) parallel zur Fahrradlängsachse montieren, wären Kniebeschwerden unweigerlich die Folge.

Der Drehwinkel ist bei Bindungspedalen unterschiedlich. **Tabelle 1** zeigt die Drehwinkel verschiedener Modelle.

**Tabelle 1: Drehwinkel diverser Pedalsysteme**

| Drehwinkel | Hersteller |
|---|---|
| 0° | Käfig, Riemen und Schuhplatte (klassisches Rennpedal)<br>Look Keo (schwarz)<br>Shimano SPD-SL (rot)<br>Time iclic fixed foot<br>Speedplay (einstellbar) |
| + – 3° | Shimano SPD-SL (blau)<br>Look S-Track |
| + – 4,5° | Shimano SPD<br>Look Keo (grau) |
| + – 6 – 7° | Shimano SPD-SL (gelb) |
| + – 9° | Look Keo (rot)<br>Time iclic free foot<br>Time RXS |
| + – 10° | Time Atac Easy Cleats<br>Crankbrothers Easy Cleats wahlweise mit 0 oder 6 mm Axialspiel |
| + - 15° | Speedplay Zero-Serie (von 0 – 15° einstellbar)<br>Crankbrothers Standard Cleats wahlweise mit 0 oder 6 mm Axialspiel |
| + 13°/ – 17° | Time Atac 13°/17° |

Zur Montage der Schuhplatten unter den Radschuhen verwendet man eine Einstellvorrichtung **(Bild 2)**.

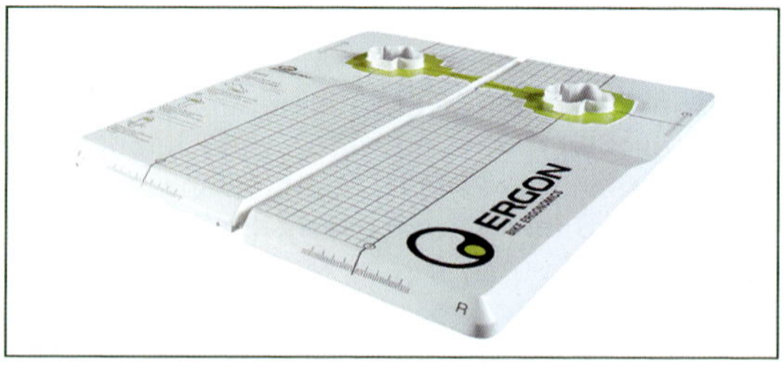


**Bild 2: ERGON TP1-Einstellvorrichtung**

Eine auswärts gerichtete Fußstellung kann dazu führen, dass die Fersen den unteren Hinterbau berühren. Ebenso kann eine Fußstellung je nach Beinstellung dafür sorgen, dass die Füße zu weit außen und damit nur halb auf den Pedalen ruhen. Beides kann durch Pedale mit längeren Achsen (SQlab) oder Pedalachsverlängerungen (Bikefit.com, Humpert Ergotec) behoben werden. Umgekehrt kann eine zu breite Trittweite (ungenau: Q-factor) durch einen schmaler bauenden Kurbelsatz reduziert werden.

Bindungspedale von Time besitzen neben dem Fußdrehwinkel zusätzlich einige Millimeter Axialspiel, sogenanntes *Floating*. Dieses Axialspiel hat Vorteile bei Personen, die immer wieder Kniebeschwerden haben.

### Beinlängendifferenz

Ist eine Beinlängendifferenz diagnostiziert worden, kann der Höhenunterschied mit unterschiedlich dicken Distanzstücken (Spacern) ausgeglichen werden. Wird bei einer 3D-Bewegungsanalyse eine große seitliche Auslenkung des Knies innerhalb einer Kurbelumdrehung festgestellt (Kniewackler), so kann diese Taumelbewegung mit Schuhplattenkeilen verringert werden. Die Distanzstücke werden auch als Leg Length Shims, die Keile als Cleat Wedges bezeichnet **(Bild 3)**.

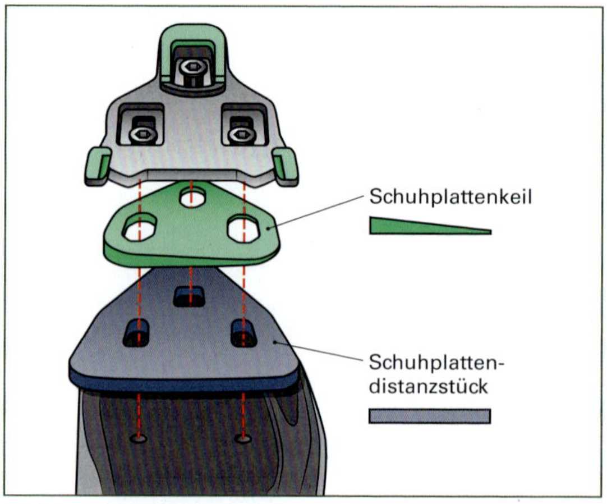


**Bild 3: Schuhplattenkeil und Distanzstück**

*Hinweis*:
Keile und Distanzstücke erfordern längere Befestigungsschrauben. Die Verwendung von Schraubensicherung mittelfest als Verliersicherung ist notwendig. Sich lösende Schrauben von Schuhplatten können schwere Stürze verursachen!

**Beinform**

Auch die Beinform beeinflusst den Kontaktpunkt Fuß-Pedal **(Bild 1)**. O- und X-Form haben Auswirkungen auf die Fußstellung und die Tretweite der Füße.

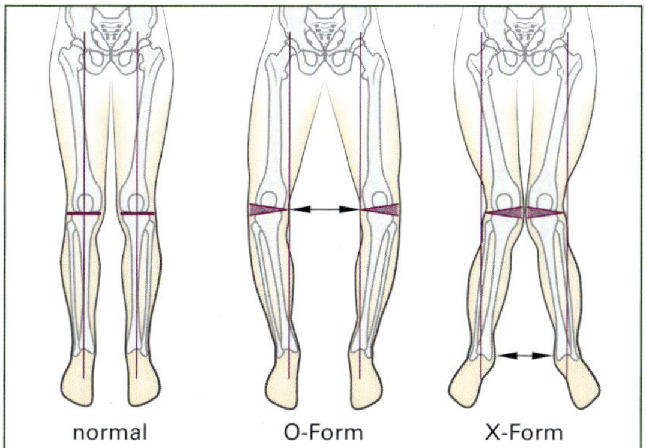


**Bild 1: Beinformen**

Beide Beinformen sorgen dafür, dass der Druck innerhalb der Kniegelenke ungleichmäßig auf die Knorpelflächen verteilt wird, was zu vorzeitigem Gelenkknorpelverschleiß (Arthrose) führen kann. In beiden Fällen kann mit Keilen, Achsverlängerungen und/oder Einlegesohlen das Pedalieren verbessert werden.

Zur Optimierung der Kraftübertragung sind spezielle Einlegesohlen besonders im Amateur- und Profiradsport beliebt. Es gibt standardisierte Produkte von Bontrager, Solestar, Ergon, SQlab Specialized, Shimano, Spenco oder maßgefertigte von Solestar oder Movecontrol. Zur Verwendung muss der Radschuh genügend Raum bieten. Eine weitere Steigerung der individuellen Anpassung stellen maßgefertigte Radschuhe besonders aus thermoplastischem CFK dar.

Weit verbreitet ist die Ansicht, man könne beidseitige Sensibilitätsstörungen (einschlafende Zehen) durch harte Radschuhsohlen beheben. Hier sollte stattdessen versucht werden, das zu hohe Fußgewölbe des genetisch bedingten Hohlfußes mit einer Einlegesohle zu stützen, um den Druck auf Nerven und Blutgefäße zu reduzieren. Auch ein Training der Fußmuskeln oder ein Barfuß-Gehtraining können helfen.

**Tabelle 1: Häufige Beschwerden des Fuß-Pedal Kontaktpunktes**

| Beschwerden | Mögliche Ursachen |
|---|---|
| heiße Füße | Schuhe zu eng |
| Sensibilitätsstörungen: kribbelnde, einschlafende Zehen, beidseitig | Fußstellung Hohlfuß: ein zu hohes Fußgewölbe drückt Nerven und Blutgefäße |
| Sensibilitätsstörungen einseitig | Mögliche Blockade im unteren Wirbelsäulenbereich (ärztliche Abklärung sinnvoll) |

**Kurbellänge**

Die meisten Kurbeln werden in den Längen 170 mm und 175 mm produziert. Diese eignen sich für Durchschnittsradfahrer und Körpergrößen zwischen 1,65 m und 2,00 m. Für Radsportler mit höherer Leistung und wesentlich mehr Jahreskilometern kann eine genauere Anpassung gewünscht sein. Aus diesem Grund bieten die Komponentenhersteller Kurbeln in 2,5 bis 5 mm Schritten, angefangen bei 165, 170, 172,5, 175, 177,5 und bei 180 mm endend. Für die statische Auswahl gelten folgende Regeln:

- Kleinere Menschen sollten kürzere Kurbeln fahren, größere Menschen längere.
- Hohe Trittfrequenzen lassen sich mit kürzeren Kurbeln angenehmer treten, langsames, kraftvolles Treten nutzt den längeren Hebel.
- Rennradfahrer bevorzugen gerne kürzere Kurbeln mit mehr Bodenfreiheit in Kurven und höheren Trittfrequenzen.
- Mountainbiker und Tourenradfahrer bevorzugen eher längere Kurbeln.

## 10.5.2 Kontaktpunkt Sattel

Über die beiden Sitzhöcker des Beckens wird ein Großteil des Körpergewichts in das Fahrrad eingeleitet. Das Becken sollte entspannt auf dem Sattel ruhen, daher ist es wichtig, dass dieser waagerecht oder vorne leicht abgesenkt justiert ist.

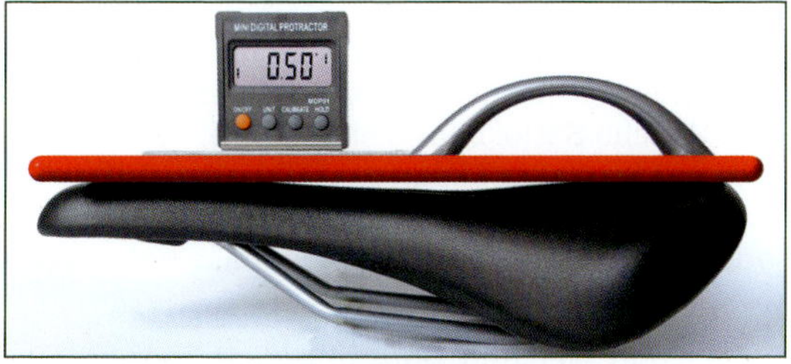


**Bild 2: Einstellen der Sattelneigung**

Der Weltradsportverband UCI schreibt die waagerechte Einstellung für Radrennen leider vor. Eine leichte Absenkung der Sattelnase kann den Druck im Genitalbereich und die Druckbelastung auf die Zwischenwirbelscheiben in der unteren Lendenwirbelsäule verringern. Sie darf nicht so weit abgesenkt werden, dass man das Gefühl hat vom Sattel zu rutschen. Nur bei BMX, Dirtjump und Downhill zeigt die Sattelnase nach oben, denn hier dient der Sattel meist zum Führen des Rades bergab, weniger zum Sitzen.

Die Einstellung erfolgt mit einer Wasserwaage, oder reproduzierbar mit einem digitalen Neigungswinkel-Messgerät (**Seite 459, Bild 2**). Einzelne Sattelhersteller geben spezielle Einstellmethoden an, Beispiel: SQ Lab, Selle Royal Scientia.

Die Sattelbreite wird anhand der Breite der Sitzknochen und des Sitzwinkels bestimmt. Die Sitzknochenbreite lässt sich mit der SQ Lab Perforationsmethode oder durch elektronische Druckmessverfahren ermitteln. Je nach Winkel tragen von den V-förmig angeordneten Sitzknochen verschiedene Bereiche die Last.

**Bild 1** zeigt das Becken auf dem Sattel, **Bild 2** veranschaulicht die tragenden Sitzknochenbereiche bei verschiedenen Sitzwinkeln.

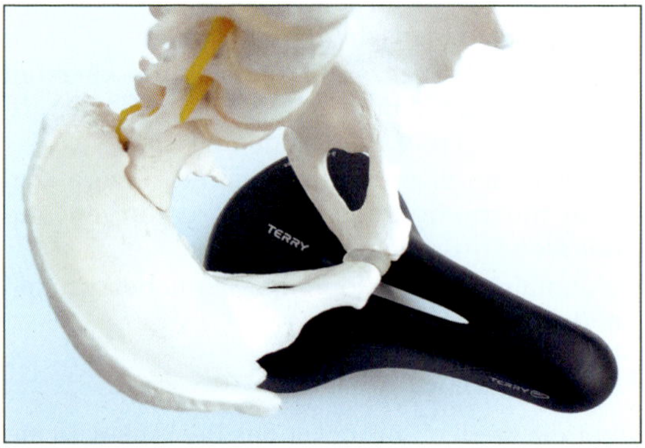


**Bild 1: Sitzknochen V-förmig**

Bei der Auswahl geeigneter Fahrradsättel ist darauf zu achten, dass die Sitzknochen auf der hinteren Fläche des Sattels ruhen. Verschiedene Polsterungen sollen für Komfort sorgen.

Knochenschmerz wird verursacht durch Scherkräfte, die auf die nervenreiche Knochenhaut wirken. Weiche Sättel bilden eine große, harte Sättel eine kleine Auflagefläche. Im Zweifelsfall sollte daher eher der harte Sattel bevorzugt werden. In jedem Fall ist eine Gewöhnungsphase notwendig.

Beschwerden bei Frau und Mann im empfindlichen und weichen Dammbereich können ausschließlich durch eine andere Sattelform behoben werden. Abhilfe bringen oft etwas festere, flache Sättel, Modelle mit Aussparungen in der Mitte oder sogenannte Stufensättel. Bei letzteren ist die Stützfläche für die Sitzknochen gegenüber der Sattelnase erhöht.

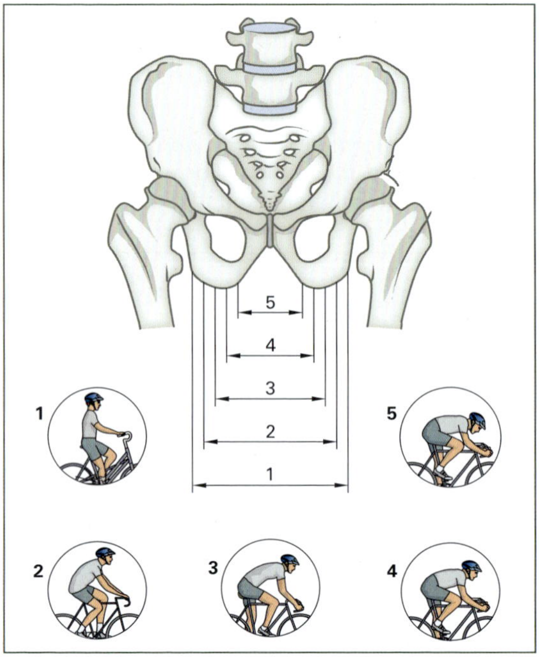


**Bild 2: Sitzhaltung und Sitzbreite**

Beim Gehen pendelt das Becken. Durch die Sattelbefestigung ist jedoch beim Radfahren das Pendeln nach links und rechts nicht möglich. Neuere Sattelbauweisen bieten dem Körper seitliche Bewegungsmöglichkeiten **(Bild 3)**. Diese wirken sich entlastend auf Becken und untere Wirbelsäule aus. Ferner kann der Sattel typische Rechts-Links-Asymmetrien ausgleichen. Beispiele: Beinlängendifferenz, Muskelkraftdifferenz

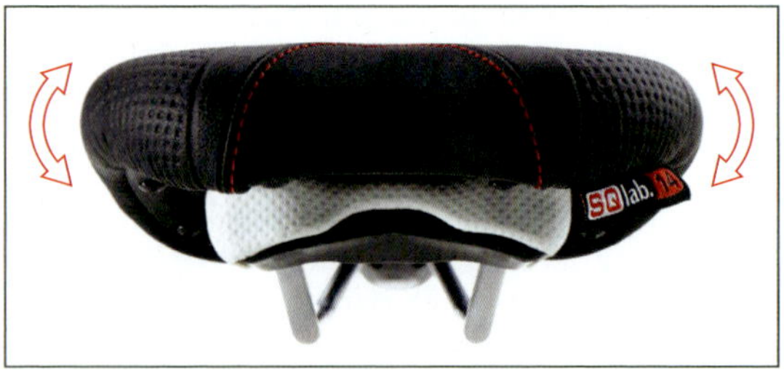


**Bild 3: SQ Lab active Sattel**

## 10.5.3 Kontaktpunkt Lenker

Die Hände umgreifen den Lenker und betätigen diverse Bedienelemente. Die unterschiedlichen Griff- und Lenkerformen orientieren sich an den Einsatzzwecken des Fahrrades, an der Anatomie und am Rückenwinkel. Hände und Unterarme sollten stets eine Gerade bilden, um eine Kompression der beiden Hauptnerven (Ulnaris und Medianus) zu vermeiden **(Bild 1)**.

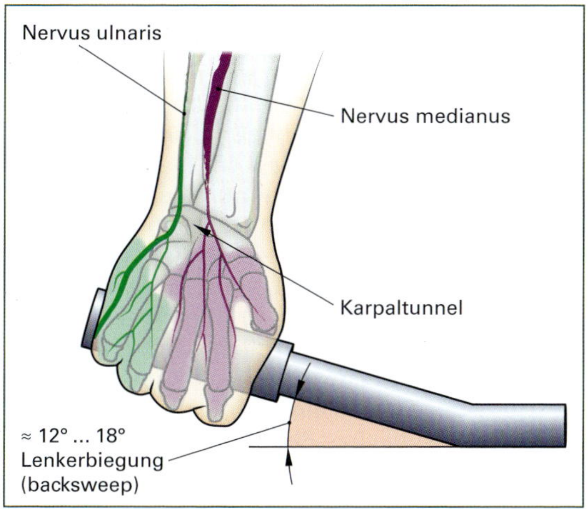


**Bild 1: Nerven der Hand, günstige Griffposition**

Der **Nervus Ulnaris** innerviert den kleinen Finger und die Hälfte des Ringfingers, der **Nervus Medianus** verläuft im Handgelenk durch den Karpaltunnel und steuert die Bewegung von Daumen, Zeige-, Mittelfinger und Teilen des Ringfingers und der Innenhand. Welcher Nerv bei Sensibilitätsstörungen betroffen ist, lässt sich somit leicht zuordnen. Einseitige Beschwerden deuten hingegen auf Probleme im Nackenbereich hin.

**Bild 2** zeigt ein Handgelenk, dass durch zu wenig Lenkerbiegung abknickt und den oder die Handnerven komprimiert. Taubheitsgefühle und Kribbeln sind die Folge.

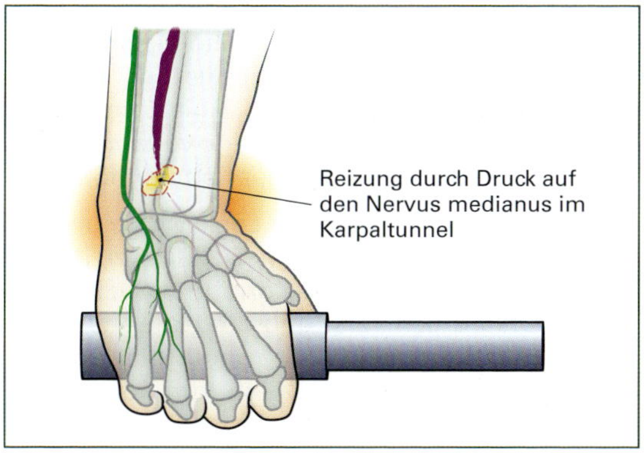


**Bild 2: Ungünstige Griffposition**

## Lenkerformen

Es gibt unzählige Lenkerformen, die eine Auswahl oft schwer erscheinen lassen. Die Anzahl möglicher Griffpositionen gibt eine ersten Hinweis auf das Einsatzgebiet eines Lenkers **(Tabelle 1)**.

**Tabelle 1: Einsatzgebiete von Lenkern**

| | | Griffposition | |
|---|---|---|---|
| | | **eine** | **mehrere** |
| Fahrstrecke | kurz | x | x |
| | mittel | x | x |
| | lang | | x |
| Geschwindigkeit | niedrig | x | x |
| | mittel | x | x |
| | hoch | | x |
| Starker Gegenwind | | | x |

## MTB-Lenker

Lenkerbiegungen nach hinten von 8° bis 16°, Biegungen nach oben um 5° haben sich als ergonomisch sinnvoll durchgesetzt. Durch Lenkerkröpfungen nach oben von 10 bis 60 mm kann zusätzlich Einfluss auf die Lenkerhöhe genommen werden. Der Lenker muss umso breiter sein, je häufiger der Fahrende stehend fährt und je breiter die Schultern sind. Wird stehend gefahren, stützt sich der Oberkörper mit gebeugten Armen am Lenker ab, sodass die Handgelenke eine Linie mit den Unterarmen bilden, während sie im Sitzen leicht abknicken. Die Schultern werden gerade gehalten, was der dynamischen Fahrweise mit häufigen Gewichtsverlagerungen und Zug und Druck am Lenker zugutekommt.

## Rennlenker

Die Lenkerbreite orientiert sich an der Schulteraußenbreite, sitzend auf dem Rad. Der Lenker sollte gemessen Mitte-Mitte mindestens der Schulterbreite entsprechen **(Bild 3)**. Radsprinter runden manchmal ab, Berg-, Cross- und Reiseradfahrer wegen des längeren Hebels auf.

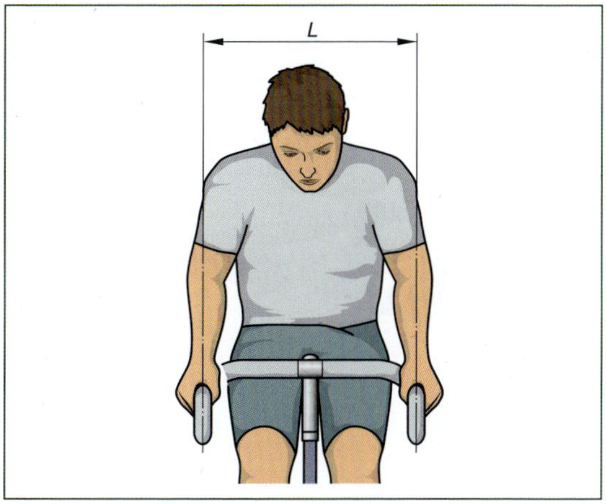


**Bild 3: Lenkerbreite beim Rennlenker**

Die Enden von Rennlenkern werden leicht ansteigend montiert. Die Bremshebel sollten so hoch justiert werden, dass die Handgelenke in der abgebildeten Griffposition, in der Zeige- und Mittelfinger den Bremshebel umgreifen, nicht abknicken **(Bild 1)**.

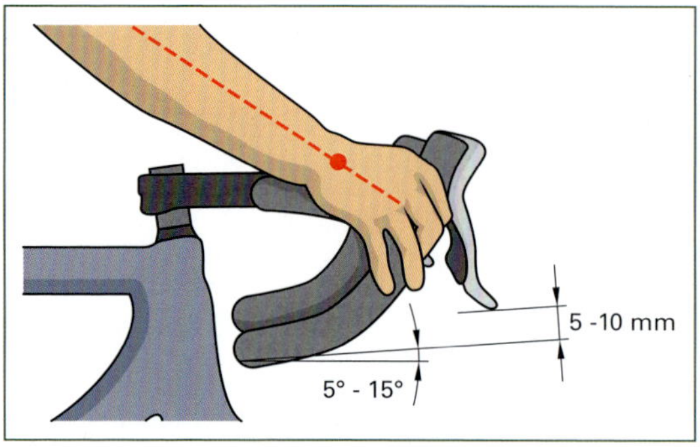


**Bild 1: Griffposition am Rennlenker**

### Zeitfahr- und Triathlonlenker

Bei diesen Sportarten muss der Luftwiderstand möglichst niedrig gehalten werden. Kurze Triathlondistanzen und Zeitfahrwettkämpfe können mit der gleichen Lenkereinstellung gefahren werden, da Streckenlängen um 60 km üblich sind. Der Basislenker wird tief montiert, die Armauflagen eher schmal gestellt, die Erweiterung meist waagerecht.

10

Große Distanzen im Triathlon/Duathlon oder Langstrecken verlangen nach einer komfortableren Position, besonders an den Armauflagen. Der Basislenker ist eher höher gestellt, die Armauflagen weiter und die Erweiterung leicht ansteigend. **Bild 2** zeigt die verschiedenen Einstellmöglichkeiten. Zur Einstellung der Sitzlänge sollte der Armwinkel 80° bis 105° betragen und der Ellbogenwinkel 90° bis 110°. Der Hüftwinkel zwischen Rücken und Oberschenkel (im oberen Totpunkt der Kurbel gemessen) wird im Radsport mit etwa 50° empfohlen.

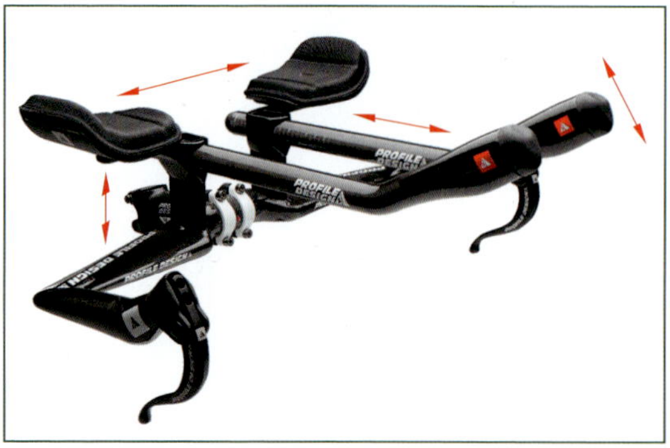

**Bild 2: Zeitfahr- und Triathlonlenker (Profile Design)**

## 10.6 Auswahl der Rahmenhöhe

Für die richtige Auswahl eines Fahrrades benötigt man die Sitzhöhe, die Sitzlänge und die Höhe des Lenkers zum Sattel.

Die Rahmenhöhe beim Herrenrahmen kann ermittelt werden, indem man sich mit flachen Schuhen über das Oberrohr stellt. Um Verletzungen beim Absteigen auszuschließen, sollte zwischen Schritt und Oberrohr 2 bis 4 cm (beim Mountainbike auch 6 bis 10 cm) Freiraum sein. Diese Methode berücksichtigt auch Rahmen mit stärker abfallenden Oberrohren. Ist die Beininnenlänge bekannt, hilft das Maß Überstandshöhe, engl. Stand-over-Toptube **(Bild 3)**. Eine Methode für Damenrahmen lautet, von einer zuvor ermittelten Sitzhöhe 17 bis 21 cm abzuziehen. Dies entspricht der Höhe des Sattels einschließlich der Bauhöhe einer handelsüblichen Federsattelstütze.

**Bild 3: Überprüfung der Rahmenhöhe**

Es sollte bei der Rahmenwahl einerseits sichergestellt werden, dass in jedem Fall noch eine gefederte Sattelstütze montierbar bleibt und andererseits die Sattelstütze nicht nahe Maximalhöhe ausgezogen wird. Heutzutage werden die Rahmenhöhen von Fahrrädern in 3 bis 5 cm-Schritten angeboten. Die Oberrohrlänge verlängert sich proportional mit zunehmender Rahmenhöhe.

Im nächsten Schritt wird die Lenkerhöhe und die effektive Sitzlänge eingestellt. Dabei ist zu prüfen, ob eine gewünsche Lenkerform und Sitzhaltung eingestellt werden kann und ob das Gabel- und/oder Lenkrohr lang oder kurz genug sind für den gewünschten Sitzwinkel. Durch Auf- oder Abrunden und Vergleiche von Geometrien findet man den geeigneten Rahmen. Einige Hersteller geben Minimal- und Maximalmaße für Sitzhöhe, Sitzlänge und Lenkerhöhe an oder beschreiben mögliche Rahmenhöhen zu Körpergrößen.

Die wichtigsten Rahmenmaße mit ergonomischem Bezug sind in **Seite 451, Bild 1** zusammengefasst.

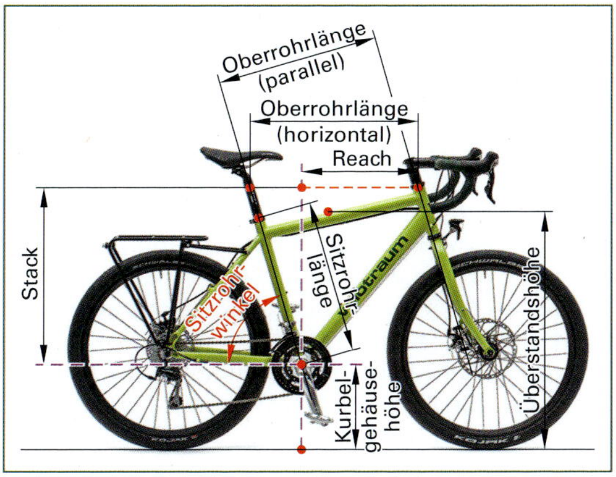


**Bild 1: Rahmenmaße mit ergonomischem Bezug**

Die Maße Stack and Reach kommen ursprünglich aus dem Triathlon, wo spezielle Rahmendesigns teilweise schlecht zu messen waren. Stack and Reach beschreiben die Höhe und Länge des Rahmenvorderbaus zur Kurbelgehäusemitte. Im Verkaufsalltag können mit diesen Maßen Rahmen schnell verglichen werden. Muss jedoch eine vorhandene Sitzposition korrigiert oder auf ein neues Fahrrad übertragen werden, bieten diese Maße keinen Vorteil.

## 10.7 Probefahrt im Fachhandel

Im Alltag des Fahrradfachhandels wird die Bedeutung der Probefahrt nur selten hinterfragt. So kommt es, dass manchen Kunden ein ungeeignetes Fahrrad verkauft wird, weil sich der Kunde auf diesem auf Probefahrt „wohler fühlte". Die korrekte Herangehensweise ist, die angenehme Sitzposition des ungeeigneten Fahrrades auszumessen und diese auf ein geeignetes Rad zu übertragen Auch ist es hilfreich zu prüfen, wie Kunden bisher auf ihrem Fahrrad sitzen. Diese Herangehensweise vermittelt Fachkompetenz, schafft größere Kundenzufriedenheit, Vertrauen und vermeidet, dass der Radkauf zum Glücksspiel wird.

Der Sinn einer Probefahrt setzt sich zusammen aus zwei Aspekten **(Bild 2)**. Das Prüfen der Fahreigenschaft bezieht sich auf die Rahmengeometrie (z.B. Wendigkeit, harmonische Steuerkräfte, Verwindungssteifigkeit mit Gepäck). Das Prüfen der Ergonomie prüft, ob eine gewünschte Sitzposition einstellbar ist und wie sich diese anfühlt. Beide Aspekte beeinflussen sich gegenseitig nur leicht.

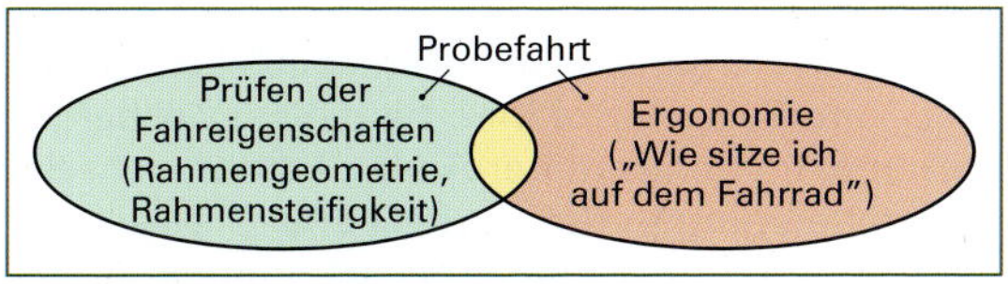


**Bild 2: Bedeutung von Probefahrten**

## 10.8 Beinmuskeln als Motor

Der menschliche Körper funktioniert ähnlich wie ein Verbrennungsmotor: Um arbeiten zu können, benötigt er eine ständige Zufuhr von Sauerstoff und Treibstoff. Wie die Kolben und Pleuel eines Verbrennungsmotors sind es bei einem Radfahrer die unteren Extremitäten mit ihren Streck- und Beugemuskeln, die eine Kraft auf das Pedal in ein Vortriebsdrehmoment $M$ in der Kurbelwelle umwandeln **(Bild 3)**.

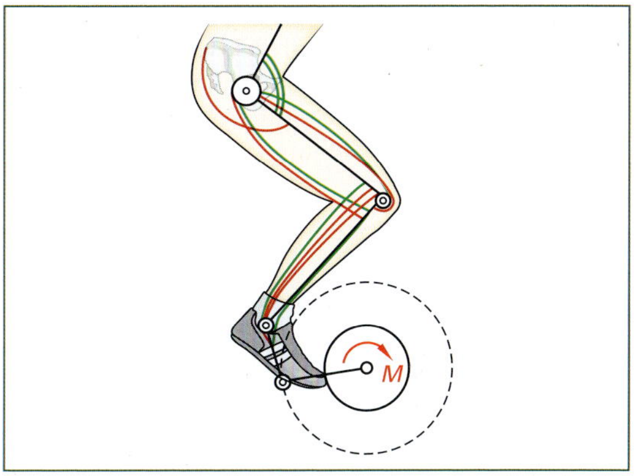


**Bild 3: Beinmuskulatur beim Pedalieren.**
**Grün: Beugemuskeln Rot: Streckmuskeln**

Viele Beinmuskeln haben eine Doppelfunktion: Der Wadenmuskel streckt den Fuß und beugt das Knie. Der oben liegende Oberschenkelstrecker streckt das Knie und beugt die Hüfte. Der untere Oberschenkelbeuger beugt das Knie und streckt die Hüfte.

Ein Teil der so erzeugten Pedalkraft $F_P$ geht allerdings beim Radfahren verloren, denn die radiale Komponente $F_R$ der Tretkraft produziert kein Drehmoment in der Kurbellagerwelle. Nur der tangentiale Kraftanteil, die Tangentialkraft $F_T$ verrichtet vortriebswirksame Arbeit **(Bild 4)**.

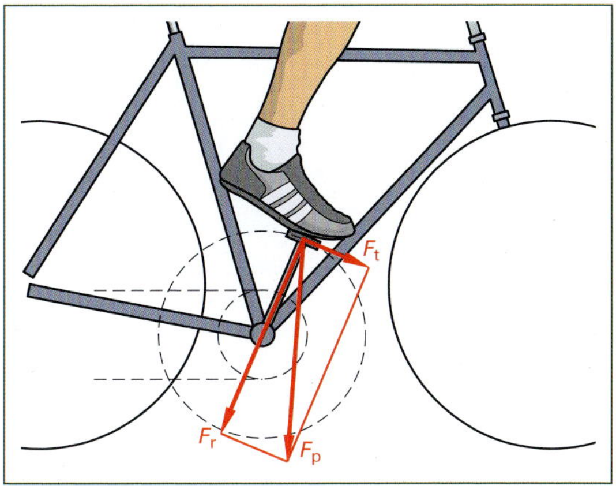


**Bild 4: Kräfte am Pedal**

10

Biomechanik und Physiologie sind Teilgebiete der Sportwissenschaft. Besonders für den Hochleistungssport ist es wichtig, die realen Muskelaktivitäten zu kennen, um Verbesserungspotentiale aufzuspüren und Trainingsstrategien erarbeiten zu können. Zu solchen Untersuchungen können Muskeln mit Oberflächenelektroden versehen und deren Aktivität mittels Elektromyografie (EMG) während der Bewegung aufgezeichnet werden. **Bild 1** zeigt sieben große Bein- und Hüftmuskeln, deren Kontraktion das Pedalieren ermöglichen und deren Aktivität bei einer Untersuchung aufgezeichnet wurden, weil sie für Oberflächenelektroden gut zugänglich sind. Tatsächlich sind aber deutlich mehr Muskeln an einer Kurbelumdrehung beiteiligt.

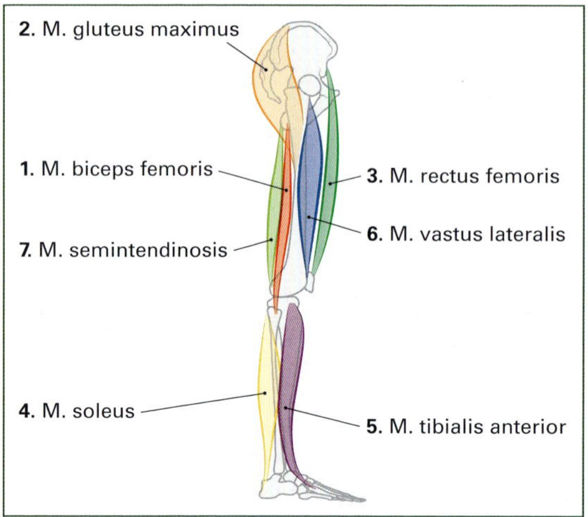


**Bild 1: Große Bein- und Hüftmuskeln**

In **Bild 2** ist zu sehen, welche Muskeln bei welchem Winkelgrad der Kurbel am stärksten arbeiten.

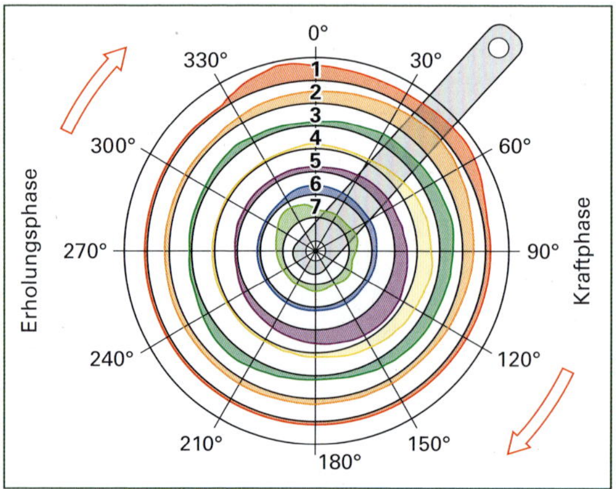


**Bild 1: Beinmuskelaktivität eines Beines während einer Kurbelumdrehung**

Zu beachten ist, dass bei der Beschreibung der Kurbelumdrehung die Linie 0° oberer Totpunkt (OT) und 180° unterer Totpunkt (UT) eine Senkrechte zum Boden bildet. Bei ergonomischen Anpassungen wird der UT nicht in der Verlängerung des Sitzrohres gesehen oder der UT als die längste Entfernung zwischen Hüftgelenk und Pedal.

Vergleicht man die Muskelaktivitäten eines einzelnen Beines mit den Ergebnissen von Messungen der Tangentialkraft des Beines, kann herausgefunden werden, welche Muskeln einen größeren Anteil am Vortrieb haben und welche nicht. Es zeigt sich, dass die ersten 190° einer Kurbelumdrehung als Kraftphase bezeichnet werden können, weil die Tangentialkraft positiv ist und bei etwa 93° ihren Höhepunkt erreicht **(Bild 3)**.

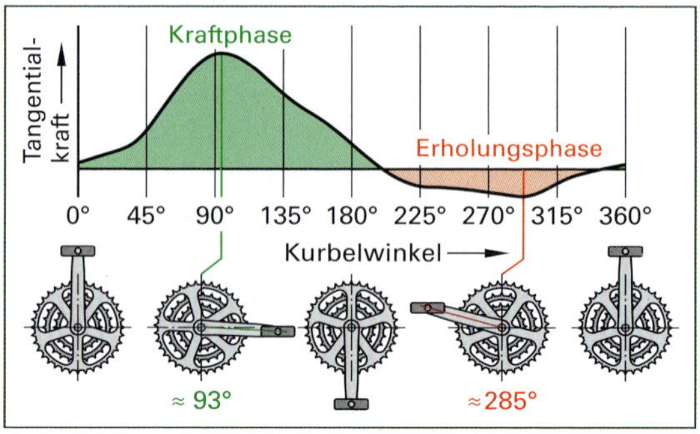


**Bild 3: Tangentialkraft während einer Kurbelumdrehung (ein Bein)**

Zwischen etwa 200° bis 350° fällt sie in den negativen Bereich, denn hier wird keine Vortriebskraft erzeugt. Dieser Bereich wird als Erholungsphase bezeichnet. Wird das zweite Bein 180° phasenversetzt hinzugefügt, fällt die Vortriebskraft jedoch nicht in den negativen Bereich, sondern bleibt positiv. Dieser Kurvenverlauf ist bei jedem sitzend pedalierenden Radfahrer, unabhängig von Training, Trittfrequenz und verschiedenen Pedalsystemen ähnlich.

EMG-Messungen der Beinmuskelaktivitäten und Drehmomentmessungen an der Kurbelwelle berücksichtigen einige Aspekte nicht. Muskeln können nur dann gemessen werden, wenn sie für Oberflächenelektroden zugänglich sind. Die dargestellte Messung ist daher unvollständig. Ferner kann nicht ermittelt werden, ob Muskeln innerhalb einer Kurbelumdrehung möglicherweise phasenweise gegeneinander arbeiten. Auch der Anteil der Gewichtskraft der Beine wird unzureichend berücksichtigt.

Die biomechanische Analysemethodik Caloped.de analysiert daher die Arbeitswinkel der Hüft-, Knie- und Fußgelenke innerhalb einer Kurbelumdrehung. Im Zentrum der Analyse steht nicht die Gesamtleistung in der Kurbelwelle. Stattdessen wird über Kraftrichtungsaufzeichnungen in speziellen Messpedalen und die ausgemessenen

Beinsegmentlängen die Arbeit der drei genannten Gelenke untersucht. Die Caloped Systemsoftware stellt die Daten grafisch dar, sodass sich ein Muster bildet. Die Muster zeigen, ob alle Gelenke gleichmäßig in einer Kurbelumdrehung arbeiten, außerdem ob und wo die Streck- und Beugearbeit der Gelenke vortriebswirksam und vortriebshemmend wirkt. Ziel ist es, den Vorgang des Pedalierens für alle drei Arbeitsgelenke durch ergonomische Einstellungen und ein angepasstes Tretverhalten mit aktiver Streckung des Fußgelenks zu harmonisieren, die Selbstregulation des Körpers zu nutzen und gelenkschädigende Spannungsspitzen abzubauen. Besonders im Ausdauer- und Rehasport liefert die Methode neue und wertvolle Perspektiven.

**Runder Tritt**

Der Begriff Runder Tritt wird im Radsport bis heute diskutiert, obwohl eine Definition in der Regel nicht stattfindet. Runder Tritt kann definiert werden als Pedalieren, bei dem:

- alle Beinmuskeln in einer 360°-Kurbelumdrehung vortriebswirksam arbeiten,
- das Vortriebsdrehmoment in einer 360°-Kurbelumdrehung stets positiv ist,
- durch Pedaldruck und bewussten Pedalzug besonders hohe Vortriebskraft erzeugt wird,
- durch Schieben und Ziehen eine besonders effiziente Überwindung der beiden Totpunkte erzielt wird,
- ein besonders gleichmäßiges Treten optisch wahrgenommen wird,
- die Füße einen besonders gleichmäßigen Druck auf die Pedale ausüben innerhalb einer 360°-Kurbelumdrehung.

**Zusammenfassung**

Mit verschiedenen Methoden kann die ergonomische Anpassung vorgenommen werden. Dabei ist von entscheidender Bedeutung, dass man mit dem erforderlichen Fachwissen seinen Blick für die Haltung auf dem Fahrrad schult und Erfahrungen sammelt. Da es vielen Kunden schwerfällt ihre unkomfortable Sitzposition zu beschreiben und Wahrnehmungen häufig falsch interpretiert werden, kann es immer wieder vorkommen, dass Testeinstellungen gegen den Willen der Kunden durchgeführt werden müssen.

Die häufigsten Ursachen für eine schlechte Haltung auf dem Fahrrad ist ein zu tief eingestellter Sattel, ein Sattel, dessen Spitze zu hoch justiert ist und ein waagerecht eingestellter Sattel, der im Dammbereich Schmerzen verursacht. In allen Fällen kommt es zu Ausweichbewegungen von Beinen und Becken, die eine große Fernwirkung ausüben.

Im Tabellenbuch Fahrradtechnik finden sich zahlreiche Ablaufschemata, die zeigen, wie verschiedene ergonomische Probleme behoben werden können. Diese eignen sich gut für Übungen. Auch die Ergon Bike Fitting Boxes bieten viele Möglichkeiten zur Schulung und Vertiefung. Mit der preisgünstigen Software Visible Body Muscle Premium können alle Muskeln, Gelenke, Knochen und Nervenstrukturen dreidimensional aus jeder Richtung und in Bewegung betrachtet werden **(Bild 1)**.

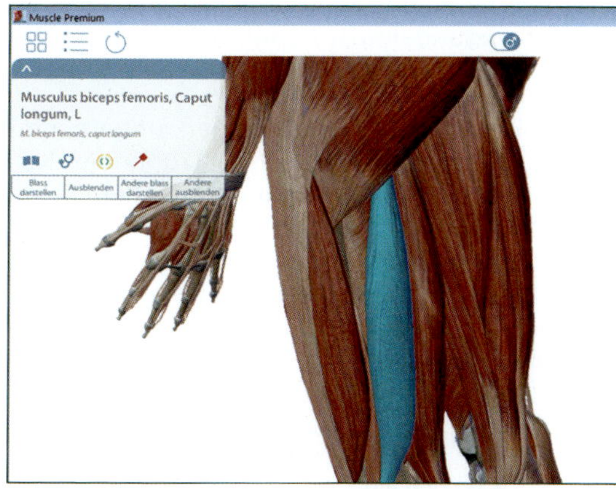


**Bild 1: Software Visible Body Muscle Premium**

Ferner ist es hilfreich zu wissen, dass es Menschen gibt, die empfindlich auf ergonomisch ungünstige Sitzpositionen reagieren und andere, die dies deutlich weniger tun. Der Radsport-Physiotherapeut Phil Burt nennt diese *Microadjuster* und *Macroabsorber*.

Ergonomische Korrekturen benötigen besonders bei älteren Radfahrenden Zeit zur körperlichen Adaption. Diese kann durchaus 1-2 Jahre beanspruchen. Es ist wichtig, dass Korrekturen langsam durchgeführt und lediglich 1 bis 2 Parameter gleichzeitig verstellt und dokumentiert werden.

Im Amateurradsport werden die verschiedenen Einstellpunkte oft gleichwertig betrachtet, daher wurde im Text auf deren Leistungspotenziale hingewiesen. Sitzhöhe und Sitzwinkel haben einen großen Einfluss auf den Vortrieb insgesamt, ebenso das Training und die Sporternährung. Viele kleinere Aspekte haben im Vergleich nur eine geringe Bedeutung. Manch ehrgeiziger Sportler sucht aber verbissen nach der millimetergenauen optimalen Sitzposition und versucht damit mangelndes Training zu kompensieren.

Leider gibt es bis heute keine einheitliche Messweise für die Sitzposition. Dies fällt besonders bei der unzureichenden Berücksichtigung der effektiven Sitzlänge auf. Im Berufsalltag sollte man sich für eine Messweise entscheiden, um Verwechslung von Messpunkten zu vermeiden.

# 11 Fahrmechanik

Die Fahrmechanik befasst sich mit den Bewegungen von Fahrzeugen unter dem Einfluss von inneren und äußeren Kräften und Momenten. Zu den inneren Kräften gehören beim Radfahren die Muskelkräfte des Radfahrers, die für den Antrieb und das Bremsen sorgen. Äußere Kräfte sind die Gewichtskräfte, die Auflagekräfte, Reibungskräfte zwischen Rad und Fahrbahn, Fahrwiderstände, Beschleunigungskräfte, Seitenführungskräfte und andere.

Die **Statik** untersucht Bedingungen, unter denen die Kräfte und Momente auf den ruhenden Körper im Gleichgewicht stehen und deshalb keine Beschleunigungen verursachen. Ein Beispiel ist die unter Zugspannung stehende Speiche in einem ruhenden Rad. Die **Dynamik** befasst sich mit den von den Kräften und Momenten verursachten Bewegungen.

## 11.1 Masse, Trägheit und Gewicht

Die Begriffe „Masse" und „Gewicht" dürfen nicht gleichgesetzt werden. Unter einer **Masse** versteht man eine bestimmte Stoffmenge, z. B. eine 7-kg-Eisenkugel, die aus sehr vielen Eisenteilchen (Fe-Atome) besteht. Die Einheit der Masse ist kg. Massen haben verschiedene Eigenschaften. Eine der Eigenschaften ist ihre Trägheit, eine andere ihr Gewicht.

11

Ein Körper setzt der Änderung seines Bewegungszustandes – gleich, ob er sich in Ruhe oder in Bewegung befindet – einen Widerstand entgegen. Dieses Beharrungsvermögen bezeichnet man als „Massenträgheit" oder kurz **„Trägheit"**.

**info**

Trägheitsgesetz: Jeder Körper beharrt im Zustand der Ruhe oder der gleichförmigen Bewegung, wenn er nicht durch äußere Kräfte gezwungen wird, seinen Bewegungszustand zu ändern.

Der Radfahrer in **Bild 1** fährt gegen ein Hindernis. Seine Masse (z. B. 75 kg) beharrt auf der Fortsetzung der Bewegung. Unter dem Einfluss der Trägheit löst er sich vom blockierten Rad und fliegt in Fahrtrichtung mit dem Betrag seiner bisherigen Geschwindigkeit. Nur der geringe Reibungskraftanteil an Sattel und Pedal und die Haltekraft am Lenker verringern die Wirkung der Trägheitskraft.

Massenträgheitskräfte stabilisieren die Geradeausfahrt. Je größer die Masse und die Geschwindigkeit eines Systems ist, um so geringeren Einfluss nehmen äußere Kräfte auf dessen Bahn. In **Bild 2a** fährt der Radfahrer mit der konstanten Geschwindigkeit von 30 km/h. Eine seitliche Windböe von 10 km/h ergibt eine Resultierende, die nur eine kleine Richtungsänderung bewirkt.

Beim Radfahrer, der mit kleinerer Geschwindigkeit von z. B. 10 km/h in **Bild 2b** fährt, verursacht die gleiche Windböe eine erheblich größere Richtungsänderung. Das gleiche Prinzip lässt sich auch auf die Masse übertragen.

**Bild 1: Trägheitskraft durch Änderung der gleichförmigen Bewegung. S = Körperschwerpunkt**

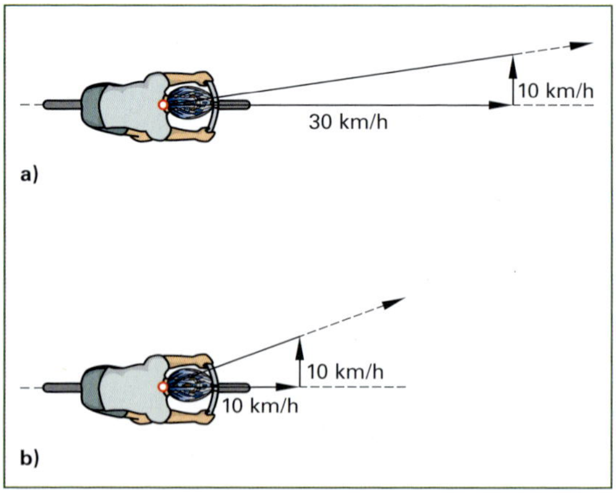


**Bild 2: Mit zunehmender Geschwindigkeit wird der Einfluss von Kräften, die quer zur Fahrtrichtung wirken, immer geringer**

Auch wenn der Radfahrer seine Richtung ändert – er also eine Kurve einleitet, wirkt die Trägheitskraft. Sein System (unter „System" versteht man die Masse von Fahrer, Fahrrad und Gepäck) strebt weiter in Geradeausrichtung.

Er muss eine „äußere Kraft" (eine Gegenkraft zur Trägheitskraft: die Zentralkraft) aufbringen, um die Kurve einzuleiten.

Die äußere Kraft wird durch die Haft der Räder aufgebracht. Es sind die Seitenführungskräfte $F_{Sv}$ und $F_{Sh}$ **(Bild 1)**.

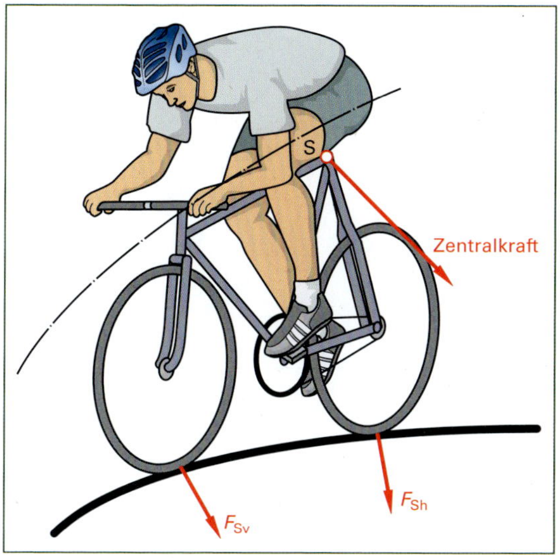


**Bild 1: Zentralkraft bei Änderung der Fahrtrichtung**

Der Radfahrer in **Bild 2a** gleicht mit seiner Antriebskraft $F$ die gesamten Fahrwiderstände $F_{ges}$[1] aus – fährt also mit gleichbleibender Geschwindigkeit. Er befindet sich im „kräftefreien" Zustand.

Erhöht er seine Antriebskraft auf $F'$, so wird das Gleichgewicht der Kräfte gestört. Das System wird beschleunigt **(Bild 2b)**.

Die Beschleunigung hält so lange an, bis die Geschwindigkeit einen Wert erreicht, bei dem die Fahrwiderstände $F_{ges}$ gleich der neuen Antriebskraft $F + F'$ sind. Dann fährt der Radfahrer wieder mit konstanter Geschwindigkeit.

Das Grundgesetz der Mechanik lautet:

Kraft = Masse · Beschleunigung[2] $\quad F = m \cdot a$

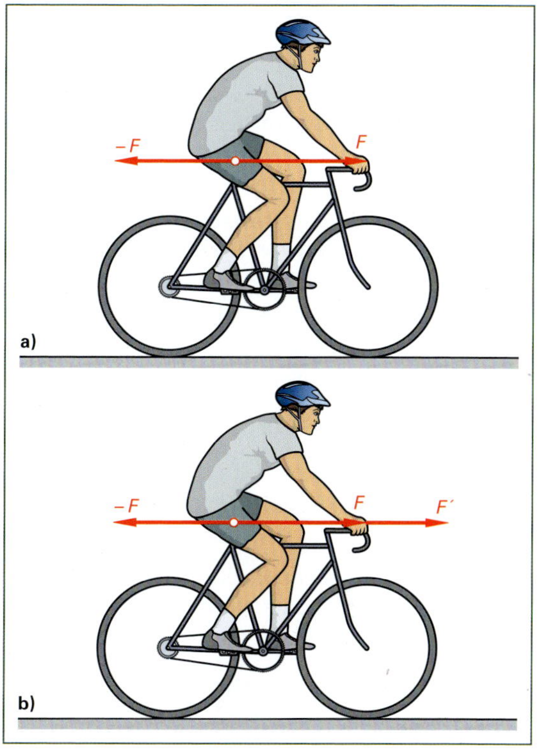


**Bild 2: Radfahrer a) im kräftefreien Zustand b) im beschleunigten Zustand**

Daraus folgt:

1. Ein System mit einer größeren Masse muss eine größere Kraft (Antriebskraft, Bremskraft) aufbringen, um es zu beschleunigen oder abzubremsen.
2. Je stärker das System beschleunigt (oder abgebremst) werden soll, desto größer muss die Antriebskraft (oder Bremskraft) sein.

Die Einheit der Kraft $F$ ist Newton [N]. Es ist das Produkt aus der Masse $m$ [kg] und der Beschleunigung $a$ [m/s²]:

$1 \text{ N} = 1 \text{ kg} \cdot 1 \text{ m/s}^2$

Ein Massestück wird zunächst in der Hand gehalten und dann losgelassen. Es fällt zu Boden.

Nach dem Trägheitsgesetz muss eine Kraft gewirkt haben. Es ist die Erdanziehungskraft oder Schwerkraft, die das Massestück zu Boden gezogen hat.

Sie beträgt in diesem Fall:

$F = 1 \text{ kg} \cdot 9{,}81 \text{ m/s}^2 = 9{,}81 \text{ N} \approx 10 \text{ N}$

Diese Kraft wird auch als **Gewichtskraft** oder Gewicht bezeichnet und mit $F_G$ abgekürzt. Sie greift am Körperschwerpunkt an.

[1] Der Gesamtwiderstand $F_{ges}$ setzt sich zusammen aus dem Fahrwiderstand $F_F$ und den Fahrradwiderständen $F_{Rad}$ **(siehe Bild 1, Seite 535)**.

[2] $F = m \cdot a$ ist das Grundgesetz der Mechanik für translatorische Bewegungen (in erster Linie geradlinige Bewegungen). Das Grundgesetz für Rotationsbewegungen lautet: Drehmoment = Massenträgheitsmoment · Winkelbeschleunigung: $M = I \cdot a$

## 11.2 Kraft und Gegenkraft

Das Wechselwirkungsprinzip lautet:

Übt ein Körper auf einen zweiten eine Kraft aus, so übt auch der zweite Körper auf den ersten eine Kraft aus. Diese ist der ursprünglichen Kraft entgegengesetzt und gleich groß.

Man unterscheidet die **statische** und die **dynamische** Wechselwirkung von Kräften.

In **Bild 1** übt das System aus Fahrer und Rad auf den Boden die Gewichtskraft $F_G$ aus. Die Erde als zweiter Körper übt die Gegenwirkung aus: Es ist die Bodenwiderstandskraft $F_N$, die sich nach dem Hebelgesetz mit $F_{NV}$ und $F_{NH}$ auf das Vorder- und Hinterrad verteilt:

$F_G = F_N \qquad F_N = F_{NV} + F_{NH}$

System und Boden sind im statischen Gleichgewicht.

Man kann die Gewichtskraft $F_G$ als Aktionskraft und die Bodenwiderstandskraft (Normalkraft) als Reaktionskraft bezeichnen.

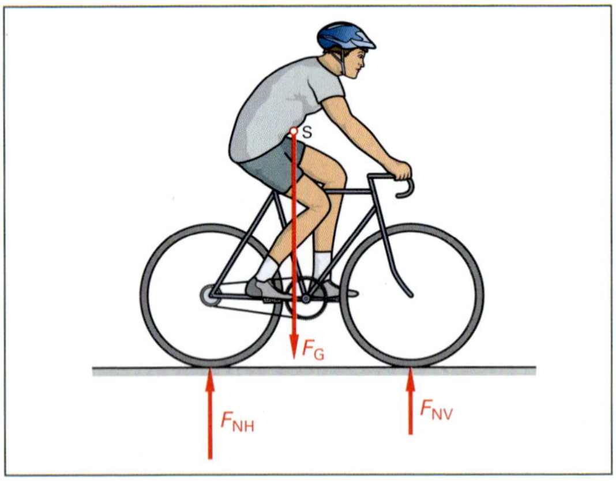


**Bild 1: Kraft und Gegenkraft beim Radfahrer**

Auch die Antriebskraft am Hinterrad benötigt eine Gegenkraft, damit sich das System vorwärts bewegt.

Die Antriebskraft des Hinterrades wirkt der Fahrtrichtung entgegen.

Der Radsportler, der auf der Rolle trainiert, kann diesen Sachverhalt bestätigen:

Die Antriebskraft vom Hinterrad auf die Rolle lässt die Rolle rückwärts drehen – der Radfahrer kommt keinen cm voran. Es fehlt die Gegenkraft.

Auf der Straße wird die elastische Fahrbahn etwas gestaucht und bei der darauf folgenden Ausdehnung übt sie die Gegenkraft aus, die den Radfahrer nach vorn treibt. Es ist der sogenannte Rollwiderstand ($F_{RH}$ in **Bild 2**), der von der Fahrbahn aus als Gegenkraft zur Antriebskraft *F* das System in Bewegung setzt.

Die gegen die Fahrtrichtung wirkende Antriebskraft *F* am Hinterrad ist die Aktionskraft. Erst die Reaktionskraft treibt das System in Fahrtrichtung an.

Auch in diesem Fall herrscht statisches Gleichgewicht, denn es tritt keine Beschleunigung auf. Die statische Kraftwirkung deformiert die beteiligten Körper Reifen und Fahrbahn.

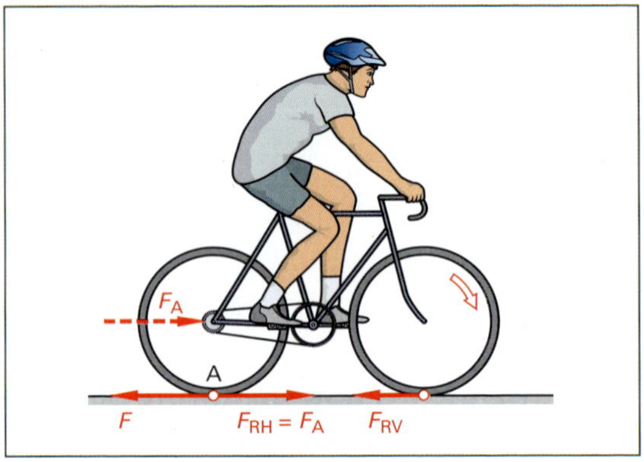


**Bild 2: Antriebs- und Reibungskräfte am Hinterrad und Vorderrad.**
**F = Antriebskraft am Reifen**[1]
**$F_{RV}$ = Rollreibungskraft am Vorderrad**

Auch für die dynamische Kraftwirkung gilt das Gesetz von Wirkung und Gegenwirkung. Aber hier sind die Kräfte nicht im Gleichgewicht.

Eine Antriebskraft beschleunigt oder eine Bremskraft verzögert den Körper. Der Radfahrer in **Seite 467, Bild 2b** beschleunigt mit der Überschusskraft $F'$ das System: $F' = m \cdot a$.

## 11.3 Reibungskräfte

Reibungskräfte sind auf der einen Seite unerwünscht, weil sie die Bewegung hemmen, z.B. der Rollwiderstand am Vorderrad und am nicht angetriebenen Hinterrad, die Reibung in den Lagern, den Schaltseilen und in der Kette. Andererseits sind die Reibungskräfte für die Übertragung der Antriebskraft auf das Hinterrad, beim Kurvenfahren und beim Bremsen unentbehrlich.

Für einen Reifen bedeutet das einen Widerspruch: Einmal sollen sie einen möglichst geringen Abrollwiderstand aufweisen, um eine hohe Geschwindigkeit bei geringem Energieaufwand zu erzielen.

[1] Die Reaktionskraft $F_A$ zur Antriebskraft *F* kann in die hinteren Ausfallenden verschoben werden. Dort wird die Antriebskraft in den Rahmen eingeleitet (siehe auch **Bild 2, Seite 173**).

Auf der anderen Seite sind bei kurzen Sprints, bei abruptem Abbremsen und bei schneller Kurvenfahrt große Haftreibungswerte wichtig. Die Reifenhersteller haben inzwischen gute Kompromisse gefunden.

Beim nicht angetriebenen Vorderrad wirken die Reibungskräfte **gegen** die Fahrtrichtung **(Bild 2, Seite 468)**.

Die „trockene" oder „Coulombsche" Reibung ist unabhängig von der Größe der Berührungsfläche, der Temperatur und der Geschwindigkeit, mit der sich die Körper gegeneinander bewegen.

Man unterscheidet drei Arten der trockenen Reibung:
Haftreibung, Gleitreibung und Rollreibung.
Eine Sonderform ist die Seilreibung.

## 11.3.1 Haftreibung

Ein Körper setzt sich in Bewegung, wenn die Antriebskraft $F_A$ größer ist als die Haftreibungskraft $F_{RH}$.

Mit der Überschusskraft $F_Ü = F_A - F_{RH}$ wird die Trägheit überwunden und der Körper beschleunigt.

Der Betrag der Haftreibungskraft hängt von zwei Größen ab:

- Die Kraftkomponente, die senkrecht auf die Unterlage wirkt.[1] In **Bild 1a** ist die Normalkraft $F_N$ gleich der Gewichtskraft $F_G$, in **Bild 1b** ist die Normalkraft die Komponente $F_G \cdot \cos \alpha$. Je größer die Normalkraft, desto größer die Haftreibungskraft.
- Von der Art und der Oberflächenbeschaffenheit der beteiligten Materialien. Diese Abhängigkeit wird durch die Haftreibungszahl $\mu_H$ ausgedrückt: Je größer der Zahlenwert, desto stärker die Haftreibung.
  Zusammengefasst lautet das Reibungsgesetz für die Haftreibung:

$$F_{RH} = F_N \cdot \mu_H$$

Beim Abrollen eines Rades ist die Geschwindigkeit im Berührungspunkt zwischen Rad und Boden (Auflagepunkt A in **Bild 2, Seite 468**) Null. In einem kurzen Moment gibt es keine Bewegung zwischen Rad und Boden. Hier setzt dann die Haftreibung ein, die am Hinterrad für den Antrieb und an beiden Rädern für das Abbremsen und die Seitenführung sorgt. Bei luftgefüllten Reifen ist es der sog. „Schlupf" (siehe Rechenbeispiel **Seite 537**), der die Antriebs- und Bremskräfte überträgt.

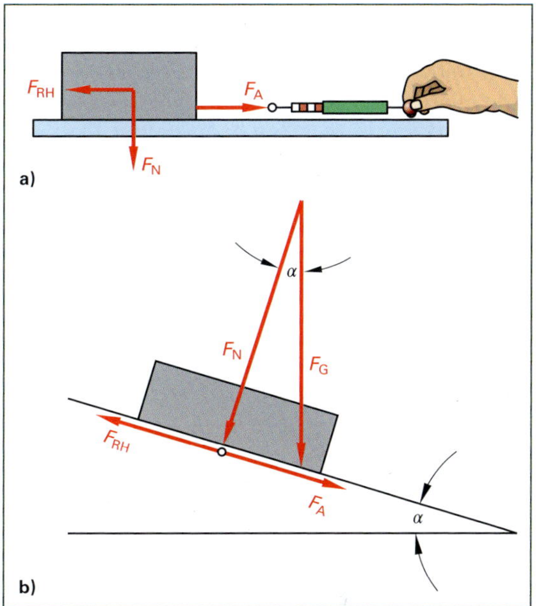


**Bild 1: Haftreibungskraft und Antriebskraft**
**$F_N$ = Normalkraft, $F_{RH}$ = Haftreibungskraft**
**$F_A$ = Antriebskraft = Hangabtriebskraft**

## 11.3.2 Gleitreibung

Haftreibung tritt so lange auf, wie die beiden berührenden Körper noch im Ruhezustand zueinander sind. Wenn sich ein Körper erst einmal in Bewegung gesetzt hat, ist nur noch die kleinere Gleitreibung zu überwinden.

Das Reibungsgesetz für die trockene Gleitreibung lautet:

$$F_{RG} = F_N \cdot \mu_G$$

Die Haftreibungszahl $\mu_H$ ist größer als die Gleitreibungszahl $\mu_G$, weil ein ruhender Körper mit seiner rauen Oberfläche weiter in die Vertiefungen der Unterlage eindringt als ein bewegter Körper.

Die Reibungszahlen $\mu_H$ und $\mu_G$ werden in Versuchen ermittelt und können in Tabellen nachgeschlagen werden.

Bei der Reibung zwischen Reifen und Fahrbahn oder zwischen Bremsbelag und Felge gelten nicht mehr die Gesetze der trockenen Reibung, sondern die der „Gummireibung".

Die Reibungswerte sind von der Gummimischung abhängig.



[1] Senkrecht auf die Unterlage wirkende Kräfte nennt man „Normalkräfte".

Für die Gummireibung gilt:

- Mit zunehmendem Reifendruck verringern sich die Reibungswerte.
- Mit steigender Geschwindigkeit steigen erst die Reibungswerte an, fallen dann wieder ab.
- Mit steigender Temperatur sinken die Reibungswerte.
- Mit größerer Auflagefläche (= größerer Reifenquerschnitt) sinkt die Flächenpressung und damit steigt die Haftreibungszahl.

Diese Effekte beeinflussen sich untereinander. Reibungswerte für Reifen und Bremsen und ihre Abhängigkeit auf den Rollwiderstand können nur in der Praxis bestimmt werden.

Faustformel: 10 % größere Haftreibung führt zu 10 % mehr Rollwiderstand.

### 11.3.3 Rollreibung

Die Rollreibung hemmt die Bewegung eines rollenden Rades, weil sich das Rad und die Unterlage geringfügig verformen. Es bildet sich beim Abrollen in Laufrichtung ein kleiner Wall, den das Rad überwinden muss.

Die Kraftkomponente $F_R$ ist die zur Überwindung notwendige Roll(reibungs)kraft. Aus dem Gleichgewicht zwischen dem Moment $F_R \cdot a$ und dem bremsenden Moment $F_N \cdot e$ erhält man

$$F_R \cdot a = F_N \cdot e \quad \text{bzw.} \quad F_R = F_N \cdot \frac{e}{r}$$

mit $a \approx r$ bei geringer Eindringtiefe. Bei Stahlrädern und kleinen Rollen (z.B. Wälzlager) bezeichnet man den Quotienten $\frac{e}{r}$ als Rollreibungszahl $\mu_R$.

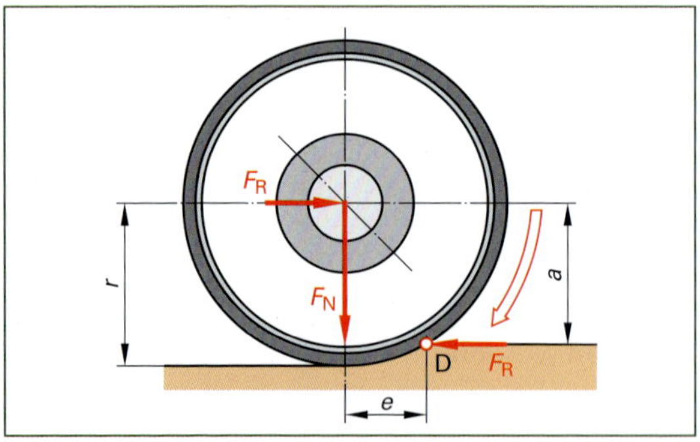


**Bild 1: Entstehung der Rollreibungskraft**

Die Rollreibungskraft ist umso geringer, je größer der Raddurchmesser und je kleiner die Radlast (hier die Normalkraft) ist.

Weil $\mu_R \ll \mu_G$ ist, bevorzugt man in der Technik so weit wie möglich die rollende Bewegung und vermeidet die Gleitbewegung.

Auf der anderen Seite ist das Vorhandensein einer Haftreibung Voraussetzung für das Rollen.

## 11.4 Schlupf

Überträgt ein luftgefüllter Reifen Antriebskräfte, so entsteht zwischen Fahrbahn und Reifen eine Relativbewegung. Die Umfangsgeschwindigkeit des Rades ist größer als die Fahrgeschwindigkeit.

Das Verhältnis der beiden Geschwindigkeiten wird als „Schlupf" bezeichnet:

$$\lambda_a = \frac{\text{Umfangsgeschw.} - \text{Fahrgeschwindigkeit}}{\text{Umfangsgeschwindigkeit}}$$

Meist wird der Schlupf in % angegeben:

$\lambda_a = \frac{v_u - v}{v_u} \cdot 100\ \%$ für den Antriebsschlupf

Beim Bremsen ist es umgekehrt: Die Umfangsgeschwindigkeit des Rades ist kleiner als die Fahrgeschwindigkeit:

$\lambda_b = \frac{v - v_u}{v} \cdot 100\ \%$ für den Bremsschlupf

Je höher die zu übertragende Antriebs- oder Bremskraft ist, umso größer wird der Schlupf. Die übertragbare Antriebs- oder Bremskraft erreicht ihren Höchstwert zwischen 10 % und 30 % Schlupf – abhängig von der Fahrbahnbeschaffenheit **(Bild 2)**.

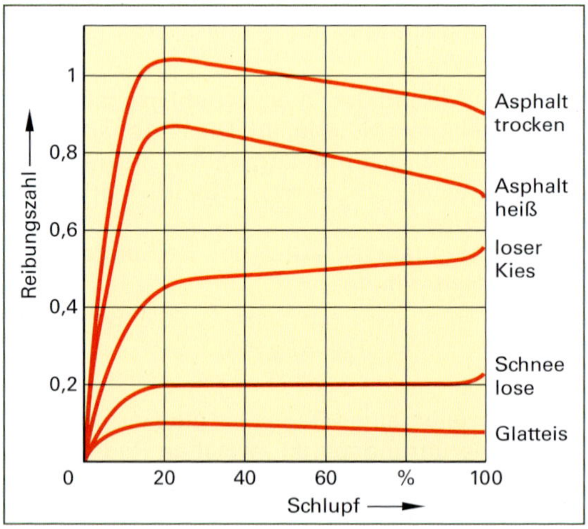


**Bild 2: Haftreibungszahlen, Straßenzustand und Schlupf**

Dreht das Rad durch oder blockiert es, können nur geringe Antriebs- oder Bremskräfte übertragen werden. Dann ist der Schlupf beim Antrieb wie beim Bremsen 100 % und das Rad gleitet.

## 11.5 Gleichgewicht

### 11.5.1 Labiles Gleichgewicht

Ein Fahrrad berührt die Fahrbahn in den beiden Aufstandspunkten der Räder. Eine geringe Neigung der senkrecht zur Fahrbahn stehenden Rahmenebene führt zum Umkippen. Die am Schwerpunkt angreifende Gewichtskraft bewirkt ein Drehmoment, sobald der Schwerpunkt sich nicht mehr über der Verbindungslinie der beiden Aufstandspunkte befindet **(Bild 1)**.

**Bild 1: Stehversuch (Trackstand) beim Bahnsprint**

Die notwendigen Ausgleichsbewegungen des Radfahrers müssen zur Seite erfolgen, denn nach vorne und hinten ist die Balance durch die Aufstandspunkte der Räder gesichert. Bei einem großen Lenkwinkel kann durch ein Vor- und Zurückfahren (starrer Gang vorausgesetzt) die Verbindungslinie zwischen den beiden Radaufstandspunkten seitlich verschoben werden, sodass sie stets wieder unter den Schwerpunkt wandert. Beim Balancieren im Stand wird nicht der Schwerpunkt über die Aufstandslinie gebracht, sondern diese Linie unter den Schwerpunkt. Bahnradfahrer praktizieren dies beim **Trackstand** durch Vorwärts- und Rückwärtstreten **(Bild 1)**. Beim Fahren geschieht dasselbe während der Vorwärtsbewegung. Daher müssen Zweiräder ständig „Schlangenlinien" fahren, seien sie auch nur unmerklich klein.

### 11.5.2 Dynamisches Gleichgewicht

Droht das System bei der Geradeausfahrt in eine Richtung umzukippen, muss man in die gleiche Richtung lenken und eine kleine Kurve einleiten. Die einsetzende Zentrifugalkraft richtet das System zur anderen Seite wieder auf. Dabei lässt sich ein Überkippen kaum vermeiden und der Lenker muss wieder in die andere Richtung gelenkt werden. Eine Geradeausfahrt ist fortwährend mit einem meist unbewussten Pendeln um die Gleichgewichtslage verbunden, das besonders deutlich bei langsamer Fahrt wird.

Beim freihändigen Fahren neigt man den Körper zur Seite und erzeugt so ein zur Kipprichtung entgegengesetzt wirkendes Schweremoment **(Bild 2)**. Der Nachlauf und Kreiselkräfte unterstützen das Wiederaufrichten, indem diese bei einer Radneigung einen Lenkerausschlag auslösen.

**Bild 2: Momentenausgleich beim Freihändigfahren**

## 11.6 Kurvenfahrt

Bei der Kurvenfahrt treten weitere Kräfte auf, die eine Richtungsänderung erzwingen und die verhindern, dass der Radfahrer den Bodenkontakt verliert und wegrutscht.

Voraussetzung dafür, dass ein Fahrzeug seine Richtung ändert, ist eine zum Mittelpunkt der Kurve gerichtete Kraft. Man bezeichnet diese Kraft als „Zentralkraft" oder „Zentripetalkraft", die das Fahrzeug in die Kurve drückt oder zieht. Diese Kraft wird beim Radfahren von den Reifen und der Fahrbahn als Folge der Schräglage des Systems geliefert.

Bei einem **Kinderdreirad** überträgt sich die Lenkkraft auf die Auflagefläche des eingeschlagenen Vorderrades **(Bild 3)**. Die Fahrbahn drückt das System über das Vorderrad und die Hinterräder in die gewünschte Richtung. Das Kippmoment wird (bis zu einer bestimmten Grenzgeschwindigkeit) durch den seitlichen Abstand der Hinterräder unwirksam gemacht. Eine Zentralkraft aus der Schräglage ist nicht erforderlich.

Die Zentralkraft kann nicht größer werden als die Haftreibungskraft – sonst rutscht das System weg.

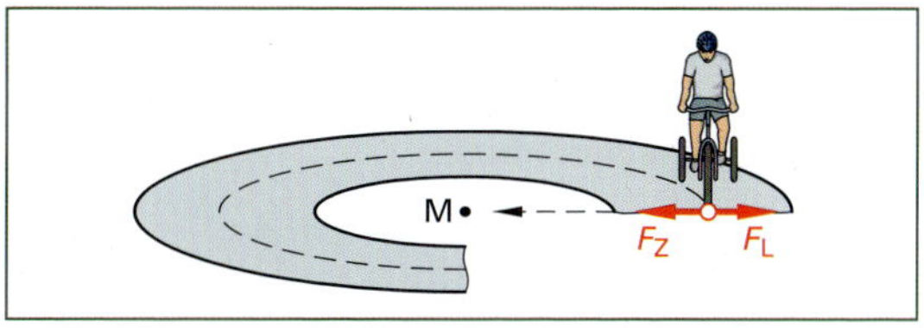


**Bild 3: Zentralkraft $F_Z$ und Lenkkraft $F_L$ bei der Kurvenfahrt eines Dreirades**

Beim **Zweirad** reicht es nicht aus, einfach nur in die gewünschte Richtung, z. B. eine Linkskurve, zu lenken. Schlägt man einfach nur nach links ein, führt die vom Radfahrer aus betrachtet wirkende Fliehkraft (Zentrifugalkraft) zu einem Umkippen nach rechts. Radspuren auf Sand oder Schnee zeigen, dass man zunächst leicht in die entgegengesetzte Richtung nach rechts lenken muss.

Der Radfahrer muss die Fliehkraft provozieren. Das bewirkt er durch eine Neigung des Körpers: Er legt sich in die Kurve. Diese Neigung erzielt er, indem er kurze Zeit nach rechts lenkt. Diese (Hilfs)Fliehkraft greift am Schwerpunkt an und kippt das Rad nach links **(Bild 1)**.

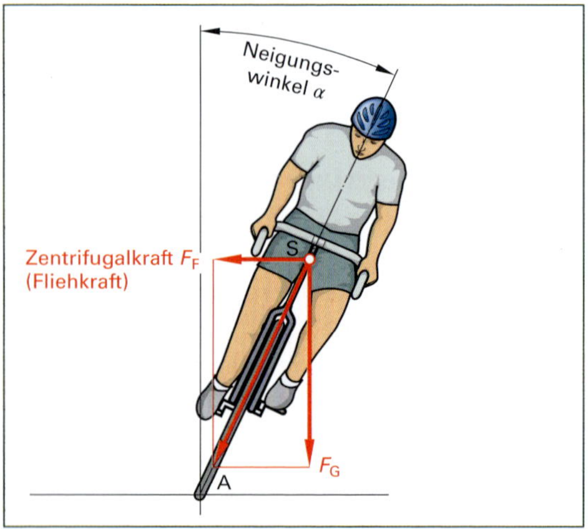


**Bild 1: Fliehkraft und Gegenkraft (Kippkraft) in der Linkskurve**

Sofort lenkt der Radfahrer ebenfalls nach links und durchfährt die gewünschte Kurve. Dabei nimmt er einen gewissen Winkel (Neigungswinkel $\alpha$) zur Senkrechten ein, wobei sich die von Fliehkraft und Gewichtskraft erzeugten Drehmomente im Gleichgewicht befinden.

Die Kippkraft erzeugt um den Auflagepunkt das Kippmoment $M_k = F_G \cdot a$, während die Fliehkraft das Aufrichtmoment $M_a = F_F \cdot h$ liefert **(Bild 2)**:

Bei stabiler und schneller Kurvenfahrt sind beide Momente im Gleichgewicht: $M_k = M_a$

Aus dieser Bedingung kann der Neigungswinkel bestimmt werden, um den sich ein Zweiradfahrer in die „Kurve legen" muss:

$$F_G \cdot a = F_F \cdot h \quad \rightarrow \quad \tan \alpha = \frac{a}{h} = \frac{F_F}{F_G}$$

Bei der Kurvenfahrt muss am Auflagepunkt Kräftegleichgewicht herrschen, damit das System nicht wegrutscht.

Die am Boden wirkende horizontale Gegenkraft zur Kippkraft ist die Seitenführungskraft.

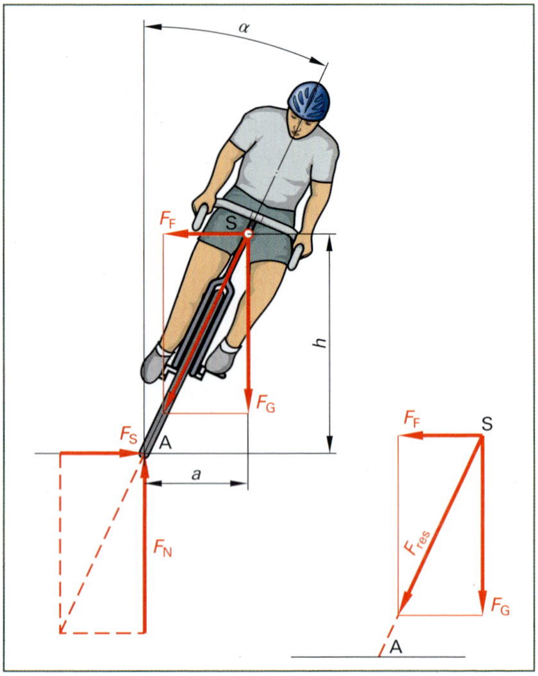


**Bild 2: Kipp- und Aufrichtmoment in der Kurvenfahrt**

Ihre Obergrenze ist die Haftreibung, die sich nach der Beziehung

$F_S = \mu_H \cdot F_N$ berechnen lässt.

Mit einem Handversuch lässt sich der Grenzkippwinkel bestimmen, bei dem ein Fahrrad wegrutscht.

**Handversuch**

Man nimmt ein Fahrrad mit vorschriftsmäßigem Reifendruck und fixiert mit kleinen Gummizügen das Vorderrad am Unterrohr. Damit wird verhindert, dass das Vorderrad beim Absenken zur Kippseite einschlägt.

Am Gabelkopf befestigt man eine ca. 5 m lange Schnur, die mit dem anderen Ende in gleicher Höhe an der hinteren Gabelstrebe festgemacht wird.

Ein Schüler fasst die Schnur in der Mitte an und lässt das Fahrrad langsam von sich wegkippen. Das Pedal auf der Kippseite ist hochgestellt.

Ein zweiter Schüler achtet darauf, dass die Schnur immer eine horizontale Lage einnimmt und gibt Korrekturhinweise.

Ein dritter Schüler misst mit einem großen Winkelmesser den Kippwinkel, bei dem das Rad wegrutscht.

Aus der Beziehung $F_S = \mu_H \cdot F_G$ und $F_S = F_G \cdot \tan \alpha$ kann die Haftreibungszahl bestimmt werden: $\mu_H = \tan \alpha$.

Das Fahrrad kommt bei einem bestimmten Neigungswinkel ins Rutschen – unabhängig von der Masse bzw. vom Gewicht. Das gilt auch für das System Rad, Fahrer und Gepäck. Ein schwergewichtiger Radfahrer kommt in einer Kurve bei dem gleichen Neigungswinkel ins Rutschen wie ein Leichtgewicht.

Vor engen Kurven und auf schmierigen, schotterigen oder glatten Fahrbahnen ist ein Abbremsen angebracht, weil sonst die notwendige Reibungskraft nicht mehr ausreicht.

Der zum Durchfahren einer Kurve notwendige Neigungswinkel ist abhängig von

- Fahrgeschwindigkeit
- Kurvenradius
- Schwerpunkthöhe
- Reifenbreite (geringfügig)

Der einzunehmende Neigungswinkel wächst mit

- größerer Fahrgeschwindigkeit,
- kleinerem Kurvenradius,
- geringerer Schwerpunkthöhe und
- breiteren Reifen

## 11.7 Kreiselkräfte

Ein schnell rotierendes Rad, dessen Achse nicht durch zwei feste Lager gehalten wird, ist ein Kreisel. Ein Kreisel verfügt über eine hohe Achsstabilität,das heißt, über eine starke Tendenz, die Lage seiner Drehebenen im Raum beizubehalten **(Bild 1)**.

Die Räder eines Fahrrades kann man als Kreisel auffassen, da sie um freie Achsen rotieren und ausweichen können.

**Bild 2** zeigt die freien Achsen eines Vorderrades: Die Gabel lässt Drehbewegungen um die Hochachse z (bzw. um die Lenkachse C) zu. Die Drehachse y ermöglicht das Drehen in Fahrtrichtung; quer dazu erlaubt die Längsachse x ein Kippen nach rechts und links.

Beim Radfahren sind vier Kreiselreaktionen möglich:

1. Das System kippt nach rechts.
   Folgereaktion: Lenkereinschlag nach rechts.
2. Das System kippt nach links.
   Folgereaktion: Lenkereinschlag nach links.
3. Lenkereinschlag nach rechts:
   Folgereaktion: Kippen nach links.
4. Lenkereinschlag nach links:
   Folgereaktion: Kippen nach rechts.

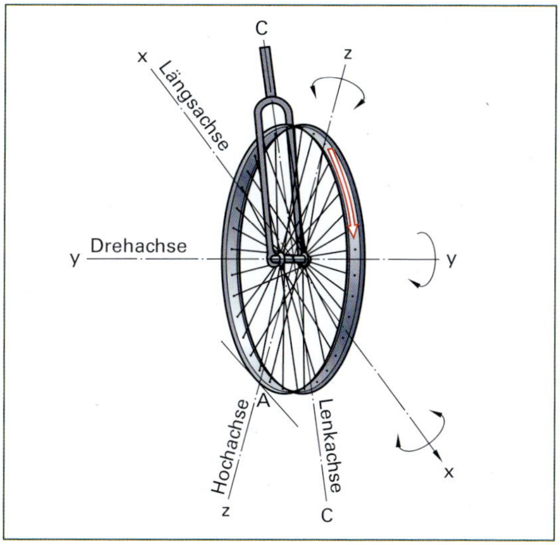


**Bild 2: Die freien Achsen am Vorderrad**

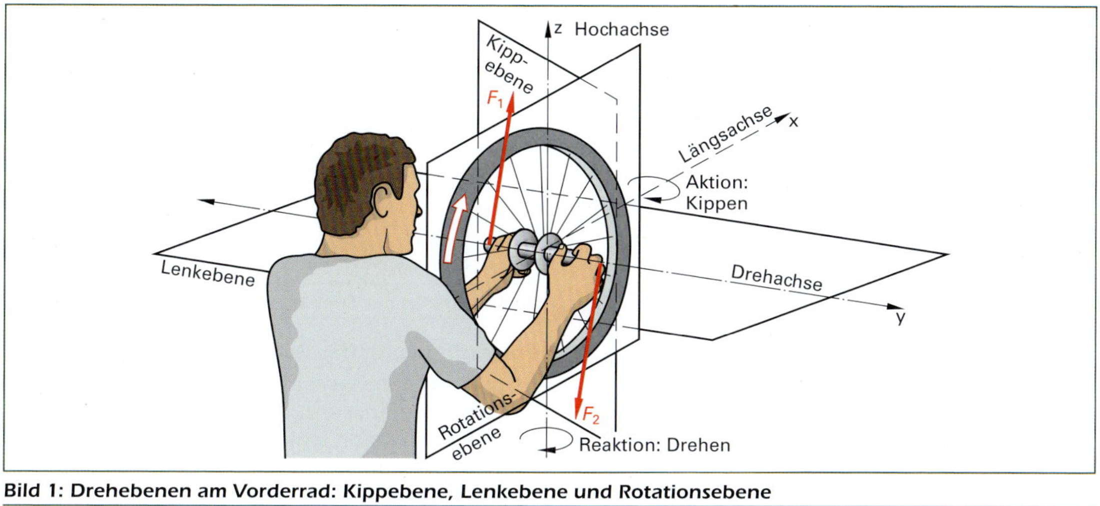


**Bild 1: Drehebenen am Vorderrad: Kippebene, Lenkebene und Rotationsebene**

### Handversuche zur Kreiselreaktion

Am ausgebauten Vorderrad verlängert man die Achsen durch aufgesteckte kurze Rohrstücke. Man hält das Rad an den Rohrstücken fest und versetzt es in rasche Drehbewegung in Fahrtrichtung.

Das schnell rotierende Rad lässt sich in jede Achsrichtung verschieben – wenn man die Drehachse y nicht kippt oder um die Hochachse z dreht.

### Versuch 1

Man kippt die Drehachse y mit einem Ruck nach rechts unten. Die Achse folgt nicht dem Drehsinn des Kräftepaares $F_1F_2$ **(Bild 1)**, sondern weicht senkrecht zur Kippebene aus. Das Rad reagiert mit einer Rechtsdrehung um die Hochachse *z*.

### Erklärung

Das Rad rotiert um die Drehachse *y*. Punkt *P* läuft mit der Umfangsgeschwindigkeit $v_u$ in Fahrtrichtung nach vorn.

Das Kräftepaar $F_1F_2$ kippt das linke Ende der Achse nach oben und das rechte Ende nach unten. Der Punkt P will dieser Kippbewegung folgen und erhält eine Zusatzgeschwindigkeit $v_z$ horizontal nach rechts (der Geschwindigkeitspfeil $v_z$ in **Bild 1** ist übertrieben groß gezeichnet).

Aus der Umfangs- und Zusatzgeschwindigkeit resultiert die Komponente *v*, die nach rechts vorn zeigt.

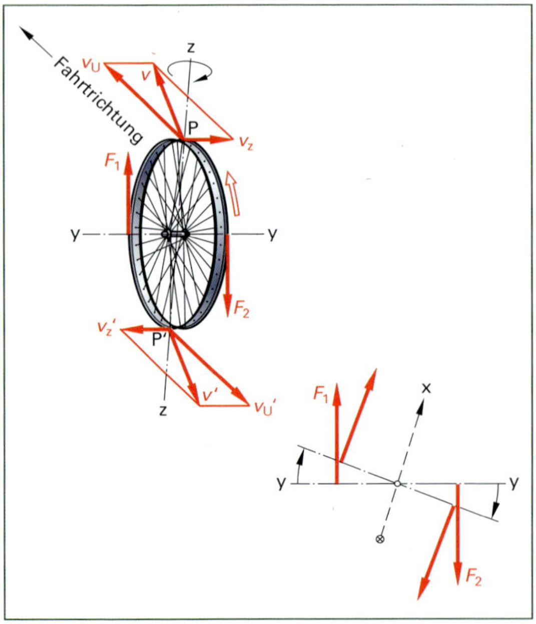


**Bild 1: Kippen der Drehachse y – y um die Längsachse x – x nach rechts unten**

Der gegenüberliegende Punkt P′ am anderen Ende des Rades bewegt sich mit dem gleichen Geschwindigkeitsbetrag *v′* entsprechend nach hinten links.

Die Rotationsebene des Rades folgt dieser neuen Richtung und das Rad dreht sich um die Hochachse z nach rechts.

Die Ausweichreaktion des Kreisels auf das plötzliche Neigen seiner Achse heißt Präzession.

### Versuch 2

Man kippt die Achse des drehenden Vorderrades mit einem Ruck nach links unten (das entspricht beim Radfahren ein Kippen nach links). Das Rad reagiert mit einer Drehung um die Hochachse nach links.

### Versuch 3

Das Kräftepaar $F_1F_2$ bewegt die Drehachse y ruckartig nach rechts um die Hochachse z (das entspricht beim Radfahren dem bewussten Einschlagen des Lenkers nach rechts). Das Rad weicht im rechten Winkel zur Schwenkebene (hier ist es die Rotationsebene) aus und kippt zur linken Seite **(Bild 2)**. Dreht man die Radachse ruckartig nach links, kippt das Rad nach rechts.

Das Rad ist bestrebt, seine Drehachse in gleichsinnige Übereinstimmung mit der Achse der aufgezwungenen Drehbewegung zu bringen.

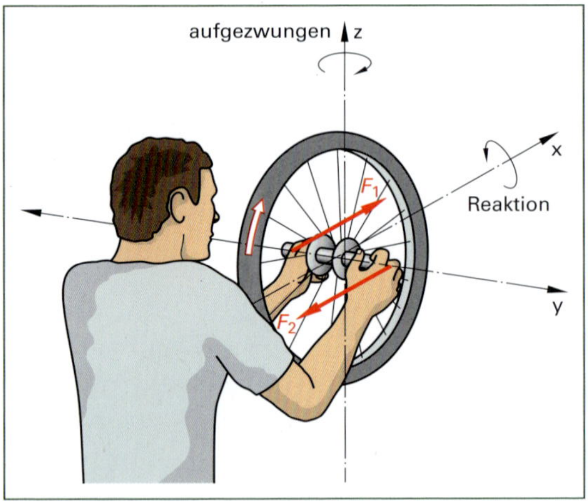


**Bild 2: Kippen der Drehachse um die Hochachse z**

### Folgerungen für das Radfahren

Es gibt für den Radfahrer drei Möglichkeiten, zu einer Kurvenfahrt anzusetzen:

- Erst kippen, dann lenken.
- Erst lenken, dann kippen.
- Kippen und lenken gleichzeitig.

Kippt der Radfahrer während schneller Fahrt sein System zur Seite, *ohne den Lenker zu bewegen*, setzen zwei Reaktionen ein:

1. Die stabilisierende Wirkung des Nachlaufs lässt den Lenker zur Kippseite einschlagen.
2. Die Kreiselreaktion (Präzession) des Vorderrades bewirkt ebenfalls ein Einschlagen des Lenkers in die Kipprichtung.

Beide Reaktionen überlagern sich und ermöglichen das Einleiten einer Kurve ohne Lenkerbetätigung. Voraussetzung dafür, dass sich zu Beginn der Kurvenfahrt das System kippen lässt, ist das Vorhandensein einer Gegenkraft, an der man sich abstützen kann. Da diese Gegenkraft fehlt, ist der Radfahrer gezwungen, erst eine kleine Kurve in Gegenrichtung zu lenken, damit die einsetzende Fliehkraft die gewünschte Kippbewegung einleitet. Dabei unterstützt die Kreiselwirkung die einsetzende Kippbewegung.

Mit dem Einnehmen der gewünschten Fahrtrichtung führt der Radfahrer den Lenker nach und in der Kurve sorgt die Fliehkraft für das Gleichgewicht der Kräfte.

Führt der Radfahrer *zuerst eine Lenkbewegung in Kurvenrichtung* aus, bewirkt die Kreiselreaktion ein Kippen des Systems gegen die Kurvenrichtung.

Zusammen mit der einsetzenden Fliehkraft droht er umzukippen, wenn er sich nicht in die Gegenrichtung neigt (das ist möglich, weil in diesem Fall eine Gegenkraft vorhanden ist). Besser ist aber, auch hier durch einen bewussten Lenkeinschlag in Gegenrichtung die Kurve einzuleiten.

Auch eine Geradeausfahrt ist von ständigen Lenk- und Kippbewegungen überlagert. Statt einer geraden Linie fährt man kleine, aneinandergereihte Kurven, sogenannte „Schlangenlinien“. Mit zunehmender Geschwindigkeit erhöht sich die stabilisierende Wirkung der Kreiselkräfte (wozu auch das Hinterrad gehört) und die Schlangenlinien glätten sich.

Der Beitrag der rotierenden Laufräder als Kreisel zur Stabilisierung der Fahrt liegt darin, die Lenkausschläge zu unterstützen bzw. beim Freihändigfahren auszulösen und die damit viel stärkeren Fliehkräfte einzuleiten.

Je größer und je schwerer die Räder sind, desto größer sind die Kreiselmomente. Bei einem normalen Gebrauchsrad (Raddurchmesser 60 cm, Masse 1,5 kg) sind die Kreiselwirkungen etwa fünfmal so groß wie bei einem Kinderrad (30 cm, 0,5 kg). Konstruiert werden die Räder aber eher unter dem Gesichtspunkt des Energiesparens und sind daher so leicht wie möglich.

**Abrollfläche**

Bei sehr hohem Tempo sind aufgrund der stabilisierenden Kreiselwirkung kaum noch Lenkerausschläge erforderlich. Der Radfahrer lenkt dann nahezu ausschließlich durch Gewichtsverlagerung. Dabei spielt die Abrollfläche des Reifens eine gewisse Rolle: Bei Geradeausfahrt entspricht die Form der Abrollfläche einem Zylindermantel **(Bild 1a)**.

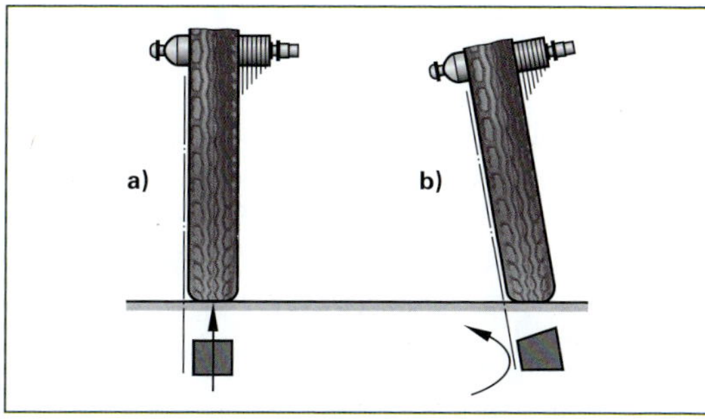


**Bild 1: Abrollfläche** *a)* **Zylindermantel bei Geradeausfahrt** *b)* **Kegelmantel in der Kurve**

In der Kurve rollt der Reifen wie ein Kegel ab, der um sein spitzes Ende kreist **(b)**. Die Abrollrichtung beschreibt eine Kurve, die umso enger wird, je größer die Schräglage ist. Man spricht von einer „Feinsteuerung“ allein durch Schräglage.

## 11.8 Lenksystem

Beim Fahrrad ist die Lenkachse nicht senkrecht angeordnet, sondern um den Lenkachswinkel $\beta$ nach hinten geneigt **(Bild 2)**. Dadurch liegt der Berührungspunkt des Vorderrades (Reifenauflagepunkt A) mit der Fahrbahn hinter dem Durchstoßpunkt O der verlängerten Lenkachse. Der Abstand AO wird als **„Nachlauf“** bezeichnet.

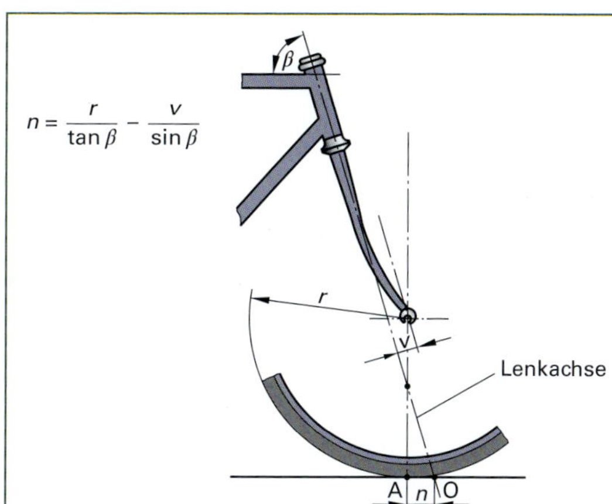


**Bild 2: Lenkachswinkel** $\beta$**, Reifenradius** $r$**, Nachlauf** $n$**, Rücksprung** $v$**, Reifenauflagepunkt A und Durchstoßpunkt O der Lenkachse**

Der Nachlauf stabilisiert sowohl die Geradeausfahrt als auch die Kurvenfahrt. Schon ein leichtes Kippen des Systems in Richtung Kurvenmittelpunkt lässt das Vorderrad in die gewünschte Kurvenrichtung drehen. Eine Betätigung des Lenkers ist dazu nicht erforderlich. Zwei Handversuche **(Bild 1 und Bild 2)** bestätigen den Sachverhalt.

Wenn man ein stehendes Rad seitlich neigt, schlägt der Lenker in Kipprichtung um **(Bild 1)**. Ein Teil des Fahrradgewichtes lastet auf dem Lenkkopf und wird über Gabel und Rad auf die Unterlage übertragen.

Dieser Anteil an Gewichtskraft tendiert dazu, die Lenkung so weit einzuschlagen, dass der Lenkkopf seine tiefstmögliche Position einnimmt.

**Bild 1: Kippbewegung nach links: Lenkerausschlag nach links**

Mit einem kleinen Brett und zwei Bleistiften kann man demonstrieren, wie ein drehbar gelagertes Rad (hier ist es ein Brett) in Kipprichtung umschlägt, wenn man es seitlich neigt **(Bild 2)**.

Man nimmt ein kleines Brett (oder ein schmales Buch), kennzeichnet den Schwerpunkt S und zeichnet eine Linie durch S parallel zu einer Brettkante. Man stellt das Brett auf die Kante, kippt es um etwa 30° und stützt es mit einem Bleistift im Schwerpunkt ab. Mit einem zweiten Bleistift stützt man das Brett auf der Rückseite – dieser verhindert das Wegrutschen und dient gleichzeitig als Drehachse für das Brett.

Nun wandert man langsam mit dem ersten Stift entlang der horizontalen Linie zur Brettaußenseite. Bei einem bestimmten Punkt n dreht sich das Brett nach innen – in Kipprichtung.

Ähnlich reagiert das System Rad und Fahrer, wenn es zur Seite geneigt wird: Das Vorderrad dreht sich in Kipprichtung und leitet eine Kurve ein. Durch diesen Effekt ist es möglich, auch bei geringer Geschwindigkeit freihändig zu fahren.

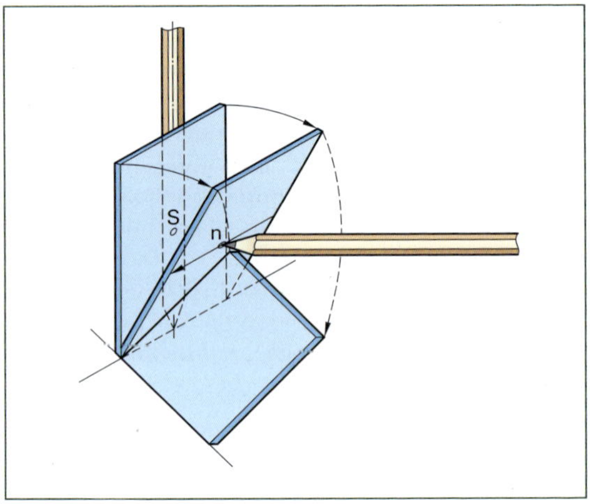


**Bild 2: Analogieversuch zum Kippen und Drehen eines Rades**

Warum dreht sich das Vorderrad nicht immer weiter in Kurvenrichtung? Antwort: Ein Teil des Rollwiderstandes erzeugt eine Längskraft ($F_L$ in **Bild 3**), die über den Hebelarm $a$ ein rückstellendes Moment erzeugt und das Rad wieder in Fahrtrichtung dreht.

Beim ausgelenkten Vorderrad wandert der Radauflagepunkt A in eine seitlich versetzte Position, denn das Rad dreht sich um die Lenkachse und nicht um den Auflagepunkt. Das rückstellende Moment berechnet sich bei einem gegebenen Lenkwinkel $\alpha$ und einem Nachlauf $n$ zu

$$M = F_L \cdot a = F_L \cdot n \cdot \sin \alpha$$

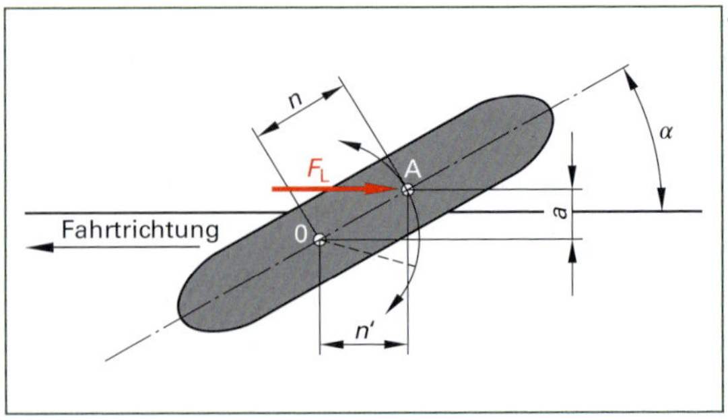


**Bild 3: Stabilisierende Wirkung des Nachlaufs**

Ein Fahrrad mit großem Nachlauf erzeugt auch ein größeres Rückstellmoment, das bei höheren Geschwindigkeiten für ein stabiles Fahren sorgt. Bei kleineren Geschwindigkeiten sind die größeren Rückstellmomente eher hinderlich. Dem kann man durch die Gabelvorbiegung (Rücksprung, **Bild 2, Seite 475**) entgegenwirken.

Lenkkopfwinkel und Rücksprung bestimmen den Nachlauf: Ein flacher Lenkachswinkel vergrößert den Nachlauf, der Rücksprung verkürzt ihn wieder.

Ein flacher Lenkachswinkel wirkt sich eher ungünstig auf die Fahreigenschaften aus. In der Geradeausstellung befindet sich das Rad auf seinem höchstmöglichen Punkt. Bei jedem Lenkeinschlag taucht es desto mehr ab, je flacher der Lenkachswinkel ist. Zwar wird das Einlenken in die Kurve erleichtert, dagegen erhöhen sich die Lenkkräfte beim Auslenken – besonders beim langsamen Fahren. Fahrräder mit flachem Lenkachswinkel sind für Trial und Bergauffahrten eher ungeeignet.

Auf der anderen Seite neigt das Fahrrad bei einem steilen Lenkachswinkel ($\beta > 75°$) zum Übersteuern.

**info**

Übersteuern bedeutet, dass man weniger einlenken muss, als der Kurvenradius es eigentlich erfordern würde.

Untersteuern bedeutet, dass man stärker einlenken muss, als es dem Kurvenradius entspricht. Ein Fahrrad, das untersteuert, versucht einen größeren Kurvenradius zu fahren – so, als ob es geradeaus schiebt.

### Reifennachlauf

Der rollende Gummireifen hat unabhängig von dem konstruktionsbedingten Nachlauf, der sich aus dem Lenkkopfwinkel und dem Rücksprung ergibt, einen eigenen Reifennachlauf.

Tritt beim rollenden Reifen eine Seitenkraft auf, verformt sich die Reifenaufstandsfläche. Ein kleines Stück unverformte Reifenlauffläche, das noch keinen Bodenkontakt hat, läuft in den Bereich hinein, der Bodenkontakt hat. Dabei verformt sich dieses Stück erst langsam und dann immer stärker.

Dabei verlagert sich der Schwerpunkt der Seitenkraft hinter die Mitte des Radaufstandspunkts. Dieser Versatz bildet den Reifennachlauf, der als Hebelarm zusammen mit der Reifenseitenkraft ein Rückstellmoment des Reifens bildet

### Radstand

Das Fahrrad berührt mit den beiden Rädern den Boden in zwei Punkten. Der Abstand dieser Punkte wird als Radstand bezeichnet. In einer Kurve neigt sich das System in Kurvenrichtung und der Schwerpunkt wandert in dieselbe Richtung **(Bild 1)**.

Je größer der Radstand,

- desto größer ist der Weg (*a* in **Bild 1**), den der Schwerpunkt bei der Gewichtsverlagerung zurücklegt.
- je mehr Zeit wird benötigt, um die für die Kurvenfahrt nötige Neigung einzunehmen.

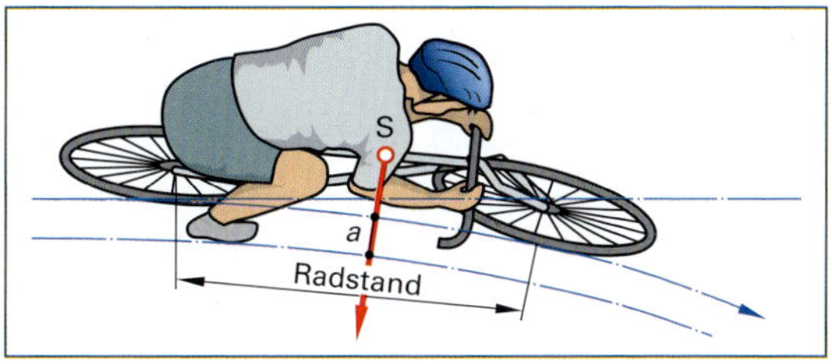


**Bild 1: Radstand und Schwerpunktweg in der Kurve**

Ein Fahrrad mit großem Radstand ist weniger wendig, weist aber einen stabilen Geradeauslauf auf. Rennräder mit ihren kurzen Radständen zwischen 940 bis 1000 mm reagieren schneller auf Lenkbewegungen – dabei stellt sich aber ein nervöser Geradeauslauf ein.

### Sitzposition

Verteilt der Fahrer mehr Last auf das Hinterrad, werden geringere Lenkkräfte erforderlich – allerdings führt das zu Übersteuern und flatterigem Fahrverhalten.

Beugt man sich vor und belastet das Vorderrad, sind größere Lenkkräfte nötig. Man untersteuert und erzeugt ein schwankendes Fahrverhalten wegen zu späten und zu geringen Korrekturen. Als Erfahrungswert für ein angenehmes Fahrverhalten gilt es, 55 % bis 60 % des Gesamtgewichtes von Fahrrad, Fahrer und Gepäck auf das Hinterrad zu verlagern.

### Unsymmetrische Gewichtsverteilung

Auf die rechte Fahrradseite wirkt ständig eine zusätzliche Gewichtskraft, hervorgerufen durch die Kettenräder mit Umwerfer, Kette, Ritzelpaket und Schaltwerk. Dies entspricht einem ständigen Kippmoment, welches durch einen permanenten Lenkeinschlag oder einer Gewichtsverlagerung ausgeglichen werden muss.

Ein Fahrrad mit einem Gewicht von ca. 11 kg und einer Schwerpunkthöhe von 70 cm erfordert einen ständigen Lenkwinkel von etwa 0,2°. Bei einer Geschwindigkeit von 20 km/h entspricht das einem Kurvenradius von 280 m.

## 11.9 Bremsen

Beim Bremsen verringert sich die Umfangsgeschwindigkeit der Räder. Sie rollen langsamer auf der Fahrbahn ab und damit verlangsamt sich gleichzeitig die Vorwärtsbewegung des Systems.

Die Verringerung der Rad-Umfangsgeschwindigkeit sollte mit der Verringerung der Fahrgeschwindigkeit übereinstimmen. Wenn der Radfahrer zu hart bremst, kann die Fahrgeschwindigkeit aufgrund der Trägheit des Systems nicht folgen; das Rad blockiert und das System gleitet dann über die Fahrbahn.

### 11.9.1 Grundlagen Bremsen

Haftreibung liegt vor, wenn sich beim Bremsen die Räder gleichmäßig weiterdrehen. In diesem Fall sind die Bremskräfte mit den Haftreibungskräften gekoppelt. Das System rutscht, wenn sich die Bremskräfte von den Haftreibungskräften entkoppeln. Dann wirkt nur noch die geringere Gleitreibung.

Durch Reibung zwischen Reifen und Fahrbahn kann nur eine bestimmte Bremskraft übertragen werden. Die mögliche Bremskraft zwischen den beiden Rädern und der Fahrbahn kann nicht größer sein als die Gewichtskraft, die sich auf beide Radaufstandsflächen verteilt, multipliziert mit dem Reibbeiwert **(Bild 1)**:

$$F_B = F_{Bv} + F_{Bh} = \mu_H (F_{Gv} + F_{Gh})$$

mit h für hinten, v für vorn

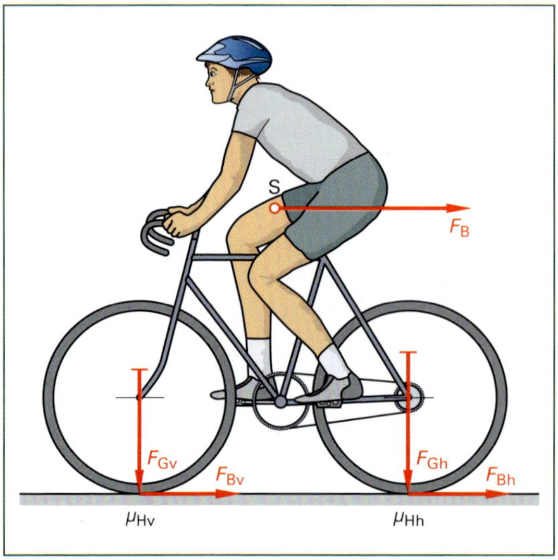


**Bild 1: Bremskraft $F_B$ in Abhängigkeit von den Teilgewichtskräften $F_{Gv}$ und $F_{Gh}$**

Nur wenn der Reibbeiwert (Haftreibungswert, Kraftschlussbeiwert) seinen Maximalwert annimmt, kann mit einer maximalen Bremskraft gerechnet werden:

$$F_{Bmax} = (F_{Gv} + F_{Gh})\, \mu_{Hmax}$$

Maßgebend für die Bremswirkung sind die Bremsmomente in den Radbremsen und an den Rädern. Die Bremswirkung ist am größten, wenn das Bremsmoment in der Bremse nur wenig kleiner ist als das Bremsmoment an den Rädern, d.h., wenn sich die Räder beim Bremsen gerade noch drehen **(Bild 2)**. Dann herrscht in der Bremse Gleitreibung und in der Auflagefläche an den Rädern Haftreibung.

**Reibbeiwerte, Haftreibungszahlen**

| **Straßenfahrräder mit 10% Schlupf** | | |
|---|---|---|
| **Fahrbahn** | **trocken** | **nass** |
| Beton | 0,6 ... 0,9 | 0,4 ... 0,7 |
| Asphalt | 0,6 ... 0,8 | 0,3 ... 0,7 |
| Erdweg | 0,4 ... 0,5 | um 0,3 |
| **Geländefahrräder mit 20% Schlupf** | | |
| **Fahrbahn** | | **trocken/nass** |
| Betonstraße | | bis 1 |
| Guter Feldweg | | 0,7 |
| Trockener, lehmiger Ton | | 0,6 ... 0,7 |
| Trockener Ackerboden | | 0,4 ... 0,5 |
| Grasnabe, Stoppeln | | 0,35 ... 0,45 |
| Feuchter, sandiger Lehm | | 0,25 ... 0,35 |
| Nasser Sand | | 0,15 ... 0,25 |

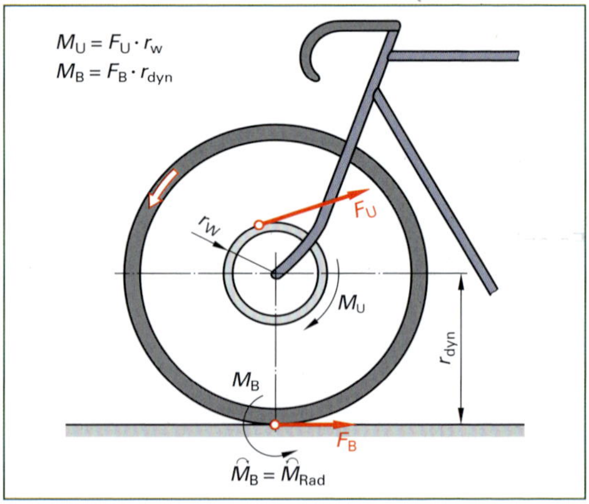


**Bild 2: Bremsmoment in der Scheibenbremse und in der Auflagefläche**

Wenn die Räder beim Bremsen blockieren, ist das Bremsmoment in den Bremsen größer als an den Rädern: $M_u > M_B$. Dann herrscht in der Bremse Haftreibung und an den Rädern Gleitreibung. Damit verlängert sich der Bremsweg.

Beim Bremsen greift im Schwerpunkt des Systems die Trägheitskraft $F$ als Gegenkraft zur Bremskraft $F_B$ an **(Bild 1)**.

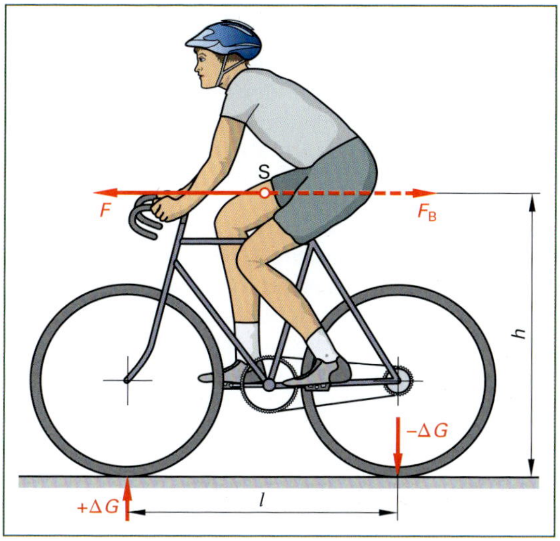


**Bild 1: Dynamische Änderung der Radlast beim Bremsen**

Über den Hebelarm „Schwerpunkthöhe" $h$ erzeugt die Trägheitskraft ein Drehmoment, das zu unterschiedlichen Radbelastungen führt. Ein Teil des Systemgewichts verlagert sich vom Hinterrad auf das Vorderrad. Das Vorderrad wird um den Betrag $+\Delta G$ belastet und das Hinterrad um den gleichen Betrag $-\Delta G$ entlastet.

Bremskraft $F_B$ (= Trägheitskraft $F$), Radstand $l$ und Schwerpunkthöhe $h$ bestimmen die Radlaständerung $\Delta G$.

Bremskraft · Schwerpunkthöhe =
Radlaständerung · Radstand

$$F_B \cdot h = D_G \cdot l$$

Es spielt keine Rolle, ob man nur das Vorderrad, nur das Hinterrad oder beide Bremsen betätigt: Das Hinterrad wird um den gleichen Betrag entlastet wie das Vorderrad belastet wird. Es ist (ohne Steuerungs- und Regelungseinrichtungen) nicht möglich, am Hinterrad die gleiche Bremsverzögerung wie am Vorderrad aufzubringen.

Faustregel: Betätigt man beide Bremsen gleichmäßig, überträgt bei Geradeausfahrt in der Ebene das Vorderrad 80 % der Bremskraft.

Beim Beschleunigen kehren sich die Verhältnisse um: Das Hinterrad wird stärker, das Vorderrad um den gleichen Betrag geringer belastet.

Die Bremskraft kann nicht beliebig gesteigert werden. Ihr größter Wert wird durch den Reibwert zwischen Rad und Untergrund begrenzt. Die Abbremsung ist dann am größten, wenn sich die Räder gerade noch drehen.

## 11.9.2 Überschlagsgefahr

Die Lage des Schwerpunktes begrenzt die maximal mögliche Verzögerung. Ursache ist, dass das Moment aus Bremskraft · Schwerpunkthöhe um den Auflagerpunkt des Vorderrades ab einer bestimmten Bremskraft zum Überschlagen führen kann.

Hinzu kommt, dass beim Bremsen (das trifft für beide Bremsen zu!) das Hinterrad entlastet, das Vorderrad entsprechend stärker belastet wird und damit die übertragbare Bremskraft am Vorderrad noch weiter steigt. Die maximal beherrschbare Verzögerung liegt dann vor, wenn das Hinterrad ganz entlastet ist, zu rutschen anfängt und abhebt.

Fahrer und Fahrrad kippen aber erst über das Vorderrad, wenn das Hinterrad soweit angehoben wird, dass der Schwerpunkt S senkrecht über der Vorderradachse liegt **(Bild 2)**.

Die kritische Bremsverzögerung für das Überschlagen hängt *nicht* von der Systemmasse, sondern nur ab von

- der horizontalen Entfernung des Schwerpunktes von der Vorderradachse und
- der Höhe des Schwerpunktes über der Fahrbahn (Rechenbeispiel **Seite 545**).

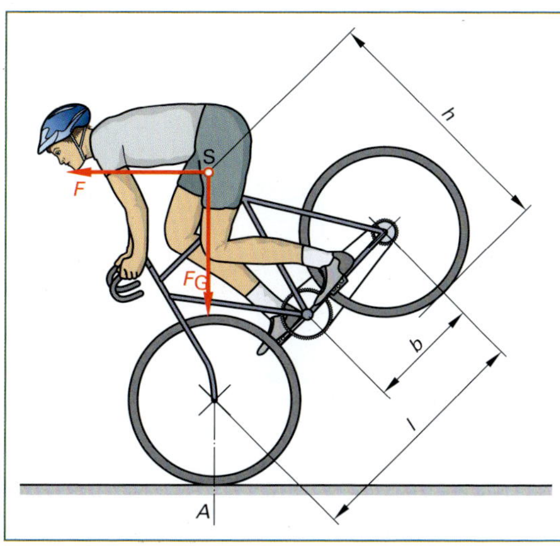


**Bild 2: Überschlag, wenn $F \cdot h > F_G\ (l - b)$**

### 11.9.3 Bremsen in der Kurve

Wenn sich der Radfahrer in die Kurve legt, muss eine entsprechend große Seitenführungskraft zwischen Reifen und Fahrbahn die Fliehkraft ausgleichen **(Bild 2, Seite 472)**.

Betätigt er in der Kurve die Bremsen, müssen die Reifen zusätzlich Bremskräfte übertragen. Überschreitet die resultierende Kraft aus Seitenführungskraft und Bremskraft den reibungsbedingten Höchstwert, ist ein Sturz unvermeidlich.

Je mehr der Radfahrer in der Kurve die Seitenführungskraft in Anspruch nimmt (höhere Geschwindigkeit, engerer Kurvenradius), desto weniger Kraft zum Bremsen steht zur Verfügung **(Bild 1)**.

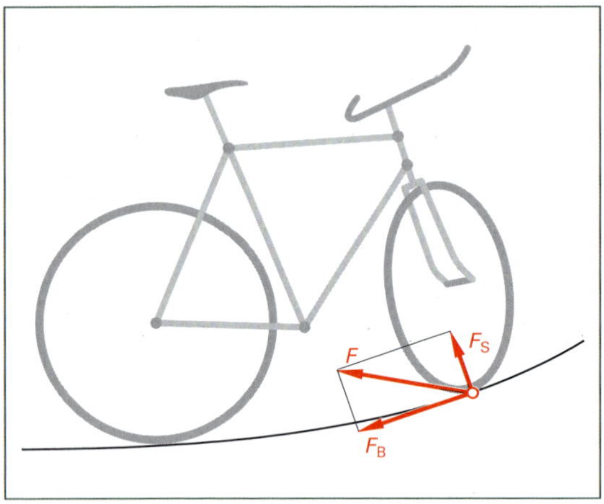


**Bild 1: Kräfte bei der Kurvenbremsung**

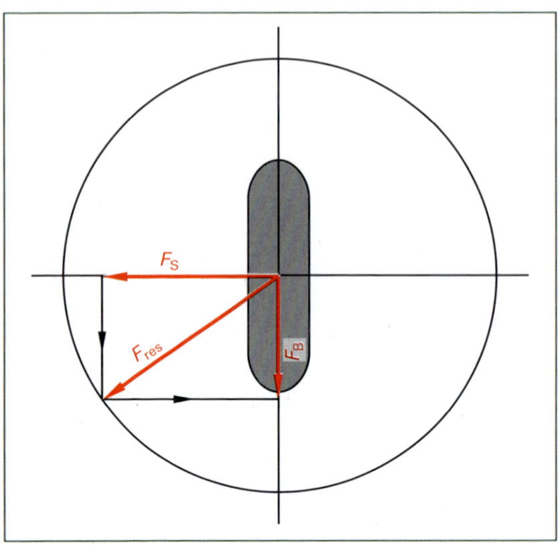


**Bild 2: Kammscher Kreis**

Der „Kammsche Kreis" in **Bild 2** zeigt den Zusammenhang zwischen Bremskraft $F_B$ und der Seitenführungskraft $F_S$.

Die Summe aller Kräfte in der Reifenaufstandfläche darf nicht größer sein als die maximale Haftreibungskraft. Auf der anderen Seite bleibt bei der Übertragung großer Bremskräfte nur ein geringer Betrag für die Seitenführungskraft übrig.

Beim Bremsen in der Kurve muss vorrangig das blockierende Vorderrad vermieden werden, da dieses den größten Teil der Seitenführungskraft aufnimmt. Ein blockierendes Hinterrad beeinträchtigt kaum die Fahrstabilität und ist leicht zu beherrschen.

Zu beachten ist, dass bei eingeschlagenem Vorderrad die Bremskraft $F_B$ ein Rückstellmoment liefert, das das Vorderrad in Geradeausrichtung „zieht" **(Bild 3)**. Dabei richtet sich das System aus der Schräglage wieder auf. Der Radfahrer stellt sich mit einer gezielten Gegenlenkbewegung darauf ein und korrigiert seine Schräglage.

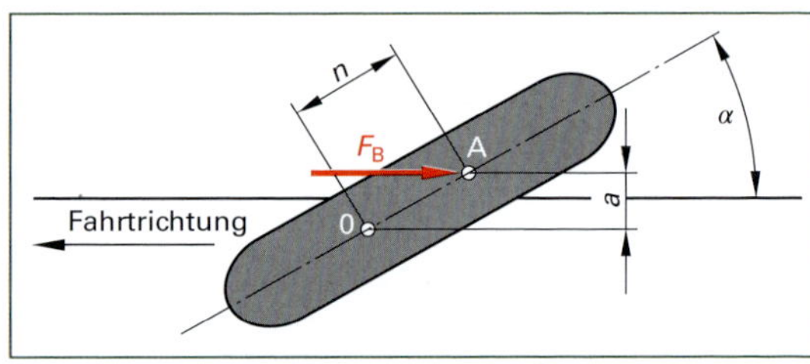


**Bild 3: Rückstellmoment beim Bremsen in der Kurve**

Tipps fürs Kurvenfahren

- In Kurven möglichst nicht schlagartig bremsen. Bei unvermeidlichen Bremsungen den Bremsdruck sanft steigern und den Lenkimpuls durch bewusstes Festhalten des Lenkers oder sogar durch Gegenlenken (entgegen der Kurvenrichtung) abfangen.
- In Schräglage nur gefühlvoll die Hinterradbremse benutzen. Achtung: Durch die dynamische Radlastverlagerung beim Bremsen kommt das Hinterrad schnell ins Rutschen!
- Richtet sich das Rad beim Bremsen auf, kann vorsichtig die Vorderradbremse eingesetzt werden. Achtung: Man fährt dann geradeaus aus der Kurve heraus. Auf Gegenverkehr achten!
- Bei schneller Fahrweise genügend Schräglagenreserve bewahren, um bei sich zuziehenden Kurven ohne Bremsung den Kurvenbogen mit etwas mehr Schräglage fahren zu können.
- Auf einem unbelebten Platz Bremsen üben.

# 12 Oberflächenschutz

Die Behandlung der Oberfläche soll nicht nur vor Korrosion schützen, sondern dem Fahrrad ein dekoratives Aussehen verschaffen. Grundsätzlich kommen für die Oberflächenbehandlung im Fahrradbau fünf Verfahren zur Anwendung:

- Nasslackierung
- Pulverlackierung/Pulverbeschichtung
- Elektrotauchlackierung
- Eloxieren
- Verchromen

## 12.1 Lacke

Lacke sind aus Bindemittel, Lösemittel, Pigmenten, Füllstoffen und Additiven aufgebaut. Das Bindemittel, meist ein Kunstharz, ist der Hauptbestandteil.

Bei den sog. **Nasslacken** sind die Lackbestandteile im Lösemittel aufgelöst. Das Lösemittel macht den Lack zum Verarbeiten dünnflüssiger. Es verdunstet bei der Verarbeitung und Trocknung und zurück bleibt auf der Oberfläche der Lackfilm.

Aus Umweltschutzgründen werden ozonfreundliche Lösemittel oder wasserlösliche Lacke verwendet.

Pigmente sind unlösliche Farbteilchen, die der Beschichtung die gewünschte Farbe geben.

Füllstoffe und Additive verbessern die Verarbeitbarkeit und die Schutzwirkung des Lackes.

Die verschiedenen Lackarten zur Beschichtung von Fahrradrahmen sind:

- Nitrolacke
- Kunstharzlacke
- Wasserlacke (Hydrolacke)
- Effektlacke (Metallic-Lacke)
- Pulverlacke
- High-Solid-Lacke
- Einbrennlacke

**Nitrolacke** werden nur noch selten zur Rahmenlackierung eingesetzt. Sie sind unbeständig gegenüber organischen Lösungsmitteln.

**Kunstharzlacke.** Die Bindemittel sind Duroplaste (z. B. Alkydharze, Melaminharze), die unter Lufteinwirkung aushärten. Thermoplastische Kunstharzlacke (z. B. Acrylharze) härten durch Trocknung der Lösemittel aus.

Bei den Acrylharzen unterscheidet man Ein- und Zweikomponentenlacke.

Bei **Wasserlacken** ist der Hauptbestandteil des Lösemittels Wasser. Bei Klarlacken besteht der Anteil organischer Lösemittel ca. 10 %. Nach dem Auftrag verdunstet das Lösungsmittel in Trocknungsanlagen.

**Pulverlacke** sind Epoxid-, Polyester- oder Acrylatharze in Korngrößen von 30 µm bis 50 µm, mit denen Bauteile aus elektrisch leitfähigen Werkstoffen beschichtet werden.

**High-Solid-Lacke** enthalten einen hohen Festkörperanteil und (aus Umweltschutzgründen) einen geringen Anteil an Lösemittel. Sie werden vorwiegend im Reparaturbereich eingesetzt, da sie schnell trocknen, einen hohen Deckungsgrad aufweisen und dick auftragen.

Fahrradrahmen werden auch mit **Einbrennlacken** beschichtet. Das sind Lacke, die nur durch Wärme bei ca. 130 °C aushärten.

## 12.2 Beschichtungsverfahren

Das Lackieren ist das preiswerteste und am häufigsten angewandte Verfahren. Dabei werden als **Nasslackierung (Spritzlackierung)** oder als **Pulverbeschichtung** eine oder mehrere Lackschichten nacheinander aufgetragen.

### 12.2.1 Nasslackierung

Das Auftragen der Lacke erfolgt durch Spritzen (**Bild 1, Seite 482**) oder Tauchen. Das Nasslackieren im Spritzverfahren ist meist mit höheren Umweltbelastungen und einem höheren Materialverbrauch verbunden, da ein Teil des Lackes fehlverspritzt wird – das sog. „Overspray".

Man unterscheidet

- nach der Temperatur des Werkstückes das Kalt- und Heißspritzen.
- nach der Zerstäubungsmethode das Druckluftspritzen, Airlessspritzen und das Airmixverfahren.

Nasslackierungen sind die Regel bei preiswerter Fahrrad-Massenware.

Eine Ausnahme bilden Carbonrahmen, bei denen die Nasslackierung als einziges Auftragsverfahren infrage kommt. Alle anderen Verfahren erfordern eine thermische Behandlung, die die Harze des Verbundwerkstoffes angreifen würde.

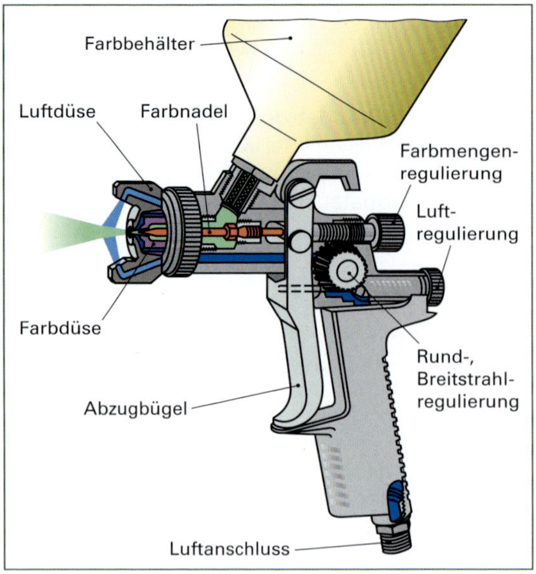


**Bild 1: Farbspritzpistole**

## 12.2.2 Pulverlackierung

Nach dem Strahlen, Entfetten und Grundieren des Bauteils (z.B. ein Rahmen) erfolgt die Beschichtung mit dem Pulverlack. Dabei wird zwischen dem elektrisch geerdeten Rahmen und der Sprühpistole (**Bild 2, 3** und **Bild 1, Seite 483**) ein elektrisches Feld erzeugt. Das Pulver wird in der Pistole durch Reibung (Tribo-Aufladung) oder durch eine Elektrode (Korona-Aufladung) elektrostatisch aufgeladen.

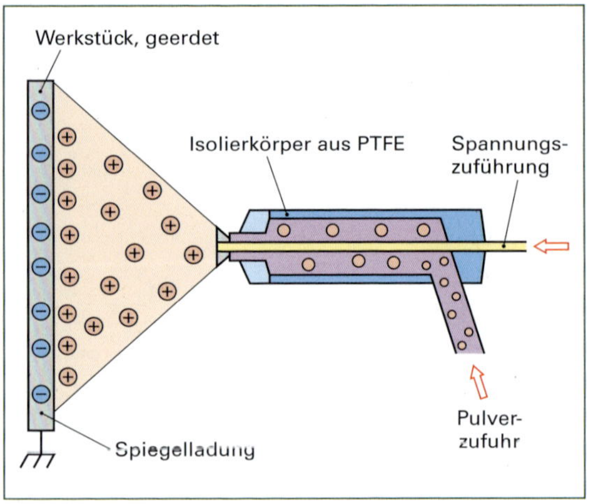


**Bild 2: Sprühpistole zur Pulverlackierung**

Die aufgeladenen Lackpartikel folgen den Feldlinien, die sich zwischen dem Rahmen und der Sprühpistole aufbauen und schlagen sich auf der Rahmenoberfläche nieder.

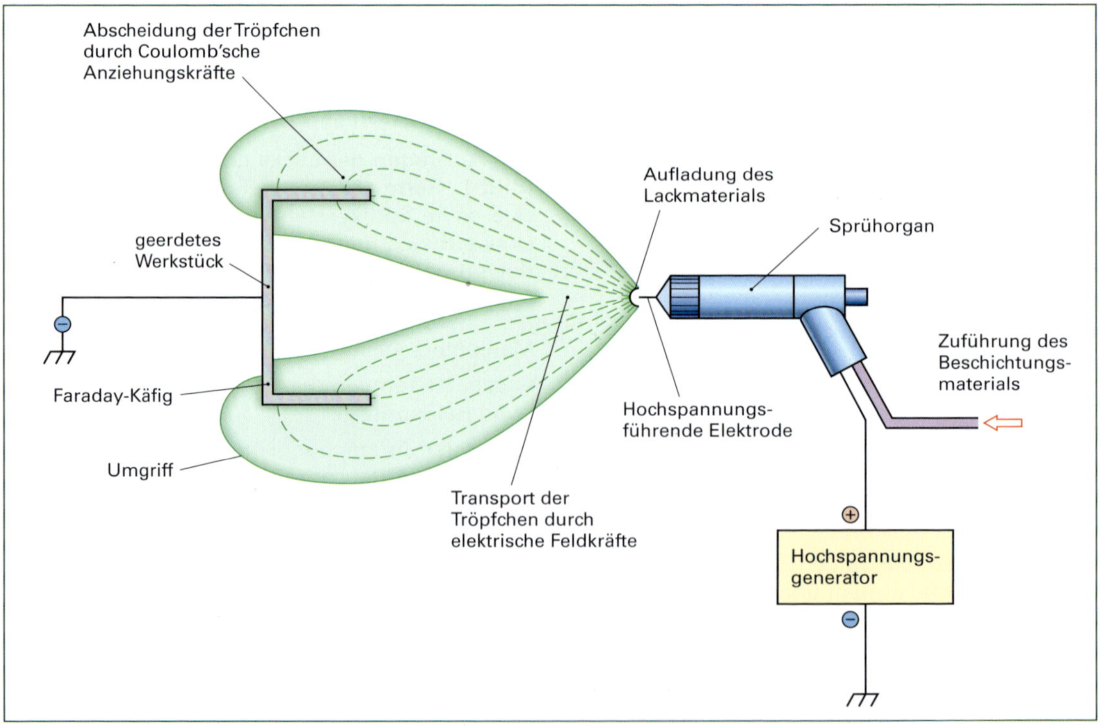


**Bild 3: Elektrostatisches Pulverbeschichten**

**Bild 1: Pulverbeschichtung eines Lastenfahrradrahmens. Im Hintergrund die drei Luftfilter der Absauganlage.**

Im nächsten Arbeitsgang wird der beschichtete Rahmen in einem Einbrennofen etwa 20 Minuten einer Temperatur von 140 °C bis 200 °C ausgesetzt. Das Pulver schmilzt und die Makromoleküle vernetzen sich.

Nach der Abkühlung bildet sich die dichte, schlag- und kratzfeste Lackschicht.

Der Vorteil der Pulverlackierung liegt darin, dass kein Lösungsmittel benötigt wird und in manchen Fällen auf eine Grundierung verzichtet werden kann. Außerdem entstehen keine Sprühverluste, da man die nichthaftenden Pulverlacke (das „Overspray") dem Produktionsprozess wieder zuführen kann.

## 12.2.3 Kombinationen von Lackierungen

Bei pulverbeschichteten Rahmen sind zwar viele Farbtöne möglich, aber nur wenige wirtschaftlich.

Auch bei der Acryl-Pulverbeschichtung sind nur wenige Farbtöne lieferbar.

Um Fahrräder trotzdem in den gewünschten Farbtönen zu produzieren, ist der typische Aufbau eine Kombination aus Nass- und Pulverlackierung, bei denen nur die äußerste Klarlackschicht durch ein Pulverbeschichtungsverfahren aufgebracht wird.

Bei der umgekehrten Kombination wird das zähe, schlagfeste Pulver als Farbe, die kratzfeste und UV-beständige Nasslackierung als Klarlack aufgebracht.

**Ablauf einer Rahmenlackierung:**

- Kammeranlage:
  Oberfläche Strahlen. Verunreinigungen werden entfernt. Meist Kugelstrahlen mit Stahl- oder Glaskugeln. Positiver Nebeneffekt: Durch die hohe Aufprallenergie wird die Oberfläche von dünnwandigen Rahmenrohren verdichtet. Die Rohre erfahren eine leichte Festigkeitssteigerung.
- Reinigungsanlage:
  Abbürsten und mit ionisierter Luft abblasen.
- Kabine Grundierung:
  80 µm Pulverschicht mit einem Haftprimer. Ersatz für das frühere umweltbelastende Phosphatieren.
- Kabine Decklack:
  20 µm Nasslackbeschichtung. Trocknen bei 150 °C.
- Qualitätskontrolle
- Dekoration:
  Fahrrad-Lable (Dekore) aufkleben und einbrennen
- Kabine Klarlack:
  30 µm bis 40 µm Acryl-Klarlack, 20 Minuten bei 155 °C trocknen.

### 12.2.4 Elektrotauchlackierung

Das Elektrotauchlackieren beruht auf dem physikalisch-chemischen Prinzip, dass sich Materialien mit unterschiedlicher elektrischer Ladung gegenseitig anziehen.

An das Werkstück wird eine Gleichspannung angelegt und in ein Lackbad mit gegensätzlich geladenen Lackpartikeln getaucht. Die Lackpartikel werden von dem Werkstück angezogen, auf ihm abgeschieden und bilden dort einen gleichmäßigen Film über die äußeren und inneren Oberflächen. Bei einer bestimmten Schichtdicke wirkt der Film isolierend und unterbindet eine weitere Beschichtung.

Ablauf einer Elektrotauchlackierung:

- Vorbehandlung (Reinigung, Phosphatierung)
- Elektrotauchbad
- Nachspülung und Rückgewinnung der nicht abgeschiedenen Farbpartikel
- Aushärtung im Einbrennofen

Je nach Polarität unterscheidet man zwischen der anodischen und der kathodischen Elektrotauchbeschichtung.

Beim kathodischen Tauchlackieren (KTL) wird das zu beschichtende Werkstück negativ geladen, wobei es die positiv geladenen Lackteilchen anzieht **(Bild 1)**. Aufgrund der guten Korrosions- und Wetterbeständigkeit wird im Fahrradbereich häufig Acryllack zur Beschichtung eingesetzt.

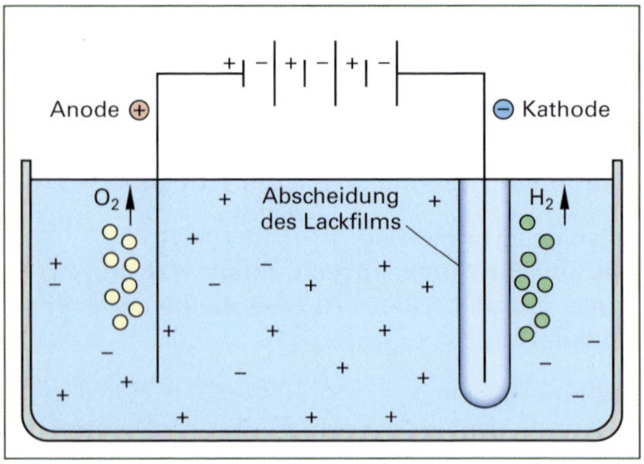


**Bild 1: Kathodisches Tauchlackieren**

## 12.3 Eloxieren

Das Eloxieren (Eloxal-Verfahren = **El**ektrolytische **Ox**idation von **Al**uminium, auch als anodische Oxidation bezeichnet) ist eine spezielle Oberflächenbehandlung für Rahmen und Fahrradkomponenten aus Aluminium[1].

Beim Eloxieren wird in der obersten Metallzone des Bauteils eine bis zu 25 µm dicke Oxid- bzw. Hydroxidschicht gebildet.

Es wird im Gegensatz zum Galvanisieren keine zusätzliche Schicht aufgetragen, sodass auch kein Mehrgewicht anfällt (Pulverbeschichtungen machen einen Rahmen bis zu 300 Gramm schwerer).

**Vorgang:**
Die Bauteile werden in eine wässrige Lösung aus verdünnter Schwefel- oder Oxalsäure (dem „Elektrolyten") gehängt und als Anode mit Plus an eine Gleichspannungsquelle angeschlossen **(Bild 2)**.

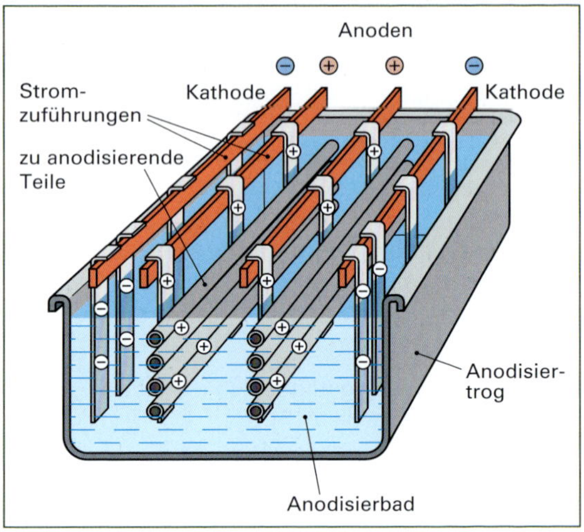


**Bild 2: Anodische Oxidation**

Leiterbahnen, die in das Anodisierbad hängen, bilden als Kathode den Minuspol. Unter der Wirkung der angelegten Spannung entsteht am Bauteil atomarer Sauerstoff, der mit dem Aluminium reagiert und die Aluminiumoxid-Schutzschicht bildet:

$$2\,Al + 3\,H_2O \rightarrow Al_2O_3 + 3\,H_2$$

Durch Zusätze zum Elektrolyten lassen sich die Eigenschaften der Oxidschicht beeinflussen; so entstehen durch entsprechende Metallsalze unterschiedliche Farben.

Möglich ist auch das Färben mit organischen Farbstoffen. Hierzu wird das eloxierte Bauteil in eine heiße Farbstofflösung getaucht und anschließend gespült.

[1] Rahmen aus Aluminium werden vorwiegend lackiert, weil die Kunden mehrfarbig lackierte Oberflächen weiterhin wünschen.

# 13 Schmierung, Reinigung und Pflege

**Haftungsausschluss:** Grundsätzlich sind die Anweisungen der Rad- und Bauteilehersteller zu beachten. Nur diese geben verbindlich Auskunft über Montage, Wartungsintervalle, geeignete Reinigungs-, Pflege- und Schmiermittel, sowie Einsatz- und Nutzungsbeschränkungen. Eine Haftung für etwaige Schäden durch unsachgemäße Pflege und Wartung, die sich aus der Nichtbeachtung der Anweisungen der Bauteile- und Pflegeprodukthersteller ergeben, ist ausgeschlossen.

Zu beachten ist, dass fast alle Reinigungs- und Schmiermittel die Umwelt belasten – daher sind diese gezielt und sparsam einzusetzen.

Die meisten Entfetter sind leicht entzündlich. Die Sicherheits- und Gebrauchshinweise sind zwingend zu beachten.

## 13.1 Schmierung

Die Schmierung lässt eine bewegte Last über eine Reibung und Verschleiß reduzierende Schicht gleiten. Durch die Trennung von Grund- und Gegenkörperkontakt mit hoher äußerer Reibung soll die niedrige innere Reibung eines Schmierstoffes (Viskosität) ausgenutzt werden. Dabei lagern sich Moleküle des Schmierstoffs an den äußeren Grenzschichten von Grund- und Gegenkörper an.

Ähnlich einer Schraube oder Lagerschale sind Schmierstoffe gleichwertige Konstruktionselemente von technischen Systemen.

Je nach Tribosystem unterscheidet man:

- Einmalige Lebensdauerschmierung
- Verlustschmierung mit kontinuierlicher Nachschmierung
- Nachschmierung in Intervallen

### 13.1.1 Aufgaben und Arten von Schmierstoffen

**Aufgaben.** Schmierstoffe sollen trennen, abdichten und schützen **(Bild 1)**.

- Trennen: Die Berührung von aneinander reibenden Oberflächen verhindern.
- Abdichten: Das Eindringen von Feuchtigkeit und Schmutz in Lagerspalten oder Kontaktflächen verhindern.
- Schützen: Metalle vor Korrosion und Rost schützen.

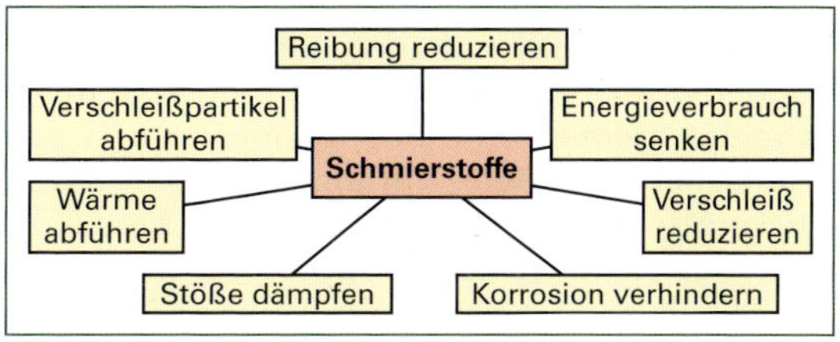


**Bild 1: Aufgaben von Schmierstoffen**

**Schmierstoffarten.** Zu den gebräuchlichsten Schmierstoffen zählen die flüssigen Schmieröle und die strukturviskosen Schmierfette und Pasten. Feste Schmierstoffe sind Schmierwachse, Gleitlacke und eine Vielzahl unterschiedlicher Beschichtungen.

Schmieröle, Fette und Pasten bestehen aus einem sogenannten Grund- oder Basisöl und zahlreichen Zusätzen, die die Eigenschaften der Endprodukte in großem Umfang beeinflussen.

**Grundöle.** Mit Ausnahme der synthetisch hergestellten Chlor-Fluor-Kohlenstofföle bestehen alle Grundöle aus Kohlenwasserstoffketten.

Die Kettenlängen und -verzweigungen der Moleküle und die Mengenverteilung von Kohlenstoff- und Wasserstoffatomen bestimmen den Aggregatzustand gasförmig, flüssig oder fest und die Viskosität eines Öls **(Bild 2)**.

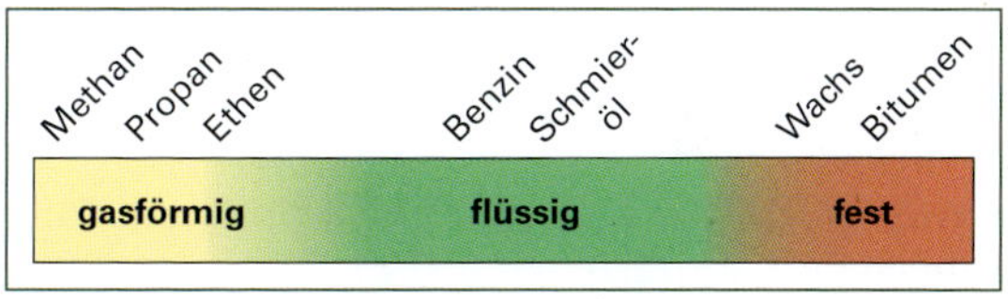


**Bild 2: Aggregatzustände einiger Kohlenwasserstoffe**

Grundöle können aus den organischen Kohlenstoffquellen Kohle, Erdgas, Erdöl oder aus nachwachsenden Rohstoffen wie Soja, Raps oder Palme gewonnen werden.

Man spricht von einem mineralischen Grundöl, wenn das Erdöl stufenweise destilliert und raffiniert wird, bis die gewünschte Molekülkettenlänge und -form gleichmäßig vorliegt. Beim Propangas oder Benzin sind diese kürzer, bei Schmierölen oder Paraffinwachs länger.

Als **synthetische Grundöle** oder Syntheseöle bezeichnet man Öle, die vorwiegend aus Kohlenstoff- und Wasserstoffatomen künstlich aufgebaut werden. Wie bei den Kunststoffen und vielen anderen Substanzen dient in erster Linie das Gas Ethen (veraltet: Ethylen) als Kohlenstoffquelle.

13

Wegen des unterschiedlichen Aufbaus der mineralischen und synthetischen Grundöle variieren die Eigenschaften der späteren Schmierstoffe.

Die Qualität der mineralischen Grundöle wird durch die Zusammensetzung des Rohöls und seiner geologischen Herkunft bestimmt. Man unterscheidet aromatische, naphthenische und paraffinische **Mineralöle**. Verunreinigungen durch Stickstoff, Schwefel und organische Metallverbindungen können nicht ausgeschlossen werden.

Zu einem günstigen Preis lassen sich leistungsfähige Schmierstoffe für die verschiedensten Tribosysteme herstellen. Um die Leistungsfähigkeit zu steigern und die gewünschten Eigenschaften zu erreichen, werden diese Öle mit größeren Mengen von Zusatzstoffen (Additiven) gemischt. Diese können die biologische Abbaubarkeit verschlechtern und auch die Giftigkeit (Toxizität) für Mensch und Umwelt erhöhen.

**Syntheseöle** bestehen dagegen aus maßgeschneiderten einheitlichen Molekülen und können so optimal auf das Anwendungsgebiet abgestimmt werden. Ihre biologische Abbaubarkeit ist oftmals besser als die der meisten Mineralöle. Die hohe Leistungsfähigkeit hilft, mit geringeren Mengen oder ohne toxische Additive auszukommen.

Zur Familie der synthetischen Grundöle gehören:
- Polyalphaolefine (PAO)
- Esteröle
- Polyetheröle
- Siliziumhaltige Silikonöle (SI)
- Wasserbeständige oder wasseranziehende Polyglykole (PG)
- Wasserstofffreie Chlor-Fluor-Kohlenstofföle, meist Perfluorpolyether (PFPE)

13

Diese Öle sind untereinander selten mischbar.

In Deutschland werden in Tribosystemen der Industrie und im Transportwesen etwa 1 Million Tonnen Schmierstoffe pro Jahr verbraucht. Aufgrund des hohen Preises und der großen Mengen liegt der Anteil der synthetischen Schmierstoffe lediglich bei etwa 10 % bis 15 %.

In der Fahrradtechnik dagegen bietet sich der Einsatz durch die geringen Mengen und die höhere Leistungsfähigkeit an. Schmierstoffe auf pflanzlicher Basis zeigen derzeit keine für die Fahrradtechnik befriedigenden Eigenschaften. Die Oxidations- und Wasserbeständigkeit ist geringer.

**Additivierung.** Schmieröle, Schmierfette und Pasten werden mit einer Vielzahl von Zusätzen ergänzt, die die Oxidationsbeständigkeit, die Viskosität, die Haftung an Oberflächen, Schaumbildung und viele andere Eigenschaften beeinflussen **(Bild 1)**.

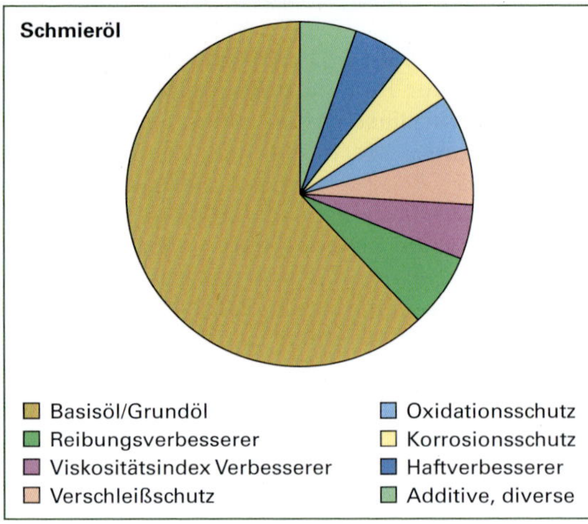


**Bild 1: Zusammensetzung von Schmierölen**

Schmierfette **(Bild 2)** und Pasten **(Bild 1, Seite 487)** werden mit verschiedenen Verdickern auf die gewünschte Konsistenzklasse eingestellt. Der Hersteller kann dabei zwischen der Grundölviskosität und der Verdickermenge wählen. Aufgrund ihrer guten Eigenschaften zählen die Lithium- und Lithiumkomplexseifen zu den beliebtesten Verdickern, gefolgt von Calzium-, Barium-, Aluminiumseife,Polyharnstoff und Polytetrafluorethen (PTFE, Teflon®).

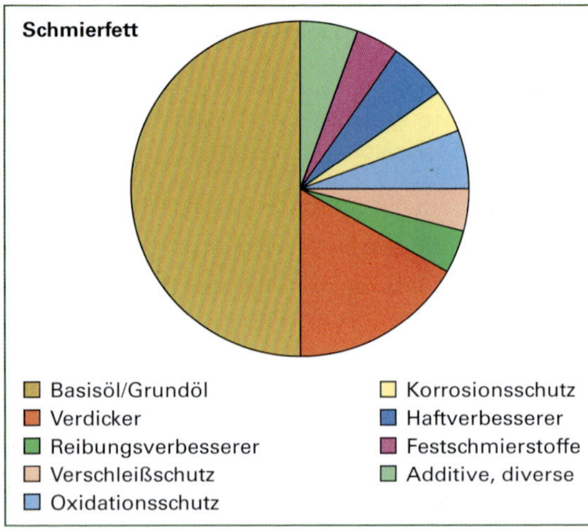


**Bild 2: Zusammensetzung von Schmierfetten**

PTFE kann als Festschmierstoffzusatz und auch als Verdicker eingesetzt werden. Entgegen einer weit verbreiteten Meinung reagieren nicht die Verdickerseifen mit Kunststoffen oder Elastomeren, sondern die unterschiedlichen Grundöle. Syntheseöle sind insgesamt kunststoffverträglicher als Mineralöle.

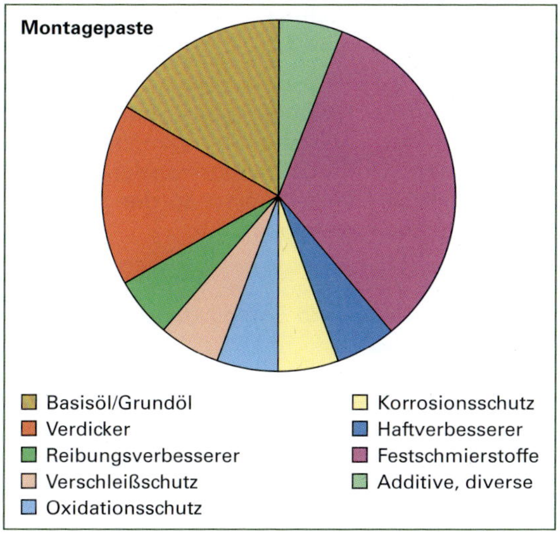


**Bild 1: Zusammensetzung von Montagepasten**

Die Verdicker haben eine schwammartige Struktur, die das Schmieröl speichert und ein Abfließen von der Schmierstelle verhindert. Bei der Überrollung in einem Wälzlager wird die Struktur einer Scher- und Druckbelastung ausgesetzt und stellt dabei einen schmierenden Ölfilm und ein Ölreservoir bereit. Wie gut sich der Schmierfilm ausbildet, ist abhängig vom Bauteil, den Betriebsbedingungen und der Grundölviskosität. Ein sehr kleiner Anteil des Verdickers wird bei der Überrollung und Scherung beschädigt.

Hochleistungsschmierstoffe enthalten nur selten eine einzige schmierende Komponente. Die Beimischung von Festschmierstoffen hat sich vor allem bei Mischreibung mit hoher Pressung bewährt. Diese Stoffe lagern sich der äußeren Grenzschicht an und können aus metallischen oder metallfreien Substanzen bestehen. Zu den bekanntesten gehören $MoS_2$, Graphit, PTFE und die weißen Festschmierstoffe, bestehend aus Kalziumhydroxiden und Zinkphosphaten. Auch keramische Nanopartikel wie Bornitrid sind als Additive in Fahrradschmierstoffen zu finden.

**Feste Gleitlacke und Beschichtungen.** Wenn ölhaltige Schmierstoffe technisch nicht eingesetzt werden dürfen, können Gleitlacke und Gleitbeschichtungen diese Aufgaben übernehmen.

In der Regel werden Festschmierstoffe wie Polytetrafluorethen (PTFE, Teflon®), Graphit und zunehmend Carbon Nano-Tubes (CNT) dem Gleitlack beigemischt. Diese Stoffe verfügen über tribologisch bedeutsame Eigenschaften und können auch Dichtungskunststoffen beigemischt werden. Sie verbessern die Funktion und Verschleißfestigkeit dynamischer Dichtungen **(Bild 2)**.

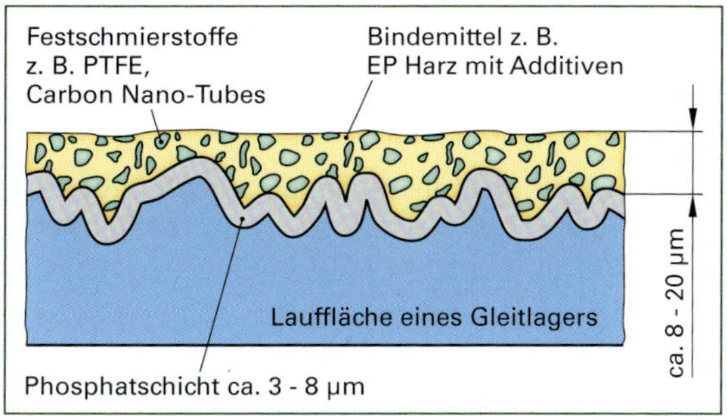


**Bild 2: Gleitlack mit Festschmierstoffen**

## 13.1.2 Schmierstoffe in der Fahrradinstandhaltung

Die nachfolgenden Beschreibungen beziehen sich auf handelsübliche Schmierstoffe des Fahrradzubehörmarktes und der Maschineninstandhaltung.

**Öle (Bild 3). Dünnflüssige Kriechöle** zeichnen sich durch eine niedrige Viskosität aus und einer gegenüber Wasser stark reduzierten Oberflächenspannung. Dadurch besitzen sie ein hervorragendes Fließverhalten, dringen in kleinste Zwischenräume und in Rostschichten und verdrängen Wasser.

**Bild 3: Öle**

**Tabelle 1: Eigenschaften der Schmierstoffe**

| Viskosität | Konsistenz | Schmierfilmstärke | Druckbeständigkeit | Kriechfähigkeit | Wasserbeständigkeit |
|---|---|---|---|---|---|
| niedrig | dünnflüssig | • | • | ••• | • |
| hoch | zähflüssig | ••• | ••• | • | ••• |

13

Durch die schnell wahrnehmbare Schmierwirkung werden die Nachteile von Kriechöl meist außer Acht gelassen. Aufgrund der niedrigen Viskosität ist der Schmierfilm dünn, wenig wasserbeständig und nicht für hohe Drücke und lange Schmierintervalle geeignet. In der Instandhaltung eignen sich solche Öle daher gut als Helfer für kurzfristige Funktionsverbesserungen, als Rostlöser, Korrosionsschutz und zur Pflege von Elektrokontakten.

Für die Schmierung der hochbelasteten Antriebskette sind Kriechöle ungeeignet.

Die meisten Kriechöle bestehen aus additivierten Mineralölen und weisen eine unterschiedliche Kunststoffverträglichkeit auf.

*Produktbeispiele:*
Brunox Turbo, Caramba Multiöl, WD40, Liqui Moly LM40, OKS 8600 BIOlogic

Die Viskosität von **Feinmechanikölen**, **Feinpflegeölen** und **Universalölen** liegt oberhalb der Kriechöle. Das Fließverhalten gestattet auch diesen Ölen in kleinste Zwischenräume einzudringen. Der Schmierfilm ist gegenüber den Kriechölen etwas dicker und langlebiger.

Diese Öle eignen sich für Montagezwecke, als Korrosionsschutzöle und sind ideal für schlecht zugängliche Mechanik mit niedrigen Lagerdrücken, z. B. Schalthebel, Schaltwerk- und Umwerfergelenke, Schaltseile, Feinmechanik aller Art und Messgerätepflege[1].

Einige dieser Öle bestehen aus Weißöl. Weißöl ist hochgereinigtes, entschwefeltes Mineralöl, das auch für medizinische und kosmetische Zwecke verwendet wird (Paraffinum liquidum).

*Produktbeispiele:*
Finishline 1-Step Universal, OKS 700, Weicon AT-44, Ballistol, Rema TipTop Pflegeöl

Die Viskosität von **Getriebeölen** liegt über den Feinmechanikölen. Sie sind auf die besonderen Betriebsbedingungen von Getrieben abgestimmt:

- Hohes Lastaufnahmevermögen
- Großer Viskositäts-Temperaturbereich
- Korrosionsschutz
- Keine Schaumbildung
- Neutral gegenüber Dichtungselastomeren

Die Rohloff-Speedhub 14-Gang-Nabe besitzt ein hermetisch abgeschlossenes Getriebeölbad und wird von einem synthetischen Getriebeöl geschmiert. Durch Mischung mit dem Rohloff-Spülöl verbessert sich das Schaltverhalten bei tiefen Betriebstemperaturen.

Auch die Alfine 11-Gang-Nabe (Shimano) und viele ältere Sturmey Archer Mehrgangnaben sind ölgeschmiert. Getriebeölbäder werden für eine kostengünstige Nachschmierung der Shimano Mehrgangnaben verwendet.

*Produktbeispiele:*
Rohloff Getriebe- und Spülölset, Shimano Nexus Wartungsöl

Die Viskosität von **Kettenölen** liegt über den Getriebeölen, um ein Abschleudern des Öls zu verhindern und um einen möglichst dauerhaften, wasser- und druckbeständigen Schmierfilm im Mischreibungsbereich zu erzielen. Die höhere Viskosität verlangsamt das Eindringen in die Kettengelenke – daher ist eine mehrstündige Eindringzeit für optimale Nachschmierung sinnvoll.

Untersuchungen haben gezeigt, dass nur wenige Kettenöle unter allen Betriebsbedingungen eine lang anhaltende Schmierung gewährleisten. Fast alle Kettenöle bieten gute Schmierung bei Trockenheit oder Nässe, selten jedoch unter beiden Betriebsbedingungen.

Kettenöle eignen sich auch zur Schmierung von Freilaufsperrklinken, von Planetenradachsen oder von Schaltseilen, wo geringe Rückstellkräfte gefordert sind.

Im Gegensatz zu Kettenölen bilden **Wachsschmiermittel** für Antriebsketten einen trockenen Schmierfilm nach dem Verflüchtigen des Lösungsmittels. Sie eignen sich für die Kettenschmierung unter trockenen, staubigen Einsatzbedingungen.

*Produktbeispiele Kettenöl:*
Lubcon Turmofluid 40B, Dynamic Kettenschmierstoff, Finishline Keramik Kettenöl, Motorex Wet Lube

*Produktbeispiele Kettenwachs:*
Finishline Keramik Wachsschmiermittel, White Lightning Clean Ride

Die strukturviskosen **Schmierfette** sollen besonders in Wälz- und Gleitlagern, Dichtungen und Nabengetrieben eine langanhaltende Schmierung im Mischreibungsbereich sicherstellen und in begrenztem Umfang die Reibstelle vor Verunreinigungen und Korrosion schützen. Ihre Zusammensetzung ist auf größtmögliche Reibungsreduzierung optimiert.

[1] Bekannt sind diese Öle auch als Nähmaschinenöle.

13

Die NLGI-Konsistenzklassen des National Lubricating Grease Institutes und DIN-Norm 51 818 beschreiben den Einsatzbereich eines Schmierfettes.

Handelsübliche Universalschmierfette der Konsistenzklasse NLGI 2 eignen sich für die meisten Gleit- und Wälzlager in der Fahrradinstandhaltung.

Nahezu alle im Fahrradhandel befindlichen Schmierfette sind Industrieschmierstoffe, die nicht gezielt für die Anforderungen der Fahrradmechanik entwickelt wurden. Für Kunststoff/Metall und Kunststoff/Kunststoff-Reibflächen gibt es Spezialfette mit synthetischem Grundöl.

**info**

Sprühfette sind bewährte Helfer in der Werkstattpraxis. Ein langlebiger, gut haftender Fettfilm kann über einen Lösemittelträger sekundenschnell auf schwer zugängliche Stellen aufgebracht werden, zum Beispiel Ständergelenke, Schalthebel- und Bremshebelmechanik und Faltmechanik von Faltfahrrädern.

*Produktbeispiele Universalschmierfett:*
Galli Kugellagerfett, Finishline Teflonfett, Dynamic Hochleistungsfett, Hanseline Kugel- und Wälzlagerfett, Motorex Bike Grease 2000

*Produktbeispiele Sprühfett:*
Fuchs Lubritech Lagermeister TS Spray, Teroson Weißes Fett Spray, Presto Sprühfett

Gegenüber den Schmierfetten zeichnen sich **Schmierpasten** und **Montagepasten** durch einen hohen Anteil von 10 % bis 50 % Festschmierstoffen aus, die bei höchsten Pressungen und Temperaturen noch für eine sichere Trennung der Reibpartner sorgen **(Bild 1)**.

**Bild 1: Fette und Pasten**

Je nach Anwendungsgebiet können Montagepasten technisch angestrebte Reibungszahlen zwischen unterschiedlichen Werkstoffpaarungen herstellen. Diese Eigenschaften macht man sich besonders bei Schrauben und Muttern zunutze.

Beim Anziehen einer Verschraubung gehen bis zu 90 % des Anziehmoments durch Reibung im Gewinde und an den Kopf- bzw. Mutterauflageflächen verloren.

**Metallfreie Montagepasten** eignen sich für alle Arten von Schraubverbindungen und für die Schmierung und Oberflächentrennung von form- und kraftschlüssigen Verbindungen wie Kurbel/Kurbellagerwelle, Sattelstütze/Sitzrohr, Vorbauschaft/Vorbauklemmkeil und zum Einpressen von Lagern und Lagerschalen. Ihre Zusammensetzung schützt vor Tribochemischer Reaktion.

**Kupferpaste** zählt zu den metallhaltigen Montagepasten und kann je nach Werkstoffpaarung elektrochemische Reaktionen zwischen Grund- und Gegenkörper begünstigen. Hier kann auf metallfreie Pasten ausgewichen werden.

13

**Tabelle 1: NLGI-Konsistenzklassen**

| NLGI-Klasse | Konsistenz | Gleitlager | Wälzlager | Getriebe | (Wasserpumpen) |
|---|---|---|---|---|---|
| 000 | fast flüssig | | | • | |
| 00 | halbflüssig | | | • | |
| 0 | besonders weich | | | • | |
| 1 | sehr weich | | | • | |
| 2 | weich | • | • | | |
| 3 | cremig | • | • | | |
| 4 | mittelfest | | • | | • |
| 5 | fest | | | | • |
| 6 | sehr fest, ähnlich Seife | | | | |

NLGI-Klassen, die in der Fahrradtechnik gebräuchlich sind

NLGI-Klasse, die in der Fahrradtechnik am häufigsten eingesetzt wird

Schmier- und Montagepasten eignen sich nicht für Lagerstellen mit hohen Gleit- oder Wälzgeschwindigkeiten. Für Wälzlager von Rahmenschwingen, die in einem geringen Schwenkbereich hohen Stoßbelastungen ausgesetzt sind, sind Schmierpasten gut geeignet.

*Produktbeispiele:*
Motorex Anti Seize 309920, Klüber 46 MR 401 Schmierpaste, OKS 250 Paste, Weicon Anti Seize High-Tech, Fuchs Lubritech 800/810

Eine Sonderstellung nimmt die **Carbonmontagepaste** ein, in deren Gelphase mikroskopisch kleine Kunststoffpartikel gelöst sind. Die Partikel sorgen für besonders hohe Reibung zwischen den zu klemmenden Bauteilen aus Carbon/Carbon, Alu/Carbon oder Titan/Carbon. Auf diese Weise können Anziehmomente reduziert und dennoch sichere, kraftschlüssige Klemmungen erzeugt werden **(siehe Bild 1, Seite 95)**. Vor dem Auftragen sollten die Oberflächen entfettet werden.

*Produktbeispiele:*
Dynamic Carbon Montagepaste, Finishline Karbon Montage-Gel, Tacx T4765

### 13.1.3 Prüfverfahren für Schmierstoffe

Mehrere DIN-Normen beschreiben Prüfverfahren für Schmierstoffe im Mischreibungsbereich.

Prüfgeräte sind das Stift-auf-Scheibe-Tribometer, der Vierkugelapparat (VKA), das Prüfgerät nach Brugger und die beiden Wälzlagerfett-Prüfmaschinen von FAG und SKF.

Die Prüfergebnisse dienen dem Anwender als Orientierungshilfe, geben jedoch keine Auskunft über die tatsächlichen Leistungen eines Schmierstoffs unter realen Bedingungen.

Da das Beanspruchungskollektiv eines Tribosystems nicht konstant ist, sind Verschleißprüfungen unter realen oder simulierten Betriebsbedingungen erforderlich.

Das Schweizer Antriebskettenöl-Prüfverfahren PETRUS kann nasse und trockene Betriebsbedingungen mit und ohne feste Verschmutzungen simulieren.

Nicht ohne Grund bieten führende Hersteller von Spezialschmierstoffen mehr als tausend unterschiedliche Produkte an, um praxistaugliche Lösungen für verschiedenste Tribosysteme zu liefern.

### 13.1.4 Alterung, Neuschmierung und Entfettung

Oxidation, hohe Temperaturen, UV-Strahlung, feste oder flüssige Verschmutzungen und häufige Scher- und Druckbelastung des Schmieröls und des Verdickers verändern die Molekülform und lassen den Schmierstoff altern. Die dadurch hervorgerufene Änderung der Fließeigenschaften bezeichnet man als „rheologischer Verschleiß" (griechisch *rhei* = fließen).

Da ölhaltige moderne Schmierstoffe keine Harze enthalten, spricht man von verschlissenen, anstelle von „verharzten" Schmierstoffen.

Vor der Neubefüllung von Gleit- oder Wälzlagern, Dichtungslaufflächen, Getrieben und Passungen mit frischem Schmierstoff sollten die Bauteile von alten Schmierstoffresten gründlich befreit werden.

Die Oberflächen sind mit einem Entfetter wie Waschbenzin, Isopropylalkohol, Bremsenreiniger oder Bioentfetter zu reinigen, damit der neue Schmierstoff eine Verbindung mit dem Grund- und Gegenkörper eingehen kann.

Auch Korrosionsschutzöle auf neuen Metalloberflächen können die Leistungsfähigkeit stark beeinträchtigen. An Dichtungen und Gewinden lagern sich häufig Verschleißpartikel und Schmutz ab. Sie sollten das neue Fett keinesfalls verschmutzen.

**info**
Um einer Verschmutzung des Fettes im Werkstattalltag vorzubeugen, sollten anstelle von Pinsel und Spatel benutzerfreundliche Fettpressen verwendet werden.

Schmierstoffe mit mineralischen und synthetischen Grundölen sollten ebenso wenig vermischt werden wie Schmierfette mit Schmierölen.

**Bild 1 und 2, Seite 491** zeigen einige Ursachen für die Reduzierung der Lebensdauer von Wälzlagern.

Die reinigende Wirkung der Entfetter beruht darauf, dass Kohlenwasserstoffmoleküle in der Regel wasserabstoßend (hydrophob) sind, untereinander jedoch in Lösung gehen können. Aus diesem Grund kann mit einem dünnflüssigen Kriechöl oder Benzin eine ölige Antriebskette gereinigt werden, nicht jedoch mit Seifenreinigern und Wasser.

Alkohole dagegen können sowohl in Öl als auch in Wasser in Lösung gehen. Diese Eigenschaft kann am Beispiel des Universalöls Ballistol®

13

demonstriert werden, welches aufgrund seines Alkoholanteils mit Wasser abgewaschen werden kann.

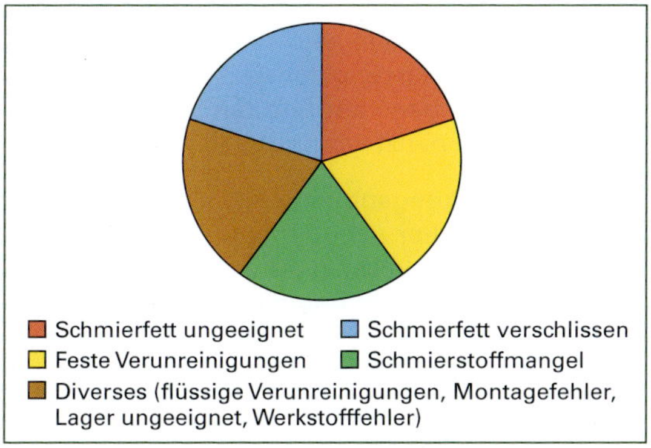


**Bild 1: Ursachen für Wälzlagerschäden**

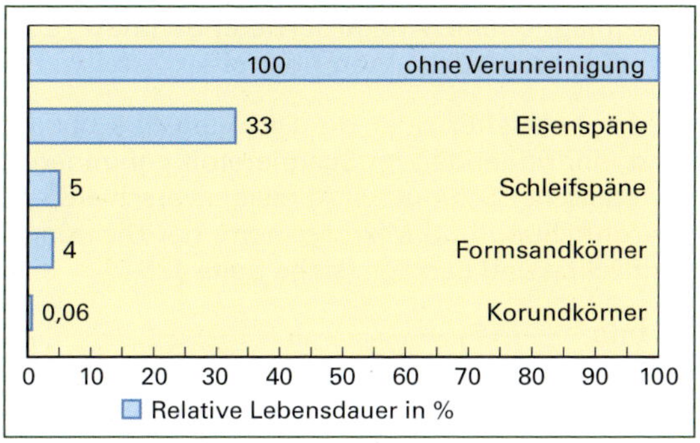


**Bild 2: Minderung der Lebensdauer von Wälzlagern durch feste Verunreinigungen, Quelle: Schaeffler Technologies GmbH & Co. KG, Herzogenaurach**

Feste, trockene Kettenschmierwachse aus Kohlenwasserstoffmolekülen gehen in einer größeren Entfettermenge als flüssige Schmieröle in Lösung.

**info**

Entsorgung von gefährlichen Abfällen wie Schmiermittel, Entfetter und ölverschmutzter Putzlappen siehe das Kapitel 13.3.2 *Beseitigung von Abfällen in Fahrradgeschäften* und Tabellenbuch Fahrradtechnik.

### 13.1.5 Tribologische Sonderfälle in der Fahrradtechnik

**Dichtungen und Abstreifer von Federelementen**

Luftfeder-Dämpferelemente besitzen unterschiedliche Tribosysteme. Im Inneren des Luftzylinders trennt eine große fettgeschmierte Kolbendichtung die Positiv- und Negativluftkammer **(Bild 3)**. Für eine störungsfreie Funktion der Kolbendichtung sind ein geeignetes Schmierfett, absolute Sauberkeit und eine optimierte Oberflächenrauheit der Dichtungslaufflächen auf der Luftzylinder-Innenwand notwendig.

Zu raue Oberflächen führen zu vorzeitigem Verschleiß der Dichtung mit Leckage durch Abrasion. Auf zu glatten Oberflächen dagegen streift die Dichtung während der Relativbewegung den Schmierstoff ab. Es kommt zu vorzeitigem Schmierstoffmangel und zu Verschleiß der Dichtung und Leckage.

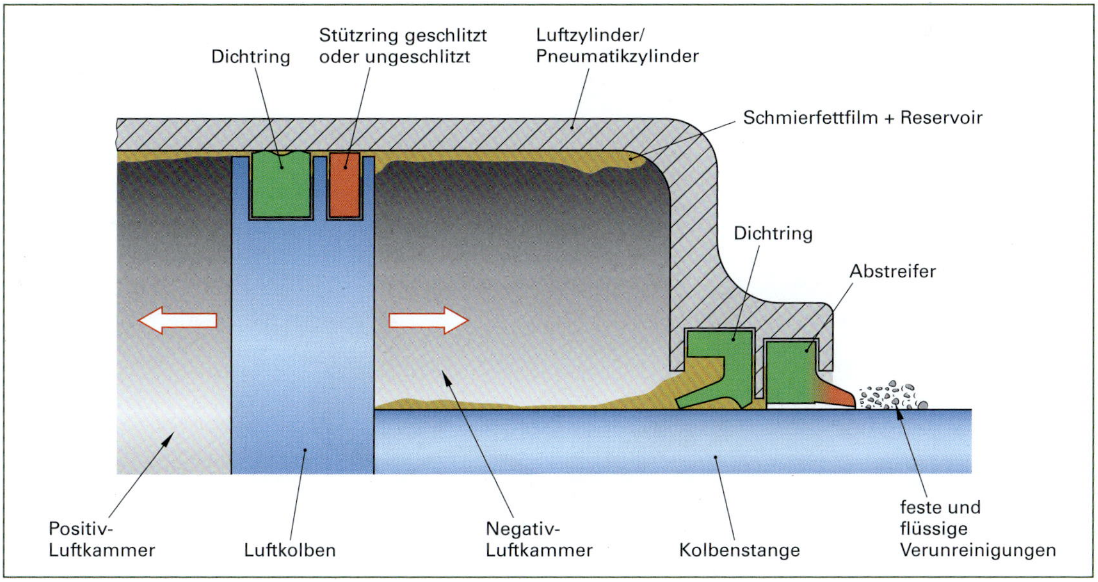


**Bild 3: Kolbendichtung im Luftfeder-Dämpferelement**

Um die Lebensdauer von Dichtungen zu erhöhen, ermitteln Hersteller von Dichtungen Oberflächenrauheiten (Mittenrauwert $R_a$), die eine ausreichend große Schmierstoffmenge in die Dichtungslauffläche einlagern.

Bei der Neubefettung ist darauf zu achten, dass die sorgfältig gereinigte Innenwand des Luftzylinders vollständig und dünn mit Fett bedeckt wird. Ferner sollten die Dichtungs- und Stützringnuten sowie die innere kleine Kolbenstange ebenfalls dünn gefettet werden.

Die Abdichtung der Negativluftkammer des Luftzylinders zur Außenseite der großen Kolbenstange erfolgt über eine fettgeschmierte ein- oder doppellippige Kolbenstangendichtung **(Bild 1)** mit zwei Stützringen. Nach außen schützt ein ungeschmierter Abstreifer vor eindringendem Schmutz und Spritzwasser.

Die Schmierfilmtrennung der Dichtungslauffläche und der ungeschmierten Abstreiferlauffläche wird von der zweiten Dichtlippe der Kolbenstangendichtung realisiert.

Einige Luftfeder-Dämpferelemente haben lediglich ein einzelnes Kombielement, bestehend aus einem Abstreifer und einer einlippigen Luftdichtung.

Geschmierte Dichtungen erreichen ihre höchste Lebensdauer, während hochwertige Abstreifer ihre Aufgabe meist länger auf ungeschmierten glatten und sauberen Oberflächen verrichten.

Federgabeln benötigen als Staub- und Spritzwasserschutz Dichtungen, Abstreifer, Faltenbalge oder Kombielemente. Die Wirksamkeit undLebensdauer dieser Schutzelemente hängt von vielen Faktoren ab und kann unterschiedlich ausfallen. Die Wartungshinweise des Gabelherstellers sollten beachtet und durch gesammelte Erfahrungen ergänzt werden.

Die Instandhaltungspraxis zeigt, dass nur selten die vom Hersteller angegebenen Wartungsintervalle eingehalten werden. In vielen Fällen fehlen das Interesse und die Bereitschaft des Radbesitzers.

Für das Ansprechverhalten der Stoßdämpfer ist eine regelmäßige Nachschmierung der Führungslager und Luftdichtungen und das konsequente Sauberhalten der Abstreiferlaufflächen ausschlaggebend. Angetrockneter Schmutz reduziert die Lebensdauer von Abstreifern erheblich.

Ist der Abstreifer oder die Dichtung beschädigt, führt eindringender, im Schmierstoff gebundener mineralischer Schmutz zu Abrasionsverschleiß mit Mikrofurchung und Mikrospanung der Dichtungslaufflächen und Leckage **(siehe Seite 125 ff)**.

**info**

Bei der Luftbefüllung, Reinigung und Schmierung von Dämpfersystemen ist auf größte Sauberkeit zu achten. Dichtungen und Abstreifer aller Art sind sorgfältig zu behandeln, scharfkantige Werkzeuge sind zu meiden.

13

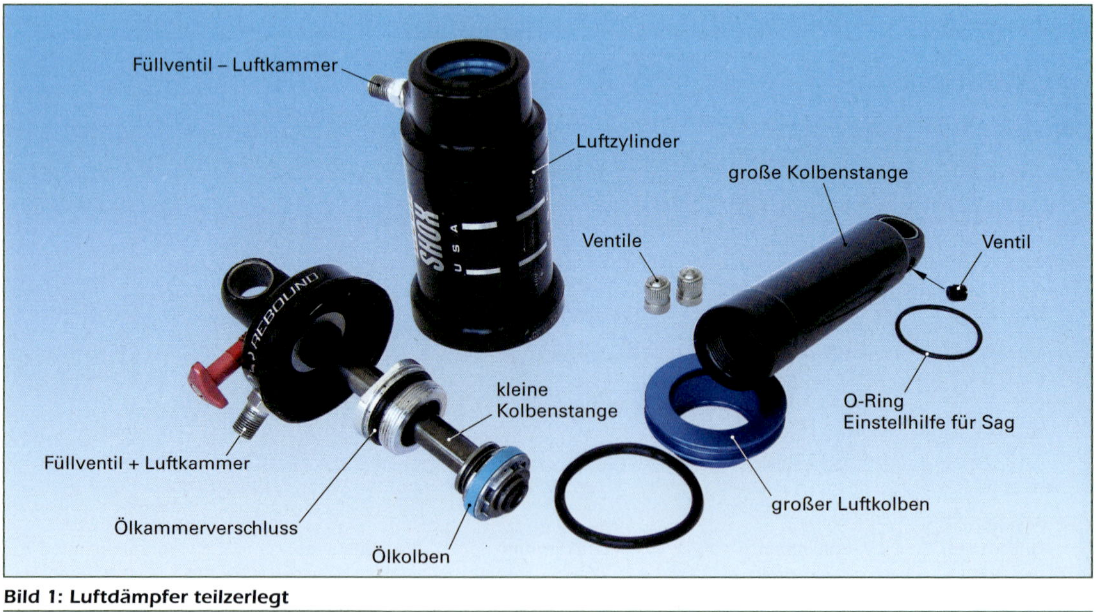


**Bild 1: Luftdämpfer teilzerlegt**

Anlässlich von Wartungsarbeiten ist an eine photochemische Alterung aller äußeren Abstreifer und Dichtungen durch UV-Strahlung zu denken, die die Lebensdauer erheblich beeinflusst. Elastomere büßen ihre Elastizität ein und reißen.

Preisgünstige Federgabeln haben häufig verchromte Standrohre, einfache Abstreifer und Gleitlager in den Tauchrohren. Die Verchromung erschwert das Anhaften der Schmierfette, sodass der trennende Schmierfilm bald verbraucht ist.

Dieser Nachteil drückt sich indirekt durch kurze empfohlene Nachschmierintervalle aus. Im Gegensatz zu Standrohren aus Aluminiumlegierungen ist hier eine regelmäßige äußere Pflege der Gleitflächen mit Silikonölspray sinnvoll. Die Schmierung erhöht die Lebensdauer der einfachen Abstreifer und das Öl schützt die verchromten Standrohre vor Rost (Rostnarben beschleunigen den Verschleiß der Abstreifer und Gleitlager).

Der Tribokontakt „Elastomerdichtung/Metall" in Luftfeder-Dämpferelementen gleicht dem eines Pneumatikzylinders und kann neben den empfohlenen Herstellerfetten auch mit synthetischen Pneumatikfetten der NLGI-Klasse 1 geschmiert werden.

Gelegentlich wird die Befüllung mit Silikonöl oder einer Mischung aus Silikonöl und Fett empfohlen.

**info**

Vorsicht: Das Öl kann das Fett verflüssigen und aufgrund der Schwerkraft von der Schmierstelle abfließen lassen.

Besonders bei unregelmäßigen Nachschmierintervallen kann es an den obenliegenden Dichtungsflächen zu Schmierstoffmangel kommen.

### Schmierung von Hybridkugellagern

Für die Schmierung von Kugellagern mit Stahllaufflächen und keramischen Wälzkörpern sind keine speziellen Kugellagerfette erforderlich. Es können handelsübliche Universalschmierfette verwendet werden. Die Füllmenge sollte jedoch klein gehalten werden.

### Spanabhebende Fertigungsverfahren

Besonders beim Gewindeschneiden von rostfreien Stählen und Stählen oder Titanlegierungen mit höherer Festigkeit kommt es leicht zu Adhäsion. Ursache sind:

- Hohe Reibung mit rascher Wärmebildung und Werkstoffausdehnung
- Ungeeignete Schneidwerkzeuge
- Unzureichende oder ungeeignete Kühlschmierung

**info**

In Fahrradwerkstätten mit geringem Verbrauch von Schneidölen haben sich Hochleistungs-Schneidölsprays mit EP-Additiven bewährt. In Einzelfällen können sie den vorsichtigen Einsatz von ungeeigneten Schneidwerkzeugen dennoch ermöglichen und kurzfristige Probleme lösen.

### Rücktrittbremse

Bei einer Mehrgangnabe mit Rücktrittbremse kann sich die Bremse in bergigen Gegenden oder bei hoher Zuladung und großer Bremsdauer durch Reibung stark erhitzen.

**Bild 1** zeigt einen Rücktritt-Bremsmantel und Schleifspuren im aufgeschnittenen Gegenkörper, der Nabenhülse. Die Fettschmierung der Rücktrittbremse verschleißt umso früher, je häufiger die Bremse heiß wird.

**Bild 1: Bremsflächen der Rücktrittbremse**

Handelsübliche Schmierfette für Mehrgangnaben sind bis etwa 170 °C hitzebeständig, Wälzlagerfette meist nur bis 120 °C. Für die Schmierung der Stahl/Stahl-Bremsflächen muss man daher den korrekten Schmierstoff des Herstellers verwenden.

Diese Vorgehensweise gilt auch für die Shimano-Rollenbremse. In Ausnahmefällen und bei wiederholter schlechter Dosierbarkeit der Bremse kann die Schmierung der Bremsflächen auch mit einer metallfreien Schmierpaste mit weißen Festschmierstoffen erfolgen. Diese Paste sorgt noch für einen Schmierfilm bei Temperaturen über 300 °C.

**Anziehverfahren**

Beim Anziehen einer Schraube oder Mutter wird die über den Hebelarm wirkende Kraft (das Drehmoment) des Werkzeuges eine axiale Zugspannung in der Schraube erzeugt.

Gewöhnliche Verschraubungen sollen die Fügeteile so fest gegeneinanderpressen, dass sich diese auch unter dynamischer Belastung nicht gegeneinander verschieben. Diese pressende Kraft wird als Vorspannkraft bezeichnet.

In der Fahrradbranche hat sich der Einsatz des Drehmomentschlüssels durchgesetzt, der die vorgegebenen Vorspannkräfte sicher einleitet **(Bild 1)**.

**Bild 1: Drehmomentschlüssel (Stahlwille)**

Die Genauigkeit der Drehmomentschlüssel ist anwenderabhängig, d.h. die Streuung ist groß. Für Montagearbeiten am Fahrrad sind die gebräuchlichen Drehmomentschlüssel genau genug. Sie sollten nur langsam betätigt werden, da sich das Anziehmoment erst im zweiten Durchlauf vollständig einstellt.

13

Beim Anziehen einer Schraubverbindung kommt es zum Kontakt der Oberflächen von

- Gewindeflanken
- Schraubenkopfunterseite
- Mutternunterseite
- Unterlegscheiben
- Bauteiloberflächen

Da die Kontaktflächen oft eine unterschiedliche Oberflächenbeschaffenheit aufweisen und die Zugspannung in der Schraube durch das Anziehen ansteigt, entsteht an den Kontaktflächen Reibung, die dem Anziehmoment entgegenwirkt.

Die Reibung verteilt sich auf das Gewinde und die Kopfunterseite. Dem Anziehmoment aus Handkraft und Schraubenschlüssel-Hebelarm wirken das Gewinde- und Kopfreibmoment entgegen.

Durch Adhäsion können die Reibflächen und Bauteiloberflächen beschädigt werden.

*Beispiele:*
Festgefressene Gewinde oder beim Anziehen knarzende Verschraubungen (besonders verchromte oder Nirosta-Schrauben) und knirschende Speichennippel beim Spannen und Zentrieren.

Neben beschädigten Oberflächen führt hohe Reibung dazu, dass zwar der am Drehmomentschlüssel eingestellte Anziehwert erreicht wird, nicht aber die vom Konstrukteur errechnete Vorspannkraft, um ein Bauteil sicher zu klemmen.

Um einheitliche Reibungszahlen bei unterschiedlichen Werkstoffpaarungen zu schaffen, wurden Montagepasten und Gleitlacke mit einem hohen Feststoffanteil entwickelt, die mikroskopisch kleine Oberflächenunebenheiten ausgleichen. Mit ihnen lassen sich korrekte Vorspannkräfte realisieren. Gleichzeitig schützen sie die Oberflächen vor Adhäsionsschäden und Korrosion.

Die Herstellerempfehlungen über Anziehmomente (siehe Tabellenbuch Fahrradtechnik) sollten einen Hinweis über den Schmierfall geölt, gefettet oder trocken enthalten.

Gemäß VDI-Richtlinie 2230 wird für die Berechnung einer hochfesten Schraubverbindung eine Gewinde- und Kopfreibungszahl von $\mu = 0{,}08$ bis 0,16 empfohlen.

Um die Selbsthemmung der Verschraubung gegen Sich-Lösen nicht zu schwächen, soll eine Reibungszahl von $\mu = 0{,}04$ keinesfalls unterschritten werden. Viele metallfreie Montagepasten sorgen für Reibungswerte um $\mu = 0{,}14$, Schmierfette für Wälzlager teilweise unter $\mu = 0{,}08$.

An allen Bauteilen ist nur das Produkt zu verwenden, das der Bauteilhersteller zur Montage vorschreibt. Sicherheitsrelevante Teile sollte man immer mit Montagepaste montieren, wenn der Hersteller keine anderslautenden Angaben macht.

Eine schnelle, sparsame und punktgenaue Dosierung von Montagepaste gestatten kleine Werkstattfettpressen **(Bild 1, Seite 495)**.

Bild 1: Fettpresse

## 13.2 Pflege und Reinigung von Fahrradbauteilen

**Tabelle 1: Auswahlregeln für Reinigungsmittel**

| Ölhaltiger Schmutz | Nichtöliger Schmutz |
|---|---|
| Entfetter (Waschbenzin, Isopropylalkohol, Bremsenreiniger, Bioentfetter, Kettenreiniger) | Seifenreiniger/Seifenlauge (Fahrradreiniger, Allzweckseife, Geschirrspülmittel) |
| Wichtig: Seifenreiniger/Seifenlauge nach der Reinigung stets mit klarem Wasser abspülen! | |

### Rahmen und Gabel

**Reinigung:** Fahrrad vollständig mit Wasser anfeuchten und den Schmutz kurze Zeit einweichen lassen. Rahmen, Gabel, Federelemente mit Schwammtuch, weichen Bürsten, Wasser und Seifenreiniger putzen. Gelösten Schmutz und Seifenlauge mit Wasser entfernen. Hartnäckige Verschmutzungen mit Autolackreiniger entfernen. Ölflecken mit Entfetter abwischen.

**Pflege:** Sprühwachs auftragen und trocknen lassen. Wachsschleier abwischen. Auf allen Glanzlacken ist Hartwachspolitur oder Schutzwachs besonders beständig. Diese Produkte aus dem Autozubehörhandel sind nicht für matte Lackierungen geeignet – hier Sprühwachs nach einem Test anwenden. Es besteht kein Pflege- und Reinigungsunterschied zwischen nasslackierten oder pulverbeschichteten Bauteilen.

Roststellen mit Schleifleinen anschleifen, Auto-Rostumwandler auf größere Roststellen aufbringen und nach der Aushärtung Reparaturlack auftragen.

Neue und ältere Stahlrahmen und Gabeln können über die vorhandenen Bohrungen mit Hohlraumversiegelung aus dem Autozubehörhandel vor Rost geschützt werden. Besonders im Bereich des Kurbellagergehäuses und der Ausfallenden sammelt sich Kondenswasser, das nur langsam trocknet.

### Federgabeln und Rahmenfederungen

**Pflege:** Herstelleranweisungen und Wartungsintervalle beachten. Abstreifer und Dichtungen können mit wenigen Tropfen Silikonspray gepflegt werden. Wichtig ist das konsequente Sauberhalten der Dichtungs- und Abstreiferlaufflächen. Knackende Fahrwerke können vorübergehend mit etwas Kriechölspray gepflegt werden. Diese Behandlung ersetzt jedoch nicht die regelmäßig notwendige Neufettung von Gelenken und Lagerstellen.

### CFK-Rahmen

**Pflege:** Meist werden CFK-Rahmen und Bauteile aus CFK mit Kunstharzlack überzogen. Sowohl Kohlenstofffasern, Epoxidharz als auch Lack sind chemisch beständig, daher gibt es keinen Pflegeunterschied gegenüber einem Rahmen aus Stahl oder Aluminium.

Bei Lackschäden muss zwischen Kratzern in der Lackierung und Schlagschäden (Impacts) mit Beschädigung des darunterliegenden Laminats unterschieden werden. Hier ist der Einsatz einer Lupe und eine Befragung des Radbesitzers sinnvoll.

Lackschäden mit Schleifpapier der Körnung 600 leicht anschleifen, Kanten glätten. Anschließend Reparaturlack ein- bis zweimal auftragen.

Bei tieferen oder großflächigen Schäden mit Verletzung der Fasern ist eine Begutachtung durch einen Faserverbund-Reparaturbetrieb dringend zu empfehlen.

**info**

Sonderfall: CFK-Sattelstütze im Aluminiumrahmen

In der elektrochemischen Spannungsreihe liegt Aluminium mit – 0,16 Volt unter Wasserstoff mit 0 V, während Kohlenstoff mit + 0,75 V im positiven Bereich liegt. Werden Sattelstützen aus Carbon ohne schützende Montagepaste in den Aluminiumrahmen eingesetzt, kommt es längerfristig zur Kontaktkorrosion, wenn als elektrischer Leiter (Elektrolyt) Regen und Putzwasser hinzukommen. Im ungünstigsten Fall kann man eine solche Sattelstütze nur noch mit großer Kraft lösen – meist gehen dabei die Köpfe der Sattelstütze zu Bruch.

### Vorbau und Lenker

**Reinigung:** Mit Schwammtuch, Wasser und Seifenreiniger.

**Pflege:** Lackierte und polierte Metalloberflächen mit Sprühwachs konservieren, Wachsschleier nach dem Trocknen abwischen.

**info**

Wichtig:

- Kontaktbereich von Vorbau- und Gabelschaft jährlich mit einer neuen Schutzschicht aus Montagepaste bei Vorbauten mit Konusklemmung schützen.
- Metallkontaktflächen von Konus, Vorbau-Klemmschraube und Gabelschaft auf Korrosionsschäden prüfen.

### Griffe

**Reinigung:** Mit Schwammtuch, Wasser und Seifenreiniger abwaschen, Handschweiß neutralisieren. Klebrige Gummigriffe mit etwas Talkum bestreichen. Kein Talkum auf Schaumgriffe geben.

### Sattelstütze (Sattelrohr)

**Reinigung:** Reste von Montagepaste oder Fett mit Entfetter abwischen, nichtöligen Schmutz mit Schwammtuch, Wasser und Seifenreiniger entfernen.

**Pflege:** Vor allem die Verschraubung, die aus Festigkeitsgründen selten aus rostfreiem Material besteht, mit Sprühwachs konservieren. Die Schutzschicht aus Montagepaste der Metallkontaktfläche Sattelstütze/Sitzrohr sollte jährlich erneuert werden. Knackende und knarzende Sattelstützen sind ein Zeichen einer mangelnden Schutzschicht.

13

### Sattel

**Reinigung:** Kunststoff- und Ledersättel mit Schwammtuch, Wasser und Seifenreiniger abwaschen.

**Pflege:** Wichtig bei der Pflege von Kunststoffsätteln: Vor photochemischer Alterung durch UV-Strahlung und Erhitzung durch Sonneneinstrahlung schützen. Die Kunststoffe verlieren ihre Elastizität, werden hart und reißen vorzeitig. Einfacher Schutz vor Regen und Sonne ist eine Plastiktüte oder ein Sattelüberzug.

**info**

Wichtig bei der Pflege von Ledersätteln: Lederbalsam von unten auftragen. Stark angegriffene, ausgetrocknete Kernledersättel können mit Lederbalsam auch von oben gepflegt werden.

**info**

Helle Hosen wegen leichtem Abfärben meiden.

### Naben

**Reinigung:** Nichtöligen Schmutz mit Schwammtuch, Bürste, Wasser und Seifenreiniger entfernen. Ölhaltigen Schmutz, ausgetretenes Lagerfett und „Schwitzöl" mit Entfetter abwischen, besonders bei Scheibenbremsnaben. Hier könnte Öl oder Fett auf die Bremsscheibe schleudern und zum Versagen der Bremse führen.

**Pflege:** Mit Sprühwachs besonders um die Speichenbohrungen herum konservieren, Gummidichtungen gelegentlich mit 1 bis 2 Tropfen Öl oder Silikonspray pflegen. Kein Öl bei Scheibenbremsnaben verwenden!

Hebelmechanik des Schnellspanners mit etwas Öl oder Sprühfett schmieren. Nur ein leichtgängiger Spannhebel gewährleistet eine sichere Befestigung des Rades.

**info**

Hinweis für Hobbymechaniker und Vielfahrer:

Das Nabenspiel (die Lagerluft) mit entfernter Gummidichtkappe und nicht zu stramm oder zu locker einstellen. Stets Pendelprobe in eingebautem Zustand durchführen. Vielfahrer sollten Kugeln aus nicht rostendem Stahl in höchster Qualität (z. B. Dura Ace oder XTR) und mit bestem Kugellagerfett einsetzen. Der geringfügig höhere Preis lohnt den Aufwand. Das Lager sorgfältig mit Entfetter von Altfett befreien.

Bei konusgelagerten Naben dreht sich die im Nabenkörper fixierte äußere Lagerschale mit ihrer größeren Kugellauffläche um den inneren, am Rahmenausfallende anliegenden Lagerkonus.

Der Lagerkonus besitzt eine verhältnismäßig kleine Kugellauffläche und wird in dem Flächenbereich stark belastet, der zur Fahrbahn weist.

Die grünen Pfeile in **Bild 1, Seite 497** zeigen die Drehrichtung des Nabenkörpers, die gelben Pfeile die Richtung der Kräfte, die beim Radfahren über die Kugeln auf die untere Hälfte (rot) des nicht rotierenden Lagerkonus wirken.

**Bild 1: Schematische Darstellung einer Nabe mit Konuskugellager**

Auf diese kleine Fläche konzentrieren sich sämtliche Kräfte, die zwischen Radfahrer und Fahrbahn wirken. Dazu gehören nicht nur das Tourengepäck und Fahrergewicht, sondern auch Kräfte vom Kettenzug an steilen Bergen, Anteile des Bremsvorgangs, der Wiegetritt am Berg oder der Sprung über eine Bordsteinkante.

Die äußere Lagerschale, die um den stillstehenden Lagerkonus rotiert, wird mit ihrer größeren Kugellauffläche erheblich gleichmäßiger und geringer belastet.

Bei regelmäßiger Demontage des Rades wird die Achse (beziehungsweise der innere Lagerkonus) unwissentlich verdreht, sodass die Oberflächenbereiche gleichmäßiger beansprucht werden und sich die Lebensdauer der Lager erhöht.

Werden besonders pannengeschützte Reifen verwendet und das Rad aufgrund von ausbleibenden Reifendefekten nur selten ausgebaut, kommt es nicht zu dieser unwissentlichen Verdrehung des inneren Lagerkonus. Die Lagerlebensdauer nimmt ab.

Durch das Anbringen einer kleinen roten Farbmarkierung an der Kontermutter **(Bild 2)** und ein regelmäßiges Verdrehen der Radachse um 40° bis 90° alle 1000 km bis 2000 km **(Bild 3)** kann vorzeitiger Oberflächenzerrüttung besonders bei preisgünstigen Nabenlagern entgegengewirkt werden. Hierfür muss man das Rad nicht ausbauen.

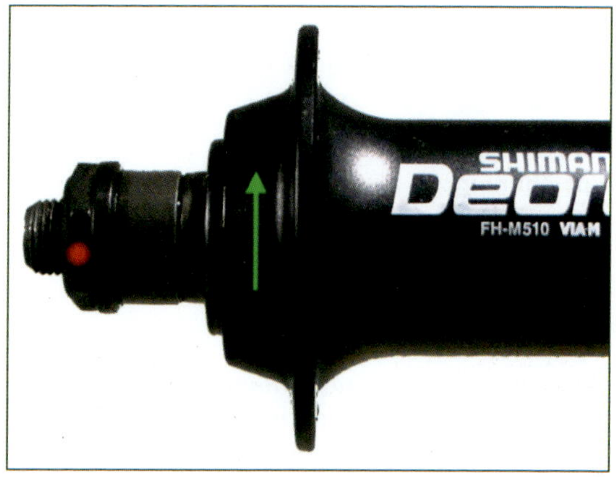


**Bild 2: Farbmarkierung an der Konusnabe**

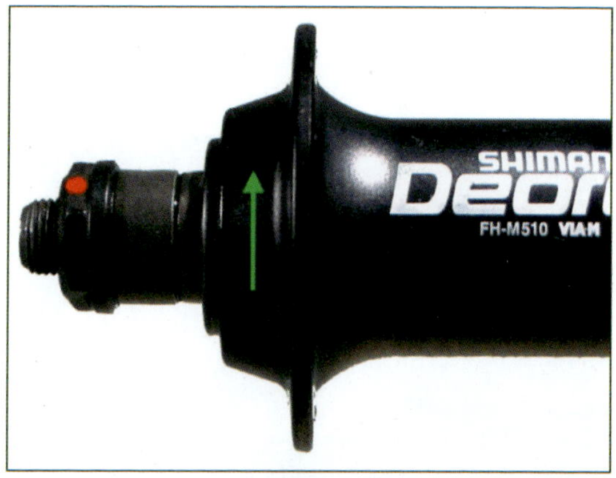


**Bild 3: Kontermutter drehen**

### Reifen

**Reinigung:** Mit Schwammtuch, Wasser und Seifenreiniger reinigen. Eingefahrene Glassplitter und kleine Steine entfernen.

**Pflege:** Bei regelmäßigem Radgebrauch alle zehn Tage Luftdruck kontrollieren (schmale oder kleine Hochdruckreifen häufiger). Dadurch ist ein höherer Pannenschutz, geringerer Rollwiderstand, längere Lebensdauer und mehr Sicherheit gewährleistet. Optimale Luftdrücke sind auf der Reifenflanke aufgedruckt. Ganzjahres-Alltagsräder besonders im Sommer vor langanhaltender UV-Strahlung schützen.

### Speichen

**Reinigung:** Mit Schwammtuch, Topfschwamm oder Bürste, Wasser und Seifenreiniger säubern. Perfektionisten benutzen zusätzlich Hartwachspolitur oder ein Edelstahlpflegemittel.

**info**

Jährlich, vor allem vor langen Radtouren mit großer Zuladung, sollte man die Speichenspannung prüfen (lassen).

### Speichennippel

**Pflege:** Sprühwachs von der Felgeninnenseite auftragen. Stark korrodierte Nippel mit je einem Tropfen Kriech- oder Feinpflegeöl pflegen.

### Felgen

**Reinigung:** Chrom- und Alufelgen mit Schwammtuch, Wasser und Seifenreiniger abwaschen.

Der graue Bremsabrieb bei Felgenbremsen **(Bild 1)** ist eine Mischung aus Aluminiumabrieb, Bremsgummi und Wasser. Der nach Regenfahrten antrocknende Aluminiumstaub oxidiert innerhalb kurzer Zeit und erzeugt eine aggressive Schleifpaste, die die Lebensdauer von Felgen und Bremsgummis reduziert.

**Bild 1: Bremsabrieb**



**info**

Vor allem im Winter sollte man die Felgen regelmäßig abwaschen. Der Bremsabrieb kann, wenn dieser noch nass ist, mit Wasser weggespült werden.

Empfehlung für Ganzjahres-Vielfahrer: Felgenschonende Bremsklötze auswählen. Der Aluminiumabrieb verringert sich und es fällt weniger „Schleifpaste" an.

Beim Kauf eines Neurades und hohem Bremsklotz- und Felgenverschleiß Keramikfelgen oder Scheibenbremsen bevorzugen.

**Pflege:** Chromfelgen, Felgen aus nichtrostendem Stahl und polierte Alufelgen mit Chrom/Metallpolitur pflegen. Bremsfläche *nicht* mit Politur behandeln.

### Kette

**Reinigung:** Ölige, verschmutzte Ketten mit entfettergetränktem Lappen gründlich abwischen. Die Zwischenräume gegebenenfalls mit einer kleinen Bürste säubern. Putzlappen oder Zeitungspapier zum Auffangen des Schmutzes unterlegen.

Trockene Ketten mit angetrocknetem Schmutz (Schlamm) mit Wasser und Seifenreiniger säubern. Nach dem Trockenwischen dünn einölen. Trockene und leicht angerostete Ketten ölen und mit ölgetränktem Putzlappen abwischen.

Stark verrostete Ketten unbedingt austauschen, denn sie können unter hoher Zugbelastung reißen und stellen eine erhebliche Unfallgefahr dar **(Bild 2)**.

**Bild 2: Rostige Kette gerissen**

**Pflege:** Man unterscheidet:

**Kettenkonservierung** mit Sprühwachs, Kettenöl oder Kriechöl. Schutz gegen Rost und Verschmutzung von außen

**Kettenschmierung** mit Kettenölen oder Kettenwachs-Schmiermittel. Schmierung reduziert die Reibung und den Verschleiß.

**Schmiervorgang:** Beim Ölen der Kette einer Kettenschaltung die Kurbel zügig rückwärts drehen. Dabei mit leichtem Fingerdruck aus der Ölflasche einen hauchdünnen „Ölfaden" auf die Kettenglieder geben **(Bild 1, Seite 499)**. Die Ölfäden sind umso dünner, je zügiger man die Kurbel dreht.

Falls notwendig, überschüssiges Öl abwischen. Die Kette sollte nicht nass aussehen. Merksatz: *Öl zieht den Schmutz an wie ein Magnet.*

Je sorgfältiger man bei der Öldosierung vorgeht (konsequent, regelmäßig und hauchdünn), desto sauberer und gepflegter bleibt der Antrieb **(Bild 1, Seite 499)**.

Bild 1: Antriebskette ölen

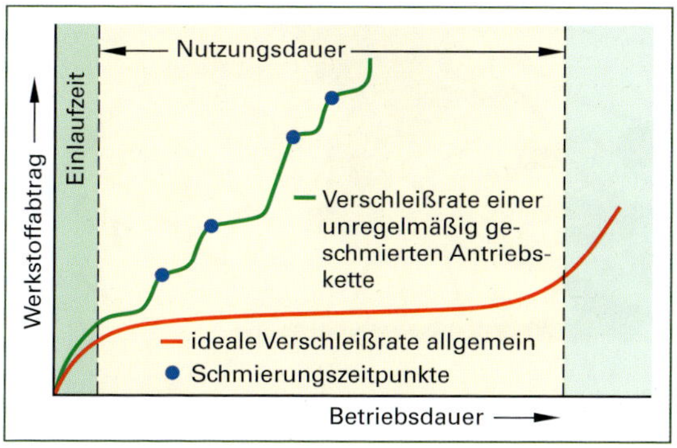


Bild 2: Verschleißrate einer Antriebskette

Die zu üppig aufgebrachte Ölmenge bestimmt den späteren Verschmutzungsgrad.

Mit dieser **Nachschmierstrategie** kann man die Reinigermenge reduzieren, denn wo kein überschüssiges Öl ist, kann auch wenig Schmutz kleben bleiben. Die Kette muss weniger oft mit Entfetter gesäubert werden.

Das Öl sollte nach dem Auftragen einige Stunden oder über Nacht in die Kettengelenke eindringen können. Jedes Gelenk der Antriebskette hat viele Reibflächen, die durch das Öl geschmiert werden müssen.

**info**

Faustregel für Alltagsräder: Bei Trockenheit die Kette alle 10 Tage, bei Nässe alle 2 bis 6 Tage ölen.

Faustregel für Reiseräder und Rennräder: Bei Trockenheit die Kette alle 140 km bis 200 km, bei Nässe alle 100 km ölen.

Faustregel für Mountainbikes: Bei Trockenheit die Kette alle 60 bis 100 km ölen. Nach jeder Fahrt bei Nässe und nach der Radreinigung die Kette ölen. Die Kette von Fahrrädern mit Mehrgangnaben kann großzügiger und weniger regelmäßig nachgeschmiert werden: alle 2 bis 6 Wochen je nach Witterung und Fahrleistung.

Die Kette niemals mit Lösungsmitteln reinigen. Diese würden neben dem Schmutz auch noch das vorhandene Schmiermittel aus der Kette waschen.

**Fahrräder mit Chainglider-Kettenschutz (Bild 3)**

Vor der Chainglider-Montage muss die Kette von außen mit Schmierfett bestrichen werden. Das Ölen erfolgt dann über die kleine Ölbohrung auf der Oberseite des Chaingliders am vorderen Kettenblatt.

Die Wasserbohrung auf der Unterseite des Chaingliders sollte gelegentlich auf Durchgang geprüft werden, damit eingedrungenes Regen- oder Putzwasser abfließen kann.

Bild 3: Kettenschutz Hebie Chainglider

**Passive Kettenpflege:** Man sollte alle vorhandenen Gänge nutzen, egal, ob man anfährt, beschleunigt, schnell oder langsam fährt.

Man sollte immer flüssig, locker und mit ähnlicher Trittfrequenz, möglichst mit 80 bis 110 Kurbelumdrehungen/Minute pedalieren.

## Zahnkranz und Kassette

**Material:**

Fettlösendes Reinigungsmittel, saugfähiger Lappen, Einweghandschuhe

**Vorgang:**

Kassette zerlegen. Ritzel so ablegen, dass die Oberseite oben liegt. Distanzringe zum passenden Ritzel legen.

Kunststoff-Distanzringe mit dem Lappen trocken abreiben. Dabei *keine* Reinigungsmittel oder Öle verwenden, denn diese verspröden durch den Entzug von Weichmachern. Öle lassen einen leichten Schmierfilm zurück, auf dem Straßenstaub haften bleibt.

Ritzel einzeln mit einem fettlösenden Reinigungsmittel besprühen, mit dem Lappen abreiben und trocknen lassen.

Ritzel und Distanzringe in der richtigen Reihenfolge und mit der richtigen Seite nach oben auf den Drehkörper aufstecken. **Tipp:** Vor dem Aufstecken Ritzel und Distanzringe erneut mit einem Lappen abreiben. So verschwinden die letzten grauen Schleier und die Kassette glänzt.

Die Kassette *nicht* gesondert schmieren; es reicht, wenn die Kette die Ritzelzähne versorgt. Die Kassette bleibt trocken und es haftet weniger Schmutz an – die Reinigungsintervalle verlängern sich.

### Pedale

**Reinigung:** Mit Schwammtuch, kleiner Bürste, Wasser und Seifenreiniger. Rostige Pedalachsen mit Chrompolitur oder Stahlwolle reinigen.

**Pflege:** Stahlpedalachsen und Metallmechanik von Systempedalen mit Sprühwachs konservieren. Dichtungen und Mechanik von Systempedalen mit wenigen Tropfen Öl sparsam schmieren. Fußplatten (Cleats) aus Metall mit Silikonspray einsprühen. Diese Maßnahme verbessert die Funktion, erhöht die Lebensdauer und wirkt schmutzabweisend.

Look- und Shimano SPD-SL-Rennpedale mit knarzenden Pedalplatten sind ein Zeichen von fortgeschrittenem Verschleiß der Schuhplatten. Abhilfe: Platten austauschen, denn Schmieren hilft nicht.

Time System, Campagnolo Profit und Eggbeater Speedplay: Mechanik und Fußplatten gelegentlich mit Silikonspray einsprühen.

**info**

Wichtig: Befestigungsschrauben von Schuhplatten regelmäßig auf festen Sitz prüfen. Unfallgefahr.

13

### Kurbellager

**Reinigung:** Nichtöligen Schmutz mit Schwammtuch, Wasser und Seifenreiniger abwaschen. Ölhaltigen Schmutz mit Entfetter abwischen. Roststellen können mit Chrompolitur oder Stahlwolle entfernt werden.

**Pflege:** Sprühwachs. Gelegentlich ein wenig Silikonspray oder Kriechöl an die Lagerdichtungen rechts und links sprühen.

### Kurbeln und Kettenräder

**Reinigung:** Nichtöligen Schmutz mit Schwammtuch, Wasser und Seifenreiniger abwaschen. Ölhaltigen Schmutz mit Entfetter abwischen (siehe auch Kette).

**Pflege:** Sprühwachs

### Schaltwerk und Umwerfer

**Reinigung:** Nichtöligen Schmutz mit Schwammtuch, Bürste, Wasser und Seifenreiniger entfernen. Ölhaltigen Schmutz mit Putzlappen und Entfetter abwischen.

**Pflege:** Sprühwachs. Schnelle und wirkungsvolle Nachschmierung: Einige Tropfen dünnflüssiges Öl alle 2 bis 3 Monate an alle Gelenkstellen des Schaltwerks und des Umwerfers sprühen. Schützt vor Korrosion, schmiert und verbessert die Funktion **(Bild 1)**.

**Bild 1: Gelenkstellen Schaltwerk**

### Schalthebel und Bremshebel

**Reinigung:** Mit Schwammtuch, kleiner Bürste, wenig Wasser und Seifenreiniger.

**Pflege:** Wenn die Gelenke und Mechanik von außen zugänglich sind, kann mit einigen Tropfen Feinmechaniköl und/oder Sprühfett leicht nachgeschmiert werden. Dies betrifft auch ältere Rapidfire-, STI- und Ergopower-Schalthebel, bei denen verschlissene, oxidierte Schmierfette die Beweglichkeit der Sperrklinken einschränken. Dazu sollten die äußeren Gehäuseteile entfernt werden, um den Schmierstoff zielgenau aufzutragen.

Das „Baden" von Schalthebeln mit großen Mengen von Entfetter und Kriechölspray kann nicht empfohlen werden.

### Schalt-/Bremsseile und Führungen

**Reinigung:** Mit Schwammtuch, kleiner Bürste, Wasser und Seifenreiniger.

**Pflege:** Führungen mit etwas Kriechöl, Schlosspflege- oder Silikonspray schmieren.

### Bremsen

**Reinigung:** Mit Schwammtuch, kleiner Bürste, Wasser und Seifenreiniger säubern.

**Reinigung von Bremsscheiben:** Mit Bremsenreinigerspray einsprühen oder mit Aceton abwischen.

info

Wichtig: Bremsscheiben konsequent vor Schmiermitteln schützen und nicht durch Hautfettkontakt verschmutzen. Der Kontakt mit Seifenlauge ist zulässig. Die Bremsscheiben anschließend mit klarem Wasser von Seifenresten befreien.

**Pflege:** Wegen der Gefahr des Verschmutzens und Beschädigens der Bremsflächen und Bremsklötze keine Pflegemittel bei Felgen- und Scheibenbremsen einsetzen, sofern nicht vom Hersteller beschrieben.

**Pflege von Trommel- und Rollenbremsen:** Sprühwachs kann als Korrosionsschutz dünn aufgetragen werden. Shimano Rollenbremsen bei regelmäßiger Nutzung mit wenigen Tropfen Rollenbremsfett von außen nachschmieren, Shimano Wartungsanweisung beachten.

### Schrauben, Muttern und Zubehör

**Reinigung:** Rost an verchromten Schrauben und Muttern mit Chrompolitur entfernen.

**Pflege:** Lockere Schrauben befestigen. Sofern vom Bauteilhersteller nicht anders angegeben, neue Schrauben und sicherheitsrelevante Schrauben mit Montagepaste auf dem Gewinde und der Schraubenkopfunterseite montieren.

Müssen Verschraubungen gegen Losdrehen gesichert werden und ist die Schmierung mit Montagepaste nicht zulässig, schützt Schraubensicherungskleber vor Korrosion.

Verchromte Verschraubungen mit Sprühwachs konservieren. Nicht alle Schrauben eines Fahrrades sind aus nichtrostenden Werkstoffen. In Vorbauschrauben sammelt sich oft Regenwasser und es bildet sich Flugrost.

Falls oberflächlicher Rost mit Chrompolitur nicht entfernt werden kann, bietet sich Rostumwandler aus dem Autozubehörhandel an. Rostumwandler bildet eine schwarze dekorative Deckschicht, die nach der Aushärtung mit Sprühwachs abgedeckt werden kann.

In der Instandhaltung ist es sinnvoll, alle korrodierten Verschraubungen, die nicht im Rahmen der durchzuführenden Arbeiten neu geschmiert werden müssen, mit 1 bis 2 Tropfen Kriechöl oder Korrosionsschutzöl zu behandeln.

### Gepäckträger

**Reinigung:** Mit Schwammtuch, Wasser und Seifenreiniger.

**Pflege:** Sprühwachs. Scheuerstellen von Packtaschen an Stahlträgern mit Klebepads schützen. Spiralfedern gelegentlich mit Silikonspray oder Sprühwachs pflegen. Lockere Körbe mit Korbhaltern oder Kabelbindern dauerhaft fixieren.

### Schutzbleche

**Reinigung:** Mit Schwammtuch, Bürsten, Wasser und Seifenreiniger abwaschen.

**Pflege:** Hartwachspolitur, Metallpolitur oder Kunststoffpflegemittel auftragen.

### Ständer

**Reinigung:** Mit Schwammtuch, Wasser und Seifenreiniger säubern.

**Pflege:** Sprühwachs. Die Ständergelenke gelegentlich mit etwas Öl oder Fett nachschmieren. Ideal und schnell: Sprühfett

### Lichtanlage, Kabel

**Pflege:** Lose Lichtkabel am Rad mit Kabelbindern fixieren. Kontaktstellen mit Kriechöl, Kontaktspray oder Fett konservieren.

### Schlösser

**Reinigung:** Mit feuchtem Tuch abwischen.

**Pflege:** Mit Schlosspflegespray, Silikonspray oder 2 bis 4 Tropfen Kriech- oder Feinpflegeöl vor Korrosion, klemmender, schwergängiger Mechanik schützen. Schützt auch im Winter vor dem Einfrieren der Schließung.

info

Bei Alltagsgebrauch das Schloss alle drei Monate nachschmieren. Kein Fett oder Kettenöl verwenden, da Verschmutzungsgefahr. Graphit ist als Schmiermittel ungeeignet.

### Kinderanhänger und Bespannung

**Reinigung:** Rahmen und Bespannung mit Schwammtuch, Bürste, Wasser, Seifenreiniger oder flüssigem Feinwaschmittel säubern. Stoff anfeuchten und mit kreisenden Bewegungen und viel Seife sauberbürsten. Anschließend klarspülen und gründlich trocknen lassen.

**Pflege:** Bespannung nach der Trocknung ein- bis zweimal auf der Außenseite mit einer geeigneten Textilimprägnierung nachimprägnieren. Lockere Stoffbeschichtung auf der Innenseite vorsichtig mit einer Nagelschere abschneiden, um weiteres Ablösen zu verhindern. Die Bespannung mit einer Fußmatte schützen und regelmäßig Schmutz aus dem Innenraum entfernen.

Metallteile mit Sprühwachs behandeln. Gewinde von Kupplungssystemen mit etwas Fett regelmäßig nachschmieren. Druckknöpfe alle zwei bis vier Monate mit etwas Silikonspray, Sprühwachs oder Schlossspray nachschmieren.

**info**

Bespannung vor lang anhaltender UV-Bestrahlung schützen (fotooxidative Alterung). Imprägnierung alle 6 bis 8 Monate erneuern. Bei Schlechtwetterperioden darauf achten, dass die Bespannung regelmäßig trocknet, um Schimmelbildung zu vermeiden.

**Risse und Löcher in der Bespannung:**

- Reparaturstoff (vom Hersteller) zuschneiden, Textilkleber für Zelt- und Rucksackreparaturen verwenden.
- Klebestellen mit Waschbenzin, Bremsenreiniger oder Aceton entfetten.
- Flicken großzügig dimensionieren und mit abgerundeten Ecken aufkleben.
- Schnelle Reparaturen: Defekt mit breitem Gewebeband überkleben.
- Stoff undicht: Reparaturlack für Zeltbeschichtungen auftragen.

**Fahrradhelme**

**Reinigung:** Helmschale mit Wasser abwaschen. Helmpolster und Gurtbänder mit Wasser und etwas Handseife reinigen. Seifenlauge gründlich ausspülen.

**Nutzungsdauer:** Die meisten Hersteller empfehlen eine Nutzungsdauer von 3 bis 5 Jahren. Ab dieser Zeit beginnen die Helmkunststoffe durch UV-Strahlung zu altern. Außerdem können die Helme durch den Gebrauch Mikrorisse bekommen, die vom Besitzer nicht erkannt werden.



**info**

Nach starkem Schwitzen den Helm am Gurtband halten, die Innenseite und die Polster mit warmem Wasser ausspülen und zum Trocknen aufhängen. Die Gurtlängen an Kinderhelmen alle zwei bis vier Monate prüfen und nachstellen.

In der Phase des Körperwachstums wandern die Helme immer weiter in Richtung Nacken. Viele Kinder sind täglich mit Helmen unterwegs, die wegen fehlender Stirnabdeckung kaum Schutz bei Stürzen bieten.

Helme sollen immer die Stirn bedecken. Die Einstellung erfolgt über die Länge der beiden V-förmigen Gurte rechts und links. Die Einstellung beginnt zuerst auf der linken und endet auf der rechten Seite (in Fahrtrichtung).

## 13.3 Abfallentsorgung

### 13.3.1 Gesetzliche Grundlagen

Das in Deutschland geltende Kreislaufwirtschafts- und Abfallgesetz (KrW-/AbfG) regelt die Vermeidung, die Verwertung und die Beseitigung von Abfällen. Es hat die Aufgabe, unsere natürlichen Ressourcen zu schonen und eine umweltverträgliche Beseitigung von Abfällen zu fördern. Daneben fordert es von den Landesregierungen, alle Bürger über den aktuellen Stand der Abfallentsorgung zu informieren.

Die Europäische Abfallverzeichnisverordnung (AVV) gibt Auskunft, wie der jeweilige Abfall bezeichnet wird und ob er als *gefährlich* oder *nicht gefährlich* eingestuft ist. Herkunft und Art des Abfalls beschreibt ein sechsstelliger Abfallschlüssel (z. B. 01 04 07)

Gewerbliche Abfallerzeuger (Fahrradgeschäfte), sowie Besitzer, Einsammler, Beförderer und Entsorger unterliegen der Nachweisverordnung (NachwV).

Fallen mehr als 2000 kg *Gefährliche Abfälle* pro Jahr an, so hat der Abfallerzeuger die ordnungsgemäße Entsorgung gegenüber der Abfallbehörde nachzuweisen. Neben der Nachweispflicht besteht Registerpflicht. Hier müssen auch die Entsorgungswege der nicht nachweispflichtigen *Gefährlichen Abfälle* getrennt nach Abfallschlüsseln dokumentiert werden.

Im sogenannten *Register* (früher Nachweisbuch) sind die Entsorgungsnachweise (Übernahmescheine, Abgabebelege, Quittungen) in schriftlicher Form drei Jahre aufzubewahren. Dies gilt auch für Betriebe, in denen weniger als 2000 kg *Gefährliche Abfälle* pro Jahr anfallen (Kleinmengenerzeuger).

### 13.3.2 Beseitigung von Abfällen in Fahrradgeschäften

Fragen zur Abfallentsorgung, zur Nachweisverordnung und zur Registerpflicht beantworten die Abfallberatungsstellen der Kommunen, der Handwerks- und Handelskammern sowie der privaten Entsorgungsfachfirmen.

Da vor allem die Entsorgung von *Gefährlichen Abfällen* regional unterschiedlich organisiert ist, sollten Fragen im Zweifelsfall an die kommunale Abfallberatung gerichtet werden.

Der Begriff *Sondermüll* ist veraltet und wurde durch den Ausdruck *Gefährliche Abfälle* ersetzt.

| Abfallart[1] | Entsorgung | Nachweispflicht | |
|---|---|---|---|
| **Nicht gefährliche Abfälle** | | **Ja** | **Nein** |
| Altpapier, Pappe | Papiertonne, Papiercontainer, ggf. Abholung durch Entsorgungsfachfirmen, Transportverpackungen an Lieferanten zurückgeben. | | ✘ |
| Verkaufsverpackungen des Dualen Systems aus Kunststoff, Metall und Verbundstoff, Leichtverpackungen | Gelbe Tonne, ggf. Abholung durch Entsorgungsfachfirmen, Transportverpackungen an Lieferanten zurückgeben. | | ✘ |
| Restmüll | Graue Tonne | | ✘ |
| Bioabfälle (pflanzliche) | Biotonne | | ✘ |
| Faserverbundbauteile (z. B. Carbon, GFK) | Graue Tonne, große Carbonbauteile wie defekte Rahmen und Carbonfelgen können zur Verwertung an Spezialsammelstellen geschickt werden. Infos: http://www.cfk-recycling.de | | ✘ |
| Altmetall | Abgabe an kommunalen Annahmestellen oder Abholung durch Entsorgungsfachfirmen. Hinweis: Altmetall wird in Sammelbehältern gelagert, sodass mögliche Schmierstoffreste (z. B. an Ketten und Kugellagern) nicht zu einer Verschmutzung des Grundwassers führen können. | | ✘ |
| Reifen, Schläuche | Graue Tonne, Sammelsysteme der Reifenhersteller bevorzugen. Stoffliches Recycling über Bohle (Schwalbe), thermische Verwertung über Continental. Abholformulare bei den Herstellern erhältlich. | | ✘ |
| Glühlampen, Halogenleuchtmittel, Disketten | Graue Tonne | | ✘ |
| CDs, DVDs | Graue Tonne, Abgabe an kommunalen Annahmestellen. Dieser hochwertige Kunststoff kann leicht stofflich verwertet werden. | | ✘ |
| **Gefährliche Abfälle** | | **Ja** | **Nein** |
| Altöl:<br>Ölverschmutzte Putzlappen, Schmieröl, Getriebeöl, Schmierfett, Reinigungsflüssigkeiten, Petroleum, Waschbenzin, Hydrauliköl, Bremsflüssigkeit, Kraftstoffe | Wichtiger Hinweis: Die Vermischung unterschiedlicher Ölflüssigkeiten ist gesetzlich verboten! Möglichst in Originalbehälter lagern. Kleinmengen (meist < 30 kg): Abgabe an kommunalen Annahmestellen für Gefährliche Abfälle. Größere Mengen (meist > 30 kg): Abholung durch Entsorgungsfachfirmen. | ✘ | |
| Farben, Lacke, Verdünner | Kleinmengen: Abgabe an kommunalen Annahmestellen für Gefährliche Abfälle. Größere Mengen (meist > 30 kg): Abholung durch Entsorgungsfachfirmen. | ✘ | |
| Neonleuchtmittel, Energiespar-Leuchtmittel | Abgabe an kommunalen Annahmestellen für Gefährliche Abfälle. | | ✘ |
| Batterien, Akkus | Abgabe an kommunalen Annahmestellen für Gefährliche Abfälle. | | ✘ |
| Elektrokleingeräte: Fahrradcomputer, HiFi-Geräte, Elektrohandwerkzeuge, Kleincomputer, Telefone, Kaffeemaschinen, Haushaltskleingeräte, elektronisches Spielzeug | Abgabe an kommunalen Annahmestellen für Gefährliche Abfälle. | | ✘ |
| Elektrogroßgeräte: Ständerbohrmaschinen, Großkopierer, Bildschirme, Drehmaschinen, Kühlschränke, Elektroherde, Spülmaschinen, Computer | Abgabe an kommunalen Annahmestellen für Gefährliche Abfälle oder Abholung durch Entsorgungsfachunternehmen. | | ✘ |

13

[1] Tonnen(deckel)farben sind bundesweit nicht einheitlich.

# 14 Instandhaltung, Werkzeuge

Unter Instandhaltung versteht man alle Maßnahmen, die ein technisches System (Fahrrad), ein Bauelement eines technischen Systems oder ein Betriebsmittel (wie Montageständer, Ständerbohrmaschine) funktionsfähig erhalten. Auch dient eine Instandsetzung zur Wiederherstellung der Funktionsfähigkeit eines ausgefallenen Systems.

**Instandhaltung**

- Verbessert die Betriebssicherheit und den funktionsfähigen Zustand
- Erhöht die Lebensdauer von Geräten und Anlagen
- Reduziert Kosten, die durch Verschleiß, Störungen oder Ausfälle entstehen können

Nach DIN 31051 werden fünf Grundmaßnahmen der Instandhaltung unterschieden:

**Wartung**

Maßnahmen zur Verzögerung des Abbaus des vorhandenen Abnutzungsgrades (Abnutzungsvorrat). Wartungsmaßnahmen werden durchgeführt, ohne dass die Sache (Maschine, Fahrrad, Werkzeug) defekt ist. Ziel ist eine störungsfreie Funktion über eine längere Zeit.

In der Werkstattpraxis zählt zu den Wartungsstrategien die präventive (vorbeugende) Wartung.

Beispiele:

- Einhalten von vorgeschriebenem Ölwechsel
- Austausch von Bremsbelägen, bevor diese die Verschleißgrenze erreichen
- Austausch von nahezu abgefahrenen Reifen
- Kette reinigen und schmieren
- E-Bike-Akku laden und frostsicher einwintern

14

**Inspektion**

Maßnahmen zur Feststellung und Beurteilung des Istzustandes einer Sache (z. B. eines E-Bike-Akkus). Dazu gehört auch die Ermittlung der Ursachen der Abnutzung. So können Instandhaltungsmaßnahmen für eine künftige Nutzung geplant und gesteuert werden. In der Werkstattpraxis erfolgen Inspektionen durch

- Sehen (Flüssigkeitsstände ...)
- Hören (Getriebegeräusche ...)
- Fühlen (raue Oberflächen, Erwärmungen (Akku!))
- Ablesen (Druckanzeige, Ladezustand ...)

Bei der Durchführung von Inspektionen ist es ratsam, Formulare mit vorgegebenen Prüf- und Arbeitsschritten zu verwenden. Sie helfen Fehler zu vermeiden und erleichtern die Dokumentation, zu der eine Beurteilung des Fahrradzustandes gehören kann (siehe Checkliste im Tabellenbuch Fahrradtechnik).

Der Wert eines Inspektionsformulars als Marketinginstrument wird häufig unterschätzt. Viele Käufer von hochwertigen Produkten legen besonderen Wert auf Professionalität und einen sorgfältigen Umgang mit ihrem Besitz.

Ausgehändigte Kopien mit einer Beurteilung des Istzustandes kennzeichnen gutes Arbeiten und können mit zusätzlichen Informationen versehen werden. Dies könnten zukünftige Wartungstermine, Pflege- oder auch Produktempfehlungen sein.

**Instandsetzung**

Unter Instandsetzung versteht man Maßnahmen zur Rückführung einer Sache (z. B. eines defekten Reifens) in den funktionsfähigen Zustand. Verbesserungen zählen nicht dazu, z. B. die Montage eines Reifens geringerer Masse. Eine Instandsetzung bezeichnet man umgangssprachlich auch als Reparatur.

**Verbesserung**

Kombination aller technischen und administrativen Maßnahmen zur Steigerung der Funktionssicherheit einer Sache, ohne die von ihr geforderte Funktion zu ändern.

Je nach Einsatzzweck, Fahrgewohnheiten, Gesamtbeladung und anderen Faktoren zeigt die Werkstattpraxis, dass einzelne serienmäßig an einem Fahrrad montierte Bauteile wie Felgen wesentlich schneller verschleißen als andere Bauteile. Tauscht man ein Produkt gegen ein höherwertiges aus, können eine längere Funktionsfähigkeit und höhere Funktionssicherheit erreicht werden.

**Schwachstellenanalyse**

Das Aufdecken einer erhöhten Abnutzung einer Sache, die zu einem Ausfall führen kann.

In der Zweiradwerkstatt finden Verbesserungen und Schwachstellenanalysen meist im Rahmen von Inspektionen statt. Bei spanabhebenden Fertigungsverfahren gehört zu einer Schwachstellenanalyse zum Beispiel die Ermittlung der tatsächlichen Werkzeugstandzeiten.

### Lenker-Haltebügel

Zum Fixieren des Lenkers, wenn das Rad auf einem Montageständer befestigt ist.

### Kettenmessgerät KMC

Digitales Kettenmessgerät zur exakten Kontrolle des Kettenverschleißes.

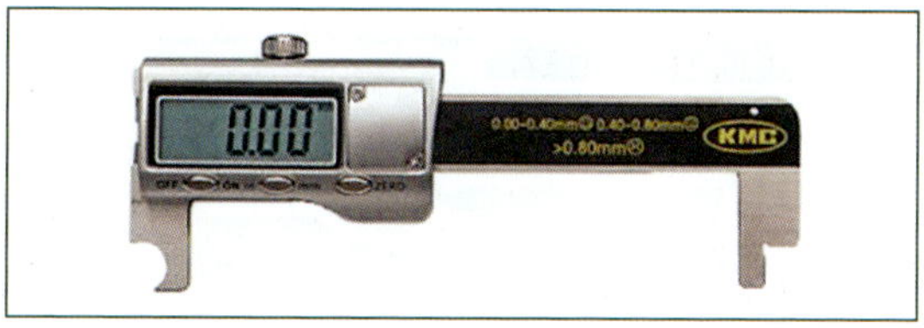


### Zentrierhilfe

Für das schnelle und präzise Nachzentrieren von Rädern in eingebautem Zustand eignet sich das Zentrierwerkzeug *Zentriboy* mit einer 0,1 mm genauen Messuhr. Das Messgerät ist besonders hilfreich bei einer Neurad-Endmontage und für MTBs mit Steckachsen. Auch bei Mechanikern von Rennteams findet es weite Verbreitung.

### Reifenrichtwerkzeug

Für einen sauberen Reifensitz, falls der Reifen auf der Felge verrutscht ist oder sich schwer montieren lässt.

### Zentrierständer

Zum präzisen Zentrieren von Seiten- und Höhenschlägen des Rades. Das Rad wird automatisch mittig fixiert.

### Gewindeschneidwerkzeug für Gabelschaftrohr

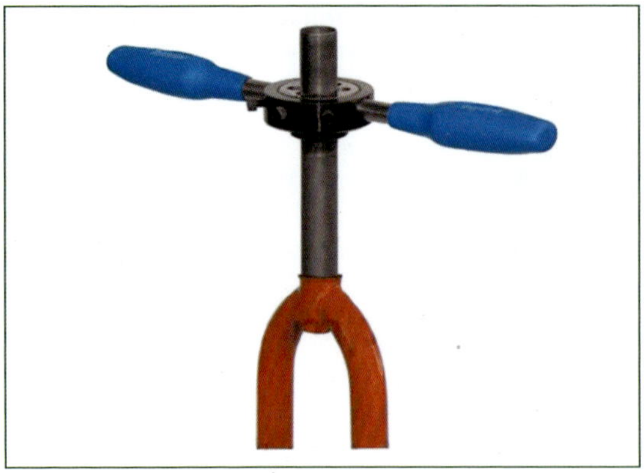

### Zentrierlehre Rad

Zur Kontrolle, ob die Felge mittig zentriert ist.

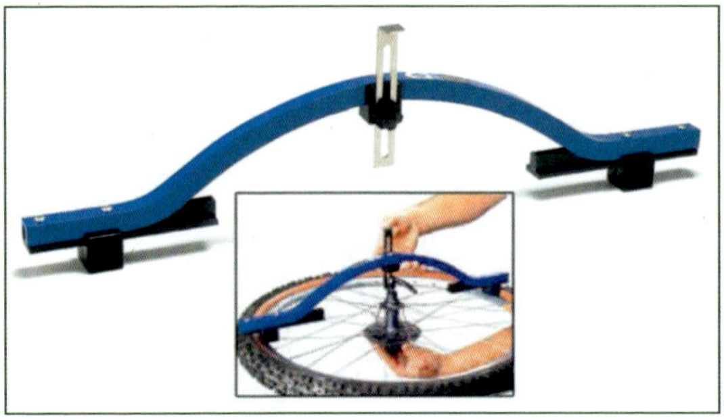

### Speichenspannungsmesser (Tensiometer)

Zur Überprüfung der Speichenspannung der einzelnen Speichen.

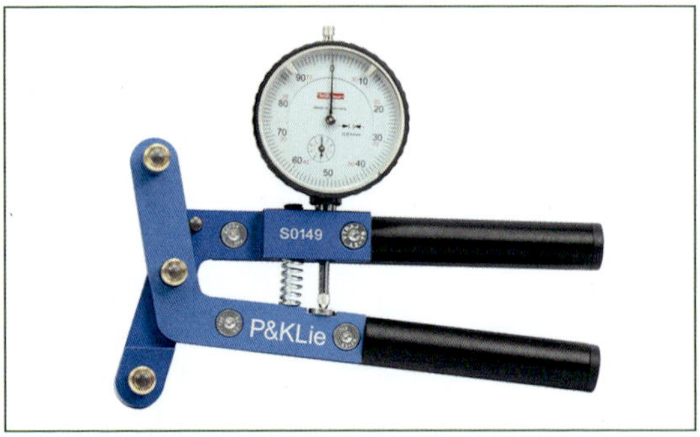


### Kettenpeitsche (Ritzelabnehmer)

Kombiwerkzeug: Ritzelabnehmer-Kette und passender Ringschlüssel für die Zahnkranzschlüssel.

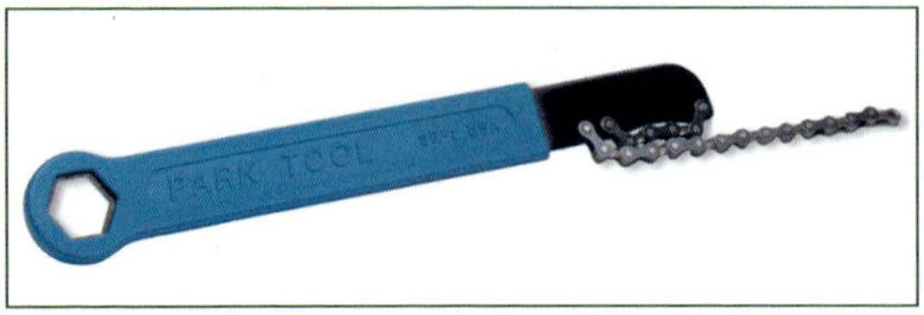

### Zahnkranzschlüssel-Hebel

Sicheres Abnehmen und Montieren von Zahnkränzen. Für die abgebildeten Zahnkranz- und Freilaufschlüssel geeignet.

Atom, Regina, Zeus, Schwinn

Shimano seit 1985 Uniglide bis 1985 SIS, Sachs Aris

Ältere Suntour-Zahnkränze mit 2 Kerben

Suntourzahnkränze mit 4 Kerben (seit 1986)

Shimano Hyperglide, SRAM

Fast alle BMX-Modelle mit 4 Kerben

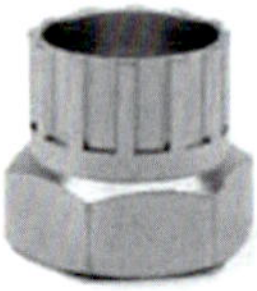

Falcon

4-Nuten-Freilauf von Flip-Flop, BMX-Naben mit 30 x 1 Gewinde

Patronenlager der Gruppe Record, Chorus, Athena, Campa Kassetten

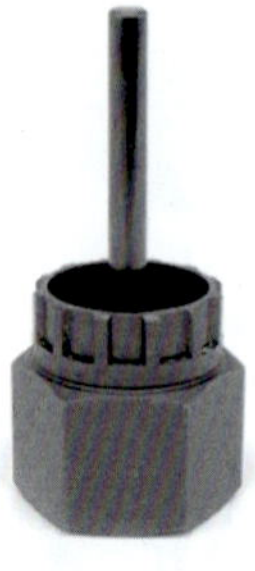

Kassettenschlüssel mit Sicherungsstift: Shimano, SRAM, SunRace, SunTour, Chris King und andere

### Patronenlagerschlüssel

Zur Montage der Schalen von Kurbelwellenlagern.

### Kurbelschraubenschlüssel

Mit 14-mm-Steckschlüssel und 8-mm-Innensechskant.

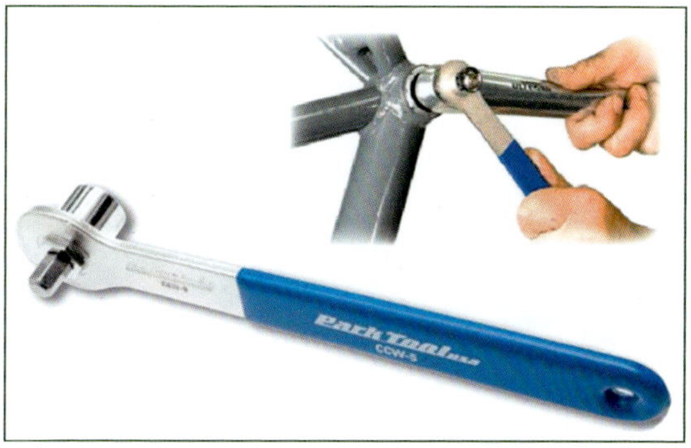


### Stiftschlüssel (Pin Spanner)

Zum Einstellen der linken Lagerschale von BSA-Kurbelwellenlagern. Andere für die meisten Zahnkranzkörper und linke Fauber-Kurbellagerschale.

### Pedalschlüssel

Zwei 15-mm-Aufnahmen mit 30°- und 45°-Winkelung. Hebelwirkung unabhängig von der Kurbelstellung. Schmaler Schlüsselkopf passt sich allen Pedalachsen an.

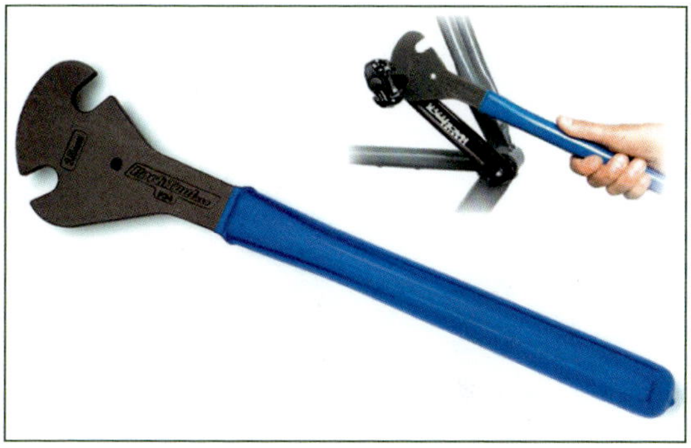

### Kurbelabzieher

Zum Demontieren der meisten Kurbeln: Vierkant, Power Drive, Power Spline. Mit Feingewinde und drehbarer Spitze.

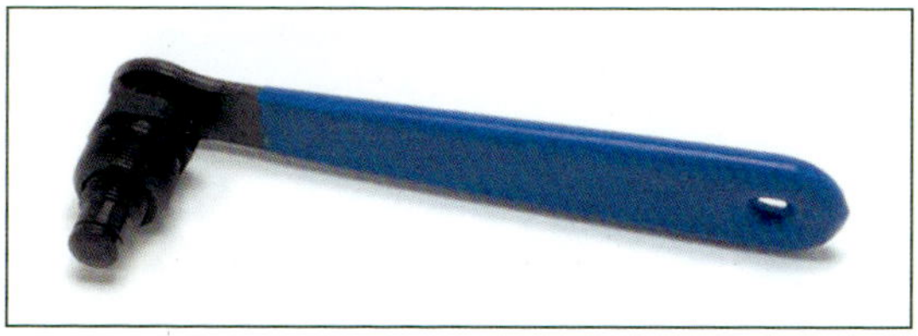

### Bremsscheiben-Richtwerkzeug

Zum Justieren verbogener oder beschädigter Bremsscheiben.

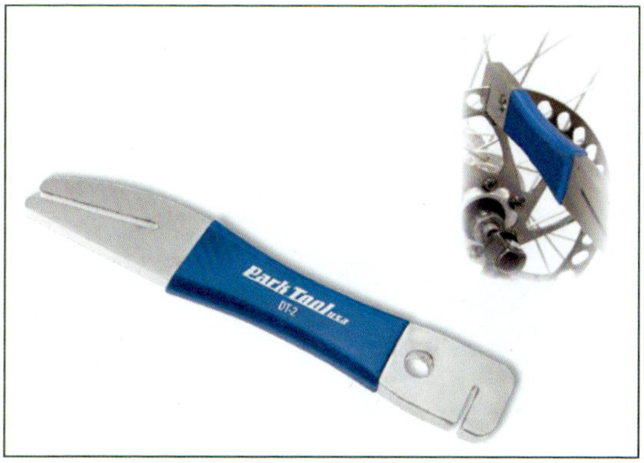

### Fräswerkzeug für Scheibenbremsaufnahme

Fräswerkzeug für das Planfräsen von IS2000-Gabel bzw. Hinterbau, damit die Bremsscheibe und die Bremsbeläge parallel stehen.

### Fräswerkzeug für Postmount Standard

Dieses Werkzeug gestattet des Planfräsen von Gabeln und Rahmen mit der Bremssattelaufnahme Postmount.

### Bremsscheiben-Lehre

Exaktes Messen der Bremsscheibe, während das Rad im Zentrierständer eingespannt ist.

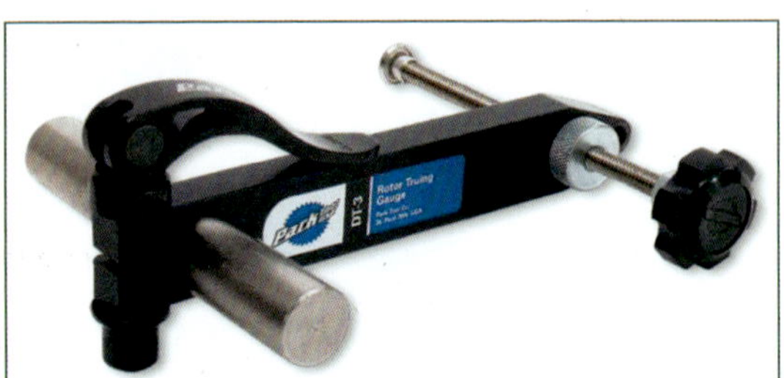


### Kettennieter

Zum Öffnen und Vernieten von 10-fach- und anderen Qualitätsketten mit geringen Fertigungstoleranzen und knappen Abmessungen.

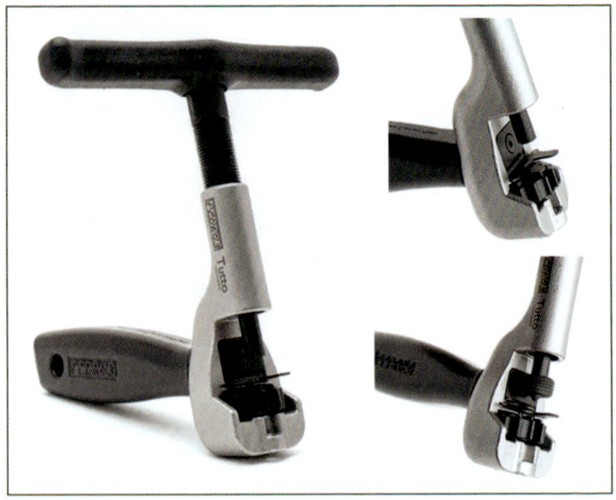

### Kurbellager-Gewindeschneider-Set

Für Schneidarbeiten am Kurbellager. Nachdem das Gewinde geschnitten wurde, dienen die Einsätze als Führung zum Planfräsen der Stirnseiten. Schneideisen für unterschiedliche Gewinde im Set enthalten oder als Zubehör.

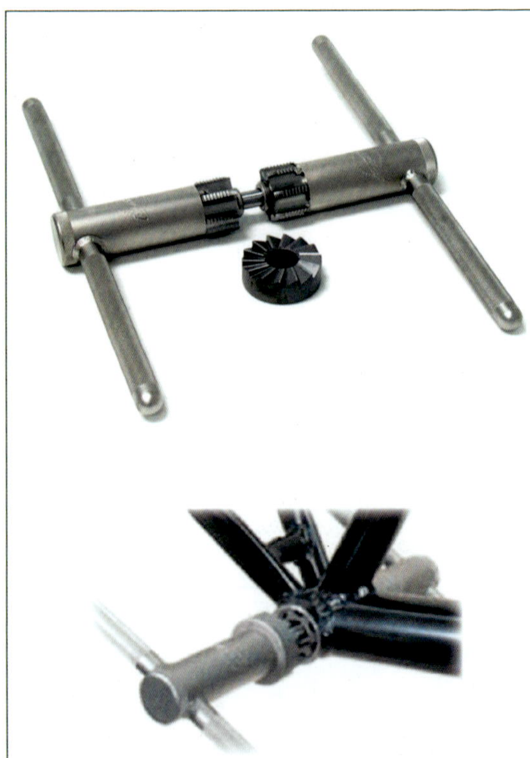

### Lenkrohr-Senker-Fräserset

Zum Bearbeiten des Lenkrohres.

### Lenkungslager-Montagegerät

Das Werkzeug presst Lagerschalen exakt ausgerichtet ein. Auch geeignet zum Einpressen von Lagerschalen in gewindelose Kurbellagergehäuse.

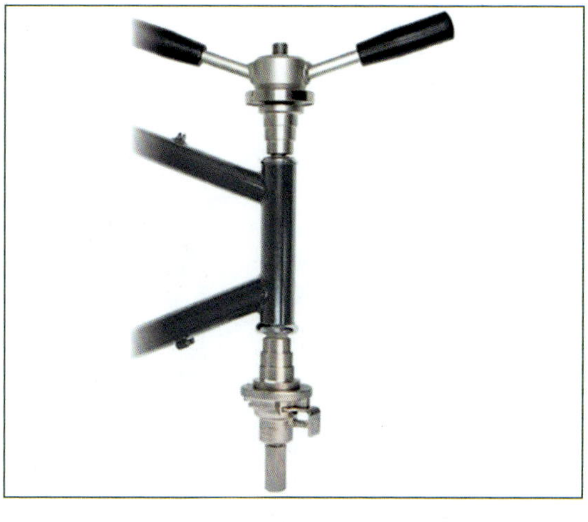

### Demontagegerät für Lenkungslagerschalen

Leichte Demontage der Lenkungslagerschalen. Das Spreizrohr wird in das Lenkrohr eingeführt und sitzt auf der Schale auf. Leichte Hammerschläge lösen die Schale.

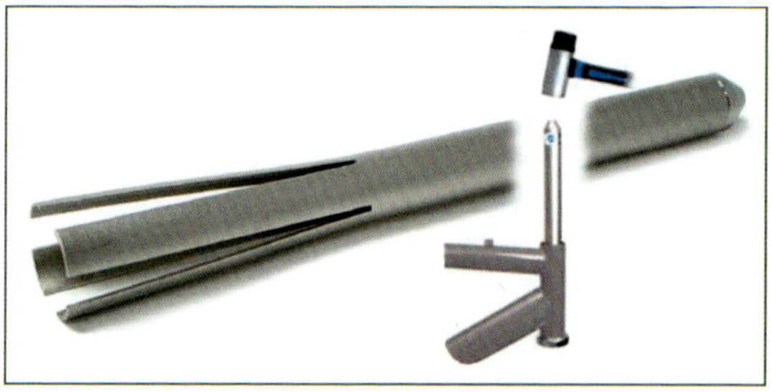

### Konus-Abzieher

Werkzeug zur Demontage des Gabelkonus vom Gabelschaft.

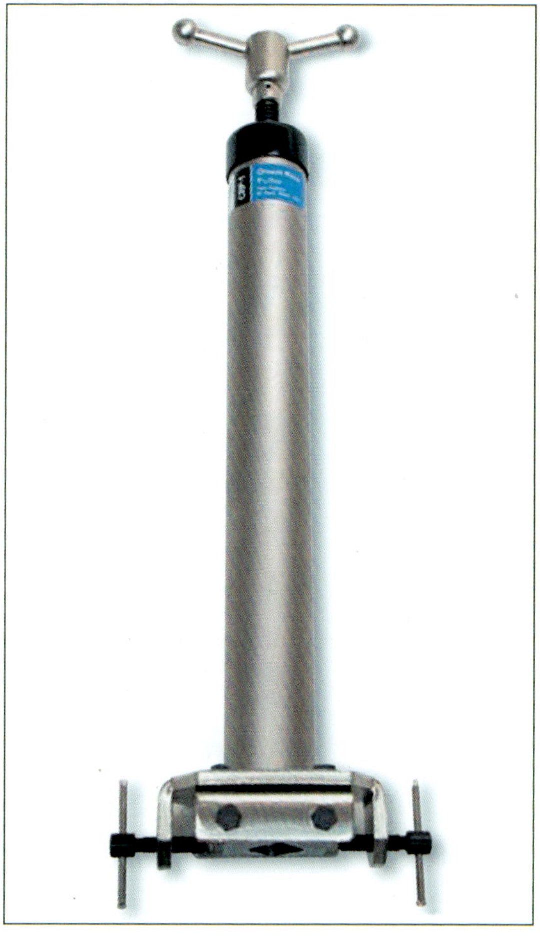

### Mess- und Richtwerkzeug Schaltauge

Werkzeug statt des Schaltwerks in das Schaltauge einschrauben. Mit Messschieber in verschiedenen Positionen den Abstand zur (exakt zentrierten) Felge messen. Abweichungen durch leichtes Biegen korrigieren.

### Rahmenkontroll-Lehre

Zur Kontrolle der Rahmenflucht von Lenkrohr, Sitzrohr und Ausfallenden. Wenn die Lehre (auf der einen Seite am Ausfallende eingestellt) auf der anderen Seite exakt passt, fluchtet der Rahmen **(siehe auch Seite 189)**.

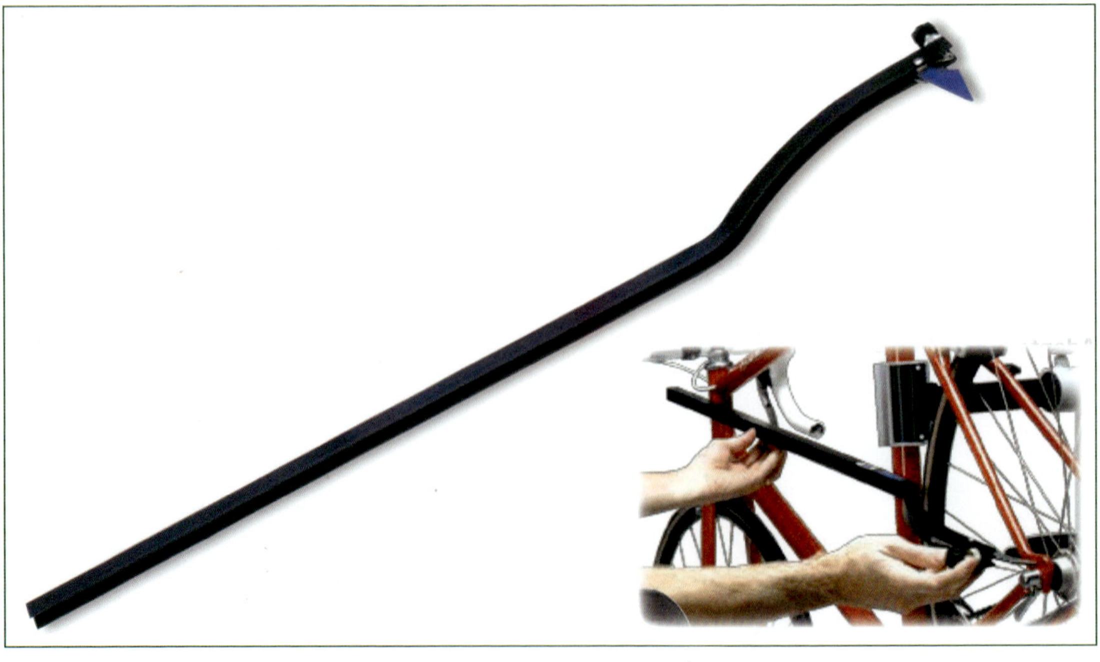

**Richtwerkzeug 1 zum Herausdrücken von Höhenschlägen**

**Einschlagwerkzewug für Ahead-Set-Krallen (vgl. Seite 202, Bild 2a)**

**Adapter für Steckachsen**

Einspannhilfe zum Zentrieren von Rädern mit Steckachsen. Auch für Cannondale *Lefty* Vorderräder erhältlich.

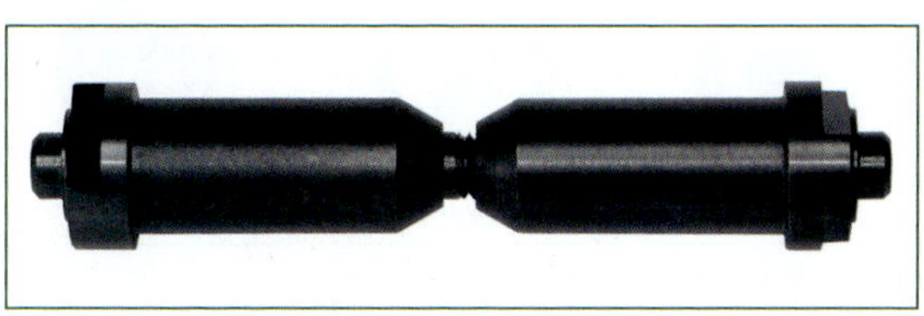

**Montageständer**

Der Montageständer gehört zur Grundausstattung einer Profi- oder Hobbywerkstatt. Viele Modelle sind höhenverstellbar und weisen eine drehbare Halteklaue auf, sodass man das Fahrrad in jede gewünschte Position drehen kann.

Um Lackierungen, Dekore oder dünnwandige Rohre von Fahrradrahmen nicht zu beschädigen, sollten Fahrräder möglichst immer an der Sattelstütze geklemmt werden. Für ovale Aerosattelstützen gibt es spezielle Einspannadapter, oder man hängt das Fahrrad, Tandem oder Spezialrad mit Haken an Sattel und Lenker auf.

**Montagearm mit Halteklaue**

Eine Vorrichtung zur Montage auf der Werkbank, an der Wand oder einen Pfosten. Die Klaue ist um 360 Grad drehbar.

# 15 Arbeitssicherheit

## 15.1 Gesetzliche Grundlagen

Das Arbeitsschutzgesetz (ArbSchG) regelt die grundlegenden Arbeitsschutzpflichten des Arbeitgebers, die Pflichten und Rechte der Beschäftigten sowie die Überwachung des Arbeitsschutzes.

Der Arbeitgeber hat nach diesem Gesetz alle erforderlichen Maßnahmen zu treffen, um die Sicherheit und die Gesundheit der Beschäftigten zu gewährleisten. Voraussetzung dazu ist eine Gefährdungsbeurteilung am Arbeitsplatz. Der Arbeitgeber muss die Mitarbeiter über mögliche Gefährdungen und die notwendigen Schutzmaßnahmen unterweisen.

Die Mitarbeiter sind verpflichtet, die Arbeitsschutzanweisungen des Arbeitgebers zu beachten und ihre Gesundheit nicht zu gefährden.

Nach der Arbeitsstättenverordnung (ArbStättV) sind Arbeitsstätten so einzurichten, zu benutzen und instand zu halten, dass von ihnen keine Sicherheits- und Gesundheitsgefahren für die Beschäftigten ausgehen. Unversehrtheit und Gesundheit sind ein Grundrecht der Beschäftigten.

Die staatlichen Aufsichtsbehörden wie Gewerbeaufsichtsämter und Unfallversicherungsträger (Berufsgenossenschaften) kontrollieren die betriebliche Umsetzung des Arbeitsschutzes.

Wird der gesetzliche Arbeitsschutz nicht erfüllt, so sind die Kontrollorgane verpflichtet, diese mit allen notwendigen Mitteln durchzusetzen. Dies kann bei unmittelbarer Gefahr für das Leben oder die Gesundheit der Mitarbeiter auch zum Stilllegen des Betriebes führen.

Arbeits- und Gesundheitsschutz ist Wertschätzung gegenüber den Mitarbeitern!

## 15.2 Sicherheitszeichen

Nach der Arbeitsstättenverordnung sind Gefährdungen am Arbeitsplatz durch Sicherheitszeichen zu kennzeichnen. Damit soll die Sicherheit erhöht und Unfälle bzw. Gesundheitsgefährdungen vermieden werden. Sie müssen gut sichtbar in unmittelbarer Nähe zur Gefährdungsstelle angebracht sein.

Die Sicherheitszeichen sind in der Berufsgenossenschaftlichen Vorschrift BGV A8: „Sicherheits- und Gesundheitsschutzkennzeichnung am Arbeitsplatz" und in DIN EN ISO 7010 von 2012 geregelt.

Ein Sicherheitszeichen beschreibt durch Kombination von geometrischer Form, Farbe und grafischem Symbol eine Situation oder schreibt ein Verhalten vor. In der BGV A8 sind vier Sicherheitsfarben festgelegt.

rot → Gefahr oder Brandschutz
gelb → Warnung
blau → Gebot
grün → Rettung, Hilfe

Die nachfolgend abgebildeten Sicherheitszeichen sind nur exemplarisch. Eine ausführliche Darstellung kann dem Tabellenbuch Fahrradtechnik entnommen werden.

**Verbotszeichen (Bild 1)** untersagen ein Verhalten, durch das eine Gefahr entstehen kann. Es sind runde Schilder mit weißem Hintergrund, schwarzer Grafik, roter Umrandung und rotem Querbalken.

**Bild 1: Beispiele Verbotszeichen**

**Warnzeichen (Bild 2)** warnen vor einem Risiko oder einer Gefahr. Es sind dreieckige Schilder mit gelbem Hintergrund, schwarzer Grafik und schwarzer Umrandung.

**Bild 2: Beispiele Warnzeichen**

**Gebotszeichen (Bild 3)** schreiben ein bestimmtes Verhalten vor – meist das Tragen einer Schutzausrüstung. Es sind runde Schilder mit blauem Hintergrund, weißer Grafik und weißer Umrandung.

**Bild 3: Beispiele Gebotszeichen**

**Rettungszeichen (Bild 1)** kennzeichnen den Rettungsweg bzw. Notausgang oder eine Erste-Hilfe-Einrichtung. Es sind viereckige Schilder mit grünem Hintergrund, weißer Grafik und weißer Umrandung.

**Bild 1: Beispiele Rettungszeichen**

Fluchtwege müssen immer frei sein und dürfen nicht durch Gegenstände blockiert werden. Fluchttüren müssen in Fluchtrichtung öffnen und dürfen nicht verschlossen sein.

**Brandschutzzeichen (Bild 2)** kennzeichnen die Standorte von Feuermelde- und Feuerlöscheinrichtungen. Es sind viereckige Schilder mit rotem Hintergrund, weißer Grafik und weißer Umrandung.

**Bild 2: Beispiele Brandschutzzeichen**

## 15.3 Gefahrstoffe

Gefahrstoffe sind Stoffe, die für Menschen, Tiere, Pflanzen und die Umwelt gefährlich sein können. Sie können beim Menschen akute oder chronische gesundheitliche Schäden verursachen.

Der ungeschützte Umgang mit Gefahrstoffen führt häufig zu Berufskrankheiten. Aus diesem Grunde haben die Berufsgenossenschaften den gesetzlichen Auftrag, den Umgang mit Gefahrstoffen in den Betrieben zu überwachen.

Die gesetzliche Grundlage ist die Gefahrstoffverordnung (GefStoffV). Diese Verordnung regelt die Maßnahmen für Beschäftigte bei Tätigkeiten mit Gefahrstoffen.

Gefahrstoffe können als feste, flüssige oder gasförmige Stoffe auftreten und können über die Haut, Schleimhäute, den Mund oder die Atmung in den menschlichen Körper aufgenommen werden **(Bild 3)**.

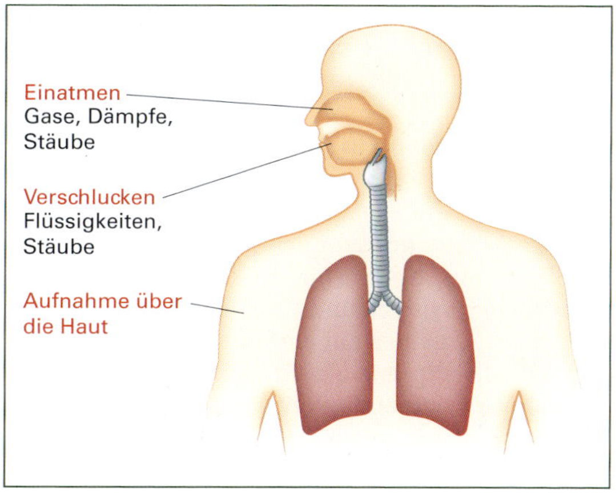


**Bild 3: Aufnahme von Gefahrstoffen in den menschlichen Körper**

**Gefahrstoffsymbole.** Gefahrstoffbehälter müssen mit einem Gefahrstoffsymbol gekennzeichnet werden **(Bild 4)**. Bisher waren dies viereckige Schilder mit orangefarbenem Hintergrund und schwarzer Grafik. Ab Dezember 2010 (mit Übergangsfristen bis 2015) gelten die neuen Gefahrensymbole nach GHS-Standard. Sie zeigen die Piktogramme auf weißem Hintergrund einer rot umrandeten Raute.

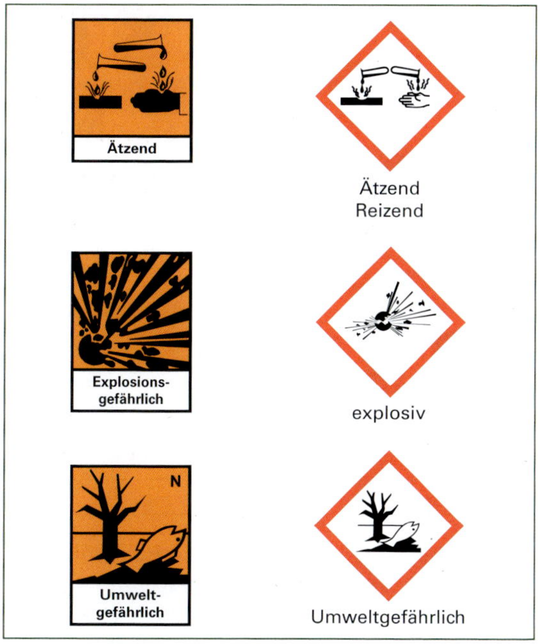


**Bild 4: Gegenüberstellung der alten und neuen Gefahrstoffsymbole**

Das Ziel von GHS („**G**lobally **H**armonised **S**ystem of Classification and Labelling of Chemicals") ist eine weltweit einheitliche Einstufung und Kennzeichnung von Chemikalien.

Die Symbole sind nur exemplarisch, weitere Gefahrstoffsymbole können dem Tabellenbuch Fahrradtechnik entnommen werden.

**Betriebsanweisung (Bild 1)**

Aus dem Arbeitsschutzgesetz, der Gefahrstoffverordnung und den Unfallverhütungsvorschriften der Berufsgenossenschaften ergibt sich die Verpflichtung, beim Einsatz von Gefahrstoffen eine Betriebsanweisung zu erstellen. Es ist ein Dokument, welches auf Gefahren hinweisen und Schutzmaßnahmen aufzeigen soll. Eine Betriebsanweisung sollte enthalten:

- Anwendungsbereich
- Gefahren für Mensch und Umwelt
- Schutzmaßnahmen und Verhaltensregeln
- Verhalten im Gefahrfall
- Erste Hilfe
- Sachgerechte Entsorgung

Betriebsanweisung gemäß §20 GefStoffV und TRG5 585

Handelsname/Gefahrstoffbezeichnung

**Verdünnung** Nr. d. BA: Datum/Unterschrift des Vorgesetzten

Arbeitsbereich/Tätigkeiten

**Abteilung:** **Tätigkeiten:** Reinigungsarbeiten

**Arbeitsbereich:**

Gefahren für Mensch und Umwelt

Wassergefährdungsklasse: 2

Gesundheitsschädlich beim Einatmen und bei Berührung mit der Haut!

Xn Gesundheitsschädlich F Leichtentzündlich

Schutzmaßnahmen und Verhaltensregeln

Behälter dicht geschlossen, kühl und trocken an einem gut belüfteten Ort aufbewahren.

Für gute Belüftung am Arbeitsplatz sorgen.

Nicht rauchen und von Zündquellen fernhalten.

Atemschutz tragen.

Verhalten im Gefahrenfall

Bei Eindringen in Gewässer oder Kanalisation Vorgesetzten und zuständige Behörde informieren.

Verschütten/Leckagen: Zündquellen entfernen, Gefahrenbereich räumen, Vorgesetzten informieren.

Getränkte Kleidung sofort ausziehen.

Brandfall: $CO_2$, Löschpulver oder Wassersprühstrahl verwenden.

Erste Hilfe

**Augenkontakt:** 15 Minuten mit gespreizten Lidern unter fließendem Wasser spülen. Nachkontrolle durch Augenarzt.

**Einatmen:** Frischluftzufuhr, bei Beschwerden Arzt aufsuchen.

**Verschlucken:** Kein Erbrechen herbeiführen, sofort Arzthilfe.

**Hautkontakt:** Gründlich mit Wasser spülen.

Sachgerechte Entsorgung

Abfallschlüssel: 55359 Abfälle und leere Gebinde in rote Sondermülltonne entsorgen.

**Bild 1: Beispiele einer Betriebsanweisung**

Arbeitgeber sind verpflichtet, die Beschäftigten mithilfe von Betriebsanweisungen über die Gefahren und die Schutzmöglichkeiten zu informieren. Die Betriebsanweisungen sind an geeigneten Stellen im Betrieb gut sichtbar auszuhängen.

**Kennzeichnung (Bild 2)**

Jeder Behälter, der einen Gefahrstoff enthält, muss aus Sicherheitsgründen gesetzlich gekennzeichnet sein. Diese Kennzeichnung besteht aus:

1. Bezeichnung (Handelsname)
2. Bezeichnung der gefährlichen Inhaltsstoffe
3. Gefahrstoffsymbolen
4. Hinweise auf besondere Gefahren (R-Sätze)
5. Sicherheitsratschlägen (S-Sätze)
6. Hersteller mit Adresse und Telefonnummer

**Bild 2: Kennzeichnung von Gefahrstoffen (Beispiel)**

Wer im Betrieb einen Gefahrstoff in einen anderen Behälter umfüllt, muss den Behälter vorschriftsmäßig kennzeichnen.

- Gefahrstoffe nie in Lebensmittelgefäße umfüllen!
- Vorsicht bei nicht gekennzeichneten Behältern! Auch ohne Kennzeichnung können Gefahrstoffe im Behälter gelagert sein!
- Bei unbekanntem Inhalt nicht am Behälter riechen!

## 15.4 Persönliche Schutzausrüstung

Gesetzliche Grundlage sind die Unfallverhütungs-vorschrift BGV A1 (Grundsätze der Prävention) und die Verordnung über Sicherheit und Gesundheitsschutz bei der Benutzung persönlicher Schutzausrüstung (PSA-BV)

**Persönliche Schutzausrüstung (PSA)** muss bei allen Arbeiten und Tätigkeiten verwendet werden, die Verletzungen oder Gesundheitsbeeinträchtigungen hervorrufen können. Danach muss der Arbeitgeber persönliche Schutzausrüstungen bereitstellen und der Beschäftigte die persönliche Schutzausrüstung benutzen. Weiterhin muss der Arbeitgeber die Beschäftigten in der Nutzung der Schutzausrüstung unterweisen.

Zur persönlichen Schutzausrüstung zählen besonders Kopf-, Fuß-, Augen-, Haut-, Atem- und Körperschutz.

Die Schutzausrüstungen werden in drei Kategorien eingeteilt:

- Kategorie I: einfache PSA zum Schutz gegen geringe Gefahren. Beispiele: leichte mechanische Tätigkeiten oder schwach wirkende Reinigungsmaterialien
- Kategorie II: PSA zum Schutz gegen mittlere Risiken. Beispiele: Gehörschutz, Fußschutz, Kopfschutz, Handschutz **(Bild 1)**
- Kategorie III: PSA gegen tödliche Gefahr oder irreversible Gesundheitsschäden. Beispiel: Atemschutz

In Betrieben der Zweiradtechnik (Fachrichtung Fahrrad) sind eng anliegende Arbeitskleidung und Arbeitsschuhe der Kategorie I mit rutschfester Sohle vorgeschrieben.

Berufsbedingte Hauterkrankungen gehören zu den häufigsten Erkrankungen in Werkstätten und in der Metallverarbeitung.

Das Arbeitsschutzgesetz verpflichtet jeden Unternehmer, Arbeitsbedingungen zu schaffen und Maßnahmen zu ergreifen, die neben der Verhütung von Arbeitsunfällen und Berufskrankheiten auch die Vermeidung arbeitsbedingter Gesundheitsgefahren zum Ziel haben.

Voraussetzung dafür sind Richtlinien zur Gefährdungsermittlung. Diese werden vom Ausschuss für Gefahrenstoffe (AGS) der Bundesanstalt für Arbeitsschutz und Arbeitsmedizin erarbeitet und vom Bundesministerium für Arbeit und Soziales (BMAS) veröffentlicht.

Für die Zweiradwerkstatt und den Einzelhandel ist die *Technische Regel für Gefahrstoffe Nr. 401 Gefährdung durch Hautkontakt – Ermittlung, Beurteilung, Maßnahmen* (Abk. TRGS 401) bindend.

Ferner bieten die Berufsgenossenschaft Handel und Warendistribution (BGHW) und die Metall-Berufsgenossenschaften als Unfallversicherer Schutzpläne, Leitfäden und Schulungen zum beruflichen Hautschutz **(Bild 2)**.

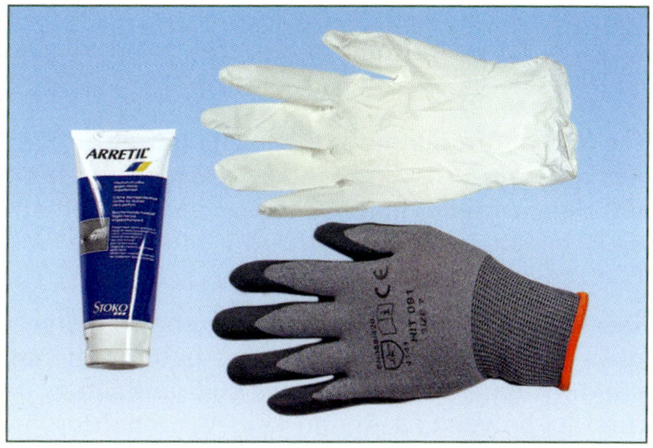


**Bild 1: Schutzcreme und Schutzhandschuhe**

## 15.5 Unfallverhütung

Viele Unfälle können durch vorbeugende Maßnahmen verhindert oder zumindest ihre Folgen vermindert werden.

Elektrische Arbeitsgeräte müssen regelmäßig auf ihre Sicherheit hin überprüft werden. Beispiel: Kontrolle der Anschlussleitungen.

Vorgeschriebene Schutzausrüstungen verwenden. Beispiele:

- Schweißerschutzschild, Schutzbrille
- Behälter mit Gefahrstoffen vorschriftsmäßig kennzeichnen und in eigenen Räumen lagern
- Scharfe und spitze Werkzeuge nicht offen in der Arbeitskleidung tragen. Ringe, Uhren und sonstige Schmuckstücke nicht während der Arbeit tragen
- Fluchtwege freihalten
- Brandschutzmittel regelmäßig warten und auf Funktion prüfen

Bei Arbeiten an elektrischen Fahrzeugen (z. B. E-Bikes) und dem Umgang mit Batterien und Spannungssystemen ab 50 Volt sind besondere Schutzmaßnahmen zu beachten.
Stichwort: Kurzschluss an Akkumulatoren

15

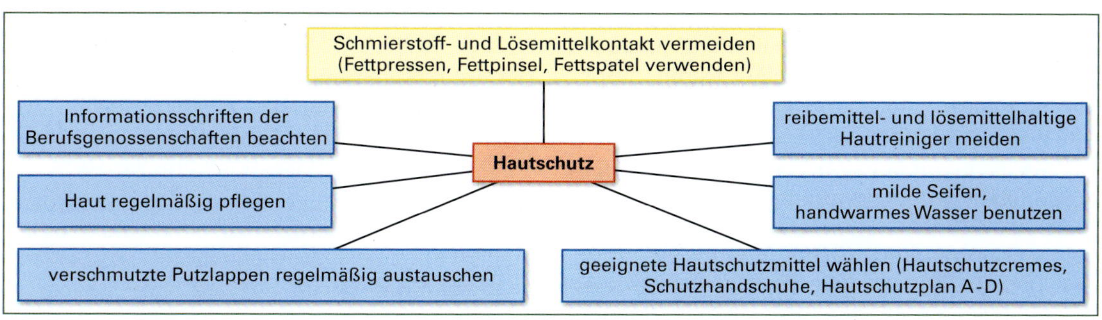


**Bild 2: Hautschutzmaßnahmen**

# 16 Produktsicherheit

Nach dem Produkthaftungsgesetz haftet für Fehler, die vom Produkt (Fahrrad) ausgehen, nicht nur der Hersteller und Importeur, sondern ersatzweise auch der Lieferant und Händler, der das Fahrrad verkauft hat.

Der Geschädigte muss nicht mehr beweisen, dass der Produzent schuldhaft gehandelt hat, sondern der Produzent muss sich entlasten, indem er beweist, dass ihn kein Verschulden an dem eingetretenen Schaden trifft.

Der einzig zuverlässige Schutz vor Haftungsansprüchen besteht für den Hersteller und Händler in einer konsequent betriebenen Qualitätssicherung.

## 16.1 Benutzerinformationen für Gebrauchsgüter

### 16.1.1 Informationspflicht

Der Benutzer wird durch vielfältige Informationen über sein Produkt in Kenntnis gesetzt:

Werbung, Verkaufsgespräch, Hinweise auf dem Produkt oder seiner Verpackung und die beigefügte Benutzerinformation (siehe Tabellenbuch Fahrradtechnik).

Die Benutzerinformation ist Bestandteil des Produktes. Ist die Information fehlerhaft, so hat das Produkt einen Fehler.

### 16.1.2 Informationsinhalte

Die Abfassung einer Benutzerinformation wird in der europäischen Maschinenrichtlinie vorgegeben:

Sie muss sich eindeutig auf das betreffende Produkt beziehen und sie muss für den Benutzer klar und verständlich sein.

Das bedeutet, dass pauschale Informationen für eine vielfältige Produktgruppe unzureichend sind, vor allem dann, wenn sie in einer komplizierten Ausdrucksweise oder gar in einer fremden Sprache abgefasst sind. In solchen Fällen kann ein Sachmangel vorliegen.

Der Inhalt einer Benutzerinformation ist ebenfalls vorgegeben. Die bestimmungsgemäße Verwendung des Produktes, seine zulässige Beladung, seine Endmontage vor der Benutzung, seine Wartung und Pflege sowie Warnhinweise zur Abwendung von Gefahren und vieles mehr gehören dazu.

Die übliche Benutzung der Produkte wandelt sich aber mit der Zeit. Neue technische Lösungen und die weite Verbreitung elektrisch angetriebener Zweiräder haben gerade beim Fahrrad in den letzten 15 Jahren zu erheblichen Erweiterungen der Nutzung geführt. Dem müssen auch die Inhalte der Benutzerinformation Rechnung tragen.

Für Fahrräder des allgemeinen Straßenverkehrs gab DIN 79100 den Aufbau einer Benutzerinformation vor. Dieser Text befasste sich unter anderem noch mit der Zuordnung der Bremsgriffe, aber nicht ausreichend mit Federelementen, Bremswirkungen der Scheibenbremsen und Risiken des Leichtbaus. Die „neue" DIN EN 14764 ist Anfang 2006 in Kraft getreten und wurde 2015 von DIN EN ISO 4210 abgelöst.

Der technische Fortschritt findet vor allem in der Weiterentwicklung einzelner Komponenten statt. Es ist deshalb üblich, dass Fahrradanbieter ihrer eigenen Benutzerinformation die einzelnen neuesten Informationen der Zulieferer beifügen. Über das komplexe Produkt Fahrrad in seinen vielfältigen Ausführungsarten kann auf diese Weise besonders gut und aktuell informiert werden.

### 16.1.3 Informationsfehler

Informationsfehler können zu Haftungsansprüchen der Kunden führen. Zumindest grobe Fehler sind deshalb unbedingt zu vermeiden.

Die Abgrenzung zwischen bestimmungsgemäßem Gebrauch und Fehlgebrauch ist schwierig und es stellt sich oft erst später heraus, dass die Produktinformation mangelhaft war. Dann entscheiden häufig die Gerichte.

Häufigster Informationsfehler ist die mangelhafte Warnung vor Fehlgebrauch. Bestimmte Fahrweisen und Beladungen, nachträgliche Veränderungen, Vorschädigungen, die nicht beseitigt wurden, ungenügende Wartung und Pflege und anderes können zu Gefährdungen führen.

Die Anbieter unterlassen es häufig bewusst, die Benutzung ihrer Produkte einzuschränken, weil dies verkaufshemmend wirkt und der Wettbewerb ähnliche Unterlassungen praktiziert.

Naheliegender Fehlgebrauch ist zudem nicht auszuschließen, sondern muss durch die Produktqualität abgedeckt sein. Zu warnen ist aber dringend vor Missbrauch.

[1] DIN EN ISO 4210-2, Absatz 5 „Benutzerinformation"

## 16.2 Gewährleistung

### 16.2.1 Sachmangel

Berechtigte Beanstandungen, die bereits bei der Übergabe des Produktes oder der Dienstleistung an den Endverbraucher vorhanden waren, sind vom Verkäufer kostenlos zu beseitigen. Darüber hinaus kann der Kunde entstandene Nachteile in Rechnung stellen.

Die gesetzliche Gewährleistungspflicht wurde ab 1. Januar 2002 von sechs Monaten auf zwei Jahre verlängert. Gebrauchsgüter und Dienstleistungen – also auch Reparaturen – unterliegen dieser Regelung.

Für gebrauchte Produkte und für Reparaturen ist eine Beschränkung der Gewährleistungspflicht auf ein Jahr zulässig, wenn sie ausdrücklich vereinbart wurde.

Ein Sachmangel ist dann vorhanden, wenn das Produkt nicht die Eigenschaften hat, die berechtigterweise von ihm erwartet werden konnten. Diese Erwartung stützt sich auf viele Punkte: das Versprechen des Verkäufers durch Werbung und Verkaufsgespräch, den Markennamen des Produktes, den Preis, den üblichen Gebrauch dieser Produktgruppe, den allgemeinen Stand der Technik und vieles mehr.

### 16.2.2 Beweislastumkehr

Als Beweislastumkehr bezeichnet man die Regelung, die davon ausgeht, dass ein Mangel, der in den ersten zwölf Monaten nach dem Kauf des Produktes auftritt, bereits bei der Übergabe vorhanden war. Der Verkäufer müsste das Gegenteil beweisen (dies gilt nicht bei Reparaturen).

Erst nach zwölf Monaten muss der Kunde selbst nachweisen, dass ihm beim Kauf ein mangelhaftes Produkt übergeben wurde. Der Kaufbeleg ist hierfür erforderlich.

Hieraus entstehen Risiken für den Händler. Er muss sich deshalb durch geeignete Maßnahmen schützen.

Mit dem Lieferanten muss der Händler Regelungen treffen, wie im Reklamationsfall zu verfahren ist. Der Händler hat ein Rückgriffsrecht auf den Lieferanten, wenn er den Mangel nicht zu verantworten hat. Auch hier dürfen alle entstandenen Aufwendungen in Rechnung gestellt werden.

Der Kunde erhält eine detaillierte Rechnung und unterzeichnet eine Übernahmeerklärung. Er soll dem Händler bestätigen, dass er das Produkt geprüft hat, dass keine Schäden erkennbar waren und eine ausführliche Benutzerinformation übergeben wurde.

Der Händler sollte sich ein Dokumentationsarchiv mit Rechnungskopien, Übernahmeerklärungen und Checklisten anlegen.

## 16.3 Haftung

### 16.3.1 Haftungsansprüche

Haftung ist der Oberbegriff für die rechtliche Verantwortlichkeit einer Person dafür, dass sie eine andere Person oder die Allgemeinheit durch ihre Handlungen oder durch einen Verstoß gegen rechtliche Pflichten gefährdet oder geschädigt hat.

*Beispiel:*
Haftung liegt (offenbar) vor, wenn das Versagen eines Produktes zu einem Unfall führte. Der Geschädigte hat Anspruch auf Ersatz seiner Schäden. Wenn die Voraussetzungen erfüllt sind, tritt die „Rechtsfolge" ein. Der Geschädigte wendet sich an den Händler und an den Hersteller. Eine rechtliche Auseinandersetzung wird eingeleitet.

Unsere Rechtsordnung ist in drei Bereiche gegliedert: das Zivilrecht, das Strafrecht und das öffentliche Recht. In allen drei Bereichen taucht der Begriff „Haftung" auf.

- Bei **zivilrechtlicher Haftung** muss der Täter dem Opfer Schadenersatz leisten.
- Bei **strafrechtlicher Haftung** muss sich der Täter vor der Strafjustiz verantworten.
- Bei **öffentlich rechtlicher Haftung** muss sich der Täter gegenüber einer Behörde verantworten.

Die zivilrechtliche Haftung untergliedert sich in die **vertragliche Haftung** (Ansprüche wegen Vertragsverletzung) und die **gesetzliche Haftung** (Ansprüche wegen deliktischen Handelns).

Die gesetzliche Haftung umfasst die **Produkthaftung** (wegen Herstellung und Vermarktung eines fehlerhaften Produktes) und die **sonstige gesetzliche Haftung** (z. B. bei Verkehrsunfällen).

Die Regulierung von Schäden ist in der Fahrradbranche Alltagsarbeit. Fahrräder sind filigrane Leichtfahrzeuge, die über sehr lange Zeit und unter verschiedenen Umständen benutzt und auch fehlbenutzt werden. Viele Schäden sind auf Fehlbenutzung zurückzuführen, doch Missbrauch oder mangelhafte Wartung sind nicht immer nachweisbar.

16

[1] In Deutschland, Österreich und der Schweiz sind unterschiedliche Bestimmungen (Sachmangel, Haftung, Garantie usw.) zu beachten.

Nachdem die Rechte der Verbraucher in den letzten Jahren wesentlich erweitert wurden, gleichzeitig die Fahrradbenutzung riskanter wurde, müssen die Anbieter aus Gründen der Gewährleistung und Produkthaftung höhere Risiken tragen. Gutachter und Gerichte klären strittige Sachverhalte.

Sach- und Körperschäden können hohe Kosten verursachen, einen Markennamen schädigen oder Wettbewerbsnachteile bewirken. **Bild 1** zeigt eine Gliederung der Schadensursachen, der Regelungen und der Folgen.

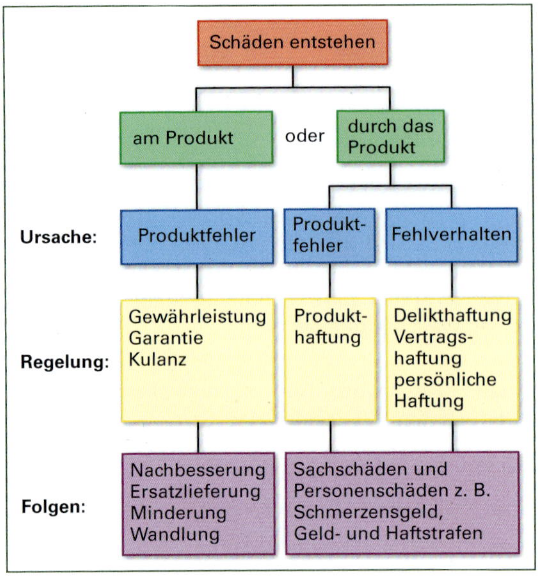


**Bild 1: Sach- und Körperschäden**

Ein Produkt hat einen Fehler, wenn es nicht die Sicherheit bietet, die unter Berücksichtigung aller Umstände (Darbietung, üblicher Gebrauch, Stand der Sicherheitstechnik) zum Zeitpunkt, zu dem es in den Verkehr gebracht wurde, berechtigterweise erwartet werden konnte.

### 16.3.2 Zivilrechtliche Produzentenhaftung



Sach- und Körperschäden durch fehlerhafte Fahrräder unterliegen der zivilrechtlichen Produzentenhaftung. Diese ist grundlegend im Bürgerlichen Gesetzbuch (§ 823, Abs. 1, BGB) und im Produkthaftungsgesetz (§ 1 ProdHaftG) geregelt.

In den vergangenen Jahren wurden die bestehenden Regelungen rund um die Produktsicherheit im Produksicherheitsgesetz (ProdSG) zusammengefasst und schaffen dadurch einheitliche Regeln für die Sicherheit Technischer Produkte. Die Kernaussage des Gesetzes zur Sicherheit von Gebrauchsgütern lautet:

*„Produkte dürfen nur dann in den Verkehr gebracht werden, wenn sie so beschaffen sind, dass bei bestimmungsgemäßem Gebrauch einschließlich des naheliegenden Fehlgebrauchs Sicherheit und Gesundheit von Benutzern oder Dritten nicht gefährdet sind."*

Für Schadensersatzansprüche der Anwender gelten zum einen die EU-weit vereinheitlichten Regelungen des Produkthaftungsgesetzes (ProdHaftG).

Für den Geschädigten ist aber der Schadensersatzanspruch nach BGB weiterhin vorteilhaft, denn

- nach BGB gibt es keine Selbstbeteiligung des Geschädigten für Sachschäden.
- die Haftung nach BGB gilt auch für Sachen, die überwiegend gewerblich genutzt werden.
- die Schadensersatzansprüche nach BGB erlöschen erst nach 30 Jahren (nach ProdHaftG nach 10 Jahren).

Der Gesetzestext § 823 (1) lautet:

*„Wer vorsätzlich oder fahrlässig das Leben, den Körper, die Gesundheit, die Freiheit, das Eigentum oder ein sonstiges Recht eines anderen widerrechtlich verletzt, ist dem anderen zum Ersatz des daraus entstehenden Schadens verpflichtet."*

Der Bundesgerichtshof hat die Anwendungsvoraussetzungen des § 823 auf die Schadensverursachung durch ein fehlerhaftes Produkt uminterpretiert und dem Hersteller die Beweislast für alle schadensverursachenden Vorgänge auferlegt.

## 16.4 Garantie und Kulanz

Es ist Tradition in der Fahrradbranche, dass einige Anbieter über die gesetzlichen Regelungen hinaus Garantie für die Qualität ihrer Produkte geben.

Für Fahrräder waren Garantiezeiträume von 5, 10 und 25 Jahre üblich – eine hilfreiche Zusage für den Verkauf neuer Produkte, aber ein unübersehbares Risiko für spätere Zeiten. Die Kundschaft wurde geradezu aufgefordert, diese kostenlose Leistung in Anspruch zu nehmen, wenn man nur alle Garantiebedingungen erfüllen konnte. Natürlich musste der Kaufbeleg vorhanden sein und eine passende Erklärung für den Schaden abgegeben werden.

Garantieleistungen an Fahrrädern wurden deshalb eingeschränkt. Sie bezogen sich teilweise nur noch auf den Rahmen. Reklamationsabteilungen prüften außerdem, ob die Leistung tatsächlich erbracht werden musste. Die Verlängerung der Gewährleistungspflicht auf zwei Jahre tat ein Übriges.

Aktuell sind Garantiezusagen im Fahrradhandel selten geworden. Üblich ist die freiwillige Bearbeitung der Schäden nach den zwei Jahren Gewährleistung auf dem Wege der Kulanz. Besonders Markenartikel werden kulant betreut.

Kulanz wird freiwillig geleistet, der Rechtsweg ist ausgeschlossen. Kulanz ist aber eine wichtige Werbemaßnahme, auf die ein Anbieter nicht verzichten kann.

**info**

Die Garantie ist ein freiwillig gegebenes Zusatz- oder Sonderversprechen des Herstellers oder des Händlers, das über die Gewährleistung hinausgehen muss. Die Garantie ist unabhängig von der Gewährleistung und hat neben ihr Bestand. Über die Garantie muss der Kunde eine schriftliche Unterlage erhalten, aus der die Garantiebedingungen hervorgehen.

## 16.5 Normen

Normen sind freiwillige Übereinkünfte von interessierten Fachleuten. Sie dienen der Vereinheitlichung bzw. der Festlegung möglichst eindeutiger und sinnvoll abgestimmter Ordnungen.

Genormt werden z. B. Maße, Begriffe, Qualitäten, Eigenschaften, Dienstleistungen und Arbeitsabläufe.

Es gibt Hausnormen und öffentlich anerkannte Normen. Hausnormen werden von Firmen und Organisationen frei gestaltet, um Besonderheiten interner Abläufe und Arbeitsergebnisse zu sichern. Sie basieren meist auf öffentlichen Normen, stellen aber abweichende Anforderungen. Die Erarbeitung öffentlicher Normen wird von nationalen oder internationalen Organisationen geleitet. Für Deutschland ist es DIN, für Europa CEN, weltweit ISO und ASTM.

### 16.5.1 Das DIN

Das Deutsche Institut für Normung e. V. ist ein technisch-wissenschaftlicher Verein mit Sitz in Berlin.

Das DIN verfolgt ausschließlich und unmittelbar gemeinnützige Zwecke, indem es durch Gemeinschaftsarbeit der interessierten Kreise Normen und andere Arbeitsergebnisse erstellt, sie veröffentlicht und ihre Anwendung fördert.

Am 22.12.1917 wurde das Deutsche Institut für Normung (DIN) gegründet. Anlass war die Notzeit des 1. Weltkrieges. Die arbeitsteilige Herstellung von Kriegsgütern zwang zu exakten Festlegungen. Normen dienen heute der Rationalisierung, der Qualitätssicherung und der Verständigung in Wirtschaft, Technik, Wissenschaft, Verwaltung und Öffentlichkeit.

Das DIN vertritt die deutsche Normung im In- und Ausland. In den letzten Jahren führte die Harmonisierung der Normen und Rechtsvorschriften in der Europäischen Gemeinschaft dazu, dass die nationale Normung einer bestimmten Sache eingestellt werden musste, wenn auf europäischer Ebene bei CEN eine Normung in diesem Bereich begonnen wurde. Das DIN beteiligt sich an den Normungsarbeiten und vertritt die deutschen Standpunkte im Rahmen der europäischen Normung. Das Ergebnis der europäischen Normung wird dann national übernommen. Bestehende nationale Normen, die den gleichen Themen- oder Produktbereich behandeln, müssen zurückgenommen werden. Dies ist erforderlich, um Handelshemmnisse abzubauen.

### 16.5.2 Normungsarbeit

Jeder kann das Einleiten von Normungsarbeiten beantragen. In Deutschland überprüft das DIN diese Anträge und stimmt sie mit den Arbeitsprogrammen der einzelnen Arbeitsausschüsse ab, in denen dann alle interessierten Kreise angemessen vertreten sein sollen und in denen dieArbeitsergebnisse möglichst einvernehmlich verabschiedet werden müssen.

Auch die Normungsarbeit ist genormt. DIN 820 ist in Deutschland seit mehr als 30 Jahren die Arbeitsgrundlage. In Teil 1 wurde festgelegt:

*„Normung ist die planmäßige, durch die interessierten Kreise gemeinschaftlich durchgeführte Vereinheitlichung von materiellen und immateriellen Gegenständen zum Nutzen der Allgemeinheit. Sie darf nicht zu einem wirtschaftlichen Sondervorteil Einzelner führen".*

### 16.5.3 Sicherheitsnormen Fahrrad

Neben den Maßnormen (z. B. für Schrauben-, Ketten-, Gewinde- und Rohrabmessungen) sind für die Fahrradindustrie vor allem die Sicherheitsnormen (z. B. für Lenker, Reifen, Felgen...) von Bedeutung. Sie dienen dem Schutz von Leben und Gesundheit sowie von Sachwerten.

Sicherheitsnormen bestehen aus drei Hauptteilen:

- Begriffe
- Anforderungen
- Prüfungen

**Begriffe** werden klar definiert, damit alle das Gleiche meinen. Beispiel: DIN EN 15532

**Anforderungen** werden gestellt, die als Mindestbedingungen von allen Produkten dieser Warengruppe (z.B. Fahrräder des allgemeinen Straßenverkehrs) erfüllt werden müssen. Dazu gehören statische, dynamische und Stoßbelastungen tragender Bauteile, Drehmomente, die von Klemmverbindungen zu ertragen sind, Bremswerte und Dauerfestigkeiten, Außenkonturen, Kennzeichnungen, Verkabelungen und Benutzerinformationen.

**Prüfungen** werden vorgeschlagen, die allerdings auch durch gleichwertige Testverfahren ersetzt werden können.

In der Einleitung wird der Anwendungsbereich der Norm klar beschrieben und es werden Verweise auf andere Normen zum gleichen Gegenstand (z.B. Antriebsketten, Bereifung, Felgen, Klingeln) gegeben.

Im Anhang findet man Hinweise zum besseren Verständnis der Norm.

Die Sicherheitsnormen gelten für eine bestimmte Warengruppe. Das bedeutet, dass die gestellten Anforderungen nur Mindestbedingungen für jedes Produkt dieser Warengruppe sind. Einfachste Nutzung, geringste Beladung und kurze Lebensdauer, aber Einschluss des naheliegenden Fehlgebrauchs, sind die Voraussetzungen.

Diese Mindestbedingungen können deshalb nicht für jedes Produkt dieser Warengruppe ausreichen. „Hält nach DIN" kann eine falsche Bewertung sein, wenn dem Kunden eine anspruchsvollere Nutzung des Produktes angeboten wird.

Zu beachten ist außerdem der Anwendungsbereich der Norm. DIN 79100 galt für Fahrräder, die der Straßenverkehrs-Zulassungs-Ordnung unterlagen und somit im öffentlichen Straßenverkehr benutzt werden durften. Sportgeräte wie MTB und Rennrad wurden nicht behandelt.

Ein weiteres Problem ist der technische Fortschritt. In der Fahrradtechnik gab es in den letzten 15 Jahren außergewöhnliche Entwicklungen, denen die Normungsarbeit nicht schnell genug folgen konnte.



Die Anbieter müssen deshalb das sicherheitstechnische Niveau ihrer Produkte zeitgemäß absichern. Das Produktsicherheitsgesetz (ProdSG) bezieht sich aus diesem Grunde nicht nur auf die geltenden Sicherheitsnormen, sondern stellt sinngemäß fest, dass der Kunde das Recht hat, die Qualität geliefert zu bekommen, die er unter angemessener Berücksichtigung aller Umstände zum Zeitpunkt des Kaufes in berechtigter Weise erwarten kann.

Auf der Basis geltender Normen, aber mit angemessenen Anforderungen und weiterentwickelten Prüfverfahren, sind deshalb die aktuellen Tests durchzuführen.

2015 sind neue Sicherheitsnormen für Fahrräder in Kraft getreten und in der Reihe DIN EN ISO 4210 „Sicherheitstechnische Anforderungen an Fahrräder" veröffentlicht. Die Normenstruktur wurde mit Bezug auf die Bauteile geändert, sodass es nicht für jeden Fahrradtyp eine separate Norm gibt.

Im Teil 1 der neuen Norm sind Fachbegriffe aktualisiert, die einen einheitlichen Sprachgebrauch zum Ziel haben. Beispiele:

- Aerodynamischer Aufsatz
- Verbundwerkstoff
- Größter Gang, kleinster Gang
- Rad
- Jugendfahrrad

Teil 2 enthält allgemeine Anforderungen an City- und Trekkingfahrräder, Jugendfahrräder, Geländefahrräder (Mountainbikes) und Rennräder. Die Teile 3 bis 9 beschreiben spezielle Prüfverfahren für Bremsen (4), Lenkung (5), Rahmen und Gabel (6), Räder und Felgen (7), Pedale und Antriebssystem (8) und Sättel und Sattelstützen (9). Für Kinderfahrräder gilt weiterhin die DIN EN 8098.

In den europäischen Normen werden keine Anforderungen an lichttechnische Einrichtungen, Reflektoren und Warnvorrichtungen festgelegt, da in den europäischen Ländern unterschiedliche nationale Vorschriften gelten.

## 16.6 Gesetzliche Vorschriften Fahrrad[1]

### 16.6.1 Die StVZO

Die Straßenverkehrs-Zulassungs-Ordnung regelt die technischen Vorraussetzungen von Fahrzeugen zur Teilnahme am allgemeinen Straßenverkehr. Die StVZO ist Teil des Straßenverkehrsrechts, zu dem auch die StVO, die Straßenverkehrsordnung, gehört.

Die Fahrerlaubnis-Verordnung (FeV) regelt die Erlaubnispflicht und die Ausweispflicht für Personen, die am Straßenverkehr teilnehmen.

Die StVZO enthält allgemeine Zielvorstellungen, denen alle Verkehrsteilnehmer und alle Fahrzeuge genügen müssen. Darüber hinaus gibt es spezielle Anforderungen, z.B. für Fahrräder und ihre Benutzer.

[1] In Deutschland, Österreich und der Schweiz sind unterschiedliche gesetzliche Vorschriften rund um das Fahrrad zu beachten.

### 16.6.2 Bauvorschriften Fahrrad

Im Gegensatz zu den Kraftfahrzeugen werden Fahrräder vom Hersteller, Importeur oder Händler eigenverantwortlich in den Verkehr gebracht. Ein „Fahrrad-TÜV" ist gesetzlich nicht vorgesehen. Fahrräder sind zulassungs- und betriebserlaubnisfreie Straßenverkehrsmittel. Es wird aber genau vorgeschrieben, wie Fahrräder sicherheitstechnisch ausgestattet sein müssen, damit sie am Straßenverkehr teilnehmen dürfen.

Wesentliche Merkmale sind:

- Zwei voneinander unabhängig wirkende Bremsen
- Eine helltönende Glocke
- Aktive und passive Beleuchtung
- Leichtgängige Lenkung
- Hersteller-Kennzeichnung

Nur die lichttechnischen Einrichtungen unterliegen genauen Bauvorschriften, die in den Technischen Anforderungen (den TAs) beschrieben sind.

*Beispiel:* Es wird vom Scheinwerfer eine Mindestbeleuchtungsstärke in 10 m Entfernung von 10 Lux bei 6 V Anlagen und 20 Lux bei 12 V Anlagen gefordert.

Die Bauteile der elektrischen Einrichtung müssen einer im § 22 a der StVZO enthaltenen Typprüfung genügen. Anschließend muss das Kraftfahrtbundesamt (KBA) eine Genehmigung erteilen.

Das Prüfzeichen (Wellenlinie) des Lichttechnischen Instituts der Uni Karlsruhe (LTIK) und die KBA-Genehmigungsnummer werden am Bauteil angebracht.

Eine Nachrüstpflicht für Fahrräder und Beleuchtungseinrichtungen, die sich bereits im Handel oder beim Endverbraucher befinden, ist nicht vorgesehen.

Die jahrelange Arbeit an einer eigenen Fahrradverordnung führte nicht zu einer Änderung der StVZO. Die Interessenvertreter der Industrie setzen sich durch und der Bundesrat lehnte im Jahr 2005 diese Verordnung ab.

### 16.6.3 Typprüfung Fahrrad[1]

Immer wieder wird diskutiert, ob Fahrräder betriebserlaubnispflichtig werden sollen. Eine Typprüfung und eine Genehmigung durch das Kraftfahrtbundesamt (KBA) wären dazu erforderlich.

Dem ist entgegenzuhalten, dass von Fahrrädern nur geringe Gefahren für andere Verkehrsteilnehmer ausgehen und dass der Zustand bei der Prüfung sich während der Benutzung ohne sorgfältige Wartung und Pflege schnell verändern kann. Ein Mehraufwand an Bürokratie und wenig Sicherheitsgewinn würden der Fahrradnutzung entgegenstehen.

Das zuständige Ministerium stellte deshalb wiederholt fest: Es ist ausreichend, wenn Fahrräder vom Hersteller oder seinem Vertreter eigenverantwortlich in den Verkehr gebracht werden. Für Produktfehler haftet der Hersteller.

## 16.7 Sicherheitstechnische Untersuchungen

Fahrräder werden für mannigfache Verwendungen gebaut. Sie bestehen aus zahlreichen Einzelteilen, die von vielen Zulieferern hergestellt und dann in der Massenproduktion zu vormontierten Fahrrädern zusammengefügt werden.

Dabei entstehen Gebrauchsgüter in unterschiedlichsten Qualitätsstufen, die erst durch die sorgfältige Endmontage im Handel fahrbereit sind.

### 16.7.1 Betriebslasten

Die Art der Verwendung bestimmt die Höhe und die Zusammensetzung der Betriebslasten. Unterscheidungen nach dem bestimmungsgemäßen Gebrauch und der Qualitätsstufe müssen vorgenommen werden, will man überprüfen, ob ein Fahrrad ausreichend sicher ist.

Die Qualitätsstufe gibt an, wie lange diese Belastungen ertragen werden.

Die Betriebslasten eines Fahrrades sind:

- Antriebskräfte bis hin zum Wiegetritt
- Lenkerkräfte
- Fahrbahnstöße bis hin zum Sprung oder Frontalaufprall
- Bremskräfte bis hin zur Vollbremsung

Überlagerungen treten zwischen Fahrbahnstößen und Bremsbelastungen auf.

Die Anteile der einzelnen Beanspruchungen und ihre Höhe unterscheiden sich stark zwischen den einzelnen Gebrauchsnutzenklassen. Besonderen Einfluss hat der individuelle Fahrstil des Radfahrers.

Die Betriebslasten der Fahrräder zeigen einige Besonderheiten, denn Fahrräder unterscheiden sich von allen anderen Fahrzeugen zum Personentransport vor allem dadurch, dass ihr Eigengewicht nur ca. 10 % des zulässigen Gesamtgewichtes beträgt.

Gleichzeitig beträgt die Antriebsleistung aus Muskelkraft nur 50 bis 150 Watt beim Fahren auf dem Cityrad, bzw. 400 Watt bis maximal 600 Watt bei trainierten Wettkampffahrern.

[1] In Deutschland, Österreich und der Schweiz sind unterschiedliche Bestimmungen zu beachten.

Unterstützt durch Rückenwind oder Hangabtriebskräfte können Spitzengeschwindigkeiten von 70 bis 80 km/h selbst von Normalradfahrern erreicht werden, von Sportlern noch mehr.

Die Betriebslasten unterscheiden sich je nach Fahrradtyp: Ein MTB wird z. B. härter angetrieben als ein Cityrad. Diese Unterscheidung ist wesentlich, wenn man Prüfverfahren festlegt.

*Beispiel:* Es ist unsinnig, Fahrräder ausschließlich durch Wiegetrittbelastungen zu prüfen. Fahrbahnstöße und die daraus resultierenden Massenbeschleunigungskräfte verschiedenster Art, teilweise überlagert durch Bremskräfte, sind für die richtige Dimensionierung der Komponenten wesentlich bedeutsamer. Bremskräfte dürfen nicht vernachlässigt werden.

Um die Höhe der voraussichtlichen Betriebslasten und ihre spezielle Zusammensetzung am einzelnen Produkt richtig vorherzusehen und entsprechende Prüflastkollektive festzulegen, muss man die unterschiedlichen Fahrradtypen vor einer Überprüfung klassifizieren.

**Gebrauchsnutzen**

Kinderräder, Cityräder, Trekkingräder, MTBs, Rennräder und Sonderformen wie z. B. Liege-, Sessel-, Lasten- oder Dreiräder sind für eine charakteristische Art der Verwendung optimiert. Daraus ergibt sich eine typische Verteilung der Betriebslasten.

**Zulässiges Gesamtgewicht und Lastverteilung**

Der Hersteller macht hierzu direkte Angaben in der Benutzerinformation und viele indirekte Angaben.

*Beispiel:* Gepäckträgertraglast, Belastung durch den vorderen Lowrider und Körbe.

**Qualitätsstufe**

Die Qualitätsstufe ist ein Maß für die Lebensdauer der Produkte. Im Test müssen die Produkte der oberen Qualitätsstufen länger halten.

**Betriebslasten**

Bereits 1997 diskutierte eine Arbeitsgruppe des Normenausschuss „Fahrräder" im DIN eine Untergliederung der Betriebslasten nach dem Gebrauchsnutzen.

Die Häufigkeitsverteilung ist als Kurve dargestellt **(Bild 1)**. Man liest die Darstellung so:

Kinderräder haben ein zulässiges Gesamtgewicht zwischen 40 kg und 70 kg, werden durchschnittlich mit einer Geschwindigkeit von 10 km/h gefahren; überwiegend auf glatten, ebenen Wegen.

Entsprechend sind die Prüflasten für Tests zu wählen.



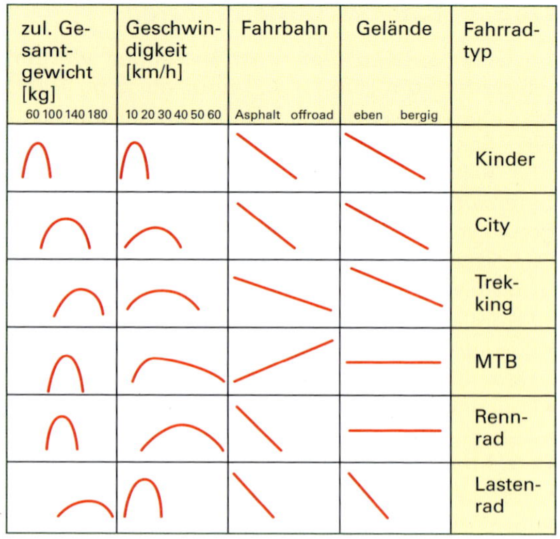


**Bild 1: Verteilung der Betriebslasten**

### 16.7.2 Betriebslastenermittlungen

Die traditionelle Art sichere Fahrräder zu bauen, beruht auf der jahrzehntelangen Erfahrung der Hersteller beim Bau einfacher Fahrräder in konservativer Technik. Erst Anfang der 1970er Jahre hat man die deutsche Fahrradsicherheitsnorm DIN 79 100 geschaffen und darin die Erfahrungswerte berücksichtigt.

Durch Erprobung (leider meist durch die Kundschaft) bekam man die Sicherheit, diese Festlegungen als ausreichend zu betrachten oder geringfügig zu verbessern.

Sportgeräte, vor allem das Rennrad, waren zu keiner Zeit durch diese Norm erfasst. Spezialisten bauten Hochleistungsprodukte auf der Basis ihrer eigenen Erfahrungen. Sportler waren die Tester.

Seit den 1980er Jahren hat die Fahrradtechnik aber neue Nutzungen erschlossen. Das Geländesportrad, das MTB, führte zu einer stürmischen Entwicklung neuer Komponenten, die später in Abwandlungen auch für alle anderen Fahrräder übernommen wurden. Dadurch kam es zu einer Überforderung der bis dahin bewährten Komponenten.

*Beispiel:*
- Aggressivere Bremsen belasteten Vorderradgabel und Rahmen wesentlich stärker.
- Federungen erhöhen den Fahrkomfort und verbessern die Bodenhaftung. Der Fahrer kann ruppiger über kleine Hindernisse fahren. Die Belastungen des Fahrrades steigen erheblich durch erhöhte Massenbeschleunigungskräfte. Es kommt zu Brüchen, die bis dahin ohne Federungen nicht auftraten.

- Leichtbau reduziert das Gewicht. Damit der Rahmen ausreichend steif bleibt, werden die Rohrdurchmesser vergrößert. Seitensteife Rahmen können besser die Tretarbeit in Vortrieb umsetzen, längssteife Rahmen-Gabel-Einheiten können aber die Frontalstöße nicht mehr ausreichend abfedern.
  *Beispiel:* Bei halbem Federweg verdoppeln sich die Zugkräfte im Oberrohr und die Druckkräfte im Unterrohr des Rahmens. Die Rahmen können reißen oder eindellen.

Die Lösung heißt: Kenntnis der Betriebslasten, Berechnung und Erprobung betriebsfester Konstruktionen und permanente Serienüberwachung in der Fertigung vermeiden Fehlkonstruktionen. Häufig sind es kleine Verbesserungen, die das Fahrrad sicherer machen.

Zwei Wege bieten sich an:

- Man lässt viele Fahrer über lange Zeit das Material testen.
- Man erfasst mit intelligenten Prüfprogrammen nur die schädigungsrelevanten Betriebslasten. Die Fahrräder und ihre Komponenten werden dann durch Maschinen im Labor belastet.

### 16.7.3 Messfahrten und Labormessungen

Durch Messfahrten werden die auftretenden Betriebslasten ermittelt. Mehrere Personen fahren wechselnd eine typische Teststrecke mehrfach ab.

Die dabei verursachten Bauteilbelastungen werden aufgezeichnet und ausgewertet. Der schädigungsrelevante Teil kann durch Rechenverfahren in Prüflastkollektive umgesetzt oder zum Test direkt über Hydropulser aufgebracht werden. Errechnete Prüfprogramme erfordern entsprechende Testeinrichtungen. Rollenprüfstände und pneumatisch betriebene Wechselbiegeeinrichtungen sind in der Fahrradindustrie für dynamische Tests üblich.

Die vielfältige Umsetzung der ermittelten Betriebslasten in Prüflastkollektive erfordert eine durchdachte Anordnung der Messpunkte.

Messpunkte am Beispiel MTB:

- Vorbau auf Torsion und Biegung
- Tretkurbel auf Antriebsmoment
- Sattelstütze auf Biegung
- Unter- und Oberstreben auf Zug und Druck
- Vorderrad auf vertikale und horizontale Aufstandskraft
- Geschwindigkeit am Vorderrad

Die Datenerfassungsanlage **(Bild 1, Seite 524)**, Messverstärker, Sensoren, Kabel, Batterien und das Gehäuse erhöhen die Fahrradmasse um ca. 3 kg.

Die **Bild 1 bis 6, Seite 525** zeigen einzelne Prüfstände der Firma velotech.de, Schweinfurt.

### 16.7.4 Prüfgrundlagen

Damit die sicherheitstechnischen Prüfungen am Fahrrad in vertretbar kurzer Zeit durchgeführt werden können, werden die Messwerte aufbereitet.

Zunächst entfallen alle Pausenzeiten und aus den Messwerten werden nur die schädigungsrelevanten Betriebslasten erfasst. In der Regel werden dabei Belastungen, die weniger als 15 % der Maximalwerte erreichen, vernachlässigt. Durch Umrechnung bildet man aus diesen reduzierten Messwerten Prüflastkollektive, die als ein- oder mehrstufige Blockprogramme gefahren werden.

Zusätzlich werden die Prüflasten gegenüber den Messwerten in bestimmtem Maße angehoben und dadurch die Prüfzeit deutlich verkürzt. Damit ist es möglich, die zehn Jahre dauernde dynamische Beanspruchung eines Fahrrades in 20 bis 40 Stunden auf dem Prüfstand nachzufahren.

### 16.7.5 Testverfahren, Testeinrichtungen

Die beste Erprobung eines Gebrauchsgutes ist seine Benutzung. Leider dauert das sehr lange und gefährdet die Benutzer unsicherer Produkte.

Außerdem kann der Hersteller die gewonnenen Erkenntnisse nur verwerten, wenn er seine Fahrräder über lange Zeit nicht wesentlich ändert. Diese Zeiten sind vorbei.

Strenge Haftungsregelungen, häufiger Modellwechsel, neue Materialien, grundsätzlich geändertes Design und weltweiter Zukauf wichtiger Bauteile zwingen den Hersteller zu anderen Testmethoden. Er muss Baugruppen oder fertig montierte Fahrräder in kürzester Zeit bewerten oder entsprechend zuverlässig bewertete Produkte einkaufen können.

Hierfür hat die Industrie zahlreiche Testmethoden entwickelt und entsprechende Testeinrichtungen geschaffen.

Die Mindestanforderungen und einfache Testmethoden wurden genormt.

Auf der Basis geltender Normen und Gesetze müssen die Anforderungen formuliert werden, denen ein bestimmtes Produkt genügen muss.

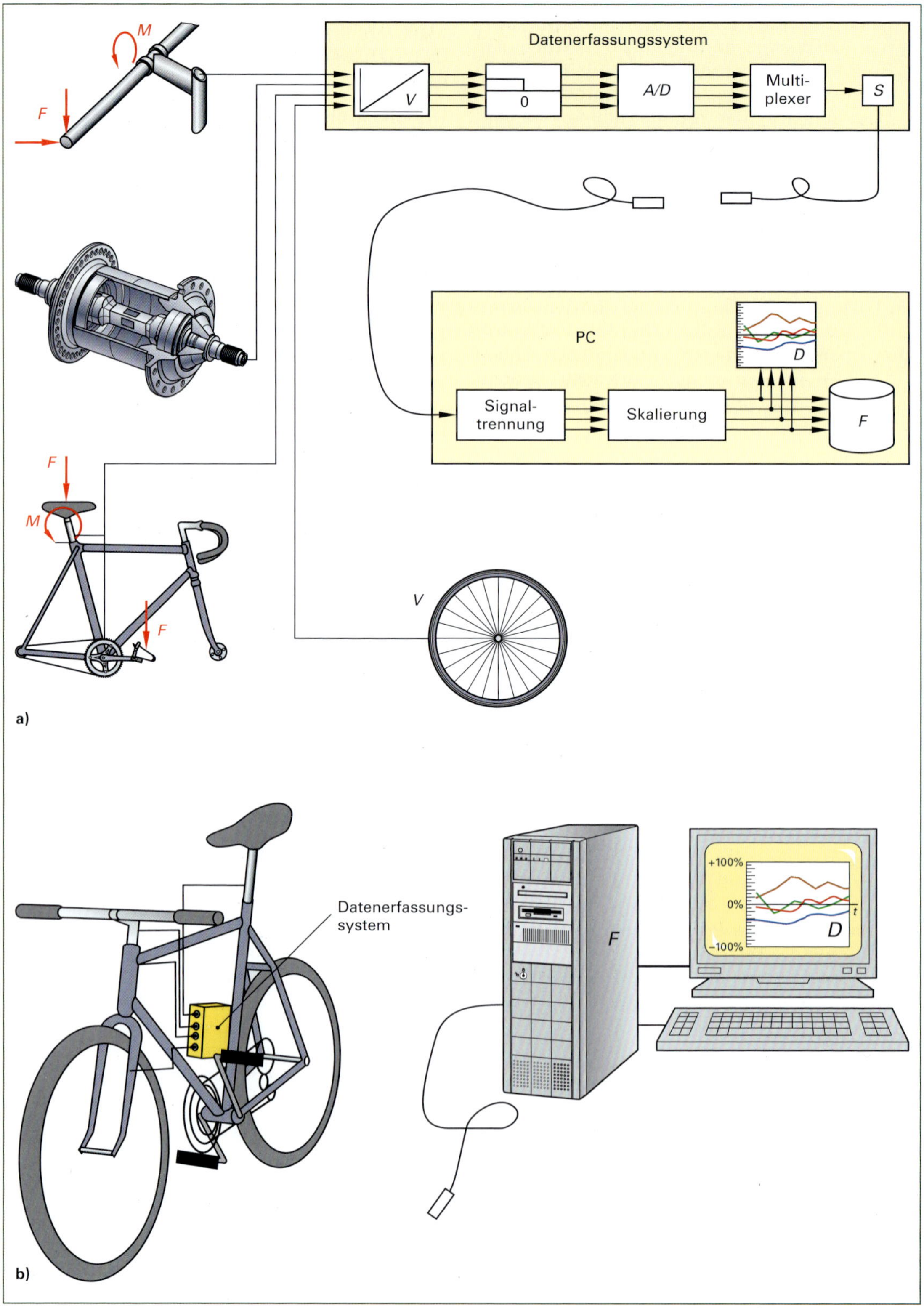


**Bild 1: Datenerfassungsanlage a) Schematische Darstellung der Messkette b) Messaufbau**

Bild 1: Frontalschlag

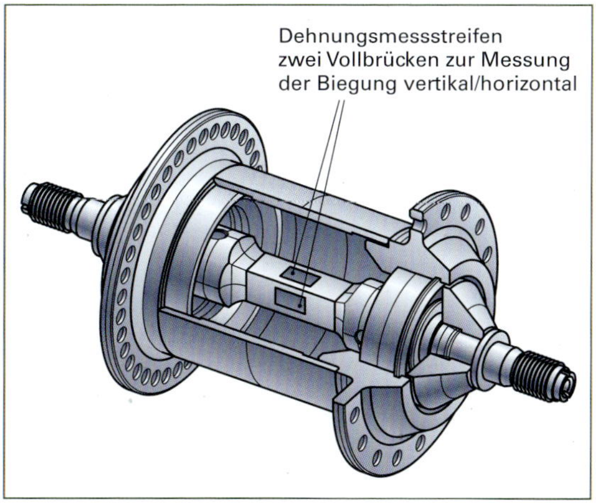


Bild 4: Messung der horizontalen und vertikalen Achsbiegung

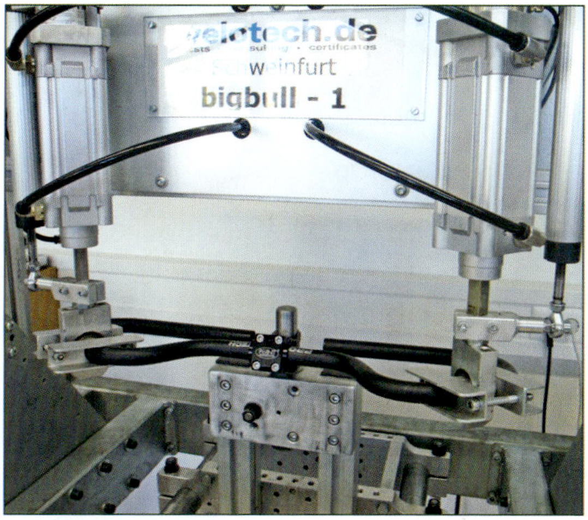


Bild 2: Lenkerprüfstand

Bild 5: Messung der Radaufstandskräfte

Bild 3: Simulation Wiegetritt

Bild 6: Bremsenprüfstand

Besonders im Bereich der mittleren und höheren Qualitäten müssen die zu stellenden Anforderungen deutlich über den Normen liegen.

Moderne Testverfahren belasten die zu prüfenden Teile (Prüflinge) in durchmischten Zyklen. Ein Prüfzyklus wird so zusammengesetzt, dass er den besonderen Gebrauchsnutzen des Prüflings abdeckt. Die Zahl der erreichten Zykluswiederholungen ist ein Maß für die Qualität.

*Beispiele*: Eine Lenker-Vorbau-Einheit soll dynamisch geprüft werden. Der Vorbau wird eingespannt und der Lenker an den Griffenden belastet **(Bild 2 und 3, Seite 525)**. Wechselseitige Belastungen simulieren den Wiegetritt und verlaufen in Richtung der Lenkachse (andernfalls würde man Lenkbewegungen ausführen). Gleichseitige Belastungen verlaufen in einem Winkel von 25° zur Lenkachse und simulieren die Bergabfahrt.

Diese wechselnden Belastungen werden kurzfristig erhöht und durch einzelne Sprungbelastungen ergänzt.

Das Prüfprogramm hat folgenden Aufbau je Zyklus:

- Wiegetritt normal
- Wiegetritt hart
- Downhill normal
- Downhill hart
- Sprung

Ein Prüfzyklus dauert ca. 1 Minute. 1000 Prüfzyklen müssen mindestens ohne Schaden durchfahren werden.

**Vorgang:** Das Fahrrad wird auf den Prüfstand montiert, während des Prüflaufes gewartet und vom Fahrtwind gekühlt **(Bild 1)**.

**Bild 1: Prüfzyklus auf dem Rollenprüfstand**



Folgende Lasten werden angebracht (Beispiel Trekkingrad):

- Lenker je 10 kg
- Pedale je 20 kg
- Sattel 55 kg
- Gepäckträger 25 kg

Die Bereifung wird mit Nenndruck aufgepumpt. Das beladene Fahrrad wird freischwingend über den beiden Prüfrollen gehalten.

Die Prüfrollen sind mit Stoßleisten bestückt. Die Bremsen sind an eine Betätigungseinrichtung angeschlossen.

| Schritt | Stoßleisten Anzahl/Höhe (mm) | Weg (km) | Geschwindigkeit (km/h) |
|---|---|---|---|
| 1 | 4 / 14 | 0,2 | 12 |
| 2 | 4 / 12 | 0,2 | 11 |
| 3 | 4 / 9 | 0,2 | 12 |
| 4 | 1 / 27 | 0,1 | 5 |
| 5 | 1 / 25 | 0,1 | 6 |
| 6 | 1 / 20 | 0,2 | 10 |
| 7 | 1 / 18 | 0,1 | 6 |

Ähnliche Prüfstände für dynamische Erprobungen existieren für Lenker **(Bild 2, Seite 525)**, Vorderradgabeln, Stoßdämpfer mit Hinterbau, Sattelstütze, Tretantrieb, Rahmen-Gabel-Einheit, Pedale etc.

Am Bremsenprüfstand **(Bild 6, Seite 525)** werden die Verzögerungskennlinien am trockenen oder nassen Vorder- und Hinterrad ermittelt.

Zusätzlich kann die Warmstandfestigkeit und die mechanische Standfestigkeit der Bremsen bestimmt werden.

Weitere Einrichtungen dienen der Ermittlung von Federkennlinien und Steifigkeitswerten:

- Federgabel
- Gefederter Hinterbau
- Kugellagersteifigkeit des Rahmens
- Längssteifigkeit der Rahmen-Gabel-Einheit
- Verdrehsteifigkeit des Rahmens
- Bremssteifigkeit der Rahmen-Gabel-Einheit

## 16.8 Schadensbegutachtung

### 16.8.1 Sach- und Körperschäden

Radfahrer können Schäden an ihren Sachen (dem Fahrrad, der Kleidung, der Ladung) oder an ihrem Körper erleiden. Sie können diese Schäden aber auch anderen zufügen. Hierfür kann es viele Ursachen geben. Meist handelt es sich um eine Kette unglücklicher Umstände. Menschliches Fehlverhalten ist zwar die häufigste Ursache, doch kann auch dieses Fehlverhalten gepaart sein mit technischen Mängeln, die für die Höhe des Schadens bestimmend waren.

Sachschäden am Fahrrad oder der Ausrüstung des Radfahrers können erhebliche Kosten verursachen. Körperschäden sind aber meist schwerwiegender, besonders wenn gesundheitliche Folgeschäden auftreten.

Es lohnt sich in jedem Fall für alle Beteiligten (also auch für den Händler und den Hersteller), Schäden gründlich zu analysieren und notfalls vorbeugende Maßnahmen in der Serienfertigung zu ergreifen.

### 16.8.2 Produkt- und Instruktionsfehler

**Produktfehler** können als fehlerhafte Konstruktion die gesamte Serie oder als Fertigungsfehler einen Teil der Serie bzw. ein Einzelstück betreffen.

**Materialfehler** gehören zur Gruppe der Fertigungsfehler, wenn das Material nicht in vorgegebener Weise verarbeitet wurde.

Das Produkt hat auch dann einen Fehler, wenn seine Nutzung eingeschränkt und vor Risiken nicht deutlich gewarnt wurde. Diese **Instruktionsfehler** sind ein häufiges Problem. Entweder ist die Bedienungsanleitung nicht deutlich genug formuliert, es fehlen Hinweise oder die Anleitung fehlt gänzlich. Die Übergabe eines QR-Codes entspricht nicht der Aushändigung einer Bedienungsanleitung.

Ein Fehler liegt immer dann vor, wenn das Produkt nicht die Sicherheit bietet, die unter angemessener Berücksichtigung aller Umstände berechtigterweise erwartet werden konnte.

### 16.8.3 Gerichts- und Privatgutachten

Schadensregulierungen können teuer sein und durch Rufschädigung zusätzlichen Ärger und Verluste verursachen. Deshalb werden Schadensfälle häufig strittig verhandelt. Hilfreich ist hier ein neutrales Gutachten. Sachverständige für Fahrradschäden und -bewertung werden von den Industrie- und Handelskammern und den Handwerkskammern geprüft, vereidigt und öffentlich bestellt. Sie können mit der Begutachtung beauftragt werden.

Wer selbst einen Gutachter sucht und beauftragt, erhält ein Privatgutachten. In vielen Fällen wird das den Sachverhalt klären und die Parteien im Rechtsstreit zu einer gütlichen Einigung kommen lassen.

Wird eine gerichtliche Auseinandersetzung angestrebt, muss der Gutachter durch das Gericht beauftragt werden. Die Parteien können aber Einspruch gegen die Berufung eines bestimmten Gutachters einlegen.

Das neutrale Gutachten geht dem Gericht zu (mindestens drei Exemplare) und wird den Parteien überstellt.

Ein Gutachten soll sich knapp und sachlich auf die Fragen des Gerichtes beziehen und darf nur diese Fragen beantworten. Weitergehende Begutachtungen können aus Sicht der Parteien oder des Gerichtes erforderlich sein. Sie müssen erneut vom Gericht in Auftrag gegeben werden. Zeigt sich ein Gutachter befangen, so kann das Gericht sein Gutachten verwerfen und einen anderen Sachverständigen beauftragen.

## 16.9 Risiken

Radfahren kann zu vielfältigen Unfällen führen, denn Zweiradfahrer befinden sich in einem labilen Gleichgewicht, das leicht gestört werden kann.

Unfallursachen sind vor allem:

- Fehlverhalten des Radfahrers
- Fehlverhalten anderer Verkehrsteilnehmer
- Mangelhafte Wartung
- Produktfehler

Die bestmögliche sicherheitstechnische Auslegung eines Fahrrades umfasst deshalb die Sicherung aller Funktionen des Fahrrades und die Reduzierung der Risiken aus menschlichem Fehlverhalten. Die richtige ergonomische Anpassung des Fahrrades an den Radfahrer und seine persönliche Art der Fahrradbenutzung sind ebenso wichtig wie die gute Funktion der Beleuchtungsanlage (gesehen werden!) und der Bremsen (ausweichen und anhalten können!).

Von allen anderen Verkehrsteilnehmern sind vor allem schnelle Kraftfahrzeuge das größte Problem. Von 100 im Straßenverkehr Deutschlands getöteten Radfahrern starben in den letzten Jahren mehr als 60 durch Pkw-Kollisionen. Schwerlastverkehr und Krafträder waren bei weiteren 15 % der tödlichen Unfälle beteiligt. Radfahrer und Fußgänger untereinander haben viele leichte, aber selten tödliche Unfälle. Die Alleinunfälle getöteter Radfahrer, d.h. dass kein anderer Beteiligter ermittelt wurde, betrugen weniger als 15 % – einige davon durch Bauteileversagen.

Es fällt auf, dass laut Statistik zwei Drittel aller im Straßenverkehr getöteten Radfahrer die Hauptschuld am Unfall zugesprochen wird (man nennt sie dann Erstbeteiligte), aber unter den schwerverletzten Radfahrern – die sich noch wehren können – nur ein Drittel die Hauptschuld trägt.

Der Fahrrad-Anbieter muss für die sichere Funktion und ausreichende Stabilität seiner Produkte sorgen. Hieraus ergibt sich, dass tragende Bauteile besonders sorgfältig geprüft werden müssen, speziell wenn sie sprödbrüchig sind (*Beispiel*: einige Leichtmetall-Legierungen) oder ihre Stabilität nur durch die Formgebung erzielt wird (*Beispiel:* extrem dünne Rahmenrohre).

Zu den besonders kritischen Bauteilen gehören Vorderradgabel, Lenker, Vorbau, Vorderrad, Vorderradbremse, Vorderradschutzblech und Sattelstütze. Aber auch das Versagen anderer Bauteile kann schwerwiegende Folgen haben.

Die Sicherheit eines Produktes muss der Benutzung angemessen sein. Überdimensionierungen sind am Leichtfahrzeug Fahrrad aber zuvermeiden, denn schwere Fahrräder akzeptiert der Markt nicht. Andererseits sind Unterdimensionierungen gefährlich.

Wie groß die Risiken eines Bauteileversagens sind, kann durch Tests festgestellt werden. Wie groß das Risiko schwerer Körperschäden ist, kann aus der Funktion des kritischen Bauteiles abgeleitet werden.

Man analysiert:

- Wie groß ist die Eintrittswahrscheinlichkeit des Schadens?
- Welche Chancen hat der Fahrer, die Gefahr rechtzeitig zu erkennen und ihre Folgen abzuwehren?
- Wie groß ist die Verletzungsgefahr bei Eintritt des Schadens?
- Wie lange dauert die Gefährdung an?

Hieraus leitet sich die Notwendigkeit einzelner technischer Sicherheitsmaßnahmen ab.

16

## 16.10 Produktsicherheit Elektrofahrrad

Seit 1977 gibt es in Deutschland das GS-Zeichen, das für „Geprüfte Sicherheit" steht. Es ist ein staatlich überwachtes Sicherheitszeichen zur Information der Endverbraucher. Es bestätigt dem Kunden, dass der Gebrauchsgegenstand den sicherheitstechnischen Anforderungen des europaweit harmonisierten Produktsicherheitsrechts genügt.

Seit 2010 gibt es das GS-Zeichen für Pedelecs.

Gegenüber Fahrrädern haben Pedelecs zusätzliche Betriebslasten zu ertragen:

- Höhere Durchschnittsgeschwindigkeiten
- Härtere und zahlreichere Bremsbelastungen **(Bild 1)**
- Zusätzliche Motor-Antriebsdrehmomente

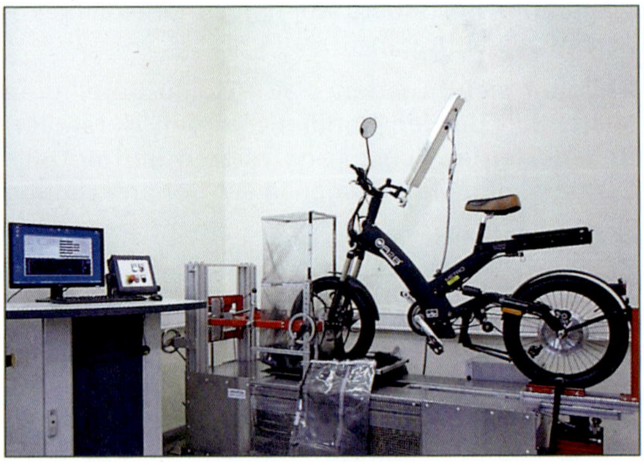

**Bild 1: Bremsenprüfstand für Pedelecs (Velotech.de)**

Das Antriebsdrehmoment aus der Pedalkraft des Fahrers wird bei voller Ausnutzung der elektrischen Motorunterstützung mehr als verdoppelt!

- Härteres Bergauffahren
- Höhere Beladungen und häufigere Anhängelasten

Die Mindestanforderungen sind:

- DIN EN ISO 4210 Teil 1 bis 9 und DIN EN 15194
- Maschinenrichtlinie 2006/42/EG
- Fahrradeigenschaften und Betriebsfestigkeiten nach DIN plus 2006
- Leistungsmessung nach EN 15194
- Sichere elektronische Ausstattung
- Elektromagnetische Verträglichkeit
- Ausstattung nach StVZO
- Steuerung nach EN 13849 Level C
- ZEK-Beschluss zu PAK (Schadstoffe)
- Dynamische Prüfung auf dem Rollenprüfstand

In der allgemeinen Entwicklung von Pedelecs und E-Bikes (zusammengefasster Begriff: LEV = Leicht-Elektro-Fahrzeuge) fehlt (noch) ein verbindlicher Standard für die elektrischen Komponenten wie Motor, Batterie, Steckverbindungen, Steuergerät, Display und Ladegerät. Fast jede Firma verwendet ihr eigenes System.

# 17 Fachrechnen und physikalisch-technologische Grundlagen

## 17.1 Längen

### Umrechnung von Längeneinheiten

Der Felgendurchmesser am Reifensitz (= Felgenmaulbreite) beträgt $d = 22''$.
Rechnen Sie um in mm, cm und m.

$1'' = 25{,}4$ mm

$d = 25{,}4 \text{ mm}/'' \cdot 22'' = 558{,}8 \text{ mm} \approx 559 \text{ mm}$

$d = 55{,}9 \text{ cm} = 0{,}559 \text{ m}$

Eine Rollenkette **(Bild 1)** für Normalräder hat die Bezeichnung 1/2 × 1/8 ISO 081.
Wie groß sind
a) die Teilung $p$ und
b) die Rollenbreite (innere Breite) $b_1$?

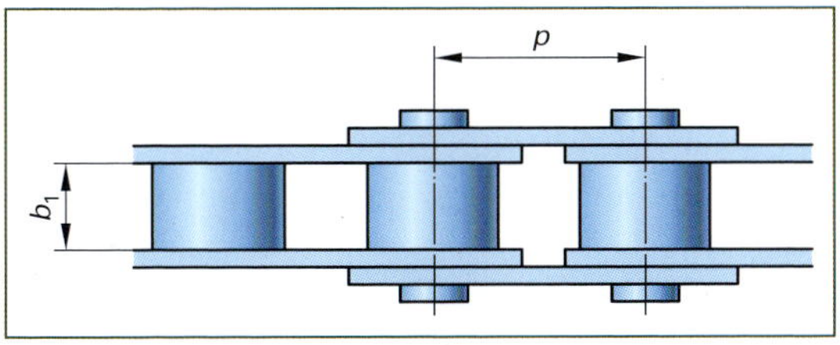


**Bild 1: Nennmaße einer Rollenkette**

a) $= p = 1/2'' \cdot 25{,}4 \text{ mm}/'' = 12{,}7 \text{ mm}$

b) $= b_1 = 1/8'' \cdot 25{,}4 \text{ mm}/'' = 3{,}2 \text{ mm}$

Eine Felge trägt die Bezeichnung (nach ETRTO): 27–622 mit dem Felgendurchmesser $d = 622$ mm.
Bestimmen Sie den Felgenumfang $U$.

$U = d \cdot \pi = 622 \text{ mm} \cdot 3{,}14 = 1953 \text{ mm}$

## 17.2 Drehzahl

### Umrechnung von Drehzahlen

Das Antriebsrad eines Fahrraddynamos dreht sich in 1 Sekunde 30 mal.
Wie groß ist seine Drehzahl $n$ pro Minute?

$$n = 30\,\frac{1}{\text{s}} \cdot 60\,\frac{\text{s}}{\text{min}} = 1800\,\frac{1}{\text{min}} = 1800 \text{ min}^{-1}$$

### Zahl der Umdrehungen

Der Reifendurchmesser eines 28"-Rades (40 – 635) beträgt 715 mm.
Wie oft dreht sich das Rad bei einer Fahrstrecke von 2 km?

$$k = \frac{\text{zurückgelegte Strecke}}{\text{Radumfang}} = \frac{2000 \text{ m}}{0{,}715 \text{ m} \cdot 3{,}14} \approx 891$$

### Drehzahl, Drehfrequenz

Ein Radrennfahrer (Reifen 27", $d = 670$ mm) fährt mit einer Geschwindigkeit von 36 km/h.
Bestimmen Sie[1]
a) die Drehzahl der Räder in Umdrehungen pro Minute ($\text{min}^{-1}$) und
b) in Umdrehungen pro Sekunde ($\text{s}^{-1}$).

$$\text{Drehzahl} = \frac{\text{Geschwindigkeit}}{\text{Radumfang}}$$

$$n = \frac{v}{U} = \frac{v}{d \cdot \pi}$$

$$\text{a) } n = \frac{36 \text{ km/h}}{2{,}104 \text{ m}} = \frac{36000 \text{ m}/60 \text{ min}}{2{,}104 \text{ m}} \approx 285 \text{ min}^{-1}$$

$$\text{b) } n = \frac{36000 \text{ m}}{3600 \text{ s} \cdot 2{,}104 \text{ m}} \approx 4{,}8 \text{ s}^{-1}$$

In der Elektrotechnik bezeichnet man die Drehzahl $n$ als Frequenz $f$. Die Frequenz des Rades beträgt $f = 4{,}8 \text{ s}^{-1} = 4{,}8$ Hz

## 17.3 Geschwindigkeit

### Umfangsgeschwindigkeit

Bestimmen Sie die Umfangsgeschwindigkeit
a) eines Punktes auf dem Umfang eines 28"-Rades 40 – 635 und
b) am Umfang des Nabenflansches (Durchmesser 80 mm).
Die Drehzahl des Rades beträgt $200 \text{ min}^{-1}$.

[1] $k$ steht für die Anzahl der Umdrehungen, $n$ für die Anzahl der Umdrehungen pro Minute (Drehzahl)

Reifendurchmesser $d = 635 + 2 \cdot 40 = 715$ mm

$d = 0{,}715$ m

$v = d \cdot \pi \cdot n$

a) $v_1 = 0{,}715\ \text{m} \cdot 3{,}14 \cdot 200\ \text{min}^{-1} = 449\ \text{m/min}$

$v_1 = 7{,}5$ m/s

b) $v_2 = 0{,}08\ \text{m} \cdot 3{,}14 \cdot 200\ \text{min}^{-1} = 50\ \text{m/min}$

$v_2 = 0{,}83$ m/s

Ein Rennradfahrer pedaliert mit einer Trittfrequenz von 90 (d. h. 90 Kurbelumdrehungen pro Minute, $n = 90\ \text{min}^{-1}$). Der Tretkurbelradius beträgt 170 mm, das Kettenrad mit 46 Zähnen hat einen Teilkreisdurchmesser von 186 mm.

Bestimmen Sie die Geschwindigkeit der Antriebskette in

a) m/s und

b) km/h.

Die Drehzahlen von Tretkurbel und Kettenrad sind gleich: $n = 90\ \text{min}^{-1}$.

Die Umfangsgeschwindigkeit am Teilkreisdurchmesser des Kettenrades ist gleich der Kettengeschwindigkeit:

$v = d \cdot \pi \cdot n = 0{,}186\ \text{m} \cdot 3{,}14 \cdot 90\ \text{min}^{-1} = 52{,}6\ \text{m/min}$

a) 0,88 m/s

b) $v = 3{,}2$ km/h

Ein Radfahrer fährt auf seinem 28″-Fahrrad (Reifenmaße 40–635) mit einer Geschwindigkeit von 30 km/h. Sein Seitenläufer-Dynamo ist angelegt. Der Abrollradius am Reifen soll 34,5 cm betragen.

Mit welcher Drehzahl ($n$ in U/min bzw. $\text{min}^{-1}$) dreht sich das ø 20 mm-Dynamorädchen bzw. der Magnetläufer (Antriebsschlupf wird nicht berücksichtigt)?

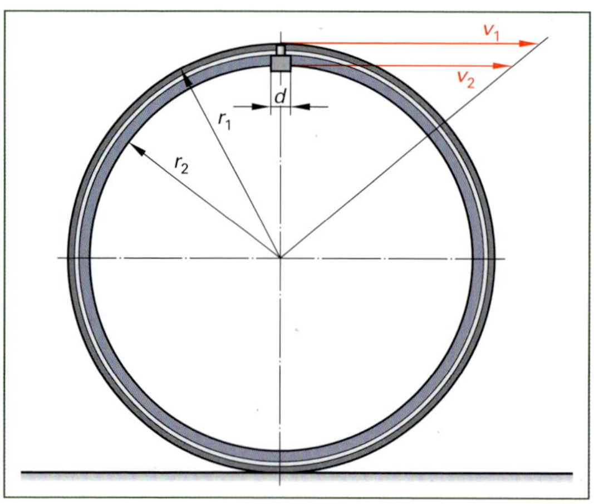


**Bild 1: Umfangsgeschwindigkeit am drehenden Rad**

Umfangsgeschwindigkeit am Dynamoumfang nach **Bild 1** bei 30 km/h = 8,39 m/s:

$$\frac{v_1}{v_2} = \frac{r_1}{r_2}$$

$$v_2 = v_1 \cdot \frac{r_2}{r_1} = 8{,}33\ \text{m/s} \cdot \frac{34{,}5\ \text{cm}}{35{,}75\ \text{cm}} \approx 8\ \text{m/s}$$

Die Umfangsgeschwindigkeiten von Rad und Dynamorädchen sind annähernd gleich: 8 m/s

$v = d \cdot \pi \cdot n$

$$n = \frac{v}{d \cdot \pi} = \frac{8\ \text{m/s}}{0{,}02\ \text{m} \cdot 3{,}14} = 127\ \text{s}^{-1} = 7620\ \text{min}^{-1}$$

### Mittlere Geschwindigkeit

Ein Radfahrer benötigt für eine Strecke von $s = 17$ km eine Zeit von $t = 40$ Minuten.

Wie groß ist seine mittlere Geschwindigkeit?

$$v = \frac{s}{t} = \frac{17\ \text{km}}{40\ \text{min}} = \frac{17\ \text{km}}{40\ \text{min} \cdot \frac{1\ \text{h}}{60\ \text{min}}} = 25{,}5\ \text{km/h}$$

### Weg-Zeit-Diagramm

Ein Radfahrer fährt in $t_1 = 1{,}5$ Stunden eine Strecke $s_1 = 20$ Kilometer, macht anschließend eine Pause von $t = 0{,}5$ Stunden und fährt dann in $t_2 = 2$ Stunden eine Strecke von $s_2 = 35$ km.

Erstellen Sie ein Weg-Zeit-Diagramm ($s$-$t$-Diagramm **Bild 2**).

Bestimmen Sie die Durchschnittsgeschwindigkeit $v_m$.

$$v_m = \frac{\text{Gesamtweg}}{\text{Gesamtzeit}} = \frac{20\ \text{km} + 35\ \text{km}}{1{,}5\ \text{h} + 0{,}5\ \text{h} + 2\ \text{h}} = \frac{55\ \text{km}}{4\ \text{h}}$$

$v_m = 13{,}75$ km/h

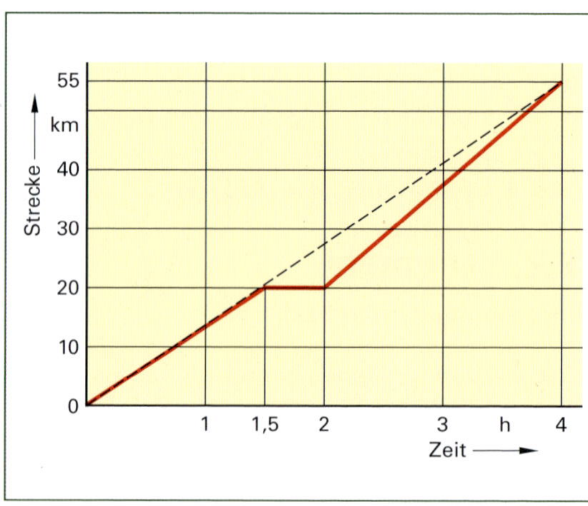


**Bild 2: Weg-Zeit-Diagramm**

**Winkelgeschwindigkeit**

Wie groß ist die Winkelgeschwindigkeit der 27″-Räder eines mit 36 km/h fahrenden Rennradfahrers?

Die Winkelgeschwindigkeit ist an allen Punkten des Rades gleich groß. Jeder Punkt eines gleichförmig drehenden Rades überstreicht in der gleichen Zeit den gleichen Winkel.

$$\omega = \frac{v}{r} = \frac{10 \text{ m/s}}{0{,}335 \text{ m}} \approx 30 \text{ s}^{-1}$$

## 17.4 Beschleunigung und Verzögerung

Ein mit 10 km/h fahrender Radfahrer erhöht seine Geschwindigkeit innerhalb von 2 Sekunden auf 30 km/h. Wie groß ist seine Beschleunigung?

$$\text{Beschleunigung} = \frac{\text{Geschwindigkeitsunterschied}}{\text{Zeitunterschied}}$$

$$a = \frac{v_2 - v_1}{t_2 - t_1} = \frac{30 \text{ km/h} - 10 \text{ km/h}}{2 \text{ s}} = \frac{20 \text{ km/h}}{2 \text{ s}}$$

$$a = \frac{5{,}6 \text{ m/s}}{2 \text{ s}} = 2{,}8 \text{ m/s}^2$$

Wie groß muss für einen Radfahrer die Bremsverzögerung sein, damit seine Geschwindigkeit von 36 km/h in 1 Sekunde auf 5 km/h verringert wird?

$v_1 = 10$ m/s, $v_2 = 1{,}4$ m/s

$$a = \frac{v_1 - v_2}{t} = \frac{10 \text{ m/s} - 1{,}4 \text{ m/s}}{1 \text{ s}} = 8{,}6 \text{ m/s}^2 \text{ (fast 1 g)}$$

## 17.5 Anhalteweg und Bremsweg

Berechnen Sie den Anhalteweg eines Radfahrers (Bremsverzögerung $a = 3{,}4$ m/s²). Vor dem Bremsen beträgt die Geschwindigkeit $v = 20$ km/h. Seine Reaktionszeit beträgt $t_R = 0{,}5$ s.

Der Anhalteweg setzt sich aus dem Reaktionsweg und dem Bremsweg zusammen:

$$s_A = s_R + s_B$$

Die Formel für den Reaktionsweg lautet:

$$s_R = v \cdot t_R$$

und für den Bremsweg: $s_B = \frac{v^2}{2 \cdot a}$

Geschwindigkeiten sind in der Einheit m/s einzusetzen.

Es gilt:

1 m/s = 3,6 km/h bzw. 1 km/h = 0,28 m/s

20 km/h = 5,6 m/s

$$s_A = v \cdot t_R + \frac{v^2}{2 \cdot a} = 5{,}6 \text{ m/s} \cdot 0{,}5 \text{ s} + \frac{(5{,}6 \text{ m/s})^2}{2 \cdot 3{,}4 \text{ m/s}^2}$$

$$s_A = 2{,}8 \text{ m} + 4{,}6 \text{ m} = 7{,}4 \text{ m}$$

**Anhaltezeit**

Berechnen Sie die Anhaltezeit des Radfahrers aus der letzten Aufgabe.

Die Anhaltezeit setzt sich zusammen aus der Reaktionszeit und der Bremszeit:

$$t_A = t_R + t_B$$

Die Formel für die Bremszeit lautet: $t_B = \frac{2 \cdot s_B}{v}$

$$t_A = 0{,}5 \text{ s} + \frac{2 \cdot 4{,}6 \text{ m}}{5{,}6 \text{ m/s}} = 2{,}1 \text{ s}$$

## 17.6 Masse und Dichte

Alle Körper haben eine bestimmte Masse und eine bestimmte Dichte. Unter „Masse" versteht man die Stoffmenge, z. B. besteht ein Fahrradrahmen aus *n* Eisenteilchen und nimmt die Masse von 4 kg ein.

Die Einheit der Masse ist kg. 1 *l* Wasser (bei 4 °C) hat die Masse von 1 kg.

Die Dichte macht eine Aussage darüber, wie dicht die Teilchen (Atome, Moleküle u. a.) „gepackt" sind und wie schwer sie sind.

So hat z. B. das Element Eisen (chem. Zeichen Fe) die Dichte $\varrho = 7{,}85$ g pro cm³.

Die Dichte hat die Einheit g/cm³ oder kg/dm³ oder t/m³.

Masse = Dichte · Volumen $\quad m = \varrho \cdot V$

Bestimmen Sie die Masse von einem $l = 1$ m langen Aluminiumrohr mit dem Außendurchmesser $D = 40$ mm und einer Wanddicke $t = 3$ mm.
Die Dichte von Aluminium beträgt $\varrho = 2{,}7$ g/cm³.

$$m = \varrho \cdot V = \varrho \cdot (D^2 - d^2) \cdot \frac{\pi}{4} \cdot l$$

$$m = 2{,}7 \text{ g/cm}^3 \cdot (4^2 \text{ cm}^2 - 3{,}4^2 \text{ cm}^2) \cdot \frac{\pi}{4} \cdot 100 \text{ cm}$$

$$m = 941 \text{ g}$$

Ein Kurbellagergehäuse **(Bild 1)** wiegt 80 g. In einem Überlaufversuch **(Bild 2)** wird ein Volumen von 10,2 cm³ gemessen.
Wie groß ist die Dichte der Muffe?
Aus welchem Werkstoff besteht sie?

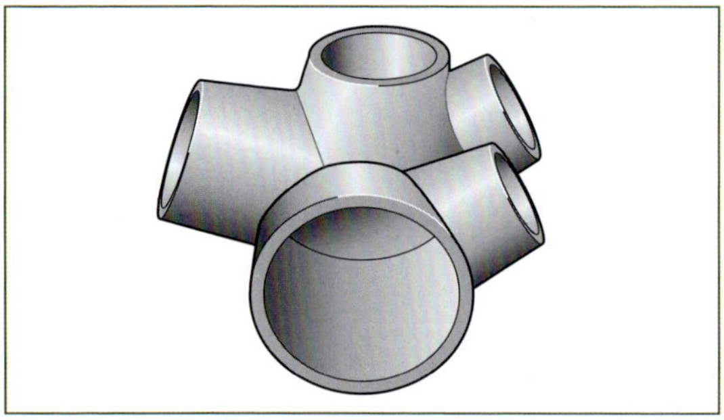

**Bild 1: Kurbellagergehäuse**

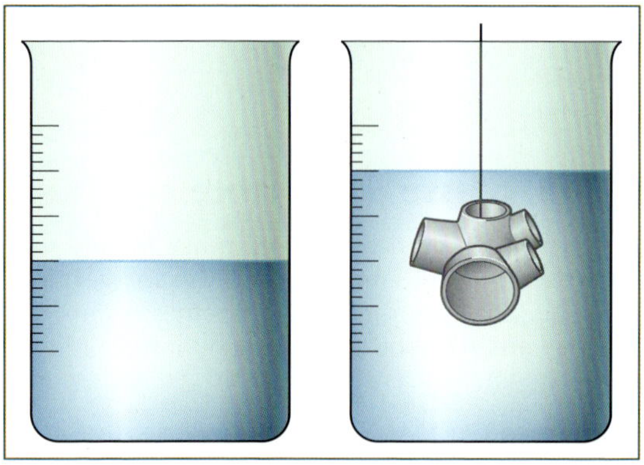

**Bild 2: Überlaufversuch**

$$\varrho = \frac{m}{V} = \frac{80 \text{ g}}{10{,}2 \text{ cm}^3} = 7{,}85 \text{ g/cm}^3$$

Der Werkstoff ist Stahl, z. B. USt 1404

## 17.7 Trägheit und Trägheitsmoment

Eine Eigenschaft der Masse ist ihre Trägheit (andere Eigenschaften sind u. a. Dichte, Gewicht und Härte). Massen setzen einer Bewegungsänderung einen Widerstand entgegen. Handelt es sich um eine geradlinige Bewegung, bemisst sich die Trägheit in kg.

Bei kreis- oder bogenförmigen Bewegungen kommt noch der Abstand zum Drehzentrum hinzu und die Verteilung der Masse im Körper. Man spricht vom „Trägheitsmoment“ bzw. „Massenträgheitsmoment“. Trägheitsmomente haben die Einheit kgm² und das Kurzzeichen $I$.

Für ein sich um die Schwerpunktachse drehendes Vollrad gilt die Formel $I = ½ \cdot m \cdot r^2$ und für ein Drahtspeichenrad in erster Näherung die Formel $I = m \cdot r^2$.

Beim Rollen dreht sich das Rad um den Aufstandspunkt. Dadurch kommt ein Abstand zum Schwerpunkt hinzu und das Trägheitsmoment ist größer:

$I_{\text{Vollrad}} = 1{,}5\ mr^2$ und $I_{\text{Speichenrad}} \approx 2mr^2$

Wie groß ist das Trägheitsmoment eines 27″-Drahtspeichen-Vorderrades der Masse 1,2 kg (der Radius beträgt 0,335 m):
a) beim Drehen, b) beim Rollen?

a) $I = m \cdot r^2 = 1{,}2 \text{ kg} \cdot (0{,}335 \text{ m})^2 = 0{,}135 \text{ kgm}^2$
b) $I = 2 \cdot m \cdot r^2 = 0{,}27 \text{ kgm}^2$

## 17.8 Flächenmoment und Widerstandsmoment

Das Trägheitsmoment mit der Einheit kgm² ist nicht zu verwechseln mit dem Flächenmoment und dem Widerstandsmoment. Bei einer Beanspruchung auf Biegung muss u. a. das Flächenmoment mit der Einheit cm⁴ (oder das Widerstandsmoment mit der Einheit cm³) bekannt sein, um die Abmessungen eines Profiles zu bestimmen.

Kennt man bei einer Biegebeanspruchung den Randfaserabstand, dient das (axiale) Widerstandsmoment zur Berechnung der Biegespannung.

Gegeben ist ein Rohr mit dem Außendurchmesser 25 mm und einer Wanddicke von 2 mm (Rohr 25 × 2).
Entnehmen Sie einem Tabellenbuch die Werte für das Flächenmoment $I$ und für das Widerstandsmoment $W$.

$I = 0{,}96 \text{ cm}^4$ $W = 0{,}77 \text{ cm}^3$

## 17.9 Kraft

**Gewichtskraft**

Die Masse eines Radfahrers beträgt 75 kg, sein Fahrrad hat die Masse 13 kg.
Bestimmen Sie das Gewicht des Systems Fahrer und Rad.

Gewicht = Gewichtskraft = Masse × Erdbeschleunigung

$F_G = m \cdot g$

Kräfte haben die Einheit N.

$1 \text{ N} = 1 \text{ kgm/s}^2$

$F_G = (75 \text{ kg} + 13 \text{ kg}) \cdot 9{,}81 \text{ m/s}^2 \approx 863 \text{ N}$

17

**Druck**

Als Druck bezeichnet man den Spannungszustand flüssiger und gasförmiger Körper. Druck wird als Kraft definiert, die senkrecht und gleichmäßig auf eine Fläche einwirkt. Die Druckeinheit in der Technik ist bar:

$p = 1\ \text{bar} = 10\ \text{N/cm}^2$

Die SI-Einheit des Druckes ist Pascal [Pa].

$1\ \text{Pa} = 1\ \text{N/m}^2$.

Der Arbeitskolben eines Bremszylinders hat einen Durchmesser von 12 mm, die Kolbenkraft beträgt 300 N.
Wie groß ist der Flüssigkeitsdruck?

$$p = \frac{F}{A} = \frac{300\ \text{N}}{(1{,}22\ \text{cm})^2 \cdot \pi/4} = 265\ \text{N/cm}^2 = 26{,}5\ \text{bar}$$

Ein Breitreifen ist mit 3,5 bar aufgepumpt. Die Reifenaufstandsfläche wurde mit 15 cm² gemessen (Abdrückversuch mit Tinte, siehe **Bild 1**).

Mit welcher Kraft drückt der Reifen auf die Fahrbahn (die Gegenkraft wird vom Untergrund ausgeübt).

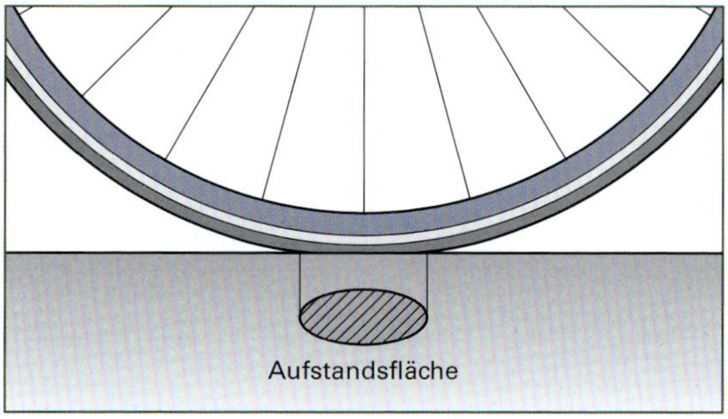


**Bild 1: Reifenaufstandsfläche**

$F = p \cdot A = 35\ \text{N/cm}^2 \cdot 15\ \text{cm}^2 = 525\ \text{N}$

Einige Hersteller geben den Reifendruck in psi an (psi = lbf/in²).

Es gilt folgende Umrechnung:

1 bar = 14,5 psi bzw. 1 psi ≈ 0,07 bar

In der technischen Mechanik versteht man unter Druck eine Beanspruchungsart. Das Sitzrohr eines Fahrradrahmens erfährt durch eine Druckkraft eine Druckspannung:

$$\sigma_d = \frac{F}{S}$$

mit $F$ als Druckkraft (in der Regel eine Komponente der Gewichtskraft), $S$ als Querschnittsfläche (hier ein Rohrquerschnitt) und $\sigma_d$ als auftretende Druckspannung. Diese darf höchstens so groß sein wie die zulässige Druckspannung (siehe auch **Seite 567** „Festigkeit").

Eine Sattelstütze ø 27,2 × 2,5 wird beim Überfahren eines Hindernisses mit einer Druckkraft von 2000 N belastet.

Wie groß ist die Druckspannung in der Sattelstütze?

$S = d_m \cdot \pi \cdot t = (27{,}2 - 2{,}5)\ \text{mm} \cdot 3{,}14 \cdot 2{,}5\ \text{mm}$

$S = 194\ \text{mm}^2$

$$\sigma_d = \frac{F}{S} = \frac{2000\ \text{N}}{194\ \text{mm}^2} = 10{,}3\ \text{N/mm}^2$$

**Normalkraft, Hangabtriebskraft**

Auf einer mit 30° geneigten schiefen Ebene liegt ein 5 kg schwerer Klotz.

a) Wie groß ist die Gewichtskraft?

b) Welche Kraft wirkt senkrecht auf die Unterlage?

c) Wie groß ist die Hangabtriebskraft? Skizze **(Bild 2)**.

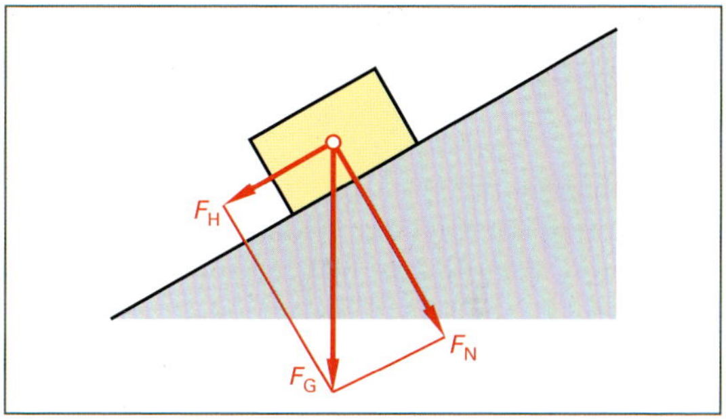


**Bild 2: Hangabtriebskraft**

Gewichtskräfte $F_G$ wirken in Richtung des Erdmittelpunktes. Unter einer Normalkraft $F_N$ versteht man den Kraftanteil, der senkrecht auf die Unterlage wirkt. Die Hangabtriebskraft $F_H$ wirkt parallel zur Unterlage nach unten.

a) $F_G = m \cdot g \approx 5\ \text{kg} \cdot 10\ \text{m/s}^2 \approx 50\ \text{N}$

b) $F_N = F_G \cdot \cos\alpha = 50\ \text{N} \cdot 0{,}866 = 43{,}3\ \text{N}$

c) $F_H = F_G \cdot \sin\alpha = 50\ \text{N} \cdot 0{,}5 = 25\ \text{N}$

**Beschleunigungskraft**

Ein „88-kg-System" aus Fahrer und Rad erhöht innerhalb von 3 s die Geschwindigkeit von 5 km/h auf 25 km/h.

Bestimmen Sie die notwendige (Beschleunigungs-) Kraft.

Kraft = Masse × Beschleunigung

Als Buchstabengleichung: $F = m \cdot a$

Die Masse hat die Einheit kg, die Beschleunigung m/s². Geschwindigkeiten müssen in m/s eingesetzt werden.

$$a = \frac{v_2 - v_1}{t_2 - t_1} = \frac{6{,}9\ \text{m/s} - 1{,}4\ \text{m/s}}{3\ \text{s} - 0\ \text{s}} = \frac{5{,}5\ \text{m/s}}{3\ \text{s}} = 1{,}8\ \text{m/s}^2$$

$$F = m \cdot a = 88\ \text{kg} \cdot 1{,}8\ \text{m/s}^2 = 158\ \text{N}$$

**Verzögerungskraft, Bremskraft**

Das 88-kg-System aus der letzten Aufgabe bremst aus einer Geschwindigkeit von 36 km/h innerhalb von 4 Sekunden bis zum Stillstand ab.

Welche Verzögerungskraft müssen die Bremsen aufbringen?

$$a = \frac{v_2 - v_1}{t_2 - t_1} = \frac{10\ \text{m/s} - 0\ \text{m/s}}{4\ \text{s} - 0\ \text{s}} = \frac{10\ \text{m/s}}{4\ \text{s}} = 2{,}5\ \text{m/s}^2$$

$$F = m \cdot a$$

$$F = 88\ \text{kg} \cdot 2{,}5\ \text{m/s}^2 = 220\ \text{N}$$

**Gleitreibungskraft**

Gleitreibungskraft ist der Widerstand, den ein in Bewegung befindlicher Körper seiner weiteren Bewegung entgegensetzt.

Versuchsanordnung **Bild 1**: Um die Gleitreibungszahl eines Reifens auf Asphaltboden zu ermitteln, schneidet man von dem Reifen ein Probestück ab. Man beschwert das Reifenstück mit einem Gewichtsstück und wiegt beide. Mit einem Kraftmesser zieht man den beschwerten Reifen über den waagerechten Asphaltboden und liest während der gleichmäßigen Bewegung die Zugkraft (Reibungskraft) ab.

Bestimmen Sie mit folgenden Werten die Gleitreibungszahl $\mu_G$ eines Reifens auf Asphalt:

$F_R = 20$ N,

$F_G\ (= F_N) = 33$ N

$$\mu_G = \frac{F_R}{F_N} = \frac{20\ \text{N}}{33\ \text{N}} = 0{,}61$$

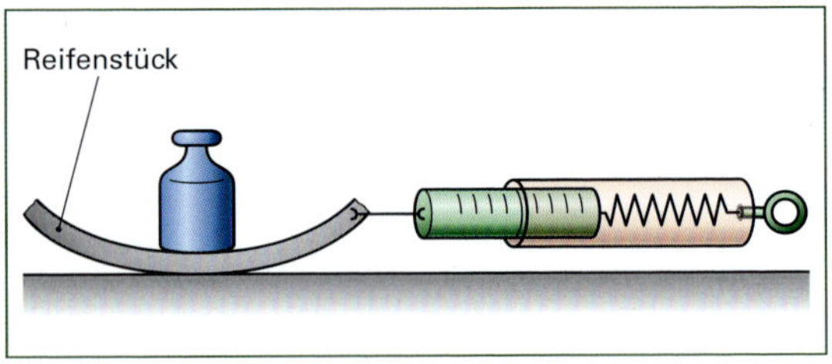


**Bild 1: Bestimmung der Gleitreibungszahl**

**Haftreibungskraft**

Die Haftreibungskraft ist der Widerstand, den ein in Ruhe befindlicher Körper seiner Bewegung (bzw. seiner Verschiebung) entgegensetzt.

Versuchsanordnung **(Bild 2)**: Sie legen das Reifenteil mit Gewichtsstück (aus **Bild 1**) auf einen Tisch mit rauer Oberfläche. Sie kippen langsam den Tisch, bis das Reifenstück zu rutschen anfängt. Ein Helfer misst den Kippwinkel $\alpha$. Der Tangenswert des Winkels ist gleich der Haftreibungszahl.

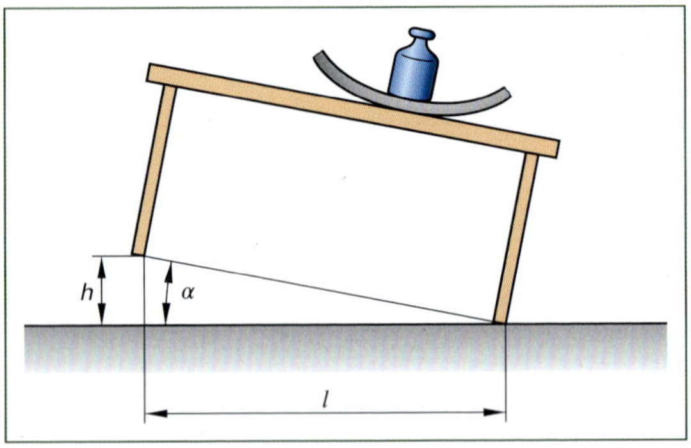


**Bild 2: Bestimmung der Haftreibungszahl**

Eine 50 kg schwere Kiste ($F_G \approx 500$ N) soll auf ebener Unterlage verschoben werden.

Die Haftreibungszahl beträgt $\mu_H = 0{,}8$.

Welche Kraft ist zum Anschieben erforderlich?

$$F_R = F_N \cdot \mu_H = 500\ \text{N} \cdot 0{,}8 = 400\ \text{N}$$

**Rollreibungskraft**

Die Rollreibungskraft ist der Widerstand, den ein rollender Körper seiner Bewegung entgegensetzt.

Sie ist wesentlich kleiner als die Gleitreibungskraft:

$F_R \ll F_G$ und $\mu_R \ll \mu_G$

17

## Gesamtwiderstand

Beim Radfahren sind unterschiedliche Widerstände zu überwinden **(Bild 1)**. Der Gesamtwiderstand ist die Summe aus dem Fahrradwiderstand und den Fahrwiderständen:

$$F_{ges} = F_F + F_{Rad}$$

## Abrollwiderstand

Der Abrollwiderstand eines rollenden Rades entsteht durch das ständige „Kippen" um die Kippkante D **(Bild 2)**. Die Normalkraft $F_N$ ist dieGegenkraft zur Vorderradlast $F_{GV}$.

Versuchsanordnung **(Bild 1, Seite 536)** zur Bestimmung der Abrollwiderstandszahl $c_R$:

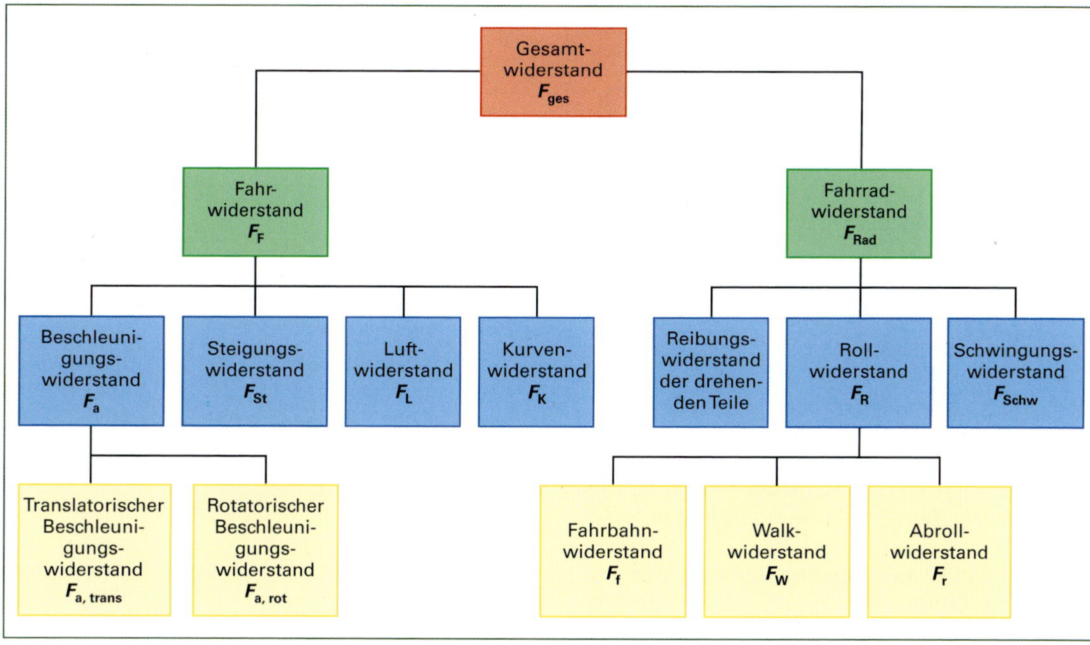


**Bild 1: Die Widerstände in der Übersicht**

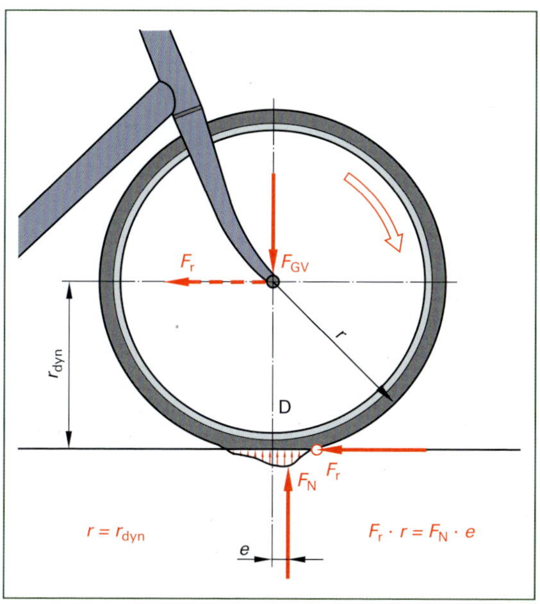


**Bild 2: Abrollwiderstand am rollenden Vorderrad**

Man nimmt zwei Kugeln aus gleichem Material (z. B. Glas, Stahl oder Gummi) mit unterschiedlichen Durchmessern, z. B. die Kugel 1 mit $d_1 = 16$ mm und die Kugel 2 mit $d_2 = 24$ mm.

Beide Kugeln lässt man aus gleicher Höhe $h$ (z. B. 20 mm) von einer schiefen Ebene herunterrollen und auf glattem Boden ausrollen.

Die Ausrollstrecke $s$ wird gemessen,

z. B. von Kugel 1: $s_1 = 1{,}6$ m,

Kugel 2: $s_2 = 2{,}1$ m

(Mittelwerte aus 10 Messungen).

Der „Hebelarm der rollenden Reibung" berechnet sich zu

$$e = \frac{d \cdot h}{l}$$

$$e_1 = \frac{16\ \text{mm} \cdot 20\ \text{mm}}{1600\ \text{mm}} = 0{,}2\ \text{mm}$$

$$e_2 = \frac{24\ \text{mm} \cdot 20\ \text{mm}}{2100\ \text{mm}} = 0{,}23\ \text{mm}$$

17

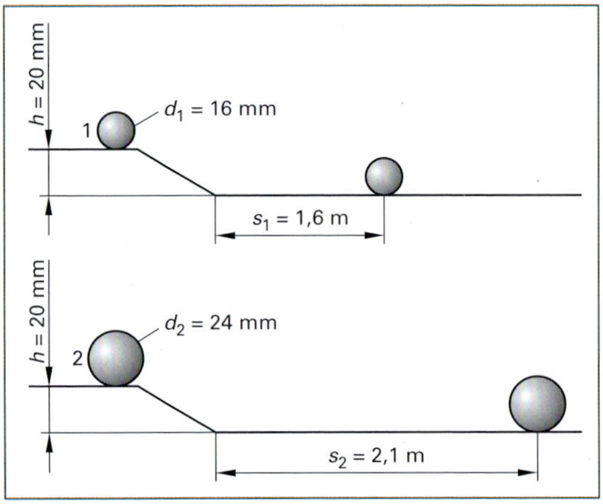


**Bild 1: Bestimmung der Abrollwiderstandszahl $c_R$**

Der Quotient $e/r$ bezeichnet die Abrollwiderstandszahl $c_R$.

$$c_{R1} = \frac{0{,}2 \text{ mm}}{8 \text{ mm}} = 0{,}025$$

$$c_{R2} = \frac{0{,}23 \text{ mm}}{12 \text{ mm}} \approx 0{,}019$$

Diese Rechnung kann man auch auf rollende Räder übertragen. Daraus folgt, dass mit steigender Radgröße der Abrollwiderstand kleiner wird.

Bei einem Versuch zur Bestimmung des Abrollwiderstandes wurden gemessen: Radradius $r = 335$ mm, Vorderradlast $F_V = F_N = 300$ N, Hebelarm $e = 5$ mm (**Bild 2, Seite 535**).

Bestimmen Sie

a) den Abrollwiderstand $F_r$ und
b) die Abrollwiderstandszahl $c_R$.

a) $F_r = F_N \cdot \frac{e}{r} = 300 \text{ N} \cdot \frac{5 \text{ mm}}{335 \text{ mm}} = 4{,}5 \text{ N}$

b) $c_R = \frac{e}{r} = \frac{5 \text{ mm}}{335 \text{ mm}} = 0{,}015$

### Luftwiderstand

Der Luftwiderstand wird hervorgerufen durch den Druckunterschied zwischen der Stirnfläche und der Rückseite des Radfahrers **(Bild 2)**.

Der Luftwiderstand ist abhängig von der Luftdichte $\varrho$, der wirksamen Stirnfläche $A$, der Fahrgeschwindigkeit $v$ und der Körperform, der durch den Luftwiderstandsbeiwert $c_w$ berücksichtigt wird. Der $c_w$-Wert wird durch Versuche im Windkanal ermittelt. Für einen aufrecht fahrenden Radfahrer auf einem Straßenrad nimmt man einen cw-Wert von 1,1 an. Bei Gegenwind ist zu der Fahrgeschwindigkeit die Windgeschwindigkeit zu addieren, bei Rückenwind ist sie zu subtrahieren.

**Bild 2: Luftwiderstand beim Radfahren**

Die Formel zur Berechnung des Luftwiderstandes lautet:

$$F_L = \frac{1}{2} \cdot \varrho \cdot A \cdot c_w \cdot v^2$$

Die Luftdichte $\varrho$ wird mit dem mittleren Wert von 1,3 kg/m³ eingesetzt, die Geschwindigkeiten in m/s umgerechnet.

Ein Rennradfahrer mit einer Stirnfläche von 0,38 m² und einem $c_w$-Wert von 0,88 fährt mit einer Geschwindigkeit von 36 km/h.

Bestimmen Sie den Luftwiderstand bei Windstille.

$$F_L = \frac{1}{2} \cdot \varrho \cdot A \cdot c_w \cdot v^2$$

$$F_L = \frac{1}{2} \cdot 1{,}3 \text{ kg/m}^3 \cdot 0{,}38 \text{ m}^2 \cdot 0{,}88 \cdot (10 \text{ m/s})^2$$

$$F_L = 21{,}7 \text{ N}$$

Bestimmen Sie den Luftwiderstand eines aufrecht fahrenden Tourenradfahrers ($A = 0{,}6$ m², $c_w = 1{,}1$), der bei einer Geschwindigkeit von 20 km/h einen Gegenwind von 15 km/h überwindet.

$$F_L = \frac{1}{2} \cdot \varrho \cdot A \cdot c_w \cdot v^2$$

$$F_L = \frac{1}{2} \cdot 1{,}3 \text{ kg/m}^3 \cdot 0{,}6 \text{ m}^2 \cdot 1{,}1 \cdot (5{,}6 \text{ m/s} + 4{,}2 \text{ m/s})^2$$

$$F_L = 41{,}2 \text{ N}$$

### Steigungswiderstand

Beim Befahren einer Steigung muss der Radfahrer mit seiner Antriebskraft $F_A$ den Steigungswiderstand $F_{St}$ überwinden **(Bild 1, Seite 537)**. Der Steigungswiderstand $F_{St}$ hängt von dem Gewicht des Systems $F_G$ (Rad + Fahrer) und dem Steigungswinkel $\alpha$ ab. Statt des Steigungswinkels kann man auch die Steigung $p$ in % angeben:

$$F_{St} = m \cdot g \cdot \sin \alpha = F_G \cdot \sin \alpha \approx F_G \cdot \frac{p}{100\ \%}$$

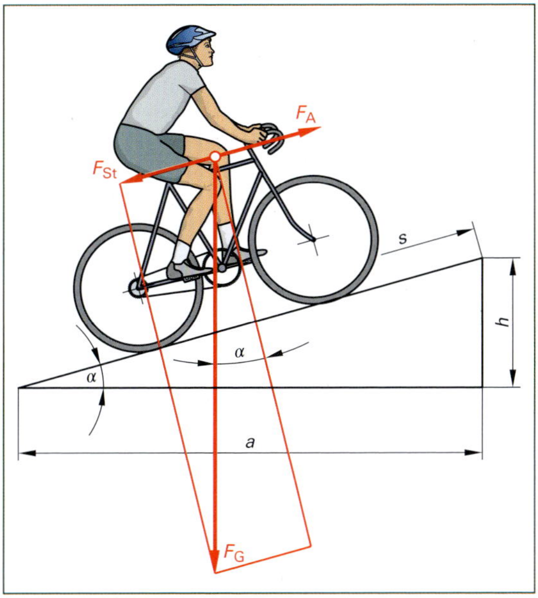


**Bild 1: Steigungswiderstand**

Ein Radfahrer der Masse 70 kg fährt mit seinem beladenen Rad (Masse von Rad und Gepäck = 15 kg, $g$ = 10 m/s²) eine 10 %-Steigung hoch.
Wie groß ist der Steigungswiderstand?

$F_{St} = (70\text{ kg} + 15\text{ kg}) \cdot 10\text{ m/s}^2 \cdot 0{,}1 = 85\text{ N}$

Die Steigungshöhe $h$ aus **Bild 1** soll 14 m, die Grundlinie $a$ = 100 m betragen.
Bestimmen Sie
a) die Steigungslänge $s$,
b) den Steigungswinkel $\alpha$ und
c) die Steigung in %.

a) $s_2 = a_2 + h_2$

$s = \sqrt{(100\text{ m})^2 + (14\text{ m})^2} = 101\text{ m}$

b) $\sin\alpha = \frac{h}{s} = \frac{14\text{ m}}{101\text{ m}} = 0{,}1386 \qquad \alpha \approx 8°$

c) $p = \frac{h}{a} = \frac{14\text{ m}}{100\text{ m}} = 0{,}14 = 14\ \%$

## 17.10 Antriebsschlupf und Bremsschlupf

Überträgt ein luftgefüllter Reifen Antriebskräfte, so entsteht zwischen Fahrbahn und Reifen eine Relativbewegung. Die Umfangsgeschwindigkeit des Rades ist größer als die Fahrgeschwindigkeit.

Das Verhältnis der beiden Geschwindigkeiten wird als „Schlupf" bezeichnet und in % angegeben:

$$\lambda_a = \frac{v_u - v}{v_u} \cdot 100\ \%$$

Bei einem Radfahrer, der mit $v$ = 8 m/s fährt, wird am Hinterrad eine Umfangsgeschwindigkeit von $v_u$ = 8,5 m/s gemessen.
Wie groß ist der Antriebsschlupf?

$$\lambda_a = \frac{v_u - v}{v_u} \cdot 100\ \% = \frac{8{,}5\text{ m/s} - 8\text{ m/s}}{8{,}5\text{ m/s}} \cdot 100\ \% \approx 6\ \%$$

Beim Bremsen ist es umgekehrt: Die Umfangsgeschwindigkeit des Rades ist kleiner als die Fahrgeschwindigkeit:

$$\lambda_b = \frac{v - v_u}{v} \cdot 100\ \%$$

Ein Sachverständiger hat nach einem Unfall einen Bremsschlupf von 20 % ermittelt und aus Angaben des Fahrradcomputers eine momentane Umfangsgeschwindigkeit von 7 m/s berechnet.
Wie groß war die Fahrgeschwindigkeit?

Beim Bremsen ist es umgekehrt: Die Umfangsgeschwindigkeit des Rades ist kleiner als die Fahrgeschwindigkeit:

$$\lambda_b = \frac{v - v_u}{v} = 0{,}2 \qquad \frac{v_u}{v} = 1 - 0{,}2$$

$$v = \frac{v_u}{0{,}8} = \frac{7\text{ m/s}}{0{,}8} = 8{,}75\text{ m/s} = 31{,}5\text{ km/h}$$

## 17.11 Mechanische Arbeit

Die mechanische Arbeit ist das Produkt aus der aufgebrachten Kraft und dem in Kraftrichtung zurückgelegten Weg. Die Einheit der mechanischen Arbeit ist Nm: $W = F \cdot s$ [Nm]

Ein Radfahrer beschleunigt sein 85 kg schweres System mit 2 m/s² über eine Strecke von 20 m.
a) Wie groß ist seine aufgebrachte Beschleunigungskraft?
b) Welche (Beschleunigungs-)Arbeit hat er verrichtet?

a) $F = m \cdot a = 85\text{ kg} \cdot 2\text{ m/s}^2 = 170\text{ N}$

b) $W = F \cdot s = 170\text{ N} \cdot 20\text{ m} = 3400\text{ Nm}$

Berechnen Sie die Hubarbeit eines 90 kg schweren „Systems", das von Meereshöhe auf einen 400 m hohen Berg gefahren ist.

$W = m \cdot g \cdot h = 90\ \text{kg} \cdot 10\ \text{m/s}^2 \cdot 400\ \text{m} = 360\,000\ \text{Nm}$

Die Fahrradgabel **(Bild 1)** wird einem Stoßtest nach DIN plus unterzogen. Dabei fällt ein Prüfklotz (Masse 40 kg) aus 180 mm Höhe auf das frei liegende Ausfallende.
Welche „Stoßarbeit" verrichtet der Prüfklotz?

$W = F \cdot s = 40\ \text{kg} \cdot 10\ \text{m/s}^2 \cdot 0{,}18\ \text{m} = 72\ \text{Nm}$

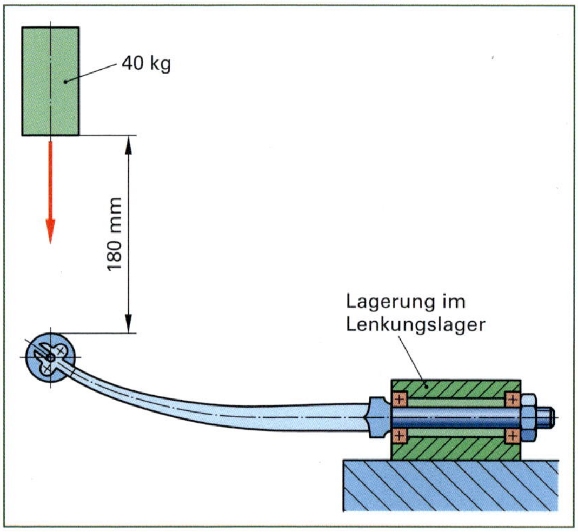


**Bild 1: Stoßarbeit an einer Fahrradgabel**

## 17.12 Energie

Energie ist „gespeicherte" Arbeit. Die Einheit der Energie wird meist in Joule (J) oder (kJ) angegeben:

1000 J = 1 kJ

In der Elektrizitätslehre wird die Energieeinheit auch in Wattsekunden (Ws) oder Kilowattstunden (kWh) angegeben: 1 J = 1 Nm = 1 Ws.

Die Energie, die die Fahrradgabel beim Stoßtest **(Bild 1)** aufgenommen hat, beträgt 72 J.

17

Es gibt unterschiedliche Formen von Energien: Beschleunigungsenergie (Bewegungsenergie oder kinetische Energie), Lageenergie (Hubenergie oder potenzielle Energie), Wärme (Wärmeenergie), elektrische Energie u.a. Energien können in andere Energieformen umgewandelt werden, z.B. die chemische Energie der Nahrung im Muskel.

Ein 85-kg-System hat eine kinetische Energie von 8500 Nm = 8500 J = 8,5 kJ „gespeichert". Der Radfahrer könnte mit dieser gespeicherten Energiemenge einen kleinen Hügel hochrollen. Bestimmen Sie (unter Vernachlässigung von Luft- und Reibungswiderständen) die Höhe des Hügels.

Energieumwandlung:

Bewegungsenergie in Lageenergie

$W_{kin} = W_{pot}$

$8500\ \text{Nm} = m \cdot g \cdot h$

$$h = \frac{8500\ \text{Nm}}{85\ \text{kg} \cdot 10\ \text{m/s}^2} = 10\ \text{m}$$

**Bild 2**: Welche Geschwindigkeit erreicht ein 75 kg schweres System, das sich von einem 10 m hohen Hügel herunterrollen lässt (ohne Antrieb, Fahrwiderstände vernachlässigt)?

**Bild 2: Energieumwandlung: Lageenergie in Bewegungsenergie**

$W_{kin} = \frac{1}{2} \cdot m \cdot v^2 \qquad W_{pot} = W_{kin}$

$m \cdot g \cdot h = \frac{1}{2} \cdot m \cdot v^2$

$v = \sqrt{2 \cdot g \cdot h} = \sqrt{2 \cdot 10\ \text{m/s}^2 \cdot 10\ \text{m}} \approx 14\ \text{m/s}$

## 17.13 Leistung

Die mechanische Leistung ist die verrichtete Arbeit pro Zeitdauer. Die Einheit der Leistung ist Watt [W] oder Kilowatt [kW].

1 W = 1 Nm/s

$P = \frac{W}{t}$ [W]

Ein Fahrradmechaniker hebt in 1 Sekunde ein 14 kg schweres Fahrrad 1,2 m hoch auf einen Montageständer.

Wie groß ist seine Leistung?

Die verrichtete Arbeit beträgt

$W = F_G \cdot s = m \cdot g \cdot s$

$W = 14\ \text{kg} \cdot 10\ \text{m/s}^2 \cdot 1{,}2\ \text{m} = 168\ \text{Nm}$

$P = \frac{W}{t} = \frac{168\ \text{Nm}}{1\ \text{s}} = 168\ \text{W} = 0{,}168\ \text{kW}$

Setzt man in die Gleichung für die Arbeit *W* das Produkt aus Kraft *F* und Weg *s* ein (Kraftrichtung und Wegrichtung müssen übereinstimmen) und schreibt für

$\frac{\text{Weg}}{\text{Zeit}} = \text{Geschwindigkeit}$

lautet die Leistungsformel: $P = F \cdot v$

Die Kraft wird in Newton [N] angegeben, die Geschwindigkeit in m/s.

**Steigungsleistung**

Ein Radfahrer fährt mit einer Geschwindigkeit von 9 km/h und überwindet einen Steigungswiderstand von 85 N **(siehe Seite 536)**.

Wie groß ist seine Leistung?

9 km/h = 2,5 m/s

$P_{St} = F_{St} \cdot v = 85\ \text{N} \cdot 2{,}5\ \text{m/s} = 212{,}5\ \text{Nm/s}$

$P_{St} = 212{,}5\ \text{W} \approx 0{,}213\ \text{kW}$

In dieser Aufgabe wurde die Dauerleistung oder Normalleistung berechnet.

**Beschleunigungsleistung**

Ein Radfahrer beschleunigt sein „System" innerhalb von 3 Sekunden von $v_1$ = 5 km/h (= 1,4 m/s) auf $v_2$ = 25 km/h (= 7 m/s). Die dazu erforderliche Beschleunigungskraft beträgt *F* = 158 N.

Bestimmen Sie

a) die Anfangsleistung,

b) die Leistung am Ende der Beschleunigung und

c) die mittlere Leistung.

a) Am Anfang beträgt die Beschleunigungsleistung:
$P = 0\ \text{W}$

b) Am Ende der Beschleunigung beträgt die Leistung:
$P = F \cdot v = 158\ \text{N} \cdot 7\ \text{m/s} = 1106\ \text{Nm/s}$
$P = 1106\ \text{W} = 1{,}106\ \text{kW}$

c) Die mittlere Leistung wird über die mittlere Geschwindigkeit bestimmt. Sie beträgt
$v_m = \frac{v_1 + v_2}{2} = \frac{1{,}4\ \text{m/s} + 7\ \text{m/s}}{2} = 4{,}2\ \text{m/s}$
$P = F \cdot v_m = 158\ \text{N} \cdot 4{,}2\ \text{m/s} = 664\ \text{W} = 0{,}664\ \text{kW}$

**Rollwiderstandsleistung**

Der Rollwiderstand eines „Systems" (Rad + Fahrer + Gepäck) wurde in einem Ausrollversuch mit 5 N bestimmt.

Berechnen Sie die Rollwiderstandsleistung des mit 30 km/h fahrenden Systems.

$P_R = F_R \cdot v = 5\ \text{N} \cdot 8{,}3\ \text{m/s} = 41{,}5\ \text{Nm/s}$

$P_R = 41{,}5\ \text{W}$

**Luftwiderstandsleistung**

Der Luftwiderstand wächst quadratisch mit der effektiven Windgeschwindigkeit: Verdoppelt sich die Geschwindigkeit, vervierfacht sich der Luftwiderstand:

$F_L \sim v^2$

Da die Leistung das Produkt aus Kraft (hier ist es der Luftwiderstand $F_L$) und der Geschwindigkeit ist, verachtfacht sich die zur Überwindung des Luftwiderstandes erforderliche Leistung:

$P_L \sim v^3$

Bestimmen Sie die erforderliche Leistung eines Radrennfahrers, der bei einer Geschwindigkeit von 36 km/h (kein atmosphärischer Gegenwind!) einen Luftwiderstand von 21,7 N **(siehe Seite 536)** überwindet.

$P_L = F_L \cdot v = 21{,}7 \cdot 10\ \text{m/s} = 217\ \text{Nm/s} = 217\ \text{W}$

Leistung Elektrofahrrad **siehe Seite 571**

**Gesamtwiderstandsleistung**

Radfahrer benötigen eine bestimmte Leistung, um die Fahrwiderstände zu überwinden.

Meist kommen noch Widerstände aus Gegenwind und Steigungen hinzu.

Der Fahrradwiderstand **(siehe Seite 535)** setzt sich aus dem Reibungswiderstand der drehenden Teile, dem Rollwiderstand und dem Schwingungswiderstand zusammen.

Verfügt der Radfahrer noch über Leistungsreserven, kann er mit dieser „Überschussleistung" sein System beschleunigen.

Bestimmen Sie die Leistung zur Überwindung des Gesamtwiderstandes eines mit 18 km/h fahrenden 80 kg schweren Systems. Rollwiderstand 5 N, Reibungswiderstand der drehenden Teile 1 N, Schwingungswiderstand 2 N, Steigung 3 %, $c_W$-Wert 1,1, Stirnfläche 0,6 m².

Lineare Widerstände *F*:

Fahrradwiderstände und Steigungswiderstand

$$F_{St} = F_G \cdot \frac{p}{100} = 800\ \text{N} \cdot \frac{3}{100} = 24\ \text{N}$$

$$F = 5\ \text{N} + 1\ \text{N} + 2\ \text{N} + 24\ \text{N} = 32\ \text{N}$$

$$P = 32\ \text{N} \cdot 5\ \text{m/s} = 160\ \text{W}$$

Nicht lineare Widerstände: Luftwiderstand

$$F_L = \frac{1}{2} \cdot \varrho \cdot c_W \cdot A \cdot v^2$$

$$F_L = 0{,}5 \cdot 1{,}3 \cdot 1{,}1 \cdot 0{,}6 \cdot 25 = 10{,}7\ \text{N}$$

$$P_L = 10{,}7\ \text{N} \cdot 5\ \text{m/s} = 53{,}5\ \text{W}$$

Gesamtleistung

$$P_{ges} = 160\ \text{W} + 53{,}5\ \text{W} = 213{,}5\ \text{W}$$

Der Radfahrer aus der letzten Aufgabe ist in der Lage, eine Tretleistung von 300 W über längere Zeit zu erbringen.
Welche Beschleunigung kann er seinem System erteilen?

Überschussleistung:

$$300\ \text{W} - 213{,}5\ \text{W} = 86{,}5\ \text{W}$$

$$P = F \cdot v = m \cdot a \cdot v$$

$$a = \frac{p}{m \cdot v} = \frac{86{,}5\ \text{W}}{80\ \text{kg} \cdot 5\ \text{m/s}} = 0{,}22\ \text{m/s}^2$$ [1]

## 17.14 Wirkungsgrad

Der menschliche Motor als Antriebsmaschine für das Fahrrad führt dem System (also auch sich selbst) eine bestimmte Energiemenge zu. Nur ein Teil davon kann am Pedal Arbeit verrichten.

Die physiologischen Verluste durch Erwärmung des Körpers, Transpiration, Kreislauf und Stoffwechsel betragen etwa 75 % der zugeführten Energie.

Für die Nutzarbeit bleiben noch etwa 25 % zur Überwindung der äußeren Widerstände.

Physiologischer Wirkungsgrad:

$$\eta = \frac{\text{Nutzarbeit } W_{ab}}{\text{zugeführte Arbeit } W_{zu}}$$

[1] Nur über einen kurzen Zeitraum. *a* verringert sich bei wachsender Geschwindigkeit.

Da die Energiezufuhr und die Energieabgabe in der gleichen Zeit ablaufen, ist der Wirkungsgrad auch das Verhältnis von abgegebener Leistung zu zugeführter Leistung:

$$\eta = \frac{P_{ab}}{P_{zu}}$$

Die abgegebene Leistung ist stets kleiner als die zugeführte. Der Wirkungsgrad ist deshalb immer kleiner als 1 bzw. kleiner als 100 %.

Bestimmen Sie die zugeführte physiologische Leistung des Radfahrers aus der vorletzten Aufgabe.

$$P_{zu} = \frac{P_{ab}}{\eta} = \frac{163\ \text{W}}{0{,}25} = 653\ \text{W}$$

Beim Radfahren treten (wie bei jedem anderen Fahrzeug) bei der Energieumwandlung Leistungsverluste auf.

Zu den mechanischen Verlusten zählen Kraftverluste durch falsche Sitzposition, Fahrfehler, fehlender „Runder Tritt", Lager- und Kettenreibung u. a. m.

$$\eta_{mech} = \frac{\text{abgegebene Arbeit}}{\text{zugeführte Arbeit}}$$

$$\eta_{mech} = \frac{\text{abgegebene mech. Leistung}}{\text{zugeführte mech. Leistung}}$$

Ein Radfahrer misst seine Leistung mit 260 W. Er fährt mit 30 km/h und überwindet einen Fahrwiderstand von 25 N.
Wie groß ist
a) der mechanische Wirkungsgrad
b) der Gesamtwirkungsgrad bei einem physiologischen Wirkungsgrad von 0,25?

$$P_{mech,\,zu} = F \cdot v = 25\ \text{N} \cdot 8{,}33\ \text{m/s} \approx 208\ \text{W}$$

a) $\eta_{mech} = \frac{P_{mech,\,ab}}{P_{mech,\,zu}} = \frac{208\ \text{W}}{260\ \text{W}} = 0{,}8 = 80\ \%$

b) $\eta_{ges} = \eta_{phys} \cdot \eta_{mech} = 0{,}25 \cdot 0{,}8 = 0{,}2 = 20\ \%$

Ein Durchschnittsradler erbringt eine Leistung von 100 W. Er schaltet seinen 6 V/3 W-Seitendynamo ein, der einen Wirkungsgrad von 25 % aufweist.
Wie viel % von seiner Gesamtleistung sind für die Lichterzeugung erforderlich?

$$\eta = \frac{P_{ab}}{P_{zu}} \qquad P_{zu} = \frac{P_{ab}}{\eta} = \frac{3\ \text{W}}{0{,}25} = 12\ \text{W}$$

100 W → 100 %

10 W → 10 %

12 W → 12 %

## 17.15 Drehmoment

Das Kraftgesetz für die fortschreitende Bewegung lautet: Kraft ist Masse mal Beschleunigung; als Formel: $F = m \cdot a$ (siehe **Seite 534**). Ist ein Körper durch einen festen Achspunkt an einer fortschreitenden Bewegung gehindert, kann die Kraft keine Bewegung verursachen **(Bild 1a)**. Geht die Wirkungslinie der Kraft aber nicht durch den Achspunkt, erzeugt die Kraft eine Drehbewegung **(Bild 1b)**.

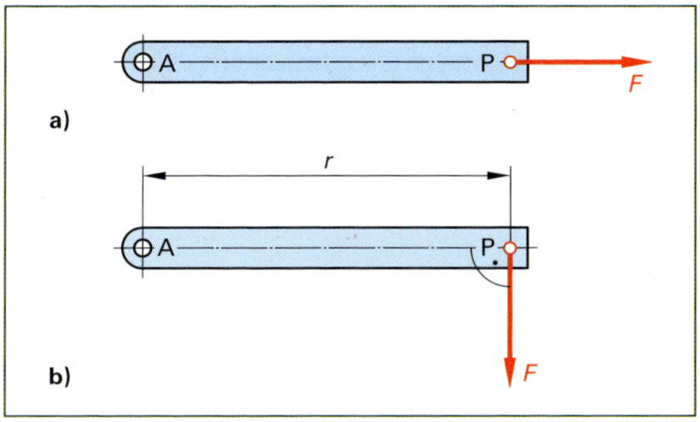


**Bild 1: Erläuterung „Drehmoment". A Achspunkt P Kraftangriffspunkt**

Die Drehwirkung wächst mit steigender Kraft und längerem Abstand (genannt „Hebel") zum Achspunkt. Das Produkt aus Kraft und Hebel nennt man Drehmoment: $M = F \cdot r$. Die Einheit ist Nm.

Achtung: Auch die Einheit der Arbeit ist Nm. Das Drehmoment allein kann aber keine Arbeit verrichten, denn die Kraft und der Weg weisen nicht in dieselbe Richtung. Die wirksame Kraft steht senkrecht auf dem Kraftarm.

Welches Drehmoment wirkt auf die Kurbelwelle, wenn das Pedal an der 170 mm langen Tretkurbel mit einer senkrechten Tretkraft von 200 N belastet wird **(Bild 2)**?

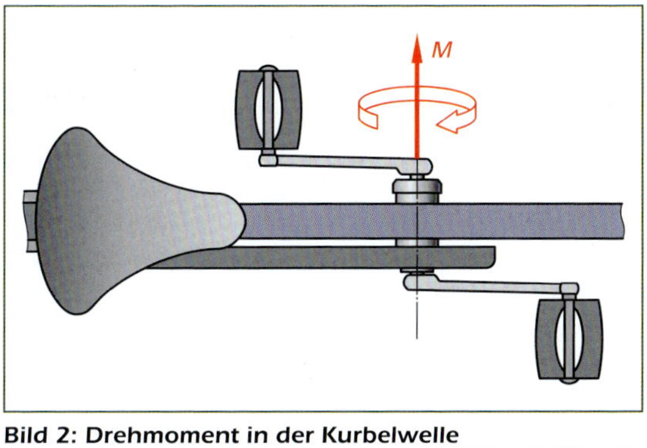


**Bild 2: Drehmoment in der Kurbelwelle**

### Wirksamer Hebelarm

Der wirksame Hebelarm ist der senkrechte Abstand zwischen der Wirkungslinie der Kraft und dem Drehmittelpunkt des Körpers.

Eine Pedalkraft von $F_p = 200$ N wirkt auf ein Pedal (Kurbellänge $r = 170$ mm, **Bild 3**), das in der Stellung 60° nach OT (OT = Oberer Totpunkt) steht.

a) Wie groß ist der wirksame Hebel $a$?

b) Wie groß ist das Drehmoment $M$ in der Kurbelwelle?

c) Welche Kraft $F_r$ wirkt in Richtung Kurbelwellenlager?

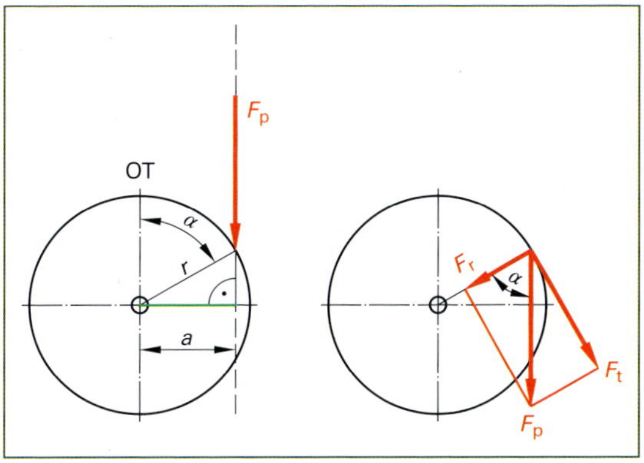


**Bild 3: Wirksamer Hebelarm**

a) $a = r \cdot \sin \alpha = 170 \cdot 0{,}866 \approx 147$ mm

b) $M = F_p \cdot a = 200 \text{ N} \cdot 0{,}147 \text{ m} = 29{,}4$ Nm

c) $F_r = F_p \cdot \cos \alpha = 200 \text{ N} \cdot 0{,}5 = 100$ N

## 17.16 Hebel und Bremsen

Hebel sind starre Körper, die drehbar gelagert sind und an denen Kräfte eine Drehwirkung verursachen. Man unterscheidet einseitige Hebel, zweiseitige Hebel und Winkelhebel.

Jedes Drehmoment hat einen bestimmten Drehsinn; in **Bild 1, Seite 542** ist $F_1 \cdot r_1$ ein rechtsdrehendes und $F_2 \cdot r_2$ ein linksdrehendes Drehmoment.

Ein Hebel ist im Gleichgewicht, wenn die Summe aller linksdrehenden Drehmomente gleich der Summe aller rechtsdrehenden Drehmomente ist:

$\overset{\curvearrowleft}{M} = \overset{\curvearrowright}{M}$ oder $F_1 \cdot r_1 = F_2 \cdot r_2$

Das Übersetzungsverhältnis ist definiert:

$$i = \frac{F_1}{F_2} = \frac{r_2}{r_1}$$

$i < 1 \rightarrow$ Kraftverstärkung

$i > 1 \rightarrow$ Kraftverminderung

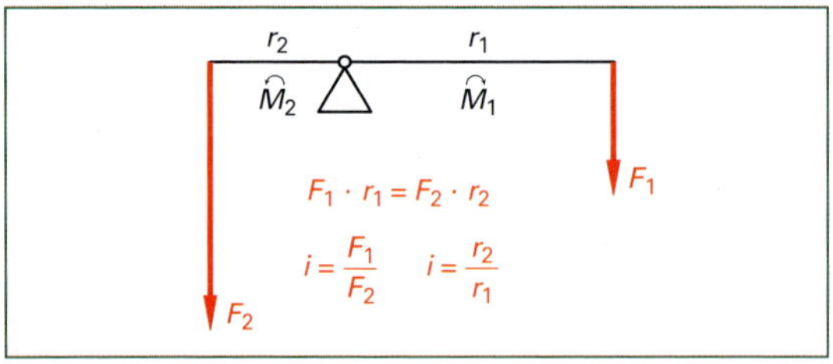


**Bild 1: Hebelgesetz**

### Einseitiger Hebel

Die Handkraft an einem 200 mm langen Maulschlüssel **(Bild 2)** beträgt 90 N.

Berechnen Sie das auf die Schraube wirkende Anzugsdrehmoment.

$M = F \cdot r = 90 \text{ N} \cdot 0{,}2 \text{ m} = 18 \text{ Nm}$

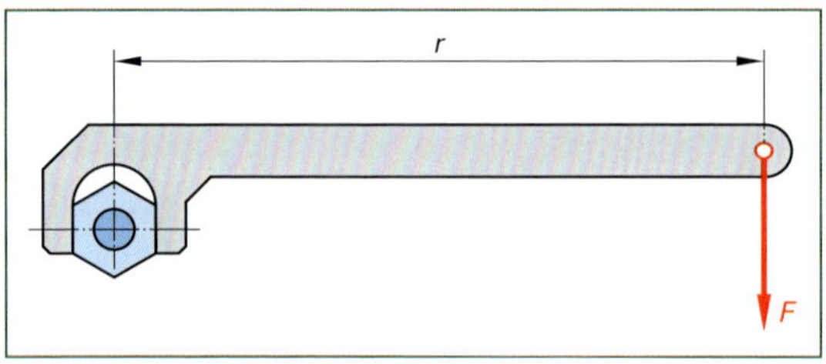


**Bild 2: Einseitiger Hebel**

### Zweiseitiger Hebel

Auf die Griffe einer Kneifzange **(Bild 3)** wirkt eine Handkraft von 300 N. Die wirksamen Hebel sind 180 mm und 40 mm.

Berechnen Sie die Schneidkraft und das Übersetzungsverhältnis.

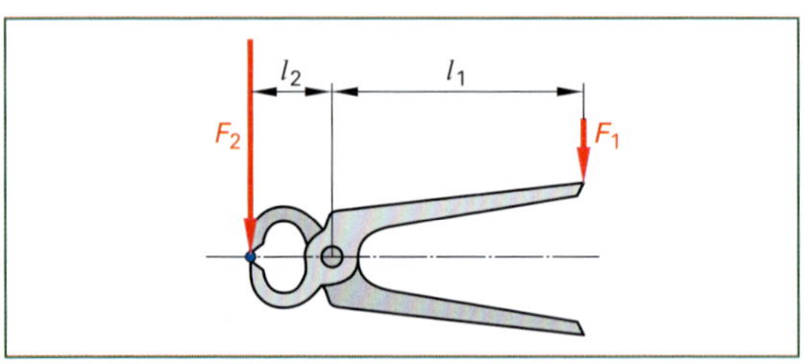


**Bild 3: Kneifzange**

$\overset{\frown}{M} = \overset{\frown}{M}$ oder $F_1 \cdot l_1 = F_2 \cdot l_2$

$F_2 = F_1 \cdot l_1 / l_2 = \frac{300 \text{ N} \cdot 180 \text{ mm}}{40 \text{ mm}} = 1350 \text{ N}$

$i = \frac{40 \text{ mm}}{180 \text{ mm}} = 0{,}22$ $i < 1 \rightarrow$ Kraftverstärkung

### Gewichtsverteilung

Die Lage des Systemschwerpunktes auf der Schwerpunktlängsachse bestimmt die Gewichtsverteilung des Radfahrers **(Bild 4)**.

Bestimmen Sie nach **Bild 4** die Teilgewichtskraft am Hinterrad und Vorderrad des 800 N schweren Systems.

Der Radstand beträgt 100 cm, der Schwerpunktabstand zum Hinterrad 44 cm.

Man wählt den Auflagepunkt A des Vorderrades als Drehpunkt des „Systemhebels". Das rechtsdrehende Drehmoment

$M_1 = F_G \cdot (l - a)$

steht im (statischen) Gleichgewicht mit dem linksdrehenden Drehmoment

$M_2 = F_{NH} \cdot l$

Die Schwerpunkthöhe hat keinen Einfluss auf die Gewichtsverteilung.

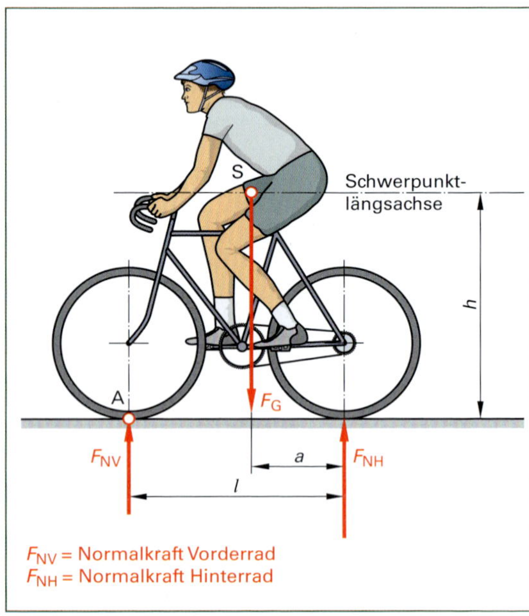


**Bild 4: Gewichtsverteilung**

$M_1 = M_2$ $F_G \cdot (l - \alpha) = F_{NH} \cdot l$

$F_{NH} = \frac{F_G \cdot (l - \alpha)}{l} = \frac{800 \text{ N} \cdot (100 \text{ cm} - 44 \text{ cm})}{100 \text{ cm}}$

$F_{NH} = 448 \text{ N}$

Die Gegenkraft zu $F_{NH}$ ist die Teilgewichtskraft am Hinterrad:

$F_H = 448 \text{ N}$

Am Vorderrad wirkt die Teilgewichtskraft

$F_V = F_G - F_H = 800 \text{ N} - 448 \text{ N} = 352 \text{ N}$

### Projektaufgabe Schwerpunktmethode

Die Schwerpunktmethode **(Bild 1)** ist ein weiteres Verfahren zur Bestimmung der Horizontalposition.

Die Sattelstellung richtet sich nach der bevorzugten Sitzposition, wobei der Systemschwerpunkt S lotrecht über der Kurbelwellenmitte liegen sollte (andere sportartbedingte Sattelstellungen sind individuell möglich). Zur Bestimmung der horizontalen Schwerpunktlage benötigt man eine Personenwaage und ein Längenmessgerät (Gliedermaßstab).

Gegeben:

Radstand $l = 110$ cm

Vorderbaulänge $a = 65$ cm

Systemgewicht Rad + Fahrer $F_G = 900$ N

Gesucht: Schwerpunktlage $x$

Ziel: Wenn das Maß $x$ gleich der Vorderbaulänge ist, liegt der Schwerpunkt über der Kurbellagermitte. Andernfalls ist der Sattel zu verschieben und die Messung zu wiederholen.

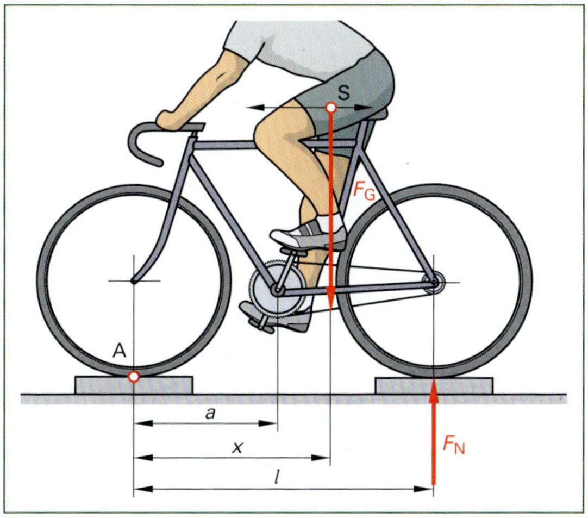


**Bild 1: Schwerpunktmethode zur Ermittlung der Horizontalposition**

Bestimmung der Radlast $F_N$ am Hinterrad durch Wiegen:

Angenommenes Beispiel: $F_N = 600$ N

Gleichgewicht der Momente um Auflagerpunkt A:

$F_G \cdot x = F_N \cdot l$

$$x = \frac{F_N \cdot l}{F_G} = \frac{600\ \text{N} \cdot 110\ \text{cm}}{900\ \text{N}} \approx 73\ \text{cm}$$

Der Schwerpunkt liegt 73 cm – 65 cm = 8 cm hinter dem Kurbellager. Der Sattel muss um 8 cm nach vorn verschoben werden.

### Winkelhebel 1

Gegeben ist ein Winkelhebel mit den Hebellängen $a = 200$ mm, $b = 100$ mm **(Bild 2)**. Der kürzere Hebelarm nimmt einen Winkel von 135° zum längeren Hebelarm ein. Welche Kraft $F_2$ steht im Gleichgewicht zur Kraft $F_1 = 30$ N?

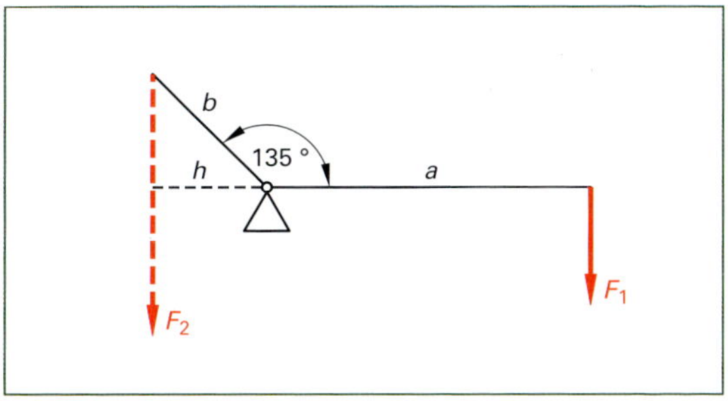


**Bild 2: Winkelhebel**

Der senkrechte Abstand zum Angriffspunkt der Kraft (der wirksame Hebelarm) $F_2$ beträgt $h = b \cdot \sin 45° = 100\ \text{mm} \cdot 0{,}7071 = 70{,}7$ mm.

$$F_1 \cdot a = F_2 \cdot h \qquad F_2 = \frac{F_1 \cdot a}{h} = \frac{30\ \text{N} \cdot 200\ \text{mm}}{70{,}7\ \text{mm}} \approx 85\ \text{N}$$

### Winkelhebel 2

Bestimmen Sie die Bremsnormalkraft $F_N$ (andere gebräuchliche Bezeichnungen sind Spannkraft, Klemmkraft, Andruckkraft) und die Gesamtspannkraft $F$ an den Bremsschuhen der Cantileverbremse **(Bild 3)**.

Die Zugkraft am Bremsseil beträgt $F_{Bo} = 400$ N, der Spreizwinkel $b = 100°$ und die wirksamen Hebelarme am Kipphebel $a = 60$ mm und $b = 40$ mm.

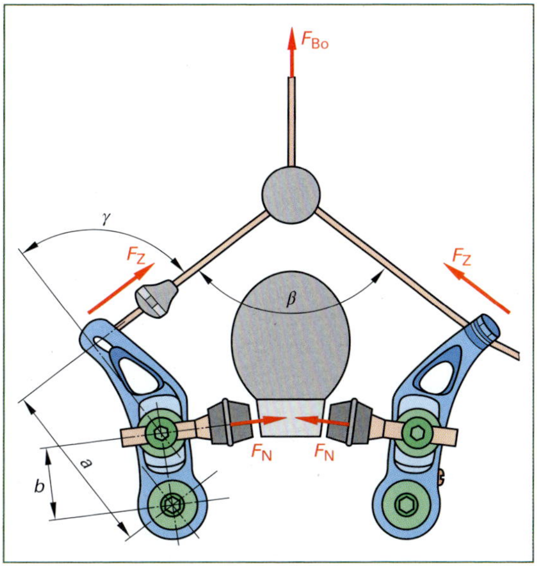


**Bild 3: Winkelhebel an der Cantileverbremse**

Die Zugkraft an der Klemmung beträgt

$$F_Z = \frac{\frac{F_{Bo}}{2}}{\cos\frac{\beta}{2}}, \text{ da } \cos\frac{\beta}{2} = \frac{\frac{F_{Bo}}{2}}{F_Z}$$

$$F_Z = \frac{200\ \text{N}}{\cos 50°} = \frac{200\ \text{N}}{0{,}6428} = 311\ \text{N}$$

Gleichgewicht der Drehmomente am Winkelhebel:

$F_Z \cdot a = F_N \cdot b$

$$F_N = \frac{F_Z \cdot a}{b} = \frac{311\ \text{N} \cdot 60\ \text{mm}}{40\ \text{mm}} \approx 467\ \text{N}$$

Bei optimaler Einstellung ist der Winkel $\lambda = 90°$.

Die Gesamtspannkraft beträgt $F = 2 \cdot F_N = 934$ N

**Winkelhebel 3**

**Bild 1** zeigt zwei Cantileverbremsen mit unterschiedlichen Spreizwinkeln $\beta_1 < \beta_2$ und gleicher Bremsseil-Zugkraft $F_{Bo}$.

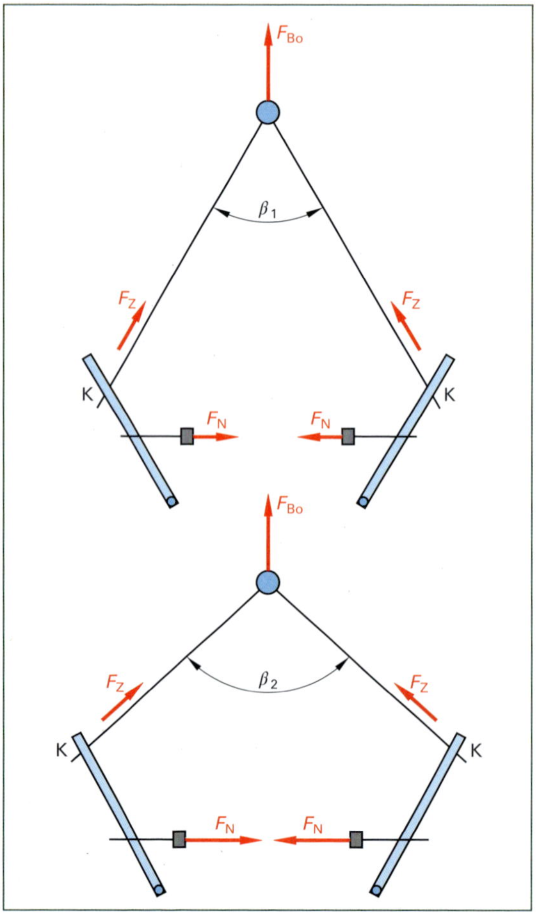


**Bild 1: Spreizwinkel β und Kräfte an zwei Cantileverbremsen**

a) Bestimmen Sie zeichnerisch die Zugkraft $F_Z$ an der Klemmung K (Lösung a) in **Bild 2**.

b) Welche Aussage über das Verhältnis von Seilkraft zu Klemmkraft lässt sich machen?

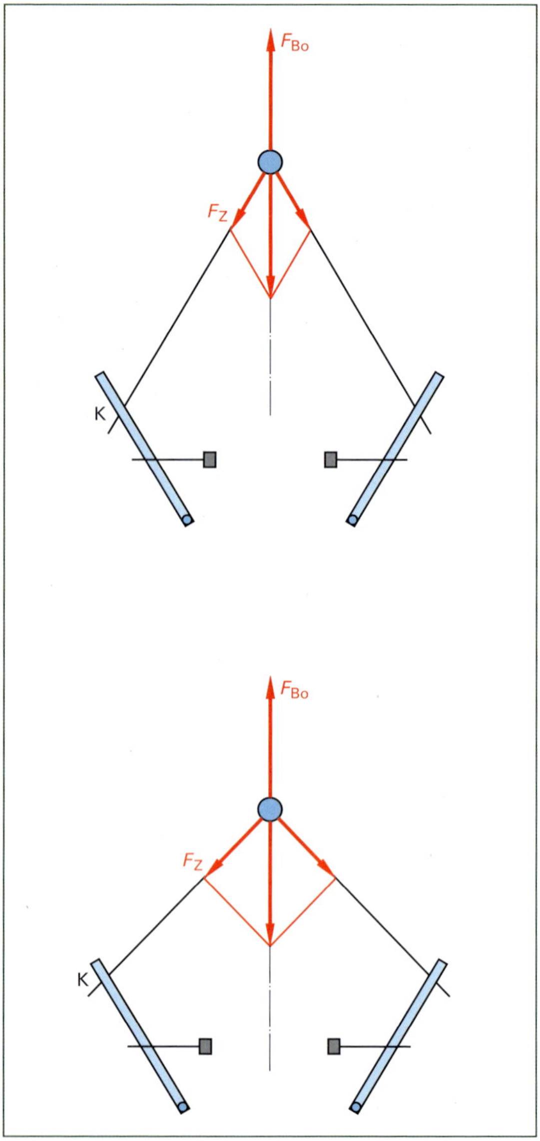


**Bild 2: Lösung zu a)**

*Lösung* b): Mit wachsendem Spreizwinkel vergrößert sich bei gleicher Bremsseil-Zugkraft die Klemmkraft.

Cantileverbremsen haben ein degressives Bremsverhalten: Je spitzer das Seildreieck bei der Bremsbetätigung wird, umso geringer wird die Bremswirkung (Kniehebeleffekt).

### Radlasten und Kippsicherheit beim Bremsen

Ein Radfahrer (Systemmasse $m = 90$ kg, Gewicht $F_G \approx 900$ N) bremst mit $a = 4$ m/s² ab. Die weiteren Daten sind: Radstand $l = 1{,}1$ m, Schwerpunktabstand Hinterrad $b = 0{,}45$ m, Schwerpunkthöhe $h = 1{,}2$ m **(Bild 1)**.

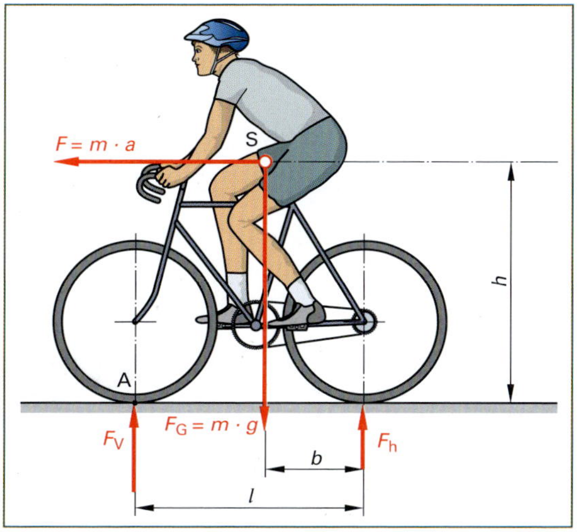


**Bild 1: Radlasten beim Bremsen**

Bestimmen Sie die Radlasten $F_v$ und $F_h$.

Drehmomente um den hinteren Auflagepunkt:

$$F_v \cdot 1{,}1\,\text{m} - 900\,\text{N} \cdot 0{,}45\,\text{m} - 90\,\text{kg} \cdot 4\,\text{m/s}^2 \cdot 1{,}2\,\text{m} = 0$$

$$F_v = \frac{900\ \text{N} \cdot 0{,}45\ \text{m}}{1{,}1\ \text{m}} + \frac{90\ \text{kg} \cdot 4\ \text{m/s}^2 \cdot 1{,}2\ \text{m}}{1{,}1\ \text{m}} = 760\ \text{N}$$

$$F_h = F_G - F_v = 900\ \text{N} - 760\ \text{N} = 140\ \text{N}$$

Die Größe der Bremsverzögerung findet ihre Grenze in der Gefahr des Überschlagens. Bei welcher Bremsverzögerung $a$ droht das System in **Bild 1** zu überschlagen?

$$F \cdot h = F_G \cdot (l - b)$$

$$m \cdot a \cdot h = m \cdot g \cdot (l - b)$$

$$a = \frac{g \cdot (l - b)}{h} = \frac{9{,}81 \cdot (110 - 45)}{120} \approx 5{,}3\ \text{m/s}^2$$

Die maximale Bremsverzögerung ist unabhängig von der Masse des Systems: Ein leichtgewichtiger Fahrer ist ebenso gefährdet wie ein schwergewichtiger.

In **Bild 2** ist die Verzögerungskraft (Massenkraft = Bremskraft) $F_B$, die Gewichtskraft $F_G$ und die resultierende Kraft $F_{Res}$ aus beiden Kräften im Schwerpunkt eingezeichnet. Die Verlängerung der Resultierenden schneidet die Fahrbahn hinter dem Vorderrad. Besteht die Gefahr eines Überschlags?

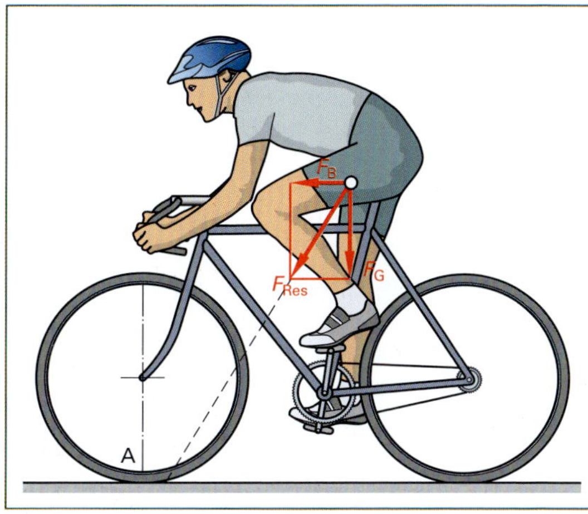


**Bild 2: Überschlagsgefahr?**

Nein. Erst wenn die Richtung der resultierenden Kraft aus Massenkraft und Gewichtskraft vor dem Auflagepunkt des Vorderrades die Fahrbahn trifft, besteht die Gefahr des Überschlagens.

### Bremsen bei Bergabfahrt

Ein Radfahrer (Systemmasse $m = 90$ kg) fährt auf regennasser Fahrbahn (Reibbeiwert $\mu_H = 0{,}35$) eine Abfahrt mit einer Steigung von 10 % herunter.

Er bremst mit einer Bremsverzögerung von $a = 2$ m/s². Kann die geforderte Bremskraft $F_B$ übertragen werden?

Anmerkung: Die Hangabtriebskraft $F_{St}$ muss ebenfalls abgebremst werden[1].

$$F_B = m \cdot a + F_{St} = 90\,\text{kg} \cdot 2\,\text{m/s}^2 + 900\,\text{N} \cdot 0{,}1 = 270\,\text{N}$$

Die senkrecht zur Fahrbahn gerichtete Komponente der Radlast beträgt ≈ 895 N. Um die geforderte Bremskraft übertragen zu können, werden die Räder mit einem Reibbeiwert von

$$\mu_{erf} = \frac{270\ \text{N}}{895\ \text{N}} = 0{,}3$$

in Anspruch genommen. Das System kann noch abgebremst werden.

### Maximale Bremsverzögerung

Welche maximale Bremsverzögerung kann ein Radfahrer erreichen, wenn der Reibbeiwert (die Haftreibungszahl) auf einer Pflasterstraße 0,45 beträgt?

$$a_{max} = g \cdot \mu_H$$

$$a_{max} = 9{,}81\ \text{m/s}^2 \cdot 0{,}45 = 4{,}4\ \text{m/s}^2$$

[1] Achtung: Die maximale Bremsverzögerung wird mit zunehmen Gefälle immer geringer.

### Seitenzugbremse

Bestimmen Sie die gesamte Kraftverstärkung einer Seitenzugbremse **(Bild 1)**. Die Bremshandkraft beträgt $F_H = 180$ N.

Die Abmesungen:

$a = 92$ mm, $b = 25$ mm, $c = 65$ mm, $d = 79$ mm.

a) Wie groß sind die Einzelübersetzungen $i_1$ und $i_2$

b) die Gesamtübersetzung $i_{ges}$

c) die Spannkraft $F$ am Rad?

d) die Gesamtkraftübersetzung $i$?

a) 1. Übersetzungsstufe

$$F_H \cdot a = F_{Bo} \cdot b$$

$$\frac{F_H}{F_{Bo}} = \frac{b}{a}$$

$$F_{Bo} = \frac{F_H \cdot a}{b} = \frac{180\ \text{N} \cdot 92\ \text{mm}}{25\ \text{mm}} = 662{,}4\ \text{N}$$

$$i_1 = \frac{F_H}{F_{Bo}} = \frac{180\ \text{N}}{662{,}4\ \text{N}} = 0{,}27$$

$i_1 < 1$, also Kraftverstärkung

2. Übersetzungsstufe

$$F_{Bo} \cdot c = F_N \cdot d$$

$$\frac{F_{Bo}}{F_N} = \frac{d}{c}$$

$$F_N = \frac{F_{Bo} \cdot c}{d} = \frac{662{,}4\ \text{N} \cdot 65\ \text{mm}}{79\ \text{mm}} = 545\ \text{N}$$

$$i_2 = \frac{F_{Bo}}{F_N} = \frac{662{,}4\ \text{N}}{545\ \text{N}} = 1{,}22 \text{ oder } i_2 = \frac{d}{c}$$

$i_2 > 1$, also Kraftverringerung

b) Gesamtübersetzung

$$i_{ges} = i_1 \cdot i_2 = 0{,}27 \cdot 1{,}22 = 0{,}33 \approx 1:3$$

Kraftverstärkung: $i < 1$

c) Die Spannkraft $F$ ist doppelt so groß wie die Bremsnormalkraft $F_N$:

$$F = 2 \cdot F_N$$

$$F = 2 \cdot 545\ \text{N} = 1090\ \text{N}$$

d) $$i = \frac{F_H}{F} \cdot \frac{180\ \text{N}}{1090\ \text{N}} \approx 1:6$$

Die Handkraft wird etwa versechsfacht.

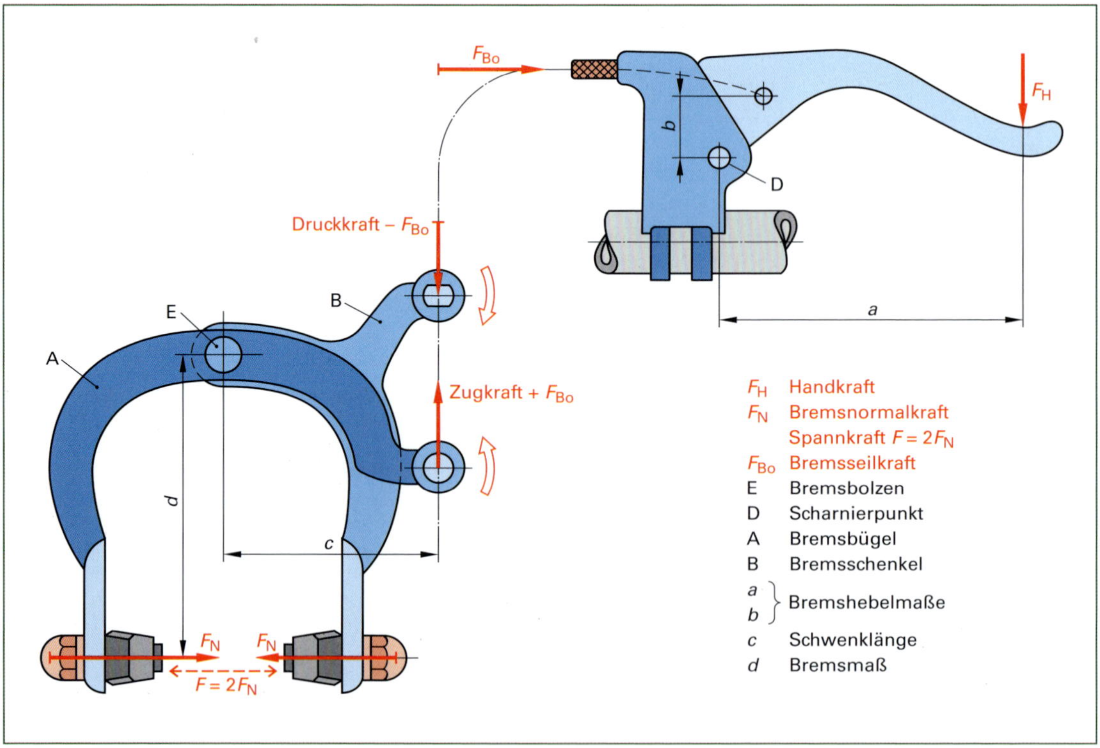


**Bild 1: Hebelarmübersetzung bei einer Seitenzugbremse**

### Umfangs-Bremskraft

Durch die Bremsnormalkräfte (Spannkräfte) links und rechts der Felge werden die Bremsgummis gegen die Felge gedrückt **(Bild 1)**.

Es entstehen an den beiden Reibflächen **(Bild 2)** die Teil-Umfangsbremskräfte $F_{U1}$ und $F_{U2}$ und die gesamte Umfangskraft $F_U$:

$F_{U1} = F_N \cdot \mu_G$   $F_{U2} = F_N \cdot \mu_G$

$F_U = 2 \cdot F_N \cdot \mu_G$

mit $\mu_G$ als der Gleitreibungszahl zwischen Bremsgummi und Felge.

Wie groß ist die gesamte Umfangskraft an der Cantileverbremse von **Seite 544**?

Die Gleitreibungszahl beträgt 0,9.

$F_U = 2 \cdot 467\ \text{N} \cdot 0{,}9 = 841\ \text{N}$

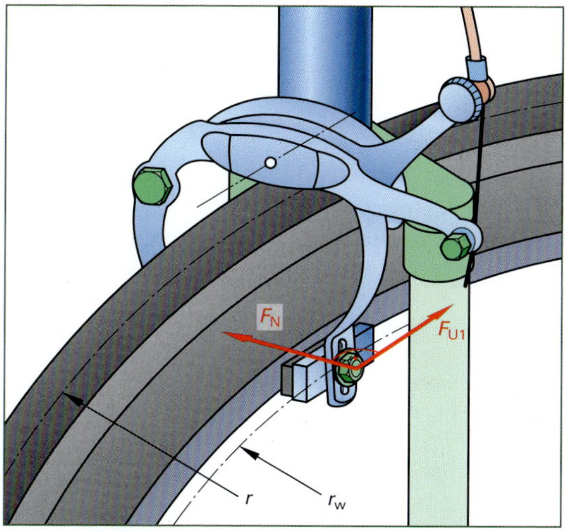


**Bild 1: Umfangs-Bremskraft und Spannkraft an einer Felgenbremse**

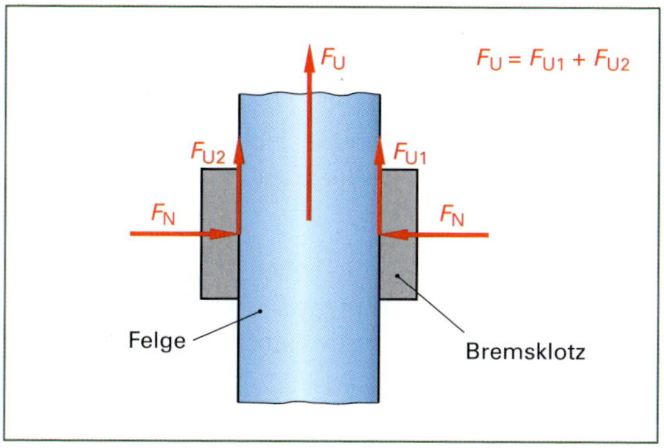


**Bild 2: Gesamte Umfangskraft $F_U$ (Ansicht von oben)**

### Bremsmoment

Über die Umfangs-Bremskraft $F_U$ und den Hebelarm $r_w$ als wirksamer Radius an der Felge oder an der Scheibe **(Bild 3)** entsteht am Rad ein Bremsmoment $M_B$.

Es berechnet sich zu: $M_B = F_U \cdot r_w = 2\ F_N \cdot \mu_G \cdot r_w$

Das Bremsmoment wird beim Bremsen auf die Fahrbahn übertragen.

Es ist abhängig von der Bremskraft $F_B$ zwischen Rad und Fahrbahn und dem dynamischen Radhalbmesser $r_{dyn}$.

Bei Fahrrädern mit Felgenbremsen kann $r_{dyn} = r$ gesetzt werden.

$M_B = F_B \cdot r$

Durch Gleichsetzen beider Momente folgt:

$F_B \cdot r = F_U \cdot r_w \rightarrow F_B = F_U \cdot \frac{r_w}{r}$

Für gleiche Umfangs-Bremskraft gilt: Je größer der wirksame Radius an der Bremse, desto größer ist auch die Bremskraft an der Reifenauflagefläche.

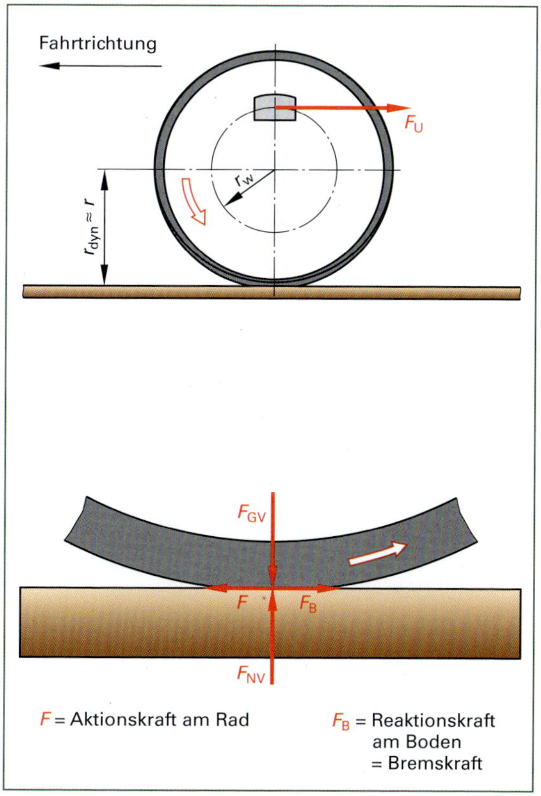


**Bild 3: Bremskräfte am rollenden Rad**

**Projektaufgabe Rücktrittbremse**

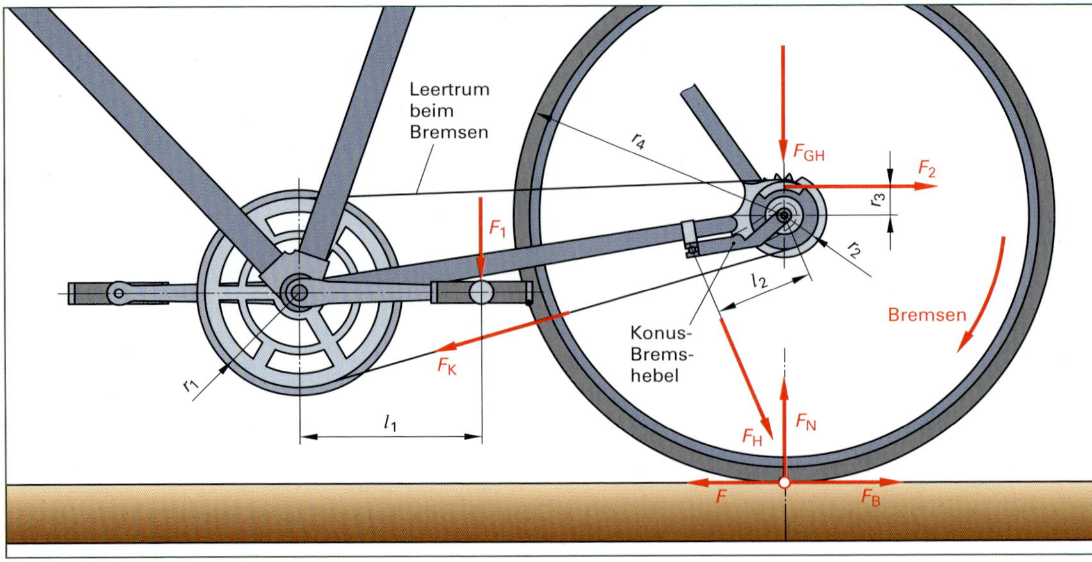


**Bild 1: Projekt Rücktrittbremse**

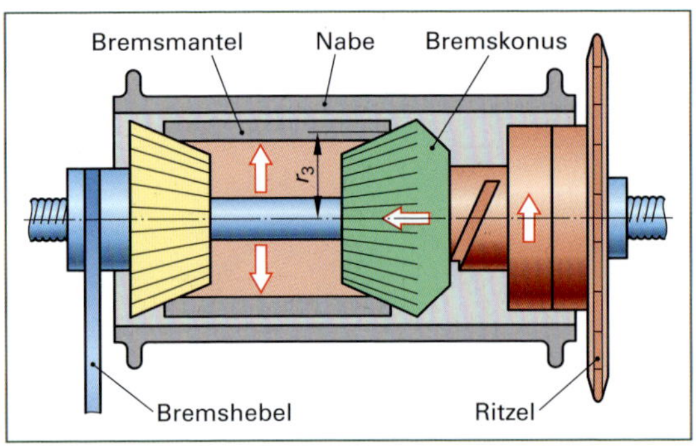


**Bild 2: Schema Rücktrittbremse**

1. Ein Radfahrer betätigt die Rücktrittbremse mit einer Pedalkraft von $F_1 = 350$ N **(Bild 1)**. Die Kurbellänge beträgt $l_1 = 170$ mm.
   Wie groß ist das Drehmoment $M_1$ in der Kurbellagerwelle?

$$M_1 = F_1 \cdot l_1 = 350 \text{ N} \cdot 0{,}17 \text{ m} \approx 60 \text{ Nm}$$

2. Das Kettenrad mit $z_1 = 46$ Zähnen hat einen Teilkreisradius von $r_1 = 93$ mm.
   Bestimmen Sie die Zugkraft $F_K$ in der Kette.

$$F_K = \frac{M_1}{r_1} = \frac{60 \text{ Nm}}{0{,}093 \text{ m}} = 645 \text{ N}$$

3. Die Zähnezahl des Ritzels auf der Hinterradnabe beträgt $z_2 = 19$ mit einem Teilkreisradius von $r_2 = 39$ mm.
   Wie groß ist das Drehmoment $M_2$ in der Rücktrittnabe?

$$M_2 = F_K \cdot r_2 = 645 \text{ N} \cdot 0{,}039 \text{ m} = 25 \text{ Nm}$$

Über die Zähnezahlen kann das Moment in der Rücktrittnabe auch so ausgerechnet werden:

$$M_2 = M_1 \cdot \frac{z_2}{z_1} = 60 \text{ Nm} \cdot \frac{19}{46} \approx 25 \text{ Nm}$$

Das Fahrradgetriebe ist ein Drehmomentwandler.

4. Der wirksame Radius des Bremskonus beträgt $r_3 = 30$ mm.
   Wie groß ist die Reibkraft $F_2$ innerhalb der Bremse?
   Die Reibungszahl zwischen dem Bremskonus und dem Bremsmantel soll 1 betragen (100 % Kraftübertragung, siehe **Bild 2**). Bei kleineren Reibungszahlen wird auch die Reibkraft kleiner.

$$F_2 = \frac{M_2}{r_3} = \frac{25 \text{ Nm}}{0{,}03 \text{ m}} = 833 \text{ N}$$

Das Bremsmoment muss sich am Rahmen abstützen, damit es auf die Straße übertragen werden kann.

5. Wie groß ist die Abstützkraft $F_H$ an der Hinterradgabel, wenn der Festkonus-Bremshebel eine wirksame Länge von $l = 80$ mm aufweist?

$$F_H = \frac{M_2}{l_2} = \frac{25 \text{ Nm}}{0{,}08 \text{ m}} \approx 313 \text{ N}$$

6. Wie groß ist die Bremskraft $F_B$ am Radumfang des 47-622-Hinterrades ($r_4$ = 360 mm)?

$$F_B = \frac{M_2}{r_4} = \frac{25\,\text{Nm}}{0{,}36\,\text{m}} \approx 70\,\text{N}$$

Die Richtung der Bremskraft am Reifen weist gegen die Fahrtrichtung. Die Aktionskraft *F* am Boden hat den gleichen Betrag wie die Bremskraft am Reifen. Die Richtung der Aktionskraft *F* ist die Fahrtrichtung **(siehe Bild 3, Seite 547)**.

7. Die Gewichtskraft am Hinterrad $F_{GH}$ beträgt die Hälfte des Systemgewichtes $F_G$ von 800 N = 400 N. Die Gegenkraft am Boden hat den gleichen Betrag und die entgegengesetzte Richtung. Der Reibbeiwert zwischen Reifen und Fahrbahn soll $\mu = 0{,}5$ betragen.
   Welche maximal übertragbare Bremskraft $F_{B\,max}$ ist möglich?

$$F_{B\,max} = F_N \cdot \mu = 400\,\text{N} \cdot 0{,}5 = 200\,\text{N}$$

Der Radfahrer nutzt ca. $\frac{1}{3}$ der möglichen Bremskraft aus.

8. Die Systemmasse von Rad und Radfahrer beträgt $m$ = 80 kg.
   Welche Bremsverzögerung $a$ erfährt das System, wenn mit der Bremskraft $F_B$ = 70 N abgebremst wird?

$$a = \frac{F_B}{m} = \frac{70\,\text{N}}{80\,\text{kg}} \approx 0{,}9\,\text{m/s}^2$$

9. Wie groß ist die reine Bremszeit $t_B$ und der Bremsweg $s_B$, wenn der Radfahrer sein System aus einer Geschwindigkeit von 18 km/h zum Stillstand bringen will?

$$t_B = \frac{\Delta v}{a} = \frac{5\,\text{m/s}}{0{,}9\,\text{m/s}^2} = 5{,}6\,\text{s}$$

$$s_B = \frac{v \cdot t_B}{2} = \frac{5\,\text{m/s} \cdot 5{,}6\,\text{s}}{2} = 14\,\text{m}$$

Bei der Scheibenbremse **(Bild 3, Seite 547)** wird auf dem Prüfstand eine Umfangsbremskraft von 1000 N gemessen.

Der wirksame Radius beträgt 90 mm, der Radradius 350 mm.

Wie groß ist die Bremskraft zwischen Rad und Fahrbahn?

$$F_B = 1000\,\text{N} \cdot \frac{90\,\text{mm}}{350\,\text{mm}} \approx 257\,\text{N}$$

*Anmerkung:*

Da Felgenbremsen am Rand der Radfelge angreifen, tritt durch die Bremskraft kein Drehmoment zwischen Felge und Nabe auf. Die Speichen werden durch das Bremsen nicht belastet (von der dynamischen Radlastverlagerung einmal abgesehen). Anders liegen die Verhältnisse bei Naben-, Trommel- und Scheibenbremsen.

### Bremsarbeit, Bremsleistung

Das System Fahrrad + Zuladung + Fahrer (Systemmasse 130 kg) soll von einer Geschwindigkeit von $v$ = 18 km/h (= 5 m/s) mit einer Bremsverzögerung von $a$ = 5 m/s² bis zum Stillstand abgebremst werden.

Mittlere Geschwindigkeit

$$v_m = \frac{1}{2}(5\,\text{m/s} - 0) = 2{,}5\,\text{m/s}$$

Zuerst bestimmt man die Zeitdauer $t$:

$$a = \frac{v}{t} \quad \rightarrow \quad t = \frac{v}{a} = \frac{5\,\text{m/s}}{5\,\text{m/s}^2} = 1\,\text{s}$$

Die kinetische Energie des Systems wird in Wärme umgewandelt:

$$W = \frac{1}{2} \cdot m \cdot v^2 = 1/2 \cdot 130\,\text{kg} \cdot (5\,\text{m/s})^2$$

$$W = 1625\,\text{kgm}^2/\text{s}^2 = 1625\,\text{Nm} = 1625\,\text{J}$$

Der (reine) Bremsweg berechnet sich zu

$$s = v_m \cdot t = 2{,}5\,\text{m/s} \cdot 1\,\text{s} = 2{,}5\,\text{m}$$

Die **Bremskraft** beträgt

$$F_B = m \cdot a = 130\,\text{kg} \cdot 5\,\text{m/s}^2 = 650\,\text{N}$$

Die **Bremsarbeit** ist das Produkt aus Bremskraft und zurückgelegtem Weg (Bremsweg):

$$W = F_B \cdot s = 650\,\text{N} \cdot 2{,}5\,\text{m} = 1625\,\text{Nm}$$

(ist betragsmäßig gleich der kinetischen Energie)

Die **Bremsleistung** ergibt sich aus der Bremsarbeit pro Zeit:

$$P = \frac{W}{t} = 1625\,\text{Nm}/1\,\text{s} = 1625\,\text{Watt} = 1{,}625\,\text{kW}$$

Das ist die mittlere Leistung bezogen auf den gesamten Bremsweg. Am Anfang beträgt die Leistung 2 × 1625 W, am Ende 0 W.

### Bremswärme und Temperaturanstieg

Die Abbremsung soll allein mit der Vorderrad-Felgenbremse erfolgen. Die Felge besteht aus Aluminium, ihre Masse beträgt 0,40 kg. Vereinfacht wird angenommen, dass die gesamte anfallende Wärmemenge die Felge erwärmt. Wie groß ist der Temperaturanstieg der Felge?

Die spezifische Wärmekapazität von Aluminium beträgt $c$ = 0,94 kJ/kgK (siehe Tabellenbuch Fahrradtechnik).

$$\Delta T = \frac{W}{m \cdot c} = \frac{1{,}625 \text{ kJ}}{0{,}4 \text{ kg} \cdot 0{,}94 \text{ kJ/kgK}} = 4{,}3 \text{ K} = 4{,}3\ °\text{C}$$

Eine größere Energiemenge muss bei einer längeren Bergabfahrt abgebaut werden. Beispiel: Systemmasse 130 kg, 500 Höhenmeter:

$$W = m \cdot g \cdot h = 130 \text{ kg} \cdot 10 \text{ m/s}^2 \cdot 500 \text{ m} = 650 \text{ kJ}$$

Dieser Betrag verteilt sich auf die Fahrwiderstände und auf die Bremsarbeit, die zum größten Teil an der Felge in Wärme umgewandelt wird. Die Felge kann sich bei ständig betätigter Bremse um bis zu 100 °C aufheizen. Daher braucht jede Bremse eine wirkungsvolle Kühlung.

**Projektaufgabe Gabelbelastung**

Gesucht: Kräfte und Momente an der Gabel bei einer Bremsung mit dem Vorderrad

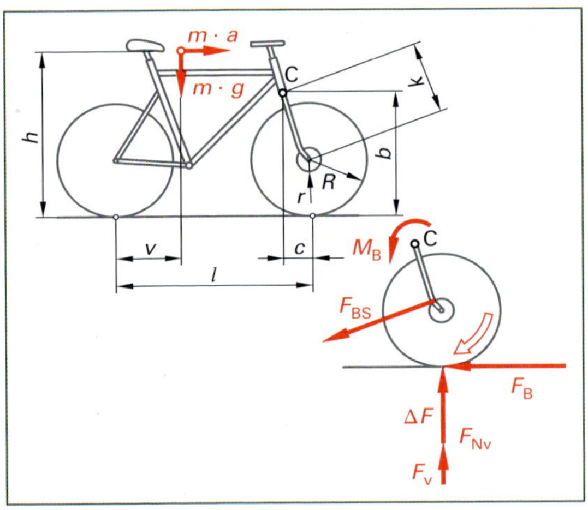


Bedingungen: Systemmasse $m = 100$ kg, Bremsverzögerung $a = 5 \text{ m/s}^2$, Radstand $l = 1{,}1$ m, $h = 1$ m, Systemschwerpunkthöhe $h = 1$ m, Schwerpunktabstand zur Hinterradachse $v = 0{,}4$ m, senkrechter Abstand zum unteren Lenkkopflager $b = 0{,}75$ m, horizontaler Abstand $c = 0{,}17$ m

Gabellänge $k = 0{,}43$ m (aus $\sqrt{0{,}42^2 + 0{,}17^2}$)

Kraftschlussbeiwert (Bremsbeiwert) $\mu = 0{,}9$, Rad 28", $R = 0{,}35$ m, Bremsscheiben-Durchmesser $d = 0{,}2$ m, $r = 0{,}1$ m

Bremskraft $F_B = m \cdot a = 100 \text{ kg} \cdot 5 \text{ m/s}^2 = 500 \text{ N}$

Systemgewichtskraft

$F_G = m \cdot g = 100 \text{ kg} \cdot 10 \text{ m/s}^2 = 1000 \text{ N}$

Statische Hinterradlast

$$F_H = \frac{F_G \cdot (1 - v)}{l} = \frac{1000 \text{ N } (1{,}1 \text{ m} - 0{,}4 \text{ m})}{1{,}1 \text{ m}} = 636 \text{ N}$$

Statische Vorderradlast

$$F_V = F_G - F_H = 1000 \text{ N} - 636 \text{ N} = 364 \text{ N}$$

Dynamische Radlastverlagerung

$$\Delta F = \frac{F_B \cdot h}{l} = \frac{500 \text{ N} \cdot 1 \text{ m}}{1{,}1 \text{ m}} = 455 \text{ N}$$

Dynamische Normalkraft auf das Vorderrad

$$F_{Nv} = F_V + \Delta F = 364 \text{ N} + 455 \text{ N} = 819 \text{ N}$$

Überprüfung, ob Bremskraft übertragen werden kann: $F_{Nv} \cdot \mu \geq F_B$

$819 \text{ N} \cdot 0{,}9 > 500 \text{ N}$, Bremskraft kann übertragen werden.

**Biegemoment am unteren Lenkkopflager (C)**

Gleichgewicht der Momente um Punkt C

$$-M_b + F_B \cdot b - F_{Nv} \cdot c = 0$$

$$M_b = F_B \cdot b - F_{Nv} \cdot c$$

$$= 500 \text{ N} \cdot 0{,}75 \text{ m} - 819 \text{ N} \cdot 0{,}17 = 236 \text{ Nm}$$

Erforderliche Bremskraft $F_{BS}$ an der Bremsscheibe

$$F_B \cdot R = F_{BS} \cdot r \qquad F_{BS} = \frac{500 \text{ N} \cdot 0{,}35 \text{ m}}{0{,}1 \text{ m}} = 1750 \text{ N}$$

**Biegemoment an der Bremsabstützung Gabel**

Annahme für die Hebelarmlänge: Gabeleinspannung im Lenkrohr

$$M = F_{BS} \cdot (k - r) = 1750 \text{ N} \cdot (0{,}43 \text{ m} - 0{,}1 \text{ m}) = 543 \text{ Nm}$$

**Längskraft $F_L$ an der Vorderradeinspannung**

Energiebetrachtung: Die Geschwindigkeit des Radfahrers beträgt 18 km/h (= 5 m/s). Bevor er bremst, beträgt seine kinetische Energie

$W = \frac{m \cdot v^2}{2} = 1250$ Nm und der Bremsweg bei der

Bremsverzögerung von $5 \text{ m/s}^2$

$$s = \frac{v^2}{2a} = 2{,}5 \text{ m}$$

Während des Bremsvorganges beträgt die mittlere Kraft auf die Vorderradeinspannung

$$F_L = \frac{W}{s} = \frac{1250 \text{ Nm}}{2{,}5 \text{ m}} = 500 \text{ N}$$

---

[1] Hinweis: 0,4 aus b – R = 0,75 – 0,35

## 17.17 Kreiselmoment und Kreiselkraft

Das Kreiselmoment um die Hochachse z für ein sich drehendes Rad berechnet sich zu

$M = I \cdot \omega_1 \cdot \omega_2$

Dabei ist $I$ das Massenträgheitsmoment (kurz: Trägheitsmoment, $\omega_1$ die Winkelgeschwindigkeit (hier des Rades) und $\omega_2$ die Winkelgeschwindigkeit um die Rollachse x.

Der Radfahrer in **Bild 1** fährt mit seinem 28"-Rennrad eine Geschwindigkeit von 36 km/h und schlägt den Lenker plötzlich mit einer Winkelgeschwindigkeit von $\omega_2 = 5$ 1/s ein. Das Trägheitsmoment des Vorderrades soll $I = 0{,}135$ kgm² betragen (siehe **Seite 532**).

a) Wie groß ist das Kreiselmoment?

b) Wie groß ist die Kreiselkraft, die auf die Radmitte wirkt?

**Bild 1: Kreiselmoment *M* und Kreiselkraft *F* beim Lenkereinschlag**

a) $M = I \cdot \omega_1 \cdot \omega_2$

$M = 0{,}135\ \text{kgm}^2 \cdot 30\ 1/\text{s} \cdot 5\ 1/\text{s}$

$M = 20{,}3\ \text{kgm/s}^2 \cdot \text{m} = 20{,}3\ \text{Nm}$

b) $F = \dfrac{M}{r} = \dfrac{20{,}3\ \text{Nm}}{0{,}356\ \text{m}} \approx 57\ \text{N}$

## 17.18 Getriebe

### Drehmomentwandler Kurbelgetriebe

Das Drehmoment $M_p$ aus der Pedalkraft $F_p$ **(Bild 2)** und dem Tretkurbelarm $r_p$ überträgt sich im Kurbellager auf das Kettenrad. Am Umfang (genauer: am Teilkreisumfang) des Kettenrades wirkt die Kettenkraft $F_K$ über den Hebelarm $r_k$ – das ist der Teilkreisradius des Kettenrades.

Die Kettenkraft überträgt sich als Umfangskraft $F_R$ auf das Ritzel, wo über den Hebelarm $r_r$ ein Drehmoment $M_R$ auf die Hinterradnabe übertragen wird. Das Ritzel ist beim Treten formschlüssig mit dem Hinterrad verbunden. Das Ritzeldrehmoment erzeugt über den Hebelarm „Hinterradradius“ $r$ die Antriebskraft $F$.

Das Kurbellager-Drehmoment $M_P$ wird (je nach Größe der Hebelarme von Kettenrad und Ritzel) in ein kleineres oder größeres Ritzel-Drehmoment $M_R$ umgewandelt.

Die Pedalkraft soll 160 N betragen. Die Getriebemaße des Fahrrades sind: Kurbelarmradius 17 cm, Kettenrad-Teilkreis-Durchmesser 20,2 cm ($r_K = 10{,}1$ cm), Ritzel-Teilkreisradius 3 cm, Hinterradradius 36 cm.

Zu bestimmen sind:

a) Drehmoment im Kurbellager
b) Kettenkraft und Umfangskraft am Ritzel
c) Drehmoment in der Hinterradnabe
d) Antriebskraft am Radumfang
e) Übersetzung der Drehmomente Hinterrad/Pedal
f) Kraftübersetzung der ersten Getriebestufe
g) Kraftübersetzung der zweiten Getriebestufe
h) Gesamte Kraftübersetzung

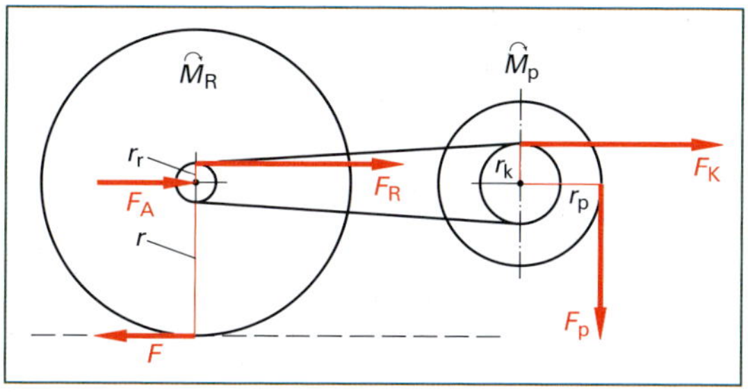


**Bild 2: Das Getriebe Kettenrad/Kette/Ritzel ist ein Drehmomentwandler**

a) $M_P = F_P \cdot r_P = 160\ \text{N} \cdot 0{,}17\ \text{m} = 27{,}2\ \text{Nm}$

b) $F_K = \dfrac{M_P}{r_K} = \dfrac{27{,}2\ \text{Nm}}{0{,}101\ \text{m}} = 269\ \text{N}$

Die Kettenkraft $F_K$ ist gleich der Ritzel-Umfangskraft $F_R$.

c) $M_R = F_R \cdot r_r = 269\ \text{N} \cdot 0{,}03\ \text{m} \approx 8{,}1\ \text{Nm}$

d) $F = \dfrac{M_R}{r} = \dfrac{8{,}1\ \text{Nm}}{0{,}36\ \text{m}} = 22{,}5\ \text{N} = F_A$

e) $i(M) = \dfrac{M_R}{M_P} = \dfrac{8{,}1\ \text{Nm}}{27{,}2\ \text{Nm}} \approx 0{,}3$

f) $i_1 = \dfrac{F_P}{F_K} = \dfrac{160\ \text{N}}{269\ \text{N}} = 0{,}59$

g) $i_2 = \dfrac{F_R}{F} = \dfrac{272\ \text{N}}{22{,}5\ \text{N}} \approx 12$

h) $i_{ges} = i_1 \cdot i_2 = 0{,}59 \cdot 12 \approx 7$

oder $i_{ges} = \dfrac{F_P}{F} = \dfrac{160\ \text{N}}{22{,}5\ \text{N}} \approx 7$

siehe „info“ auf **Seite 553**

### Drehzahl Übersetzung

a) Wie oft dreht sich das kleine Rad mit dem Radius 2,8 cm, wenn das große Rad mit dem Radius 10,4 cm 5 Umdrehungen macht **(Bild 1)**?
b) Wie groß ist das Übersetzungsverhältnis?

Weg des großen Rades: $s_1 = 2 \cdot r_1 \cdot \pi \cdot k_1$ [1]

Weg des kleinen Rades: $s_2 = 2 \cdot r_2 \cdot \pi \cdot k_2$

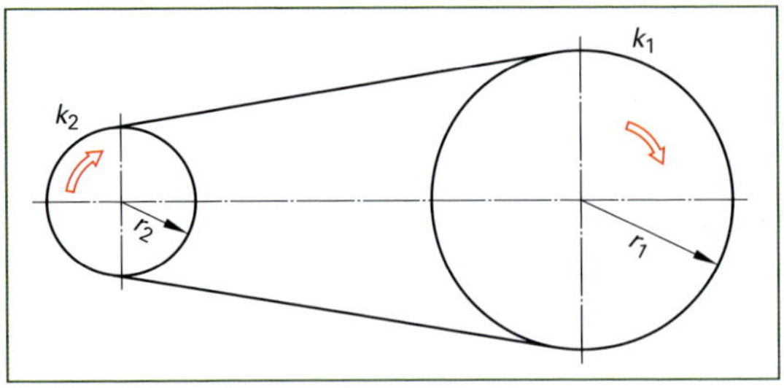


**Bild 1: Zahl der Umdrehungen *k***

a) Wenn kein Schlupf auftritt, sind beide Wege gleich:

$s_1 = s_2 \quad \rightarrow \quad 2 \cdot r_1 \cdot \pi \cdot k_1 = 2 \cdot r_2 \cdot \pi \cdot k_2$

$\frac{k_1}{k_2} = r_2/r_1$

$k_2 = \frac{k_1 \cdot r_1}{r_2} = \frac{5 \cdot 10{,}4\ \text{cm}}{2{,}8\ \text{cm}} = 18{,}6$ Umdrehungen

b) $i = k_1/k_2 = 5/18{,}6 = 0{,}27$ [2]

### Zahnrad und Modul

Der Teilkreisumfang des Zahnrades **(Bild 2)** lässt sich auf zwei Arten bestimmen:

1. $U$ = Teilkreis-Radius $r \cdot 2 \cdot \pi$
2. $U$ = Zähnezahl $z \cdot$ Teilung $p$

Die Teilung wird auf dem Teilkreisumfang als Bogenlänge von Zahnmitte zu Zahnmitte angegeben. Sie ist im Teilkreisumfang so oft enthalten, wie das Rad Zähne hat.

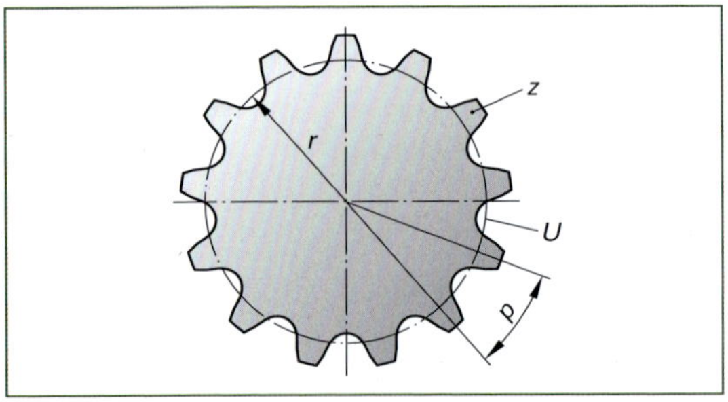


**Bild 2: Kennmaße am Zahnrad und in der Fahrrad-Rollenkette**

$d \cdot \pi = z \cdot p \quad \rightarrow \quad d = \frac{z \cdot p}{\pi} \quad \rightarrow \quad d = m \cdot z$

mit $m$ als „Modul" in mm

Der Modul (lat. modulus = Maß) gibt an, wie oft die Zähnezahl im Teilkreisdurchmesser enthalten ist. Zahnräder und Ketten müssen in der Teilung und im Modul übereinstimmen, wenn sie zusammen „arbeiten":

In der Fahrradtechnik ist statt „Modul $m$" auch der Begriff „Zähnezahlfaktor" $n_t$ mit $n_t = \frac{z}{\pi}$ üblich.

Bestimmen Sie für ein Kettenrad mit 46 Zähnen und einer Kette mit 12,7 mm Teilung
a) den Teilkreisdurchmesser,
b) den Modul und
c) den Zähnezahlfaktor.

a) $d = \frac{z \cdot p}{\pi} = \frac{46 \cdot 12{,}7\ \text{mm}}{3{,}14} = 186{,}1\ \text{mm}$

b) $m = \frac{d}{z} = \frac{186{,}1\ \text{mm}}{46} = 4\ \text{mm}$

c) $n_t = \frac{z}{\pi} = \frac{4}{3{,}14} = 14{,}65$

### Trittfrequenz und Übersetzung

Ein Rennradfahrer tritt mit einer Frequenz von 90 Umdrehungen pro Minute (= 90 min$^{-1}$). Das Kettenrad hat 46 Zähne, das Ritzel 14 Zähne **(Bild 3)**.

Bestimmen Sie
a) die Drehzahl des Ritzels (bzw. des Hinterrades)
b) das Übersetzungsverhältnis der Drehzahlen pro Minute.

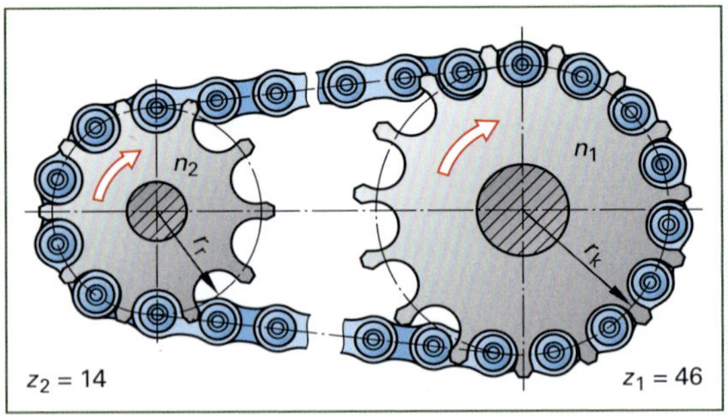


**Bild 3: Übersetzung am Kettentrieb**

Der Weg, den ein Zahn auf dem Kettenrad in einer Minute zurücklegt, ist gleich dem Weg eines Zahnes auf dem Ritzel:

$z_1 \cdot p \cdot n_1 = z_2 \cdot p \cdot n_2$

[1] k steht für die Anzahl der Umdrehungen.
[2] siehe Info auf **Seite 553**

Die Antriebsgleichung für den einfachen Kettentrieb lautet:

$n_1 \cdot z_1 = n_2 \cdot z_2 \quad \rightarrow \quad \frac{n_1}{n_2} = \frac{z_2}{z_1} = i$

mit Index $_1$: treibend und Index $_2$: getrieben

a) $n_2 = \frac{n_1 \cdot z_1}{z_2} = \frac{90\ \text{min}^{-1} \cdot 46}{14} \approx 296\ \text{min}^{-1}$

b) $i = \frac{n_1}{n_2} = \frac{90\ \text{min}^{-1}}{296\ \text{min}^{-1}} = 0{,}3$ bzw. 1 : 3,3

Man kann auch das Verhältnis der Zähnezahlen ausrechnen und erhält das gleiche Drehzahlverhältnis:

$i = \frac{z_2}{z_1} = \frac{14}{46} \approx 0{,}3$

Bei Übersetzungen ins Langsame ist $i > 1$,

ins Schnelle $i < 1$.

Bei direkter Übersetzung ist $i = 1$.

**info**

Aus Gründen der Tradition wird in der Fahrradliteratur – **anders als im Maschinenbau und in der Kfz-Technik** – die Übersetzung als Verhältnis der Antriebszähnezahl zur Abtriebszähnezahl („Reine Übersetzung") angegeben:

$i = \frac{z_1}{z_2}$

Beispielsweise beträgt die Übersetzung des Kettentriebes in **Bild 3, Seite 552**:

$i = \frac{z_1}{z_2} = \frac{46}{14} \approx 3{,}3$[1]

| Fahrradtechnik | Maschinenbau |
|---|---|
| $i = \frac{z_1}{z_2}$ | $i = \frac{z_2}{z_1}$ |
| $i = \frac{n_2}{n_1}$ | $i = \frac{n_1}{n_2}$ |
| $i = \frac{M_1}{M_2}$ | $i = \frac{M_2}{M_1}$ |
| Ins Schnelle: $i > 1$ | Ins Schnelle: $i < 1$ |
| Ins Langsame: $i < 1$ | Ins Langsame: $i > 1$ |

**Entfaltung**

Die Entfaltung $E$ ist der bei einer Kurbelumdrehung zurückgelegte Weg des Fahrrades. Andere Begriffe dafür sind „Entwicklung" und „Entfernung".

Man bestimmt die zurückgelegten Wege bei einer Kurbelumdrehung:

1. Weg des Pedals:
   $s_1 = 2 \cdot r_1 \cdot \pi \cdot n_1 = 2 \cdot r_1 \cdot \pi \cdot 1$
2. Weg eines Zahnes am Kettenrad:
   $s_k = 2 \cdot r_k \cdot \pi \cdot n_1 = 2 \cdot r_k \cdot \pi \cdot 1$
3. Weg eines Zahnes am Ritzel:
   $s_r = 2 \cdot r_1 \cdot \pi \cdot n_2$
   Die Wege von 2 und 3 sind gleich
   $n_1 \cdot r_k = r_r \cdot n_2 \quad \rightarrow \quad n_2 = n_1 \cdot \frac{r_k}{r_r} = n_1 \cdot \frac{z_1}{z_2}$
   **(siehe Bild 3, Seite 552)**
4. Weg des Hinterrades bei einer Kurbelumdrehung:
   $s_2 = 2 \cdot r_2 \cdot \pi \cdot \frac{n_2}{n_1} = E = U \cdot \frac{n_2}{n_1}$
   $E = U \cdot \frac{z_1}{z_2}$[2, 3, 4]

Ein Radfahrer fährt auf einem 28"-Rad mit einer Übersetzung 52/14.
Wie groß ist die Entfaltung?

Radumfang = $d \cdot \pi = 0{,}715\ \text{m} \cdot 3{,}14 = 2{,}245\ \text{m}$

$E = U \cdot \frac{z_1}{z_2} = 2{,}245\ \text{m} \cdot \frac{52}{14} = 8{,}33\ \text{m}$

Entfaltung =
Radumfang × „Reine Übersetzung"

Entfaltungen sollten einen Bereich von 2 m bis ca. 8 m abdecken. Entfaltungen von mehr als 8 m finden vor allem im Rennsport Einsatzmöglichkeiten, erfordern aber vom Reiseradler zu viel Kraft.

Entfaltungen von weniger als 2 m entsprechen schon leichten Untersetzungen.

Mit einer Trittfrequenz von 60 min$^{-1}$ und einer Entfaltung von 2 m erreicht man eine Geschwindigkeit von ca. 7 km/h, die bei einem beladenen Rad nur schwer auszubalancieren ist.

**Entfaltungsschritt**

Der Entfaltungsschritt $\Delta E$ ist die Differenz der Entfaltungen zweier benachbarter Gänge.

Mit $k$ als Index für den jeweiligen Gang gilt:

$\Delta E = E_k - E_{k-1}$

Wie groß ist bei einem 27"-Zoll-Fahrrad der Entfaltungsschritt beim Herunterschalten von dem Gang 42/22 auf den Gang 42/25?

[1] Nach der „Fahrraddefinition" ist bei einer Übersetzung ins Schnelle (beim Fahrrad der allgemeine Fall) $i > 1$. Der Auszubildende aus der Fahrradbranche sollte beide Definitionen der Übersetzung kennen.

[2] Auch in dieser Formel wird die „Fahrradversion" der Übersetzung $i$ benutzt: $i = \frac{z_1}{z_2} \rightarrow E = U \cdot i$

[3] Voraussetzung: schlupffreies Abrollen

[4] Definition größter Gang: Übersetzungsverhältnis, mittels dessen bei einer Umdrehung der Tretkurbel die größte Entfaltung (Entfernung) zurückgelegt wird (Quelle DIN EN ISO 4210).

$$\Delta E = E_k - E_{k-1} = 2{,}1 \text{ m} \cdot \left(\frac{42}{22} - \frac{42}{25}\right)$$

$$\Delta E = 2{,}1 \text{ m} \cdot (1{,}91 - 1{,}68) = 4{,}011 \text{ m} - 3{,}528 \text{ m}$$

$$\Delta E = 0{,}483 \text{ m}$$

Die Entfaltungsschritte sollten bei einer gut ausgelegten Gangschaltung zwischen 0,3 m und 0,4 m liegen.

**Stufensprung, Gangsprung**

Unter dem Stufensprung versteht man das Verhältnis zweier benachbarter Gänge:

$$q = \frac{i_k}{i_{k-1}} = \frac{E_k}{E_{k-1}}$$

Noch einmal: In der Fahrradtechnik wird das Übersetzungsverhältnis $i$ (anders als im Maschinenbau) als Verhältnis der Zähnezahl des Kettenrades zu der Zähnezahl des Ritzels angegeben.

Sind kleinste und größte Entfaltung festgelegt, sollten die Zähnezahlen so gewählt werden, dass sich möglichst gleichmäßige Gangsprünge des hinteren Ritzelpaketes ergeben.

Berechnen Sie den Stufensprung zwischen dem 3. Gang mit der Übersetzung 42/22 und dem benachbarten 2. (kleineren) Gang mit der Übersetzung 42/25.

$$i_3 = \frac{42}{22} = 1{,}91$$

$$i_2 = \frac{42}{25} = 1{,}68$$

$$q = \frac{i_3}{i_2} = \frac{1{,}91}{1{,}68} = 1{,}14$$

oder einfacher: $q = \frac{25}{22} = 1{,}14$

Ableitung ($z_k$ = Zähnezahl Kettenrad)

$$i_3 = \frac{z_k}{z_3} \qquad i_2 = \frac{z_k}{z_2}$$

$$q = \frac{i_3}{i_2} \qquad q = \frac{\frac{z_k}{z_3}}{\frac{z_k}{z_2}} \qquad q = \frac{z_2}{z_3}$$

Gangsprünge zwischen den gleichen zwei Ritzeln sind unabhängig von der Zähnezahl der Kettenräder.

**Übersetzungsbereich, Spreizung**

Teilt man die größte durch die kleinste Übersetzung, erhält man den Übersetzungsbereich:

$$Ü = \frac{i_{max}}{i_{min}}$$

Ein Rennrad ist mit dem Doppelkettenrad 52/42 und dem Sechsfachzahnkranz 13/14/16/19/22/25 ausgerüstet.

Wie groß ist der Übersetzungsbereich?

$$i_{max} = \frac{52}{13} = 4 \qquad i_{min} = \frac{42}{25} = 1{,}68$$

$$Ü = \frac{4}{1{,}68} = 2{,}38 \text{ oder } 238\ \%$$

Mit der Kombination 52/13 wird ein 2,38-mal größerer Weg zurückgelegt als mit 42/25.

**Kapazität**

Die Kapazität einer Schaltung ist die Differenz der größten und der kleinsten Zähnezahl vom Umwerfer bzw. vom Ritzelpaket.

Wie groß sind die Kapazitäten der Kettenschaltung aus der letzten Aufgabe?

Kapazität des Umwerfers

$K_1$ = 52 Zähne – 42 Zähne = 10 Zähne

Kapazität des Ritzelpaketes

$K_2$ = 25 Zähne – 13 Zähne = 12 Zähne

**Gesamtkapazität**

(Andere Begriffe aus der Literatur sind Schaltkapazität, Schaltumfang, Übersetzungsspektrum)

$K = K_1 + K_2$ = 10 Zähne + 12 Zähne = 22 Zähne

**Entfaltung, Trittfrequenz und Geschwindigkeit**

Entfaltung $E$, Trittfrequenz $n$ und Geschwindigkeit $v$ stehen in dem Zusammenhang

$v = E \cdot n$ mit der Einheit [m/min] bzw.

$v = E \cdot n \cdot 0{,}06$ mit der Einheit [km/h]

Ein Mountainbiker (26"-Räder, Außendurchmesser siehe Tabellenbuch) fährt mit der Übersetzung 42/26 und tritt mit 60 Umdrehungen pro Minute.

Wie groß ist seine Geschwindigkeit?

$$E = U \cdot \frac{z_1}{z_2} = 2{,}05 \cdot \frac{42}{26} = 3{,}31 \text{ m}$$

$$v = E \cdot n \cdot 0{,}06 = 3{,}31 \cdot 60 \cdot 0{,}06 \approx 12 \text{ km/h}$$

17

### Überschneidung

Man spricht von einer Überschneidung, wenn unterschiedliche Gänge zur gleichen (oder fast gleichen) Entfaltung führen.

In der Tabelle sind für ein 27"-Rad (Radumfang 2,1 m) mit einem 52/42 Kettenrad die möglichen Entfaltungen aufgeführt.

**Tabelle: Entfaltungen bei einem 27"-Rad**

| Ritzelzähne Zahl $z_2$ $E$ [m] | Kettenrad $z_1 = 42$ Zähne $E$ [m] | Kettenrad $z_1 = 52$ Zähne |
|---|---|---|
| 11 | 8,02 | 9,95 |
| 12 | 7,35 | 9,10 |
| 13 | 6,78 | 8,40 |
| 14 | 6,30 | 7,80 |
| 15 | 5,88 | 7,28 |
| 16 | 5,51 | 6,83 |
| 17 | 5,20 | 6,42 |
| 18 | 4,90 | 6,07 |
| 19 | 4,64 | 5,75 |
| 20 | 4,41 | 5,46 |
| 21 | 4,20 | 5,20 |
| 22 | 4,01 | 4,96 |
| 23 | 3,83 | 4,75 |
| 24 | 3,68 | 4,55 |
| 25 | 3,53 | 4,37 |
| 26 | 3,39 | 4,20 |
| 27 | 3,27 | 4,04 |
| 28 | 3,15 | 3,90 |
| 29 | 3,04 | 3,77 |
| 30 | 2,94 | 3,64 |

Stellen Sie die Ritzel-Zähnezahl $z_2$ als Funktion der Entfaltung dar und tragen Sie die Werte für die beiden Kettenräder ein. Kennzeichnen Sie die Gänge, die sich in der Entfaltung um bis zu 5 mm überschneiden.

Folgende Gänge überschneiden sich um bis zu 5 mm in der Entfaltung (siehe **Bild 1**):

52/30 mit 42/24, 52/27 mit 42/22, 52/26 mit 42/21, 52/25 mit 42/20, 52/21 mit 42/17, 52/20 mit 42/16, 52/16 mit 42/13.

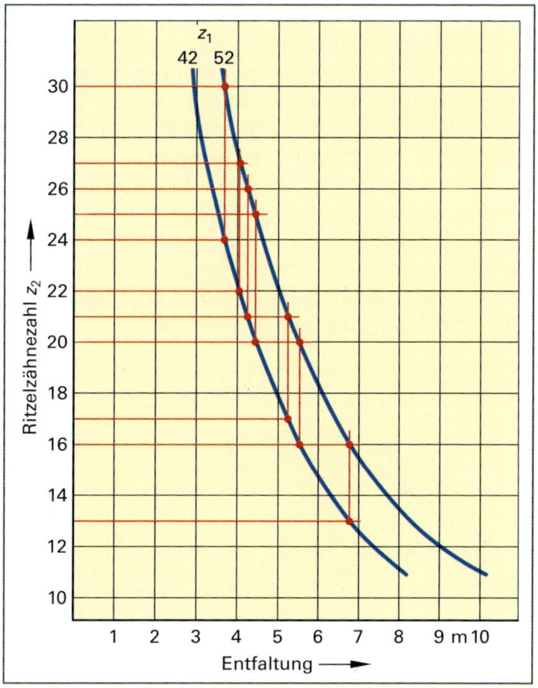


**Bild 1: Lösung Überschneidungen**

### Drehleistung, Drehmoment

Analog zur Leistungsformel $P = F \cdot v$ für geradlinige Bewegungen lautet die Leistungsformel für die Drehbewegung:

Drehleistung = Drehmoment mal Winkelgeschw.

$$P = M \cdot \omega \quad \text{mit } \omega = \frac{2 \cdot \pi \cdot n}{60} = \frac{\pi \cdot n}{30}$$

Die Einheit der Drehleistung ist [Nm/s] bzw. [W]. Die Winkelgeschwindigkeit $\omega$ wird in 1/s bzw. $s^{-1}$ angegeben. Üblich in der Fahrradtechnik ist die Angabe der Drehzahl $n$ in U/min bzw. 1/min oder $min^{-1}$.

$$P = \frac{M \cdot 2 \cdot \pi \cdot n}{60} \approx 0{,}1 \cdot M \cdot n$$

| Abgegebene Leistung | = Drehmoment × Drehzahl |
|---|---|

Ein Radfahrer (Pedalkraft 160 N,[1] Kurbelhebelarm 0,17 m) tritt mit einer Drehzahl von 60 $min^{-1}$.
Wie groß ist seine Drehleistung?

$P \approx 0{,}1 \cdot M \cdot n \approx 0{,}1 \cdot 160\ \text{N} \cdot 0{,}17\ \text{m} \cdot 60\ \text{s}^{-1}$

$P \approx 163\ \text{W}$

[1] Vorausgesetzt ist hier eine gleichförmige Pedalkraft über volle Umdrehungen

### Planetengetriebe

Alle Fahrrad-Nabenschaltungen bauen auf dem Prinzip des Planetengetriebes auf (s. Kap. 6.6.1). Drei Planetenräder (Pr in **Bild 1**, nur ein Rad gezeichnet) drehen sich im Inneren eines Hohlrades (H) um ein feststehendes Sonnenrad (S). Beim Schnellgang erfolgt der Antrieb vom Ritzel auf den Planetenträger (Pt). In **Bild 1** ist der Planetenträger als Hebel dargestellt; tatsächlich ist es ein zweigeteilter Scheibenring, in dessen Mitte die drei Planetenräder gelagert sind. Der Abtrieb erfolgt über das Hohlrad auf die Nabe.

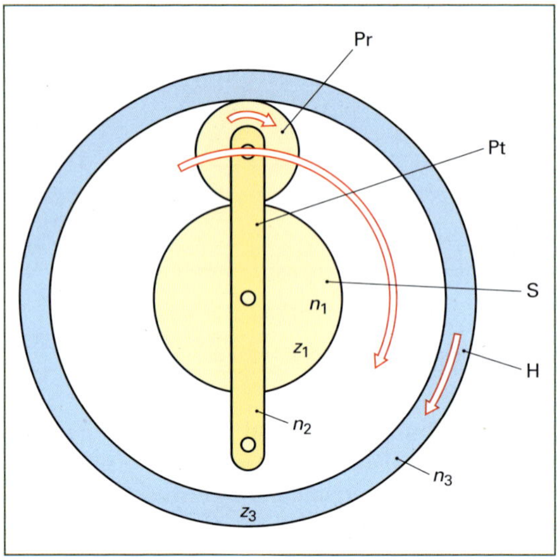


**Bild 1: Schnellgang. Prinzip Planetengetriebe**

Beim Schnellgang ist die Antriebsdrehzahl $n_2$ kleiner als die Abtriebsdrehzahl $n_3$ oder $n_2 < n_3$.

Bestimmen Sie die Abtriebsdrehzahl $n_3$ des Hohlrades und das Übersetzungsverhältnis $i$ einer Dreigang-Mehrgangschaltung.

*Hinweis zur Lösung*:

Man setzt (in Gedanken) das Planetenrad fest und lässt das Sonnenrad weg. Dann dreht sich bei einer Umdrehung des Planetenträgers das Hohlrad ebenfalls um eine Umdrehung. Da sich aber das Planetenrad drehen kann und sich auf dem feststehenden Sonnenrad abstützt, treibt es das Hohlrad zusätzlich an: Bei einer Umdrehung des Planetenrades um das Sonnenrad dreht es sich um die Zähnezahl $z_1$ weiter. Und um diesen zusätzlichen Betrag dreht sich auch das Hohlrad.

Gegeben sind:

Zähnezahl $z_1$ des Sonnenrades = 17, Zähnezahl des Hohlrades $z_3$ = 47, Antriebsdrehzahl des Planetenträgers $n_2 = 180\ \text{min}^{-1}$.

Die Übersetzung ins Schnelle beträgt

$$i = \frac{z_3}{z_3 + z_1} = \frac{47}{47 + 17} = 0{,}73$$

Damit kann die Abtriebsdrehzahl berechnet werden:

$$i = \frac{n_2}{n_3} \qquad n_3 = \frac{n_2}{i} = \frac{180\ \text{min}^{-1}}{0{,}73} \approx 247\ \text{min}^{-1}$$

| Antrieb | Festes Bauteil | Abtrieb | Übersetzung Drehzahl | Übersetzung Zähnezahl | Übersetzung |
|---|---|---|---|---|---|
| Sonnenrad $z_1$ | Hohlrad $z_3$ $n_3 = 0$ | Planetenträger | $i = \frac{n_1}{n_2}$ | $i = \frac{z_1 + z_3}{z_1}$ | Große Übersetzung ins Langsame |
| Hohlrad $z_3$ | Sonnenrad $z_1$ $n_1 = 0$ | Planetenträger | $i = \frac{n_3}{n_2}$ | $i = \frac{z_3 + z_1}{z_3}$ | Kleinere Übersetzung ins Langsame |
| Sonnenrad | Sonnenrad mit Hohlrad gekoppelt | Planetenträger | $i = 1$ | $i = 1$ | Direkter Gang |
| Planetenträger | Sonnenrad $z_1$ $n_1 = 0$ | Hohlrad $z_3$ | $i = \frac{n_2}{n_3}$ | $i = \frac{z_3}{z_3 + z_1}$ | Kleine Übersetzung ins Schnelle |
| Planetenträger | Hohlrad $z_3$ $n_3 = 0$ | Sonnenrad $z_1$ | $i = \frac{n_2}{n_1}$ | $i = \frac{z_1}{z_1 + z_3}$ | Große Übersetzung ins Schnelle |
| Sonnenrad $z_1$ | Planetenträger $n_2 = 0$ | Hohlrad $z_3$ | $i = \frac{n_1}{n_3}$ | $i = \frac{z_3}{z_1}$ | Rückwärts ins Langsame |
| Hohlrad $z_3$ | Planetenträger $n_2 = 0$ | Sonnenrad $z_1$ | $i = \frac{n_3}{n_1}$ | $i = \frac{z_1}{z_3}$ | Rückwärts ins Schnelle |

17

## 17.19 Kurvenfahrt

**Fliehkraft (Zentrifugalkraft)**

Fährt der Radfahrer eine Kurve, tritt eine nach außen wirkende Fliehkraft $F_F$ auf.

Damit der Radfahrer nicht aus der Kurve getragen wird, neigt er sich nach innen und schafft so mit einem Teil seiner Gewichtskraft eine Gegenkraft zur Fliehkraft **(Bild 1)**.

Die Formel für die Fliehkraft lautet:

$$F_F = \frac{m \cdot v^2}{r}$$

$m$ Masse des Systems
$v$ Geschwindigkeit
$r$ Kurvenradius

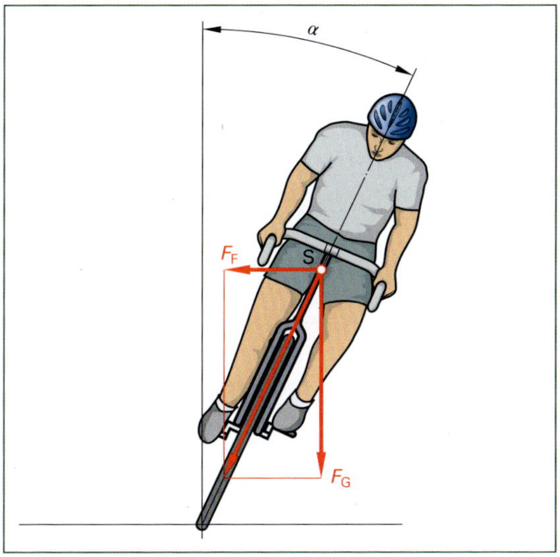


**Bild 1: Fliehkraft $F_F$ bei der Kurvenfahrt**

Ein Radfahrer mit der Systemmasse 80 kg fährt mit einer Geschwindigkeit von 18 km/h durch eine Kurve mit dem Radius von 10 m.
Wie groß ist die Fliehkraft?

$$F_F = \frac{80\ \text{kg} \cdot (5\ \text{m/s})^2}{10\ \text{m}} = 200\ \text{N}$$

Welchen Neigungswinkel muss der Radfahrer einnehmen, damit er nicht aus der Kurve getragen wird?

$$\tan \alpha = \frac{F_F}{F_G} = \frac{200\ \text{N}}{800\ \text{N}} = 0{,}25 = 14°$$

Damit der Radfahrer nicht wegrutscht, muss die Seitenführungskraft zwischen Reifen und Fahrbahn größer oder gleich dem Betrag der Fliehkraft sein **(Bild 2)**: Gleichgewicht der Drehmomente um den Auflagepunkt A des Vorderrades gewählt.

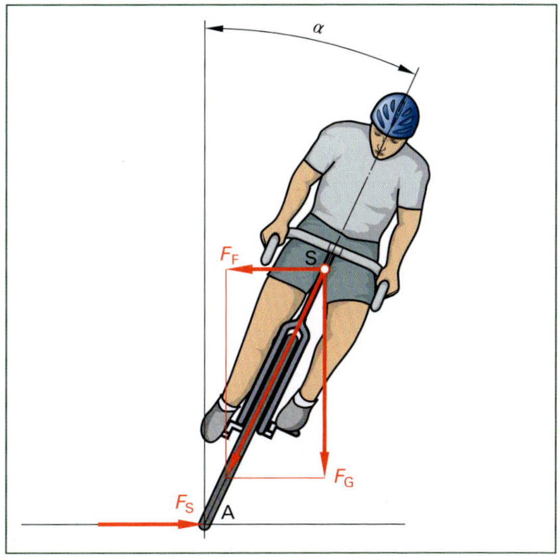


**Bild 2: Fliehkraft und Seitenführungskraft**

$$F_F = F_S$$

$$\frac{m \cdot v^2}{r} = m \cdot g \cdot \mu_H \quad \rightarrow \quad v = \sqrt{g \cdot r \cdot \mu_H}$$

Bei gegebenem Gewicht des Systems Rad + Fahrer + Zuladung kann die Seitenführungskraft einen durch die Haftreibungszahl bestimmten Maximalwert nicht überschreiten. Durch diesen Maximalwert ist die Geschwindigkeit beim Durchfahren einer Kurve beschränkt.

Mit welcher maximalen Geschwindigkeit kann der Radfahrer aus der letzten Aufgabe die Kurve sicher durchfahren, wenn die Haftreibungszahl 0,5 (Pflaster) beträgt?

$$v = \sqrt{9{,}81\ \text{m/s}^2 \cdot 10\ \text{m} \cdot 0{,}5} = 7\ \text{m/s} \approx 25\ \text{km/h}$$

Das Ergebnis zeigt, dass die Maximalgeschwindigkeit für eine gegebene Kurve für alle Systeme unabhängig von der Masse nur von der Haftreibungszahl, d.h. vom jeweiligen Straßenzustand und vom Kurvenradius abhängt.

Ein Radfahrer fährt mit einer Geschwindigkeit von 20 km/h durch eine Kurve mit dem Radius von 10 m. Wie groß ist die Haftreibungszahl, wenn er bei dieser Geschwindigkeit ins Rutschen kommt?

$$\frac{m \cdot v^2}{r} = m \cdot g \cdot \mu_H$$

$$\mu_H = \frac{v^2}{g \cdot r} \approx \frac{(5{,}6\ \text{m/s})^2}{9{,}81\ \text{m/s}^2 \cdot 10\ \text{m}} \approx 0{,}3$$

**Bodenfreiheit**

Bei welchem Neigungswinkel $\alpha$ **(Bild 1)** berührt das untenstehende Pedal den Boden? Gegeben sind:

Kurbellagerhöhe $h$ = 28 cm, Pedallänge $p$ = 12 cm, Pedaldicke $d$ = 3 cm, Kurbellänge $l$ = 17 cm, Kurbellagerbreite $t$ = 16 cm. Werden die Bedingungen der EN ISO 4210-2 erfüllt?

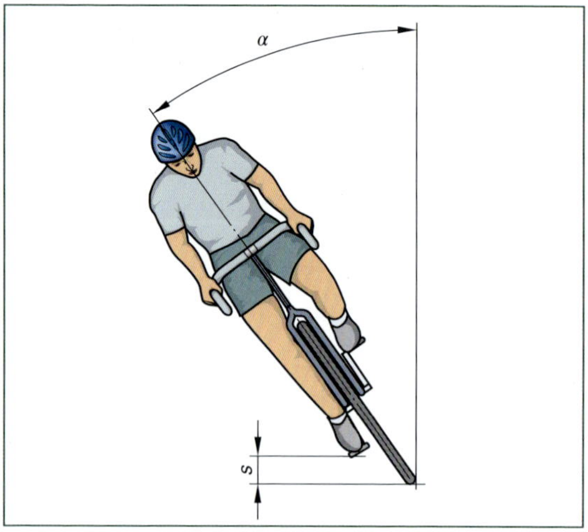


**Bild 1: Bodenfreiheit in Schräglage**

Zu beachten (Auszug aus DIN EN ISO 4210-2): Es muss möglich sein, ein unbelastetes Fahrrad in einem Winkel von 25° aus der Senkrechten seitlich zu neigen, ohne dass irgendein Teil den Boden berührt[1]. Dabei muss das Pedal an den niedrigsten Punkt gebracht werden und die Trittfläche parallel zum Boden stehen.

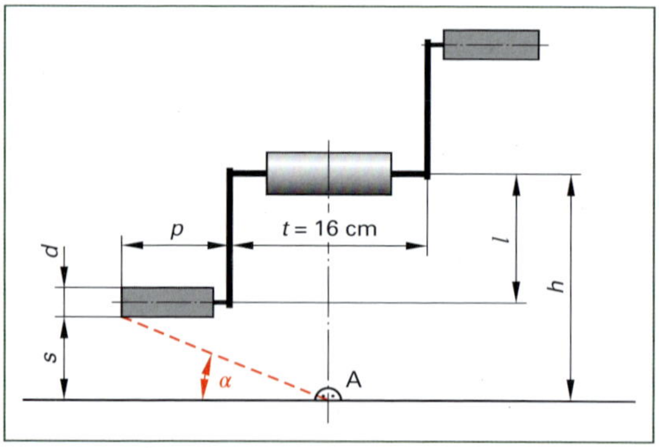


**Bild 2: Lösung Bodenfreiheit**

$$s = h - l - \frac{d}{2} = 28\text{ cm} - 17\text{ cm} - 1{,}5\text{ cm} = 9{,}5\text{ cm}$$

$$\tan\alpha = \frac{s}{p + \frac{t}{2}} = \frac{9{,}5}{12 + 8} = 0{,}48 \qquad \alpha = 25{,}4°$$

Die Bedingungen der DIN EN 4210-2 werden knapp erfüllt.

## 17.20 Federung

Das Messprotokoll einer Schraubenfeder ergab folgende Werte:

Unter einer Druckkraft von $F_1$ = 200 N verkürzte sich die Feder um $s_1$ = 10 mm, bei $F_2$ = 800 N um $s_2$ = 40 mm.

a) Bestimmen Sie die Federkonstante.

b) Zeichnen Sie die Kennlinie (Lösung **Bild 3**).

a) $c = \frac{F}{s} = \frac{800\text{ N}}{40\text{ mm}} = 20\text{ N/mm}$

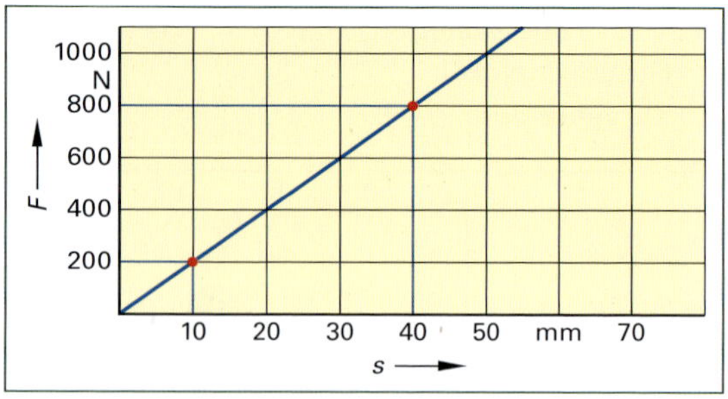


**Bild 3: Kennlinie einer Schraubenfeder**

Der Gesamtfederweg einer Federgabel beträgt 45 mm.

a) Auf welchen Betrag muss der Radfahrer den Negativ-Federweg (engl. *sag*) einstellen, wenn er für einen Downhill-Einsatz eine 30 % weiche Feder braucht?

b) Bestimmen Sie in der Federkennlinie der letzten Aufgabe den Arbeitspunkt (Lösung **Bild 4**).

c) Wie groß ist hier die Federkraft?

a) 100 % → 45 mm

1 % → 0,45 mm

30 % → 30 · 0,45 mm = 13,5 mm

b)

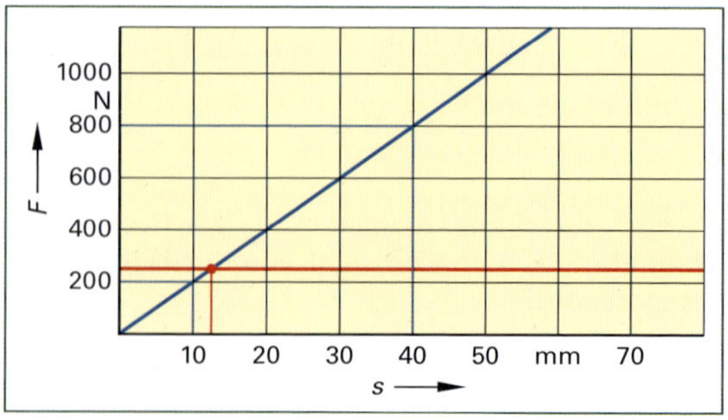


**Bild 4: Arbeitspunkt einer vorgespannten Feder[1]**

c) $F = c \cdot s$ = 20 N/mm · 13,5 mm = 270 N

[1] Jugendfahrräder und Rennräder 23°

Der Gesamt-Federweg einer Federgabel beträgt 80 mm, die Federrate ist mit 200 N/mm angegeben.

a) Welche Kraft wirkt auf die gefederte Masse bei voller Auslenkung der Feder?

b) Welche Beschleunigung erfährt das 80 kg schwere gefederte System?

a) $F = c \cdot s = 200\ \text{N/mm} \cdot 80\ \text{mm} = 1600\ \text{N}$

b) $a = \frac{F}{m} = \frac{1600\ \text{N}}{80\ \text{kg}} = \frac{1600\ \text{kg/ms}^2}{80\ \text{kg}} = 20\ \text{m/s}^2 \approx 2\ \text{g}$

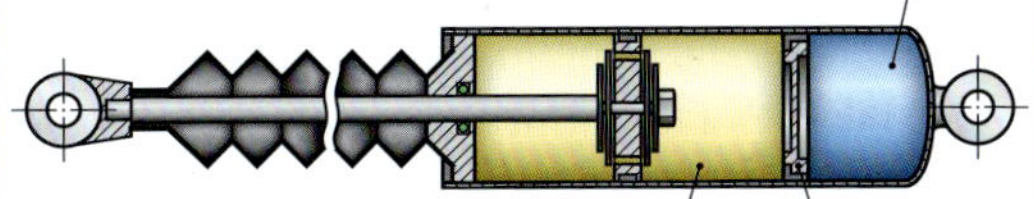


**Bild 1: Luft/Öl-Dämpfer**

Beim Füllen des Druckraumes **(Bild 1)** eines Feder-Dämpfer-Elementes Öl/Luft steigt der Druck auf $p_2$ = 25 bar. Die Raummaße des Druckraumes sind $d = 50$ mm, $l = 80$ mm[1].

a) Wie viel Luft befindet sich bei Atmosphärendruck im Druckraum?

b) Wie groß ist die Druckkraft auf den Trennkolben?

Kolbenfläche $A = 5\ \text{cm} \cdot 5\ \text{cm} \cdot 0{,}785 \approx 20\ \text{cm}^2$

Rauminhalt $V_1 = 20\ \text{cm}^2 \cdot 8\ \text{cm} = 160\ \text{cm}^3 = 0{,}16\ \text{l}$

a) $p_1 \cdot V_1 = p_2 \cdot V_2$

$$V_2 = \frac{p_1 \cdot V_1}{p_2} = \frac{25\ \text{bar} \cdot 0{,}160\ \text{l}}{1\ \text{bar}} = 4\ \text{l}$$

b) $p = \frac{F}{A}$

$$F = p \cdot A = 250\ \text{N/cm}^2 \cdot 20\ \text{cm}^2 = 5000\ \text{N}$$

## Übungsaufgabe Federung

Die Fahreigenschaften und der Komfort eines Fahrrads können durch eine Federung verbessert werden. Notwendige Voraussetzungen für die Funktion einer Federung sind geringe ungefederte Massen und genügend nachgiebige (weiche) Federn. Unter diesen Umständen kann die Federung optimal arbeiten.

Der Einfederweg kann zu einem Sicherheitsrisiko werden, wenn sich das Kurbellager zu stark absenkt ($h_T$ in **Bild 2, Seite 560**). Üblicherweise wird dieser Problematik durch einen Endanschlag in der Federgabel begegnet.

Gegeben ist die Weg-Kraft-Kennlinie einer Federgabel **(Bild 2)**. Die Horizontalachse (x-Achse) entspricht dem Einfederweg. Eine Auslenkung = 0 mm bedeutet unbelastet, eine Auslenkung > 0 mm belastet. Auf der Vertikalachse (y-Achse) ist die dazugehörige Kraft aufgezeichnet.

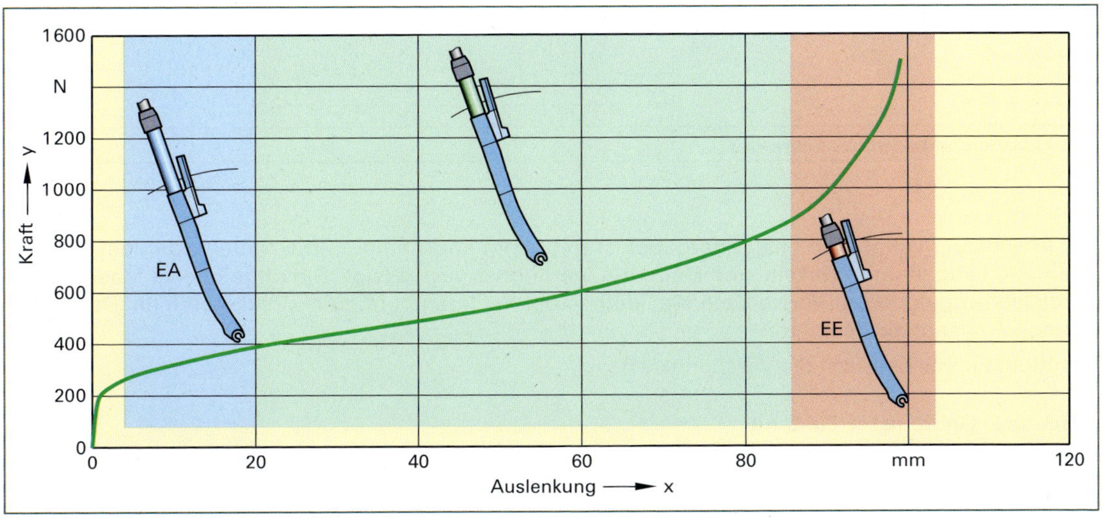


**Bild 2: Weg-Kraft-Kennlinie einer Federgabel**

[1] Vorraussetzung: Temperatur = konstant

Der Endanschlag EA begrenzt den Ausfederweg, der Endanschlag EE den Einfederweg.

Die Kennlinie der Federgabel gliedert sich in drei Bereiche. Im linken und rechten Teil lassen die Endanschläge die Kennlinie steil ausfallen.

Im mittleren Teil befindet sich der Arbeitsbereich mit einem vorteilhaft flachen Kurvenverlauf.

Auch die Reifen senken sich mit zunehmender Radlast ab. Die Weg-Kraft-Kennlinien **(Bild 1)** zeigen diesen Zusammenhang. Bei Reifendrücken von 2 bar und 4 bar sind die Aufstandskräfte über die Absenkung der Radachse aufgezeichnet.

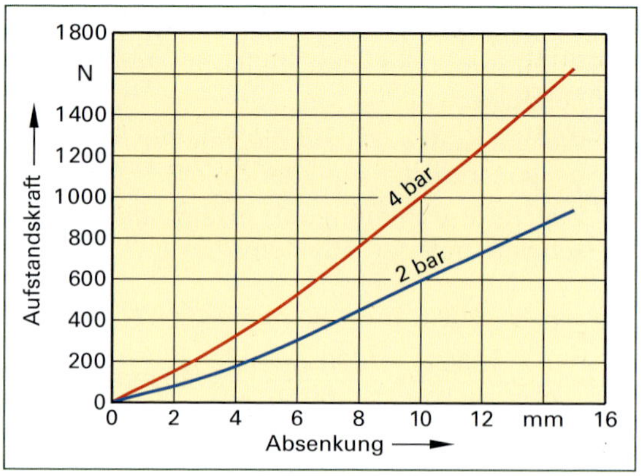


**Bild 1: Weg-Kraft-Kennlinie eines Reifens 50–559**

**Aufgabe:**

Untersuchen Sie die Situation eines vorn gefederten Fahrrades **(Bild 2)** im unbeladenen, gebremsten und rollenden Zustand.

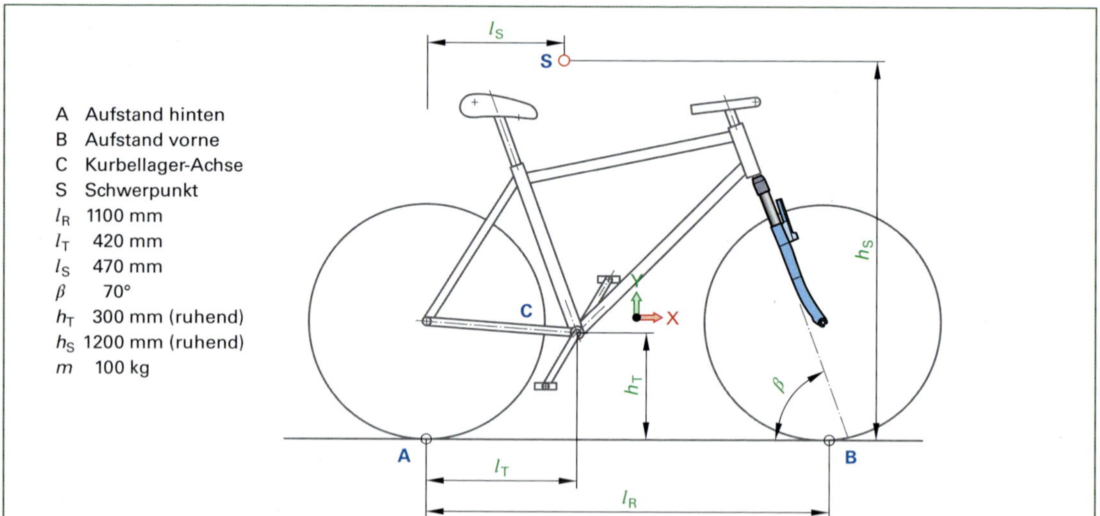


**Bild 2: Maße und Daten des Fahrrades**

**Aufgabe 1:**

Die Absenkung von Reifen und Federgabel ist mit 0 mm anzunehmen. Die Änderungen der Horizontalen von Längen und Winkeln sind klein und werden vernachlässigt. Die ungefederte Masse ist im Vergleich zur gefederten Masse klein und kann in der Rechnung unberücksichtigt bleiben. Der Endanschlag EA spannt die Feder vor.



Ermitteln Sie zeichnerisch die Vorspannkraft.

**Aufgabe 2: Gebremster Zustand**

Das Fahrrad ist beladen und rollt auf ebener Fahrbahn. Der gemeinsame Schwerpunkt aus Fahrer, Fahrrad und Zuladung hat sich im Schwerpunkt S eingestellt. Es wird allein über das Vorderrad mit einer Verzögerung von $a = 5$ m/s$^2$ gebremst. Federgabel und Reifen geben entsprechend nach. Die Absenkungen der Räder und die Auslenkung der Federgabel sind den Diagrammen **Bild 2, Seite 559** und **Bild 1** zu entnehmen.

a) Ermitteln Sie die Aufstandskräfte und die Lastverteilung vorn und hinten.

b) Ermitteln Sie die Absenkung der Reifen bei 4 bar Reifendruck und berechnen Sie die dazugehörige Federrate.

c) Ermitteln Sie die Auslenkung (Verschiebung in Richtung der Federgabelführung) und die Absenkung (Verschiebung oberhalb des Radaufstandspunktes senkrecht zur Fahrbahn) der Federgabel. Welche Federrate ergibt sich für die Federgabel und welchen Wert hat die effektive Federrate?

d) Um welchen Betrag senkt sich das Kurbellager ab?

**Aufgabe 3: Rollend**

Das Fahrrad ist beladen und rollt unbeschleunigt auf ebener Fahrbahn.

a) Ermitteln Sie die Aufstandskräfte und die Lastverteilung vorn und hinten.

b) Ermitteln Sie die Absenkung der Reifen und berechnen Sie die dazugehörigen Federraten für 2 bar und 4 bar Reifendruck.

c) Ermitteln Sie die Auslenkung und die Absenkung der Federgabel.

d) Welche Federrate ergibt sich für die Federgabel und welchen Wert hat die effektive Federrate (bezogen auf die Absenkung)?

**Aufgabe 4: Ohne Anschläge**

Das Fahrrad ist beladen und rollt unbeschleunigt auf ebener Fahrbahn.

a) Überprüfen Sie, welche Absenkung sich für den Zustand „beladen und über das Vorderrad gebremst" einstellt, wenn kein Endanschlag vorhanden ist.

b) Welche Gesamtauslenkung ergibt sich?

**Lösung zur Aufgabe 1**

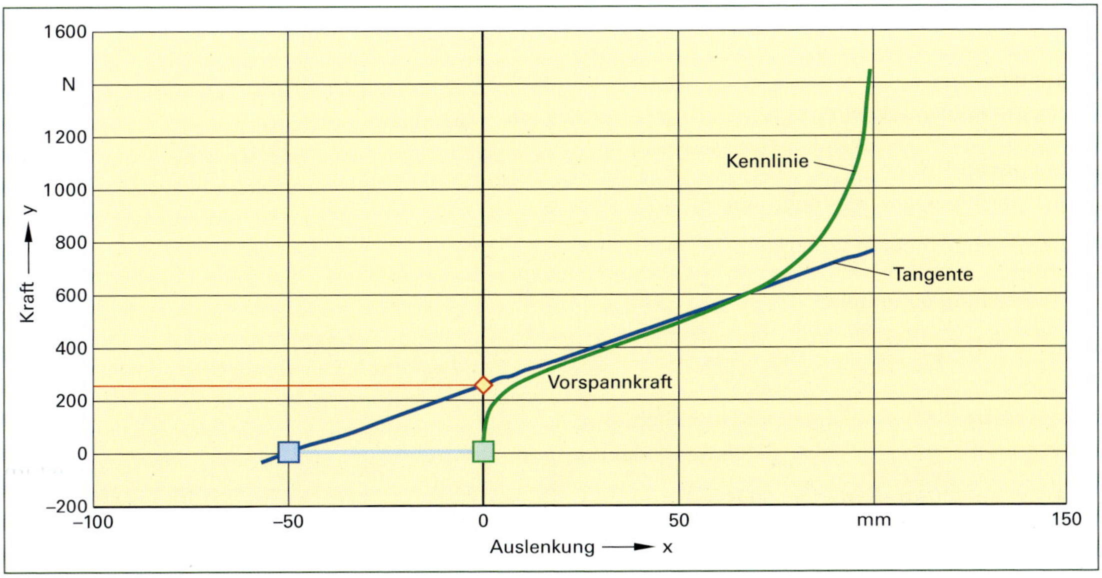


Der Ausfederweg wird durch den Endanschlag begrenzt. Es verbleibt im unbelasteten Zustand eine Vorspannkraft von 250 N (abgelesen bei x = 0 mm).

Im beladenen Zustand sinkt die Federgabel ab, sodass sie bei Fahrbahnunebenheiten ein- wie auch ausfedern kann. Die Lasten aus Fahrergewicht und Zuladung können unterschiedlich sein; deshalb ist eine Verstelleinrichtung an der Federgabel nötig. Verbreitet ist eine von außen zugängliche Stellschraube, mit der man die Feder vor Fahrtantritt passend vorspannen kann.

**Lösung zur Aufgabe 2a**

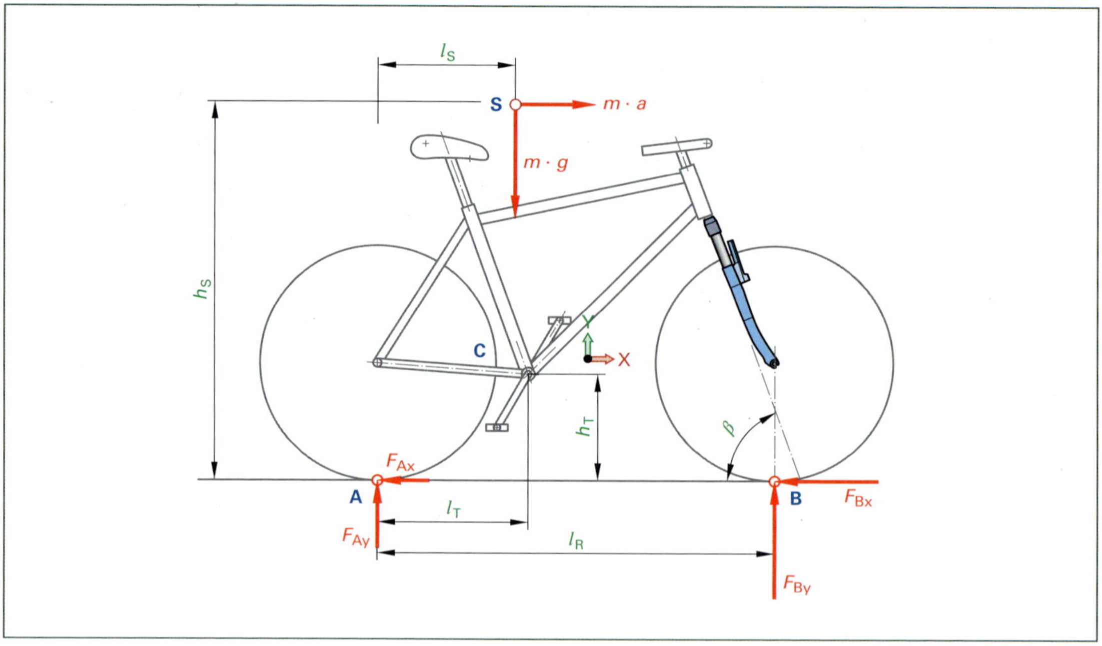


Die Aufstandskräfte bewirken beim Bremsen horizontale und vertikale Kraftanteile.

Sie errechnen sich aus der Momentenbilanz um den Aufstandspunkt A und den Kräftegleichgewichten jeweils in x- und y-Richtung.

**Allgemein**

Momentengleichgewicht um A: $m \cdot g \cdot l_S + m \cdot a \cdot h_S = F_{By} \cdot l_R$

**Aufstandskräfte**

Kräftegleichgewicht in x-Richtung: $F_{Ax} + F_{Bx} = m \cdot a$

Kräftegleichgewicht in y-Richtung: $F_{Ay} + F_{By} = m \cdot g$

**Lastverteilung allgemein**

vorn: $\%v = \frac{F_{By}}{F_{Ay} + F_{By}} \cdot 100$ hinten: $\%h = \frac{F_{Ay}}{F_{Ay} + F_{By}} \cdot 100$

**Bremskräfte** (Kräftegleichgewicht in x-Richtung)

$F_{Ax} + F_{Bx} = m \cdot a$ $F_{Ax} = 0$ (hinten nicht gebremst)

$F_{Bx} = m \cdot a = 100 \text{ kg} \cdot 5 \text{ m/s}^2 = 500 \text{ N}$

17

**Aufstandskräfte** (Kräftegleichgewicht in y-Richtung)

$$F_{By} = \frac{m \cdot g \cdot l_S + m \cdot a \cdot h_S}{l_R} = \frac{100 \cdot 9{,}81 \cdot 470 + 100 \cdot 5 \cdot 1200}{1100} = 965 \text{ N}$$

$F_{Ay} = m \cdot g - F_{By} = 100 \cdot 9{,}81 - 965 = 16 \text{ N}$

**Lastverteilung**

vorn: $\%v = \frac{965}{965 + 16} \cdot 100 = 98\ \%$ hinten: $\%h = 100 - 98 = 2\ \%$

**Lösung zur Aufgabe 2b**

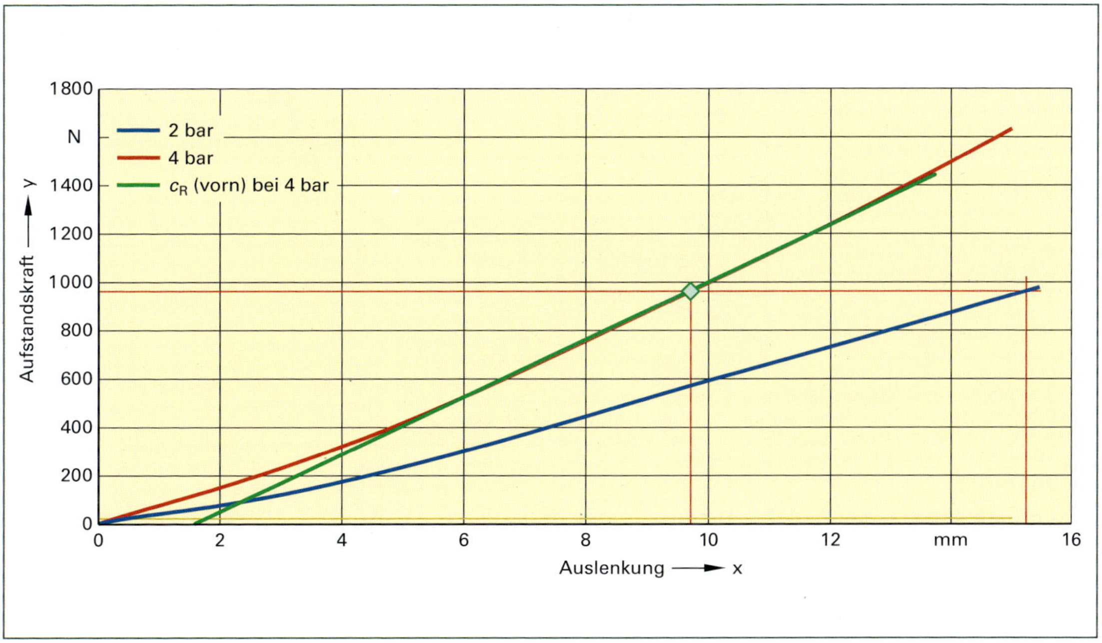


**Lösungsweg:**

- Tangenten an den Kurvenzug im jeweiligen Arbeitspunkt einzeichnen (in Lösungsbild 2b ist exemplarisch eine Tangente für den Arbeitspunkt „vorn bei 4 bar Reifendruck" eingezeichnet).
- Steigung der Tangente nach folgender Beziehung bestimmen:

$$c_R = \frac{\Delta F}{\Delta l}$$

**Absenkung Reifen** (abgelesen und gerundet)

| Reifendruck | Absenkung *h* vorn | Absenkung *h* hinten |
|---|---|---|
| 2 bar | 15,4 mm | 0 mm |
| 4 bar | 9,7 mm ← Obiger Punkt: Vorderrad | 0 mm |

Durch das Bremsen nehmen die Kräfte am Vorderrad stark zu.

Entsprechend flacht der Reifen ab und lässt die Radachse absinken.

Das Hinterrad ist mit einer sehr kleinen Kraft beaufschlagt.

Die Abflachung ist hier klein und unterscheidet sich im Diagramm nicht deutlich von Null.

**Reifen-Steifigkeiten** (= Federrate $c_R$ im Arbeitspunkt, vorn bei 4 bar)

$$c_R = \frac{\Delta_F}{\Delta l} = \frac{965\ \text{N} - 0\ \text{N}}{9{,}7\ \text{mm} - 1{,}7\ \text{mm}} = 121\ \text{N/mm}$$ (abgelesen in Lösungsbild 2b)

**Lösung zur Aufgabe 2c: Auslenkung und Absenkung der Federgabel**

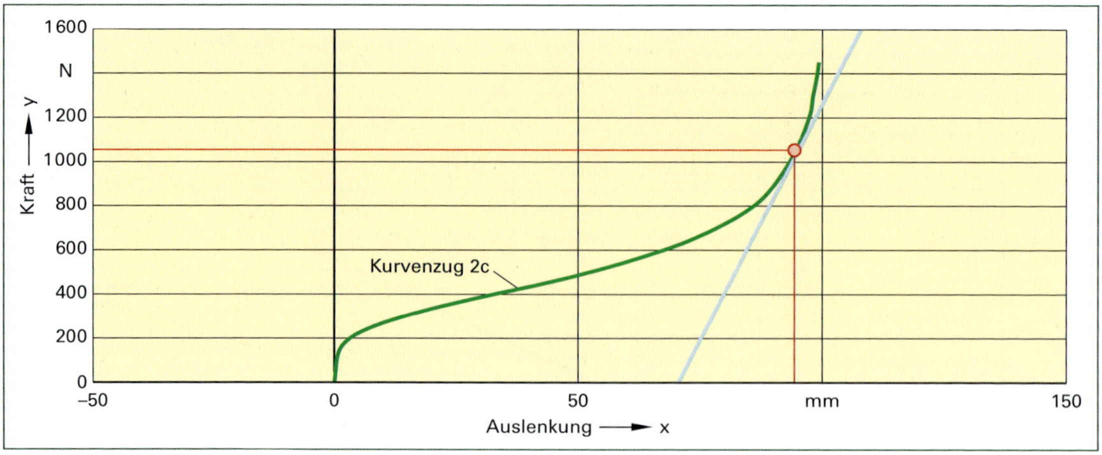


**Lösungsweg:**

- Federgabelkraft $F_F$ setzt sich anteilig aus der Radaufstandskraft $F_{By}$ und der Bremskraft $F_{Bx}$ zusammen.
- Arbeitspunkt in Diagramm 2c eintragen.
- Auslenkung $b_F$ ablesen.
- Absenkung $h_F$ errechnen.
- Absenkung $h_T$ über Strahlensatz ermitteln.
- Federrate $c_F$: Tangente an den Kurvenzug (2c) zeichnen und Steigung ermitteln.
- Effektive Federrate entsprechend der geometrischen Beziehungen bezüglich Kraft und Weg bestimmen.

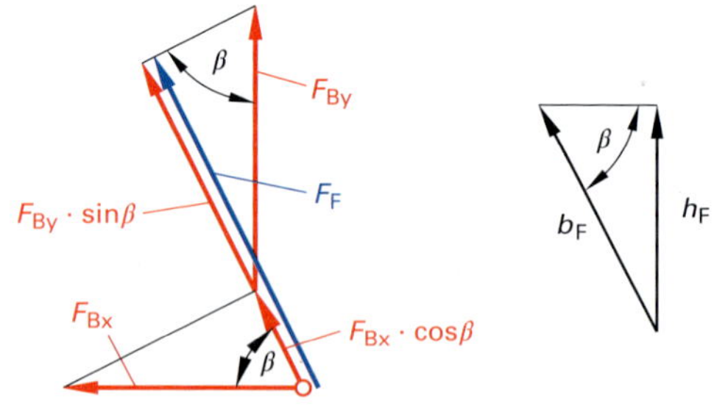


Federgabelkraft aus Aufstandskraft und Bremskraft (allgemeine Formel, Einfederrichtung ohne Berücksichtigung der ungefederten Masse):

$F_F = F_{By} \cdot \sin\beta + F_{Bx} \cdot \cos\beta$

Kraft in Einfederrichtung:

$F_F = 965\ \text{N} \cdot \sin 70° + 550\ \text{N} \cdot \cos 70° = 1077\ \text{N}$

Weg in Einfederrichtung (Auslenkung aus Diagramm 2c ablesen): $b_F = 95\ \text{mm}$

Absenkung errechnen (Weg senkrecht zur Fahrbahn): $h_F = b_F \cdot \sin\beta = 95\ \text{mm} \cdot \sin 70° = 89\ \text{mm}$

Steigung der Federgabel-Kennlinie (in einem Arbeitspunkt, in Einfederrichtung): $c_F = \dfrac{\Delta F_F}{\Delta b_F}$

Federrate senkrecht zur Fahrbahn (Beziehung $c_{eff}$ zu $c_F$ ohne Herleitung): $c_{eff} = c_F/(\sin\beta)^2$

Steigung der Federgabel-Kennlinie im Arbeitspunkt: $c_F = \dfrac{\Delta F_F}{\Delta b_F} = \dfrac{1077\ \text{N} - 0\ \text{N}}{95\ \text{mm} - 70\ \text{mm}} = 42\ \text{N/mm}$

Effektive Federrate:[1] $c_{eff} = \dfrac{c_F}{(\sin\beta)^2} = \dfrac{42\ \text{N/mm}}{(\sin 70°)^2} = \dfrac{42}{0{,}94^2} = 47\ \text{N/mm}$

Der skizzierte Bremsvorgang stellt eine Vollbremsung dar. Die am Vorderrad angreifenden Kräfte sind daher besonders hoch. Die Federgabel federt bis in den Bereich des Endanschlags ein. Der Kurvenverlauf ist steil. Die Federrate ist für die Federungsfunktion zu groß. Für den kurzen Zeitabschnitt Vollbremsung wird dies in Kauf genommen.

[1] Die Kraft und der Weg zwischen dem Einfederweg und der Absenkung senkrecht zur Fahrbahn stehen in einer geometrischen Abhängigkeit.

**Lösung zu Aufgabe 2d**

Absenkung $\Delta h_T$ des Kurbellagers bei einem Reifendruck von 4 bar

v = vorn; h = hinten; F = Federgabel; R = Reifen

Absenkung oberhalb des Vorderrads: $h_v = h_F + h_R = 89 + 9{,}7 \approx 99$ mm

Absenkung an der Hinterradachse: $h_v = h_R \cong 0$ mm

Absenkung am Kurbellager (Höhenänderung nach Strahlensatz): $\Delta h_T = (h_v - h_h) \cdot \frac{l_T}{l_R} + h_h$

Kurbellagerhöhe: $h_{T1} = h_{T0} - \Delta h_T = (h_v - h_h) \cdot \frac{l_T}{l_R} + h_h = (99 - 0) \cdot \frac{420}{1100} + 0 = 37$ mm

Neue Kurbellagerhöhe: 300 mm – 37 mm = 263 mm

Der Endanschlag verhindert ein zu tiefes Einfedern (Abtauchen). Auch bei der Vollbremsung bleibt so ein Mindestabstand zwischen dem Kurbelantrieb und dem Boden garantiert.

**Lösung zu Aufgabe 3a**

Aufstandskraft vorn: $F_{By} = l_S \cdot m \cdot \frac{g}{l_R} = 470 \text{ mm} \cdot \frac{981 \text{ N}}{1100 \text{ mm}} = 420$ N

Aufstandskraft hinten: $F_{Ay} = \text{m} \cdot g - F_{By} = 981 \text{ N} - 420 \text{ N} = 561$ N

Lastverteilung vorn: $\%v = \frac{420}{561 + 420} \cdot 100 = 43\ \%$

Lastverteilung hinten: $\%h = \frac{561}{561 + 420} \cdot 100 = 57\ \%$

**Lösung zur Aufgabe 3b: Tangente im Arbeitspunkt**

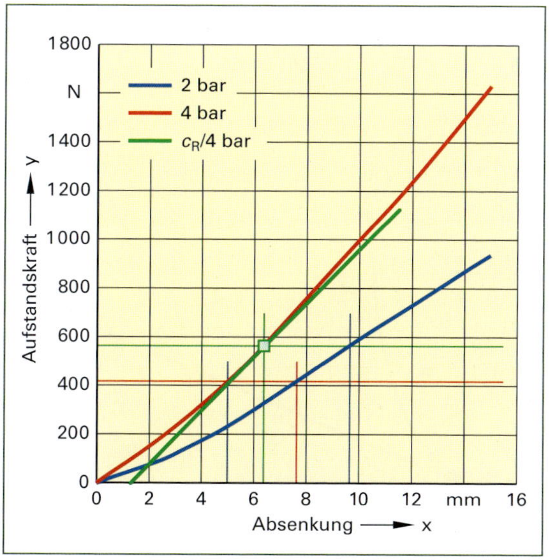


**Lösung zur Aufgabe 3c:**

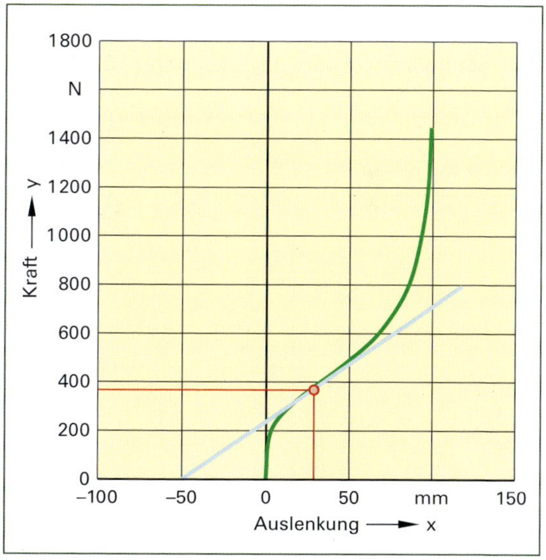


**Absenkung Reifen $h_R$** (gerundet)

| Druck | $h_R$ vorn | $h_R$ hinten |
|---|---|---|
| 2 bar | ~ 8 mm | ~ 10 mm |
| 4 bar | ~ 5 mm | ~ 6 mm ← Obiger markierter Punkt: Hinterrad bei 4 bar |

**Federraten $c_R$** (Reifen-Steifigkeit)

| Druck | vorn | hinten |
|---|---|---|
| 2 bar | 69 N/mm | 73 N/mm |
| 4 bar | 100 N/mm | 110 N/mm |

$F_F = F_{By} \cdot \sin \beta = 420 \text{ mm} \cdot \sin 70° = 395 \text{ N}$

Auslenkung ablesen: $b_F = 29 \text{ mm}$

Absenkung berechnen: $h_F = b_F \cdot \sin \beta = 29 \text{ mm} \cdot \sin 70° = 27 \text{ mm}$

Steigung der Federgabel-Kennlinie im Arbeitspunkt: $c_F = \frac{\Delta_F}{\Delta_l} = \frac{395 \text{ N} - 0 \text{ N}}{29 \text{ mm} - (-50 \text{ mm})} = 5 \text{ N/mm}$

Effektive Federrate:

$c_{eff} = \frac{c_F}{(\sin \beta)^2} = \frac{5 \text{ N/mm}}{(\sin 70°)^2} = \frac{5 \text{ N/mm}}{(0{,}94)^2} = 5{,}7 \text{ N/mm}$

Der skizzierte Arbeitspunkt stellt die Normalsituation dar.

Die am Vorderrad angreifenden Kräfte sind nach oben gerichtet.

Die Federkennlinie verläuft in diesem Bereich flach, die Federrate ist entsprechend klein.

Für die Funktion der Federung ergeben sich gute Bedingungen.

**Lösung zu Aufgabe 3d**

Absenkung der Vorderradachse (Reifen 2 bar): $h_{Rv} = 8 \text{ mm}$ **(Bild 1, Seite 560)**

Absenkung oberhalb des Vorderrads (Federgabel und Reifen (Sag)): $h_v = h_F + h_{Rv} = 27 + 8 = 35 \text{ mm}$

Absenkung an der Hinterradachse (Reifen): $h_h = h_{Rh} = 10 \text{ mm}$ **(Bild 1, Seite 560)**

Absenkung am Kurbellager: $\Delta h_T = (h_v - h_h) \cdot \frac{l_T}{l_R} + h_h = (35 - 10) \cdot \frac{420}{1100} + 10 = 20 \text{ mm}$

Neue Kurbellagerhöhe: 300 mm – 20 mm = 280 mm

**Lösung zur Aufgabe 4**

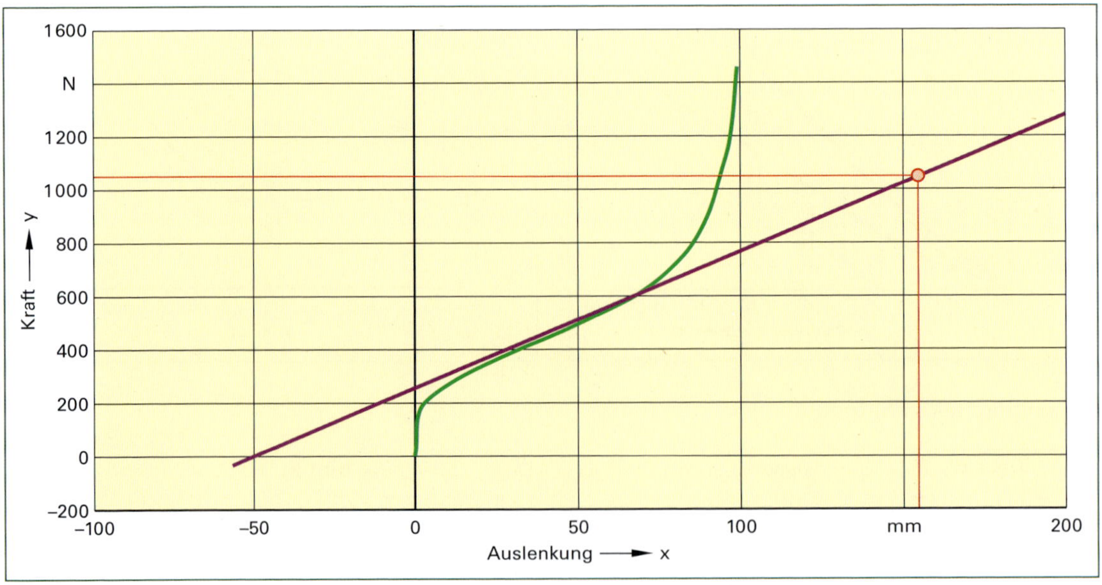

Gerade nach rechts verlängern und Auslenkung bei Schnitt mit $F_F = 1077$ N ablesen: $b_F = 155$ mm

Absenkung berechnen: $h_F = b_F \cdot \sin \beta = 155 \text{ mm} \cdot \sin 70° = 146 \text{ mm}$

Absenkung oberhalb des Vorderrads (4 bar Reifendruck): $h_v = h_F + h_{Rv} = 146 \text{ mm} + 10 \text{ mm} = 156 \text{ mm}$

Absenkung an der Hinterradachse: $h_h = h_{Rh} \cong 0 \text{ mm}$

Absenkung am Kurbellager: $\Delta h_T = (h_v - h_v) \cdot \frac{l_T}{l_R} + h_h = (156 - 0) \cdot \frac{420}{1100} + 0 = 59 \text{ mm}$

Neue Kurbellagerhöhe: 300 mm – 59 mm = 241 mm

Ohne Endanschlag ergäbe sich eine sehr große Absenkung.

Bei der Vollbremsung wäre der notwendige Mindestabstand zwischen dem Kurbelantrieb und dem Boden nicht gesichert.

Gesamt-Auslenkung (abgelesen):
LINKS → – 50 mm
RECHTS → 155 mm

$\Delta b_F$ = RECHTS – LINKS = 155 mm – (–50) = 205 mm ohne Endanschläge

Zum Vergleich: $\Delta b_F$ mit Endanschlägen → 100 mm

## 17.21 Festigkeit

Wirkt eine äußere Kraft auf ein Bauteil, so entsteht im Inneren des Bauteils auf die Querschnittsfläche eine Spannung:

$$\sigma = \frac{F}{A}$$

Kraft $F$ [N]
Fläche $A$ [mm²]
Spannung $\sigma$ [N/mm²]

Darf ein Bauteil auf keinen Fall zerstört werden, so ist die Bruchgrenze $R_m$ maßgeblich **(Bild 1)**.

$$\sigma_{zul} = \frac{R_m}{n}$$

$\sigma_{zul}$ = zulässige Spannung in N/mm²
$R_m$ = zulässige Spannung in N/mm²

Die Bruchgrenze ist ein typischer Werkstoffkennwert. Beispielsweise hat der Vergütungsstahl 25CrMo4 eine maximale Bruchgrenze von 950 N/mm².

$\nu$ → Sicherheitszahl

Darf sich ein Bauteil auf keinen Fall verformen, so ist die Streckgrenze $R_e$ maßgeblich.

$$\sigma_{zul} = \frac{R_e}{\nu}$$

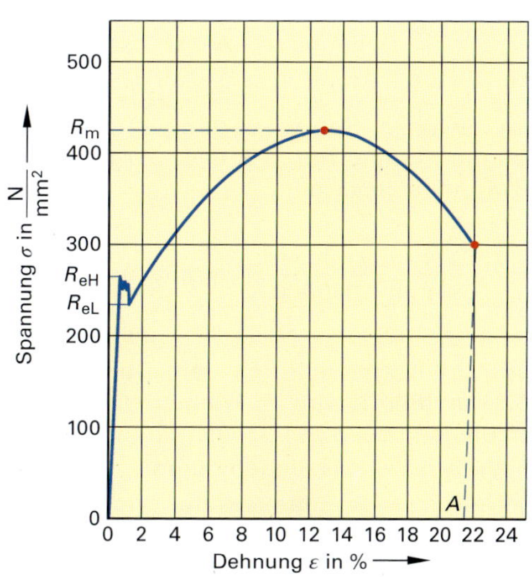


**Bild 1: Spannungs-Dehnungs-Diagramm für Baustahl (vereinfacht)**

Die Streckgrenze von 25CrMo4 beträgt für zylindrische Bauteile < 16 mm = 700 N/mm².

Welche Zugkraft bis zum Bruch kann eine ø 2 mm Speiche aus St 52 (S 355 JR) aushalten?

$R_m$ (aus Tabellenbuch Fahrradtechnik) von 490 N/mm² bis 630 N/mm²,

gewählt $R_m = 600\ \text{N/mm}^2 = \sigma$

$F = \sigma \cdot A = 600\ \text{N/mm}^2 \cdot 2^2\ \text{mm}^2 \cdot 0{,}785 = 1884\ \text{N}$

Eine ø 2 mm Speiche aus 25CrMo4 ($R_e = 700$ N/mm²) soll eine Sicherheit gegen Verformung von 2,5 aufweisen.

a) Wie groß ist die zulässige Spannung?

b) Wie groß darf die Zugkraft werden?

a) $\sigma_{zul} = \frac{R_e}{\nu} = \frac{700\ \text{N/mm}^2}{2{,}5} = 280\ \text{N/mm}^2$

b) $F = \sigma_{zul} \cdot A = 280\ \text{N/mm}^2 \cdot 2^2 \cdot 0{,}785 = 880\ \text{N}$

Eine vorgespannte Speiche verlängert sich um einen bestimmten Betrag $\Delta l$. Unter Dehnung versteht man die Verlängerung eines Stabes zur Ursprungslänge.

$$\varepsilon = \frac{\Delta l}{l_0}$$

$$\text{E-Modul } E = \frac{\text{Spannung } \sigma}{\text{Dehnung } \varepsilon} = \frac{F \cdot l_0}{A \cdot \Delta l}$$

Um welchen Betrag verlängert sich eine 300 mm lange mit 1200 N vorgespannte ø 2 mm Stahlspeiche?

$$\Delta l = \frac{1200\ \text{N} \cdot 300\ \text{mm} \cdot \text{mm}^2}{3{,}14\ \text{mm}^2 \cdot 210000\ \text{N}} = 0{,}55\ \text{mm}$$

Die Kurbellagerwelle mit dem Durchmesser 16,5 mm **(Bild 1)** wird im Wiegetritt mit 1000 N auf Biegung belastet ($l = 40$ mm).

a) Wie groß ist das Biegemoment?

b) Wie groß ist das axiale Widerstandsmoment?

c) Wie groß ist die Biegespannung?

d) Die zulässige Biegespannung soll 180 N/mm² betragen. Wie groß ist die Sicherheit gegen Verformung?

a) $M_{b(max)} = F \cdot l = 1000\ \text{N} \cdot 0{,}04\ \text{m} = 40\ \text{Nm}$

b) $W = \frac{\pi \cdot d^3}{32} = \frac{3{,}14 \cdot 16{,}5^3\ \text{mm}^3}{32} = 441\ \text{mm}^3$

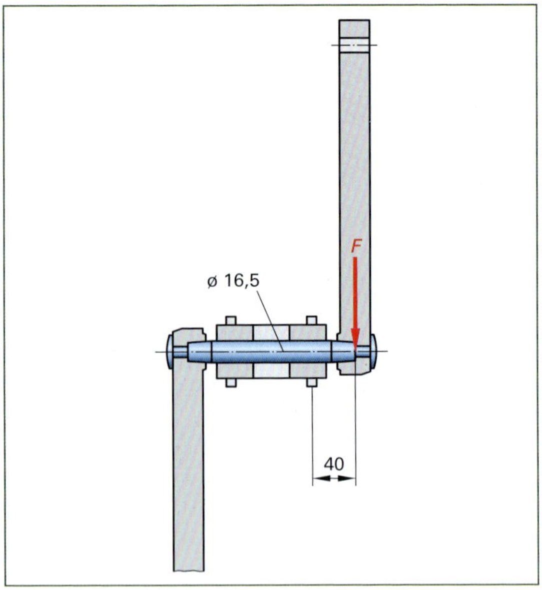


**Bild 1: Biegebeanspruchung einer Kurbelwelle**

c) $\sigma_b = \frac{M_b}{W} = \frac{40\ \text{Nm}}{441\ \text{mm}^3} = \frac{40000\ \text{Nmm}}{441\ \text{mm}^3} \approx 90\ \text{N/mm}^2$

d) $\nu = \frac{\sigma_{zul}}{\sigma_b} = \frac{180\ \text{N/mm}^2}{90\ \text{N/mm}^2} = 2$

Auf die 170 mm lange Tretkurbel wirken 500 N Pedalkraft **(Bild 2)**. Wie groß ist

a) das in der Kurbellagerwelle ($d = 16{,}5$ mm) wirkende Torsionsmoment,

b) das polare Widerstandsmoment und

c) die Torsionsspannung?

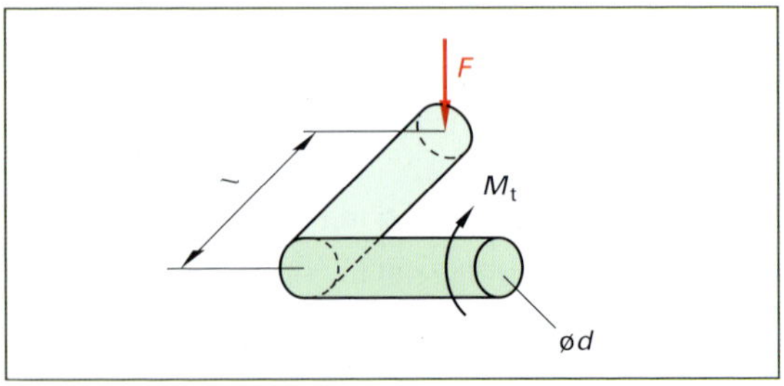


**Bild 2: Torsionsbeanspruchung einer Kurbellagerwelle**

a) $M_t = F \cdot l = 500\ \text{N} \cdot 0{,}17\ \text{m} = 85\ \text{Nm}$

b) $W_p \approx \frac{d^3}{5} = \frac{(16{,}5\ \text{mm})^3}{5} \approx 900\ \text{mm}^3$

c) $\tau_t = \frac{M_t}{W_p} = \frac{85000\ \text{Nmm}}{900\ \text{mm}^3} \approx 94\ \text{N/mm}^2$

## 17.22 Elektrotechnik

Ein 28"-Rad mit dem Radius $R = 35{,}5$ cm treibt ein Walzen-Dynamorädchen an, das einen Reibradradius von $r = 1$ cm hat. Die Fahrgeschwindigkeit beträgt $v = 36$ km/h = 10 m/s.

Mit welcher Frequenz

a) $f_{Rad}$ dreht sich das Rad und

b) $f_{Dyn}$ das Dynamorädchen?

a) $f_{Rad} = \frac{v}{2 \cdot \pi \cdot R} = \frac{10\ \text{m/s}}{2 \cdot 3{,}14 \cdot 0{,}355\ \text{m}} \approx 4{,}5\ \text{s}^{-1}$

b) $f_{Dyn} = \frac{R}{r} \cdot f_{Rad} = 0{,}355\ \text{m}/0{,}01\ \text{m} \cdot 4{,}5\ \text{s}^{-1} \approx 160\ \text{s}^{-1}$

**Bild 1** zeigt das vereinfachte Schema eines Dynamos.

Bei einer Umdrehung der Dynamoachse findet an der Spule, an der die Spannung erzeugt wird, viermal ein Nordpol-Südpol-Wechsel statt.

Wie groß ist die Wechselspannungs-Frequenz $f_U$ des Dynamos aus der letzten Aufgabe?

$f_U = 4 \cdot f_{Dyn} = 4 \cdot 160\ \text{s}^{-1} = 640\ \text{s}^{-1}$

Der Fahrraddynamo erzeugt Wechselstrom.

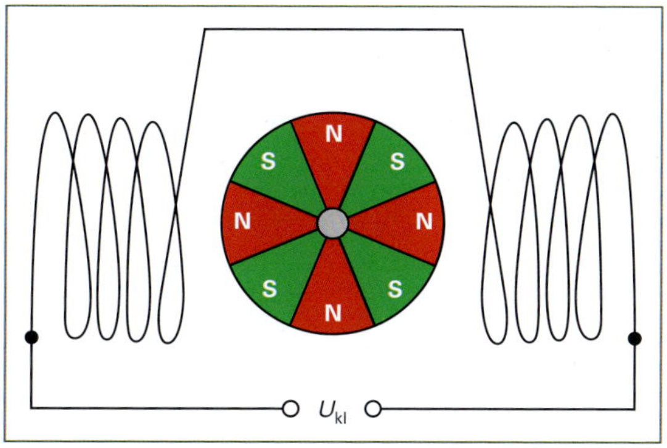


**Bild 1: Schema eines Dynamos**

Für die elektrische Leistung gilt bei ohmschen Widerständen (Wirkwiderständen) die gleiche Formel wie für Gleichstrom:

Leistung = Spannung · Stromstärke

$P = U \cdot I$

Wie groß ist die (mittlere) Stromstärke $I$, wenn bei einem 3 W-Dynamo eine Spannung von 6 V gemessen wird?

$I = \frac{P}{U} = \frac{3\ \text{W}}{6\ \text{V}} = 0{,}5\ \text{A}$

Die Leistung $P$ an einem bei der Spannung $U$ vom Strom der Stärke $I$ durchflossenen Widerstand $R$ kann auf drei Arten bestimmt werden:

$P = U \cdot I \qquad P = R \cdot I^2 \qquad P = \frac{U_2}{R}$

Die Schlussleuchte einer Glühlampe trägt die Bezeichnung 6 V/0,6 W.

Wie groß ist der ohmsche Widerstand?[1]

$P = \frac{U^2}{R} \qquad R = \frac{U^2}{P} = \frac{(6\ \text{V})^2}{0{,}6\ \text{W}} = 60\ \Omega$

Der ohmsche Widerstand einer Lichtanlage beträgt 15 Ω. Wie groß ist die Stromstärke bei einer Nennspannung von 6 V?

$I = \frac{U}{R} = \frac{6\ \text{V}}{15\ \Omega} = 0{,}4\ \text{A}$

Jede Spannungsquelle hat einen Innenwiderstand $R_i$. Im unbelasteten Zustand kann man mit einem hochohmigen Spannungsmesser an den beiden Polen die Urspannung $U_0$ (Quellenspannung, früher: elektromotorische Kraft) bestimmen.

Wird die Spannungsquelle mit einem Verbraucher $R_a$ belastet, sinkt die Spannung auf die kleinere Klemmenspannung $U_k$ ab **(Bild 2)**.

Der Spannungsabfall an einer Spannungsquelle ist umso größer, je größer der Innenwiderstand $R_i$ und die Belastung der Spannungsquelle durch den Strom $I$ sind.

$U_0 - U_k = R_i \cdot I$

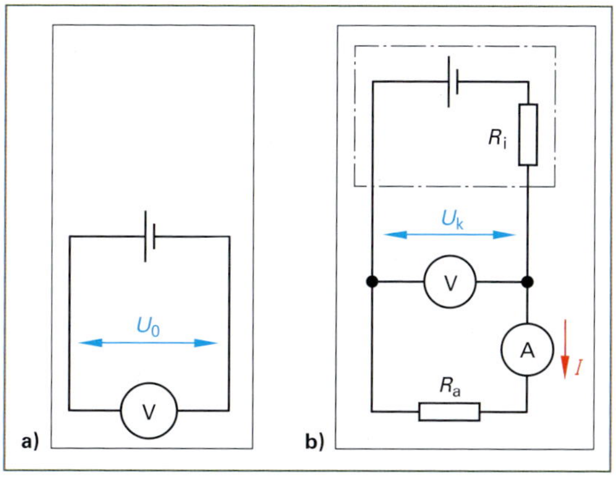


**Bild 2: Unbelastete (a) und belastete (b) Spannungsquelle**

[1] Die Bezeichnung 6 V/0,6 W bezieht sich auf den normalen Betriebspunkt des Glühfadens: Glühfaden-Temperatur ca. 2000 °C

Verbindet man die Klemmen einer Spannungsquelle, entsteht ein Kurzschluss mit einem hohen Strom (Kurzschlussstrom $I_k$), der die Spannungsquelle zerstören kann.

$$I_k = \frac{U_0}{R_i}$$

Ein Spannungsmesser ($R = 4\ k\Omega$) zeigt die Spannung einer Batterie mit 4,8 V an. Wird ein Lämpchen angeschlossen, so fließt ein Strom von 0,25 A und die Spannung geht auf 4,6 V zurück.

Wie groß ist der Innenwiderstand der Batterie?

$$R_i = \frac{U_0 - U_k}{I} = \frac{4{,}8\ V - 4{,}6\ V}{0{,}25\ A} = 0{,}8\ \Omega$$

Einer Spannungsquelle (Gleichstrom- oder Wechselstromquelle) kann man am meisten Energie entnehmen, wenn man den Außenwiderstand gleich dem Innenwiderstand wählt.

Zur Bestimmung des ohmschen Spulenwiderstandes $R$ eines Fahrraddynamos **(Bild 1)** müssen die Stromstärke $I$ und der Spannungsabfall $U$ gemessen werden.

Bestimmen Sie mit den Messwerten (aus **Bild 1**) $I = 0{,}041$ A, $U = 0{,}25$ V den Spulenwiderstand $R$.

$$R = \frac{U}{I} = \frac{0{,}25\ V}{0{,}041\ A} = 6{,}1\ \Omega$$

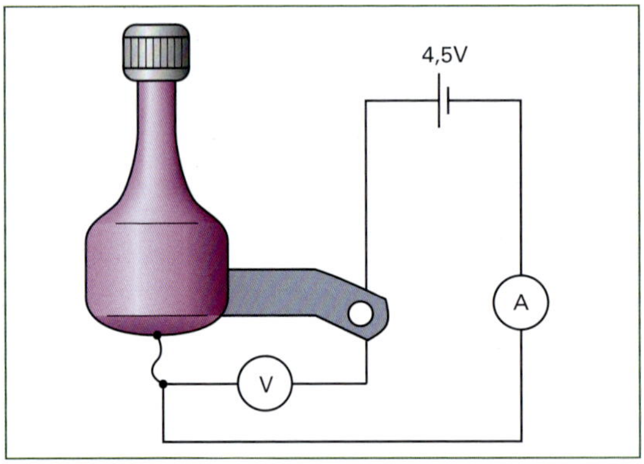


**Bild 1: Bestimmung des Spulenwiderstandes**

17

Bestimmen Sie die Kupferdrahtlänge (ø 0,3 mm) der Dynamospule.

Der spezifische Widerstand (Tabellenbuch) beträgt:

$$\varrho = 0{,}0179\ \frac{\Omega \cdot mm^2}{m}$$

$$R = \frac{\varrho \cdot l}{A}$$

$$l = \frac{R \cdot A}{\varrho} = \frac{6{,}1\ \Omega \cdot 0{,}07\ mm^2 \cdot m}{0{,}0179\ \Omega \cdot mm^2} \approx 24\ m$$

Die Berechnungsformel für der Innenwiderstand $R_i$ von Wechselstromgeneratoren (Fahrraddynamo) ist:

$$R_i = \sqrt{R^2 + (2 \cdot \pi \cdot L \cdot f)^2}$$

mit $R$ als Gleichstromwiderstand des Innenwiderstandes, $L$ als Dynamokonstante und $f$ als Dynamofrequenz.

Bei einem herkömmlichen Fahrraddynamo beträgt $R$ etwa 7 Ω und $L$ = 0,01 Ω. Der Innenwiderstand steigt mit wachsender Drehzahl (Frequenz $f$) bzw. Fahrgeschwindigkeit stark an.

Der (relativ) große Innenwiderstand der Fahrradlichtmaschine bewirkt, dass die Ausgangsspannung bei gleicher Drehzahl (bzw. Fahrgeschwindigkeit) stark von der Größe des Lastwiderstandes abhängt **(Bild 2)**.

Bei Ausfall der Scheinwerfer-Lampe leuchtet nur kurz das Rücklicht.

Bestimmen Sie aus dem Diagramm **Bild 2**

a) die Spannung

b) die Stromstärke am Rücklicht, wenn bei einer Geschwindigkeit von 25 km/h die Scheinwerferlampe ausfällt.

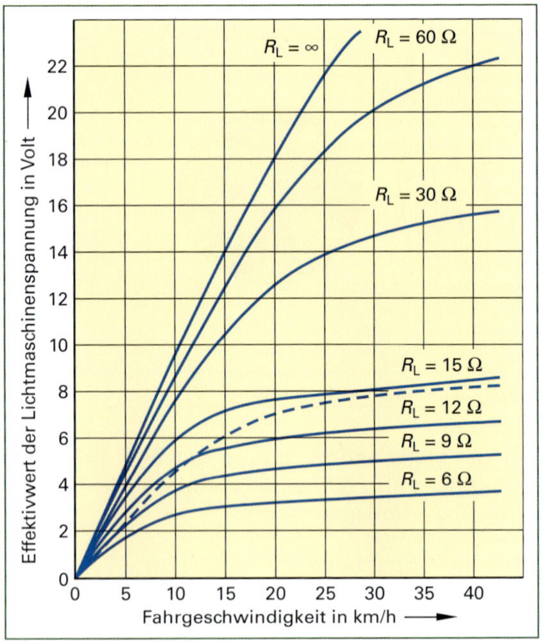


**Bild 2: Spannung einer Laufrollen-Lichtmaschine in Abhängigkeit von der Fahrgeschwindigkeit bei verschiedenen (konstanten) Lastwiderständen.**

a) An der Rücklichtlampe 6 V/0,6 W mit dem ohmschen Widerstand von 60 Ω liegt bei einer Geschwindigkeit von 25 km/h eine Spannung von 18 V an.

b) $I = \frac{U}{R} = \frac{18\ \text{V}}{60\ \Omega} = 0{,}3\ \text{A}$

Die Glühlampe, die nur für 0,1 A ausgelegt ist, brennt durch.

Die verfügbare „Strommenge" (oder das Speichervermögen) eines Akkus wird als „Kapazität" bezeichnet. Die Maßeinheit der Kapazität ist die Amperestunde (Ah). 1 Ah = 1000 mAh

Ein Akkupack für eine Fahrradlichtanlage besteht aus vier in Reihe geschalteten NiMH-Zellen, die eine Gesamtkapazität von 2100 mAh aufweisen.

Bestimmen Sie die maximale Betriebsdauer einer typischen 6 V/3 W-Lichtanlage.

Kapazität = Stromstärke · Zeitdauer

$K = I \cdot t, \qquad P = U \cdot I \qquad I = \frac{P}{U} = \frac{3\ \text{W}}{6\ \text{V}} = 0{,}5\ \text{A}$

$t = \frac{K}{I} = \frac{2{,}1\ \text{Ah}}{0{,}5\ \text{A}} = 4{,}2\ \text{h}$

Welchen Widerstand weist eine 3-W-Fahrradbeleuchtung auf, wenn ein Strom von 0,5 A fließt **(Bild 1)**?

$R = \frac{P}{I^2} = \frac{3\ \text{W}}{(0{,}5)^2} = 12\ \Omega$

Eine Fahrradlampe hat die Bezeichnung 6 V/2,4 W. Wie groß ist der Stromfluss bei 6 V?

$I = \frac{P}{U} = \frac{2{,}4\ \text{W}}{6\ \text{V}} = 0{,}4\ \text{A}$

Das Rücklichtkabel aus Kupfer ist 1,6 m lang und hat einen Querschnitt von 0,5 mm². Wie groß ist der Widerstand des Kabels?

$$R = \frac{\varsigma \cdot l}{A} = \frac{0{,}0178\ \frac{\Omega\ \text{mm}^2}{\text{m}} \cdot 1{,}6\ \text{m}}{0{,}5\ \text{mm}^2} = 0{,}057\ \Omega$$

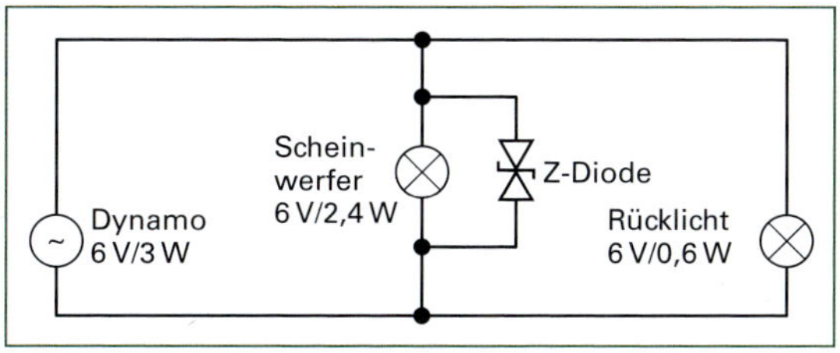


**Bild 1: Fahrradbeleuchtung**

## 17.23 Projekt Elektrofahrrad

Als Beispiel dient ein 36-V-Kurbellagermotor (Gleichstrom-Nebenschlussmotor). Gegeben sind die Spannungs-Drehzahl- und Strom-Drehzahl-Kennlinien **(Bild 2)**.

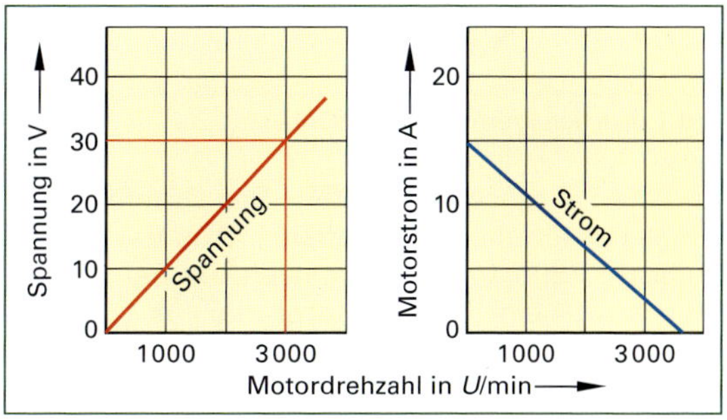


**Bild 2: Kennlinien des Beispielmotors**

Bei blockierter Motorwelle fließt ein Maximalstrom von 14 A. Bei einer mittleren Drehzahl von 1800 1/min liegt die Strombelastung bei ca. 7,5 A. Die aufgenommene Leistung, die der Batterieleistung entspricht, beträgt

$P_{zu} = U \cdot I \qquad P_{zu} = 36\ \text{V} \cdot 7{,}5\ \text{A} = 270\ \text{W}$

Bei einem Wirkungsgrad von $\eta = 0{,}5$ (= 50 %) beträgt die abgegebene Leistung (Nutzleistung)

$\eta = \frac{P_{ab}}{P_{zu}} \qquad P_{ab} = P_{zu} \cdot \eta = 270\ \text{W} \cdot 0{,}5 = 135\ \text{W}$

Die übrigen 135 W werden in ohmschen Widerständen „verheizt".

Das Drehmoment an der Motorwelle berechnet sich nach der Formel (hier nicht weiter abgeleitet, siehe Tabellenbuch Fahrradtechnik):

$$P_{ab} = \frac{M \cdot n}{9{,}55}$$

$$M = \frac{P_{ab} \cdot 9{,}55}{n} = \frac{135\ \text{W} \cdot 9{,}55}{1800\ \frac{1}{\text{min}}} = 0{,}72\ \text{Nm}$$

Das Motordrehmoment soll über das interne Getriebe (**Bild 1, Seite 572**) und das Nabengetriebe des Hinterrades um den Faktor $i = 20$ übersetzt werden. Die Hinterradnabe gibt so ein Drehmoment von 14,4 Nm weiter. Über einen Hebelarm von 0,35 m (28"-Rad) ergibt sich eine Schubkraft am Hinterrad von

$$F = \frac{M}{r} = \frac{14{,}4\ \text{Nm}}{0{,}35\ \text{m}} = 41\ \text{N}$$

**Bild 1: Kurbellagermotor und Getriebe**

Und die Fahrgeschwindigkeit? Das Drehmoment steigt mit abfallender Drehzahl. Aus der Motordrehzahl 1800 1/min übersetzen die beiden Getriebestufen eine Hinterraddrehzahl von 1800 : 20 = 90 1/min. Die Fahrgeschwindigkeit hängt vom Durchmesser des angetriebenen Hinterrades ab:

$v = d \cdot \pi \cdot n = 0{,}7\ \text{m} \cdot \pi \cdot 90\ 1/\text{min} \approx 200\ \text{m/min} \approx 12\ \text{km/h}$

**info**

Bei Übersetzungen ins Langsame ist die Antriebsdrehzahl größer als die Abtriebsdrehzahl:

$i = \frac{n_{an}}{n_{ab}} \quad i > 1$

Das Drehmoment am Abtrieb steigt mit abfallender Drehzahl.

Bei Übersetzungen ins Schnelle ist die Antriebsdrehzahl kleiner als die Abtriebsdrehzahl:

$i = \frac{n_{an}}{n_{ab}} \quad i < 1$

Das Drehmoment am Abtrieb nimmt mit steigender Drehzahl ab.

Die Nennleistung eines „schnellen Pedelec" darf 500 W nicht überschreiten. Welche Geschwindigkeit in der Ebene kann das Fahrzeug allein zur Überwindung des Luftwiderstandes maximal erreichen, wenn alle anderen Widerstände (Reibung, Steigung usw.) vernachlässigt werden?

Daten: $\rho = 1{,}3\ \text{kg/m}^3 \quad c_w = 0{,}5 \quad A = 1{,}2\ \text{m}^2$

$$P = F \cdot v = (0{,}5 \cdot \rho \cdot c_w \cdot A \cdot v^2) \cdot v = k \cdot v^3$$

$$v = \sqrt[3]{\frac{P}{k}} = \sqrt[3]{\frac{500}{0{,}5 \cdot 1{,}3 \cdot 0{,}5 \cdot 1{,}2}} \approx 11\ \text{m/s} \approx 40\ \text{km/h}$$

Der Antriebsmotor eines Pedelec 45 mit 500 W Nennleistung hat bei einer Fahrgeschwindigkeit von 10 km/h einen elektrischen Wirkungsgrad von 75 %.

Welche Steigung kann ein System (Fahrer + Fahrrad = 100 kg) bewältigen, wenn die Fahrgeschwindigkeit 10 km/h (≈ 2,8 m/s) betragen soll und nicht mitgetreten wird (Luft- und Fahrwiderstände vernachlässigt)?

$P_{el} = 500\ \text{W} \cdot 0{,}75 = 375\ \text{W} = P_{St}$

$P_{St} = F_{St} \cdot v = m \cdot g \cdot \sin\alpha$

$$\sin\alpha = \frac{P_{el}}{m \cdot g \cdot v} \approx \frac{375\ \text{Nm/s}}{1000\ \text{N} \cdot 2{,}8\ \text{m/s}} \approx 0{,}1339$$

$\alpha \approx 8°$

**Betriebskosten Pedelec 25**

(Vereinfachtes Berechnungsbeispiel)

**Annahmen**

36 V/10 Ah LiMn-Akku

Akkukapazität 36 V · 10 Ah = 360 Wh

Lebensdauer des Akkus: 500 Ladezyklen < 80 %, d. h. 20 % verbleiben als Restkapazität im Akku:

Verfügbare Kapazität = 288 Wh

Stromkosten Normaltarif Stand 2013: 0,25 €/kWh

Kosten eines Akkus: 600 €

**Faustregel:**

Ohne Mittreten werden für 1 km Fahrtstrecke im mittelschweren Gelände für ein 100 kg-System 10 Wh Energie benötigt. Wird im Unterstützungsgrad 100 % mitgetreten, reduziert sich der „Energieverbrauch" des Akkus auf 7 Wh pro km[1].

Eine Akkuladung ermöglicht eine Reichweite von 288 Wh : 7 Wh/km ≈ 40 km.

Mögliche Gesamtfahrstrecke:

40 km · 500 Ladezyklen = 20000 km

Unter Berücksichtigung von 20 % elektrischer Verluste durch das Ladegerät:

Pro Ladung wird eine Energiemenge von:

288 Wh · 1,2 = 346 Wh benötigt.

Benötigte Gesamtenergiemenge über 20000 km:

346 Wh · 500 Ladezyklen = 173000 Wh = 173 kWh

Gesamte Stromkosten:

173 kWh · 0,25 €/kWh ≈ 43 €

Reine Stromkosten pro km:

4300 ct : 20000 km = 0,22 ct/km

Akku-Kosten pro km:

60000 ct : 20000 km = 3 ct/km

Gesamtkosten pro km:

0,22 ct/km + 3 ct/km = 3,22 ct/km

Gesamtkosten pro 100 km = 3,22 €

[1] Beim Pedelec 45 (S-Pedelec) rechnet man im Unterstützungsgrad 100 % mit 10 bis 14 Wh/km – je nach Fahrweise und Gelände

17

### Vergleich Pedelec mit Hinterrad- und Mittelantrieb[1]

Das Drehmoment am Hinterrad eines Pedelecs mit Mittelmotor ist zu vergleichen mit einemPedelec, das von einem getriebelosen Hinterrad-Nabenmotor angetrieben wird. Gegeben sind:

Drehmoment $M_2$ Nabenmotor 7 Nm
Fahrgeschwindigkeit $v = 18$ km/h = 5 m/s
Hinterrad w$d = 0{,}7$ m
Zähnezahl Ritzel $z_2 = 32$
Zähnezahl Antrieb $z_1 = 9$

Zu bestimmen sind:
1. Übersetzung $i$
2. Drehzahl am Hinterrad $n_2$
3. Drehzahl am Antriebsritzel $n_1$
4. Drehmoment am Mittelmotor $M_1$
5. Leistung $P$

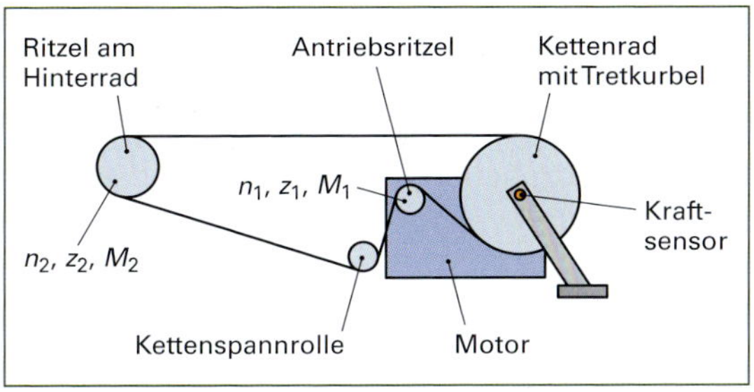


**1. Übersetzung *i***

$$i = \frac{z_2}{z_1} = \frac{32}{9} \approx 3{,}6$$

**2. Drehzahl $n_2$ Hinterrad**

$$n_2 = \frac{60 \cdot v}{d \cdot \pi} = \frac{60 \cdot 5 \text{ m/s}}{0{,}70 \text{ m} \cdot 3{,}14} \approx 137 \text{ min}^{-1}$$

**3. Drehzahl $n_1$ Antriebsritzel**

$$i = \frac{n_1}{n_2} \qquad n_1 = i \cdot n_2 = 3{,}6 \cdot 137 \approx 593 \text{ min}^{-1} \approx 8 \text{ s}^{-1}$$

**4. Drehmoment $M_1$ Motor Mittelantrieb**

$$i = \frac{M_2}{M_1} \qquad M_1 = \frac{M_2}{i} = \frac{7 \text{ Nm}}{3{,}6} \approx 1{,}9 \text{ Nm}$$

Ein vergleichbarer Mittelantriebsmotor kann ein kleineres Drehmoment liefern, muss aber entsprechend höher drehen.

**5. Leistung *P***

Die Leistung ist in beiden Fällen gleich:

$$P = 2 \cdot \pi \cdot n \cdot M$$

$$P = 2 \cdot 3{,}14 \cdot 8 \text{ s}^{-1} \cdot 1{,}9 \text{ Nm} \approx 96 \text{ Nm/s} \approx 96 \text{ W}$$

oder Berechnung aus Schub (Kraft) und Geschwindigkeit:

$$P = F \cdot v = \frac{M_2}{r} \cdot v = \frac{7 \text{ Nm}}{0{,}35 \text{ m}} \cdot 5 \text{ m/s} = 100 \text{ W}$$

### Berechnung der Reichweite

Gegeben: Akku 36 V; Kapazität $K = 11$ Ah;
Motornennleistung 250 W;
Drehmoment-Nennwert 15 Nm.

Fahrwiderstand in der Ebene mit Roll- und Luftwiderstand $F = 45$ N, Radradius $r = 0{,}36$ m, Drehmoment am Hinterrad $M_2 = 45 \text{ N} \cdot 0{,}36 \text{ m} \approx 16$ Nm

Gesucht: Reichweite bei $v = 20$ km/h ($\approx 5{,}6$ m/s) und 50 % Eigenleistung.

Der Antrieb muss am Hinterrad ein Drehmoment von $M_2 = 0{,}5 \cdot 16 \text{ Nm} = 8$ Nm aufbringen.

Akku-Strom im Nennbetrieb (ohne Eigenleistung):

$$P = U \cdot I \rightarrow I = \frac{P}{U} = \frac{250 \text{ W}}{36 \text{ V}} \approx 7 \text{ A}$$

Mit $\frac{M}{I}$ = konst

für einen Nebenschlussmotor fließt beim Betrieb mit 50 % Eigenleistung ein Akku-Strom von

$$\frac{M}{I} = \frac{M_{5,6}}{I_{5,6}} \rightarrow I_{5,6} = M_{5,6} \frac{I}{M} = 8 \text{ Nm} \frac{7 \text{ A}}{16 \text{ Nm}} = 3{,}5 \text{ A}$$

Mit $K = I \cdot t$ erhält man $t = \frac{K}{I} = \frac{11 \text{ Ah}}{3{,}5 \text{ A}} = 3{,}14$ h

Zurückgelegte Entfernung:
$s = v \cdot t = 20 \text{ km/h} \cdot 3{,}14 \text{ h} \approx 63$ km

### Faustformel: Reichweite Elektrofahrrad[2]

Die Reichweite von Elektrofahrrädern hängt von vielen Faktoren ab (Straßenverhältnisse, Gelände, Wind usw.), vor allem aber vom Unterstützungsgrad des Elektromotors. Mit folgender *Faustformel* kann man die Reichweite verschiedener Pedelecs vergleichen.

$$R = \eta \cdot \frac{\text{Energiegehalt [Wh]}}{10 \text{ Wh/km}} \cdot (1 + \frac{1}{U})$$

$R$ = Reichweite in km
$U$ = Unterstützungsgrad des Elektromotors
$\eta$ = Elektrischer Gesamtwirkungsgrad

Beispiel: Akku 36 V; 10 Ah;
Energiegehalt = 360 Wh;
Unterstützungsgrad 0,5; $\eta = 0{,}7$.

$$R = 0{,}7 \cdot \frac{360 \text{ Wh}}{10 \text{ Wh/km}} \cdot (1 + \frac{1}{0{,}5}) = 75{,}6 \text{ km}$$

Unterstützungsgrad 1,5

$$R = 0{,}7 \cdot \frac{360 \text{ Wh}}{10 \text{ Wh/km}} \cdot (1 + \frac{1}{1{,}5}) = 42{,}0 \text{ km}$$

[1] Achtung: Maschinenbauerformel $i = \frac{z_2}{z_1}$, $i = \frac{n_1}{n_2}$, $i = \frac{M_2}{M_1}$

[2] Faustformel nach E. Müller „Fachwissen E-Bike"

# 18 Terminologie

Die Fahrradtechnik ist ein Teil des Maschinen- bzw. Fahrzeugbaus. Daher gelten für sie auch dessen Konventionen hinsichtlich der Terminologie (Fachbegriffe). Leider haben sich im Laufe der Zeit in der Fahrradtechnik einige Begriffe und Bezeichnungen eingebürgert, die fachlich mehrdeutig, irreführend oder falsch sind. Im folgenden Kapitel werden einige Begriffe und ihre Richtigstellungen erläutert.

### Wortbildung

Die übliche Regel der Wortbildung im Deutschen besagt, dass der Kopf eines zusammengesetzten Wortes die Haupteigenschaft eines Gegenstandes bezeichnet und zuletzt genannt wird, während die vorausgehenden Elemente jeweils die nachfolgenden spezifizieren.

> *Beispiel*:
> Reifenmontierhebel = ein Hebel, der zum Montieren von Reifen verwendet wird.

Für die Spezifizierung bieten sich verschiedene Eigenschaften an: Das Grundmaterial (Stahlkette), der Einbauort (Vorderrad), Form und Erscheinung (Flügelmutter) oder welchem Gesamtsystem etwas zugehörig ist (Autoreifen). Im technischen Gebrauch empfehlen sich technische Merkmale wie die Funktionselemente, aus denen der Gegenstand aufgebaut ist (Lamellenkupplung) oder Funktionsweise (Glühlampe).

### Laufmaschine – Bicycle – Laufrad – Rad

Im Jahr 1815 entwickelte Karl Drais eine vierrädrige **Fahrmaschine** mit einem Kurbelantrieb auf die Hinterräder. Die Unhandlichkeit dieses Fahrzeugs führte zwei Jahre später zum Entwurf der einspurigen **Laufmaschine**. Für den Export nach Frankreich erfand Drais den Namen **Velozipede**.

Ein **Laufrad** war zu dieser Zeit ein umlaufendes Rad, das in einer Maschine eingebaut war, z. B. die Antriebe für Baukrane oder Mühlen (Tretrad, Tretmühle). Seit dem 19. Jhdt. werden so auch die Turbinenräder in Strömungsmaschinen (z. B. in Wasserkraftwerken) bezeichnet. Die Fortbewegung von Landfahrzeugen erfolgt dagegen auf ihren meist vier **Fahrrädern**.

18

Bis Ende der 1880er Jahre wurde das pedalangetriebene und zweirädrige Fahrzeug vor allem **Bicycle** und teilweise noch **Velozipede** genannt. Diese englischen bzw. französischen Begriffe wurden aus nationalistischen Gründen durch die Bezeichnung **Fahrrad** ersetzt.

Um den Konventionen des Maschinenbaus zu entsprechen, werden in diesem Buch die Begriffe folgendermaßen verwendet:

- Rad für das Maschinenelement, wie es allgemein im Fahrzeugbau benannt wird bzw. wenn auf ihm die Fortbewegung stattfindet,
- Bike oder Fahrrad für die pedalangetriebene Maschine,
- Laufrad oder Laufmaschine für ein durch eine im Sitzen ausgeführte Laufbewegung betriebenes Gefährt und
- Tretroller für ein im Stehen durch wiederholtes Abstoßen mit einem Bein betriebenes Fahrzeug.

### Industrielager – Normlager

Der Begriff **Industrielager** kam auf, als Hersteller von Fahrradnaben damit begannen Rillenkugellager gemäß Norm (DIN 625) zu verwenden. Um diese Produkte von den traditionellen Konuskugellagern abzuheben, wurde dieser Marketingbegriff eingeführt.

Inhaltlich ist Industrielager irreführend, weil alle Lagerungen am Fahrrad seit den 1890er Jahren im industriellen Maßstab hergestellt werden. Richtiger handelt es sich um normierte Wälzlager oder **Normlager**.

### Kurbel – Kurbelwelle – Kurbelwellenlager

Eine **Kurbel** ist ein stabförmiges, an einem Ende drehbares Maschinenelement, das mithilfe einer Kraft an seinem freien Ende in Drehung versetzt werden kann. Die Ergänzung Kurbel**arm** ist ein Pleonasmus (lat. für Überfluss) und fügt dem Wort keine weitere Bedeutung hinzu.

Die Kurbel ist an einer **Welle** befestigt, die ein Drehmoment überträgt, also drehbar gelagert ist. Eine Achse ist dagegen ein drehfest montiertes Bauteil. Die **Kurbelachse** bezeichnet die Längsachse der Kurbel.

Die Lagerung der Kurbelwelle wird **Kurbelwellenlager** genannt. Dafür ist es unerheblich, ob sie sich innerhalb oder außerhalb einen Gehäuses befindet. Oft wird hierfür der Begriff **Innenlager** benutzt. Er ist aber irreführend, weil auch andere Lagerungen innenliegend sein können bzw. es außenliegende Kurbelwellenlager gibt.

Der umgangssprachliche Begriff **Tretlager** ist die Kurzform von Tretkurbellager und bezeichnet eigentlich eine Lagerung. Sie wird aber auch für die Gesamtheit von Tretkurbeln, Welle und Lagerung verwendet und ist deshalb unpräzise. Als Kurzform von Kurbelwellenlager bietet sich der Begriff **Kurbellager** an.

Die Gesamtheit von linker und rechter Kurbel wird **Kurbelsatz** genannt **(Bild 1)**. Andere Begriffe wie **Tretlagergarnitur, Kurbelgarnitur** oder **Kettenradgarnitur** sind dem Maschinenbau fremd und dem Marketing zuzuordnen.

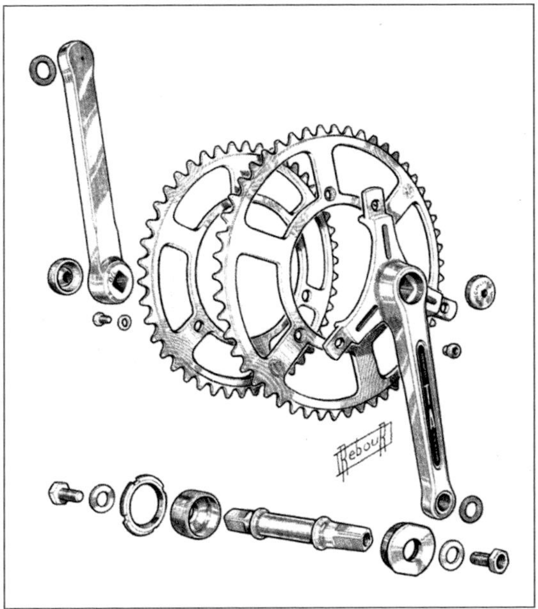

**Bild 1: Kurbelsatz mit -welle und -wellenlager**

### Pedale – Tritt – Griff – Q-Factor – Trittweite

Die Antriebskurbeln eines Fahrrades werden mit Füßen oder Händen in Bewegung versetzt. Die Auflagefläche der Füße wird im Deutschen als **Tritt** bezeichnet, während die Hände einen **Griff** fassen. Aus dem 19. Jhdt. hat sich aber noch die von den englischen Zweiradherstellern übernommene Bezeichnung **Pedal** für den Tritt erhalten.

Der Abstand der Griffe beider Seiten ist die **Griffweite**, die der Tritte die **Trittweite**. Die Bezeichnung **Q-Faktor** für das zuletzt genannte wurde von Grant Peterson eingeführt, als er in den 1990er Jahren Marketing Director für Bridgestone Cycle (U.S.A.) war. Zu der Begriffsschöpfung schrieb er: *"So we measured the distance between the outside of the cranks at the pedal hole, and called it 'Q'."* Es war also keine fachlich begründete Begriffswahl.

Faktor ist in der Mathematik der Operand einer Multiplikation, in anderen Bereichen kennzeichnet er eine Einflussgröße. Die mit Q-Faktor dargestellte Messgröße am Fahrrad ist aber ein einfaches Längenmaß.

### Kettenblatt – Kettenrad

Ein **Kettenrad** ist ein Maschinenelement, das zur Kraftübertragung mit Ketten dient. Ein Kettenrad ist immer auf die eingesetzte Kette abgestimmt. Kettenräder für Rollenketten sind in der DIN 8192 genormt. Sie dienen zur Kraftübertragung bei Rollenketten nach ISO 606 (früher DIN 8188).

Ein Blatt ist ein Gegenstand, dessen eine Dimension (Höhe) wesentlich kleiner ist als die beiden übrigen Dimensionen (Breite und Länge). Seine Kontur ist nicht auf eine bestimmte Form festgelegt. Schreib- und Türblätter sind meist rechteckig. Die Gestaltung von Pflanzen- oder Schulterblättern sind von ihrer Funktion festgelegt. Dasselbe gilt für das Blatt einer Axt, einer Feile, eines Ruders oder eines Rotors.

Die Herkunft von **Kettenblatt** kann nur in einer Mode der Fahrradwelt (Marketing oder Publikumszeitschriften) vermutet werden.

### Fahrradkette – Antriebs-, Synchron-, Schaltkette

Meist wird die Kette durch den Begriff Fahrrad nach dem Fahrzeug spezifiziert: **Fahrradkette.** Da am Fahrrad aber mindestens drei verschiedene Ketten zum Einsatz kommen können, sollten sie nach ihrer Funktion als **Antriebskette**, als **Schaltkette** bei Getriebenaben und als **Synchronkette** beim Tandem bezeichnet werden.

### Steuersatz – Lenkungslager

Die Richtungsbeeinflussung von Landfahrzeugen wird Lenken genannt. Deswegen haben Fahrräder auch richtigerweise einen Lenkerbügel, der mit Lenkergriffen versehen und am Lenkervorbau montiert ist. Die Bauart der Lenkung des klassischen Fahrrades wird Gabellenkung genannt. Deren drehbare Befestigung ist das **Lenkungslager**.

Die Bezeichnung **Steuersatz** ist fachlich falsch, denn Steuern ist die beabsichtigte Beeinflussung des Verhaltens eines Systems, das alle Arten von Austauschprozessen beinhalten kann (z. B. Betriebssystem, Finanzsystem, Sozialsystem). Abgesehen davon gibt ein Steuersatz den Prozentsatz an, mit dem ein bestimmter Geldbetrag fiskalisch versteuert werden muss.

### Steuerkopfrohr – Lenkrohr

Entsprechend dem oben genannten ist das **Steuerkopfrohr** korrekt bezeichnet mit Lenkkopfrohr oder besser **Lenkrohr**.

### Bremszug – Bremsseil

Zugkräfte zur Betätigung von Bremsen werden durch **Bremsseile** übertragen. Seile sind genormt nach EN 12385-4 und die meisten Seile am Fahrrad entsprechen EN 12385-10 „Spiralseile".

Es ist fachlich falsch das zugkraftübertragende Medium **Bremszug** zu nennen. Analog müssten die druckkraftübertragenden Hydraulikflüssigkeiten auch **Bremsdruck** genannt werden. Ebenso heißt es richtigerweise auch **Schaltseil** und nicht **Schaltzug**.

Der Begriff Zug steht für eine ziehende Gruppe von Individuen (Militär, Feuerwehr, Biologie) oder Gegenständen (Eisenbahnwagen). Ein Zug ist in diesem Sinn kein Bauteil, sondern eine Gruppierung von Elementen, die sich in eine Richtung bewegen.

Ein Seilzug ist eine einfache Maschine, die aus einem Seil, seiner Befestigung und ggf. Umlenkungen besteht.

### Außenhülle – Seilhülle

Das Wort Hülle leitet sich aus dem althochdeutschen hulla ab als einstmals gebräuchliche Bezeichnung für einen Mantel. Eine **Außenhülle** ist also ein Pleonasmus, da sich eine Hülle immer außen befindet. In diesem Fall wird das Brems- oder Schaltseil geführt und geschützt, man spricht hier von **Seilhülle**.

### Nippeldreher, Speichenspanner

Das Werkzeug zum Spannen der Speiche ist ein **Speichenspanner**. Dazu wird der Speichennippel mit diesem Werkzeug gedreht. Er könnte deswegen auch analog zum Schraubendreher als **Nippeldreher** bezeichnet werden.

Der Speichenspanner setzt aber nicht an der Speiche selbst an. Daher ist er anders als ein Schraubenschlüssel kein **Speichenschlüssel**.

### Kassette – Ritzelsatz

Für Kettenschaltungen werden einzelne Ritzel zum Ritzelsatz kombiniert. Dies kann ein **Steckritzelsatz** oder ein **Freilaufritzelsatz** sein.

Eine **Kassette** bezeichnet im Italienischen ein Kästchen (oft zur Geldaufbewahrung). Der vom Marketing der Firma Shimano eingeführte Begriff „Cassette" scheint sich von **cog-set** (engl. für Ritzelsatz) herzuleiten.

18

### Zahnkranzabzieher – Freilaufschlüssel

Freilaufritzel und Freilaufritzelsätze werden mit **Schlüsseln** (de-)montiert, die herstellereigenen Standards entsprechen. Ebenso wird mit den Abschlusshohlschrauben (Lockring) von Steckritzelsätzen verfahren. Die (De-)Montage erfolgt über eine Schraubbewegung. Hierfür werden keine **Abzieher** eingesetzt, die eine axiale Bewegung ausführen wie z.B. Lagerabzieher oder Kurbelabzieher.

### Planfräsen – Reiben, Senken

In DIN 8589 ist das Fertigungsverfahren **Fräsen** definiert als das Spanen mit einer kreisförmigen Schnittbewegung und mit senkrecht beziehungsweise schräg zur Drehachse des Werkzeugs verlaufender Vorschubbewegung.

**Bohren** ist dagegen definiert als das Spanen mit einer kreisförmigen Schnittbewegung, bei dem die Drehachse des Werkzeuges und die Achse der zu erzeugenden Fläche identisch sind und die Vorschubbewegung in Richtung dieser Achse verläuft. Diese Eigenschaft haben die Verfahren Bohren, **Senken** und **Reiben** gemeinsam.

Am Fahrrad müssen die Anlageflächen der Lagerschalen von Gabellager und Kurbelwellenlager parallel und/oder rechtwinklig zur Drehrichtung der Welle ausgerichtet sein. Dazu wird das Werkzeug konzentrisch zur Wellenmittellinie ausgerichtet und die Schneiden bearbeiten die Innenseite der Bohrung oder die Endflächen der Gehäuse. **Bild 1a** zeigt das **Reiben** und **Plansenken** des Lenkungslagersitzes in einem Arbeitsgang, **Bild 1b** zeigt das Plansenken der Kurbellagerstirnflächen. Ein Planfräsen ist mit den abgebildeten Werkzeugen nicht möglich.

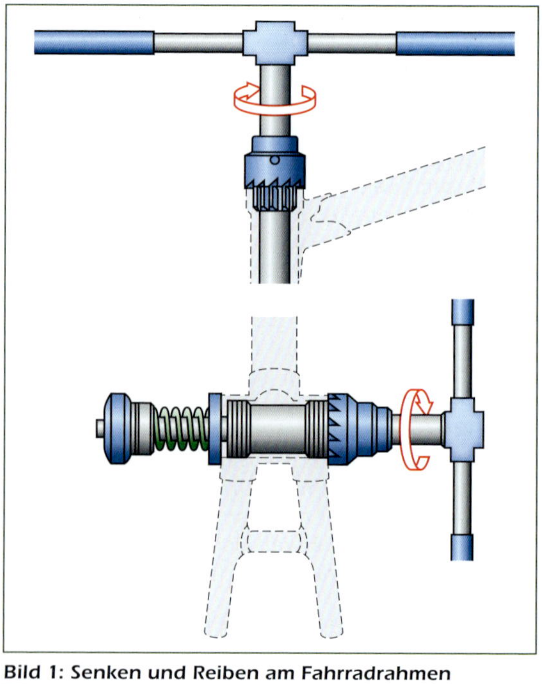

**Bild 1: Senken und Reiben am Fahrradrahmen**

# 19 Sponsoren

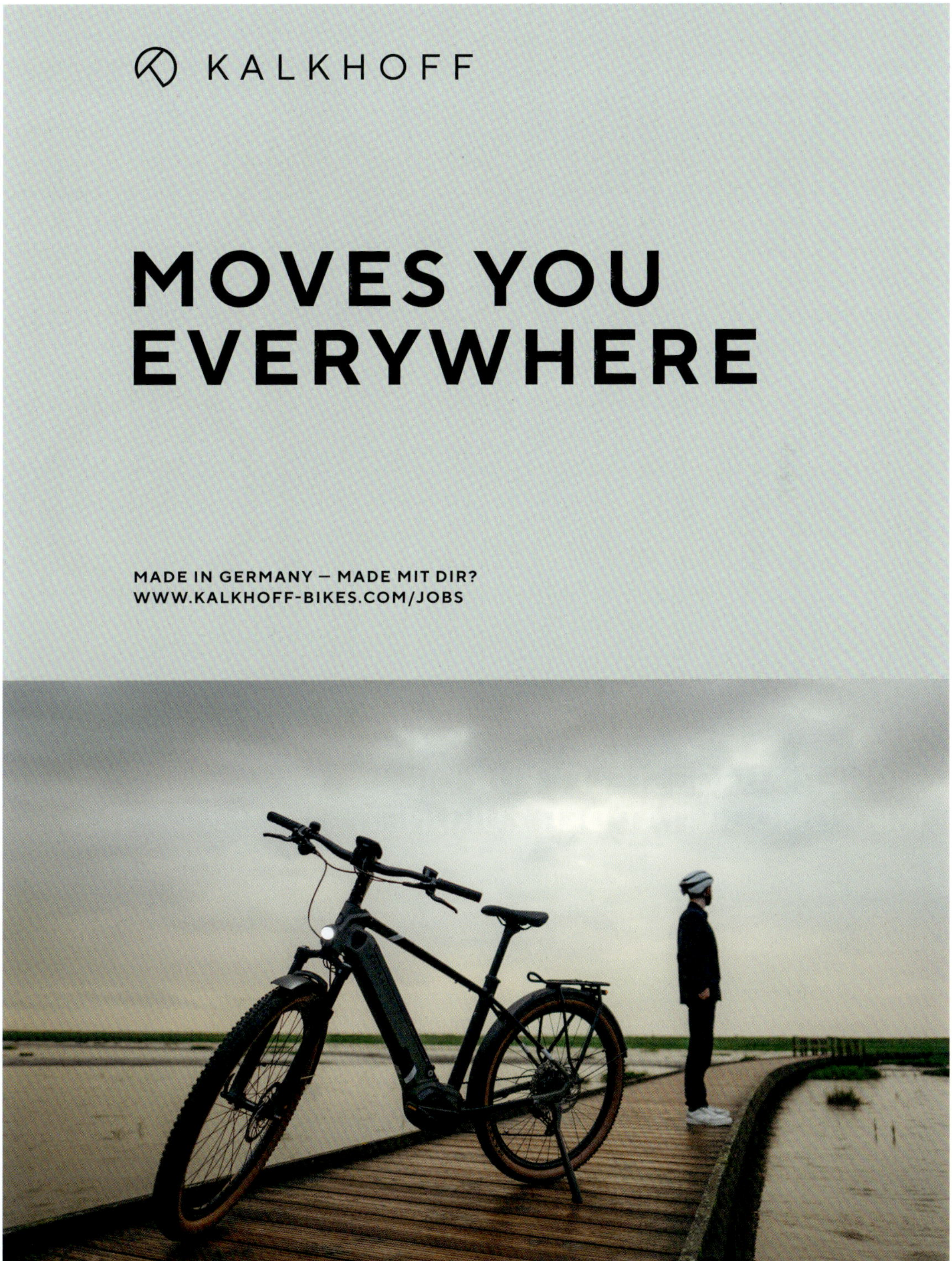

velotech.de
SICHER AUFGESTELLT FÜR DIE MIKROMOBILITÄT DER ZUKUNFT.
Wir sind Ihr akkreditierter Prüfdienstleister für Produktsicherheit mit Sitz in Schweinfurt. Seit über 30 Jahren steht die Sicherheit Ihrer Produkte im Mittelpunkt unseres Handelns.
Wir prüfen Mikromobilitätsprodukte mit und ohne elektrischen Antrieb. Ihr zuverlässiger Partner für Hersteller, Händler, Gerichte, Behörden und Versicherungen, wenn es um Festigkeit, Elektrik, Umweltsimulation oder Gutachten geht.
Kontaktieren Sie uns unter: 09721 - 8 27 77 oder service@velotech.de.
www.velotech.de

P&K Lie
PROFESSIONELLES ZENTRIERWERKZEUG
S0149
P&KLie
P&K Lie GmbH • Gewerbestr.2 • 25358 Horst/ Germany
TEL.: +49 4126 39640-80 • info@pklie.de • www.pklie.de

Rohloff
SPEEDHUB 500/14
14 Gänge in einem Dreh - wartungsarm
einstellungsfrei - Made in Germany
Rohloff AG - Mönchswiese 11 - D-34233 Fuldatal - Tel. +49 (0)561-510 80 0

Rohloff
E-14
Rohloff E-14
Die elektronische Shifter-Unit zur SPEEDHUB am E-Bike mit Bosch

SCHWALBE
E-BIKE TIRES
WIR MACHEN DEIN E-BIKE
unplattbar®
MARATHON
E-PLUS
NEW! MADE WITH FAIR RUBBER
FAIR RUBBER
MAKE THE WORLD A BETTER PLACE
Der Schwalbe Marathon E-Plus. Der unplattbar-Reifen speziell für E-Bikes. Für 100% Fahrspaß bringt er Sicherheit, Haltbarkeit, Leichtlauf, Stabilität und Langlebigkeit untrennbar zusammen. schwalbe.com/marathon-eplus/

VELO DE VILLE
WOHIN FÜHRT
DEIN WEG?

pinion
pinion
ZENTRAL
GETRIEBE
TECHNIK
GEARBOX TECHNOLOGY
Alle Pinion Getriebeschaltungen sind optimal auf ihren jeweiligen Einsatz abgestimmt. Ergonomisch, gleichmäßig abgestuft variieren sie in Gangzahl und Bandbreite. 18 Gänge, maximale Bandbreite und feinste Abstufung für die Reise. 12 Gänge für die Tour oder 9 Schaltstufen mit großer Spreizung für raues Gelände. E-Bikes profitieren von unseren 6- oder 9-Gang Getrieben.
» PINION.EU/GETRIEBE

# Bildquellenverzeichnis

Die nachfolgend genannten Firmen haben die Autoren mit Bildmaterial unterstützt. Es wird Ihnen hierfür recht herzlich gedankt.

**A. Dugast**, NL-Denekamp:
S. 311/2

**Accell Bike Parts GmbH**, Sennfeld:
S. 211/2

**Acros**, Renningen:
S. 204/4; 204/5

**Adobe Systems Software Ireland Limited, Adobe Stock**, Irland, Dublin:
S. 14/3 © alexlmx; S. 24/1 © hodim; S. 136/1 © Gabriel; S. 138/2 © Francisco Javier Gil; S. 227/2b © Gorilla

**ADP Engineering GMBH**, Dieburg:
S. 154/1-3; S. 155/1

**Advanced Sports GmbH**, Mutlangen:
S. 153/2

**AeroVelo**, USA-Palo Alto:
S. 162/1

**Argosy Publishing**, Inc., USA-Framingham:
S. 447/2

**Artmann**, Ulrich, Köln:
S. 435/1

**AuFa GmbH**, Bad Sobernheim:
S. 417/1

**auswall GmbH & Co. KG**, Tegernsee:
S. 61/2

**Banshee Bikes Europe**, Inh: Bernhard Jacobi, Essenbach-Altenheim:
S. 191/2c

**Baylis**, R. Brian †, USA-San Marcos, CA:
S. 106/2

**Beyss Leichtfahrzeuge**, Straelen:
S. 161/2

**Bike Trial Sport**, Königsbach-Stein:
S. 155/3

**Black East GmbH**, Dresden:
S. 215/3

**BMC Switzerland AG**, CH-Grenchen:
S. 83/1,2; S. 151/2; S. 152/2

**Britax Römer Kindersicherheit GmbH**, Leipheim:
S. 436/1,2

**Brown**, Sheldon †, USA-Boston, MA.:
S. 223/1

**Bullmer GmbH**, Mehrstetten:
S. 84/4

**Burley Design**, USA-Eugene:
S. 440/1

**Busch & Müller KG**, Meinerzhagen:
S. 419/2; S. 425/1; S. 425/2; S. 426/2,3, S. 428/4; S. 429/2

**by. Schulz GmbH**, Saarbrücken:
S. 225/1c

**c2g-engineering GmbH**, Berlin:
S. 342/3; S. 343/1,2

**Calfee Design**, USA-La Selva Beach, CA:
S. 97/2

**Caminade**, FR-Ille sur Têt:
S. 19/1; S. 106/1

**Campagnolo Deutschland GmbH**, Leverkusen:
S. 40/4; S. 223/3; S. 275/2; S. 303/2; S. 325/4; S. 379/2

**Cervélo**, USA-Santa Cruz, CA:
S. 181/2c; S. 191/2b

**Christiania Cykler**, DNK-Kopenhagen:
S. 163/1

**Ciclofan s.n.c.**, I-Saludecio:
S. 166/2

**Conferencebike**, USA-San Francisco:
S. 166/1

**Continental AG**, Korbach:
S. 307/1; S. 312/2

**Cosmic Sports GmbH**, Fürth:
S. 153/1; S. 156/1; S. 183/1; S. 203/1; S. 207/2, S. 214/5; S. 225/1a; S. 508/4; S. 511/2

**Cult**, USA-Santa Ana, CA.:
S. 221/4

**CV Wahana Mitra Abadi**, IDN-Banten:
S. 42/2

**Cycle Monkey**, USA-Tucson:
S. 295/2

**deda Elementi**, I-Champagnola Cremasca:
S. 214/3b,4

**Douglas Philip**, CH-Maschwanden:
S. 84/2; S. 85/1,2,3,4,5

**dpa Picture Alliance GmbH**, Frankfurt am Main:
S. 171/2 © dpa/ Kyodo; S. 471/1 © empics

**DT Swiss Deutschland GmbH**, Oelde:
S. 17/3a; S. 115/2

**edevis GmbH**, Stuttgart:
S. 91/2

**Electric Bike Solutions GmbH**, Heidelberg:
S. 162/4 (Foto: Ben Tobin)

**Elephant Bikes**, USA-Colbert:
S. 188/2

**ElliptiGO Deutschland – 3000watt GmbH**, Bielefeld:
S. 170/3

**ENVE Composites**, USA-Ogden:
S. 290/1

**Evil Bikes**, USA-Bellingham:
S. 188/1

**Fac Michelin S.r.l.**, I-San Vendemiano:
S. 269/1b

**Fahrradbau Stolz**, CH-Zürich:
S. 45/2,3; S. 46/3

**Fahrrad-Service Thomas Gitzel**, Brieselang:
S. 76/2; S. 221/1

**Fallbrook Technologies Inc.**, USA-Cedar Park:
S. 360/1,2,3; S. 370/2

**Fateba AG**, CH-Winterthur:
S. 159/2

**Felt Bicycles**, USA-Esperanza:
S. 166/3

**Fluke Deutschland Gmbh**, Glottertal:
S. 408/2

**FlyBikes**, E-Nigrán:
S. 221/2

**FOX Factory GmbH**, Höhfröschen:
S. 279/3

**Full Speed Ahead**, USA-Mukilteo, WA:
S. 17/3b

**Garmin Deutschland GmbH**, Garching:
S. 444/2

**Gazelle**, Mönchengladbach:
S. 147/1; S. 149/3; S. 153/3

**giant-bicycles.com**, Erkrath:
S. 450/1; S. 451/1

**GMA-Werkstoffprüfung GmbH**, Stade:
S. 86/2; S. 88/1; S. 90/2

**Grofa ® Action Sports GmbH**, Bad Camberg:
S. 15/4; S. 271/3; S. 462/2; S. 505/1,3; S. 506/2,4,5; S. 507/1-6; S. 508/1,3,5; S. 509/1-4; S. 510/2; S. 511/1,5

**Gustav Magenwirth GmbH + Co. KG**, Bad Urach:
S. 389/2; S. 390/1; S. 397/1

**Haberstock Mobility GmbH**, Lauchringen:
S. 371/2

**HARO Bikes Europe GmbH**, Salzkotten:
S. 221/5

**Hase Bikes**, Waltrop:
S. 160/2; S. 165/1; S. 168/3

**Hebie GmbH & Co. KG**, Bielefeld:
S. 437/2; S. 499/3

**Hegner Präzisionsmaschinen GmbH**, Schwenningen:
S. 36/1

**Heidrich**, Patrick M.:
S. 116/3

**Henkel AG & Co. KGaA**, Düsseldorf:
S. 43/1

**Hercules GmbH**, Köln:
S. 148/2,3

**Hermann Hartje KG**, Hoya:
S. 217/2

**Hoffmann SE**, München:
S. 16/1b

**Hozan Tool Ind.**, Co. Ltd., JP-Osaka:
S. 21/2

**HP Velotechnik OHG**, Kriftel:
S. 161/1; S. 454/1

**Huntingdon Fusion Techiques**, UK-Burry Port:
S. 71/1

**Hutchinson SA**, F-Paris:
S. 309/4b

**Iceletta GmbH**, Weiterstadt:
S. 226/2

**Invacare GmbH**, Isny:
S. 168/4

**ISM Seat**, USA-Lutz, FL:
S. 218/2

**iStock by Getty Images Deutschland GmbH**, München:
S. 47/3 © 123ducu

**Jiashan Roncan Sliding Bearing Co. Ltd.**, Shanghai, CHN-Zhejiang:
S. 73/1

**Joy Industrial Co. Ltd.**, TWN-Taichung City:
S. 273/1

**Kemper**, Erkelenz-Grambusch:
S. 162/2

**Kickbike Worldwide Ltd.**, FIN-Helsinki:
S. 169/3; S. 170/1

**Kleinebenne GmbH**, Leopoldshöhe:
S. 149/2

**KMC Chain Europe NV**, NL-Heerenveen:
S. 12/4; S. 505/2

**Kona**, USA-Ferndale, WA:
S. 191/2a

**Kris Holm Unicycles Ltd.**, CA-Vancouver:
S. 221/3; S. 269/3

**Lepper**, NL-Dieren:
S. 218/1

**LOOK Cycle International**, F-Nevers:
S. 441/2b

**Lupine Lighting Systems GmbH**, Neumarkt:
S. 426/1

**Magnic Innovations GmbH & Co. KG**, Borgholzhausen:
S. 427/2,3; S. 428/1

**Mavic Group SAS**, F-Annecy:
S. 304/1

**Merida Centurion Germany GmbH**, Magstadt:
S. 152/1

**Manufacture Francaise des Pneumatiques Michelin SAS**, F-Clermont-Ferrand:
S. 314/1

**Mühldorfer**, Jakob:
S. 429/3

**Muschweck**, Oliver:
S. 429/4

**MyBoo GmbH**, Kiel:
S. 97/1 Foto: Antonia Schmidt

**Nitto Co. Ltd.**, JP-Kawaguchi:
S. 207/3a

**N.V. Race Productions**, BE-Paal-Beringen:
S. 220/2

**Oehler**, Andreas:
S. 418/1,2

**Paul Engineering**, USA-Chico:
S. 388/3

**P & K Lie GmbH**, Horst:
S. 505/5; S. 506/3

**Paul Lange & CO. OHG**, Stuttgart:
S. 199/2; S. 269/4; S. 325/2-3; S. 327/1; S. 336/1; S. 353/1; S. 354; S. 355/2; S. 369/1a,4; S. 373/2; S. 374/1; S. 380/3; S. 383/1; S. 388/1; S. 449/2; S. 449/3; S. 510/1; S. 511/4

**Pearl GmbH**, Buggingen:
S. 442/1

**Pedalpower Schönstedt & Busack GbR**, Berlin:
S. 162/3

**Pentagon Sports GmbH & Co. KG**, Ellwangen:
S. 309/4a

**Pierron – Asco & Celda**, F- Rémelfing:
S. 411/2

**Pinion GmbH**, Denkendorf:
S. 371/1

**Prestige Medical**, USA-Northridge, CA:
S. 16/1a

**PRO**, NL-Eindhoven:
S. 211/4

**PUKY GmbH & Co. KG**, Wülfrath:
S. 163/4

**QU-AX GmbH**, Herzebrock-Clarholz:
S. 158/2

**r2-bike.com**, Dresden:
S. 301/1,2

**Ra-Co GmbH**, Erfurt:
S. 31/1; S. 193/4; S. 194/2; S. 309/1; S. 327/2,3; S. 399/2; S. 505/4; S. 506/1; S. 508/2; S. 511/3

**Ralf Bohle GmbH**, Reichshof:
S. 304/2; S. 306/1; S. 309/2; S. 313/1

**Rebour**, Daniel †, F-Biarritz:
S. 212/3; S. 575/1

**Reelight ApS**, DNK-Viby:
S. 428/2

**Riese & Müller GmbH**, Weiterstadt:
S. 150/2; S. 159/1

**Rivet**, USA-Sacramento, CA:
S. 217/2

**Robert Bosch GmbH**, Gerlingen:
S. 442/3

**Rohloff AG**, Fuldatal:
S. 12/3; S. 190/3; S. 357/1; S. 358/1; S. 370-1

**RS Components Handelsgesellschaft m.b.H.**, A-Gmünd:
S. 73/2

**RTI Sports GmbH**, Koblenz:
S. 104/3; S. 211/5; S. 215/2; S. 216/2; S. 219/1; S. 225/2a; S. 317/1; S. 458/2

**Schoberer Rad Messtechnik GmbH**, Jülich:
S. 441/1,2a

**Schultz**, Olaf:
S. 414/2

**Schwinn**, USA-Chicago:
S. 167/2

**SDG Components**, USA-Huntington Beach, CA:
S. 220/1

**Shadow Conspiracy**, USA-Longwood, FL:
S. 223/5; S. 224/4

**Shenzhen Tomtop Technology Co.**, Ltd., CHN-Shenzhen:
S. 214/3a

**SitGo VOF**, NL-Zevenaar:
S. 171/1

**SKS metaplast Scheffer-Klute GmbH**, Sundern:
S. 438/1; S. 438/3

**Smolik, H. C. †**, Freinberg:
S. 362/1

**Snike Sport GmbH i.L.**, Stuttgart:
S. 169/2

**Société VAR SAS**, F-Gellainville:
S. 16/3

**Soma Fabrications**, USA-San Francisco:
S. 269/1a

**Sotheby's**, USA-New York:
S. 168/1

**Specialized Germany GmbH**, Holzkirchen:
S. 4; S. 225/2b

**Speedone**, TWN-Taichung City:
S. 167/3

**Sports Nut GmbH**, Kirchentellinsfurt:
S. 155/2

**SQlab GmbH**, Taufkirchen:
S. 212/1; S. 216/3; S. 460/3

**SRAM Deutschland GmbH**, Schweinfurt:
S. 116/2; S. 181/2a,2b; S. 330/1; S. 351/3; S. 369/2,3; S. 370/3; S. 374/4; S. 383/2,3; S. 388/2; S. 396/1

**SR SUNTOUR EUROPE GmbH**, Warngau:
S. 72/1; S. 186/1; S. 225/1b

**Stahlwille Eduard Wille GmbH + Co. KG**, Wuppertal:
S. 17/1

**Stevens Vertriebs GmbH**, Hamburg:
S. 151/1; S. 152/3

**Streetstepper GmbH**, Schorndorf:
S. 170/2

**Supernova Design GmbH & Co. KG**, Gundelfingen:
S. 97/3; S. 423/3,5; S. 427/1

**Superstar Components**, UK-Lincoln:
S. 204/2

**Tout Terrain GmbH & Co. KG**, Gundelfingen:
S. 419/1

**Toxy Liegerad GmbH**, Wrist:
S. 159/3; S. 160/1

**Trek Bicycle Corporation**, USA-Waterloo, WI:
S. 283/2

**Trenga DE Vertriebs GmbH**, Hamburg:
S. 50/1

**TWP Prüfzentrum GmbH**, Neuss:
S. 92/2

**Universal Transmissions**, Elze:
S. 17/2; S. 112/2; S. 342/4; S. 343/3

**Utopia Velo**, Saarbrücken:
S. 148/1

**van Moof B. V.**, NL-Amsterdam:
S. 149/1

**Velocipedo**, Halle (Saale):
S. 70/1

**Velogical – engineering GmbH**, Köln-Mülheim:
S. 414/1; S. 416/2

**Velo Lab GmbH**, Bremen:
S. 483/1

**velotech.de**, Schweinfurt:
S. 58/1; S. 60/4; S. 193/1; S. 525/1,2,3,4,5,6; S. 526/1; S. 528/1

**Velotraum GmbH + CO. KG**, Weil der Stadt:
S. 150/1; S. 164/1; S. 190/4; S. 228/2; S. 386/1; S. 463/1

**Weber Technik GmbH**, Eggstätt:
S. 440/2

**We Make Things GmbH**, Köln:
S. 156/2; S. 157/1; S. 212/2

**Wilfried Schmidt Maschinenbau**, Tübingen:
S. 429/5

**Wilhelm Humpert GmbH & Co. KG**, Wickede/Ruhr:
S. 207/3b; S. 208/1; S. 208/2; S. 210/3; S. 211/1,3

**Wilier Triestian S.p.A.**, I-Rossano Vento:
S. 214/2

**Wippermann junior GmbH**, Hagen:
S. 340/5

**Wulfhorst GmbH**, Gütersloh:
S. 168/2

Alle Bilder ohne Bildquellenangaben wurden von den Autoren oder vom Zeichenbüro des Verlag Europa-Lehrmittel, Ostfildern erstellt.

# Sachwortverzeichnis

## E



## F



## G

## S

## T



## U



## V



## W



## Z